国家科学技术学术著作出版基金资助出版

现代化学专著系列·典藏版 21

离子液体与绿色化学

张锁江 徐春明 吕兴梅 周 清 等 编著

科学出版社

北京

内 容 简 介

离子液体是国际绿色化学的前沿和热点。本书以离子液体和绿色化学的前沿科学研究为主线，系统介绍离子液体在绿色化学方面的最新研究成果和进展，包括离子液体的结构与性质关系以及离子液体在催化与分离、有机合成与材料制备、资源与环境领域中的应用。本书是由国内从事离子液体研究的高等院校、科研院所的专家共同撰写完成的，重点反映 2000 年以后该领域的最新进展和我国化学家在此方面的贡献，选择性地对其中具有重要意义的方面进行系统探讨，是一部全面介绍离子液体在绿色化学方面最新研究的专著。

本书可供化学、化工、材料、能源、环境等领域的高科技研究人员及相关专业高等院校的师生参考，也可供各级管理人员参考。

图书在版编目（CIP）数据

现代化学专著系列：典藏版 / 江明，李静海，沈家骢，等编著. —北京：科学出版社，2017.1

ISBN 978-7-03-051504-9

Ⅰ.①现… Ⅱ.①江… ②李… ③沈… Ⅲ.①化学 Ⅳ.①O6

中国版本图书馆 CIP 数据核字（2017）第 013428 号

责任编辑：朱　丽　张秀兰 / 责任校对：朱光光
责任印制：张　伟 / 封面设计：铭轩堂

科 学 出 版 社 出版

北京东黄城根北街 16 号
邮政编码：100717
http://www.sciencep.com

北京厚诚则铭印刷科技有限公司印刷
科学出版社发行　各地新华书店经销

*

2017 年 1 月第 一 版　开本：B5（720×1000）
2017 年 1 月第一次印刷　印张：43　彩插：4
字数：842 000

定价：7980.00 元（全 45 册）

（如有印装质量问题，我社负责调换）

《离子液体与绿色化学》撰稿人

第1章 1.1 张兆富 韩布兴 (中国科学院化学研究所)

1.2 包伟良 (浙江大学)

1.3 徐春明 孟祥海 (中国石油大学)

1.4 张锁江 吕兴梅 周　清 (中国科学院过程工程研究所)

第2章 2.1 董　坤 张锁江 (中国科学院过程工程研究所)

2.2 刘晓敏 周国辉 张锁江 (中国科学院过程工程研究所)

2.3 周　清 吕兴梅 张锁江 徐琰 (中国科学院过程工程研究所)

2.4 彭昌军 刘洪来 (华东理工大学)

2.5 吴卫泽 (北京化工大学)

2.6 赵锁奇 孙学文 浮东宝 (中国石油大学)

2.7 张建玲 (中国科学院化学研究所)

2.8 吴国忠 (中国科学院上海应用物理研究所)

第3章 3.1 何良年 王金泉 窦晓勇 (南开大学)

3.2 孙　剑 张锁江 (中国科学院过程工程研究所)

3.3 刘植昌 张　睿 刘　鹰 (中国石油大学)

3.4 李雪辉 (华南理工大学)

3.5 余　江 (北京化工大学)

3.6 郭　晨 江洋洋 (中国科学院过程工程研究所)

3.7 陈　继 李德谦 (中国科学院长春应用化学研究所)

第4章 4.1 王　磊 田志坚 (中国科学院大连化学物理研究所)

4.2 苗镇江 刘志敏 (中国科学院化学研究所)

4.3 韩丽君 吕兴梅 张锁江 (中国科学院过程工程研究所)

4.4 陈人杰 吴 锋 (北京理工大学)

    王兆翔 陈立泉 (中国科学院物理研究所)

4.5 岳贵宽 吕兴梅 张锁江 (中国科学院过程工程研究所)

4.6 王保国 (清华大学)

4.7 吴林波 (浙江大学)

第 5 章 5.1 曹 妍 李会泉 (中国科学院过程工程研究所)

    张 军 (中国科学院化学研究所)

5.2 王 慧 李增喜 张锁江 (中国科学院过程工程研究所)

5.3 董海峰 张香平 张锁江 (中国科学院过程工程研究所)

5.4 于英豪 吕兴梅 周 清 张锁江 (中国科学院过程工程研究所)

序　一

当今人类社会面临着巨大的挑战，能源短缺和温室效应严重阻碍了可持续发展。如何在保持经济增长的同时，开发新能源并降低能源消耗，而且使环境不断改善，无疑是绿色过程技术发展的方向和使命。离子液体作为一类新型介质为绿色过程工程技术的突破提供了创新的源头，为解决能源和环境问题带来了新的机遇。

2007 年 9 月，由中国科学技术协会主办，中国科学院过程工程研究所、中国石油大学 (北京)、浙江大学、化学工业出版社共同承办的第 143 次青年科学家论坛 ——"离子液体与绿色化学" 在北京召开，近百名离子液体研究领域的青年学者及专家与会，针对当前离子液体研究领域的新发展、新突破以及离子液体研究及未来工业应用过程中遇到的瓶颈问题进行了深入的探讨。基于此，经多方参会人员努力，形成了《离子液体与绿色化学》。

全书涉及离子液体的分子模拟、物理化学性质及其在能源、资源、环境等多方面的应用。相信该书的出版不仅会对促进我国离子液体的理论和技术创新产生重要影响，也有助于其他领域学者专家了解并共同致力于离子液体科学技术的发展。更希望该书的出版，可以促进我国离子液体的大规模产业化应用，为国家节能减排和可持续发展作出贡献。

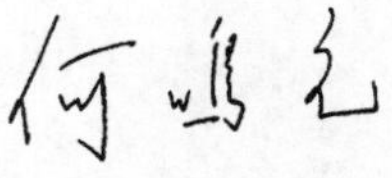

何鸣元

2008 年 12 月 5 日

序　二

It is refreshing to see the field of Ionic Liquids placed into the context of Green Chemistry once again. With over 15 000 Ionic Liquid publications in the past decade, we have seen tremendous positive and negative hype regarding the 'greenness' of Ionic Liquids. Often this has come from a misunderstanding of the relationship between Ionic Liquids and Green Chemistry.

At the very beginnings of the field, the Ionic Liquid community met at a NATO Advanced Research Workshop in Crete (April 12~16, 2000) to discuss the research agenda for the field. The workshop, *Green Industrial Applications of Ionic Liquids*, had 12 major outcomes, but the one relevant here was:

Combined with green chemistry, a new paradigm in thinking about synthesis in general, IL provide an opportunity for science/engineering/business to work together from the beginning of the fields' development.[i]

Nonetheless, because of technological advances in the field (well over 1500 patent applications have been filed in the past decade), the tenets of Green Chemistry are often lost or overlooked in favor of commercial success. It is incumbent upon those in the field developing new technology to remember that long term sustainability for our society will rest upon our development of new sustainable technologies. Thus while we should not let Green Chemistry *define* the field of Ionic Liquids, we should always ensure that Green Chemistry does *guide* the field of Ionic Liquids.

Robin Rogers is Robert Ramsay Chair of Chemistry and director of the Center for Green Manufacturing at The University of Alabama (USA). He is also Chair in Green Chemistry and the director of the Queen's University Ionic Liquid Laboratories at the Queen's University of Belfast (UK).

---

i *Green Industrial Applications of Ionic Liquids*, NATO Science Series II. Mathematics, Physics and Chemistry–Vol 92, Rogers R D; Seddon K R; Volkov S (Eds); Kluwer: Dordrecht, 2003; 553 pp.

前　言

离子液体是国际绿色化学的前沿和热点。近十年来，离子液体的基础和应用研究取得了突飞猛进的发展，展示了其重要的科学价值和巨大的应用潜力，为解决能源、资源、环境等重大战略性问题提供了新机遇。然而，离子液体作为一类崭新的物质体系，迄今为止，人们对其认识还十分有限，单一技术或局部创新面临技术、经济、环境等多项挑战，如何通过学科交叉和技术集成，实现对离子液体的共性科学规律和关键技术的新突破，成为当前学术界、工业界和管理部门共同关注的问题。在这样一种形势下，在中国科学技术协会以及化学工业出版社、中国科学院过程工程研究所、中国石油大学 (北京)、浙江大学等单位领导的大力支持下，"离子液体与绿色化学" 青年科学家论坛于 2007 年 9 月在北京召开。这次论坛对促进我国离子液体的理论和技术创新、相互之间的交流和合作尤其是视野拓展和联合攻关产生了极为重要的作用。

本书是在此次论坛的基础上，对离子液体的最新发展按照研究领域进行了划分与整合后的成果。由于离子液体发展历史较短而应用领域又极其广泛，涉及众多交叉学科，因此本书由国内不同领域离子液体方面的专家共同撰写，这样充分地体现了离子液体研究领域的活跃性和宽泛性，也展现了不同的学术思想和创新理念。从不同侧面完整地反映现今离子液体发展的前沿，准确地把握离子液体研究中的关键性问题和未来发展趋势，以便更好地促进离子液体在我国的进一步开发应用及探索。

本书系统介绍了国内外离子液体领域在基础和应用研究方面的发展现状及发展趋势。贯穿离子液体与绿色化学于全书，详细介绍离子液体的分子模拟、物理化学性质及其在能源、资源、环境等方面的应用研究现状。作为专著，本书侧重于分析离子液体的研究方法及发展趋势，并收集了国内外该领域的最新进展，使读者能及时了解和把握离子液体的科学前沿。全书共分为 5 章，第 1 章介绍离子液体与绿色化学的发展历史及其在新的产业革命中的机遇与挑战；第 2 章介绍离子液体的结构与性质关系，包括离子液体的量化计算、分子模拟、纯物质及混合物的物性测定及一些重要性质的预测方法等；第 3 章介绍离子液体在催化与分离中的应用，特别是催化机理和分离原理的阐述；第 4 章主要介绍离子液体在有机合成与材料制备中的应用，包括离子液体在其中的不同作用，介质和模板剂等；第 5 章介绍离子液体在资源与环境中的应用，包括离子液体的毒性和环境影响等。本书是全面介绍离子液体在绿色化学中的最新进展的一部专著，涵盖离子液体研究所涉及的理论、实验、计算等各个方面的内容和知识，为全面了解离子液体的性质和应用提供了更多层次的关注。本书对促进我国离子液体的理论和技术创新、各领域之间的相互交流和合作将产生极为重要的影响。

本书的出版是众多专家学者共同努力的结晶，在此谨向他们表示感谢，本书的出版也得到了国家科学技术学术著作出版基金的资助，在此一并表示衷心的感谢。本书内容涵盖离子液体研究的不同领域，各部分内容相对独立，对于交叉部分，考虑到各部分的完整性会有一些必要的重复，敬请读者谅解。由于离子液体是一门新兴的多学科交叉渗透的领域，涉及知识面广，而我们的知识和经历都十分有限，有些观点和结论尚待商讨，错误、纰漏之处难以避免，敬请广大读者批评指正。

作　者

2008 年 12 月

目　　录

第1章 离子液体与绿色化学展望

1.1 离子液体性质及其在绿色化学中的应用

离子液体也称为室温离子液体或低温熔融盐，通常是指熔点低于 100 ℃的有机盐。由于完全由离子组成，离子液体有许多不同于常规有机溶剂的性质，如熔点低、不挥发、液程范围宽、热稳定性好、溶解能力强、性质可调、不易燃烧、电化学窗口宽等。由于具有不挥发等特性，许多离子液体可以作为绿色溶剂。可以通过设计和改变阴阳离子的结构和组成来调节离子液体的性质，以达到特定的应用目的。

离子液体的性质是其应用的基础，因此研究离子液体的性质，无论是从研究还是从工业应用的角度上讲都是必要的。离子液体的性质及应用研究在文献中已经有大量报道[1~6]，在这里主要介绍我们最近在此方面的一些研究结果。

1.1.1 离子液体的性质研究

1. 离子液体在有机溶剂溶液中的微极性和聚集行为

在实际应用中，离子液体一般与其他物质共存，如反应物、催化剂、产物、萃取剂等。有研究表明，混合溶剂可以用于调节反应速率和选择性[7,8]。因此，加深对离子液体的结构及其物理化学性质的了解是很有必要的。许多研究者开展了这方面的研究，如 Brennecke 等分别研究了咪唑基离子液体与水和醇的相行为[9,10]；Seddon 等研究了水和有机溶剂对离子液体黏度、密度、核磁中氢原子位移的影响[2]；活度系数、气体溶解度等性质也已经有所研究[11,12]。有人还研究了 [bmim][PF$_6$]/水、[bmim][PF$_6$]/乙醇、[bmim][PF$_6$]/乙醇/水体系中染料的显色行为，发现显色剂的行为有异常现象[13~15]。

通过光谱方法对离子液体及其溶液的性质进行研究[16~18]，发现离子液体中存在着特殊的结构。另外，一些研究者通过计算模拟提供了纯离子液体体系结构方面的一些信息[19,20]。有研究表明，当水在离子液体中浓度较低时，水分子彼此分散；而浓度较高时，水分子之间形成聚集体[21,22]。有研究者发现短链离子液体在水和氯仿中能形成聚集体[23,24]。与纯离子液体相比，对离子液体溶液的研究相对较少，其物理化学性质还需要进一步研究。

极性参数 π* 可以用来衡量溶剂和溶质之间的相互作用，如色散力、诱导力、静电力。也就是说，它可以用来表征溶剂的偶极距和极化率[25~28]。π* 与探针在溶剂中的电子跃迁能有关,可以通过探针最大吸收波长的位置计算得到。我们以 N, N-二甲基 -4- 硝基苯胺为探针测定了 π^* 随离子液体溶液浓度的变化 (图 1.1)[29]。

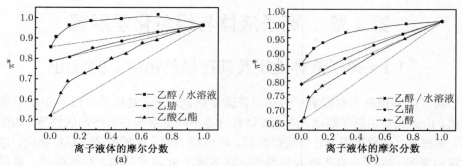

图 1.1 [bmim][PF$_6$](a)、[bmim][BF$_4$](b) 溶液中 π^* 随离子液体体积分数的变化

乙醇水溶液中,水和乙醇的物质的量比为 4:6

如果溶液为理想溶液,探针周围微观环境的组成与体相的组成相同,π^* 应与离子液体的体积比呈线性关系,如图 1.1 中虚线所示。两种离子液体的乙腈溶液 π^* 曲线偏离直线较小,其他几种溶液中偏离较大。这表明,乙腈溶液中离子液体的聚集不明显,其他溶液中离子液体有明显的聚集,即使是在稀溶液中也是如此。

为了更清楚地了解在没有探针的情况下,离子液体在溶液中的聚集,Li 等测定了离子液体摩尔电导率随浓度的变化[29],图 1.2 是 [bmim][PF$_6$] 在乙醇水溶液和乙酸乙酯中的摩尔电导率随浓度的变化。可以看出,[bmim][PF$_6$] 在乙醇水溶液中的摩尔电导率随浓度的增大而减小,在 0.505 mol/L 处出现一个折点。这是由于随离子液体浓度增大,离子之间的相互作用增强,从而使离子运动速率降低,导电能力降低。当浓度达到一定程度时,离子液体聚集体开始形成。[bmim][PF$_6$] 在乙

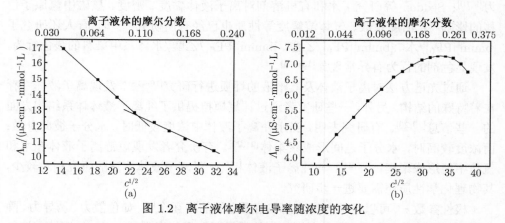

图 1.2 离子液体摩尔电导率随浓度的变化

(a) [bmim][PF$_6$]– 乙醇水溶液,水和乙醇的物质的量比为 4:6;(b) [bmim][PF$_6$]– 乙酸乙酯溶液

酸乙酯溶液中的摩尔电导率随浓度的增加先增大后降低，出现极大值。可能的原因是：溶液中，离子、离子对、离子液体聚集体并存，在较低浓度范围内，离子液体主要以离子对形式存在，而离子对是电中性，对电导的贡献很小，浓度增加有利于形成大的带电聚集体，从而使摩尔电导率升高；浓度继续增加，由于离子间相互作用的增强以及溶液的黏度增加，导致摩尔电导率下降。

2. 水和有机溶剂对离子液体解离的影响

研究表明，溶剂可以强烈地影响离子液体的物理性质，如黏度[2,30,31]、极性[32]和溶解性[15,33]。一些研究者报道了离子液体溶液的电导率[34~38]，但这方面的数据非常有限。虽然实验和计算机模拟都证实了离子液体和离子液体溶液中离子对的存在[18,20,39]，但分子溶剂对离子缔合的影响及机理并不清楚。

Tokuda 等[40] 测定了 N, N-二乙基-N-2-甲氧基乙基-N-甲基铵与不同阴离子组成的离子液体及其在环状碳酸酯、1, 2-二氯乙烷中的电导率和自扩散系数。由扩散系数计算所得的摩尔电导率远远大于实测摩尔电导率，由此可推测这两种溶剂显著地促进了离子液体的缔合。另外，有研究显示，水的存在对 [bmim][PF$_6$] 的缔合几乎无影响[41]。

Li 等[42] 分别测定了不同温度下，[bmim][PF$_6$]、[bmim][BF$_4$]、[bmim][CF$_3$COO]的密度、黏度和电导率。离子液体的密度随温度的上升直线下降；在同一温度下，三种离子液体的密度随阴离子摩尔质量的降低而降低，其密度大小顺序为：[bmim] [PF$_6$]>[bmim][CF$_3$COO]> [bmim][BF$_4$]。离子液体的电导率随温度的升高而升高、黏度随温度的升高而下降。在同一温度下，三种离子液体的黏度大小顺序为 [bmim][PF$_6$]>[bmim][BF$_4$]>[bmim][CF$_3$COO]，电导率的大小顺序正好相反。研究表明，纯离子液体的解离几乎与温度无关[43~47]，因此，可以近似认为离子液体的电导率只与黏度有关。图 1.3 中纯离子液体电导率随黏度倒数的直线变化也证明了这一点。同时，图 1.3 也给出了各种溶液电导率随淌度 (η^{-1}) 的变化。溶液的电导率随淌度的增大而增大，当少量溶剂加入时，同一种离子液体的各种溶液在同一黏度时摩尔电导率差别不明显。当更多的溶剂加入后，溶液的黏度进一步下降时，不同溶剂对离子液体摩尔电导率的影响差别增大。所有的有机溶剂溶液中离子液体的摩尔电导率都比相应黏度下的纯离子液体的摩尔电导率低，而水溶液中离子液体的摩尔电导率高于相应离子液体的摩尔电导率。有机溶剂的介电常数对离子液体的摩尔电导率影响很大，介电常数越小，溶液中离子液体的摩尔电导率与纯离子液体的摩尔电导率偏差越大。由此可知，所用的有机溶剂都有助于促进离子液体的缔合；而水会有效地促进离子液体的解离。可能是因为水有高的介电常数及很强的与离子液体阴离子形成氢键的能力，从而能有效地解离离子液体的聚集体。

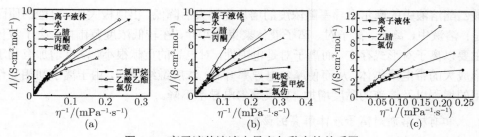

图 1.3　离子液体溶液电导率与黏度的关系图

(a) [bmim][PF$_6$]；(b) [bmim][BF$_4$]；(c) [bmim][CF$_3$COO]

3. 离子液体–分子溶剂溶液中离子电导率的测量与关联

对于无机盐来说，其熔点高，在常温下需要大量溶剂才能形成液体，因此研究富盐相的电导难度很大。离子液体具有较低的熔点，为研究富盐相中电解质的电导率提供了新的机会。

Li 等[48] 测定了 25 ℃下，[bmim][PF$_6$]、[bmim][BF$_4$] 与不同分子溶剂所形成的溶液的电导率。结果表明，增加分子溶剂的浓度能大大提高离子液体的摩尔电导率，如图 1.4、图 1.5 所示。他们对所得的结果进行了关联，结果表明，溶液中离子液体的摩尔电导率可以通过下面的公式得出：

$$[\text{bmim}][\text{BF}_4]：\varLambda_{\text{B}} = \varLambda_{0\text{B}}\text{e}^{\frac{x_s}{2.89-0.0125\varepsilon-0.558\ln Vm}} \tag{1.1}$$

$$[\text{bmim}][\text{PF}_6]：\varLambda_{\text{P}} = \varLambda_{0\text{P}}\text{e}^{\frac{x_s}{1.58-0.0069\varepsilon-0.284\ln Vm}} \tag{1.2}$$

式中，$\varLambda_{\text{B}}$、$\varLambda_{\text{P}}$ 分别为 [bmim][BF$_4$]、[bmim][PF$_6$] 在离子液体–分子溶剂溶液中的摩尔电导率；$\varLambda_{0\text{B}}$、$\varLambda_{0\text{P}}$ 分别为纯 [bmim][BF$_4$]、纯 [bmim][PF$_6$] 的摩尔电导率；ε、V_m 分别为分子溶剂的介电常数和摩尔体积。通过以上公式计算得到的数据绘于图 1.4、图 1.5 中。对大多数溶液来说，实验数据与计算得到的结果一致性较好。这表明，溶液的电导率可根据纯离子液体的摩尔电导率和纯分子溶剂的介电常数和摩尔体积进行计算。

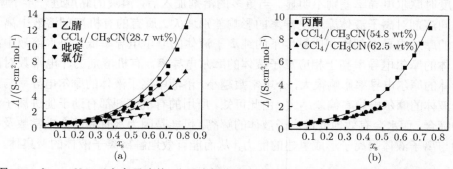

图 1.4　[bmim][BF$_4$]在离子液体–分子溶剂溶液中摩尔电导率实验数据与计算数据比较

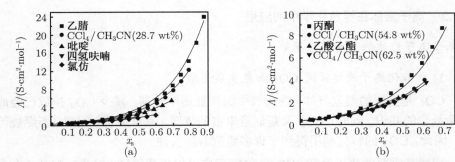

图 1.5　[bmim][PF$_6$]在离子液体–分子溶剂溶液中摩尔电导率实验数据与计算数据比较

4. CO$_2$ 在氯化胆碱 + 尿素低共熔物中的溶解

由氯化胆碱组成的低共熔物含有高的离子浓度，其性质与普通的分子溶剂有很大不同，而是更接近于离子液体的性质[49~51]。氯化胆碱与尿素混合能在很大程度上降低熔点，当其物质的量比为 1:2 时，熔点为 12 ℃，低于其中任何一个组分的熔点 (氯化胆碱的熔点是 302 ℃，尿素的熔点为 133 ℃)。作为一个环境友好的溶剂，此共熔物被用于材料合成[52]、化学反应等方面[53]，并在许多领域具有良好的应用前景[49,51]。

CO$_2$ 与其他绿色溶剂的结合是一个令人感兴趣的研究领域[54]。一些绿色溶剂在吸收和分离气体方面有潜在的应用前景。研究 CO$_2$–绿色溶剂的相行为对于它们的有效利用是非常有必要的。Li 等[55] 测定了不同温度、压力、组成下 CO$_2$ 在氯化胆碱–尿素共熔物中的溶解度。图 1.6 是氯化胆碱与尿素物质的量比为 1:2 时的 CO$_2$ 溶解度曲线。结果表明，在同一温度和压力下，氯化胆碱与尿素物质的量比为 1:2 时，CO$_2$ 在其中有着最大的溶解度。在实验范围内，CO$_2$ 的物质的量比可大于 0.3。根据实验结果，计算得到了不同温度下的亨利系数和溶解焓。所得溶解焓为负值，表明溶解过程为放热过程。

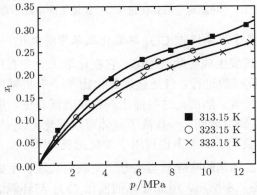

图 1.6　CO$_2$ 在氯化胆碱–尿素中的溶解度曲线 (物质的量比为 1:2)

1.1.2 离子液体在绿色化学中的应用

1. 新型离子液体的开发与应用

1) 功能化离子液体促进 CO_2 加氢生成甲酸

CO_2 是主要的温室气体，在大气中的含量逐年升高，减少 CO_2 排放已经成为国际社会的共识。同时，CO_2 又是储量丰富的碳源，具有廉价、无毒、不燃烧等优点。因此，CO_2 的转化利用得到了许多研究者的关注。

甲酸是重要的化工原料，CO_2 与 H_2 反应可以生成甲酸，但此反应是一个自由能增大的过程，不能自发进行，需要在反应体系中加入碱以促进反应的顺利进行。如果加入无机碱，反应产物为甲酸盐，要得到甲酸需要相应数量的酸来置换；如果加入有机碱，分离甲酸与碱要经过复杂的分馏过程[56~58]。以上方法过程复杂、能量消耗大。

Zhang 等[59] 设计合成了带有三级胺的离子液体，用来促进 CO_2 加氢反应的进行。实验结果表明，1 mol 离子液体可以促进 1 mol 甲酸的生成。同时，采用固载催化剂，反应完成后，催化剂可以通过过滤分离。由于离子液体不挥发，反应完成后，可以通过简单的加热来分离甲酸和离子液体。离子液体和催化剂可以重复使用，其实验原理及离子液体结构见图 1.7。

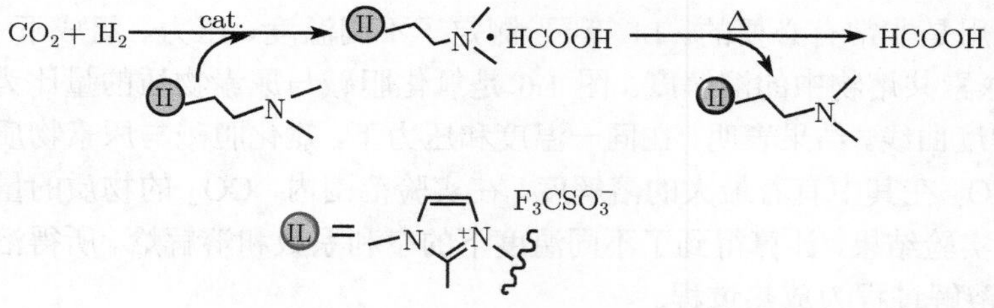

图 1.7　功能离子液体促进 CO_2 加氢生成甲酸示意图

2) 高分子接枝离子液体促进 CO_2 环氧化及苯甲醇氧化

CO_2 可以与环氧烷生成环状碳酸酯，它在化学工业中有广泛的应用。多种催化剂已用于催化该反应的进行，包括金属氯化物[60]、有机碱[61]、金属氧化物[62]、沸石[63]、合金[64~66] 等。然而，这些催化剂存在着活性低、选择性差、需要高温和助催化剂等缺点。研究表明，一些离子液体可以催化 CO_2 与环氧烷的环加成反应[67~69]，离子液体负载于硅胶上也可用于催化此反应[70]。

Xie 等[71] 将带乙烯基的咪唑盐与高分子交联剂共聚合生成高度交联聚合物接枝的离子液体，如图 1.8 所示。用此催化剂催化 CO_2 与环氧烷的环加成反应，活性高、选择性高、性能稳定、分离方便，重复使用 5 次，催化活性无明显降低。

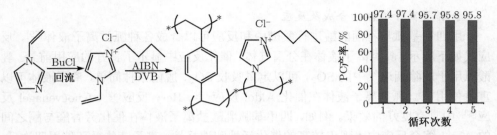

图 1.8　高度交联聚合物接枝离子液体的合成及其催化 CO_2 环加成反应重复利用效果图

AIBN：偶氮二异丁腈 (azodiisobutyronitrile) DVB：二乙烯基苯 (divinylbenzene)

将醇氧化为醛、酮、羧酸是工业上一类重要的化学反应，工业上应用的催化剂一般为有毒的重金属，如 Cr、Mn 等[72~74]，并产生大量的废物[75]。Xie 等[76] 将过钌酸根通过离子交换固定在高度交联接枝离子液体的聚合物上 (图 1.9)，可以有效地催化苯甲醇氧化为苯甲醛。反应在甲苯、二氯甲烷和超临界 CO_2 中进行，其中在超临界 CO_2 中速率最快。可能是因为超临界 CO_2 可以消除气液两相传质阻力、提高扩散速率。反应完成后，产物可以通过超临界 CO_2 萃取，催化剂可以重复使用，并且重复使用 4 次后，催化剂仍有较高的活性。

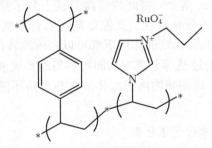

图 1.9　固载过钌酸根催化剂结构

3) 脯氨酸胆碱离子液体的合成及催化 Aldol 反应

在环境保护日益受重视的今天，用可再生资源合成离子液体更符合绿色化学的要求，有研究者利用可再生原料合成了离子液体[77]。

Hu 等[78] 通过离子交换，合成了脯氨酸胆碱离子液体 (图 1.10)，可用于催化多种酮与芳香醇在水中进行 Aldol 反应。反应可以在很短的时间内完成，产率高，大多数情况下没有脱水副产物。反应完成后，产物与水相分离；通过简单分离，含离子液体的水相可以直接用于下一次反应，活性没有明显降低。

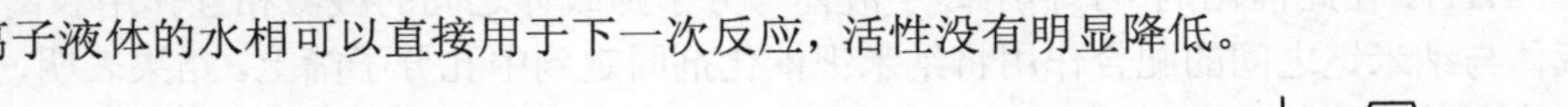

图 1.10　脯氨酸胆碱离子液体合成示意图

4) 胍类离子液体的合成及反应

用四甲基胍与不同的酸进行酸碱中和反应可以合成各种胍类离子液体[79]，反应式如下所示。胍类离子液体在分离气体、催化反应中显示了良好的应用前景。乳酸胍用于脱除烟道气中的 SO_2，可以定量吸收 SO_2，脱附条件简单，离子液体可以重复使用[80]。胍类离子液体在催化 Aldol 反应[81]、Hery 反应[82]、Knoevenagel 反应[83] 中具有良好的效果。例如，四甲基胍乳酸盐离子液体在催化芳香醛与酮之间的 Aldol 缩合反应中表现出较高的催化活性和选择性，离子液体循环使用四次后，其催化活性和选择性没有明显降低；四甲基胍三氟乙酸盐催化 Hery 反应中，离子液体重复使用 15 次，催化活性无明显下降。

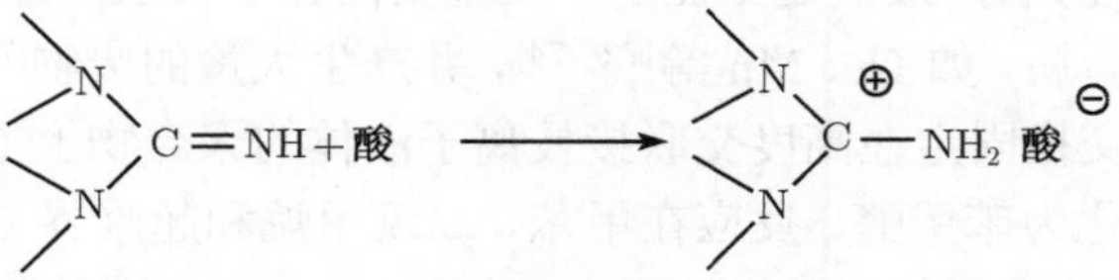

5) 氯化胆碱 + 尿素共熔物在催化 CO_2 与环氧烷加成中的应用

如上所述，氯化胆碱和尿素物质的量比为 1:2 的条件下，可以形成熔点为 12 ℃ 的低温共熔盐。Zhu 等[53] 将此共熔盐负载于分子筛上催化 CO_2 与环氧烷加成反应，显示了良好的催化活性。此催化剂还具有较宽的底物适用范围，不同取代基的环氧化合物在此催化剂的作用下都可以高效地转化为相应的环状碳酸酯。反应完成后，通过简单的过滤等分离方法即可容易地实现催化剂与产物的分离，进而重复利用。结果表明，该固载的离子液体催化剂在循环使用 5 次后，活性没有明显降低。

2. 离子液体稳定金属纳米粒子催化剂

金属纳米微粒由于尺寸小、比表面积大，表现出优良的催化剂性能[84~86]。在离子液体 [bmim][PF$_6$] 中用邻菲二菲保护的钯纳米催化剂，用于催化不同烯烃的氢化反应[87]。该催化体系表现出很好的催化活性和很好的稳定性，对二烯烃的氢化有很高的选择性，几乎能够完全使二烯烃生成烯烃，然后才进一步催化氢化烯烃成为烷烃。催化剂连续使用 10 次，催化活性无明显降低。

Huang 等[88] 提出了利用碱性离子液体乳酸四甲基胍 [TMGL] 制备固载纳米钯催化剂的方法，并制备了以分子筛为载体、用离子液体稳定的金属钯纳米催化剂 (图 1.11)。在此催化剂中，利用离子液体与分子筛载体之间的酸碱相互作用和离子液体与纳米钯之间的配合作用将纳米钯催化剂固定到中孔分子筛上。结果表明，该催化剂催化烯烃氢化反应具有很高的催化活性和稳定性，比相应的直接负载的纳米钯金属催化剂的催化活性高约 200 倍，充分体现了离子液体、载体和纳米钯粒子之间良好的协同作用。在此基础上，进一步用四甲基胍离子将纳米金属催化剂负载到分子筛上。结果表明，负载的纳米金属钌催化剂对催化苯的氢化[89]、负载的纳米金属钯催化剂催化 Heck 反应都显示出了极高的催化活性和稳定性[90]。

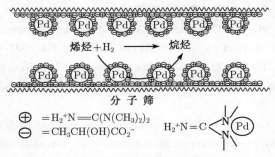

图 1.11　离子液体负载纳米钯催化剂示意图

3. 离子液体/CO_2 体系中的电化学反应

以各种溶剂如水[91,92]、甲醇[93,94] 以及一些无质子溶剂[95] 作为电解质，对二氧化碳进行电还原的研究已有不少的报道。这些溶剂各有优缺点。CO_2 可以在离子液体中大量溶解，而离子液体在 CO_2 中不溶[54]，因此可以用 CO_2 把物质从离子液体中萃取出来而不发生交叉污染；CO_2 溶于离子液体可以大大降低离子液体的黏度[12]、提高体系的电导率[96]；另外，离子液体导电性能好，电化学稳定窗口比较宽，作为电解液可以起到溶剂和电解质双重作用。因此，可以用离子液体–CO_2 体系替代其他溶剂。

Zhao 等以 [bmim][PF_6] 为电解质，电解 CO_2 和水可以生成 CO 和 H_2 [97]。产物可以用超临界 CO_2 原位萃取回收，[bmim][PF_6] 在电解池内，重复使用 3 次，性能不变。这种方法提供了一种新的用 H_2O 和 CO_2 制备合成气的方法。他们还在离子液体/CO_2 两相体系中，对苯甲醇进行电化学氧化。研究表明，离子液体的种类、CO_2 压力、水量、苯甲醇浓度等因素对反应的电流效率和选择性都有较大影响[98]。

1.1.3　展望

离子液体作为一类新兴的溶剂或功能材料，具有许多优良的性质。然而目前对离子液体基础性质的认识还远远不够，此方面还需进一步开展研究。与其他溶剂和材料一样，离子液体有其固有的优点和缺点。合成绿色、便宜、功能化的离子液体，研究它们在各领域的应用、开发相关技术是一项长期的工作。

参 考 文 献

[1] Wasserscheid P, Welton T. Ionic Liquids in Synthesis. Wiley-VCH: Weinheim, 2003

[2] Seddon K R, Stark A, Torres M J. Influence of chloride, water, and organic solvents on

the physical properties of ionic liquids. Pure Appl Chem, 2000, 72: 2275~2287

[3] Dupont J, de Souza R F, Suarez P A Z. Ionic liquid (molten salt) phase organometallic catalysis. Chem Rev, 2002, 102: 3667~3692

[4] Tzschucke C C, Markert C, Bannwarth W, et al. Modern separation techniques for the efficient workup in organic synthesis. Angew Chem Int Ed, 2002, 41: 3964~4000

[5] Parvulescu V I, Hardacre C. Catalysis in ionic liquids. Chem Rev, 2007, 107: 2615~2665

[6] Greaves T L, Drummond C. J. Protic ionic liquids: properties and applications. Chem Rev, 2008, 108: 206~237

[7] Mo J S, Liu F, Xiao J L. Palladium-catalyzed regioselective Heck arylation of electron-rich olefins in a molecular solvent-ionic liquid cocktail. Tetrahedron, 2005, 61: 9902~9907

[8] Kim D W, Hong D J, Seo J W, et al. Hydroxylation of alkyl halides with water in ionic liquid: significantly enhanced nucleophilicity of water. J Org Chem, 2004, 69: 3186~3189

[9] Anthony J L, Maginn E J, Brennecke J F. Solution thermodynamics of imidazolium-based ionic liquids and water. J Phys Chem B, 2001, 105: 10942~10949

[10] Crosthwaite J M, Aki S N V K, Maginn E J, et al. Liquid phase behavior of imidazolium-based ionic liquids with alcohols: effect of hydrogen bonding and non-polar interactions. Fluid Phase Equilibria, 2005, 303: 228, 229

[11] Heintz A. Recent developments in thermodynamics and thermophysics of non-aqueous mixtures containing ionic liquids. J Chem Thermodynamics, 2005, 37: 525~535

[12] Liu Z M, Wu W Z, Han B X, et al. Study on the phase behaviors, viscosities, and thermodynamic properties of CO_2/[C_4mim][PF_6]/methanol system at elevated pressures. Chem Eur J, 2003, 9: 3897~3903

[13] Fletcher K A, Pandey S. Effect of water on the solvatochromic probe behavior within room-temperature ionic liquid 1-butyl-3-methylimidazolium hexafluorophosphate. Appl Spec, 2002, 56: 266~271

[14] Fletcher K A, Pandey S. Solvatochromic probe behavior within binary room-temperature ionic liquid 1-butyl-3-methyl imidazolium hexafluorophosphate plus ethanol solutions. Appl Spec, 2002, 56: 1498~1503

[15] Fletcher K A, Pandey S. Solvatochromic probe behavior within ternary room-temperature ionic liquid 1-butyl-3-methylimidazolium hexafluorophosphate plus ethanol plus water solutions. J Phys Chem B, 2003, 107: 13532~13539

[16] Mandal P K, Sarkar M, Samanta A. Excitation-wavelength-dependent fluorescence behavior of some dipolar molecules in room-temperature ionic liquids. J Phys Chem A, 2004, 108: 9048~9053

[17] Hu Z H, Marqulis C J. Heterogeneity in a room-temperature ionic liquid: persistent local environments and the red-edge effect. Proc Natl Acad Sci USA, 2006, 103: 831~836

[18]　Paul A, Mandal P K, Samanta A. On the optical properties of the imidazolium ionic liquids. J Phys Chem B, 2005, 109: 9148~9153

[19]　Wang Y T, Voth G A. Unique spatial heterogeneity in ionic liquids. J Am Chem Soc, 2005, 127: 12192, 12193

[20]　Canongia Lopes J N A, Padua A A H. Nanostructural organization in ionic liquids. J Phys Chem B, 2006, 110: 3330~3335

[21]　Cammarata L, Kazarian S G, Salter P A, et al. Molecular states of water in room temperature ionic liquids. Phys Chem Chem Phys, 2001, 3: 5192~5200

[22]　Lopez-Pastor M, Ayora-Canada M J, Valcarcel M, et al. Association of methanol and water in ionic liquids elucidated by infrared spectroscopy using two-dimensional correlation and multivariate curve resolution. J Phys Chem B, 2006, 110: 10896~10902

[23]　Bowers J, Butts C P, Martin P J, et al. Aggregation behavior of aqueous solutions of ionic liquids. Langmuir, 2004, 20: 2191~2198

[24]　Consorti C S, Suarez P A Z, de Souza R F, et al. Identification of 1,3-dialkylimidazolium salt supramolecular aggregates in solution J Phys Chem B, 2005, 109: 4341~4349

[25]　Lu J, Liotta C L, Eckert C A. Spectroscopically probing microscopic solvent properties of room-temperature ionic liquids with the addition of carbon dioxide. J Phys Chem A, 2003, 107: 3995~4000

[26]　Katritzky R, Fara D C, Yang H, et al. Quantitative measures of solvent polarity. Chem Rev, 2004, 104: 175~198

[27]　Laurence C, Nicolet P, Dalati M T, et al. The empirical treatment of solvent-solute interactions: 15 years of π^*. J Phys Chem, 1994, 98: 5807~5816

[28]　Kamlet M J, Abbound J L M, Taft R W. The solvatochromic comparison method. 6. The π^* scale of solvent polarities. J Am Chem Soc, 1977, 99: 6027~6038

[29]　Li W J, Zhang Z F, Zhang J L, et al. Micropolarity and aggregation behavior in ionic liquid plus organic solvent solutions. Fluid Phase Equilibria, 2006, 248: 211~216

[30]　Wang J J, Tian Y, Zhao Y, et al. A volumetric and viscosity study for the mixtures of 1-n-butyl-3-methylimidazolium tetrafluoroborate ionic liquid with acetonitrile, dichloromethane, 2-butanone and N, N-dimethylformamide. Green Chem, 2003, 5: 618~622

[31]　Widegren J A, Laesecke A, Magee J W. The effect of dissolved water on the viscosities of hydrophobic room-temperature ionic liquids. Chem Commun, 2005, 1610~1612

[32]　Aki S N V K, Brennecke J F, Samanta A. How polar are room-temperature ionic liquids? Chem Commun, 2001, 413~414

[33]　Chakrabarty D, Chakraborty A, Seth D, et al. Effect of water, methanol, and acetonitrile on solvent relaxation and rotational relaxation of coumarin 153 in neat 1-hexyl-3-methylimidazolium hexafluorophosphate. J Phys Chem A, 2005, 109: 1764~1769

[34] Jarosik A, Krajewski S R, Lewandowski A, et al. Conductivity of ionic liquids in mixtures. J Molecular Liquids, 2006, 123: 43~50

[35] Nishida T, Tashiro Y, Yamamoto M. Physical and electrochemical properties of 1-alkyl-3-methylimidazolium tetrafluoroborate for electrolyte. J Fluorine Chemistry, 2003, 120: 135~141

[36] Widegren J A, Saurer E M, Marsh K N, et al. Electrolytic conductivity of four imidazolium-based room-temperature ionic liquids and the effect of a water impurity. J Chem Thermodynamics, 2005, 37: 569~575

[37] Zhang J M, Wu W Z, Jiang T, et al. Conductivities and viscosities of the ionic liquid [bmim][pf$_6$] + water + ethanol and [bmim][pf$_6$] + water + acetone ternary mixtures. J Chem Eng Data, 2003, 48: 1315~1317

[38] Xu H T, Zhao D C, Xu P, et al. Conductivity and viscosity of 1-allyl-3-methyl-imidazolium chloride + water and + ethanol from 293.15 K to 333.15 K. J Chem Eng Data, 2005, 50: 133~135

[39] Wang Y T, Voth G A. Unique spatial heterogeneity in ionic liquids. J Am Chem Soc, 2005, 127: 12192, 12193

[40] Tokuda H, Baek S J, Watanabe M. Room-temperature ionic liquid-organic solvent mixtures: conductivity and ionic association. Electrochemistry, 2005, 73: 620~622

[41] Kanakubo M, Umecky T, Aizawa T, et al. Water-induced acceleration of transport properties in hydrophobic 1-butyl-3-methylimidazolium hexafluorophosphate ionic liquid. Chem Lett, 2005, 34: 324, 325

[42] Li W J, Zhang Z F, Han B X, et al. Effect of water and organic solvents on the ionic dissociation of ionic liquids. J Phys Chem B, 2007, 111: 6452~6456

[43] Noda A, Hayamizu K, Watanabe M. Pulsed-gradient spin-echo 1h and 19f nm ionic diffusion coefficient, viscosity, and ionic conductivity of non-chloroaluminate room-temperature ionic liquids. J Phys Chem B, 2001, 105: 4603~4610

[44] Tokuda H, Hayamizu K, Ishii K, et al. Physicochemical properties and structures of room temperature ionic liquids. 1. Variation of anionic species. J Phys Chem B, 2004, 108: 16593~16600

[45] Tokuda H, Hayamizu K, Ishii K, et al. Physicochemical properties and structures of room temperature ionic liquids. 2. Variation of alkyl chain length in imidazolium cation. J Phys Chem B, 2005, 109: 6103~6110

[46] Tokuda H, Ishii K, Susan M A B H, et al. Physicochemical properties and structures of room-temperature ionic liquids. 3. Variation of cationic structures. J Phys Chem B, 2006, 110: 2833~2839

[47] Hayamizu K, Aihara Y, Nakagawa H, et al. Ionic conduction and ion diffusion in binary room-temperature ionic liquids composed of [emim][BF$_4$] and LiBF$_4$. J Phys Chem B, 2004, 108: 19527~19532

[48] Li W J, Han B X, Tao R T, et al. Measurement and correlation of the ionic conductivity of ionic liquid-molecular solvent solutions. Chinese J Chemistry, 2007, 25: 1349~1356

[49] Abbott P, Capper G, Davies D L, et al. Novel solvent properties of choline chloride/urea mixtures. Chem Commun, 2003, 70, 71

[50] Abbott P, Capper G, Davies D L, et al. Ionic liquid analogues formed from hydrated metal salts. Chem Eur J, 2004, 10: 3769~3774

[51] Avalos M, Babiano R, Cintas P, et al. Greener media in chemical synthesis and processing. Angew Chem Int Ed, 2006, 45: 3904~3908

[52] Cooper E R, Andrews C D, Wheatley P S, et al. Ionic liquids and eutectic mixtures as solvent and template in synthesis of zeolite analogues. Nature, 2004, 430: 1012~1016

[53] Zhu L, Jiang T, Han B X, et al. Supported choline chloride/urea as a heterogeneous catalyst for chemical fixation of carbon dioxide to cyclic carbonates. Green Chem, 2007, 9: 169~172

[54] Blanchard L A, Hancu D, Bechman E J, et al. Green processing using ionic liquids and CO_2. Nature, 1999, 399: 28, 29

[55] Li X Y, Hou M Q, Han B X, et al. Solubility of CO_2 in a choline chloride + urea eutectic mixture. J Chem Eng Data, 2008, 53: 548~550

[56] Jessop P G, Ikariya T, Noyori R. Homogeneous hydrogenation of carbon dioxide. Chem Rev, 1995, 95: 259~272

[57] Leitner W. Carbon-dioxide as a raw-material - the synthesis of formic-acid and its derivatives from CO_2. Angew Chem Int Ed, 1995, 34: 2207~2221

[58] Jessop P G, Joó F, Tai C C. Recent advances in the homogeneous hydrogenation of carbon dioxide. Coordin. Chem Rev, 2004, 248: 2425~2442

[59] Zhang Z F, Xie Y, Li W J, et al. Hydrogenation of carbon dioxide is promoted by a task-specific ionic liquid. Angew Chem Int Ed, 2008, 47: 1127~1129

[60] Kihara N, Hara N, Endo T. Catalytic activity of various salts in the reaction of 2,3-epoxypropyl phenyl ether and carbon dioxide under atmospheric pressure. J Org Chem, 1993, 58: 6198~6202

[61] Kawanami H, Ikushima Y. Chemical fixation of carbon dioxide to styrene carbonate under supercritical conditions with DMF in the absence of any additional catalysts. Chem Commun, 2000, 2089, 2090

[62] Yasuda H, He L N, Sakakura T. Cyclic carbonate synthesis from supercritical carbon dioxide and epoxide over lanthanide oxychloride. J Catal, 2002, 209: 547~550

[63] Tu M, Davis R J. Cycloaddition of CO_2 to epoxides over solid base catalysts. J Catal, 2001, 199: 85~91

[64] Srivastava R, Srinivas D, Ratnasamy P. Synthesis of polycarbonate precursors over titanosilicate molecular sieves. Catal Lett, 2003, 91: 133~139

[65] Bhanage M, Fujita S, Ikushima Y, et al. Synthesis of dimethyl carbonate and glycols from carbon dioxide, epoxides and methanol using heterogeneous Mg containing smectite catalysts: effect of reaction variables on activity and selectivity performance. Green Chem., 2003, 5: 71~75

[66] Paddock R L, Nguyen S T. Chemical CO_2 fixation: Cr(III) salen complexes as highly efficient catalysts for the coupling of CO_2 and epoxides. J Am Chem Soc, 2001, 123: 11498, 11499

[67] Peng J J, Deng Y Q. Cycloaddition of carbon dioxide to propylene oxide catalyzed by ionic liquids. New J Chem 2001, 25: 639~641

[68] Calo V, Nacci A, Monopoli A. Cyclic carbonate formation from carbon dioxide and oxiranes in tetrabutylammonium halides as solvents and catalysts. Org Lett, 2002, 4: 2561~2563

[69] Kawanami H, Sasaki A, Matsuia K, et al. A rapid and effective synthesis of propylene carbonate using a supercritical CO_2-ionic liquid system. Chem Commun, 2003, 896, 897

[70] Wang J Q, Yue X D, Cai F, et al. Solventless synthesis of cyclic carbonates from carbon dioxide and epoxides catalyzed by silica-supported ionic liquids under supercritical conditions. Catal Commun, 2007, 8: 167~172

[71] Xie Y, Zhang Z F, Jiang T, et al. CO_2 cycloaddition reactions catalyzed by an ionic liquid grafted onto a highly cross-linked polymer matrix. Angew Chem Int Ed, 2007, 46: 7255~7258

[72] Corey E J, Schmidt G. Useful procedures for the oxidation of alcohols involving pyridinium dichromate in approtic media. Tetrahedron Lett, 1979, 20: 399~402

[73] Lee R A, Donald D S. Magtrieve(TM) an efficient, magnetically retrievable and recyclable oxidant. Tetrahedron Lett, 1997, 38: 3857~3860

[74] HiranoM, Yakaba S, Chikamori H, et al. Oxidation by chemical manganese dioxide. Part 1. Facile oxidation of benzylic alcohols in hexane. J Chem Res Synop, 1998, 308~312

[75] CueW. Future success of the chemical enterprise depends upon recognizing and adapting to change. Chem Eng News, 2005, 83(39): 46

[76] Xie Y, Zhang Z F, Hu S Q, et al. Aerobic oxidation of benzyl alcohol in supercritical CO_2 catalyzed by perruthenate immobilized on polymer supported ionic liquid. Green Chem, 2008, 10: 286~290

[77] Handy S T. Greener solvents: room temperature ionic liquids from biorenewable sources. Chem Eur J, 2003, 9: 2938~2944

[78] Hu S Q, Jiang T, Zhang Z F, et al. Functional ionic liquid from biorenewable materials: synthesis and application as a catalyst in direct aldol reactions. Tetrahedron Lett, 2007, 48: 5613~5617

[79] Gao H X, Han B X, Li J C, et al. Preparation of room-temperature ionic liquids by

neutralization of 1,1,3,3-tetramethylguanidine with acids and their use as media for Mannich reaction. Syn Commun, 2004, 34: 3083~3089

[80] Wu W Z, Han B X, Gao H X, et al. Desulfurization of flue gas: SO_2 absorption by an ionic liquid. Angew Chem Int Ed, 2004, 43: 2415~2417

[81] Zhu L, Jiang T, Wang D, et al. Direct aldol reactions catalyzed by 1,1,3,3-tetramethylguanidine lactate without solvent. Green Chem, 2005, 7: 514~517

[82] Jiang T, Gao H X, Han B X, et al. Effect of ionic liquids on the chemical equilibrium of esterification of carboxylic acids with alcohols. Syn Commun, 2004, 34: 225~230

[83] Zhang J C, Jiang T, Han B X, et al. Knoevenagel condensation catalyzed by 1,1,3,3-tetramethylguanidium lactate. Syn Commun, 2006, 36: 3305~3317

[84] Bradley J S. In Clusters and colloids: from theory to application. In: Schmid G. The Chemistry of Transition Metal Colloids. VCH: New York, 1994. 459

[85] Rao N R, Kulkarni G U, Thomas P J, et al. Metal nanoparticles and their assemblies. Chem Soc Rev, 2000, 29: 27~35

[86] Aiken J D, Finke R G. A review of modern transition-metal nanoclusters: their synthesis, characterization, and applications in catalysis. J Mol Catal A Chem, 1999, 145: 1~44

[87] Huang J, Jiang T, Han B X, et al. Hydrogenation of olefins using ligand-stabilized palladium nanoparticles in an ionic liquid. Chem Commun, 2003, 1654, 1655

[88] Huang J, Jiang T, Gao H X, et al. Pd nanoparticles immobilized on molecular sieves by ionic liquids: heterogeneous catalysts for solvent-free hydrogenation. Angew Chem Int Ed, 2004, 43: 1397~1399

[89] Huang J, Jiang T, Han B X, et al. A novel method to immobilize Ru nanoparticles on SBA-15 firmly by ionic liquid and hydrogenation of arene. Catal Lett, 2005, 103: 59~62

[90] Ma X M, Zhou Y X, Zhang J C, et al. Solvent-free Heck reaction catalyzed by a recyclable Pd catalyst supported on SBA-15 via an ionic liquid. Green Chem, 2008, 10: 59~66

[91] Hara K, Tsuneto A, Kudo A, et al. Electrochemical reduction of CO_2 on a cu electrode under high-pressure-factors that determine the product selectivity. J Electrochem Soc, 1994, 141: 2097~2103

[92] Ishimaru S, Shiratsuchi R, Nogami G. Pulsed electroreduction of CO_2 on Cu-Ag alloy electrodes. J Electrochem Soc, 2000, 147: 1864~1867

[93] Schrebler R, Cury P, Herrera F, et al. Study of the electrochemical reduction of CO_2 on electrodeposited rhenium electrodes in methanol media. J Electroanal Chem, 2001, 516: 23~30

[94] Saeki T, Hashimoto K, Fujishima A, et al. Electrochemical reduction of CO_2 with high-current density in it co2-methanol medium. J Phys Chem, 1995, 99: 8440~8446

[95] Tomita Y, Teruya S, Koga O, et al. Electrochemical reduction of carbon dioxide at a platinum electrode in acetonitrile-water mixtures. J Electrochem Soc, 2000, 147: 4164~4167

[96] Zhang J M, Yang C H, Hou Z S, et al. Effect of dissolved CO_2 on the conductivity of the ionic liquid [bmim][PF_6]. New J Chem, 2003, 27: 333~336

[97] Zhao G Y, Jiang T, Han B X, et al. Electrochemical reduction of supercritical carbon dioxide in ionic liquid 1-n-butyl-3-methylimidazolium hexafluorophosphate. J Supercritical Fluids, 2004, 32: 287~291

[98] Zhao G Y, Jiang T, Wu W Z, et al. Electro-oxidation of benzyl alcohol in a biphasic system consisting of supercritical CO_2 and ionic liquids. J Phys Chem B, 2004, 108: 13052~13057

1.2 手性离子液体的合成及其在有机反应中的应用

手性是广泛存在的一种自然现象。作为生物体基本物质的氨基酸和糖类都是手性的。生物体内配体和受体的相互作用、生物体内的分子识别都与手性有关。手性化合物对映体中往往只有一种异构体具有特定的生理活性，另一异构体则无生理活性，甚至有毒副作用。据 1998 年 CEN 报道，目前世界上最畅销的 100 种药物中有 50 种是手性药物，它们主要用于治疗心血管疾病、中枢神经疾病和肿瘤等疾病上。此外，由于光学纯的手性化合物具有特殊的性质和功能，使它们在分子电子学、分子光学和特殊材料等方面得到更加广泛的关注。到 20 世纪 90 年代，手性分子的不对称合成就已经成为有机合成中的前沿和热点。从理论上讲，化学反应中任何形式手性源的存在都能引起产物的对映体过量，常用的方法有：反应底物所产生的手性诱导、催化剂所产生的手性诱导以及溶剂所产生的手性诱导。但是，实际研究过程中，人们比较关注前两种形式，成果也更为显著；对于手性溶剂所产生的手性诱导的研究和应用就相对要少得多。这是由于手性溶剂选择范围比较小，并且它们的手性诱导效果往往比较差。

随着对离子液体研究的广泛展开，人们自然关注到离子液体具有手性的问题。离子液体的结构中能否具有手性中心？采用什么原料、什么合成路线来合成手性离子液体？手性离子液体有没有用？有什么用？与其他手性试剂相比较有什么优点？等等问题，成了离子液体研究者思索和探索的焦点之一。随着新的手性离子液体不断被合成出来，有关手性离子液体的应用报道也逐年增多，这些问题也渐渐有了些许答案。

1.2.1 手性离子液体的合成

1997 年，Howarth 等合成得到首个带有两个手性中心的咪唑盐离子液体[1]，可以认为是人们对手性离子液体合成和应用研究的起点。Howarth 等从 (S)-1-溴-2-甲基丁烷和 TMS-咪唑合成了第一个手性离子液体并把它用在 Diels-Alder 反应中。反应用二氯甲烷为溶剂，而手性离子液体纯粹作为 Lewis 酸来催化反应，证明咪唑基离子液体可以催化 Diels-Alder 反应，但是得到的 ee 值并不高。反应式如下：

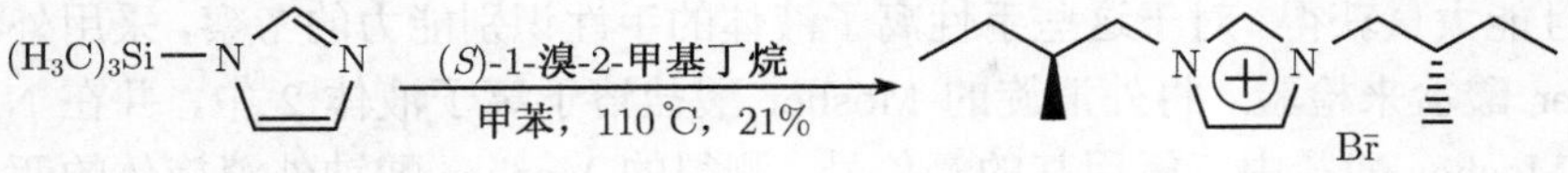

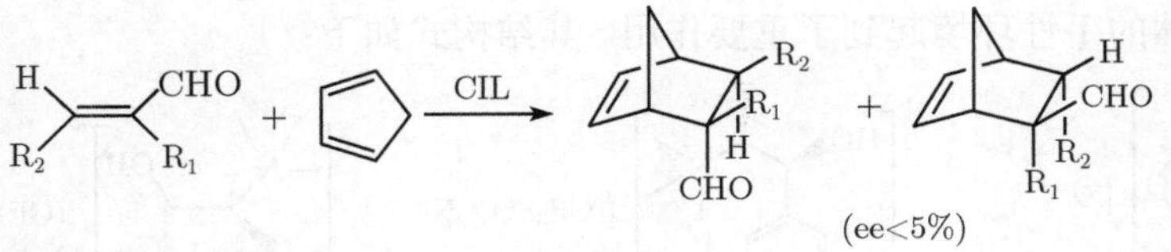

1998 年，Davis 等将一个含咪唑基的抗真菌药物咪康唑 (miconazole，本身含手性碳) 烷基化，合成得到一个高度官能团化的离子液体[2]，他们发现化合物 1 和 3 在室温下能呈液态数星期；化合物 3 的固–液转化温度在 86～89 ℃，而化合物 2 在室温下始终是液态，化合物 4 以一定比例与苯混合后能可逆地形成胶态。反应式如下：

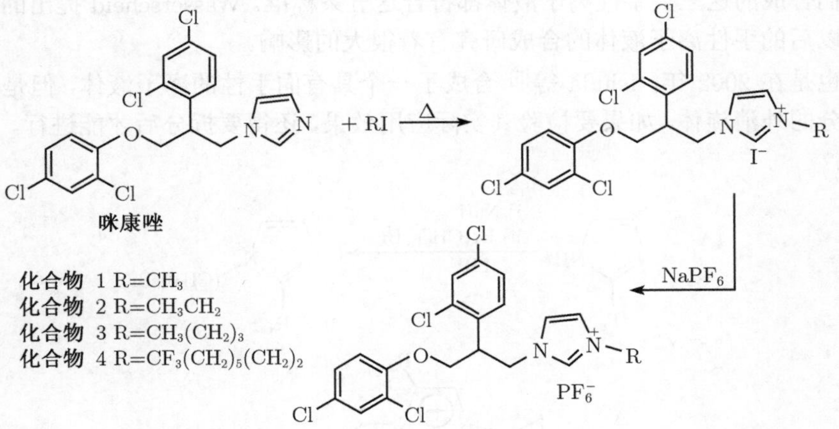

化合物　1 R=CH₃
化合物　2 R=CH₃CH₂
化合物　3 R=CH₃(CH₂)₃
化合物　4 R=CF₃(CH₂)₅(CH₂)₂

1999 年，Earle 等[3] 通过阴离子交换合成了乳酸为负离子的手性离子液体，用 [bmim][lactate] 这种手性离子液体为溶剂研究了丙烯酸乙酯与环戊二烯的 Diels-Alder 反应，得到很好的 endo/exo 选择性 (4.4:1 反应 2h，3.7:1 反应 24h)，但没有观察到手性诱导现象。

手性离子液体真正引起重视并受到广泛关注应该是从 Wasserscheid 的一篇论文开始的。2002 年，Wasserscheid[4] 在 *Chem Commun* 上发表了一篇论文，报道了三个手性离子液体的合成，首次提出了 "手性离子液体" 的概念，并提出手性离子液体应从大量易得的 "手性池" 原料来合成，以便于以后大量应用。这对后来手性离子液体的合成影响很大。他们合成的三个不同的手性离子液体中，1 和 3 都是

从 α- 氨基酸还原来的氨基醇做原料，2 是从麻黄碱经甲基化得到的。显然，原料廉价且能大量获得。对于这些手性离子液体的手性识别能力的考察，采用外消旋的 Mosher 酸盐来检验。将外消旋的 Mosher 酸盐溶于离子液体 2 中，并在 NMR 中观察 Mosher 酸盐中三氟甲基的氟信号，测得的 Mosher 酸钠外消旋体的两个氟甲基的氟信号有 10.68Hz 的分裂，证明原来的外消旋体已配对成为非对映异构体，手性离子液体的手性环境起到了重要作用。其结构式如下：

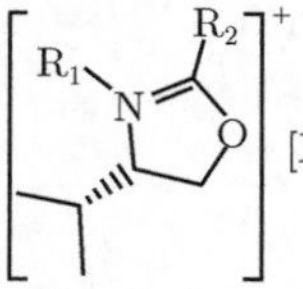

Wasserscheid 还提出了合成手性离子液体的五个原则：① 容易合成，能直接得到对映体，并放大到千克级；② 熔点低于 80 ℃；③ 热稳定性高于 100 ℃；④ 对于水和普通的有机物质有好的化学稳定性；⑤ 相对较低的黏度。Wasserscheid 认为他们合成的这三类手性离子液体都符合这五条标准。Wasserscheid 提出的这些观点对以后的手性离子液体的合成研究有着很大的影响。

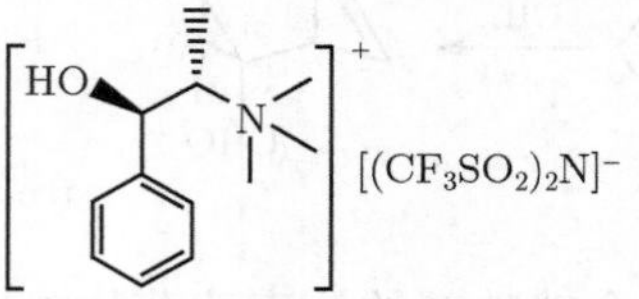

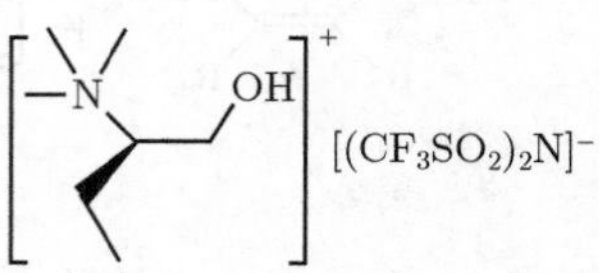

也是在 2002 年，Ishida 等[5] 合成了一个具有面手性的离子液体，但是一个未经拆分的外消旋体，如果要检验其实际应用效果，还得要拆分后才能进行。反应式如下：

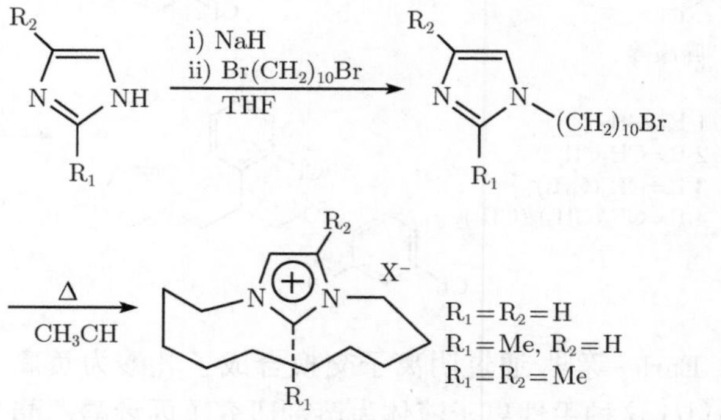

$X^- =Br^-$, $(CF_3SO_2)_2N^-$, $(C_2F_5SO_2)_2N^-$, $(1S)$-$(+)$-10-樟脑磺酸负离子

Bao 等[6] 基于 Wasserscheid 提出的合成手性离子液体的标准，即尽可能考虑以大量廉价易得的"手性池"为原料进行手性离子液体的合成，作者采用 α- 苯乙氨作为原料，用苯乙胺、甲醛、乙二醛和氨经缩合反应成功得到了含一个手性中心的咪唑基离子液体。但是得到的这个手性咪唑盐熔点在 90 ℃左右，这对于手性诱导反应来说并不是很合适，因为在许多不对称合成中，低温更有利于手性诱导。因此，作者直接从天然手性氨基酸合成目标手性离子液体。以天然氨基酸为原料合成

手性离子液体具有以下优点：① 光学纯度高，天然氨基酸都是以 D- 或 L- 型的单独存在，而以 L- 型氨基酸最为常见，因此就没有拆分和对映体过量的问题；② 天然氨基酸属于可再生资源，比较而言价廉物美，与当今绿色化学的这一潮流比较吻合；③ 用天然氨基酸合成得到的手性离子液体，由于它们的相对分子质量相对较小，有利于合成得到熔点较低的手性离子液体，这对其手性诱导作用的发挥也是十分有利的。反应式如下：

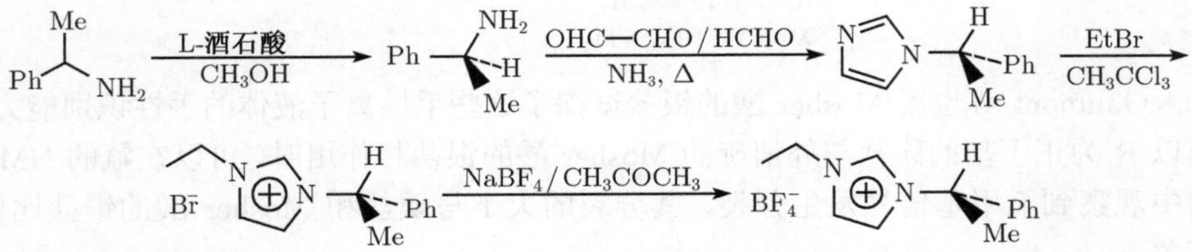

Bao 等又分别从价格比较便宜的 L-丙氨酸、L-缬氨酸和 L-亮氨酸合成手性离子液体。首先，L-氨基酸、乙二醛、甲醛和氨水在 NaOH 水溶液中进行一个四分子缩合反应；其次，在无水乙醇和氯化氢条件下进行酯化反应得到这个咪唑类化合物的乙酯 (以上两步的产率为 65%~70%)；接着，在 LiAlH₄ 和无水乙醚条件下进行还原反应得到这个咪唑类化合物的醇 (产率为 57%~60%)；最后，在 CH₃CCl₃ 加热条件下与溴代乙烷发生咪唑环的成盐反应，得到三个新型的咪唑盐手性离子液体 (产率为 80%~82%，a~c，mp = 5~16 ℃)。四步反应的总产率为 30%~33%。合成得到的新型手性离子液体溶于水、甲醇、丙酮等极性较大的溶剂，不溶于乙醚、CH₃CCl₃ 等极性较小的溶剂。反应式如下：

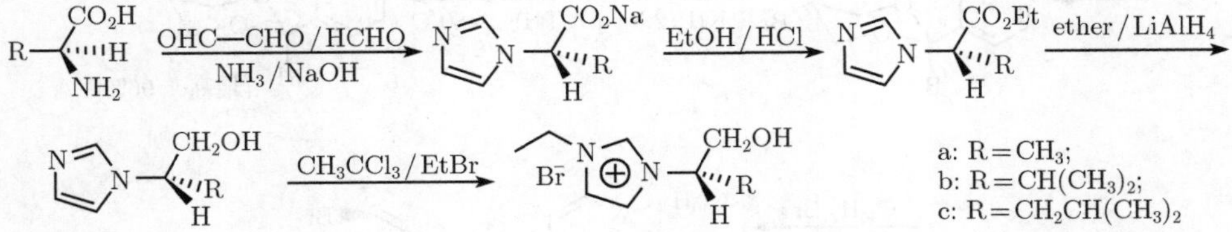

2003 年，Levillain[7] 也以氨基酸原料，还原得氨基醇后再与硫代酸缩合成噻唑啉。Levillain 认为噻唑啉盐比噁唑啉盐要稳定。上述化合物在酸碱性溶液中都不会水解，热稳定性可以达到 170 ℃ 以上。但当 R 为正丁基时，多数离子液体的熔点高于 110 ℃，例如，当负离子为 BF₄⁻ 熔点为 111 ℃，负离子为 [PF₆]⁻ 熔点为 136 ℃；只有当负离子为 [Tf₂N]⁻ 时，在室温下为液态 (玻璃化温度为 −68 ℃)。但是把 R 基团换成长链后，其相应的熔点降低了很多 ([PF₆]⁻ 盐为 42 ℃)。反应式如下：

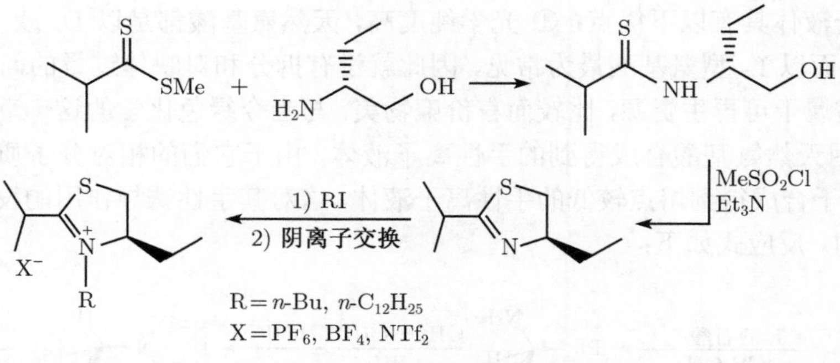

Gaumont 等也用 Mosher 酸的银盐试探了这些手性离子液体的手性识别能力。当以 R 为正丁基的碘盐与外消旋的 Mosher 酸的银盐相作用时，可以在氟的 NMR 谱中观察到氟甲基信号发生分裂，其分裂的大小与碘盐和 Mosher 酸的银盐比例有关。

2003 年，Gaumont 课题组[8] 还报道了他们合成的另一类手性离子液体，这类化合物具有轴手性，结构很漂亮，展示了有机合成的艺术魅力，而且这类轴手性不是从手性池原料中来，而是经不对称合成得到，其熔点也比较低，甚至低于 −20 ℃。反应式如下：

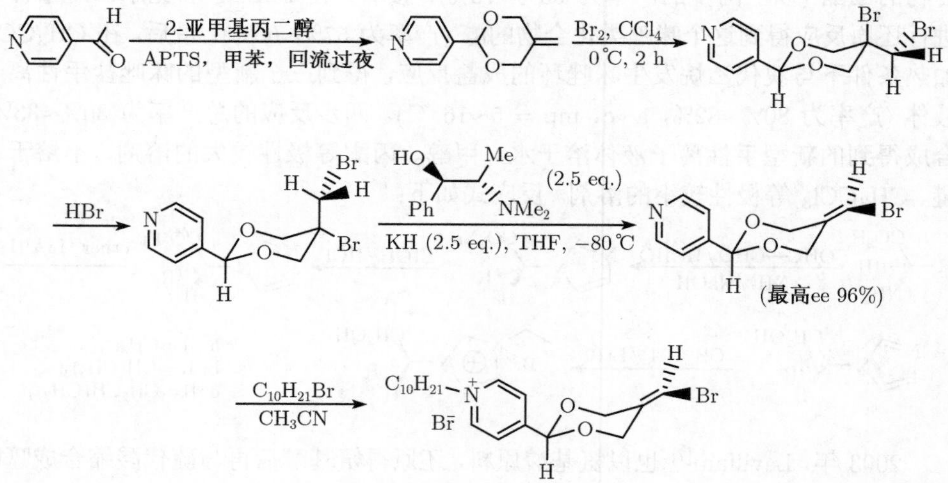

到 2004 年，手性离子液体的合成研究步入快速发展阶段，发表论文数明显增多。Clavier[9] 等用 L-缬氨酸出发，采用氨基保护的缬氨酸与 2-叔丁基苯胺反应生成酰胺，依次水解保护基 Boc，还原酰胺基，得到的二胺用原甲酸酯成环得到咪唑啉，再烷基化成咪唑啉盐，最终经离子交换成不同阴离子的离子液体。由此得到的手性离子液体，其手性碳位于咪唑啉环上。同时，作者也用 Mosher 酸的盐去检验离子液体的手性识别能力，发现能使 Mosher 酸中的 CF₃ 和 CH₃O 信号都发生分

离 ($\Delta\delta = 10 \sim 20$ Hz)。

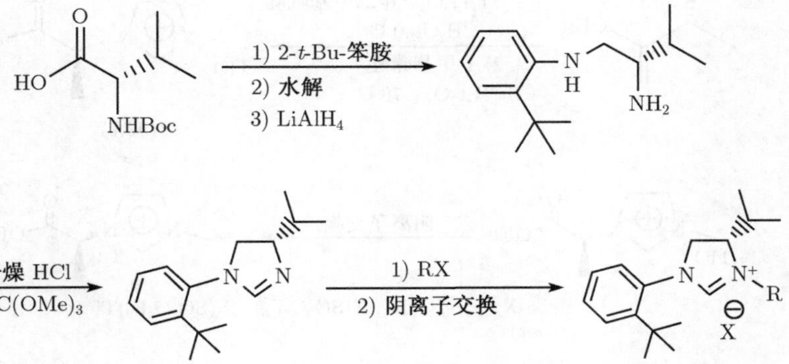

a: R = CD$_3$, X = PF$_6$　　　c: R = $-$(CH$_2$)$_2$OH, X = NTf$_2$
b: R = n-C$_8$H$_{17}$, X = PF$_6$　　　d: R = $-$(CH$_2$)$_3$OH, X = PF$_6$
　　　　　　　　　　　　　　　e: R = $-$(CH$_2$)$_8$OH, X = PF$_6$

　　Vo-Thanh 等在合成方法上进行了改变，应用无溶剂微波加热的反应方式，采用麻黄素烷基化合成了几个手性季铵盐[10]，在离子液体的合成环节也比较绿色化。同年，Vo-Thanh 等将这类离子液体用做不对称 Baylis-Hillmann 反应的溶剂，并获得了 44%的 ee 值[10b]。应该说这是将手性离子液体作为溶剂来诱导不对称反应，而且取得较好结果的第一个例子。反应式如下：

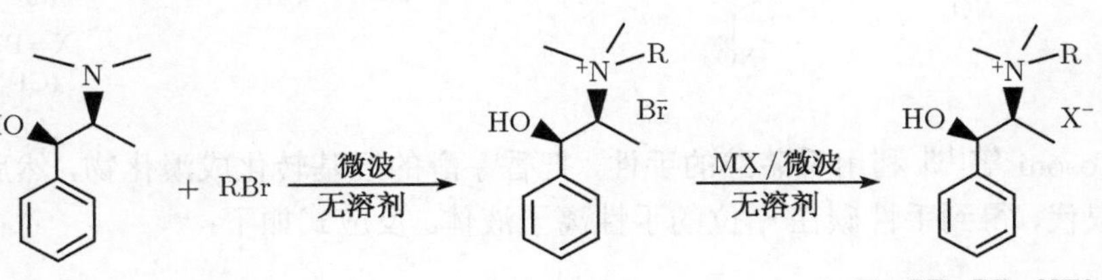

X = BF$_4$, PF$_6$, NTf$_2$

　　Jodry 等[11] 将乳酸乙酯用三氟甲磺酸酐酯化，然后经甲基咪唑取代，得到含一个手性碳的手性离子液体。但是这种取代必须在 -78 ℃下进行，如果在 0 ℃下进行，即得到的是外消旋体。将阴离子交换成 [PF$_6$]$^-$ 等后测得的玻璃化温度都在 -50 ℃以下，在室温下多数都呈液态。他们认为这样合成的离子液体可以避免卤素负离子的残留，但并没有报道三氟甲磺酸根能否交换干净。值得一提的是在实验过程中他们发现以 NTf$_2$ 为阴离子的手性离子液体在放置两个月后有小晶体析出，而这些结晶的手性咪唑盐已经外消旋了，但析出晶体的瓶子中的液态的咪唑盐却还是光学活性的。并且他们采用 [n-Bu$_4$N][Δ-TRISPHAT][三 (四氯苯二酚) 磷酸酯四丁基季铵盐，tris(tetrachlorobenzenediolato) phosphate(V)] 来检验了这些离子液体

的手性识别能力, 发现都能使乙基产生分裂。反应式如下:

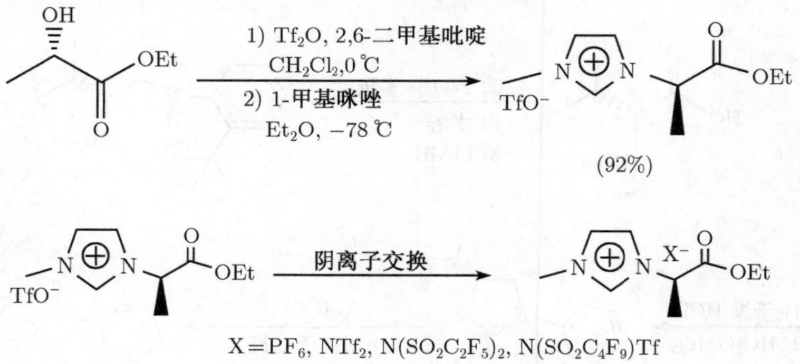

(92%)

X=PF_6, NTf_2, N(SO_2C_2F_5)_2, N(SO_2C_4F_9)Tf

在普通离子液体的研究中, 咪唑基离子液体是主流, 但也不乏其他类型, 如吡啶基离子液体。在手性离子液体研究中也同样, Patrascu 等[12] 就合成了吡啶基的手性离子液体。他们发现当负离子为 (CF_3SO_2)_2N 时, 产物为手性离子液体, 且热稳定性可以达到 215 ℃, 但其他化合物根据结构判断, 在室温或接近室温下可能不为液体。反应式如下:

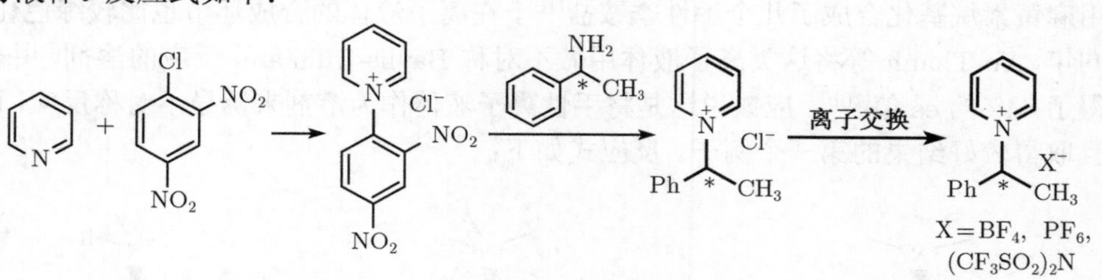

X=BF_4, PF_6,
(CF_3SO_2)_2N

Tosoni 等[13] 利用香茅醇的手性, 把香茅醇的羟基转化成溴化物, 然后用烃基咪唑取代, 得到手性碳在 γ-位的手性离子液体。反应式如下:

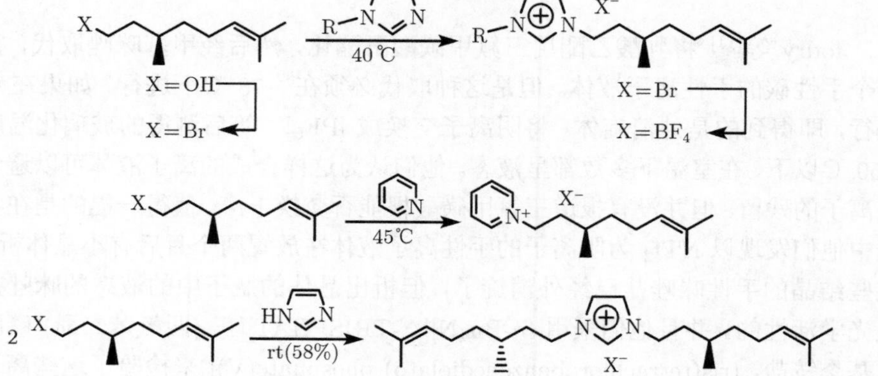

　　Ding[14] 报道了几种手性离子液体，可以说种类繁多，且多数是充分利用了现成的 "手性池" 原料。反应式如下：

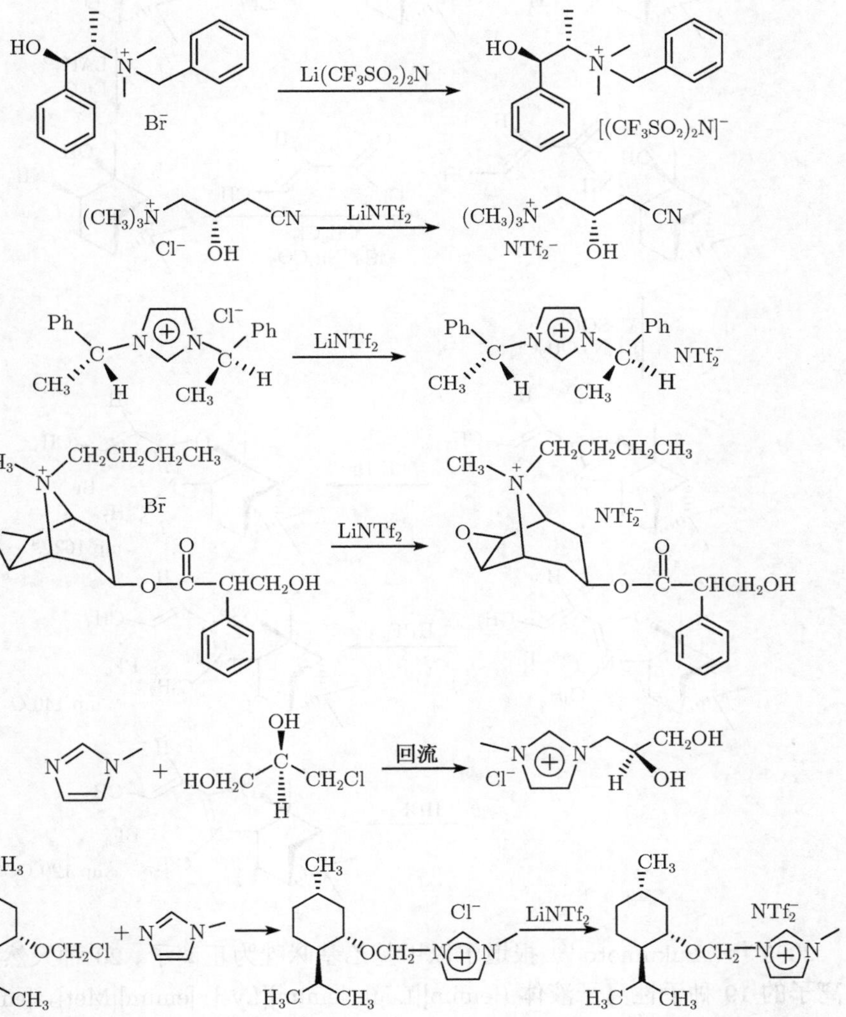

　　新泽西州技术学院 (New Jersey Institute of Technology，Department Chemistry and Environmental Science) 的研究生 Wang Yun 根据 Ding[14] 的报道，在自己的硕士学位论文中报道了从蒎烯合成一种并环的手性离子液体 (后来发表在 2006 年的 *Tetrahedron: Asymmetry* 上[15])。但是其中心环是一个噁唑啉结构，因此其在酸碱性反应条件下的化学稳定性可能不是很理想。反应式如下：

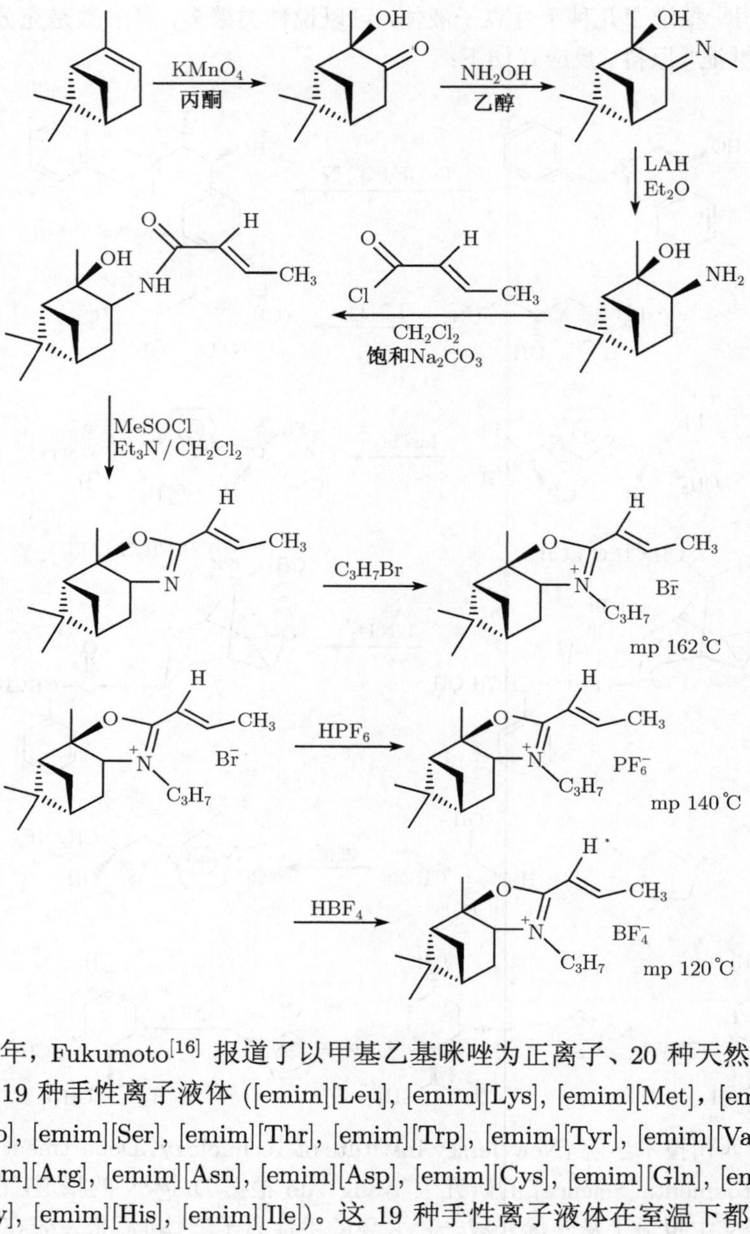

2005 年，Fukumoto[16] 报道了以甲基乙基咪唑为正离子、20 种天然氨基酸为负离子的 19 种手性离子液体 ([emim][Leu], [emim][Lys], [emim][Met]，[emim][Phe], [emim][Pro], [emim][Ser], [emim][Thr], [emim][Trp], [emim][Tyr], [emim][Val], [emim][Ala], [emim][Arg], [emim][Asn], [emim][Asp], [emim][Cys], [emim][Gln], [emim][Glu], [emim][Gly], [emim][His], [emim][Ile])。这 19 种手性离子液体在室温下都是几乎无色透明的液体，热稳定性也很好，除了 [emim][Cys] 的分解温度在 173 ℃，其他的分解温度都在 200 ℃以上。

Machado 等[17] 也在 2005 年将两个商品化的手性负离子与甲基丁基咪唑配伍成手性离子液体。同时，将 1-甲基-3-[(S)-2′-甲基丁基] 咪唑对甲苯磺酸盐通过离子交换树脂交换成手性的 (S)-樟脑磺酸盐，成为第一个正负离子"双手性"的离子液体。其结构式如下：

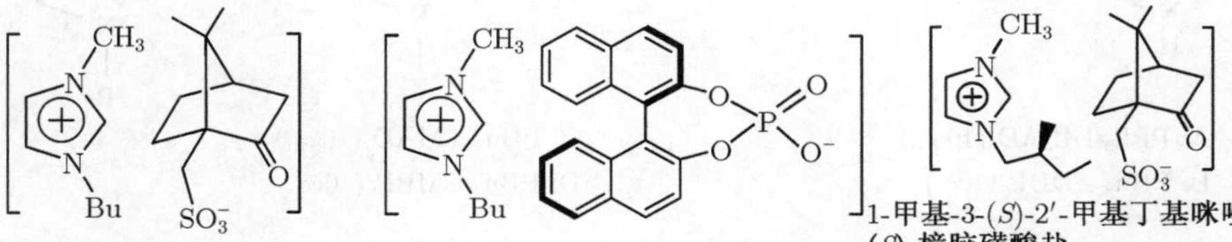

1-甲基-3-(S)-2′-甲基丁基咪唑
(S)-樟脑磺酸盐

　　在这些手性离子液体的合成中，多数离子液体的研究是在绿色化学的框架之内的，因此，在原料的选取、合成方法的选择等方面都尽量考虑到绿色化的要求。寇元等在合成方法上更是绿色化，就直接将天然氨基酸用 HCl、HBF$_4$、HPF$_6$ 等成盐得到手性离子液体[18]！对于未成酯的氨基酸盐，有 9 个盐的熔点低于 100 ℃。他们认为是过强的氢键导致熔点过高，因此将氨基酸制成酯后再与酸成盐，其熔点普遍降低到 100 ℃ 以内。反应式如下：

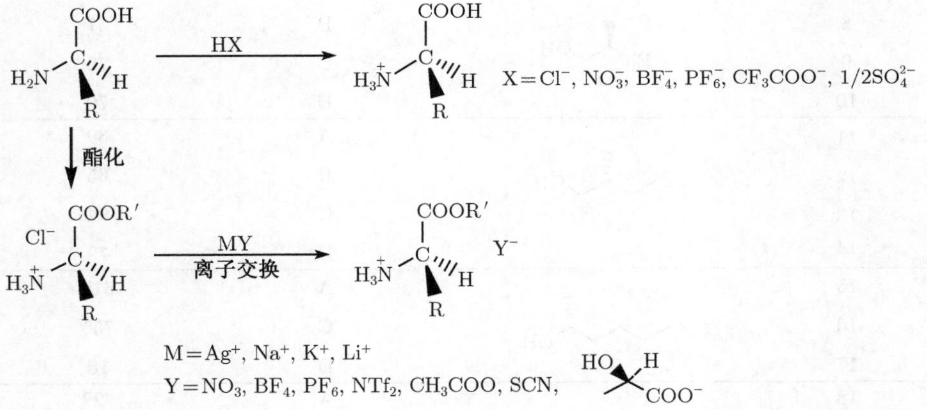

Kim[19] 报道了一种从手性醇制备手性离子液体的路线。手性醇原料是比较普遍的，氨基酸也可以还原成手性醇，因此他们用 Mitsunobu 烷基化法 (PPh$_3$–DEAD 或 –DIPAD) 用醇做原料使咪唑烷基化成烷基咪唑。这种方法可以充分使用 1mol 量的手性醇和过量的咪唑，因此可以使较贵的手性醇具有较高的利用率。对于羟基在手性碳上的醇，所得到的产物手性却反转了，但对于 (S)-2- 己醇，反转后的 ee 值高于 99%，而对于 α- 苯乙醇，得到的反转产物的 ee 值只有 86%。而对于羟基不在手性碳的底物，则不影响产物的 ee 值 (具体实验结果见表 1.1)。因此，该方法不失为一种合成手性离子液体的简洁方法。反应式如下：

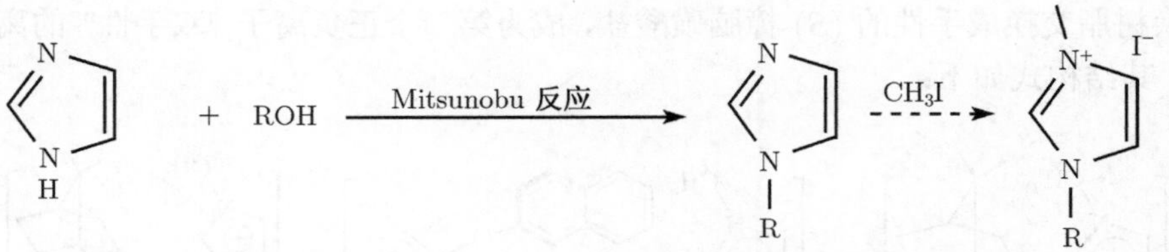

A: PPh₃-DIPAD (10eq.)　　　　　　C: PBu₃-TMAD (10eq.)
B: PBu₃-ADDP (1eq.)　　　　　　　D: PBu₃-CMBP (10eq.)

表 1.1　用 Mitsunobu 烷基化法从手性醇合成咪唑基手性离子液体的实验结果

序号	ROH	反应条件	收率/%
1	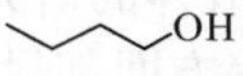	A	63
2	ＯＨ	C	89
3	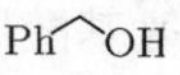 Ph〜ＯＨ	A	78
4	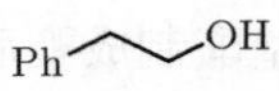	A	62
5	Ph〜〜ＯＨ	B	71
6		C	94
7	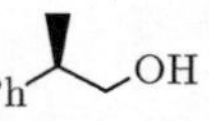	A	37
8		B	57
9	Ph〜ＯＨ	C	76
10		D	70
11	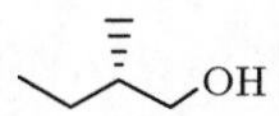	A	39
12	〜ＯＨ	B	65
13		C	94
14		D	79
15	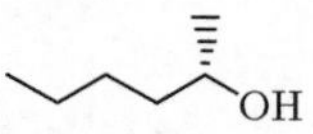	A	61[a]
16	〜〜ＯＨ	C	75[a]
17		D	18
18	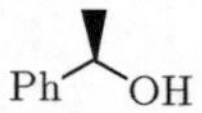	A	72[b]
19	Ph〜ＯＨ	C	88
20		D	41

a 构型反转 (ee>99%)。
b 构型反转 (ee 86%)。

　　良好的化学稳定性，特别是绝对构型的稳定性，对于手性离子液体在手性识别中的应用来说显得非常重要。Mikami 等的研究却表明：与咪唑盐正离子直接相连的手性碳有发生外消旋的可能。从目前合成的正离子型手性离子液体，特别是从"手性池"得到的手性离子液体的结构来看，基本上都含有这样的一个结构单元。Wang 等在以上研究工作的基础上[20]，从乳酸和酒石酸出发，合成了绝对构型看上去更为稳定的新型手性离子液体，并研究了它们在不对称合成中的应用。反应式如下：

$$
\begin{array}{l}
\text{(L-酒石酸乙酯)} \xrightarrow[\text{THF/DMF(80\%)}]{\text{BnBr, NaH}} \text{(苄基保护产物)} \xrightarrow[\text{(89\%)}]{\text{LiAlH}_4/\text{Et}_2\text{O}} \text{(二醇)} \xrightarrow[\text{(88\%)}]{\text{TsCl/吡啶}} \text{(二磺酸酯)} \\[2mm]
\xrightarrow[\text{(93\%)}]{\text{[Bmim]Br}} \text{(二溴代物)} \xrightarrow[\text{丙酮(85\%)}]{\text{1-甲基咪唑}} \text{化合物 a}
\end{array}
$$

Wang 等选择 L-酒石酸乙酯为起始原料制备目标手性离子液体。在溴化苄、氢化钠的无水 THF/DMF 混合溶剂中制备苄基保护的 L-酒石酸乙酯。在 LiAlH$_4$ 和无水乙醚条件下发生还原反应得到它的醇，然后在对甲基苯磺酰氯和吡啶条件下发生磺化反应得到醇的磺酸酯。然后采用溴盐离子液体作为溴代反应溶剂和溴化试剂进行溴代反应，另外，溴盐离子液体还可以回收利用。最后，在丙酮中生成的溴化物与甲基咪唑发生季胺化反应生成目标产物 (a)，但其熔点较高 (a, mp 182～183 ℃)，以上，他们通过五步反应从"手性池"中得到了一个新型的溴化咪唑盐，总产率为 50%。

其后，包伟良课题组以离子液体作为手性配体，又以 L-乳酸乙酯为原料用类似的方法合成得到新的手性离子液体 (A)，五步反应的总产率为 60%。化合物 A 具有比较低的熔点 (mp = 57～58 ℃)，在酸性 (1mol HCl) 或碱性 (1mol NaOH) 条件下没有发生外消旋现象，在水、丙酮、DMSO 甚至氯仿中都有比较好的溶解性。反应式如下：

$$
\begin{array}{l}
\text{(L-乳酸乙酯)} \xrightarrow[\text{THF/DMF(89\%)}]{\text{BnBr, NaH}} \text{(苄基保护产物)} \xrightarrow[\text{(90\%)}]{\text{LiAlH}_4/\text{乙醚}} \text{(醇)} \xrightarrow[\text{(91\%)}]{\text{TsCl/吡啶}} \text{(磺酸酯)} \\[2mm]
\xrightarrow[\text{(96\%)}]{\text{[Bmim]Br}} \text{(溴代物)} \xrightarrow[\text{丙酮(86\%)}]{\text{1-甲基咪唑}} \text{化合物 A}
\end{array}
$$

通过离子交换，他们进一步从溴盐得到了它们的六氟磷酸盐以及四氟硼酸盐。这四个咪唑盐的熔点顺序依次为：C(41～42 ℃)< b(88～90 ℃)<B(92～93 ℃)<c (129～130 ℃)。其中，b 和 B 在水或乙醚之中几乎不溶，因此它们所含的少量有机或无机杂质可以通过乙醚或水萃取的方法简单除去。这一合成方法的另一个特点是：离子交换反应的时间短 (小于 0.5 h)、产率高 (大于 87%)，这对于以后大量

合成这类手性离子液体及其应用研究等都十分有利。反应式如下：

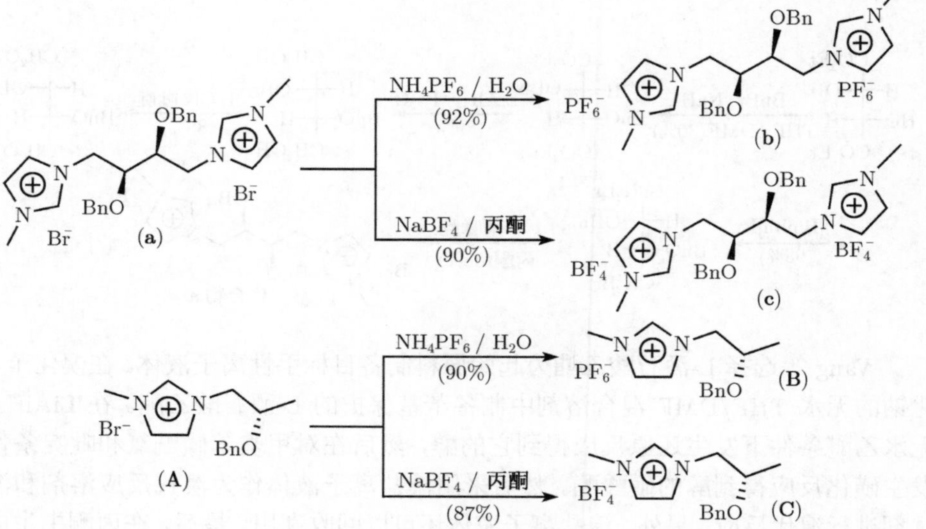

Fukumoto 等 [21] 用另一种方式以天然氨基酸为原料合成了手性离子液体。他们先将氨基酸酯化，然后用三氟甲磺酸酐将氨基甲磺酰化，再将这个氨基上的氢拿掉成为负离子，将这种负离子与甲基丁基咪唑正离子或季 鏻 盐正离子配伍，即得到手性在负离子上的咪唑基或季 鏻 盐手性离子液体。他们用丙氨酸、缬氨酸和亮氨酸组成了六个手性离子液体，除了 [TBP][I-Val] 的熔点是 61.2 ℃，其他的在室温下都是离子液体。他们认为由季 鏻 盐所组成的离子液体要优于咪唑基的。在溶解性方面，由 [bmim] 正离子所组成的离子液体能与等体积的水完全互溶，而季 鏻 盐 [TBP] 体系则是疏水性的，而且其疏水性与其烷基的链长有关。而这些季 鏻 盐 [TBP] 离子液体体系与极性小的溶剂也不溶，因此可与水和烷烃类溶剂组成三相体系。在稳定性方面，这些离子液体经受了 100 ℃以下数小时的考验仍然能够保持其手性。反应式如下：

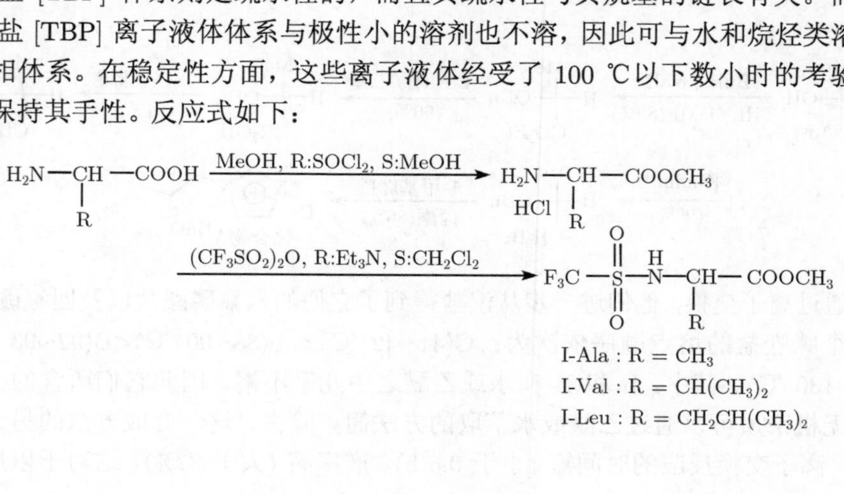

I-Ala : R = CH_3

I-Val : R = $CH(CH_3)_2$

I-Leu : R = $CH_2CH(CH_3)_2$

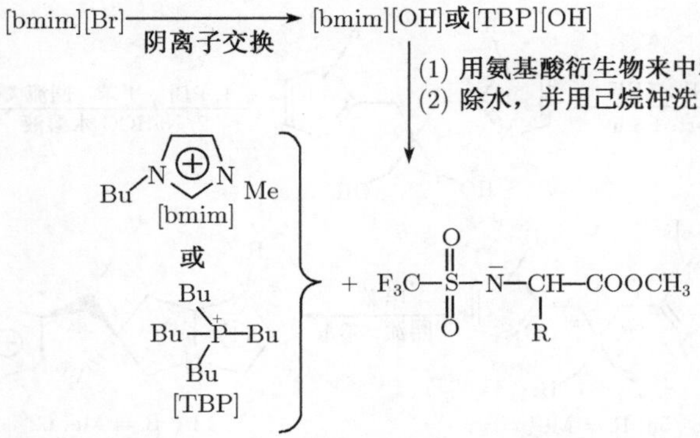

Pernak 等[22] 将薄荷醇接上一个氯甲基，然后用吡啶去取代这个氯，得到一个吡啶基的盐。但这类化合物的熔点有点高，它们的氯盐熔点都在 100 ℃ 以上。如果把它们交换成 BF_4 盐，并且在吡啶的 3- 位有一个甲基，其熔点降到 72~73 ℃。看来吡啶盐在熔点上不是很有利。反应式如下：

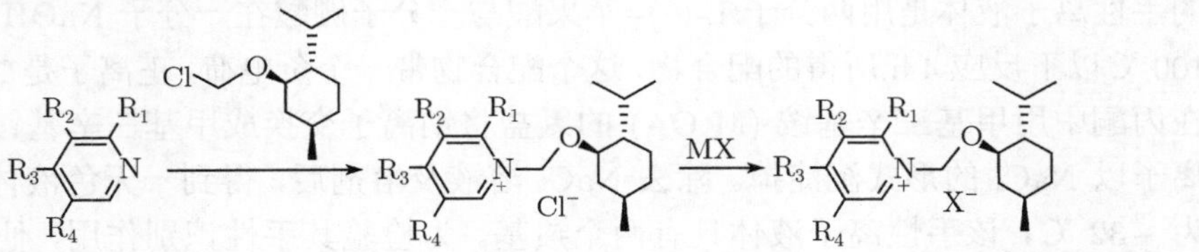

Patil 等[23] 在 2006 年报道了一类螺环手性离子液体螺–双咪唑基双四氟硼酸盐 [Spirobis(imidazolium) bis(tetrafluoroborate)] 的合成，设计的合成路线很简洁。但即使交换上了 CF_3SO_3 负离子，其熔点还是比较高 (当 R 为甲基，负离子为三氟甲磺酸根，mp 为 166 ℃)；NTf_2 [$N(CF_3SO_2)_2$] 为负离子时熔点降到 112 ℃；当 R 为异丙基、负离子为 NTf_2，其熔点为 68 ℃。只有当负离子为 $N(CF_3CF_2CF_2SO_2)_2$ 时，其熔点才降到 −10 ℃。显然，这种正离子的结构太对称，刚性太大，导致其熔点不容易降低。反应式如下：

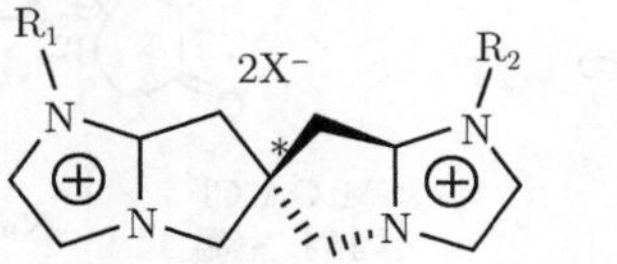

1a: R_1＝Me, R_2＝Me, X＝Br
1b: R_1＝i-Pr, R_2＝Pr, X＝Br
1c: R_1＝Me, R_2＝Et, X＝Br
1d: R_1＝i-Pr, R_2＝Pr, X＝Br

丙二酸二乙酯
THF, NaH, NaI, Rt, 36 h

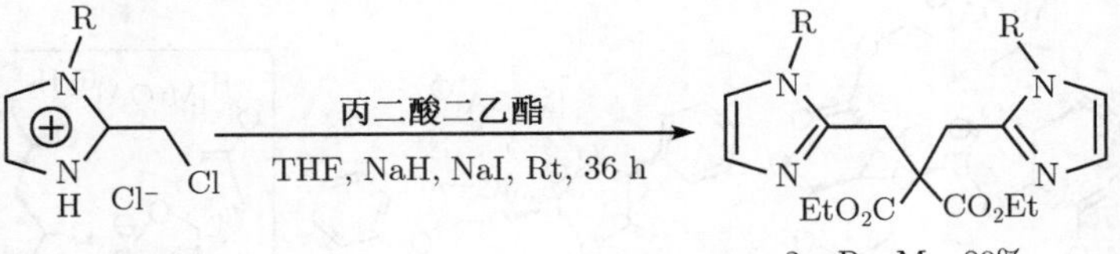

2a: R＝Me
2b: R＝i-Pr

3a: R＝Me, 80%
3b: R＝i-Pr, 89%

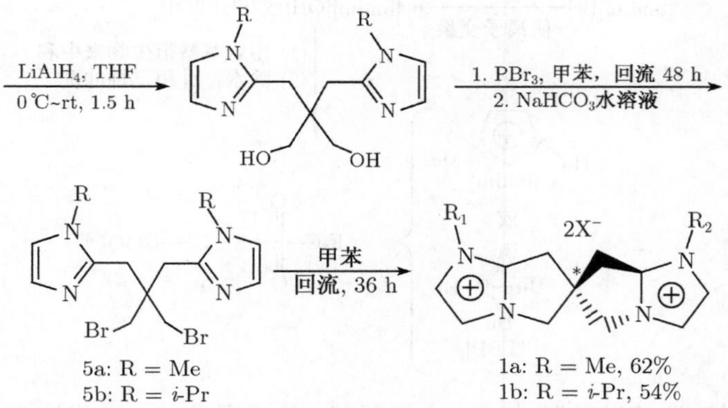

5a: R = Me
5b: R = *i*-Pr

1a: R = Me, 62%
1b: R = *i*-Pr, 54%

　　Gausepohl 等[24] 在 *Angew Chem Int Ed* 上发表的论文可能是手性离子液体应用方面最重要的论文之一。他们宣称用合成的手性离子液体作为溶剂,进行 Aza-Baylis–Hillman 反应,获得了迄今为止用手性溶剂作手性诱导的最佳结果。Gausepohl 的手性离子液体是用两分子 L-(–)- 苹果酸与一分子硼酸在一分子 NaOH 存在下在 100 ℃ 以下反应 4 h 所得的配合物,这个配合物带一个负电荷,正离子是 Na+。然后在丙酮中用甲基三辛基铵 (MtOA) 的氯盐将钠离子交换成甲基三辛基铵离子,钠离子以 NaCl 的形式沉淀掉。除去 NaCl 溶液及溶剂后,得到一无色液体,其熔点为 –32 ℃,该手性离子液体具有两个羧基。为检验其手性识别作用,他们用该手性离子液体为溶剂,研究了甲基乙烯基酮与对位取代的苯甲醛缩合成的亚胺与甲基乙烯基酮在 PPh3 催化下的 Aza-Baylis-Hillman 反应。得到的产物氨基烯酮的最高 ee 值为 84%,这是迄今为止以手性溶剂为手性源的不对称反应所得到的最高的 ee 值。合成这个手性离子液体的原料容易得到,合成的操作也很容易,可以说这是手性离子液体研究中的一个比较成功的案例。反应式如下:

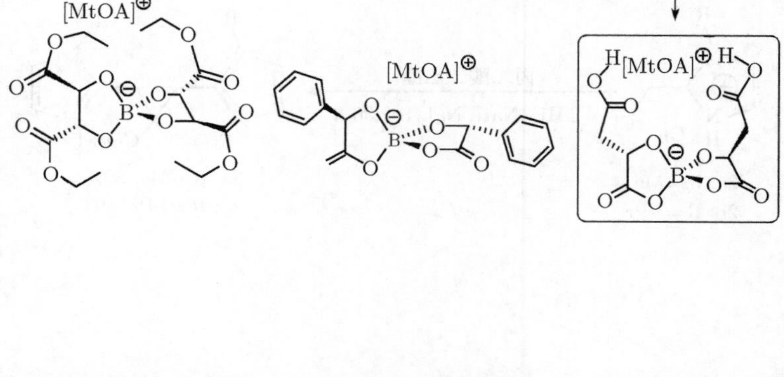

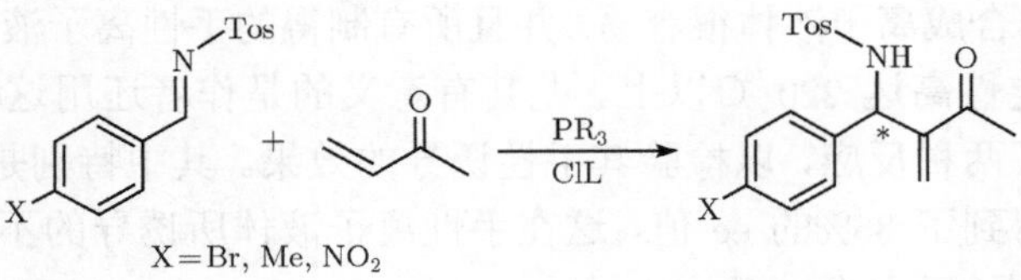
Tos
N
+
O
PR_3
ClL
Tos
NH
O
*
X
X
X = Br, Me, NO_2

最近，Yu 等[25] 也报道了相似的含硼手性离子液体的合成。他们也是采用手性 α- 羟基酸与硼酸反应，得到手性的含硼阴离子，再交换上手性的咪唑盐正离子，也成功得到了正负离子上都含有手性中心的手性离子液体。Tran 的论文中对于合成的手性离子液体的结构鉴定、性质测定做得比较详细，也对手性识别做了研究。他们用手性的阴离子与外消旋的 1-甲基-3-(2-甲基 -丁基) 咪唑正离子成盐，用 $CDCl_3$ 为溶剂，在 NMR 中观察，发现咪唑侧链上的亚甲基上的氢产生了裂分，从而证明手性负离子有手性识别能力。反应式如下：

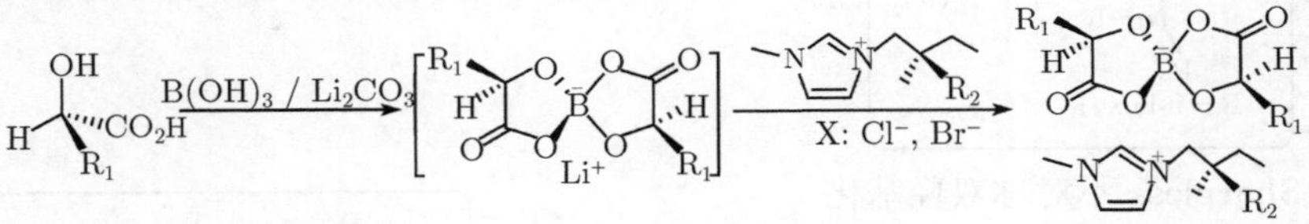
OH
H
CO_2H
R_1
$B(OH)_3$ / Li_2CO_3
Li^+
X: Cl^-, Br^-
R_2

Branco 等[26] 在 2006 年的 *Chem Commun* 上报道了用胍盐 (四正己基二甲胍 [$(di\text{-}h)_2dmg$]) 与易得的手性负离子组成的手性离子液体。反应式如下：

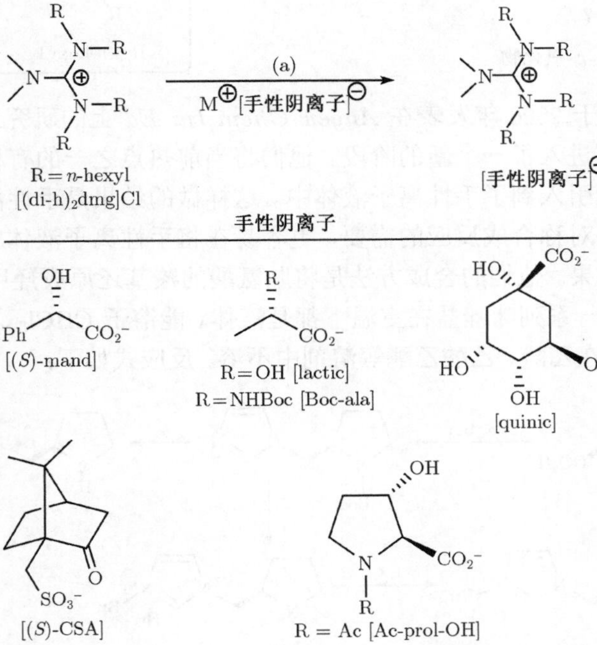
R
N—R
N
N—R
R
(a)
M⊕[手性阴离子]⊖
R = n-hexyl
[$(di\text{-}h)_2dmg$]Cl
[手性阴离子]⊖
手性阴离子
OH
Ph
CO_2^-
[(S)-mand]
R
CO_2^-
R = OH [lactic]
R = NHBoc [Boc-ala]
CO_2^-
HO
HO
OH
OH
[quinic]
SO_3^-
O
[(S)-CSA]
OH
N
CO_2^-
R
R = Ac [Ac-prol-OH]

显然，这样合成离子液体很容易。并且所有制得的手性离子液体在室温下均是液体，其热稳定性高达 220 ℃以上。尤其有意义的是作者还用这种手性离子液体为溶剂，进行了两种反应，以检验其手性诱导的效果。其中特别是 Sharpless 不对称双羟基化，得到了 85%的 ee 值，这在手性离子液体所诱导的不对称反应中，是一个不错的结果。反应式如下：

(1) Rh(II) 催化不对称 C—H 插入

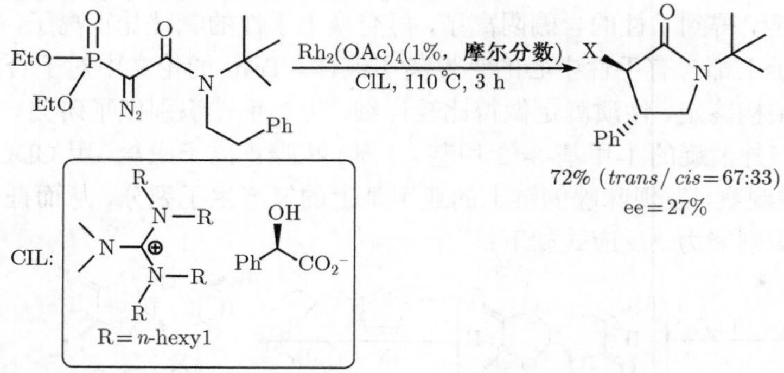

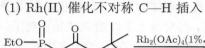

Rh2(OAc)4(1%，摩尔分数)
ClL, 110 ℃, 3 h
72% (trans/cis=67:33)
ee=27%
CIL:
R=n-hexy1

(2) Sharpless 不对称双羟基化

K2OsO2(OH)4
CIL(0.3 mL)
NMO(1eq), rt, 24 h
R=n-Bu: 95%, ee=85%
R=Ph: 92%, ee=72%
NMO: 4-甲基吗啉-N-氧化物
CIL:
R=n-hexy1

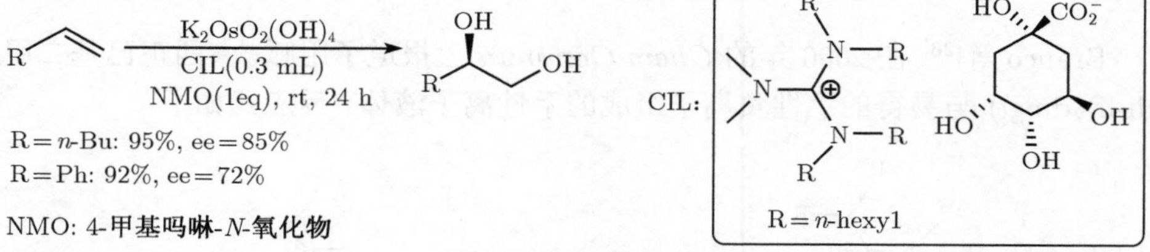

Luo 等[27a] 于 2006 年发表在 *Angew Chem Int Ed* 上的研究工作标志着手性离子液体的研究进入了一个新的阶段。他们将当前热点之一的有机小分子催化剂的有效结构片断引入到了手性离子液体中。这样做的结果是手性离子液体的结构设计会更符合不对称合成反应的需要，更容易在将手性离子液体应用于不对称反应中得到好的结果。他们的合成方法是将脯氨酸的羧基还原成羟甲基，然后溴代，接咪唑，得到的一系列咪唑盐在室温下都是液体。能溶于 $CHCl_3$、CH_2Cl_2 和甲醇等有机溶剂，但在乙醚、乙酸乙酯等溶剂中不溶。反应式如下：

a, b, c
e
d
f, e
X=Br, BF4, PF6

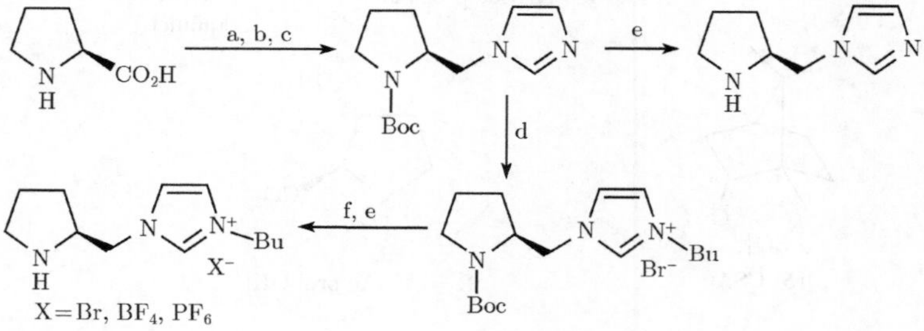

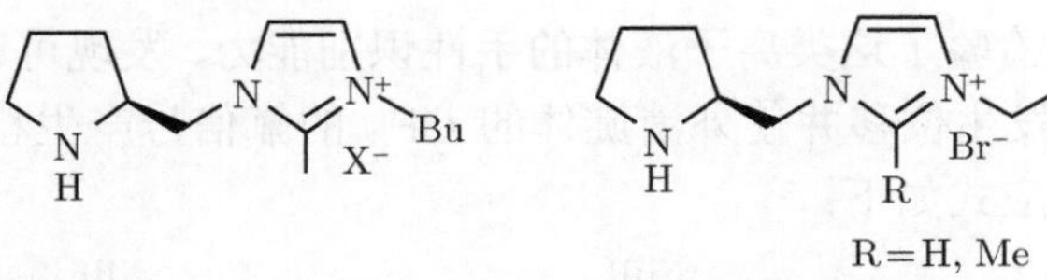

a) LiAlH$_4$, THF, 75%; b) 1. Boc$_2$O, NaOH; 2. TosCl, 吡啶, 2 步 90%; c) NaH, 咪唑, 83%;

d) nBuBr, 甲苯, 70 ℃, 93%; e) HCl/EtOH; 饱和 NaHCO$_3$, 90%; f) NaX, 丙酮/乙腈室温

2007 年, Luo 等又在 *Tetrahedron* 上发表了一篇论文[27b], 又增加了几个新的结构, 而有意义的是这些离子液体就如有机小分子催化剂那样, 对 Michael 加成有着很好的手性诱导效果 (详见 1.2.2 节)。其结构式如下:

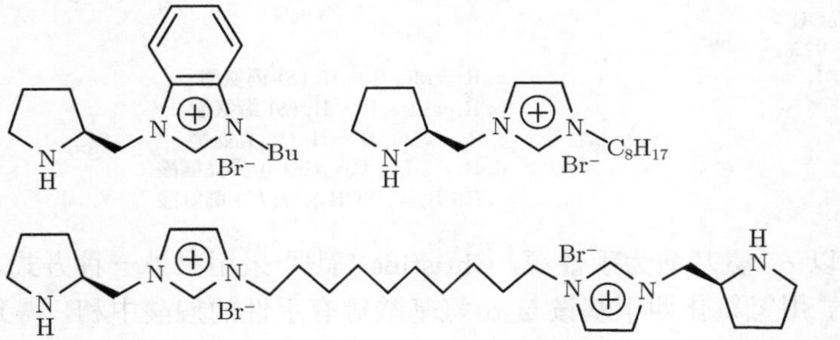

几乎在同一时间, 浙江工业大学的 Xu 等[28a] 也发表了一个近乎相同的研究工作: 从脯氨酸合成了含吡咯啉环的手性离子液体, 并且也做了相同的 Michael 加成反应。所不同的是他们在改造脯氨酸时对仲氨基的保护是用 HBr 使之成盐, 较之用 Boc 保护似乎更简单。反应式如下:

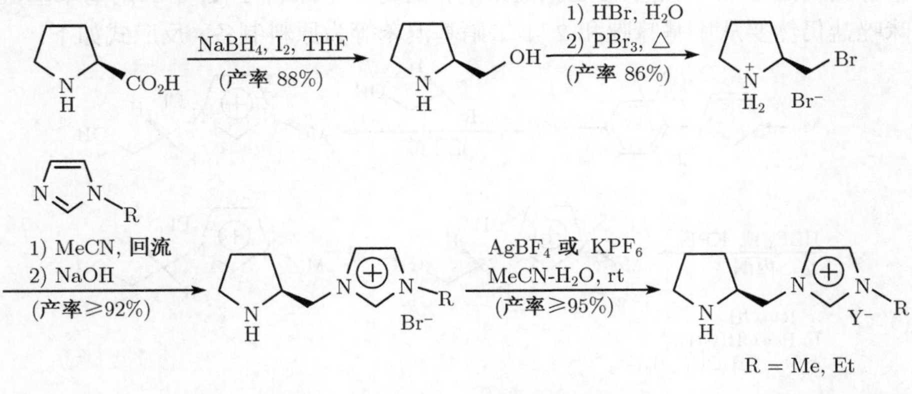

另外, Luo 等[28b] 也用同一种方法从其他氨基酸合成了类似的咪唑基手性离子液体。他们也是先把 α-氨基酸还原成 β-氨基醇, 然后用 HBr 保护氨基, 再用 PBr$_3$ 将羟基溴化, 然后用甲基咪唑取代成手性离子液体。这种离子液体上带有氨基而非羟基, 使得手性离子液体在满足今后各种可能的应用时有了更多的选择。

作者也用 Mosher 酸检验了这类离子液体的手性识别能力，发现可以使 Mosher 酸中的 CF_3 的氟信号发生位移并使外消旋体的 CF_3 的氟信号产生相当可观的分离（$J = 34.998\ Hz$）。反应式如下：

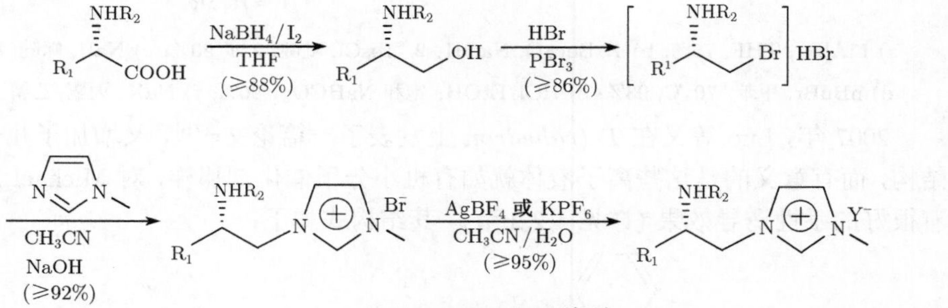

a: $R_1=Me$, $R_2=H$; (S)-丙氨酸
b: $R_1=i$-Pr, $R_2=H$; (S)-缬氨酸
c: $R_1=i$-Bu, $R_2=H$; (S)-亮氨酸
d: $R_1=2$-Bu, $R_2=H$; (S)-异亮氨酸
e: R_1, $R_2=$—$(CH_2)_3$—; (S)-脯氨酸

　　同样以 α- 氨基酸为手性源，Christine 等[29] 采用另外一种方式，以四丁基铵为正离子，用氢氧化四丁基铵与 α-氨基酸等有手性的羧酸中和，得到手性在负离子上的四丁基铵羧酸盐的离子液体 ([TBA][I-Ala] 等)。

　　Ou 等[30] 也用 β- 氨基醇为原料合成了带羟基的手性离子液体，他们采用 Zincke 反应条件，用 1-(2, 4- 二硝基苯基)-3-甲基咪唑盐与 β-氨基醇反应，得到的化合物再经离子交换，成为阴离子为 BF_4 或 PF_6 的常规离子液体。但这种方法中的手性 β-氨基醇其实还是从 α-氨基酸还原而来的，而另一个原料 1-(2, 4-二硝基苯基)-3-甲基咪唑盐仍然要从甲基咪唑和 2, 4-二硝基溴苯等为原料制备。反应式如下：

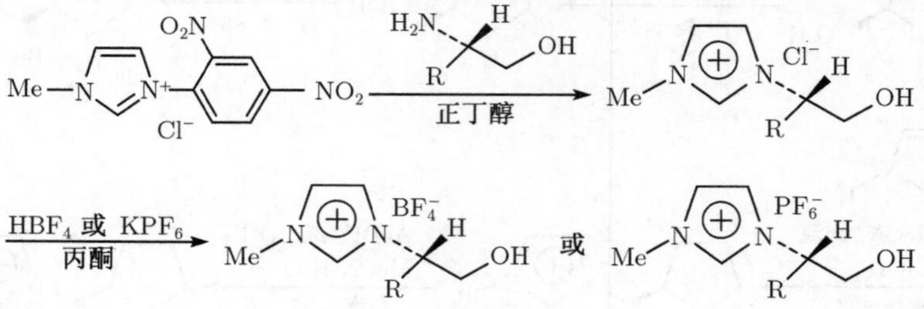

a: $R=CH_3$
b: $R=CH(CH_3)_2$
c: $R=CH_2CH(CH_3)_2$

　　Ni 等[31] 开发了一种带脲结构的手性离子液体，作者采用手性异氰酸酯与带有氨基的咪唑衍生物反应，然后与 1mol 的碘甲烷反应得到该类化合物，产率很高。目前热点之一的有机小分子催化剂中很有效的一类就是硫脲衍生物，这类离子液体在不对称合成中可能会有应用前景 (这里只是说 "类"，不一定是这样的结构)。

其原料手性异氰酸酯应该也是从氨基酸而来的。反应式如下：

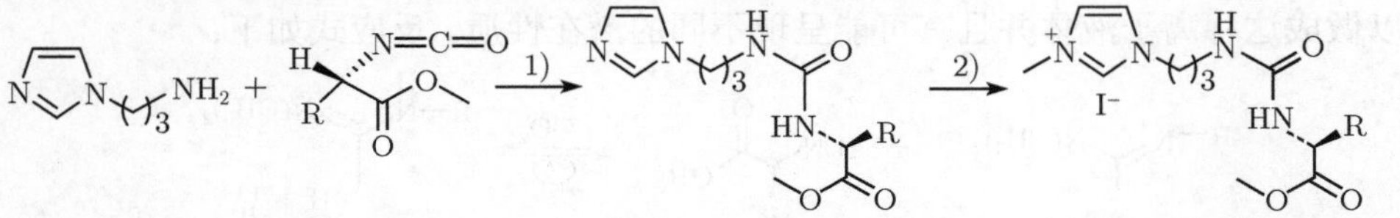

(S)-1 R=i-Pr　　　　(S)-4 R=i-Pr (98%)　　　(S)-7 R=i-Pr (95%)
(S)-2 R=i-Bu　　　　(S)-5 R=i-Bu (95%)　　　(S)-8 R=i-Bu (96%)
(S)-3 R=PhCH₂　　　(S)-6 R=PhCH₂ (97%)　　(S)-9 R=PhCH₂ (99%)

进入 2007 年以后，仍然不断有手性离子液体合成的报道，但一个新的倾向是离子负载手性试剂或手性配体的报道逐渐增多，即把一些已知的手性配体或手性试剂负载到离子液体上去。这样做的好处显然是在应用这种离子液体时容易得到较好的手性识别结果，另一方面相对于未负载的原试剂来说，负载到离子液体上也便于手性试剂的分离和重复使用。

Doherty 等[32] 发表在 2007 年的 *Adv Synth Catal* 上的一篇报道就是把手性的双噁唑啉负载到咪唑盐上，然后采用 4b·Br 或 4b·NTf₂ 为配体，分别用 CH₂Cl₂ 和 [emim][NTf₂] 为溶剂，在 Cu(Otf)₂ 的催化下，研究了 Diels-Alder 反应中的 endo、exo 选择性和对映选择性，结果证明无论是内型、外型选择性还是对映选择性，在离子液体中的结果都要远远优于在二氯甲烷中的实验结果。反应式如下：

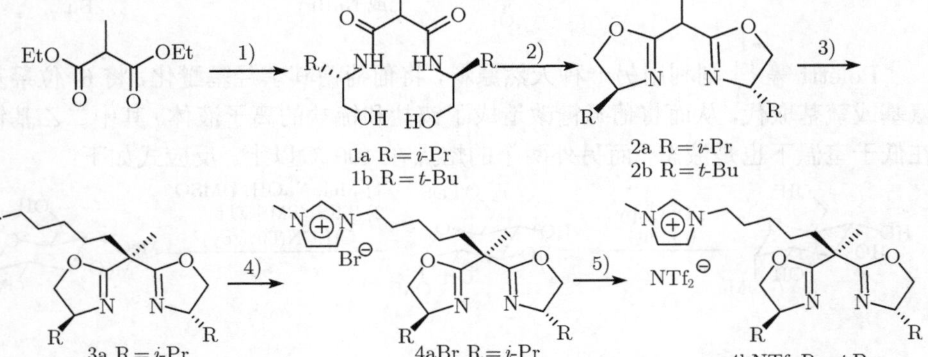

1a R=i-Pr　　　　2a R=i-Pr
1b R=t-Bu　　　　2b R=t-Bu

3a R=i-Pr　　　　4aBr R=i-Pr　　　　4bNTf₂ R=t-Bu
3b R=t-Bu　　　　4bBr R=t-Bu

1) 氨基醇，甲苯，120 ℃;
2) 2.1mol DAST,−78 ℃, 30min;
3) 1 mol BuLi,−78 ℃到−20 ℃, 7 mol1,5-二溴戊烷;
4) 甲苯,1-甲基咪唑，11 ℃, 16h; 5) CH₂Cl₂,Li[NTf₂]

Yamada 等[33] 在 *Chem of Materials* 上报道的一种手性离子液体的合成可能是最独特的，作者采用天然氨基酸的酯在 N'-烃基-N, N-二甲基乙脒存在下与二氧化碳反应，即形成带手性的氨基甲酸的脒盐，它们在 CO₂ 气氛中是一种手性离子液体；加热到 50 ℃以上或通入 N₂ 气可以赶走 CO₂ 使其恢复原来的非离子态。他们已经将 6 种氨基酸 (Pro、Leu、Ile、Val、Phe、Tyr) 做成这种离子液体，其中多数在远低于 0 ℃的温度下还是呈液态。作者认为 20 种必需氨基酸中的多数都是可以做成这种离子液体并且有可能呈现不同的潜在性质。反应式如下:

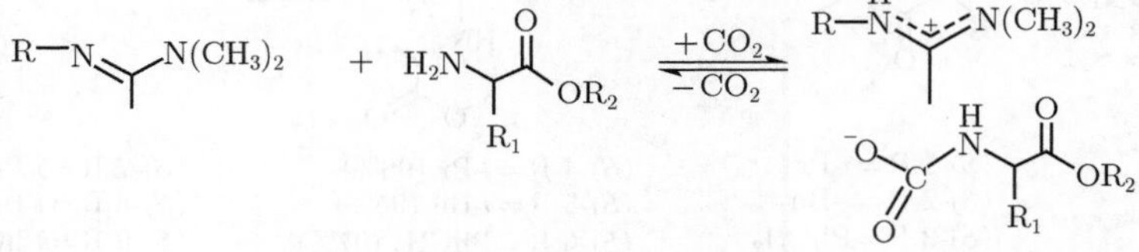

Guillen 等[34] 在利用组氨酸合成手性离子液体时也比较特别,他们将组氨酸咪唑基上的氮烷基化合成手性离子液体。不过,这样的结构中羧基和氨基必然成内盐,这对熔点和溶解性不利,因此,被分别制成了酯和用 Boc 保护。但是这样的结构中已经含有三个支链了,这对降低熔点和黏度是非常不利的。氨基用 Boc 保护的离子液体在应用上恐怕也不理想。反应式如下:

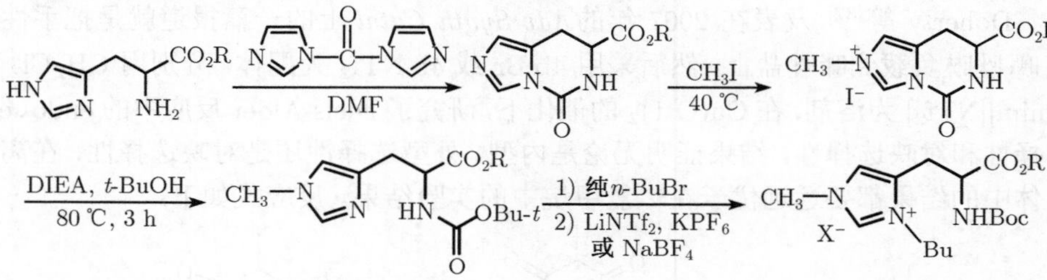

Poletti 等[35] 则利用另一种天然原料,将葡萄糖其余羟基醚化,将 6- 位羟基用氨基或巯基取代,从而将葡萄糖改造成了铵盐和锍盐的离子液体。其中二乙基锍盐在低于室温下也是液态,而另外两个的熔点在 100 ℃以上。反应式如下:

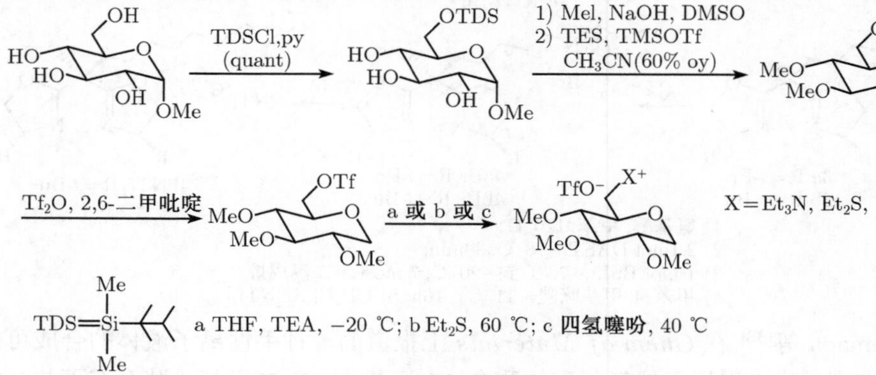

Ni 等[36] 也将脯氨酸改造后接了咪唑基,从脯氨酸改造来的 (S)-2-氨基-1-N-Boc-四氢吡咯 [(S)-2-amino-1-N-Boc-pyrrolidine] 与 3-氯丙基磺酰氯反应,产物交换成碘代烃,然后再与甲基咪唑反应、离子交换即得到这种其实是负载到咪唑盐上

的有机小分子催化剂。他们将这种化合物作为有机小分子催化剂用于醛与硝基烯的 Michael 加成反应,得到了较好的结果。反应式如下:

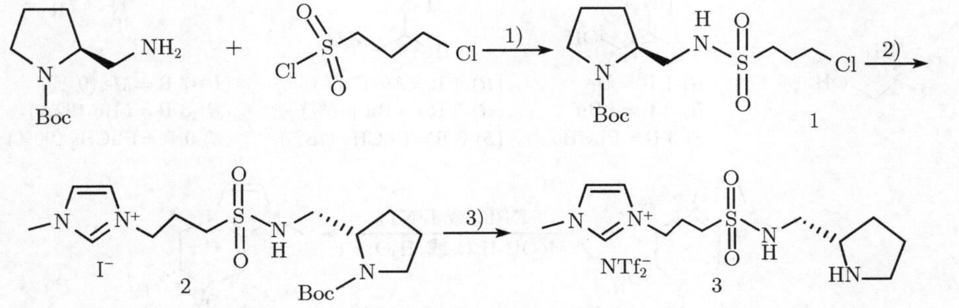

(I) Et$_3$N, CH$_2$Cl$_2$, 72%; (II)(1) NaI, **丙酮**, 96%; (2) 1-**甲基咪唑**, CH$_3$CN;**两步产率** 86%;
(III)(1) CF$_3$COOH, CH$_2$Cl$_2$; (2)LiNTf$_2$, H$_2$O;**两步产率** 88%。

Wu 等[37] 也把一个其基本结构单元是从脯氨酸改造来的有机小分子催化剂负载到咪唑基上。脯氨酸的羧基还原成醇后,羟基取代成叠氮基;对氯甲基苯炔用甲基咪唑取代后成咪唑盐;把这两个化合物混合,在亚铜盐催化下三键与叠氮基反应生成三唑,再把两分子相连,成为一个负载在咪唑盐上的有机催化剂,其中所生成的三唑也是该有机催化剂的不可或缺的结构单元。他们把该催化剂用于酮对硝基烯的 Michael 加成,发现该催化剂具有高的催化活性和对映选择性,而且容易回收,回收后催化剂的催化活性也没有明显降低。反应式如下:

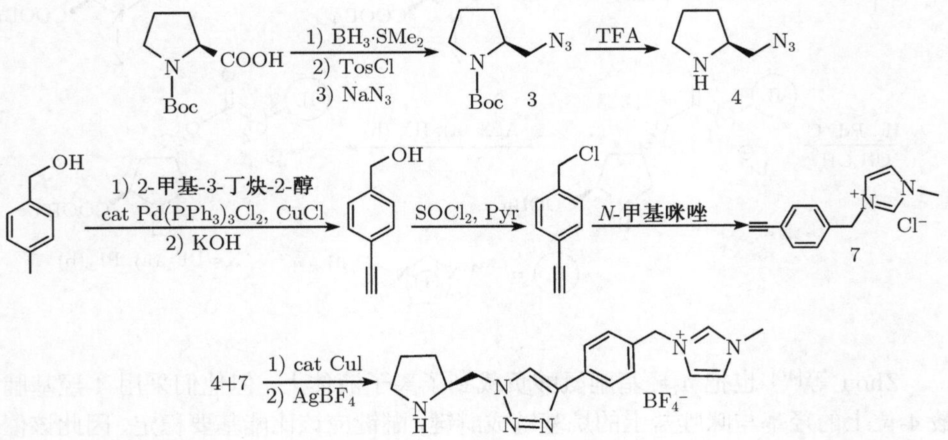

Ni 等[38] 合成了一类在咪唑环上稠合了一个六元环的手性离子液体。其基本原料是 2-甲酰基甲基咪唑和 β-氨基醇,当阴离子为 NTf$_2$ 时这些化合物在室温下为液态。反应式如下:

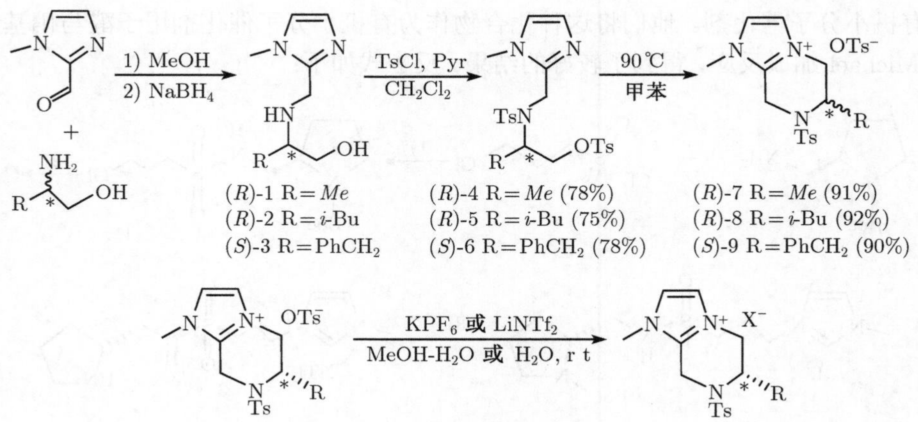

Siyutkin 等[39] 是把脯氨酸几乎原封不动地负载到了离子液体上，利用 4-羟基脯氨酸 4-位上的羟基，将它与 ω- 溴代戊二酸成酯，然后用烷基咪唑取代得到的酯，即可得到脯氨酸负载在咪唑基离子液体上的化合物。化合物 a 和 b 的熔点分别为 119 ℃ 和 158 ℃，可以称为离子液体，而这种离子液体的特殊之处在于它被作者用于在水中催化不对称 Aldol 反应。反应式如下：

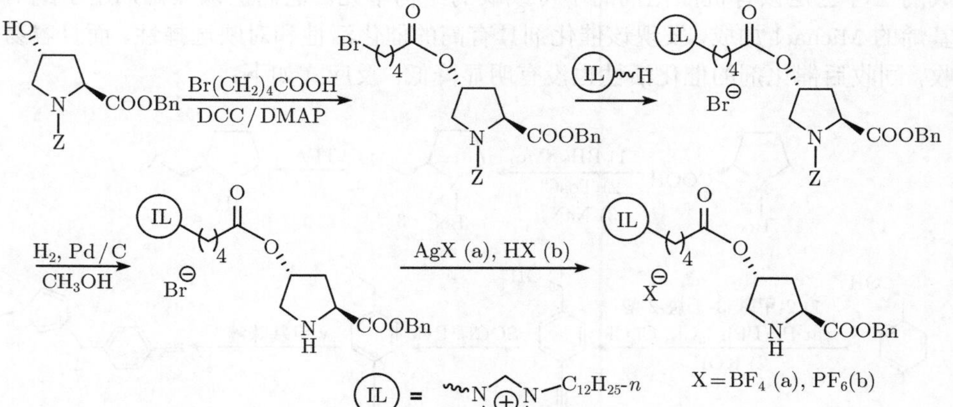

Zhou 等[40] 也把 4-羟基脯氨酸负载到了离子液体上，但他们采用 4-羟基脯氨酸 4-位上的羟基与咪唑盐上的烷基链成醚键，醚键应该比酯基要稳定，因此该催化剂在一般的酸碱性条件下使用也不至于断键，而用酯基相连在酸碱性条件下使用，如果无水处理做得不好恐怕就会发生断裂。他们采用该催化剂催化苯甲醛及衍生物与丙酮的 Aldol 反应，也得到了最高为 93% 的 ee 值。反应式如下：

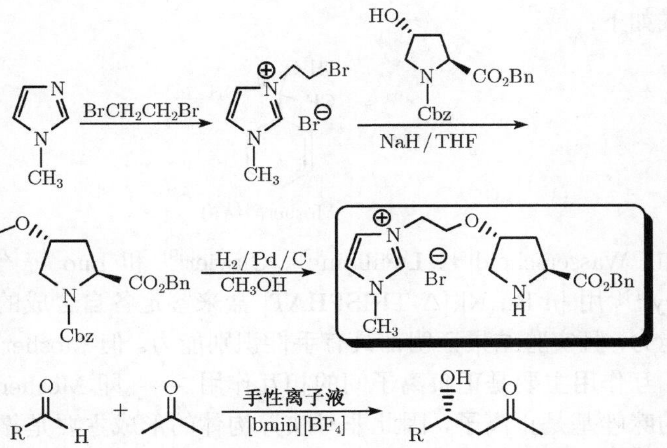

由上可见，手性离子液体的种类繁多，有的手性中心在正离子上，有的在负离子上，也有的正负离子上都有；其最主要的手性池原料是天然氨基酸，其他多数也是利用了一些便宜易得的天然原料；结构上最多的还是以咪唑基为原料合成的手性离子液体 (45 种手性在正离子上的手性离子液体中，29 种是咪唑型)。

1.2.2　手性离子液体的应用研究

与非手性离子液体相比，手性离子液体的应用研究范围相对要小一点，因为应用手性离子液体的目的是为了手性识别。从已发表的文献来看，手性离子液体多用于以下领域。

1. 核磁共振测试中的手性识别试剂

对映体的核磁共振信号是相同的。比如 (R)- 和 (S)-α- 苯乙胺在常规氢谱中的化学位移是完全相等的，因此核磁共振谱中对映体的信号是没有区别的。如果加入一种光学活性物质，这种光学活性物质能不同程度地与 (R)- 和 (S)-α- 苯乙胺配位，动态地形成非对映异构体，由于 (R)- 和 (S)-α- 苯乙胺在这种非对映异构体中的化学环境已经不同，因此其化学位移就可能不同，从而有所区别。通常用作这种手性识别作用的试剂是稀土金属中的 Eu 和 Pr 的手性配体的配合物，例如，天然樟脑所改造成的 β- 二酮的配合物。

早期手性离子液体的合成者在合成手性离子液体后，如果该手性离子液体的手性中心是在正离子上，往往是由于将手性离子液体与外消旋的 Mosher 酸和 (或)[n-Bu$_4$N][Δ-TRISPHAT] 三 (四氯苯二酚) 磷酸酯四丁基季铵盐 [tris(tetrachlorobenzenediolato)phosphate(V)] 混合，并观察 Mosher 酸上氟甲基的 ^{19}F NMR 信号有无分离来判断该手性离子液体有没有手性识别能力，因为离子液体中的手性正离子可以与 Mosher 酸形成非对映异构的盐，从而使得对映体的 NMR 信号产生分离。

其结构式如下：

Mosher酸结构

　　例如，Wasserscheid[4]、Levillain[7]、Clavier[9] 和 Luo 等[28b] 都用 Mosher 酸盐，Jodry[11] 用 [n-Bu₄N] [Δ-TRISPHAT] 盐来鉴定各自合成的手性离子液体的手性识别能力，且实验结果证明都具有手性识别能力。但 Mosher 酸盐与咪唑基离子液体的相互作用主要是正负离子间的相互作用 —— 即 Mosher 酸是负离子，带手性部分的咪唑基是正离子，因此非对映异构体的形成主要是靠正负电场的相互吸引，这与主要依靠被测分子中的具有未共用电子对的原子与中心金属离子配位形成的配合物是有很大区别的。如果要在核磁共振中分离对映体的信号，目前的手性离子液体能否适用于仅仅具有未共用电子对原子的分子？这方面恐怕还需要做大量研究。也许手性离子液体并不能用做一般分子的核磁共振测试中的手性识别试剂，仅仅只能用做含有某些官能团的分子的核磁共振信号的手性识别。

2. 在不对称诱导反应中用作手性源

　　在不对称诱导反应中用做手性源，这可能是很多研究者合成手性离子液体的初衷，而且可能很多研究者开始是希望将手性离子液体用做不对称反应的手性溶剂以作手性诱导之用。统计 1997 年到 2006 年期间离子液体研究方面的论文数量和论文所涉及的主题 (表 1.2)，可以发现离子液体在有机反应中的应用研究是近年来离子液体研究的主要方向，也是离子液体 SCI 论文迅猛增长的主要原因，其论文数量占全部离子液体论文总数的 40% 左右。其中一部分化学家尝试合成手性离

表 1.2　1997~2006 年离子液体 SCI 论文数量、年份与研究方向的趋势分析

年份	方向							合计
	制备及性质	有机反应	材料化学	电化学	高分子化学	分析化学	分离纯化技术	
1997	9 (29)	2 (7)	5(16)	15(48)	0 (0)	0 (0)	0 (0)	31
1998	10 (42)	8 (33)	1 (4)	3 (13)	0 (0)	1 (4)	1 (4)	24
1999	16 (47)	7 (20)	1 (3)	8 (24)	0 (0)	1 (3)	1 (3)	34
2000	20 (32)	29 (47)	6 (10)	1 (2)	1 (2)	1 (2)	3 (5)	61
2001	31 (22)	66 (48)	9 (7)	20 (15)	2 (1)	3 (2)	7(5)	138
2002	62 (28)	105 (48)	9 (4)	25 (12)	11 (5)	5 (2)	2(1)	219
2003	102 (32)	153 (48)	18 (5)	20 (6)	10 (3)	13 (4)	6(2)	322
2004	174 (34)	217 (43)	43 (8)	30 (6)	20 (4)	12 (2)	13 (3)	509
2005	212 (34)	234 (38)	59 (10)	56 (9)	28 (5)	9 (1)	19 (3)	617
2006	305 (36)	262 (31)	99 (12)	53 (6)	48 (6)	38 (5)	33 (4)	838
合计	941	1083	250	231	120	83	85	2793

　　注：表中所列数据为当年各研究方向发表的 SCI 论文篇数，括号内为当年各研究方向所占的比例 (%)。

子液体，并试图以手性离子液体为溶剂或试剂作为不对称反应的手性源，以此进行手性诱导反应。

从 1997 年到现在，特别是进入 2006 年以来，人们对手性离子液体在有机合成中的应用研究已经取得了突破性的进展。从应用类型来看，主要存在以下三种形式。

1) 手性溶剂

1999 年，Earle 等[3] 通过阴离子交换合成了乳酸为负离子、咪唑基为正离子的手性离子液体 ([bmim][lactate])，并用这种离子液体为溶剂研究了丙烯酸乙酯与环戊二烯的 Diels-Alder 反应，得到了很好的 endo/exo 选择性，遗憾的是并没有观察到手性诱导现象。

2004 年，Pegot 等[10b] 报道的反应应该是手性离子液体用做手性溶剂方面第一个比较有意义的结果：将手性离子液体用作不对称 Baylis-Hillmann 反应的溶剂并取得 44% 的 ee 值，实验结果见表 1.3。实验表明，离子液体所含正、负离子的结构对手性诱导有一定的影响，离子液体中羟基的存在对手性诱导起关键性的作用，以手性离子液体为反应溶剂的最好诱导结果为获得了 44% 的 ee 值。这个 ee 值是手性溶剂作为不对称反应手性诱导源时第一个比较好的结果，对手性离子液体在有机反应中的应用研究有较大的促进作用。反应式如下：

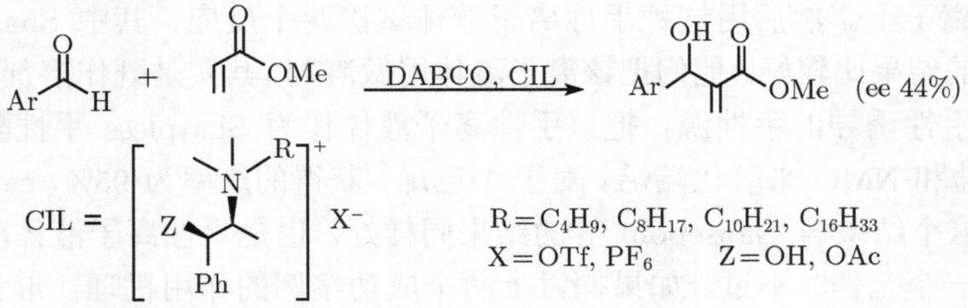

$$CIL = \left[\begin{array}{c} Z\\ \end{array} \overset{R}{\underset{Ph}{\overset{|}{N^+}}} \right] X^-$$

$R = C_4H_9, C_8H_{17}, C_{10}H_{21}, C_{16}H_{33}$
$X = OTf, PF_6 \quad Z = OH, OAc$

表 1.3　手性离子液 2 ($R = C_8H_{17}$, $X = OTf$, $Z = OH$) 为介质的不对称 Baylis-Hillman 反应

序号	离子液体 2/mol	转化率/%[a]	产率/%[a]	产物 (R)-1 ee/%[b]
1	0.5	86	76	20
2	1	85	78(74)	23
3	1.5	85	73	28
4	3	65	45	32
5	1	83	67	24[c]
6	3	75	52(50)	32[c]
7	3	60	30	24[c,d]
8	3	88	60	44[c]

注：条件：苯甲醛:丙烯酸甲酯:DABCO = 1:1:1，反应温度 = 30 ℃，反应时间 =4d。
a 转化率和产率由气相色谱测定，括号中是分离产率；
b 对映体过量值 (ee) 由手性柱液相色谱测定，产物构型 (R)-1 经与文献报道的旋光度对照确定；
c 苯甲醛:丙烯酸甲酯:DABCO=1:3:0.3；
d 反应温度为 50 ℃；e 反应时间为 7d。

Gausepohl 等[24] 的成果可以说是手性离子液体作为手性溶剂应用的真正的 "曙光"。他们在 2006 年合成了一类含硼原子的手性离子液体，并在该离子液体上附带能够与底物分子形成氢键的羧基，用这种离子液体为溶剂进行 Aza-Baylis–Hillman 反应，底物的转化率为 34%~39%，得到的产物氨基烯酮的 ee 值为 71%~84%，这是迄今为止采用手性溶剂作手性诱导的最佳结果。用结构相似但不含羧基的离子液体则得到外消旋体，说明手性离子液体必须与底物有强的相互作用，才会有较好的手性诱导作用。这也给手性离子液体的设计和合成一个很重要的启示。用别的非手性的三烃基膦作亲核试剂也可以得到中等的 ee 值，例如，P(o-tolyl)$_3$：转化率为 35%，ee 值为 74%。反应式如下：

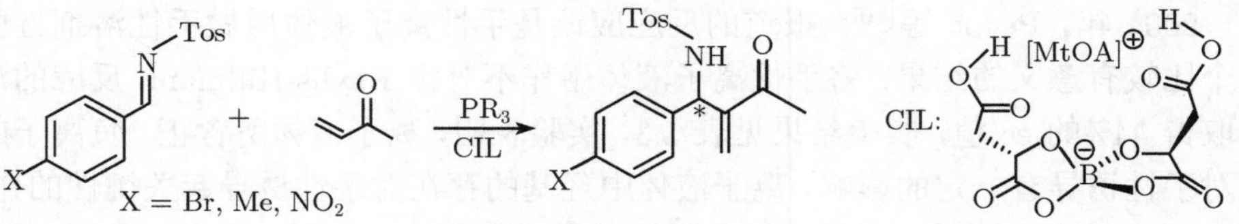

Branco 等[26] 报道的实验结果也同样令人鼓舞。他们合成手性离子液体的方法也很简单，用适当链长的胍盐与现成的具有手性中心的羧酸或磺酸成盐，手性也是在负离子上。然后用这种手性离子液体试探两个反应，其中 Sharpless 双羟基化反应的结果比较好。他们把该离子液体用做溶剂 (其实是既作溶剂又作配体)，同时作为手性诱导的手性源，把该手性离子液体作为 Sharpless 手性配体的替代物，用锇盐和 NMO 来氧化端烯。对于 1-己烯，获得的产率为 95%，ee 值为 85%，应该说，这个结果与 Gausepohl 等的结果同样好，也是手性离子液体应用于不对称合成的一个范例。不过，如果探讨上两个成功案例的作用机理，带负电荷的手性离子液体很可能首先与反应试剂或底物配位，才获得较高的手性诱导。反应式如下：

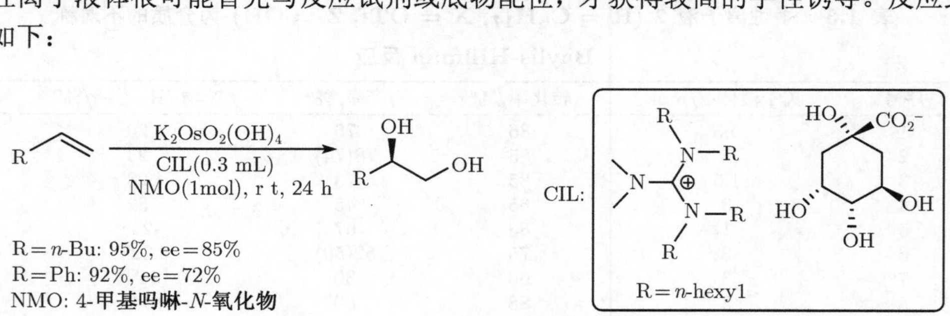

R = n-Bu: 95%, ee = 85%
R = Ph: 92%, ee = 72%
NMO: 4-甲基吗啉-N-氧化物

2) 手性催化剂

最近几年，有机小分子催化剂的发展十分迅速，因而十分引人关注。有机小分子催化剂的分子并不大，但催化一些特定反应的手性诱导效果很理想，产物的 ee

值很高。为什么有机小分子催化剂能有这么好的催化效果？这是因为有机小分子催化剂是靠氢键把两个底物分子定向地 "拉" 在一起，从而使产物的立体结构得以固定。手性离子液体要取得好的手性诱导效果，也必须要与反应底物有这种较强的定向相互作用。将有机小分子催化剂的有效结构片断导入离子液体是使手性离子液体具有好的手性诱导的一条捷径。Luo[27a] 等首先做了这方面的工作，并取得了成功。他们将脯氨酸羧基还原成羟甲基，然后与咪唑基相连，得到保留有吡唑啉环的手性离子液体。将这种离子液体作为手性有机小分子催化剂，用于催化硝基苯乙烯与环己酮的 Michael 加成，得到了比较理想的结果，如表 1.4 所示。实验中，手性离子液体的物质的量是底物的 15%，比脯氨酸在普通离子液体中催化这种 Michael 加成时的用量要少 (例如，摩尔分数为 40% 的脯氨酸在反应 60h 后的产率为 75%，dr=95:5，其中 syn- 异构体的 ee 值为 75%)，反应的产率几乎达到 100%，d/r 值达到 99/1，ee 值为 99% 以上，说明其活性要大于脯氨酸本身。反应式如下：

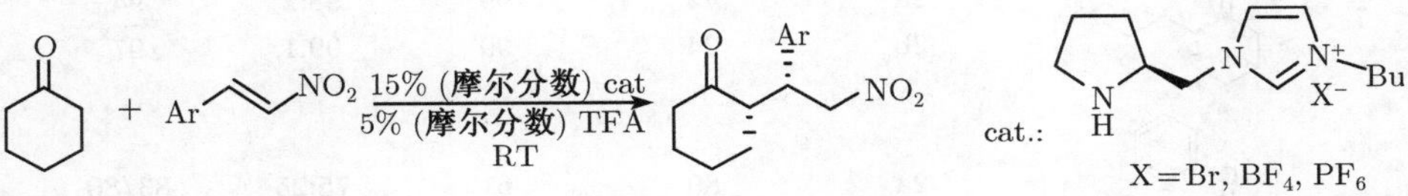

表 1.4　手性离子液体催化的硝基烯的不对称 Michael 加成反应

编号	产物	离子液体	反应时间/h	产率/%[a]	顺/反 [b]	ee/%[c]
1	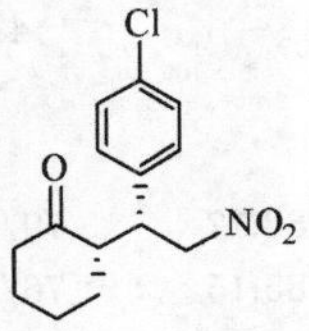	2a	12	92	98:2	95
		2b	10	100	99:1	99
		2b[d]	10	92	96:4	94
		2b[e]	24	93	97:3	93
2	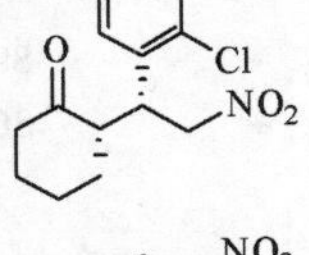	2a	12	99	99:1	96
		2b	12	100	99:1	99
3	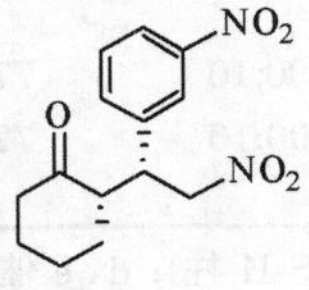	2a	15	76	98:2	96
		2b	10	94	98:2	96
4	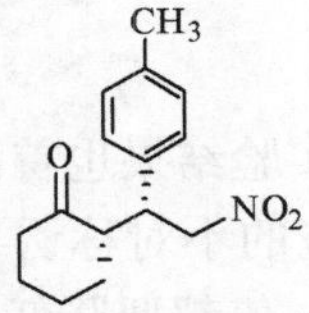	2a	16	94	99:1	92
		2b	12	99	99:1	95

续表

编号	产物	离子液体	反应时间/h	产率/%[a]	顺/反[b]	ee/%[c]
5	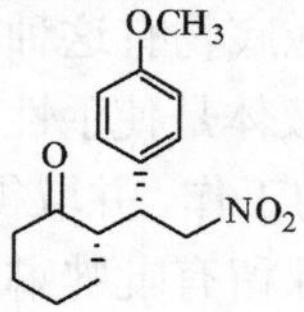	2a	20	94	99:1	94
		2b	12	99	99:1	95
6		2a	12	99	99:1	95
		2b	10	99	99:1	97
7		2a	42	99	98:2	94
		2b	24	99	99:1	97
8		2a	80	61	75:25	83/80
		2b	60	87	63:37	79/82
9		2a	12	77	—	45
		2b	12	83	—	43
10		2a	24	57	83:17	79/81
		2b	24	92	85:15	76/80
11		2a	96	51	—	89
		2b	96	70	—	86
12		2a	60	73	90:10	77
		2b	60	100	90:10	72

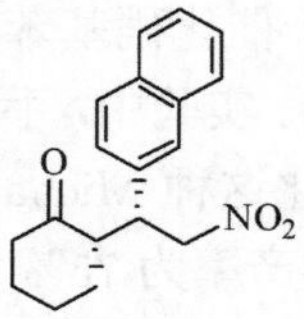

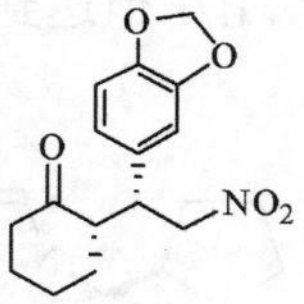

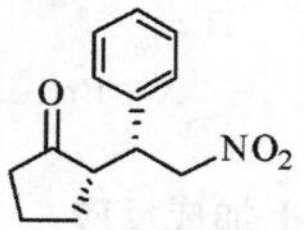

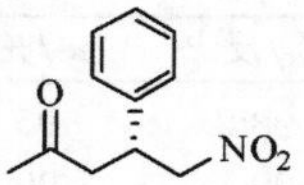

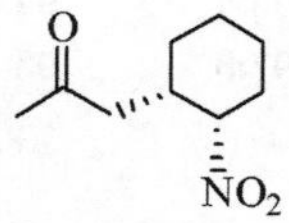

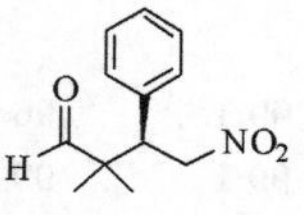

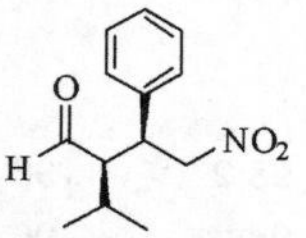

a 分离产率；b ^{1}H NMR 测定；c 高效液相色谱手性柱测定 (AD-H 或 AS-H 柱)；d、e 催化剂第二次和第三次重复使用数据。

同时，该催化体系对反应底物有很好的适用性。他们的实验结果也首次直接证明，手性离子液体中咪唑环正离子 2-位上的活性氢，对反应的不对称诱导有促进作用，如果 2-位上的氢被甲基取代，其催化活性和产物的 ee 值都要降低。他们的实验结果标志着手性离子液体在有机反应中的应用研究已经取得了阶段性的重要成果。

后来 Luo 等[41] 用苯并咪唑代替咪唑, 合成了相类似的功能化离子液体, 并用于类似的反应, 也得到了很好的结果。反应式如下:

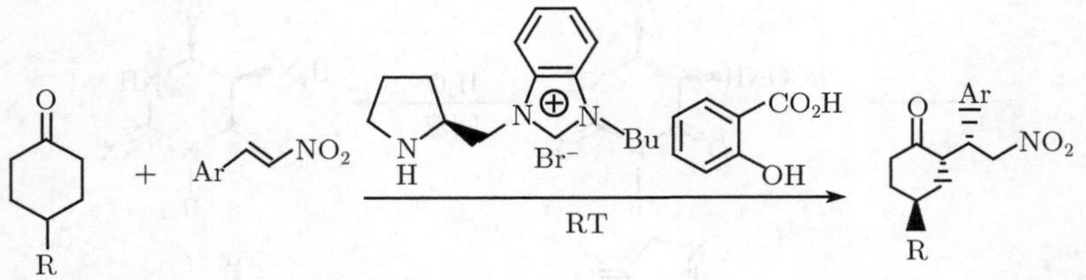

同年, Xu[28a] 等也报道了类似的研究结果, 其实验条件及结果如表 1.5 所示。从中可以看出手性离子液体具有很好的手性诱导效果。反应式如下:

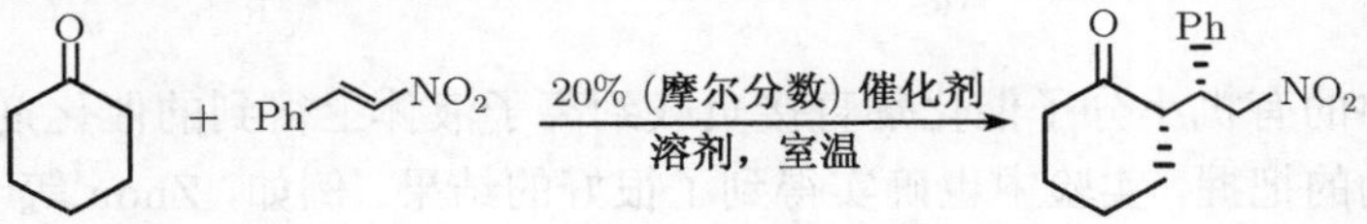

表 1.5　环己酮与硝基烯的不对称 Michael 加成反应的溶剂选择 a

序号	催化剂	溶剂	反应时间/h	产率/%[b]	Dr/(syn/anti)[c]	Ee/%[d]
1	1	[bmim][PF$_6$]	96	30	86:14	24
2	4a	[bmim][PF$_6$]	24	97	93:7	95
3	4b	[bmim][PF$_6$]	24	98	92:8	97
4	5a	[bmim][PF$_6$]	96	52	91:9	77
5	5b	[bmim][PF$_6$]	96	55	92:8	80
6	5c	[bmim][PF$_6$]	96	71	88:12	76
7	5d	[bmim][PF$_6$]	96	78	90:10	88
8	4b	DMSO	96	53	91:9	79
9	4b	DMF	96	49	90:10	81
10	4b	i-PrOH	96	45	93:7	98
11	1	i-PrOH	50	93	89:11	43

a 反应物料比: 溶剂 (3 mL), 酮 (3 mmol), 硝基烯 (1.5 mmol), 催化剂 (20%, 摩尔分数);

b 分离产率;

c 由 GC–MS 测定;

d syn 异构体的对映体过量值由手性柱 HPLC 测定 (Daicel Chiralpak AS-H, hexane–i-PrOH = 95:5)。

2008 年, Yadav 等[42] 的研究更有意思。他们用简单的脯氨酸硫酸盐 Pro$_2$SO$_4$ 等作为催化剂, 进行催化 Biginelli 反应, 立体选择 (对映和非对映选择) 地合成了氢化嘧啶的衍生物 5-氨基-/疏基氢化嘧啶 [perhydropyrimidines(5-amino-/ mercaptoperhydropyrimidines)], 最高 ee 值达到了 95%。反应式如下:

将成熟的有机小分子催化剂直接负载到离子液体上得到的催化剂的催化性能比较有成功的把握，实验中也确实得到了很好的结果。例如，Zhou 等[40] 用醚键把 4-羟基脯氨酸负载到离子液体上，用该催化剂催化苯甲醛及衍生物与丙酮的 Aldol 反应，得到了最高为 93% 的 ee 值，实验结果见表 1.6。反应式如下：

表 1.6   不对称 Aldol 反应的产率和 ee 值 a

反应编号	醛	酮	产率 b /%	ee c /%
1	$p\text{-}O_2NC_6H_4CHO$	CH_3COCH_3	94	82
2	$p\text{-}BrC_6H_4CHO$	CH_3COCH_3	72	83
3	$p\text{-}ClC_6H_4CHO$	CH_3COCH_3	76	84
4	$p\text{-}CNC_6H_4CHO$	CH_3COCH_3	84	83
5	$p\text{-}CF_3C_6H_4CHO$	CH_3COCH_3	82	86
6	$o\text{-}O_2NC_6H_4CHO$	CH_3COCH_3	90	92
7	$o\text{-}ClC_6H_4CHO$	CH_3COCH_3	70	93
8	$o\text{-}BrC_6H_4CHO$	CH_3COCH_3	75	82
9	$2\text{-}Cl\text{-}6\text{-}ClC_6H_3CHO$	CH_3COCH_3	93	84
10	$2\text{-}Cl\text{-}4\text{-}ClC_6H_3CHO$	CH_3COCH_3	82	64
11	$2\text{-}Cl\text{-}5\text{-}NO_2C_6H_3CHO$	CH_3COCH_3	92	76
12	$m\text{-}O_2NC_6H_4CHO$	CH_3COCH_3	94	84
13	$4\text{-}Cl\text{-}3\text{-}NO_2C_6H_3CHO$	CH_3COCH_3	84	65
14	$p\text{-}CH_3C_6H_4CHO$	CH_3COCH_3	53	77

a 醛 (0.5 mmol)，丙酮 (1.0 mL)，[Bmim][BF₄](1.0 mL)，手性离子液 (含 0.05 mmol L-脯氨酸单位) 在室温搅拌 24h；

b 分离产率；c 由手性柱 HPLC 测定。

3) 手性配体

将手性离子液体用做反应中金属催化剂的配体，或将已知的手性配体负载到离子液体上，并仍然用做金属催化剂的配体，使金属催化剂和配体易于与产物分离和回收，无疑是很有意义的，也是手性离子液体应用的一大方向。已报道的一个例子是 Doherty 等[32] 将手性的双噁唑啉负载到咪唑盐上，并用做 Cu(II) 的手性配体。他们用这种离子液体为配体，用 Cu(II) 作催化剂，研究了丙烯酰胺与环戊二烯的 Diels-Alder 反应，发现 ee 能达到 90% 以上，如表 1.7 所示。反应式如下：

R = i-Pr, 3a
R = t-Bu, 3b

R = i-Pr, 4aBr
R = t-Bu, 4bBr

R = t-Bu, 4bNTf₂

6a $\xrightarrow{\text{Cu(OTf)}_2/\text{配体}}$ (2S)-7a
      溶剂

表 1.7　实验结果

编号	配体	溶剂	反应时间/min	转换率/%[a,d]	内型异构体 ee/%[b,d]	内型/%[c,d]
1	3a	[emim][Tf₂N]	60	94	29	78
2	3a	CH₂Cl₂	60	100	2	90
3	3a	CH₂Cl₂(−20 ℃)	60	100	26	90
4	3b	[emim][Tf₂N]	2	100	93	88
5	3b	CH₂Cl₂	60	90	16	85
6	4a-Br	[emim][Tf₂N]	60	98	21	87
7	4a-Br	CH₂Cl₂	60	100	4	89
8	4a-Br	CH₂Cl₂(−20 ℃)	60	96	24	91
9	4b-Br	[emim][Tf₂N]	2	33	48	88
10	4b-Br	CH₂Cl₂	60	40	2	87
11	4b-Tf₂N	[emim][Tf₂N]	2	100	84	88
12	4b-Tf₂N	CH₂Cl₂	60	43	12	86
13	5	[emim][Tf₂N]	2	100	95	90
14	5	CH₂Cl₂	60	78	78	88

a 由 ¹H NMR 谱测定；b 对映体过量由 HPLC (Daicel Chiralcel OD-H) 测定；
c *Endo/exo* 比例从 ¹H NMR 谱中得到；d 三次实验平均值。

3. 作为色谱柱中的填充剂

手性离子液体一个可能的应用方向是作为色谱柱的手性填充剂。这方面的研究也已开始，有兴趣的读者可以看一下参考文献 [43]。

1.2.3 结论

从以上的介绍可见，手性离子液体的合成和应用研究可以说走过了一条不平坦的道路，但已渐渐地成熟。可以说，手性离子液体的结构设计和合成很具有挑战性，因为如果要符合室温下为液态并且黏度不很大的标准，其分子必然不能很大；同时又要导入手性中心，为了获得好的手性诱导，又必须"安上"与底物有强相互作用的基团，其困难是可想而知的。凭借对手性离子液体这个新生事物的热情，化学家们充分发挥了想象力，借用各种"手性池"原料，运用各种有机反应，合成了各种结构的手性离子液体。最初合成手性离子液体仅仅是一种尝试，是一种试探；到现在更多考虑到其应用，从应用于不对称反应中如何由更好的手性诱导来设计手性离子液体的结构，从同样是小分子的有机催化剂中去借鉴有用的结构信息，成功的机会自然多了。到目前为止，已有几篇很成功地应用于不对称诱导反应的报道，到 2008 年，有关手性离子液体的报道仍不断涌现，这预示着手性离子液体将有更好的发展。笔者将现有文献中有关手性离子液体的信息分类整理，见附表 1.1，附表 1.2 附表 1.3。供读者参考。

附表 1.1   手性在阳离子上的离子液体

序号	手性离子液体	文献	序号	手性离子液体	文献
1		[1]	4	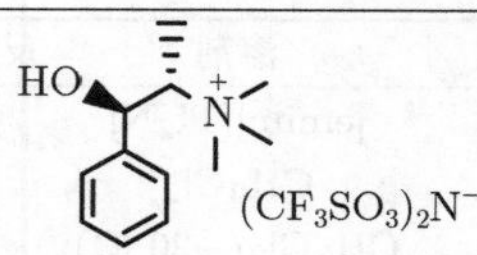	[4]
2	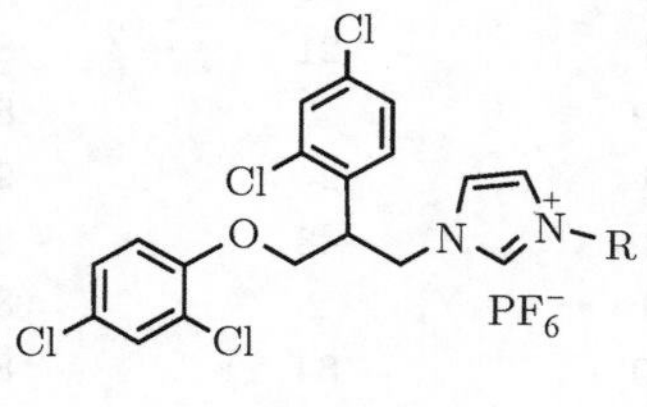	[2]	5	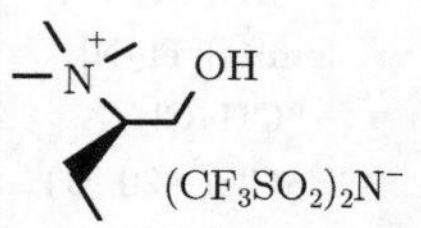	[4]
3	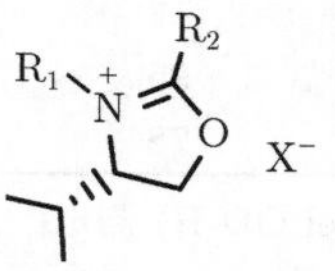	[4]	6	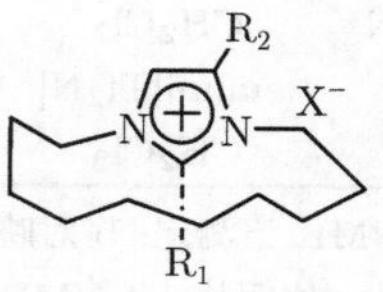	[5]

续表

序号	手性离子液体	文献	序号	手性离子液体	文献
7	(结构式) BF$_4^-$ ... N ... H / Ph / Me	[6]	15	(结构式) X$^-$	[13]
8	(结构式) Br$^-$ ... CH$_2$OH / R / H	[6]	16	(结构式) R—N...N X$^-$	[13]
9	(结构式) S ... X$^-$ N—R	[7]	17	(结构式) CH$_3$ ... C$_3$H$_7$ BF$_4^-$	[14]
10	(结构式) C$_{10}$H$_{21}$ ... Br$^-$ ... Br / H	[8]	18	(CH$_3$)$_3$N$^+$ NTf$_2^-$ ... OH ... CN	[15]
11	(结构式) N...N—R X$^-$	[9]	19	(结构式) CH$_3$ CH$_2$CH$_2$CH$_2$CH$_3$ NTf$_2$ ... O—C—CHCH$_2$OH	[15]
12	(结构式) PF$_6^-$ N...N ... O / OEt	[11]	20	(结构式) Ph ... CH$_3$ ... H ... N$^+$...N ... Ph / CH$_3$ / H NTf$_2$	[15]
13	(结构式) N$^+$ X$^-$ Ph—*—CH$_3$	[12]	21	(结构式) N...N$^+$ X$^-$ ...R N—Ts	[38]
14	(结构式) N...N X$^\ominus$	[13]	22	(结构式) n-C$_{12}$H$_{25}$—N...N...O... X$^-$ ... COOBn N—H X=BF$_4$,PF$_6$	[39]

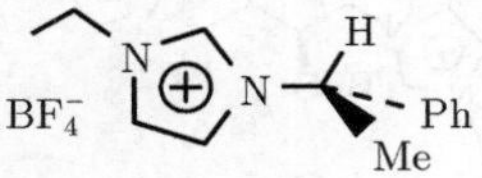

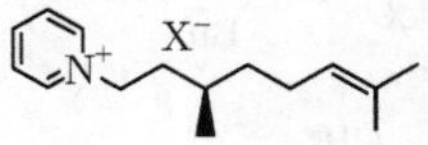

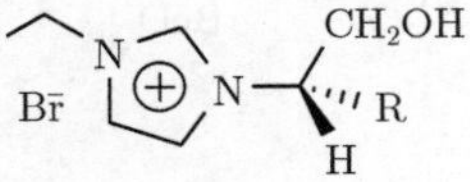

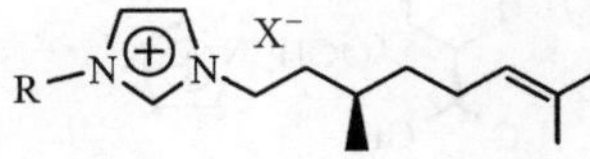

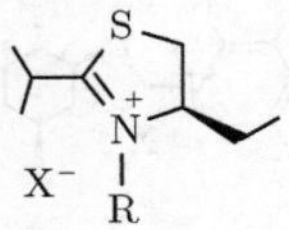

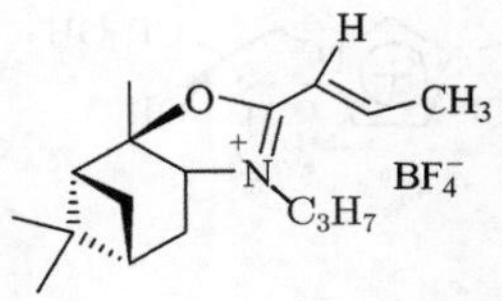

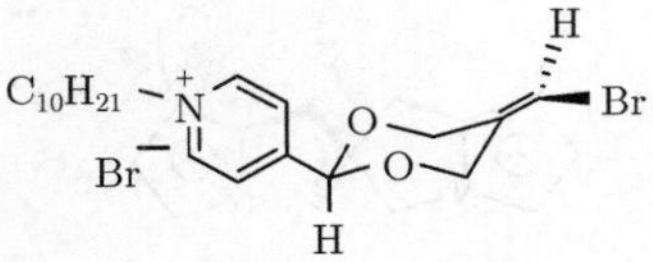

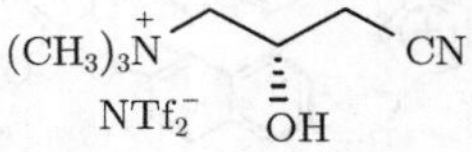

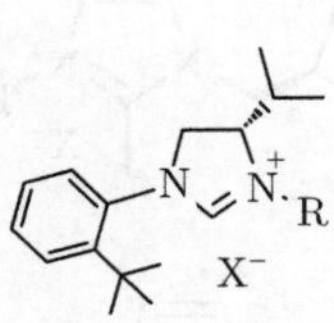

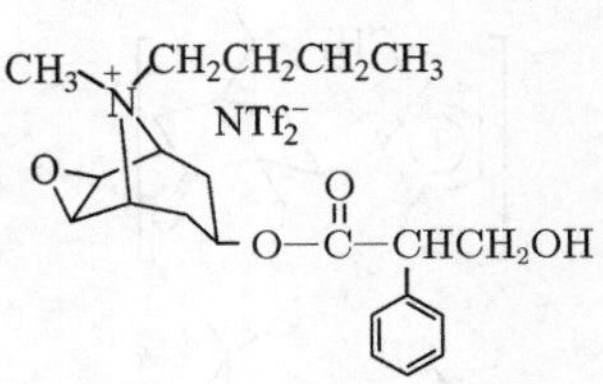

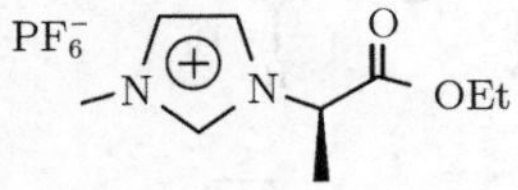

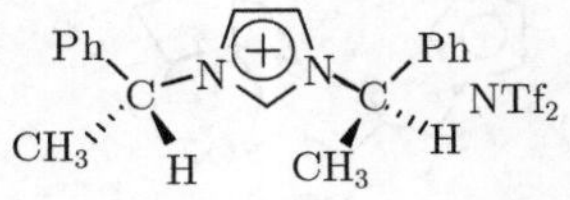

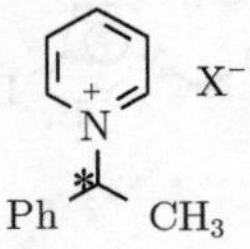

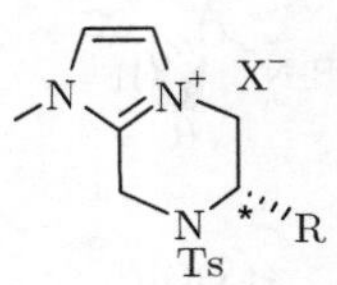

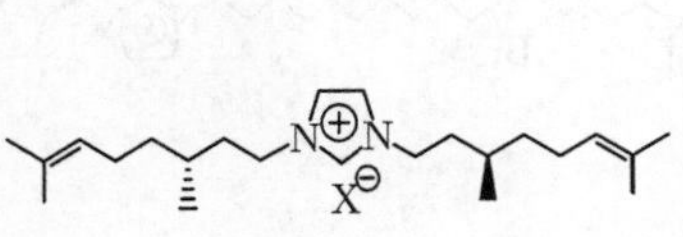

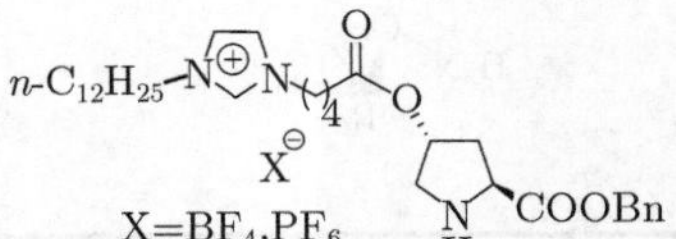

序号	手性离子液体	文献	序号	手性离子液体	文献
23	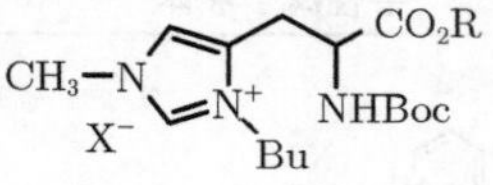	[34]	31	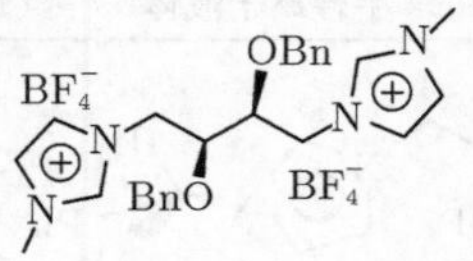	[20]
24	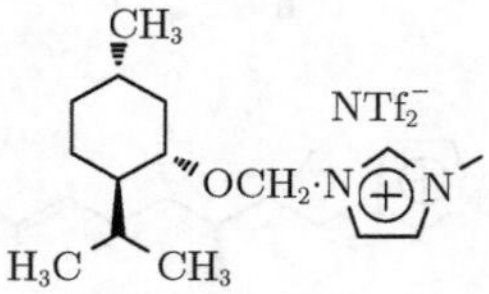	[15]	32	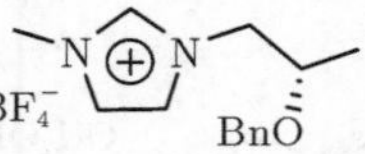	[20]
25	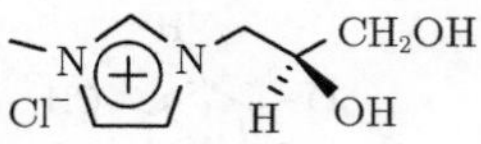	[15]	33	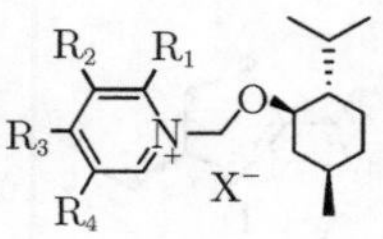	[22]
26	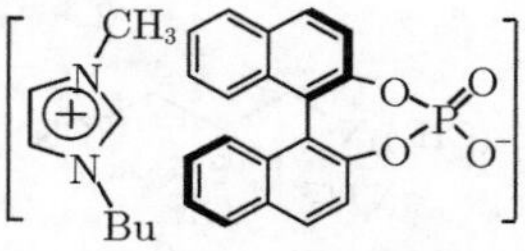	[17]	34	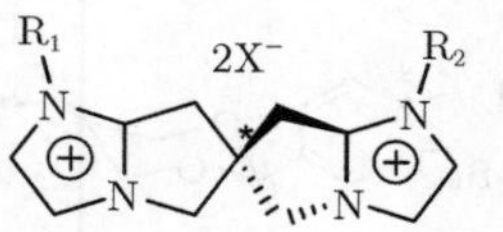	[23]
27	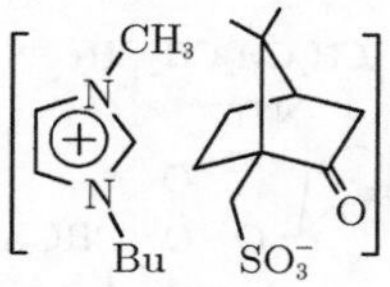	[17]	35	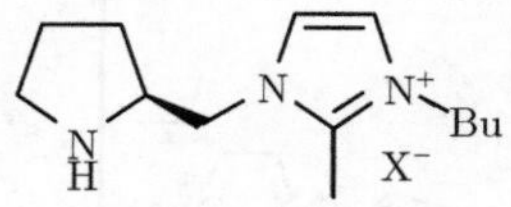	[27]
28	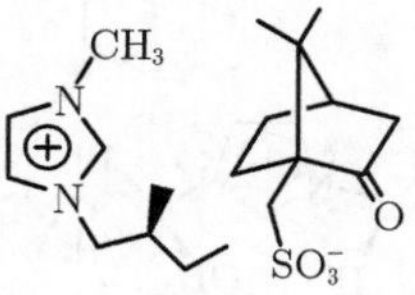	[17]	36	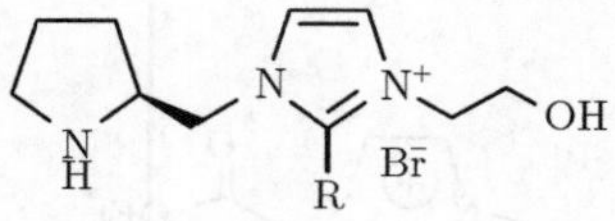	[27]
29	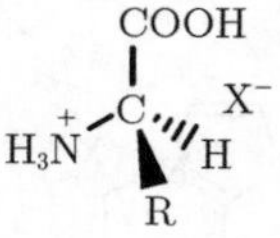	[18]	37	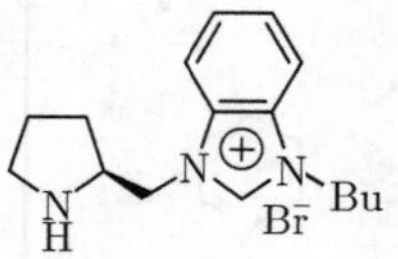	[27]
30	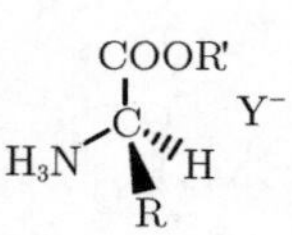	[18]	38	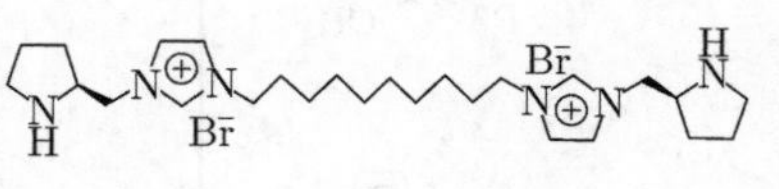	[27]

续表

序号	手性离子液体	文献	序号	手性离子液体	文献
39	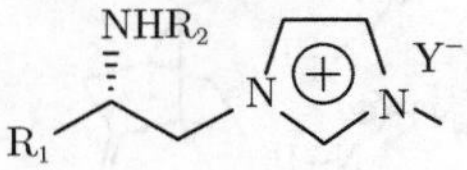 R₁ 结构 NHR₂ Y⁻	[28]	43	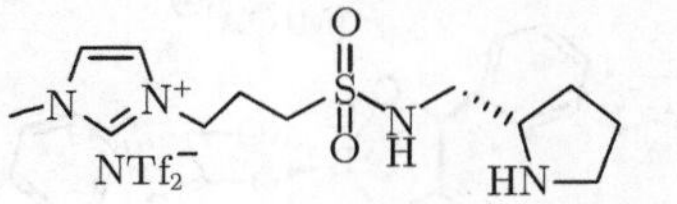 结构 NTf₂⁻	[36]
40	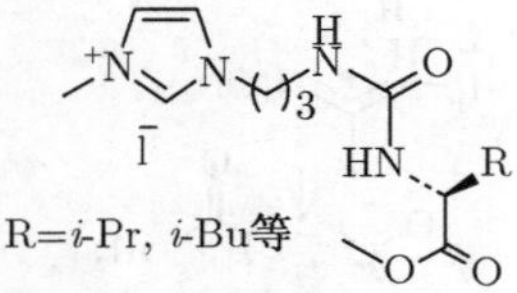 结构 I⁻ R=*i*-Pr, *i*-Bu等	[31]	44	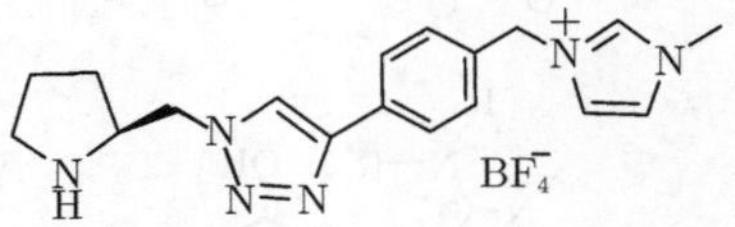 结构 BF₄⁻	[37]
41	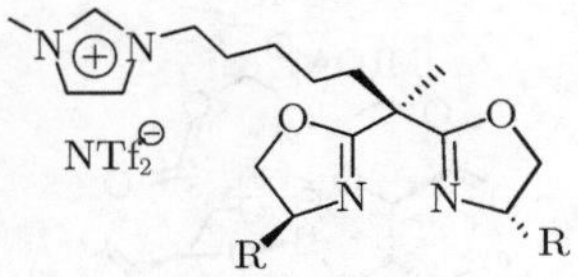 结构 NTf₂⁻ R=*t*-Bu	[32]	45	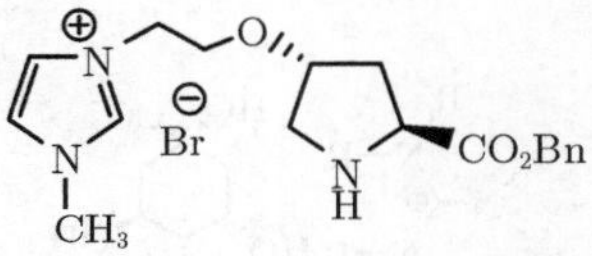 结构 Br⁻ CO₂Bn	[40]
42	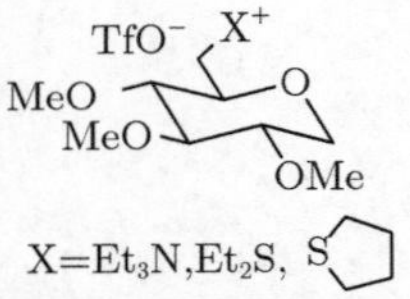 结构 TfO⁻ MeO MeO OMe X=Et₃N,Et₂S, S	[35]			

附表 1.2　手性在阴离子上的离子液体

序号	手性离子液体	文献	序号	手性离子液体	文献
1	[bmim][lactate]	[3]	4	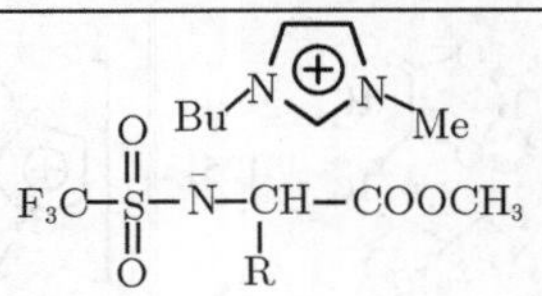 结构 $F_3C-S-N-CH-COOCH_3$	[21]
2	[emim][Leu], [emim][Lys], [emim][Met], [emim][Phe], [emim][Pro], [emim][Ser], [emim][Thr], [emim][Trp], [emim][Tyr], [emim][Val], [emim][Ala], [emim][Arg], [emim][Asn], [emim][Asp], [emim][Cys], [emim][Gln], [emim][Glu], [emim][Gly], [emim][His], [emim][Ile]	[16]	5	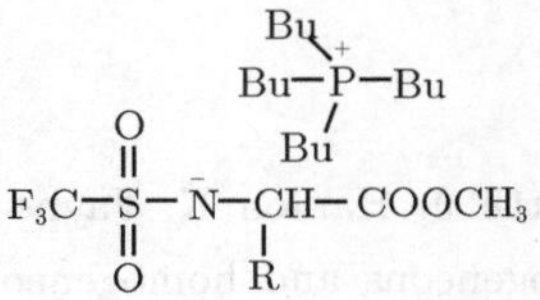 结构 $F_3C-S-N-CH-COOCH_3$	[21]
3	[四丁基铵][L-Ala], [四丁基铵][L-Asn]等	[29]	6	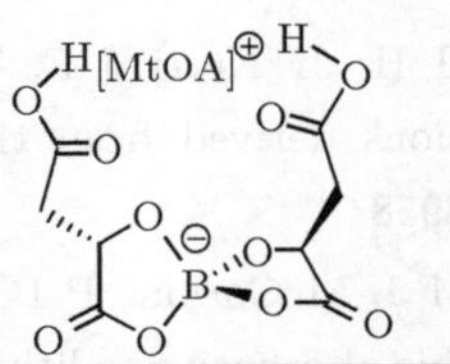 结构 [MtOA]⁺	[24]

续表

序号	手性离子液体	文献	序号	手性离子液体	文献
7	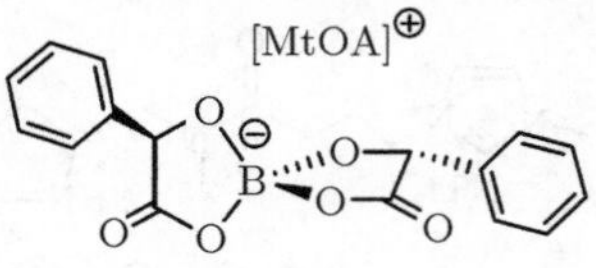 [MtOA]⊕ 结构式	[24]	11	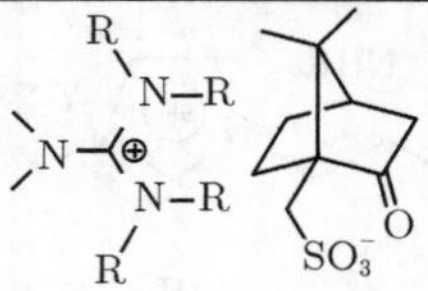 结构式	[26]
8	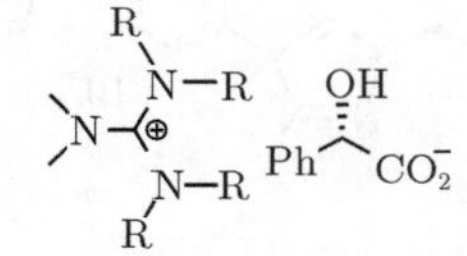 结构式	[26]	12	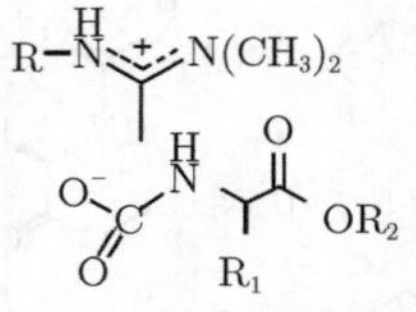 结构式	[33]
9	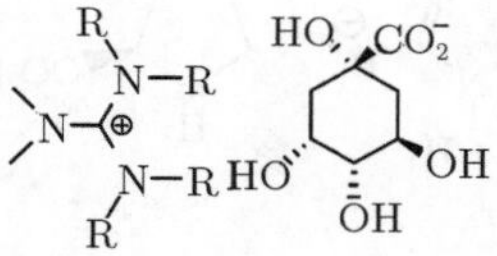 结构式	[26]	13	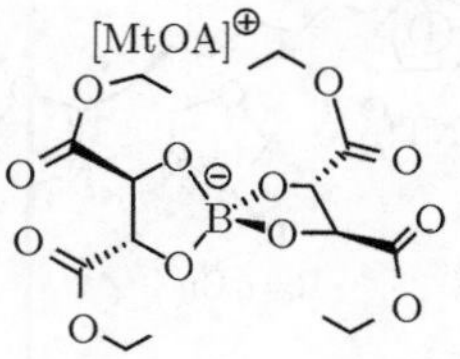 [MtOA]⊕ 结构式	[24]
10	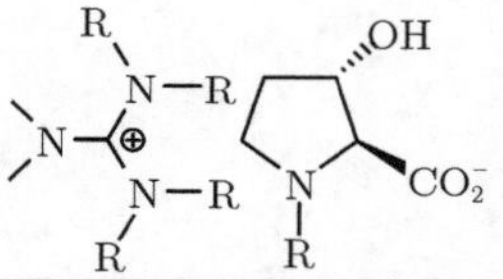 结构式	[26]			

附表 1.3　阴阳离子上都有手性中心的离子液体

手性离子液体	文献	手性离子液体	文献	手性离子液体	文献
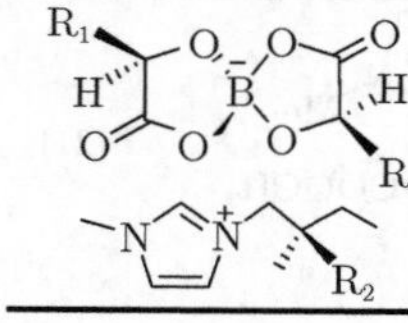 结构式	[25]	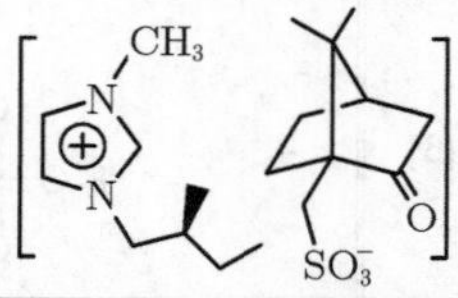 结构式	[17]	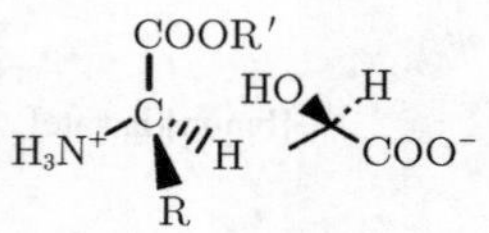 结构式	[18]

参 考 文 献

[1] Howarth J, Hanlon K, Fayne D, et al. Moisture stable dialkylimidazolium salts as heterogeneous and homogeneouslewis acids in the Diels-Alder reaction. Tetrahedron Lett, 1997, 38(17): 3097~3100

[2] Davis J H, Jr Kerri J F, Travis M. Novel organic ionic liquids (OILs) incorporating cations derived from the antifungal drug miconazole. Tetrahedron Lett, 1998, 8955~8958

[3] Earle M J, McCormac P B, eddon K R. Diels–Alder reactions in ionic liquids: a safe recyclable alternative to lithium perchlorate–diethyl ether mixtures. Green Chem, 1999,

1(1): 23~25

[4] Wasserscheid P, Bösmanna A, Bolm C. Synthesis and properties of ionic liquids derived from the "chiral pool". Chem Commun, 2002, 3: 200, 201

[5] Ishida Y, Miyauchi H, Saigo K. Design and synthesis of a novel imidazolium-based ionic liquid with planar chirality. Chem Commun, 2002, 2240, 2241

[6] Bao W, Wang Z, Li Y. Synthesis of chiral ionic liquids from natural aminoacids. J Org Chem, 2003, 68(2): 591~593

[7] Levillain J, Dubant G, Abrunhosa I, et al. Synthesis and properties of thiazoline based ionic liquids derived from the chiral pool. Chem Commun, 2003, 2914, 2915

[8] Baudequin C, Baudoux J, Levillain J, et al. Ionic liquids and chirality: opportunities and challenges. Tetrahedron: Asymmetry, 2003, 14: 3081~3093

[9] Clavier H, Boulanger L, Audic N, et al. Design and synthesis of imidazolinium salts derived from (L)-valine. Investigation of their potential in chiral molecular recognition. Chem Commun, 2004, 1224, 1225

[10] (a) Thanh G V, Pégot B, Loupy A. Solvent-free microwave-assisted preparation of chiral ionic liquids from (−)-N-methylephedrine. Eur J Org Chem, 2004, 69(4): 1112~1116; (b) Pégot B, Thanh G V, Gori D, et al. First application of chiral ionic liquids in asymmetric Baylis−Hillman reaction. Tetrahedron Lett, 2004, 45: 6425~6428

[11] Jodry J J, Mikami K. New chiral imidazolium ionic liquids: 3D-network of hydrogen bonding. Tetrahedron Lett, 2004, 45: 4429~4431

[12] Patrascu C, Sugisaki C, Mingotaud C, et al. New pyridinium chiral ionic liquids. Heterocycles, 2004, 63: 2033~2041

[13] Tosoni M, Laschat S, Baro A. Synthesis of novel chiral ionic liquids and their phase behavior in mixtures with smectic and nematic liquid crystals. Helv Chim Acta, 2004, 87: 2742~2749

[14] Ding J, Armstrong D W. Chiral ionic liquids: synthesis and applications. Chirality, 2005, 17: 281~292

[15] Malhotra S V, Wang Y. Application of chiral ionic liquids in the copper catalyzed enantioselective 1,4-addition of diethylzinc to enones. Tetrahedron: Asymmetry, 2006, 17: 1032~1035

[16] Fukumoto K, Yoshizawa M, Ohno H. Room temperature ionic liquids from 20 natural amino acids. J Am Chem Soc, 2005, 127: 2398, 2399

[17] Machado M Y, Dorta R. Synthesis and characterization of chiral imidazolium salts. Synthesis, 2005,15: 2473~2475

[18] Tao G, He L, Sun N, et al. New generation ionic liquids: cations derived from amino acids. Chem Commun, 2005, 3562~3564

[19] Kim E J, Koa S Y, Dziadulewicz E K. Mitsunobu alkylation of imidazole: a convenient route to chiral ionic liquids. Tetrahedron Lett, 2005, 46: 631~633

[20] Wang Z, Wang Q, Zhang Y, et al. Synthesis of new chiral ionic liquids from natural acids and their applications in enantioselective Michael addition. Tetrahedron Lett, 2005, 46(27): 4657~4660

[21] Fukumoto K, Ohno H. Design and synthesis of hydrophobic and chiral anions from amino acids as precursor for functional ionic liquids. Chem Commun, 2006, 3081~3083

[22] Pernak J, Kubis J F. Chiral pyridinium-based ionic liquids containing the (1R, 2S, 5R)-(–)-menthyl group. Tetrahedron: Asymmetry, 2006, 17: 1728~1737

[23] Patil M L, Laxman R C V, Yonezawa K, et al. Design and Synthesis of novel chiral spiro ionic liquids. Org Lett, 2006, 8(2): 227~230; Patil M L, Laxman R C V, Takizawa S, et al. Synthesis of novel spiro imidazolium salts as chiral ionic liquids. Tetrahedron, 2007, 63: 12702~12711

[24] Gausepohl R, Buskens P, Kleinen J, et al. Highly enantioselective Aza-Baylis–Hillman reaction in a chiral reaction medium. Angew Chem Int Ed, 2006, 45: 3689~3692

[25] Yu S, Lindeman S, Tran C D. Chiral ionic liquids: synthesis, properties, and Enantiomeric recognition. J Org Chem, 2008, 73(7): 2576, 2591

[26] Branco L C, Gois P M P, Lourenco N M T, et al. Simple transformation of crystalline chiral natural anions to liquid medium and their use to induce chirality. Chem Commun, 2006, 22: 2371, 2372

[27] (a) Luo S, Mi X, Zhang L, et al. Functionalized chiral ionic liquids as highly efficient asymmetric organocatalysts for michael addition to nitroolefins. Angew Chem Int Ed, 2006, 45: 3093~3097; (b) Luo S, Mi X, Zhang L, et al. Functionalized ionic liquids catalyzed direct aldol reactions. Tetrahedron, 2007, 63: 1923~1930

[28] (a) Xu D, Luo S, Yue H, et al. Ion-supported chiral pyrrolidines as enantioselective catalysts for direct michael addition of nitroalkenes in [BMIm]PF$_6$. Synlett, 2006, 16: 2569~2572; (b) Luo S, Xu D, Yue H, et al. Synthesis and properties of novel chiral-amine-functionalized ionic liquids. Tetrahedron: Asymmetry, 2006, 17: 2028~2033

[29] Christine R A, Paulina L R, Antony J W, et al. Facile synthesis of ionic liquids possessing chiral carboxylates. Tetrahedron Lett, 2006, 47: 7367~7370

[30] Ou W H, Huang Z Z. An efficient and practical synthesis of chiral imidazolium ionic liquids and their application in an enantioselective Michael reaction. Green Chem, 2006, 8: 731~734

[31] Ni B, Headley A D. Novel imidazolium chiral ionic liquids that contain urea functionality. Tetrahedron Lett, 2006, 47: 7331~7334

[32] Doherty S, Goodrich P, Hardacre C, et al. Recyclable copper catalysts based on imidazolium-tagged bis(oxazolines): A marked enhancement in rate and enantioselectivity for Diels–Alder reactions in ionic liquid. Adv Synth Catal, 2007, 349: 951 ~963

[33] Yamada T, Lukac P J, Yu T, et al. Reversible, room-temperature, chiral ionic liquids. amidinium carbamates derived from amidines and amino-acid esters with carbon dioxide.

Chem Mater, 2007, 19: 4761~4768

[34] Guillen F, Brégeonb D, Plaquevent J. (S)-Histidine: the ideal precursor for a novel family of chiral aminoacid and peptidic ionic liquids. Tetrahedron Lett, 2006, 47: 1245~1248

[35] Poletti L, Chiappe C, Lay L, et al. Glucose-derived ionic liquids: exploring low-cost sources for novel chiral solvents. Green Chem, 2007, 9: 337~341

[36] Ni B, Zhang Q, Headley A D. Functionalized chiral ionic liquid as recyclable organocatalyst for asymmetric Michael addition to nitrostyrenes. Green Chem, 2007, 9: 737~739

[37] Wu L Y, Yan Z Y, Xie Y X, et al. Ionic-liquid-supported organocatalyst for the enantioselective Michael addition of ketones to nitroolefins. Tetrahedron: Asymmetry, 2007, 18: 2086~2090

[38] Ni B, Garre S, Headley A D. Design and synthesis of fused-ring chiral ionic liquids from amino acid derivatives. Tetrahedron Lett, 2007, 48: 1999~2002

[39] Siyutkin D E, Kucherenko A S, Struchkova M I, et al. A novel (S)-proline-modified task-specific chiral ionic liquid—an amphiphilic recoverable catalyst for direct asymmetric aldol reactions in water. Tetrahedron Lett, 2008, 49: 1212~1216

[40] Zhou L, Wang L. Chiral ionic liquid containing L-proline unit as a highly efficient and recyclable asymmetric organocatalyst for aldol reaction. Chem Lett, 2007, 36(5): 628, 629

[41] Luo S, Zhang L, Mi X, et al. Functionalized chiral ionic liquid catalyzed enantioselective desymmetrizations of prochiral ketones via asymmetric michael addition reaction. J Org Chem, 2007, 72: 9350~9352

[42] Yadav L D S, Rai A, Rai V K, et al. Chiral ionic liquid-catalyzed Biginelli reaction: stereoselective synthesis of polyfunctionalized perhydropyrimidines. Tetrahedron, 2008, 64: 1420~1429

[43] (a) Ding J, Welton T, Armstrong D W. Chiral ionic liquids as stationary phases in gas chromatography. Anal Chem, 2004, 76: 6819~6822; (b) Francois Y, Varenne A, Juillerat E, et al. Evaluation of chiral ionic liquids as additives to cyclodextrins for enantiomeric separations by capillary electrophoresis. J Chromatogr A, 2007, 1155: 134~141

1.3　离子液体及其在石油化工中的应用

随着人们环境保护意识的增强和对可持续发展重要性的认识的深入，世界各国政府正在制定越来越严格的政策和法规，以期降低工业生产对环境的污染，迫使企业朝着绿色、清洁以及环境友好的方向发展。近些年来，离子液体作为一种"绿色"溶剂或催化剂以及某些催化剂的"液体载体"，备受世界各国学术界与企业界的关注。

离子液体具有稳定的物理化学性质,几乎不挥发,不会因为蒸发而造成离子液体的损失,有望取代传统石油化工工艺中大量使用的具有挥发性和易燃性的有机溶剂。离子液体的酸碱度在一定范围内可调,可满足不同催化体系的要求,有望取代石油化工工艺中大量使用的具有毒性和腐蚀性的催化剂。离子液体可溶解很多无机物、有机物以及有机金属催化剂,并且能够通过对离子结构调整改变某些物质在其中的溶解度,在两相催化以及相转移催化过程中具有广阔的应用空间。

本节介绍离子液体在轻质油品脱硫、低碳烯烃齐聚、轻烃异构化、碳四烷基化、芳香烃烷基化、芳香烃酰基化以及环己酮肟 Beckmann 重排中的应用和相应的研究进展。

1.3.1 离子液体在轻质油品脱硫中的应用

油品中的含硫化合物在燃烧时会释放出 SO_x,造成大气污染。伴随着人们环保意识的增强和相应环保法规的相继实施,对商品汽油和柴油中硫含量的限制越来越严格。目前,美国、日本、欧盟等要求商品汽油和柴油中的硫含量不超过 50 μg/g,甚至更低。汽油中的硫主要是噻吩类化合物,柴油中的硫主要是苯并噻吩和二苯并噻吩类化合物。轻质油品脱硫的技术很多,传统的加氢脱硫技术有着脱硫率高的优点,但是同时存在投资大和操作成本高等问题,因此开发投资低、操作条件缓和的非加氢脱硫技术成为一种趋势[1]。离子液体具有良好的物理化学稳定性,对含硫化合物呈现出较高的溶解能力,并具有一定的催化反应性能,因此屡见利用离子液体进行轻质油品脱硫的报道。

轻质油品中的含硫化合物可以通过萃取的方式脱除,萃取剂应对含硫化合物具有较高的溶解选择性,并且易于再生。离子液体的阴阳离子结构可以调节,进而可以改变含硫化合物在离子液体中的溶解能力;离子液体不挥发,可以通过简单的蒸馏除去溶解在其中的含硫化合物。这些特点使得离子液体成为轻质油品萃取脱硫的良好溶剂。

Esser 等[2] 研究发现离子液体可用于萃取脱除汽油和柴油中的含硫化合物和含氮化合物,能够将油品中的硫含量降低到 10 μg/g 甚至更低,并给出了离子液体用于油品萃取脱硫的概念示意图 (图 1.12)。研究发现 [bmim][OcSO₄] 和 [emim][EtSO₄] 是两种较有应用前景的离子液体。由于离子液体可以脱除通过加氢手段难以脱除的二苯并噻吩类的含硫化合物,因此可以将离子液体萃取脱硫与加氢脱硫相结合。以柴油脱硫为例,先通过加氢的手段脱除大部分含硫化合物,然后利用离子液体萃取脱除剩余的二苯并噻吩类的化合物,实现生产超低硫柴油的目的。

Huang 和张傑[3,4] 对比研究了 Lewis 酸类离子液体用于汽油萃取脱硫的性能,发现离子液体 [bmim]Cl-2AlCl₃ 具有良好的脱硫效果。在室温、剂油质量比为 1:3、萃取时间 30 min 的条件下,离子液体 [bmim]Cl-2AlCl₃ 对不同硫含量汽油的萃取脱硫结果见表 1.8。汽油的硫含量越高，单次萃取后脱除的硫量越多，但是脱硫率越低。在同样的萃取条件下，初始硫含量为 650 µg/g 的汽油经过连续 6 次萃取后，硫含量能够降低到 30 µg/g，累计脱硫率达到 95%。

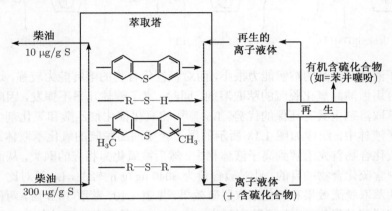

图 1.12　离子液体用于油品萃取脱硫的基本概念示意图

表 1.8　离子液体 [bmim]Cl-2AlCl₃ 的萃取脱硫效果

汽油硫含量/(µg/g)	950	680	410	196
脱除的硫含量/(µg/g)	153.9	146.9	119.3	73.3
脱硫率/%	16.2	21.6	29.1	37.4

王建龙等[5] 研究了 6 种吡啶类离子液体对汽油的萃取脱硫性能。该研究将噻吩加入体积比为 1:1 的正庚烷与二甲苯的溶剂中，配成硫含量为 498 mg/L 的含硫模型化合物，在室温、萃取时间 30~40 min 的条件下，6 种离子液体的萃取脱硫结果见表 1.9。离子液体 [BuPy][BF₄] 的脱硫效果最好，单程脱硫率达到 45.5%。

表 1.9　不同离子液体和剂油质量比下的脱硫率　　　　　　　　（单位：%）

剂油质量比	1:1	1:2	1:3
[BuPy][BF₄]	45.5	28.6	16.9
[BuPy][NO₃]	30.1	19.1	9.4
[BuPy][Ac]	32.1	20.3	10.2
[EtPy][BF₄]	21.8	12.6	8.9
[EtPy][NO₃]	27.1	17.3	13.8
[EtPy][Ac]	23.0	15.7	9.7

Jiang 等[6] 研究表明三种咪唑类磷酸盐离子液体 {[beim][DBP]、[eeim][DEP] 和 [emim][DMP]} 可用于轻质燃料中含硫化合物的萃取脱除，并表现出良好的萃取脱硫效果。相比较来说，[beim][DBP] 的脱硫效果较优，[eeim][DEP] 的次之，而 [emim][DMP] 的较差。磷酸盐类离子液体对二苯并噻吩的脱除效果较优，对苯并噻吩的脱除效果次之，而对 3-甲基噻吩的脱除效果较差。磷酸盐离子液体不溶于轻质燃料，但是燃料在离子液体中具有一定的溶解度，其中在 [emim][DMP] 中的溶解度相对

较小。其结构如下：

[emim][DMP]　　　　　　　[eeim][DEP]　　　　　　　[beim][DBP]

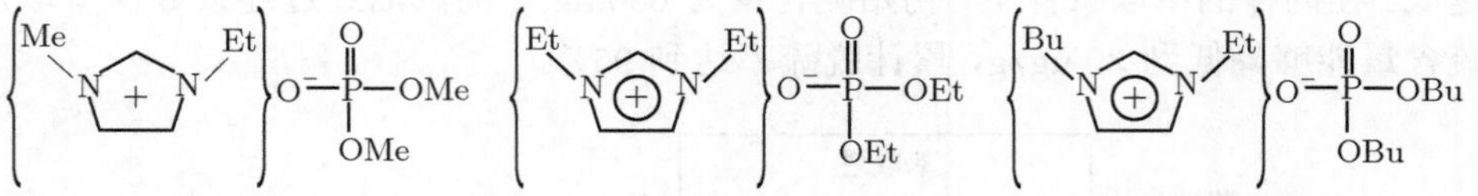

离子液体对油品的溶解能力很小，而对极性化合物的溶解能力较强，这使得离子液体可用做油品氧化脱硫的萃取溶剂。同时，离子液体几乎不挥发，因此比常规的有机萃取溶剂更具有环保的优势。Lo 等[7] 将氧化催化剂乙酸和氧化剂 H_2O_2 溶解于离子液体中，组成如图 1.13 所示的用于轻质油品脱硫的氧化萃取体系。油相中的含硫化合物首先溶解到离子液体相中，然后被氧化为相应的砜类，从而实现脱除油品中含硫化合物的目的。针对硫含量为 8040 μg/g 的轻油，Lo 等对比了两种离子液体的萃取脱硫效果和氧化萃取脱硫效果，见表 1.10。萃取 10 h 后，两种离子液体的萃取脱硫效果均较差，脱硫率仅为 7%~8%，但是两种离子液体均呈现出良好的氧化萃取脱硫效果。其中，[bmim][BF$_4$] 的氧化萃取脱硫率为 55%，[bmim][PF$_6$] 的氧化萃取脱硫率高达 85%。该研究同时发现，芳香烃在离子液体中也具有一定的溶解度，特别是 [bmim][PF$_6$] 对于双环芳香烃有着较高的溶解能力，因此在氧化萃取脱硫的同时也降低了轻油中双环芳香烃的含量。反应式如下：

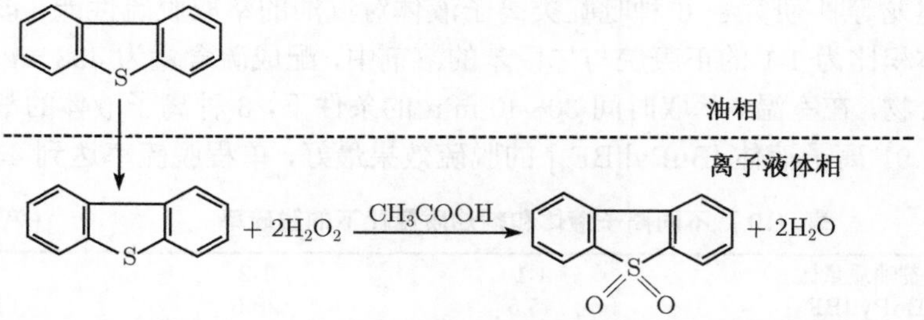

图 1.13　油–离子液体两相体系中二苯并噻吩的氧化萃取脱除示意图

表 1.10　离子液体处理前后轻油中的芳香烃和硫含量

轻油处理方式	饱和烃 /(体积分数)	单环芳香烃 /(体积分数)	双环芳香烃 /(体积分数)	硫含量 /(μg/g)	脱硫率 /%
轻油处理前	78.8	15.5	5.7	8040	
与 [bmim][BF$_4$] 接触，无氧化剂	78.9	15.5	5.6	7480	7
与 [bmim][BF$_4$] 接触，有氧化剂	80.1	15.3	4.6	3640	55
与 [bmim][PF$_6$] 接触，无氧化剂	80.1	15.2	4.7	7370	8
与 [bmim][PF$_6$] 接触，有氧化剂	83.8	14.4	1.8	1300	85

Zhao 等[8] 以 H_2O_2 为光氧化剂，将光化学氧化与离子液体 ([bmim][PF$_6$]) 萃取相结合对油品进行脱硫处理，离子液体可作为萃取剂和光化学氧化反应的介质，

脱硫过程如图 1.14 所示。在离子液体与轻油的体积比为 1:1、H_2O_2 与 S 的物质的量比为 13:1、反应时间为 10 h 和室温的条件下，该技术对实际轻油的脱硫结果见表 1.11。对于硫含量为 3240 mg/L 的轻油，处理后的硫含量降低到 304.5 mg/L，脱硫率达到 90.6%，并且保持轻油收率在 98% 以上。离子液体 [bmim][PF$_6$] 可以循环使用，但是脱硫率略有下降。反应式如下：

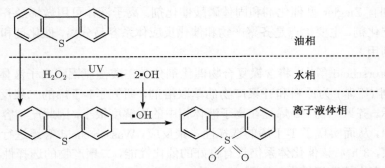

图 1.14　光化学氧化与离子液体萃取相结合的脱硫过程示意图

表 1.11　光氧化萃取脱硫前后轻油的硫含量

轻油处理方式	硫含量/(mg/L)	脱硫率/%	轻油收率/%
轻油处理前	3240		
仅用[bmim][PF$_6$] 萃取	2912.7	10.1	99
光催化氧化, [bmim][PF$_6$] 萃取	304.5	90.6	>98

酸性离子液体可催化油品中的噻吩类化合物与烯烃发生烷基化反应，生成沸点较高的化合物，然后通过蒸馏将高沸点的含硫化合物除去，从而实现油品脱硫的目的。黄蔚霞等[9] 研究了氯铝酸离子液体在催化裂化汽油烷基化脱硫中的应用。反应温度 60 ℃时，硫含量为 1178 μg/g 的汽油经过质量分数为 5% 的离子液体处理 15 min 后硫含量降低至 171 μg/g，处理 30 min 后可降低至 90 μg/g，脱硫率达到 92.36%。汽油经过离子液体烷基化处理后，芳烃和正构烷烃含量变化不大，环烷烃与异构烷烃含量有所增加，烯烃含量明显降低，辛烷值略有下降，研究法辛烷值 (RON) 下降 1~2 个单位，马达法辛烷值 (MON) 下降 1 个单位左右。

刘植昌等[10] 研究了 Lewis 酸类离子液体在催化裂化汽油烷基化脱硫中的应用。离子液体 Et$_3$NHCl-2AlCl$_3$ 呈现出较好的烷基化脱硫性能，反应温度 50 ℃，以质量分数为 2% 的离子液体处理硫含量为 396 mg/L 的汽油，脱硫率可达 70% 以上，汽油收率在 95% 以上，辛烷值基本不变。

与传统的加氢脱硫相比，离子液体脱硫的条件温和，具有装置投资和运行成本低等优点，同时不需要消耗氢气。与其他的萃取脱硫和氧化脱硫技术相比，离子液体具有环境污染小、可循环使用等优点。但是目前离子液体的生产成本较高，且部分离子液体对水、醇、醚等物质不稳定，这在一定程度上限制了离子液体在油品脱硫中的应用。

1.3.2   离子液体在低碳烯烃齐聚中的应用

　　烯烃齐聚是指烯烃单体在催化剂的作用下叠合生成含一个或多个构造单元重复相连的化合物的反应，是炼油和有机化学工业中重要的过程之一。烯烃齐聚的商业催化剂有 Ziegler 型催化剂和固体磷酸催化剂。离子液体可用做烯烃齐聚反应的溶剂或催化剂，主要优点是齐聚产物和催化反应体系容易分离，催化剂和离子液体可循环利用。

　　Wasserscheid 等[11] 将含镍复合物催化剂分散在酸性氯铝酸离子液体相中，以有机溶剂 (甲苯) 为原料和齐聚产物的萃取溶剂，研究了1-丁烯的二聚反应，如图 1.15 所示。齐聚产物 C8 烯烃在离子液体相中的溶解度很小，因此产物容易转移到有机相中，从而实现了 1-丁烯的选择性二聚反应。Wasserscheid 等还进行了连续性实验考察，3 h 后该催化体系仍具有良好的催化性能，二聚产物的选择性在 98% 以上，线性产物的选择性在 52% 以上。

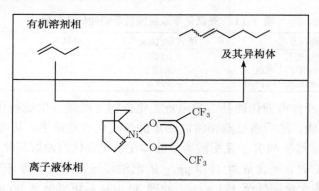

图 1.15　有机溶剂–离子液体两相体系中 1-丁烯选择性二聚的示意图

　　Simon 等[12] 将不同的 Ni(Ⅱ) 复合物 {[Ni(MeCN)$_6$][BF$_4$]$_2$、[Ni(MeCN)$_6$][AlCl$_4$]$_2$ 等} 分散于酸性氯铝酸离子液体中，以有机溶剂为原料和齐聚产物的萃取剂，组成了有机溶剂 - 离子液体两相催化反应体系，考察了 1-丁烯的选择性二聚反应。在反应温度 10 ℃ 的条件下，二聚物的选择性可达 92% 以上。之后 Thiele 等[13] 以咪唑类氯铝酸离子液体为溶剂，以 [Ni(MeCN)$_6$][BF$_4$]$_2$ 为催化剂，以 AlEtCl$_2$ 为助催化剂，研究了 1-丁烯的齐聚反应性能。齐聚产物中二聚物的选择性可高达 90% 以上，在二聚物中主要是二甲基己烯和甲基庚烯。随离子液体中 AlCl$_3$ 物质的量的增大，齐聚产物中二聚物的选择性下降。

　　杨昕等[14] 将过渡金属化合物分散于强酸性 [bmim]Cl/AlCl$_3$/Et$_2$AlCl 型离子液体中，考察了该催化体系对 1-丁烯二聚反应的催化作用。发现 [bmim]Cl 能够抑制 1-丁烯在强酸性催化剂 AlCl$_3$/Et$_2$AlCl 上的高聚反应，并显著提高二聚物的选择性。在过渡金属化合物中，含镍化合物对 1-丁烯二聚反应的催化效果最好；1-丁烯的转化率可达 95%，二聚物的选择性可达 85%。离子液体除了可以作为烯烃齐聚催化剂的溶剂外，本身也可以催化烯烃的齐聚反应。Goledzinowski 等[15] 研究了乙烯和丙烯在吡啶类和咪唑类氯铝酸离子液体中的齐聚反应性能。在反应温度 40~80 ℃的范围内，短反应时间内乙烯和丙烯的齐聚产物主要是 C3~C6 的烃类，随反应时间的延长，有 C6 以上的烃类生成。

　　Gu 等[16] 研究了 SO$_3$H 基功能离子液体催化丁烯和己烯齐聚生产各种支链的烯烃衍生物。该离子液体具有双重功能，既作为催化剂又作为溶剂，表现出良好催化性能和齐聚选择性，如表 1.12 所示。

表 1.12　　烯烃在磺酸根功能化离子液体中的反应

烯烃	离子液体	转化率/%	产物选择性/%			
			二聚物	三聚物	异构产物	四聚物
异丁烯	I	68	87	12	0	1
异丁烯	II	94	61	36	0	3
异丁烯 a	II	50	43	56	0	1
异丁烯 b	II	67	54	44	0	2
异丁烯 c	II	82	84	15	0	0
1-丁烯	I	59	16	10	74	0
1-丁烯	II	68	14	15	71	0
1-己烯	I	9	0	0	100	0
1-己烯	II	13	0	0	100	0

注：反应条件：10 mmol 离子液体；41.7 mmol 烯烃；温度 120 ℃；时间 6 h。
a　反应温度：90 ℃；b　反应时间：3 h；c　加 41.7 mmol 水到离子液体中。

　　异丁烯主要发生齐聚反应，且二聚物和三聚物的选择性很高，1-丁烯主要发生双键异构反应，齐聚产物的选择性较低，而 1-己烯仅发生双键异构反应，不发生齐聚反应。其结构式如下：

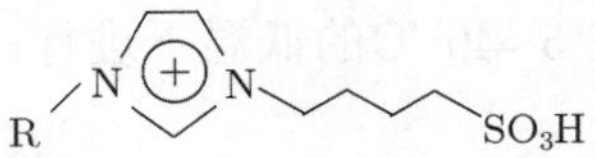

I: R = CH$_3$
II: R = CH$_2$CH$_2$CH$_2$CH$_2$CH$_2$CH$_2$
磺酸基功能离子液体结构

　　杨淑清等[17] 研究了异丁烯在铵盐类氯铝酸和氯铁酸离子液体中的齐聚反应性能，结果见表 1.13。氯铝酸离子液体的催化活性较高，但是齐聚产物的选择性较低；而氯铁酸离子液体具有较高的催化活性和选择性，齐聚产物主要是二聚物和三聚物，以及少量的四聚物和五聚物。改变氯铁酸离子液体中阳离子的构型可以调节齐聚产物的分布。以氯铁酸离子液体 (Et₃NHCl-2FeCl₃) 为催化剂，在反应温度 40 ℃、反应时间 30 min、酸烃体积比 1.2:1 的条件下，异丁烯的转化率达到 85%，二聚物的选择性为 22.9%，三聚物的选择性为 57.4%。后续研究发现，在上述反应条件下，通过 CuCl 对铵盐类氯铁酸离子液体进行改性，可以提高异丁烯的转化率和三聚物的选择性，如表 1.14 所示。

表 1.13　离子液体催化异丁烯齐聚反应结果

离子液体	转化率/%	产物选择性/%							
		C6, C7	C8	C9～C11	C12	C13～C15	C16	C17～C19	C20
Et₃NHCl-2FeCl₃	85	0	22.9	0	57.4	0	16.8	0	2.9
Et₃NHCl-2AlCl₃	99	2.5	9.8	12.2	31.7	4.6	22.0	12.3	4.9

表 1.14　离子液体中 CuCl 加入量对异丁烯齐聚反应的影响

离子液体	转化率/%	产物选择性/%			
		C8	C12	C16	C20
Et₃NHCl-1.5FeCl₃	85	24.4	55.5	15.2	4.9
Et₃NHCl-1.5FeCl₃-0.1CuCl	98	12.7	67.4	15.4	4.5
Et₃NHCl-1.5FeCl₃-0.2CuCl	98	10.0	70.4	16.3	3.3

1.3.3　离子液体在轻烃异构化中的应用

炼油工业中的轻烃异构化是指在一定反应条件和催化剂的作用下，将 C5～C7 的正构烷烃转化为异构烷烃，或者将支链少的烷烃转化为支链多的烷烃。多支链异构烷烃的抗暴性能好，可作为高辛烷值清洁汽油的调和组分。传统的轻烃异构化催化剂包括 Friedel-Crafts 催化剂和双功能催化剂两类。Friedel-Crafts 催化剂的活性高，所需反应温度低，但是副反应严重。双功能催化剂的催化活性相对较低，需要较高的反应温度，在热力学上不利于异构烃类的生成。酸性离子液体可用做轻烃异构化的催化剂，具有反应活性高、所需反应温度低、异构烷烃选择性高等优点。

Vasina 等[18] 研究了酸性氯铝酸离子液体催化轻烃异构化的反应效果，如表 1.15 所示。酸性氯铝酸离子液体对轻烃异构化表现出较高的催化活性和异构烷烃选择性，异构化反应可以在 5～40 ℃ 的低温下进行，异构烷烃的选择性在 92% 以上，有的高达 100%。

表 1.15　酸性离子液体催化轻烃异构化反应结果

催化剂	轻烃原料	酸烃比	反应温度/℃	反应时间/h	转化率/%	异构烷烃选择性/%
Me₃NHCl-2AlCl₃	正庚烷	1.5:1	20	6	50	100
Me₃NHCl-2AlCl₃	正庚烷	1:1	20	6	42	97.4
Me₃NHCl-2AlCl₃	3-甲基己烷	1:1	5	6	84	99.8
Me₃NHCl-2AlCl₃	正辛烷	1:1	20	6	42	97.5
Me₃NHCl-2AlCl₃	正戊烷	1:1	20	5	24.4	92.2
Me₃NHCl-2AlCl₃	正戊烷	1:1	20	5	26.6	96.2
[BuPy]Cl-2AlCl₃	正庚烷	1:1	30	1.5	41	100
[BuPy]Br-2AlCl₃	正庚烷	1:1	40	4	29	99.3
[bmim]Cl-2AlCl₃	正庚烷	1:1	40	5	33	100

有专利报道，在氯铝酸离子液体催化轻烃异构化的反应体系中，加入少量带有叔碳结构的环烷烃 (如甲基环己烷和二甲基环戊烷) 可以提高多支链异构烷烃的选择性[19]。在氯铝酸离子液体中加入钼 (V)、铁 (III) 和铜 (II) 的盐类，也有利于高辛烷值组分的生成[20]。

中国石油大学重质油国家重点实验室于近几年开展了酸性离子液体催化正戊烷和正己烷的异构化反应[21~23]。由盐酸三乙胺 (Et_3NHCl) 和无水氯化铝合成的酸性离子液体可以催化轻烃的异构化反应。在反应温度 30 ℃、反应时间 2 h、酸烃体积比 1:1 的条件下，考察了离子液体的酸性对正戊烷异构化反应的影响，发现离子液体的酸性是影响异构化反应的重要因素。当 $AlCl_3$ 和 Et_3NHCl 的物质的量比不大于 1.8:1 时，正戊烷的转化率很低，表明离子液体的催化活性很低；当 $AlCl_3$ 和 Et_3NHCl 的物质的量比增加到 2:1 时，离子液体的催化性能明显增强，正戊烷的转化率达到 32.5%。在反应温度 30 ℃、酸烃体积比 1:1 的条件下，研究了不同反应时间下的离子液体 Et_3NHCl-2$AlCl_3$ 催化正戊烷异构化的效果，见表 1.16。随反应时间的延长，正戊烷转化率逐渐增大，异构烷烃选择性略有减小。需要注意的是，当反应时间大于 4 h 后，异构化产物中丁烷的含量较高，致使液收下降。

表 1.16　离子液体 Et_3NHCl-2$AlCl_3$ 催化正戊烷异构化的产物分布　　(单位：%)

反应时间/h	1	2	3	4	6
异丁烷	2.44	3.02	3.93	11.80	20.90
正丁烷	0	0	0	0.11	0.30
异戊烷	20.02	24.27	32.34	32.93	29.97
正戊烷	74.63	67.49	55.39	22.66	17.12
异己烷	2.33	3.74	5.73	17.97	18.68
正己烷	0.10	0.18	0.30	1.31	1.35
庚烷以上	0.48	1.30	2.31	13.22	11.68
转化率	25.37	32.51	44.61	77.34	82.88
异构烷烃选择性	99.61	99.42	99.31	98.06	97.94
液收	97.56	96.98	96.07	88.09	78.80

研究得到了离子液体 Et_3NHCl-2$AlCl_3$ 催化正戊烷异构化的优化反应条件，温度 30 ℃、反应时间 3 h、酸烃体积比 1:1，在该条件下，正戊烷转化率达到 44.6%，异构烷烃选择性在 99% 以上，液收在 96% 以上。同样，离子液体 Et_3NHCl-2$AlCl_3$ 也可以用于催化正己烷的异构化反应，反应规律与正戊烷的反应规律类似。

尽管离子液体 Et_3NHCl-2$AlCl_3$ 用于催化轻烃异构化的反应效果较好，但是所需的反应时间较长。重质油国家重点实验室考察了多种引发剂对轻烃异构化反应的促进作用，发现少量的带有叔碳结构的化合物 (如叔丁基氯、叔丁醇、异戊烷等) 就可显著促进轻烃异构化的反应速率。反应过程中加入少量环烷烃 (如环己烷、甲基环戊烷等) 可以提高液收和异构烷的选择性，但同时发现转化率也有所下降。

1.3.4 离子液体在碳四烷基化中的应用

炼油工业中的碳四烷基化是指在一定反应条件和催化剂的作用下，使异丁烷与丁烯发生化学加成反应生成烷基化汽油。烷基化汽油不仅辛烷值高，抗暴性能好，而且硫含量很低，基本不含烯烃和芳香烃，是清洁汽油的理想调和组分。目前碳四烷基化的工业催化剂主要是浓硫酸和氢氟酸。浓硫酸具有强腐蚀性，且酸耗很大，氢氟酸有剧毒。酸性离子液体可用做碳四烷基化的催化剂，并呈现出良好的工业应用前景。

Yoo 等[24] 研究了 5 种咪唑类氯铝酸离子液体催化异丁烷与 2-丁烯烷基化的反应性能。在反应温度为 80 ℃、烷烯物质的量比为 20:1、重时空速为 24 h^{-1} 的条件下，烷基化反应的结果并不理想，烯烃的转化率均比较低，C8 的选择性为 45%~51%，且产物中存在丁烯的聚合产物。

杨雅立等[25] 研究了咪唑类氯铝酸离子液体的酸性对异丁烷与 2-丁烯烷基化的影响。在反应温度 0 ℃、反应压力 1.0 MPa、烷烯物质的量比 12:1~13:1、反应时间 3 h 的条件下，烷基化反应的结果见表 1.17。离子液体的酸性对烷基化产物的分布影响重大。当离子液体的酸性较弱时，重组分的选择性较大，而当离子液体的酸性较强时，轻组分的选择性较大。酸性居中的离子液体 [bmim]Cl-1.5AlCl$_3$ 表现出较好的催化性能，C8 组分的选择性接近 60%。

表 1.17   离子液体酸强度对烷基化产物分布的影响   (单位：%)

离子液体	C5~C7	C8	C9+
[bmim]Cl-1.2AlCl$_3$	22.3	51.6	26.1
[bmim]Cl-1.5AlCl$_3$	26.3	59.2	14.5
[bmim]Cl-2AlCl$_3$	43.2	42.4	14.3

黄崇品等[26] 用盐酸三乙胺与无水 AlCl$_3$ 合成的离子液体催化异丁烷与丁烯的烷基化反应，尽管该离子液体表现出较高的催化活性，烷基化汽油的收率 (相对于烯烃) 在 160% 以上，但是 C8 组分的选择性仅 50% 左右。之后，Huang[27] 和 Zhang[28] 用 CuCl 对氯铝酸离子液体进行改性，在反应温度 15 ℃、反应时间 11.3 min、烷烯物质的量比 28:1 的条件下，异丁烷与 2-丁烯烷基化产品的收率达到 178%，C8 组分的选择性到 85%，RON 达到 94.8。Zhang 等[29] 还用苯对氯铝酸离子液体进行改性，然后用其催化异丁烷与 2-丁烯的烷基化反应，反应时间为 30 min，结果见表 1.18。当反应温度为 15 ℃、烷烯物质的量比为 25:1 时，取得了良好的反应结果，C8 组分的选择性到 90%，三甲基戊烷与二甲基己烷的比值 (TMP/DMH) 达到了 13.9。

刘植昌等[30] 在前期研究的基础上开发了复合离子液体，并用其催化异丁烷与 2-丁烯的烷基化反应。在反应时间 15min、烷烯物质的量比 15:1、搅拌速率 1500

r/min 的条件下，烷基化反应结果见表 1.19。复合离子液体对碳四烷基化表现出优异的催化性能，C8 和 TMP 的选择性均很高，当反应温度不高于 15 ℃时，烷基化汽油的 RON 在 100 左右，当反应温度升高到 25 ℃时，烷基化汽油的 RON 仍保持在 98 以上。鉴于复合离子液体优异的催化性能，Liu 等[31] 设计并建造了复合离子液体催化碳四烷基化的中试试验装置，并开展了相应的中试研究。与实验室研究结果类似，中试试验所得烷基化汽油 C8 选择性高达 95.6%，TMP 选择性高达 89.6%，RON 可以达到 100，烷基化汽油的大部分品质已经超过目前工业浓硫酸法和氢氟酸法碳四烷基化的水平。有关离子液体催化碳四烷基化的详细介绍请参见本书第 3.3 节。

表 1.18　苯改性的氯铝酸离子液体催化异丁烷与 2- 丁烯烷基化反应结果

催化剂	离子液体 + 苯 (质量分数为 1%)		
反应温度/℃	30	30	15
烷烯物质的量比	10	25	25
烷基化汽油收率质量分数/%	188	190	193
产物分布质量分数/%			
C5~C7	13.4	8.2	4.9
C8	80.9	84.6	90.1
C9+	5.7	7.2	5.0
TMP/DMH	8.0	10.3	13.9

表 1.19　不同反应温度下复合离子液体催化 C4 烃烷基化产品分布　　（单位：wt%）

反应温度, ℃	10	15	25	40
C5~C7	1.3	3.7	4.4	8.2
C8	96.9	92.7	89.6	78.9
总 TMP	88.2	86.5	85.2	70.4
2,2,4-TMP	54.0	53.7	50.8	43.8
2,2,3-TMP	0.1	0.3	0.5	0.5
2,3,4-TMP	17.2	16.0	15.7	13.0
2,3,3-TMP	16.9	16.5	18.2	13.1
总 DMH	8.7	6.2	4.4	8.5
2,3-DMH	2.2	1.5	1.4	3.5
2,4-DMH	4.9	3.1	2.0	3.7
2,5-DMH	1.6	1.6	1.0	1.3
C9+	1.8	3.6	6.0	12.9
TMP/DMH	10.1	14.0	19.4	8.3
计算 RON	100.1	100.3	98.3	93.5
计算 MON	96.1	95.1	94.2	89.7

1.3.5　离子液体在芳香烃烷基化中的应用

芳香烃与烯烃或卤代烃的 Friedel-Crafts 烷基化是生产基本有机化工原料、精细化工产品的重要反应。传统的烷基化催化剂包括 Lewis 酸 (AlCl₃、FeCl₃ 等) 和 B 酸 (氢氟酸、硫酸等)，存在设备腐蚀、环境污染以及催化剂循环使用困难等问题。由于芳香环进行一次烷基化后会被活化，因此烷基化产物除了单烷基芳香烃外，还会有多烷基芳香烃。离子液体可用做芳香烃与烯烃烷基化反应的催化剂。

孙学文等[32,33] 研究发现，离子液体 bmimCl-2FeCl₃ 可用于催化苯与乙烯的烷基化反应，在 45 ℃、3.0 MPa、苯与乙烯物质的量比 10:1、反应时间 2 h、离子液体用量为苯质量的 10%的条件下，乙烯转化率可达 89%，乙苯选择性可达 95%。用少量 CuCl 对离子液体进行改性后，在同样的反应条件下，乙烯转化率和乙苯选择性均达到了 99%。用少量 H⁺ 对离子液体改性后，乙烯转化率和乙苯选择性也能够得到提高。孙学文等[34] 还研究了离子液体 [BuPy]Cl-2FeCl₃ 催化苯与丙烯烷基化生产异丙苯，离子液体经 HCl 改性后，在温和的反应条件下丙烯转化率与异丙苯选择性均得到显著提高。在 20 ℃、0.1 MPa、反应时间 5 min、苯与丙烯的物质的量比为 10:1、离子液体与苯的质量比为 1:100 的条件下，丙烯转化率由改性前的 83.60%提高到 100%，异丙苯选择性由 90.86%提高到 98.47%。

Qiao 等[35] 用三氯化铝和咪唑类氯铝酸离子液体催化苯与 1-十二烯的烷基化反应以合成线性烷基苯 (LAB)。在反应温度 20 ℃、反应时间 5 min、苯烯物质的量比 14:1、AlCl₃(或离子液体中的 AlCl₃) 与十二烯物质的量比 0.4:1 的条件下，十二烯的转化率接近 100%，但是产物分布有所不同，见表 1.20。当仅以 AlCl₃ 为催化剂时，2-位烷基苯的选择性较低，当以离子液体为催化剂时，2-位烷基苯的选择性有较大幅度的提高，同时发现在离子液体中加入 HCl 后，2-位烷基苯的选择性由 34.7%提高到了 40.5%。

表 1.20　不同催化剂条件下苯与十二烯烷基化产物分布

烷基苯	2-LAB	3-LAB	4-LAB	5-LAB	6-LAB
AlCl₃	26.7	20.1	17.4	18.0	17.8
[emim]Cl-1.8AlCl₃	35.7	19.9	14.9	15.0	14.4
[emim]Cl-2AlCl₃	34.7	20.1	14.7	15.8	14.6
[emim]Cl-2AlCl₃ + HCl	40.5	18.1	14.3	18.7	8.3

Qiao 等[36] 对离子液体 [emim]Cl-2AlCl₃ 催化苯与十二烯的烷基化进行了正交实验研究，发现反应温度对十二烯转化率和 2-位烷基苯选择性的影响最大，离子液体与十二烯的物质的量比以及苯烯物质的量比也有较大的影响。在反应温度 25 ℃、苯烯物质的量比 8:1、离子液体中的 AlCl₃ 与十二烯物质的量比 0.07:1 的条件下，离子液体仍然表现出较高的催化活性。Qiao[36] 和乔聪震[37] 还设计了一套连

续实验装置,并考察了离子液体的活性稳定性。在反应温度 30.8 ℃、苯烯物质的量比为 4:1、进料速率 180 mL/h、进料水含量为 30 μg/g 的条件下,3.3 g 离子液体处理 1080 mL 原料时十二烯的转化率仍高达 98.5%,2-位烷基苯的选择性为 36.5%。但是如果进料水含量增大到 200 μg/g,在反应初始就明显存在离子液体的失活现象。

石振民等[38] 研究了铵盐类氯铝酸离子液体催化苯与十二烯的烷基化反应,通过正交试验得到了优化的离子液体的组成和反应条件,离子液体中 $AlCl_3$ 与 Et_3NHCl 的物质的量比为 1.4,反应温度为 10 ℃,离子液体与苯的物质的量比为 0.018:1,苯烯物质的量比为 24.9:1。在优化的反应条件下,十二烯的转化率为 100%,2-位烷基苯的选择性为 42.5%。

Blanco 等[39] 研究了 3 种氯铝酸离子液体催化萘与溴乙烷和异丙基氯的烷基化,在产物中出现了烷基萘、二烷基萘和三烷基萘。3 种离子液体的催化活性略有差别,但是萘的转化率和产物选择性随反应时间的变化规律是一致的。反应温度 70 ℃时咪唑类氯铝酸离子液体催化萘与溴乙烷烷基化的反应结果见表 1.21。随反应时间的延长,转化率逐渐增大,乙基萘和二乙基萘的选择性逐渐下降,而三乙基萘的选择性逐渐增大。短反应时间 (1 min) 有利于乙基萘和二乙基萘的生成,而长反应时间 (>1 h) 有利于三乙基萘的生成。反应温度 70 ℃时咪唑类氯铝酸离子液体催化萘与异丙基氯烷基化的反应结果见表 1.22。当反应时间在 1 h 以上时,主要的烷基化产物是异丙基萘和二异丙基萘,由于空间位阻的作用,三异丙基萘的选择性较低。

表 1.21　咪唑类氯铝酸离子液体催化萘与溴乙烷烷基化反应结果

反应时间	萘的转化率/%	选择性/%		
		乙基萘	二乙基萘	三乙基萘
1 min	69	49	48	3
1 h	94	8	35	57
2 h	93	7	34	59
3 h	95	6	33	61
4 h	97	5	32	63
24 h	98	3	35	62

表 1.22　咪唑类氯铝酸离子液体催化萘与异丙基氯烷基化反应结果

反应时间	萘的转化率/%	选择性/%		
		异丙基萘	二异丙基萘	三异丙基萘
1 min	65	23	29	48
1 h	82	53	33	14
2 h	84	54	35	11
3 h	88	51	40	9
4 h	89	47	41	12
24 h	89	46	44	10

1.3.6　离子液体在芳香烃酰基化中的应用

芳香烃的 Friedel-Crafts 酰基化是生产芳香酮的重要反应。传统的酰基化反应以 Lewis 酸 (AlCl$_3$、FeCl$_3$ 等) 或 B 酸 (氢氟酸、硫酸等) 为催化剂, 以酰氯或酸酐作为酰基化试剂, 在有机溶剂中完成反应过程。该过程存在设备腐蚀、环境污染以及产物分离和催化剂循环使用困难等问题。由于芳香环进行一次酰基化后就被钝化, 因此芳香烃酰基化反应产物往往是单取代的芳香烃。离子液体可用做芳香烃酰基化反应的溶剂或催化剂。

Boon 等[40] 研究了咪唑类氯铝酸离子液体催化苯与乙酰氯的酰基化反应, 发现反应速率取决于离子液体的酸性, 离子液体的酸性越强, 则其催化活性越高。Adams 等[41] 研究了咪唑类氯铝酸离子液体 [meim]Cl-2AlCl$_3$ 催化蒽与乙酰氯的酰基化反应。在较短的反应时间内就能够得到较高的转化率和选择性, 同时发现反应是可逆的, 且单酰基化产物还会进一步发生歧化反应生成二乙酰蒽和蒽。

以咪唑类氯铝酸离子液体为催化剂, Yeung 等[42] 考察了具有不同取代基的吲哚与酰氯的反应性能, 发现 3- 酰基化产物的选择性较大。Valkenberg 等[43] 将三种咪唑类 Lewis 酸离子液体负载于活性炭上制得固载化的离子液体催化剂, 用于考察其催化芳香烃与酰氯或酸酐的反应性能。尽管反应的选择性较高, 但是液相酰基化过程中因离子液体流失而导致催化剂失活。为了避免离子液体的流失, Hölderich 等还考察了气相酰基化反应, 但是存在转化率低、吸附严重以及质量损失大等缺点。

Lewis 酸类离子液体可作为酰基化反应的催化剂和溶剂, 呈现出反应速率快、转化率高和选择性好等优点, 并且可用于催化低反应活性芳香烃化合物的酰基化反应。但是产物芳香酮与离子液体中的 Lewis 酸存在较强的配合, 致使产物与离子液体催化反应体系分离困难。将 Lewis 酸类离子液体固载化之后, 可以减少反应过程中催化剂的用量, 但是存在离子液体流失等缺点。

Xiao 等[44] 将 AlCl$_3$ 或 FeCl$_3$ 催化剂分散于吡啶类离子液体中, 并考察了其催化乙酰氯与苯、甲苯和溴苯的酰基化性能。发现在较缓和的反应条件下, 该催化体系就能够得到较高的转化率。FeCl$_3$ 与 [EtPy]$^+$[CF$_3$COO]$^-$ 组成的催化体系表现出良好的催化性能, 但是该催化剂体系的循环使用性能并不理想, 循环使用 3 次后, 乙酰苯的产率有明显的下降。同时发现即使不使用任何催化剂, 离子液体 [EtPy]$^+$[CF$_3$COO]$^-$ 和 [EtPy]$^+$[BF$_4$]$^-$ 也能够较好地催化酰基化反应。

Ross 等[45] 以 Cu(OTf)$_2$ 为催化剂, 对比研究了多种芳香烃化合物与酰氯或酸酐在离子液体 [bmim][BF$_4$] 或有机溶剂中的酰基化反应。对于含活化基团的芳香烃化合物, 与在有机溶剂中的酰基化相比, 在离子液体中的反应速率较快, 且对位选择性较高。但是, 对于含有钝化基团的芳香烃化合物或者以酸酐为酰基化试剂时,在离子液体中的反应结果并不理想。并且发现，使用不同的催化剂，离子液体对酰基化的促进作用也是不同的。

Gmouth 等[46] 报道离子液体中铋 (III) 盐可以催化芳香烃与酰氯的酰基化反应。铋 (III) 盐在离子液体中的催化活性远高于其在有机溶剂中的催化活性。氧化铋或三氟甲烷磺酸铋在离子液体 [emim][Tf$_2$N] 和 [bmim][Tf$_2$N] 呈现出优异的催化性能，在反应温度 150 ℃时，催化剂加入量为 1%(摩尔分数) 就能催化烷基芳香烃的酰基化反应，并且该催化体系可以循环使用多次。

与有机溶剂相比，离子液体作为酰基化反应介质的主要优点是加快反应速率，提高转化率和产物选择性，并能够减少催化剂的用量。离子液体作为催化剂的溶剂和反应的介质，常用于催化带有活化基团的芳香烃的酰基化反应，而对于含有钝化基团的芳香烃的酰基化反应，转化率往往不高；此外，离子液体阴阳离子的性质对酰基化反应有着较大的影响。

Csihony 等[47] 利用原位红外研究了离子液体 [bmim]Cl-MCl$_3$(M=Al，Fe) 中苯与乙酰氯的反应历程。Lewis 酸 MCl$_3$ 首先将乙酰氯活化，生成多种乙酰氯与 MCl$_3$ 的配合物，接着快速平衡转化为酰基正离子 [CH$_3$CO]$^+$[MCl$_4$]$^-$，然后该酰基正离子与苯加成苯乙酮与 MCl$_3$ 的配合物，并放出 HCl。研究证明酰基正离子 [CH$_3$CO]$^+$[MCl$_4$]$^-$ 是酰基化反应的重要中间体，离子液体取代有机溶剂为反应介质并没有改变酰基化反应的历程。反应式如下：

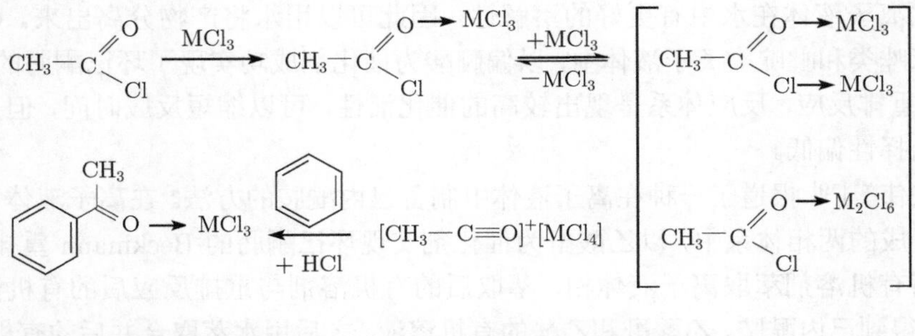

1.3.7 离子液体在环己酮肟 Beckmann 重排反应中的应用

己内酰胺是一种重要的有机化工原料，主要用做聚酰胺纤维和工程塑料的聚合单体。世界上约 90%的己内酰胺是由环己酮肟通过 Beckmann 重排反应制得的。工业上生产己内酰胺的传统方法是以发烟硫酸为催化剂，催化环己酮肟发生液相 Beckmann 重排反应，然后再用氨中和反应体系的酸，生成己内酰胺和副产物硫酸铵。该方法的优点是反应条件温和，环己酮肟的转化率和己内酰胺的选择性高，技术成熟，产品质量稳定。但是也存在一些不足：一是消耗经济价值较高的氨和发烟硫酸，副产大量低价值的硫酸铵，致使生产成本较高；二是存在设备腐蚀和环境污染，对设备和管线材质要求高；三是反应放出的大量热量移出困难[48]。因此，减少工艺过程中硫酸铵的产生以降低生产成本，以及采用绿色工艺减少环境污染是己内酰胺生产技术研究开发的重点。离子液体作为一种新型的催化材料和反应介质在环己酮肟 Beckmann 重排中的应用越来越受到重视。

Peng[49] 和彭家建[50] 等在咪唑类和吡啶类离子液体中，以含磷化合物为催化剂，在不需要其他有机溶剂和温和的反应条件下成功实现了环己酮肟的 Beckmann 重排反应，环己酮肟的转化率和己内酰胺的选择性都很高。但是产物与反应体系分离困难，离子液体和催化剂难以循环利用。张伟等[51~53] 在咪唑类离子液体和甲苯组成的两相体系中，以含磷化合物为催化剂成功实现了环己酮肟的 Beckmann 重排反应，环己酮肟转化率达 98.96%，生成己内酰胺的选择性达 87.30%，并且由于有机溶剂相的存在，实现了对反应速率的控制和体系的取热。李曹龙等[54] 在离子液体烷基吡啶氟硼酸盐中，以含磷化合物为催化剂实现了环己酮肟的 Beckmann 重排反应，反应中不需要其他有机溶剂，使得反应体积减小，同时减少对环境的污染，为实现 Beckmann 重排反应的清洁工艺创造了有利条件，但同样存在产物与反应体系分离困难的问题。印度的 Elango 等[55] 在咪唑类离子液体中，以 PCl_5 为催化剂考察了环己酮肟的 Beckmann 重排反应，发现离子液体的阴离子对转化率和选择性有着较大的影响。

Gui[56] 和 Du[57] 等使用咪唑类阳离子功能化的离子液体作为环己酮肟 Beckmann 重排的催化剂和反应介质，取得了较高的转化率和选择性，而且鉴于己内酰胺相比离子液体在水中有更好的溶解性，因此可以用水将产物分离出来。Guo[58] 等在咪唑类和吡啶类离子液体中，以偏硼酸为催化剂成功实现了环己酮肟的 Beckmann 重排反应，反应体系呈现出较高的催化活性，可以缩短反应时间，但是转化率和选择性偏低。

张伟等[59] 报道了一种在离子液体中制备己内酰胺的方法。在离子液体和有机溶剂组成的两相体系中，以乙酸酐为催化剂实现环己酮肟的 Beckmann 重排反应。然后用有机溶剂萃取离子液体相，萃取后的有机溶剂与重排反应后的有机溶剂相合并，得到己内酰胺、乙酸酐和乙酸的有机溶液。之后用水萃取合并后的有机溶液，得到己内酰胺、乙酸酐和乙酸的水相；再用萃取剂萃取水相，实现己内酰胺与乙酸酐和乙酸的分离。

Guo[60] 和邓友全等[61] 等报道了一种以 N-质子化己内酰胺为阳离子基团的 Bronsted 酸性离子液体催化环己酮肟 Beckmann 重排的方法，在温和的反应温度和较短的反应时间内高转化率高选择性地生成己内酰胺，副产物仅仅是环己酮，而且该酸性离子液体可以重复使用。己内酰胺是合成离子液体的原料，产物与离子液体的结合问题由于存在动态平衡反应而得到解决，因此反应后无需加碱中和，可以通过萃取进行分离。反应式如下：

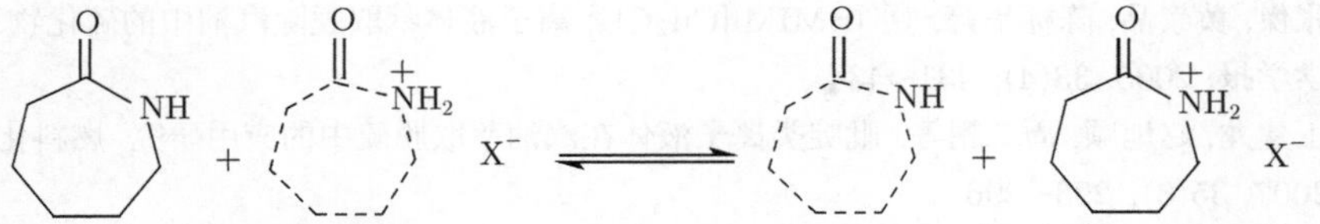

尽管离子液体反应体系对环己酮肟 Beckmann 重排有着良好的转化率和选择性，但是却存在产物己内酰胺与离子液体反应体系分离困难的问题。原因主要有两个：己内酰胺呈碱性，与呈酸性的离子液体之间存在一定程度的结合，以及己内酰胺在离子液体中有着一定的溶解度。离子液体的结构和酸性不同，不仅影响环己酮肟 Beckmann 重排反应的转化率和选择性，而且影响产物在离子液体中的溶解性能，进而会影响己内酰胺的后续分离和精制。

目前的众多研究多是从 Beckmann 重排反应的角度优选离子液体，而对离子液体与产物的溶解性能考虑偏少，导致反应后产物和离子液体反应体系分离困难。此外，目前的研究大多将离子液体的阳离子集中在咪唑类和吡啶类，致使离子液体的生产成本较高。今后的研究可以从降低产物己内酰胺在催化体系的溶解度和降低离子液体的制备成本两方面来开展。

1.3.8　结论及展望

离子液体为石油化工 "绿色工艺技术" 开辟了新的思路和途径。随着离子液体相关研究的逐渐深入、物化性质的继续完善以及种类和功能的不断扩展，离子液体在石油化工中的应用也将越来越广泛。

离子液体在石油化工方面的相关研究报道很多，并得到了较为理想的效果。但是大多数的研究仍然处于实验室研究阶段，离子液体的体系还不健全，离子液体的相关作用机理研究较为薄弱。离子液体在工业上大规模应用前尚需很多研究工作，如催化作用机理的探索，热力学数据、动力学数据的测定，离子液体传质、传热模型的建立，以及大幅度降低离子液体成本，开发更易回收使用的离子液体等。但可以预见，以离子液体为特色的绿色新工艺技术将在未来的石油化工领域中发挥重要的作用。

参 考 文 献

[1] An G J, Zhou T N, Chai Y M, et al. Nonhydrodesulfurization technologies of light oil. Progress in Chemistry, 2007, 19(9): 1331~1344

[2] Esser J, Wasserscheid P, Jess A. Deep desulfurization of oil refinery streams by extraction with ionic liquids. Green Chem, 2004, 6(7): 316~322

[3] Huang C P, Chen B H, Zhang J, et al. Desulfurization of gasoline by extraction with new ionic liquids. Energy & Fuels, 2004, 18(6): 1862~1864

[4] 张傑, 黄崇品, 陈标华等. 用 [BMIM][Cu₂Cl₃] 离子液体萃取脱除汽油中的硫化物. 燃料化学学报, 2005, 33(4): 431~434

[5] 王建龙, 赵地顺, 周二鹏等. 吡啶类离子液体在汽油萃取脱硫中的应用研究. 燃料化学学报, 2007, 35(3): 293~296

[6] Jiang X C, Nie Y, Li C X, et al. Imidazolium-based alkylphosphate ionic liquids - A potential solvent for extractive desulfurization of fuel. Fuel, 2008, 87(1): 79~84

[7] Lo W H, Yang H Y, Wei G T. One-pot desulfurization of light oils by chemical oxidation and solvent extraction with room temperature ionic liquids. Green Chem, 2003, 5(5): 639~642

[8] Zhao D S, Liu R, Wang J L, et al. Photochemical oxidation-ionic liquid extraction coupling technique in deep desulphurization of light oil. Energy & Fuels, 2008, 22(2): 1100~1103

[9] 黄蔚霞, 李云龙, 汪燮卿. 离子液体在催化裂化汽油脱硫中的应用. 化工进展, 2004, 23(3): 297~299

[10] 刘植昌, 胡建茹, 高金森. 离子液体用于催化裂化汽油烷基化脱硫的实验室研究. 石油炼制与化工, 2006, 37(10): 22~26

[11] Wasserscheid P, Eichmann M. Selective dimerisation of 1-butene in biphasic mode using buffered chloroaluminate ionic liquid solvents - design and application of a continuous loop reactor. Catalysis Today, 2001, 66(2~4): 309~316

[12] Simon L C, Dupont J, de Souza R F. Two-phase n-butenes dimerization by nickel complexes in molten salt media. Applied Catalysis A: General, 1998, 175(1,2): 215~220

[13] Thiele D, de Souza R F. The role of aluminum species in biphasic butene dimerization catalyzed by nickel complexes. J Molecular Catalysis a-Chemical, 2007, 264(1,2): 293~298

[14] 杨昕, 戴立益, 单永奎等. 离子液体体系中 1-丁烯二聚反应的研究. 催化学报, 2003, 24(12): 895~899

[15] Goledzinowski M, Birss V I, Galuszka J. Oligomerization of low-molecular-weight olefins in ambient temperature molten salts. Ind Eng Chem. Res, 1993, 32(8): 1795~1797

[16] Gu Y L, Shi F, Deng Y Q. SO₃H-functionalized ionic liquid as efficient, green and reusable acidic catalyst system for oligomerization of olefins. Catalysis Commun, 2003, 4(11): 597~601

[17] 杨淑清, 刘植昌, 孟祥海等. 离子液体催化异丁烯齐聚反应的研究. 石油炼制与化工, 2007, 38(1): 39~42

[18] Vasina T V, Kustov L M, Ksenofontov V A, et al. Process of paraffin hydrocarbon isomerization catalysed by ionic liquids. US 20030109767, 2003

[19] Houzvicka J, Zavilla J, Herbsr K. Process of paraffin hydrocarbon isomerisation catalysed by an ionic liquid in the presence of a cyclic hydrocarbon additive. US 2004059173,

2004

[20]　Herbsr K, Houzvicka J, Jespersen B T, et al. Process for paraffin hydrocarbon isomer-ization and composite catalyst therefore. US 2003181780, 2003

[21]　Zhang R, Meng X H, Liu Z C, et al. Isomerization of h-pentane catalyzed by acidic chloroaluminate ionic liquids. Ind Eng Chem Res, 2008, 47(21): 8205~8210

[22]　石振民, 武晓辉, 刘植昌等. 室温离子液体催化正己烷异构化反应的研究. 燃料化学学报, 2008, 36(5): 594~600

[23]　石振民, 武晓辉, 刘植昌等. 引发剂对离子液体催化正己烷异构化反应的影响. 燃料化学学报, 2008, 36(3): 306~310

[24]　Yoo K S, Namboodiri V V, Varma R S, et al. Ionic liquid-catalyzed alkylation of isobutane with 2-butene. J Catalysis, 2004, 222(2): 511~519

[25]　杨雅立, 王晓化, 寇元. 离子液体的酸性测定及其催化的异丁烷/丁烯烷基化反应. 催化学报, 2004, 25(1): 60~64

[26]　黄崇品, 刘植昌, 徐春明等. 用 Et_3NHCl-$AlCl_3$ 离子液体催化异丁烷/丁烯的烷基化反应. 石油炼制与化工, 2002, 33(11): 11~13

[27]　刘植昌, 张彦红, 黄崇品等. CuCl 对 Et_3NHCl/$AlCl_3$ 离子液体催化性能的影响. 催化学报, 2004, 25(9): 693~696

[28]　Huang C P, Liu Z C, Xu C M, et al. Effects of additives on the properties of chloroalu-minate ionic liquids catalyst for alkylation of isobutane and butene. Applied Catalysis a-General, 2004, 277(1,2): 41~43

[29]　Zhang J, Huang C P, Chen B H, et al. Isobutane/2-butene alkylation catalyzed by chloroaluminate ionic liquids in the presence of aromatic additives. J Catalysis, 2007, 249(2): 261~268

[30]　刘植昌, 张睿, 刘鹰等. 复合离子液体催化碳四烷基化反应性的研究. 燃料化学学报, 2006, 34(3): 328~331

[31]　Liu Z C, Zhang R, Xu C M, et al. Ionic liquid alkylation process produces high-quality gasoline. Oil & Gas J, 2006, 104(40): 52~56

[32]　孙学文, 赵锁奇. CuCl 改性对 $FeCl_3$-氯化丁基甲基咪唑离子液体催化烷基化反应性能的影响. 石油化工, 2005, 34(5): 433~436

[33]　孙学文, 赵锁奇. H^+ 对离子液体催化的苯与乙烯烷基化的影响. 石油炼制与化工, 2005, 36(7): 37~40

[34]　孙学文, 赵锁奇. $FeCl_3$-氯代丁基吡啶离子液体催化苯与丙烯烷基化. 石油化工, 2006, 35(9): 819~823

[35]　Qiao K, Deng Y Q. Alkylations of benzene in room temperature ionic liquids modified with HCl. J Molecular Catalysis a-Chemical, 2001, 171(1,2): 81~84

[36]　Qiao C Z, Zhang Y F, Zhang J C, et al. Activity and stability investigation of [BMIM][AlCl$_4$] ionic liquid as catalyst for alkylation of benzene with 1-dodecene. Ap-plied Catalysis a-General, 2004, 276(1,2): 61~66

[37] 乔聪震, 李成岳, 张金昌等. 氯铝酸盐离子液体催化苯与十二烯烷基化反应. 化学反应工程与工艺, 2005, 21(1): 32~36

[38] 石振民, 曾力强, 刘植昌等. 氯铝酸离子液体催化合成十二烷基苯. 化学反应工程与工艺, 2007, 23(2): 120~125

[39] Blanco C G, Banciella D C, Azpiroz M D G. Alkylation of naphthalene using three different ionic liquids. J Molecular Catalysis a-Chemical, 2006, 253(1,2): 203~206

[40] Boon J A, Levisky J A, Pflug J L, et al. Friedel-Crafts reactions in ambient-temperature molten salts. J Org Chem, 1986, 51(4): 480~483

[41] Adams C J, Earle M J, Roberts G, et al. Friedel-Crafts reactions in room temperature ionic liquids. Chem Commun, 1998: 2097, 2098

[42] Yeung K S, Farkas M E, Qiu Z L, et al. Friedel-Crafts acylation of indoles in acidic imidazolium chloroaluminate ionic liquid at room temperature. Tetrahedron Lett, 2002, 43(33): 5793~5795

[43] Valkenberg M H, de Castro C, Holderich W F. Friedel-Crafts acylation of aromatics catalysed by supported ionic liquids. Applied Catalysis a-General, 2001, 215(1,2): 185~190

[44] Xiao Y, Malhotra S V. Friedel-Crafts acylation reactions in pyridinium based ionic liquids. J Org Chem, 2005, 690(15): 3609~3613

[45] Ross J, Xiao J L. Friedel-Crafts acylation reactions using metal triflates in ionic liquid. Green Chem, 2002, 4(2): 129~133

[46] Gmouth S, Yang H L, Vaultier M. Activation of bismuth(III) derivatives in ionic liquids: novel and recyclable catalytic systems for Friedel-Crafts acylation of aromatic compounds. Org Lett, 2003, 5(13): 2219~2222

[47] Csihony S, Mehdi H, Horváth I T. In situ infrared spectroscopic studies of the Friedel-Crafts acetylation of benzene in ionic liquids using AlCl$_3$ and FeCl$_3$. Green Chem, 2001, 3(6): 307~309

[48] 杨立新, 魏运方. 催化环己酮肟贝克曼重排反应研究进展. 化工进展, 2005, 24(1): 96~99

[49] Peng J, Deng Y. Catalytic Beckmann rearrangement of ketoximes in ionic liquids. Tetrahedron Lett, 2001, 42(3): 403~405

[50] 彭家建, 邓友全. 离子液体系中催化环己酮肟重排制己内酰胺. 石油化工, 2001, 30(2): 91, 92

[51] 张伟, 吴巍, 张树忠等. [bmim][BF$_4$] 离子液体中 PCl$_3$ 催化的液相贝克曼重排. 过程工程学报, 2004, 4(3): 261~264

[52] 张伟, 吴巍, 张树忠等. 丁基吡啶四氟硼酸盐中的两相 Beckmann 重排反应. 石油化工, 2004, 33(4): 307~310

[53] 张伟, 吴巍, 张树忠等. 1-丁基-3-甲基咪唑六氟磷酸盐中 PCl$_5$ 催化的两相贝克曼重排反应. 石油炼制与化工, 2004, 35(1): 47~50

[54] 李曹龙, 王洪林, 刘光恒. 离子液体系中催化环己酮肟重排反应的研究. 云南化工, 2004, 31(2): 4～6

[55] Elango K, Srirambalaji R, Anantharaman G. Synthesis of N-alkylimidazolium salts and their utility as solvents in the Beckmann rearrangement. Tetrahedron Lett, 2007, 48(51): 9059～9062

[56] Gui H Z, Deng Y Q, Hu Z D, et al. A novel task-specific ionic liquid for Beckmann rearrangement: a simple and effective way for product separation. Tetrahedron Lett, 2004, 45(12): 2681～2683

[57] Du Z Y, Li Z P, Gu Y L, et al. FTIR study on deactivation of sulfonyl chloride functionalized ionic materials as dual catalysts and media for Beckmann rearrangement of cyclohexanone oxime. J Molecular Catalysis a-Chemical, 2005, 237(1,2): 80～85

[58] Guo S, Deng Y Q. Environmentally friendly Beckmann rearrangement of oximes catalyzed by metaboric acid in ionic liquids. Catalysis Commun, 2005, 6(3): 225～228

[59] 张伟, 吴巍, 胡合新等. 一种在离子液体中制备己内酰胺的方法. CN 200410088697.9, 2004

[60] Guo S, Du Z Y, Zhang S G, et al. Clean Beckmann rearrangement of cyclohexanone oxime in caprolactam-based Bronsted acidic ionic liquids. Green Chem, 2006, 8(3): 296～300

[61] 邓友全, 郭术, 杜正银等. 催化环己酮肟重排制备 ε- 己内酰胺的方法. CN 200410100908.6, 2004

1.4　离子液体的过程工程基础

能源/资源短缺和气候变暖成为全球关注的重大问题, 解决这一问题的根本途径依赖于科学技术的进步, 其中过程工程技术的创新无疑是至关重要的。当前学科交叉和技术融合, 正在孕育过程工程技术的新突破, 例如, 多尺度模拟与量化设计、非常规介质与绿色过程、纳米催化反应器、工业生物技术、外场强化技术、光化学反应工程等。为促进这些新技术的产业化应用, 我们急需建立相应的科学知识体系。

离子液体作为一类非常规介质, 为创造绿色工艺/过程提供了新途径。更重要的是, 离子液体是通过正负离子结合而形成的无机–有机复合体, 为设计和创造新物质或新材料提供了新思路。应用和扩展这一思路, 离子液体将产生更加广泛的应用, 从有机合成化学扩展到能源、资源、环境、材料、航空航天、生物医药等领域。然而, 其理论研究尤其是工程科学基础的研究却相对滞后。为促进离子液体的工业应用新突破, 我们需要建立离子液体及其衍生物体系的过程工程科学知识基础, 并在此基础上研究开发离子液体强化技术。

1.4.1　离子液体的多尺度结构

　　几乎所有的体系/过程都存在尺度效应，在本质上都取决于不同尺度的结构和效应的相互耦合，只有系统科学地揭示不同尺度之间的关联机制，才能真正实现对体系/过程的定量调控。事实上，离子液体体系也不例外，在宏观上呈现均匀液态的离子液体也可能分别在分子、纳微、流场三个尺度上呈现静态或动态的不均匀结构，进而影响离子液体的物理化学性质及反应性能，彩图 1 正是显示了离子液体中从小到大五种尺度的结构及其对体系和过程的影响。现有大量实验和模拟计算已经表明，对于咪唑类、胍类、季鏻类等离子液体[1~3]，在原子 (分子) 尺度上，可以是一个氢键形成的离子对，也可以是多个氢键构成的网络结构的离子簇，在纳微尺度上则是层状结构，而且，随着离子对数目的增多，在纳微尺度上离子液体可能形成团簇或局域分相结构[4]。离子液体中的团簇结构并不是孤立和静止的，在实际过程中，通常表现出非常复杂的变化，随着温度的升高，离子液体的团簇结构会发生膨胀[5][图 1.16(a)]；而在某一临界条件下，结构还可能发生突变，从而导致其宏观性质和功能的突变；另有研究表明，其他组分的引入 (如水或 CO_2 等) 对离子液体团簇的形成及构象也具有显著影响[6,6][图 1.16(b)]。

　　对于一个真实离子液体体系或过程的宏观行为，实际的操作和调控通常只发生在宏观尺度，通过对各种不同尺度的结构发生作用，最终对原子 (分子) 尺度的离子对结构产生影响。多尺度结构的产生，会使某些离子液体体系局部状态偏离最佳条件，导致反应或分离效率的下降。但有时结构的产生又会对某些体系或过程具有正面的促进作用，如加速混合、促进温度均匀等[8]。只有系统科学地揭示不同尺度之间的关联机制，才能真正实现对离子液体体系或过程的定量预测和调控，从而有效推动离子液体从实验室成果向产业化的进程。

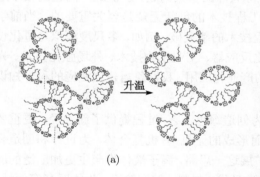
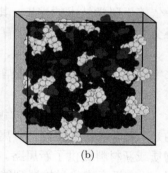

(a)　　　　　　　　　　　　　　　　　　　(b)

图 1.16　温度或水对离子液体团簇结构的影响[5~7]

(a) 温度[5]；(b) 水 -$[C_8min][NO_3]$[6,7]

1.4.2　离子液体的单元反应器及其强化技术

由于离子液体与常规的有机溶剂在性质上有较大的差异，离子液体体系的反应器设计、制造是离子液体产业化面临的工程问题之一。新过程设备的开发必须考虑到离子液体的特性，以及尽可能地降低离子液体的流失或失活，延长离子液体的使用寿命，选择合适的设备材质等。当离子液体工艺作为改进路线替代老工艺时，过程设备应尽可能在原设备基础上进行改进，以降低生产成本。目前，尚没有开发出针对离子液体的专用设备，而且缺乏翔实、系统的离子液体物性、热力学数据，也阻碍了离子液体相关过程设备的研发[9]。

BASF 公司的 BASIL 工艺是离子液体工业化应用的最早报道，但是由于工艺中离子液体只是作为一种中间产物存在，过程装备对离子液体的大规模合成和应用的贡献还不能充分体现出来。中国石油已经建立了 20 t/a 规模的 "离子液体催化异构烷烃与烯烃烷基化工艺" 中试装置，正在考虑在工业装置上运行的可行性。其他还有 BP 公司烷基化反应器中试技术等都须进一步强化过程单元来促进离子液体产业化发展。虽然国内已有大规模生产离子液体的厂家，但就其生产过程单元来看，还是沿用传统的搅拌釜形式，一方面规模会受到限制，另一方面还存在搅拌功率大、传递效率低、结构复杂、难于密封等缺点。

而在实验室的离子液体研究中，研究者们除了采用比较常规的搅拌釜形式外，还尝试了其他多种反应器形式。Wasserscheid 等[10] 专门设计一种连续的环流反应器来研究 1-丁烯在 Ni 基催化剂作用下的二聚反应，该反应是在以 AlCl₃ 离子液体为溶剂的环境下进行，并通过实验证明带有弱有机碱的酸性离子液体缓冲液是有利于反应进行的非常适合的溶剂。由于在 30 mL 玻璃釜中得到了较好的结果，他们进一步在 160 mL 的环流反应器中进行放大实验，以便得到技术相关性的数据。该环流反应器属于外环流反应器，两阶段反应混合物采用高流率循环泵以 4 L/min 的速率循环。实验证明，环流反应器是最适合在连续反应模式下测试催化剂的反应性的反应器。Qiao 等[11] 也是先用釜式反应器得到工业烯烃作为原料的离子液体催化烷基化反应的间歇实验结果，然后进一步设计特殊的连续流动搅拌反应装置。该装置设计中考虑到以下两方面的因素：① 对湿气敏感的离子液体必须始终被保持在反应区域内，在运转过程中既不更换也不再生；② 根据反应体系双液相、放热的特性，应使物料达到强烈混合以降低扩散对反应的影响，强化传热，尽可能增大离子液体和反应料液之间的相接触面积。通过这种带有钟形沉淀-分离-卸料装置的连续流动搅拌反应器，可以大大延长催化剂稳定运行的时间，实现更高的效率。Mori 等[12] 则采用具有选择性的活性膜作为反应器，以离子液体为催化剂来合成生物酶。生物酶膜被放置在管式反应器中，反应器规模可以达到中试水平。离子液体的作用是携带 CALB，使其固定在活化陶瓷表面，从而形成具有选择性的生物酶膜。这些膜的催化活性由丁基醋酸盐和月桂酸在己烷中生成丁基月桂酸酯来评价，实验结果表明，离子液体是酶固定在活化陶瓷表面很好的载体，它能保持酶的催化活性和获得稳定的薄膜层。为了使气相介质之间的反应在离子液体中获得更大的接触表面积，Scott 等[13] 将反应器设计成波纹层和多孔层的多层反应器，然后让丙烯催化加氢反应在离子液体薄层上反应。Jiang 等[14] 为了取得更好的分散效果，强化离子液体对 VOCs 的吸收能力，将磁场引入反应器设计之中。他们首先制备了磁性离子液体 [bmim]FeCl$_4$，然后将其加入自行开发的磁性旋转反应器，利用磁场来搅动离子液体，促进对苯蒸气的吸收。

　　实验室研究离子液体过程中对各种新型反应器的创造性应用，对于强化单元操作过程都取得了很好的效果。可是，在实验室中的小装置得到的流动、传递和反应规律与工业化大装置还是有很大差异的。实验室反应器内的流动相对容易得到控制和调整，而在工业化反应器中流动现象较为复杂，新型反应器的应用远没有传统反应器如固定床和搅拌釜等单元操作容易实现和调控。因此，要实现单元过程创新还必须对一些本质共性流动、传递和反应规律进行深入研究，采用不依赖于反应器结构的模型和方法对反应器内不同时空物质迁移现象进行解析，从而获得反应器内的复杂流动结构以及各相之间的相互作用及其各种控制机制理解。

1.4.3　离子液体的生命周期分析

　　应离子液体工业应用探索的需求[15]，仅关注离子液体在反应中所表现出来的优良理化性质已经远远不够，而应当综合考虑其整个生命周期中的各种问题[16]，并对离子液体进行环境风险评价。为此，Jastorff[17] 和 Ranke[18] 等建议对离子液体进行释放、时空范围、生物累积、生物活性、不确定性等五个方面的多尺度的风险性分析。笔者认为可将离子液体的生命周期划分为生产、储运、应用、后处理四个环节[19] 进行分析，如图 1.17 所示。对于离子液体工业化应用，这四个环节的强化研究必不可少，就目前而言，离子液体的大规模生产已经实现[20]，随之而来的储运、应用、后处理等问题也陆续开展，处于起步阶段。

1. 生产过程

　　离子液体的制备不同于复杂的有机反应，基本经一步或两步反应就可得到，基本符合原子经济反应，但其工业生产过程，必将考虑其过程的绿色化、可持续等问题，而目前生产常规离子液体的原料，特别是阳离子供体，成本都比较高，而且都严重依赖于化石原料，并不具有严格意义上的可持续性。最近一系列研究都已将目光投向自然界中可再生的天然产物，并成功制备了一系列以天然产物为阴阳离子的离子液体，这其中包括氨基酸类离子液体、胆碱、氯化胆碱衍生物类离子液体等。这些阴阳离子的引入除了可解决离子液体再生这一问题，还可以大幅度提高离子液体的生物降解性，且其合成过程简单，溶剂介入少，避免了卤素等杂质带来的后续工业应用及后处理问题。

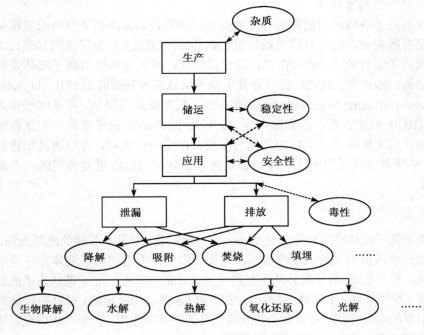

图 1.17 离子液体生命周期分析示意简图

2. 储运及应用

1) 稳定性及安全性

离子液体在储运以及应用过程中，必须保持其结构稳定，才能有效发挥其可设计功能化的特点。其稳定性主要包括热解稳定性、水解稳定性和反应稳定性三个方面。

对热解稳定性而言，离子液体的起始分解温度通常在 200 ℃以上，不过也有研究表明有些离子液体在常温下长期放置，也会有一定程度上的分解，这就要求离子液体的储运过程不宜过长，而且应用温度也不要超过或者接近离子液体的起始分解温度。而离子液体的水解稳定性研究表明，有些阴离子，如 PF_6^- 可以发生水解产生 HF 或者 HFO_3，进而腐蚀玻璃容器以及反应设备[21,22]。因此，离子液体的储运与应用还要注意其密封性，避免引入水分子，防止水解等。不同离子液体的反应稳定性差异很大，例如，N, N'-二烷基咪唑在强碱作用下，会生成卡宾，而在一定温度下，咪唑阳离子会在不同类型的阴离子亲核试剂存在下，发生甲基脱除反应，因此，在一些强碱或者强亲核试剂存在的反应过程中，要尽量避免咪唑类离子液体的应用。此外，一些功能离子液体还有其固有的特性，这些都是离子液体应用和储运过程需要研究和注意的地方，从而保证离子液体能够安全稳定地应用。

2) 可再生与可循环

目前离子液体应用的障碍之一就是其成本较高，虽然离子液体的规模化制备技术已有所突破，但是目前市场均价仍高达 370 万元/t，为了抵消其高成本，以及强调离子液体的"绿色"特性，需求可回收、可重复利用的离子液体是较为有效的措施。2002 年，BASF 公司开发了制备烷氧基苯基膦的 BASIL (biphasic acid scavenging utilizing ionic liquids) 工艺，该工艺主要是利用 N- 甲基咪唑作为酸性物质 (HCl) 的捕获剂，得到熔点为 75 ℃的 [hmim]Cl 离子液体，在操作温度下为液态，大大加强了过程中的传热与传质。在反应结束后，可以通过加热的方式回收 N-甲基咪唑重复利用，可以说是离子液体成功回收重复利用的一个典型实例[15]。

3. 后处理

由于离子液体在废液中总是存在一定的溶解度，以及有可能的跑冒滴漏，甚至一些意外事故所引发的大规模泄漏。致使人们不得不正视离子液体在环境中的归宿问题。另一方面，离子液体还不是严格意义上的"绿色产品"，某些离子液体对水体生物 (各种藻类、水体微生物)、陆生生物 (各种动物及植物) 以及哺乳细胞系等具有明显的毒害作用，而且对一些酶具有显著的抑制作用，甚至一些研究表明咪唑类离子液体会在基因水平上引起移码突变和错义突变，具有诱变性与致癌性。正因如此，传统的吸附、焚烧、填埋等手段并不适合于离子液体的后处理，这就要求离子液体尽可能通过各种手段发生降解，并力争控制降解路线，从而使降解产物为环境温和友好物质。

按照作用方式的不同，降解主要分为生物降解、水解、热解、氧化还原、光解等几种。目前研究较多，成果较为显著的主要是后两种方法。例如，Pernak 等研究了离子液体在 $KMnO_4$ 以及 O_3 存在条件下的氧化分解；Stepnowski 与 Zaleska 采用紫外线照射以及 H_2O_2 氧化的方法去除 bmim；Li 等采用 H_2O_2 氧化和超声波联合作用的方式来去除离子液体。目前虽然关于生物降解性研究不多[23~26]，但是考虑到生物降解是从环境中消除有害化合物的最重要过程，是化合物进行环境安全性评价的一个重要指标[27,28]，将来关于离子液体生物降解性研究必将是一个重要的研究方向。

尽管第一代的离子液体在某种单个处理单元中表现出了优良的理化性质，但是在整个生命周期中还存在着明显的缺陷。因此，通过分子设计、物质筛选以及产品生命周期工程研究等手段，来开发新一代的离子液体，而这新一代的离子液体除了以应用为目标导向外，更要综合考虑其环境影响、健康、安全等因素。

1.4.4　基于离子液体的前瞻性重大战略技术

尽管离子液体在许多领域已显示出诱人的前景，但目前离子液体的研究仍局限于化学探索的范畴。有关离子液体反应及分离过程的共性规律及放大效应的研究几乎是空白，极大地阻碍了离子液体的产业化应用。要解决上述问题，其根本是要研究离子液体介质中物质传递和反应的本质和共性规律。对于离子液体体系，其组成和性质与分子型介质有较大的区别，例如，由于离子液体体系中阴阳离子相互作用、氢键网络的存在以及离子液体的团簇结构[1~3,9,29~34]，必须建立适用于离子液体体系中物质传递、相态及反应过程的原位研究装置系统，尤其是要考察传递过程中分子–团簇–单元–过程–系统的多尺度关联及规律，从而开发真正意义上的原创性工艺技术。

采用离子液体可能提高平衡转化率和选择性以及平衡分离系数，但离子液体通常具有的高黏度，会导致反应或分相时间长、实际效率低等问题，为此，需要研究开发适应离子液体特性的新型反应器及强化技术，如离子床和离子膜反应器、超重力或外场 (电场、磁场) 强化技术。必须加强离子液体的物理或化学固载技术以及离子液体/超临界非常规技术的研究。

另外，针对当前全球面临的重大资源和环境问题，离子液体的研究应充分面向国家重大战略需求和国际科学前沿，突破关键科学问题，尤其应该加强离子液体在功能化纳微材料、清洁油品、生物质能及新能源利用、全球气候变化、航空航天等领域的应用研究。

在功能化材料合成方面，离子热合成技术与传统的水 (溶剂) 热合成技术相比具有更大优势，离子热方法提供了完全离子的反应环境，避免了高压反应和挥发性有机溶剂的使用，环境友好，且由于离子液体种类繁多、结构独特反应过程中易得到更多新型结构的分子筛[35]。离子液体具有良好的催化活性，同时由于其极性可调和可设计性，也是良好的分离介质。采用离子液体催化剂，可以替代常规的强酸、强碱催化剂，使反应过程更为清洁和绿色，同时避免固体催化剂在多相反应过程中难以分离的问题[36]。在分离过程中，可替代挥发性溶剂用于油品的脱硫和脱酸[37]，以及废水中有机物的分离等。在生物质利用方面，可替代传统挥发性溶剂溶解纤维素，形成新一代的纤维素溶解技术。基于离子液体的 CO_2 等气体的捕集和分离技术也较传统的醇铵法已显示出明显的优势[31~34]。

总之，离子液体是一个崭新的物质体系，尽管已经取得了很大进展，但许多问题仍有待进一步深入研究。为此，需要多学科的交叉与融合，需要多领域学者专家的合作与交流，需要政府和工业界的大力支持和参与。只有这样，离子液体的理论和应用才能实现新的突破。

参 考 文 献

[1] Dong K, Zhang S, Wang D, et al. Hydrogen bonds in imidazolium ionic liquids. J Phys Chem A, 2006, 110: 9775~9782

[2] Liu X, Zhang S, Zhou G, et al. New force field for molecular simulation of guanidinium-based ionic liquids. J Phys Chem B, 2006, 110: 12062~12071

[3] Liu X M, Zhou G H, Zhang S J, et al. Molecular simulation of guanidinium-based ionic liquids. J Phys Chem B, 2007, 111: 5658~5668

[4] Canongia Lopes J N A, Pádua A A H. Nanostructural organization in ionic liquids. J Phys Chem B, 2006, 110: 3330~3335

[5] Xiao D, Rajian J R, Cady A, et al. Nanostructural organization and anion effects on the temperature dependence of the optical kerr effect spectra of ionic liquids. J Phys Chem B, 2007, 111: 4669~4677

[6] Wang Y, Voth G A. Unique spatial heterogeneity in ionic liquids. J Am Chem Soc, 2005, 127: 12192, 12193

[7] Jiang W, Wang Y, Voth G A. Molecular dynamics simulation of nanostructural organization in ionic liquid/water mixtures. J Phys Chem B, 2007, 111: 4812~4818

[8] 李静海等. 颗粒流体复杂系统的多尺度模拟. 北京: 科学出版社, 2005

[9] 张锁江, 吕兴梅等编. 离子液体 —— 从基础研究到工业应用. 北京: 科学出版社, 2006

[10] Wasserscheid P, Eichmannl M. Selective dimerisation of 1-butene in biphasic mode using buffered chloroaluminate ionic liquid solvents-design and application of a continuous loop reactor. Catalysis Today, 2001, 66: 309~316

[11] Qiao C Z, Zhang Y F, Zhang J C, et al. Activity and stability investigation of [BMIM][AlCl₄] ionic liquid as catalyst for alkylation of benzene with 1-dodecene. Applied Catalysis A: General, 2004, 276: 61~66

[12] Mori M, Garcia R G, Belleville M P, et al. A new way to conduct enzymatic synthesis in an active membrane using ionic liquids as catalyst support. Catalysis Today, 2005, 104: 313~317

[13] Scott K, Basov N, Jachuck R J J, et al. Reactor studies of supported ionic liquids rhodium-catalysed hydrogenation of propene. Chemical Engineering Research and Design, 2005, 83: 1179~1185

[14] Jiang Y, Guo C, Liu H. Magnetically rotational reactor for absorbing benzene emissions by ionic liquids. China Particuology, 2007, 5: 130~133

[15] Seddon K R. Ionic liquids: a taste of the future. Nat Mater, 2003, 2(6): 363~365

[16] Scammells P J, Scott J L, Singer R D. Ionic liquids: the neglected issues. Aust J Chem, 2005, 58: 155~169

[17] Jastorff B, Störmann R, Ranke J, et al. How hazardous are ionic liquids? Structure–activity relationships and biological testing as important elements for sustainability

evaluation. Green Chem, 2003, 5(2): 136~142

[18] Ranke J, Stolte S, Stormann R, et al. Design of sustainable chemical products-the example of ionic liquids. Chem Rev, 2007, 107(6): 2183~2206

[19] Kümmerer K. Sustainable from the very beginning: rational design of molecules by life cycle engineering as an important approach for green pharmacy and green chemistry. Green Chem, 2007, 9(8): 899~907

[20] 张锁江, 张香平, 张延强等. 制备离子液体的多功能反应器. 公开号: CN1857767. 2005

[21] Wasserscheid P, Hal R V, Bösmann A. 1-n-Butyl-3-methylimidazolium ([bmim]) octylsulfate—an even 'greener' ionic liquid. Green Chem, 2002, 4(4): 400~404

[22] Swatloski R P, Holbrey J D, Rogers R D. Ionic liquids are not always green: hydrolysis of 1-butyl-3-methylimidazolium hexafluorophosphate. Green Chem, 2003, 5(4): 361~363

[23] Gathergood N, Scammells P J. Design and preparation of room-temperature ionic liquids containing biodegradable side chains. Aust J Chem, 2002, 55(9): 557~560

[24] Garcia M T, Gathergood N, Scammells P J. Biodegradable ionic liquids. Part II. Effect of the anion and toxicology. Green Chem, 2005, 7(1): 9~14

[25] Gathergood N, Scammells P J, Garcia M T. Biodegradable ionic liquids. Part III. The first readily biodegradable ionic liquids. Green Chem., 2006, 8(2): 156~167

[26] Bouquillon S, Courant T, Dean D, et al. Biodegradable ionic liquids: selected synthetic applications. Aust J Chem, 2007, 60(11): 843~847

[27] Howard P H, Hueber A E, Boethling R S. Biodegradation data evaluation for structure/biodegradability relationships. Environ. Toxicol. Chem, 1987, 6(1): 1~10

[28] Boethling R S, Lynch D G, Thom G C. Predicting ready biodegrability of premanufacture notice chemicals. Environ Toxicol Chem, 2003, 22(4): 837~844

[29] Zhang S, Sun N, He X, et al. Physical properties of ionic liquids: database and evaluation. J Phys Chem Ref Data, 2006, 35(3): 1475~1517

[30] Zhang S, Sun N, Zhang X, et al. Periodicity and map for discovery of new ionic liquids. Sci China Ser B, 2006, 49(2): 103~115

[31] Yu G, Zhang S, Zhou G, et al. Structure, interaction and property of amino-functionalized imidazolium ionic liquids by ab initio calculation and molecular dynamics simulation. AIChE J, 2007, 53(12): 3210~3221

[32] Zhang Y, Zhang S, Chen Y, et al. Aqueous biphasic systems composed of ionic liquid and fructose. Fluid Phase Equilib, 2007, 257: 173~176

[33] Yuan X, Zhang S, Liu J, et al. Solubilities of CO_2 in hydroxyl ammonium ionic liquids at elevated pressures. Fluid Phase Equilib, 2007, 257: 195~200

[34] Yu G, Zhang S. Insight into the cation-anion interaction in 1, 1, 3, 3-tetramethylguanidinium lactate ionic liquid. Fluid Phase Equilib, 2007, 255: 86~92

[35] Han L, Wang Y, Li C, et al. Simple and safe synthesis of microporous aluminophosphate molecular sieves by ionothermal approach. AIChE J, 2008, 54(1): 280~288

[36] Sun J, Zhang S, Cheng W, et al. Hydroxyl-functionalized ionic liquid: a novel efficient catalyst for chemical fixation of CO_2 to cyclic carbonate. Tetrahedron Lett, 2008, 49(22): 3588~3591

[37] Yu Y, Lu X, Zhou Q, et al. Biodegradable naphthenic acid ionic liquids-synthesis, characterization and QSBR study. Chem A Eur J, 2008, 14: 11174~11182

第 2 章　离子液体的结构与性质关系

2.1　离子液体的结构和量子化学研究 *

2.1.1　研究现状

1. 离子液体的结构和性质

由于离子液体是完全由阴阳离子通过静电作用所组成的，因此，在理论上能够合成的离子液体数目可以达到 10^{10}，到目前为止，已经报道的离子液体就有 1800 余种。尽管离子液体的种类繁多，但是组成离子液体的阴阳离子却是有限的，表 2.1 为常见的阴阳离子结构，阳离子主要包括咪唑、吡啶、季铵类、胍类以及季鏻类

表 2.1　常见的离子液体的阴阳离子结构

阳离子	阴离子
质子型阳离子	酸性阴离子

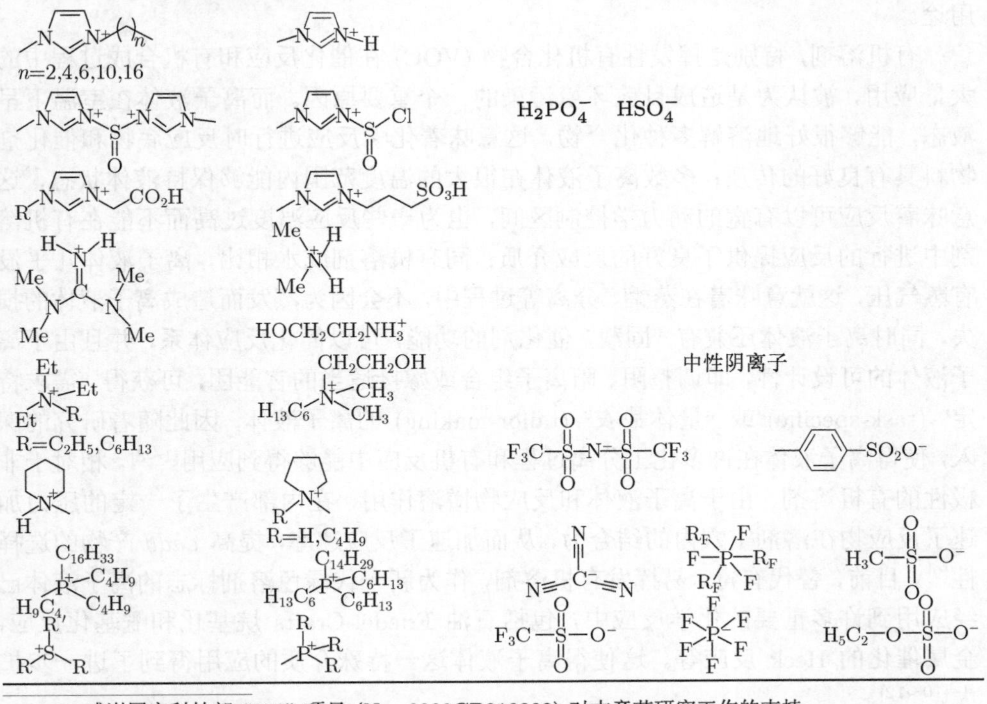
n=2,4,6,10,16
H2PO4⁻　HSO4⁻
HOCH2CH2NH3⁺
R=C2H5, C6H13
R=H, C4H9
中性阴离子

* 感谢国家科技部 “973” 项目 (No. 2009CB219902) 对本章节研究工作的支持。

阳离子	阴离子

R=CH(CH₃)CH₂CH₃ → R=CH(CH$_3$)CH$_2$CH$_3$

$F-B-F$ (四个F) $S=C=N^-$ NO_3^-

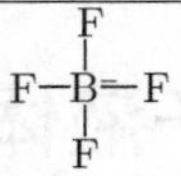

碱性阴离子

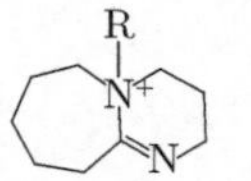

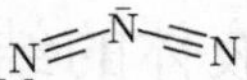

$H_3C(H_2C)_8COO^-$

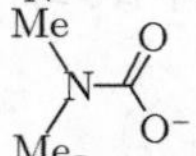

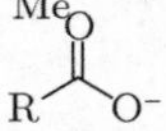

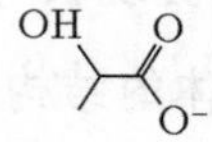

R=C$_2$H$_5$,C$_8$H$_{17}$

R=CF$_3$,CH$_3$,H

等,而阴离子可体现离子液体的酸碱性,表 2.1 所示为不同酸碱度的阴离子结构。离子液体的性质取决于其组成的阴阳离子的结构及其相互作用,相对于常规的有机和无机溶剂,由于其阴阳离子在结构、体积上的差别以及离散的静电作用,从而使得离子液体呈现出与常规溶剂十分不同的物理化学性质,例如,熔点低,在常温下呈现液体状态;接近于零的蒸气压使得离子液体几乎没有挥发度;电化学窗口宽 (3.0~7.0 V),并且具有较高的电导率,使得离子液体在电化学方面有着广泛的用途。

有机溶剂,特别是挥发性有机化合物 (VOC) 在催化反应和有机合成过程中的大量应用,被认为是造成目前环境污染的一个重要原因。而离子液体在室温下呈液态,能够很好地溶解多种化合物,这意味着化学反应进行时反应底物和催化剂物料具有良好的传质;多数离子液体在很大的温度范围内能够保持液体状态,这意味着反应可以有宽的动力学控制区间,也为一些反应温度过高而不能在有机溶剂中进行的反应提供了良好的反应介质;同有机溶剂或水相比,离子液体几乎没有蒸气压,这就意味着在蒸馏、分离等过程中,不会因为蒸发而造成离子液体的损失,同时离子液体还兼有 "固载" 催化剂的功能,可以简化反应体系,并且由于离子液体的可设计性,即调整阴、阳离子组合或嫁接适当的官能团,可获得 "需求特定" (task-specific) 或 "量体裁衣" (tailor-making) 的离子液体,因此随着研究的深入,使得离子液体在许多化工分离过程和有机反应中能够得到应用[1~8]。相对于非极性的有机溶剂,由于离子液体和反应物憎溶作用,在内部产生了一定的压力加速了反应物在溶剂空穴内的结合力,从而加速了反应速率,提高 endo 产物的选择性[9]。目前,替代有毒、易挥发有机溶剂,作为新一代绿色溶剂标志的离子液体已经应用到许多重要的化学反应中,包括石油 Friedel-Crafts 烷基化和酰基化反应,金属催化的 Heck 反应等。这使得离子液体这一特殊介质的应用得到了进一步扩大[10~12]。

2. 离子液体的量子化学研究

离子液体潜在的应用价值，逐渐引起人们的广泛兴趣，而离子液体的微观结构决定其宏观的物理化学性质，对离子液体微观结构的研究是理解离子液体独特性质的关键。近几年来，通过量子化学和实验光谱研究离子液体的微观结构和相互作用，揭示离子液体的微观本质，最终达到设计新型、功能化的离子液体是理论研究的一个重要方面。卤素阴离子离子液体，尤其是 N, N- 二烷基咪唑氯铝酸离子液体，由于能够形成不同的阴离子 ($AlCl_4^-$，$Al_2Cl_7^-$，$Al_3Cl_{10}^-$)，在许多反应中是重要的 Lewis 酸催化剂，成为研究最早的离子液体。例如，Tait 等[13] 系统研究了不同物质的量比例混合 [emim]Cl 和 $AlCl_3$ 形成离子液体的红外光谱 (infrared spectrum，IR)，发现随着 $AlCl_3$ 物质的量比例的增大，离子液体由碱性变为酸性，呈现出较强的酸催化剂效应。Sitze 等[14] 采用拉曼 (Raman) 光谱和从头计算 (ab initio) 量子化学相结合的方法研究了 [bmim]Cl/FeCl$_2$·FeCl$_3$ 形成的离子液体体系结构，发现当以不同的比例混合时会出现 $FeCl_4^{2-}$、$FeCl_4^-$、$Fe_2Cl_7^-$ 阴离子的形式。Turner 等[15] 采用从头计算量子化学研究了 1,3- 二烷基咪唑卤素系列离子液体的阴阳离子和离子对的结构。计算发现 F^- 阴离子能够同阳离子形成共价键 [如图 2.1 中 (a) 所示]，或者形成氟化氢，同时阳离子形成卡宾结构 [如图 2.1 中 (b) 所示]，但是两种可能的情况均不能形成稳定的离子对，从微观结构说明了咪唑氟化离子液体不能被制备的微观本质。而其余三种卤素阴离子 (Cl^-、Br^-、I^-) 均能与咪唑阳离子形成稳定的离子对结构 [如图 2.1 中 (c)、(d)、(e) 所示]，而且卤素阴离子能够与咪唑阳离子形成氢键结构 (C—H$\cdots$Cl，C—H$\cdots$Br，C—H$\cdots$I)，这些氢键使得离子对更加稳定。而 Dong 等[16] 通过量子化学计算发现氢键结构不仅存在于单个离子对之间，而且存在于多个离子对之间，还可以通过氢键拓展成氢键网络，如图 2.2 所示。

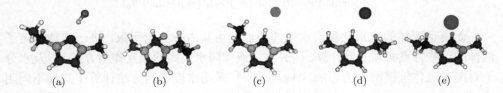

图 2.1　卤素类离子液体的结构

(a) [emim]-F；(b) [emim]-F；(c) [emim]Cl；(d) [emim]Br；(e) [emim]I

虽然这些离子液体具有很好的催化活性，但是它们对空气和水并不稳定，容易分解，使其应用受到很大限制。20 世纪八九十年代，人们合成出了对水和空气稳定的硼酸和磷酸类离子液体，使得离子液体能够在反应分离中得到更广泛的应用，对于离子液体的结构和相互作用研究也得到进一步发展。Talaty 等[17] 结合 IR、Raman 及从头计算研究了 $[C_{2\sim4}mim][PF_6]$ 系列离子液体的结构，研究发现三种离子对之间可形成氢键结构。如图 2.3 所示，在优化结构中，阴离子位于阳离子的上方并靠近 C_2 的位置，阴离子的 3 个氟原子都与阳离子相邻的质子形成 C—H···F 氢键结构，这样的结构使得体系的能量最小，保持了离子液体体系的稳定性。

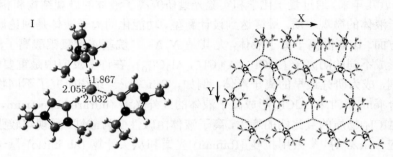

图 2.2   离子液体的氢键网络

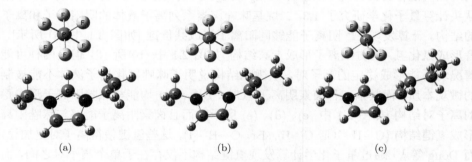

(a)   (b)   (c)

图 2.3 $[C_{2\sim4}mim][PF_6]$系列离子液体的氢键结构

(a) [emim]$[PF_6]$；(b) [pmim]$[PF_6]$；(c) [bmim]$[PF_6]$

而离子液体的疏水性和亲水性的特点是由其内部结构所致，进一步理解离子液体的这些特点必须通过计算，研究离子液体同水之间的相互作用方式，以及水分子对离子液体氢键网络的影响。Wang 等[18] 采用密度泛函方法计算了几种不同阴离子 (Cl^-、Br^-、BF_4^-、PF_6^-) 咪唑类离子液体和水的相互作用。计算结果表明水和 Cl^-、Br^-、BF_4^- 三种阴离子有强烈的相互作用，Cl^-、Br^- 和水分子能够形成 $X^-\cdots W$ 配合体，BF_4^- 和水分子能够形成 $BF_4^-\cdots W$ 或者 $W\cdots BF_4^-\cdots W$ 两种结构体，PF_6^- 阴离子则不能与水分子形成稳定的配合体，如图 2.4 所示。从相互作用能的角度看，例如，在 MP2/6-31++G** 水平上，计算的 $Cl^-\cdots W$ 配合体作用能为 $-58.60\,kJ/mol$，$Br^-\cdots W$ 的作用能为 $-55.96\,kJ/mol$，而 $BF_4^-\cdots W$ 的作用能为 $-50.17\,kJ/mol$，说明几种离子液体吸收的能力顺序是 $Cl^->Br^->BF_4^->PF_6^-$，这与实验是完全符合的。

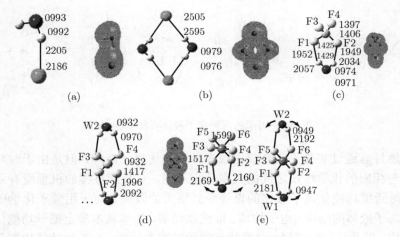

图 2.4　水和离子液体的相互作用

(a) Cl$^-$ · · · W；(b) 2(Cl$^-$ · · · W)；(c) BF$_4^-$ · · · W；(d) W· · · BF$_4^-$ · · · W；(e) PF$_6^-$ · · · W

3. 功能化离子液体的设计

相对于常规离子液体，当阳离子或者阴离子带有特殊基团 (如氨基)，形成的离子液体具有特殊的功能，称为功能化离子液体。目前已经合成出来的功能化离子液体种类很多，如胍类、氨基酸、羟基类、酯类等 (表 2.1)，充分发挥了离子液体的"可设计性" 的优势，使得离子液体的应用范围得到很大的拓展。Wu 等[19] 已经证明含有 —NH$_2$ 基团的胍类离子液体能够有效的吸收 SO$_2$ 气体。反应式如下：

而 Zhang 等 [20] 已经合成出氨基酸季膦盐离子液体，例如，[P(C$_4$)$_4$][Gly]、[P(C$_4$)$_4$][Ala]、[P(C$_4$)$_4$][β-Ala] 等离子液体可直接用于吸收 CO$_2$，但目前可能的机理有两种。机理 I：二氧化碳分子会与氨基的孤对电子成键，形成新的一个氨基甲酸基团。该甲酸上的质子直接与另一氨基酸阴离子上的氨基孤对电子形成氢键，或形成一种介于氢键和离子作用之间的键 [图 2.5(a)]。机理 II：二氧化碳分子进攻锥型空间构型氨基孤对电子的同时，导致该空间结构逐渐不稳定，可能在二氧化碳分子与氨基基团上孤对电子成键的同时，该氨基上的一个质子同时离去，分子内转移到碱性比较强的原氨基酸羧基上。该质子随后与另一氨基酸阴离子上的氨基孤对电子形成氢键，或形成一种介于氢键和离子作用之间的键 [图 2.5(b)]。

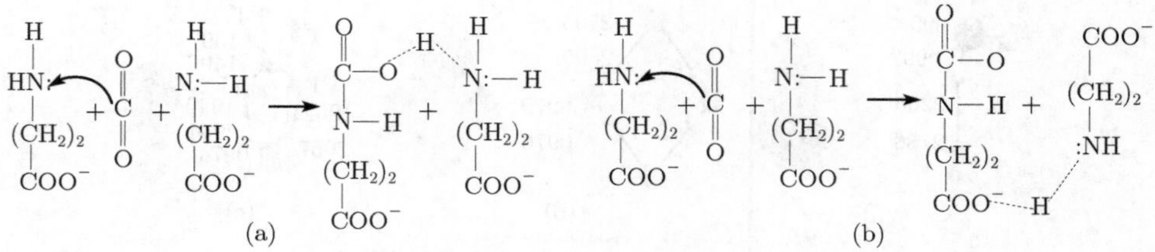

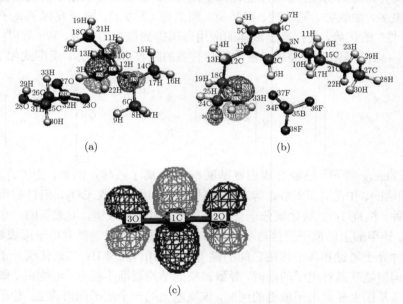

图 2.5   可能的两种离子液体吸收 CO_2 机理

　　虽然目前通过实验手段合成出很多种功能化离子液体，但是由于对功能基团的结构与相应的化学性质之间的关系认识不足，对反应过程的机理没有系统的研究，使得新型功能化离子液体的设计受到很大的限制。而采用量子化学研究这些功能化离子液体的结构、电子性质、前线轨道等，能够从本质上揭示功能化基团的微观结构，以及反应的路径，并寻找可能的过渡态结构，为新型功能化离子液体的设计提供理论指导。Yu 等[21] 采用从头计算系统研究了胍类和氨基类离子液体吸收 CO_2 的机理，计算结果表明胍类以及氨基类离子液体的前线分子轨道 [分别如图 2.6 中 (a) 和 (b) 所示] 和 CO_2 前线分子轨道 [如图 2.6 中 (c) 所示] 的对称性有很好的匹配性。胍类离子对的最高占有轨道 (HOMO 轨道) 主要是 3 个 N 原子的 p 轨道贡献，氨基类离子对的 HOMO 轨道也是来源于末端氨基的 N 原子的 p 轨

图 2.6 CO_2、胍类和氨基类离子液体前线分子轨道

(a) 胍类离子液体的 HOMO 轨道；(b) 氨基咪唑硼酸离子液体的 HOMO 轨道；

(c) CO_2 分子的 LUMO 轨道

道，而 CO_2 的最低空轨道 (LUMO 轨道) 是 3 个原子的 p 轨道形成的 π 轨道，说明 CO_2 前线轨道可以与两种离子液体的前线轨道有效重叠，形成新的分子轨道，说明这种功能化的离子液体能够和 CO_2 发生化学反应，从而有效吸收 CO_2。

目前对于功能化离子液体吸收 CO_2 的机理还没有形成统一的认识，因此通过量子化学从头计算系统地研究离子液体吸收 CO_2 气体的微观机理，寻找其可能的过渡态，获得重要的热力学数据，包括反应体系自由能变化、反应焓变等。并通过对吸收混合过程进行分子动力学模拟，获得微观扩散过程及其能量分布变化等规律。

4. 离子液体的 CPMD 研究

离子液体在常温下呈现液体状态，许多物理化学性质与气态和固态有很大的差别，而从头计算量子化学主要用于计算绝对 0 K 和一个大气压下的理想气态分子的电子结构和轨道性质，不考虑其他分子对目标分子的影响以及之间的相互作用，很难对离子液体的性质给出全面合理的解释，尤其是在考虑温度和压力对离子簇的影响时，加之计算机能力的限制，量子化学很难描述离子簇的结构和相互作用。而建立在 Newton 经典力学基础上的分子动力学，由于原子被假设为有质量的球，彼此之间的相互作用 (包括键长、键角、二面角、van der Waals 和非键相互作用等) 靠经典的力场描述，而没有涉及耗时的电子积分，使得分子动力学能够计算数目很大的原子群或者离子簇，能够很好地体现大量分子的运动结果，因此分子动力学能够近似的描述物质的微观结构和宏观性质之间的关系。但是分子动力学模拟的结构很大程度上取决于力场对于所描述体系的好坏，如果力场构建不合理很难达到理想的模拟结果，而离子液体是一种新的化学物质，离子之间的作用力比一般的有机或无机物复杂的多，很难用目前主要用于模拟蛋白质等生物大分子的力场进行计算，尤其是离子液体之间离散的静电作用和氢键作用。CPMD(Car-Parrinello molecular dynamics) 从头计算分子动力学方法 [22] 将量子化学和分子动力学相结合，不构建经典力场，在密度泛函的基础上，采用原子的赝势，计算总能量，原子的运动完全是 "自然" 的，因此能够反映体现在一定时间内的真实运动状态。CPMD 目前已经应用到离子液体的研究中，很好地克服了经典动力学的缺点和不足，全面地反映了离子液体的内部结构和氢键网络。Bühl 等 [23] 采用 CPMD 方法研究了 N,N- 二甲基咪唑氯离子液体的结构和动力学性质，如图 2.7 所示，通过离子对相关函数的分析可以看出 [图 2.7 中 (a) 所示]，Cl^- 阴离子和阳离子的咪唑环上的 H 质子形成氢键，尤其对 C_2-H 基团有特殊的亲和力 [图 2.7 中 (b) 所示]。计算的电荷分布和 Wannier 函数表明 Cl^- 阴离子孤对电子向着 σ^* 反键轨道转移 [图 2.7 中 (c) 所示]，这样的转移使 C—H$\cdots$Cl 结构更加稳定。Bhargava 等 [24] 采用 CPMD 方法研究了 [bmim][PF_6] 以及其和 CO_2 混合物的结构和动力学性质，并和经典动力学的模拟的结果进行了比较。通过计算，他们发现在阳离子的 C_2-H 基团和阴离子的 F 原子之间能够形成氢键，但是在经典动力学模拟中并没有得出这样的结论，实验光谱已经证明这种氢键的存在[17]，说明 CPMD 模拟的合理性。而 CPMD 和经典动力学模拟的结果都表明相对于气态结构，在液体结构下阴阳离子都被很大程度的极化，表 2.2 给出了 CPMD 和经典动力学计算的 [bmim][PF$_6$] 在液体和气态下的偶极矩，从表 2.2 中可以看出在液体下离子液体的偶极矩明显大于气态结构下的偶极矩。

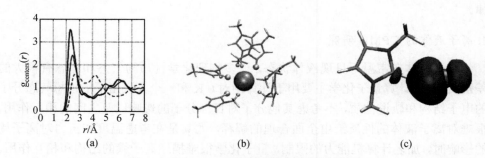

图 2.7　N, N- 二甲基咪唑氯离子液体的结构
(a) CPMD 计算的 gHCl(r) 离子对相关函数，H2(bold line)，H4,5(solid line)，H(ME)(dashed line)；
(b) Cl$^-$ 阴离子周围的阳离子结构；(c) 离子对的 Wannier 函数

表 2.2　[bmim][PF$_6$]离子液体的偶极矩

模型/相态	离子	$\langle\mu_x\rangle$(D)	$\langle\mu_y\rangle$(D)	$\langle\mu_z\rangle$(D)	$\langle|\mu|\rangle$(D)
MD (liquid)	[PF$_6$]	0.01±0.19	0.00±0.19	0.00±0.19	0.31±0.13
MD (liquid)	[bmim]	−0.25±0.21	0.00±0.67	2.01±0.36	2.15±0.35
CPMD (liquid)	[PF$_6$]	0.07±0.71	0.11±0.65	0.02±0.63	1.06±0.48
CPMD (liquid)	[bmim]	−0.17±0.48	0.02 ±0.70	2.51± 0.57	2.65±0.55
CPMD (isolated)	[PF$_6$]	−0.01	0.00	0.00	0.01
CPMD (isolated)	[bmim]	−0.88	−1.44	2.42	2.95

2.1.2　发展方向

近年来，随着离子液体应用潜力的开发，离子液体的基础理论研究得到很大的发展，这为新型离子液体的设计和应用奠定了科学基础。但是到目前为止，对于离子液体的计算和理论研究大多数还停留在单一尺度的模拟，即采用量子化学研究离子液体的电子结构性质、反应机理，以及采用分子动力学研究纳米或者微米尺度下离子液体的微观结构和宏观性质之间的定量关系等。宏观稳定的离子液体在电子、分子、纳微等尺度上可能呈现动态的不均匀结构，从而影响离子液体的宏观性能。大量实验和模拟计算已经表明，几乎所有的离子液体体系及过程在本质上都涉及各种不同尺度的结构及其复杂的动态变化，多尺度结构 (包括电子结构、纳米离子簇结构、微米结构) 对体系/过程起着主导的控制作用。在电子水平上 (1~10 Å)，通过量子力学研究离子对的相互作用、电子云密度、自然电荷分布、前线分子轨道，找到最稳定的离子配对结构。在离子簇水平上 (1~10 nm)，通过从头计算分子动力学 (CPMD) 方法，研究多个离子对的纳米结构、氢键网络、Wannier 函数、运动轨迹。通过分子动力学方法，研究离子液体的微米结构效应 (10~100 nm)。将分子动力学方法和流体力学方法 (CFD) 相结合，可研究离子液体更高尺度的聚集体结构 (约 1 μm)。

　　因此，要想全面揭示离子液体的结构和相互作用的微观本质，必须从多尺度角度出发，采用量子力学、从头计算分子动力学 (CPMD)、经典分子动力学等多种计算方法相结合，对离子液体不同尺度进行模拟计算，从而有效克服单一尺度模拟的片面性，为全面、系统的认识离子液体微观结构和相互作用的本质，建立微观与宏观性质之间的定量关系，以及从多尺度角度出发设计新型的功能化离子液体奠定科学基础。

2.1.3　结论

　　离子液体种类繁多、结构复杂，通过量子化学、分子动力学等计算方法研究其结构和性质之间的定量关系，成为探索离子液体的一个重要方法和手段。量子化学用于研究离子液体的结构、电子性质，以及反应的机理在很多文献中已有报道，成为研究离子液体结构最早的方法。分子动力学方法，尤其是从头计算分子动力学 (CPMD) 方法，由于在研究离子簇结构方面以及微观结构和宏观性质之间定量关系方面具有一定优势，目前已成为研究离子液体的主要手段，大量的文献已有报道。但是总体说来，这些方法都是从单一尺度的角度研究离子液体的结构，并没有全面考察离子液体的多尺度结构，而离子液体的许多重要性质以及工业应用的微观本质都是离子簇结构在不同尺度下的表象，因此综合利用量子化学、CPMD、经典分子动力学，研究离子液体在原子 (分子) 尺度、纳微米尺度的结构，将成为离子液体理论研究今后的重要发展方向。

参 考 文 献

[1] Earlem J, Seddon K R. Ionic liquid green solvents for the future. Pure Appl Chem, 2000, 72: 1391~1398

[2] Seddon K R, Stark A, Torres M. Influence of chloride, water, and organic solvents on the physical properties of ionic liquids. Pure Appl Chem, 2000, 72: 2275~2287

[3] Welton T. Room-temperature ionic liquids solvents for synthesis and catalysis. Chem Rev, 1999, 99: 2071~2083

[4] Wasserscheid P, Keim W. Ionic liquids - new "solutions" for transition metal catalysis.

Angew Chem Int Ed Eng, 2000, 39: 3772~3789

[5] McEwen A B, Ngo H L, Lecompte K. Electrochemical properties of imidazolium salt electrolytes for electrochemical capacitor applications. J Electrochem Soc, 1999, 146: 1687~1695

[6] Ohno H. Molten salt type polymer electrolytes. J Electrochim Acta, 2001, 46: 1407~1411

[7] Nanjundiah C, McDevih S F, Koch V R. Differential capacitance measurements in solvent-free ionic liquids at Hg and C interfaces. J Electrochem Soc, 1997, 144: 3392, 3393

[8] Hirao M, Ito K, Ohno H. Preparation and polymerization of new organic molten salts: n-alkylimidazolium salt derivatives. J Electrochim Acta, 2000, 45: 1291~1294

[9] Jeager D A, Tucker C E. Diels-Alder reactions in ethylammonium nitrate, a low-melting fused salt. Tetrahedron Lett, 1989, 30: 1785~1788

[10] Chauvin Y, Hirschauer A, Olivier H. Alkylation of isobutene with 2-butene using 1-butyl-3-methylimidazolium chloride –aluminium chloride molten salts as catalysts. J Mol Catal A Chem, 1994, 92: 155~165

[11] Carmichael A J, Earle M J, Seddon K R. The Heck reaction in ionic liquids: a multiphasic catalyst system. Org Lett, 1999, 1: 997~1000

[12] Dullius J E L, Suarez P A Z, Einloft S. Selective catalytic hydrodimerization of 1,3-butadiene by palladium compounds dissolved in ionic liquids. Organnometallics, 1998, 17: 815~819

[13] Tait S, Osteryoung R A. Infrared study of ambient-temperature chloroaluminates as a function of melt acidity. Inorg Chem, 1984, 23: 4352~4360

[14] Sitze M S, Schreiter E R, Patterson E V, et al. Ionic liquids based on $FeCl_3$ and $FeCl_2$. Raman scattering and ab initio calculations. Inorg Chem, 2001, 40: 2298~2304

[15] Turner E A, Pye Cory C, Singer R D. Use of ab initio calculations toward the rational design of room temperature ionic liquids. J Phys Chem A, 2003, 107: 227~2288

[16] Dong K, Zhang S, Wang D, et al. Hydrogen bonds in imidazolium ionic liquids. J Phys Chem A, 2006, 110: 9775~9782

[17] Talaty E R, Raja S, Vincent J S, et al. Raman and infrared spectra and ab initio calculations of C_{2-4}MIM imidazolium hexafluorophosphate ionic liquids. J Phys Chem B, 2004, 108: 13177~13184

[18] Wang Y, Li H, Han S. A theoretical investigation of the interactions between water molecules and ionic liquids. J Phys Chem B, 2006, 110: 24646~24651

[19] Wu W Z, Han B, Gao H, et al. Desulfurization of flue gas: SO_2 absorption by an ionic liquid. Angew Chem Int Ed, 2004, 43: 2415~2417

[20] Zhang J, Zhang S, Dong K, et al. Supported absorption of CO_2 by tetrabutylphosphonium amino acid ionic liquids. Euro Chem, 2006, 12: 4021~4026

[21] Yu G, Zhang S, Yao X, et al. Design of task-specific ionic liquids for capturing CO_2: a molecular orbital study. Ind Eng Chem Res, 2006, 45: 2875~2880

[22] Car R, Parrinello M. Unified approach for molecular dynamics and density-functional theory. Phys Rev Lett, 1985, 55: 2471~2474

[23] Buhl M, Chaumont A, Schurhammer R, et al. Ab initio molecular dynamics of liquid 1,3-dimethylimidazolium chloride. J Phys Chem B, 2005, 109: 18591~18599

[24] Bhargava B L, Balasubramanian S. Insights into the structure and dynamics of a room-temperature ionic liquid: Ab initio molecular dynamics simulation studies of 1-n-butyl-3-methylimidazolium hexafluorophosphate ([bmim][PF_6]) and the [bmim][PF_6]-CO_2 Mixture. J Phys Chem B, 2007, 111: 4477~4487

2.2　离子液体的分子动力学模拟

随着实验的深入，人们开发了许多新型的功能化离子液体，使离子液体的应用更加广泛，但是目前尚缺乏对离子液体微观结构和宏观性质之间关系的认识以及离子液体在分离和反应中作用机理的深入研究，无法知道阴阳离子对离子液体性质的影响大小，使得离子液体进一步的开发和应用受到了很大的限制。

分子模拟是建立在分子力学基础上的，一种直接从分子间相互作用出发研究物质的热力学、动力学性质以及微观结构的方法。即构造出一系列分子构型的序列，通过对这一序列进行分析得到诸如微观结构、能量分布、动力学等性质。从本质上说是能量最小值方法，即在原子间相互作用势的作用下，通过改变粒子分布状况，以能量最小为判据，最终获得体系的最佳结构。分子模拟包括分子动力学模拟 (molecular dynamic simulation，MD) 和 Monte Carlo(MC) 模拟两种方法。MC 模拟实质上就是用计算机模拟由于分子运动、碰撞而引起动量和能量的输运、交换；产生气动力和气动热这一宏观物理过程系统的模拟，是通过分子的非物理的随机移动实现的。而分子动力学模拟是通过求解牛顿运动方程来获得每个分子在各个时刻的动量和位置，系统平衡后进行时间平均来获得微观信息，从而得到体系的宏观性质，由于模拟本身能够获得分子在各个时刻的动量和位置，这对于研究体系的动力学性质和许多种相关函数是非常必要的。

分子模拟作为研究体系微观状态及宏观性质的工具，已经日益展示出其独特的优势。通过增加、改变相关基团，计算预测其对宏观性质的影响，真正实现所谓"自下而上 (bottom-up)"的分子设计，不仅可以通过分子结构推算和预测宏观性质，还可在某种程度上回答"为什么"之类的问题。对于离子液体体系，分子模拟方法大幅度地减少了实验的工作量，有效地降低研究成本的同时，还可以更深入地理解离子液体各种独特性质的微观本质。分子模拟对于离子液体的实验研究不仅是一种有效的辅助手段，而且模拟本身也是一个更加高效、廉价和直观的研究方法，能够指导科学工作者更加快速和定向地设计并合成新型离子液体[1]。近年来，离子液体的分子动力学模拟研究方兴未艾，本章重点介绍离子液体的分子动力学模拟的研究现状及进展情况。

目前，对于离子液体的分子动力学模拟研究主要包括以下几方面。① 离子液体的分子力学力场：不论是分子动力学模拟，还是 Monte Carlo 模拟，其研究的基础都是分子力学力场，力场直接决定了模拟结果的好坏，这也是本文的主要着眼点；② 纯离子液体体系的分子模拟：模拟体系的宏观热力学及动力学性质，研究体系的微观结构，从而建立离子液体的宏观性质和微观结构之间的联系，揭示离子液体的构效关系，为实验的设计合成提供理论指导；③ 离子液体混合体系的分子模拟：主要包括小分子或离子在离子液体中的溶剂化及小分子在离子液体中的溶解度的研究，另外也有部分工作是关于离子液体混合物的热力学性质。

2.2.1 分子力学力场

分子力学力场 (或简称力场) 是分子动力学模拟的基础。力场的精确性是决定模拟结果准确性的一个关键因素，是分子动力学模拟的起点和基础。力场会从势能函数和结构参数两个方面影响计算结果的可靠性。

1. 力场发展史

从 1930 年 Andrews 提出了分子力场的基本思想到现在，力场的发展经历了近 80 年的发展，如表 2.3 所示[2]，可以看到，分子力场从最初的假设到各种繁杂的形式，已逐渐走向成熟。最初的分子力场针对性很强，几乎不具备通用性。基本所有的参数要通过实验数据拟合得到，而实验归属振动谱带需要花费大量的时间，因此，当时建立一个新的分子力场是十分困难的。此后大多数工作者都致力于发展涵盖尽可能多体系的 "求全" 型分子力场，这种趋势一直延续至今。但是随着各个学科研究的不断深入，所需要研究的体系越来越复杂，要求的精度也越来越高。在保证相当精度的条件下，"求全" 型的分子力场要想涵盖所有的研究体系常常是十分困难的。在分子力场发展的过程中，要求分子力场具有普适性 (囊括所有的分子体系) 和要求分子力场具有较高的准确性，这是分子力学力场应该具有的两个重要品质，同时它们又是矛盾着的双方："求全" 和 "求精"。

20 世纪 90 年代以来，已经开发和完善了几套适合模拟生物分子以及常规有机体系的力场，如 AMBER[3]、CHARMM[4]、OPLS 力场[5] 等，这些力场都以原子作为模拟的运动单元，通常称为全原子力场模型 (all-atom，AA)。此外，为了节省计算时间，有时将对体系性质影响不大的基团，如烷基基团中的甲基、亚甲基，作为一个假想的原子考虑，称为联合原子力场模型 (united-atom，UA)。另外，对于蛋白质等超大体系，有时需要采用更多的近似计算来节省计算资源，粗粒化方法就是在此基础上开发得到的。而对于离子液体来讲，目前，一般采用全原子力场或者联合原子力场。

表 2.3 　分子力学力场发展历史

年份	分子力学力场	开发者
1930	分子力学力场思路	Andrews
1956	分子力学方法	Westhermer
1973	MM1	Allinger
1977	MM2&MMP2	Allinger, Bartell
1983	AMBER	Weiner
	CHARMM	Brooks
1989	MM3	Allinger
	DREIDING	Mayo
1992	UFF	Rappe
1996	OPLS	Jorgensen
1998	COMPASS	Sun
2003	DFF	Sun

2. 力场形式

常用的力场形式基本上有七种。

(1) AMBER 力场[3]，其势能函数形式如式 (2.1) 所示：

$$U = \sum_{bonds} K_r \left(r - r_0\right)^2 + \sum_{angles} K_\theta \left(\theta - \theta_0\right)^2 + \sum_{torsions} \frac{K_\phi}{2}[1 + \cos\left(n\phi - \gamma\right)]$$

$$+ \sum_{i=1}^{N} \sum_{j=i+1}^{N} \left\{ 4\varepsilon_{ij} \left[\left(\frac{\sigma_{ij}}{r_{ij}}\right)^{12} - \left(\frac{\sigma_{ij}}{r_{ij}}\right)^{6} \right] + \frac{q_i q_j}{r_{ij}} \right\} \tag{2.1}$$

式中，U 为系统的总势能；前三项分别为键拉伸、键角弯曲和二面角扭曲项；第四项中的前半部分为范德华作用，这里以 Lennard-Jones(LJ)6-12 势给出，而后半部分则为库仑静电作用；K_r、K_θ 和 K_ϕ 分别为各自的力常数；r_0、θ_0 和 γ 分别为平衡的键长、键角和扭转角；ε_{ij} 为 LJ 作用的阱深；r_{ij} 为两个原子之间的距离，σ_{ij} 为两个原子间作用能为零时的距离；q 为原子所带的电荷。

不同原子类型之间的范德华参数采用如下的混合规则：

$$\varepsilon_{ij} = \sqrt{\varepsilon_{ii}\varepsilon_{jj}} \quad \sigma_{ij} = (\sigma_{ii} + \sigma_{jj})/2 \tag{2.2}$$

(2) CHARMM 力场[4]，其势能函数形式如式 (2.3) 所示：

$$U = \sum_{bonds} K_r(r - r_0)^2 + \sum_{UB} K_{UB}(S - S_0)^2 + \sum_{angles} K_\theta(\theta - \theta_0)^2$$

$$+ \sum_{dihedrals} K_\chi [1 + \cos(n\chi - \delta)]^2 + \sum_{impropers} K_{imp}(\varphi - \varphi_0)^2$$

$$+ \sum_{nonbond} \varepsilon \left[\left(\frac{R_{\min_{ij}}}{r_{ij}} \right)^{12} - \left(\frac{R_{\min_{ij}}}{r_{ij}} \right)^{6} \right] + \frac{q_i q_j}{\varepsilon_1 r_{ij}} \tag{2.3}$$

式中，部分参数的含义与式 (2.1) 相同，第二项为 UB 势；S 为 Urey-Bradley 1,3-距；S_0 为着平衡值；$R_{\min_{ij}}$ 为 LJ 势最小时两个原子之间的距离；ε_1 为有效介电常数。

(3) OPLS 力场[5]，其势函数形式如式 (2.4) 所示：

$$u_{\alpha\beta} = \sum_{ij}^{bonds} \frac{k_{r,ij}}{2} (r_{ij} - r_{0,ij})^2 + \sum_{ijk}^{angles} \frac{k_{\theta,ijk}}{2} (\theta_{ijk} - \theta_{0,ijk})^2$$

$$+ \sum_{ijkl}^{dihedrals} \sum_{m=1}^{4} \frac{V_{m,ijkl}}{2} [1 + (-1)^m \cos(m\phi_{ijkl})] \tag{2.4}$$

$$+ \sum_{i} \sum_{j \neq i} \left\{ 4\varepsilon_{ij} \left[\left(\frac{\sigma}{r_{ij}} \right)^{12} - \left(\frac{\sigma}{r_{ij}} \right)^{6} \right] + \frac{1}{4\pi\varepsilon_0} \frac{q_i q_j}{r_{ij}} \right\}$$

式 (2.4) 与式 (2.1) 很相似，只是在二面角的处理上多了两个傅里叶展开项，式中，$V_{m,ijkl}$ 为傅里叶系数；ϕ_{ijkl} 为相角。

(4) Lynden-Bell 研究组[6~12] 忽略了所有的成键项，即键的拉伸、弯曲和分子扭曲，而仅考虑分子的短程作用及静电相互作用，其中短程作用用 Buckingham 势来描述，各个原子上的电荷分布基于从头计算，采用多级分布分析法获得。如式 (2.5) 所示：

$$V_{ij} = (A_{ii}A_{jj})^{1/2} \exp[-(B_{ii} + B_{jj})r_{ij}/2] - (C_{ii}C_{jj})^{1/2}/r_{ij}^6 \tag{2.5}$$

(5) COMPASS 力场[13]，其势能函数形式如式 (2.6) 所示：

$$E_{total} = \sum_{b} \left[k_2(b - b_0)^2 + k_3(b - b_0)^3 + k_4(b - b_0)^4 \right]$$

$$+ \sum_{\theta} \left[k_2(\theta - \theta_0)^2 + k_3(\theta - \theta_0)^3 + k_4(\theta - \theta_0)^4 \right]$$

$$+ \sum_{\phi} \left[k_1(1 - \cos\phi) + k_2(1 - \cos 2\phi) + k_3(1 - \cos 3\phi) \right]$$

$$+ \sum_{\chi} k_2 \chi^2 + \sum_{b,b'} k(b - b_0)(b' - b_0') + \sum_{b,\theta} k(b - b_0)(\theta - \theta_0)$$

$$+ \sum_{b,\phi} (b - b_0) \left[k_1 \cos \phi + k_2 \cos 2\phi + k_3 \cos 3\phi \right]$$

$$+ \sum_{\theta,\phi} (\theta - \theta_0) \left[k_1 \cos \phi + k_2 \cos 2\phi + k_3 \cos 3\phi \right]$$

$$+ \sum_{b,\theta} k(\theta' - \theta_0')(\theta - \theta_0) + \sum_{\theta,\theta,\varphi} k(\theta - \theta_0)(\theta' - \theta_0') \cos \phi \tag{2.6}$$

$$+ \sum_{i,j} \frac{q_i q_j}{r_{ij}} + \sum_{i,j} \varepsilon_{ij} \left[2 \left(\frac{r_{ij}^0}{r_{ij}} \right)^9 - 3 \left(\frac{r_{ij}^0}{r_{ij}} \right)^6 \right]$$

(6) GROMOS 力场[14]，其势能函数形式如式 (2.7) 所示：

$$v(r_1, r_2, \cdots, r_n) = \sum \frac{1}{4} K_b \left[b^2 - b_0^2 \right]^2 + \sum \frac{1}{2} K_\theta \left[\cos \theta - \cos \theta_0 \right]^2$$

$$+ \sum \frac{1}{2} K_\xi \left[\xi - \xi_0 \right]^2 + \sum K_\varphi \left[1 + \cos (\delta) \cos (m\varphi) \right]$$

$$+ \sum \left[\frac{C_{12}(i,j)}{\left(r_{i,j}^{4D} \right)^6} - C_6(i,j) \right] \frac{1}{\left(r_{i,j}^{4D} \right)^6} \tag{2.7}$$

$$+ \sum \frac{q_i q_j}{4\pi \varepsilon_0 \varepsilon_1} \left[\frac{1}{r_{i,j}^{4D}} - \frac{1/2 C_{rf} \left(\left(r_{i,j}^{3D} \right)^2 \right)}{R_{rf}^3} - \frac{1 - 1/2 C_{rf}}{R_{rf}} \right]$$

(7) Voth 小组[15,16] 在标准力场的基础上考虑了极化作用，发展为式 (2.8) 所示的势能函数形式：

$$U_{polar} = U_{nonpolar} - \sum_i \mu_i \bullet E_i^0 - \sum_i \sum_{j>i} \mu_i \mu_j T_{ij} + \sum_i \frac{\mu_i \bullet \mu_j}{2\alpha_i^2} \tag{2.8}$$

式中，第一项为不考虑极化时的势能；第二项为电荷–偶极作用；第三项为偶极–偶极作用；最后一项为诱导偶极所需要的能量。采用此力场对 [emim][NO₃] 离子液体的分子动力学模拟表明，采用考虑极性的力场能更加准确的模拟动力学性质 (如黏度、扩散系数) 和表面性质。

3. 构建分子力学力场

构建力场其实就是参数优化的过程，优化中普遍采用的目标函数就是计算值与 "实际值" 之间的绝对或者相对偏差。该 "实际值" 有两方面的来源[1]。

(1) 实验数据。通常包括分子中的键长键角 (来自 X 射线衍射、中子散射或微波谱)、振动频率 (来自红外或拉曼光谱)，分子扭动的能垒 (来自微波谱) 以及凝聚态的热力学数据如密度、压缩和热膨胀系数、汽化或升华焓、热容、水溶液中的溶解焓等。

(2) 从头计算 (ab initio)。从头计算仅仅基于基本的物理常数以及体系中原子类型和电子数目计算其性质，无需借助任何实验，因此具有很大的优势。目前在构建力场中常见的从头计算结果包括分子或分子复合体的构型与作用能、振动频率、分子能量随扭转角的变化曲线等。然而从头计算也存在局限性：首先其结果总是近似的，要得到足够可信的结果就必须采用更大的基组和更复杂的方法，这对于计算能力有限的计算机将是一个无休止的考验。因此，如何选择一个合适的方法和基组，可以在当前的计算资源上准确的预测微观信息将是从头计算参数化面临的最大挑战。

4. 离子液体的分子力学力场

一个好的力场不仅能重现被研究过的实验观察结果，而且具有一定的广泛性，能用于解决未被实验测定过的分子的结构和性质。目前，模拟离子液体的专用力场形式至今尚未被报道，现有离子液体力场都是在其他力场的基础上修改参数得到的。国内外构建离子液体分子力学力场的工作主要集中于广泛的咪唑类离子液体及其他类型的离子液体。

1) 咪唑类离子液体的力场构建及检验

(1) 基于 AMBER 力场[17~32] 的咪唑类离子液体计算。de Andrade 等[20,21] 基于 AMBER 力场开发了 [emim] (1- 乙基 -3- 甲基咪唑) 和 [bmim] (1- 正丁基 -3- 甲基咪唑) 阳离子的全原子力场，原子点电荷是在从头计算的基础上由 RESP(r electro-static potential) 方法优化得到。他们模拟计算了上述两种阳离子分别和 [AlCl$_4$]$^-$、[BF$_4$]$^-$ 阴离子组成的离子液体体系。通过与实验密度、扩散系数、红外振动频率及 X 射线晶体衍射结果的比较验证了力场的正确性，如表 2.4 所示。

表 2.4   四种离子液体的模拟性质和实验性质对比

离子液体	T/K	$\rho_{\exp}/(\mathrm{g/cm^3})$	$\rho_{\mathrm{NpT}}/(\mathrm{g/cm^3})$	$\Delta\rho/\%$
[emim][AlCl$_4$]	298	1.302	1.316	1.07
[emim][BF$_4$]	295	1.24	1.255	1.19
[bmim][AlCl$_4$]	298	1.238	1.229	−0.7
[bmim][BF$_4$]	303	1.17	1.174	0.33

Liu 等[18] 在 AMBER 力场的基础上进行了两个较大改进。① 通过振动频率调整力常数。原 AMBER 参数对于环的振动频率明显估计过高，咪唑环也不例外，实验的振动频率为 1574 cm^{-1}，而 AMBER 预测为 1808 cm^{-1}。通过调低咪唑环上键拉伸的力常数，预测得到该频率值为 1632 cm^{-1}，与实验结果接近。② 通过离子对构型调整 LJ 参数。其方法是通过从头计算优化该复合体，将其构型和能量同分子力学 (molecular mechanics, MM) 的结果进行比较。在离子液体中，阴阳离子之间

的作用非常重要，因此他们以阴阳离子对作为复合体，对所建立的力场进行检验，通过调整 H5 原子的 LJ 参数，使两者的构型相吻合。

(2) 基于 CHARMM 力场[33~38] 的咪唑类离子液体计算。Morrow 等[33] 基于 CHARMM 力场开发了 [bmim][PF₆] 的全原子力场。在此基础上对该离子液体体系进行了较为详细的模拟。并计算得到了体系的摩尔体积 (V)、体积膨胀率 (α_P)[式 (2.9)] 以及恒温压缩系数 (κ_T)[式 (2.10)]。其中体积膨胀率可以通过在一定压力下进行多个不同温度点的模拟得到摩尔体积，再进行线性拟合得到。表 2.5 给出了模拟结果与实验值的比较，可以看到，在不同温度点膨胀率的模拟结果都要比实验值低 $0.6\ \text{K}^{-1}$ 左右，随温度的升高逐渐降低的趋势和实验结果一致。他们计算的恒温压缩系数比实验值低 12%~33%，这是由于他们所采用的力场用于描述液态 [bmim][PF₆] 还存在一定的不足。

$$\alpha_P = \frac{1}{V}\left(\frac{\partial V}{\partial T}\right)_P \tag{2.9}$$

$$\kappa_T = \frac{1}{V}\left(\frac{\partial V}{\partial T}\right)_T \tag{2.10}$$

表 2.5　摩尔体积、体积膨胀率及恒温压缩系数的实验值和计算值的比较

T/K	$V/(\text{cm}^3/\text{mol})$		$\alpha_P \times 10^4/(\text{K}^{-1})$		$\kappa_T \times 10^6/(\text{bar}^{-1})$	
	模拟值	实验值	模拟值	实验值	模拟值	实验值
298.2	207.8	208.9	5.49	6.11	36.83	41.95
323.2	210.6	212.1	5.42	6.02	32.86	49.36
343.2	212.9	214.7	5.36	5.95	39.20	N/A

(3) 基于 OPLS 力场[39~46] 的咪唑类离子液体计算。Lopes 等[42,43] 基于 OPLS-AA 建立了烷基咪唑类 {[aim]⁺}、吡啶类 {[Cₙpy]⁺}、膦类 {[Pᵢⱼₖₗ]⁺}阳离子以及双氰基胺 {[dca]⁻}、三氟甲基磺酸 {[Tf]⁻}、三氟甲基硫酰胺 {[Tf₂N]⁻}阴离子的全原子力场。其结构和原子类型如图 2.8 所示。

他们详细考察了与氮、磷相连的烷基链对构型的影响：通过从头计算获得侧链与咪唑环、吡啶环或者磷基团的扭转能，再据此拟合出扭转参数，如图 2.9 所示。其原子电荷也基于从头计算，采用 CHelpG 方法获得。

他们还通过模拟的密度以及晶体结构与实验值进行比较来验证力场的正确性。液体密度的模拟结果及实验值如表 2.6 所示，可见咪唑类、吡啶类、膦类的误差在 3% 以内，通过进一步调整参数有望获得更好的结果，但他们认为调整幅度有限。三氟甲基磺酸 {[Tf]⁻}、三氟甲基硫酰胺 {[Tf₂N]⁻}类的误差稍大，为 3%~4%。他们认为这个误差范围对该类离子液体的模拟结果属于合理范围之内。

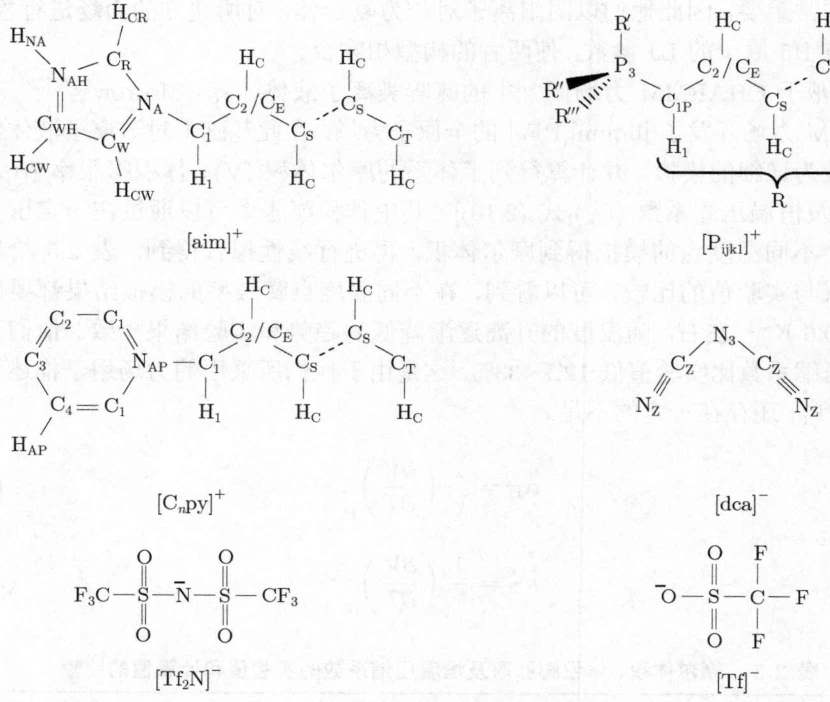

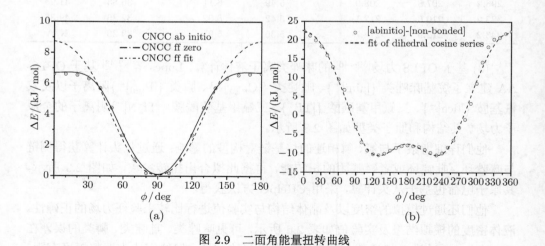

图 2.8　离子液体原子类型和结构示意图

图 2.9　二面角能量扭转曲线

(a) N- 烷基吡啶中 N_{AP}-C_1 键相关二面角；(b) 三氟甲基硫酰胺阴离子中 S—N—S—C 二面角

(4) 基于 GROMOS 力场的咪唑类离子液体计算。Micaelo 等[14] 首次基于 GRO-

MOS 力场建立了 [bmim][PF$_6$] 以及 [bmim][NO$_3$] 的联合原子力场。他们计算了上述两类离子液体在 298~363 K 范围内的多个温度点的密度、自扩散系数、黏度、绝热压缩率等，并与实验值进行比较用以验证力场。其模拟实验结果分别见表 2.7、表 2.8。联合原子力场在计算时间方面有着很大的优势，另外，由于 GROMOS 力场是基于生物分子的力场，因此他们认为该力场在计算非均相体系，比如液体混合物或蛋白质溶剂相关体系中可以发挥较为重要的作用。

表 2.6　各类离子液体密度的实验值与模拟值比较结果

离子液体	T/K	ρ_{exp}/(kg/L)	ρ_{sim}/(kg/L)	$\Delta\rho$/%
[bmim][Tf$_2$N]	300	1.44[39,40]	1.48	3.1
	343	1.40[40]	1.45	3.6
[emim][Tf$_2$N]	300	1.52[39,40]	1.57	3.3
	343	1.48[40]	1.54	4.1
[mmim]Tf$_2$N]	300	1.57[40]	1.63	3.9
	343	1.52[40]	1.59	4.6
[pmpy][Tf$_2$N]	300	1.45[41]	1.46	0.8
[emim][Tf]	300	1.38[42]	1.43	3.5
[mim][Cl]	353	9.977/(mol/dm^3)	10.20/(mol/dm^3)	+1.2
[C$_4$py][BF$_4$]	293	5.416/(mol/dm^3)	5.31/(mol/dm^3)	−1.9
	313	5.394/(mol/dm^3)	5.26/(mol/dm^3)	−2.5
[C$_4$mim][dca]	297	5.16/(mol/dm^3)	5.144/(mol/dm^3)	−0.3
[P$_{666\,14}$][Cl]	298	1.69/(mol/dm^3)	1.677/(mol/dm^3)	−0.8
[P$_{666\,14}$][Br]	298	1.38[42]/(mol/dm^3)	1.43/(mol/dm^3)	−2.2

表 2.7　[bmim][PF$_6$]的实验性质和模拟结果比较

T/K	ρ/(g/cm^3)			η/cP			$D/(10^8 cm^2/s)$			
							阳离子		阴离子	
	模拟值	文献值[20]	文献值[24]	模拟值	文献值[20]	文献值[24]	模拟值	文献值[20]	模拟值	文献值[20]
293.15		1.3753	1.3727		369.7	371		5.3		3.8
298.15	1.3576	1.3709		245.9	258.7		5	7.2	2	5.2
303.15	1.3530	1.3666	1.3626	181.8	187.5	204	11	9.6	5	7.0
313.15	1.3465	1.3579	1.3565	102.6	107.3	125	12	15.9	6	12.0
323.15	1.3343		1.3473	61.8	67.3	82.0	22	24.9	12	19.0
333.15	1.3257		1.3359	41.5	45.3	55.1	30	36.7	18	28.5
343.15	1.3153		1.3285	33.3	32.3	37.8	46	51.8	26	41.0
353.15	1.3042		1.3225	24.5	24.0	25.3	67	70.5	47	56.6
363.15	1.2966		1.3126	13.7		19.5	75	93.0	50	75.8

表 2.8   [bmim][NO₃]的实验性质和模拟结果比较

T/K	ρ/(g/cm³)		η/cP		D/(10⁻⁸cm²/s)	
					阳离子	阴离子
	模拟值	文献值[24]	模拟值	文献值[24]	模拟值	模拟值
293.15		1.1574		266.0		
298.15	1.1603		177.0		5	3
303.15	1.1545	1.1497	135.4	144.0	7	5
313.15	1.1499	1.1435	63.3	85.0	10	7
323.15	1.1416	1.1372	60.5	54.1	20	19
333.15	1.1328	1.1309	33.8	36.9	28	24
343.15	1.1263	1.1239	23.0	25.9	42	45
353.15	1.1190	1.1167	19.5	18.9	64	61
363.15	1.1124	1.1120	13.4	14.6	83	80

2) 其他种类离子液体的力场构建及检验

(1) 胍类离子液体。胍类离子液体具有较高的热力学稳定性，被广泛用做相转移剂。Liu 等[17] 在 Amber 力场的基础上建立了 6 类胍类离子液体 (共 11 种) 的分子力学力场，其中阳离子的结构及原子类型如图 2.10 所示，其阴离子为 NO₃⁻。在 298 K，101.325 kPa 条件下模拟得到的密度与实验结果基本吻合，验证了力场的准确性，具体数据见表 2.9。但是由于实验值非常少，模拟数据大多是预测性的。

表 2.9   胍类离子液体密度

离子液体	T_m/T_g[47] /℃	T_d[47] /℃	ρ^{exp} a,b /(g/cm³)	ρ^{cal} a,b /(g/cm³)	ρ^{MD} b /(g/cm³)	ρ^{MD} /(g/cm³)
ANO₃	7	246	1.23	1.20	1.13	1.05 c
A2NO₃	31	272				1.07 c
A3NO₃	128	316				1.14 c
BNO₃	—	128	1.24	1.26	1.19	1.18 d
B2NO₃	3	130	1.34	1.32	1.27	1.25 d
CNO₃	6	292	1.31	1.19	1.13	1.05 c
C2NO₃	57	308				1.07 c
DNO₃	—	127				1.18 d
ENO₃	65	238				1.15 c
FNO₃	69	211				1.14 e
F2NO₃	74	229				1.25 e

a 文献中的实验数据[47] 及计算结果；b 298 K，c 450 K，d 320 K，e 420 K 下的模拟密度。

(2) 氨基酸类离子液体。Zhou 等[48] 在 Amber 力场的基础上，添加了磷原子相关参数，并对其他参数做了相应的优化，建立了四丁基膦类阳离子以及 14 种氨基酸阴离子的全原子力场。这 14 种氨基酸阴离子分别是甘氨酸 {[Gly]⁻}、L-丙氨酸

{[Ala]⁻}、L-β-丙氨酸 {[β-Ala]⁻}、L-丝氨酸 {[Ser]⁻}、L-赖氨酸 {[Lys]⁻}、L-亮氨酸 {[Leu]⁻}、L-异亮氨酸 {[Ile]⁻}、L-苯丙氨酸 {[Phe]⁻}、L-脯氨酸 {[Pro]⁻}、L-蛋氨酸 {[Met]⁻}、L-天门冬氨酸 {[Asp]⁻}、L-谷氨酸 {[Glu]⁻}、谷酰胺 {[Gln]⁻}和 L-牛磺酸 {[Tau]⁻}。图 2.11 给出了四丁基膦和其中四种典型阴离子的结构以及原子类型。对以上 14 种氨基酸膦类离子液体分别在两个温度点下进行了分子动力学模拟。

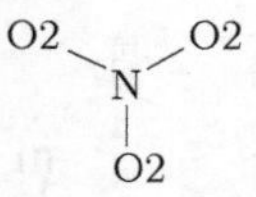

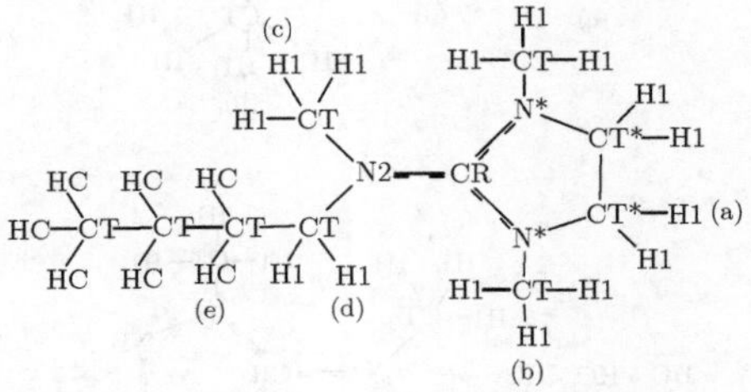

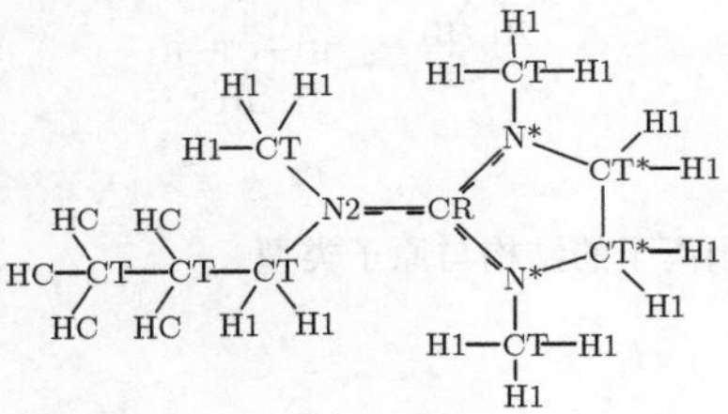

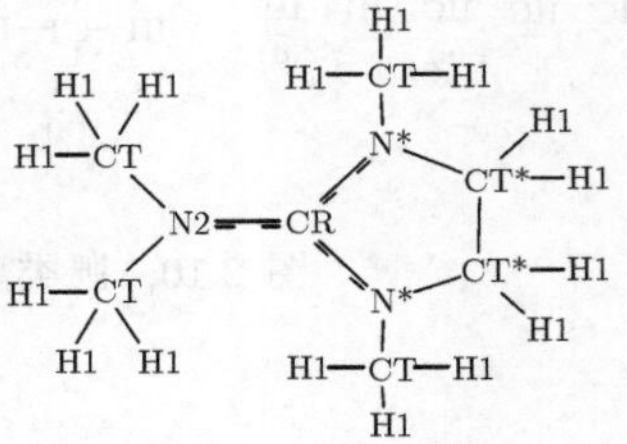

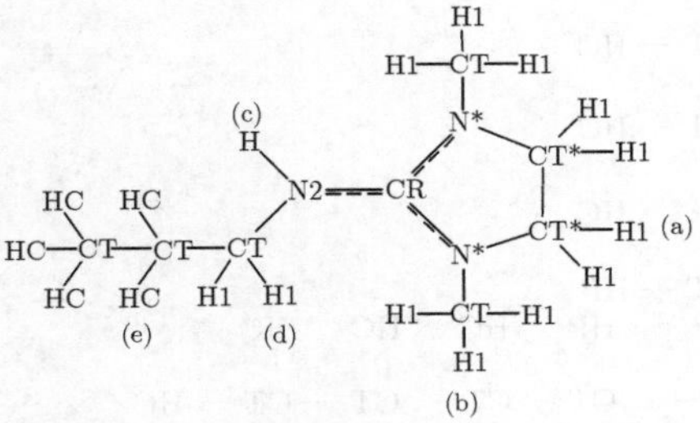

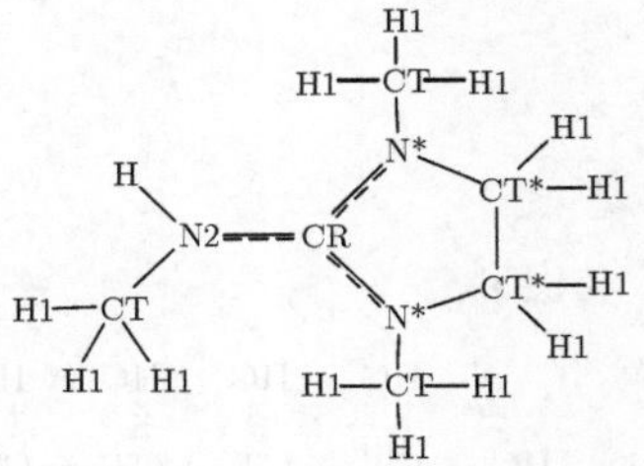

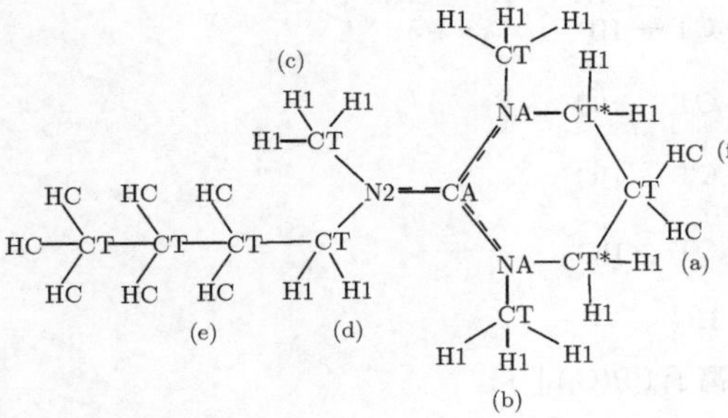

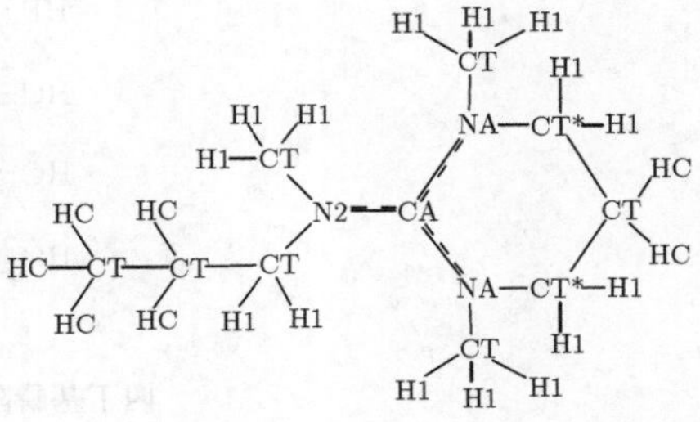

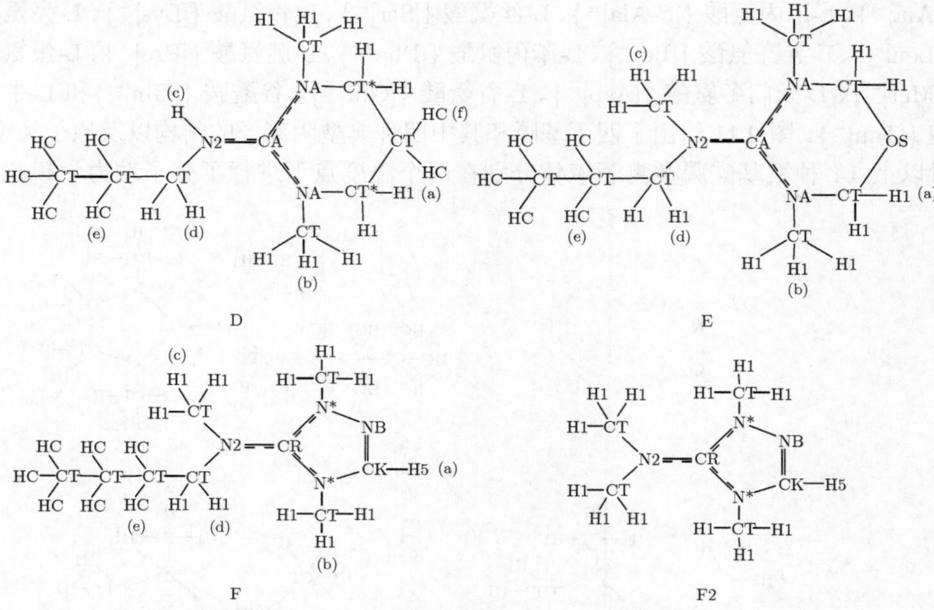

图 2.10 胍类离子液体阴阳离子的结构与原子类型

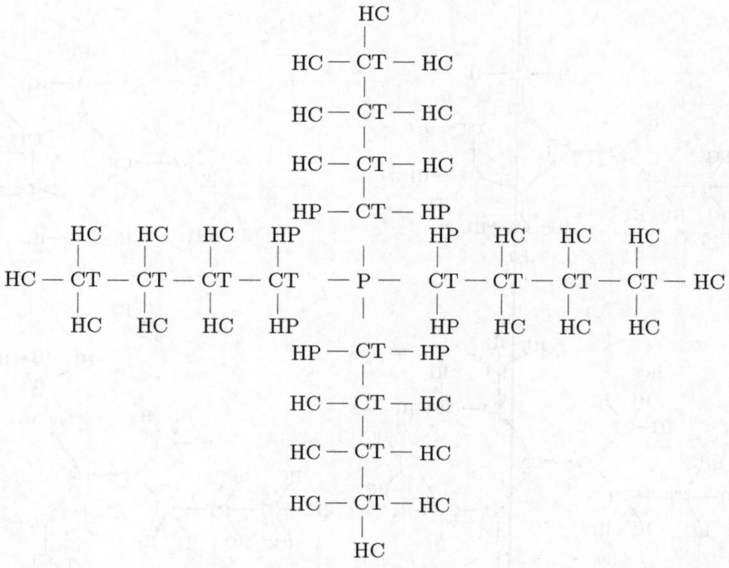

四丁基膦阳离子 ([P(C$_4$)$_4$]$^+$)

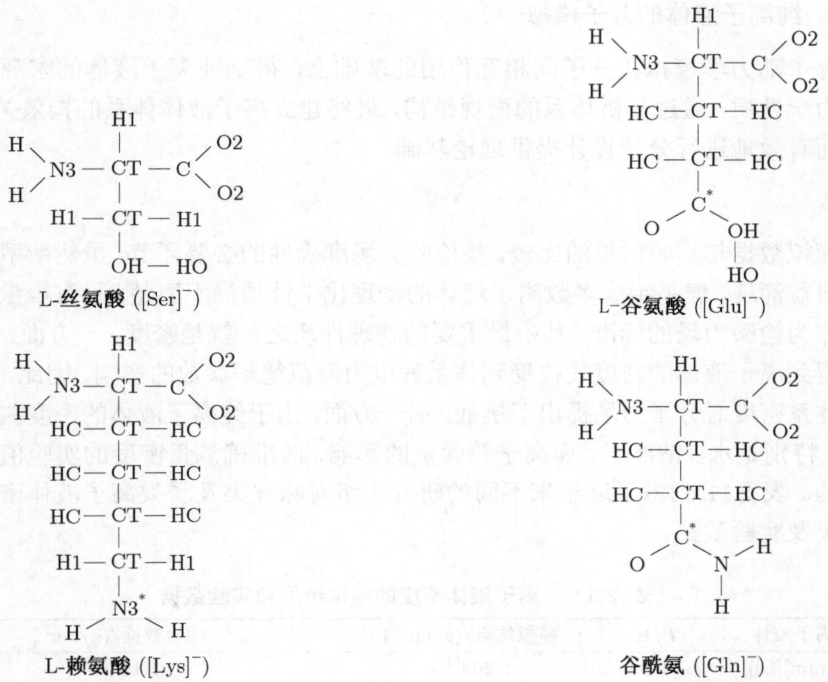

L-丝氨酸 ([Ser]⁻)

L-谷氨酸 ([Glu]⁻)

L-赖氨酸 ([Lys]⁻)

谷酰氨 ([Gln]⁻)

图 2.11　四丁基膦阳离子和四种典型阴离子的结构与原子类型

模拟得到的密度与实验结果吻合非常好，模拟的热容数据也在合理范围内，如表 2.10 所示，从而验证了力场的正确性。

表 2.10　密度和热容的模拟结果与实验值的比较

离子液体	$\rho_{sim}/(g/cm^3)$		$\rho_{exptl}/(g/cm^3)$	$\Delta\rho\%$	$C_{psim}/[J/(g\cdot K)]$	$C_{pexptl}/[J/(g\cdot K)]$
	321.85K	298.15K	298.15K	298.15K	310K	310K
$[P(C_4)_4][Gly]$	0.944	0.954	0.9630	−0.9	2.525	2.1422
$[P(C_4)_4][Ala]$	0.929	0.942	0.9500	−0.8	2.587	2.4582
$[P(C_4)_4][\beta\text{-Ala}]$	0.937	0.954	0.9590	−0.5	2.665	2.4577
$[P(C_4)_4][Leu]$	0.911	0.924	0.9269	−0.3	2.564	2.3591
$[P(C_4)_4][Ile]$	0.913	0.927	0.9296	−0.3	2.515	2.3186
$[P(C_4)_4][Ser]$	0.978	0.993	0.9910	0.2	2.468	2.3599
$[P(C_4)_4][Lys]$	0.950	0.962	0.9730	−1.1	2.634	1.8434
$[P(C_4)_4][Asp]$	1.013	1.028	1.0173	1.1	2.452	/
$[P(C_4)_4][Glu]$	1.007	1.018	1.0121	0.6	2.405	2.2223
$[P(C_4)_4][Gln]$	0.991	1.003	1.0519	−4.6	2.413	2.1748
$[P(C_4)_4][Pro]$	0.948	0.963	0.9828	−2.0	2.493	2.2336
$[P(C_4)_4][Phe]$	0.967	0.980	0.9524	2.9	2.415	2.6112
$[P(C_4)_4][Met]$	0.968	0.984	0.9868	−0.3	2.476	2.4424
$[P(C_4)_4][Tau]$	1.021	1.037	1.0199	1.7	2.466	2.2403

2.2.2　纯离子液体的分子模拟

分子动力学模拟在分子间相互作用的基础上，得到纯离子液体的宏观动力学及热力学性质，通过分析体系的微观结构，最终建立离子液体体系的构效关系，为合理而有效地进行分子设计提供理论基础。

1. 密度

模拟数据与实验结果的比较，是检验力场准确性的必要环节，虽然新型的离子液体日益涌现，但是绝大多数离子液体的物理化学性质尚不清楚，只有少量的数据可以作为检验力场的标准，其中最重要的物理性质之一就是密度。一方面，由分子模拟得到离子液体的密度往往受到体系静电力及范德华参数的影响，因此，准确的预测体系密度对分子力场提出了挑战。另一方面，由于纯离子液体的密度测量受其纯度，特别是水、钠离子、卤离子等含量的影响，故准确测量密度的实验值是比较困难的。表 2.11 列出了近年来不同的研究小组对咪唑类及膦类离子液体密度的模拟结果及实验数据。

表 2.11　离子液体密度的模拟结果和实验数据

离子液体	T/K	模拟结果/(g/cm^3)	实验数据/(g/cm^3)
[mim][Cl]	353	1.209[43]	1.183[49]
[mmim][Cl]	423	1.150[18], 1.06[47]	1.138[50]
[mmim][Tf$_2$N]	300	1.63[42]	1.57[51]
[emim][BF$_4$]	298	1.284[18], 1.255[21]	1.279[52], 1.28[53,54]
[emim][AlCl$_4$]	298	1.316[21]	1.302[21]
[emim][Tf$_2$N]	300	1.57[42],	1.52[51,55], 1.518[52], 1.51[56], 1.519[57]
[emim][Tf]	300	1.43[42]	1.38[58]
[bmim][PF$_6$]	298	1.326[38], 1.350[18], 1.358[59], 1.337[39], 1.368[33], 1.33[29]	1.360[60], 1.32[61]
[bmim][BF$_4$]	298	1.194[18], 1.174[21]	1.211[62], 1.21[53,54], 1.26[63], 1.12[64]
[bmim][AlCl$_4$]	298	1.229[21]	1.238[21]
[bmim][CF$_3$COO]	293	1.233[36]	1.210[65], 1.209[66]
[bmim][C$_3$F$_7$COO]	293	1.360[36]	1.330[65], 1.333[67]
[bmim][Tf]	293	1.350[36]	1.290[65,66], 1.2908[67]
[bmim][C$_4$F$_9$SO$_3$]	293	1.489[36]	1.470[65]
[bmim][Tf$_2$N]	300	1.48[36]	1.44[51,55]
[bmim][dca]	297	0.994[43]	0.997[68]
[bmmim][PF$_6$]	298	1.282[38]	1.236[38]
[pmpy][Tf$_2$N]	300	1.46[42]	1.45[69]
[C$_4$py][BF$_4$]	313	1.247[43]	1.279[70]
[P$_{6,6,6,14}$][Cl]	298	0.871[43]	0.878[43]
[P$_{6,6,6,14}$][Br]	298	0.938[43]	0.958[43]

2. 蒸发焓和内聚能密度

离子液体的另一个重要性质是液体的相变能量，但由于离子液体大多几乎不可挥发，直接测定其蒸发焓是困难的，因此目前大部分的模拟都是预测性的。其蒸发焓 (ΔH_{vap}) 和内聚能密度 (c) 的定义如式 (2.11)、式 (2.12) 所示：

$$\Delta H_{\mathrm{vap}} = \Delta U_{\mathrm{vap}} + RT \tag{2.11}$$

$$c = \Delta U_{\mathrm{vap}} / V_m \tag{2.12}$$

式中，ΔU_{vap} 为相变引起的势能变化，等于 $U_{\mathrm{vap}} - U_{\mathrm{liq}}$；$V_m$ 为液相摩尔体积。当假设离子液体在气相中以离子对存在，而且在气液相中的构型变化可以忽略时，经过式 (2.13) 的热力学循环可以导出 $\Delta U_{\mathrm{vap}} = -U_{\mathrm{int}} + U_{\mathrm{ionpair}}$，其中，$U_{\mathrm{int}}$ 为液相中的分子间相互作用能；U_{ionpair} 为离子对中的阴阳离子作用能。

$$\begin{array}{ccc} CA(liq) & \xrightarrow{\ \Delta U_{vap}\ } & CA(vap) \\ \downarrow{\scriptstyle \Delta U_1} & & \downarrow{\scriptstyle \Delta U_3} \\ C^+(ig)+A^-(ig) & \xrightarrow{\ \Delta U_2\ } & CA(ig) \end{array} \tag{2.13}$$

Liu 等[18] 研究了咪唑类离子液体 {包括 [mmim][PF$_6$]、[bmim][PF$_6$]、[emim][BF$_4$]、[bmim][BF$_4$] 及 [mmim][Cl]}在不同的温度下的蒸发焓和内聚能密度，如表 2.12 所示。从表中可以看出咪唑离子液体的蒸发焓要比常规有机分子溶剂大许多，基本上都在 100 kJ/mol 以上，而常规有机分子溶剂，如丙酮、甲苯和正丁醇的蒸发焓分别只有 29.1 kJ/mol、33.2 kJ/mol 和 43.3 kJ/mol；另外，咪唑离子液体也拥有很高的内聚能密度。通过分析蒸发焓和内聚能可以看出离子液体是一种能量密度极高的体系，因此离子液体具有几乎不可测量的蒸气压。

表 2.12　分子动力学模拟获得咪唑离子液体的热力学性质

离子液体	T/K	$U_{\mathrm{int}}/(\mathrm{kJ/mol})$	$H_{\mathrm{vap}}/(\mathrm{kJ/mol})$	$V_m/(\mathrm{cm^3/mol})$	$c/(\mathrm{J/cm})$
[mmim][PF$_6$]	400	−488.4	165.6	165.9	978.1
[bmim][PF$_6$]	298	−493.8	172.0	210.5	805.5
[bmim][PF$_6$]	313	−492.4	170.7	212.4	791.6
[bmim][PF$_6$]	333	−488.9	167.4	215.6	763.6
[emim][BF$_4$]	298	−509.6	161.3	154.2	1030
[emim][BF$_4$]	313	−507.0	158.9	156.3	1000
[bmim][BF$_4$]	298	−506.8	161.8	190.0	838.3
[mmim][Cl]	423	−553.4	187.1	115.3	1593

3. 扩散性质

离子液体从实验室设计合成到大规模的工业应用最重要的瓶颈问题就是离子液体高黏度所带来的传质、传热、动量传递问题，因此研究体系的扩散性质具有重要的理论指导意义。自扩散系数是随时间变化的性质，在动力学模拟中自扩散系数可以通过拟和随时间变化的均方根位移得到。由于大多数离子液体的黏度高、运动慢，因此为了准确的模拟预测体系的扩散性质，必然要求更长的计算时间。一方面，受到计算机能力的限制，对于离子液体体系，目前的计算时间仅为纳秒级别；另一方面，黏度的预测公式大多是经验公式，因此，离子液体的扩散性质预测尚需进一步完善。

自扩散系数通常采用爱因斯坦关系式 (2.14) 来计算[33]：

$$D = \frac{1}{6} \lim_{t \to \infty} \frac{\mathrm{d}}{\mathrm{d}t} \langle \Delta r(t)^2 \rangle \tag{2.14}$$

式中，$\Delta r(t)^2$ 为离子质心的均方位移；尖括号 "$\langle \ \rangle$" 为系综平均。

黏度和自扩散系数存在一定的关系，可以用 Stokes-Einstein 关联式 (2.15) 来求取[33]：

$$\eta_i D_i = \eta_j D_j \tag{2.15}$$

式中，η_i、η_j、D_i 和 D_j 分别为一定温度下两种液体 i 和 j 的黏度及自扩散系数。一般以水的黏度和电导率为参照，分别为 2.30×10^{-9} m²/s 及 0.9 mPa·s[71]。

Morrow 等[33] 基于 CHARMM 力场开发了 [bmim][PF₆] 的全原子力场，在此基础上通过拟合 200~1000 ps 之间阴阳离子的均方根位移曲线，如图 2.12 所示，得到了阴阳离子的自扩散系数等性质。他们预测的离子液体阴阳离子的自扩散系数分别是 9.70×10^{-12} m²/s 和 8.82×10^{-12} m²/s，其预测黏度是实验值[20] 的十分之一

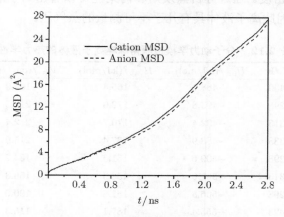

图 2.12　均方根位移随时间变化

左右, 这与 de Andrade 等预测的结果相似。近年来, 离子液体扩散性质的研究逐渐增多, 为便于比较, 表 2.13 只列出了 [bmim][NO$_3$] 和 [bmim][PF$_6$] 两种咪唑类离子液体系列的自扩散系数和黏度的模拟结果[14] 及实验数据[72,73]。

表 2.13　离子液体自扩散系数和黏度的模拟结果及实验数据

| 离子液体 | T/K | D/(10^{-8} cm^2/s) | | η/cP | | |
		阳离子[14]	阴离子[14]	模拟值[14]	实验值[72]	实验值[73]
	298.15	5	2	245.9	207.00±11.12	261.38
	303.15	11	5	181.8	152.67±0.82	189.25
	313.15	12	6	102.6	94.32±0.29	108.17
[bmim][PF$_6$]	323.15	22	12	61.8	58.02±1.42	67.77
	333.15	30	18	41.5	40.40±0.89	45.57
	343.15	46	26	33.3	28.53±0.81	32.41
	353.15	67	47	24.5		24.10
	363.15	75	50	13.7		18.59
	298.15	5	3	177.0		
	303.15	7	5	135.4		
	313.15	10	7	63.3		
[bmim][NO$_3$]	323.15	20	19	60.5		
	333.15	28	24	33.8		
	343.15	42	45	23.0		
	353.15	64	61	19.5		
	363.15	83	80	13.4		

Liu 等[17] 通过拟合离子液体的均方根位移, 得到了 11 种环状胍类离子液体的扩散性质, 包括自扩散系数、黏度及电导率, 如表 2.14 所示。结果表明, 胍类离

表 2.14　胍类离子液体的动力学性质

离子液体	D_{cation} /(10^{-11}m^2/s)	D_{anion} /(10^{-11}m^2/s)	D_{IL} /(10^{-11}m^2/s)	η_{IL} /cP	Λ_{IL} /(10^{-4} S·m^2/mol)	κ_{IL} /(S/m)
ANO$_3$	6.18	7.24	6.71	30.85	5.03	2.14
A2NO$_3$	8.55	7.30	7.93	26.10	5.94	2.75
A3NO$_3$	4.77	4.72	4.75	43.58	3.56	1.99
BNO$_3$	0.40	0.41	0.40	517.50	0.30	0.16
B2NO$_3$	0.21	0.21	0.21	985.71	0.16	0.10
CNO$_3$	6.25	6.45	6.35	32.60	4.76	1.92
C2NO$_3$	3.92	3.84	3.88	53.35	2.91	1.27
DNO$_3$	0.18	0.17	0.17	1217.65	0.13	0.06
ENO$_3$	4.42	3.03	3.72	55.65	2.79	1.29
FNO$_3$	1.21	0.95	1.08	191.67	0.81	0.37
F2NO$_3$	0.59	0.72	0.66	316.03	0.49	0.30

子液体相对于普通溶剂扩散很慢；通过系统的比较，发现 B、D 及 F 系列的黏度较高；同一个系列的离子液体比较发现，随着烷基侧链的增长，离子液体的运动性增强。

4. 径向分布函数

为了用数学语言描述由分子模拟得到的体系微观结构信息，还需要定义各种分布函数，采用最多的就是径向分布函数 (radial distribution functions，RDF) $g(r)$，该函数用来描述在距离中心原子特定距离发现某一原子的概率。径向分布函数可以分为很多种，质心径向分布函数 (center of mass RDF，COM-RDF) 及点点径向分布函数 (site to site RDF，SS–RDF) 通常是研究的重点。质心径向分布函数表示一种离子在另一种离子周围的分布，点点径向分布函数则表示一种原子在另一种原子周围的分布。阴阳离子之间的微观结构也可以通过第一溶剂化层的配位数 N 来表示，它表示在一个中心位/原子周围半径为 r 的球形空间内另一个点位/原子的个数。具体的方法是对 RDF 从零到第一个极小点进行积分，如式 (2.16) 所示：

$$N = 4\pi \int_0^{R_{\min 1}} \rho g(r) r^2 \mathrm{d}r \tag{2.16}$$

Liu 等[17] 为了研究胍类离子液体的构效关系，对 11 余种离子液体的微观结构进行了探索，研究了体系的质心径向分布函数 (图 2.13) 及点点径向分布函数 (图 2.14)。从图 2.14 中可以看到，同一类型的离子液体的点点径向分布函数大体相当，表明同类离子液体的作用位点及作用方式基本一致，仅作用强弱有差别。通过研究 H—O 的点点径向分布函数 (图 2.14) 发现，体系中存在氢键相互作用，其中 B、D 及 F 系列的氢键作用最强，由于氢键的存在在很大程度上限制了离子液体的自由运动，阴阳离子之间氢键作用越强，其扩散越慢，黏度越高，所以 B、D 及 F 系列呈现了高黏度的特点。通过积分离子液体的质心径向分布函数，发现阴阳离子并不是完全自由散乱的排布，而是呈现了溶剂化层的结构，每个阳离子周围存在 5~7 个阴离子。

Zhou 等[48] 对 14 种四丁基鏻类离子液体的微观结构也做了相应研究，包括阴阳离子间的质心径向分布函数 (图 2.15) 及氢氧原子间的点点径向分布函数 (图 2.16)。由图 2.16 可知，阴阳离子间都是通过氨基酸上的 O2(与 α- 碳相连的羧酸根上的氧原子，见图 2.11) 和四丁基鏻上的 HP(与磷原子直接相连的亚甲基上的氢原子，见图 2.11) 之间形成氢键的方式结合在一起。

另外，Zhou 等[48] 通过分析发现部分阴离子上羟基、酰氨基和羧基上的 H(图 2.11) 与羧酸根上的 O2 或羧基及酰氨基上的 O(原子类型，见图 2.11) 有着较强的氢键作用，如图 2.17 所示，作用强度由强到弱依次为氨基 (非 α- 碳上连接的氨基)> 羟基 > 酰氨基 > 羧基。通过关联得到了氢键的数量和体系的宏观动力学性

质 (黏度、电导) 之间的关系，见表 2.15 和图 2.18。这为离子液体的结构设计提供了依据。

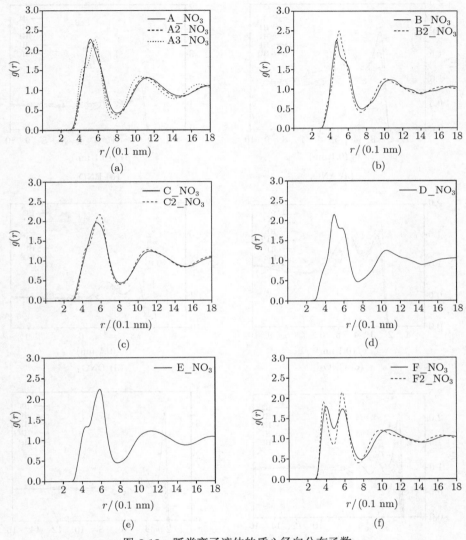

图 2.13　胍类离子液体的质心径向分布函数

5. 空间分布函数

径向分布函数是基于某中心点的球形壳层进行统计，这样非球形分子在空间分布的角度相关就无法从 RDF 中反映出来。对于较简单的非球形分子 (如氮气、水及二氧化碳) 可以通过角度分布函数描述其空间分布，对于离子液体这样复杂的多原子分子, 可以采用空间分布函数 (space distribution functions, SDF) 对其微观结构进行直观描述, 可以利用的可视化软件为 gOpenMol[74]。

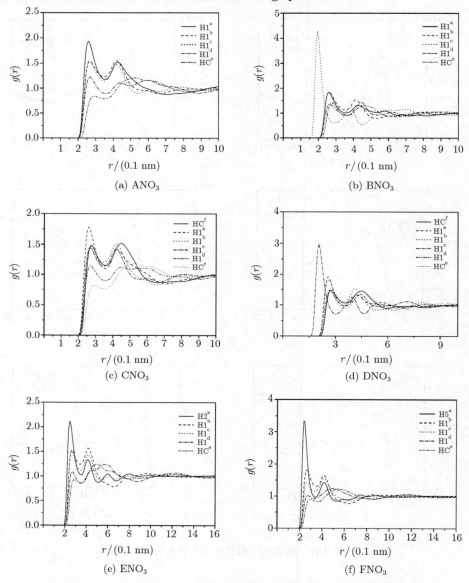

图 2.14　胍类离子液体点点径向分布函数 (结构参见图 2.10 所示)

Liu 等[18] 对咪唑类离子液体的微观结构做了细致的研究, 图 2.19 代表 [bmim][PF6] 的空间分布函数。图中的灰色及黑色区域基本都位于第一溶剂化层内, 直观的反映了阴离子在该层中可能的分布情况。对于图 2.19(a)，黑色和灰色分别代表 20 倍及 6 倍的平均密度分布，对于图 2.19(b)，黑色和灰色分别代表 3 倍和 2 倍的分布状况。

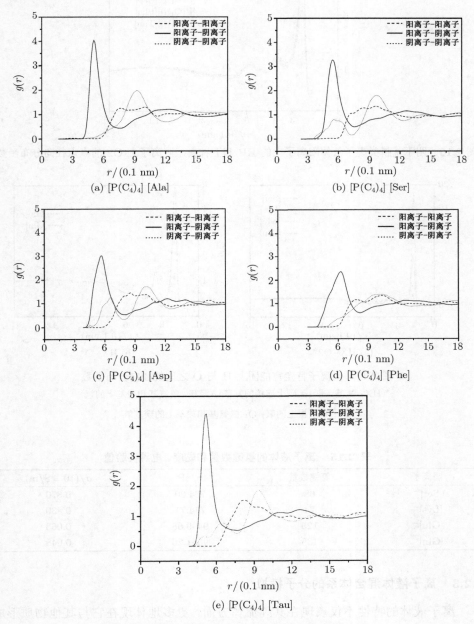

图 2.15　四丁基鏻类离子液体的质心径向分布函数

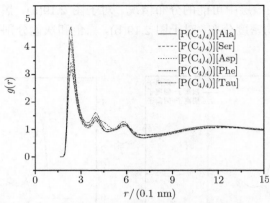

图 2.16　四丁基膦类离子液体阳离子上的 HP 和五种典型阴离子上 O2 的点点径向分布函数

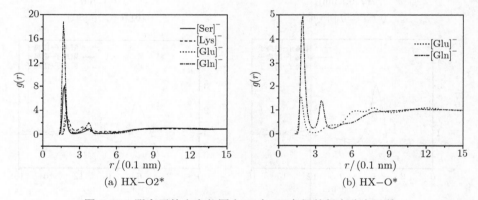

图 2.17　阴离子特定官能团上 H 与 O 之间的径向分布函数

* HX：氨基 (非 α- 碳上连接的氨基)、羟基、酰氨基和羧基上的氢

O2：羧酸根上的氧；O：酰氨基和羧基上的羰基氧

表 2.15　离子液体的氢键数量和黏度、电导实验值

阴离子	氢键数量	η/cP	$\sigma/(10^{-4}\mathrm{S/m})$
$[\mathrm{Ser}]^-$	68	734.20	0.870
$[\mathrm{Lys}]^-$	74	744.71	0.830
$[\mathrm{Glu}]^-$	125	9499.68	0.063
$[\mathrm{Gln}]^-$	135	9561.26	0.048

2.2.3　离子液体混合体系的分子模拟

离子液体的特性不仅表现在其纯流体方面，更多地体现在它与其他物质形成的混合物上，而且在实际应用中涉及的也多是离子液体的混合体系。因此利用分子

动力学研究离子液体混合体系有着重要的科学和工程意义。目前分子动力学研究离子液体的体系主要集中在离子液体与金属离子、水及小分子有机物的混合物上。

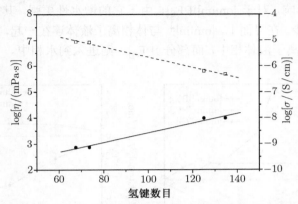

图 2.18　电导 (方形) 和黏度 (圆点) 实验值与氢键数量的关系

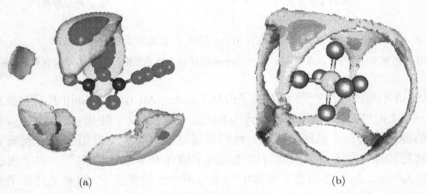

(a)　　　　　　　　　　　　　　　　　　　(b)

图 2.19　[bmim][PF$_6$] 的空间分布函数

(a) [bmim]$^+$ 周围 [PF$_6$]$^-$ 的分布；(b) [PF$_6$]$^-$ 周围 [bmim]$^+$ 的分布

Hanke 等[10] 为了研究水含量对 1,3- 二烷基咪唑离子液体微观性质的影响，对 [dmim][PF$_6$]、[dmim][Cl] 与水的混合物进行了动力学模拟，并对这两种不同离子液体与水的混合性质进行了比较。从超额体积和超额焓中不难发现 [dmim][PF$_6$] 的疏水性要比 [dmim][Cl] 强，然而它们在微观结构方面的差别却很小。研究发现，当离子液体的物质的量多于水分子时，水分子处于一种相互隔离的状态；而当水的比例逐渐增加到 75% 时，可以观测到水分子形成了一种类似网状的结构，如图 2.20 所示。

Chaumont 等[24] 研究了两类与水不相容的离子液体 [bmim][PF$_6$] 及 [omim][PF$_6$] 与水形成相界面的特征 (彩图 2)。他们认为模拟纯离子液体的原子电荷用于模拟离子液体/水体系时偏大, 所以文中对原子电荷采用了 0.9 的系数, 得到的结果与实验值符合较好。对比两类离子液体, 发现烷基侧链的长度对混合程度以及界面性质存在一定的影响, 对于 [omim][PF$_6$], 由于它的憎水性更强, 其体相中的水要比 [bmim][PF$_6$] 中少。在界面上, [omim]$^+$ 与体相离子液体连在一起, 咪唑环一端指向水相, 烷基留在离子液体相中, 而部分 [PF$_6$]$^-$ 则进入到水相中。

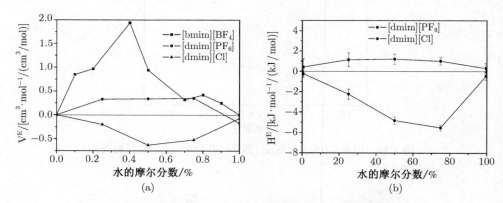

图 2.20　[dmim][PF$_6$]、[dmim][Cl] 与水的混合物的超额性质

(a) 超额摩尔体积与含水量关系图, 其中 [bmim][BF$_4$] 为实验数据; (b) 超额焓与含水量关系图

Wipff 小组[29~31,75~77] 还对离子液体 {[emim][AlCl$_4$]、[bmim][PF$_6$]} 与金属离子 (如 Sr^{2+}、Eu^{3+})、配合离子 [如 UO$_2^{2+}$、LaCl$_n^{(n-3)-}$] 以及中性盐 (如 UO$_2$Cl$_2$、LaCl$_3$) 组成的混合物进行了系统的研究。他们发现这些离子和中性组分溶解到离子液体中能够更加稳定的存在, 因此可以使用离子液体来萃取它们[29,75]。由于离子液体比较容易吸水, 他们还对离子液体中含水与不含水的情况下, 溶解上述离子的效果进行了比较, 结果发现水会与金属离子发生配位作用而增加离子液体对金属离子液体的溶解性[31,77], 如彩图 3 所示。

2.2.4　发展方向及展望

借助分子动力学模拟方法能够获得离子液体的微观信息 (包括分子运动的详细信息) 以及极端条件下离子液体的行为, 很多都是通过实验无法直接测定的。这些微观信息极大地增强了人们对于离子液体在分子水平上的认识, 从而指导人们更加理性地研究离子液体。

由于离子液体的多样性, 能否根据应用需求从分子结构出发设计合适的离子液体对于这种 “绿色溶剂” 能否获得应用成效是至关重要的。虽然分子模拟在这个领域的应用尚处于初级阶段, 许多基本的问题也尚待解决, 但随着这一方法的不断成熟和推广, 尤其是离子液体普适性力场的开发, 计算软件效率的进一步提升, 再配合宏观和微观的实验技术的发展和应用，它一定能够在离子液体宏观性质的推算和预测，以至新型离子液体的分子设计中扮演更为重要的角色。可以预测，离子液体体系的分子模拟将会得到飞速的发展，成为充满机遇和挑战的重要方向。

参 考 文 献

[1] 张锁江, 吕兴梅. 离子液体 —— 从基础研究到工业应用. 北京: 科学出版社, 2006

[2] 吉青, 杨小震. 分子力场发展的新趋势. 化学通报, 2005, 2: 111~116

[3] Cornell W D, Cieplak P, Bayly C I, et al. A second force-field for the simulation of proteins, nucleic-acids, and organic-molecules. J Am Chem Soc, 1995, 117: 5179~5197

[4] MacKerell A D, Bashford D, Bellott M D R L, et al. All-atom empirical potential for molecular modeling and dynamics studies of proteins. J Phys Chem B, 1998, 102: 3586~3616

[5] Jorgensen W L, Maxwell D S, TiradoRives J. Development and testing of the OPLS all-atom force field on conformational energies and properties of organic liquids. J Am Chem Soc, 1996, 118: 11225~11236

[6] Hanke C G, Price S L, Lynden-Bell R M. Intermolecular potentials for simulations of liquid imidazolium salts. Mol Phys, 2001, 99: 801~809

[7] Lynden-Bell R M. Gas-liquid interfaces of room temperature ionic liquids. Mol Phys, 2003, 101: 2625~2633

[8] Lynden-Bell R M, Atamas N A, Vasilyuk A, et al. Chemical potentials of water and organic solutes in imidazolium ionic liquids: a simulation study. Mol Phys, 2002, 100: 3225~3229

[9] Hanke C G, Atamas N A, Lynden-Bell R M. Solvation of small molecules in imidazolium ionic liquids: a simulation study. Green Chem, 2002, 4: 107~111

[10] Hanke C G, Lynden-Bell R M. A simulation study of water-dialkylimidazolium ionic liquid mixtures. J Phys Chem B, 2003, 107: 10873~10878

[11] Hanke C G, Johansson A, Harper J B, et al. Why are aromatic compounds more soluble than aliphatic compounds in dimethylimidazolium ionic liquids? A simulation study. Chem Phys Lett, 2003, 374: 85~90

[12] Harper J B, Lynden-Bell R M. Macroscopic and microscopic properties of solutions of aromatic compounds in an ionic liquid. Mol Phys, 2004, 102: 85~94

[13] Sun H. COMPASS: an ab initio force-field optimized for condensed-phase applications overview with details on alkane and benzene compounds. J Phys Chem B, 1998, 102: 7338~7364

[14] Micaelo N M, Baptista A M, Soares C M. Parametrization of 1-butyl-3-methylimidazolium hexafluorophosphate/nitrate ionic liquid for the GROMOS force field. J Phys Chem B, 2006, 110: 14444~14451

[15] Yan T, Burnham C J, Del Pópolo M G, et al. Molecular dynamics simulation of ionic liquids: the effect of electronic polarizability. J Phys Chem B, 2004, 108: 11877~11881

[16] Yan T, Li S, Jiang W, et al. Structure of the liquid-vacuum interface of room-temperature ionic liquids: a molecular dynamics study. J Phys Chem B, 2004, 110: 1800~1806

[17] Liu X M, Zhou G H, Zhang S J, et al. Molecular simulation of guanidinium-based ionic liquids. J Phys Chem B, 2007, 111: 5658~5668

[18] Liu Z, Huang S, Wang W. A refined force field for molecular simulation of imidazolium-based ionic liquids. J Phys Chem B, 2004, 108: 12978~12989

[19] Liu X, Zhang S, Zhou G, et al. New force field for molecular simulation of guanidinium-based ionic liquids. J Phys Chem B, 2006, 110: 12062~12071

[20] de Andrade J, Böes E S, Stassen H. A force field for liquid state simulations on room temperature molten salts: 1-ethyl-3-methylimidazolium tetrachloroaluminate. J Phys Chem B, 2002, 106: 3546~3548

[21] de Andrade J, Böes E S, Stassen H. Computational study of room temperature molten salts composed by 1-alkyl-3-methylimidazolium cations-force-field proposal and validation. J Phys Chem B, 2002, 106: 13344~13351

[22] Del Popolo M G, Voth G A. On the structure and dynamics of ionic liquids. J Phys Chem B, 2004, 108: 1744~1752

[23] Sieffert N, Wipff G. Alkali cation extraction by calix[4] crown-6 to room-temperature ionic liquids. The effect of solvent anion and humidity investigated by molecular dynamics simulations. J Phys Chem A, 2006, 110: 1106~1117

[24] Chaumont A, Schurhammer R, Wipff G. Aqueous interfaces with hydrophobic room-temperature ionic liquids: a molecular dynamics study. J Phys Chem B, 2005, 109: 18964~18973

[25] Sieffert N, Wipff G. Comparing an ionic liquid to a molecular solvent in the cesium cation extraction by a calixarene: a molecular dynamics study of the aqueous interfaces. J Phys Chem B, 2006, 110: 19497~19506

[26] Salanne M, Simon C, Turq P. Molecular dynamics simulation of hydrogen fluoride mixtures with 1-ethyl-3-methylimidazolium fluoride: a simple model for the study of structural features. J Phys Chem B, 2006, 110: 3504~3510

[27] Sieffert N, Wipff G. The [bmim][Tf$_2$N] ionic liquid/water binary system: a molecular dynamics study of phase separation and of the liquid-liquid interface. J Phys Chem B, 2006, 110: 13076~13085

[28] Gaillard C, Billard I, Chaumont A, et al. Europium(III) and its halides in anhydrous room-temperature imidazolium-based ionic liquids: a combined TRES, EXAFS, and molecular dynamics study. Inorg Chem, 2005, 44: 8355~8367

[29] Chaumont A, Engler E, Wipff G. Uranyl and strontium salt solvation in room-temper-

ature ionic liquids, a molecular dynamics investigation. Inorg Chem, 2003, 42: 5348~
5356

[30] Chaumont A, Wipff G. M3+ lanthanide chloride complexes in "Neutral" room tem-
perature ionic liquids: a theoretical study. J Phys Chem B, 2004, 108: 3311~3319

[31] Chaumont A, Wipff G. Solvation of uranyl(II) and europium(III) cations and their
chloro complexes in a room-temperature ionic liquid, a theoretical study of the effect
of solvent "Humidity". Inorg Chem, 2004, 43: 5891~5901

[32] Wu X, Liu Z, Huang S, et al. Molecular dynamics simulation of room-temperature
ionic liquid mixture of [bmim][BF$_4$] and acetonitrile by a refined force field. Phys
Chem Chem Phys, 2005, 7: 2771~2779

[33] Morrow T I, Maginn E J. Molecular dynamics study of the ionic liquid 1-n-butyl-3-
methylimidazolium hexafluorophosphate. J Phys Chem B, 2002, 106: 12807~12813

[34] Cadena C, Zhao Q, Snurr R Q, et al. Molecular modeling and experimental studies of
the thermodynamic and transport properties of pyridinium-based ionic liquids. J Phys
Chem B, 2006, 110: 2821~2832

[35] Cadena C, Maginn E J. Molecular simulation study of some thermophysical and
transport properties of triazolium-based ionic liquids. J Phys Chem B, 2006, 110:
18026~18039

[36] Lee S U, Jung J, Han Y K. Molecular dynamics study of the ionic conductivity of 1-n-
butyl-3-methylimidazolium salts as ionic liquids. Chem Phys Lett, 2005, 406: 332~340

[37] Urahata S M, Ribeiro M C C. Structure of ionic liquids of 1-alkyl-3-methylimidazolium
cations: a systematic computer simulation study. J Chem Phys, 2004, 120: 1855~1863

[38] Cadena C, Anthony J L, Shah J K, et al. Why is CO$_2$ so soluble in imidazolium-based
ionic liquids? J Am Chem Soc, 2004, 126: 5300~5308

[39] Lopes J N C, Deschamps J, Pádua A A H. Modeling ionic liquids using a systematic
all-atom force field. J Phys Chem B, 2004, 108: 2038~2047

[40] Deschamps J, Costa G M F, Pádua A A H. Molecular simulation study of interactions
of carbon dioxide and water with ionic liquids. Chem Phys Chem, 2004, 5: 1049~1052

[41] Margulis C J, Stern H A, Berne B J. Computer simulation of a "Green Chemistry"
room-temperature ionic solvent. J Phys Chem B, 2002, 106: 12017~12021

[42] Lopes J N C, Pádua A A H. Molecular force field for ionic liquids composed of triflate
or bistriflylimide anions. J Phys Chem B, 2004, 108: 16893~16898

[43] Lopes J N C, Pádua A A H. Molecular force field for ionic liquids III: imidazolium,
pyridinium, and phosphonium cations; chloride, bromide, and dicyanamide anions. J
Phys Chem B, 2006, 110: 19586~19592

[44] Alavi S, Thompson D L. Simulations of the solid, liquid, and melting of 1-n-butyl-4-
amino-1,2,4-triazolium bromide. J Phys Chem B, 2005, 109: 18127~18134

[45] Shah J K, Brennecke J F. Thermodynamic properties of the ionic liquid 1-n-butyl-3-methylimidazolium hexafluorophosphate from monte Carlo simulations. Green Chem, 2002, 4: 112~118

[46] Alavi S, Thompson D L. Molecular dynamics studies of melting and some liquid-state properties of 1-ethyl-3-methylimidazolium hexafluorophosphate [Emim][PF$_6$]. J Chem Phys, 2005, 122: 54704

[47] Gao H, Han B, Li J, et al. Preparation of room-temperature ionic liquids by neutralization of 1,1,3,3-tetramethylguanidine with acids and their use as media for Mannich reaction. Syn Comm, 2004, 34: 3083~3089

[48] Zhou G, Liu X, Zhang S, et al. A force field for molecular simulation of tetrabutylphosphonium amino acid ionic liquids. J Phys Chem B, 2007, 111: 7078~7084

[49] Bradaric C J, Downard A, Kennedy C, et al. Industrial preparation of phosphonium ionic liquids. Green Chem, 2003, 5: 143~152

[50] Fannin A A, Floreani D A, King L A, et al. Properties of 1,3-dialkylimidazolium chloride-aluminum chloride ionic liquids. 2. Phase transitions, densities, electrical conductivities, and viscosities. J Phys Chem A, 1984, 88: 2614~2621

[51] Krummen M, Wasserscheid P, Gmehling J. Measurement of activity coefficients at infinite dilution in ionic liquids using the dilutor technique. J Chem Eng Data, 2002, 47: 1411~1417

[52] Noda A, Hayamizu K, Watanabe M. Pulsed-gradient Spin-echo ^{1}H and ^{19}F NMR ionic diffusion coefficient, viscosity, and ionic conductivity of non-chloroaluminate room-temperature ionic liquids. J Phys Chem B, 2001, 105: 4603~4610

[53] Nishida T, Tashiro Y, Yamamoto M. Physical and electrochemical properties of 1-alkyl-3-methylimidazolium tetrafluoroborate for electrolyte. J Fluorine Chem, 2003, 120: 135~141

[54] Zhou Z B, Matsumoto H, Tatsumi K. Low-melting, low-viscous, hydrophobic ionic liquids: 1-alkyl (alkyl ether) -3-methylimidazolium perfluoroalkyltrifluoroborate. Chem Eur J, 2004, 10: 6581~6591

[55] Hyun B R, Dzyuba S V, Bartsch R A, et al. Intermolecular dynamics of room-temperature ionic liquids: femtosecond optical Kerr effect measurements on 1-alkyl-3-methylimidazolium bis [(trifluoromethyl)sulfonyl] imides. J Phys Chem A, 2002, 106: 7579~7585

[56] Matsumoto H, Yanagida M, Tanimoto K, et al. Highly conductive room temperature molten salts based on small trimethylalkylammonium cations and bis(trifluoromethyl-sulfonyl)imide. Chem Lett, 2000, 8: 922, 923

[57] Dzyuba S V, Bartsch R A. Influence of structural variations in 1-alkyl(aralkyl)-3-methylimidazolium hexafluorophosphates and bis (trifluoromethylsulfonyl) imides on physical properties of the ionic liquids. Chem Phys Chem, 2002, 3: 161~166

[58] Cooper E I, O'Sullivan J M. 8th international symposium on ionic liquids. Pennington, N J: The Electrochemical Society Proceedings Series, 1992

[59] Muzart J. Ionic liquids as solvents for catalyzed oxidations of organic compounds. Adv Syn Catal, 2006, 348: 275~295

[60] Gu Z, Brennecke J F. Volume expansivities and isothermal compressibilities of imidazolium and pyridinium-based ionic liquids. J Chem Eng Data, 2002, 47: 339~345

[61] Fortunato R, Afonso C A M, Reis M A M, et al. Supported liquid membranes using ionic liquids: study of stability and transport mechanisms. J Mem Sci, 2004, 242: 197~209

[62] Wang J J, Tian Y, Zhao Y, et al. A volumetric and viscosity study for the mixtures of 1-n-butyl-3-methylimidazolium tetrafluoroborate ionic liquid with acetonitrile, dichloromethane, 2-butanone and N, N-dimethylformamide. Green Chem, 2003, 5: 618~622

[63] Branco L C, Rosa J N, Ramos J J M, et al. Preparation and characterization of new room temperature ionic liquids. Chem Eur J, 2002, 8: 3671~3677

[64] Huddleston J G, Visser A E, Reichert W M, et al. Characterization and comparison of hydrophilic and hydrophobic room temperature ionic liquids incorporating the imidazolium cation. Green Chem, 2001, 3: 156~164

[65] Carda-Broch S, Berthod A, Armstrong D W. Solvent properties of the 1-butyl-3-methylimidazolium hexafluorophosphate ionic liquid. Anal Bioanal Chem, 2003, 375: 191~199

[66] Olivier-Bourbigou H, Magna L. Ionic lquids: perspectives for organic and catalytic reactions. J Mol Catal A Chem, 2002, 182, 183: 419~437

[67] Bonhote P, Dias A P, Papageorgiou N, et al. Hydrophobic, highly conductive ambient-temperature molten salts. Inorg Chem, 1996, 35: 1168~1178

[68] Fredlake C P, Crosthwaite J M, Hert D G, et al. Thermophysical properties of imidazolium-based ionic liquids. J Chem Eng Data, 2004, 49: 954~964

[69] MacFarlane D R, Meakin P, Sun J, et al. Pyrrolidinium imides: a new family of molten salts and conductive plastic crystal phases. J Phys Chem B, 1999, 103: 4164~4170

[70] Blanchard L A, Gu Z, Brennecke J F. High-pressure phase behavior of ionic liquid/CO_2 systems. J Phys Chem B, 2001, 105: 2437~2444

[71] Yaws C L, Miller J W, Shah P N, et al. Correlation constants for chemical compounds. Chem Eng, 1976, 83: 153~162

[72] Baker S N, Baker G A, Kane M A, et al. The cybotactic region surrounding fluorescent probes dissolved in 1-butyl-3-methylimidazolium hexafluorophosphate: effects of temperature and added carbon dioxide. J Phys Chem B, 2001, 105: 9663~9668

[73] Tokuda H, Hayamizu K, Ishii K, et al. Physicochemical properties and structures of room temperature ionic liquids. 1. Variation of anionic species. J Phys Chem B, 2004,

108: 16593~16600

[74] Laaksonen L. A graphics program for the analysis and display of molecular dynamics trajectories. J Mol Graphics, 1992, 10: 33, 34

[75] Chaumont A, Wipff G. Solvation of M3+ lanthanide cation in room-temperature ionic liquids. A molecular dynamics investigation. Phys Chem Chem Phys, 2003, 5: 3481~3488

[76] Chaumont A, Wipff G. Solvation of uranyl(II), europium(III) cations and europium(II) cation in basic room-temperature ionic liquids: a theoretical study. Chem Eur J, 2004, 10: 3919~3930

[77] Vayssiere P, Chaumont A, Wipff G. Cation extraction by 18-crown-6 to a room-temperature ionic liquid the effect of solvent humidity investigated by molecular dynamics simulations. Phys Chem Chem Phys, 2005, 7: 124~135

2.3　离子液体的挥发性研究 *

非挥发性是离子液体有别于传统溶剂的最突出特点[1~3], 正因如此, 迄今为止离子液体的所有应用几乎都是以其非挥发性为前提或假设的, 这已逐渐成为一种习惯性的认识。以正负离子形式表示的离子液体分子式, 进一步强化了人们的这种习惯性认识[4], 并在许多情况下不假思索地加以应用。如将离子液体作为低挥发性溶剂用于反应介质、萃取剂、气体吸收剂、气相色谱固定相等[5~10]。然而, 事实并非完全如此。2006 年, Nature 发表了题为 "Volatile times for ionic liquids" 和 "The distillation and volatility of ionic liquids" 的两篇文章[11,12], 表明许多离子液体能够在低压下被蒸馏而不发生分解, 也就是说, 离子液体在接近室温时具有一定的挥发性, 从而挑战长期以来人们对离子液体不挥发、不可蒸馏的习惯定势, 开创了离子液体理论及应用研究的新视角。

事实上, 随着对离子液体研究的不断深入, 人们已逐渐意识到, 离子液体的非挥发性既是优点也是缺点, 导致离子液体应用范围的局限及循环利用的困难等, 甚至成为制约离子液体工业应用发展的一个不可逾越的障碍[12,13]。最直接的不利影响是离子液体的分离纯化极其困难, 因为常规的减压蒸馏技术对其难以适用。许多化工过程如果采用离子液体作为催化 (分离) 介质, 则必然涉及离子液体与产品或杂质分离的难题, 尤其是当产品或杂质难挥发时, 离子液体的非挥发性可能导致实际工业过程开发的失败。一个典型的事例就是离子液体催化的聚合物合成过程, 从最终的聚合物产品中除去离子液体极其困难而导致无法使用[12]；另一个典型的事例则是药物合成, 药物中残存的微量非挥发性离子液体将导致产品最终无法通

* 感谢国家杰出青年科学基金 (No. 20625618) 和自然科学基金 (No. 20776140) 对本章节研究工作的支持。

过审核而失败。因此，离子液体的挥发性研究就显得尤为重要，且已如火如荼地展开了。

目前，国内外离子液体挥发性的研究刚刚起步，还不够深入透彻，主要是围绕离子液体挥发机理、蒸气压和气化焓等气液相平衡性质的模拟计算及测量等方面进行了初步研究探索。

2.3.1　离子液体的挥发性及其挥发机理

纵观离子液体的研究发展史，有关离子液体挥发性的研究报道可追溯到 20 世纪 90 年代初，ϕye 等[14] 发现 [emim]Cl-AlCl$_3$ 体系 (AlCl$_3$:[emim]u>3:1) 在 191 ℃时有可测量的蒸气压，但它不是离子蒸气，而是加热分解产生的 Al$_2$Cl$_6$ 分子所致。随着第二代和第三代离子液体的合成，有关离子液体挥发性的研究被淡化，离子液体不挥发似乎已成为一种常识或假设而不再进行实验测定。21 世纪初以来，随着离子液体的研究逐步进入工业应用开发阶段，为了考察离子液体的热稳定性并实现其循环利用，有关离子液体挥发性的研究有所增加，但基本上都限于离子液体加热分解为分子并产生蒸气压的研究[12,13,15~18]。主要涉及两类分解反应，① 去烷基化或烷基转移分解，例如：[emim]Cl 加热分解为挥发性有机分子 (包括 1- 甲基咪唑、1- 乙基咪唑、氯代甲烷、氯代乙烷、氯化氢等)，冷却后生成与原来组成不同的混合离子液体[15]；② 质子转移分解，例如：[hmim]Cl 加热分解为分子碱和分子酸，冷却后又还原为相同的离子液体[16]；类似的，N, N- 二甲基氨基甲酸盐离子液体加热分解为分子碱 (N, N- 二甲基胺) 和分子酸 (CO$_2$)，冷却后又还原为相同的离子液体[17,18]。2006 年，国际权威期刊 Nature 发表了两篇有关离子液体挥发性现象的文章，研究结果表明，许多非质子型离子液体 {如 [C$_n$mim][Tf$_2$N]，n=2, 8, 16}能够在低压和较高温度 (200~300 ℃) 下被蒸馏而不分解[11,12]，从而开启了探索研究离子液体挥发性的新阶段。由于质子转移分解能够实现离子液体的封闭循环，更具有实际的工业应用价值。最典型的一个应用实例就是 BASIL 脱酸过程[19]。近年来，国际上对离子液体的质子转移分解过程的研究正呈增长趋势[12,13,20]，并可望在实际工业应用中获得新的突破。

为描述清楚和方便起见，我们将通过加热发生质子转移分解、而冷却后又能还原的离子液体通称为 "质子型离子液体"；与之相对应的其他离子液体，则通称为 "非质子型离子液体"。这里需要说明的是，两者实际上并不存在严格的定义和界限，例如，二烷基咪唑类阳离子 {如 [emim]$^+$}与 Lewis 碱性阴离子 (如 HCOO$^-$)结合形成的离子液体，在一定条件下也能够发生以质子转移为主的分解反应；而在另一条件下，则可能发生以去烷基化或烷基转移为主的分解反应。质子型离子液体和非质子型离子液体的可能气化机理如图 2.21 所示。

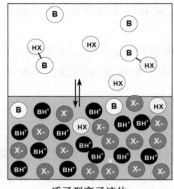 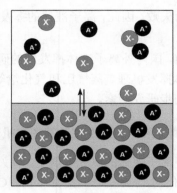

质子型离子液体   非质子型离子液体

图 2.21　离子液体气液相示意图

本图并不代表真实的聚集程度；黑圈代表阳离子，灰圈代表阴离子，其余代表中性分子

质子型离子液体和非质子型离子液体遵循不同的气化机理。对于质子型离子液体，在液态中存在离子与分子之间的电离平衡，加热过程中亲核性阴离子与阳离子上的质子 H 结合发生质子转移反应，生成分子进入气相。可简单表示为：$[BH]^+X^-(l) \Longleftrightarrow B(l)-HX(l) \Longleftrightarrow B(l)+HX(l) \Longleftrightarrow B(g)+HX(g)$，式中，$l$ 表示液相，g 表示气相。因此，质子型离子液体的蒸馏过程可认为主要以分子或分子缔合体形式气化。而对于非质子型离子液体，阴阳离子相对比较稳定，质子转移困难，其气化过程可表示为：$2A^+X^-(l) \Longleftrightarrow X^-(g)-A^+(g)-X^-(g)+A^+(g) \Longleftrightarrow 2A^+(g)-X^-(g) \Longleftrightarrow 2A^+(g)+2X^-(g)$。因此，非质子型离子液体的蒸馏过程可认为主要以离子或离子对形式气化。

必须说明的是，图 2.21 及上述有关离子液体气化机理的描述既没有直接的微观实验证据，也没有量子化学或分子模拟结果的系统证明，而仅仅是根据宏观蒸馏现象所做的推测。实际上，离子液体的气液相变机理远非这么简单，与离子液体的结构和操作条件之间存在密切的关系。通常由蒸气压较低的酸和碱形成的离子液体，尤其是阳离子上含有质子 H 的离子液体，其分解挥发性较强。阴离子亲核性的强弱，会影响阳离子的烷基向阴离子的转移，亲核性较低的阴离子获得烷基的可能性较小，具有更好的热稳定性，在蒸馏过程中不易分解。阴阳离子之间的相互作用强弱，也直接影响离子液体的气化方式及挥发度。操作条件(包括温度和压力)的改变，能够直接影响离子液体的结构和气化方式，甚至导致离子液体结构及气化机理的突变。

随着离子液体气化机理及气液相变规律的深入研究，科学工作者们不断地提出疑问，并试图通过模拟计算、实验等手段去探索和揭示其内在的本质，例如，对于质子型离子液体，分子气化过程是否可能伴随着离子对形式的气化？气相是独立的分子形式, 还是离子对形式共存? 随着温度和压力的变化, 这些不同存在形式之间如何转化, 过渡态和稳定态是什么? 对于非质子型离子液体, 气化过程究竟是以独立的离子、还是离子对、甚至离子团簇形式进行? 随着温度和压力的变化, 这些不同的离子存在形式之间如何转化? 已有研究表明, 离子液体中存在氢键网络结构[21,22](详见 2.1 节), 由此猜测气相可能存在分子对或离子对的结合方式[23~25](图 2.22)。

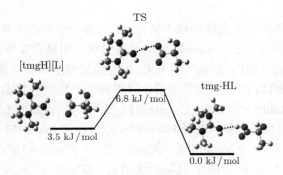

图 2.22　气相中分子对稳定结构

Kelkar[26] 采用经典原子模拟方法计算了离子液体 [$C_n$mim][Tf_2N] 不同离子对的气化焓, 结果显示, 以一个阴离子和一个阳离子组成的中性离子对形式的气化焓最低, 并且每增加一对离子对, 气化焓增加 40 kJ/mol。这一研究成果向科学界初步显示, 离子液体是以中性离子对的形式蒸发为气相状态。

随后, Armstrong 等[27] 在超高真空条件下将八种咪唑类离子液体蒸馏挥发, 利用 LOS-MOS 质谱系统研究离子液体的气相结构, 检测到离子液膜在加热过程中的离子对以指数形式迅速流失, 这一实验现象所预示的结果与 Kelkar[26] 的计算结果相吻合, 进一步证实离子液体是以离子对形式蒸发到气相中, 并且随着不断地向蒸发体系供热, 离子液体液相和气相内部离子对间以库仑力为主要作用力。

与质子型离子液体的挥发性研究相比, 有关非质子型离子液体的挥发性或蒸气压研究则更少。但是在最近的研究中发现, Leal[28] 等通过傅里叶变换离子回旋加速器谐振质谱 (FTICR-MS) 实验证明非质子型离子液体在减压蒸馏的同等温度、压力条件下, 气相以疏散的阴阳离子对形式存在, 即

$$A^+(g) + [(AX)_n](g) \Longrightarrow [A_{n+1}X_n]^+(g)$$

$$X^-(g) + [(AX)_n](g) \Longrightarrow [A_nX_{n+1}]^-(g)$$

而质子型离子液体气相则以中性分子, 即中性离子对形式存在。

2.3.2 离子液体的气液相平衡研究

离子液体的低蒸气压造成了其直接测量的困难，最早只是就离子液体水溶液或醇溶液的蒸气压进行测定，而最近两年来，开始陆续出现有关纯离子液体蒸气压测定及关联预测、沸点、相对挥发度、气化焓等气液相平衡的研究报道，预示着这方面的研究开始受到重视。

1. 蒸气压、沸点

由于离子液体蒸气压直接测量不易得到，大部分学者首先从模拟计算着手，预测推算离子液体的蒸气压。Paulechka[29] 等曾尝试采用努森隙透法测量理想气体状态下离子液体 [bmim][PF$_6$] 的蒸气压未果，但是通过理想状态下其他热力学性质，包括气化焓、汽化热容、汽化熵变等数据计算得到其理想气体状态蒸气压在 10^{-10}Pa 数量级。随后，Rebelo[30] 等对 [C$_{10}$mim][Tf$_2$N] 和 [C$_{12}$mim][Tf$_2$N] 进行减压蒸馏，利用表面张力、密度等数据，采用 Eötvos[31] 经验方程 (式 2.17) 和 Guggenheim[32] 经验方程 (式 2.18) 对 [C$_8$mim][Cl]、[C$_8$mim][Br]、[C$_4$mim][BF$_4$]、[C$_8$mim][BF$_4$]、[C$_{12}$mim][BF$_4$]、[C$_4$mim][PF$_6$]、[C$_6$mim][PF$_6$]、[C$_8$mim][PF$_6$]、[C$_{10}$mim][PF$_6$]、[C$_{12}$mim][PF$_6$]、[C$_2$mim][Tf$_2$N]、[C$_4$mim][Tf$_2$N]、[C$_6$mim][Tf$_2$N]、[C$_{10}$mim][Tf$_2$N] 离子液体的临界温度进行了预测。

$$\gamma \, V^{2/3} = A + BT; \quad T_c = -A/B \tag{2.17}$$

$$\gamma = \gamma^0 \left(1 - T/T_c\right)^{11/9} \tag{2.18}$$

式中，γ 为表面张力 (dyn)；T_c 为临界温度 (K)；V 为标准摩尔体积 (cm^3)。对于大多数物质而言，其沸点约为临界温度 T_c 的 0.6 倍，由此推算出了离子液体的沸点。对于阴离子相同的咪唑类离子液体而言，其沸点随着阳离子上侧链烷基链长的增加而减小。

离子液体的挥发性与其结构密切相关，其挥发性大小迥异不同，相差甚远，一般来说，阳离子为咪唑、吡啶的离子液体要比季铵、吡咯类离子液体的挥发性大；阴离子为 [(C$_2$F$_5$SO$_2$)$_2$N]$^-$、[(C$_4$F$_9$SO$_2$)(CF$_3$SO$_2$)N]$^-$、[(CF$_3$SO$_2$)$_2$N]$^-$ 的离子液体要比 [(CF$_3$SO$_2$)$_3$C]$^-$、[CF$_3$SO$_3$]$^-$ 离子液体挥发性大，更远远大于以 [PF$_6$]$^-$ 为阴离子的离子液体，所以，对于相对挥发性较大的物质，通过实验途径直接测量蒸气压还是能够实现的。Paulechka[33] 和 Zaitsau[34] 就先后采用努森隙透法测量了离子液体 [C$_n$mim][Tf$_2$N]($n=2, 4, 6, 8$) 的蒸气压数据，并遵循安托尼方程 [式 (2.19)] 进行回归。Zaitsau[34] 实验温度测量范围在 437.84~517.45 K，蒸气压范围为 0.0036~0.1716 Pa，其值远远低于一般有机溶剂的蒸气压。而由这些数据可外推得到常压沸点，为 850~930 K，这比 Rebelo[30] 推算的相应离子液体沸点高出 200 K 左右。

$$\ln p = A - \frac{B}{T} \tag{2.19}$$

式中, A, B 分别为安托尼系数; p 的单位为 Pa; T 的单位为 K.

离子液体蒸气压的巨大差距, 也为分离离子液体混合物提供了机会。Widegren[35] 避开低压下直接测量离子液体蒸气压的困难, 间接测量了 30 种离子液体混合物的相对挥发度, 包括含有 $[C_n mim]^+$、$[C_n mmim]^+$、$[C_n mpyrr]^+$、$[C_3 mpy]^+$、$[R_4 N]^+$、$[C_n mim]^+$、$[BF_4]^-$、$[PF_6]^-$、$[CF_3 SO_3]^-$、$[NTf_2]^-$、$[(C_2 F_5 SO_2)_2 N]^-$、$[(C_4 F_9 SO_2)(CF_3 SO_2)N]^-$、$[(CF_3 SO_2)_3 C]^-$ 阴阳离子的二元、三元离子液体混合物。证明对于 $[C_n mim][Tf_2 N]$ 和 $[C_n mpyrr][Tf_2 N]$ 离子液体, 当阳离子烷基侧链为丁基时其挥发性最大。这一事实表明在未来通过减压蒸馏等方法将离子液体混合物分离是能够实现的。

2. 气化焓及其他

气化焓也是表征离子液体挥发性的重要热力学性质, 其值可以通过计算得到。目前已有的气化焓数据基本与蒸气压数据相伴相生, Paulechka[33] 和 Zaitsau[34] 正是在离子液体蒸气压测量结果的基础上, 通过式 (2.19) 和式 (2.20) 联合得到其 $\Delta_l^g H_m^0$、$\Delta_l^g S_m^0$ 等数据。

$$\Delta_l^g S_m^0 = \frac{\Delta_l^g H_m^0}{T} + R \ln \left(\frac{p}{p^0} \right) \tag{2.20}$$

式中, $\Delta_l^g S_m^0$ 为汽化熵; $\Delta_l^g H_m^0$ 为气化焓; T 为温度; p 为压力; p^0 为标准大气压力。

Santos 等[36] 通过分子模拟计算和真空蒸发微量量热法分别计算和测量了 $[C_n mim][Tf_2 N]$ 离子液体的气化焓, 结果发现分子模拟计算值要大于实验值 5%~15%, 这是由于到目前为止, 对于离子液体体系而言, 还没有详细的能量参数可以引入力场进行分子模拟计算。研究证明, 离子液体的气化焓随其咪唑阳离子烷基链长的增长而增大, 这与同研究小组 Rebelo[30] 所研究的离子液体沸点随其烷基链长的增长而减小的结论相反。

另外, Armstrong[27] 利用程序解吸控温 (TPD) 研究离子液膜挥发特性, 通过 RT_{av}(T_{av} 为平均解吸温度) 计算离子液体气化焓, 也采用离子液体气液相平衡恒压热熔计算 298 K 下的气化焓 $\Delta_{vap} H_{298}$, 其值与 Zaitsau[34] 研究结果相近。

Emel'yanenko[37] 则首次由燃烧热量测定法测得离子液体的液相摩尔生成焓, 由蒸发法得到离子液体的气化焓, 通过式 (2.21) 计算得到了离子液体的气相摩尔生成焓, 并且采用 ab initio 模拟计算了离子液体的气相摩尔生成焓, 其计算值与实验值吻合完好。

$$\Delta_f H_m^0(g) = \Delta_f H_m^0(l) + \Delta_l^g H_m \tag{2.21}$$

式中, $\Delta_f H_m^0(g)$ 为气相摩尔生成焓; $\Delta_f H_m^0(l)$ 为液相摩尔生成焓; $\Delta_l^g H_m$ 为气化焓.

　　总结现有离子液体 [C$_n$mim][Tf$_2$N] 气化焓数据，如表 2.16 所示，可看出微量量热法的测量结果普遍大于其他实验方法所测得的数据，努森隙透法与 TPD 法结果相近，而蒸发法只限于 [C$_2$mim][NTf$_2$] 的测量，不能断定其测量结果的准确性，但是，这一方法为寻求离子液体的热力学性质开辟了一条新的路径。

表 2.16　不同实验及计算方法得到的离子液体 [C$_n$mim][Tf$_2$N]($n=2$, 4, 6, 8) 的气化焓
($\Delta_{vap}H_{298}$/kJ/mol)

离子液体	努森隙透法[34]	表面张力计算[34]	微量量热法[36]	分子模拟计算[36]	TPD[27]	蒸发法[37]
[C$_2$mim][Tf$_2$N]	135.3	136.1	136	159±10	134	136.7±3.4
[C$_4$mim][Tf$_2$N]	136.2	134.6	155	174±11	134	
[C$_6$mim][Tf$_2$N]	139.8	141.6	173	184±7	139	
[C$_8$mim][Tf$_2$N]	150.0	149.0	192	201±6	149	

2.3.3　结论与展望

　　迄今为止，有关离子液体挥发性或蒸气压研究的论文只有十几篇，基本上都限于对离子液体气化或蒸馏现象的实验观测、蒸气压、气化焓数据的实验测定或定性关联，极少的机理探讨也仅限于推测性解释的层次，缺乏机理性和规律性的系统认识。然而，已有的研究成果表明，采用减压蒸馏，可以实现两种离子液体的分离，利用努森隙透法和真空蒸发微量量热法可分别测出离子液体的蒸气压和气化焓，并首次通过实验证实了气相中存在单纯的离子对。这些热力学常数的获得对离子液体的提纯，高温结晶及新合成路线的设计都大有裨益，同时对构造合理的分子模型及确定状态方程的参数也有很重要的理论指导意义。

　　离子液体的气化机理及气液相变规律是离子液体挥发性研究的关键科学问题。有关这方面的任何研究进展不仅将拓展离子液体的应用领域，而且有可能引发从"离子液体"到"离子气体"的研究探索及规律性认识的新突破，以此推动离子液体基础理论的发展，例如，传统 van der Waals 状态方程是否适用于描述离子体系从液态到气态的相变过程等。最终实现从分子水平设计、构建挥发性离子液体，揭示离子液体挥发性的科学本质，为发展新一代的离子液体气相反应–分离耦合过程提供科学基础。

　　但是，在研究离子液体挥发性过程中存在两个不容忽视的难题[38]：① 并不是所有的离子液体都具有挥发性[12]，室温下大多数离子液体的蒸气压太低而无法测定；② 温度升高有可能导致离子液体发生分解，这就要求离子液体具有较高的热稳定性。因此，到目前为止，相关的热力学性质研究仅限于少数热稳定性较好的离子液体，如 [C$_n$mim][Tf$_2$N] 以其较高的热稳定性成为研究焦点，而且测得的气化焓因数值范围太宽而无法通过参数来确定可靠的新力场。今后，在前期研究积累的基

础上，围绕离子液体挥发性及气液相变规律的关键科学问题，采用实验、理论和计算紧密结合的研究思路，通过对若干典型离子液体的气化及相变过程的系统研究，采用质谱与其他技术联合，如努森隙透法、热重分析法等，有可能解决以上问题。

参 考 文 献

[1] Rogers R D, Seddon K R. Ionic liquids IIIB: fundamentals, progress, challenges, and opportunities - transformations and processes. Washington: ACS, 2005

[2] 邓友全. 离子液体 —— 性质、制备与应用. 北京: 中国石化出版社, 2006

[3] 张锁江, 吕兴梅等. 离子液体 —— 从基础研究到工业应用. 北京: 科学出版社, 2006

[4] Canongia L J N A, Padua A A H. Nanostructural organization in ionic liquids. J Phys Chem B, 2006, 110(7): 3330~3335

[5] Arce A, Marchiaro A, Rodriguez O, et al. Essential oil terpenless by extraction using organic solvents or ionic liquids. AICHE J, 2006, 52(6): 2089~2097

[6] Liu J, Jiang G, Chi Y, et al. Use of ionic liquids for liquid-phase microextraction of polycyclic aromatic hydrocarbons. Anal Chem, 2003, 75(21): 5870~5876

[7] Tominaga K. An environmentally friendly hydroformylation using carbon dioxide as a reactant catalyzed by immobilized Ru-complex in ionic liquids. Catalysis Today, 2006, 115(1~4): 70~72

[8] Zapadlo M, Benicka E, Mydlova J, et al. Using ionic liquids for separation in gas chromatography. Chemicke Listy, 2007, 101(3): 241~245

[9] Sun X Q, Xu A M, Chen J, et al. Application of room temperature ionic liquid-based extraction for metal ions. Chin J Anal. Chem, 2007, 35(4): 597~604

[10] Scott M P, Rahman M, Brazel C S. Application of ionic liquids as low-volatility plasticizers for PMMA. European Polymer J, 2003, 39(10): 1947~1953

[11] Peter W. Volatile times for ionic liquids. Nature, 2006, 439: 797

[12] Earle M J, Esperanca J M, Gilea M A, et al. The distillation and volatility of ionic liquids. Nature, 2006, 439: 831~834

[13] MacFarlane D R, Pringle J M, Johansson K M, et al. Lewis base ionic liquids. Chem Commun, 2006, 15: 1905~1917

[14] Øye H A, Jagtoyen M, Oksefjell T, et al. Vapour pressure and thermodynamics of the system 1-methyl-3- ethylimidazolium chloridealuminium chloride. Mater Sci Forum, 1991, 73~75: 183~190

[15] Jeapes A J, Thied R C, Seddon K R, et al. Process for recycling ionic liquids. World Patent, WO 01/15175, 2001

[16] Yoshizawa M, Xu W, Angell C A. Ionic liquids by proton transfer: vapor pressure, conductivity, and the relevance of ΔpKa from aqueous solutions. J Am Chem Soc, 2003, 125: 15411~15419

[17] Kreher U P, Rosamilia A E, Raston C L, et al. Self-associated, "distillable" ionic media. Molecules, 2004, 9: 387~393

[18] Kreher U P, Rosamilia A E, Raston C L, et al. Direct preparation of monoarylidene derivatives of aldehydes and enolizable ketones with DIMCARB. Org Lett, 2003, 5: 3107~3110

[19] Maase M, et al. Method for separation of acids from chemical reaction mixtures by means of ionic fluids. World Patent, WO 03/062171, 2003

[20] 张锁江, 于英豪, 刘军, 李增喜. 一种从油品中脱除和回收环烷酸的方法. 申请号: 20061001-1380.4, 2006

[21] Dong K, Zhang S, Wang D, et al. Hydrogen bonds in imidazolium ionic liquids. J Phys Chem A, 2006, 110: 9775~9782

[22] Liu X, Zhang S, Zhou G, et al. New force field for molecular simulation of guanidinium-based ionic liquids. J Phys Chem B, 2006, 110: 12062~12071

[23] Yu G, Zhang S, Yao X, et al. Design of task-specific ionic liquids for capturing CO_2: a molecular orbital study. Ind Eng Chem Res, 2006, 45: 2875~2880

[24] Yu G, Zhang S, Zhou G, et al. Structure, interaction and property of amino-functionalized imidazolium ionic liquids by ab initio calculation and molecular dynamics simulation. AIChE J, 2007, 53(12): 3210~3221

[25] Yu G, Zhang S. Insight into the cation-anion interaction in 1,1,3,3-tetramethylguanidinium lactate ionic liquid. Fluid Phase Equilib, 2007, 255: 86~92

[26] Kelkar M S, Maginn E J. Calculating the enthalpy of vaporization for ionic liquid clusters. J Phys Chem B, 2007, 111(32): 9424~9427

[27] Armstrong J P, Hurst C, Jones R G, et al. Vapourisation of ionic liquids. Phys Chem Chem Phys, 2007, 9(8): 982~990

[28] Leal J P, Esperanca J, da Piedade M E M, et al. The nature of ionic liquids in the gas phase. J Phys Chem A, 2007, 111(28): 6176~6182

[29] Paulechka Y U, Kabo G J, Blokhin A V, et al. Thermodynamic properties of 1-butyl-3-methylimidazolium hexafluorophosphate in the ideal gas state. J Chem Eng Data, 2003, 48: 457~462

[30] Rebelo L P N, Canongialopes J N, Esperanca J M S S, et al. On the critical temperature, normal boiling point, and vapor pressure of ionic liquids. J Phys Chem B, 2005, 109(13): 6040~6043

[31] Shereshevsky I L. Surface tension of saturated vapors and the equation of eötvös. J Phys Chem, 1931, 35: 1712~1720

[32] Guggenhein E A. The principle of corresponding states. J Chem Phys, 1945, 13: 253~261

[33] Paulechka Y U, Zaitsau D H, Kabo G J, et al. Vapor pressure and thermal stability of ionic liquid 1-butyl-3-methylimidazolium bis (trifluoromethylsulfonyl) amide. Ther-

mochimica Acta, 2005, 439(1, 2): 158~160

[34] Zaitsau D H, Kabo G J, Strechan A A, et al. Experimental vapor pressures of 1-alkyl-3-methylimidazolium bis(trifluoromethylsulfonyl)imides and a correlation scheme for estimation of vaporization enthalpies of ionic liquids. J Phys Chem A, 2006, 110(22): 7303~7306

[35] Widegren J A, Wang Y M, Henderson W A, et al. Relative volatilities of ionic liquids by vacuum distillation of mixtures. J Phys Chem B, 2007, 111(30): 8959~8964

[36] Santos L M N B F, Canongia Lopes J N, Coutinho J A P, et al. Ionic liquids: first direct determination of their cohesive energy. J Am Chem Soc, 2007, 129(2): 284, 285

[37] Emelyanenko V N, Verevkin S P, Heintz A. The gaseous enthalpy of formation of the ionic liquid 1-butyl-3-methylimidazolium dicyanamide from combustion calorimetry, vapor pressure measurements, and ab initio calculations. J Am Chem Soc, 2007, 129(13): 3930~3937

[38] Ludwig R, Kragl U. Do we understand the volatility of ionic liquids? Angewandte Chemie-International Edition, 2007, 46(35): 6582~6584

2.4　离子液体及其相平衡的关联与预测模型

离子液体的工业化应用，需要可靠的 pVT、相平衡数据及其他基础数据的支撑。伴随着对离子液体的合成和应用研究，人们对离子液体的 pVT 和相平衡性质的研究也倾注了巨大的热情。目前已有四篇综述性文章总结了离子液体的热力学性质和传递性质研究的最新进展[1~4]，网上也出现了专门收集离子液体基础数据的栏目，国内中国科学院过程工程研究所还编制了离子液体物理性质数据库。离子液体物理性质数据通常采用实验测定、模型关联和模拟预测三种方法获得。模拟预测主要是通过量子力学计算和计算机分子模拟得以实现。实验测定虽然可靠，但不可能穷尽数目庞大的混合系统。解决之道是选择有代表性的系统进行实验，分析离子液体的种类、组成、外界条件对系统相平衡和传递性质的影响规律，在统计力学的基础上建立能描述离子液体系统相平衡数据和传递性质的分子模型，最后推广到其他离子液体系统。可见实验测定和构筑有一定理论基础的模型仍属当务之急。本节将重点介绍离子液体的 pVT 和相平衡模型化关联与预测方法研究的最新进展、研究方法、关键科学问题以及发展方向和展望。

2.4.1　研究现状及进展

1. 立方型状态方程

立方型状态方程具有形式简单的特点。原则上，凡能在常规系统中使用的方程也能应用到离子液体中，如立方型 PR、RK 和 PRSV 状态方程等[5~7]。这种处理方法实际上是将离子液体视为中性的"离子簇"。在立方型状态方程中，通常有两个参数 a 和 b(有时涉及偏心因子 ω)，可通过 pVT 数据拟合得到，也可由物质的临界参数确定，一些经验的估算方法可计算离子液体的临界参数和偏心因子[8,9]。Shariati 等[5] 最早利用 PR 方程关联了离子液体 [emim][PF$_6$] 和 CHF$_3$ 混合物的相行为。计算过程并无特别之处，但采用了 Adachi 等[10] 提出的混合规则：

$$a = \sum\sum x_i x_j a_{ij}, \quad b = \sum\sum x_i x_j b_{ij} \tag{2.22}$$

$$a_{ij} = \sqrt{a_i a_j}\left[1 - k_{ij} - \lambda_{ij}\left(x_i - x_j\right)\right], \quad b_{ij} = 0.5\left(b_i + b_j\right)\left(1 - l_{ij}\right) \tag{2.23}$$

式中，k_{ij}、λ_{ij} 和 l_{ij} 为可调参数，由实验数据拟合得到。当 i 与 j 位置互换时，可调参数的值不变，且 $k_{ii} = \lambda_{ii} = l_{ii} = 0$。可见，在纯物质临界参数和偏心因子已知时，溶解度的关联需要 3 个可调参数。他们的工作表明，PR 方程虽可满意关联 [emim][PF$_6$]+CHF$_3$ 系统的泡点数据，但只能定性描述离子液体 [emim][PF$_6$] 在超临界流体 CHF$_3$ 中的溶解度。

鉴于离子液体的特殊性，Yokozeki 等[6] 在他们的一系列工作中均采用了 RK 方程，但在其基础上做了简单修改。对于纯物质，RK 方程的参数 a 和 b 分别为

$$a = 0.427\,480\frac{R^2 T_c^2}{p_c}\alpha\left(T\right), \quad b = 0.086\,64\frac{RT_c}{p_c} \tag{2.24}$$

这里：
$$\alpha\left(T\right) = \begin{cases} \sum_{k=0}^{\leqslant 3} \beta_k\left(1/T_r - T_r\right)^k & T_r \leqslant 1 \\ \beta_0 + \beta_1\left[\exp\left\{2\left(1 - T_r\right)\right\} - 1\right] & T_r \geqslant 1 \end{cases} \tag{2.25}$$

可根据 pVT 数据拟合得到一般物质的 β_k $(k \leqslant 3)$。离子液体的临界参数则利用基团贡献法估算。Yokozeki 等[6] 发现，对于离子液体 $\beta_0 = 1$ 且 $\beta_2 = \beta_3 = 0$。对于混合物，参数 a 和 b 采用混合规则：

$$a = \sum_{i,j=1}^{K}\sqrt{a_i a_j}\left(1 + \tau_{ij}/T\right)\left(1 - k_{ij}\right)x_i x_j, \quad b = \frac{1}{2}\sum_{i,j=1}^{K}\left(b_i + b_j\right)\left(1 - k_{ij}\right)\left(1 - m_{ij}\right)x_i x_j \tag{2.26}$$

其中：
$$k_{ij} = l_{ij}l_{ji}\left(x_i + x_j\right)/\left(l_{ji}x_i + l_{ij}x_j\right) \tag{2.27}$$

由于 $\tau_{ij} = \tau_{ji}$、$m_{ij} = m_{ji}$ 且 $\tau_{ii} = m_{ii} = 0$，因此，式 (2.26) 中有 4 个参数 τ_{ij}、l_{ij}、l_{ji} 和 m_{ij} 需由实验数据回归得到。研究发现，这样处理的 RK 方程能同时模拟 VLE、LLE 和 VLLE[6]，一套参数能同时模拟不同的相平衡数据的确是一个了不起的贡献。

高军等[7] 则采用了 PRSV 状态方程关联了 CO_2 在离子液体中的溶解度。他们分别使用了与超额 Gibbs 自由能模型相结合的 Wong-Sandler 混合规则 (简称 G^E 混合规则) 和简单的 van der Waals 混合规则，并采用密度数据估算离子液体的参数 a 和 b。当用 NRTL 模型计算超额 Gibbs 自由能时，需引入可调参数。两种方法计算的误差分别为 6.60% 和 9.45%，可见混合规则对计算结果影响较大。要使 G^E 混合规则具备预测功能，可使用具有预测功能的 ASOG 和 UNIFAC 模型计算 G^E，这点应重视。

其他方法中也用到立方型状态方程，如用简化的 Krichevsky-Kasarnovsky 方程 [式 (2.28)]，关联气体在离子液体中的溶解度时[11]，其中的逸度 f_2 就采用了 SRK 状态方程，并可利用溶解度数据回归亨利常数 H_2 和气体在离子液体中的无限稀释偏摩尔体积 $\tilde{V}_2^\infty$.

$$\ln \frac{f_2}{x_2} = \ln H_2 + \frac{p\tilde{V}_2^\infty}{RT} \tag{2.28}$$

2. 活度系数模型

活度系数模型关联离子液体相平衡常采用 NRTL、UNIQUAC 和 Wilson 模型[12]，正规溶液理论[13]、非正规离子格子模型[14] 等。正规溶液理论需要估算离子液体的溶解度参数，将在本节的 "正规溶液理论 —— 离子液体溶解度参数的估算方法" 中专门介绍。NRTL、UNIQUAC 和 Wilson 模型在应用时并无特别之处，主要是积累模型参数，可为预测多元系奠定基础，其中使用最普遍的当属 NRTL 模型，它在 LLE 关联最方便。但这些模型并没有考虑到离子液体在混合物中离解的事实，Simoni 等[15] 则建立了一个新的电解质型 NRTL 模型 (e-NRTL 模型)，介绍如下。

假定系统中第 i 种盐 (离子液体) 按下式完全电离：

$$离子液体_i \longrightarrow v_{+,i} (阳离子_i)^{z+,i} + v_{-,i} (阴离子_i)^{z-,i} \quad i \in \text{IL} \tag{2.29}$$

各物质 (离子液体 IL 电离的正负离子和溶剂 S) 的化学势为

$$\mu_i = \mu_i^0 + RT \ln \left(r_i \frac{y_i}{y_i^0} \right) \quad i \in \text{S} \tag{2.30}$$

$$\mu_{j,i} = \mu_{j,i}^0 + RT \ln \left(r_{j,i} \frac{y_{j,i}}{y_{j,i}^0} \right) \quad j = +, -; i \in \text{IL} \tag{2.31}$$

式中，μ_i 为溶剂的化学势；$\mu_{j,i}$ 为离子液体正负离子化学势；γ 为活度因子；上标 "0" 是参考态的性质。对于溶剂，参考态取系统温度和压力下的纯液体。对于离子液体电离后的正负离子，Simoni 等[15] 定义系统温度和压力下纯的离解液体盐为相应的参考态，并且规定在参考态下，$\mu_{i \in S}^0 = 0, \mu_{j,i}^0 = 0$ $(j = +, -; i \in \text{IL})$。混合物中真实的摩尔分数 y 与表观摩尔分数 x 的关系为

$$y_i = \frac{x_i}{\sum\limits_{i\in\text{IL}} v_i x_i + \sum\limits_{i\in\text{S}} x_i} \quad i\in\text{S} \tag{2.32}$$

$$y_{j,i} = \frac{v_{j,i} y_{\pm,i}}{v_{\pm,i}} \quad j=+,-;\, i\in\text{IL} \tag{2.33}$$

$y_{\pm,i}$ 为离子液体 i 的平均离子摩尔分数：

$$y_{\pm,i} = \frac{v_{\pm,i} x_i}{\sum\limits_{i\in\text{IL}} v_i x_i + \sum\limits_{i\in\text{S}} x_i} \text{ 且 } v_{\pm,i} = \left(v_{+,i}^{v_{+,i}} v_{-,i}^{v_{-,i}}\right)^{1/(v_{+,i}+v_{-,i})} \quad i\in\text{IL} \tag{2.34}$$

则混合过程总的摩尔 Gibbs 能为

$$\frac{g^{\text{M}}}{RT} = \sum_{i\in\text{IL}} \frac{v_i y_{\pm,i}}{v_{\pm,i}} \ln\left(\frac{v_i y_{\pm,i}}{v_{\pm,i}}\right) + \sum_{i\in\text{S}} y_i \ln y_i + \frac{g^{\text{E}}}{RT} \tag{2.35}$$

这里的 g^{E} 是过量 Gibbs 能，包括长程静电贡献和 NRTL 型的短程局部组成贡献。NRTL 型短程局部组成贡献 g^{E}_{LC} 直接利用 Chen 等[16] 的结果：

$$\frac{g^{\text{E}}_{\text{LC}}}{RT} = \sum_{i\in\text{S}} y_i \left(\frac{\sum\limits_{l\in\{\text{IL},\text{S}\}} z_l y_l G_{li}\tau_{li}}{\sum\limits_{k\in\{\text{IL},\text{S}\}} z_k y_k G_{ki}}\right)$$

$$+ \sum_{i\in\{+,-\}} z_i y_i \left\{\sum_{j\in(-,+)} \left[\left(\frac{y_j}{\sum\limits_{j'\in(-,+)} y_{j'}}\right)\right] \frac{\sum\limits_{l\in\{\text{IL},\text{S}\}} z_l y_l G_{li,ji}\tau_{li,ji}}{\sum\limits_{k\in\{\text{IL},\text{S}\}} z_k y_k G_{ki,ji}}\right\} \tag{2.36}$$

式中，$G=\exp(-\alpha\tau)$，α 为 NRTL 模型中的非随机因子。当 $i\in\text{S}$ 时，$z_i=1$。由于参考态的特殊性，必须对 Pizter 扩展的 Debye-Hückel 公式进行修正：

$$\frac{g^{\text{E}}_{\text{PDH}}}{RT} = \frac{g^{\text{E}}_{\text{PDH*}}}{RT} - \sum_{i\in\text{IL}} \left(y_{+,i}\ln\left(\gamma^{*0}_{+,i}\right) + y_{-,i}\ln\left(\gamma^{*0}_{-,i}\right)\right) \tag{2.37}$$

$g^{\text{E}}_{\text{PDH*}}$ 是原始 eNRTL 模型中长程静电作用的贡献，其中离子的参考态与溶剂不同[16]，处理后的表达式如式 (2.38) 所示：

$$\frac{g^{\text{E}}_{\text{PDH}}}{RT} = -\sqrt{\frac{1000}{M}}\left(\frac{4A_\phi I_y}{\rho}\right)\ln\left(1+\rho\sqrt{I_y}\right)$$

$$+ A_\phi\sqrt{\frac{1000}{M}}\sum_{i\in\text{IL}}\sum_{j\in\{+,-\}}\left\{y_{j,i}\left[\frac{2z^2_{j,i}\ln\left(1+\rho\sqrt{I^0_i}\right)}{\rho}+\Gamma^0_{j,i}\right]\right\} \tag{2.38}$$

式 (2.38) 中的其他变量分别按式 (2.39)、式 (2.40) 和式 (2.41) 计算：

$$I_y = \frac{1}{2} \sum_i \left(z_{+,i}^2 y_{+,i} + z_{-,i}^2 y_{-,i} \right), \quad I_i^0 = \lim_{x_i \to 1} I_y \quad i \in \text{IL} \tag{2.39}$$

$$\Gamma_{j,i}^0 = \frac{z_{j,i}^2 \sqrt{I_i^0} - 2 \left(I_i^0 \right)^{3/2}}{1 + \rho \sqrt{I_i^0}} \quad j \in \{+, -\} \tag{2.40}$$

$$A_\phi = \frac{1}{3} \sqrt{\frac{2\pi N_A d}{1000}} \left(\frac{e^2}{\varepsilon_0 \varepsilon k T} \right)^{3/2} \tag{2.41}$$

式中，ε_0 和 ε 分别为真空和溶剂的介电常数；e 为基本电荷，N_A 为 Avogadro 常量；d 为溶剂的密度 (kg/m^3)；ρ 为常数。可采用混合规则计算混合溶剂的相对分子质量 M、密度 d 和介电常数 ε。

现考虑一个 IL(1)+S(2)+S(3) 三元系统，假定离子液体是 1:1 型的电解质，则有 $v_{+,1} = v_{-,1} = 1$、$z_{+,1} = 1$ 和 $z_{-,1} = -1$。一般地[16]，$\tau_{2c,ac} = \tau_{2a,ca} = \tau_{21}$，$\tau_{3c,ac} = \tau_{3a,ca} = \tau_{31}$ 且 $\tau_{1c,ac} = \tau_{1a,ca} = \tau_{11} = 0$ 以及 $\tau_{22} = \tau_{33} = 0$，a 和 c 分别表示负和正离子。式 (2.36) 和式 (2.38) 可简化为：

$$\begin{aligned} \frac{g_{\text{LC}}^{\text{E}}}{RT} =& 2y_\pm \left(\frac{y_2 G_{21} \tau_{21} + y_3 G_{31} \tau_{31}}{y_\pm + y_2 G_{21} + y_3 G_{31}} \right) + y_2 \left(\frac{2y_\pm G_{12} \tau_{12} + y_3 G_{32} \tau_{32}}{2y_\pm G_{12} + y_2 + y_3 G_{32}} \right) \\ &+ y_3 \left(\frac{2y_\pm G_{13} \tau_{13} + y_2 G_{23} \tau_{23}}{2y_\pm G_{13} + y_3 + y_2 G_{23}} \right) \end{aligned} \tag{2.42}$$

$$\frac{g_{\text{PDH}}^{\text{E}}}{RT} = -\frac{40}{\rho} \sqrt{\frac{10}{M}} \left(A_\phi y_\pm \right) \ln \left(\frac{1 + \rho \sqrt{y_\pm}}{1 + (\rho/\sqrt{2})} \right) \tag{2.43}$$

Simoni 等[15] 采用二元系得到的相互作用参数预测了含离子液体三元系统的 LLE，发现 e-NRTL 模型明显优于 NRTL 和 UNIQUAC 模型。应该指出，新的 e-NRTL 模型也不能完全捕捉系统的物理行为 (如离子液体的部分电离)，但为进一步完善模型提供了思路。

离子液体种类虽多，组成其基团的数目却有限，人们已开始将基团贡献活度系数模型应用到离子液体中，主要是 UNIFAC 模型[17,18]。

3. 链流体状态方程

在 LLE 和压力不太高的 VLE 计算中，活度系数模型有其优势。但在系统压力较高的 VLE 计算中，气相的非理想性则不能用活度系数模型描述，况且还要涉及参考态的选择问题，此时选用状态方程比较方便。除了立方型状态方程外[5~7]，方阱链流体 (SWCF) 状态方程[19]、截断微扰链极性统计缔合流体理论 (tPC-PSAFT) 状态方程[20]、微扰硬球理论 (PHST) 状态方程[21] 和软势统计缔合流体理论 (soft-SAFT) 方程[22] 等都在离子液体混合物相平衡计算中有其应用。

tPC-PSAFT 状态方程[20] 的基本构架是将系统的剩余亥姆霍兹函数 $a^{res}(T, \rho)$ 表述成硬球、成链、色散、缔合和极性相互作用的贡献, 如式 (2.44) 所示:

$$\frac{a^{res}}{RT} = \frac{a^{hs}}{RT} + \frac{a^{chain}}{RT} + \frac{a^{disp}}{RT} + \frac{a^{assoc}}{RT} + \frac{a^{polar}}{RT} \tag{2.44}$$

该状态方程的关键是引入了一个有效极化直径, 从而可用一个简单的表达式来同时考虑二偶极/二偶极、四偶极/四偶极、二偶极/四偶极的相互作用。原则上, 对于存在氢键的系统, 方程有 6 个分子参数, 它们是链节数、链节体积、链节色散能、缔合能、缔合体积参数和有效极化直径, 此外也需要分子的偶极矩。Kroon 等 [20] 提出了一个简单的方法来确定这些参数, 首先利用带不同侧链的苯来模拟咪唑基离子液体中阳离子的链节体积和链节色散能参数, 然后根据组合规则并利用文献中阴离子的参数得到离子液体分子的链节体积和链节色散能参数。链节数则根据物质的密度回归得到, 有效极化直径和偶极矩类比于甲醇的值。考虑到 CO_2 气体和离子液体间存在缔合作用 (Lewis 酸和 Lewis 碱作用), Kroon 等[20] 利用 CO_2 气体在离子液体中的溶解焓和溶解熵近似计算模型中的缔合能和缔合体积参数。至此, 所有参数都已解决。虽然 Kroon 等[20] 并没有提供 pVT 数据的关联结果, 但由于链节数是根据物质密度回归的, 该方程应该能关联离子液体系统的 pVT 数据。为了提高计算混合物相平衡的精度, 可在方程中引入一个可调参数用来校正交叉色散能。研究发现这一参数与温度呈非常良好的线性关系, 这也预示着该方程在一定程度上具备预测相平衡数据的能力。

Qin 等 [21] 在 PHST 状态方程的基础上设想经两步将一个溶质分子引入到离子液体溶剂中: 第一步是在溶剂中产生一个溶质分子大小的空穴, 第二步是给空穴充以适当的势能, 从而建立了气体在离子液体中溶解度的亨利常数模型, 如 (2.45) 所示:

$$\ln(HV_m/RT) = G_{hs}/RT + G_i/RT \tag{2.45}$$

式中, V_m 为溶剂的摩尔体积; G_{hs} 和 G_i 分别为摩尔硬球空穴形成能和溶质–溶剂相互作用能。G_{hs} 采用定标粒子理论计算, G_i 包含了色散、诱导、二偶极和四偶极的贡献。对于溶剂分子, 方程包含阴阳离子的直径、阴阳离子的色散能和摩尔体积 5 个参数。对于溶质分子则需要分子直径、极化率和色散能 3 个参数。如果是极性溶质分子, 还需要二偶极矩和四偶极矩 2 个参数。目前只能采用经验计算方法获得这些参数。由于模型将离子液体中的阴阳离子近似为球形质点, 且多为经验计算, 因此, 该方程对亨利常数的预测结果并不理想。改善的措施除了方程本身需进一步修正外 (如在 G_i 项中考虑成链作用), 还可以利用实验数据回归得到离子液体的阴阳离子参数。

soft-SAFT 方程[22] 将离子液体考虑成链状分子, 以 Lennard-Jones 球型流体为参考流体, 其中包含排斥和吸引贡献。缔合贡献采用了与 tPC-PSAFT 方程[20] 相同的形式, 成链项则采用了 Lennard-Jones 流体的径向分布函数。由于研究的是 CO_2 溶解问题, Andreu 等[22] 仅考虑了 CO_2 分子的四偶极–四偶极相互作用。方程含有链节数、链节直径、链节作用能、缔合能、缔合体积参数和四偶极矩等参数。咪唑类离子液体的缔合能和缔合体积参数取固定值。链节数、链节直径和链节作用能可根据离子液体的密度数据拟合, 它们都与离子液体的相对分子质量有简单的线性关系。这样构筑的模型能捕捉到 CO_2 在离子液体中的溶解行为, 尤其能再现溶解度增加时压力急剧上升的现象。

方阱链流体 (SWCF) 状态方程[19] 的基本思路是将离子液体分子看成是由链节构成的链状分子组成, 系统的压缩因子可表示为硬球、成链、方阱作用和缔合贡献, 如式 (2.46) 所示:

$$z = 1 + z_{hsm} + z_{chain} + z_{attrc} + z_{assoc} \tag{2.46}$$

式中, z 为压缩因子; z_{hsm} 为硬球贡献压缩因子; z_{chain} 为成链贡献压缩因子; z_{attrc} 为方阱作用贡献压缩因子; z_{assoc} 为缔合贡献压缩因子。

对于纯离子液体, 此方程有链节数、链节直径、链节能、缔合能和缔合体积 5 个参数, 它们可由纯物质的 pVT 数据拟合得到。在不考虑离子液体含氢键的情况下, 对 21 种离子液体在宽的温度和压力范围内的 pVT 数据关联, 不仅可获得状态方程中有关离子液体的分子参数, 而且计算的体积平均误差小于 0.2%。图 2.23 是方程计算结果和实验结果的比较。如拓展到混合物, 可引入可调参数来计算不同链节间的方阱作用能。该方程用于关联 CO_2 气体在离子液体中的溶解度时误差为 3.14%[19], 图 2.24 是溶解度计算结果和实验结果的直观比较。

为从有限的 pVT 数据中获取离子液体的分子参数, 使 SWCF 方程具备预测功能, 可进一步将离子液体设想为不同链节的 "非均核链分子" 构成。对于咪唑类离子液体, 一种链节为咪唑环与阴离子构成, 另一链节为咪唑阳离子上的取代烷

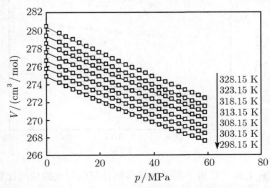

图 2.23　离子液体 [C₄mim][Tf₂N] 体积的计算结果 (线) 和实验结果 (点) 的比较

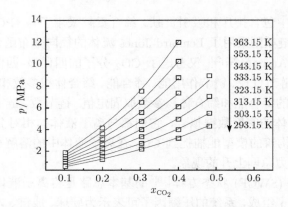

图 2.24　CO_2 在离子液体 [C4mim][BF4] 溶解度的计算结果 (线) 和实验结果 (点) 的比较

基，整个分子由链节 1 和链节 2 按嵌段方式 "共聚" 构成，如图 2.25 所示。

图 2.25　离子液体模拟成非均核嵌段共聚分子示意图

　　链节 2 (烷基取代基) 的分子参数与碳原子数有关，可用经验公式计算，链节 1 (咪唑环与阴离子) 的参数则利用一定取代基长度下离子液体系统的 pVT 数据拟合得到。于是，系统的热力学性质就可利用建立的共聚高分子状态方程[23] 进行计算了。对所研究的体系，体积关联和预测的相对误差分别为 0.62% 和 3.24%，对 22 套 VLE 数据关联的平均误差为 5.38%[24]。图 2.26 是采用共聚高分子状态方程计算的几种离子液体的体积和实验结果的比较。图 2.27 是 VLE 平衡计算结果与

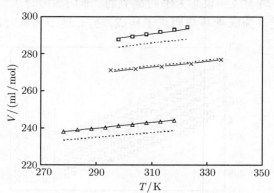

图 2.26　常压下离子液体体积计算值与实验值的比较

◇：[Ph(CH$_2$)$_1$-mim][Tf$_2$N]；△：[C$_6$mim][PF$_6$]；×：[C$_3$mmim][Tf$_2$N]；实线：关联；虚线：预测

实验结果的比较，其中，实线是 298.15 K 时的关联结果，此时可获得可调参数，利用得到的可调参数可预测其他温度下的 VLE，见图 2.27 中的虚线示意。

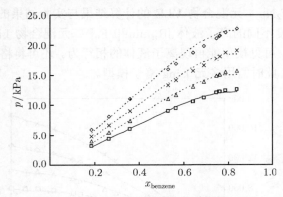

图 2.27　苯 +[C$_8$mim][BF$_4$] 系统的 VLE

□：298.15 K；△：303.15 K；×：313.15 K；实线：关联；虚线：预测

4. 格子模型

离子液体的 LLE 相图与高分子系统有许多相似之处，经典的 Flory-Huggins 模型也可应用到离子液体中，但需采用经验方法来表述相互作用参数[25]。最近，Yang 等[26] 借鉴化学缔合理论的思路，建立了一个新的二元格子模型，系统的混合亥姆霍兹函数由三部分组成：无热熵、Ising 格子混合亥姆霍兹函数和成链贡献，如式 (2.47) 所示：

$$\frac{\Delta_{\text{mix}}A}{N_r kT} = \frac{\phi_1}{r_1}\ln\phi_1 + \frac{\phi_2}{r_2}\ln\phi_2 + \frac{z}{2}\left[\phi_1\frac{q_1}{r_1}\ln\frac{\theta_1}{\phi_1} + \phi_2\frac{q_2}{r_2}\ln\frac{\theta_2}{\phi_2}\right]$$
$$+ \frac{z}{2T^*}\phi_1\phi_2 - \frac{z}{4T^{*2}}\phi_1^2\phi_2^2 - \frac{z}{12T^{*3}}\phi_1^2\phi_2^2(\phi_1^2+\phi_2^2)$$
$$- \sum_{i=1}^{2}\frac{r_i-1+\lambda_i}{r_i}\phi_i\ln\left\{\frac{1+\phi_2[\exp(1/T^*)-1]}{1+\phi_1\phi_2[\exp(1/T^*)-1]}\right\} \tag{2.47}$$

体积分数 ϕ_i 和面积分数 θ_i 采用式 (2.48) 计算：

$$\phi_i = \frac{N_i r_i}{\sum\limits_{i=1}^{2} N_i r_i}, \quad \theta_i = \frac{N_i q_i}{\sum\limits_{i=1}^{2} N_i q_i} \text{ 且 } zq_i = r_i(z-2)+2 \tag{2.48}$$

式中，r 为链节数；z 为配位数；对比温度 $T^* = kT/\varepsilon$，ε 为分子 1 和 2 间的交换能。模型的具体表达式借助了计算机模拟数据以确定参数 λ(链节间长程相关作用)，这是一个典型的现代分子热力学研究方法。该模型能再现包括具有 UCST、LCST、同时具有 UCST 和 LCST、计时沙漏、环形等类型的相图，表现出较广的实用性。

对离子液体和溶剂组成的二元系统,假定溶剂的链节数 $r_i = 1$,模型参数 (离子液体的链节数 r_2 和交换能参数 ε) 可根据实验数据拟合得到。图 2.28 是不同温度下乙醇和 [bmim][Tf$_2$N] 二元混合物 VLE 的计算结果与实验结果的比较,图 2.29 是正丁醇和侧链长度不同的离子液体 [R$_n$mim][PF$_6$] 二元混合物 LLE 的计算结果与实验结果的比较,可见模型能再现离子液体的相行为。还可将格子模型 2.47 推广到三元或多元系,此时需用多元 Ising 格子模型。

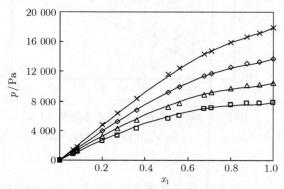

图 2.28   乙醇 $(x_1)+$ [bmim] [NTf$_2$] 的 VLE

□: 298.15 K; △: 303.15 K; ◇: 308.15 K; ×: 313.15 K

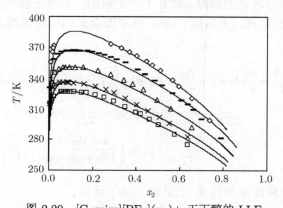

图 2.29   [C$_n$mim][PF$_6$]$(x_2)+$ 正丁醇的 LLE

□: [C$_8$mim]; ×: [C$_7$mim]; △: [C$_6$mim]; −: [C$_5$mim]; ◇: [C$_4$mim]

由于建立的是密堆积格子模型,没有考虑压力的影响,在计算离子液体的 VLE 时将气相视为理想气体,限制了模型的进一步应用。分两步可建立格子流体状态方程,首先由组分 1 和 2 混合成密堆积格子流体并将此流体视为虚拟纯物质,再进一步与空穴 (链节数为 1) 混合成实际流体。两步混合过程都可直接使用模型 2.47,虚拟纯物质的模型参数可采用一定的组合规则。最终的表达式为[27]

$$\tilde{p} = \tilde{T}\left\{-\ln(1-\tilde{\rho}) + \frac{z}{2}\ln\left[\frac{2}{z}\left(\frac{1}{r_a}-1\right)\tilde{\rho}+1\right]\right\}$$

$$-\frac{z}{2}\tilde{\rho}^2 - \frac{z}{4}\frac{1}{\tilde{T}}\left(3\tilde{\rho}^4 - 4\tilde{\rho}^3 + \tilde{\rho}^2\right) - \frac{z}{12}\frac{1}{\tilde{T}^2}\left(10\tilde{\rho}^6 - 24\tilde{\rho}^5 + 21\tilde{\rho}^4 - 8\tilde{\rho}^3 + \tilde{\rho}^2\right)$$

$$+\frac{r_a - 1 + \lambda_a}{r_a}\tilde{T}\tilde{\rho}^2 \frac{[1 + D_1(1-\tilde{\rho})]^2 - 1}{[1 + D_1(1-\tilde{\rho})][1 + D_1\tilde{\rho}(1-\tilde{\rho})]} \tag{2.49}$$

式中，$D_1 = \exp(1/\tilde{T}) - 1$；$\tilde{p}$、$\tilde{\rho}$ 和 $\tilde{T}$ 分别为对比压力、对比密度和对比温度，计算方法如式 (2.50) 所示：

$$\tilde{T} = \frac{T}{\varepsilon_{aa}/k}, \quad \tilde{p} = \frac{pv^*}{\varepsilon_{aa}}, \quad \tilde{\rho} = \frac{N_r v^*}{V} \tag{2.50}$$

其中，r_a 和 ε_{aa} 为虚拟纯物质的链节数和能量参数，采用组合规则计算：

$$r_a^{-1} = \phi_1/r_1 + \phi_2/r_2 \tag{2.51}$$

$$\varepsilon_{aa} = \theta_1^2 \varepsilon_{11} + 2\theta_1\theta_2\varepsilon_{12} + \theta_2^2\varepsilon_{22} \tag{2.52}$$

对于纯物质，$\varepsilon_{aa} = \varepsilon$, $r_a = r$，因此模型只有 3 个参数，即链节数 (r)、单体相互作用能 (ε) 和每个单体的硬核体积 (v^*)，它们由纯物质的 pVT 数据关联得到，通常取 $v^* = 9.75\text{cm}_3/\text{mol}$。图 2.30 是离子液体 [C$_4$mim][PF$_6$] 密度的计算结果和实验结果的比较。对混合物相平衡的计算只需引入可调参数 κ_{12}，如式 (2.52) 中的 ε_{12}，即 $\varepsilon_{12} = (1 - \kappa_{12})\sqrt{\varepsilon_{11}\varepsilon_{22}}$，如无可调参数则为预测。图 2.31 中的线是丙醇 + [C$_8$mim][BF$_4$] 系统 VLE 的计算结果，符号为实验结果，不同温度下的可调参数相同，可见采用一个与温度无关的 κ_{12} 即可满意关联系统的 VLE。

在上述模型的基础上可建立基团贡献格子流体状态方程。目前已有人尝试，如基团贡献非随机格子模型 (GC-NLF) 状态方程[28,29]。

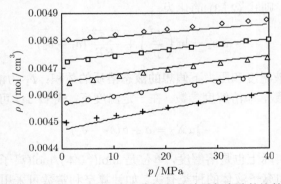

图 2.30　[C$_4$mim][PF$_6$]密度的计算结果与实验的比较

◇: 298.15 K; □: 328.15 K; △: 348.15 K; ○: 373.15 K; ×: 398.15 K

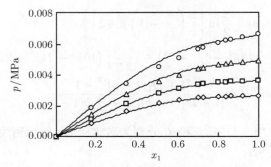

◇: 298.15 K；□: 303.15 K；△: 308.15 K；○: 313.15 K

图 2.31   丙醇 +[C$_8$mim][BF$_4$] 的 VLE

5. 正规溶液理论 —— 离子液体溶解度参数的估算方法

近年来，CO$_2$ 气体减排受到各国政府的普遍重视，离子液体吸收 CO$_2$ 的研究方兴未艾，文献中发表了大量的溶解度数据，以上介绍的状态方程和格子流体模型应用的对象也主要集中于 CO$_2$ 和离子液体组成的系统。如何构筑一个相对简单的工程热力学模型，从离子液体的其他性质 (如熔点、表面张力和黏度等) 出发关联和预测 CO$_2$ 在离子液体中的溶解度成为新的研究课题。下面介绍该方法，其理论基础是 Hildebrand-Scatchard 的正规溶液理论。

考虑离子液体 (1) 和气体 (2) 组成的系统，当达到溶解平衡时有

$$f_2^G = y_2 \phi_2 p = x_2 \gamma_2 f_2^0 \tag{2.53}$$

式中，符号的意义依次为溶质在气相中的逸度 f_2^G、摩尔分数 y_2、逸度系数 ϕ_2、系统的压力 p、溶质在液相中的组成 (溶解度)x_2、活度系数 γ_2 和溶质在假想液态下的逸度 f_2^0。考虑到离子液体几乎不挥发并假设气相压力较低，活度系数 γ_2 采用正规溶液模型计算，则式 (2.53) 简化为

$$-\ln x_2 = \ln\left(\frac{f_2^0}{p}\right) + \frac{V_2 \Phi_1^2}{RT}\left(\delta_1 - \delta_2\right)^2 \tag{2.54}$$

式中，V_2 为在溶液温度和压力下假想的液态溶质的体积；Φ_1 为溶剂的体积分数；δ 为 Hildebrand 参数，即溶解度参数。在一定温度下，式 (2.54) 可简化为

$$-\ln X_2 = a + b\left(\delta_1 - \delta_2\right)^2 \tag{2.55}$$

这里的 X_2 实际上也是溶解度，单位是 mol(气体)/mol(离子液体)·kPa。a 和 b 为常数，与气体和离子液体的种类有关。如计算亨利常数可采用式 (2.56)：

$$\ln\left[H_{2,1}\left(\text{kPa}\right)\right] = \alpha + \beta\left(\delta_1 - \delta_2\right)^2 \tag{2.56}$$

式中，α 和 β 为经验参数。简化的溶解度模型式 (2.55) 和式 (2.56) 需要物质的溶解度参数 δ，它是物质黏附能密度的根方，可根据气化能 (与气化热有关) 和体积比的根方计算。气体的 δ 已有丰富的数据可供查用和计算。由于离子液体可忽略的蒸气压，目前还无法得到气化热。但气化热与物质的沸点有关，沸点又与熔点相关，沿着这一思路，Scovazzo 等[30] 最先利用离子液体的熔点来估算溶解度参数：

$$\delta_1 = (K_T T_{1,m}/V_1)^{1/2} \tag{2.57}$$

式中，K_T 为比例系数；$T_{1,m}$ 为离子液体的熔点；V_1 为离子液体的体积 (cm^3/mol)。如果离子液体只有玻璃化温度，该方法无效。Camper 等[13] 则采用经验方法计算离子液体的格子能密度，最终得到了溶解度参数的计算公式：

$$\delta_1 = \left[\left(\frac{2.56 \times 10^6 z_1 z_2}{V_1^{4/3}} \right) \left(1 - \frac{0.367}{V_1^{1/3}} \right) \right]^{1/2} \tag{2.58}$$

式中，z 为离子电荷。Camper 等[13] 采用这种方法计算离子液体的溶解度参数并进一步用式 (2.56) 关联亨利常数，效果良好。

黏附能密度与黏附功成正比，后者是产生一个新表面所需要的功，其大小与界面张力有关。基于这一关系，Kilaru 等[31] 提出了根据离子液体表面张力估算溶解度参数的方法：

$$\delta_1 = \left(\frac{4.78 \times 10^{-8} N_A^{1/3} K_s \sigma}{V_1^{1/3}} \right)^{1/2} \tag{2.59}$$

式中，σ 和 V_1 分别为离子液体的表面张力 (dyn/cm) 和体积 (cm^3/mol)；K_s 为比率系数，即体相中紧邻分子间相互作用的数目和表面处对应数目之比，与温度无关。采用这种方法计算的溶解度误差在 $\pm 15\%$ 以内。另一方面，汽化能可根据黏度的活化能估算，据此，Kilaru 等[32] 进一步建立了根据离子液体黏度估算溶解度参数的方法：

$$\delta_1 = \left\{ \frac{K_v RT}{V_1} \ln \left[\frac{(1 \times 10^{-9}) \mu V_1}{h N_A} \right] \right\}^{1/2} \tag{2.60}$$

式中，μ 为离子液体的黏度 (cP)；h 为 Plank 常量；K_v 为比例系数。该法计算误差在 $\pm 25\%$ 以内。

2.4.2 研究方法及关键科学问题

由于离子液体结构上的不对称性，电荷分布的方向性以及因静电作用、范德华力、氢键等复杂的相互作用导致系统中存在离子、离子对、氢键缔合体、分子等流体结构的复杂性都直接增加了建立热力学模型的困难性，在模型的构建中必须综合考虑离子液体结构的特殊性和相互作用的多样性，即准确可靠的模型将主要取决于构造的物理模型与实际离子液体图像间的逼近程度。根据统计力学理论，只要知道流体分子间的相互作用能随分子间距离的变化关系即势能函数，就可以计算系统的正则配分函数，进而得到系统的亥姆霍兹函数，并进一步通过热力学普遍关系式，由亥姆霍兹函数求导得到状态方程、热力学能、焓、熵、化学势等其他热力学性质，可见统计力学是联系微观的分子结构和相互作用与宏观热力学性质的桥梁，但关键是要有合适的势能函数模型。即便如此，借助配分函数的统计力学方法也必须引入合理的近似才能得到解析式的分子热力学模型。因此，在构筑模型上必须采用现代分子热力学的研究方法，该方法首先以严格的统计力学为基础导出模型，再借助于计算机模拟数据拟合得到模型的普适性参数，最后依据实验数据关联出模型的分子参数。在模型的开发中，弄清系统中分子间相互作用的种类和大小至关重要，它将决定势能函数的具体形式。虽然理论上可以用量子力学方法计算分子间的相互作用，但计算的准确性尚有待进一步提高。实用上更多的是采用近似的势能函数模型，以便于计算机数值计算，这对获得分子热力学模型中的普适性参数极为关键。目前文献中的工作，大都是已有模型的拓展应用，在使用时不同研究者采用的方法、假设和近似各不相同。其中，对静电作用和氢键作用的处理尤为突出，这也是今后在建立更加准确的分子热力学模型时必须解决的关键科学问题。

目前，大都将离子液体视为"离子缔合体"或中性的"离子簇"，这些"离子缔合体"将屏蔽掉离子间长程库仑力，因而视为中性的"离子簇"，即将离子液体处理成弱电解质，可方便使用传统的非电解质溶液的过量 Gibbs 自由能模型和传统的立方型状态方程。PR 方程、RK 方程和 NRTL 模型等在离子液体的 VLE、LLE 中的成功应用表明，将离子液体视为分子不失为一种好的近似。另一方面，离子液体在溶剂中的电导率通常会提高 10~20 倍，说明"离子缔合体"或中性的"离子簇"会电离成离子。实验检测发现，离子液体 $[C_2mim]Br$ 在乙腈中，裸露离子的摩尔分数不超过 15%，其余以"离子簇"的形式存在[33]，但这一实验并未否认裸露离子的存在。因而在建立模型时既要考虑"离子簇"又要顾及裸露的离子，既要考虑分子/分子间的相互作用，又要考虑离子/离子、离子/分子间的相互作用，完全的中性"离子簇"或完全电离都有违客观事实。当考虑带电基团间的相互作用时，可选择同时考虑了二偶极/二偶极、四偶极/四偶极、二偶极/四偶极等相互作用的多极矩近似方法，典型的例子有 tPC-PSAFT 状态方程[20] 和 soft-SAFT 方程[22]。另一可行的方案是：将溶剂考虑成介电常数为 ε 的连续介质，将离子液体拆分为不同大小的带电和不带电链节通过成链方式构成，则系统的剩余亥姆霍兹函数可由式 (2.61) 得到：

$$A^r = A - A^{id} = A^r(mono) + A^{chain} \tag{2.61}$$

式中，第一项为离子液体链以单体存在时 (带电和不带电的硬球混合物) 的剩余亥姆霍兹函数，采用 Blum 的平均球近似 (MSA)[34]，即 $A^r(\text{mono})$ 为硬球混合物的贡献和对部分硬球进行充电的静电作用的贡献之和，其中前者采用 MCSL 方程计算[35]；第二项为成链对亥姆霍兹函数的贡献，可采用 Stell-Stell 的化学缔合模型[36] 来描述，但必须借助计算机模拟数据 (如渗透压) 获得空穴相关函数中的普适性参数。

如在活度系数模型中考虑离子/离子、离子/分子间的相互作用，可选择 e-UNIFAC 模型[37] 和 e-NRTL 模型[15]，但要注意它们并不适用于部分电离的离子液体系统。考虑离子液体的电离平衡并引入一个电离平衡常数或许不失为一种可行的方法。

研究表明，当离子液体中存在 N、O 和 F 等元素时，系统内粒子间将存在氢键作用。对于氢键的处理，目前主要采用 Wertheim 的热力学微扰理论[38]，则式 (2.44) 中的缔合贡献为

$$a_{\text{assoc}} = \rho kT \sum_i x_i \sum_\alpha \left(\ln X_i^\alpha - \frac{X_i^\alpha}{2} \right) + \frac{M_i}{2} \tag{2.62}$$

式中，M_i 为 i 分子中每个分子的缔合位置数；X_i^α 为 i 分子中在位置 α 处未缔合分子的摩尔数。X_i^α 的计算涉及缔合强度，它与缔合能和缔合体积参数有关。有些混合系统，不仅存在自缔，而且存在交缔，如何获得这些参数成为模型使用的关键。在 tPC-PSAFT 状态方程[20] 中，未考虑离子液体本身的自缔合，而离子液体与 CO_2 分子间的交叉缔合作用被着重强调，并用气体溶解焓和溶解熵近似估算交叉缔合能 $\delta\varepsilon_{\alpha\beta}$ 和交叉缔合体积参数 $\kappa_{\alpha\beta}$：

$$\delta\varepsilon_{\alpha\beta}/k \approx -\Delta H_{\text{dissol}}, \kappa_{\alpha\beta} \approx \exp\left(\frac{\Delta S_{\text{dissol}}}{R} \right) \tag{2.63}$$

在 soft-SAFT 方程中[22]，只考虑了离子液体的自缔合，但 [$C_x$mim] [BF_4] 和 [$C_x$mim] [PF_6] 的自缔合能和缔合体积参数被规定相同，这当然是近似处理。

另一处理缔合贡献的思路是基于化学缔合模型[36]，亥姆霍兹函数可写成[23]：

$$\frac{a_{\text{assoc}}}{RT} = \sum_{i=1}^K \sum_{l=1}^M r_{l(i)}^{\text{ass}} x_i \left[\ln X_l + \frac{1}{2}(1 - X_l) \right] \tag{2.64}$$

式中，$r_{l(i)}^{\text{ass}}$ 为分子 i 中在 l 链节上的缔合位置数；X_l 为 l 链节上未缔合的分数，可采用式 (2.65) 计算：

$$X_l = \left(1 + \sum_{j=1}^K \sum_{m=1}^M r_{m(j)}^{\text{ass}} \rho_{j0} X_m \Delta_{lm} \right)^{-1} \tag{2.65}$$

$$\rho_{j0}\Delta_{lm} = \frac{\pi}{3} \sigma_{lm}^3 \rho_{j0} y_{lm}^{(2e)} \left(e^{\delta\varepsilon_{lm}/k} - 1 \right) \kappa_{lm} \tag{2.66}$$

式中，ρ、σ 和 y 分别为数密度、链节直径和有效空穴相关函数。同样，这一缔合模型中新增的缔合能 $\delta\varepsilon_{lm}$ 和缔合体积参数 κ_{lm} 需要合适的方法确定。

2.4.3　研究前沿

合适的势能函数模型是建立分子热力学模型的基础，势能函数研究的最新进展必将引领离子液体热力学模型的研究前沿。最简单也是实际中应用较多的是方阱势能模型，它实际上是硬球和吸引势的组合，方阱链流体 (SWCF) 状态方程即是基于此势能模型导出的 [19]。原先的方阱势的阱宽仅限于 1.5，目前已突破这一限制，SAFT-VR 方程即是一例 [39]。硬球和吸引势组合的例子还有三角势能，Sutherland 势能和 Yukawa 势能模型。Sutherland 势能模型中的参数 γ (反映了势能作用的有效范围) 可取不同值，用于描述不同流体的性质，如离子流体。最近，Mi 等[40] 基于一阶平均球近似理论评价了当 $\gamma = 3.1{\sim}36$ 时流体的性质。Yukawa 势能模型最初是在核物理研究中提出的一种表达式。在经典电解质流体理论中由于屏蔽的库仑势表现为 Yukawa 势，这在电解质、带电聚合物、熔盐等体系普遍存在，从而使得对 Yukawa 势能流体研究得到进一步发展。对于 Yukawa 流体混合物，于养信等[41] 建立了解析式的热力学模型。

一般分子间既有排斥作用又有吸引作用，对于非极性分子，通常以色散作用近似吸引作用，最常用的势能函数模型是 Lennard-Jones 模型 (简称 LJ 势)，soft-SAFT 方程[22] 即是基于 LJ 势建立的例子。在 LJ 势中，排斥项用 12 次方表示，而吸引项用 6 次方表示，这也仅仅是一种近似，在统计力学处理上有一定的方便之处。以色散作用为例，理论研究表明，它还应该包含 8 次方、10 次方项等更高次方的项[42]，而排斥项则用指数函数更符合实际情况，因而将有不同的 LJ 势能函数模型。这些模型虽然描述分子间作用比较精确，但计算也比较复杂，在统计力学中很少使用，主要原因是由此而引起的数学处理上的困难太大，难以得到分子热力学模型的解析式。实际上，离子液体系统中会同时存在几种相互作用，如 LJ 作用与静电作用共存、硬球排斥与静电作用共存等，不同的组合可以用于描述不同粒子间的作用势能。因此，必须及时把握目前势能模型研究的最新成果并充分利用积分方程理论、微扰理论和计算机分子模拟等处理方法和手段将合适的势能函数 (例如，具有一定 γ 值的 Sutherland 势或 Yukawa 势) 拓展到离子液体系统中。

除了上述理论研究热点外，另一热点问题是如何使已有模型具备预测能力。一个好的热力学模型应该具有预测多元系统或实验未尽系统相平衡数据的能力，使模型真正成为海量相平衡数据的 "存储器"，而热力学模型的应用关键是如何获得用于描述物质和系统特征的模型参数，此时，基团贡献法发挥了不可替代的作用。目前已开始利用 UNIFAC 模型研究离子液体的相平衡 [17,18]。由于无限稀释活度系数 γ_i^∞ 的测量相对简单而且数据丰富，可利用 γ_i^∞ 的实验数据回归得到新基团的体积参数、面积参数以及基团间相互作用参数，而一些 γ_i^∞ 还无实验结果的系统则采用基团贡献法预测。此外，一种以量子力学与统计力学相结合的计算流体性质的简化方法 ——COSMO-RS[43] 也可计算无限稀释活度系数 γ_i^∞。COSMO-RS 的基本原理是将溶剂近似处理为连续导电介质，根据密度泛函理论 (DFT) 计算分子屏蔽电荷分布，得到分子间相互作用的分布函数，然后结合统计力学方法计算体系的宏观性质，它已被大量应用到离子液体中，当然包括 γ_i^∞，但计算的准确性不是太高，但也可利用构–效关系 QSPR 估算 γ_i^∞[44]。

基团贡献状态方程的思路也是利用基团参数计算状态方程中的分子参数，但计算方法因人而异。在基团贡献 SFAT 状态方程 (GC-SAFT) 中[45]，链节数 m、链节直径 σ：链节作用能 ε 分别采用式 (2.67) 和式 (2.68) 计算：

$$m_{\text{molecule}} = \sum_{i=1}^{M} n_i m_i, \quad \sigma_{\text{molecule}} = \sum_{i=1}^{M} n_i \sigma_i \Big/ \left(\sum_{i=1}^{M} n_i \right) \tag{2.67}$$

$$\varepsilon_{\text{molecule}} = \left(\sum_{i=1}^{M} \varepsilon_i^{n_i} \right)^{1/n}, \quad n = \sum_{i=1}^{M} n_i \tag{2.68}$$

式中，m_i，σ_i 和 ε_i 分别为基团 i 对链节数、链节直径和作用能的贡献；n_i 为分子中基团 i 的数目；M 为分子中基团种类数。

在基团贡献 PC-SFAT 状态方程 (GC-PC-SAFT) 中[46]，一级基团 (FOG) 和二级基团 (SOG) 被分别引入以考虑分子的精细结构。此时，链节数 m、链节直径 σ_i、链节作用能 ε 分别采用式 (2.69)、式 (2.70) 和式 (2.71) 计算：

$$m_{\text{molecule}} = \sum_{i=1} (n_i m_i)_{\text{FOG}} + \sum_{j=1} (n_j m_j)_{\text{SOG}} \tag{2.69}$$

$$(m\sigma^3)_{\text{molecule}} = \sum_{i=1} (n_i m_i \sigma_i^3)_{\text{FOG}} + \sum_{j=1} (n_j m_j \sigma_j^3)_{\text{SOG}} \tag{2.70}$$

$$(m\varepsilon/k)_{\text{molecule}} = \sum_{i=1} (n_i m_i \varepsilon_i/k)_{\text{FOG}} + \sum_{j=1} (n_j m_j \varepsilon_j/k)_{\text{SOG}} \tag{2.71}$$

应该指出，上述两种基团贡献状态方程拓展到混合物时，必须使用可调参数以计算交叉作用能 ε_{ij}，即它们还不是完全的预测模型，在离子液体中的效果也有待考察。

最近，Breure 等[47] 将 Skjold-Jørgensen 建立的基团贡献状态方程[48] 拓展到了离子液体系统中。系统的剩余亥姆霍兹函数可写成：

$$(A^R/RT)_{T,V,n} = (A^R/RT)_{\text{fv}} + (A^R/RT)_{\text{att}} \tag{2.72}$$

自由体积的贡献 $(A^R/RT)_{\mathrm{fv}}$ 采用下式计算：

$$(A^R/RT)_{\mathrm{fv}} = 3\left(\frac{\lambda_1\lambda_2}{\lambda_3}\right)(Q-1) + \left(\frac{\lambda_2^3}{\lambda_3^2}\right)(Q^2 - Q - \ln Q) + n\ln Q \tag{2.73}$$

式中，

$$\lambda_k = \sum_j^{N_C} n_j d_{k,j}, \ \ Q = (1 - \pi\lambda_3/6V)^{-1} \tag{2.74}$$

式中，n 为总物质的量数；N_C 和 V 分别为组分数和体积。硬球直径 d 可利用式 (2.75) 计算：

$$d = 1.065\,655 d_c\,[1 - 0.12\exp(-2T_c/3T)] \tag{2.75}$$

式中，d_c 为物质在临界温度 T_c 时的硬球直径。临界温度 T_c 按基团贡献法确定[8,9]，临界直径 d_c 采用基团贡献法确定的 van der Waals 体积计算，R_k 为基团 k 对体积的贡献值 [式 (2.76)]。

$$V_i = \sum_{k=1} v_{i,k} R_k \tag{2.76}$$

式 (2.72) 中的吸引贡献 $(A^R/RT)_{\mathrm{att}}$ 采用 NRTL 模型的基团贡献版本计算如式 (2.77) 所示：

$$(A^R/RT)_{\mathrm{att}} = -\left(\frac{z}{2}\right)\sum_{i=1}^{N_C} n_i \sum_{j=1}^{N_G} v_{i,j} q_j \sum_{k=1}^{N_G} \theta_k\,(g_{kj}\tilde{q}\tau_{kj}/RTV)\Big/\sum_{L=1}^{N_G}\theta_l\tau_{lj} \tag{2.77}$$

其中，

$$\theta_k = (q_k/\tilde{q})\sum_{i=1}^{N_C} n_i v_{i,k}\tilde{q} = \sum_{i=1}^{N_C} n_i \sum_{j=1}^{N_C} v_{i,j} q_j \tag{2.78}$$

$$\tau_{kj} = \exp\left(\alpha_{kj}\Delta g_{kj}\tilde{q}/RTV\right), \quad \Delta g_{kj} = g_{kj} - g_{jj} \tag{2.79}$$

式 (2.71) 中，z 一般取 10；$v_{i,j}$ 为分子 i 中 j 基团的数目；q_j 为基团 j 的面积参数；θ_k 为基团 k 的面积分数；$\tilde{q}$ 为总的面积链节数；g_{ij} 和 α_{ij} 分别为链节间的相互作用和对应的非随机因子。

不同链节间相互作用 g_{ij} 定义为

$$g_{ij} = k_{ij}\sqrt{g_{ii}g_{jj}} \tag{2.80}$$

式中，k_{ij} 为二元交互作用参数，实际上也是一个可调参数。g_{ii} 和 k_{ij} 可表示成温度的函数，如式 (2.81) 和式 (2.82) 所示：

$$g_{ii} = g_{ii}^*\,[1 + g_{ii}'\,(T/T_i^* - 1) + g''_{ii}\ln T/T_i^*] \tag{2.81}$$

$$k_{ij} = k_{ij}^* \left[1 + k_{ij}' \ln \left(2T / \left(T_i^* + T_j^* \right) \right) \right] \tag{2.82}$$

式中，T_i^* 为基团 i 的参考温度，可任意取值。实际应用时，必须由实验数据确定纯基团常数 T_i^* 和 q_i，纯的基团能量参数 g_{ii}^*、g_{ii}' 和 g''_{ii}，基团与基团间交互作用参数 k_{ij}^*、k_{ij}'、α_{ij} 和 α_{ji}。Breure 等[47] 利用上述方法得到了几种离子液体的基团参数并预测了 CO_2 气体在离子液体中的溶解度，效果较好。其中，他们将咪唑环与阴离子一并视为一种基团，这样可避免考虑阴阳离子的静电作用。

基团贡献格子流体状态方程在离子液体中也有所应用，如 GC-NLF 状态方程[28,29]。该方法的基本思路是将离子液体分解成由不同基团构成 (对咪唑类离子液体，通常将咪唑环与阴离子一同视为一种基团，咪唑环上的取代基的基团类型按常规划分)，并由实验数据回归得到基团链节数参数 r_q^G 和基团相互作用参数 ε_{qr}^G，然后采用式 (2.83) 计算分子的链节参数 r_i 和不同分子间相互作用参数 ε_{ij}。

$$r_i = \sum_q v_{i,q} r_q^G, \quad \varepsilon_{ij} = \sum_q \sum_r \theta_{i,q} \theta_{j,r} \varepsilon_{qr}^G \tag{2.83}$$

式中，$v_{i,q}$ 和 $\theta_{i,q}$ 分别为分子 i 中基团 q 的数目和面积分数。由于能量参数遍及系统所有分子，因而可预测混合物的性质。对于咪唑类离子液体，GC-NLF 状态方程预测密度的相对误差为 0.55% 并能预测 CO_2 气体和混合气体在离子液体中的溶解度[28,29]。

基于类似的思路，Xu 等[27] 将建立的格子流体状态方程实现了基团贡献化。其分子的链节参数 r_i 和不同分子间相互作用参数 ε_{ij} 仍按式 (2.83) 计算，其中 $\theta_{i,q}$ 为

$$\theta_{i,q} = \frac{v_{i,q} q_q^G}{\sum_m v_{i,m} q_m^G} \tag{2.84}$$

式 (2.84) 中的基团面积参数 q_q^G 与基团链节数 r_q^G 有关：

$$x q_q^G = r_q^G (z - 2) + 2(1 - l_q^G) \tag{2.85}$$

当基团 q 只连一个基团时，l_q^G 取 0.5，连接两个基团时取 1，如此类推。如果分子可视为一个独立基团 (如 CO_2)，则 l_q^G 取 0。实际使用时，可将 r_q^G [式 (2.86)] 和 ε_{qr}^G [式 (2.87)] 处理成温度的函数，这样可扩大预测的温度范围。

$$r_q^G = r_a^G + r_b^G (T - T_0) + r_c^G \left[T \ln \left(\frac{T}{T_0} \right) + (T - T_0) \right] \tag{2.86}$$

$$\frac{\varepsilon_{qr}^G}{k} = \varepsilon_a^G + \varepsilon_b^G (T - T_0) + \varepsilon_c^G \left[T \ln \left(\frac{T}{T_0} \right) + (T - T_0) \right] \tag{2.87}$$

式中，参考温度 T_0 一般取 298.15 K。可选择有代表性的实验数据确定基团的 $r_j^G (j = a, b, c)$ 和基团间相互作用的 $\varepsilon_j^G (j = a, b, c)$ 值，对于其他系统则可用模型预测。图

2.32 是不同温度下 CO_2 在 $[C_6mim][PF_6]$ 中溶解度的实验值 (点) 与模型预测值 (线) 的比较, 可见基团贡献格子流体状态方程能捕捉 CO_2 在离子液体中的溶解行为。

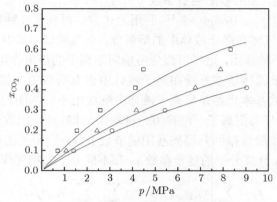

□: 313.15 K；△: 343.15 K；○: 363.15 K

图 2.32　不同温度下 CO_2 在 $[C_6mim][PF_6]$ 中溶解度的实验值 (点)
与模型预测值 (线) 的比较

　　相对于小分子和高分子体系而言, 基团贡献法在离子液体中的应用还有许多不尽如人意之处。目前尚没有一个可普遍接受的基团贡献模型, 有些模型并非完全意义上的基团贡献法, 应用时甚至需要由实验数据回归可调参数。另一方面, 由于对离子液体基团的划分不一致, 也限制了基团贡献法的有效应用。不难发现, 建立在一定理论基础上的模型, 使其具有预测能力的关键是要通过可靠实验数据来确定基团参数的值。因此, 应大力加强对离子液体系统热力学性质的实验测试工作。同时, 一个基团能否捕捉到分子中更细微的结构差异直接影响着基团贡献法能否真正体现离子液体结构上的变化所呈现的性质差异, 在这点上, 基团贡献 PC-SFAT 状态方程中一级基团和二级基团的划分思路或许会给我们带来启示[46]。

2.4.4　发展方向及展望

　　目前离子液体的应用正朝不同领域延伸, 离子液体中的催化反应、离子液体电化学反应、离子液体中生物柴油的制备、离子液体溶解纤维素、手性离子液体、聚离子液体等都涉及复杂的相行为, 如果是复合离子液体则有可能涉及室温盐的复分解反应, 这些都会给我们带来挑战, 因而离子液体及其混合物 pVT 和相平衡数据关联与预测将是一项艰苦但有意义的工作。一方面要充分利用现有的状态方程和活度系数模型, 并在实践中创新；另一方面, 需在代表性体系实验测定的基础上, 系统研究离子液体混合物的相互作用规律, 并结合统计力学和计算机模拟等方法建立预测离子液体及其混合物 pVT 和相平衡的分子热力学模型, 同时必须引入基团的概念使模型具备预测功能。

参 考 文 献

[1] Marsh K N, Boxall J A, Lichtenthaler R. Room temperature ionic liquid and their mixtures—a review. Fluid Phase Equilibria, 2004, 219: 93~98

[2] Heintz A. Recent developments in thermodynamics and thermophysics of non-aqueous mixtures containing ionic liquids. J Chem Thermodynamics, 2005, 37: 525~535

[3] 张虎成, 王键吉, 轩小朋等. 室温离子液体混合物的相平衡研究进展. 化学进展, 2006, 18(5): 670~679

[4] 李汝雄, 王建基. 离子液体的多元相平衡研究进展. 北京石油化工学院学报, 2005, 13(4): 28~34

[5] Shariati A, Peters C J. High-pressure phase behavior of systems with ionic liquids: measurements and modeling of the binary system fluoroform+1-ethyl-3-methylimidazolium hexafluorophosphate. J Supercritical Fluids, 2003, 25: 109~117

[6] Yokozeki A, Shiflett M B. Global phase behaviors of trifluoromethane in ionic liquid [bmim][PF$_6$]. AIChE J, 2006, 52: 3952~3957; Shiflett M B, Yokozeki A. Solubility of CO$_2$ in room temperature ionic liquid [hmim][Tf$_2$N]. J Phys Chem B, 2007, 111: 2070~2074; Shiflett M B, Yokozeki A. Vapor-liquid-liquid equilibria of pentafluoroethane and ionic liquid [bmim][PF$_6$] mixtures studied with the volumetric method. J Phys Chem B, 2006, 110: 14436~14443; Shiflett M B, Yokozeki A. Solubilities and diffusivities of carbon dioxide in ionic liquids:[bmim][PF$_6$] and [bmim][BF$_4$]. Ind Eng Chem Res, 2005, 44: 4453~4464

[7] 高军, 张明存, 徐冬梅等. CO$_2$ 在离子液体中溶解度的模型研究. 山东科技大学学报 (自然科学版), 2006, 25(4): 57~59

[8] Valderrama J O, Robles P A. Critical properties, normal boiling temperatures, and acentric factors of fifty ionic liquids. Ind Eng Chem Res, 2007, 46: 1338~1344; Valderrama J O, Sanga W W, Lazzus J A. Critical properties, normal boiling temperature, and acentric factor of another 200 ionic liquids. Ind Eng Chem Res, 2008, 47: 1318~1330

[9] Rebelo L P N, Lopes J N C, et al. On the critical temperature, normal boiling point, and vapor pressure of ionic liquids. J Phys Chem B, 2005, 109: 6040~6043

[10] Adachi Y, Sugie H. A new mixing rule-modified conventional mixing rule. Fluid Phase Equilibria, 1986, 28: 103~108

[11] Yuan X L, Zhang S J, et al. Solubilities of CO$_2$ in hydroxyl ammonium ionic liquids at elevated pressures. Fluid Phase Equilibria, 2007, 257: 195~200

[12] Doker M, Gmehling J. Measurement and prediction of vapor–liquid equilibria of ternary systems containing ionic liquids. Fluid Phase Equilibria, 2005, 227: 255~266

[13] Camper D, Becker C, et al. Low pressure hydrocarbon solubility in room temperature

ionic liquids containing imidazolium rings interpreted using regular solution theory. Ind Eng Chem Res, 2005, 44: 1928~1933

[14]　Ally M R, Braunstein J, et al. Irregular ionic lattice model for gas solubilities in ionic liquids. Ind Eng Chem Res, 2004, 43: 1296~1301

[15]　Simoni L D, Lin Y D, et al. Modeling liquid-liquid equilibrium of ionic liquid systems with NRTL, electrolyte-NRTL, and UNIQUAC. Ind Eng Chem Res, 2008, 47: 256~272

[16]　Chen C C, Song Y. Generalized electrolyte-NRTL model for mixed-solvent electrolyte systems. AIChE J, 2004, 50: 1928~1941

[17]　Nebig S, Bölts R, Gmehling J. Measurement of vapor–liquid equilibria (VLE) and excess enthalpies (H^E) of binary systems with 1-alkyl-3-methylimidazolium bis (tri-fluoromethylsulfonyl) imide and prediction of these properties and γ^∞ using modified UNIFAC (Dortmund). Fluid Phase Equilibria, 2007, 258: 168~178

[18]　Wang J F, Sun W, et al. Correlation of infinite dilution activity coefficient of solute in ionic liquid using UNIFAC model. Fluid Phase Equilibria, 2008, 264: 235~241

[19]　Wang T F, Peng C J, et al. Description of pVT of ionic liquids and the solubility of gases in ionic liquids using an equation of state. Fluid Phase Equilibria, 2006, 250: 150~157

[20]　Kroon M C, Karakatsani E K, et al. Modeling of the carbon dioxide solubility in imidazolium-based ionic liquids with the tPC-PSAFT equation of state. J Phys Chem B, 2006, 110: 9262~9269

[21]　Qin Y, Prausnitz J M. Solubilities in ionic liquids and molten salts from a simple perturbed-hard-sphere theory. Ind Eng Chem Res, 2006, 45: 5518~5523

[22]　Andreu J S, Vega L F. Capturing the solubility behavior of CO_2 in ionic liquids by a simple model. J Phys Chem C, 2007, 111: 16028~16034

[23]　Peng C, Liu H, Hu Y. Calculation of pVT and vapor-liquid equilibria of copolymer systems based on an equation of state. Fluid Phase Equilibria, 2002, 202: 67~88

[24]　Wang T F, Peng C J, et al. Equation of state for the vapor-liquid equilibria of binary systems containing imidazolium-based ionic liquid. Ind Eng Chem Res, 2007, 46: 4323~4329

[25]　Rebelo L P N, Najdanovic-Visak V, et al. A detailed thermodynamic analysis of [C4mim][BF₄] + water as a case study to model ionic liquid aqueous solutions. Green Chem, 2004, 6: 369~381

[26]　Yang J Y, Peng C J, et al. Calculation of vapor-liquid and liquid-liquid phase equilibria for systems containing ionic liquids by using a lattice model. Ind Eng Chem Res, 2006, 45: 6811~6817

[27]　Xu X C, Liu H L, et al. A new molecular-thermodynamic model based on lattice fluid theory: application to pure fluids and their mixtures. Fluid Phase Equilibria, 2008, 265: 112~121

[28] Kim Y S, Choi W Y, et al. Solubility measurement and prediction of carbon dioxide in ionic liquids. Fluid Phase Equilibria, 2005, 228, 229: 439~445

[29] Kim Y S, Jang J H, et al. Solubility of mixed gases containing carbon dioxide in ionic liquids: measurements and predictions. Fluid Phase Equilibria, 2007, 256: 70~74

[30] Scovazzo P, Camper D, Kieft J, et al. Regular solution theory and CO_2 gas solubility in room-temperature ionic liquids. Ind Eng Chem Res, 2004, 43: 6855~6860

[31] Kilaru P K, Condemarin R A, Scovazzo P. Correlations of low-pressure carbon dioxide and hydrocarbon solubilities in imidazolium-, phosphonium-, and ammonium-based room-temperature ionic liquids. Part 1. Using surface tension. Ind Eng Chem Res, 2008, 47: 900~909

[32] Kilaru P K, Scovazzo P. Correlations of low-pressure carbon dioxide and hydrocarbon solubilities in imidazolium-, phosphonium-, and ammonium-based room-temperature ionic liquids. Part 2. Using activation energy of viscosity. Ind Eng Chem Res, 2008, 47: 910~919

[33] Bini R, Bortolini O, et al. Development of cation/anion "interaction" scales for ionic liquids through ESI-MS measurements. J Phys Chem B, 2007, 111: 598~604

[34] Blum L, Hoye J S. Mean spherical model for asymmetric electrolytes. 2. Thermodynamic properties and the pair correlation function. J Phys Chem, 1977, 81: 1311~1316

[35] Mansoori G A, Carnahan N F, et al. Equilibrium thermodynamic properties of the mixture of hard spheres. J Chem Phys, 1971, 54: 1523~1525

[36] Zhou Y Q, Stell G. Chemical association in simple-models of molecular and ionic fluids. 3. The cavity function. J Chem Phys, 1992, 96: 1507~1515

[37] Achard C, Dussap C G, Gros J B. Representation of vapor-liquid equilibria in water-alcohol-electrolyte mixture with a modified UNIFAC group-contribution method. Fluid Phase Equilibria, 1994, 98: 71~89

[38] Chapman W G, Gubbins K E, et al. New reference equation of state for associating liquids. Ind Eng Chem Res, 1990, 29: 1709~1721

[39] Gil-Villegas A, Galindo A, et al. Statistical associating fluid theory for chain molecules with attractive potentials of variable range. J Chem Phys, 1997, 106: 4168~4175

[40] Mi J G, Tang Y P, Zhong C L. Theoretical study of Sutherland fluids with long-range, short-range, and highly short-range potential parameters. J Chem Phys, 2008, 128: 054503

[41] Yu Y X, Lin J L. Thermodynamic and structural properties of mixed colloids represented by a hard-core two-Yukawa mixture model fluid: monte carlo simulations and an analytical theory. J Chem Phys, 2008, 128: 014901

[42] Galliero G, Lafitte T, et al. Thermodynamic properties of the Mie n-6 fluid: a comparison between statistical associating fluid theory of variable range approach and molecular dynamics results. J Chem Phys, 2007, 127: 184506

[43] Klamt A, Schuurmann G. COSMO- a new approach to dielectric screening in solvents with explicit expressions for the screening energy and its gradient. J Chem Soc-Perkin Transactions, 1993, 2(5): 799~805

[44] Eike D M, Brennecke J F, Maginn E J. Predicting infinite-dilution activity coefficients of organic solutes in ionic liquids. Ind Eng Chem Res, 2004, 43: 1039~1048

[45] Tamouza S, Passarello J P, Tobaly P, et al. Application to binary mixtures of a group contribution SAFT EOS (GC-SAFT). Fluid Phase Equilibria, 2005, 228, 229: 409~419

[46] Tihic A, Kontogeorgis G M, et al. A predictive group-contribution simplified PC-SAFT equation of state: application to polymer systems. Ind Eng Chem Res, 2008, 47: 5092~5101

[47] Breure B, Bottini S B, et al. Thermodynamic modeling of the hase behavior of binary systems of ionic liquids and carbon dioxide with the group contribution equation of state. J Phys Chem B, 2007, 111: 14265~14270

[48] Skjold-Jørgensen S. Group contribution equation of state (GC-EOS): a predictive method for phase equilibrium computations over wide ranges of temperature and pressures up to 30 MPa. Ind Eng Chem Res, 1988, 27: 110~123

2.5 离子液体与超临界 CO_2 体系的热力学研究

超临界 CO_2 和离子液体对许多有机物都有较好的溶解度，可以用于许多化学反应和物质分离，被认为是环境友好的绿色介质[1~4]，二者有机结合，其相关理论和应用研究得到了科学界的广泛关注，并且从理论和应用方面展开了一系列的工作。Brennecke 课题组[5] 首先于 1999 年报道了高压 CO_2 可以溶解于离子液体，而离子液体不溶于高压 CO_2，因此可以用超临界 CO_2 回收离子液体中溶解的有机物，且不产生交叉污染，从而开辟了离子液体/超临界 CO_2 两相体系的应用研究。CO_2 具有高挥发性和低极性，离子液体具有不挥发性和相当大的极性，二者的结合将会产生有趣的两相体系。该体系目前已应用到多个研究领域，并显现出许多特殊性质。离子液体和超临界 CO_2 两相体系的相行为、分子间相互作用等热力学性质是该体系应用研究的基础。

2.5.1 CO_2 和离子液体的相行为

1. CO_2 在离子液体中的溶解度

Brennecke 研究小组[6] 研究了 6 种离子液体 ([bmim][PF_6]、[omim][PF_6]、[omim][BF_4]、[bmim][NO_3]、[emim][$EtSO_4$]、[N-bupy][BF_4]) 与高压 CO_2 的相行为。结果发现在高压条件下 CO_2 在这些离子液体中有很高的溶解度，而离子液体却不溶于高压 CO_2，CO_2 在离子液体中的溶解度随温度的上升而减小，随压力的增大而增大。图 2.33 是高压 CO_2 在离子液体 ([bmim][PF$_6$]) 中的溶解度，由图 2.33 可知，在 40 ℃、8.495 MPa 时，溶解在离子液体 ([bmim][PF$_6$]) 中的 CO_2 的摩尔分数可高达 0.698。

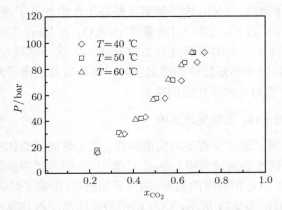

图 2.33　高压 CO_2 在离子液体 [bmim][PF$_6$] 中的溶解度[6]

新西兰 Peters 研究小组[7~10] 连续报道了离子液体和高压 CO_2 形成的高压流体的相态。结论是：在低压下 (压力小于约 10 MPa)，CO_2 在离子液体中的溶解度随压力的增大而显著增大；压力进一步增大时，CO_2 在离子液体中的溶解度增加幅度变小，如图 2.34 所示。

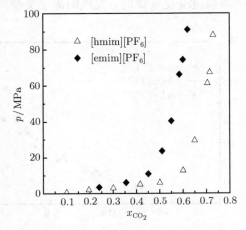

图 2.34　在温度 57 ℃下，CO_2 和离子液体 p-x 相图[11]

Kamps 等[12] 也在这方面进行了研究，得到了类似的结果：在 20 ℃到 120 ℃ 的范围内，CO_2 在离子液体中的质量摩尔浓度随压力 (小于 9.7 MPa) 的增大几乎呈线性关系增大，然而当压力很高时，CO_2 溶解度增加的幅度大大减小[9]。

由于 CO_2 是一种酸性气体，那么它有可能在碱性离子液体中有较高的溶解度。Zhang 等[13] 基于此研究了高压 CO_2 在弱碱性离子液体四甲基胍乳酸盐 (TMGL) 中的溶解度，并和常规的离子液体 [bmim][PF$_6$] 中 CO_2 的溶解性进行比较，发现 CO_2 在弱碱性离子液体 TMGL 中的溶解度略高于在中性离子液体 [bmim][PF$_6$] 中的溶解度，例如，在 45 ℃、5.73 MPa 条件下，CO_2 在 [bmim][PF$_6$] 中的溶解度为 2.65 mol/kg；在 TMGL 中的溶解度为 2.77 mol/kg。这一结果表明 CO_2 在碱性离子液体中的高溶解度并不是化学作用起主导，而是与普通离子液体作用相似的物理作用，如氢键、范德华力等作用的结果。

2. 离子液体结构对 CO_2 溶解度的影响

高压 CO_2 在离子液体中有很高的溶解度，那么是离子液体中的阳离子还是阴离子对 CO_2 的溶解度影响较大呢？Shariati 等[11,14] 研究了甲基烷基咪唑类离子液体上烷基链长度与 CO_2 溶解度的关系。阴离子相同时，阳离子结构对 CO_2 在离子液体中溶解度的影响如图 2.35 所示。CO_2 的溶解度随离子液体咪唑环上连接的烷基链的增长而增大，这说明离子液体的咪唑环上的烷基链加长，与 CO_2 的相互作用也随之增强。Aki 等[15] 也研究了甲基烷基咪唑类阳离子结构对 CO_2 在离子液体中溶解度的影响，发现了相似的规律，即甲基咪唑类阳离子上 N- 取代的烷基链由 C_4 增加到 C_8 时，CO_2 的溶解度逐渐增加，但变化幅度较小，如图 2.35。Anthony 等[16] 研究了阴离子为 [Tf$_2$N]、不同类型阳离子 (如 [bmim]、[emim]、[MeBu3N]、[MeBuPyrr]) 的离子液体中 CO_2 的溶解度变化规律时，发现阳离子类型的变化对 CO_2 的溶解度影响很小。

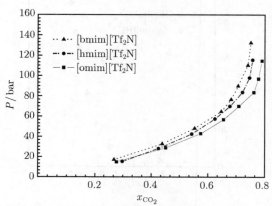

图 2.35   40 ℃时，阴离子为 [Tf$_2$N]、不同阳离子 (甲基咪唑型) 的离子液体中 CO_2 的溶解度[15]

图 2.36[15] 则给出了 CO_2 在相同阳离子 [bmim]、不同阴离子的离子液体中的溶解度，结果表明，阴离子的种类对 CO_2 在离子液体中的溶解度有明显的影

响，且溶解度按照 [NO$_3$]<[BF$_4$]~[DCA]<[TfO]<[PF$_6$]<[Tf$_2$N]<[methide] 的顺序递增。Anthony 等[16] 还研究了高压 CO$_2$ 在相同阳离子、不同阴离子的离子液体 [bmim][Tf$_2$N]、[bmim][PF$_6$] 和 [bmim][BF$_4$] 中的溶解度，得到了类似的规律，即阴离子对 CO$_2$ 在离子液体中的溶解度影响显著。这可能是由于 CO$_2$ 和阴离子之间发生酸、碱作用是影响 CO$_2$ 溶解度的主要因素，另外，CO$_2$ 和含氟的烷基作用较强也是一个重要原因；且阴离子的体积增大，即摩尔体积增大，也会引起 CO$_2$ 的溶解度增大。

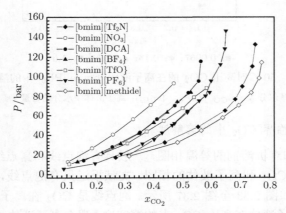

图 2.36　40 ℃时，CO$_2$ 在阳离子为 [bmim]、不同阴离子离子液体中的溶解度[15]

由上可知，离子液体中的阴离子是影响其对 CO$_2$ 溶解能力的主要因素，而阳离子的影响则次之。

3. 水分对 CO$_2$ 在离子液体中溶解度的影响

Blanchard 等[6] 研究发现，在低压时 (<8 MPa)，少量水分的存在会大大降低 CO$_2$ 在离子液体中的溶解度。例如，在 40 ℃、5.7 MPa 时，CO$_2$ 在无水的 [bmim][PF$_6$] 中的溶解度为 0.54 (摩尔分数)；在被水饱和的离子液体中的溶解度仅为 0.13 (摩尔分数)。但是关于水分对高压 CO$_2$ 在离子液体中溶解度的影响，研究报道中产生了分歧，有的认为影响很大，有的认为影响不大。因此在报道高压 CO$_2$ 在离子液体中的溶解度时，有必要说明离子液体中水分的含量。Fu 等[17] 详细研究了水分含量对高压 CO$_2$ 在离子液体中的溶解度的影响，结果如图 2.37 所示。由图可见，水的存在对 CO$_2$ 在离子液体中的溶解度有影响，但影响并不大。Aki 等[15] 的研究也表明水分对高压 CO$_2$ 在 [bmim][Tf$_2$N] 离子液体中的溶解度可以忽略。这些现象表明 H$_2$O 虽然能和离子液体形成氢键，但并不能显著影响 CO$_2$ 和离子液体的相互作用，它们之间的作用可能是独立的。

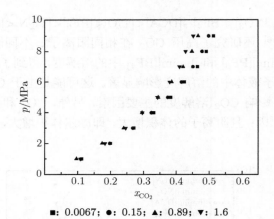

■: 0.0067；●: 0.15；▲: 0.89；▼: 1.6

图 2.37　50 ℃时高压 CO_2 的在离子液体 [bmim][PF_6] 中的溶解度[17]

CO_2 的摩尔分数 $=n_{CO_2}/(n_{CO_2}+n_{IL})$；离子液体中水分的含量 (质量分数)：

4. 离子液体在超临界 CO_2 中的溶解度

对于 CO_2 和有机溶剂的等温相图，一般具有泡点线和露点线，以及连接的临界点。然而对于 CO_2 和离子液体的相图，文献报道只有泡点线，而没有露点线和临界点的报道，如图 2.33 至图 2.37 所示。泡点线是 CO_2 在离子液体中的溶解度，而露点线则是离子液体在高压 CO_2 中的溶解度。那么离子液体是否能够溶解于高压 CO_2 相？目前，文献报道还检索不到 CO_2 相中的离子液体。但从理论上讲，是存在露点线，只是该值的大小问题。Wu 等[18] 采用流动法研究了离子液体在超临界 CO_2 中的溶解度，结果表明：在 40 ℃、12.0 MPa 条件下，[bmim][PF_6] 在超临界 CO_2 中的溶解度为 1.8×10^{-7} (摩尔分数)；在压力升高到 15.0 MPa 下，溶解度上升为 3.2×10^{-7} (摩尔分数)。在 p-x 相图上，离子液体在 CO_2 中的溶解度线，即露点线是非常靠近纯 CO_2 的坐标线。因此通常可以忽略离子液体在超临界 CO_2 中的溶解度。

5. CO_2 溶解在离子液体中的亨利常数、溶解焓、溶解熵及偏摩尔体积

Anthong[19] 和 Cadena[20] 研究了多种常见的气体和水汽在 [bmim][PF_6] 中的溶解度，根据 CO_2 在离子液体中的溶解度数据，可进一步研究体系的热力学函数，如亨利常数及标准生成焓、标准吉布斯自由能、标准熵等性质，部分数据可参见表 2.17。相比较而言，CO_2 有较小的亨利常数，在 25 ℃时，其值为 5.34 MPa，而 O_2 为 800 MPa，CO 则大于 2000 MPa。CO_2 在该离子液体中的溶解焓和溶解熵分别为 -16.1 kJ·mol^{-1} 和 -53.2 J·mol^{-1}·K^{-1}；O_2 在该离子液体中的溶解焓和溶解熵分别为 51.1 kJ·mol^{-1} 和 169 J·mol^{-1}·K^{-1}；CO 在该离子液体中的溶解焓和溶解熵具有非常大的正值。

表 2.17　CO_2 溶解在不同离子液体中的亨利常数、溶解焓、溶解熵[20]

离子液体	H/bar			$\Delta H/(kJ/mol)$	$\Delta S/[J/(mol \cdot K)]$
	10 ℃	25 ℃	50 ℃		
[bmim][PF$_6$]	38.7 ± 0.4	53.4 ± 0.3	81.3 ± 0.5	−16.1 ± 2.2	−53.2 ± 6.9
[bmmim][PF$_6$]	47.3 ± 7.5	61.8 ± 2.1	88.5 ± 1.8	−13.0 ± 1.3	−42.8 ± 9.8
[bmim][BF$_4$]	40.8 ± 2.7	56.5 ± 1.4	88.9 ± 3.2	−15.9 ± 1.3	−52.4 ± 4.3
[bmmim][BF$_4$]	45.7 ± 3.4	61.0 ± 1.6	92.2 ± 1.2	−14.5 ± 1.4	−47.7 ± 4.4
[emim][Tf$_2$N]	25.3 ± 1.3	35.6 ± 1.4	51.5 ± 1.2	−14.2 ± 1.6	−46.9 ± 3.0
[emmim][Tf$_2$N]	28.6 ± 1.2	39.6 ± 1.4	60.5 ± 1.5	−14.7 ± 1.2	−48.7 ± 4.0

CO_2 溶解在离子液体中的偏摩尔体积是一个重要的热力学参数。在 45 ℃，当溶解 CO_2 的摩尔分数为 0.49 时，CO_2 溶解在离子液体 [bmim][PF$_6$] 中的偏摩尔体积为 29 cm^3/mol 左右；而纯 CO_2 在相同条件时的偏摩尔体积为 55 cm^3/mol[21]。在类似的条件下，CO_2 在有机溶剂乙腈中溶解的偏摩尔体积为 34 cm^3/mol，乙酸乙酯中为 79 cm^3/mol，乙醇中为 47 cm^3/mol[22]。显然，CO_2 溶解在离子液体中的偏摩尔体积很小。Huang 等[21] 研究发现 CO_2 溶解在离子液体中对离子液体的结构几乎没有影响，即使在高压 (较高的 CO_2 摩尔分数) 条件下也是如此。他们用离子液体中的自由体积对这种偏摩尔体积小的现象做了很好的解释。

6. 离子液体/超临界 CO_2 体系形成的原因

CO_2 能较大地溶解在离子液体相中，而离子液体在 CO_2 中的溶解度非常小。为什么高压 CO_2 能在离子液体中有较大地溶解度呢？

对于离子液体 [bmim][PF$_6$] 和 CO_2 体系，Crowhurst 等[23] 用分子探针技术研究了 CO_2 和咪唑型离子液体之间的相互作用，发现阳离子咪唑环 C2 上的 H 可以和 CO_2 发生氢键作用，增加 CO_2 的溶解。

Kazarian 等[24] 通过 ATR-IR 光谱技术分别研究了高压 CO_2 和 [bmim][PF$_6$]、[bmim][BF$_4$] 形成的体系，发现 CO_2 和离子液体的阴离子之间存在 Lewis 酸–碱作用，而不是和咪唑阳离子发生作用。然而 ATR-IR 光谱结果表明，阴离子 [BF$_4$]$^-$ 与 CO_2 的作用强于 [PF$_6$]$^-$，这与 CO_2 在 [bmim][PF$_6$] 中的溶解度高于 [bmim][BF$_4$] 中的溶解度不相符。根据 Blanchard 等[25] 的报道，离子液体中存在自由体积，离子液体中的自由体积对 CO_2 的溶解也起重要作用。由于阴离子 [PF$_6$]$^-$ 的体积大于 [BF$_4$]$^-$ 的体积，综合以上因素，CO_2 在 [bmim][PF$_6$] 中的溶解度要高于在 [bmim][BF$_4$] 中的溶解度。

Cadena 等[20] 从实验和理论上详细研究了甲基取代咪唑 C2 上的 H 后的离子液体 [bmmim] 与 C2 上的 H 未被取代的离子液体对 CO_2 溶解能力的差别，发现用甲基取代咪唑阳离子 C2 上的氢后，CO_2 在离子液体中的溶解焓降低了，进而降

低了 CO_2 的溶解度,但他们的实验结果证明离子液体咪唑 C2 的 H 不是造成 CO_2 易溶于离子液体的主要原因。

然而,Kanakubo 等[26] 用 X 射线衍射技术分析了离子液体 [bmim][PF$_6$] 和 CO_2 之间的相互作用,结果显示:CO_2 是与离子液体的阴离子 [PF$_6$] 发生了相互作用。

基于阴离子是影响 CO_2 在离子液体中溶解度的主要因素,Kim 等[27] 用状态方程计算了 CO_2 在以 [PF$_6$]$^-$、[BF$_4$]$^-$、[Tf$_2$N]$^-$ 为阴离子的不同咪唑基离子液体中的溶解度和密度,计算值和实验值吻合良好。

一般来讲,气体的偶极矩大、四偶极矩大或者有特殊的作用 (如氢键),那么该气体在离子液体中的溶解度就高。综合文献,从实验研究、光谱研究和计算机模拟 [20] 的结果来看,CO_2 和离子液体之间的相互作用主要包括:① 在 CO_2 和离子液体的相互作用中阴离子起主要作用,阳离子次之,其溶解度大小主要决定于阴离子的特性。② CO_2 虽然是非极性分子,它有较大的四偶极矩 (4.3×10^{-26} erg$^{1/2}$ cm$^{5/2}$),这是它和离子液体分子之间有较强的相互作用的原因之一。③ 氟能和 CO_2 形成较强的相互作用,如果把咪唑型离子液体咪唑环上的烷基氢用氟代替,那么,相应 CO_2 在离子液体中的溶解性会明显提高。④ 改变咪唑环上的烷基对 CO_2 在这类离子液体中的溶解度也有影响。一般地,烷基侧链越长,CO_2 溶解度越大;和烷基侧链相比,芳香侧链则使溶解度降低。⑤ 用甲基取代咪唑阳离子 C2 的氢,减小了与 CO_2 形成氢键的作用,降低了 CO_2 的溶解度。

综上所述,超临界 CO_2 在离子液体中的溶解度很大,而离子液体在超临界 CO_2 中的溶解度极低,可以忽略。离子液体在 CO_2 中极难溶解,一方面是与离子液体蒸气压接近零有关,因为离子液体是由阴阳离子组成,它们之间的作用力是库仑力,是一种强相互作用力;另一方面是由于 CO_2 是非极性的物质,溶解强极性的离子的能力较差。

2.5.2 高压 CO_2 对离子液体性质的影响

1. 高压 CO_2 对离子液体膨胀率的影响

大量 CO_2 溶解在离子液体中,可使离子液体的体积膨胀,当离子液体中溶解的 CO_2 的量增加,其体积膨胀的量也增加。与传统有机溶剂相比,加入 CO_2 后离子液体的体积膨胀要小得多,图 2.38 显示了离子液体 [bmim][PF$_6$] 的膨胀率和 CO_2 压力之间的关系[28]。在 40 ℃时,CO_2 的压力约为 14 MPa 时,CO_2 在离子液体中的摩尔分数高达 0.6,但离子液体的膨胀率仅为 0.23。这也是即便在较高 CO_2 浓度时,离子液体仍能保持其溶剂强度的原因所在。

2. 溶解 CO_2 的离子液体的极性

Carmichael[29] 和 Karmakar[30] 以 [bmim][BF$_4$] 为研究体系,用溶剂化显色

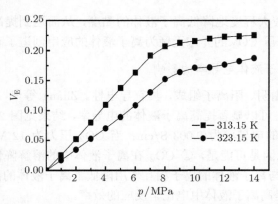

图 2.38　CO_2 的压力对离子液体 [bmim][PF$_6$] 的体积膨胀 (V_E) 曲线[28]

技术研究了离子液体的极性, 表明离子液体的极性类似于低碳醇, 如异丙醇。Lu 等[31] 用光谱探针技术研究了高压 CO_2 对离子液体 [bmim][PF$_6$] 溶剂特性的影响。结果表明虽然离子液体的膨胀率随 CO_2 压力升高而显著增大, 但离子液体溶液的极性改变非常小; [bmim][PF$_6$] 的介电常数几乎不受溶解的 CO_2 所影响, 其值略低于二甲基亚砜和水的介电常数, 而明显高于乙腈、丙酮和甲醇等的介电常数。

3. 高压 CO_2 对离子液体黏度的影响

离子液体的结构决定了离子液体在常温条件下具有较大的黏度, 这也给离子液体的应用带来了很大的限制。Liu 等[32] 研究了在 0~12.9 MPa, 40 ℃、50 ℃ 和 60 ℃ 条件下, CO_2 对离子液体 [bmim][PF$_6$] 黏度的影响, 结果如图 2.39 所示, 离子液体相的黏度随 CO_2 压力升高明显降低, 且温度越低黏度降低的幅度越大, 且高压时温度对 CO_2 离子液体混合物黏度的影响可以忽略, 因此高压 CO_2 溶于离

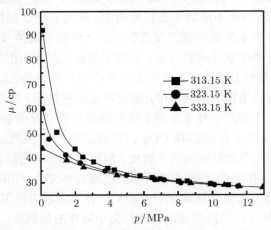

图 2.39　CO_2 饱和的离子液体 [bmim][PF$_6$] 的黏度与温度和压力的关系图[32]

子液体后，可以较大程度地降低离子液体的黏度，从而达到提高离子液体相的传质、传热效率。高压 CO_2 的介入无疑为离子液体的应用创造了有利的条件。

4. 高压 CO_2 对离子液体电导率的影响

离子液体是由阴、阳离子组成，具有导电性。Zhang 等[28] 的研究表明：CO_2 溶于离子液体后，可以显著提高离子液体的电导率，结果见图 2.40。在 40 ℃ 常压时，[bmim][PF_6] 的电导率为 0.003 S/cm；当 CO_2 压力为 12 MPa 时，电导率为 0.016 S/cm。其原因是可能是，① CO_2 在离子液体中的溶解降低了离子液体的黏度；② CO_2 分子与离子液体的离子相互作用降低了离子液体的离子之间的静电引力，这将有利于提高离子液体中电化学反应的效率。

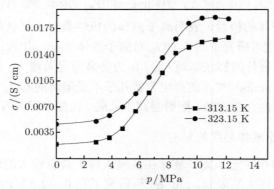

图 2.40 不同压力条件下 CO_2 饱和的 [bmim][PF_6] 的电导率[28]

5. 共溶剂对离子液体在超临界 CO_2 中溶解度的影响

Brennecke 课题组[5] 研究发现：离子液体/超临界 CO_2 两相体系中，即使在很高的压力下，离子液体也不溶解于超临界相中；同时实验证明用超临界 CO_2 可以连续地从离子液体中萃取萘等难挥发的物质，之后离子液体/超临界 CO_2 两相体系被研究者用于许多化学反应的介质，取得了很好的效果，正是基于离子液体/超临界 CO_2 两相体系的上述特点。但由于离子液体和超临界 CO_2 两相体系无论是应用于物质的分离还是化学反应当中，都要涉及多种物质，如反应物、产物等，这些物质对体系的相态会产生什么影响？这些物质的存在是否会改变离子液体在超临界 CO_2 中的溶解度？据超临界 CO_2 的特性研究[33]，虽然超临界 CO_2 对许多物质特别是极性的化合物有较低的溶解度，但可以通过给超临界 CO_2 中添加共溶剂 (或称为夹带剂、携带剂)，提高难溶物质在超临界 CO_2 中的溶解度。在离子液体/超临界 CO_2 用于物质分离和化学反应时，体系所涉及的其他物质，有可能作为超临界 CO_2 的共溶剂来提高难溶物质如离子液体的溶解度。对于这一问题，Wu 等[18,34] 进行了研究，考察了常见的溶剂包括极性溶剂 (甲醇、乙醇、丙酮、乙腈)

和非极性溶剂 (戊烷) 对离子液体在超临界 CO_2 中的溶解度的影响, 结果如图 2.41 所示。虽然离子液体 [bmim][PF$_6$]、[bmim][BF$_4$] 不溶于超临界 CO_2, 但当体系存在极性溶剂, 且极性溶剂在 CO_2 中的含量较高 (大于 10%, 摩尔分数) 时, 离子液体在超临界 CO_2 中的溶解度不可忽略, 且溶解度随溶剂极性的增大而显著增大, 这可能对超临界 CO_2 从离子液体中萃取分离反应物或产物造成交叉污染 (即萃取物中含有离子液体); 但以非极性的正己烷为共溶剂时, 非极性溶剂的存在对离子液体在超临界 CO_2 中的溶解度影响很小, 即使正己烷浓度超过 30%, 效果也不明显, 可以忽略它的影响。对于离子液体/超临界 CO_2 体系的实际应用, 多数体系都比较复杂, 其中一些组分可起到共溶剂的作用, 因此, 溶解在超临界 CO_2 中的离子液体是否可以忽略取决于具体体系以及操作条件。

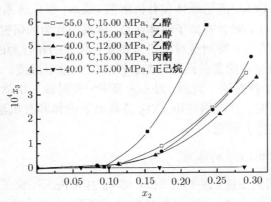

图 2.41　离子液体 [bmim][PF$_6$] 在超临界 CO_2+ 共溶剂中溶解度 (x_3)[18]

2.5.3　离子液体、CO_2 和有机溶剂 (或水) 体系的相行为

Scurto 等[35] 发现, 在一定条件下, 离子液体和有机溶剂的均相体系, 在高压 CO_2 作用下, 会发生相分离, 如图 2.42 所示。在一定温度下, 一定组成的 [bmim][PF$_6$] 和甲醇溶液形成均相溶液, 在高压 CO_2 的作用下, 当压力小于下临界端点压力 ($p < p_{\text{LECP}}$) 时, 体系为两相, 上相为富 CO_2 相 (V), 下相 (L$_1$) 为离子液体和有机溶剂的混合溶液; 当体系的压力在某个范围 ($p_{\text{LECP}} < p < p_{\text{HECP}}$) 离子液体和有机溶剂的混合溶液被分为两相 (中相 L$_2$、下相 L$_1$), 即体系出现三相, 上相为富 CO_2 相, 中相为富有机溶剂相, 下相是富离子液体相; 当体系的压力继续升高, 中间相消失, 体系又回到两相体系, 上相 (V) 为富 CO_2 相, 下相 (L$_1$) 为富离子液体相。

随后他们研究了压力对 CO_2 和 [bmim][BF$_4$] 的水溶液体系相态的影响, 发现存在类似的规律[36]。Najdanovic-Visak 等[37] 研究了高压 CO_2 对水、乙醇、[bmim][PF$_6$] 混合溶液的影响, 发现在一定 CO_2 压力范围内, 同样可以观察到三相共存。这一

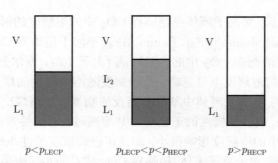

图 2.42　等温条件下，高压 CO_2、离子液体、有机溶剂在不同压力下的相分离示意图

有趣的现象表明：用高压 CO_2 可以将离子液体和有机溶剂 (或水) 的混合液简单地分离；同时也说明 CO_2、离子液体和有机溶剂 (或水) 组成体系的相态是复杂的。

　　然而到目前为止，对含有离子液体/CO_2 体系相行为的研究工作还很少，文献中能够得到的数据有限，特别是对其三元和多元体系的相行为的认识还不够全面，即对于多组分多相存在的条件还不清楚；没有文献报道温度、压力对相平衡的影响，以及变化规律。针对这一问题，Zhang 等[38~40] 对该三相体系的相组成和存在条件进行了详细研究，并对用高压 CO_2 分离离子液体和有机溶剂 (或水) 的混合溶液的分离系数进行了研究。

1. 离子液体、甲醇和 CO_2 的体系

　　Zhang 等[38] 研究发现，在 40 ℃时，6.95~8.21 MPa 下，离子液体 [bmim][PF_6]、甲醇和 CO_2 体系可以出现三相。三相共存时，不同相中组成的变化规律见图 2.43。

　　图 2.43(a) 为气相中甲醇含量随温度和压力的变化。压力上升，CO_2 的密度增加，CO_2 对甲醇的溶解能力提高，因此气相中甲醇的含量随 CO_2 压力升高而增长。在所使用的压力范围内，甲醇的浓度小于 0.03。如前面 2.5.2 节所述，当极性共溶剂甲醇的物质的量含量小于 0.1 时，离子液体在 CO_2 中的溶解度极低，因此可以忽略离子液体在气相 (富 CO_2 相) 的浓度。

　　由图 2.43(b) 和 (c) 可见，CO_2 在两个液相中的浓度 (摩尔分数) 随着压力的升高而增加，当压力从 7.0 MPa 上升到 8.0 MPa 时，富甲醇相中 CO_2 的浓度从 0.453 上升为 0.656。富离子液体相中 CO_2 的浓度在压力为 7.0 MPa 时为 0.303，在压力为 7.6 MPa 时为 0.420，当压力继续升高时基本保持不变。Blanchard 等[6] 报道了高压下 CO_2 在 [bmim][PF_6] 中有很高的溶解度，例如，40 ℃、7.033 MPa 时，CO_2 在 [bmim][PF_6] 中的浓度为 0.616。但在 40 ℃、压力为 7.0 MPa，有甲醇存在的情况下，CO_2 在液相中的浓度仅为 0.303。这是由于离子液体与甲醇之间的作用大于 CO_2 和甲醇间的相互作用[32]，当甲醇加入离子液体/CO_2 两相体系时，CO_2 的浓度下降。

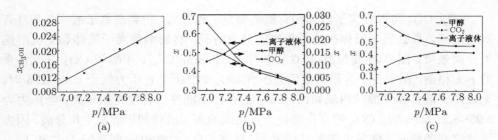

图 2.43　40 ℃三相存在时，离子液体 [bmim][PF$_6$]、CO$_2$、甲醇在不同相中的
组成变化规律[38]

(a) 富 CO$_2$ 相 (上相)；(b) 富甲醇相 (中间相)；(c) 富离子液体相 (下相)

在富甲醇相中，离子液体的浓度随压力的升高而降低。这是由于 CO$_2$ 的抗溶
剂作用，降低了离子液体在甲醇中的溶解度，从甲醇中分离出的这部分离子液体进
入了富离子液体相。因此，富离子液相中离子液体的浓度随压力的升高而升高。

在高压 CO$_2$ 的作用下，虽然富离子液体相中的甲醇被挤入甲醇相中，但富甲
醇相中甲醇的摩尔分数随着压力的升高而下降。这是因为高压下 CO$_2$ 在富甲醇相
中有高的溶解度，而使甲醇的相对含量降低。

以上结果显示了在一定温度下，离子液体、甲醇和 CO$_2$ 所形成的三相体系组
成的变化。实验同样发现，在一定压力条件下，当温度改变时，也会出现三相区域，
如图 2.44 所示，在恒压 7.6 MPa 时不同相中各组分含量随温度的变化规律，富离
子液体相和富甲醇相中 CO$_2$ 的摩尔分数随着温度的上升而下降；甲醇的含量随温
度的上升而上升；富甲醇相中离子液体的含量随温度的上升而上升，而富离子液相
中离子液体的含量随温度的上升而下降。Najdanovic-Visak 等[37] 报道了提高温度
可以提高有机溶剂 (如乙醇) 和离子液体 (如 [bmim][PF$_6$]) 之间的互溶性。因此温
度升高，甲醇在富离子液相中的溶解度增加。而富离子液相中离子液体的含量随温
度升高而下降，主要是甲醇在离子液体中大量溶解的缘故。

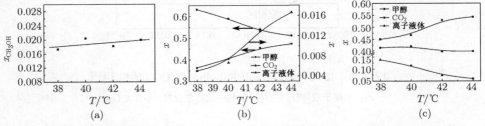

图 2.44　压力 7.6 MPa 三相存在时，离子液体 [bmim][PF$_6$]、CO$_2$、
甲醇在不同相中的组成变化规律[38]

(a) 富 CO$_2$ 相 (上相)；(b) 富甲醇相 (中间相)；(c) 富离子液体相 (下相)

高压 CO_2 可以使离子液体和有机溶剂发生相分离,得到富离子液体相和富有机溶剂相,那么离子液体在这两相中的分布情况,将影响到离子液体和有机溶剂的分离效果。图 2.45 是恒温 40.0 ℃条件下,[bmim][PF$_6$]、甲醇和 CO_2 三元体系的 p-x 相图,图中各个含量的数值为不含 CO_2 时的量。在压力低于 6.95 MPa 时,无论离子液体和甲醇的组成如何,CO_2 的存在不能使二者发生相分离。当压力为 6.95~8.21 MPa 时,CO_2 的存在能使一定组成的离子液体和甲醇发生相分离,因为满足这些条件时,体系可进入三相区 (包括富 CO_2 的气相)。两条线 L_{N1} 和 L_{N2},分别代表 L_1 相和 L_2 相中离子液体的摩尔分数 (不含 CO_2)。L_{N1} 右边和 L_{N2} 左边的区域内只有一个液相存在。当 x_{IL} 处于两条线之间时,在上述的压力范围内甲醇 - 离子液体溶液就会分为两个液相。随着体系的压力降低,两条线在约 6.95 MPa 处汇合。当压力小于该值时,在整个浓度范围内,体系只有两相存在:一个气相和一个液相。在 6.95 MPa 压力以下,只有一个液相存在,说明当压力小于 6.95 MPa 时,CO_2 不能使任何浓度的 [bmim][PF$_6$]-甲醇混合溶液发生相分离。

在两个液相共存的区间内,两个液相中离子液体的浓度差随着压力的提高而增加。从图 2.45 可知,富甲醇相在 8.21 MPa 时消失,在此压力以上,体系中只有一个液相存在,即当压力高于 8.21 MPa 时,体系从三相区进入两相区。该值与 Scurto 等[35] 报道的数值 (8.182~8.216 MPa) 接近。图 2.45 也表明当离子液体的摩尔分数大于一定数值时 (大约为 0.22) 时,在整个压力范围内,体系中只有一个液相存在,无论 CO_2 的压力如何都无法使 [bmim][PF$_6$]-甲醇混合溶液发生相分离。

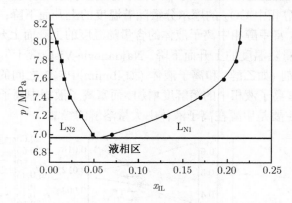

图 2.45   40 ℃时,[bmim][PF$_6$]、甲醇和 CO_2 的相图[38]

x_{IL} 为离子液体分别在两个液相中的摩尔分数 (不含 CO_2)

图 2.46 是在恒压 7.6 MPa 条件下,离子液体 ([bmim][PF$_6$])、甲醇和 CO_2 三元体系的 T-x 相图 (离子液体的含量为不含 CO_2 时的摩尔分数)。在合适的温度和浓度范围内,体系中会有两个液相存在,其边界分别为 L_{N1} 和 L_{N2}。在 L_{N1} 右

边和 L_{N2} 左边的范围内，只有一个液相。两条边界在 44.5 ℃时汇合，在此温度以上，在整个浓度范围内，体系中只有一个液相存在，即 CO_2 不能使此温度以上的 [bmim][PF$_6$]- 甲醇溶液发生相分离。在三相区内 (两个液相)，降低温度使富离子液体相中离子液体的浓度增加，而使富甲醇相中离子液体的浓度降低。当温度降低到大约 35 ℃时，富甲醇相与气相融合为一相。

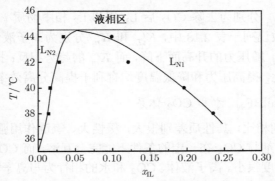

图 2.46　恒压 7.6 MPa 条件下，[bmim][PF$_6$]、甲醇和 CO_2 温度和组成的相图[38]

x_{IL} 为离子液体分别在两个液相中的摩尔分数 (不含 CO_2)

　　组分在不同相中的分配系数是表示物质分离效率的重要参数，对于压缩 CO_2 使甲醇–离子液体混合溶液体系分离为富甲醇相和富离子液体相的分配系数 (K_i) 可表示为

$$K_i = x_{iL2}/x_{iL1} \tag{2.88}$$

式中，x_{iL1} 和 x_{iL2} 分别为 L_1 相和 L_2 相中 i 的摩尔分数。表 2.18 是不同条件下的分配系数 K_i 值，K_{IL}、K_m、K_{CO_2} 分别为离子液体、甲醇和 CO_2 在两个液相中的分配系数。K_{IL} 和 K_m 低于 1，这表明离子液体和甲醇在 L_1 相中的浓度比 L_2 相中的浓度要大。当压力升高或温度下降时，K_{IL} 迅速下降，这表明，

表 2.18　两液相中 [bmim][PF$_6$]、甲醇和 CO_2 的分配系数和去除 CO_2 后 [bmim][PF$_6$]、甲醇的分配系数

$T/℃$	p/MPa	K_{IL}	K_m	K_{CO_2}	K'_{iL}	K'_m
40.0	7.0	0.544	0.802	1.49	0.694	1.02
40.0	7.2	0.222	0.907	1.31	0.272	1.11
40.0	7.4	0.096	0.846	1.44	0.134	1.18
40.0	7.6	0.059	0.865	1.40	0.083	1.22
40.0	7.8	0.042	0.817	1.49	0.064	1.25
40.0	8.0	0.021	0.737	1.59	0.037	1.26
38.0	7.6	0.037	0.808	1.53	0.059	1.29
42.0	7.6	0.182	0.858	1.33	0.235	1.11
44.0	7.6	0.279	0.871	1.28	0.343	1.07

离子液体的分离效率提高了，而 K_m 和 K_{CO_2} 随压力和温度的变化不明显。

当用 CO_2 作为一个分离手段时，两个液相被互相分离。因此在实际应用中，其不含 CO_2 的分配系数 (K') 会更有应用价值。K' 可表示为

$$K'_i = X'_{iL_2}/X'_{iL_1} \tag{2.89}$$

式中，X'_{iL_1} 和 X'_{iL_2} 分别为去除 CO_2 后 L_1 相和 L_2 相中物质 i 的摩尔分数。不同条件下的分配系数已列于表 2.18 中，K'_{iL} 和 K'_m 分别为离子液体和甲醇的分配系数。40.0 ℃时，K'_{iL} 随压力的升高而下降，而 K'_m 的趋势相反；提高温度 K'_{iL} 上升而 K'_m 下降。因此，提高压力和降低温度均有利于提高分离效率。

2. 离子液体 [bmim][BF₄]、水和 CO₂ 体系

水与有机溶剂相比，其性质差别很大，极性大、氢键作用强，与 CO_2 的作用奇特。普通有机溶剂与 CO_2 在一定的条件下能完全互溶，而 CO_2 与水的互溶性很差，在水中的溶解度很小。离子液体、CO_2 和水的相行为与离子液体、CO_2 和有机溶剂的相行为也有一定的差别。

离子液体 [bmim][BF₄] 和水在常温下互溶。然而 Scruto 等[36] 发现在高压 CO_2 作用下，离子液体和水的溶液发生分相，这表明有可能通过高压 CO_2 对离子液体和水的混合物进行简单的分离。Zhang 等[39] 对离子液体、CO_2 和水的相行为进行了研究，发现 CO_2 的含量在富离子液相中随着压力的升高而显著升高，在富水相中 CO_2 的含量随着压力的升高稍有增长；且随着压力的升高，富离子液相中离子液体的含量上升，同时富水相中离子液体的含量下降。结果如图 2.47。

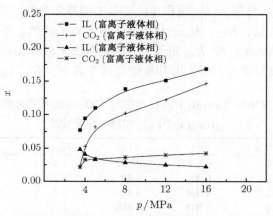

图 2.47　20.0 ℃时富离子液体相和富水相中 [bmim][BF₄] 和 CO_2 含量随压力的变化[39]

如前所述，高压 CO_2 在离子液体中有很高的溶解度。在大约 10 MPa 时，CO_2 在离子液体中的溶解度超过 0.5 (摩尔分数)[6]，也就是说，CO_2 与离子液体的物质

的量比超过 1。然而，在 [bmim][BF$_4$]、水和 CO$_2$ 体系三组分体系中，富离子液相中
CO$_2$ 的物质的量比在 12.0 MPa 时仅为 0.122，CO$_2$ 与离子液体的物质的量比远远
小于 1，说明有水存在时，离子液体中 CO$_2$ 含量大大降低，这是因为水是 CO$_2$ 的
不良溶剂，水的存在降低了 CO$_2$ 在离子液体中的溶解度；另一方面，富水相中 CO$_2$
的摩尔分数 (20 ℃、5.0 MPa 时为 0.034) 大于纯水中 CO$_2$ 的溶解度 (18 ℃、5.0
MPa 时为 0.025)[41]，这是由于离子液体是 CO$_2$ 的良好溶剂，离子液体的存在增大
了 CO$_2$ 在水中的溶解度. 20 ℃时，富 CO$_2$ 相中水的含量随压力的变化与 CO$_2$-水
两元体系的相行为相似。正如 2.5.3 节所述，离子液体在 CO$_2$ 相中的溶解度很小，
可以忽略。

　　图 2.48 是在压力 5.0 MPa 时，[bmim][BF$_4$]、水和 CO$_2$ 体系中富离子液相与
富水相中离子液体与 CO$_2$ 含量随温度的变化。两相中 CO$_2$ 的含量随温度的上升
而降低。随着温度的上升，富离子液相中离子液体的含量下降，而富水相中离子液
体的含量上升。

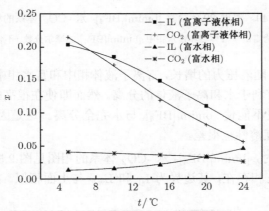

图 2.48　压力 5 MPa 时富离子液体相和富水相中 [bmim][BF$_4$] 和
CO$_2$ 含量随温度的变化[40]

　　Najdanovic-Visak 等 [37] 研究发现，温度升高使水与离子液体的互溶性增加。
因此，当压力恒定时，随着温度的升高，富离子液体相中水的含量增加，导致此相
中离子液体的含量下降；同时，富水相中离子液体的含量上升。

　　图 2.49 是 20 ℃时 [bmim][BF$_4$]、CO$_2$ 和水三元体系的相图。两条线 L$_I$ 和 L$_w$
分别为 [bmim][BF$_4$] 在富离子液相和富水相中的摩尔分数 (不含 CO$_2$)。在 L$_I$ 的右
边只有富离子液相存在，而 L$_w$ 的左边只有富水相存在。当 x_{IL} 位于两条线之间
时，[bmim][BF$_4$]-水的溶液会被分离为富离子液相和富水相。当压力下降时，两条
线有交汇的趋势。在图中横线所表示的压力以下，于整个浓度范围内，体系中只有
两相存在 (此温度时为一个液相和一个气相)。也就是说，此压力以下的 CO$_2$ 不能

使任何浓度的 [bmim][BF$_4$]- 水溶液发生相分离。该实验中测到的此最低压力值为 3.0 MPa，对应于离子液体的摩尔分数为 0.064(不含 CO$_2$)。

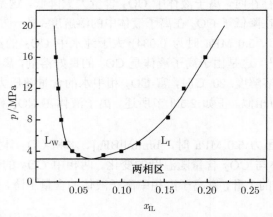

图 2.49　温度 20.0 ℃时 [bmim][BF$_4$]- 水 -CO$_2$ 体系的相图[39]

x_{IL} 为富离子液体相和富水相中 [bmim][BF$_4$] 的摩尔分数 (不含 CO$_2$)

在三相区内，随着压力的增长，富离子液体相中和富水相中离子液体的含量相差越来越大，这有利于水和离子液体的分离。然而即使在很高的压力 (如 20 MPa) 下，高压 CO$_2$ 也不能使 [bmim][BF$_4$] 与水完全分离。这是因为即使在很高压力下，CO$_2$ 与水的互溶性也很差。

在 5.0 MPa 时，[bmim][BF$_4$]- 水 -CO$_2$ 体系的相图见图 2.50。在一定浓度范围内，体系中会有三相存在，其边界为 L$_I$ 和 L$_w$。与上面相似，在 L$_I$ 的右边只有富

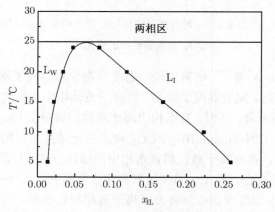

图 2.50　压力 5.0 MPa 时 [bmim][BF$_4$]- 水 -CO$_2$ 体系的相图[39]

x_{IL} 富离子液相和富水相中 [bmim][BF$_4$] 的摩尔分数 (不含 CO$_2$)

离子液相存在, L_w 的左边只有富水相存在。线 L_I 和 L_w 交点 25 ℃之上, 在所有的浓度范围内, 体系都不会分离为富离子液相和富水相。在三相区内, 降低温度使富离子液相中离子液体的含量增加, 而富水相中离子液体的含量降低。

2.5.4　离子液体、CO_2 和其他气体的相图

超临界 CO_2 和离子液体能够作为两相化学反应的理想溶剂, 如用做加氢反应、氢甲酰化反应、氧化反应等。但通常作为化学反应原料的小分子气体 (如 H_2、CO、O_2、CH_4 等) 在离子液体中的溶解度很小[6,15,19,42], 有可能影响化学反应的速率。

Hert 等[43] 研究了高压 CO_2 对 O_2 在离子液体中的溶解度的影响, 结果如图 2.51 所示, 纯 O_2 在离子液体 [hmim][Tf₂N] 中的溶解度很小, 如 25 ℃、0.57 MPa 时, O_2 溶解度仅有 0.006(摩尔分数)。当有 CO_2 存在时, O_2 溶解度可提高到 0.03(摩尔分数)。同样, 高压 CO_2 也能提高甲烷气体在离子液体中的溶解度, 因此, 也可以采用此法来提高烯烃和其他非极性化合物在离子液体中的溶解度。但是, 采用此法虽然提高了难溶小分子气体在离子液体中的溶解度, 却降低了 CO_2 在离子液体中的溶解度。和纯 CO_2 的溶解度相比, 混有其他气体的 CO_2 在离子液体中的溶解度会下降。由前面 2.5.2 节可知, CO_2 和离子液体的阴离子有较强的相互作用。这些小分子气体可能占据了阴离子周围的空位, 因此降低了 CO_2 的溶解度。O_2 和 CH_4 在离子液体中的溶解度提高是通过色散力, 通过与溶解在离子液体中的 CO_2 增加色散力。

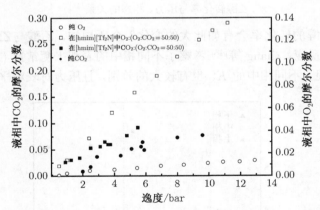

图 2.51　温度 25 ℃时高压 CO_2 对 O_2 在离子液体 ([hmim][Tf₂N]) 中溶解度的影响

2.5.5　离子液体/CO_2 相行为对其中化学反应的影响

纵观文献, 虽然在离子液体 -CO_2 体系中已经进行了许多化学反应[44], 但离子液体 -CO_2- 反应物、产物体系的相态研究和相态对反应的影响还鲜见文献报道。

1. 酯化反应

Zhang 等[45] 以可逆反应乙酸与乙醇酯化反应为例，考察了 [bmim][HSO$_4$]-CO$_2$ 体系中进行酯化反应时体系的相态对化学反应的影响。图 2.52 显示乙醇的转化率随压力和相态的变化关系，其中乙醇的转化率是各相中总的转化率。当压力小于 3.5 MPa (在两相区内) 时，压力上升，乙醇的转化率缓慢增长；当压力在 3.5~9.5 MPa 范围时 (在三相区内)，乙醇的转化率随着压力的上升快速增长；在压力大于 9.5 MPa 时，体系又进入两相区，乙醇的转化率几乎不随压力变化。从图 2.52 还可以看出，三相区内压力对乙醇转化率的影响大于两相区内的影响。

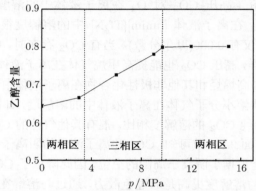

图 2.52　60 ℃时 [bmim][HSO$_4$]-CO$_2$ 体系中乙酸与乙醇酯化反应的
乙醇转化率与压力、相态的关系[45]

为什么乙醇的转化率会有如此大的变化？众所周知，乙酸与乙醇酯化反应是受平衡限制的反应。Zhang 等[45] 考察了不同相中的表观平衡常数 (K_x)，结果见图 2.53。由图可见，不同相中的 K_x 也有较大的差别，且压力对表观平衡常数有显著

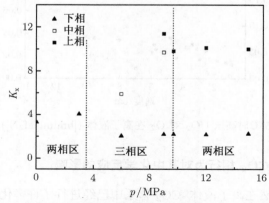

图 2.53　60 ℃时不同相中压力对表观平衡常数 (K_x) 的影响[45]

的影响。在压力较低时 (即体系压力小于 3.5 MPa)，随着压力升高，液相体系中的表观平衡常数上升。当体系压力大于 3.5 MPa 后，体系开始发生相分离。中相中的 K_x 远远大于底相中的 K_x，与 9.5 MPa 压力以上的上相的 K_x 相当。但在体系压力大于 3.5 MPa 后，下相液相中的 K_x 基本保持不变。

　　根据化学热力学性质，平衡常数 K_a 是温度的函数，与压力无关。因此，平衡常数 (K_a) 在各相中的数值是相同的。根据相平衡的基本原理，不同相中各种物质的活度 $(\gamma_i x_i)$ 应该是相同的。然而，不同相中的活度系数可能大不相同，并且与压力大小有关，这就导致活度系数积 (K_γ) 发生变化。由于平衡常数 (K_a) 等于表观平衡常数 (K_x) 与活度系数积的乘积，因此，与平衡转化率密切相关的 K_x 在不同的相中大不相同。这就导致平衡转化率可以通过改变相行为或体系的压力来调节。

　　这一结果表明，对于离子液体和 CO_2 中的某些化学反应，可以通过改变压力来改变体系的相态，从而达到提高化学反应转化率的目的。

2. 离子液体的绿色合成

　　虽然离子液体被认为是一种环境友好的溶剂，但合成离子液体的过程却用到很多的有毒有害的溶剂 (如乙腈、甲醇、二氯甲烷、三氯甲烷等)[46~48]，可能造成环境污染，也可能造成产物、反应物与溶剂的交叉污染，因此如何能使合成离子液体的过程绿色化，也是一个值得研究的课题。

　　离子液体和超临界 CO_2 可以形成特殊的体系，即超临界 CO_2 可以大量溶解在离子液体中，而离子液体不溶于超临界 CO_2。合成离子液体的原料 (如甲基咪唑、卤代烷烃、酯等) 在超临界 CO_2 中有很高的溶解度，根据离子液体和超临界 CO_2 体系的特性，就有可能在超临界 CO_2 介质中合成离子液体。将合成离子液体的原料溶解于超临界 CO_2 中，形成均相体系，当有反应物离子液体生成后，由于离子液体不溶于超临界 CO_2，那么离子液体就沉积在反应釜的底部，有可能加速反应。反应结束后，若有未反应物存在，则可以用超临界 CO_2 进行原位萃取将反应物和未反应物分离，未反应物可以循环使用。

　　Wu 等[49] 在超临界 CO_2 中合成了两种离子液体，[bmim]Br 和 [Me₂Im]TfO(N, N-2- 甲基咪唑三氟甲基磺酸盐)。结果表明在超临界 CO_2 介质中不仅可以合成离子液体，且离子液体的收率达到了 100%，未反应物可以原位进行萃取分离，整个过程没有交叉污染，离子液体的合成过程达到绿色化。合成离子液体 [Me₂Im]TfO 的收率与时间的关系见图 2.54。由图可见，合成离子液体的速率很快，在约 2 h 内，离子液体的收率就可达到 100%，整个合成过程完全不使用有机溶剂。

　　Zhou 等[50] 在超临界 CO_2 介质中高收率地合成离子液体 [bmim]Cl，并对合成过的动力学进行了研究。

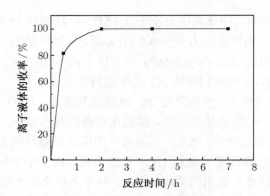

图 2.54   在超临界 CO_2 中合成离子液体 [Me$_2$Im]TfO 的收率与时间关系[49]

条件：10.0 MPa、32.0 ℃，甲基咪唑和三氟甲基磺酸甲酯的起始浓度分别为 0.262 mol/L 和 0.293 mol/L

2.5.6   离子液体/超临界 CO_2 体系的应用研究

1. 化学反应

传统方法将化学反应分为均相化学反应和非均相化学反应，理想的化学反应是两相体系中完成的均相反应。这里的 "均相" 是反应物和催化剂在同一相中，反应过程是均相的，这有利于发挥均相反应的优点；而两相体系是指两种不互溶介质对反应物、产物、催化剂有不同的溶解性，即反应物、产物、催化剂有不同的 "宿主"，有利于产物的分离、催化剂的分离和再生，从而大大提高反应效率。

典型的两相介质均相催化反应体系包含下相和上相，下相介质可以溶解催化剂和反应物，化学反应在该相中完成；上相的作用是把反应物带入下相中实现反应，并且把产物从下相中带出来。所以理想的两相介质均相催化反应的介质应具有以下特点：下相溶剂既能溶解催化剂又能溶解反应物，这样可以提高反应速率和选择性；上相溶剂应具有：① 环境友好；② 能溶解反应物和反应产物 (或不溶解反应物，但溶解产物)；③ 容易与产物分离；④ 不溶解下相溶剂；⑤ 不溶解反应的催化剂。

传统的两相体系，如水/有机溶剂、氟化物/有机溶剂等，首先不能满足环境友好的要求，其次，氟化物还能部分地溶解催化剂，从而造成催化剂的分离困难或污染。水/超临界 CO_2 两相体系虽具有绿色两相溶剂的特点，但由于 CO_2 溶于水中会产生低的 pH，从而使其应用受到限制。离子液体/超临界 CO_2 两相体系，它可以满足理想两相体系的要求。离子液体/超临界 CO_2 两相体系示意图见图 2.55。

由图 2.55 不难发现：反应物、产物、催化剂等能在溶有 CO_2 的离子液体相 (下相) 中形成均相，也就是反应可以在同一相中完成，可以充分发挥均相反应的优势。反应后，产物在超临界 CO_2 相 (上相) 中有较高的溶解度，这样产物容易被带入上层从而达到分离的目的。离子液体和催化剂不溶于超临界 CO_2，不会产生离子液体和催化剂分离困难和产生交叉污染，同时可以保障催化剂的活性和稳定性。所以离子液体/超临界 CO_2 两相体系特别适合于均相化学反应，是两相体系均相化学的理想介质。

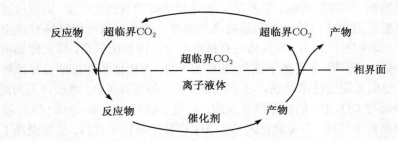

图 2.55　离子液体/超临界 CO_2 两相体系的理想化学反应示意图

从 1999 年 Blancard 等[5] 报道了离子液体和 CO_2 两相体系的特性后，人们对于这种绿色体系中的化学反应进行了大量的研究。文献表明，许多有机化学反应可以在离子液体/超临界 CO_2 两相体系中进行。反应形式可以是间歇式的也可以是连续的。反应时 CO_2 可将反应物带入到离子液体中进行反应，反应结束后 CO_2 将产物带出，通过减压分离。与在单独使用离子液体作溶剂的反应相比较而言，离子液体/超临界 CO_2 两相体系的优点为：① CO_2 在离子液体中的溶解度较大，降低了离子液体的黏度，克服了离子液体黏度大造成的传质慢的问题；② CO_2 溶解在离子液体当中，可能增大某些反应物在离子液体中的溶解度，有利于提高反应的速率；③ 实现了反应、分离一体化；④ 该过程节能、且不产生污染。缺点是需要用到高压设备。

1) 离子液体/超临界 CO_2 两相体系中烯烃催化加氢

Liu 等[51] 研究了 [bmim][PF_6]/超临界 CO_2 两相体系中 1- 癸烯的加氢反应。反应中使用的 Wilkinson 催化剂 ($RhCl(PPh_3)_3$) 不溶于超临界 CO_2 而溶于离子液体，反应体系一直为两相，下层为富离子液体相，上层为富 CO_2 相。反应 1 h 后转化率达 98%，相应的转化频率 (TOF) 为 410 次/h。间歇式反应中，催化剂可以重复使用。此外，他们还报道了类似条件下环己烯加氢反应，转化率为 96%。

Brown 等[52] 采用间歇式反应法，研究了 [bmim][PF_6] /超临界 CO_2 两相体系中，有机金属催化剂催化烯烃加氢反应 (顺式 2- 甲基 -2- 丁烯酸的不对称加氢)。结果表明：有机金属钌催化剂可以溶解在 [bmim][PF_6] 离子液体中，反应结束后，产物通过超临界 CO_2 萃取带出体系；转化率高达 100%，对应异构体 ee 值在 90% 左右；催化剂和离子液体重复使用 5 次后，催化活性不减。随后，他们广泛研究了在离子液体/超临界 CO_2 两相体系中，α，β- 位不饱和烯酸的不对称加氢反应，并且与其他有机溶剂中的反应进行比较后发现在某些条件下，异构体的收率前者比后者要高，研究者认为这是由于被 CO_2 膨胀的离子液体能溶解较多的氢气的缘故。

2) 烯烃的氢甲酰化反应

烯烃的氢加酰化反应属于碳–碳加和反应，传统的反应条件需要有机金属催化剂和有机溶剂 (如四氢呋喃、甲苯等)，若烯烃中碳的数目大于 6，则反应过程较难操作，主要是因为产物的分离需要较高的温度，而高温极可能破坏有机金属催化剂。同时，反应物 CO、H_2 等气体在有机溶剂中的溶解度很小，极大地影响了反应的速率。Sellin 等[53] 采用离子液体/超临界 CO_2 两相体系作溶剂很好地解决了上述问题，他们采用连续流动法，以 [bmim][PF_6]/超临界 CO_2 两相体系为溶剂，研究了正辛烯与 CO、H_2 的氢甲酰化反应，取得了较好的结果，由于 CO_2 在离子液体中有较高的溶解度，有可能提高 CO、H_2 在离子液体中含量，从而提高了反应速率。另外，反应产物可以通过超临界 CO_2 萃取带出体系，不需要高温条件，从而避免了有机金属 (铑) 催化剂的流失。

Webb 等[54] 继续采用连续流动法，以离子液体/超临界 CO_2 两相体系为溶剂，详细研究了烯烃的氢甲酰化反应过程，考察了离子液体的结构、CO_2 流速、反应温度等因素对反应的影响，探讨了反应条件对催化剂的寿命及催化剂流失问题的影响。结果表明 [C_8mim][Tf_2N]/超临界 CO_2 是烯烃氢甲酰化反应的理想溶剂，反应表现出较高的活性以及较高的转化频率。

3) 烯烃的二聚反应

Bösmann 等[55] 研究了苯乙烯与乙烯在离子液体/超临界 CO_2 两相体系中双烯二聚反应，该反应充分反映了两相体系反应的优点。有机金属镍催化剂可溶解在离子液体中形成均相，且能被溶解于离子液体中的 CO_2 活化，避免了使用有毒、易燃的活化剂。超临界 CO_2 将苯乙烯与乙烯带入离子液体中反应，反应结束后，反应产物进入超临界 CO_2 相中，可通过给体系减压达到分离的目的，避免了催化剂暴露于空气中被氧化的可能。在 [emim][Al(OC(CF_3)$_2$Ph)$_4$]/超临界 CO_2 中间歇反应的转化率达 100%，ee 值为 89%，在 [emim][Tf_2N]/超临界 CO_2 为溶剂的连续反应中，转化率达 75%，ee 值为 60%左右。

Ballivet-Tkatchenko 等[56] 报道了 [bmim][PF_6]/超临界 CO_2 两相体系中丙烯酸甲酯的二聚反应，催化剂有机钯溶解于离子液体中，CO_2 作为连续相，反应收率达 98%，转化率和在一般有机溶剂中相当。

2. CO_2 转化反应

CO_2 是导致温室效应的主要物质，如何将 CO_2 转化利用是人们所关心的问题。Kawanami 等[57] 研究了在离子液体/超临界 CO_2 两相体系中 CO_2 的转化问题，发现 CO_2 与环氧乙烷类混合物反应可生成碳酸环酯类混合物。这里 CO_2 既作为反应物, 又作为介质。他们考察了含有不同碳链长度的咪唑类离子液体对反应的影响, 发现 6 个碳和 8 个碳链长度的咪唑离子液体表现出较佳反应活性, 可达到 100% 的选择性和接近 100% 的收率。显然这里由于使用了离子液体/超临界 CO_2, 大大加速了反应速率, 缩短反应时间, 同时离子液体也起到了酸碱催化剂的作用。

Liu 等[51] 报道有机胺 (2- 正丙基胺) 存在下, 有机钌可以催化 CO_2 加氢反应生成 N, N-2- 烷基甲酰胺。在反应过程中形成碳酸根离子, 易溶于 [bmim][PF_6] 中, 促进离子液体相中甲酰化反应。80 ℃、27.6 MPa 条件下, 反应 5 h 的转化率 100%, 选择性大于 99%。该过程实现了离子液体、催化剂和 CO_2 的循环使用和产物的超临界 CO_2 萃取分离。

Shi 等[58] 研究了在离子液体 ([bmim]Cl) 中脂肪胺和芳香胺与高压 CO_2 反应, 合成脲的衍生物的反应, 结果表明: 产物收率高达 98%, 反应过程中不使用有毒的光气和脱水剂, 且过程简单、洁净、安全、催化剂可重复使用等。

3. 酶催化反应

众所周知, 生物酶催化因具有活性高、选择性好、反应条件温和等优点而备受关注, 但由于酶结构的特殊性, 生物酶催化反应在应用中存在一系列问题, 例如, 如何提高底物的溶解度、产物的收率和选择性, 维持酶催化的高活性、高选择性, 以及产物的回收等难以解决的问题。近年来利用离子液体作为新型的酶催化反应介质也引起研究者极大的兴趣。一些研究表明: 当酶较好地分散或溶解在离子液体中时表现出较高的活性。Sheldon 等[59] 对这方面的研究进行了精彩的论述。关于离子液体和酶结构之间的识别[60] 和离子液体的物理化学性质对酶的活性和稳定性的影响在文献[61] 中都有详细的说明。离子液体作溶剂的优点是: 离子液体与酶混合物在反应器中作为固定相, 反应物可以溶解在该体系中, 大大提高了酶的活性, 但研究者用己烷/丙醇萃取或用蒸馏的方法来分离产物, 这样的缺点是: 有机溶剂的使用会造成环境污染, 而蒸馏需要高温, 可能导致酶的活性大大下降。若酶催化反应在超临界 CO_2 中进行, 则避免了上述问题, 但酶不溶于超临界 CO_2, 反应速率很慢。这方面 Mesiano 等[62] 已做了详细的论述。如果以离子液体/超临界 CO_2 两相体系做溶剂, 可以充分发挥酶的高活性和绿色分离的特点。因为离子液体可以溶解酶从而提高酶的催化活性, 超临界 CO_2 作为流动相可以将反应产物带出, 实现了低温分离, 既不污染环境, 又保持了催化剂的活性。

目前, 离子液体/超临界 CO_2 两相体系已成功地应用于生物酶催化的酯交换反应研究。Lozano 等[63] 采用超临界 CO_2 作为连续流动相, 酶 (CALB) 和 [bmim][Tf_2N] 或 [emim][Tf_2N] 作为固定相, 研究了丁酸乙烯酯与丁醇反应合成丁酸丁酯的反应。结果显示: 产物选择性可达 99%; 在离子液体/超临界 CO_2 中酶的催化活性是在无离子液体时的 8 倍。Reetz 等[64] 研究了 [bmim][Tf_2N] 中酶 (CALB)

催化乙酸乙烯酯与辛醇反应合成乙酸辛酯的反应，并且用超临界 CO_2 将反应物和产物从离子液体中分离出来。结果表明：在 39 ℃和 9.5 MPa 下，乙酸辛酯的收率高达 98%，且实验中没有使用其他有机溶剂。研究者在连续条件下对该反应进行了研究探讨，发现连续运转 112 h 后，酶的活性不减。

Reetz 等[65] 在 [bmim][Tf$_2$N]/超临界 CO_2 两相体系中探讨了不同手性仲醇的酶催化酯交换反应。用连续和间歇的反应装置均可得到高选择性的醇和酯。利用超临界 CO_2 的在线分离特点可将产物手性醇和手性酯同时分开，所得产物的 ee 值最高均可达 99.5%。

4. 离子液体/超临界 CO_2 两相体系的电化学反应

杨宏洲[66] 和 Yang[67] 研究了温和条件下，CO_2 在离子液体中被电化学活化，且与环氧化合物生成环状碳酸酯的反应，得到了较好的结果，如环氧丙烷在 [bmim][PF$_6$] 中与 CO_2 的电化学反应收率达 97%。

5. 分离过程

Brennecke 等[5] 首先用超临界 CO_2 成功地将溶解于离子液体 [bmim][PF$_6$] 中的萘分离得到了纯净的萘，从而开辟了离子液体/超临界 CO_2 两相体系在萃取分离方面的应用。Blanchard 等[68] 详细研究了用超临界 CO_2 从离子液体中分离不同有机化合物的方法，如芳香烃类的苯、氯苯、酚、苯甲醚、苯乙酮、苯甲酸、苯甲酸甲酯、苯胺、苯甲醛等；烷烃类的正己烷，1- 氯正己烷、正己醇、乙酸丁酯、戊酸甲酯、环己烷、2- 己酮、己酸、己胺、丁二醇等，结果是超临界 CO_2 可以将有机溶剂和离子液体完全分离。因此，超临界 CO_2 可以代替传统的溶剂，从离子液体中不产生交叉污染地萃取分离溶解在离子液体中的有机物。

另外，对于离子液体和有机物或水的混合物，可以用加入高压 CO_2 的方法使混合物分离为富离子液体相和富有机溶剂相 (或富水相)，从而达到采用高压 CO_2 使离子液体与有机溶剂 (或水) 简单地分离的目的，这种方法简便、节能。这方面的原理在前面已经叙述。

离子液体/超临界 CO_2 两相体系作为均相化学反应的理想介质，也是利用了离子液体和超临界 CO_2 的溶剂特性，连续地萃取分离产物。此外，该法对于从离子液体中分离难挥发的热敏性物质特别有效。例如，Schmitkamp 等[69] 报道有机金属铑催化剂和配体溶解在手性离子液体中，进行烯烃的均相加氢催化反应，反应结束后，产物用超临界 CO_2 萃取分离，催化剂和配体留在离子液体中重复使用。

2.5.7 结论

离子液体/超临界 CO_2 两相体系有其独特的热力学特性，作为一种绿色的介质，有着广阔的应用前景，特别是在化学反应和萃取分离方面。总结其优点有：

① 有机金属化合物催化剂、酶催化剂等在离子液体中有较好的溶解性和稳定性，而在超临界 CO_2 中几乎没有溶解性；② 许多有机反应物或生成物在超临界 CO_2 有适当的溶解性；③ 该体系使用 CO_2 作为萃取介质有许多优点：价格低、无毒、不燃、可再生、易与生成物分离；④ 反应分离可以实现一体化，节约能量。离子液体/超临界 CO_2 体系的缺点一是为了使用超临界 CO_2 所需要耐高压的设备；二是目前对多组分体系的热力学相态和热力学性质研究较少，可能会影响离子液体/超临界 CO_2 体系的应用。众多研究者正在朝这方面努力，并开拓离子液体/超临界 CO_2 体系的应用范围。

参 考 文 献

[1] Adam D. Clean and green but are they mean? Nature, 2000, 407: 938~940

[2] Leitner W. Catalysis: a greener solution. Science, 2003, 423: 930, 931

[3] Wasserscheid P, Keim W. Ionic liquids - new solutions for transition metal catalysis. Angew Chem Int Ed, 2000, 39(21): 3772~3789

[4] Zosel K. Separation with supercritical gases: practical application. Angew Chem Int Ed, 1978, 17: 702~705

[5] Blancard L A, Hancu D, Beckman E J, et al. Green processing using ionic liquids and CO_2. Nature, 1999, 399(6731): 28, 29

[6] Blanchard L A, Gu Z, Brennecke J F. High-pressure phase behavior of ionic liquid/CO_2 systems. J Phys Chem B, 2001, 105(12): 2437~2444

[7] Costantini M, Toussaint V A, Shariati A, et al. High-pressure phase behavior of systems with ionic liquids. Part IV. Binary system carbon dioxide + 1-hexyl-3-methylimidazolium tetrafluoroborate. J Chem Eng Data, 2005, 50: 52~55

[8] Shariati A, Peters C J. High-pressure phase behavior of systems with ionic liquids: measurements and modeling of the binary system fluoroform /1-ethyl-3-methylimidazolium hexafluorophosphate. J Supercrit Fluids, 2003, 25: 109~117

[9] Shariati A, Peters C J. High-pressure phase behavior of systems with ionic liquids. II. The binary system carbon dioxide+1-ethyl-3-methylimidazolium hexafluorophosphate. J Supercrit Fluids, 2004, 29: 43~48

[10] Kroon M C, Shariati A, Costantini M, et al. High-pressure phase behavior of systems with ionic liquids. Part V. The Binary system carbon dioxide + 1-butyl-3-methylimidazolium tetrafluoroborate. J Chem Eng Data, 2005, 50: 173~176

[11] Shariati A, Gutkowski K, Peters C J. Comparison of the phase behavior of some selected binary systems with ionic liquids. AIChE J, 2005, 51(5): 1532~1540

[12] Kamps Ä P S, Tuma D, Xia J, et al. Solubility of CO_2 in the ionic liquid [bmim][PF_6]. J Chem Eng Data, 2003, 48: 746~749

[13] Zhang S, Yuan X, Chen Y, et al. Solubilities of CO_2 in 1-butyl-3-methylimidazolium hexafluorophosphate and 1,1,3,3-tetramethylguanidium lactate at elevated pressures. J Chem Eng Data, 2005, 50(5): 1582~1585

[14] Shariati A, Peters C J. High-pressure phase equilibria of systems with ionic liquids. J Supercrit Fluids, 2005, 34(2): 171~176

[15] Aki S N V K, Mellein B R, Saurer E M, et al. High-pressure phase behavior of carbon dioxide with imidazolium-based ionic liquids. J Phys Chem B, 2004, 108(52): 20355~20365

[16] Anthony J L, Anderson J L, Maginn E J, et al. Anion effects on gas solubility in ionic liquids. J Phys Chem B, 2005, 109(13): 6366~6374

[17] Fu D, Sun X, Pu J, et al. Effect of water content on the solubility of CO_2 in the ionic liquid [bmim][PF_6]. J Chem Eng Data, 2006, 51(2): 371~375

[18] Wu W, Zhang J, Han B, et al. Solubility of room-temperature ionic liquid in super-critical CO_2 with and without organic compounds. Chem Commun, 2003, 12: 1412, 1413

[19] Anthony J L, Maginn E J, Brennecke J F. Solubilities and thermodynamic properties of gases in the ionic liquid 1-n-butyl-3-methylimidazolium hexafluorophosphate. J Phys Chem B, 2002, 106(29): 7315~7320

[20] Cadena C, Anthony J L, Shah J K, et al. Why is CO_2 so soluble in imidazolium-based ionic liquids? J Am Chem Soc, 2004, 126: 5300~5308

[21] Huang X, Margulis C J, Li Y, et al. Why is the partial molar volume of CO_2 so small when dissolved in a room temperature ionic liquid? structure and dynamics of CO_2 dissolved in [Bmim][PF_6]. J Am Chem Soc, 2005, 127: 17842~17851

[22] Kordikowski A, Schenk A P, Van Nielen R M, et al. Volume expansions and vapor-liquid equilibria of binary mixtures of a variety of polar solvents and certain near-critical solvents. J Supercrit Fluids, 1995, 8(3): 205~216

[23] Crowhurst L, Mawdsley P R, Perez-Arlandis J M, et al. Solvent–solute interactions in ionic liquids. Phys Chem Chem Phys, 2003, 5: 2790~2794

[24] Kazarian S G, Briscoea B J, Weltonb T. Combining ionic liquids and supercritical fluids: in situ ATR-IR study of CO_2 dissolved in two ionic liquids at high pressures. Chem Commun, 2000, 2047, 2048

[25] Blanchard L A, Gu Z, Brennecke J F, et al. Clean separations with ionic liquid/CO_2 systems. Abstracts of Papers, 220th ACS National Meeting, Washington, DC, United States, IEC-077, 2000

[26] Kanakubo M, Umecky T, Hiejima Y, et al. Solution structures of 1-butyl-3-methylimidazolium hexafluorophosphate ionic liquid saturated with CO_2: experimental evidence of specific anion-CO_2 interaction. J Phys Chem B, 2005, 109: 13847~13850

[27] Kim Y S, Choi W Y, Jang J H, et al. Solubility measurement and prediction of carbon dioxide in ionic liquids. Fluid Phase Equilibria, 2005, 228, 229: 439~445

[28] Zhang J, Yang C, Hou Z, et al. Effect of dissolved CO_2 on the conductivity of the ionic liquid [bmim][PF_6]. New J Chem, 2003, 27: 333~336

[29] Carmichael A J, Seddon K R. Polarity study of some 1-alkyl-3-methylimidazolium ambient-temperature ionic liquids with the solvatochromic dye. Nile Red. J Phys Org Chem, 2000, 13: 591~595

[30] Karmakar R, Samanta A. Solvation dynamics of coumarin-153 in a room-temperature ionic liquid. J Phys Chem A, 2002, 106(18): 4447~4452

[31] Lu J, Liotta C L, Eckert C A. Spectroscopically probing microscopic solvent properties of room-temperature ionic liquids with the addition of carbon dioxide. J Phys Chem A, 2003, 107(19): 3995~4000

[32] Liu Z, Wu W, Han B, et al. Study on the phase behaviors, viscosities, and thermodynamic properties of CO_2/[C_4mim][PF_6]/methanol system at elevated pressures. Chem-Eur J, 2003, 9(16): 3897~3903

[33] 韩布兴. 超临界流体科学与技术. 北京: 中国石化出版社, 2005

[34] Wu W, Li W, Han B, et al. Effect of organic cosolvents on the solubility of ionic liquids in supercritical CO_2. J Chem Eng Data, 2004, 49(6): 1597~1601

[35] Scurto A M, Aki S N V K, Brennecke J F. CO_2 as a separation switch for ionic liquid/organic mixtures. J Am Chem Soc, 2002, 124(35): 10276~10277

[36] Scurto A M, Aki S N V K, Brennecke J F. Carbon dioxide induced separation of ionic liquids and water. Chem Commun, 2003, 5: 572, 573

[37] Najdanovic-Visak V, Esperança J M S S, Rebelo L P N, et al. Phase behaviour of room temperature ionic liquid solutions: an unusually large co-solvent effect in (water+ethanol). Phys Chem Chem Phys, 2002, 4: 1701~1704

[38] Zhang Z, Wu W, Liu Z, et al. A study of tri-phasic behavior of ionic liquid-methanol-CO_2 systems at elevated pressures. Phys Chem Chem Phys, 2004, 6(9): 2352~2357

[39] Zhang Z, Wu W, Gao H, et al. Tri-phase behavior of ionic liquid-water-CO_2 system at elevated pressures. Phys Chem Chem Phys, 2004, 6(21): 5051~5055

[40] Zhang Z, Wu W, Wang B, et al. High-pressure phase behavior of CO_2/acetone/ionic liquid system. J Supercrit Fluids, 2007, 40(1): 1~6

[41] Wiebe R. The binary system carbon dioxide-water under pressure. Chem. Rev., 1941, 29(3): 475~481

[42] Husson-Borg P, Majer V, Costa G M F. Solubilities of oxygen and carbon dioxide in butyl methyl imidazolium tetrafluoroborate as a function of temperature and at pressures close to atmospheric pressure. J Chem Eng Data, 2003, 48(3): 480~485

[43] Hert D G, Anderson J L, Aki S N V K, et al. Enhancement of oxygen and methane solubility in 1-hexyl-3-methylimidazolium bis(trifluoromethylsulfonyl) imide using carbon

dioxide. Chem Commun, 2005, 20: 2603~2605

[44] Dzyuba S V, Bartsch R A. Recent advances in applications of room-temperature ionic liquid/supercritical CO_2 systems. Angew Chem Int Ed, 2003, 42(2): 148~150

[45] Zhang Z, Wu W, Han B, et al. Phase separation of the reaction system induced by CO_2 and conversion enhancement for the esterification of acetic acid with ethanol in ionic liquid. J Phys Chem B, 2005, 109: 16176~16179

[46] Bonhôte P, Dias A P, Papageorgiou N, et al. Hydrophobic, highly conductive ambient-temperature molten salts. Inorg Chem, 1996, 35: 1168~1178

[47] Wilkes J S, Levisky J A, Wilson R A, et al. Dialkylimidazolium chloroaluminate melts: a new class of room-temperature ionic liquids for electrochemistry, spectroscopy and synthesis. Inorg Chem, 1982, 21: 1263, 1264

[48] Huddleston J G, Willauer H D, Swatloski R P, et al. Room temperature ionic liquids as novel media for "clean" liquid-liquid extraction. Chem Commun, 1998, 1765, 1766

[49] Wu W, Li W, Han B, et al. A green and effective method to synthesize ionic liquids: supercritical CO_2 route. Green Chem, 2005, 7(10): 701~704

[50] Zhou Z, Wang T, Xing H. Butyl-3-methylimidazolium chloride preparation in super-critical carbon dioxide. Ind Eng Chem Res, 2006, 45: 525~529

[51] Liu F, Abrams M B, Baker R T, et al. Phase-separable catalysis using room temperature ionic liquids and supercritical carbon dioxide. Chem Commun, 2001, 433, 434

[52] Brown R A, Pollet P, McKoon E, et al. Asymmetric hydrogenation and catalyst recycling using ionic liquid and supercritical carbon dioxide. J Am Chem Soc, 2001, 123: 1254, 1255

[53] Sellin M F, Webb P B, Cole-Hamilton D J. Continuous flow homogeneous catalysis: hydroformylation of alkenes in supercritical fluid–ionic liquid biphasic mixtures. Chem Commun, 2001, 781, 782

[54] Webb P B, Sellin M F, Kunene T E, et al. Continuous flow hydroformylation of alkenes in supercritical fluid-ionic liquid biphasic systems. J Am Chem Soc, 2003, 125: 15577~15588

[55] Bösmann A, Franciò G, Janssen E, et al. Activation, tuning, and immobilization of homogeneous catalysts in an ionic liquid/compressed CO_2 continuous-flow system. Angew Chem Int Ed, 2001, 40: 2697~2699

[56] Ballivet-Tkatchenko D, Picquet M, Solinas M, et al. Acrylate dimerisation under ionic liquid–supercritical carbon dioxide conditions. Green Chem, 2003, 5: 232~235

[57] Kawanami H, Sasaki A, Matsui K, et al. A rapid and effective synthesis of propylene carbonate using a supercritical CO_2–ionic liquid system. Chem Commun, 2003, 896, 897

[58] Shi F, Deng Y, SiMa T, et al. Alternatives to phosgene and carbon monoxide: synthesis of symmetric urea derivatives with carbon dioxide in ionic liquids. Angew Chem Int Ed, 2003, 42: 3257~3260

[59] Sheldon R A, Lau R M, Sorgedrager M J, et al. Biocatalysis in ionic liquids. Green Chem, 2002, 4: 147~151

[60] Schöfer S H, Kaftzik N, Kragl U, et al. Enzyme catalysis in ionic liquids: lipase catalysed kinetic resolution of 1-phenylethanol with improved enantioselectivity. Chem Commun, 2001, 425~426

[61] Kaar J L, Jesionowski A M, Berberich J A, et al. Impact of ionic liquid physical properties on lipase activity and stability. J Am Chem Soc, 2003, 125(14): 4125~4131

[62] Mesiano A J, Beckman E J, Russell A J. Supercritical biocatalysis. Chem Rev, 1999, 99(2): 623~634

[63] Lozano P, Diego T D, Carrié D, et al. Continuous green biocatalytic processes using ionic liquids and supercritical carbon dioxide. Chem Commun, 2002, 692~693

[64] Reetz M T, Wiesenhöfer W, Franciò G, et al. Biocatalysis in ionic liquids: batchwise and continuous flow processes using supercritical carbon dioxide as the mobile phase. Chem Commun, 2002, 992~993

[65] Reetz M T, Wiesenhöfer W, Franciò G, et al. Continuous flow enzymatic kinetic resolution and enantiomer separation using ionic liquid/supercritical carbon dioxide media. Adv Synth Catal, 2003, 345: 1221~1228

[66] 杨宏洲, 顾彦龙, 邓友全. 室温离子液体中二氧化碳与环氧化合物的电催化插入反应. 有机化学, 2002, 22(12): 995~998

[67] Yang H, Gu Y, Deng Y, et al. Electrochemical activation of carbon dioxide in ionic liquid: synthesis of cyclic carbonates at mild reaction conditions. Chem Commun, 2002, 274, 275

[68] Blanchard L A, Brennecke J F. Recovery of organic products from ionic liquids using supercritical carbon dioxide. Ind Eng Chem Res, 2001, 40(1): 287~292

[69] Schmitkamp M, Chen D, Leitner W, et al. Enantioselective catalysis with tropos ligands in chiral ionic liquids. Chem Commun, 2007, 4012~4014

2.6　离子液体与超临界流体萃取体系的相平衡研究

　　大规模地使用离子液体不可回避反应物、产物与离子液体的分离以及离子液体循环重复使用等关键问题, 虽然 Brennecke 等[1] 展示了离子液体工业应用的广阔前景, 但对于开发应用离子液体的工业过程来说, 如何分离回收和重复使用离子液体将是一个很大的挑战。

　　基于离子液体的几乎不挥发性, 可通过蒸馏的方法把离子液体中的低沸点物质分离出来。但如果反应体系中存在高沸点或热敏性的物质，蒸馏就不再合适。此时，液液萃取成为可行的方法，例如，水可以很容易地把亲水性物质从憎水性的离子液体中萃取出来[2]，己烷、乙醚等有机溶剂可以用来萃取有机物[3]。但是相间的交叉污染问题是不可避免的。是否需要下游进一步的分离操作，很大程度上取决于离子液体在水或有机物萃取相中的溶解度。此外，如果目标是尽量减少挥发性有机溶剂的使用，那么萃取剂的选择范围将严重受限。超临界流体具有许多优异的特性，有较强的溶解能力，且溶解能力随溶剂密度的变化明显，可使溶解度随操作条件的变化灵活调节，达到萃取和分离的目的，溶剂和溶质的分离不需要高温，对热不稳定物质和非挥发性高沸点的物质萃取分离有很大的优越性，另外相对于液体而言，超临界流体的黏度低，热导系数高，扩散系数大，有明显的传质优势，因而作为萃取溶剂和反应介质等得到了广泛的应用。1999 年，第一篇关于 "超临界流体萃取离子液体中有机物" 的文章在 *Nature* 上发表[4]；随后，有许多科研人员对这一新课题进行了更为广泛和深入的研究。

推进离子液体相平衡研究的动力还有以下两个方面：第一，一些研究者建立了以 CO_2-离子液体两相体系为基础的 "反应/分离" 系统[5~20]；有些系统仅把 CO_2 作为萃取溶剂，另一些系统则利用 CO_2 来促进反应和分离，更有一些体系甚至把 CO_2 作为反应物。CO_2-离子液体体系相平衡的知识对于设计和理解这些 "反应/分离" 体系至关重要。第二，离子液体具有分离 CO_2 和其他气体的潜力[21,22]。在这类应用中，CO_2 在离子液体中的溶解度数据非常重要。目前，对这类两元系高压相行为的研究已经有许多的文献报道，而且不断有新的文章发表。

离子液体、超临界流体及有机物的二元系和三元系相行为是超临界流体萃取分离离子液体和有机物的基础。为了深入系统的理解这些体系的相行为、指导工程设计和减少实验工作量，对相平衡进行模型化研究也是必不可少的。目前，文献中二元系的实验数据已经有了一定量的积累，关于二元系相行为的模型化研究也已经取得了一些初步成果；但三元系的实验数据相当稀缺，对于三元系相行为的建模还很少有人涉及。

2.6.1 超临界流体-离子液体二元系的高压相行为

1. CO_2 在离子液体中的溶解度

如 2.5 节所述，Blanchard 等[23]、Perez-Salado 等[24]、Aki 等[25]、Shariati 等[26~31]、Anthony 等[32]、Husson-Borg 等[33]、Wu 等[34]、Costantini 等[35]、Kroon 等[36]、Baltus 等[37]、Shiflet 等[38]、Zhang 等[39~41]、Jacquemin 等[42,43]、Kim 等[44]、Liu 等[45] 众多研究工作者对二氧化碳和一些离子液体的高压相行为进行了研究，发现 CO_2 的溶解度大小与阴离子有很强烈的依赖关系，且烷基链的增长会极大地增加 CO_2 的溶解度，微量水分对 CO_2 在离子液体中的溶解度影响也很小，

同时基于溶解度数据还计算了偏摩尔热力学函数，如标准 Gibbs 自由能、焓和熵。图 2.56 给出了以上工作者及赵锁奇研究小组报道的 40 ℃时 CO_2 在 [bmim][PF_6] 中的溶解度数据[23~25,45]。

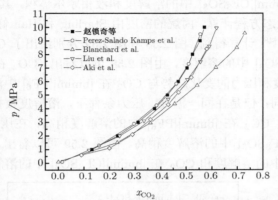

图 2.56　40 ℃时 CO_2 在 [bmim][PF_6] 中的溶解度 (含水量为 0.15 %)

此外，Shariati 等[26,31] 还研究了 [emim][PF_6]、[bmim][PF_6] 和 CHF_3 二元体系的高压相行为。研究表明，离子液体–CHF_3 体系与离子液体–CO_2 体系的高压相行为有很大不同，如图 2.57 所示[33]。在较高压力下，CHF_3 比 CO_2 更容易溶解在离子液体中；但是相对于超临界 CO_2，离子液体也更容易溶解在超临界 CHF_3 中。这导致了两个体系的相图迥然不同，在 [emim][PF_6]–CHF_3 体系中，出现了混合物的临界点。在混合物的临界点附近，离子液体 [emim][PF_6] 在 CHF_3 中的溶解度相当高。因此，从避免相间交叉污染这个角度出发，超临界 CO_2 比超临界 CHF_3 更适合做萃取溶剂。

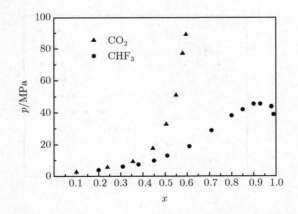

图 2.57　350 K 时 CO_2-[emim][PF_6] 体系和 CHF_3-[emim][PF_6] 体系的相行为比较

另外，赵锁奇课题组[46] 使用 Ruska 2370-601 型 PVT，采用静态相平衡方法，在 40 ℃、50 ℃、60 ℃，1~20 MPa 的条件下测量了 CO_2 在离子液体 [bmim][CF_3SO_3] 中的溶解度和液相摩尔体积；以及在 100 ℃、110 ℃、120 ℃，1~9 MPa 的条件下测量了丙烷在 [bmim][CF_3SO_3] 中的溶解度和液相摩尔体积，其中 CO_2 的密度由 Huang 等[47] 的状态方程计算，丙烷的密度由 Starling 和 Han 修正的 BWR (简称 BWRS) 状态方程[48] 计算得到。图 2.58 和图 2.59 分别给出了 CO_2 和丙烷在离子液体 [bmim][CF_3SO_3] 中的溶解度，由图 2.58 可以看出，CO_2 在 [bmim][CF_3SO_3] 中的溶解度随温度和压力的变化趋势与 CO_2 在 [bmim][PF_6] 中溶解度随温度和压力的变化趋势相同；但是在同一温度、压力条件下，溶解度数据略有差别，在压力低于 9 MPa 时 CO_2 在 [bmim][PF_6] 中的溶解度稍高，在压力高于 9 MPa 时 CO_2 在 [bmim][CF_3SO_3] 中的溶解度稍高。由图 2.59 可以看出，丙烷在离子液体 [bmim][CF_3SO_3] 中的溶解度和 CO_2 在 [bmim][CF_3SO_3] 中的溶解度随温度、压力

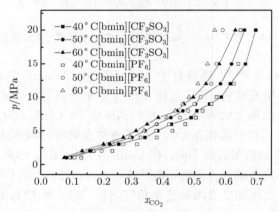

图 2.58   40~60 ℃时 CO_2 分别在 [bmim][PF_6] 和 [bmim][CF_3SO_3] 中的溶解度比较

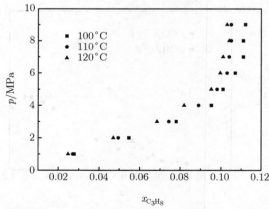

图 2.59   100~120 ℃条件下 C_3H_8 在 [bmim][CF_3SO_3] 中的溶解度

的变化趋势类似, 但是丙烷的溶解度要低得多。这可能是因为 CO_2 和离子液体的阴离子之间具有弱的基于 Lewis 酸的相互作用[49], 而丙烷并不具有这样的相互作用。CO_2 在离子液体中的大量溶解有利于超临界萃取时与有机物的充分接触和传质, 而丙烷的溶解度较小, 就这一方面而言不如超临界 CO_2。

2. 离子液体在超临界 CO_2 中的溶解度

离子液体在 CO_2 中的溶解度, 是超临界流体–离子液体二元系相行为的一个重要方面, 它在很大程度上决定了超临界 CO_2 萃取方法分离离子液体和有机物的选择性。然而除了个别例外[50], 离子液体在 CO_2 中的溶解度都非常低, 甚至是 10^{-7} 数量级 (见 2.5 节), 但目前还缺乏准确有效的测量方法, 因此文献报道得很少。

Blanchard 等[23] 在 313 K、13.79 MPa 的条件下测量了离子液体 [bmim][PF$_6$] 在 CO_2 中的溶解度。他们的方法是: 把 CO_2 缓慢地通过盛有 [bmim][PF$_6$] 的釜, 在管线末端用酒精收集离子液体, 再用紫外光谱分析。结果发现没有离子液体 [bmim][PF$_6$] 的吸收峰, 因而得出 “[bmim][PF$_6$] 在 CO_2 中的溶解度低于 5×10^{-7}” 的结论。Wu 等[34] 采用了类似的方法给出了确定的溶解度数据。

为了深入研究这一问题, 赵锁奇组[51] 建立了离子液体浓度的高效液相色谱 (HPLC) 分析方法。在进行液相色谱分析之前仍采用连续流动法, 其装置如图 2.60 所示。合成的离子液体 [bmim][PF$_6$] 经过 80 ℃、48h 的真空干燥后, 又在 50 ℃、15 MPa、0.5~1 mL/min 的条件下用超临界 CO_2 萃取 24h。在不同的温度、压力条件下, 每次都通过平衡釜 2.0 mol 的 CO_2, 并收集得到 5.0 mL 的甲醇溶液。随后进行 HPLC 和紫外光谱 (UV-vis) 分析。

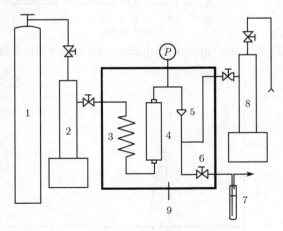

图 2.60　装置示意图

1. CO_2 气瓶；2. 打 CO_2 的 ISCO 注射泵；3. 预热器；4. 平衡釜；5. 单向阀；

6. 节流阀；7. 盛甲醇的收集瓶；8. 打甲醇的 ISCO 注射泵；9. 恒温箱

以 313 K、10 MPa 为例，UV-vis 和 HPLC 分析的结果分别如图 2.61 至图 2.64 所示。对于连续流动法得到的甲醇吸收液，HPLC 分析并没有检测到 [bmim][PF₆]

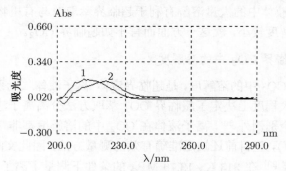

图 2.61　紫外光谱对比图

1. 浓度为 10 μg/mL 的 [bmim][PF₆] 甲醇溶液；2. 313 K、10 MPa 条件下采用
连续流动法得到的甲醇吸收液

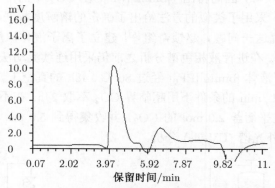

图 2.62　浓度为 10 μg/mL 的 [bmim][PF₆] 甲醇溶液的液相色谱图

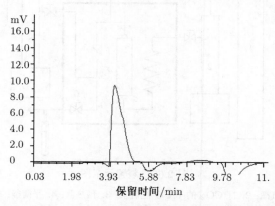

图 2.63　313 K、10 MPa 条件下采用连续流动法得到的甲醇吸收液液相色谱图

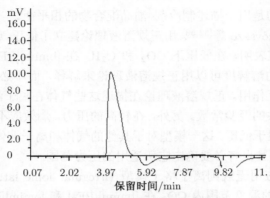

图 2.64　色谱纯甲醇的液相色谱图

的色谱峰；而对于浓度为 $10\mu g/mL$ 的 [bmim][PF$_6$] 甲醇溶液，HPLC 分析检测到了一个明显的 [bmim][PF$_6$] 的色谱峰。甲醇吸收液的色谱图与色谱纯甲醇的色谱图非常相似。HPLC 分析没有检测到甲醇吸收液的 [bmim][PF$_6$] 色谱峰，由此可以得出结论：[bmim][PF$_6$] 在 CO_2 中的溶解度低于仪器的检测限，低于 3×10^{-8}。

2.6.2　超临界流体-离子液体二元系高压相行为的模型化研究

为了深入地理解超临界流体-离子液体二元系的相行为、指导工程设计和减少实验工作量，对相平衡进行模型化研究是必不可少的。目前，文献中超临界流体-离子液体二元系的实验数据已经有了一定量的积累，关于二元系相平衡的模型化研究也已经取得了一些初步成果[24,31,38,44,52~55]。

Perez-Salado 等[24] 用扩展的 Henry 定律关联了 CO_2 在 [bmim][PF$_6$] 中的溶解度和压力、温度的关系。所得的关联式在温度 293~393 K、压力低于 9.7 MPa 的范围内，平均相对误差约为 1 %，从而证明了 CO_2 在离子液体 [bmim][PF$_6$] 中的溶解度在一定的压力范围内符合亨利定律。但对于偏摩尔热力学函数的计算，如溶解焓、溶解熵等，由于需要求偏导数，原始数据点就必须很密，因此这个方法比较麻烦，而且结果还可能与热力学不一致。

Shariati 等[31] 使用 Adachi 等修改的二次混合规则[56] 的 Peng-Robinson 状态方程[57]，来描述 CHF$_3$-[emim][PF$_6$] 体系的相平衡实验数据。PR 方程可以令人满意地描述超临界 CHF$_3$ 在 [emim][PF$_6$] 中的溶解度和体系的泡点数据，而且还可以定性的预测 [emim][PF$_6$] 在超临界 CHF$_3$ 中的溶解度 (在近临界区误差较大)。尽管 PR 方程未必是描述 CHF$_3$-[emim][PF$_6$] 体系的最佳选择，但无疑是一个有益的尝试。但是 PR 方程难以精确地描述 CO_2-[emim][PF$_6$] 体系的相平衡。

Shiflett 等[38] 使用一种 RK 型立方状态方程成功地关联了温度 283.15~348.15 K、压力低于 2 MPa 范围内 CO_2 在 [bmim][PF$_6$] 和 [bmim][BF$_4$] 中的溶解度数据，

这种状态方程最初是用于描述制冷剂–油品混合物的相平衡。

Camper 和 Scovazzo 等[52,53]用正规溶液理论建立了低压气体在离子液体中的溶解度模型。研究表明，在低压下 CO_2 和 C_2H_4 在 [bmim][PF_6]、[bmim][BF_4] 等几种离子液体中的溶解度可以用正规溶液理论来解释，而不必考虑气体和阴离子之间的分子间相互作用。正规溶液理论在描述这些气体在离子液体中的溶解度时，采用仅与气体相关的经验常数。另外，在较高的压力，熵效应不可忽略，因此正规溶液理论模型仅限于低压。这一模型对于其他的气体和离子液体是否都适用，需要进一步的研究，而且也有必要确定它所适用的压力范围。

Ally 等[54]应用无规则离子格子模型 (irregular ionic lattice model) 预测了 298.15~333.15 K 的温度范围内 CO_2 在 [bmim][PF_6] 和 [omim][PF_6] 中的溶解度和蒸气压。该模型仅有两个参数，而且参数的值与参考态的选择无关。这两个参数与温度存在弱的依赖关系，但是为了证明该模型在不同的温度和压力下预测 CO_2 溶解度的能力，他们并没有考虑这种依赖关系。

Kroon 等[55]基于 tPC-PSAFT(truncated perturbed chain polar statistical associating fluid theory) 状态方程，建立了一个可以准确描述 CO_2–离子液体二元系相平衡的模型。该模型考虑了离子液体分子间的偶极子作用、CO_2 分子间的四偶极子作用、离子液体和 CO_2 分子间基于 Lewis 酸碱机理的缔合作用。由文献数据回归离子液体有物理意义的纯物质参数；由气液相平衡实验数据回归仅有的一个与温度呈线性关系的二元相互作用参数 (两个可调参数)。计算结果表明，该模型可以准确地描述 CO_2 和不同种类的咪唑基离子液体的两元系相平衡，压力可以达到 100 MPa，CO_2 的摩尔分数可以达 75%，其计算结果与实验数据符合良好。

Kim 等[44]采用基团贡献非随机格子流体状态方程[58~60]来拟合 CO_2 在离子液体中的溶解度数据。发现对于由 1- 烷基 -3- 甲基咪唑阳离子和 [PF_6]、[BF_4]、[Tf_2N] 阴离子构成的离子液体，计算结果与实验数据符合得较好。

Shah 等[61]用蒙特卡洛方法计算了水、CO_2、乙烷、乙烯、甲烷、氧气、氮气在 [bmim][PF_6] 中的亨利系数，以及水、CO_2、氧气溶解的偏摩尔焓和偏摩尔熵；并与文献的实验数据进行了对比。随后，Shah 等[62]又开发了一种修正的统一原子力场，用蒙特卡洛方法在 298~343 K 范围内计算了 [bmim][PF_6] 的密度、等温压缩系数、体积膨胀系数等体积性质，以及 CO_2 在 [bmim][PF_6] 中溶解的亨利系数、无限稀释的溶解焓和熵；并与文献的实验数据进行了对比。此外，通过分析径向分布函数，还获取了局部组成的一些信息。

Urukova 等[63]采用恒温恒压的吉布斯系综蒙特卡洛方法 (NpT-GEMC) 预测了 293~393 K、压力低于 9 MPa 的条件下 CO_2、CO、H_2 在离子液体 [bmim][PF_6] 中的溶解度。不相似基团间的相互作用采用普通的混合规则而未加任何可调的两元相互作用参数。模拟结果显示，H_2 的溶解度与实验值符合较好，CO 和 CO_2 有较大偏差。

Shim 等[64,65] 和 Huang 等[66] 用分子动力学模拟的方法来考察 CO_2 在离子液体中的溶解，结果显示 CO_2 占据了离子液体中的空穴。

赵锁奇课题组[46] 对超临界流体–离子液体二元体系的模型化进行了深入研究。

1. "吸附" 模型

1) "吸附" 模型的推导

CO_2 在离子液体中的溶解，虽然与单分子层吸附在本质上不同，但有很多类似的地方，两者的相似之处在于以下三个方面。

(1) 图形及变化趋势类似。温度一定时，CO_2 在离子液体中的溶解度随压力 (或者说 CO_2 密度) 的增加而增加，当压力增加到一定程度之后，溶解度几乎不再随压力的上升而变化；压力一定时，温度愈高，溶解度愈低；这些都与单分子层吸附类似。

(2) 作用机理类似。CO_2 和离子液体的阴离子之间具有弱的基于 Lewis 酸的相互作用[48]，并且分子动力学模拟[65,66] 表明，CO_2 占据了离子液体中的空穴，而吸附的作用机理也是化学键力或者微小的孔洞。

(3) 互溶性类似。离子液体不溶于 CO_2，而吸附气体的固体介质也不溶于气体。

不同点也是显然的：吸附是界面作用，只发生在相界面；而气体溶解则是进入相主体。但是，本文提出的 "吸附" 模型只是借鉴 Langmuir 吸附理论的动力学推导方法，这一区别并不影响该模型的推导过程。

气液两相的传质必须经过相界面，因此可以把气液两相平衡时 CO_2 在相界面的传质作为考察的出发点。离子液体中凡是可以容纳 CO_2 的位置统一定义为 "空穴"，包括基于 Lewis 酸的相互作用、阴阳离子间的空隙等。在一定温度下，离子液体中空穴分布均匀，相界面上的空穴也分布均匀，并且单位面积上的空穴数为一个固定值。

设 θ 为任一瞬间相界面上空穴被 CO_2 占据的分数，称为覆盖率，即

$$\theta = \frac{空穴占用数}{空穴总数} = \frac{m_C}{m_C^\infty} \tag{2.90}$$

式中，m_C 为 CO_2 在离子液体中的质量摩尔浓度；m_C^∞ 为一定温度下的最大质量摩尔浓度。

若以 N 代表相界面上总的空穴数，则吸收速率 (即 CO_2 溶解于离子液体的速率)，应与超临界相 CO_2 的密度及相界面上未被占据的空穴数 $(1-\theta)N$ 成正比，所以：

$$吸收速率 = k_1\rho(1-\theta)N \tag{2.91}$$

解吸的速率 (即离子液体中 CO_2 进入超临界相的速率), 应与相界面上被 CO_2 占据的空穴数成正比, 所以:

$$\text{解吸速率} = k_{-1}\theta N \tag{2.92}$$

两相平衡时, 这两个速率应相等, 即

$$k_1\rho(1-\theta)N = k_{-1}\theta N \tag{2.93}$$

由式 (2.93) 可得

$$\theta = \frac{K\rho}{1+K\rho} \tag{2.94}$$

式中, $K = k_1/k_{-1}$, 从本质上看, K 为吸收作用的平衡常数。把式 (2.90) 代入式 (2.94) 可得

$$m_C = m_C^\infty \frac{K\rho}{1+K\rho} \tag{2.95}$$

在一定的温度和压力下, CO_2 的密度 ρ 可以由 Huang 的状态方程[47] 来计算; 而 K 和 m_C^∞ 是温度的函数。式 (2.95) 也可以写成下列形式:

$$\frac{1}{m_C} = \frac{1}{m_C^\infty} + \frac{1}{m_C^\infty K\rho} \tag{2.96}$$

由式 (2.96) 可见, 在一定的温度下, $1/m_C$ 和 $1/\rho$ 呈线性关系。

2) "吸附" 模型的计算结果

用 "吸附" 模型计算了 CO_2 在 [emim][PF$_6$]、[bmim][PF$_6$] 等 16 种离子液体中的溶解度, 对于文献报道的绝大多数离子液体, 在很宽的温度和压力范围内, $1/m_C$ 和 $1/\rho$ 的线性关系都非常好, 如图 2.65 和图 2.66 所示.

2. 缔合模型

1) 缔合模型的推导

假设 CO_2 溶入离子液体后, 与离子液体进行化学反应, 生成缔合物, 存在一

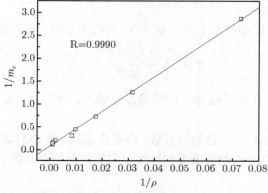

图 2.65   323 K 时 CO_2-[hmim][PF$_6$] 体系 $1/m_C$ 与 $1/\rho$ 的线性关系[29]

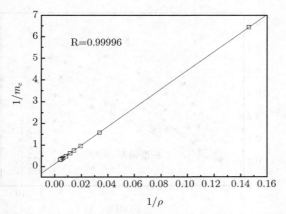

图 2.66　333 K 时 CO_2–[bmim][PF_6] 体系 $1/m_C$ 与 $1/\rho$ 的线性关系[24]

个化学平衡；而游离态 CO_2 的质量摩尔浓度与超临界相 CO_2 的逸度符合亨利定律。在此假设的基础上，可以推导出一个温度、压力和 CO_2 溶解度的关联式。

$$m_C = \frac{f}{\exp(Q_1/RT + C_1)} + \frac{k/M_{IL}}{1 + \exp(Q_2/RT + C_2)/f^k} \tag{2.97}$$

式中，$Q_2 = kQ_1 - Q_3$；$C_2 = kC_1 - C_3$。且式 (2.97) 关联了 CO_2 在离子液体中的质量摩尔浓度 m_C、CO_2 的逸度 f 和温度 T，有 Q_1、C_1、Q_2、C_2 和 k 共 5 个参数。

2) 缔合模型的计算结果

采用式 (2.97) 拟合已知文献中的 15 种离子液体和 CO_2 的相平衡数据，对于几组温度压力变化范围较宽的相平衡数据进行计算，结果如图 2.67 至图 2.72 所示。

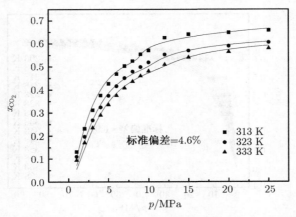

图 2.67　对于 CO_2–[bmim][PF_6] 体系，缔合模型计算结果与实验数据[46] 的比较

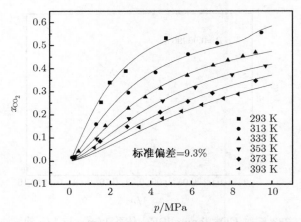

图 2.68 对于 CO_2–[bmim][PF_6] 体系，缔合模型计算结果与实验数据[24] 的比较

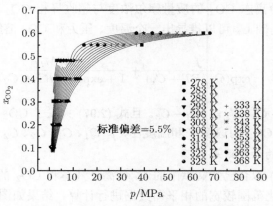

图 2.69 对于 CO_2–[bmim][BF_4] 体系，缔合模型计算结果与实验数据[36] 的比较

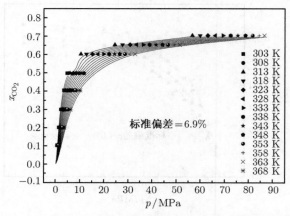

图 2.70 对于 CO_2–[hmim][BF_4] 体系，缔合模型计算结果与实验数据[35] 的比较

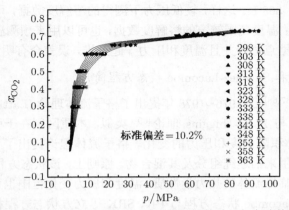

图 2.71　对于 CO_2-[hmim][PF_6] 体系，缔合模型计算结果与实验数据[29] 的比较

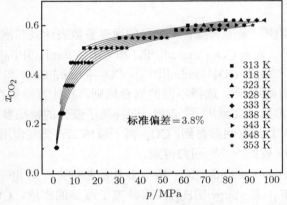

图 2.72　对于 CO_2-[emim][PF_6] 体系，缔合模型计算结果与实验数据[27] 的比较

由图可见，关联 CO_2 在离子液体中的溶解度非常成功，在温度、压力变化范围很宽的情况下，平均相对误差仍然很小。

3) 缔合模型的预测能力

该缔合模型还具有很好的预测能力，温度和压力可以外推。由表 2.19 可见，15 MPa 以下的溶解度数据，可以外推到 97 MPa；328~338 K 范围内的溶解度数据，

表 2.19　缔合模型的预测能力

离子液体	数据来源	参数回归			预测范围			平均相关偏差
		T/K	p/MPa	数据点数	T/K	p/MPa	数据点数	
[emim][PF_6]	[35]	313~353	1.5~14.8	26	313~353	1.5~97.1	69	3.2 %
[emim][PF_6]	[35]	328~338	1.5~97.1	26	313~353	1.5~97.1	69	3.6 %
[emim][PF_6]	[35]	328~338	1.5~13.1	11	313~353	1.5~97.1	69	18.4 %
[hmim][BF_4]	[41]	303~368	0.6~15.2	69	303~368	0.6~86.6	99	7.5 %
[hmim][BF_4]	[41]	328~338	1.0~72.6	25	303~368	0.6~86.6	99	6.8 %
[hmim][BF_4]	[41]	328~338	1.0~9.8	16	303~368	0.6~86.6	99	9.5 %

可以外推到 303~368 K。这样，较低压力下测得的溶解度数据，可以用来预测较高压力下的溶解度；温度范围较窄的溶解度数据，也可以用来预测温度范围较宽的溶解度。但如果数据点过少并且温度和压力一起外推，误差会有明显增加。

3. 格子流体理论和 Sanchez-Lacombe 状态方程简介

Sanchez 等[67,68] 于 1976~1978 年提出了格子流体理论 (Lattice-Fluid Theory)。该理论在形式上与 Flory-Huggins 理论[69] 类似，本质区别在于引入了空格子 (空穴)，便于描述体积随温度和压力的变化。格子流体理论提出了 Sanchez-Lacombe 状态方程，可以用来描述纯组分及其混合物。原则上，该状态方程适合于描述普通液体、气体和超临界流体的热力学性质，温度和压力变化范围也可以很宽。对于小分子，Sanchez-Lacombe 状态方程与 PR、SRK 等立方状态方程相比，在临界点附近误差较大；但是它特别适合于描述含有大分子的体系，在聚合物热力学中占有重要位置。

赵锁奇课题组[46] 采用 Neau[70] 推导的逸度系数表达式和泡点压力法[48] 进行相平衡计算，对于二元系 CO_2–[bmim][PF_6] 和 CHF_3–[bmim][PF_6]，采用 Orbey 混合规则[70~73]；对于二元系 CO_2–[omim][PF_6]、CO_2–[omim][BF_4] 和 CO_2–[bupy][BF_4]，采用 Sato 混合规则[74,75]，选择不同的混合规则，其计算结果存在或大或小的差别。CO_2 的特征参数由文献[74,75] 查得，四种离子液体的特征参数由 Gu 等[76] 报道的离子液体 PVT 数据回归得到，CO_2–离子液体二元交互作用参数由 CO_2 在离子液体中的溶解度数据[23~26] 回归得到。

在已知 Sanchez-Lacombe EOS 所需参数的基础上，对 [bmim][PF_6]、[omim][PF_6]、[omim][BF_4] 和 [bupy][BF_4] 共四种离子液体的密度，CO_2 与这些离子液体组成的二元系的气液相组成，以及二元系的液相摩尔体积进行了计算。离子液体密度的计算结果如图 2.73 至图 2.80 所示，计算值与实验值的平均相对误差为 0.21%~0.30 %。CO_2 在离子液体中溶解度的计算结果如图 2.81 至图 2.87 所示，平

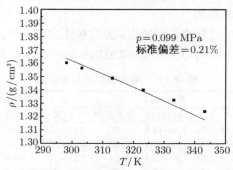

图 2.73　在常压和不同温度条件下，Sanchez-Lacombe EOS
计算的 [bmim][PF_6] 密度与文献数据[76] 的比较

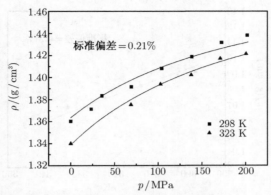

图 2.74 在不同温度和压力条件下，Sanchez-Lacombe EOS
计算的 [bmim][PF$_6$] 密度与文献数据[76] 的比较

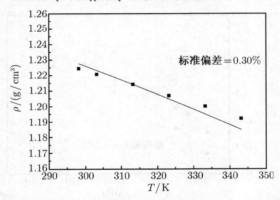

图 2.75 在常压和不同温度条件下，Sanchez-Lacombe EOS
计算的 [omim][PF$_6$] 密度与文献数据[76] 的比较

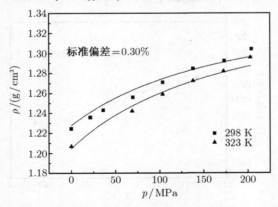

图 2.76 在不同温度和压力条件下，Sanchez-Lacombe EOS
计算的 [omim][PF$_6$] 密度与文献数据[76] 的比较

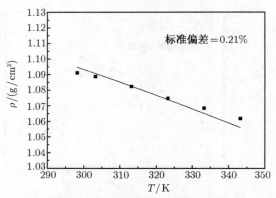

图 2.77 在常压和不同温度条件下，Sanchez-Lacombe EOS
计算的 [omim][BF$_4$] 密度与文献数据[76] 的比较

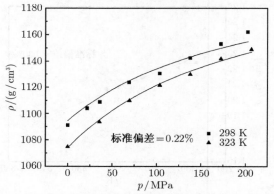

图 2.78 在不同温度和压力条件下，Sanchez-Lacombe EOS
计算的 [omim][BF$_4$] 密度与文献数据[76] 的比较

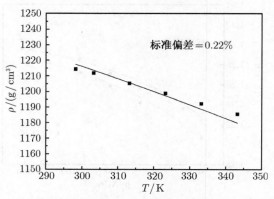

图 2.79 在常压和不同温度条件下，Sanchez-Lacombe EOS
计算的 [bupy][BF$_4$] 密度与文献数据[76] 的比较

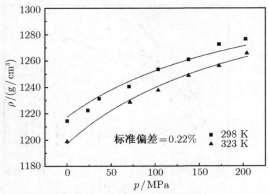

图 2.80 在不同温度和压力条件下，Sanchez-Lacombe EOS
计算的 [bupy][BF$_4$] 密度与文献数据[76] 的比较

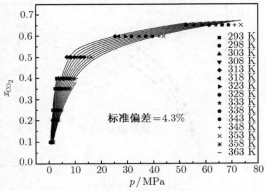

图 2.81 Sanchez-Lacombe EOS 计算的 CO$_2$ 在 [bmim][PF$_6$]
中的溶解度与文献数据[26] 的比较

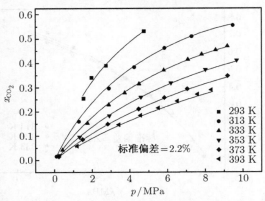

图 2.82 Sanchez-Lacombe EOS 计算的 CO$_2$ 在 [bmim][PF$_6$]
中的溶解度与文献数据[24] 的比较

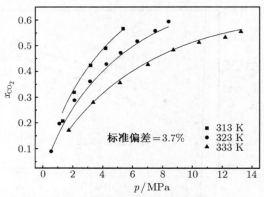

图 2.83　Sanchez-Lacombe EOS 计算的 CO_2 在 [bmim][PF_6]
中的溶解度与文献数据[25] 的比较

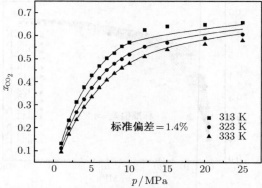

图 2.84　Sanchez-Lacombe EOS 计算的 CO_2 在 [bmim][PF_6]
中的溶解度与本文实验数据[46] 的比较

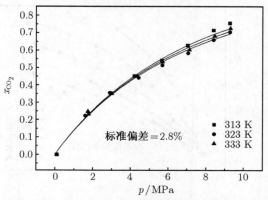

图 2.85　Sanchez-Lacombe EOS 计算的 CO_2 在 [omim][PF_6]
中的溶解度与文献数据[23] 的比较

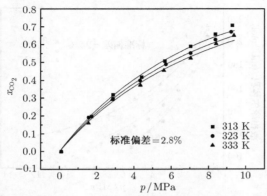

图 2.86　Sanchez-Lacombe EOS 计算的 CO_2 在 [omim][BF_4]
中的溶解度与文献数据[23] 的比较

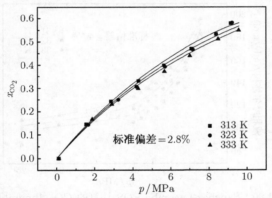

图 2.87　Sanchez-Lacombe EOS 计算的 CO_2 在 [bupy][BF_4]
中的溶解度与文献数据[23] 的比较

均相对误差为 1.4 %～4.3 %。离子液体 [bmim][PF_6] 在 CO_2 中的溶解度的计算值比 Wu 等[34] 报道的数据高一个数量级。虽然离子液体在超临界相中的溶解度的计算误差较大，Sanchez-Lacombe 状态方程仍然可以较为准确地计算出 CO_2-离子液体二元系的相图。CO_2-离子液体二元系液相摩尔体积的计算结果如图 2.88 至图 2.92 所示，平均相对误差为 2.2 %～6.8 %。

2.6.3　超临界流体-离子液体-有机物三元系的高压相平衡及模型化研究

　　在较高压力下，CO_2 在离子液体中的大量溶解不仅有利于充分接触溶质，同时也减小了离子液体的黏度，这对于传质非常有利；而离子液体又不溶于超临界 CO_2，所以在用超临界 CO_2 从离子液体中萃取有机物溶质时，回收的溶质就不会被离子液体污染，从而避免了相间的交叉污染。

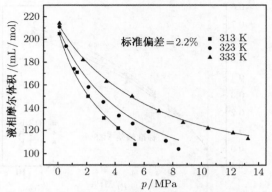

图 2.88   Sanchez-Lacombe EOS 计算的 CO_2-[bmim][PF_6]
体系的液相摩尔体积与文献数据[25] 的比较

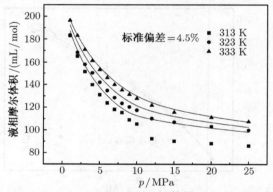

图 2.89   Sanchez-Lacombe EOS 计算的 CO_2-[bmim][PF_6]
体系的液相摩尔体积与本文实验数据[46] 的比较

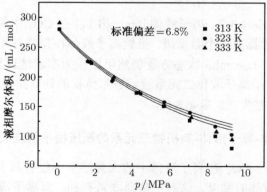

图 2.90   Sanchez-Lacombe EOS 计算的 CO_2-[omim][PF_6]
体系的液相摩尔体积与文献数据[23] 的比较

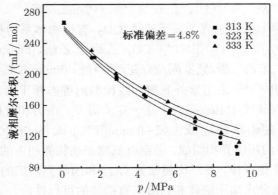

图 2.91　Sanchez-Lacombe EOS 计算的 CO_2-[omim][BF_4]
体系的液相摩尔体积与文献数据[23] 的比较

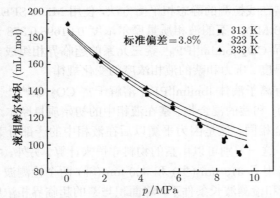

图 2.92　Sanchez-Lacombe EOS 计算的 CO_2-[bupy][BF_4]
体系的液相摩尔体积与文献数据[23] 的比较

很明显，对于 "超临界流体萃取离子液体中的有机物" 而言，"离子液体–超临界流体–有机物" 三元体系的相平衡数据更具有直接的指导意义。然而，由于三元体系相行为的复杂性，迄今为止关于超临界流体–离子液体–有机物三元系相行为的研究还很少[34,45,77~82]，专门系统地研究有机物在超临界流体和离子液体之间的分配就更少了。

Liu[45]、Scurto[77~79]、Roskar[83] 和 Baker[84] 对 [bmim][PF_6]–CO_2–CH_3OH 体系进行研究时发现相对低压的气态二氧化碳能引起离子液体 [bmim][PF_6] 和甲醇的混合物分相 (详见 2.5 节)，并采用介电常数[81,82] 和分子间作用[49] 对此做出了解释。

由此看来，即使离子液体的浓度很小，也可以把它从有机物中分离出来。方法是用 CO_2 在混合物上面加压导致分相，"净化" 的有机物相就可以简单的泹析出来。

Aki 等[81]、Wu 等[34,81]、Liu 等[45]、Planeta 等[82]、Najdanovic-Visak 等[85]、Zhang 等[86] 据此研究了离子液体–CO_2-有机物体系的相行为, 如 [bmim][PF_6]/[bmim][NTf_2]/[$C_6(C_4)_3$N][NTf_2]–CO_2–乙腈/苯乙酮、[bmim][PF_6]–CO_2–甲醇/苯甲醚/甘菊环/二苯乙二酮/紫罗酮/萘/芘/藜芦醚、[bmim][BF_4]–CO_2–水等体系。

赵锁奇课题组[87,88] 采用紫外光谱在线检测的静态相平衡方法, 使用改进的超临界流体微萃取装置 (Micro SFE) 在一定的温度、压力和有机物液相浓度范围内, 系统地测量了超临界 CO_2(或丙烷)-[bmim][PF_6](或 [bmim][CF_3SO_3])–萘 (或二苯并噻吩) 三元系的超临界相组成, 考察有机物在超临界相中的溶解度随温度、压力和液相组成的变化规律, 并对比超临界 CO_2 和超临界丙烷的分离效率, 实验验证超临界丙烷萃取分离离子液体和高沸点有机物的可行性。

1. 超临界 CO_2- 离子液体 [bmim][PF_6]- 萘三元系的高压相平衡

采用紫外光谱在线检测的静态相平衡方法, 使用 Micro SFE 装置在温度 313~333 K、压力 8~20 MPa、萘的液相质量摩尔浓度 0.0169~0.378 mol/kg 的范围内, 系统地测量超临界 CO_2-[bmim][PF_6]–萘三元系的超临界相组成, 考察萘在超临界相中的溶解度随温度、压力和萘的液相浓度的变化规律。

由于几乎没有离子液体 [bmim][PF_6] 溶解于富 CO_2 相[4,23,34,89], 因此富 CO_2 相可以看做是 CO_2 和萘的混合物。萘在液相中的初始质量摩尔浓度与平衡时的质量摩尔浓度不完全相同, 这是因为平衡以后在液相中的一部分萘会进入到超临界相, 即富 CO_2 相, 这一差别可以由萘的物料守恒来计算。另外, 由于所测萘的浓度范围较宽, 因此选用了 318 nm (主) 和 300 nm (辅) 两个检测波长。在以上的这些温度、压力、流速和检测波长条件下, 峰面积与萘的超临界相浓度 (g/L) 成正比:

$$c_N = A_{318}/f \tag{2.98}$$

式中, c_N 为萘的浓度; A_{318} 为检测波长 318 nm 条件下的峰面积; f 为响应因子。检测波长 300 nm 条件下的峰面积 A_{300} 与 318 nm 条件下的峰面积 A_{318} 的比值为一常数:

$$r = A_{300}/A_{318} \tag{2.99}$$

只要式 (2.98) 和式 (2.99) 中的两个常数 f 和 r 确定, 萘在富含 CO_2 相中的浓度就可以由峰面积来计算。其中, 响应因子 f 可以由标准曲线法来确定。在配制萘的标准溶液时, 溶剂的选择很是重要。所选溶剂必须满足以下两个条件: 第一, 在 318 nm 和 300 nm 没有吸收; 第二, 在检测条件下该溶剂必须快速溶解于超临界 CO_2 以避免两相流。实验比较了丙酮、甲醇、四氢呋喃、环己烷、乙酸乙酯、正戊烷、异戊烷等一些常用溶剂, 发现正戊烷和异戊烷最为合适。

不同温度下，萘在富 CO_2 相中的浓度随压力的变化趋势如图 2.93 至图 2.95 所示。由图可知，在 8~12 MPa 范围内，萘的浓度随压力的增加急剧增加，而在 12~20 MPa 范围内增加的幅度非常小。

对于相对恒定的萘的液相质量摩尔浓度，温度对萘在富 CO_2 相浓度的影响如图 2.96 至图 2.98 所示。由图可知，萘在 CO_2 相的浓度随温度的增大而减小。

在恒定的温度和压力条件下，萘在富 CO_2 相的浓度与萘在液相的质量摩尔浓度近似呈双对数线性关系，如图 2.99 至图 2.101 所示。

由于超临界流体–离子液体–有机物三元系相平衡的实验数据只有极个别的报道，关于三元系的模型化研究还很少有人涉及，故采用 Chrastil 缔合模型[90] 关联了所有测量的溶解度数据。缔合模型的核心思想是溶质分子与超临界流体分子在

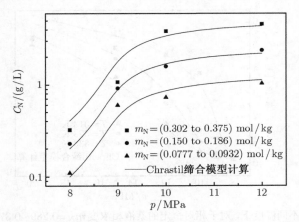

图 2.93　313 K 时，对于给定的萘液相浓度 m_N，萘在富CO_2 相的浓度 C_N 随压力的变化情况

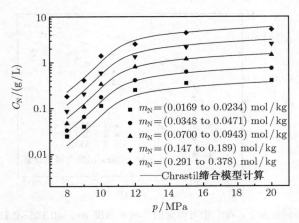

图 2.94　323 K 时，对于给定的萘液相浓度 m_N，萘在富CO_2 相的浓度 C_N 随压力的变化情况

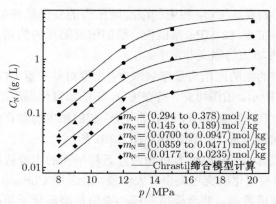

图 2.95 333 K 时，对于给定的萘液相浓度 m_N，萘在富CO_2相的浓度 C_N 随压力的变化情况

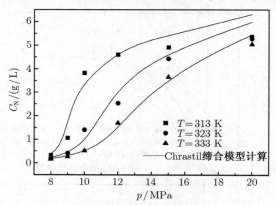

图 2.96 不同温度下，对于相对恒定的萘液相浓度 $m_N = 0.289 \sim 0.378$ mol/kg，
萘在富CO_2相的浓度 C_N 随压力的变化情况

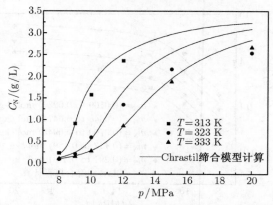

图 2.97 不同温度下，对于相对恒定的萘液相浓度 $m_N = 0.145 \sim 0.189$ mol/kg，
萘在富 CO_2 相的浓度 C_N 随压力的变化情况

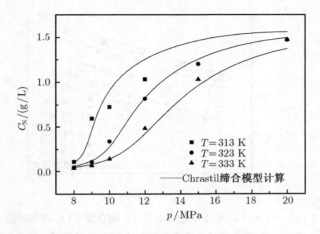

图 2.98　不同温度下，对于相对恒定的萘液相浓度 $m_N = 0.0700 \sim 0.0947$ mol/kg，
萘在富 CO_2 相的浓度 C_N 随压力的变化情况

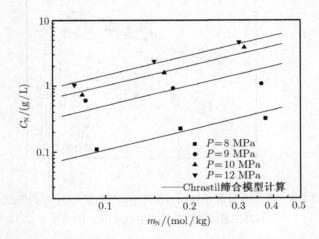

图 2.99　在 313 K 和不同压力条件下，萘在富 CO_2 相的浓度 C_N
与萘在液相中的质量摩尔浓度 m_N 的关系

超临界流体相发生缔合反应，生成溶剂化缔合物。对于本文研究的超临界流体-离子液体-有机物三元系而言，有机物在液相中的浓度对于其在超临界相中的浓度的影响不可忽略，必须予以考虑。所以将 Raoult 定律引入到 Chrastil 缔合模型，进行简单的修正。

对于超临界 CO_2-[bmim][PF_6]-萘三元系，计算值与实验值的平均相对误差为 14.9 %，回归的参数分别为 $k = 2.7552$，$a = -1470.9$，$b = -10.752$. 所需的 CO_2 密度由 Huang 的精确 CO_2 状态方程[47] 计算。

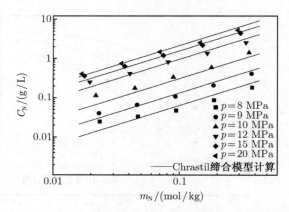

图 2.100　在 323 K 和不同压力条件下，萘在富 CO_2 相的浓度 C_N
与萘在液相中的质量摩尔浓度 m_N 的关系

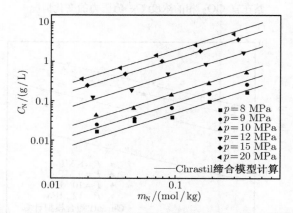

图 2.101　在 333 K 和不同压力条件下，萘在富 CO_2 相的浓度 C_N
与萘在液相中的质量摩尔浓度 m_N 的关系

2. 超临界 CO_2(丙烷)-[bmim][CF_3SO_3]- 萘 (二苯并噻吩) 三元系的高压相平衡

　　在 323 K，萘、二苯并噻吩 (DBT) 分别在富 CO_2 相中的浓度随压力的变化趋势如图 1.102 和图 1.103 所示；在恒定的温度和压力条件下，萘、DBT 分别在富 CO_2 相的浓度与在富 [bmim][CF_3SO_3] 相的质量摩尔浓度近似呈双对数线性关系，如图 2.104 和图 2.105 所示。

　　同样，在 393 K，萘、DBT 分别在富 C_3H_8 相中的浓度随压力的变化趋势如图 2.106 和图 2.107 所示；在恒定的温度和压力条件下，萘、DBT 分别在富 C_3H_8 相的浓度与在富 [bmim][CF_3SO_3] 相的质量摩尔浓度的关系，如图 2.108 和图 2.109 所示。

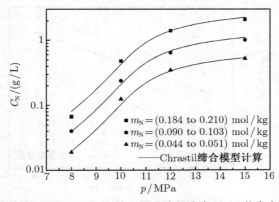

图 2.102　323 K 时，对于给定的萘液相浓度 m_N，萘在富 CO_2
相的浓度 C_N 随压力的变化情况

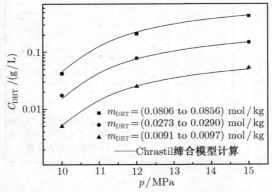

图 2.103　323 K 时，对于给定的 DBT 液相浓度 m_{DBT}，
DBT 在富 CO_2 相的浓度 C_{DBT} 随压力的变化情况

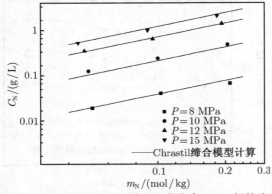

图 2.104　在 323 K 和不同压力下，萘在富 CO_2 相的浓度 C_N
与在液相中的质量摩尔浓度 m_N 的关系

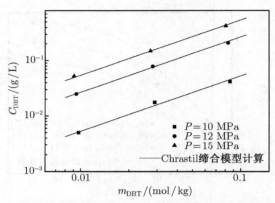

图 2.105　在 323 K 和不同压力下，DBT 在富 CO_2 相的浓度 C_{DBT}
与在液相中的质量摩尔浓度 m_{DBT} 关系

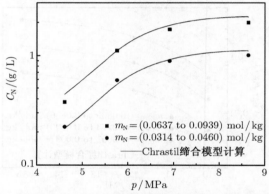

图 2.106　393 K 时，对于给定的萘液相浓度 m_N，萘在富含 C_3H_8
相的浓度 C_N 随压力的变化情况

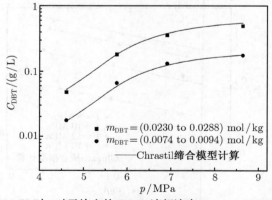

图 2.107　393 K 时，对于给定的 DBT 液相浓度 m_{DBT}，DBT 在富 C_3H_8
相的浓度 C_{DBT} 随压力的变化情况

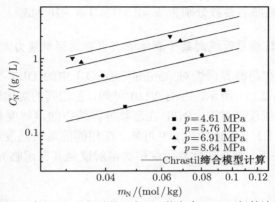

图 2.108   在 393 K 和不同压力下，萘在富 C_3H_8 相的浓度 C_N
与在液相中的质量摩尔浓度 m_N 的关系

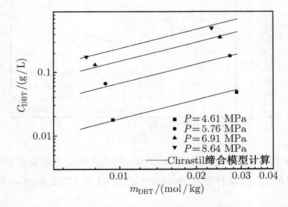

图 2.109   在 393 K 和不同压力下，DBT 在富 C_3H_8 相的浓度 C_{DBT}
与在液相中的质量摩尔浓度 m_{DBT} 的关系

由各图可知，超临界 CO_2-[bmim][CF_3SO_3]-萘、超临界 C_3H_8-[bmim][CF_3SO_3]-
萘、超临界 CO_2-[bmim][CF_3SO_3]-DBT、超临界 C_3H_8-[bmim][CF_3SO_3]-DBT 四个
三元系相平衡的变化规律与 CO_2-[bmim][PF_6]-萘三元系非常类似，即：有机物在
超临界相的浓度随着其液相浓度的减小而减小，随着压力的增大而增大。且也采用
Chrastil 缔合模型进行关联，超临界 CO_2-[bmim][CF_3SO_3]-萘三元系的计算值与实
验值的平均相对误差为 7.9 %，回归的参数分别为 k =2.9706, l = −16.967；超临界
C_3H_8-[bmim][CF_3SO_3]- 萘三元系的计算值与实验值的平均相对误差为 9.4 %，回
归的参数分别为 k =1.8316, l = −7.0113；超临界 CO_2-[bmim][CF_3SO_3]-DBT 三元
系的计算值与实验值的平均相对误差为 5.0 %，回归的参数分别为 k =3.9421, l =
−24.138；超临界 C_3H_8-[bmim][CF_3SO_3]-DBT 三元系的计算值与实验值的平均相

对误差为 6.0 %，回归的参数分别为 $k = 2.3415$，$l = -10.343$。

3. 超临界 CO_2 和超临界丙烷对离子液体中有机物的溶解能力对比

超临界 CO_2 和超临界丙烷对 [bmim][CF_3SO_3] 中的 DBT 或萘的溶解能力对比如图 2.110 和图 2.111 所示。由图 2.110 可知，在相同的对比温度和对比压力及相近的 DBT 液相浓度条件下，DBT 在超临界丙烷中的溶解度是其在超临界 CO_2 中溶解度的 3.3~13.1 倍；由图 2.111 可知，在相同的对比温度和对比压力及相近的萘液相浓度条件下，萘在超临界丙烷中的溶解度是其在超临界 CO_2 中溶解度的 1.9~11.8 倍。

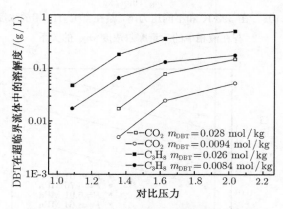

图 2.110 对比温度 $T_r = 1.062$，超临界丙烷和超临界 CO_2
在相同对比压力条件下对 [bmim][CF_3SO_3] 中 DBT 的溶解能力比较

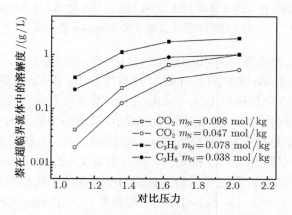

图 2.111 对比温度 $T_r = 1.062$，超临界丙烷和超临界 CO_2
在相同对比压力的条件下对 [bmim][CF_3SO_3] 中萘的溶解能力比较

由于丙烷的临界压力 (4.248 MPa) 比 CO_2 的临界压力 (7.375 MPa) 低得多，所以对比压力相同时，丙烷的实际操作压力要比 CO_2 低得多。因此，温和条件 (如 8.6MPa) 下的超临界丙烷对有机物的溶解能力，也明显高于较高压力条件 (如 15MPa) 下的超临界 CO_2。用超临界丙烷代替超临界 CO_2 不但可以降低设备的投资，也提高了分离效率，是其优势所在。但是同时我们也要看到超临界丙烷的缺点：第一，临界温度较高，100 ℃ 以上的操作温度一方面要付出能耗代价，另一方面也不适合于热稳定性差的离子液体 (如 [bmim][PF₆] 等)；第二，丙烷易燃易爆，安全方面也需要一定的投入。

总的来说，超临界丙烷和超临界 CO_2 各有其优缺点，本节通过实验验证了超临界丙烷萃取分离离子液体中高沸点有机物的可行性。

2.6.4　结论及展望

关于超临界流体萃取离子液体中有机物的研究，即使在国外也只是处于起步阶段，文献资料相对较少。对这一研究领域的深刻理解以及将来的工业化应用还需要大量的实验和理论工作。今后的研究工作重点可以体现在以下三个方面。

1. 采用更为准确的实验方法及设备, 获得更多物种的相平衡数据

目前常用的 UV-vis 检测方法受杂质的影响，而新建的分析离子液体浓度的液相色谱方法，采用连续流动法在温度 40~60 ℃、压力 10~30 MPa 的条件下测量 CO_2-[bmim][PF₆] 体系超临界流体相的组成，[bmim][PF₆] 在超临界 CO_2 中的溶解度低于 3×10^{-8}，结果较为可靠。

在温度 313~333 K、压力 8~20 MPa、萘的液相质量摩尔浓度 0.0169~0.378 mol/kg 的范围内，使用改进的超临界流体微萃取装置 (Micro SFE)，采用紫外光谱在线检测的静态相平衡方法，测得萘在超临界相的浓度随着温度的升高而减小，随着压力的升高而增大。在恒定的温度和压力条件下萘在富含 CO_2 相的浓度与萘在液相的质量摩尔浓度近似呈双对数线性关系。

在含水量 0.0067 %~1.6 %、温度 40~60 ℃、压力 1~25 MPa 的范围内，含水量对 CO_2 在 [bmim][PF₆] 中溶解度以及液相体积膨胀的影响均不显著。

2. 相平衡的模型化研究

目前，基于格子流体理论的 Sanchez-Lacombe 状态方程，建立了一个可以准确描述超临界流体–离子液体二元系相平衡的模型。尽管该模型可以计算离子液体的密度、超临界流体–离子液体二元系的气液相组成以及液相摩尔体积，计算结果也基本与实验数据符合。但在较宽的温度和压力范围内，离子液体在超临界相中的溶解度的计算结果误差较大。开发的 "吸附" 模型、缔合模型两个经验模型，可以很好的拟合二元系的溶解度数据。

将 Chrastil 二元缔合模型扩展到三元系，关联了超临界 CO_2-[bmim][PF_6]-萘三元系、超临界 CO_2-[bmim][CF_3SO_3]-DBT 三元系、超临界 C_3H_8-[bmim][CF_3SO_3]-DBT 三元系、超临界 CO_2-[bmim][CF_3SO_3]-萘三元系和超临界 C_3H_8-[bmim][CF_3SO_3]-萘三元系的溶解度数据，平均相对偏差分别为 14.9 %、5.0 %、6.0 %、7.9 %和 9.4 %。

3. 萃取实验和工业化应用研究

在相近的对比温度、相同的对比压力条件下，丙烷在离子液体 [bmim][CF_3SO_3] 中的溶解度要比 CO_2 的溶解度低得多。在相同的对比温度和对比压力条件下，较低压力 (如 8.6MPa) 下超临界丙烷对有机物的溶解能力明显高于较高压力 (如 15MPa) 下超临界 CO_2，证明超临界丙烷萃取分离离子液体中高沸点有机物的可行性。

在充分考察实际应用价值和经济可行性的基础上，可以详细研究萃取模式和萃取操作的热力学条件、相关物质的热力学性质、流体力学以及传质等因素对萃取分离效率的影响规律，并进行工业放大研究。该技术的工业应用前景，是与离子液体能否在工业上大规模应用密切相关的。一方面，离子液体的大规模应用将给超临界萃取技术带来新的用武之地；另一方面，应用于离子液体的超临界萃取技术的发展也将促进离子液体本身的工业化进程。例如，目前已经有许多研究者利用超临界 CO_2/离子液体的独特相行为来建立一些反应或分离系统。离子液体本身有一些独特的性质，非常有希望成为新一代的绿色溶剂。但是目前把离子液体从实验室应用到工业领域仍将面临诸多挑战，这主要包括价格、缺乏物理性质和腐蚀数据、缺乏毒性数据等等。随着研究的逐渐系统和深入，一定会开发出使用离子液体的催化反应、分离、清洁等工业过程。而作为从过程物流中分离和回收离子液体的超临界流体萃取技术也因此具有广阔的工业应用前景。

参 考 文 献

[1] Brennecke J F, Maginn E J. Ionic liquids: innovative fluids for chemical processing. AIChE J, 2001, 47(11): 2384~2398

[2] Huddleston J G, Willauer H D, Swatloski R P, et al. Room temperature ionic liquids as novel media for 'clean' liquid-liquid extraction. Chem Commun, 1998, (16): 1765, 1766

[3] Earle M J, Seddon K R, McCormac P B. The first high yield green route to a pharmaceutical in a room temperature ionic liquid. Green Chem, 2000, 2: 261, 262

[4] Blanchard L A, Hancu D, Beckman E J, et al. Green processing using ionic liquids and CO_2. Nature (London), 1999, 399: 28, 29

[5] Cole-Hamilton D J. Homogeneous catalysis—new approaches to catalyst separation, recovery, and recycling. Science, 2003, 299: 1702~1706

[6] Dzyuba S V, Bartsch R A. Recent advances in applications of room-temperature ionic liquid/ supercritical CO_2 systems. Angew Chem Int Ed, 2003, 42: 148~150

[7] Gao L A, Tao J A, Zhao G Y, et al. Transesterification between isoamyl acetate and ethanol in supercritical CO_2, ionic liquid, and their mixture. J Supercrit Fluids, 2004, 29: 107~111

[8] 顾彦龙, 彭家建, 乔琨等. 室温离子液体及其在催化和有机合成中的应用. 化学进展, 2003, 15: 222~241

[9] Jessop P G. Homogeneous catalysis and catalyst recovery using supercritical carbon dioxide and ionic liquids. J Synth Org Chem Jpn, 2003, 61: 484~488

[10] Jessop P G, Stanley R R, Brown R A, et al. Neoteric solvents for asymmetric hydrogenation: supercritical fluids, ionic liquids, and expanded ionic liquids. Green Chem, 2003, 5: 123~128

[11] Kawanami H, Sasaki A, Matsui K, et al. A rapid and effective synthesis of propylene carbonate using a supercritical CO_2-ionic liquid system. Chem Commun, 2003, 7: 896, 897

[12] Liu F C, Abrams M B, Baker R T, et al. Phase-separable catalysis using room temperature ionic liquids and supercritical carbon dioxide. Chem Commun, 2001, 5: 433, 434

[13] Lozano P, de Diego T, Carrie D, et al. Continuous green biocatalytic processes using ionic liquids and supercritical carbon dioxide. Chem Commun, 2002, 7: 692, 693

[14] Lozano P, de Diego T, Carrie D, et al. Lipase catalysis in ionic liquids and supercritical carbon dioxide at 150 degrees C. Biotechnol Prog, 2003, 19: 380~382

[15] Lozano P, de Diego T, Carrie D, et al. Synthesis of glycidyl esters catalyzed by lipases in ionic liquids and supercritical carbon dioxide. J Mol Catal A Chem, 2004, 214: 113~119

[16] Reetz M T, Wiesenhofer W, Francio G, et al. Biocatalysis in ionic liquids: batchwise and continuous flow processes using supercritical carbon dioxide as the mobile phase. Chem Commun, 2002, 9: 992, 993

[17] Reetz M T, Wiesenhofer W, Francio G, et al. Continuous flow enzymatic kinetic resolution and enantiomer separation using ionic liquid/supercritical carbon dioxide media. Adv Synth Catal, 2003, 345: 1221~1228

[18] Bosmann A, Francio G, Janssen E, et al. Activation, tuning, and immobilization of homogeneous catalysts in an tonic liquid/compressed CO_2 continuous-flow system. Angew Chem Int Ed, 2001, 40: 2697~2699

[19] Ballivet-Tkatchenko D, Picquet M, Solinas M, et al. Acrylate dimerisation under ionic liquid-supercritical carbon dioxide conditions. Green Chem, 2003, 5: 232~235

[20] Leitner W. Recent advances in catalyst immobilization using supercritical carbon dioxide. Pure Appl Chem, 2004, 76: 635~644

[21] Brennecke J F, Maginn E J. Purification of gas with liquid ionic compounds. U.S. Patent 6579343, 2003

[22] Scovazzo P, Kieft J, Finan D A, et al. Gas separations using non-hexafluoro- phosphate [PF$_6$]$^-$anion supported ionic liquid membranes. J Membr Sci, 2004, 238: 57~63

[23] Blanchard L A, Gu Z, Brennecke J F. High-pressure phase behavior of ionic liquid/CO$_2$ systems. J Phys Chem B, 2001, 105: 2437~2444

[24] Perez-Salado K A, Tuma D, Xia J, et al. Solubility of CO$_2$ in the ionic liquid [bmim][PF$_6$]. J Chem Eng Data, 2003, 48: 746~749

[25] Aki S N V K, Mellein B R, Saurer E M, et al. High-pressure phase behavior of carbon dioxide with imidazolium-based ionic liquids. J Phys Chem B, 2004, 108: 20355~20365

[26] Shariati A, Gutkowski K, Peters C J. Comparison of the phase behavior of some selected binary systems with ionic liquids. AIChE J, 2005, 51: 1532~1540

[27] Shariati A, Peters C J. High-pressure phase behavior of systems with ionic liquids. Ⅱ. The binary system carbon dioxide + 1-ethyl-3-methylimidazolium hexafluorophosphate. J Supercrit Fluids, 2004, 29: 43~48

[28] Shariati A, Peters C J. High-pressure phase behavior of binary systems of carbon dioxide and certain ionic liquids. Proceedings of the 6th Int. Symposium on Supercrit. Fluids, Ts1, 2003. 687~691

[29] Shariati A, Peters C J. High-pressure phase behavior of systems with ionic liquids. Part Ⅲ. The binary system carbon dioxide + 1-hexyl-3-methylimidazolium hexafluorophosphate. J Supercrit Fluids, 2004, 30: 139~144

[30] Shariati A, Peters C J. High-pressure phase behavior of systems with ionic liquids. J Supercrit Fluids, 2005, 34: 171~176

[31] Shariati A, Peters C J. High-pressure phase behavior of systems with ionic liquids: measurements and modeling of the binary system fluoroform + 1-ethyl-3-methylimidazolium hexafluorophosphate. J Supercrit Fluids, 2003, 25: 109~117

[32] Anthony J L, Maginn E J, Brennecke J F. Solubilities and thermodynamic properties of gases in the ionic liquid 1-n-butyl-3-methylimidazolium hexafluorophosphate. J Phys Chem B, 2002, 106: 7315~7320

[33] Husson-Borg P, Majer V, Costa G M F. Solubilities of oxygen and carbon dioxide in butyl methyl imidazolium tetrafluoroborate as a function of temperature and at pressures close to atmospheric pressure. J Chem Eng Data, 2003, 48: 480~485

[34] Wu W, Zhang J, Han B, et al. Solubility of room-temperature ionic liquid in supercritical CO$_2$ with and without organic compounds. Chem Commun, 2003, (12): 1412, 1413

[35] Costantini M, Toussaint V A, Shariati A, et al. High-pressure phase behavior of systems with ionic liquids. Part IV. Binary system carbon dioxide + 1-hexyl-3-methylimidazolium tetrafluoroborate. J Chem Eng Data, 2005, 50: 52~55

[36] Kroon M C, Shariati A, Costantini M, et al. High-pressure phase behavior of systems with ionic liquids. Part V. The binary system carbon dioxide + 1-butyl-3-methylimidazolium tetrafluoroborate. J Chem Eng Data, 2005, 50: 173~176

[37] Baltus R E, Culbertson B H, Dai S, et al. Low-pressure solubility of carbon dioxide in room-temperature ionic liquids measured with a quartz crystal microbalance. J Phys Chem B, 2004, 108: 721~727

[38] Shiflett M B, Yokozeki A. Solubilities and diffusivities of carbon dioxide in ionic liquids: [bmim][PF_6] and [bmim][BF_4]. Ind Eng Chem Res, 2005, 44: 4453~4464

[39] Zhang S, Yuan X, Chen Y, et al. Solubilities of CO_2 in 1-butyl-3-methylimidazolium hexafluorophosphate and 1,1,3,3-tetramethylguanidium lactate at elevated pressures. J Chem Eng Data, 2005, 50: 1582~1585

[40] Zhang S, Chen Y, Ren R X F, et al. Solubility of CO_2 in sulfonate ionic liquids at high pressure. J Chem Eng Data, 2005, 50: 230~233

[41] Chen Y, Zhang S, Yuan X, et al. Solubility of CO_2 in imidazolium-based tetrafluoroborate ionic liquids. Thermochimica Acta, 2006, 441: 42~44

[42] Jacquemin J, Husson P, Majer V, et al. Low-pressure solubilities and thermodynamics of solvation of eight gases in 1-butyl-3-methylimidazolium hexafluorophosphate. Fluid Phase Equilibria, 2006, 240: 87~95

[43] Jacquemin J, Costa G M F, Husson P, et al. Solubility of carbon dioxide, ethane, methane, oxygen, nitrogen, hydrogen, argon, and carbon monoxide in 1-butyl-3-methylimidazolium tetrafluoroborate between temperatures 283 K and 343 K and at pressures close to atmospheric. J Chem Thermodynamics, 2006, 38: 490~502

[44] Kim Y S, Choi W Y, Jang J H, et al. Solubility measurement and prediction of carbon dioxide in ionic liquids. Fluid Phase Equilibria, 2005, 228, 229: 439~445

[45] Liu Z, Wu W, Han B, et al. Study on the phase behaviors, viscosities, and thermodynamic properties of CO_2/[bmim][PF_6]/methanol system at elevated pressures. Chem - Eur J, 2003, 9: 3897~3903

[46] 浮东宝. 超临界流体萃取分离离子液体与高沸点有机物的相平衡. 中国石油大学博士学位论文, 2007

[47] Huang F H, Li M H, Lee L L. An accurate equation of state for carbon dioxide J Chem Eng Japan, 1985, 18: 490~496

[48] 郭天民等. 多元气 - 液平衡和精馏. 北京: 石油工业出版社, 2002

[49] Kazarian S G, Briscoe B J, Welton T. Combining ionic liquids and supercritical fluids: in situ ATR-IR study of CO_2 dissolved in two ionic liquids at high pressures. Chem Commun, 2000, (20): 2047, 2048

[50] Hutchings J W, Fuller K L, Heitz M P, et al. Surprisingly high solubility of the ionic liquid trihexyltetradecylphosphonium chloride in dense carbon dioxide. Green Chem, 2005, 7: 475~478

[51] 姜晓辉, 孙学文, 赵锁奇等. 反相高效液相色谱法测定离子液体及其中的高沸点有机物. 分析测试技术与仪器, 2006, 12(4): 195~198

[52] Camper D, Scovazzo P, Koval C, et al. Gas solubilities in room-temperature ionic liquids. Ind Eng Chem Res, 2004, 43: 3049~3054

[53] Scovazzo P, Camper D, Kieft J, et al. Regular solution theory and CO_2 gas solubility in room-temperature ionic liquids. Ind Eng Chem Res, 2004, 43: 6855~6860

[54] Ally M R, Braunstein J, Baltus R E, et al. Irregular ionic lattice model for gas solubilities in ionic liquids. Ind Eng Chem Res, 2004, 43: 1296~1301

[55] Kroon M C, Karakatsani E K, Economou I G, et al. Modeling of the carbon dioxide solubility in imidazolium-based ionic liquids with the tPC-PSAFT equation of state. J Phys Chem B, 2006, 110: 9262~9269

[56] Adachi Y, Sugie H. A new mixing rule - modified conventional mixing rule. Fluid Phase Equilibria, 1986, 28(2): 103~108

[57] Peng D Y, Robinson D B. A new two-constant equation of state. Ind Eng Chem Fundam, 1976, 15(1): 59~64

[58] You S S, Yoo K P, Lee C S. An approximate nonrandom lattice theory of fluids: general derivation and application to pure fluids. Fluid Phase Equilibria, 1994, 93: 193~213

[59] You S S, Yoo K P, Lee C S. An approximate nonrandom lattice theory of fluids: mixtures. Fluid Phase Equilibria, 1994, 93: 215~232

[60] Park B H, Yoo K P, Lee C S. Phase equilibria and properties of amino acids + water mixtures by hydrogen-bonding lattice fluid equation of state. Fluid Phase Equilibria, 2003, 212: 175~182

[61] Shah J K, Maginn E J. Monte Carlo simulations of gas solubility in the ionic liquid 1-n-butyl-3-methylimidazolium hexafluorophosphate. J Phys Chem B, 2005, 109: 10395~10405

[62] Shah J K, Maginn E J. A Monte Carlo simulation study of the ionic liquid 1-n-butyl-3-methylimidazolium hexafluorophosphate: liquid structure, volumetric properties and infinite dilution solution thermodynamics of CO_2. Fluid Phase Equilibria, 2004, 222, 223: 195~203

[63] Urukova I, Vorholz J, Maurer G. Solubility of CO_2, CO, and H_2 in the ionic liquid [bmim][PF_6] from Monte Carlo simulations. J Phys Chem B, 2005, 109: 12154~12159

[64] Shim Y, Choi M Y, Kim H J. A molecular dynamics computer simulation study of room-temperature ionic liquids. I. Equilibrium solvation structure and free energetics. J Chem Phys, 2005, 122: 044510

[65] Shim Y, Choi M Y, Kim H J. A molecular dynamics computer simulation study of room-temperature ionic liquids. II. Equilibrium and nonequilibriurn solvation dynamics. J Chem Phys, 2005, 122: 044511

[66] Huang X, Margulis C J, Li Y, et al. Why is the partial molar volume of CO_2 so small when dissolved in a room temperature ionic liquid? Structure and dynamics of CO_2 dissolved in [Bmim$^+$][PF6$^-$]. J Am Chem Soc, 2005, 127: 17842~17851

[67] Sanchez I C, Lacombe R H. An elementary molecular theory of classical fluids. Pure Fluids J Phys Chem, 1976, 80: 2352~2362

[68] Sanchez I C, Lacombe R H. Statistical thermodynamics of polymer solutions. Macromolecules, 1978, 11: 1145~1156

[69] Prausnitz J M, Lichtenthaler R N, de Azevedo E G. Molecular Thermodynamics of Fluid-phase Equilibria. 3rd ed. Prentice Hall, Upper Saddle River, New Jersey, 1999

[70] Neau E. A consistent method for phase equilibrium calculation using the Sanchez-Lacombe lattice-fluid equation-of-state. Fluid Phase Equilibria, 2002, 203: 133~140

[71] Kirby C F, McHugh M A. Phase behavior of polymers in supercritical fluid solvents. Chem Rev, 1999, 99: 565~602

[72] McHugh M A, Krukonis V J. Supercritical fluid extraction: principles and practice, 2nd ed, H Brenner, Boston, 1993

[73] Orbey H, Bokis C P, Chen C C. Equation of state modeling of phase equilibrium in the low-density polyethylene process: the Sanchez-Lacombe, statistical associating fluid theory, and polymer-Soave-Redlich-Kwong equations of state. Ind Eng Chem Res, 1998, 37: 4481~4491

[74] Sato Y, Yurugi M, Fujiwara K, et al. Solubilities of carbon dioxide and nitrogen in polystyrene under high temperature and pressure. Fluid Phase Equilibria, 1996, 125: 129~138

[75] Sato Y, Fujiwara K, Takikawa T, et al. Solubilities and diffusion coefficients of carbon dioxide and nitrogen in polypropylene, high-density polyethylene, and polystyrene under high pressures and temperatures. Fluid Phase Equilibria, 1999, 162: 261~276

[76] Gu Z, Brennecke J F. Volume expansivities and isothermal compressibilities of imidazolium and pyridinium-based ionic liquids. J Chem Eng Data, 2002, 47: 339~345

[77] Scurto A M, Aki S N V K, Brennecke J F. CO_2 as a separation switch for ionic liquid/organic mixtures. J Am Chem Soc, 2002, 124: 10276, 10277

[78] Scurto A M. High-pressure phase and chemical equilibria of β-diketone ligands and chelates with carbon dioxide. Ph D Dissertation, University of Notre Dame, 2002. 266~287

[79] Scurto A M, Aki S N V K, Brennecke J F. Carbon dioxide induced separation of ionic liquids and water. Chem Commun, 2003, (5): 572, 573

[80] Aki S N V K, Scurto A M, Anthony J F, et al. Separation of ionic liquids from organic and aqueous solutions using supercritical fluids: dependence of recovery on the pressure. Proceedings of the 6th Int. Symposium on Supercrit. Fluids, Ts4, 2003. 705~710

[81] Wu W, Li W, Han B, et al. Effect of organic cosolvents on the solubility of ionic liquids in supercritical CO_2. J Chem Eng Data, 2004, 49: 1597~1601

[82] Planeta J, Roth M. Partition coefficients of low-volatility solutes in the ionic liquid 1-n-butyl-3-methylimidazolium hexafluorophosphate-supercritical CO_2 system from chromatographic retention measurements. J Phys Chem B, 2004, 108: 11244~11249

[83] Roskar V, Dombro R A, Prentice G A, et al. Comparison of the dielectric behavior of mixtures of methanol with carbon dioxide and ethane in the mixture-critical and liquid regions. Fluid Phase Equilibria, 1992, 77(15): 241~259

[84] Baker S N, Baker G A, Kane M A, et al. The cybotactic region surrounding fluorescent probes dissolved in 1-butyl-3-methylimidazolium hexafluorophosphate: effects of temperature and added carbon dioxide. J Phys Chem B, 2001, 105(39): 9663~9668

[85] Najdanovic-Visak V, Rebelo L P N, da Ponte M N. Liquid-liquid behaviour of ionic liquid-1-butanol-water and high pressure CO_2-induced phase changes. Green Chem, 2005, 7: 443~450

[86] Zhang Z F, Wu W Z, Gao H X, et al. Tri-phase behavior of ionic liquid-water-CO_2 system at elevated pressures. Phys Chem Chem Phys, 2004, 6: 5051~5055

[87] Fu D, Sun X, Qiu Y, et al. High pressure phase behavior of the ternary system CO_2 + ionic liquid [bmim][PF_6] + naphthalene. Fluid Phase Equilibria, 2007, 251: 114~120

[88] 姜晓辉, 赵锁奇, 孙学文等. 离子液体与芳香类高沸点有机物的相平衡. 化工学报, 2007, 58(4): 817~820

[89] Blanchard L A, Brennecke J F. Recovery of organic products from ionic liquids using supercritical carbon dioxide. Ind Eng Chem Res, 2001, 40: 287~292

[90] Chrastil J. Solubility of solids and liquids in supercritical gases. J Phys Chem, 1982, 86: 3016~3021

2.7 离子液体微乳液的性质及其应用研究

2.7.1 研究现状及进展

微乳液是两种互不相溶的液体在表面活性剂作用下形成的热力学稳定的、各向同性、外观透明或半透明、粒径 1~100 nm 的分散体系。微乳液一般由有机溶剂(油)、水、表面活性剂、助表面活性剂 4 个组分组成。微乳液的类型可分为油包水型微乳液 (W/O)、水包油型微乳液 (O/W) 和双连续型 (bicontinuous) 微乳液。目前, 微乳液在三次采油、污水治理、萃取分离、催化、食品、医药、材料制备、化学反应等许多技术领域已经获得了广泛的应用[1,2]。

以离子液体替代传统的有机溶剂或水，形成新型的含有离子液体的微乳液是具有重要意义的新课题。一方面，由于离子液体的可设计性和性质可调性，将使得这类新型微乳液体系的性质可调；另一方面，由于离子液体的高稳定性，将极大地提高微乳液的稳定性，从而扩大微乳液的应用范围。因此，研究含有离子液体的新型微乳液不仅将拓宽离子液体在化学反应、材料制备、萃取分离等方面的应用范围，同时将拓宽离子液体和微乳液的研究内涵，推动相关学科的发展。本节中，将含有离子液体的微乳液简称为离子液体微乳液。

2.7.2　研究类型

目前离子液体微乳液的研究类型主要有以下几种：离子液体/油/表面活性剂微乳液、离子液体/水/表面活性剂微乳液、离子液体/离子液体/表面活性剂微乳液、离子液体/超临界 CO_2/表面活性剂微乳液以及压缩 CO_2/离子液体/油/表面活性剂微乳液。

1. 离子液体/油/表面活性剂微乳液

Gao 等[3] 测定了 [bmim][BF$_4$]/TX-100/环己烷的三元相图，如图 2.112(a) 所示。

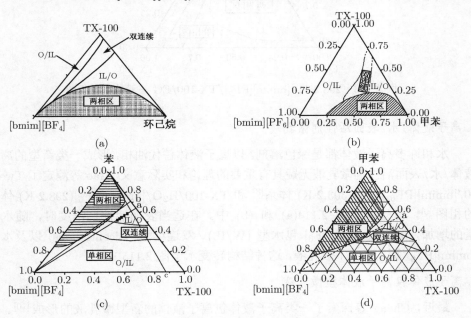

图 2.112　离子液体/TX-100/油三元体系的相图

(a) [bmin][BF$_4$]/TX-100/环己烷 (308.2) K; (b) [bmin][BF$_6$]/TX-100/甲苯 (298.2) K;

(c) [bmin][BF$_4$]/TX-100/苯 (298.2) K; (d) [bmin][BF$_4$]/TX-100/甲苯 (室温)

当环己烷含量较低时，表面活性剂/离子液体/油体系形成离子液体包油型微乳液
(O/IL)；随着环己烷含量的增加，形成双连续型微乳液 B；而当环己烷含量增大到
一定程度时，形成油包离子液体型微乳液 (IL/O)。图 2.112(b)、2.112(c) 和 2.112(d)
分别为 [bmim][PF$_6$]/TX-100/甲苯[4]、[bmim][BF$_4$]/TX-100/苯[5]、[bmim][BF$_4$]/TX-
100/甲苯的三元相图[6]。可以看出，对于这些不同体系，在适当组成时，都可以形
成油包离子液体型、双连续型和离子液体包油型微乳液。

最近，Cheng 等[7] 测定了 [bmim][PF$_6$]/TX-100/乙二醇 (EG) 体系的三元相图，
如图 2.113 所示。发现在适当组成时，可以形成离子液体包乙二醇、双连续和乙二
醇包离子液体型微乳液，分别对应图 2.113 中的 A、B、C 区域。

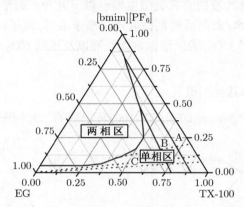

图 2.113   298.2 K，[bmim][PF$_6$]/TX-100/EG 三元体系的相图

2. 离子液体/水/表面活性剂微乳液

水和许多离子液体都是绿色溶剂。以离子液体替代油相，形成一类新型的离子
液体/水/表面活性剂微乳液无疑具有重要的理论和实际意义。Gao 等测定了 Tween
20/[bmim][PF$_6$]/H$_2$O(303.2 K) 体系[8] 和 TX-100/H$_2$O/[bmim][PF$_6$](298.2 K) 体系
的相图 [9]，分别示于图 2.114(a) 和 (b) 中。在适当表面活性剂浓度时，随水含
量的增加，形成 [bmim][PF$_6$] 包水型 (W/IL)、双连续型 (Bicontinuous) 以及水包
[bmim][PF$_6$] 型 (IL/W) 微乳液，这种结构转变示于图 2.115 中。

3. 离子液体包离子液体型微乳液

最近，Cheng 等探索了一类离子液体包离子液体的新型微乳液的形成[10]。研
究表明，在表面活性剂 AOT 的作用下，疏水性的离子液体 [bmim][PF$_6$] 能够分
散在亲水性的离子液体 PAF (propylammonium formate) 中，形成以 [bmim][PF$_6$]
为极性核、PAF 为连续相的新型离子液体包离子液体型微乳液 (IL/IL)。图 2.116 为
[bmim][PF$_6$]/AOT/PAF 三元体系相图，右下角的单相区对应着 PAF 包 [bmim][PF$_6$]

型微乳液。这种完全由不挥发性组分构成的新型微乳液在实际应用中有着潜在的
应用前景。

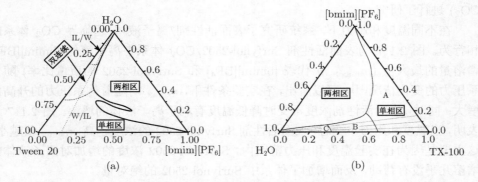

(a)　　　　　　　　　　　　　　(b)

图 2.114　离子液体/表面活性剂/水三元体系的相图

(a) [bmim][PF₆]/Tween 20/H₂O(303.2 K); (b) [bmim][PF₆] / TX-100 / H₂O(298.2 K)

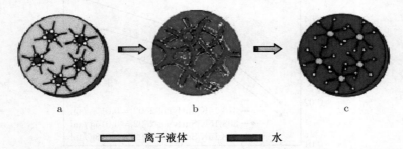

图 2.115　[bmim][PF₆]包水型、双连续型以及水包 [bmim][PF₆] 型微乳液的示意图

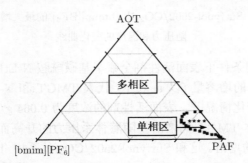

图 2.116　[bmim][PF₆]/AOT/PAF 三元体系相图

4. 超临界 CO₂ 包离子液体型微乳液

以超临界 CO₂(SC CO₂) 为连续相的微乳液具有一些独特的优点,比如可以通
过调整体系的压力和温度连续改变微乳液体系的性质等。迄今为止,这类微乳液

体系都是以水作为极性微环境 (常被称为 CO_2 包水的微乳液 W/SC CO_2)。最近，韩布兴课题组等对以离子液体为极性核、超临界 CO_2 为连续相的微乳液 (IL/SC CO_2) 进行了研究。

在不同温度和压力下，系统研究了表面活性剂/离子液体/超临界 CO_2 体系的相行为。图 2.117 为表面活性剂 Surfynol-2502/CO_2 体系中离子液体 [bmim][BF$_4$] 增溶量的最大值 (m_{max}，m 代表 [bmim][BF$_4$] 和 Surfynol-2502 的质量比率) 随体系压力的变化情况[11]。可以看出，在实验条件下，m_{max} 均随着体系压力的升高而增大；同时，表面活性剂浓度不变时降低温度有利于离子液体的增溶。图 2.117 还表明，当温度和压力不变时，表面活性剂 Surfynol-2502 的浓度越高，m_{max} 值越小。这主要是因为在实验温度和压力范围内，Surfynol-2502 浓度的增加对离子液体的增溶几乎没有帮助，反而增加了体系中 Surfynol-2502 的绝对量。

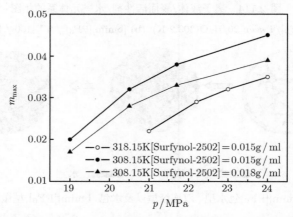

图 2.117   Surfynol-2502/CO_2 中 [bmim][BF$_4$] 的最大增溶量 m_{max}
随压力和温度的变化曲线

图 2.118 为不同条件下表面活性剂全氟辛基磺酰胺 N-EtFOSA/CO_2 体系中胍类离子液体 TMGT 的增溶量 (以 w 表示，代表 TMGT 和 N-EtFOSA 的物质的量比) 随体系压力的变化情况[12]，表面活性剂的浓度为 0.064 g/mL。可以看出，在实验条件下，离子液体 TMGT 的增溶量随着体系压力的升高而增大；同时，降低温度有利于离子液体的增溶。这和 Surfynol-2502/CO_2 体系中 [bmim][BF$_4$] 增溶的结果相一致。对比图 2.117 和 2.118 可知，N-EtFOSA/CO_2 体系胍类离子液体的增溶量远大于 Surfynol-2502/CO_2 体系对 [bmim][BF$_4$] 的增溶量。

5. 压缩 CO_2 对油包离子液体型微乳液的调控

压缩 CO_2 易溶解于有机溶剂中，并对溶剂的性质进行调节。Li 等研究了压缩 CO_2 对以环己烷为连续相、以 [bmim][BF$_4$] 为极性核的微乳液的影响，研究了 CO_2

压力对 [bmim][BF₄] 在微乳液中增溶量的影响[13]。图 2.119 为 288.2 K 时，CO_2 压力与 [bmim][BF₄]/TX-100/环己烷微乳液的 w 值 ([bmim][BF₄] 与 TX-100 的物质的量之比) 的关系曲线。可以看出，体系中不加入 CO_2 时，[bmim][BF₄] 在 TX-100/环己烷微乳液中的增溶量极少 (0.057)。然而，当体系中加入 CO_2 后，w 值明显增大 (可达到 0.51)。这表明在适当的压力下 CO_2 能够提高 [bmim][BF₄] 在微乳液中的增溶量。这主要归因于 CO_2 尺寸较小，可有效穿透表面活性剂界面层，从而达到稳定反胶束和增溶离子液体的作用。从图 2.119 可以看出，当 CO_2 压力超过 P_H 后，体系单相区消失，表明微乳液被破坏。这是由于压力过高时，过量的 CO_2 溶于溶剂中，使得溶剂强度变弱，从而不利于微乳液的稳定。因此，微乳液的形成与破坏可以通过控制 CO_2 压力而很容易地实现。该研究对于这类微乳液在萃取分离、化学反应和材料制备中的应用具有重要意义。

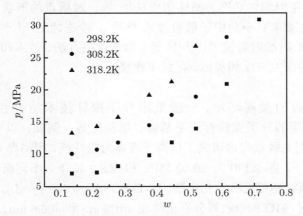

图 2.118　N-EtFOSA/CO_2 中离子液体 TMGT 的最大增溶量 w 随压力和温度的变化曲线

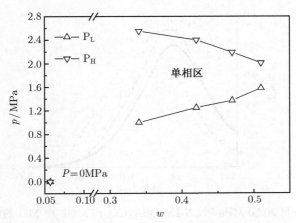

图 2.119　288.2 K 时，CO_2 压力与 w 值的关系曲线

2.7.3 研究内容

1. 结构测定和性质研究

了解微乳液的结构和性质是微乳液应用的前提和基础。目前，研究者已经运用多种手段对离子液体微乳液的结构和性质进行了研究，包括相态观察法和各种仪器测定法，如紫外–可见吸收光谱 (UV-vis)、傅里叶变换红外光谱 (FTIR)、稳态和时间分辨荧光光谱、电导率测定、表面张力测定、核磁共振 (NMR)、电子显微镜、动态光散射、小角 X 射线散射 (SAXS) 和小角中子散射 (SANS) 等。

1) 结构测定

对于离子液体微乳液结构的确定，无论是油 (或水) 包离子液体型、双连续型还是离子液体包油 (或水) 型，必须借助于实验技术。常用的技术有：电导率测定[3~5,7]、表面张力测定[7,10]、循环伏安法[8] 等。对质点的形状、大小和分布进行测定的方法主要有：小角中子散射技术[14,15]、冷冻蚀刻[3,7,10]、动态光散射技术[3,7,9]、小角 X 射线散射技术[4,11,16] 等。由于这些方法、技术和传统油/水/表面活性剂微乳液的研究方法相类似，在此不作赘述。

2) 微环境

对于微乳液的微观环境，一般采用分子探针技术结合各种光谱进行研究[8,9,11,12]，采用的分子探针有亚甲基蓝、甲基橙等。例如，以甲基橙 (MO) 为探针，用紫外–可见吸收光谱研究了以离子液体为极性核、超临界 CO_2 为连续相的微乳液微环境[12]。图 2.120 为 20.50 MPa 和 308.2 K 下，不同离子液体含量的微乳液中 MO 的紫外–可见吸收光谱图 ([N-EtFOSA]=0.060 g/mL)。当 w 值分别为 0.046 和 0.406 时，MO 的吸收峰分别出现在 401.8 nm 和 406.6 nm。说明随着反胶束中离子液体的增多，反胶束微环境的极性增强。和 MO 在离子液体 TMGL 中的紫

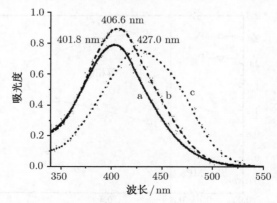

图 2.120 308.2 K 和 20.50 MPa 时，N-EtFOSA/CO_2/TMGL 中 MO 的紫外–可见吸收光谱

外–可见吸收峰 (427.0 nm) 相比，MO 在 CO_2/TMGL/N-EtFOSA 微乳液中的紫外–可见吸收峰发生了蓝移，这说明微乳液微环境的极性仍低于纯离子液体中的极性。

3) 分子间相互作用

微乳液的分子间相互作用一般采用红外光谱 (FTIR)、核磁共振 (NMR) 等技术进行研究。Gao 等发现少量水的加入可以极大地增加离子液体 [bmim][BF_4] 在 TX-100/苯中的增溶量[5]。采用红外光谱研究微乳液中水的存在状态，发现加入的水主要以 "束缚水" 或 "捕获水" 的形式存在于微乳液的 "栅栏层"。这种存在形式不会增加极性区域对于极性水分子溶解的负担。进一步采用 ^{1}H NMR 和 ^{19}F NMR 光谱研究发现，加入的水破坏了离子液体的初始离子对结构，形成了水–阳离子、水–阴离子和水 -TX-100 的氢键网络结构，如图 2.121 所示。这种强氢键网络结构使得 "栅栏层" 非常坚固，从而提高了油包离子液体微乳液的稳定性。此外，Sarkar 等采用紫外–可见吸收光谱和荧光光谱，并结合分子探针技术，研究了 [bmim][PF_6]/TX-100/H_2O 微乳液中水和离子液体的相互作用[17,18]。

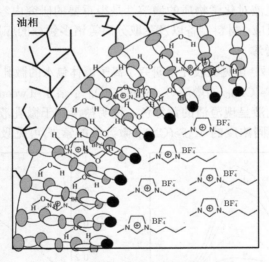

图 2.121　微乳液栅栏层的结构示意图

4) 动力学

Adhikari 等使用荧光探针 Coumarin 480 研究了 [bmim][BF_4]/TX-100/苯微乳液的溶剂化动力学[19]，发现溶剂化动力学依赖于激发波长 (λ_{ex})。这种对激发波长 (λ_{ex}) 的依赖源于微乳液的特殊结构。在微乳液中，表面活性剂分子围绕离子液体的极性核聚集形成非极性的壳层，这种微观环境的不同导致了与纯离子液体中溶剂化动力学的差异。在 [bmim][BF_4]/TX-100/苯/水微乳液中，溶剂化动力学比不含水的微乳液的慢，这是因为含有水的微乳液的液滴较小。Chakrabarty 等使用荧光探针 Coumarin 153 研究了 [bmim][BF$_4$]/TX-100/环己烷微乳液的溶剂弛豫和转动弛豫[20]，发现平均转动弛豫时间随着 w 值的增加而增大，而微乳液核中的溶剂弛豫对 w 值的增加不敏感。探针分子 Coumarin 480 和 Coumarin 153 的结构分别示于图 2.122(a) 和 (b)。

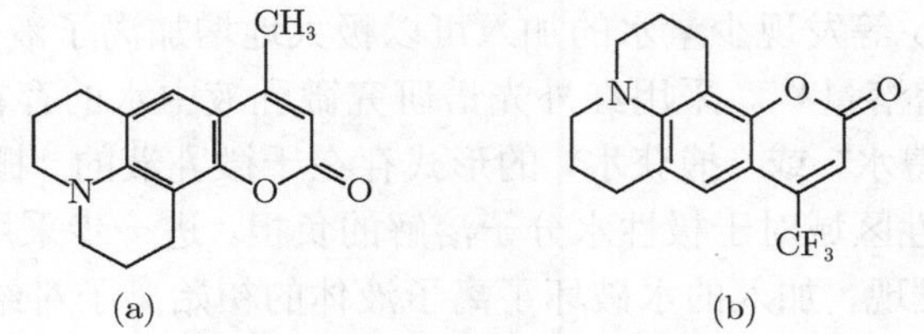

图 2.122   探针分子的结构示意图

(a) Coumarin 480; (b) Coumarin 153

2. 增溶性

离子液体微乳液对化学物质的增溶性是很重要的研究内容，它决定着这种新型微乳液在化学反应、材料制备以及萃取分离等诸多领域的应用。

1) 对盐类的增溶

Gao 等利用紫外–可见吸收光谱研究了离子液体包水的微乳液 Tween 20/[bmim][PF$_6$]/H$_2$O 对 K$_3$Fe(CN)$_6$ 的增溶[8]。K$_3$Fe(CN)$_6$ 不溶于 Tween 20 或 [bmim][PF$_6$] 中，加入水后微乳液呈现澄清的黄绿色，说明盐溶解于微乳液的微水环境中。图 2.123(a) 为含有不同浓度的 K$_3$Fe(CN)$_6$ 微乳液的紫外-可见吸收光谱。发现随着

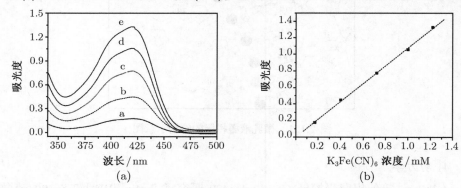

图 2.123   303.2 K 时，离子液体包水型微乳液中 K$_3$Fe(CN)$_6$ 的紫外 - 可见吸收光谱 (a) 及吸光度和浓度的关系图 (b)

(a) 紫外 - 可见吸收光谱; (b) 吸光度和浓度的关系

w=10，离子液体和表面活性剂的质量比为 4.00；a: 0.17 mmol/L；b: 0.40 mmol/L；

c: 0.72 mmol/L；d: 1.00 mmol/L；e: 1.22 mmol/L

$K_3Fe(CN)_6$ 含量的增加，吸光度逐渐增大。图 2.123(b) 为吸光度和浓度的关系图，可以看出，吸光度随浓度呈线形变化，符合 Lambert-Beer 定律。此外，郑立强等研究了 $CuNO_3$、$CoCl_2$、$CuCl_2$ 在油包离子液体型微乳液 [bmim][BF_4]/甲苯/TX-100 中的溶解性，发现这些盐类可以很好地溶解于微乳液中[6]。

Liu 等研究了超临界 CO_2 包离子液体的微乳液对 $CoCl_2$ 的增溶[12]。图 2.124 为增溶了 $CoCl_2$ 的 CO_2/TMGT/N-EtFOSA 微乳液的紫外–可见吸收光谱。可以看出，在 610 nm 附近有一较强的吸收峰，这与 $CoCl_2$ 在离子液体 TMGT 中的吸收相似，说明 $CoCl_2$ 增溶进反胶束的极性核中。此外，还研究了该类反胶束对 $HAuCl_4$ 的增溶性，发现 $HAuCl_4$ 也能增溶进反胶束的离子液体微环境中。对盐类增溶性的研究为该类新型胶束的进一步应用提供了基础。

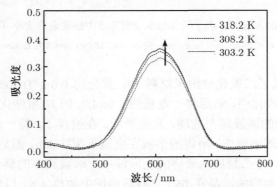

图 2.124　$CoCl_2$ 在 CO_2/N-EtFOSA/TMGT 微乳液中的紫外–可见吸收光谱

w =0.27, [N-EtFOSA]=0.060 g/mL, P=20.50 MPa, $CoCl_2$/IL=6 mg/g

2) 对生物分子的增溶

Gao 等研究了离子液体包水的 Tween 20/[bmim][PF_6]/H_2O 微乳液对生物分子核黄素的增溶[8]。通过加入的核黄素饱和水溶液的量来调节微乳液的 w 值。图 2.125 为含有不同浓度的核黄素饱和水溶液的微乳液的紫外–可见吸收光谱，离子液体和表面活性剂的质量比为 4.00。可以看出，在 (363±2)nm 和 (445±1) nm 处分别出现了两个吸收峰。这与纯水中的吸收峰略有不同 [纯水中分别出现在 (373±2) nm 和 (444±2) nm 附近]。这说明微乳液的微观环境和纯水中有着一定的差异。随着核黄素饱和水溶液的增加，核黄素的吸收峰逐渐增强。该研究表明这种微乳液在生物大分子的萃取分离方面有着潜在的应用。此外，还研究了核黄素在甲苯包 [bmim][BF_4] 微乳液中的溶解性[6]。

3. 应用研究

目前离子液体微乳液主要应用于纳米材料制备中。Li 等在以离子液体为连续

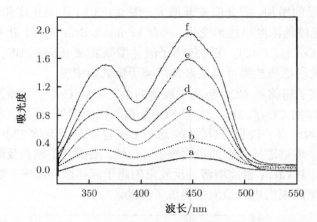

图 2.125   303.2 K 时，离子液体包水型微乳液中核黄素的紫外–可见吸收光谱

a: $w = 2$; b: $w = 5$; c: $w = 8$; d: $w = 10$; e: $w = 16$; f: $w = 20$

相的微乳液中合成了二氧化硅纳米材料[21]。首先将 0.6 g Triton-100 加入到 1 mL [bmim][PF₆] 离子液体中，然后将一定量的 2 mol/L 的 HCl(催化剂) 水溶液加到上述溶液中，将所得的溶液超声处理，直至澄清。在搅拌下，将一定量的正硅酸乙酯 (TEOS) 滴加到上述溶液中。所得的溶液在室温下搅拌 6 h，然后转移到 60 ℃ 的恒温箱中，反应 3d。将乙腈加入最终的反应液中，萃取其中的离子液体。经离心分离、干燥后，将所制得的产品在 550 ℃ 的马弗炉中加热 4 h，以除掉残留的表面活性剂及其他杂质。图 2.126 为不同实验条件下制备的 SiO_2 的 SEM 照片，发现生成了空状二氧化硅纳米棒。而且，所形成的二氧化硅纳米棒的直径与所加 HCl 水溶液的量 (w) 有关，即加入的 HCl 水溶液的量越低，生成的二氧化硅纳米棒的直径越小，这是由于水核减小的原因所致。文献中报道的用 Triton 表面活性剂形成的以环己烷为连续相的微乳液，只能得到二氧化硅纳米颗粒[22,23]。这表明离子液体 [bmim][PF₆] 对所合成的二氧化硅的形貌有重要的作用。当 TEOS 加入到溶液中后，它会在水核的界面发生水解。由于离子液体是一种具有特殊结构的溶剂，可能对 TEOS 水解生成二氧化硅聚集体的过程起到方向诱导生长的作用，促使二氧化硅纳米棒形貌的形成。二氧化硅纳米棒中的孔结构可能来自于二氧化硅纳米颗粒聚集过程、表面活性剂去除过程以及灼烧过程。

    Li 等利用上述离子液体包水型的微乳液合成了 ZrO_2 纳米材料[24]。图 2.127 是 ZrO_2 纳米材料的场发射扫描电镜和 TEM 照片，可以看出，得到的 ZrO_2 为不太规则的球形结构，尺寸为 15~40 nm。同油包水微乳液中合成的 ZrO_2 纳米材料相比[25]，纳米粒子的聚集程度明显降低。这可能是由于在 ZrO_2 的生成过程中，离子液体起到了保护剂的作用，从而有效降低了纳米粒子的聚集度。

图 2.126　不同实验条件下制备的 SiO$_2$ 的 SEM 照片

(a) 0.15 mL HCl($w = 9$), 0.10 mL TEOS; (b) 0.10 mL HCl($w = 6$), 0.10 mL TEOS

(c) 0.05 mL HCl($w = 3$), 0.10 mL TEOS; (d) 0.10 mL HCl($w = 6$), 0.15 mL TEOS

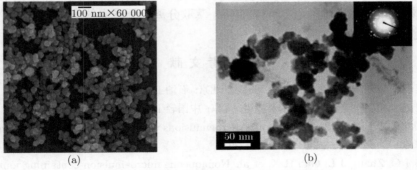

图 2.127　ZrO$_2$ 的 FESEM 和 TEM 照片

(a) FESEM; (b) TEM

Liu 等利用快速膨胀法，在以离子液体为连续相的超临界 CO_2 微乳液中合成了金的纳米结构[12]。图 2.128(a) 和 (b) 为温度 308.2 K、压力 20.50 MPa 时，在 CO_2/N-EtFOSA/TMGT 微乳液中制得的金纳米结构的 TEM 照片。当氯金酸浓度较低时，得到了直径为 5 nm 左右的金纳米粒子，如图 2.128(a) 所示；而当氯金酸浓度较高时，得到了金纳米粒子的线型聚集体，如图 2.128(b) 所示；经电子衍射表征分析，如图 2.128(c) 所示，制备的金为面心立方晶体结构。该类新型微乳液在纳米材料制备中具有明显的优势，有望应用于其他多种纳米材料的制备，特别是对水敏感的体系。

图 2.128　CO_2/N-EtFOSA/TMGT 微乳液中制备的 Au 纳米结构的 TEM 照片

(a) $W_{HAuCl4}/W_{TEMT} = 0.01$; (b) $W_{HAuCl4}/W_{TEMT} = 0.04$; (c) 电子衍射图谱

2.7.4　发展方向及展望

离子液体微乳液是一个新兴的研究领域。尽管目前在该类微乳液体系的性质和应用方面开展了一些非常有意义的研究工作，但是研究体系相对较为单一，研究内容也主要集中于微乳液的性质研究，对其应用的研究较少。因此，开发新型离子液体微乳液体系、研究其宏观和微观性质、探讨其有别于传统微乳液的形成机理、探索该类微乳液在化学反应、材料制备、萃取分离等领域中的应用无疑具有重要的理论意义和实际意义。

参 考 文 献

[1] 李干佐, 郭荣等. 微乳液理论及其应用. 北京: 石油工业出版社, 1995

[2] 崔正刚, 殷福珊. 微乳化技术及应用. 北京: 中国轻工业出版社, 1999

[3] Gao H X, Li J C, Han B X, et al. Microemulsions with ionic liquid polar domains. Phys Chem Chem Phys, 2004, 6: 2914~2916

[4] Li J C, Zhang J L, Gao H X, et al. Nonaqueous microemulsion-containing ionic liquid [bmim][PF$_6$] as polar microenvironment. Colloid Poly Sci, 2005, 283: 1371~1375

[5] Gao Y A, Li N, Zheng L Q, et al. Role of solubilized water in the reverse ionic liquid microemulsion of 1-butyl-3-methylimidazolium tetrafluoroborate/TX-100/benzene. J Phys

Chem B, 2007, 111: 2506~2513

[6] Li N, Gao Y A, Zheng L Q, et al. Studies on the micropolarities of [bmim]BF$_4$/TX-100/toluene ionic liquid microemulsions and their behaviors characterized by UV-Visible spectroscopy. Langmuir, 2007, 23: 1091~1097

[7] Cheng S Q, Fu X G, Liu J H, et al. Study of ethylene glycol/TX-100/ionic liquid microemulsions. Colloid Surface A, 2007, 302: 211~215

[8] Gao Y A, Li N, Zheng L Q, et al. A cyclic voltammetric technique for the detection of micro-regions of [bmim]PF$_6$/Tween 20/H$_2$O microemulsions and their performance characterization by UV-Vis spectroscopy. Green Chem, 2006, 8: 43~49

[9] Gao Y A, Han S B, Han B X, et al. TX-100/water/1-butyl-3-methylimidazolium hexafluorophosphate microemulsions. Langmuir, 2005, 21: 5681~5684

[10] Cheng S Q, Zhang J L, Zhang Z F, et al. Novel microemulsions: ionic liquid-in-ionic liquid. Chem Commun, 2007, 24: 2497~2499

[11] Li J C, Zhang J L, Han B X, et al. Effect of ionic liquid on the polarity and size of the reverse micelles in supercritical CO$_2$. Colloid Surface A, 2006, 279: 208~212

[12] Liu J H, Cheng S Q, Zhang J L, et al. Reverse micelles in carbon dioxide with ionic-liquid domains. Angew Chem Int Ed, 2007, 46: 3313~3315

[13] Li J C, Zhang J L, Han B X, et al. Compressed CO$_2$-enhanced solubilization of 1-butyl-3-methylimidazolium tetrafluoroborate in reverse micelles of Triton X-100. J Chem Phys, 2004, 121: 7408~7412

[14] Eastoe J, Gold S, Rogers S E, et al. Ionic liquid-in-oil microemulsions. J Am Chem Soc 2005, 127: 7302, 7303

[15] Triolo A, Russina O, Keiderling U, et al. Morphology of poly(ethylene oxide) dissolved in a room temperature ionic liquid: a small angle neutron scattering study. J Phys Chem B, 2006, 110: 1513~1515

[16] Atkin R, Warr G G. Phase behavior and microstructure of microemulsions with a room-temperature ionic liquid as the polar phase. J Phys Chem B, 2007, 111: 9309~9316

[17] Seth D, Chakraborty A, Setua P, et al. Interaction of ionic liquid with water with variation of water content in 1-butyl-3-methyl-imidazolium hexafluorophosphate ([bmim] [PF$_6$])/TX-100/water ternary microemulsions monitored by solvent and rotational relaxation of coumarin 153 and coumarin 490. J Chem Phys, 2007, 126: 224512

[18] Seth D, Chakraborty A, Setua P, et al. Interaction of ionic liquid with water in ternary microemulsions (triton X-100/water/1-butyl-3-methylimidazolium hexafluorophosphate) probed by solvent and rotational relaxation of coumarin 153 and coumarin 151. Langmuir, 2006, 22: 7768~7775

[19] Adhikari A, Sahu K, Dey S, et al. Femtosecond solvation dynamics in a neat ionic liquid and ionic liquid microemulsion: excitation wavelength dependence. J Phys Chem B, 2007, 111: 12809~12816

[20] Chakrabarty D, Seth D, Chakraborty A, et al. Dynamics of solvation and rotational relaxation of coumarin 153 in ionic liquid confined nanometer-sized microemulsions. J Phys Chem B, 2005, 109: 5753~5758

[21] Li Z H, Zhang J L, Du J M, et al. Colloid Surf A, 2006, 286: 117~120

[22] Smirnova N P, Kikteva T A, Kondilenko V P, et al. Effect of conditions of silica film preparation on the special behavior of a fluorescent-probe. Colloids Surf A, 1995, 101: 207~210

[23] Fu X, Qutubuddin S. Preparation and characterization of titania nanocoating on monodisperse silica particles. Colloids Surf A, 2001, 179: 65~69

[24] Li N, Dong B, Yuan W L, et al. ZrO$_2$ Nanoparticles synthesized using ionic liquid microemulsion. J Disper Sci Technol, 2007, 28: 1030~1033

[25] Liu H W, Feng L B, Zhang X S, et al. ESR characterization of ZrO$_2$ nanopowder. J Phys Chem, 1995, 99: 332~334

2.8　离子液体在固体表面的相变研究

近年来, 世界各国对离子液体的研究日趋活跃, 在基础研究方面, 除了研究离子液体作为反应介质的特异性、优越性外, 更多的研究者开始关注离子液体结构与功能的关系及该体系的多尺度效应; 在应用研究方面也从传统的绿色溶剂角度扩展到功能材料、能源转换、燃料电池、生命科学等领域。尽管与离子液体相关的研究报道非常多, 关于离子液体本身的物理化学特性的研究还不够深入, 特别是关于离子液体结晶性与相变机理的研究大多还停留在理论模拟阶段[1]。2006 年 3 月, 在亚特兰大举行了主题为 "Ionic Liquid: Not Just Solvent Anymore" 的美国化学会第 231 届年会, 会议的第一个专题就是 "Why are ionic liquids liquid"。从目前的研究来看, 离子液体有着诸多与传统溶剂不同的特性, 比如研究者们采用反冲谱[2]、中子散射[3]、拉曼光谱[4,5] 等手段发现离子液体同时具有液体和固体的特征。因为离子液体是由大体积、非对称的离子构成, 难以在微观空间做有效的紧密堆积, 不易结晶, 所以在室温附近呈液态。但如何从微观结构的角度解释离子液体的流动性, 离子液体在什么情况下会表现出固体的性质, 液固之间如何转变等问题都有待做更深入的研究。通常降低温度可以实现离子液体的液固转变, 但阴阳离子间复杂的相互作用力 (主要包括氢键、范德华力、库仑力、极化力、π-π 堆叠作用等) 使离子液体的相变过程十分复杂, 很多离子液体降温固化时会导致玻璃态的形成, 即使在极低的温度也很难得到其完美的晶体[4]。本节将着重介绍离子液体在固体表面由于界面诱导效应而发生相变的相关研究进展。

2.8.1　离子液体的结晶及相行为

　　研究离子液体在晶体状态下的行为可以提供丰富的信息，但由于正负离子的不对称性，离子之间复杂的相互作用导致其相变过程十分复杂，且大体积的离子存在不同的构型和取向，往往只能得到多晶，很多离子液体甚至没有结晶态[6]。在离子液体中离子的小电势和大半径的效果十分类似于分子液体中分子间的库仑作用。单独阳离子电荷的大小不仅通过分割电荷中心降低了库仑作用，而且多原子阴离子中的电荷也被限制在离子的表面，从而导致电荷密度极大的降低。以咪唑类离子液体为例，咪唑阳离子的一部分正电荷分布在环表面，正如在芳香环的表面也带有部分负电荷，这与把一个形式正电荷分配到 N 原子上的共振结构是相一致的。对 [emim][PF$_6$] 晶体结构的检测发现，阴离子和阳离子之间的紧密联系与咪唑环的 2 个氮原子和 3 个芳香氢原子是有关联的[7]。因此进行处理时，咪唑阳离子的正电荷可以被认作是分布在以咪唑阳离子为核的柱面上。连在环上的烷基基团增大了阴阳离子间的距离，但这些并不是参与电荷分离的主要因素。除了 [emim]$^+$ 较大的体积之外，它的不对称结构也减少了它成为结晶体的可能性，所以很容易形成熔点在室温附近的离子液体。有趣的是，[emim][PF$_6$] 盐的已知熔点比根据阴阳离子大小来预测得到的熔点要高一些，这可能是由于阴阳离子的半径比 ($r+/r-$) 较小有利于结晶体的形成，因此就得到了结构确定的晶体。

　　离子液体的组成也对它的熔点及相结构有相当的影响。如图 2.129 所示，在一个 A+B 的二元体系中，液相线的最大值在特定化合物的成分中被观测到，例如，在定性二元相图中描述的化合物 AB，AB 组成的差异导致了熔点一直降低，直到共熔体组成的最小值为止。对那些可以形成低温离子液体的金属卤化物来说，这样的组成是可以被预测到的。例如，在氯化铝体系中，$AlCl_4^-$、$Al_2Cl_7^-$、$Al_3Cl_{10}^-$、$Al_4Cl_{13}^-$ 已经被介绍过，根据文献报道[8]，只有 50% 的组成才会导致化合物 [emim][AlCl$_4$] 的形

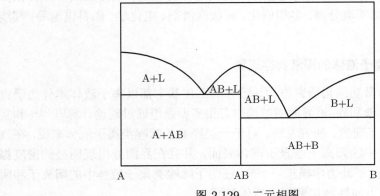

图 2.129　二元相图

成。在这个 [EMIm][Cl]/AlCl₃ 二元体系中，大约 38% 和 66% 的组成共熔物会导致产生熔点低于 −70 ℃ 的液体。Easteal 等[9] 在 [HPy]/ZnCl₂ 体系中报道了一个更复杂的相图表，体系中描述了 20%、33%、50%、60% 和更高百分比的化合物，并且已经证实了在一个 ZnCl₂ 的金属移变液晶和阳离子表面活性剂组成的新体系中的组成变化，该体系表现出了至少两种明显的液晶相。类似的共熔现象在所有的 $[M_nX_m]^{x-}$ 阴离子盐 (如 $[PF_6]^-$、$[PF_5]^-$、$[PF_3]^-$ 或者 $[CuCl_4]^{2-}$、$[Cu_2Cl_6]^{2-}$、$[Cu_mCl_{2m+2}]^{2-}$) 中都可以预计到。从共熔现象可以发现这么一个事实，即离子液体组成中的微小变化就可能产生熔点及相行为显著不同的离子液体。

不同结构离子液体中阴阳离子间的作用力存在很大差异，如氢键、范德华力、库仑力、极化力、$\pi-\pi$ 堆叠作用等，这些作用力与正负离子的结构密切相关而且最终决定离子液体的结晶和相行为。此外，少量杂质或不同的变温程序同样会影响离子液体的相行为。Holbrey 等[8] 用 DSC 研究了一系列 $[C_nmim][BF_4]$ $(n=0\sim18)$ 咪唑类离子液体的相行为并进行了热重分析。结果发现，$n=0$，1，10，11 有结晶；$n=2\sim9$ 无结晶，只有玻璃化温度；$n=12\sim18$ 从低温到高温依次为晶体、液晶、各向同性的液体，因此有 2 个转变温度，2 个相变焓。冷却时有过冷现象，存在一个固固相转变，但加热过程中没有发现固态相的转变。

实际上离子液体和所有的化学物质一样，自身的结构和性质之间有着紧密的联系。相关离子的大小、形状和电荷分布决定了离子间相互作用力的大小。当离子比较大并且电荷密度比较小时，离子间的库仑力就会很低，因此也就得到了低熔点的室温离子液体。但是由于这些大体积、非对称的离子能在一定的范围内移动甚至组装，使它们之间的相互作用变得十分复杂，很难在液态下深入研究离子液体结构与性质的关系。所以关于离子液体晶体的研究很多只停留在理论模拟阶段。在离子液体相变研究方面，已有的工作基本都以离子液体本体为研究对象，离子液体在两相界面或受限空间内的特殊相变过程并未受到足够的重视。实际上离子液体很多潜在的应用领域 (如萃取分离、多相催化、高级润滑剂、电化学、燃料电池等) 都涉及界面或孔道。

2.8.2 云母表面离子液体的固液共存现象

在离子液体的微观结构研究方面，已有的工作基本都以离子液体本体为研究对象，离子液体气–液和固–液界面的结构也有很多课题组通过理论计算[10~14] 和实验[15~29] 手段进行了研究。研究发现，对于一类经典的咪唑类离子液体来说，在气液界面处离子液体中的阳离子垂直于液体表面，并且在界面处出现明显的密度振荡现象，同时通过分子动力学模拟[10~14]，证明了咪唑类离子液体中的阳离子和阴离子以一个具体的方向性结构聚集于液体表面。

离子液体在两相界面上 (特别是固体表面) 的结构与性质的研究并不多，Fitchett

等 [30] 利用和频振动光谱 (SFVS) 报道了一系列的疏水离子液体中咪唑阳离子上的烷基链几乎垂直于 SiO_2 表面。Romero 等 [31] 利用 SFG 分别研究了亲水的 [bmim][BF$_4$] 和疏水的 [bmim][PF$_6$] 离子液体，发现咪唑环平躺于石英平面的表面，而与此同时其甲基组与法线方向成 43°~47°，显示了咪唑环和烷基链在石英表面性质的相似之处。Atkin 等 [32] 利用原子力显微镜 (AFM) 测量了几种离子液体在不同固体表面溶解力的剖面图。然而，到目前为止人们仍然缺乏对离子液体在固/液界面处的微观结构与相变的了解。

　　吴国忠课题组近年来一直致力于离子液体与固体表面的相互作用研究。以甲醇为稀释剂，考察了不同浓度的 [bmim][PF$_6$] 甲醇溶液在原子级平整的云母表面铺展后 [bmim][PF$_6$] 的聚集行为 [33]。通过原子力显微镜观察发现 (彩图 4)，当 [bmim][PF$_6$] 的浓度 >0.05 %(质量分数) 时，离子液体以微米级的液滴存在；当 [bmim][PF$_6$] 的浓度为 0.01 %(质量分数) 时，发现层状固体和液滴共存现象 (drop-on-the-layer)；当 [bmim][PF$_6$] 的浓度 <0.01%(质量分数) 时，可以获得离子液体的层状固体。说明当离子液体浓度较低时，在界面诱导下可以实现其从液体到固体的转变。通过仔细分析 [bmim][PF$_6$] 的浓度 < 0.01%(质量分数) 时的 AFM 图像 (彩图 5)，我们发现 [bmim][PF$_6$] 在云母表面铺展后会形成多层固体结构，而且固体层边界呈折字行 [彩图 5(a)]。此外固体层的边界与云母的取向、晶界是相对应的 [彩图 5(c) 和 (d)]，由此证明云母基底与离子液体之间存在强相互作用，在界面诱导下可导致离子液体固体的取向生长。

2.8.3　石墨表面诱导离子液体形成稳定固体层

　　吴国忠等 [34] 构造了 4 个不同的体系 A、B、C、D，采用分子动力学模拟了 [bmim][PF$_6$] 离子液体在石墨表面的分子结构。对于离子液体/石墨二元体系 A，离子液体体相由 490 个离子对组成，而平躺的石墨表面包括了双层石墨薄片共 2392 个原子。每个石墨表面的原胞的尺寸大小为 2.46×4.26 Å^2，每片石墨由 22×13 个原胞构成，最终构成的石墨表面大小为 56.56×55.38 Å^2。在模拟中，体系 A 中的离子液体体相首先被进行 2 纳秒的等温等压弛豫来确保它达到完全的平衡，平衡之后，这个体相系统被至少运行 500 ps 来测量它的动力学特征，并和实验进行对比，最后导致整个体相的盒子大小接近于 $55 \times 55 \times 55$ Å^3。其中一个重要特征就是离子液体的密度，其模拟的密度结果是 1.352 g/cm^3，而实验得到的密度是 1.360 g/cm^3，误差小于 1%。

　　图 2.130 为体系 A 在 300 K 下垂直于石墨表面沿着 Z 轴的质量密度剖面图。在邻近石墨表面，有一个密集层构型形成；该位置的离子液体密度显著高于体相的质量密度。在质量密度剖面图中，还可以发现另一个明显的特征是密度分布存在着清晰的振荡，一直延伸到 40 Å 处。这一现象类似于以前在离子液体气液界面所

发现的层状密集构型[17]。同时还可注意到有几个分立的离子液体高密度峰出现在石墨表面，最接近石墨表面的第一个高峰和第二个高峰分别比离子液体体相密度高 100% 和 30%。模拟的质量密度在体相区域，也就是从 $z = 19.4$ Å 到 $z = 47.4$ Å 为 1.35 g/cm³，与实验值 (1.36 g/cm³) 非常接近。此外，气液界面的质量密度也高于体相密度。这些模拟的质量密度，不管是在体相还是在气液界面都和其他研究者[12,13] 的模拟结果相一致，意味着样品达到了很好的平衡。由于离子液体与石墨之间可能的强相互作用，在石墨表面形成的高体密度层很可能类似于固体。离子液体底层距离石墨表面的平均高度经计算约为 6.0 Å。正如离子液体可以在表面形成一个稳定的底层，界面效应十分强大，且容易观察。这个密集层在体相和石墨表面之间，由三个有序的离子液体层组成。它的有序性随着离子液体层与石墨表面的距离增大而越来越衰弱，分子结构也越接近体相结构。同时也计算了体系 A 沿 Z 方向的电子密度剖面图，结果显示出与质量密度相似的模式。接近石墨表面的最高峰达到了 0.75 e/ Å³ 的值，而体相的平均电子密度和气液界面的电子密度峰值与 X 射线反射研究[24] 和 Bhargava's MD 模拟[13,14] 结果符合的很好。

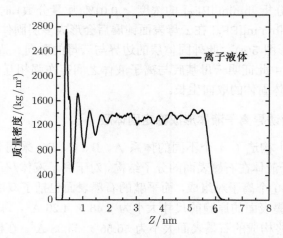

图 2.130　离子液体体系 A 在 300 K 沿 Z 轴方向的质量密度分布图

很多的理论计算已表明在离子液体的气液界面有可能出现层状的分子聚集[12~14]。因此，对比研究气液界面对石墨表面离子液体层状结构的影响也非常重要。体系 B、C 和 D 被分别构造来研究气液界面对 [bmim][PF₆] 离子液体在石墨表面的单层、双层和三层的影响。图 2.131(a)、(b) 和 (c) 展示了不同离子液体层沿 Z 方向的质量密度剖面图。不难发现不同表面层状膜的密度剖面图是很相似的，这表明气液界面很难对这种层状构型有明显影响。此外，体系 B、C 和 D 中的单层或者最底层距离石墨的距离都是相同的，也就是体系 A 中所得到的 6.0 Å。这一发现与一些早期的离子液体的气液界面研究有所不同，在这些研究中都说明了离子液体气液界面的效应是很显著的。例如，对于早期短烷基链的离子液体 1，3-二甲基咪唑氯盐的模拟显示了一个层状的构型同时伴随着一个许多液体金属似的明显的震荡密度剖面分布[10,11] 出现在气液界面上，同时也有报道说明 [bmim][PF$_6$] 在气液界面处存在着震荡似的密度分布[12~14]。然而，1，3-二甲基咪唑氯盐的密度震荡对比于 [bmim][PF$_6$] 的密度分布来的更明显。吴国忠课题组经模拟发现，气液界面看上去对这些层状结构没有什么影响。在单层里，每个阳离子和每个阴离子的相互作用能量达到了 −175.29 kJ/mol，而每个离子对和石墨间的相互作用能量也达到了可比较的量值 −80.54 kJ/mol，这一点可能有助于我们解释这一现象，也就是强烈的构型效应和离子液体与石墨表面之间的相互作用导致了离子液体在石墨表面的有序性并且可以延伸构成好几个层状结构。

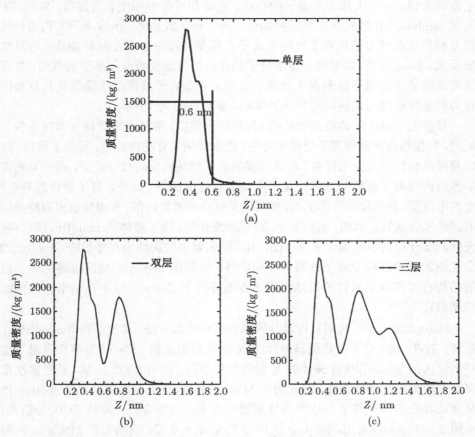

图 2.131　离子液体体系 B、C、D 在 300 K 沿 Z 轴方向的质量密度分布图

(a) 体系 B 的单层；(b) 体系 C 的双层；(c) 体系 D 的三层

　　总之,通过分子动力学模拟揭示构型效应和离子液体层状结构和石墨之间的相作用共同导致了不同程度的层状分布。气液界面可能只会轻微扰乱最外层离子液体的有序性,减弱它与下一层的相互作用,导致较低的质量密度峰在最外层,以及较高的密度峰在下一层。这些结果对于更好的理解离子液体在固体表面的界面微观结构有着重要意义。由于阳离子和石墨表面的强相互作用,那些拥有更长的烷基链和更多咪唑环和芳香环的离子液体可以在石墨表面构造更稳定和更规则的层状结构。这一发现对于理解离子液体在固体表面的修饰或润滑,特别是在碳纳米管和炭黑表面的修饰有着重要意义。

2.8.4　离子液体在碳纳米管空腔内转变成高熔点晶体

　　为使离子液体能够变成固态或结晶体,常用的方法是低温冷却。对于咪唑类离子液体来说,由于大体积阳离子的存在,在冷却过程中相变非常复杂。Saha 等[35] 发现 [bmim]Cl 在低温下存在两种晶体:斜方和单斜晶体。Berg 等[36] 利用拉曼光谱分析和从头算方法证明了咪唑正离子在结晶过程中会存在两种构象:全反式和顺反式。Saha 等[37] 则发现少量水分子的存在可以改变咪唑阳离子的取向,进而导致离子液体内的离子排列发生改变。实际上导致离子液体很难结晶及其复杂的相行为的最终原因还是要归结到其大体积、非对称的离子结构上。

　　目前关于离子液体结晶的研究 (包括理论模拟) 都是在本体体系常规条件下开展的,如果将离子液体置于受限空间中,比如碳纳米管的内腔里,其分子取向、排列以及结晶相行为又会怎样呢?考虑到碳纳米管的纳米空间尺寸效应,研究填充在碳纳米管内部离子液体的相行为是一个很有意思的课题,此外,离子液体高导电性、宽的电位窗、高热稳定性等优点,将其填充到碳纳米管内部,有望制备出有特殊用途的碳纳米管基复合材料。实验发现,通过毛细作用,离子液体 [bmim][PF$_6$] 很容易填充到两端开口的多壁碳纳米管内部。由于纳米管内腔的纳米尺寸效应,[bmim][PF$_6$] 会在纳米管内部转变成一种高熔点的固体,如彩图 6 所示。吴国忠等从离子液体的结构特性和碳纳米管的限域作用两方面分析了 [bmim][PF$_6$] 在纳米管内部特殊的结晶行为[38]。

　　Choudhury 等[6] 利用自行设计的原位循环冷却方法,首次制得 [bmim][PF$_6$] 的晶体,并在 −80 ℃ 下收集到该晶体的 X 射线衍射数据。Chen[38] 等在室温下测得纳米管内部 [bmim][PF$_6$] 晶体的 X 射线衍射数据,如图 2.132 所示,且经多次重复测量发现谱的重现性很好,这表明在 MWNTs 内腔受限空间中结晶的 [bmim][PF$_6$] 晶体比其在本体条件下形成的晶体要稳定得多。该结论进一步被 DSC 分析确证,从图 2.133 中可以看出,纯 [bmim][PF$_6$] 的熔点为 6 ℃,而填充在 MWNTs 内部的 [bmim][PF$_6$] 晶体其熔点都升高到 200 ℃ 以上。对于纯离子液体填充的 IL@MWNTs 样品,分别在 221 ℃ 和 266 ℃ 出现两个熔融峰,说明有两种晶体存在,它们应该对应

于 [bmim]⁺ 两种不同的分子构型 (trans 式和 gauche 式) 所形成的晶体[36]；而对于 IL/MeOH@MWNTs 来说，仅在 222 ℃时出现一个熔融峰，可能是在 [bmim][PF₆] 相变过程中，由于甲醇的存在，[bmim]⁺ 只以一种稳定的构型结晶[6]。

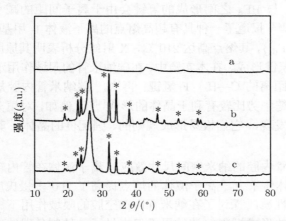

图 2.132　开口 MWNTs (a)、离子液体@MWNTs (b)、离子液体/甲醇@MWNTs (c) 的 X 线衍射谱

＊表示包裹在多壁碳纳米管中 [bmim][PF₆] 晶体的衍射峰

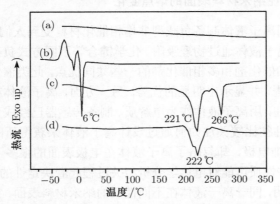

图 2.133　MWNTs (a) [bmim][PF₆]; (b) 离子液体@MWNTs; (c) 离子液体/甲醇@MWNTs; (d) 的 DSC 图谱

在离子液体体系中，大体积阴阳离子间存在着复杂的相互作用，如：H- 键、π−π 堆叠、范德华力、静电力等，它们决定了离子液体中离子的取向和排列方式，而且在离子液体相变及晶体形成中发挥重要作用[39,40]。碳纳米管的一维纳米空腔可以作为生长一维晶体的理想场所，因为极细的纳米管管壁可以对填充在管内的物质产生强大的限制作用。所以吴国忠课题组通过研究认为，由于碳纳米管内腔的纳米尺寸限域效应，[bmim][PF₆]在管内的几何构型和阴阳离子间相互作用都会

发生改变，受限作用导致一些弱相互作用力的大幅度增加，进而形成高稳定的晶体。原因可能有以下几个方面：首先，已经有理论模拟证明[41]，离子液体在一些受限空间里，咪唑环之间的 $\pi - \pi$ 堆叠作用会增强。而且咪唑环上的 H 及烷基取代基上的 H 与 PF_6 之间形成的氢键会由于离子间距的减小而大大增强；其次，Golovanov 等[42] 报道了一种具有超高熔点的离子液体 1- 甲基 -3- 丙基咪唑六氟硅酸 $\{[pmim]_2[SiF_6]\}$，其熔点高达 210 ℃，X 射线分析表明其原因是离子间有近距离的 C—H···F 氢键形成。在本实验中，在碳纳米管的限域作用下，$[bmim][PF_6]$ 可能也会形成极近距离的 C—H···F 氢键；再次，碳纳米管内腔规则的石墨原子排列和内壁强的范德华势比较有利于晶体的形成[43]。例如，对填充在碳纳米管内部的无机盐的研究发现，它们极易形成规则的、强配位的晶体，其结晶过程与本体完全不同[44]。

由于碳纳米管内腔的纳米空间尺寸效应，离子液体在管内转变成高熔点的晶体，相比与在本体体系中，离子液体的熔点提高了 200 多摄氏度。结合离子液体本身的物理化学性质，探讨了在纳米管内部空腔的限域作用下离子液体结构的变化及其稳定晶体的形成机制。该结果不但提供了一种制备碳纳米管复合材料的新思路，而且对理解纳米受限空间下的物理化学行为具有重要参考意义。

2.8.5 离子液体在纳米材料表面的熔点变化

近年来，利用离子液体制备负载型非均相催化材料受到人们的广泛重视。在这些催化材料中，离子液体通过物理吸附、化学键合等不同方式负载于多孔固体载体上。由于兼具均相催化剂和多相催化剂的一些共同优点，此类催化剂可直接用于连续固定床反应过程，并显示出明显的优势。另一方面，离子液体在电化学领域的应用也受到普遍关注，用离子液体作为电解质、制备传感器已经成为这一领域的研究热点。研究者们往往比较关注如何通过设计离子液体来获得新的电化学分析场所或制备新型的修饰电极，却忽略了离子液体在电极表面的很多不同于本体的物理化学性质，而这些性质可能对电化学分析相关过程起着决定性的作用，吴国忠课题组的研究工作表明，同一离子液体在不同性质的纳米材料表面，很多物化性质会发生改变，如熔点、玻璃化转变、裂解温度等。

Kanakubo 等 [45] 研究发现，离子液体 $[bmim][(CF_3SO_3)_2N]$ 和 $[bmim][(CF_3SO_2)_2N]$ 填充入多孔硅孔隙内后，会导致熔点下降，而且孔隙愈小，下降愈多。Néouze 等[46] 利用溶胶–凝胶法制备出一种将离子液体 $[bmim][TFSI]$ 包埋在硅框架中的离子凝胶 (iongel)，通过 DSC 分析发现，该离子液体的熔点也是下降的。但是很多关于水在纳米材料表面的研究却表明水的熔点会上升，所以针对不同离子液体在不同极性的纳米材料表面的熔点进行系统分析，可以发现熔点的降低或升高与离子液体本身的极性 (亲水型、疏水型) 以及纳米材料表面的极性都有很大关系，如：疏水型的离子液体 1- 苄基 -3- 甲基咪唑六氟磷酸吸附在碳纳米管表面时，其熔点下降，而亲水性的 [bmim][BF$_4$] 吸附在碳纳米管表面时其熔点则上升。对于疏水性的离子液体 [emim][PF$_6$] 来说，将其负载在不同极性的多孔硅表面 (通过修饰羟基调节其表面极性)，当修饰的羟基数目较少时，熔点降低幅度很大，从本体的 62 ℃下降到 40 ℃左右，而当我们把多孔硅表面修饰上大量羟基时，吸附在其表面的 [emim][PF$_6$] 离子液体熔点只会下降 5 ℃左右。

参 考 文 献

[1] Rebelo L P N, Lopes J N C, Esperança J M S S, et al. Accounting for the unique, doubly dual nature of ionic liquids from a molecular thermodynamic and modeling standpoint. Acc Chem Res, 2007, 40(11): 1114~1121

[2] Gannon T J, Law G, Watson P R, et al. First observation of molecular composition and orientation at the surface of a room-temperature ionic liquid. Langmuir, 1999, 15: 8429~8434

[3] Hardacre C, Holbrey J D, McMath E J, et al. Structure of molten 1,3-dimethylimidazolium chloride using neutron diffraction. J Chem Phys, 2003, 118: 273~278

[4] Hayashi S, Ozawa R, Hamaguchi H. Raman spectra, crystal polymorphism, and structure of a prototype ionic-liquid [bmim]Cl. Chem Lett, 2003, 32: 498, 499

[5] Ozawa R, Hayashi S, Saha S, et al. Rotational isomerism and structure of the 1-butyl-3-methylimidazolium cation in the ionic liquid state. Chem Lett, 2003, 32: 948, 949

[6] Choudhury A R, Winterton N, Steiner A, et al. In situ crystallization of low-melting ionic liquids. J Am Chem Soc, 2005, 127: 16792, 16793

[7] Fuller J, Breda A C, Carlin R T J. Ionic liquid–polymer gel electrolytes from hydrophilic and hydrophobic ionic liquids. J Electroanal Chem, 1998, 459(1): 29~34

[8] Holbrey J D, Seddon K R. The phase behaviour of 1-alkyl-3-methylimidazolium tetrafluoroborates; ionic liquids and ionic liquid crystals. J Chem Soc Dalton Trans, 1999, 2133~2139

[9] Easteal A J, Angell C A. Phase equilibriums, electrical conductance, and density in the glass-forming system zinc chloride .dag. pyridinium chloride. Detailed low-temperature analog of the silicon dioxide .dag. sodium oxide system. J Phys Chem, 1970, 74: 3987~3999

[10] Lynden-Bell R M. Gas-liquid interfaces of room temperature ionic liquids. Mol Phys, 2003, 101: 2625~2633

[11] Lynden-Bell R M, Kohanoff J, Del Pópolo M G. Simulation of interfaces between room temperature ionic liquids and other liquids. Faraday Discuss, 2005, 129: 57~67

[12] Yan T, Li S, Jiang W, et al. Structure of the liquid-vacuum interface of room-temperature ionic liquids: a molecular dynamics study. J Phys Chem B, 2006, 110: 1800~1806

[13] Bhargava B L, Balasubramanian S. Layering at an ionic liquid-vapor interface: a molecular dynamics simulation study of [bmim][PF$_6$]. J Am Chem Soc, 2006, 128: 10073~10078

[14] Sloutskin E, Lynden-Bell R M, Balasubramanian S, et al. The surface structure of ionic liquids: comparing simulations with x-ray measurements. J Chem Phys, 2006, 125: 174715

[15] Santos C S, Rivera-Rubero S, Dibrov S, et al. Ions at the surface of a room-temperature ionic liquid. J Phys Chem C, 2007, 111:7682~7691

[16] Law G, Watson P R. Surface tension measurements of N-alkylimidazolium ionic liquids. Langmuir, 2001, 17: 6138~6141

[17] Law G, Watson P R. Surface orientation in ionic liquids. Chem Phys Lett, 2001, 345: 1~4

[18] Law G, Watson P R, Carmichael A J, et al. Molecular composition and orientation at the surface of room-temperature ionic liquids: effect of molecular structure. Phys Chem Chem Phys, 2001, 3: 2879~2885

[19] Baldelli S. Influence of water on the orientation of cations at the surface of a room-temperature ionic liquid: a sum frequency generation vibrational spectroscopic study. J Phys Chem B, 2003, 107: 6148~6152

[20] Rivera-Rubero S, Baldelli S. Influence of water on the surface of hydrophilic and hydrophobic room-temperature ionic liquids. J Am Chem Soc, 2004, 126: 11788, 11789

[21] Fletcher K A, Pandey S. Surfactant aggregation within room-temperature ionic liquid 1-ethyl-3-methylimidazolium bis(trifluoromethylsulfonyl)imide. Langmuir, 2004, 20: 33~36

[22] Bowers J, Vergara-Gutierrez M C. Surface ordering of amphiphilic ionic liquids. Langmuir, 2004, 20: 309~312

[23] Bowers J, Butts C P, Martin P J, et al. Aggregation behavior of aqueous solutions of ionic liquids. Langmuir, 2004, 20: 2191~2198

[24] Iimori T, Iwahashi T, Ishii H, et al. Orientational ordering of alkyl chain at the air/liquid interface of ionic liquids studied by sum frequency vibrational spectroscopy. Chem Phys Lett, 2004, 389: 321~326

[25] Sloutskin E, Ocko B M, Tamam L, et al. Surface layering in ionic liquids: an X-ray reflectivity study. J Am Chem Soc, 2005, 127: 7796~7804

[26] Halka V, Tsekov R, Freyland W. Peculiarity of the liquid/vapour interface of an ionic liquid: study of surface tension and viscoelasticity of liquid BMImPF6 at various temperatures. Phys Chem Chem Phys, 2005, 7: 2038~2043

[27] Neilson G W, Adya A K, Ansell S. Neutron and X-ray diffraction studies on complex liquids. Annu Rep Prog Chem Sect C, 2002, 98: 273~322

[28] Carmichael A J, Hardacre C, Holbrey J D, et al. Molecular layering and local order in thin films of 1-alkyl-3-methylimidazolium ionic liquids using X-ray reflectivity. Mol

Phys, 2001, 99(10): 795~800

[29] Abdul-Sada A A K, Greenway A M, Hitchcock P B, et al. Upon the structure of room temperature halogenoaluminate ionic liquids. J Chem Soc Chem Commun, 1986, 1753, 1754

[30] Fitchett B D, Conboy J C. Structure of the room-temperature ionic liquid/SiO$_2$ interface studied by sum-frequency vibrational spectroscopy. J Phys Chem B, 2004, 108: 20255~20262

[31] Romero C, Baldelli S. Sum frequency generation study of the room-temperature ionic liquids/quartz interface. J Phys Chem B, 2006, 110: 6213~6223

[32] Atkin R, Warr G G. Structure in confined room-temperature ionic liquids. J Phys Chem C, 2007, 111: 5162~5168

[33] Liu Y, Zhang Y, Wu G, et al. Coexistence of liquid and solid phases of bmim-PF$_6$ ionic liquid on mica surfaces at room temperature. J Am Chem Soc, 2006, 128: 7456, 7457

[34] Sha M, Zhang F, Wu G, et al. Formation of stable layers of [bmim][PF$_6$] ionic liquid on graphite surfaces: molecular dynamics simulation and AFM observation. J Chem Phys, 2008, 128: 134504

[35] Saha S, Hayashi S, Kobayashi A, et al. Crystal structure of 1-butyl-3-methylimidazolium chloride. A clue to the elucidation of the ionic liquid structure. Chem Lett, 2003, 32: 740, 741

[36] Berg R W, Deetlefs M, Seddon K R, et al. Raman and ab initio studies of simple and binary 1-alkyl-3-methylimidazolium ionic liquids. J Phys Chem B, 2005, 109: 19018~19025

[37] Saha S, Hamaguchi H. Effect of water on the molecular structure and arrangement of nitrile-functionalized ionic liquids. J Phys Chem B, 2006, 110: 2777~2781

[38] Chen S, Wu G, Sha M, et al. Transition of ionic liquid [bmim][PF$_6$] from liquid to high-melting-point crystal when confined in multiwalled carbon nanotubes. J Am Chem Soc, 2007, 129: 2416, 2417

[39] Chang H, Jiang J-C, Tsai W-C, et al. Hydrogen bond stabilization in 1,3-dimethylimidazolium methyl sulfate and 1-butyl-3-methylimidazolium hexafluorophosphate probed by high pressure: the role of charge-enhanced C-H$\cdots$O interactions in the room-temperature ionic liquid. J Phys Chem B, 2006, 110: 3302~3307

[40] Binnemans K. Ionic liquid crystals. Chem Rev, 2005, 105: 4148~4204

[41] Dupont J. On the solid, liquid and solution structural organization of imidazolium ionic liquids. J Braz Chem Soc, 2004, 15: 341~350

[42] Golovanov D G, Lyssenko K A, Antipin M Y, et al. Extremely short C–H-F contacts in the 1-methyl-3-propyl-imidazolium SiF$_6$—the reason for ionic liquid unexpected high melting point. Cryst Eng Comm, 2005, 7: 53~56

[43] Sloan J, Kirkland A I, Hutchinson J L, et al. Structural characterization of atomically regulated nanocrystals formed within single-walled carbon nanotubes using electron Microscopy. Acc Chem Res, 2002, 35: 1054~1062

[44] Meyer R R, Sloan J, Dunin-Borkowski R E, et al. Discrete atom imaging of one-dimensional crystals formed within single-walled carbon nanotubes. Science, 2000, 289: 1324~1326

[45] Kanakubo M, Hiejima Y, Minami K, et al. Melting point depression of ionic liquids confined in nanospaces. Chem Commun, 2006, 1828~1830

[46] Néouze M -A, Bideau J L, Gaveau P, et al. Ionogels, new materials arising from the confinement of ionic liquids within silica-derived networks. Chem Mater, 2006, 18: 3931~3936

第3章 离子液体在催化与分离中的应用

3.1 离子液体与二氧化碳的化学转化利用

3.1.1 研究现状及进展

1. 二氧化碳化学转化利用的意义

随着近代工业革命的到来，人类对能源的需求越来越大。大量的煤、石油、天然气等化石燃料被开采利用，越来越多的二氧化碳排放到大气层中，而能吸收二氧化碳的森林被大量砍伐，保存量越来越少，造成大气层中二氧化碳含量逐年升高，形成了温室效应。由此导致的空气污染和温室效应正在严重地威胁着人类赖以生存的环境。人类活动所引起的全球气候变暖已经成为公认的事实和国际热点问题。如何减少二氧化碳排放，降低大气中二氧化碳浓度，是人类面临的共同难题。每年由于人类活动造成的二氧化碳排放量已高达 257 亿 t，超出自然界正常循环的 3.9 %。二百多年来，大气中二氧化碳含量已经从当初的 270×10^{-6} 增长到现在的 380×10^{-6}。过量地排放二氧化碳造成的严重后果已为各国所关注，采取有效措施降低二氧化碳的排放迫在眉睫。

在自然界，陆地、海洋和大气层之间存在着一个二氧化碳动态循环的平衡过程。大气层中碳含量约 7500 亿 t，每年动植物呼吸作用，还有自然界的火山喷发释放出的二氧化碳大约有 6600 亿 t 左右，而每年陆生植物、微生物和地下无机盐吸收约 3300 亿 t 的二氧化碳，再加上海洋吸收 3300 亿 t 的二氧化碳，大气层中二氧化碳的"收入"和"支出"基本上达到平衡，自然界的碳循环得以实现[1]。

在人类排放的温室气体中，65%以上为二氧化碳。2002 年，我国郑重承诺核准以减排二氧化碳为宗旨的《京都议定书》。虽然在 2012 年以前对包括中国在内的发展中国家没有规定具体的减排量，但可以预料，随着 2012 年"后京都时代"的到来，我国的温室气体排放量由于经济加速发展而急剧上升的状况，必然成为履约中的焦点。从长远来看，我们也应早做准备，承担起应该承担的义务。因此，二氧化碳减排、功能化转化与资源化利用的基础研究工作刻不容缓。

二氧化碳是一种特殊的可再生利用资源，即作为一种重要的 C_1 资源，可以用于许多化学品的生产，如已经工业化应用的生产尿素、甲醇、碳酸酯、聚碳酸酯和水杨酸等。在有机合成化学领域，二氧化碳作为一个合成子也有着广泛的应用前景，已经发现许多二氧化碳参与的反应。

在二氧化碳资源化利用方面，尤其值得一提的是大规模氢化是一个很有前景的领域，但是其先决条件是要解决氢源问题。只有实现了以太阳能为能量通过水解产生氢气，才能使其规模化应用得以实现。若氢气来自于电解水，那么电能的最终来源还是化石燃料，而化石燃料的燃烧还是会产生二氧化碳，并不能从根本上解决问题。

以二氧化碳为原料制备有用化学品还有很多突出的优点：①二氧化碳价格低廉、无毒，常用于替代剧毒的化学品 (如光气、异氰酸酯等)，例如，在碳酸二甲酯的生产中已经代替剧毒气体 —— 光气；②与煤、石油相比，它是一种可再生原料，可以循环利用，符合当今社会可持续发展的要求；③从二氧化碳出发可以制备出很多性能优良、价格低廉的化学品，如有广泛用途的碳酸二甲酯、聚碳酸酯等；④一定程度上减少了二氧化碳的排放，为抑制全球气候变暖提供一种可能[2,3]。近来，我国学者在二氧化碳化学利用的研究领域取得了可喜的成绩。例如，有关二氧化碳的分子催化活化并进行化学转化利用方面，采用离子液体、金属配合物、季铵盐或季鏻盐、金属盐负载于金属氧化物等催化体系，合成碳酸酯及其衍生物。

因此，通过化学转化的方式将这种主要的温室气体转化为有用的化工产品，既有利于环境保护，又为化学工业提供了清洁和可再生的 C_1 原料，减少了化学工业对日益减少的化石资源的依赖。

2. 二氧化碳转化利用的化学方法

二氧化碳可以被金属配合物催化活化并转化为有机化合物，使二氧化碳的化学利用取得了众多有价值的研究成果，如许多二氧化碳的过渡金属配合物的分子结构以及配位方式已被确定。虽然对于二氧化碳的活化利用方式有一定的认识，然而对于形成二氧化碳配合物的前提条件及影响配位方式的因素尚不十分确定；利用活化原理，将固定了的二氧化碳进一步转化，以及化学转化的方法学问题，还需要不断探索研究。大量的有关二氧化碳参与的化学反应尚处于实验室研究阶段，如它与 X—H、P—N、Metal—C/O、C—H 等键的插入反应以及大量不饱和化合物的反应。由于缺乏更高活性的催化剂，二氧化碳的许多化学利用方法，还处于研究阶段。此外，生命体系中涉及二氧化碳的固定、活化及转化的机理尚需探索。虽然与自然界二氧化碳的储量以及与生物固定、利用量相比，化学固定以及转化的利用量还远远不够；涉及二氧化碳化学固定、活化、并功能化转化的化学方式，还很有限；但是，其意义重大。

目前全球每年大约有 1.2 亿 t 二氧化碳应用于规模化生产[2]，如制备尿素和水杨酸。其中，用于生产尿素的二氧化碳大约有 0.9 亿 t，这是化学方法转化利用二氧化碳最多的一个应用。除此之外，每年约 0.2 亿 t 用于合成甲醇，221 万 t 生产各类碳酸酯；有 4 万 t 左右的二氧化碳用于水杨酸的合成。例如：

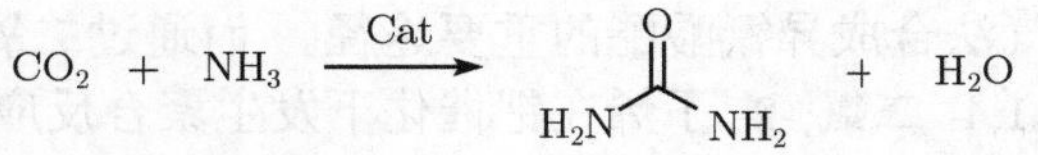

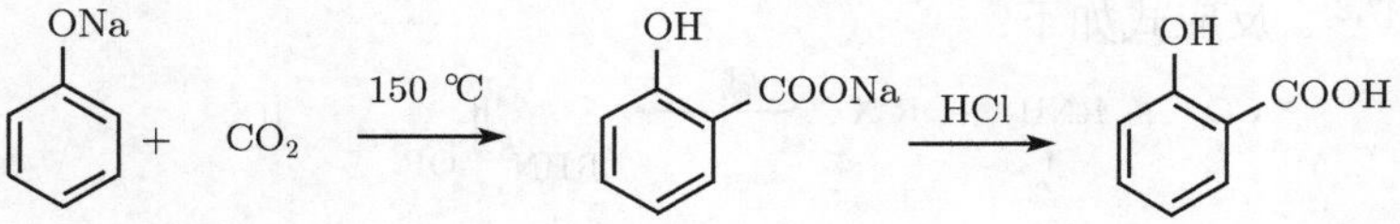

$$CO_2 \ + \ NH_3 \xrightarrow{Cat} \ \underset{H_2N \quad NH_2}{\overset{O}{\|}} \ + \ H_2O$$

以二氧化碳为原料合成环状碳酸酯、链状碳酸酯和聚碳酸酯，此工艺具有原子经济性高、对环境也更有利等优点，符合绿色化学和可持续发展要求[4]。

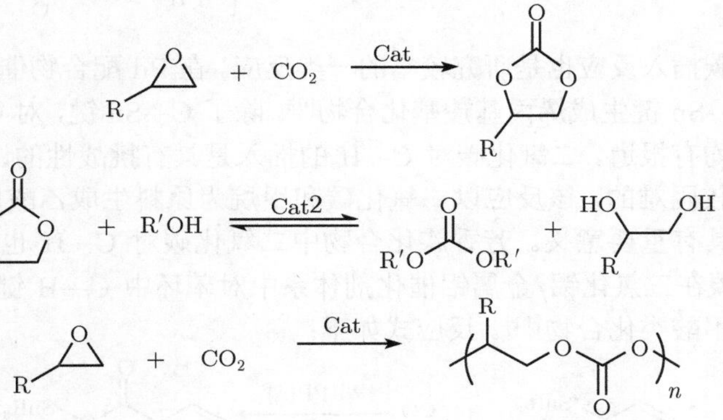

与合成环状碳酸酯类似，氮杂环丙烷与二氧化碳反应生成主要应用于药物和农药领域的五元环状化合物 —— 唑烷酮[5]，此反应催化体系和反应机理基本与合成环状碳酸酯类似。反应式如下：

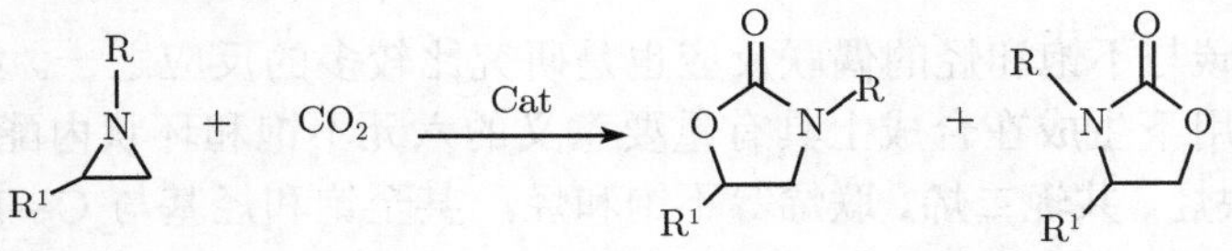

以醇和二氧化碳为原料直接合成二烷基碳酸酯是很有前景的方法，但是此反应在热力学上是不利的。日本产业综合技术研究所的 Choi 等[6] 采用反应与分子筛脱水相结合的技术，使反应平衡向正方向移动，高收率得到了碳酸二甲酯。反应式如下：

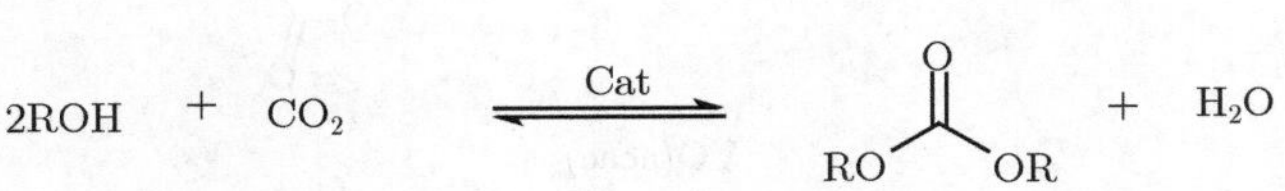

$$2ROH \ + \ CO_2 \ \underset{\longleftarrow}{\overset{Cat}{\longrightarrow}} \ \underset{RO \quad OR}{\overset{O}{\|}} \ + \ H_2O$$

氨基甲酸酯是一种有着广泛用途的化合物。研究发现其合成可以通过胺和二氧化碳原位生成氨基甲酸，再与卤代烷反应完成。生成的氨基甲酸酯受热能生成异氰酸酯，这也是非光气法合成异氰酸酯的重要途径。而通过二氧化碳、二胺生成的氨基甲酸中间体与 1,4- 二氯 -2- 丁烯在钯催化下发生聚合反应，可以形成聚氨基甲酸酯[7,8]。反应式如下：

$$CO_2 + RNH_2 + R'X \xrightarrow{\text{碱}} \underset{RHN}{\overset{O}{\parallel}}OR' + HX$$

$$RNHCO_2R^1 \xrightarrow{\triangle} RN{=}C{=}O + R^1OH$$

$$X\diagdown\diagup X + H_2N\diagdown\diagdown\diagup NH_2 + CO_2 \xrightarrow{\text{Cat}} \left[O\underset{H}{\overset{O}{\parallel}}N\diagdown\diagdown\diagup N\overset{H}{\underset{}{}}\overset{O}{\overset{\parallel}{C}}O\diagup\diagdown \right]_n$$

二氧化碳插入反应也是研究较早的一类反应。在 Pd 配合物催化下，二氧化碳分子插入 C—Sn 键生成烯丙基羧基化合物[9]。除了 C—Sn 键，对 C—B 键、C—Pd 键等的插入均有报道。二氧化碳对 C—H 的插入是具有挑战性的课题，因为 C—H 的活化是比较困难的，该反应以二氧化碳和甲烷为原料生成乙酸[10]，虽然反应性很低，但仍具有重要意义。芳香族化合物中二氧化碳对 C—H 也有文献报道，例如，二氧化碳在三氯化铝/金属铝催化剂体系中对苯环中 C—H 键插入反应，高收率地合成苯甲酸类化合物[11]。反应式如下：

$$\diagup\diagdown\diagup SnR_3 + CO_2 \xrightarrow{Pd(PPh_3)_4} \diagup\diagdown\diagup\overset{O}{\overset{\parallel}{C}}O{-}SnR_3$$

$$\underset{R}{\bigcirc} + CO_2 \xrightarrow{Cat} \underset{COOH}{\overset{R}{\bigcirc}}$$

二氧化碳与不饱和烃的偶联反应也是研究比较多的反应之一。如炔烃与二氧化碳在镍作用下生成在合成上具有重要意义的六元不饱和环状内酯[12]。除此之外，烯烃、炔烃、共轭二烯、联烯等不饱和烃，甚至饱和烃基与 C—H 键的活化也可发生与二氧化碳的偶联反应，形成增加一个碳的羧酸及其衍生物[4]。显然这类反应在有机合成以及石油资源高效利用方面具有重要意义和极高的应用价值。反应式如下：

$$Et{=\!\!=\!\!=}Et + CO_2 \xrightarrow{Ni(COD)_2} \underset{Et}{\overset{Et\ \ Et}{\bigcirc}}\overset{Et}{\underset{O}{}}$$

$$CO_2 + CH_4 + SO_3 \xrightarrow[H_2O]{\underset{K_2S_2O_8}{VO(acac)_2}} H_3C\overset{O}{\overset{\parallel}{C}}OH + H_2SO_4$$

二氧化碳的催化氢化反应也是当前这一领域的研究热点之一[13~17]。利用超临界二氧化碳对氢气良好的溶解能力，二氧化碳可以与氢气在金属钌、铑配合物催化下生成甲酸、甲醇、乙醇等小分子化合物。在甲醇、二甲胺存在下分别可以生成甲酸甲酯、N, N'- 二甲基甲酰胺。例如：

$$H_2 \ + scCO_2 \xrightarrow[\text{Et}_3\text{N,H}_2\text{O}]{\text{RuH}_2(\text{PMe}_3)_4} HCOO_2H$$

$$scCO_2 \ + \ H_2 \ + \ MeOH \xrightarrow[\text{Et}_3\text{N}]{\text{RuCl}_2[\text{P(CH}_3)_3]_4} HCO_2Me \ + \ H_2O$$

$$scCO_2 \ + \ H_2 \ + \ Me_2NH \xrightarrow{\text{RuCl}_2[\text{P(CH}_3)_3]_4} HCONMe_2 + H_2O$$

此外，在电化学、光活化条件下，二氧化碳能被有效活化，参与许多有机化学反应，在此不作赘述。

3.1.2　离子液体催化二氧化碳的功能化转化

1. 离子液体与二氧化碳分子的催化活化

二氧化碳具有在热力学上的稳定性及动力学上的惰性，因此，有效地进行化学转化与利用的关键在于利用金属配合物、活性催化剂对二氧化碳进行活化 (配合活化是化学活化的方法之一)。对于活性底物，活化的催化剂与二氧化碳之间的弱相互作用即可达到利用的目的；那些不活泼的化合物，则需要金属配合物的有效活化，甚至需要形成稳定的二氧化碳配合物。此外，超临界条件下的热力学和动力学基础数据的积累以及特定反应的相平衡研究，也是这类研究取得突破的重要因素。

设计和合成二氧化碳的金属配合物及对活化机理的认识成为寻求突破的关键，也是这一领域研究最活跃的一部分。设计研究二氧化碳与金属配合物的相互作用，合成及表征二氧化碳–金属配合物；探讨二氧化碳的化学固定化方法，研究二氧化碳的化学活化，并在此基础上发展二氧化碳的功能化转化方式。为实验室模拟研究光合作用在 1, 5-二磷酸核酮糖羧化–氧化酶 (RuBisco) 作用下的二氧化碳固定、同化以及生命体内碳酸酐酶 (CA) 催化的二氧化碳水合重要生化过程做前期的探索研究。

近三十年来，离子液体在合成、性质和应用研究方面都取得了很大的进展。例如，可以作为绿色溶剂替代传统的挥发性有机溶剂，不仅可以调节极性、避免溶剂挥发，还可以很容易的回收；作为催化剂对许多反应有很好的催化效果，并具有很高的选择性。近年来在不对称领域也有很多报道，如不对称 Aldol 反应、不对称催化氢化反应、烯烃的不对称双羟基化反应、酶催化的不对称还原反应、不对称环丙烷化反应、烯丙基的不对称取代反应、环氧化物的不对称开环反应、不对称环氧化反应、酶催化的醇的动力学拆分等；在分离分析上也有很重要的用途，如作为萃取剂；另外其在电化学、生物、材料、膜技术、环境领域也有大量报道，有的已经实现了工业化[18~22]。

基于离子液体特别是可设计的功能化离子液体的结构特点 (即具有 Lewis 酸和 Lewis 碱中心，能活化二氧化碳分子以及协助活化另一反应底物分子)，因此，离子液体在催化转化和固定二氧化碳方面得到很好的应用。在这方面离子液体作为催化剂主要应用到各类碳酸酯、聚碳酸酯、碳酸二甲酯等的合成方面。研究发现离子液体对二氧化碳和环氧化物环加成生成碳酸酯的反应具有很好的催化性能，该反应可以在较低温度、压力及较短时间内几乎定量的得到碳酸酯，反应的原子利用率是 100%，符合绿色化学要求。聚碳酸酯是一种很有应用前景的聚合材料，其合成一般是通过环状碳酸酯的聚合。离子液体在催化生成聚碳酸酯方面的也有报道。

碳酸二甲酯是一种用途广泛的有机化合物[23]，广泛应用于电化学、有机合成等领域。其合成可以通过甲醇与环状碳酸酯酯交换合成，研究表明，离子液体不仅对环状碳酸酯的合成有很好的催化活性，对酯交换也有很好的催化活性。

2. 离子液体均相催化环状碳酸酯的合成

环状碳酸酯如碳酸乙烯酯 (EC)、碳酸丙烯酯 (PC) 是优良的非质子高沸点极性溶剂、第二代锂电池电解液，也是合成碳酸二甲酯、聚碳酸酯等多种化工产品的重要中间体[23]。对于环氧烷烃与二氧化碳生成环状碳酸酯的环加成反应，已经开发出了许多均相或非均相催化剂[24~32]，主要的活性催化剂包括碱金属盐及季铵盐、有机碱及碱性氧化物、过渡金属配合物和离子液体等。在这些催化剂中，无机盐及季铵盐类化合物已经作为均相催化剂用于工业生产。而最近开发的离子液体催化剂被认为是环加成反应最有效的催化剂之一。

kawanami 等报道在超临界二氧化碳介质中，离子液体高效催化由环氧丙烷快速合成碳酸丙烯酯[30]。此前报道的催化体系受限于催化剂的活性和气液传质等因素，往往需要较长的反应时间。他们研究发现在超临界二氧化碳条件下，1-辛基-3-甲基咪唑四氟硼酸盐离子液体催化可在 5 min 内以 100 % 的收率和选择性完成反应。他们设计合成了一系列不同链长的烷基侧链和阴离子的离子液体。结果表明当阳离子为 1- 乙基 -3- 甲基咪唑时，阴离子为四氟硼酸根时，催化效果最佳。同时，咪唑环上的碳链长度也对活性有很大的影响：随着链长的增加，反应的速率加快。由于碳链的增加，增加了二氧化碳和环氧化物在离子液体的溶解性，因而加快了反应速率。

因此，离子液体既可以作为环境友好的绿色溶剂，同时又是优良的酸碱型催化剂。在环加成反应中，离子液体酸碱催化的特点得到了充分的运用[19]。这类环加成反应是 Lewis 酸碱型催化反应, 反应采用超临界二氧化碳, 离子液体和环氧化物在其中都有相当大的溶解度, 超临界流体优异的传质效果大大提高了环加成反应速率[33,34]。

以四丁基卤代铵盐 (TBAB/TBAI) 作为催化剂, 在常压条件下由环氧化物和二氧化碳合成环状碳酸酯[25]。现行的生产工艺及已报道的合成方法中, 为了高收率地制备环状碳酸酯常常需要较高的反应温度和反应压力, 而且需要使用有机溶剂 (如二甲基甲酰胺和二氯甲烷)。Calo 等的研究结果表明[25], 二氧化碳与环氧化物的环加成反应可以在四丁基卤代铵盐作为溶剂和催化剂的条件下有效地进行, 反应速率主要是由阴离子的亲核性和阳离子的结构决定的, 对容易聚合的环氧化物也有很好的活性, 并且提出了反应可能的机理 (图 3.1)。此外, 反应结束后, 高纯度的产物可以通过蒸馏或者用乙酸乙酯萃取的方法得到, 是一种简单、有效的合成环状碳酸酯方法。

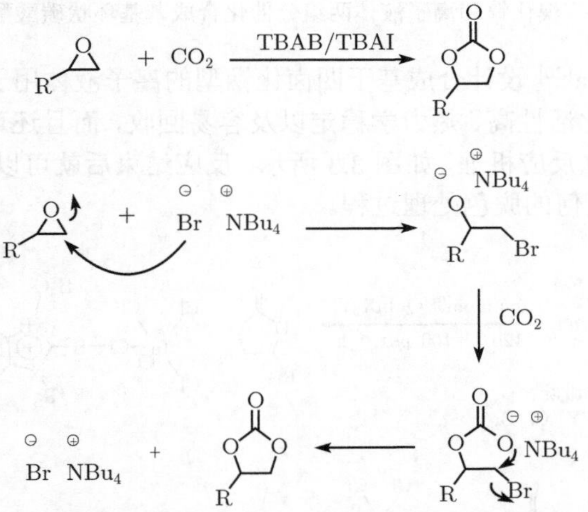

图 3.1　四丁基卤代铵盐催化合成环状碳酸酯的反应机理

Arai 课题组研究了溴化锌和离子液体两组分催化由苯基环氧乙烷和二氧化碳合成苯基环状碳酸酯[33,34]。对于环氧化物和二氧化碳的环加成反应, 此前一直缺少条件温和、高效的合成方法。他们研究不同催化体系对反应的影响, 结果发现, $ZnBr_2$ 和 [C_4-min]Cl 体系可以在温和的条件下 (80 ℃, 1 h, 4 MPa), 以 93 % 的收率得到苯基环状碳酸酯。研究发现在 4 MPa 时反应效果最好, 进一步升高二氧化碳压力对反应没有明显的作用, 其可能的反应机理如图 3.2 所示。

邓友全课题组报道了 1-丁基-3-甲基咪唑和丁基吡啶盐离子液体用于无溶剂体系中催化二氧化碳与环氧化物的环加成反应[31]。催化剂的筛选表明: 离子液体的阴阳离子对催化活性有很大的影响, 其中 1-丁基-3-甲基咪唑四氟硼酸盐离子液体具有最好的催化活性。以 1-丁基-3-甲基咪唑四氟硼酸盐离子液体为催化剂, 环氧化物的转化率随着催化量的增加而增大，但反应的转化数会相应地降低。反应温度对反应也有很大的影响，110 ℃就可以顺利进行环加成反应，130 ℃以上温度下反应进行得更快，可相应地降低催化剂的量和提高反应的转化数。他们还通过蒸馏的方法实现了催化剂的循环使用，并初步探讨反应的机理，认为是离子液体的阳离子活化了环氧化物开环。

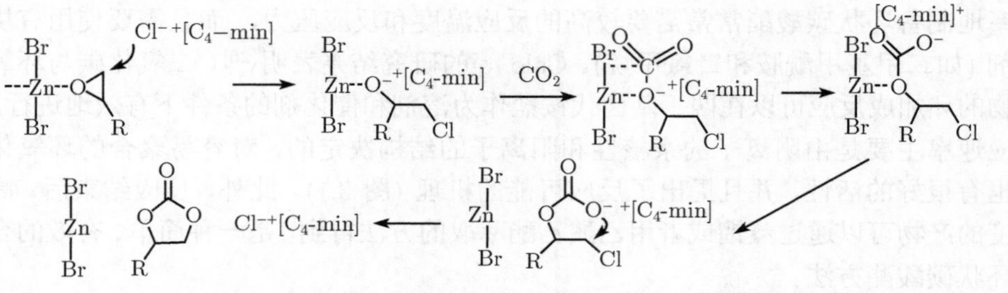

图 3.2　溴化锌和离子液体两组分催化合成苯基环状碳酸酯的机理

Kim 和 Varma[35] 设计合成基于四卤化铟型的离子液体用于环加成反应。该催化剂体系具有催化活性高、热力学稳定以及容易回收，而且还可以通过原位 NMR 的方法清晰地建立反应机理，如图 3.3 所示。反应结束后就可以得到无色、高质量的产品，不需要任何的脱色处理过程。

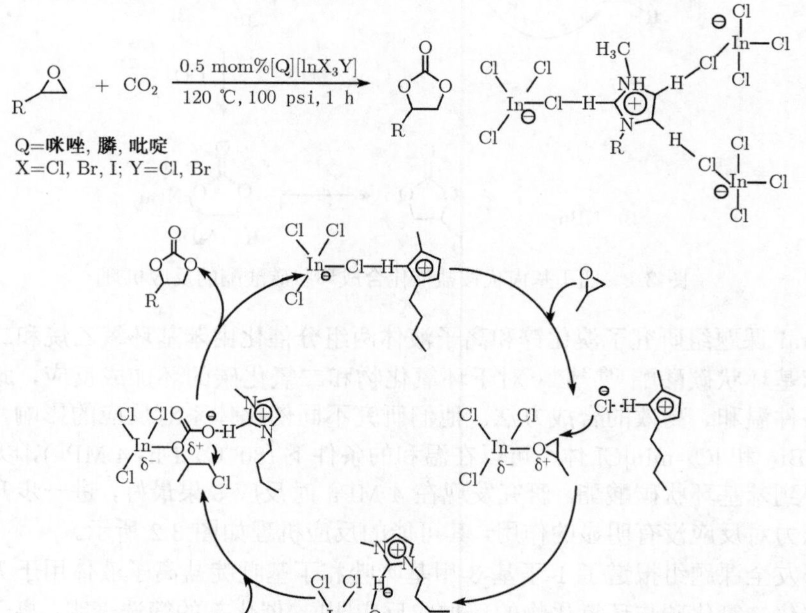

图 3.3　四卤化铟型的离子液体催化环加成反应的机理

　　Sakakura 课题组发展了一种均相催化剂的新型回收方法[36]，他们设计合成了多氟取代的季鏻盐催化由环氧化物和二氧化碳合成环状碳酸酯。反应产物生成后可以自动的从超临界二氧化碳中分离出来，反应结束后产物可以从反应器底部放出；而催化剂可以保留在超临界二氧化碳相，可进一步加入新的底物和一定量的二氧化碳进行催化剂的循环反应 (图 3.4)。

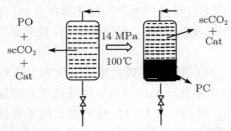

图 3.4　可溶于二氧化碳的均相催化剂的分离策略

　　Feroci 等采用电化学的方法以胺和二氧化碳为原料合成氨基甲酸酯[37]。他们用含有胺和二氧化碳饱和的离子液体 [bmim][BF$_4$] 发生电化学还原二氧化碳，随后加入碘乙烷作为烷基化试剂。该反应可以在温和安全的条件下进行，避免了挥发性和有机溶剂的使用，不需要任何催化剂。该方法简单、容易操作，并且不同种类的有机胺可以高收率地得到氨基甲酸酯。反应式如下：

$$
\underset{R^1}{\overset{R}{}}NH \; + \; CO_2 \quad \xrightarrow[\text{2) + EtI}]{\overset{\text{BMIm-BF}_4}{\text{1) + e}^-}} \quad \underset{R^1}{\overset{R}{}}\!\!-\!\!C(=O)\!-\!OEt
$$

　　咪唑类离子液体[38] 作为有效、可调节的助催化剂与 (salen)Cr^{III}Cl 构成体系催化环氧化物与二氧化碳的共聚反应。结果表明，阴离子对共聚反应有很大的影响；同时，随烷基链长的增加，催化活性和反应选择性越好。另外，助催化剂的量对反应也有很大的影响。他们推测过多的助催化剂会阻碍引发共聚反应的活性中间体与底物的接触。这些结果为设计功能化的离子液体作为助催化剂提高环氧化物与二氧化碳的共聚反应提供了一定的启示。反应式如下：

聚环氧乙烯碳酸酯

3. 负载型离子液体催化环状碳酸酯的合成

　　尽管离子液体可以作为环加成反应的绿色溶剂和高效催化剂，但要实现工业化仍然要做很多工作。目前离子液体的成本高、黏度大、与产物分离较困难限制了离子液体的工业应用，将离子液体固定化可以增大离子液体的比表面积，从而提高离子液体的利用效率和稳定性。固定的离子液体呈固相，更有利于回收。基于二氧化硅表面羟基对二氧化碳的协同活化作用，发现固定化离子液体已经在很多反应中显示出良好的催化效果[15,39]。我们设计将环加成反应的高效催化剂 (如咪唑盐型离子液体、及工业上采用的均相催化剂季铵盐) 固定化在无机载体二氧化硅上，制备了易于分离、适于工业连续反应器应用的固体催化剂，采用超临界二氧化碳作为反应介质和原料，合成碳酸丙烯酯。探讨催化剂、反应条件对合成碳酸丙烯酯的影响。

张锁波课题组[40] 分别研究均相胍盐离子液体和二氧化硅化学负载的胍盐离子液体用于无溶剂条件下催化环加成反应。该催化反应可以在温和的条件下进行 (4.5 MPa，120 ℃，4 h)，并且二氧化硅负载的胍盐离子液体只需要过滤就可以回收，循环五次以后并没有明显的活性下降。他们还详细地讨论了反应参数对二氧化碳与环氧化物的环加成反应的影响，并提出了胍盐离子液体的催化机理 (图 3.5)。

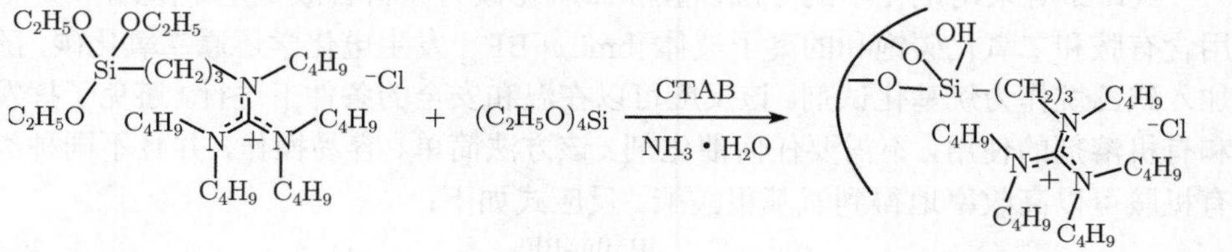

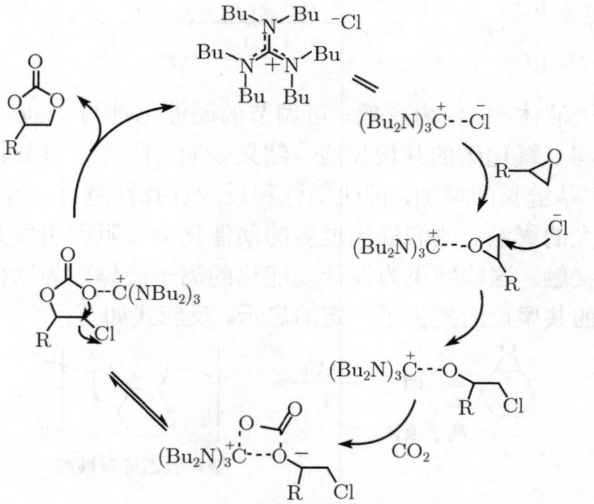

图 3.5 胍盐离子液体催化机理

开发新型高效非均相催化剂仍是当前研究的一个热门方向。韩布兴课题组[41,42] 首次利用共聚方法合成了一种新型离子液体高聚物，用于环加成反应，具有很好的催化性能。该催化剂合成简单，催化活性高，选择性好，容易回收，底物适应面广，而且非常稳定，为设计新的功能化离子液体聚合材料提供了新思路。他们还合成了聚苯胺类离子型材料，同样应用于环加成反应 (图 3.6)。

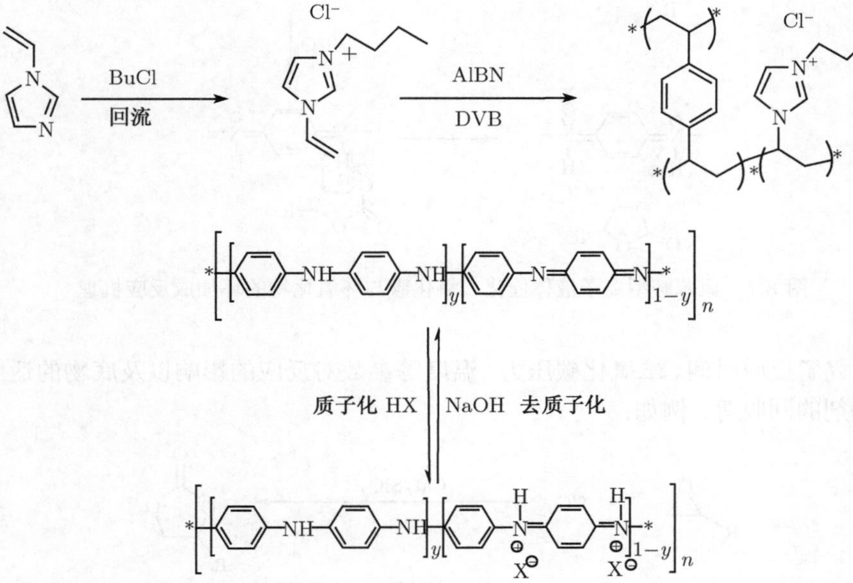

图 3.6　聚苯胺型离子液体的制备

　　聚苯胺类材料是一种很有用的导电材料，它合成简单，稳定性好。韩布兴课题组[41,42] 首次把基于聚苯胺类的催化剂用于环加成反应，有很好的催化活性。他们还合成了聚苯胺的碘代物、溴代物和氯代物，并对催化二氧化碳与环氧化物环加成反应活性进行评价。结果表明聚苯胺碘化盐的催化活性最好。他们以聚苯胺的碘化盐为催化剂进一步优化反应条件，发现最佳的反应温度在 115 ℃左右；在该温度下，总压力为 5 MPa，分别反应 2 h 和 5 h 氯代的环氧丙烷和环氧丙烷就可以完全转化。此外，该催化剂可以多次循环使用没有活性下降，并通过热重分析和扫描电镜证明了催化剂的稳定性，提出了如图 3.7 所示的反应机理。

　　鉴于季铵盐和离子液体作为均相反应的催化剂存在催化剂回收难的问题，如果既能保持催化剂的活性又能方便地解决催化剂的回收，将具有重要的工业意义。一种简便的方法即是物理负载活性组分实现催化剂的回收。何良年课题组[43~45] 用二氧化硅负载的方法很好地实现了这一设计思想，首次报道了二氧化硅负载的季铵盐和离子液体用于催化二氧化碳和环氧化物的环加成反应，不但解决了催化剂的回收问题，而且在很多反应中发现载体二氧化硅还有助于提高反应的活性。并且

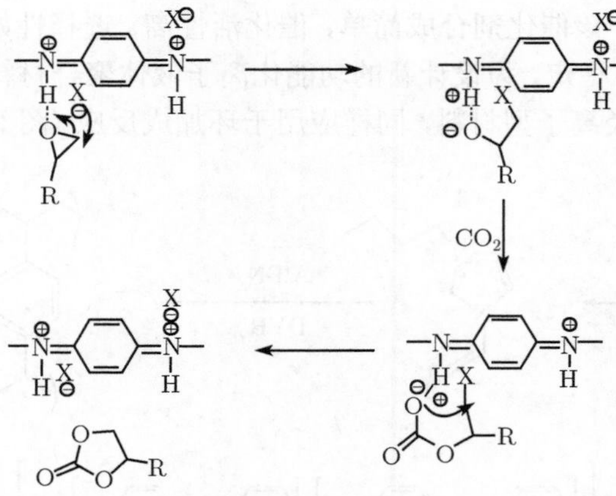

图 3.7　聚苯胺型离子液体催化二氧化碳与环氧化物的环加成反应机理

详细研究了反应时间、二氧化碳压力、温度等参数对反应的影响以及底物的适应性和催化剂的回收等。例如:

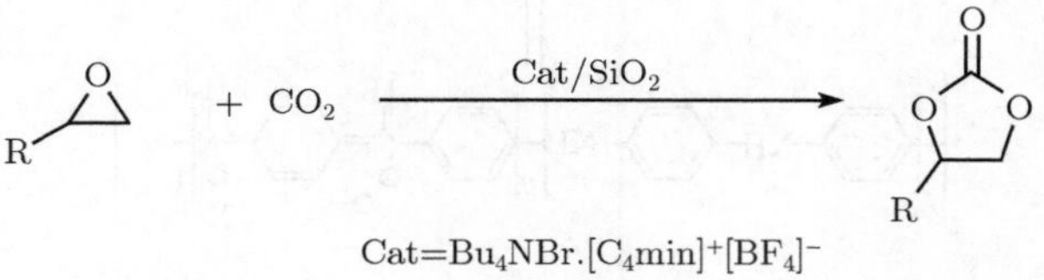

$$Cat=Bu_4NBr.[C_4min]^+[BF_4]^-$$

　　结果表明, 该反应可以在无溶剂的条件下, 在较短的时间内完成转化。二氧化碳压力对反应影响很大, 最佳的二氧化碳压力在 8 MPa 附近。反应的温度对反应影响很大, 最佳的温度在 140 ℃左右。另外, 由于反应具有很好的转化率和选择性, 反应结束后通过简单的过滤就可得到纯度很高的产品, 不需要进一步纯化; 催化剂可多次循环使用, 循环四次并没有明显的活性降低。该过程方法简单, 环境友好, 可用于连续地固定床反应器。

　　另一方法是将离子型活性催化剂通过化学键连到高分子上, 从而实现均相催化剂的回收。何良年课题组设计了一系列化学键联结季铵盐、胍盐等到廉价、环境友好的载体 (聚乙二醇壳聚糖、聚苯乙烯) 高分子链上, 既很好地保持了均相催化剂的活性, 又实现了催化剂的回收利用[46~51]。聚乙二醇是一种廉价、无毒、不挥发、环境友好、生物可降解的物质, 因此被广泛地用做反应介质、活性催化剂的载体及相转移催化剂等[52], 将其用做催化剂载体应用于超临界二氧化碳参与的反应中有很多优点: 它在超临界二氧化碳介质中会发生溶胀, 体积可以扩大数倍, 同时其物理性质也随之发生变化, 包括熔点降低、黏度降低、气液间的传质速率加快、对二氧化碳的溶解能力增强等。研究表明, 聚乙二醇负载的催化剂可以明显地加快反应的速率，还可以很好的解决催化剂的回收问题，且聚乙二醇负载的催化剂不但比负载前的催化剂活性好，而且比简单物理混合的也要好；反应在均相中进行，反应结束后加入乙醚并冷却就可沉淀、分离出催化剂，而且可以多次循环使用没有明显的活性下降，很好地实现了“均相反应，非均相分离”[53]。例如：

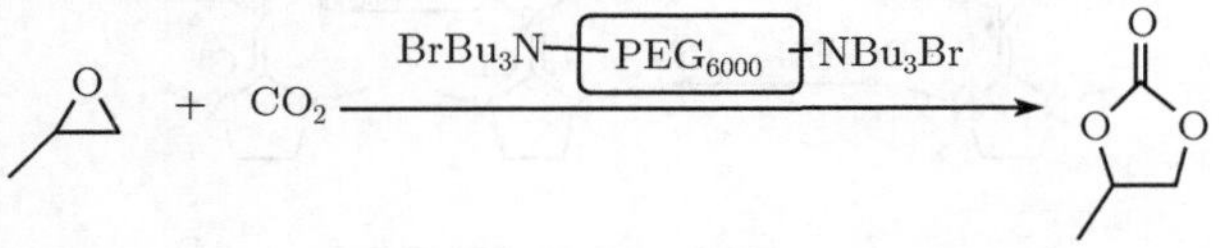
BrBu3N PEG6000 NBu3Br
CO2

壳聚糖是含氨基的天然高分子多糖，无毒无害，能抗菌且能被微生物降解，对环境友好，可用做食品和化妆品添加剂。壳聚糖作为载体用于负载活性催化剂已经有很多报导，何良年课题组也设计合成了壳聚糖负载季铵盐，并首次用于催化二氧化碳和环氧化物的环加成反应[47]，该催化体系不需要使用任何溶剂，可以高效地催化环加成反应，而且催化剂可以方便地回收并可多次循环使用。例如：

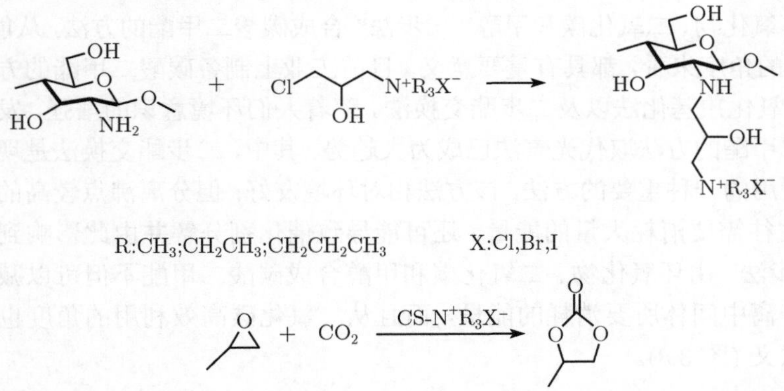
R:CH3;CH2CH3;CH2CH2CH3
X:Cl,Br,I
CS-N+R3X−
CO2

结构中含有胺盐的离子交换树脂在超临界二氧化碳条件下，无溶剂催化二氧化碳与环氧化物环加成反应[45]，经催化剂筛选发现，对底物环氧丙烷，在离子交换树脂催化下，在 100 ℃，总压力为 8 MPa 条件下，反应 24 h 后可近乎相同配比地得到丙烯环状碳酸酯 (收率和选择性均大于 99%)。另外，反应结束后，经过简单的过滤就可得到很高纯度的丙烯碳酸酯，不需要任何的纯化过程；过滤所得的催化剂又可多次循环使用，没有明显的活性下降。该过程方法简单，环境友好，更适应工业化生产的需要。

胍盐化学键连到环境友好的聚乙二醇[48] 作为一种可回收、高活性的催化剂用于二氧化碳与环氧化物的环加成反应，研究表明，键连到聚乙二醇的胍盐比单独的胍盐具有更好的催化活性，推测可能是由于胍盐和聚乙二醇协同作用的结果，并且该体系具有很好的底物适应性。反应不需要任何有机溶剂，为均相催化的回收提供了一种新的思路。例如：

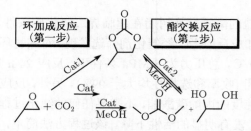

4. 离子液体催化碳酸二甲酯的合成

由环氧化物、二氧化碳和甲醇 "一步法" 合成碳酸二甲酯的方法,从能源和 "绿色化学" 的角度来看,都具有重要意义。目前工业上制备碳酸二甲酯的方法主要有光气法、氧化羰基化法以及二步酯交换法。随着人们环境意识的增强,发展新的合成碳酸二甲酯的方法取代光气法已成为大趋势。其中,二步酯交换法是现行研究和生产中采用的一种重要的方法,该方法相对环境友好;但分离沸点较高的中间产物 (丙碳) 往往需要消耗大量的能量,还可能导致催化剂分解并由此影响到产品的质量。"一步法" 由环氧化物、二氧化碳和甲醇合成碳酸二甲酯不但可以减少二步酯交换法分离中间体所要消耗的能量,而且从二氧化碳高效利用的角度也具有十分重要的意义 (图 3.8)。

图 3.8　环氧化物、二氧化碳和甲醇 "一步法" 合成碳酸二甲酯

实现一步合成碳酸二甲酯的方法,需要寻找高效可催化二步反应的催化剂,而且还必须找到最优化的反应条件,从而最大限度地减少副产物的生成。何良年课题组[54] 用二组分的均相催化剂 (n-Bu$_4$NBr/n-Bu$_3$N) 催化由环氧化物、超临界二氧化碳和甲醇,合成碳酸二甲酯。反应式如下:

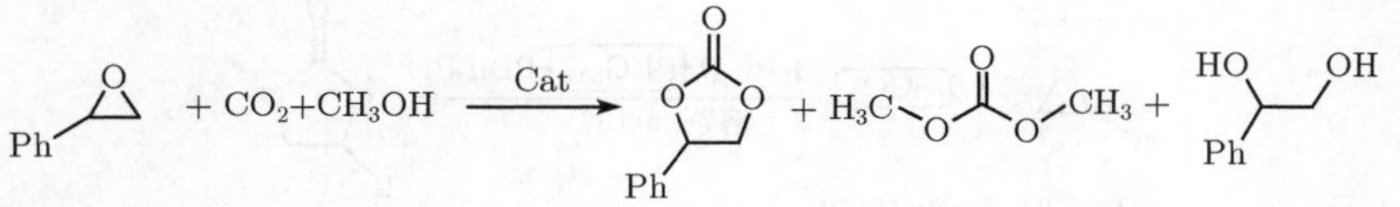

在优化的反应条件下，苯基环氧化物的转化率为 98 %，而碳酸二甲酯的收率可达到 84%。并探讨反应温度、反应时间、甲醇和环氧化物的物质的量比以及二氧化碳压力等参数对反应的影响；此外该体系有很好的底物适应性，并推测了反应的机理 (图 3.9)。

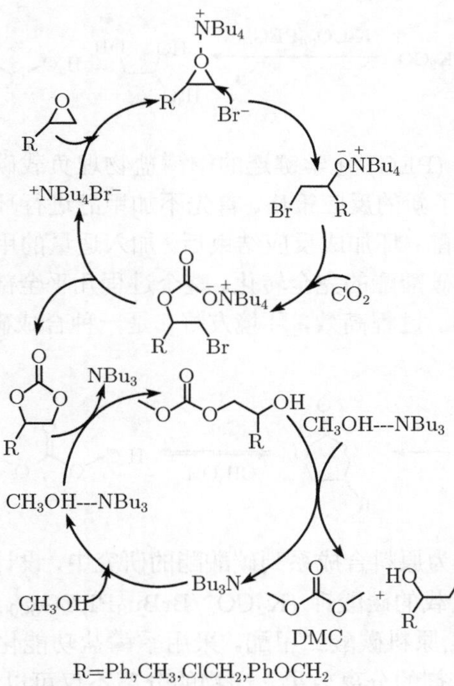

R=Ph,CH$_3$,ClCH$_2$,PhOCH$_2$

图 3.9　双组分均相催化剂 (n-Bu$_4$NBr/n-Bu$_3$N) 催化合成碳酸二甲酯的机理

对于均相催化由环氧化物一步法合成碳酸二甲酯，虽然找到了活性较好的催化体系，但成功的例子不多，而且还存在催化剂难回收的问题。为克服均相催化体系存在的不足，我们进一步发展了新型方法[55]。采用聚乙二醇负载的季鏻盐催化环加成反应，发现该催化剂可以很好地催化环加成反应；在较短的反应时间和较低的反应温度及压力条件下就可以几乎 100 %收率的得到环状碳酸酯。聚乙二醇负载季鏻盐有很多优点：既能保持均相催化剂的高活性，使得催化剂容易回收利用。此外，催化剂的回收效果以及催化剂的结构可以方便地通过磷谱检测。例如：

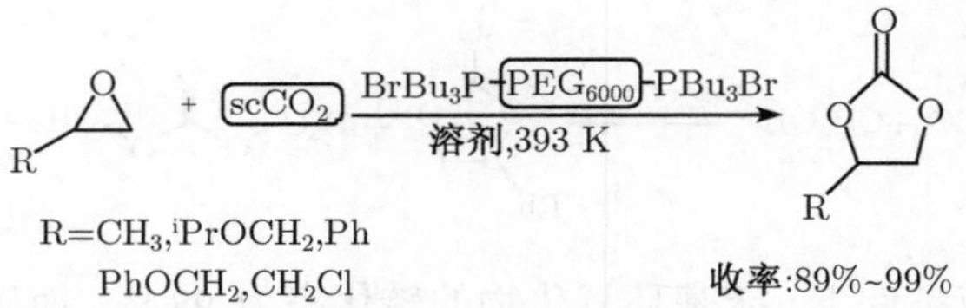

R=CH₃,ⁱPrOCH₂Ph
PhOCH₂,CH₂Cl

收率:89%~99%

他们采用聚乙二醇物理负载碳酸钾用于酯交换反应，并通过一边反应一边蒸馏的方法，使得酯交换反应向右移动，实现了环状碳酸酯的完全转化。反应式如下：

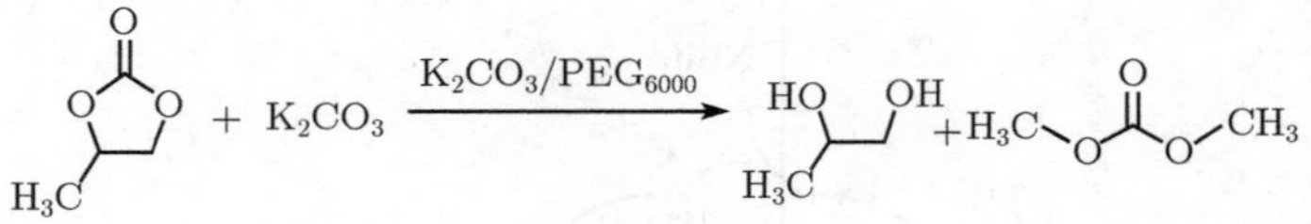

随后，用聚乙二醇 (PEG) 化学键连的季鏻盐物理负载碳酸钾[55] 用于一步法合成碳酯二甲酯，提出了新的反应策略。首先不加甲醇进行环加成反应，可几乎相同配比地得到环状碳酸酯；环加成反应结束后，加入适量的甲醇，通过一边反应一边蒸馏的方法实现环状碳酸酯的完全转化。整个过程几乎全部得到目标产物，而且催化剂也可回收再利用。过程高效，环境友好，是一种合成碳酸二甲酯的新方法。反应式如下：

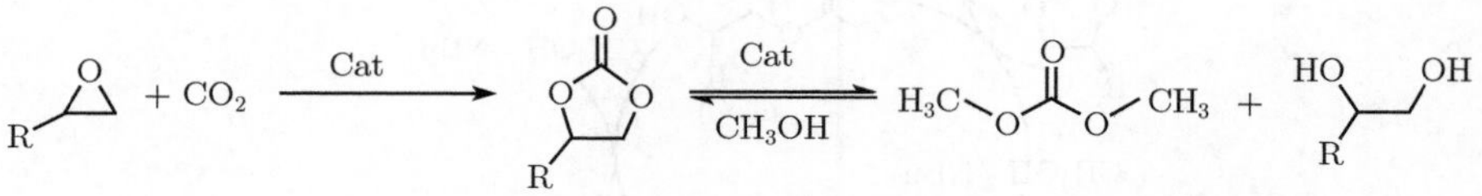

在研究以二氧化碳为原料合成系列碳酸酯的研究中，设计并合成单组分、双功能基的功能化季鏻盐负载的碳酸钾 (K₂CO₃/BrBu₃PPEG₆₀₀₀PBu₃Br) 为催化剂，"一步法" 合成重要化工原料碳酸二甲酯。采用季鏻盐功能化的 PEG 能改善催化性能和提高产物与催化剂的分离效果。产物的分离不仅可以通过超临界二氧化碳萃取，还可以通过加入 PEG 的不良溶剂 (如乙醚)，使功能化的 PEG 沉淀而实现分离。此方法的特点是：所需的压力低，反应速率快，催化剂易分离、并可通过 ³¹PNMR 方便地检测分离效果；不必分离提纯中间体环状碳酸酯，达到简化工艺过程、降低能耗。

何良年课题组[56] 还对金属催化的 1,2-二醇与二氧化碳反应以及缩酮与二氧化碳反应进行了研究。由于副产物丙酮与二醇缩合可制备得到缩酮，因此，可认为环状碳酸酯是由 1, 2- 二醇和二氧化碳反应制备，缩酮起脱水剂的作用。这一方法拓宽以二氧化碳为原料合成环状碳酸酯的范围，例如，高收率地制备那些难以从环氧化物合成的各类环状碳酸酯。

　　最近他们发现季铵盐功能化的聚乙二醇能有效催化氮杂环丙烷与二氧化碳反应，合成噁唑啉酮，相关结果已经被 *J. Org. Chem.* 发表。噁唑啉酮合成的关键在于氮杂环丙烷的制备，在分别研究烯烃合成氮杂环丙烷以及氮杂环丙烷与二氧化碳反应的基础上，设计双组分催化剂，不经分离出氮杂环丙烷中间体，达到一步法合成产物，从而建立反应效率高、工艺简化的新方法。

5. 二氧化硅负载的咪唑盐和季铵盐型离子液体催化性能

　　离子液体 (季铵盐、咪唑盐) 是环氧烷烃和二氧化碳环加成反应的优良催化剂，但催化剂与产物的分离困难。对其进行负载化试验，制备二氧化硅负载的咪唑盐和季铵盐型离子液体。并对两种催化剂的催化效果进行评价以及探讨影响催化作用的反应条件，以碳酸丙烯酯的合成为例详细讨论。

1) 不同催化剂的比较

　　催化剂对环加成反应的催化效果列于表 3.1 中。

表 3.1　不同催化剂对环加成反应产率和选择性的影响

序号	催化剂	产率/%	选择性/%
1[a]	SiO_2	痕量	—
2[a]	$[C_4mim][BF_4]$	> 99	> 99
3[a]	$[C_4mim][BF_4]/SiO_2$	96	> 99
4[a]	$[C_4mim][PF_4]/SiO_2$	93	98
5[a]	$[C_4mim]Br/SiO_2$	95	97
6[a]	KI	89	97
7[a]	MgO	2	—
8[a]	Bu_4NBr	90	99
9[b]	Bu_4NF	66	83
10[b]	Bu_4NCl	84	87
11[b]	Bu_4NBr	95	96
12[b]	Bu_4NI	85	88
13[b]	Bu_4NF/SiO_2	84	86
14[b]	Bu_4NCl/SiO_2	90	90
15[b]	Bu_4NBr/SiO_2	97	98
16[b]	Bu_4NI/SiO_2	96	98

　　a. 反应条件：环氧丙烷 28.6 mmol；催化剂 1.8 mmol%；CO_2：8 MPa；温度：160 ℃；时间：4 h。
　　b. 反应条件：环氧丙烷 57.2 mmol；催化剂 1 mmol%；CO_2：8 MPa；温度：150 ℃；时间：10 h。

　　离子液体 $[C_4mim][BF_4]$ 在较高的温度下 (160 ℃，时间也由 2 h 延长为 4 h)，催化环加成反应的产率有了较大的增加 (由 75%增加到> 99%)。负载后的固体催化剂 $[C_4\text{-}mim][BF_4]/SiO_2$ 在试验条件下 (160 ℃，4 h) 基本上达到了均相催化剂的效果，远远高于报道的固体催化剂 MgO，甚至高于均相催化剂 $n\text{-}Bu_4NBr$、KI。

原因可能是反应在超临界二氧化碳中进行，而超临界状态能大大加快该反应的反应速率[30]。结果表明，负载后咪唑盐不同阴离子的影响变小以及负载后季铵盐的催化作用都有不同程度的提高。这主要是由于活性组分和载体之间有某种"协同"增强作用[39]。根据试验选择固体催化剂 [C₄-mim][BF₄]/SiO₂ 和 Bu₄NBr/SiO₂ 来考察时间、温度、压力对催化效果的影响。

2) 反应时间的影响

图 3.10 给出了反应时间对催化剂 $[C_4\text{-}mim]^+[BF_4]^-/SiO_2$ 和 Bu₄NBr/SiO₂ 催化环氧丙烷和二氧化碳生成碳酸丙烯酯反应的影响。由图 3.10 可见，在反应条件下，负载型咪唑盐催化剂的反应速率要大于负载季铵盐催化剂的反应速率，4 h 可以达到几乎完全的转化，而负载的季铵盐催化则需要 8 h。应当说明的是两种固体催化剂都有将近 100% 的选择性。与均相催化剂相比，反应时间的延长是由于固体催化剂较差的传质效果，较高温度可提高催化效果。

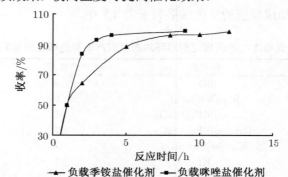

图 3.10   反应时间对两种固体催化剂催化合成 PC 产率的影响

负载季铵盐的催化反应条件为环氧丙烷：57.2 mmol；催化剂 Bu₄NBr/SiO₂：1 mmol%；压力：8 MPa；温度：150 ℃。负载咪唑盐的催化反应条件为环氧丙烷：28.6 mmol；催化剂 $[C_4\text{-}mim]^+[BF_4]^-/SiO_2$：1.8 mmol%；压力：8 MPa；温度：160 ℃

3) 反应温度的影响

图 3.11 表示反应温度对两种固体催化剂催化合成碳酸丙烯酯的影响。反应温度对两种固体催化剂具有同样的重要影响，在 160 ℃附近，达到最高产率，环氧丙烷完全转化。在这之前，碳酸丙烯酯收率随温度增加而迅速增加，而在这之后由于副反应增加，碳酸丙烯酯的收率逐步下降。这与 Lewis 酸碱催化剂的催化特性吻合。

4) 反应压力的影响

与温度相比，压力对固体催化剂影响较小。过高压力会造成反应收率下降，并将其归结为二氧化碳的稀释作用。但体系在超临界附近时的传质能力会大大加强，所以对于一定比例的反应物，存在一个最佳的反应压力。对于负载咪唑盐催化剂，从图 3.12 可以看到 8 MPa 是反应的最佳压力。而对负载季铵盐催化剂，压力的影响不明显。

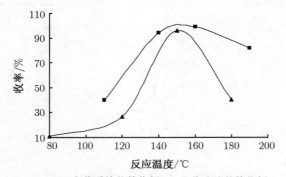

▲ 负载季铵盐催化剂　■ 负载咪唑盐催化剂

负载季铵盐的催化反应条件为环氧丙烷：57.2 mmol；催化剂 Bu$_4$NBr/SiO$_2$：1 mmol%；压力：8 MPa；时间：8 h。　负载咪唑盐的催化反应条件为环氧丙烷：28.6 mmol；催化剂 [C$_4$-mim]$^+$[BF$_4$]$^-$/ SiO$_2$：1.8 mmol%；压力：8 MPa；时间：4 h

图 3.11　反应温度对两种固体催化剂催化合成碳酸丙烯酯的影响

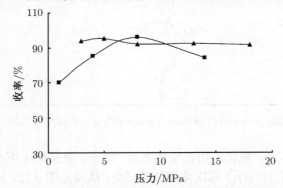

▲ 负载季铵盐催化剂　■ 负载咪唑盐催化剂

负载季铵盐的催化反应条件为环氧丙烷：57.2 mmol；催化剂 Bu$_4$NBr/SiO$_2$：1mmol%；温度：150 ℃；时间：8 h。　负载咪唑盐的催化反应条件为环氧丙烷：28.6 mmol；催化剂 [C$_4$-mim]$^+$[BF$_4$]$^-$/ SiO$_2$：1.8 mmol%；温度：160 ℃；时间：4 h

图 3.12　压力对催化剂的影响

5) 对其他底物 (环氧化物) 的催化作用

两种固体催化剂对其他环氧化物的催化作用列于表 3.2。由表可知，负载型咪唑盐及季铵盐对其他环氧化物的环加成反应也有良好的催化活性，具有较好的底物适应性。

6) 催化剂的循环利用

反应结束后，通过简单过滤，可以实现催化剂和产物的分离。产物经过色谱检

表 3.2   [C₄mim][BF₄]/SiO₂ 催化其他环氧化物的环加成反应 *

反应物	产物	产率/%	选择性/%
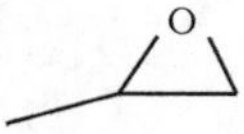	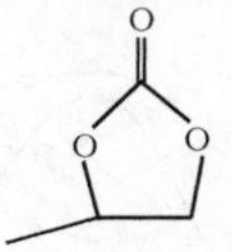	96	>99
	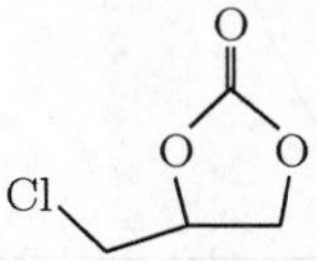	78	78
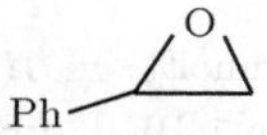	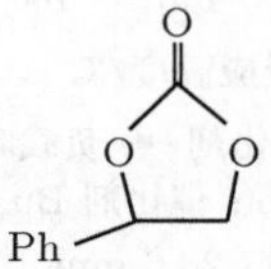	96	98
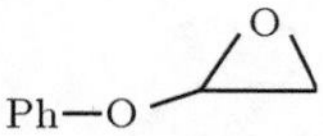	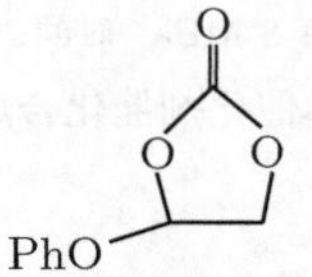	98	100
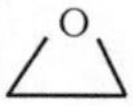	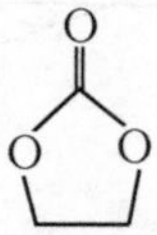	92	94

* 反应条件：反应物：28.6 mmol；催化剂：1.8 mmol%；温度：160 ℃；压力：8 MPa；时间：4 h。

测，含量达 99%以上。催化剂用乙醚洗涤后、烘干，直接用于下一次反应。我们分别对两种固体催化剂进行了四次循环使用试验，结果见图 3.13。其催化效果有很缓慢的下降，说明这两种固体催化剂在试验条件下，都有良好的稳定性。表明它们具有工业连续反应器应用前景。

7) 结论

将催化活性成分离子液体 (咪唑盐和季铵盐) 固定在无机载体上，制得的固体催化剂保持了均相催化剂的催化活性；并且催化剂与产物很容易分离、循环使用。因此，简化了催化剂分离工艺，并且能适合于工业连续反应器应用。循环试验表明，两种固体催化剂循环使用四次，催化效果仅有缓慢的下降。在二氧化碳临界压力附近，负载型离子液体的催化作用有明显增强。在 150~160 ℃的温度下，两种催化剂催化的环加成反应均具有很高的产率，负载咪唑盐催化剂还具有较快的反应速率。

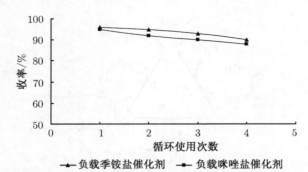

图 3.13　$[C_4\text{-mim}]^+[BF_4]^-/SiO_2$ 和 Bu_4NBr/SiO_2 的循环使用

负载季铵盐的催化反应条件为环氧丙烷：57.2 mmol；催化剂 Bu_4NBr/SiO_2：1 mmol%；温度：150 ℃；
压力：8 MPa；时间：8 h。负载咪唑盐的催化反应条件为环氧丙烷：28.6 mmol；催化剂
$[C_4\text{-mim}][BF_4]/SiO_2$：2.0 mmol%；温度：140 ℃；压力：8 MPa；时间：4 h

更有意义的是，作为载体的二氧化硅对活性成分 (离子液体) 的催化作用具有明显的"协同"增强作用。

两种催化剂具有优异的选择性，除非特别说明，试验中反应的选择性都在 99% 以上。该特点对简化工艺过程具有重要意义，说明二氧化硅负载的咪唑盐和季铵盐是环加成反应的优良催化剂。

反应压力对负载季铵盐催化剂的影响不大，说明反应可能在常压下进行，在工业生产上降低了对设备的要求。超临界现象对固体催化剂的影响尚须进一步研究。

3.1.3　发展方向及展望

开展二氧化碳分子催化活化，初步建立二氧化碳的功能化转化的方法学，例如，基于二氧化碳分子对金属烷氧化合物中 Sn—O 键的插入反应，并对二氧化碳插入中间体进行了表征，实现邻二醇为原料合成碳酸酯[56,57]。其主要机理如图 3.14 所示。在此基础上，继续发展其他类型的金属烷氧化合物与二氧化碳的反应，研制新型高效催化剂合成碳酸酯、噁唑啉酮以及羧酸酯类化合物是二氧化碳功能化转化的方向。

在有关基于二氧化碳与催化剂弱相互作用的活化原理，以二氧化碳为原料合成重要应用价值的碳酸酯和噁唑啉酮的研究方面，采用双功能基催化剂 (Lewis 酸与 Lewis 碱的活性物种) 分别活化二氧化碳分子以及另一反应物 (如环氧化物、氮杂环丙烷) 的开环是反应的关键。在此基础上设计单组分双功能的催化剂 (如氨基酸型离子液体、季铵盐或季鏻盐功能化的聚乙二醇、季鏻盐功能化过渡金属 salen 配合物)，通过协同活化作用，获得温和条件下的快速反应。此外，通过离子液体/scCO₂ 或 PEG/scCO₂ 两相体系的特点，实现均相催化剂的回收、循环使用。

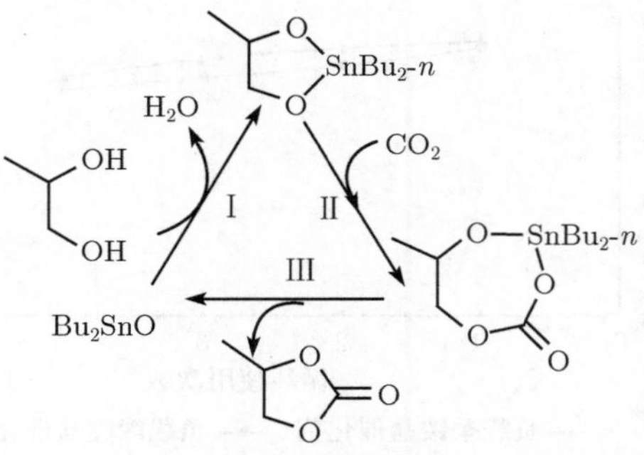

图 3.14 以邻二醇为原料合成碳酸酯的反应机理

探讨以烯烃为原料直接合成噁唑啉酮和环状碳酸酯的新方法研究，现行的方法需要通过烯烃环氧化过程，由于这一催化反应，往往需要贵重金属催化剂、对设备的腐蚀以及催化活性、反应选择性较低等限制了该方法的应用。设计通过原位产生溴代醇中间体，然后在碱的作用下形成产物，以避免环氧化物的制备，从而提高反应效率。噁唑啉酮合成的关键在于氮杂环丙烷的制备，在分别研究烯烃合成氮杂环丙烷以及氮杂环丙烷与二氧化碳反应的基础上，设计双组分催化剂，不经分离出氮杂环丙烷中间体，达到一步法合成产物，从而建立反应效率高、工艺简化的新方法。

通过设计和制备适用于二氧化碳的活化及加成反应的有效催化剂实现高效率地合成环状碳酸酯；研究合成工艺的绿色化，成功地筛选出高活性、高选择性的固体催化剂，实现无有机溶剂的非均相催化合成环状碳酸酯；用超临界二氧化碳作为溶剂使催化剂与产物能直接分离 (简化分离过程)、反应条件温和、产品纯度高。工艺过程避免使用挥发性的有机溶剂，实现环境友好的绿色化学合成。另一策略是采用可溶于超临界二氧化碳的均相催化剂合成环状碳酸酯，实现产物与催化剂直接分离的研究。将铵盐键联到多氟取代的高分子链上，以增加催化剂在超临界二氧化碳中的溶解度，且减少其在产物 (环状碳酸酯) 中的溶解，将催化剂固定到二氧化碳相，提高催化剂与产物的分离效果，实现催化剂的循环使用。

离子液体 (季铵盐、咪唑盐) 是环氧烷烃和二氧化碳环加成反应的优良催化剂，但催化剂与产物的分离困难。研究结果表明，在超临界状态下，二氧化硅负载的咪唑盐离子液体催化剂具有和均相催化剂基本相同的效果，产物收率达 96%，选择性达 99% 以上。二氧化硅负载的季铵盐催化剂要好于相应的均相催化剂。通过简单过滤就可分离出催化剂，产物不需进一步的纯化过程，含量即可达 99% 以上。因此，固定化的离子液体催化剂易于分离、催化活性好，具有连续化生产的应用前景。

此外，超临界二氧化碳/离子液体和超临界二氧化碳/聚乙二醇两相体系用做环境友好反应介质[58~62]：均相催化剂具有催化活性高、选择性好等优点，但是产物难于纯化、催化剂不易回收等问题一直制约着它的应用。两相体系为这些问题的解决提供了一条新途径。超临界二氧化碳参与的两相体系是使用超临界二氧化碳作流动相，其他一些对环境友好的反应介质 (如聚乙二醇等) 用于固定催化剂，进行金属配合物催化的有机合成反应。其显著特点是将反应与分离两步操作并于一个过程中完成，即所谓 "均相反应、非均相分离" 过程，实现均相催化过程的连续化。

可以预见，功能化、低毒、原料易得及易于制备的离子液体在基于二氧化碳活化基础的功能化转化利用研究领域具有广阔的前景。

参 考 文 献

[1] Aresta M, Dibenedetto A. Utilisation of CO_2 as a chemical feedstock: opportunities and challenges. Dalton Trans, 2007, (28): 2975~2992

[2] Arakawa H, Aresta M, Armor J N, et al. Catalysis research of relevance to carbon management: progress, challenges, and opportunities. Chem Rev, 2001, 101(4): 953~996

[3] Song C. Global challenges and strategies for control, conversion and utilization of CO_2 for sustainable development involving energy, catalysis, adsorption and chemical processing. Catal Today, 2006, 115(1~4): 2~32

[4] Sakakura T, Choi J C, Yasuda H. Transformation of carbon dioxide. Chem Rev, 2007, 107(6): 2365~2387

[5] Sudo A, Morioka Y, Sanda F, et al. N-Tosylaziridine, a new substrate for chemical fixation of carbon dioxide via ring expansion reaction under atmospheric pressure. Tetrahedron Lett, 2004, 45(7): 1363~1365

[6] Choi J C, He L N, Yasuda H, et al. Selective and high yield synthesis of dimethyl carbonate directly from carbon dioxide and methanol. Green Chem, 2002, 4 (3): 230~234

[7] Valli V L K, Alper H. A simple, convenient, and efficient method for the synthesis of isocyanates from urethanes. J Org Chem, 1995, 60(1): 257, 258

[8] McGhee W D, Riley D P, Christ M E, et al. Palladium-catalyzed generation of o-allylic urethanes and carbonates from amines/alcohols, carbon dioxide, and allylic chlorides. Organometallics, 1993, 12(4): 1429~1433

[9] Shi M, Nicholas K M. Palladium-catalyzed carboxylation of allyl stannanes. J Am Chem Soc, 1997, 119(21): 5057, 5058

[10] Zerella M, Mukhopadhyay S, Bell A T. Synthesis of mixed acid anhydrides from methane and carbon dioxide in acid solvents. Org Lett, 2003, 5(18): 3193~3196

[11] Olah G A, Torok B, Joschek J P, et al. Efficient chemoselective carboxylation of aromatics to arylcarboxylic acids with a superelectrophilically activated carbon dioxide-Al_2Cl_6/Al system. J Am Chem Soc, 2002, 124(38): 11379~11391

[12] Tsuda T, Maruta K, Kitaike Y. Nickel(0)-catalyzed alternating copolymerization of

carbon dioxide with diynes to poly(2-pyrones). J Am Chem Soc, 1992, 114(4): 1498,1499

[13] Jessop P G, Ikariya T, Noyori R. Homogeneous catalytic- hydrogenation of supercritical carbon dioxide. Nature, 1994, 368(6468): 231~233

[14] Jessop P G, Joo F, Tai C C. Recent advances in the homogeneous hydrogenation of carbon dioxide. Coord Chem Rev, 2004, 248(21~24): 2425~2442

[15] Jessop P G. Homogeneous catalysis using supercritical fluids: recent trends and systems studied. J Supercrit Fluids, 2006, 38(2): 211~231

[16] Jessop P G, Hsiao Y, Ikariya T, et al. Homogeneous catalysis in supercritical fluids: hydrogenation of supercritical carbon dioxide to formic acid, alkyl formates, and formamides. J Am Chem Soc, 1996, 118(2): 344~355

[17] Jessop P G, Hsiao Y, Ikariya T, et al. Catalytic production of dimethylformamide from supercritical carbon dioxide. J Am Chem Soc, 1994, 116(19): 8851, 8852

[18] Welton T. Room temperature ionic liquids. Solvents for synthesis and catalysis. Chem Rev, 1999, 99(8): 2071~2083

[19] Sheldon R. Catalytic reactions in ionic liquids. Chem Commun, 2001, (23): 2399~2407

[20] 郭海明, 牛红英, 蒋耀忠. 离子液体在不对称催化反应中的应用进展. 合成化学, 2005, 13(1): 6~15

[21] 韩金玉, 黄鑫, 王华等. 绿色溶剂离子液体的性质和应用研究进展. 化学工业与工程, 2005, 22(1): 62~66

[22] 顾彦龙, 石峰, 邓友全. 离子液体在催化反应和萃取分离中的研究和应用进展. 化工学报, 2004, 55(12): 1957~1963

[23] Sivaram S. Organic carbonates. Chem Rev, 1996, 96(3): 951~976

[24] 赵天生, 韩怡卓, 孙予罕等. 金属氧化物负载的 KI 对合成碳酸丙烯酯的催化性能. 石油化工, 2000, 29(2): 101~105

[25] Calo V, Nacci A, Monopoll A, et al. Cyclic carbonate formation from carbon dioxide and oxiranes in tetrabutylammonium halides as solvents and catalysts. Org Lett, 2002, 4(15): 2561~2563

[26] Zhang X, Zhao N, Wei W. Chemical fixation of carbon dioxide to propylene carbonate over amine-functionalized silica catalysts. Catal Today, 2006, 115(1~4): 102~106

[27] Bhanage B M, Fujita S-i, Ikushima Y. Synthesis of dimethyl carbonate and glycols from carbon dioxide, epoxides, and methanol using heterogeneous basic metal oxide catalysts with high activity and selectivity. Appl Catal A Gen, 2001, 219(1,2): 259~266

[28] Shen Y, Duan W, Shi M. Chemical fixation of carbon dioxide catalyzed by bianphthyl-diamino Zn, Cu, and Co Salen-type complexes. J Org Chem, 2003, 68(4): 1559~1562

[29] Li F, Xia C, Xu L. A novel and effective Ni complex catalyst system for the coupling reactions of carbon dioxide and epoxides. Chem Commun,2003, (16): 2042, 2043

[30] Kawanami H, Sasaki A, Matsui K, et al. A rapid and effective synthesis of propylene carbonate using a aupercritical CO_2-ionic liquid system. Chem Commun, 2003, (7):

896, 897

[31] Peng J, Deng Y. Cycloaddition of carbon doxide to propylene oxide catalyzed by ionic liquids. New J Chem, 2001, 25: 639~641

[32] Zhang S, Chen Y, Li F, et al. Fixation and conversion of CO_2 using ionic liquids. Catal Today, 2006, 115(1~4): 61~69

[33] Sun J M, Fujita S I, Zhao F Y, et al. Synthesis of styrene carbonate from styrene oxide and carbon dioxide in the presence of zinc bromide and ionic liquid under mild condition. Green Chem, 2004, 6(12): 613~616

[34] Sun J, Fujita S-I, Arai M. Development in the green synthesis of cyclic carbonate from carbon dioxide using ionic liquids. J Organomet Chem, 2005, 690(15): 3490~3497

[35] Kim J K, Varma R S. Tetrahaloindate(III)-based ionic liquids in the coupling reaction of carbon dioxide and epoxides to generate cyclic carbonates: H-bonding and mechanistic studies. J Org Chem, 2005, 70(20): 7882~7891

[36] He L N, Yasuda H, Sakakura T. New procedure for recycling homogeneous catalyst: propylene carbonate synthesis under supercritical CO_2. Green Chem, 2003, 5(1): 92~94

[37] Feroci M, Orsini M, Rossi L, et al. Electrochemically promoted C-N bond formation from amines and CO_2 in ionic liquid BMIm-BF_4: synthesis of carbamates. J Org Chem, 2007, 72(1): 144~149

[38] Xu X Q, Wang C M, Li H R, et al. Effects of imidazolium salts as cocatalysts on the copolymerization of CO_2 with epoxides catalyzed by (salen) $Cr^{III}Cl$ complex. Polymer, 2007, 48(14): 3921~3924

[39] Takahashi T, Watahiki T, Kitazume S, et al. Synergistic hybrid catalyst for cyclic carbonate synthesis: remarkable acceleration caused by immobilization of homogeneous catalyst on silica. Chem Commun, 2006, 15: 1664~1666

[40] Xie H-B, Duan H-F, Li S-H, et al. The effective synthesis of propylene carbonate catalyzed by silica-supported hexaalkylguanidinium chloride. New J Chem, 2005, 29(9): 1199~1203

[41] Xie Y, Zhang Z F, Jiang T, et al. CO_2 cycloaddition reactions catalyzed by an ionic liquid grafted onto a highly cross-linked polymer matrix. Angew Chem Int Ed, 2007, 46(38): 7255~7258

[42] He J-L, Wu T-B, Zhang Z-F, et al. Cycloaddition of CO_2 to epoxides catalyzed by polyaniline salts. Chem Eur J, 2007, 13(24): 6992~6997

[43] Wang J-Q, Kong D-L, Chen J-Y, et al. Synthesis of cyclic carbonates from epoxides and carbon dioxide over silica-supported quaternary ammonium salts under supercritical conditions. J Mol Catal A, 2006, 249(1, 2): 143~148

[44] Wang J-Q, Yue X-D, Cai F, et al. Solventless synthesis of cylcic carbonates from carbon dioxide and epoxides catalyzed by silica-supported ionic liquids under supercritical

conditions. Catal Commun, 2007, 8(2): 167~172

[45] Du Y, Cai F, Kong D-L, et al. Organic solvent-free process for the synthesis of propylene carbonate from supercritical carbon dioxide and propylene oxide catalyzed by insoluble ion exchange resins. Green Chem, 2005, 7(7): 518~523

[46] Du Y, Wang J-Q, Chen J-Y, et al. A poly (ethylene glycol)-supported quaternary ammonium salt for highly efficient and environmentally chemical fixation of CO_2 with epoxides under supercritical condition. Tetrahedron Lett, 2006, 47(8): 1271~1275

[47] He L-N, Tian J-S, Miao C-X, et al. Poly(ethylene glycol)-supported phosphonium halides in combination with inorganic bases/PEG for highly efficient synthesis of dimethyl carbonate from methanol, propylene oxide, and CO_2. Preprints of Symposia-American Chemical Society, Division of Fuel Chemistry, 2006, 51(2): 534, 535

[48] Zhao Y, Tian J-S, Qi X-H, et al. Quaternary ammonium salt-functionalized chitosan: an easily recyclable catalyst for efficient synthesis of cyclic carbonates from epoxides and carbon dioxide. J Mol Catal A, 2007, 271(1, 2): 284~289

[49] Zhao Y, He L-N, Zhuang Y, et al. Dimethyl carbonate synthesis via transesterification catalyzed by quaternary ammonium salt functionalized chitosan. Chin Chem Lett, 2008, 19(3): 286~290

[50] Dou X-Y, Wang J-Q, Du Y, et al. Guanidinium salt functionalized PEG: an effective and recyclable homogeneous catalyst for the synthesis of cyclic carbonates from CO_2 and epoxides under solvent-free conditions. Syn Lett, 2007, 18(19): 3058~3062

[51] Tian J-S, He L-N. Environmentally benign chemical conversion of CO_2 into organic carbonates catalyzed by phosphonium salts. Phosphorus Sulfur and Silicon and the Related Elements, 2008, 183(3): 421~426

[52] Chen J, Spear S K, Huddleston J G, et al. Polyethylene glycol and solutions of polyethylene as green reaction medium. Green Chem, 2005, 7(2): 64~82

[53] 岳晓东, 何良年. 超临界二氧化碳参与的两相体系及其在有机合成反应中的应用. 有机化学, 2006, 26(5): 610~617

[54] Tian J-S, Wang J-Q, Chen J-Y, et al. One-pot synthesis of dimethyl carbonate catalyzed by n-Bu$_4$NBr/n-Bu$_3$N from methanol, epoxides, and supercritical CO_2. Appl Catal A, 2006, 301(2): 215~221

[55] Tian J-S, Miao C-X, Wang J-Q, et al. Efficent synthesis of dimethyl carbonate from methanol, epoxides, and supercritical CO_2 catalyzed by recyclable inorganic base/ phosphonium halide-functionalized polyethylene glycol. Green Chem, 2007, 9(6): 566~571

[56] Du Y, Kong D-L, Wang H-Y, et al. Sn-catalyzed synthesis of propylene carbonate from glycol and CO_2 under supercritical conditions. J Mol Catal A Chem, 2005, 241(1, 2): 233~237

[57] Du Y, He L-N, Kong D-L. Magnesium-catalyzed synthesis of organic carbonate from 1, 2-diol/alcohol and carbon dioxide. Catal Commun, 2008, 9(8): 1754~1758

[58] Wang J-Q, Cai F, Wang E, et al. Supercritical carbon dioxide and poly(ethylene glycol): an environmentally benign biphasic solvent system for aerobic oxidation of styrene. Green Chem, 2007, 9(8): 882~887

[59] Du Y, Wu, Y, Liu A-H, et al. Quaternary ammonium bromide functionalized-polyethylene glycol: a highly efficient and recyclable catalyst for selective synthesis of 5-aryl oxazolidinones from carbon dioxide and aziridines under solvent-free conditions. J Org Chem, 2008, 73(12): 4709~4712

[60] Miao C-X, Wang, J-Q, Wu Y, et al. Bifunctional metal-salen complexes as efficient catalysts for the fixation of CO_2 with epoxides under solvent-free conditions, Chem Sus Chem, 2008, 1(3): 236~241

[61] Zhao Y, He L-N, Zhuang Y-Y, et al. Dimethyl carbonate synthesis via transesterification catalyzed by quaternary ammonium salt functionalized chitosan. Chin Chem Lett, 2008, 19(3): 286~290

[62] Tian J-S, Cai F, Wang J-Q, et al. Environmentally benign chemical conversion of CO_2 into organic carbonates catalyzed by phosphonium salts. Phosphorus Sulfur and Silicon and the Related Elements, 2008, 183(2, 3): 494~498

3.2 CO_2 的离子液体吸收及工业应用研究 *

3.2.1 CO_2 主要的吸收固定方法

如 3.1 节所述，CO_2 是当今国际的热点问题，作为温室气体，CO_2 含量的急剧增加对人类生态造成潜在的威胁，而作为化工原料，CO_2 又广泛应用于各个领域。所以如果能从工业废气中吸收利用或固定转化 CO_2 将具有重大的战略和环保意义。

按作用机理区分 [1~6]，目前 CO_2 的吸收固定的方法主要有生物法、物理法和化学法。

1. 生物法固定 CO_2

生物法固定 CO_2 主要靠植物的光合作用和微生物的自养作用。目前日本 [7] 已筛选出几种能在很高的 CO_2 浓度下繁殖的海藻，用以吸收高度工业化后所排放出的 CO_2；美国 [8] 则利用盐碱地里的盐生植物吸收 CO_2。虽然微生物在固定 CO_2 的同时，又可获得许多高营养、高附加值的产品 (如菌体蛋白、多糖、乙酸和甲烷等 [1])，但由于微生物固定 CO_2 的机理很复杂，目前固定 CO_2 的微生物大部分是

* 感谢国家科技部 973 项目 (No. 2009CB219901) 和自然科学基金 (No. 20873152) 对本章节研究工作的支持。

经人工筛选的自然界中存在的土著微生物。而这些土著微生物生长速率慢、代谢活性不高，对 CO_2 的转化效率较低。所以生物法固定 CO_2 目前尚处于研究阶段。

2. 物理法固定 CO_2

物理法固定 CO_2 有三种方式：物理吸收法、物理分离法和物理吸附法。

物理吸收法[4] 是利用 CO_2 在一些溶剂中的溶解度随压力变化的原理来实现的。常用的溶剂有丙烯酸酯、甲醇、乙醇、聚乙二醇等。其优点是吸收容量大，吸收剂用量少，吸收效率随着压力的增加或温度的降低而增加，而且可采用降压或常温气提的方式使吸收剂再生。但缺点是此方法仅适于 CO_2 分压较高且去除率要求较低的情况。

物理分离法[1] 是利用 CO_2 在 31 ℃、7.39 MPa 下即可液化的特点对工业废气进行多级压缩和冷却，使 CO_2 液化或固化，再以蒸馏方法将液态或固态 CO_2 纯化后再利用。但该法比较复杂，能耗也比较高。

物理吸附法[5] 是以碳素系固体吸附剂来固定 CO_2，此法优点是操作较简单、维修方便，缺点是需对工业废气中的硫氧化合物及水汽做前处理，以避免吸附剂被毒害，且因吸附效率低，通常需加装二段以上的吸附系统，因此应用范围较窄。

3. 化学法固定 CO_2

化学法固定 CO_2 有两种方式：化学吸收法和催化氧化法。

化学吸收法[2] 是利用吸收剂与 CO_2 发生化学反应来进行固定，并利用其逆反应进行吸收剂再生。通过此方法能获得较高的 CO_2 脱除率且适用于 CO_2 分压较低的情况，是常用的方法。但存在着以下缺点：溶剂会与废气中的其他气体发生化学反应而使吸收剂再生次数减少；吸收剂多为碱性溶液，容易使吸收塔、再生塔及管线腐蚀；吸收剂易挥发，吸收 CO_2 的同时又对环境造成二次污染。

催化氧化法[1] 是使用特效催化剂使 CO_2 混合气中的有机杂质发生氧化反应生成 CO_2 和水而达到回收目的。德国卡洛里克公司已建成催化燃烧精制 CO_2 的工业化装置。我国已开发了催化燃烧脱除 CO_2 中微量烯烃的 CO_2 的精细工艺。

4. 物理化学法

近年来研究较多的是膜分离法[3]，膜分离法包括分离膜和吸收膜两种类型。

分离膜一般是固态多孔状、半多孔状或无孔状，依靠膜两侧的气体分压差，可使某种气体选择性通过。

吸收膜是在分离膜中充满吸收液的一种新型液膜结构，它集膜分离和化学吸收为一身，能够克服分离膜选择性低的缺点。但是膜吸收带来的缺点是成本高。

所以随着人们对绿色化学与化工以及循环经济等认识的不断提高，研究使用廉价、高效、绿色的介质替代上述常规吸收液的方法逐渐成为热点。

3.2.2 离子液体吸收 CO_2

解决 CO_2 的污染问题需要在减少排放量的同时做好 CO_2 的处理问题。处理 CO_2 的方法主要有两类: 一是将 CO_2 填埋于地下或深海, 二是将 CO_2 转化为有用的化学物质或材料 (如尿素、碳酸酯等)。无论采用哪种方法, 涉及的第一个问题就是 CO_2 的捕集和分离, 因为烟道气中 CO_2 含量只有 10%~18%, 如果直接填埋, 则意味着将 80%~90% 的氮气等一起埋于地下或深海, 必然带来成本太高的问题; 如果直接转化, 其他杂质 (如 SO_2、氧气、氮气等) 可能导致催化剂中毒、副反应发生或反应体系压力过高等问题。现有的 CO_2 捕集或浓缩技术普遍面临的问题是当 CO_2 浓度低于 30% 时, 处理成本太高, 且存在稳定性差、选择性低、挥发性污染等问题, 例如, 目前工业上广泛采用的乙醇胺水溶液吸收剂, 存在挥发性污染、含胺水溶液腐蚀、能耗高等严重问题, 研究开发绿色替代介质是迫切需求。因此, 如何从稀薄气体中高效、高选择性、环境友好地捕集或吸收 CO_2 是一个亟待解决的科学技术问题[9~11]。从循环经济和资源循环利用的角度出发, 将 CO_2 转化为有用的化学物质较填埋法更具有现实意义, 为此, 也需要加强对 CO_2 转化利用新过程的研究, 这是国际上极为关注的重大研究方向[12~14]。由于离子液体具有非挥发性和独特的溶解能力, 有些学者[9,10,15~36] 考虑到利用离子液体吸收固定 CO_2。研究表明, 离子液体具有良好的吸收溶解 CO_2 的能力, 且在某些 CO_2 固定转化反应中也表现出了高效的催化或助催化性能。离子液体固定 CO_2 有以下特点: ① 二氧化碳的资源化利用, 替代传统的抛弃法; ② 离子液体性质稳定、不挥发, 可循环使用; ③ 过程中不使用水, 避免二次污染, 同时, 有效防止设备腐蚀。因此利用离子液体吸收–转化 CO_2 是一条具有很好前景的新方法。

Zhang 等[21] 总结了近几年国内外有关离子液体吸收–转化 CO_2 的研究成果。目前大量的研究结果表明离子液体对 CO_2 具有很好的溶解能力。根据离子液体的结构特征和吸收 CO_2 的机理, 离子液体可以分为以下几类: 常规离子液体和功能化离子液体。常规离子液体吸收 CO_2 的能力较差, 主要是通过离子液体和 CO_2 之间的物理作用; 功能化离子液体具有碱性基团可以通过化学作用或反应吸收大量的 CO_2。

1. 常规离子液体吸收 CO_2

目前报道的吸收 CO_2 的常规离子液体主要集中在咪唑类离子液体[37~39], 如 1-烷基-3-甲基咪唑阳离子, 阴离子为 $[BF_4]^-$、$[PF_6]^-$、$[Tf_2N]^-$、$[NO_3]^-$ 和 $[EtSO_4]^-$ 等。Blanchard 等[40] 研究了高压下 CO_2 在 $[C_4mim][PF_6]$、$[C_8mim][PF_6]$、$[C_8mim][BF_4]$、$[C_4mim][NO_3]$、$[C_2mim][EtSO_4]$ 和 $[N\text{-}bupy][BF_4]$ 六种离子液体中的溶解度, 发现在温度 313~333 K 和压力 0.1~9.5 MPa 范围内, CO_2 在六种离子液体中的溶解度的大小关系为: $[C_4mim][PF_6]$/ $[C_8mim][PF_6]>[C_8mim][BF_4]>$ [Nbupy][BF$_4$]> [C$_4$mim][NO$_3$]> [C$_2$mim][EtSO$_4$]。Brenneck 课题组[41~49] 研究了 CO$_2$ 在常规离子液体中的溶解情况,主要是针对高压下离子液体吸收 CO$_2$ 进行了对比研究,并测定了其他气体在离子液体中的溶解情况。

Yuan 等[50~52] 测定了 CO$_2$ 在 11 种咪唑离子液体中的相平衡关系。对于不同离子液体,测定了不同温度 (283~328 K) 和不同压力 (0~10 MPa) 范围下 CO$_2$ 与离子液体的相平衡关系。结果表明,CO$_2$ 在离子液体中有相当大的溶解度,且溶解度随压力的升高和温度的降低而升高。

Dong 等[53] 通过分子模拟发现离子液体内部存在氢键 (详见 2.1 节),这有助于理解离子液体对 CO$_2$ 所具有的较好的溶解能力。他们通过量子化学计算和分子动力学模拟研究发现,阴离子 {如 [BF$_4$]$^-$、[PF$_6$]$^-$} 与 CO$_2$ 分子之间存在弱的路易斯酸碱相互作用,是促进 CO$_2$ 溶解度增加的主要因素;咪唑类阳离子上存在 C-2 活泼氢,可能与 CO$_2$ 分子之间部分形成氢键,这是促进 CO$_2$ 溶解度增加的另一个因素;阴阳离子的高度不对称使其内部存在较大的孔隙率,进一步促进了 CO$_2$ 的溶解。因此 CO$_2$ 在常规离子液体中的溶解度要比在常规有机溶剂中大很多。但 CO$_2$ 分子与常规离子液体的阴阳离子之间主要还是物理作用,与 CO$_2$ 分子和醇胺类吸收剂的 —NH$_2$ 基团之间的化学作用相比要弱很多,因此 CO$_2$ 在常规离子液体中的溶解度又比在醇胺类吸收剂中低很多。Kazarian 等[54] 通过 ATR-IR 发现 CO$_2$ 和 [BF$_4$]$^-$、[PF$_6$]$^-$ 阴离子之间存在有较弱的 Lewis 酸碱作用。他们通过研究 CO$_2$ 在离子液体中的弯曲振动光谱,发现在 [C$_4$mim][PF$_6$] 和 [C$_4$mim][BF$_4$] 中 CO$_2$ 的弯曲振动出现不同程度的裂分,这可能是离子液体的阴离子中带负电荷的氟离子作为一种 Lewis 碱与 CO$_2$ 作用的原因。Kazarian 等推测 CO$_2$ 和离子液体的阴离子的作用是 O=C=O 的轴垂直排列在 P—F 和 B—F 键周围的。Cadena 等[47] 和 Camper 等[55] 也通过实验和模拟的方法得出离子液体阴离子部分是决定 CO$_2$ 在离子液体中高溶解度的主要原因。

2. 功能化离子液体吸收 CO$_2$

由于常规离子液体对于 CO$_2$ 的物理吸收存在吸收率低等缺点,而离子液体又具有结构可调性,研究人员设计合成了具有一定附加功能的离子液体,即功能化离子液体。如针对 CO$_2$ 为酸性气体这一点,Bates 等[9] 合成含有 —NH$_2$ 官能团的功能化离子液体 (TSILs),[apbim][BF$_4$][1-(3-丙氨基)-3-丁基咪唑四氟硼酸盐],发现它对 CO$_2$ 的吸收较不含 —NH$_2$ 官能团的离子液体效果好得多。在常温常压下,该离子液体对 CO$_2$ 的吸收率高达 7.4%(质量分数),接近摩尔分数 $x_{CO_2} = 0.5$,其吸收随时间的变化如图 3.15 所示。而不含 —NH$_2$ 官能团的离子液体,如 [C$_6$mim][PF$_6$],在常温常压下对 CO$_2$ 的吸收率仅为 0.0881%(质量分数)。这一研究结果表明功能化离子液体有望代替目前工业上广泛应用的醇胺类有机溶剂用于吸收分离、脱除

气体中 CO_2 以及富集 CO_2 作为碳源转化利用。

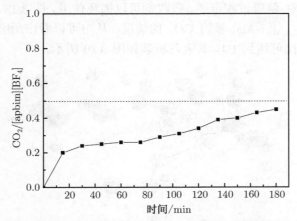

图 3.15　[apbim][BF$_4$]吸收 CO_2 的量随时间的变化关系

　　FT-IR 和 ^{13}C NMR 光谱已经证明 CO_2 在 [apbim][BF$_4$] 中是一种化学吸收，[apbim][BF$_4$] 中的 —NH$_2$ 与 CO_2 反应形成了氨基甲酸酯铵盐[16]。图 3.16 所示 CO_2 在该离子液体中的吸收为化学吸收，具有可逆性，即在一定的温度 (353~373K) 下，可以释放出 CO_2，离子液体则可以循环利用。美国的 Chem Eng News 对这一研究成果作了专题报道[11]。这在一定程度上反映了科技界对离子液体吸收 CO_2 的科学意义和应用前景的肯定。Gao 等[56] 合成了另一种含有功能化 —NH$_2$ 的胍类乳酸盐离子液体，1,1,3,3–四甲基胍乳酸盐 {[tmgH][L]}。实验表明[57]，与 [apbim][BF$_4$] 不同，CO_2 在 [tmgH][L] 中的吸收是物理吸收，即 [tmgH][L] 中的 —NH$_2$ 与 CO_2 不发生化学作用，在常温常压下，1 mol [tmgH][L] 只能吸收大约 0.01 mol CO_2。针对 [apbim][BF$_4$] 为何能如此高效地吸收 CO_2，Yu 等[15] 运用量子化学及分子动力学进行了吸收理论的探讨，根据提出的离子液体 [apbim][BF$_4$] 的氢键结构 (图 3.17)，计算出 CO_2 和 [apbim][BF$_4$] 的能级差为 6.07 eV，如此低的能级差也就说明了 CO_2 为何能很好地溶于离子液体 [apbim][BF$_4$] 中。

　　根据 Yu 等对 [apbim][BF$_4$] 的分子模拟分析及 CO_2 与氨基结合的解释，Zhang 等[10] 合成了一系列氨基酸离子液体。由于所合成的离子液体的黏度较大，所以将其涂覆在多孔的硅凝胶表面，使其在硅凝胶表面形成一层薄膜，整个实验循环 4

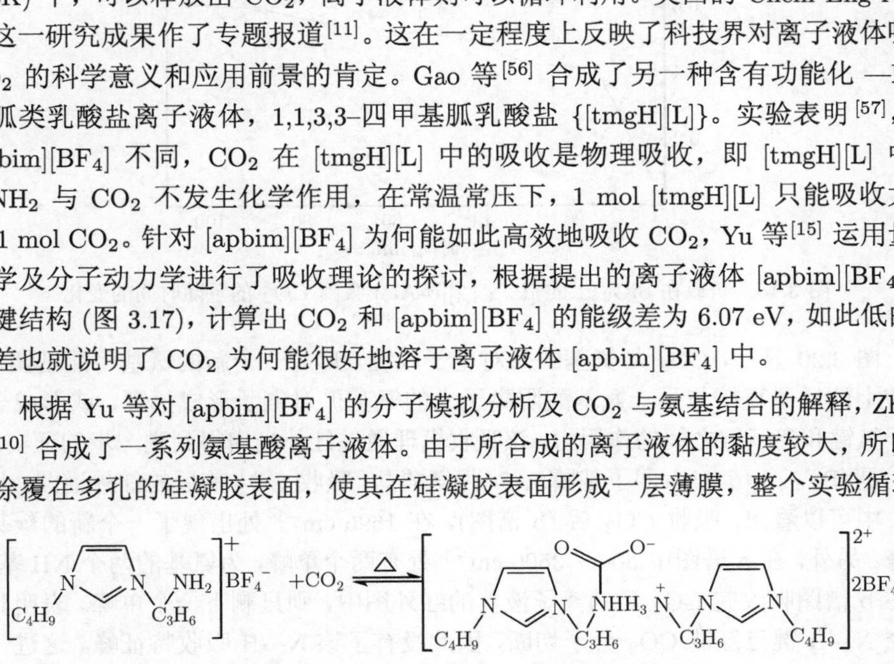

图 3.16　TSIL 吸收 CO_2 的机理

次。这种实验方法同直接将 CO_2 气体通入离子液体中进行吸收相比，吸收更加快速、稳定并且吸附–解吸过程可逆，吸收剂可以循环使用。图 3.18、图 3.19 为氨基酸离子液体 $[P_{4,4,4,4}][\beta\text{-Ala}]$ 吸附 CO_2 的情况，从中可以看出所吸收 CO_2 和离子液体的物质的量比可达到 1:1，其吸附机理如图 3.20 所示。

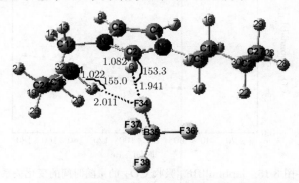

图 3.17   离子液体 [apbim][BF_4] 的氢键结构

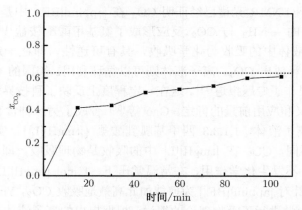

图 3.18   负载在 SiO_2 上的 $[P_{4,4,4,4}][\beta\text{-Ala}]$ 吸附 CO_2 的量随时间的变化

图 3.20 显示，CO_2 与氨基的孤对电子成键，形成一个新的氨基甲酸基团，该甲酸上的质子直接与另一氨基酸阴离子上的氨基孤对电子形成氢键，或形成一种介于氢键和离子键之间的作用力。该吸收机理通过红外光谱得到进一步的证实。图 3.21 是 $[P_{4,4,4,4}][\beta\text{-Ala}]$(四丁基膦 L-$\beta$- 丙氨酸盐) 吸收 CO_2 前后的红外谱图。从图 3.21 中可以看出，吸收 CO_2 后 (b 谱图)，在 1696 cm^{-1} 处出现了一个新的羰基吸收峰。另外，在 a 谱图中 3000~3500 cm^{-1} 处有两个单峰，为氨基的两个 NH 基团；而在 b 谱图吸收完 CO_2 后的离子液体的红外图中，则只剩下一个单峰。表明其中一个 N—H 键已经被 CO_2 分子切断，因此没有了该 N—H 吸收特征峰。这进一步说明，CO_2 分子被吸收后与离子液体的氨基形成了氨基甲酸结构。

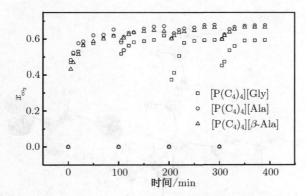

图 3.19　$[P_{4,4,4,4}][AA]$-SiO_2 CO_2 随时间的变化吸收

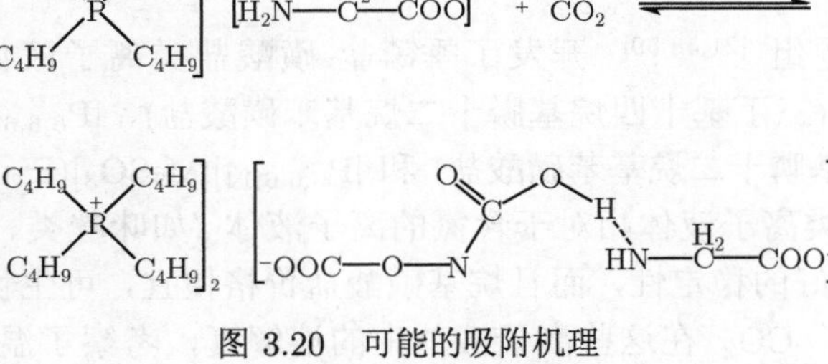

$$
\begin{array}{c}
\begin{bmatrix} C_4H_9 & C_4H_9 \\ & P \\ C_4H_9 & C_4H_9 \end{bmatrix}^+ \left[H_2N - \overset{H_2}{C} - COO \right]^- + CO_2 \rightleftharpoons \\[4mm]
\begin{bmatrix} C_4H_9 & C_4H_9 \\ & P^+ \\ C_4H_9 & C_4H_9 \end{bmatrix}_2 \left[\,^-OOC - O - N \overset{O}{\underset{\displaystyle }{\parallel}} C \overset{O}{\diagdown} \overset{H}{\diagup} \cdots HN - \overset{H_2}{C} - COO \right]
\end{array}
$$

图 3.20　可能的吸附机理

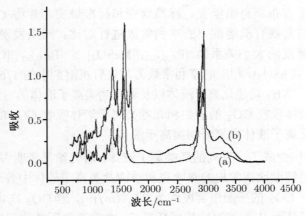

图 3.21　$[P_{4,4,4,4}][\beta\text{-}Ala]$吸收 CO_2 前 (a) 和吸收 CO_2 后 (b) 的红外谱图

Yu 等[15] 也对此类氨基酸离子液体作了分子模拟分析，图 3.22 为离子液体 $[P_{4,4,4,4}][\beta\text{-}Ala]$ 与 CO_2 结合的示意图，验证了上述的吸收机理。

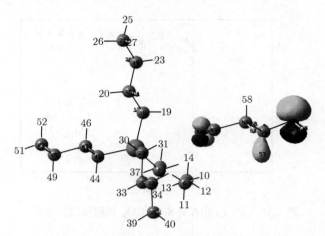

图 3.22   离子液体 $[P_{4,4,4,4}][\beta\text{-Ala}]$ 与 CO_2 结合的示意图

张锁江课题组 [21,58,59] 开发了季鏻盐–磺酸盐类离子液体，如 $[P_{4,4,4,14}]$ $[C_{12}H_{25}PhSO_3]$ (三丁基十四烷基鏻十二烷基苯磺酸盐)、$[P_{6,6,6,14}][C_{12}H_{25}PhSO_3]$ (三己基十四烷基鏻十二烷基苯磺酸盐) 和 $[P_{6,6,6,14}][MeSO_3]$(三己基十四烷基鏻甲基磺酸盐)，该类离子液体相对于含氮的离子液体 (如咪唑类、季铵盐类离子液体 [60])，具有更好的稳定性，而且烷基磺酸盐价格便宜，可生物降解，又不含卤素。他们研究了 CO_2 在这些离子液体中的溶解度，考察了温度和压力对 CO_2 溶解度的影响，同时用扩展亨利定律对实验数据进行关联，得到了不同温度下的亨利常数和标准吉布斯自由能变、标准焓变和标准熵变，并将 CO_2 在离子液体中的亨利常数与常规有机溶剂中的亨利常数进行对比。结果发现 CO_2 在三种离子液体中的溶解度的大小关系为 $[P_{6,6,6,14}][MeSO_3]$ > $[P_{6,6,6,14}][C_{12}H_{25}PhSO_3]$ > $[P_{4,4,4,14}][C_{12}H_{25}PhSO_3]$，相应的亨利常数为常规有机溶剂中的 1/5~1/2。通过和咪唑类离子液体、—NH_2 功能化离子液体以及聚合物类离子液体的对比，发现季鏻盐–磺酸盐类离子液体吸收 CO_2 的能力和咪唑类离子液体吸收 CO_2 的能力差别不大，但远低于功能化离子液体和聚合物类离子液体。

Zhang 等 [61] 合成了一系列的胍类离子液体，研究结果表明 [15,50],CO_2 在胍类离子液体中的溶解度比在常规的咪唑类和季鏻盐类离子液体中普遍高 2~5 倍，在常温常压条件下 CO_2 的平衡溶解度约为 $0.5\%(m/m)$，但 CO_2 在含 —NH_2 功能团的咪唑类离子液体 [9] 中的溶解度却要高得多，在常温常压条件下约 $7\%(m/m)$。为什么 CO_2 在这两类均含 —NH_2 基团的离子液体中的溶解度有如此大的差异？Yu 等 [15] 通过量子化学计算发现，含 —NH_2 的离子液体捕集 CO_2 的能力本质上取决于 —NH_2 的 HOMO (最高占有轨道) 与 CO_2 的 LUMO(最低空轨道) 之间的轨道作用，与 —NH_2 相连基团的性质和 —NH_2 与阴离子之间的氢键是两个决定性因素。进一步研究结果表明，与 —NH$_2$ 相连的供电性亚甲基 {[apbim][BF$_4$] 中}和强吸电性碳正离子 (TMGL 中) 导致了两种离子液中 —NH$_2$ 上 HOMO 轨道能的巨大差异，这是造成两者捕集 CO$_2$ 能力差异的主要原因。以上研究结果揭示了功能团、分子内氢键以及阴阳离子匹配对离子液体捕集 CO$_2$ 的效果具有重要影响，为定向优化设计离子液体的结构和性能提供了不可或缺的理论指导。

3. 高分子离子液体吸收 CO$_2$

目前，已经报道的聚合物类离子液体吸收 CO$_2$ 的研究主要集中在 Tang 等 [16~19] 的研究小组，得到了较好的吸收效果。他们首次发现以离子液体为单体的聚合物吸收 CO$_2$ 的能力比离子液体单体的吸收效果好，最重要的是离子液体聚合物对 CO$_2$ 的吸收和解吸都比离子液体单体要快得多，而且该过程完全可逆。因此，聚合物离子液体是一极具潜力的 CO$_2$ 气体吸收分离的吸收剂和膜材料。他们向咪唑类离子液体的咪唑环结构上引入一个聚合基团 (如 4-乙烯苯基)，然后将其聚合可得到聚合物类离子液体如 PVBIH[聚 1-(4-乙烯苯)-3-丁基咪唑六氟磷酸]、PVBIT[聚 1-(4-乙烯苯)-3-丁基咪唑四氟硼酸]、PBIMT[聚 2-(1-丁基咪唑-3-) 甲基丙烯乙酯四氟硼酸]，并将此类离子液体用于 CO$_2$ 的吸收。图 3.23 所示为 CO$_2$ 在 PVBIT 和 PBIMT 上的吸附 (592.3 mmHg[①] CO$_2$) 和真空下的脱附过程，从图 3.23 可以看出，CO$_2$ 在其中有相当大的溶解度，达到 1.75% 或 2.1%(摩尔分数) 的吸收效果，而且吸附在大约 30 min 内完成，15 min 完全脱附。将 CO$_2$ 在这几种离子液体中的吸附过程与在常用咪唑离子液体 [C$_4$mim][BF$_4$] 以及单体离子液体 BIMT、VBIT、VBIH 中的溶解解吸进行了比较，结果表明 PVBIH、PVBIT、PBIMT 对 CO$_2$ 的吸附效果比其余离子液体高出一倍左右，而且吸附脱附速率也远小于常规离子液体 [C$_4$mim][BF$_4$] 和单体离子液体。

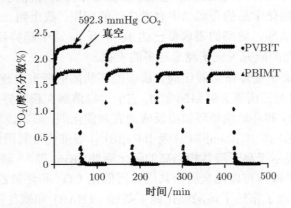

图 3.23　离子液体聚合物 PVBIT 和 PBIMT 对 CO$_2$ 的吸附解吸过程

① 1mmHg = 1.333 22 × 10^{2}Pa。

发现与其单体如 BIMT[2-(1- 丁基咪唑 -3-) 甲基丙烯乙酯四氟硼酸]、VBIT[1-(4- 乙烯苯)-3- 丁基咪唑四氟硼酸]、VBIH[1-(4- 乙烯苯)-3- 丁基咪唑六氟磷酸] 以及常规离子液体 $[C_4mim][BF_4]$ 相比，聚合物离子液体吸收 CO_2 的速率加快，吸收数量增加。例如，压力为 0.8 MPa、温度为 295 K 时，CO_2 在 $[C_4mim][BF_4]$ 中的溶解度[47] 为 0.256wt%(1.30mol%)，而在相同条件下，1.5 h 后，PVBIT 的吸收为 0.305wt%(2.22mol%)，是 $[C_4mim][BF_4]$ 吸收的 1.7 倍。同时，Tang 等[20] 还合成了季铵盐–聚合物类离子液体，发现与常规的咪唑类离子液体和咪唑–聚合物类离子液体相比，该类离子液体有很强的吸收 CO_2 的能力。如以苯乙烯为单体的聚合物离子液体，[VBTMA][PF$_6$](对乙烯苯三甲基铵六氟磷酸) 吸收 CO_2 的能力为 10.67mol%，而且与 N_2 和 O_2 相比，对 CO_2 具有较高的选择性。他们通过扫描电镜和 BET 吸附，发现该离子液体通过表面吸附 CO_2 的能力很弱，因此对 CO_2 的吸收主要是通过聚合物类离子液体的化学结构来实现的。

3.2.3　基于离子液体的 CO_2 固定转化在工业上的应用

固定 CO_2 最终目的是将其再利用，包括直接利用或转化成有用的化学品。由于离子液体的优良特性，常用做一些反应的介质或催化剂，所以很多学者考虑到用离子液体作为介质或催化剂，将 CO_2 转化成其他化学品[23~33]。

1. 离子液体催化环氧化合物与 CO_2 环加成制备环状碳酸酯

由于二氧化碳很不活泼，在固定二氧化碳的反应当中最典型的一个例子是利用二氧化碳和环氧化合物通过环加成反应制备环状碳酸酯。该反应是一个标准的"原子经济"和"绿色化学"反应，它没有任何副产物产生，生成的环状碳酸酯是一种用于纺织、印染、高分子合成以及电化学方面非常好的性能优良的有机溶剂，同时其在药物和精细化学品的合成当中有着广泛的应用。截止到 2006 年，我国对环状碳酸酯特别是碳酸乙烯酯的需求量已达 1000 万 t，这个趋势目前增长迅速，近几十年来，这方面的研究受到了越来越多的重视。

近来，利用离子液体作为催化剂合成碳酸环状酯的研究也逐渐成为热点。Lu 等[62] 合成了一系列四齿席夫碱铝配合物，它们可以溶解在超临界 CO_2 / 环氧乙烷混合物中，是 CO_2 和环氧烷烃环加成反应的有效催化剂；彭家建和邓友全等[63] 首先采用 $[C_4mim][BF_4]$、$[C_4mim][PF_6]$ 及 [bPy][BF$_4$] 等催化环氧丙烷与 CO_2 环加成制环氧丙烯酯，显示了离子液体相当高的催化活性。Kim 等[64] 研究了用 [bmim]Cl 和 [bmim]Br 离子液体与卤化金属盐共同作用催化 CO_2 和环氧乙烷、环氧丙烷的反应。Calo 等报道了常压下熔融溴化四丁基铵 (TBAB) 和碘化四丁基铵 (TBAI) 催化的反应。由于卤离子亲核性的不同，TBAI 表现出比 TBAB 更好的活性。Sun 等[65] 建立发展了一种新型的锌/ 离子液体体系用于合成环状碳酸酯，取得较好的催化活性和产品的选择性。Sun 等[65] 在此基础上开发了具有更高反应活性和选择性的 $ZnCl_2/[PPh_3C_6H_{13}]Br$ 催化体系用于合成环状碳酸酯。研究发现大部分的端位环氧化合物都取得了非常好的催化效果，相应环状碳酸酯的收率均在 85% 以上，使用位阻比较大的环氧环己烷作为反应底物时，得到的产物均为碳酸酯，没有发现聚碳酸酯产物生成。通过催化剂循环使用的研究结果表明，$ZnCl_2/[PPh_3C_6H_{13}]Br$ 对环氧丙烷和 CO_2 的环加成反应表现出了非常高的催化活性及稳定性，催化剂重复使用五次均保持了与第一次使用几乎相同的碳酸丙烯酯收率，并且产品的选择性一直大于 99%。这说明该催化剂体系对于该反应不仅具有非常温和的反应条件、高效的催化活性，而且还表现出极好的稳定性。这些优异的反应性能以及对操作条件的低要求，使该催化剂体系具有非常好的工业应用前景，能够为我国有效地利用和消除 CO_2，开发一套行之有效的同时制备乙二醇和碳酸二甲酯的化学工艺提供了基础理论上的保障。

2. 基于离子液体的乙二醇合成新工艺

乙二醇 (ethylene glycol，EG 或 MEG) 作为一种基本的化工原料，其应用范围特别广泛。它既可以作为生产润滑剂、增塑剂、表面活性剂、炸药、油漆、胶黏剂、油墨、照相显影液、水力制动液、聚酯树脂和聚酯纤维等的生产原料，又可以作为防冻液和溶剂直接应用到工业生产中。因此，它是一种有广泛应用的基础有机化工原料。

目前，世界上主要通过直接水合法来制备乙二醇。这是一种比较成熟的生产工艺，但是不足之处是生产工艺流程长、设备多、能耗高，直接影响乙二醇的生产成本。后来，又开发出催化水合法制备乙二醇，虽然采取这种方法的水比已经降低到10:1，但是，鉴于水资源日益匮乏的现状，这种方法还是不能满足生产技术要求。

由于环状碳酸酯可以水解和醇解制备相应的乙二醇和碳酸二甲酯，所以这方面的研究就具有很强的工业价值。为了减少乙二醇制备中的能源浪费，同时又合理的回收利用 CO_2，可将氧化得到的环氧乙烷和该过程中放出的 CO_2 有机地结合并耦合利用起来，以离子液体为催化剂，用 CO_2 和环氧乙烷通过环加成生产碳酸乙烯酯，再与甲醇或水交换，这样，不用分离 CO_2 和环氧乙烷就可将 CO_2 固定转化，在得到乙二醇的同时可以附加得到碳酸二甲酯，既减少了能耗又避免了 CO_2 的排放。其基本原理如图 3.24 所示，其中虚线箭头表示原始生产线路，实线箭头表示所提出的路线。

碳酸乙烯酯法是新兴起来的制备乙二醇的方法，其水比最低可以达到 1:1，选择性可达到 99% 以上，因此，这一方法成了近年来的研究重点。陶氏化学公司采用碱金属或碱金属衍生物作催化剂，在 200 ℃反应 4 h，碳酸乙烯酯转化率为 45%。随后，在研究中发现，通过及时移走反应生成的碳酸二甲酯和甲醇共沸物，可以提

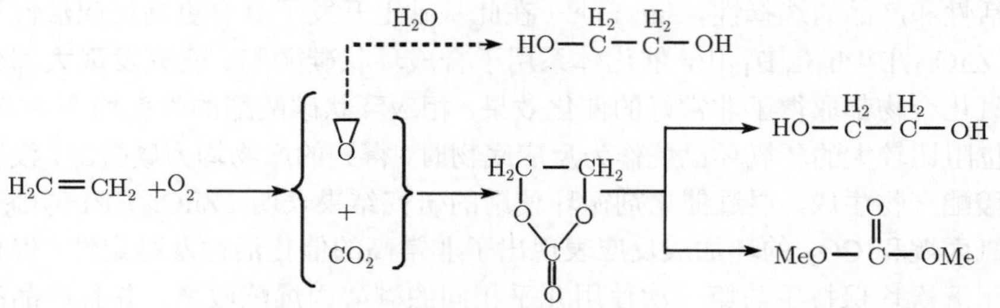

$$H_2C=CH_2 + O_2 \longrightarrow \left\{ \begin{array}{c} \text{环氧乙烷} \\ + \\ CO_2 \end{array} \right\} \longrightarrow \text{碳酸乙烯酯} \longrightarrow \begin{array}{c} HO-CH_2-CH_2-OH \\ MeO-CO-OMe \end{array}$$

$$H_2O \longrightarrow HO-CH_2-CH_2-OH$$

图 3.24　碳酸乙烯酯法联产生产乙二醇和碳酸二甲酯

高碳酸乙烯酯的转化率，生成的碳酸二甲酯和乙二醇可以通过冷却结晶和萃取精馏的方法进行分离。Texaco 公司开发了以离子交换树脂为催化剂的技术，使碳酸二甲酯的选择性达到 99% 以上，乙二醇的选择性达到 97% 以上，从而为乙二醇和碳酸二甲酯联产技术的工业化打下了基础。日本触媒公司研制开发出具有工业化规模的碳酸乙烯酯水解合成乙二醇工艺。其中，第一步的酯化反应采用碘化钾为催化剂，环氧乙烷和二氧化碳于 160 ℃下进行反应，环氧乙烷的转化率为 99.9%，碳酸乙烯酯的选择性为 100%；第二步碳酸乙烯酯的水解反应用活性氧化铝为催化剂，在反应温度为 140 ℃、反应压力为 2.2 MPa 条件下进行，乙二醇的收率可以达到 99.8%。2001 年，川边一毅[66] 开发出同时制备乙二醇和碳酸酯的方法。采用磷鎓盐作为催化剂，用碱金属碳酸盐作为促进剂，可以得到 99.9% 的碳酸乙烯酯。2002 年，由日本三菱化学公司开发的以环氧乙烷为原料经碳酸乙烯酯生产乙二醇的新工艺取得了突破性进展。该工艺以环氧乙烷装置制得的含水 40% 的环氧乙烷和二氧化碳为原料，使季鏻盐催化剂完全溶解在反应液中，反应几乎可使所有的环氧乙烷全部转化为碳酸乙烯酯和乙二醇，碳酸乙烯酯再在加水分解反应器中全部转化成乙二醇。此过程生成的二氧化碳大部分可以循环再利用，因而不会引起不锈钢设备的腐蚀问题，故反应器可采用不锈钢材。生成的乙二醇进入脱水塔除去水分之后，与催化剂分离，然后在乙二醇塔中精制成高纯度的乙二醇。该催化工艺具有如下特征：①单乙二醇选择性超过 99%，因而既可减少原料乙烯和氧气的消耗量，又可删除多余的 DEG 和 TEG 精制设备和运输设备，从而节约了投资费用；②水比为 1.2~1.5:1，接近化学计算值，大大降低了产生蒸气所需要的能量；③反应采用低温、低压条件，所以在工艺中采用中压蒸气即可，且用量很少，两步反应所采用的压力均为传统工艺的 1/2，且可制得高质量的乙二醇。三菱化学公司于 1997 年在鹿岛建成一套 1.5 万 t/a 的中试装置，并于 2001 年 7 月投入运行。

在川边一毅等[66,67] 的乙二醇新生产工艺中，催化剂是至关重要的因素。据称该工艺采用的是基于四价磷的均相催化剂，结构式为 (RI)PX，其中 RI 为烷基和芳基基团，X 为卤素基团。采用这种催化剂时，环氧乙烷转化为乙二醇的速率比不采用催化剂高数百倍，因此反应体系中乙二醇浓度高，环氧乙烷浓度低，副产 DEG 和 TEG 更少，乙二醇选择性可以达到 99.3%~99.4%。为配合新催化剂的工业化，三菱化学公司还同时解决了反应器材质和高效反应器的开发，包括低催化剂消耗量在内的工艺条件优化以及产品质量提升等问题。2002 年 4 月，三菱化学公司与掌握先进环氧乙烷生产技术的壳牌公司签订了独家转让权，壳牌公司拥有转让权并转让工艺，而三菱化学公司则提供催化剂，以共同推进 "Shell/MCC" 联合工艺的发展。壳牌公司已经同意对台湾中国人造纤维公司 (CMFC) 新建的 EO/EG 装置发放工艺许可证。此工艺包括使用壳牌化学 CRI 开发的高选择性 EO 催化剂和日本三菱化学公司开发的 EO 催化水合技术，也是壳牌公司对此技术发放的第一张工艺许可证。

中国科学院兰州化学物理研究所近日完成了由环氧乙烷与二氧化碳合成碳酸乙烯酯，经甲醇酯交换合成乙二醇，联产碳酸二甲酯的全流程工艺开发。该技术针对聚酯合成对乙二醇产品质量的高要求，开发了适应规模化生产的管式循环反应工艺、分离耦合工艺和乙二醇产品催化精制技术，为低成本、工业化生产乙二醇和廉价碳酸二甲酯提供了技术支撑。目前该项目已经进入中试开发阶段。

中国科学院过程工程研究所与中国石油化工股份有限公司北京燕山分公司合作开发了含水条件下由环氧乙烷与 CO_2 合成碳酸乙烯酯，再经酯的水解制备乙二醇的高效清洁新工艺。该工艺与传统的水合法以及现有的两步法合成乙二醇工艺相比，反应条件更加温和，能耗更低，目前已取得了阶段性的进展。

另一方面由于均相催化存在催化剂回收困难，需要额外添加设备，增加设备投资等不利因素。现在，固载离子液体催化剂用于 CO_2 的固定转化合成环状碳酸酯逐渐成为热点。Wang 等[68]、Rebecca 和 Christopher[69] 研究了二氧化硅固载卤代正丁基季铵盐离子液体催化环氧化合物，得出溴代正丁基季铵盐的催化效果最好，在压力为 8 MPa，温度 150 ℃，用环氧丙烷做实验，其收率为 97%，选择性为 98%。用二氧化硅固载 [bmim][BF$_4$]，得到碳酸乙烯酯的收率为 92%，选择性为 94%。最近中国科学院化学研究所韩布兴课题组[70] 开发了高交联树脂固载的 [bmim]Cl 离子液体催化剂用于环状碳酸酯的合成，该多相催化剂的活性明显高于单一离子液体 [bmim]Cl 的活性。

3. 离子液体催化炔丙基醇与 CO_2 合成不饱和环状碳酸

离子液体还可以用于 CO_2 和炔丙醇合成烷基碳酸酯的反应，如合成亚甲基环状碳酸酯[28]，利用 [C$_4$mim][PhSO$_3$] 离子液体和 CuCl 作为催化剂，很大地提高了反应产率和反应速率，减少了副反应的发生，而且离子液体可以循环利用，实验结果如表 3.3 所示。

表 3.3 不同溶剂中 CO_2 和炔丙醇的反应结果

序号	离子液体	转化率/%	选择性/%	收率/%
1	[bmim][PhSO₃]	99	约 100	97
2	[bmim][BF₄]	65	99	62
3	[bmim][PF₆]	100	0	—
4	[bmim][NO₃]	50	95	46
5	[bupy][BF₄]	44	99	41
6	[bupy][PhSO₃]	80	99	78
7	CH₂Cl₂	8	98	—
8	Toluene	2	约 100	—
9	THF	8	约 100	—
10	Dioxane	3	98	—
11	DMSO	0	0	—
12	Sulfolane	0	0	—
13	Nitromethane	41	99	40
14	DMF	62	约 100	60
15	DMAC	34	约 100	30
16		0	0	—

4. 离子液体中胺与 CO_2 制备脲类化合物

脲类化合物也是一类重要的有机中间体,它可以通过醇解得到氨基甲酸酯化合物,进而热解生成异氰酸酯,这三类化合物在医药、农药、聚氨酯等行业中有着非常广泛的应用。利用离子液体催化二氧化碳这种绿色的羰基化试剂和胺类化合物合成这些重要的精细化工中间体具有非常重要的理论和应用意义。离子液体在 CO_2 和氨合成尿素及尿素衍生物中可以作为溶剂,也可以作为助剂存在。与传统的在有机溶剂中的反应相比,离子液体不但可以提高催化活性和选择性,还可以避免引入脱水剂。Shi 等[31] 利用 CsOH/IL 催化体系,如下式所示,合成对称的尿素衍生物,不仅方法简单,易于分离,而且反应产率高。反应式如下:

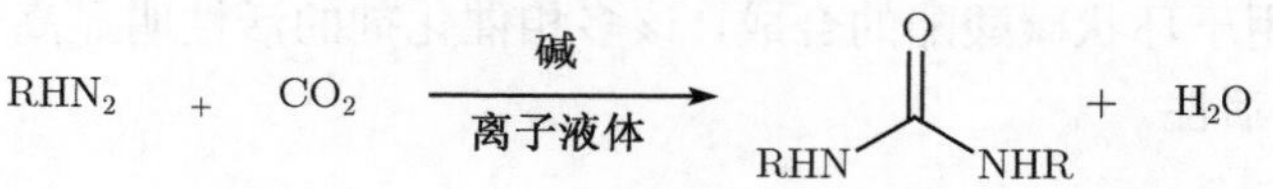

$$RHN_2 + CO_2 \xrightarrow[\text{离子液体}]{\text{碱}} RHN-\overset{O}{\underset{\|}{C}}-NHR + H_2O$$

R=环己基, 己基, 苯基,　　4-甲氧基-苯基　　收率=27%~98%

5. 其他反应

除此之外离子液体负载其他催化剂,以 CO_2 替代光气 (COCl₂) 为羰基化试剂合成脲类化合物或噁唑烷酮类化合物[32];离子液体为催化剂,以 CO_2 替代 CO 为羰基化试剂与烯烃氢甲酰合成烷基醇[33]；此外，离子液体作为电化学介质[34~36]，在超临界反应条件下，将 CO_2 电还原为 CO、H_2 和少量甲醛。

3.2.4　展望

随着全球"温室效应"等环境问题与能源危机的日益突出，二氧化碳的吸收—固定—转化已经成为世界范围内可持续发展中的一个研究热点。CO_2 不只是一种温室气体，同时还是非常重要的工业原料。用二氧化碳作为 C1 起始原料的固定二氧化碳反应研究取得了比较大的进展也得到了越来越多的关注。该反应可以以环氧化合物、醇、胺、烯烃类化合物作为反应底物，用来合成碳酸酯，氨基甲酸酯、脲、羧酸等含有羰基的有机化合物。但是上述合成环氧化合物与 CO_2 的反应，都是以纯 CO_2 为反应原料，这对于如何利用工业废气中的 CO_2 提出了要求。这就需要首先实现工业废气中 CO_2 的高效固定，然后将其转化。若能在 CO_2 固定的同时将其转化成有用的化学产品或中间体，将具有重大的意义，即在处理废物利用的同时，考虑到原子经济性等绿色问题。

作为新兴吸收 CO_2 的溶剂，离子液体从 20 世纪 90 年代开始得到了迅猛的发展，除了十几种常规的离子液体外，各种各样的功能化离子液体也在不断得到开发和应用。近年来，离子液体逐渐成为化学化工领域中研究的热点。由于离子液体自身独特的性质，它被认为与超临界 CO_2、双水相一起构成三大绿色溶剂。离子液体作为环境友好的"清洁"溶剂和新兴的催化体系日益受到世界各国化学工业界与石油化工工业界的接受和关注。由于离子液体相对于其他化学品还是一类"新化学品"，基础理论和实验研究刚刚起步，尚不充分和深入。离子液体在实现产业化之前，必须有较为充足的理论研究和大量实验数据支持。目前人们对离子液体宏观性质方面的研究比较广泛和深入，但对于微观结构的认识还有待进一步加深。尽管不少课题组运用量子化学以及分子模拟手段对离子液体微观结构进行了探讨，但是对于其微观结构以及离子间相互作用力方面的认识还不够清楚。因此要实现离子液体产业化仍需突破，如离子液体的物理化学数据，离子液体结构与性质之间的关系有待深入研究，离子液体的表征手段比较缺乏，离子液体成本等问题有待解决。值得一提的是，在国内，离子液体的规模化生产也已经取得突破性进展。中国科学院过程工程研究所张锁江课题组基于离子液体的数据库及对离子液体的分类，通过对多种离子液体的合成、分离、纯化等过程的系统分析和归纳，提炼出了制备多种离子液体的通用原则流程和共性规律，并通过技术成果的转让，建立了规模化的生产设备。伴随着离子液体的规模化制备，离子液体将会逐步地从基础理论的研究过渡到工业应用的研究。因而基于离子液体的 CO_2 固定转化技术有朝一日必将能够转化成生产力推动绿色化学化工以及可持续发展的进程。

参 考 文 献

[1] 石英杰, 吴昊, 王丽娟等. CO_2 固定化及资源化的技术进展. 研究进展, 2006, 1: 40~42

[2] Yu-Taek S. Efficient recovery of CO_2 from flue gas by clathrate hydrate formation in porous silica gels. Environ Sci Technol, 2005, 39: 2315~2319

[3] Hagg M B, Lindbrathen A. CO_2 capture from natural gas fired power plants by using membrane technology. Ind Eng Chem Res, 2005, 44: 7668~7675

[4] Mamun S, Nilsen R, Svendsen H F. Solubility of carbon dioxide in 30 mass % monoethanolamine and 50 mass % methyldiethanolamine solutions. J Chem Eng Data, 2005, 50: 630~634

[5] Siriwardane R V, Shen M S, Fisher E P. Adsorption of CO_2 on zeolites at moderate temperatures. Energy Fuels, 2005, 19: 1153~1159

[6] Filburn T, Helble J J, Weiss R A. Development of supported ethanolamines and modified ethanolamines for CO_2 capture. Ind Eng Chem Res, 2005, 44: 1542~1546

[7] 高桥达人, 矶尾典男, 加藤诚等. 减少排出二氧化碳气的方法. 申请号: 200510082337, 2005

[8] 周集体, 王竞, 杨凤林. 微生物固定 CO_2 研究进展. 环境科学进展, 1999, 7: 1~9

[9] Bates E D, Mayton R D, Ntai I, et al. CO_2 capture by a task-specific ionic liquid. J Am Chem Soc, 2002, 124: 926, 927

[10] Zhang J M, Zhang S J, Dong K, et al. Supported absorption of CO_2 by tetrabutylphosphonium amino acid ionic liquids. Chem Eur J, 2006, 12: 4021~4026

[11] Freemantle M. Eyes on ionic liquids. Chem Eng News, 2000, 78(20): 37~50

[12] Scovazzo P, Kieft J, Finan D A, et al. Gas separations using non-hexafluorophosphate $[PF_6]$- anion supported ionic liquid membranes. J Membrane Science, 2004, 238: 57~63

[13] Zhang S J. Ionic Liquids: a kind of new green mediums for fixation and utilization of CO_2 under mild conditions. 8th International Conference on CO_2 Utilization (ICCDU VIII), Oslo Norway, June 20~23, 2005

[14] Jessop P G, Ikariya T, Noyori R. Homogeneous catalysis in supercritical fluids. Chem Rev, 1999, 99: 475~494

[15] Yu G R, Zhang S J, Yao X Q, et al. Design of task-specific ionic liquids for capturing CO_2: a molecular orbital study. Ind Eng Chem Res, 2006, 45: 2875~2880

[16] Tang J B, Sun W L, Tang H D, et al. Poly(ionic liquid)s as new materials for CO_2 absorption. J Polym Sci, Part A Polym Chem, 2005, 43: 5477~5489

[17] Tang J B, Sun W L, Tang H D, et al. Enhanced CO_2 absorption of poly(ionic liquid)s. Macromolecules, 2005, 38: 2037~2039

[18] Tang H D, Tang J B, Ding S J, et al. Atom transfer radical polymerization of styrenic ionic liquid monomers and carbon dioxide absorption of the polymerized ionic liquids. J Polym Sci Part A Polym Chem, 2005, 43: 1432,1443

[19] Tang J B, Tang H D, Sun W L, et al. Poly(ionic liquid)s: a new material with enhanced and fast CO_2 absorption. Chem Commun, 2005, 3325~3327

[20] Tang J B, Tang H D, Sun W L, et al. Low-pressure CO_2 absorption in ammonium-based poly(ionic liquid)s. Polymer, 2005, 46: 12460~12467

[21] Zhang S J, Chen Y H, Li F W, et al. Fixation and conversion of CO_2 using ionic liquids. Catal Today, 2006, 115: 61~69

[22] Lu X B, Zhang Y J, Liang B, et al. Chemical fixation of carbon dioxide to cyclic carbonates under extremely mild conditions with highly active bifunctional catalysts. J Mol Catal A Chem, 2004, 210: 31~34

[23] Li F W, Xiao L F, Xia C G, et al. Chemical fixation of CO_2 with highly efficient $ZnCl_2$/[BMIm]Br catalyst system. Tetrahedron Lett, 2004, 45: 8307~8310

[24] Alvaro M, Baleizao C, Das D, et al. CO_2 fixation using recoverable chromium salen catalysts: use of ionic liquids as cosolvent or high-surface-area silicates as supports. J Catal, 2004, 228: 254~258

[25] Xie X F, Liotta C L, Eckert C A. CO_2-catalyzed acetal formation in CO_2-expanded methanol and ethylene glycol. Ind Eng Chem Res, 2004, 43: 2605~2609

[26] Calo V, Nacci A, Monopoli A, et al. Cyclic carbonate formation from carbon dioxide and oxiranes in tetrabutylammonium halides as solvents and catalysts. Org Lett, 2002, 4:2561~2563

[27] Sun J M, Fujita S I, Bhanage B M, et al. Direct oxidative carboxylation of styrene to styrene carbonate in the presence of ionic liquids. Catal Commun, 2004, 5: 83~87

[28] Gu Y L, Shi F, Deng Y Q. Ionic liquid as an efficient promoting medium for fixation of CO_2: clean synthesis of r-methylene cyclic carbonates from CO_2 and propargyl alcohols catalyzed by metal salts under mild conditions. J Org Chem, 2004, 69: 391~394

[29] Kim H S, Kim J J, Kim H G, et al. Imidazolium zinc tetrahalide-catalyzed coupling reaction of CO_2 and ethylene oxide or propylene oxide. J Catal, 2003, 220: 44~46

[30] Buzzeo M C, Klymenko O V, Wadhawan J D, et al. Kinetic analysis of the reaction between electrogenerated superoxide and carbon dioxide in the room temperature ionic liquids 1-ethyl-3-methylimidazolium bis(trifluoro-methylsulfonyl)- imide and hexyltriethylammonium bis(trifluoromethylsulfonyl)imide. J Phys Chem B, 2004, 108: 3947~3954

[31] Shi F, Deng Y Q, Sima T L,et al. Alternative to phosgene and carbon dioxide: synthesis of symmetric urea derivatives with carbon dioxide in ionic liquids. Angew Chem Int Ed, 2003, 42: 3257~3260

[32] Gabriele B, Mancuso R, Salerno G, et al. An improved procedure for the palladium catalyzed oxidative carbonylation of β-amino alcohols to oxazolidin-2-ones. J Org Chem, 2003, 68: 601,602

[33] Tominaga K, Sasaki Y. Biphasic hydroformylation of 1-hexene with carbon dioxide catalyzed by ruthenium complex in ionic liquids. Chem Lett, 2004, 33:14,15

[34] Zhao H Y, Jiang T, Han B X, et al. Electrochemical reduction of supercritical carbon

dioxide in ionic liquid 1-n-butyl-3-methylimidazolium hexafluorophosphate. J Supercrit Fluids, 2004, 32: 287~291

[35] Yang H Z, Gu Y L, Deng Y Q. Electrochemical activation of carbon dioxide in room temperature ionic liquids: synthesis of cyclic carbonates. Chem Commun, 2002: 274, 275

[36] Kawanami H, Sasaki A, Matsui K, et al. A rapid and effective synthesis of propylene carbonate using a supercritical CO_2-ionic liquid system. Chem Commun, 2003, 896, 897

[37] Zhang S J, Chen Y H, Ren R X F, et al. Solubility of CO_2 in sulfonate ionic liquids at high pressure. J Chem Eng Data, 2005, 50(1): 230~233

[38] Kazarian S G, Briscoe B J, Welton T. Combining ionic liquids and supercritical fluids: in situ ATR-IR study of CO_2 dissolved in two ionic liquids at high pressures. Chem Commun, 2000, 2047, 2048

[39] Anthony J L, Crosthwaite J M, Hert D G, et al. Phase equilibria of gases and liquids with 1-n-butyl-3-methylimidazolium tetrafluoroborate. ACS Symposium Series, 2003, 856: 110~120

[40] Blanchard L A, Gu Z, Brennecke J F. High-pressure phase behavior of ionic liquid/CO_2 systems. J Phys Chem B, 2001, 105: 2437~2444

[41] Blanchard L A, Brennecke J F. Recovery of organic products from ionic liquids using supercritical carbon dioxide. Ind Eng Chem Res, 2001, 40: 287~292

[42] Scurto A M, Aki S N V K, Brennecke J F. CO_2 as a separation switch for ionic liquid/organic mixtures. J Am Chem Soc, 2002, 124: 10276, 10277

[43] Anthony J L, Maginn E J, Brennecke J F. Solubilities and thermodynamic properties of gases in the ionic liquid 1-n-butyl-3-methylimidazolium hexafluorophosphate. J Phys Chem B, 2002, 106: 7315~7320

[44] Scurto A M, Aki S N V K, Breennecke J F. Carbon dioxide induced separation of ionic lquids and water. Chem Commun, 2003: 572, 573

[45] Aki S N V K, Mellein B R, Saurer E M, et al. High-pressure phase behavior of carbon dioxide with imidazolium-based ionic liquids. J Phys Chem B, 2004, 108: 20355~20365

[46] Fredlake C P, Muldoon M J, Aki S N V K, et al. Solvent strength of ionic liquid/CO_2 mixtures. Phys Chem Chem Phys, 2004, 6: 3280~3285

[47] Cadena C, Anthony J L, Shah J K, et al. Why is CO_2 so soluble in imidazolium-based ionic liquids? J Am Chem Soc, 2004, 126 : 5300~5308

[48] Anthony J L, Anderson J L, Maginn E J, et al. Anion effects on gas solubility in ionic liquids. J Phys Chem B, 2005, 109 : 6366~6374

[49] Aki S N V K, Scurto A M, Brennecke J F. Ternary phase behavior of ionic liquid (IL)-organic-CO_2 systems. Ind Eng Chem Res, 2006, 45: 5574~5585

[50] Yuan X L, Zhang S J, Chen Y H, et al. Solubilities of gases in 1,1,3,3-tetramethy-

lguanidium lactate at elevated pressures. J Chem Eng Data, 2006, 51: 645~647

[51] Yuan X L, Liu J, Zhang S J, et al. Solubilities of CO_2 in hydroxyl ammonium ionic liquids at elevated pressures. Fluid Phase Equilibria, 2007, 257: 195~200

[52] Yuan X L, Zhang S J, Lu X M. Hydroxyl ammonium ionic liquids: synthesis and application in the Absorption of SO_2. J Chem Eng Data, 2007, 52: 596~599

[53] Dong K, Zhang S J, Wang D X, et al. Hydrogen bonds in imidazolium ionic liquids. J Phys Chem A, 2006, 110: 9775~9782

[54] Kazarian S G, Briscoe B J, Welton T. Combining ionic liquids and supercritical fluids: in situ ATR-IR study of CO_2 dissolved in two ionic liquids at high pressures. Chem Commun, 2000: 2047, 2048

[55] Camper D, Becker C, Koval C, et al. Diffusion and solubility measurements in room temperature ionic liquids. Ind Eng Chem Res, 2006, 45(1): 445~450

[56] Gao H, Han B, Li J, et al. Preparation of room-temperature ionic liquids by neutralization of 1,1,3,3-tetramethylguanidine with acids and their use as media for mannich reaction. Synth Commun, 2004, 34:3083~3089

[57] Zhang S J, Yuan X L, Chen Y H, et al. Solubilities of CO_2 in 1-butyl-3-methylimidazolium hexafluorophosphate and 1,1,3,3-tetramethylguanidium lactate at elevated pressures. J Chem Eng Data, 2005, 50:1582~1585

[58] Zhang S J, ChenY H, Ren Rex X-F, et al. Solubility of CO_2 in sulfonate ionic liquids at high pressure. J Chem Eng Data, 2005, 230~233

[59] Chen Y H, Zhang S J, Yuan X L, et al. Solubility of CO_2 in imidazolium-based tetrafluoroborate ionic liquids. Thermmochimica Acta, 2006, 42~44

[60] Wang Z M, Wang C N, Bao W L. Task-specific ionic liquids as efficient, green and recyclable reagents and solvents for oxidation of olefins. J Chem Res Synop, 2006, 388~390

[61] Zhang S J, Yuan X L, Chen Y H, et al. Solubilities of CO_2 in 1-butyl-3-methylimidazolium hexafluorophosphate and 1,1,3,3-tetramethylguanidium lactate at elevated pressures. J Chem Eng Data, 2005, 50 (5): 1582~1586

[62] Lu X B, Zhang Y J, Jin K, et al. Highly active electrophile–nucleophile catalyst system for the cycloaddition of CO_2 to epoxides at ambient temperature. J Catal, 2004, 227: 537~541

[63] Peng J J, Deng Y Q. Cycloaddition of carbon dioxide to propylene oxide catalyzed by ionic liquids. New J Chem, 2001, 25: 639~645

[64] Kim H S, Bae J Y, Lee J S, et al. Phosphine-bound zinc halide complexes for the coupling reaction of ethylene oxide and carbon dioxide. J Catal 2005, 232: 80~84

[65] Sun J, Wang L, Zhang S J, et al. $ZnCl_2$/phosphonium halide: an efficient Lewis acid/base catalyst for the synthesis of cyclic carbonate. J Mol Catal A, 2006, 256: 295~300

[66] 川边一毅. 同时制备乙二醇和碳酸酯的方法. CN 01103039. 9, 2001

[67] 川边一毅, 村田一彦, 古屋俊行. 乙二醇制备方法. CN 96121781.2, 1997

[68] Wang J Q, Kong D L, Chenb J Y, et al. Synthesis of cyclic carbonates from epoxides and carbon dioxide over silica-supported quaternary ammonium salts under supercritical conditions. J Mol Catal A, 2006, 249 :143~148

[69] Rebecca A S, Christopher W J. Homogeneous and heterogeneous 4-(N,N-dialkylamino) pyridines as effective single component catalysts in the synthesis of propylene carbonate. J Mol Catal A, 2007, 261: 160~166

[70] Xie Y, Zhang Z F, Jiang T, et al. CO_2 cycloaddition reactions catalyzed by an ionic liquid grafted onto a highly cross-linked polymer matrix. Angew Chem Int Ed, 2007, 46: 7255~7258

3.3　离子液体烷基化反应新过程

有机化学中一切引入烷基基团的化学反应, 都可以称为烷基化反应。在烷基化反应的各种工业应用中, 以异丁烷为烷基化试剂, 对低分子烯烃 (主要是丁烯和丙烯) 进行烷基化反应, 并以生成高辛烷值烷基化汽油为目的的异丁烷烷基化是最重要的烷基化工业应用之一。氢氟酸和浓硫酸是这一反应的传统工业催化剂。尽管氢氟酸和浓硫酸在活性、选择性和催化剂寿命上都表现出了良好的性能, 但生产过程中氢氟酸和浓硫酸所造成的环境污染、设备腐蚀和人身伤害等问题, 使得异丁烷烷基化的工业应用受到了很大限制。烷基化工业迫切需要一种 "友好" 的酸性催化剂以替代现有的液体强酸, 而寻找新的催化材料、开发新型工艺则是解决异丁烷烷基化现有问题的根本出路。

近几十年来, 新型烷基化催化剂的研究工作从未间断。固体酸、$AlCl_3$–乙醚体系、杂多酸–乙酸体系以及液体超强酸, 都曾作为催化剂引入到异丁烷烷基化反应中并加以研究。尽管这些新型催化材料目前尚未能在烷基化工业中实现大规模应用, 但其研究成果为以后寻找制备新型烷基化催化剂, 更好地理解烷基化反应都奠定了坚实的理论基础。

3.3.1　烷基化技术的现状及研究进展

1. 工业中的异丁烷烷基化及其技术水平

石油炼制工业中的异丁烷烷基化主要指使用氢氟酸或浓硫酸催化异丁烷和丁烯的烷基化反应, 它已经有六十多年的研究与应用历史[1,2]。抛开环境保护、设备腐蚀、人身伤害等因素, 仅就技术本身而言, 浓硫酸、氢氟酸烷基化工艺十分成熟, 所生产的烷基化油品质优良, 研究法辛烷值 (RON) 普遍能够达到 94, 在较优的操作条件下, RON 能够达到 97 以上, 产品饱和蒸气压低, 烯烃、芳烃等含量极少[3]。此外, 工业浓硫酸、氢氟酸烷基化对催化裂化气体适应性很强, 浓硫酸对于 1-丁烯、2- 丁烯，氢氟酸对于异丁烯、2- 丁烯都可以生产出优良的烷基化油。近年来对于使用硫酸催化异戊烷和丙烯进行烷基化的研究与应用，更加拓展了传统工艺的适应能力[4]。经过几十年的发展，浓硫酸、氢氟酸烷基化的相关装置与设备也都十分成熟，Stratco、UOP 以及 Philips 等公司分别拥有浓硫酸、氢氟酸烷基化工艺的多项专利技术[5,6]。表 3.4 和表 3.5 分别为氢氟酸和浓硫酸催化异丁烷与不同丁烯烷基化所得烷基化油的典型分布[5]。

表 3.4　氢氟酸催化不同丁烯烷基化油的典型分布质量分数　　　　（单位:%）

丁烯原料	1- 丁烯	反 -2- 丁烯	顺 -2- 丁烯	异丁烯	混合丁烯 [a]
C_5	3.32	1.91	1.79	5.59	5.11
C_6	1.65	1.49	1.52	3.11	3.69
C_7	2.38	2.27	2.08	3.7	3.8
三甲基戊烷 (TMP)	65.83	84.15	83.85	71.32	57.14
二甲基己烷 (DMH)	18.78	7.25	7.18	8.81	13.25
$n(\text{TMP})/n(\text{DMH})$	3.51	11.61	11.68	8.09	4.31
C_8	84.97	91.40	91.81	80.13	70.67
C_{9+}	7.68	2.93	2.8	7.57	3.2
RON	94.4	97.8	97.6	95.6	94.5

a. 混合丁烯各组分的体积百分含量: 1- 丁烯为 6.5%,2- 丁烯为 63.0%, 异丁烯为 30.5%。

表 3.5　浓硫酸催化不同丁烯烷基化油的典型分布质量分数　　　　（单位:%）

丁烯原料	异丁烯	1- 丁烯	2- 丁烯	混合丁烯 [a]
C_5	—	—	—	8.0
C_6	8.2	7.0	6.5	7.3
C_7	6.7	5.7	5.7	6.4
$n(\text{TMP})/n(\text{DMH})$	5.6	5.6	7.7	4.4
C_8	49.8	68.5	72.1	62.2
C_{9+}	35.3	18.8	15.7	16.1
RON	94.7	95.6	96.6	94.1

a. 混合丁烯各组分的体积百分含量: 1- 丁烯为 6.5%, 2- 丁烯为 63.0%, 异丁烯为 30.5%。

工业烷基化油的质量普遍较高，这和浓硫酸、氢氟酸的性质密切相关。表 3.6 列出了上述两种催化剂的部分物理性质[6]。其中酸强度以及异丁烷在酸中的溶解度是对烷基化反应最为重要的性质。过高和过低的酸强度都会加大副反应产物的生成，而异丁烷在酸中的溶解度高，将有利于减少副反应，增加酸-烃界面上发生烷基化主反应的正碳离子的浓度，减少烷基化正碳离子在酸-烃界面上的停留时间，从而减少异构化和聚合等的副反应产物。烷基化原料中烯烃分子的质子化主要取决于催化剂的酸强度，而形成正碳离子的浓度与异丁烷在酸中溶解度的关系最为密切 (工艺参数见表 3.7)。

表 3.6　工业烷基化催化剂的基本性质

性质	氢氟酸	浓硫酸
相对分子质量	20.01	98.08
沸点/℃	19.4	290
凝点/℃		
100%	−82.8	10
98%	—	3
相对密度	0.99	1.84
黏度/(mPa·s)	0.256 (0 ℃)	33 (15 ℃)
表面张力/(10^{-5}N·cm^{-1})	8.1 (27 ℃)	55 (20 ℃)
比热容/[kJ·(kg·K)$^{-1}$]	3.48 (−1 ℃)	1.38 (20 ℃)
Hammett 酸强度 (H_0) (25 ℃)		
100%	−10	−11.1
98%	−8.9	−9.4
介电常数	84 (0 ℃)	114 (20 ℃)
溶解度 (质量分数)/%		
27 ℃异丁烷在 100%酸中	2.7	—
13 ℃异丁烷在 99.5%酸中	—	0.1
27 ℃氢氟酸在异丁烷中	0.44	—

表 3.7　工业烷基化反应典型工艺参数

工艺条件	氢氟酸法烷基化	硫酸法烷基化
水/(mg·kg^{-1})	<500	<500
总硫/(mg·kg^{-1})	<20	<100
二烯烃 (质量分数)/%	<0.5	<0.2
乙烯/(mg·kg^{-1})	—	<10
甲醇/(mg·kg^{-1})	<50	<50
二甲醚/(mg·kg^{-1})	<100	
甲基叔丁基醚/(mg·kg^{-1})	<50	
烷烯比	10:1~15:1	5:1~8:1
反应温度/ ℃	25~40	4~10
反应时间/ min	5~20	20~30
研究法辛烷值	92.9~97.4	93.5~95
马达法辛烷值	91.5~94	92~93

　　另一方面, 工艺条件和控制参数的优化对降低操作费用、保证烷基化油质量和产率也非常重要。它们包括: ①酸浓度; ②反应温度; ③异丁烷与烯烃的物质的量比 (烷烯比); ④原料组成; ⑤分散作用[7]。

　　从以上叙述不难看出, 工业中的异丁烷烷基化工艺成熟, 无论是产品的选择性还是收率, 浓硫酸与氢氟酸都表现出了很高的催化性能, 而这些无疑都为新型烷基化催化剂走向工业应用设置了很高的技术门槛。因此, Albright[4] 认为要使新型烷

基化催化剂 及其工艺真正地从实验研究走向工业应用，那么就应当在烷基化油品质、对原料的适应性、催化活性与寿命、工艺设计与操作的简洁性、催化剂的再生与消耗等多方面与现有的浓硫酸、氢氟酸烷基化工艺进行深入的研究与比较。数十年来传统异丁烷烷基化工艺迟迟得不到发展的主要原因也大多和上述比较的欠缺有关。

2. 新型异丁烷烷基化催化剂的研究

新型异丁烷烷基化催化剂的研究主要围绕液体酸和固体酸[8] 这两类催化剂展开。

1) 受抑制的 $AlCl_3$–醚化物催化剂

早期的异丁烷烷基化反应曾广泛使用无水 $AlCl_3$ 或把 $AlCl_3$ 溶于二烷基醚以催化反应进行[1,9]。根据所述的烷基化反应机理可知，C_8^+ 正碳离子异构体通过快速地与异丁烷进行氢转移生成异辛烷，而异丁烷在酸相中的溶解度越大，则从异丁烷转移负氢离子的能力也就越强。异丁烷在 98.7%(体积分数) 的浓硫酸中的溶解度在 13.3 ℃时只有 0.07%(体积分数)，因此开发一种能更多地溶解异丁烷又不引起更多副反应的酸性催化剂十分重要。$AlCl_3$ 和二烷基醚等物质的量的配合物能够解决异丁烷的溶解度问题。然而这种催化剂活性很高，但选择性却很差。Roebuck和 Evering[10] 在前人工作的基础上制成了可在室温下溶解并可满足烷基化低温要求的三氯化铝与各种醚的配合物，其中包括二甲醚、二乙醚和甲乙醚，同时添加一系列芳烃化合物 (如六乙苯) 及金属氯化物达到抑制副反应的目的，获得了比较满意的效果。在 $AlCl_3$、芳烃抑制剂和 1:1 的 $AlCl_3$- 混合醚组成的体系中，由异丁烷与 2- 丁烯反应可给出高的烷基化油收率。由异丁烷和丙烯或 1- 丁烯所得的烷基化油收率也较高，而且辛烷值也优于工业产品。在添加六乙苯抑制剂和金属氯化物的催化剂的连续试验中，当以 2- 丁烯为原料时催化剂的活性相当稳定，三甲基戊烷 (TMP) 的含量可保持在 95%，副反应产物在一定运转周期内仅从 2%增加到4%，在催化剂中也只有 1%~2%的红油。

此反应中芳烃和金属氯化物抑制剂作为 H^+ 受体和 $AlCl_3$ 及 HCl 形成的配合物是反应的活性物种：

$$AlCl_3 + HCl + 质子受体 \rightleftharpoons \left[质子受体\right]^+ AlCl_4^-$$
$$H$$

当然，由 $AlCl_3$ 和醚组成的配合物，其中未共享的电子本身就是很好的质子受体：

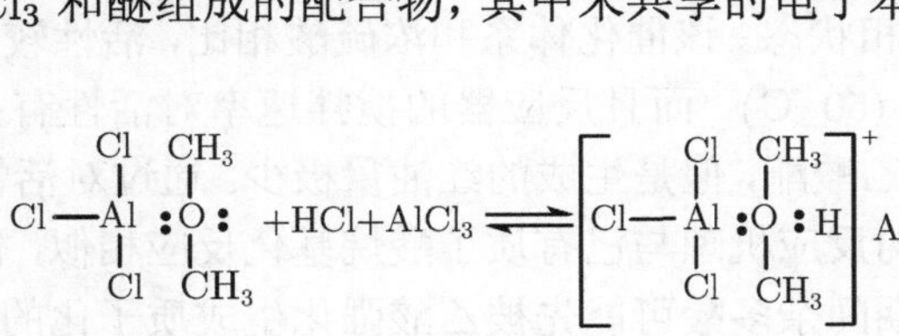

添加抑制剂有助于调整 H^+ 受体的作用，可达到抑制副反应的目的。

2) 液体超强酸 (三氟甲烷磺酸) 催化剂

诺贝尔化学奖获得者 Olah 提出使用液体超强酸催化异丁烷烷基化反应。Olah 等[11] 以异丁烷和异丁烯为原料，进行了系统研究，三氟甲烷磺酸 (TFSA) 具有很高的酸强度 ($H_0 \leqslant -14.1$)，通过添加三氟乙酸 (TFA) 和水在很大范围内 ($-14.1 < H_0 < -10.1$) 调整酸强度的情况下，在 $40 \sim 80$ ℃的温度范围内进行研究。所得结果表明，在 H_0 为 -10.7 时可获得的 RON 分别为 89.1(TFSA/TFA) 和 91.3(TFSA/H_2O) 的烷基化油。在酸烃体积比 (酸烃比) 为 0.5 :1 时，于 -30 ℃获得的烷基化油中含 70%的 C_8 支链烃，最优反应条件取决于诱导期，副反应则取决于接触时间，该催化剂很容易循环，无需精制和再生。

通过对反应机理的初步研究认为，反应可用传统的正碳离子机理解释，但起始步骤 (诱导期) 有如下过程[12]：

$$\mathrm{TFOH} + n\text{-}\mathrm{C_4H_8} \Longrightarrow [\mathrm{TFO^-C_4H_9^+}](快) \tag{a}$$

$$[\mathrm{TFO^-C_4H_9^+}] \Longrightarrow \mathrm{TFOC_4H_9}(极快) \tag{b}$$

$$\mathrm{TFOC_4H_9} + \mathrm{H^+} \Longrightarrow \mathrm{TFOH} + \mathrm{C_4H_9^+} \tag{c}$$

三氟甲烷磺酸 (TFOH) 和丁烯反应迅速生成 (三氟甲烷磺酸) 仲丁酯，这是假定通过烯烃质子化生成仲丁基正碳离子进行的 [如式 (a)]，后者很容易和三氟酯的负离子结合生成仲丁酯 [如式 (b)]。生成仲丁基酯说明，生成酯的速率式 (b) 远大于仲丁基正碳离子异构成叔丁基正碳离子的速率。

3) 杂多酸–乙酸浓溶液催化剂

Zhao 等[13] 利用具用 Keggin 结构的钨系杂多酸 (HPA) 的乙酸浓溶液开发了一种新型液相烷基化催化剂。乙酸作为溶剂与杂多酸组成的浓溶液具用增大杂多酸的强酸性 (从 $H_0 < -8.6$ 升高到 $H_0 < -12.4$) 和稳定 HPA 酸性质的协同作用。和其他质子酸类似，反应开始时有明显的诱导期，生成由杂多酸、乙酸、少量烃类和水组成的活性相。在由异丁烷和 1- 丁烯的试验中，催化剂的最佳反应条件为反应温度不高于 50 ℃，烷烯比约为 10:1，酸烃比约为 1:1，烷基化油收率大于 160%(理论收率 204%)，产物中 C_8 选择性大于 75%，催化剂活性稳定，无需精制和再生，可连续使用 20 多次。在使用后期，由于乙酸和水分的流失，需添加少量乙酸和水以保证反应体系呈液相状态。该催化体系和浓硫酸相比，活性较差，反应时间较长 (4 h)、反应温度较高 (50 ℃)，而且反应器的搅拌速率对活性有显著影响，产物中有少量烯烃聚合物和乙酸酯，但是生成的红油量极少。通过对活性相的解析和分离认为，这个催化体系的反应机理与已有质子酸烷基化反应相似，也是通过正碳离子机理进行的，在诱导期间杂多酸可能先被乙酸强化生成质子化的杂多酸，后者和烯

烃反应生成溶剂化的丁烯正碳离子，然后按丁烯正碳离子进行反应。

4) 固体酸催化剂的研究

开发固体酸催化剂取代液体酸是研究新型烷基化技术的另一个主要方向。固体酸烷基化催化剂经过多年的研究，在 20 世纪 90 年代掀起了热潮[8]。当时，据称有几种新型的固体酸催化剂已从实验室走向中型试验。其中，美国 UOP 和 Texaco 公司联合研究开发的以 HF- 聚合物为催化剂的烷基化工艺已完成了中型试验和工业前期实验。1991 年，丹麦 Haldor Topsoe 公司开发的 CF_3HSO_3/SiO_2 工艺已进行了 0.15 桶/天的中型试验。这种液体酸固载化催化剂的性能号称已同液体强酸催化剂处于同一水平。美国 Chevron 公司的 SbF_5/载体催化剂和美国 Catalytica 公司的卤化硼/Al_2O_3 催化剂也已进行了中型烷基化试验，并声称达到了液体强酸的工艺水平。另外，UOP 公司报道了一种固体酸烷基化 (solid catalyst alkylation, SCA) 工艺，并命名为 Alkylene 工艺，也进行了中试研究和工程设计。但随着时间的推移，固体酸烷基化也暴露出了一些问题，其焦点集中在固体酸催化剂极易失活和反应的选择性较差上[14]。何奕工和李奋[8] 认为，与液体酸烷基化反应相比，异丁烷与丁烯烷基化时，由于固体酸表面中心的性质和空间位阻效应，形成正碳离子所需的温度要比浓硫酸与氢氟酸液体催化剂高。异构的正碳离子不容易生成和稳定存在，但正碳离子却十分容易与烯烃进一步反应而生成聚烯烃，导致聚烯烃类副产物的大量生成。烷基化在固体酸和液体酸中的反应机理如图 3.25 及图 3.26 所示。

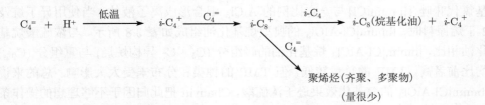

图 3.25　浓硫酸、氢氟酸烷基化反应机理简图

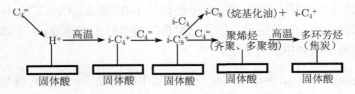

图 3.26　固体酸催化剂烷基化反应机理简图

此外，固体酸烷基化的工艺设计也较为复杂，设计和操作成本均较高，要使固体酸催化剂真正替代传统烷基化催化剂，那么就应当对上述问题进行更多地研究并予以解决。

3. 离子液体与异丁烷烷基化

离子液体的一些突出的特点使它有条件作为烷基化的催化剂：① 离子液体在烷基化反应温度区间可以以液体状态存在，但几乎没有蒸气压，不易挥发，三废产生少，易于循环利用；② 能提供不同于传统有机溶剂的反应环境，通过阴阳离子的设计可调节其对无机物、有机物及聚合物的溶解性及其自身的酸性，其酸度可调至超强酸，具有溶剂和催化剂的双重功能，且反应速率快、选择性好；③ 可与其他溶剂，如烷基化反应中的反应产物 —— 烷烃混合物，形成两相或多相体系，便于产物分离。

尽管人们对离子液体催化剂已有很多的研究与应用，但就异丁烷烷基化领域而言，由于现有工业烷基化技术门槛很高，因此具有实际意义和价值的离子液体烷基化催化剂很少，并且大多都处于探索阶段。

1) [bmim]Cl-AlCl$_3$ 离子液体中的异丁烷烷基化反应

异丁烷烷基化反应曾广泛使用 AlCl$_3$ 催化剂。虽然 AlCl$_3$ 具有很高的 Lewis 酸性和催化活性，但在烷基化反应中它的 C$_8$ 选择性很低，C$_8$ 组分在 AlCl$_3$ 中发生了大量的裂解、歧化和异构化等副反应。Chauvin 等[15] 认为 AlCl$_3$ 的酸性也可以通过在其中引入季铵类氯化物 (如氯代咪唑或氯代吡啶) 加以调整，即让 1-丁基-3-甲基氯代咪唑 {[bmim]Cl} 与一定比例的 AlCl$_3$ 混合形成离子液体。当使用异丁烷及 2-丁烯原料时，[bmim]Cl-AlCl$_3$ 的典型烷基化油组成如表 3.8 所示。与浓硫酸烷基化油相比，[bmim]Cl-AlCl$_3$ 烷基化油的轻组分 (C$_5$ ~C$_7$ 异构烷烃) 与重组分 (C$_{9+}$) 均比前者高，TMP 的总量较低，但 TMP 的种类和分布未受太大影响。总的来说 [bmim]Cl-AlCl$_3$ 的烷基化效果逊于浓硫酸，Chauvin 把此归因于不够理想的操作条件，如搅拌速率、酸在烃中的体积比率等，他认为这些实验室中的反应条件要比真实的工业烷基化反应条件差许多。因此，使用混合效果良好的反应器就应当有比表 3.8 更好的烷基化结果。此外 Chauvin 还讨论了在 [bmim]Cl-AlCl$_3$ 中异丁烷与 1-丁烯的烷基化反应，结果显示二甲基己烷是产物中的主要组成，1-丁烯的烷基化反应在氯铝酸离子液体中没有前途。

用 [bmim]Cl-AlCl$_3$ 进行烷基化反应的基本结论如下：① 氢转移生成 TMP 的反应随着酸强度的增加而增加；② 酸强度较低会使质子转移更加活跃，从而容易使烯烃聚合生成重组分；③ 酸性太强，裂解反应变得活跃，这增加了烷基化油中轻组分的含量；④ 提高温度会降低 TMP 的含量。

表 3.8　[bmim]Cl-AlCl$_3$ 烷基化油组成和性质

AlCl$_3$ 在离子液体中的摩尔分数	0.55	0.60	0.65
异丁烷转化率/%	3	9	8
烷基化油组成 (质量分数)/%			
异戊烷	4.6	1.9	13.1
2,3- 二甲基丁烷	6.4	4.2	4.1
C$_6$~C$_7$ 其他组分	4.3	3.1	8.5
轻组分 (C$_5$ ~C$_7$)	15.3	9.2	25.7
2,2,4- 三甲基戊烷	11.2	45.1	29.9
2,2,3- 三甲基戊烷	1.2	1.5	9.4
2,3,4- 三甲基戊烷	11.6	18.0	3.9
2,3,3- 三甲基戊烷	5.0	12.2	7.7
总 TMP	29.0	76.8	50.9
2,5- 二甲基己烷	1.0	0.7	4.8
2,4- 二甲基己烷	1.0	0.4	5.8
2,3- 二甲基己烷	2.1	0.9	1.5
总 DMH	4.1	2.0	12.1
重组分 (C$_{9+}$)	51.8	11.2	11.3
计算 RON	87.5	97.3	91.2
计算 MON	85.7	94.7	89.1

可以看出,上述结论与浓硫酸、氢氟酸的烷基化反应有很多类似之处。Chauvin 的研究也发现在氯铝酸离子液体中溶解 HCl 可以使离子液体成为超强酸;而在氯铝酸离子液体中谨慎地加入水,也能达到这一效果,不同之处仅在于离子液体中的配合物比溶解 HCl 时多[16]。烷基化结果显示 [bmim]Cl-AlCl$_3$ 中引入微量水后,丁烯的转化率有所提高,副反应有所降低。提高离子液体中 AlCl$_3$ 的比例也可以达到同样的效果。然而以后的研究发现,单纯地改变离子液体的酸强度对于选择性的提高没有多大作用,把烷基化油质量不高归于反应时的操作条件不够理想,其理由也不够充分。

2) 对 [bmim]Cl-AlCl$_3$ 催化剂的改进

氯代咪唑盐和不同比例的 AlCl$_3$ 合成的离子液体能够精确地控制 AlCl$_3$ 的酸强度,氯代吡啶与 AlCl$_3$ 合成的离子液体也有相同的性质。但在异丁烷烷基化反应中咪唑类氯铝酸离子液体仍然存在 C$_8$ 组分选择性较低等问题。为了解决上述问题,Chauvin 等陆续在专利文献[17,18] 中提出了改进意见。他们认为将某些过渡金属无机盐引入到咪唑或吡啶类氯铝酸离子液体中有利于提高烷基化的选择性。反应结果如表 3.9 所示。

通过对比可以看出,在 [bmim]Cl-AlCl$_3$ 中加入适当的金属无机盐,可以比较明显地提高反应的选择性。与单纯 [bmim]Cl-AlCl$_3$ 烷基化油的平均组成相比,TMP 的总含量提高较为明显。但是当金属无机盐加入到离子液体中后,离子液体由单纯

表 3.9　改进 [bmim]Cl-AlCl$_3$ 烷基化油组成和性质

丁烯原料	2-丁烯 [a]	异丁烯 [a]	2-丁烯 [b]
轻组分 (C$_5$ ~C$_7$)(质量分数)/%	8.5	21.3	19.7
2,2,4-三甲基戊烷 (质量分数)/%	50.1	35.7	29.5
2,2,3-三甲基戊烷 (质量分数)/%	2.2	7.0	5.1
2,3,4-三甲基戊烷 (质量分数)/%	12.8	4.7	7.6
2,3,3-三甲基戊烷 (质量分数)/%	15.4	9.7	9.5
总 TMP(质量分数)/%	80.5	57.1	51.7
总 DMH(质量分数)/%	4.0	10.7	4.5
重组分 (C$_{9+}$)(质量分数)/%	6.9	10.4	24
计算 RON(质量分数)/%	98	93	93.9
计算 MON(质量分数)/%	96	91	91.6
氯含量/(mg·kg^{-1})	40	40	85

a. 较优的反应条件；b. 一般的反应条件。

的液体形态转变为悬浊液。悬浊液会使烷基化反应的传质过程和分散状况不理想，整个反应过程中液–液–固三相的存在对于反应器的设计要求很高。为了解决新出现的问题，离子液体制备时又引入了第四类物种 —— 亲电的有机溶剂 (乙腈或乙脲) 以溶解金属无机盐。

　　Chauvin 等为把离子液体催化剂应用于异丁烷烷基化之中，做出了奠基性的工作和努力。但无论是咪唑还是吡啶类氯铝酸离子液体，其成本远高于浓硫酸和氢氟酸。合成氯代烷基咪唑和氯代烷基吡啶等中间体的制备工作复杂，周期漫长。与浓硫酸、氢氟酸烷基化相比，[bmim]Cl-AlCl$_3$ 离子液体无论在产品品质还是在经济成本上都处于劣势。[bmim]Cl-AlCl$_3$ 只有在较优的反应条件下 (如反应温度 < 5 ℃，丁烯原料纯度较高，烷烯比较大等) 才能得到较好的烷基化油，而改进的离子液体如果不引入相当量的亲电有机溶剂，其本身为悬浊液。上述这些都为离子液体的实际应用造成了不小的障碍。

　　3) [C$_n$mim]X-AlCl$_3$ 中的异丁烷/丁烯烷基化

　　Yoo 等 [19] 等根据 [C$_n$mim]X-AlCl$_3$(n=4,6,8; X=Cl, Br, I) 的异丁烷烷基化反应能力，认为阳离子决定了异丁烷在离子液体中的溶解度并由此影响了烷基化油的品质。如 [C$_8$mim]Br-AlCl$_3$(其中 X_{AlCl_3}=0.58) 烷基化油的 TMP 含量高于 [C$_6$mim]Br-AlCl$_3$ 和 [C$_4$mim]Br-AlCl$_3$，也高于 [C$_8$mim]Cl-AlCl$_3$。但 [C$_n$mim]X-AlCl$_3$ 催化所得的烷基化油质量较差，TMP 含量最高仅为 9.2%，DMH 含量高达 18.2%，副产物含量超过 50%。Yoo 等认为，①异丁烷更易溶于含有较大基团的阳离子 {如 [C$_8$mim]$^+$} 的氯铝酸离子液体中，因此在反应体系中能够增大丁烯分子与异丁烷的接触概率，降低副反应的发生；② 溴代咪唑类离子液体的酸性比氯代咪唑离子液体强，而 TMP 的生成需要较强的酸性，Brönsted 酸对于 TMP 的形成至关重要；③ Brönsted 酸的形成基于以下形式，即强 Lewis 酸如 [Al$_2$Cl$_6$Br]$^-$ 可与咪唑环上第 2 位的 H 原子反应形成 Brönsted 酸[20,21]；④ TMP 含量较低的原因是 [C$_8$mim]Br-AlCl$_3$ 中的 H$^+$ 质子含量远低于浓硫酸和氢氟酸。反应式如下：

$$[Al_2Cl_6Br]^- \quad + \quad H^+ \Longrightarrow [AlCl_3Br]^- \quad + \quad [AlHCl_3]^+$$

4) 胺 -(HF)$_n$ 离子液体 (HF 多聚𬭩盐，PVPHF) 的烷基化反应

Olah 和 Welch[22] 曾发现吡啶可以和无水 HF 形成稳定的配位结构，即 HF 多聚𬭩盐，这种物质能够大幅度降低 HF 的挥发性并具有离子液体的特征。最近的文献 [23] 中，Olah 等利用上述离子液体并结合胺盐合成了能够进行异丁烷烷基化反应的催化剂 (PVPHF)，其反应结果见表 3.10。

表 3.10　PVPHF 的烷基化性能

实验编号	I	II	III	IV	V	VI	VII
丁烯原料	异丁烯	异丁烯	2-丁烯	2-丁烯	2-丁烯	2-丁烯	2-丁烯
烷烯比	12:1	24:1	12:1	24:1	12:1	12:1	24:1
反应时间/ min	3	3	3	3	10	10	10
反应温度/ ℃	36	36	36	36	36	22	7
烷基压油组成 (质量分数)/%							
C_5	5.1	3.8	4.4	2.9	4.1	3.6	7.4
C_6	5.3	4.5	4.5	3.5	4.7	2.7	2.1
C_7	6.2	5.7	5.5	4.9	6.0	4.2	2.6
C_8	67.9	74.5	73.7	81.8	70	73.7	68.8
2,2,4- 三甲基戊烷	39.9	44.4	33.1	38.8	31.7	32.3	27.4
C_{9+}	15.5	11.5	12.0	6.9	15.3	15.8	19.1
计算 RON	91.3	92.9	92.5	94.0	91.3	93.0	93.4

可以看出，经 PVPHF 催化所得到的烷基化油品质一般，与氢氟酸烷基化相比不占优势，但 PVPHF 离子液体能够较大地降低 HF 的挥发性，在一定程度上保证了烷基化过程的安全性。此种离子液体能否得到大规模应用，还需要经过实践的检验。

3.3.2　复合离子液体烷基化

中国石油大学 (北京) 重质油国家重点实验室在深入研究离子液体催化异丁烷烷基化催化反应机理和充分总结前人研究工作的基础上，提出了复合离子液体 (composite ionic liquid) 的概念，并利用这一新型的复合离子液体催化异丁烷烷基化反应，得到了高辛烷值的烷基化油。利用 2-丁烯和异丁烷为原料时，可以制得 RON 大于 100 的烷基化油，烯烃转化率达到 100%[24~28]。

1. 复合离子液体烷基化工艺条件研究

为了判断烷基化过程中各过程参数对其结果的影响，应首先查明过程在什么相进行，以及哪个步骤控制过程的速率。用做催化剂的离子液体在烃相中溶解得很

少，且烃的极性很小，因此在烃介质中不可能大量存在离子液体，烷基化反应主要在酸相中进行。烯烃在酸中的溶解度比异丁烷的溶解度大很多，因此反应不可能是在外部反应条件等动力学因素控制的范围内进行；在这种情况下烷基化反应将不决定于烃相中异丁烷与烯烃的浓度之比，而酸相中异丁烷的浓度要比烯烃的浓度低得多，副反应(主要为聚合与裂化反应)将会比主反应更加易于进行。烷基化过程受反应物由烃相向酸相传质的限制，因而过程的速率与相界面的面积呈正比。

复合离子液体催化剂的活性有着一定的限度，在此限度之内，在酸的薄层内反应速率足以使反应区内烯烃的浓度大大低于饱和浓度。当催化剂活性降低到这一限度以下时，就会导致烯烃进行激烈的聚合反应。烷基化过程的这些特点是有重要意义的，它直接决定着搅拌速率(分散作用)、烷烯比、反应温度、反应(停留)时间、酸烃比等操作变量对反应结果所产生的影响。

在考察操作变量对反应性能的影响规律时，所使用的丁烯原料以 2-丁烯和异丁烯为主。

1) 烷烯比的影响

在工业浓硫酸与氢氟酸烷基化中，提高烷烯比是提高烷基化产品选择性的有效手段。一般认为，酸膜中异丁烷的浓度和它在烃相中的浓度成正比。在酸的反应层中，烷烯比高时可以抑制正碳离子与烯烃的反应，即为了抑制正碳离子与烷基化产物反应而导致二次烷基化和分解反应，在反应区内，特别是在间歇烷基化反应釜中，烷烯比应该高一些。

不同烷烯比时复合离子液体烷基化所得烷基化油的计算 RON 如图 3.27 所示，随着烷烯比的增加，不同烯烃原料和不同搅拌速率下得到的烷基化油的辛烷值都有

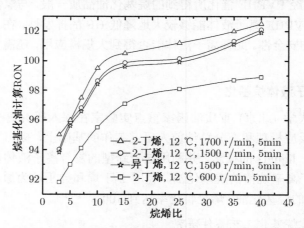

图 3.27　烷烯化对烷基化油计算 RON 的影响

不同程度的上升。但图 3.27 中的曲线不能无限外推，在进一步增加烷烯比时，辛

烷值的增加渐趋缓慢。另外，如果此研究工作在更理想的反应条件下进行，也就是说如其他反应条件较好且起始辛烷值比较高时，则图中曲线会出现更为平缓的上升趋势。一般说来，在理想的反应条件下，较高烷烯比的条件下 (如 20:1～100:1)，烷基化油的 RON 会渐渐接近 103；而普通情况下 (如使用 2- 丁烯原料，搅拌速率 1500 r/min，反应温度 15 ℃，反应时间 5 min 时) 当烷烯比在 10:1 以上也可使烷基化油的 RON 达到 98。同时，在相同条件下不同异丁烷/异丁烯物质的量比的原料反应所得的辛烷值曲线与异丁烷/2- 丁烯所得曲线十分接近，这表明异丁烯与 2- 丁烯同样是理想的烷基化烯烃原料。

2) 反应温度的影响

对于热力学上平衡的烷烃混合物来说，提高反应温度、将减少多支链异构烷烃的含量，这就引起辛烷值的降低，如表 3.11 所示。

表 3.11　C_8 烷烃平衡混合物的组成(摩尔分数)

反应温度/℃	25	127	227
正辛烷/%	1.5	4.0	6.9
甲基庚烷/%	17.0	27.9	36.1
乙基己烷/%	2.0	4.6	6.4
二甲基己烷/%	67.0	52.3	4.4
甲基乙基戊烷/%	0.8	1.5	1.9
三甲基戊烷/%	11.5	9.5	7.3
四甲基丁烷/%	0.4	0.2	0.1

表 3.12 为反应温度对复合离子液体烷基化油组成的影响。在烷基化过程中，反应温度的提高加大了正碳离子分解的可能性，导致烷基化油中轻组分的含量增大，并造成辛烷值的降低。辛烷值的降低与烷基化温度的提高呈近似直线关系，反应温度每提高 1 ℃，烷基化油的 RON 平均下降 0.2。反应温度越低，对烷基化油中 C_8 组分的选择性越有利。低温能够抑制烷基化反应副产物的生成，即烷基化油中 C_{9+} 重组分与 $C_5 \sim C_7$ 轻组分的生成受到了抑制，产品质量得以提高。正如表 3.11 所示，降低温度可提高烷基化油中 TMP 所占比例的原因，与烷烃的热力学平衡相关。

3) 反应 (停留) 时间的影响

在间歇烷基化反应装置中，为了能够精确考察烷基化反应的实际时间，需要改变进料方式。首先将异丁烷/丁烯的混合原料泵入釜中，将搅拌速率调整至 1500 r/min，接着在进料口安装离子液体储罐，利用高压 N_2 瞬间将离子液体从储罐中压入间歇高压反应釜中，C_4 烃类原料与复合离子液体接触的瞬间即开始计时，当到达指定的反应时间时即停止搅拌，完成反应。上述进料方式有两点好处：便于精确计算反应时间，又能够保持反应釜中烃类的液相。依据以上进料方式，图 3.28 绘

制了反应 (停留) 时间对产品辛烷值的影响曲线。

表 3.12   不同反应温度时的烷基化油组成(质量分数)

反应温度/℃	10	15	25	40
异戊烷/%	0.4	1.0	1.4	1.0
2,3- 二甲基丁烷/%	0.4	1.2	1.4	0.9
C$_6$ ~C$_7$ (其他)/%	0.5	1.5	1.6	6.3
轻组分/%	1.3	3.7	4.4	8.2
2,2,4- 三甲基戊烷/%	54.0	53.7	50.8	43.8
2,2,3- 三甲基戊烷/%	0.1	0.3	0.5	0.5
2,3,4- 三甲基戊烷/%	17.2	16.0	15.7	13.0
2,3,3- 三甲基戊烷/%	16.9	16.5	18.2	13.1
总 TMP/%	88.2	86.5	85.2	70.4
2,5- 二甲基己烷/%	1.6	1.6	1.0	1.3
2,4- 二甲基己烷/%	4.9	3.1	2.0	3.7
2,3- 二甲基己烷/%	2.2	1.5	1.4	3.5
总 DMH/%	8.7	6.2	4.4	8.5
2,2,5- 三甲基己烷/%	0.9	1.2	1.2	2.2
C$_{9+}$ (其他)/%	0.6	1.4	2.0	—
C$_{12+}$/%	0.3	1.0	2.8	—
重组分/%	1.8	3.6	6.0	12.9
烷基化油收率/%	194	190	186	172
计算 RON/%	100.1	100.3	98.3	93.5
计算 MON/%	96.1	95.1	94.2	89.7

注: 烷烯比 15:1; 反应时间 15 min; 搅拌速率 1500 r/min; 2- 丁烯原料。

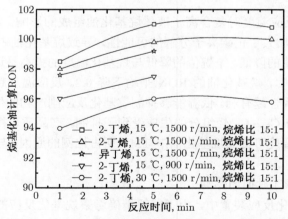

图 3.28   反应 (停留) 时间对烷基化油品质的影响

可以看出，无论是在 15 ℃还是在 30 ℃，在 1 min 内，烷基化产物即可生成，同时反应的质量收率均可达到 190%以上 (理论值 204%)。这些都说明复合离子液体中的烷基化十分迅速，反应可在很短的时间内完成。实验还发现，在 1~10 min

内，反应时间与烷基化油辛烷值之间有一个极高点，即当反应时间在 5 min 时，各曲线辛烷值的辛烷值最大。

烃类在 AlCl₃ 体系中会发生歧化、分解反应，而在硫酸烷基化中，反应时间过长会加剧烷基化的副反应。Chauvin 在考察 [bmim]Cl-AlCl₃ 离子液体催化异丁烷烷基化反应时也发现类似现象。对于复合离子液体，研究发现如图 3.29 所示的变化规律，即当反应 (停留) 时间大于 40 min 且不断延长时，烷基化油中的 TMP 含量不断减少，当反应 (停留) 时间大于 10 h 时，色谱显示标志性组分 2,2,4-TMP 将会降至 8%以下，完全湮没在烷基化产物的众多烃类之中。

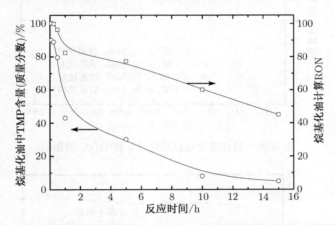

图 3.29　反应时间与烷基化油中 TMP 含量和烷基化油 RON 的关系

4) 分散作用的影响

图 3.30 为间歇反应釜搅拌速率对烷基化油品质影响曲线，复合离子液体烷基化反应深受搅拌速率的影响，在一定范围内，增加搅拌速率，可使烷基化油的辛烷值几乎直线上升。在不同的烯烃原料和不同烷烯比等反应条件下也是如此。以 2-丁烯所得烷基化油的辛烷值最高，异丁烯次之。当搅拌速率超过 1500 r/min 时计算 RON 增幅趋缓，此时分散作用对烷基化油组成的影响已经接近极限。

就已经讨论的操作变量对烷基化的影响而言，搅拌速率的作用要远高于其他操作变量和反应条件。烷基化反应的影响因素非常复杂，烷基化反应机理中各步骤的影响因素也很复杂，但可以肯定，烷基化反应的控制步骤仍然发生在酸-烃界面上，这一步骤对抑制烷基化副反应的发生至关重要。

5) 烃酸比的影响

当使用三氯化铝或基于三氯化铝催化剂进行烷基化反应时，由于催化剂有很高的催化活性，所以酸烃比也能达到很低程度，文献中曾有报道，当 AlCl₃–乙醚体系的烷基化反应的酸烃比降到 1:120 时，仍能得到质量很高的烷基化油。离子液体烷基化的酸烃比与烷基化油辛烷值的关系如图 3.31 所示。无论使用氯铝酸离子液体 Et_3NHCl-$1.8AlCl_3$ 还是复合离子液体，当酸烃比逐渐升高时，烷基化油的计算 RON 不断提高。

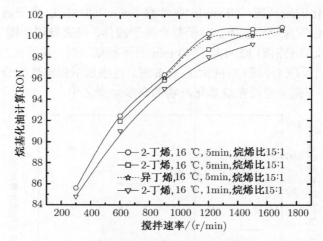

图 3.30　搅拌速率对烷基化油计算 RON 的影响

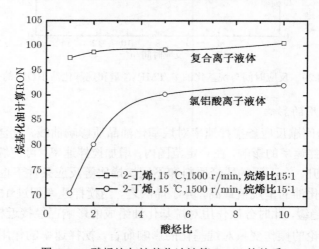

图 3.31　酸烃比与烷基化油计算 RON 的关系

2. 复合离子液体结构组成研究

　　与常规离子液体相比，复合离子液体对异丁烷烷基化反应的催化性能十分优异，而其中最引人注目的特点是复合离子液体催化剂对 TMP 等理想组分具有很高的选择性，当使用异丁烷与 2- 丁烯为原料时，TMP 在烷基化油中的质量含量大于 90%。优良的催化性能必然与复合离子液体的结构、组成密切相关。

　　在常规离子液体的阴离子组成中引入第二种金属组分可制备复合离子液体，以 Cu/Al 复合离子液体为例，研究其结构、组成与反应性能的关系，复合离子液体组成的检测使用傅立叶变换离子回旋共振/二次电离质谱 (FT-ICR/SIMS) 进行分析 (图 3.32)。

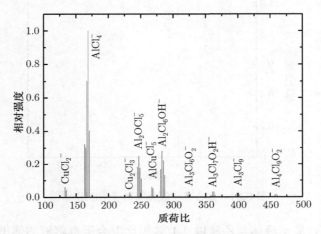

图 3.32　复合离子液体阴离子 SIMS 谱图

　　就阴离子种类而言，复合离子液体比常规离子液体复杂得多，SIMS 谱图显示复合离子液体中除含有基本的 $AlCl_4^-$ 及 $Al_2Cl_7^-$ 的水解离子 ($Al_2OCl_5^-$、$Al_2Cl_6OH^-$) 外，还含有多种 Cu(I) 与 Cl^- 的配合离子。为了更清晰的表征复合离子液体中 Cu(I) 的各种配位形式，检测中使用了间硝基苄醇 (NBA) 以遮蔽氯铝酸阴离子，此时的阴离子组成如图 3.33 所示。

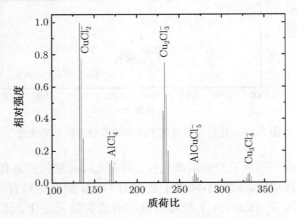

图 3.33　复合离子液体阴离子 SIMS 谱图 (添加 NBA)

可以看出 Cu(I) 的配位形式以 $CuCl_2^-$、$Cu_2Cl_3^-$、$Cu_3Cl_4^-$、$AlCuCl_5^-$ 为主。常规与复合离子液体中阳离子的差异就要小得多了，复合离子液体中最主要的阳离子依然是 Et_3NH^+(图 3.34)。

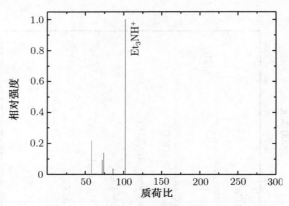

图 3.34   复合离子液体阳离子 SIMS 谱图

常规与复合离子液体与乙腈以 1:1 体积比混合所得溶液的傅里叶变换红外谱图 (FT-IR) 如图 3.35 所示。

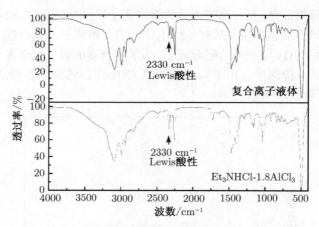

图 3.35   复合与常规离子液体的乙腈探针红外光谱

乙腈能够指示不同离子液体的酸强度，具有 Lewis 酸性的液体则在 2330 cm^{-1} 处具有新的吸收指示峰，故对不同离子液体的 Lewis 酸性差异有一定的指示作用。但图 3.35 中显示，在 2330 cm^{-1} 处红外吸收峰没有显著变化，比较红外透过率可以发现，复合离子液体仅比常规离子液体的透过率低 1 个百分点，说明两者的酸性和酸强度几乎相同，复合离子液体催化异丁烷烷基化选择性高的原因不是来自酸性的变化。

使用氘代苯做溶剂进行常规离子液体的 ^{1}H-NMR 分析，根据谱峰分裂特征可以确定 H 的归属，结果如图 3.36 所示。

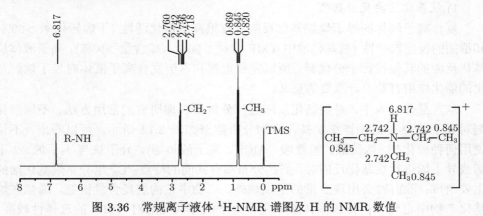

图 3.36 常规离子液体 ^{1}H-NMR 谱图及 H 的 NMR 数值

相同测试条件下复合离子液体的 ^{1}H-NMR 谱图 (图 3.37) 与常规离子液体 ^{1}H-NMR 相比，复合离子液体的化学位移 δ 值普遍偏大。

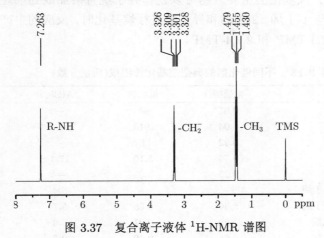

图 3.37 复合离子液体 ^{1}H-NMR 谱图

NMR 的分析认为诱导效应对化学位移的影响很大，而诱导效应与化学位移之间的关系是随着电负性基因的增大，诱导基因拉电子的作用随之增大并使原子周围电子云密度降低，从而使屏蔽效应和诱导磁场减小，这样就使 δ 值增大 (一般共振磁场强度与 δ 从数值大小看是反变的)。另外拉电子基团越多这种影响也就越大，δ 值也就越大。复合离子液体的 δ 值远大于常规离子液体的相对 δ 值，这说明在复合离子液体中电负性基因增大或增多。一般认为电负性基因的增加会使催化体系的酸性增加,据此推断复合离子液体的酸性应当强于常规离子液体。

3. 复合离子液体烷基化反应历程与机理的研究

1) 烷基化主要反应历程

复合离子液体的异丁烷烷基化反应具有很高的催化活性 (丁烯转化率 >99%) 和很高的反应选择性 (烷基化油中 TMP 含量 >90%, C_8 含量 >95%),离子液体烷基化反应的其他指标十分优异,所以完整把握和理解复合离子液体对异丁烷烷基化的催化作用有着十分重要的意义。

从产品分布入手,对烷基化反应进行分析是机理研究的常用方法。不同催化剂对异丁烷/2-丁烯的详细烷基化产物分析数据如表 3.13 所示。可以看出,不论使用何种催化剂 (浓硫酸、氢氟酸、$AlCl_3$、离子液体等),异丁烷与 1-丁烯、2-丁烯或异丁烯进行烷基化反应时,产品分布都有共同的特点:C_8 组分是烷基化油的主要组成;除有时会出现少量的正戊烷外,产物中正构烷烃含量很低,烯烃在烷基化产物中也较少;传统液体酸和复合离子液体催化剂对 TMP 的选择性较高。从这些相似的产物分布中得出下面的认识应当是可以的:尽管组分含量各有不同,但不同烷基化催化剂可能都经历了相似的反应历程,它们有着相同或相似的反应机理。理论上,烷基化的主要产物可以视作异丁烷直接加成到烯烃上而形成,因此,当异丁烷与 1-丁烯、2-丁烯和异丁烯进行烷基化时,反应的主产物应当分别是 2, 2-DMH、2,2,3-TMP 和 2,2,4-TMP。

表 3.13   不同催化剂的典型烷基化油组成(质量分数)   (单位:%)

催化剂	浓硫酸	氢氟酸	$AlCl_3$	常规离子液体
丙烷	0.05	—	—	—
异丁烷	0.04	0.13	—	4.88
正丁烷	0.92	4.87	—	—
异戊烷	8.76	5.10	17.4	5.16
正戊烷	0.23	0.01	—	0.29
2,2- 二甲基丁烷	—	—	5.4	1.68
2,3- 二甲基丁烷	5.36	2.38	5.7	—
2- 甲基戊烷	1.29	0.91	6.6	4.55
3- 甲基戊烷	0.64	0.40	2.7	1.15
正己烷	—	—	—	0.25
2,2- 二甲基戊烷	0.25	0.17	0.2	0.56
2,4- 二甲基戊烷	3.62	1.95	5.5	2.79
2,2,3- 三甲基丁烷	0.01	—	1.0	0.20
3,3- 二甲基戊烷	0.01	—	—	0.49
2,3- 二甲基戊烷	2.15	1.31	2.4	—
2- 甲基己烷	0.22	0.24	2.5	4.02
3- 甲基己烷	0.14	0.12	2.2	2.07

续表

催化剂	浓硫酸	氢氟酸	AlCl$_3$	常规离子液体
3- 乙基戊烷	0.01	0.01	—	—
2,2,4- 三甲基戊烷	24.20	38.02	12.8	9.1
正庚烷	—	—		0.32
2,2- 二甲基己烷	0.04	—	0.5	3.94
2,4- 二甲基己烷	2.89	4.19	3.8	7.35
2,5- 二甲基己烷	4.94	3.57	4.3	12.77
2,2,3- 三甲基戊烷	1.53	1.35	1.3	1.2
3,3- 二甲基己烷				1.13
2,3,4- 三甲基戊烷	13.15	9.63	2.9	1.48
2,3- 二甲基己烷	3.41	4.90	0.7	2.82
4- 甲基庚烷	—	—	0.7	0.9
2- 甲基庚烷	0.08	0.09	1.9	6.28
2,3,3- 三甲基戊烷	11.47	8.14	2.6	3.13
3,4- 二甲基己烷	0.26	0.59	—	0.8
3- 甲基庚烷	0.23	0.19	1.0	4.31
2,2,5- 三甲基己烷	7.20	3.20	6.1	0.15
C$_{9+}$	6.90	8.50	9.8	16.23

注: 浓硫酸与氢氟酸为工业烷基化结果, 丁烯原料来自催化裂化装置, AlCl$_3$ 的烯烃原料为 2- 丁烯; 常规离子液体实验条件, 反应时间 30 min, 反应温度 15 ℃, 搅拌速率 1500 r/min, 烯烃原料为 2- 丁烯。

　　然而这些催化剂在进行烷基化反应时, 除进行烷基化主反应 (生成 C$_8$ 烷烃的反应) 外, 副反应过程 (裂化、歧化、聚合、异构化等) 也相当剧烈与活跃, 导致实际的烷基化产物非常复杂。尽管液体酸烷基化产物各组成的具体含量不同, 但无论采用何种液体酸性催化剂, 所得烷基化产物分布都十分相似。

　　为了具体分析复合离子液体与其他反应机理之间的异同, 表 3.14 列出了复合离子液体对不同丁烯进行烷基化反应的产品分布。数据显示, 除与其他催化剂共有的产品分布特点外, 复合离子液体烷基化油的组成有其自身明显的特点: 不论使用何种烯烃原料, 产物中的 C$_8$ 组分均大于 95%; 以生成 C$_8$ 组分为目的产物的主反应在整个过程中占据绝对优势地位。

　　从上面的产物分析可知, 不同液体酸催化剂的烷基化反应历程有很大的相似程度, 大都遵循正碳离子反应机理, 结合以前的实验结论及硫酸法和氢氟酸法烷基化的反应机理, 常规离子液体烷基化的主要反应历程如图 3.38 所示 [3]。

表 3.14   复合离子液体催化异丁烷与不同丁烯反应
所得烷基化油组成(质量分数)   (单位:%)

丁烯原料	1- 丁烯	异丁烯	2- 丁烯
异戊烷	1.1	3.5	0.5
2,3- 二甲基丁烷	0.6		0.4
C$_6$-C$_7$ (其他)	0.7	0.3	0.6
轻组分	2.4	3.8	1.4
2,2,4- 三甲基戊烷	1.5	60.3	55.2
2,2,3- 三甲基戊烷	0.2	0.5	0.3
2,3,4- 三甲基戊烷	2.1	11	15.5
2,3,3- 三甲基戊烷		15.5	18.7
总 TMP	3.8	87.3	89.8
2,5- 二甲基己烷	7.9	2.2	1.6
2,4- 二甲基己烷	6.9	2.8	4.9
2,3- 二甲基己烷	75.5	2.6	1.1
总 DMH	90.3	7.6	7.6
重组分	3.5	1.3	1.2
计算 RON	71.6	98.9	99.5
计算 MON	74.6	95.4	95.4

注: 反应时间 30 min, 反应温度 15 ℃, 搅拌速率 1500 r/min。

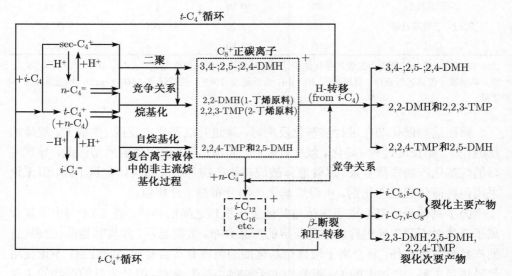

图 3.38   离子液体烷基化主要反应历程图示

2) 复合阴离子的作用机理

浓硫酸、氢氟酸等传统液体酸、AlCl$_3$ 与复合离子液体烷基化之间的反应过程有很多相似之处,不同催化体系中主要的烷基化主反应与副反应历程基本相同。理论与实验证据均表明在具体的反应历程上，离子液体烷基化更接近 $AlCl_3$ 反应机理。但另一方面，仅从图 3.38 尚无法回答复合离子液体与常规离子液体相比产物分布发生如此巨大变化的原因。

复合离子液体来源于常规离子液体，但当常规离子液体中引入第二金属组分后，复合离子液体的产品分布和选择性远远优于常规离子液体，烷基化产物中 C_8 以及 TMP 的质量含量与复合离子液体中复合阴离子的作用密切相关，这些复合阴离子对烷基化反应的影响作用集中体现在以下几个方面。

(1) 阻止 C_{12}^+ 的生成及其 β 断裂。复合离子液体来源于常规离子液体，但两者的产品分布和选择性差异极大。常规离子液体中 $C_5 \sim C_7$ 组分总计 32.35%，而复合离子液体中相应组分含量仅为 1.92%，且 C_{9+} 组分也低于 1%。复合阴离子的作用应当是阻断了 C_8^+ 向 C_{12}^+ 及 C_{16}^+ 的生成，以及 β 断裂。对比图 3.39 和图 3.40 可以看出，复合阴离子的上述作用是十分明显的。

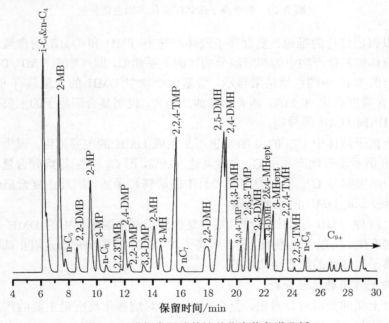

图 3.39　常规离子液体烷基化产物色谱分析

(2) 减少 DMH 的含量。图 3.39 和图 3.40 还显示，复合离子液体的 DMH 含量远远少于常规离子液体 DMH 的含量。而烷基化反应中产生 DMH 的可能途径有 TMP 异构化为 DMH、C_{16}^+ 的 β 断裂、仲丁基正碳离子的二聚反应。

如果复合阴离子能够阻止 TMP 向 DMH 的异构，那么 DMH 向 TMP 的转化也应当被阻止，因为 TMP 与 DMH 之间的异构化都需要翻越很高的势能能垒[4]。

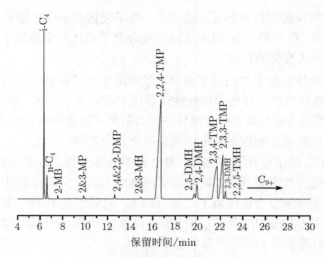

图 3.40　复合离子液体烷基化产物色谱分析

由此可以得出这样的推论：复合离子液体产物中 TMP 和 DMH 的含量应当与常规离子液体烷基化产物中的相应组分的比例关系相似，即产物中 TMP/DMH 变化不大。但图 3.40 中的色谱结果显示，烷基化产物中 DMH 的含量只有 6.53%，而 TMP 的含量则高达 90.24%，两者相差如此之大，说明复合阴离子的主要作用不是阻止 TMP 向 DMH 的异构。

复合离子液体中 C_{16}^+ 的 β 断裂也不是生成 DMH 的主要原因，因为它无法解释图 3.40 所示烷基化产品中 C_8 含量高达 95.0%，而 $C_5 \sim C_7$ 等组分含量极少的现象。这些结果都与 C_{16}^+ 的断裂生成 DMH 的解释相矛盾，因此在复合离子液体中 C_{16}^+ 的断裂不是 DMH 的主要来源。

以上两种 DMH 生成途径排除后，复合离子液体烷基化中的 DMH 仅能通过丁烯二聚产生。所以可以推断，复合阴离子对 DMH 的影响是通过阻止或减弱仲丁基正碳离子与烯烃的结合而实现的。

3) 抑制作用的机理分析

通过上面的分析可以看出，复合离子液体对烷基化反应最主要的作用表现在两方面：阻止 C_{12}^+ 和 DMH 的生成。

(1) 配合物的构型。在前面的研究中证明，复合离子液体中 Cu(I) 的配合物对于提高烷基化反应的选择性有着极为重要的作用，而 $AlCl_4CuCl^-$ 则可能是这类配合物中较普遍的存在形式。配位场理论认为在弱场中，d^0、d^5、d^{10} 离子采用四面体构型，相互间排斥力最小，如 $TiCl_4$、$FeCl_4^-$、CuX_4^{3-}、ZnX_4^{2-} 等均采用四面体排列；此外，Cu(I) 的配位数常为 2 或 4，实验和理论都已确定 $AlCl_4^-$ 的结构为四面体构型，Mains 使用实验数据并结合从头计算法 (ab initio) 确定了 $Al_2Cl_7^-$ 的结构为由 Cl 桥连接的双 $AlCl_4^-$ 四面体结构。但在酸性离子液体中，似乎只有 $AlCl_4^-$ 才能形成配位结构。

　　复合离子液体中 $AlCl_4CuCl^-$ 配合物的存在形式可能为图 3.41(a) 和 (b) 两种形式。而普遍认为简单金属 [如 Co(II)] 配合物更倾向于与 $AlCl_4^-$ 按照如图 3.41(c) 进行配位。此外，Schlapfer 在研究 $CuCl_x$-LCl_3(L=Al, Ga, In；x=2,1) 的配位结构时也认为，当 $CuCl_x$ 与 LCl_3 的比例为 1:1 时，其可能的配位结构如图 3.41(d) 所示。当 $CuCl_x$ 与 LCl_3 的比例为 1:2 时，其配位结构为图 3.41(e) 或者 (f)。因此有理由相信，Cu(I) 与 $AlCl_4^-$ 的配位结构更倾向于 (a) 型配位结构，而其中 "□" 代表空配位点。

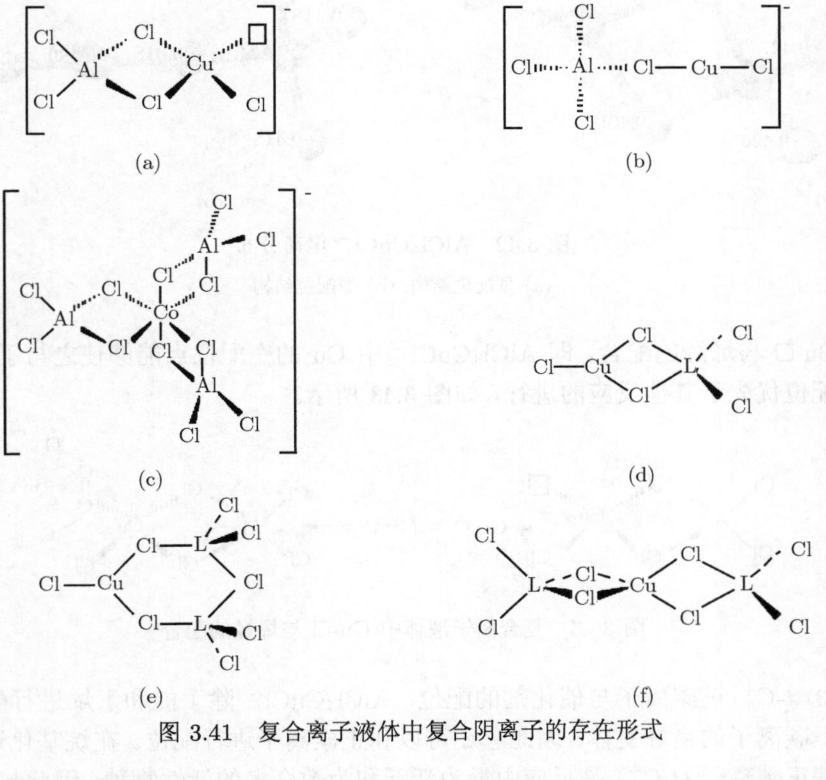

图 3.41　复合离子液体中复合阴离子的存在形式

　　(2) Cu 与烯烃的配合。过渡金属具有部分充满的d或f 轨道，这是它与其配合物最关键的特征。Cu^+ 中 4s、4p 轨道空出，这为接纳电子创造了条件。过渡金属配合物可以稳定许多不饱和中间体 (如金属氢化物、烯烃和烷基化合物等)，此外，在配位环境中过渡金属和配合物可以集中和调整几个反应 (模板作用)，例如，一氧化碳、氢和烯烃的自发配位优先于反应。另外，不同烯烃的相对配位能力也是重要的，Olive 对过渡金属配合物的下述类型的平衡测量：

$$M - L + 烯烃 \underset{}{\overset{K}{\rightleftharpoons}} M-烯烃 + L$$

发现配位能力有如下顺序：1-丁烯 > 顺式-2-丁烯 > 反式-2-丁烯；1-己烯 > 2-己烯 > 2-甲基戊烯 > 2-甲基-2-戊烯。这两个序列明显地反映了配位位阻效应的增加。

使用 Gaussian03 b3lyp/6-31+g 基组分别对 AlCl$_4$CuCl$^-$[(a)、(b) 型] 构型进行计算，所得电荷分布如图 3.42 所示。AlCl$_4$CuCl$^-$ 的 (a) 型分布中 Cu 所带正电荷数为 0.267，较 (b) 型 Cu 上的正电荷数高，构型 (a) 更有与富电子的丁烯相结合的能力，以下如无特殊说明，对 AlCl$_4$CuCl$^-$ 的讨论以 (a) 型结构为主。

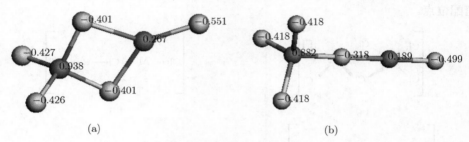

(a)   (b)

图 3.42   AlCl$_4$CuCl$^-$ 电荷分布

(a) 型配位结构；(b) 型配位结构

Cu-□ 与烯烃的配合，即 AlCl$_4$CuCl$^-$ 中 Cu 的空配位点能够使之与丁烯所进行的配位优先于其他反应的进行，如图 3.43 所示。

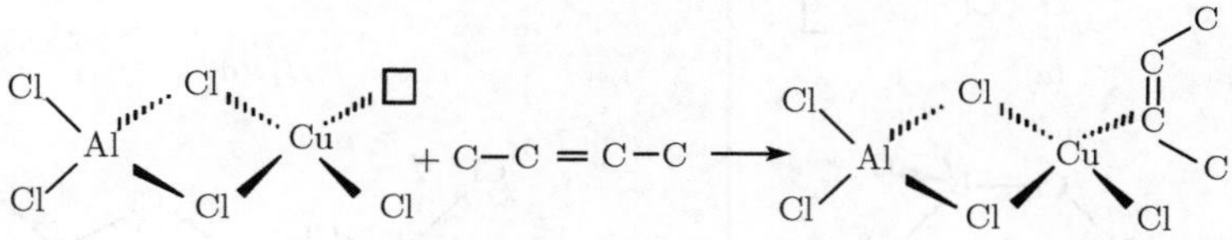

图 3.43   复合离子液体中 Cu-□ 与烯烃的配合

(3) t-C$_4^+$ 正碳离子与催化剂的配位。AlCl$_4$CuCl$^-$ 除了能和丁烯进行配位外，也是正碳离子的良好受体，因此它还可以和正碳离子进行配位。在烷基化过程中，叔丁基正碳离子 (t-C$_4^+$) 是反应中最为活跃和为数众多的活性物种，因此叔丁基正碳离子和 AlCl$_4$CuCl$^-$ 的配位概率很大，而与 Cu 相连的 Cl$^-$ 所带负电荷数明显比与 Al 的 Cl$^-$ 配体所带负电荷数高，因此 t-C$_4^+$ 与 AlCl$_4$CuCl$^-$ 之间以及丁烯的配位形式可能如图 3.44 所示。

基于上式所描绘的配位体，其上存在着两种竞争反应，这种竞争的结果直接影响了烷基化油的质量。

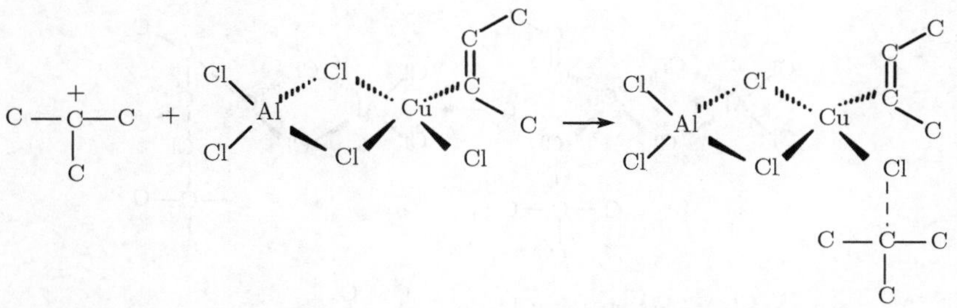

图 3.44　$AlCl_4CuCl^-$ 与叔丁基正碳离子和 2- 丁烯的配位形式

在烷基化过程中 $i\text{-}C_8^+$ 的数量也十分巨大，作为正碳离子它也可能成为 $AlCl_4CuCl^-$ 的潜在受体，但由于 $i\text{-}C_8^+$ 结构远比 $t\text{-}C_4^+$ 复杂，其空间位阻也远远高于后者，而在配位化学中，配位体的空间效应是十分重要的，因此 $t\text{-}C_4^+$ 和 iC_8^+ 在与 $AlCl_4CuCl^-$ 的配位竞争中，$AlCl_4CuCl^-$ 更倾向于和前者进行配位。$t\text{-}C_4^+$ 在配位竞争中的胜出，使 $i\text{-}C_8^+$ 专注于与异丁烷进行氢转移反应生成异辛烷，这就避免了 C_{12}^+ 的大量生成，即提高了烷基化反应对 C_8 的选择性。

$AlCl_4CuCl^-$ 对 C_4^+ 正碳离子的配位是有选择的。C_4^+ 的活泼性顺序为叔丁基 > 仲丁基 > 伯丁基正碳离子。Roebuck 使用苯与氯代丁烷进行烷基化时发现 $AlCl_3$-乙醚催化剂对于正丁基、仲丁基与叔丁基氯代丁烷都有很好的催化活性，三氯化铝有足够的酸强度催化它们与苯进行烷基化反应。但是当 $AlCl_3$-乙醚体系中加入 CuCl 以后，此时的三氯化铝催化剂仅能催化活泼的叔丁基氯代丁烷与苯进行烷基化反应。在复合离子液体异丁烷烷基化中，金属氯化物的存在也可能以同样的方式使 $AlCl_4CuCl^-$ 只能与叔丁基正碳离子进行配位，进而与丁烯进行烷基化反应。而仲丁基正碳离子由于其自身不够活泼，因此在与叔丁基正碳离子争夺与 $AlCl_4CuCl^-$ 的配位时处于劣势，即仲丁基正碳离子的二聚反应很难在复合离子液体中发生。

(4) 烷基插入与烷基化反应。由于丁烯与 Cu-□ 配位活化使键内的电子密度降低，经过过渡态发生 $Cu—Cl—C_4H_9$ 键的断裂，Cu 上形成一个空配位点，同时 $Cl—C_4H_9$ 插入到丁烯上进行烷基化反应，之后 2,2,3-TMP$^+$ 从 Cu 原子上解离，而 Cl$^-$ 仍保留在 Cu 原子上，使 $AlCl_4CuCl^-$ 得以复位，以供催化下一轮 $t\text{-}C_4^+$ 与丁烯的烷基化反应，如图 3.45 所示。

尽管上述反应机理存在许多值得探讨的问题，但它能够说明烷基化过程的绝大部分细节。

4) 复合离子液体催化烷基化机理表述

为了清楚地表明复合离子液体催化剂在烷基化反应中所起的作用，图 3.46 绘制了复合离子液体催化剂的循环机理。

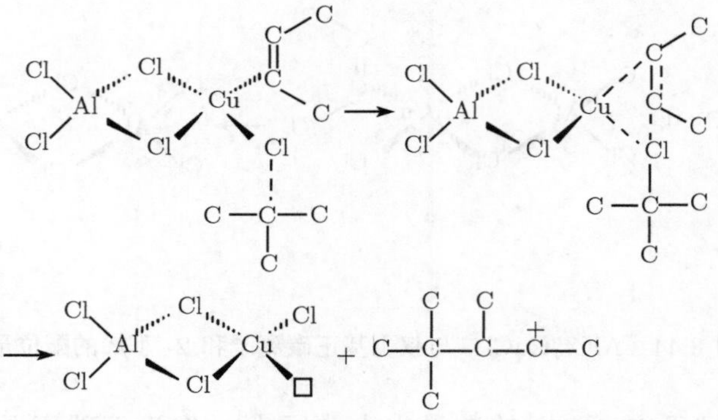

图 3.45　复合离子液体中 $AlCl_4CuCl^-$ 催化烷基化反应示意图

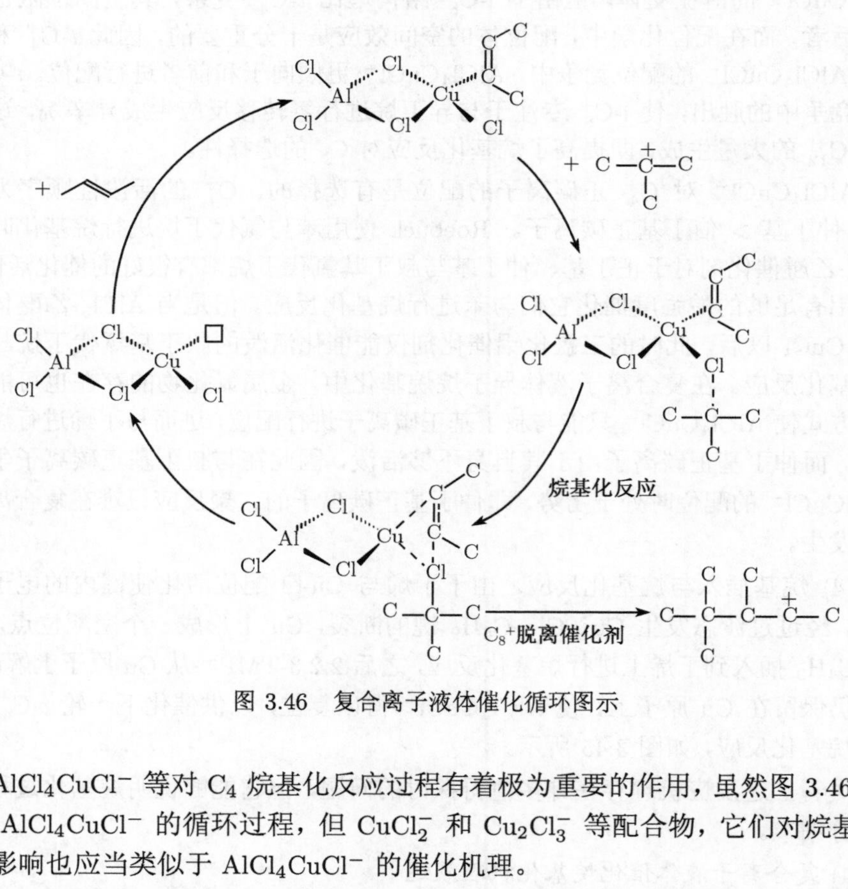

图 3.46　复合离子液体催化循环图示

$AlCl_4CuCl^-$ 等对 C_4 烷基化反应过程有着极为重要的作用，虽然图 3.46 讨论的是 $AlCl_4CuCl^-$ 的循环过程，但 $CuCl_2^-$ 和 $Cu_2Cl_3^-$ 等配合物，它们对烷基化反应的影响也应当类似于 $AlCl_4CuCl^-$ 的催化机理。

图 3.47 主要描绘了异丁烷与 2-丁烯的烷基化主、副反应历程与机理，图 3.46 中所反映的复合离子液体阴离子对主副反应的影响关系也在其中绘出。

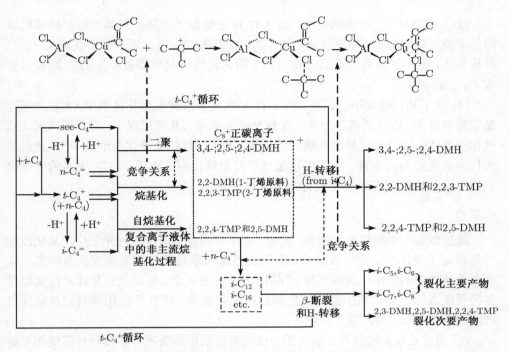

图 3.47　烷基化主副反应与复合离子液体催化作用的关系

图 3.47 反映了四个关键性问题。

(1) Cu(I) 配合物对两处竞争的影响。离子液体烷基化过程中，有两处竞争反应直接影响烷基化反应结果。它们分别是 (a) C_8^+ 与丁烯的二、三次烷基化和 C_8^+ 与异丁烷进行氢转移之间的竞争；(b) 烷基化与烯烃二聚反应之间的竞争。竞争 (a) 对烷基化油中 C_8 的选择性起着重要的作用。复合离子液体与常规离子液体催化剂之间的区别，就是 Cu(I) 配合物抑制了烷基化过程中的二、三次烷基化，使 C_8^+ 与异丁烷之间的氢转移能够在反应竞争中胜出。竞争 (b) 说明 CuCl 的另一个主要作用在于对烯烃二聚的抑制，即抑制剂的加入能够明显抑制仲丁基正碳离子与丁烯的加成反应。与复合离子液体烷基化油中 TMP 质量含量占绝对优势的根本原因即源于此。

(2) 自烷基化。复合离子液体中自烷基化不是整个过程的主要烷基化反应。自烷基化反应的发生，会使异丁烷的消耗成倍增加，正丁烷也可能参与反应。但进行离子液体烷基化反应时，发现异丁烷的消耗没有明显增加，此外，反应体系中的正丁烷含量波动不大，有时甚至可被视做内标物[15]。有理由相信，自烷基化过程在复合离子液体中是非主流的烷基化反应，但目前还没有足够的证据表明复合离子液体中不会发生自烷基化过程。

(3) β 断裂对 C_8 的贡献很小。图 3.47 尽量绘制了在离子液体中进行烷基化反应的可能历程和机理。尽管理论上讲 C_{12}^+，特别是 C_{16}^+ 的 β 断裂能够生成 C_8 的几种异构体，但离子液体的产品分布与本节所讨论的情况均显示 C_{16}^+ 的 β 断裂对生成 C_8 贡献很小。

(4) 叔丁基正碳离子的循环。图 3.47 显示离子液体烷基化体系中 $t\text{-}C_4^+$ 的来源是非常丰富的，这也说明了为什么在复合离子液体烷基化过程中，没有通入氯化氢气体但连续反应仍然能够顺利进行的根本原因：丁烯的质子化及形成 $t\text{-}C_4^+$ 是烷基化反应必须经历的步骤，但它仅仅起到引发后续反应的作用，$t\text{-}C_4^+$ 更多的时候来自异丁烷与 C_{12}^+ 等正碳离子进行的氢转移反应。

4. 结论

通过制备多种酸性离子液体，提出、选择并完善了用于进行异丁烷烷基化反应的复合离子液体催化剂合成技术；利用实验室间歇与连续反应装置详细研究了复合离子液体中的烷基化反应规律；利用质谱、红外光谱、核磁共振和针对性实验等多种手段表征了复合离子液体催化剂的结构与性质，研究了催化剂与烷基化反应之间的构效关系，得到如下结论。

(1) 由三乙胺盐酸盐与三氯化铝合成的基础氯铝酸类离子液体对异丁烷与丁烯进行烷基化反应，普遍表现出 C_8 组分选择性差等问题；分析表明氯铝酸阴离子活性过强而导致副反应增多，是 C_8 选择性差的主要原因。

(2) 合成时在常规离子液体中引入 Cu(I) 等金属氯化物形成复合离子液体，能够有效抑制烷基化过程中的大多数副反应。

(3) 通过本节对复合离子液体中烷基化反应规律的研究发现，较短的停留时间、高烷烯比、低反应温度、良好的分散状况以及适当高的酸烃比等反应条件均有利于提高烷基化油的品质；反应与操作条件对烷基化反应品质的影响有着 "合力" 作用；较优的反应条件范围如下：搅拌速率 >1500 r/min，反应温度 < 20 ℃，酸烃比 1:1~2:1，烷烯比 >15:1，反应时间 5~10 min，使用 2- 丁烯或异丁烯原料。

(4) 复合离子液体对异丁烷与 2- 丁烯、异丁烯有着极为优异的催化性能：一般反应条件下，丁烯转化率接近 100%，烷基化油收率超过 194%，烷基化油中 TMP 含量超过 87%，C_8 组分超过 95%，RON 超过 98；在较优的反应条件下，所得产物中 TMP 含量超过 90%，C_8 组分超过 97%，RON 可以达到 100 以上。

(5) 构效研究表明，$AlCl_4^-$，$Al_2Cl_7^-$ 及其衍生的氯铝酸阴离子的主要作用是为烷基化过程提供足够的酸强度，当酸强度超过催化反应进行的阈值后，增减复合离子液体中 $AlCl_3$ 的用量，对烷基化反应影响不明显，选择性提高的根本原因并非是通过调整催化体系的酸性而实现的；复合离子液体中 Cu(I) 配位离子 ($CuCl_2^-$、$Cu_2Cl_3^-$ 等) 对提高 C_8 等组分的选择性十分重要，而 $AlCl_4CuCl^-$ 配合物对继续提高烷基化反应中 TMP 等理想组分的含量起到了关键作用；Cu(I) 配位离子的大量出现与催化性能的改善有确定的对应关系。

(6) 机理与反应历程研究表明，复合离子液体烷基化反应可以通过正碳离子反应机理进行解释。抑制剂对烷基化反应的影响主要集中在两个方面：阻止 C_{12}^+ 和 DMH 的生成；离子液体中丁烯的二聚与丁烯/异丁烷的烷基化反应之间的竞争。C_8^+ 向 C_8 烷烃的转化与 C_8^+/丁烯生成 C_{12}^+ 的二次烷基化反应之间的竞争决定了烷基化反应的选择性。$CuCl_2^-$、$Cu_2Cl_3^-$、$AlCl_4CuCl^-$ 等含铜配位离子对丁烯以及对叔丁基正碳离子的选择性配合，为烷基化过程中主反应全面占据优势地位发挥了关键作用。

3.3.3 发展方向及展望

离子液体烷基化作为异丁烷烷基化最新研究方向之一的研究历史并不长，在经历了各种离子液体催化剂的研制及其催化性能的研究后，就目前的研究状况来看，异丁烷烷基化离子液体催化剂的研究基本都集中在氯铝酸离子液体方面，其主要原因在于异丁烷烷基化反应需要强酸性的催化剂，且目前尚未发现可以和氯铝酸离子液体的酸强度相当的离子液体种类。中国石油大学开发的复合离子液体显示出了优异的催化活性和选择性，是离子液体烷基化新型离子液体催化剂的一个典型代表，但一个工艺技术从开发到实际应用，必须经过催化剂的开发到工艺工程的开发等多个阶段，所以对复合离子液体烷基化来讲，如何开发相应的工艺与工程配套技术，充分发挥复合离子液体的优势，最终实现复合离子液体烷基化的工业实际应用还有一段艰苦的路要走。

另外，即使是性能优异的复合离子液体催化剂，它还是属于氯铝酸离子液体的范畴，虽然相比于目前工业应用的浓硫酸和氢氟酸而言复合离子液体更加安全、环保，但氯铝酸离子液体在使用过程中还或多或少的存在腐蚀等不利因素，并不是完全绿色的催化剂。因此，如何在深入研究复合离子液体催化剂作用机理的基础上，利用获得的理论知识指导并成功合成完全绿色的酸性离子液体催化剂应该是一个更长期的目标，并需要众多的研究者加入到这一行列中来。

参 考 文 献

[1] Ipatieff V N, Grosse A V. Reaction of paraffins with olefins. J Am Chem Soc, 1935, 57(9): 1616~1621

[2] 林世雄. 石油炼制工程. 北京: 石油工业出版社, 1990. 360

[3] Albright L F. Alkylation will be key process in reformulated gasoline era. Oil and Gas J, 1990, 88(1): 79~88

[4] Albright L F. Improving alkylate gasoline technology. Chemtech, 1998, 46(7): 46~53

[5] 耿英杰. 烷基化生产工艺与技术. 北京: 石油化出版社, 1993. 49~99

[6]   Corma A, Martinez A. Chemistry, catalysts and processes for isoparaffin-olefin alkylat-
      ion. Catal Rev, 1993, 35(4): 483~570

[7]   Albright L F. Industrial and laboratory alkylation. Washington D C: ACS Press, 1977.
      1~26

[8]   何奕工, 李奋. 异构烷烃与烯烃烷基化催化剂的新进展. 石油学报 (石油加工), 1997, 13(2):
      111~118

[9]   Francis A W. Solutions of aluminum chloride as vigorous catalysts. Ind Eng Chem,
      1950, 42(2): 342~344

[10] Roebuck A K, Evering B L. Isobutane-olefin alkylation with inhibited aluminum chlo-
      ride catalysts. Ind Eng Chem Prod Res Devel, 1970, 9(1): 76~82

[11] Olah G A, Batamack P, Deffieux D, et al. Acidity dependence of the trifluoromentha-
      neulfonic acid catalyzed isobutane-isobutylene alkylation modified with trifluoroacetic
      acid or water. Appl Catal A, 1996, 146(1): 107~117

[12] Hommeltoft S I, Ekelund O, Zavilla J. Role of ester intermediates in isobutene alkyla-
      tion and its consequence for the choice of catalyst system. Ind Eng Chem Res, 1997,
      36(9): 3491~3497

[13] Zhao Zhenbo, Sun Wendong, Wu Yue, et al. Study of the catalytic behaviors of
      concentrated heteropolyacid solution. I. A novel catalyst for isobutane alkylation with
      butenes. Catal Lett, 2000, 65(1): 115~121

[14] Weitkamp J, Traa Y. Isobutane/butene alkylation on solid catalysts. Catal Today,
      1999, 49(2): 193~199

[15] Chauvin Y, Hirschauer A, Olivier H. Alkylation of isobutane with 2-butene using 1-
      butyl-3-methylimidazolium chloride-aluminium chloride molten salts as catalysts. J
      Mol Catal, 1994, 92(1): 155~165

[16] Gray J L, Maciel G E. Aluminum-27 nuclear magnetic resonance study of the room-
      temperature melt aluminum trichloride butylpyridinium chloride. J Am Chem Soc,
      1981, 103(24): 7147~7151

[17] Chauvin Y, Commereuc D, Hirschauer A, et al. Process and catalyst for the alkylation
      of isoparaffins with alkenes. FR 2626572, 1989

[18] Chauvin Y, Hirschauer A, Olivier H. Catalytic composition and process for the alky-
      lation of aliphatic hydrocarbons. US 5750455, 1995

[19] Yoo K, Naboodiri V V, Varma R S. Ionic liquid-catalyzed alkylaton of isobutane with
      2-butene. J Catal, 2004, 222(2): 511~519

[20] Arduengo A J, Harlow R L, Kline M. A stable crystalline carbene. J Am Chem Soc,
      1991, 113(1): 361~363

[21] Gifford P R, Palmisano J B. A substitiuted imidazolium chloroaluminate molten salt
      possessing an increased electrochemical window. J Electrochem Soc, 1987, 134(3):
      610~614

[22] Olah G A, Welch J. Onium Ions. XII. Heterolytic dediazoniation of benzenediazo-
      nium ions by halide ions in pyridinium polyhydrogen fluoride solution giving isomeric

halobenzenes reflecting ambient reactivity of benzenediazonium ions and intermediate phenyl cation as well as subsequent aryne formation. J Am Chem Soc, 1975, 97(1): 208~210

[23] Olah G A, Mathew T, Goeppert A, et al. Ionic liquid and solid HF equivalent amine-poly(hydrogen fluoride) complexes effecting efficient environmentally friendly isobutane-isobutylene alkylation. J Am Chem Soc, 2005, 127(16): 5964~5969

[24] 刘植昌, 黄崇品, 徐春明. 以复合离子液体为催化剂制备烷基化油剂的方法. ZL02149296.4, 2002

[25] 刘植昌, 徐春明, 黄崇品等. 利用离子液体为催化剂制备烷基化油剂的方法. ZL02100716.0, 2002

[26] Liu Z, Xu C, Huang C. Method for manufacturing alkylate oil with composite ionic liquid used as catalyst. US 7285698, 2003

[27] Xu C, Liu Z, Huang C. Procede et Dispositif Prur Produire une Huile Alkylee au Moyen d'un Catalyseur Constitue par un Liquide Ionique Composite. FR2862059B1, 2007

[28] Shu C, Ryuu J, Huang C. Method for producing alkylate by using complex ionic liquid as catalyst. JP2004161763, 2004

3.4　碱性离子液体分子设计、碱性表征及其应用

化学反应是化学工业过程的核心, 而绝大多数化学反应需要利用催化剂。无论是工业界还是学术界, 投资热点和研究兴趣主要聚焦在基于高活性、高选择性、寿命更长的、符合原子经济性、环境友好等要求的新型催化剂开发与探索过程。从近十年来化学工业中新投产的酸碱催化过程来看, 酸碱催化是近代化学工业发展的重要推动力, 加强有关基础的、应用和开发研究有可能得到更多的符合国民经济和环境发展要求的新化学过程。作为其中一个重要的研究领域, 开发出兼具传统液体碱的高活性和固体碱易于分离等优点的新型碱催化剂, 是催化研究工作者及工业界梦寐以求的结果。但就目前来看, 虽然开发固体碱催化剂取代传统液体碱催化剂的工艺已经成为近年来碱催化研究的重点方向, 但令人尴尬的是, 迄今为止, 关于固体碱取代传统酸碱催化工艺成功地工业化示例还非常少[1]。其原因在于迄今所知的固体碱催化剂或多或少存在活性相对较低、制备工艺复杂 (尤其是固体超强碱) 且成本昂贵、强度较差、极易被大气中的 CO_2、H_2O 等杂质污染及比表面积相对较小等的缺点[2], 此外, 尚需要解决包括碱中心有待进一步阐明、许多反应中无法定义碱中心的数量和强度等理论与技术问题[3]。在开发新型固体碱催化工艺取代传统的工艺过程中, 尚存在对传统液体碱催化工艺流程进行彻底的革新、如何解决吸附了反应物的固体碱的再生等实际工艺问题。

离子液体的功能化，可以设计合成使离子液体具有非常丰富的、多样性的结构并展现出不同的、可以调节的物理、化学性能[4]，如具有酸性并用于催化系列化学反应[5]。碱性离子液体是最近出现的一类新型功能化离子液体，这类离子液体不仅具有常规离子液体的物化性质，而且由于其呈现碱性，因此，有望成为一类新型的碱催化剂。

3.4.1　碱性离子液体的起源、定义与分类

关于离子液体的碱性，早在 1975 年，已知阴离子为 $[AlX_4]^-$(X 为卤素元素) 的离子液体存在如下式所示的酸碱平衡过程[6,7]。当离子液体中 $AlCl_3$ 含量 $X > 0.5$(X 为摩尔分数) 时，$[Al_2Cl_7]^-$ 及 $[AlCl_4]^-$ 是离子液体中阴离子的主要存在形式，体系显酸性；当 $X = 0.5$ 时，阴离子为 $[AlCl_4]^-$ 显中性；而当离子液体中 $AlCl_3$ 含量 $X < 0.5$ 时，离子液体中的阴离子以 Cl^- 及 $[AlCl_4]^-$ 的形式存在，体系显碱性。由于氯铝酸盐离子液体在空气中不稳定，其应用受到了一定限制。反应式如下：

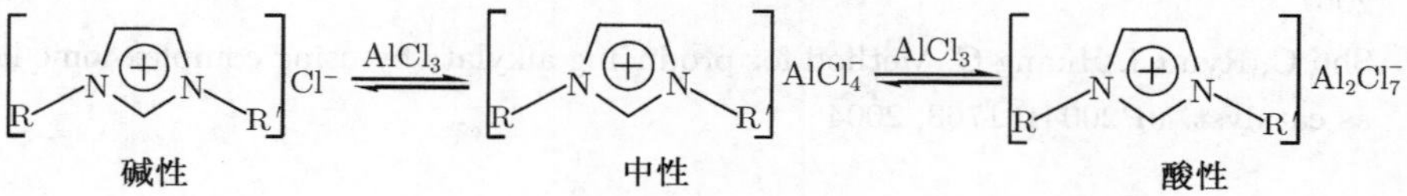

虽然关于酸碱的理论有很多种，但是，对于碱性离子液体而言，其大多数被应用于均相体系，因此，可借鉴 Arrhenius 的电离理论、Brönsted 酸碱质子理论及 Lewis 酸碱电子理论对碱性离子液体进行分类。

根据 Arrhenius 酸碱电离理论，能在水溶液中电离出 OH^- 的离子液体，即属于碱性离子液体。这类离子液体主要是指与 OH^- 阴离子配对的碱性离子液体，如烷基咪唑氢氧化物等碱性离子液体。

根据 Brönsted 酸碱质子理论，凡是能够接受质子 (H^+) 的物质称之为碱 (B 碱)。这类离子液体主要搭配有 CO_3^{2-}、OH^-、HSO_4^- 及 $H_2PO_4^-$ 等阴离子的离子液体。HSO_4^- 和 $H_2PO_4^-$ 既可以是质子给体也可以是质子受体，即同时具有 Brönsted 酸性和 Brönsted 碱性，是一类两性离子，该类离子液体被广泛应用于催化各种反应。不过，由于 HSO_4^- 和 $H_2PO_4^-$ 是强酸弱碱型离子，所以大多时候用作酸性催化剂。

而根据酸碱的电子理论可知，凡是能够提供电子对的离子液体属于 Lewis 碱性离子液体的范畴。这类离子液体的种类较多，其即可以是阳离子具有 Lewis 碱性中心的离子液体，如阳离子为功能化的胺基、腈基及胍基离子液体；也可以是阴离子含有 Lewis 碱性中心的离子液体，如阴离子为羧酸根、氨基酸根等类型的离子液体。此外，利用分子设计的手段，通过对离子液体进行功能化，可以赋予离子液体

多个碱性中心，这是碱性离子液体与传统的碱性材料/催化剂的最大不同之处。

3.4.2　碱性离子液体的研究进展

近年来，碱性离子液体的研究主要包括新型碱性离子液体的发展及其应用，碱性离子液体的应用主要体现在两个方面，即碱性离子液体的催化作用及利用碱性离子液体的碱性中心对一些分子的特殊吸附作用而实现分离的过程。

1. 碱性离子液体的发展

碱性离子液体的合成主要有两种方法，其一是通过离子交换的方法，将离子液体前驱体与碱性阴离子进行交换，即可得到阴离子具有潜在碱性的离子液体[8]；2002 年，Mehnert 等把 KOH 加入到 [bmim]Br 的二氯甲烷溶液中，室温下搅拌 10 h，合成了 [bmim][OH]，这是第一次有关于阴离子为 OH⁻离子液体的合成报道[9]。此外，利用离子交换的方式，还可以获得阴离子为二氰胺碱性阴离子[10,11]、乳酸根[12,13]、羧酸根[14,15] 及氨基酸根等[16] 及最近合成出的含咪唑阴离子的碱性离子液体[17]；其二是在离子液体的母体结构中引入具有碱性的官能团，合成出碱性离子液体，这类碱性离子液体主要是具有 Lewis 碱性的离子液体。如系列季铵盐型碱性离子液体[18]、含有腈基[19] 及胺基[20] 等碱性官能团的碱性离子液体。最近，MacNeil 等合成了系列基于 DABCO 阳离子的新型 Lewis 碱性离子液体[21]。

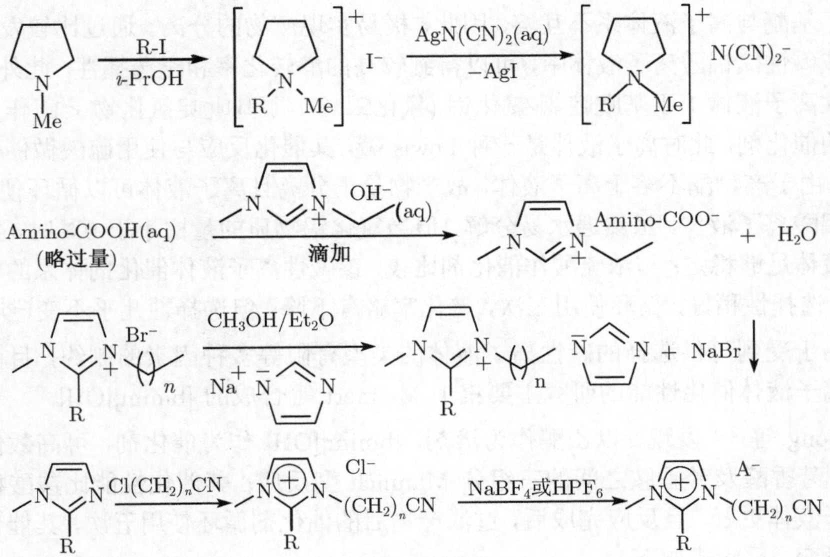

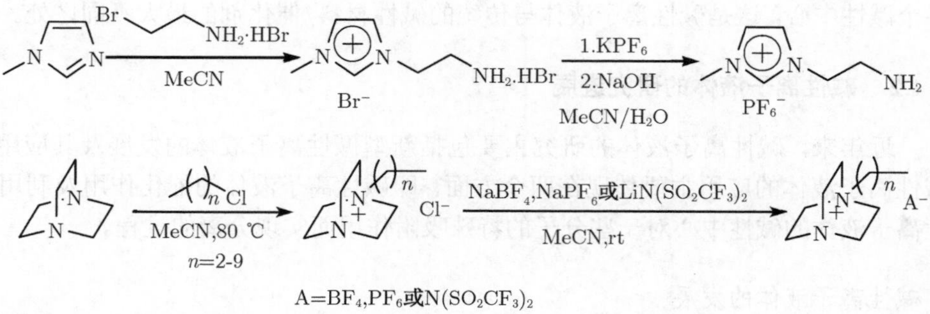

A=BF₄,PF₆或N(SO₂CF₃)₂

$A = BF_4, PF_6$ 或 $N(SO_2CF_3)_2$

碱性离子液体的合成，在本质上属于有机合成过程，从分子设计的角度来看，碱性功能化离子液体尚有极大的拓展空间。利用分子设计的手段，设计出可行的合成路线，有望得到更多新型碱性离子液体，相关的研究也是离子液体合成领域的一个重要研究方向。

2. 碱性离子液体的催化性能研究

无机碱、有机碱是一类重要的催化剂，可以催化系列重要有机反应。近年来出现的碱性离子液体，有望为新型碱催化过程提供另外一种选择。例如，利用碱性氯铝酸离子液体催化醚化反应[22]：在 1-烷基吡啶、1-甲基-3-烷基咪唑季铵盐或盐酸三甲铵与无水 AlCl₃ 构成的室温离子液体反应介质中，进行了叔丁醇与甲醇、乙醇、丙醇、丁醇及戊醇之间的醚化反应，在 80~140 ℃下反应 6~12 h，由于目标产物叔丁基醚与离子液体系不互溶，因此，极易实现产物的分离。通过比较发现，在中性或碱性氯铝酸离子液体中，可以得到较高的醇转化率和醚选择性。此外，还可将碱性离子液体 1-丁基吡啶氯-氯化铝 (氯化铝 / 1-丁基吡啶氯化物 <1) 作为酯化反应的催化剂，此时离子液体是一种 Lewis 碱，其催化反应与使用硫酸做催化剂时不同。由于产物酯不溶于离子液体，故产物易于分离且离子液体可以循环使用。对于氯铝酸离子液体，虽然遇水易分解，但当氯化铝物质的量比小于 0.5 时，氯铝酸离子液体足够稳定；与浓硫酸作催化剂比较，该碱性离子液体催化剂体系的转化率较高，选择性稍好，循环使用三次，转化率略有下降，但选择性几乎不变[23]。

由于受到可供选择的碱性离子液体的类型有限等多种因素的制约，目前有关碱性离子液体催化性能的研究主要集于 Mehnert 等合成的 [bmim][OH]。

Gong 等[24] 发现，以乙醇作为溶剂，[bmim][OH] 作为催化剂，可高效催化环己酮、芳香醛及芳香胺之间的三组分 Mannich 型反应；其催化性能比羧酸根类碱性离子液体更好。且反应完成后，过滤产物后的催化剂循环使用五次，其催化活性几乎不变。反应式如下：

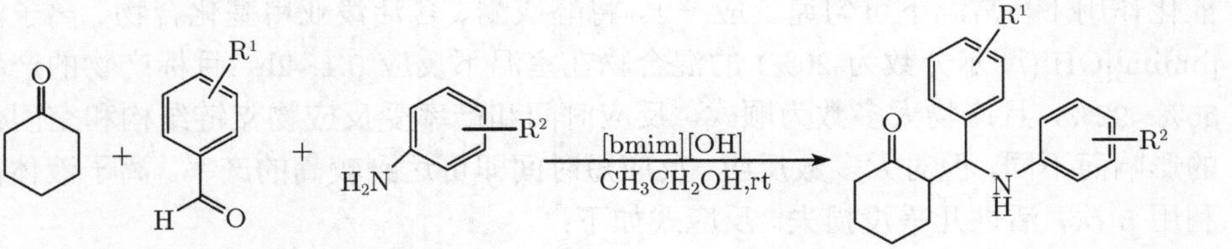

Yang 等[25] 以 [bmim][OH] 离子液体为催化剂，进行芳香胺、N- 杂环化合物与 α, β- 不饱和酮的 Michael 加成，发现 [bmim][OH] 具有优良的催化性能和循环利用性能；另外，他们以环己 -2- 烯酮与苯胺的反应为探针反应，比较了系列无机碱、有机碱及以 [emim][OH] 离子液体的催化性能，发现 [emim][OH] 离子液体作为催化剂可以明显缩短反应时间，且有较高的产率，可以达到 90%；如使用 [bmim][OH] 离子液体催化其他的 α, β- 不饱和酮和 N- 杂环化合物与芳香胺的反应，当催化剂用量为 30% 时，反应在室温下就可进行，由于 α, β- 不饱和酮与芳香胺的反应受分子结构和空间位阻的影响，产率也能在 42%~98% 范围内变化，而对于 N- 杂环化合物与芳香胺的反应，其产率为 84%~96%。

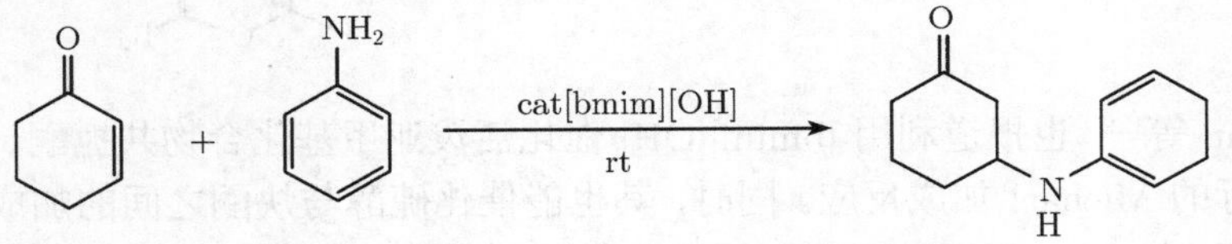

Ranu 和 Banerjee[26] 利用 [bmim][OH] 作为反应媒介及催化剂，在无其他催化剂及溶剂的存在下，该离子液体可以便捷地、高效地一步实现活泼的亚甲基化合物与共扼酮、酯、腈等化合物之间的 Michael 加成反应。在室温下搅拌反应 0.5~3h，目标产物的产率即可达到 80%~96%。反应式如下：

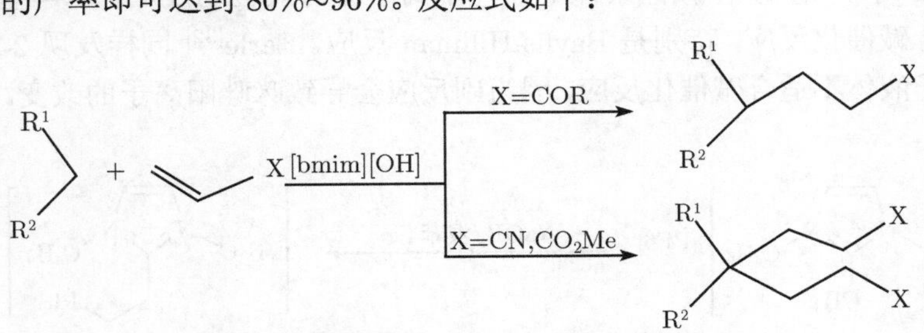

$R^1, R^2 =$ Me,COMe,COPh,CO$_2$Et,CO$_2$Me,NO$_2$,etc.

同样，在无其他溶剂的情况下，[bmim][OH] 可催化系列脂肪/芳香醛及酮与丙二酸二甲酯、丙二腈、丙二酸及乙酰乙酸乙酯之间的 Knoevenagel 反应。虽然脂肪醛与丙二酸二甲酯之间的反应在常规条件下是较难实现，但在 [bmim][OH] 的

催化作用下，常温下可匀速反应[27]。将醛或酮、含活泼亚甲基化合物、离子液体
[bmim][OH](摩尔分数为 20%) 的混合物在室温下反应 0.1～2h，目标产物的产率为
55%～92%，且产物大多数为顺式。反应时间和产率受反应物支链结构和空间位阻
的影响而不同，但对大多数反应，反应短时间即可达到较高的产率。离子液体循环
利用 5 次，活性几乎没损失。反应式如下：

$$
\begin{array}{c} R_1 \\ R_2 \end{array}\!\!=\!\!O \;+\; \begin{array}{c} E_1 \\ E_2 \end{array} \xrightarrow[\text{rt}]{\substack{[bmim][OH] \\ (20mol\%)}} \begin{array}{c} R_1 \\ R_2 \end{array}\!\!=\!\!\begin{array}{c} E_1 \\ E_2 \end{array}
$$

R¹, R²=alkyl, aryl, H; E¹, E²=CN, COMe, COOMe, COOEt, COOH

　　Xu 等也利用 [bmim][OH] 离子液体为催化剂及介质，催化 N- 杂环化合物与乙
烯基酯的 Markovnikov 加成反应，在 50 ℃下反应 2～12 h，产率为 73%～93%。反
应时间和产率同样受支链结构和空间位阻的影响[28]。反应式如下：

$$
\begin{array}{c}\text{imidazole} \end{array} + \text{vinyl ester} \xrightarrow{[bmim][OH]} \text{product}
$$

　　Ranu 等[29] 也报道利用 [bmim][OH] 催化活泼亚甲基化合物共扼酮、碳酸酯或
腈等进行的 Michael 加成反应。同时，其也能催化硫醇与炔酮之间的加成反应。通
常情况下，与 α, β-不饱和酮的加成过程得到单加成产物，而与 α, β-不饱和酯或腈
的加成过程则全部得到双加成产物。

　　Xu 等[30] 也进行了以 [bmim][OH] 作为溶剂及催化剂的系列 N-杂环化合物
(包括五元杂环、嘧啶及嘌呤等) 的 Michael 加成反应的研究。需要注意的是，
Aggarwal 等[31] 发现在碱性条件下咪唑阳离子会与反应物反应，咪唑型离子液体
并不适合碱催化反应，特别是 Baylis-Hillman 反应。Earle[32] 同样发现 2- 烷基化咪
唑盐离子液体不适合碱催化反应，因为副反应会导致咪唑阳离子的改变。反应式如
下：

$$
\left[H_3C\!-\!\underset{\underset{CH_3}{|}}{\overset{+}{N}}\!=\!N\!-\!C_4H_9 \right][PF6]^- \xrightarrow{NaOH/溴苯} \left[H_3C\!-\!\overset{+}{N}\!=\!\underset{\underset{Ph}{|}}{N}\!-\!C_4H_9 \right][PF6]^-
$$

　　除了阴离子为氢氧根的碱性离子液体，阴离子为羧酸根的离子液体的碱性也
被认识，阴离子为羧酸根的离子液体的热稳定性和化学稳定性均强于阴离子为氢
氧根的碱性离子液体，其作为碱性催化剂用于催化反应的研究也越来越多。岳彩波
和魏运洋以功能化乳酸乙醇胺盐离子液体作催化剂，在无溶剂条件下实现苯甲醛、

甲基苯甲醛、甲氧基苯甲醛、氯代苯甲醛和呋喃醛等芳香醛与氰基乙酸乙酯或丙二腈的 Knoevenagel 缩合反应。在室温下，该反应可数分钟至 1 h 内完成，产物的收率为 81%~98%。该催化反应具有较好的选择性，只生成反式烯烃，产物分离过程简便，经乙醇水溶液洗涤和重结晶后，便可分离出产物[33]。反应式如下：

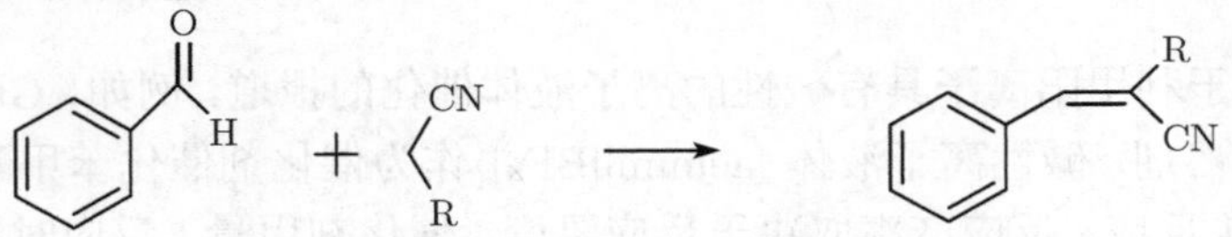

Earle 等[12] 用 [bmim][lactate] 催化丙烯酸乙酯和环戊二烯的 Adler-Diels 反应，20 ℃下反应不同的时间，目标产物的产率分别高达 87%(2 h) 和 99%(24 h)，其内缩合与外缩合产物之比分别为 4.4:1 和 3.7:1。反应物和产物形成两相而易于分离。[bmim][lactate]离子液体相可直接循环使用，其活性几乎不变。相同的反应时间 (1 h)，在水相、高氯酸锂–二乙醚混合物相及 [bmim][PF$_6$] 离子液体相中进行的丙烯酸乙酯和环戊二烯的反应，[bmim][PF$_6$]离子液体相中转化率介于水相和高氯酸锂–二乙醚混合物相之间。且在离子液体 [bmim][lactate] 相中该反应的反应速率要大于离子液体 [bmim][PF$_6$] 相。

Forsyth 等[11] 用 [emim][CH$_3$CO$_2$] 作为 α-D- 葡萄糖和乙酸酐的乙酰化反应，按照 α-D- 葡萄糖:乙酸酐:[emim][CH$_3$CO$_2$]为 1:5:2 的比例，室温下反应 1 h，产率达到 95%。该反应首先将糖类溶于离子液体，然后加入过量乙酸酐并在室温下搅拌直至反应完全。

Liu 等[34] 将离子液体 [bmim][TPPMS] 作为配体、[bmim][CH$_3$CO$_2$]作为碱和溶剂与 PdCl$_2$(CH$_3$CN)$_2$ 一起应用于丙烯酸乙酯和溴化苯的 Heck 反应，140 ℃反应 3 h，溴化苯转化率和目标产物 (肉桂酸乙酯) 产率分别为 61%和 60%。其中，[bmim][CH$_3$CO$_2$] 起协同配体和碱的作用。通过比较，发现由于阴离子配位能力和碱性强弱之间的差异，可导致催化性能的不同。此外，在 Pd(II) 不能被有效还原及 [bmim][CH$_3$CO$_2$] 的中和作用等因素的影响下，该反应的转化率偏低。

以二氰胺根为阴离子的离子液体具有较低的黏度和一定的碱性。MacFarlane 等[13] 研究了二氰胺根为阴离子的离子液体 {包括 [bmim][DCA]、[emim][DCA]}中的醇类 (包括萘酚、叔丁醇、环己醇和葡萄糖) 与酸酐的 O-乙酰化反应，发现离子液体不仅是良好的溶剂，而且是高活性碱催化剂。

最近，Xia 等[35] 将负载于树脂上的咪唑阳离子与 OH$^-$、HCO$_3^-$ 阴离子配对，构筑出新型负载型碱性离子液体催化体系，该负载型碱性离子液体可高效催化丙烯酸酯的水解，其中 1,2-丙二醇的选择性及产率均大于 99%。该研究工作开辟了碱性离子液体研究的新方向。该负载型碱性离子液体催化剂循环使用五次后，其催化性能几乎不变。

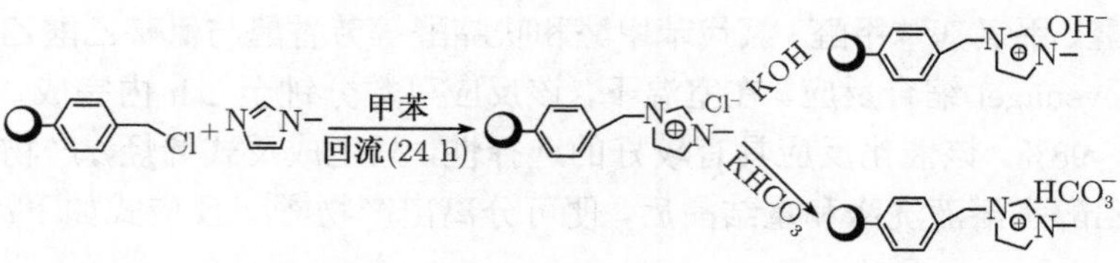

也有关于利用阳离子具有碱性的离子液体催化的报道，例如，Gao 等[36] 研究了用水作为溶剂，碱性离子液体 [aemim][BF₄] 作为催化剂催化苯甲醛与丙二腈的 Knoevenagel 反应，反应产率取决于反应温度、催化剂用量、反应时间。其中反应温度对产率的影响较小，有别于传统碱催化剂需在较高温度下才能获得高产率。催化剂用量对于该反应的影响较大，当不用催化剂时，30 ℃条件下，反应 1 h，产率仅为 8%，远低于用该碱性离子液体作催化剂时的产率。反应结束后将含有催化剂的水相继续循环使用，循环六次后产率仍然高达 93%。此外，他们还比较了不同反应物的 Knoevenagel 反应。分析认为，不同的醛或酮与腈或酯反应的活性不同，效果各异。反应式如下：

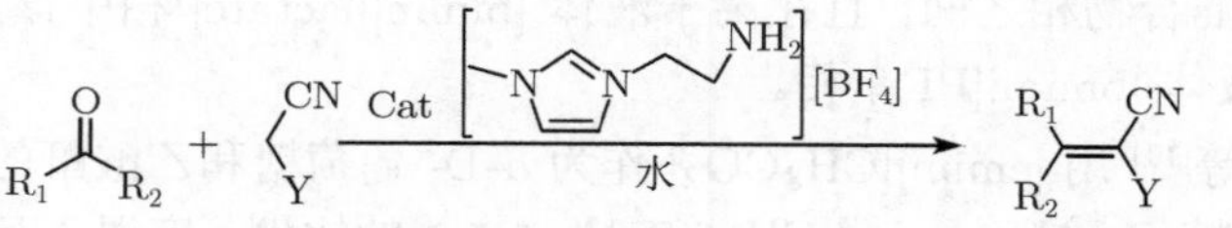

Cai 等[37] 同样报道了水相中用 1- 胺乙基 -3- 甲基 - 咪唑六氟磷酸盐 (或四氟硼酸盐) 催化芳香醛和丙二腈、芳香醛和氰乙酸乙酯的 Knoevenagal 反应。催化剂用量大约为 0.8%(摩尔分数)，室温下进行反应。对于不同的芳香醛与丙二腈的反应，在 30 min 内 (糠醛的反应时间为 2 h)，目标产物的产率为 85%~96%。芳香醛与氰乙酸乙酯的 Knoevenagal 反应，反应时间约 3 h，产率为 91%~94%。

Yang 等[38] 通过溴乙胺酰化的 L- 脯氨酸和 1-甲基咪唑作用得到的产物与 NaBF₄ 进行离子交换得到碱性离子液体。该离子液体既作溶剂又作催化剂，用于醛与丙酮的 Claisen-Schmidt 反应，室温下反应 24~48 h，产率在 78%~92%。对于环戊酮与醛的反应，室温下反应 16 h，产率为 81%~96%。4- 硝基苯甲醛与丙酮的反应，催化剂回收循环使用七次，产率变化很小。反应式如下：

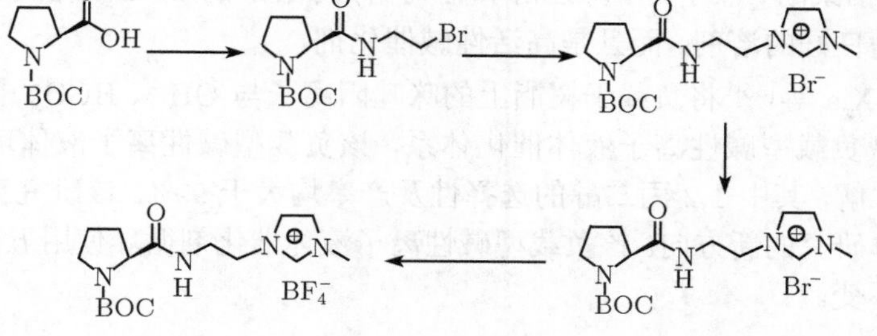

Jiang 等[39] 发现 1,1,3,3- 四甲基胍乳酸盐离子液体可以有效地催化芳香族醛与丙二腈或氰乙酸乙酯的 Knoevenagel 缩合反应且易于回收及循环利用。该反应以乙酸乙酯作为溶剂，加入 1,1,3,3- 四甲基胍乳酸盐离子液体作为催化剂，反应的产率为 66%~94%。该反应的反应时间和产率同样受取代基结构和空间位阻效应的影响。对于硝基、羟基、氯、甲氧基等取代的芳香醛，反应进行的很快。而对于对苯二醛，其两个羧基均可以与氰乙酸乙酯反应生成二缩合产物。此外，α, β- 不饱和醛与活泼亚甲基化合物反应时，当活泼亚甲基化合物化合物为氰乙酸乙酯时，由于空间位阻效应，只能得到 E- 式产物。反应式如下：

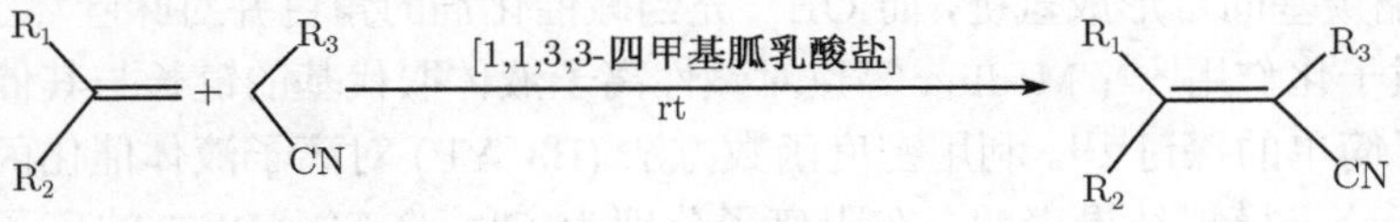

$$R_1,R_2 = Aryl, Alkyl \ 或 \ H; R_3 = CN, CO_2Et$$

Li 等[40] 将胍基碱性离子液体与 Pd 催化剂 ($PdCl_2$ 或 PdOAc) 用于芳烃卤化物或烯烃卤化物与烯烃的 Heck 反应，对于溴化苯和苯乙烯在 140 ℃条件下的反应，若用胍基碱性离子液体 -$PdCl_2$ 体系，在 15 min 内，目标产物的产率就可达到 99%，其中 98%为顺式产物 1, 2- 二苯乙烯。当使用胍基碱性离子液体 -PdOAc 催化体系，反应时间要长许多。他们认为，碱性离子液体在稳定活化钯 (0)、其强碱性有利于 β-H 的消去及可促进反应的高极性。

Cota 等[41] 通过脂肪氨基化合物和羧酸的中和反应得到了系列脂肪胺阳离子与羧酸阴离子组成的碱性离子液体，并将其作为催化剂用于柠檬醛与丙酮缩合、苯甲醛与丙酮及庚醛之间的缩合反应，反应在氩气保护气下进行，对于柠檬醛与丙酮缩合反应，2-羟基-乙胺阳离子丙酸盐的催化转化率最高，对于苯甲醛与丙酮的缩合反应，反应 12 h 后，转化率达到 95%以上。李雪辉课题组[42] 发现，碱性离子液体是丙烯腈氯化加成反应的优良催化剂。此外，Zhao 等[19] 以甲基咪唑为母体化合物，合成出系列阳离子含有氰基的功能化离子液体，该系列离子液体具有潜在 Lewis 碱性。单晶衍射分析表明，氰基取代基碳链的长度和阴离子的种类都会影响咪唑环上各原子间键长，从而影响离子液体的物化性质。随着氰基取代基碳链的增长，离子液体熔融温度变低，黏度逐渐增大，密度不断降低；阴离子对离子液体的熔融温度也有明显影响。用于催化反应时，该离子液体同时具备溶剂及配位体的功能，从而可以显著改善反应的选择性，用于 1,3- 环己二烯的加氢反应时，反应转化率为 90%，环己烯的选择性高达 97%。

由于大多数氨基酸具有手性，将氨基酸引入离子液体得到新型室温氨基酸离子液体，其在多肽合成中间体和在药物化学、工业化学中的应用前景非常广阔。Wang 等[43] 将 CuI 加入到阴离子为脯氨酸的碱性离子液体中，用于由乙烯基溴化物合成乙烯基硫化物的反应，90 ℃下反应 24 h，产率为 76%～93%并且具有很高的选择性。

关于碱性离子液体催化反应的机理研究，部分研究者也有提及并进行了有益的探讨，例如，离子液体乳酸乙醇胺盐同时具有 —NH$_3^+$ 基团和羟基等活泼官能团，可以促进氰基乙酸乙酯或丙二腈分子中 α- 氢的离去，同时活化芳香醛分子中的羰基氧[33]，以利于反应的进行。

Sun 等[44] 计算表明，在催化过程中，OH$^-$ 与 [bmim]$^+$ 均可起到降低势垒、增加选择性的作用；Lin 等认为，[bmim]OH 积极参与了反应过程且咪唑环中 C(2) 上的 H 与酯羰基间可形成氢键，而 OH$^-$ 充当碱催化剂的角色并对咪唑环上的 N—H 具有去质子化作用[28]；Medina 等也对碱性离子液体取代基的链长与其催化性能之间进行了简单的探讨[41]。利用密度函数方法 (B3LYP) 对离子液体催化丙烯腈氯化过程进行分子模拟结果表明，在阴离子分别为 Cl$^-$、BF$_4^-$、PF$_6^-$ 的离子液体体系中，氯气分子中的 σ 键的键长由 2.232 Å 分别增长到 2.489 Å、2.332 Å、2.308 Å。阴离子为 Cl$^-$ 的离子液体体系中，氯气分子被活化的程度最大[42]。其结构式如下：

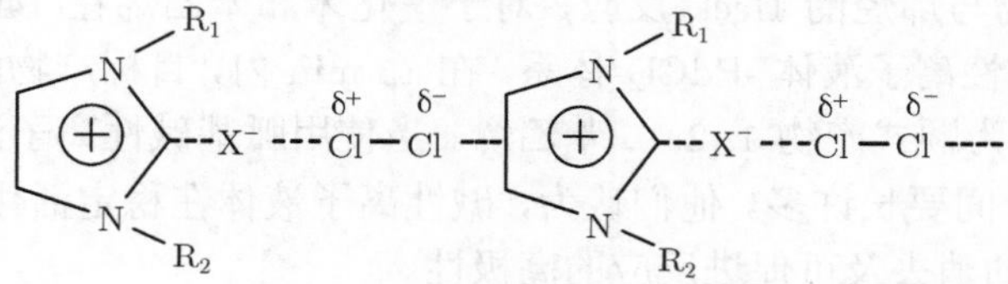

有关碱性离子液体催化剂的研究正成为离子液体研究的热点，也引起了催化研究者的极大关注。迄今为止，相关的研究尚有待进一步的深入，例如，鲜有涉及碱性催化中心的内在特性 (强度、碱量) 与其催化性能及结构关联的研究。究其原因，在于尚未建立对碱性离子液体的碱性进行定量或定性分析与测量的技术与理论，因而无法获取离子液体的结构与其碱性之间的构效规律，也就不能实现碱性活性中心的特性与其催化性能之间的有效关联。

3. 碱性离子液体在分离领域的应用

Riisager 等合成系列 [TMG][BF$_4$]、[TMG][BTA] 及 [TMGB$_2$][BTA] 离子液体并用于吸附 SO$_2$，结果表明，这些离子液体对 SO$_2$ 具有很好的吸附性能。SO$_2$ 的吸附量与离子液体的物质的量比可高达 1.1～1.6。经过简单的加热，所吸附的 SO$_2$ 可以完全释放，离子液体可以重新利用。由于 SO$_2$ 呈现酸性，而所合成的离子液体在理论上具备 lewis 碱性，该过程应该属于化学吸附，尽管他们采用 NMR 及 FTIR 对吸附过程进行研究，却没有发现新的化学键的生成[45]。张锁江等合成了系列与羧酸跟搭配的羟胺型碱性离子液体并用于吸附 SO$_2$ 的研究，结果表明，含有乳酸阴离子的离子液体对 SO$_2$ 的吸附量可达到 49.57%(摩尔分数)。吸附机理研究发现，吸附了 SO_2 的离子液体在 1718 cm^{-1} 及 1227 cm^{-1} 处出现了分别归属于 —C=O—OH 及 N—S=O$^-$ 的新红外吸收峰，而原离子液体在 1580 cm^{-1} 处 (归属于 —C=O—O$^-$) 吸收峰消失，说明吸附过程有新的化学键的生成，其认为此类吸附过程属于物理吸附及化学吸附的共同作用的结果并提出了吸附机理 [46]。

Li 等研究了 N-甲基咪唑、N-乙基咪唑或与 [emim][DEP](1-乙基-3-甲基咪唑磷酸二乙酯) 或 [bmim][DBP](1-丁基-3-甲基咪唑磷酸二丁酯) 混合物对燃油的萃取脱硫 (EDS) 情况，结果表明，这些混合物或离子液体的脱硫能力较强，脱硫效果明显。他们认为，这类脱硫过程源于咪唑环与被萃取的硫化合物的芳香结构之间存在 π-π 相互作用[47]；Wu 等合成由 1,1,3,3-四甲基胍阳离子与乳酸根阴离子组成的离子液体 1,1,3,3-四甲基胍乳酸盐 (TMGL) 用于吸附分离烟道气中的 SO_2，结果表明，该离子液体可以高效地对模拟烟气中的 SO_2 进行吸附，此外，通过减压或加热的方式，可以便捷地实现离子液体的回收与循环使用，同时，提出了吸附-反应机理[48]。Anderson 等合成了 [hmim][Tf$_2$N]、[hmpy][Tf$_2$N] 等离子液体，研究表明，SO_2 在这些离子液体中的溶解性可达 85%(摩尔分数) 并认为属于物理吸附机理[49]。

3.4.3　碱性离子液体的分子设计与碱性表征

1. 碱性离子液体的分子设计

离子液体作为一类功能性软介质，大量文献报道具有与常规有机溶剂不同的独特的物理化学性能。离子液体的一个显著特点是，通过对离子液体的阴阳离子进行分子设计与合成，可以得到具有不同结构和阴、阳离子搭配的功能化离子液体，从而具备对离子液体的物理、化学性能及应用性能进行修饰与调节。据估算，离子液体化合物有 10^8 个，因此，具有碱性的离子液体的分子结构是具有极大多样性的。基于分子设计的理论及有机合成的规则，对离子液体进行功能化，在阳离子上引入具有碱性的官能团或者与具有碱性的阴离子进行搭配，可以得到结构非常丰富的碱性功能化离子液体。结合已有的经验，可以对以咪唑环为骨架的碱性离子液体进行设计，如图 3.48 所示。通过与不同的碱性阴离子搭配，可以得到阴离子具有碱性的系列碱性离子液体 (a)；在阳离子上引入具有碱性的官能团 (如胺基) 并与系列中性阴离子进行搭配，可以得到阳离子具有碱性的系列离子液体 (b)；同时，碱性离子液体可以含有一个碱性中心 (a、b)，也可能是阳离子上含有两个或多个碱性中心 (d)，或者是阳离子及阴离子均含有碱性中心的具有双碱性中心的碱性离子液体 (e)。

以上说明，碱性离子液体的最大特点是其结构具有极大的多样性，这与固体酸的性质相类似。对于固体碱而言，其碱性中心不仅分布不均匀，而且其碱性的强度是连续的，也就是说，在固体碱的表面，不同的碱性中心的强度有可能不是一样

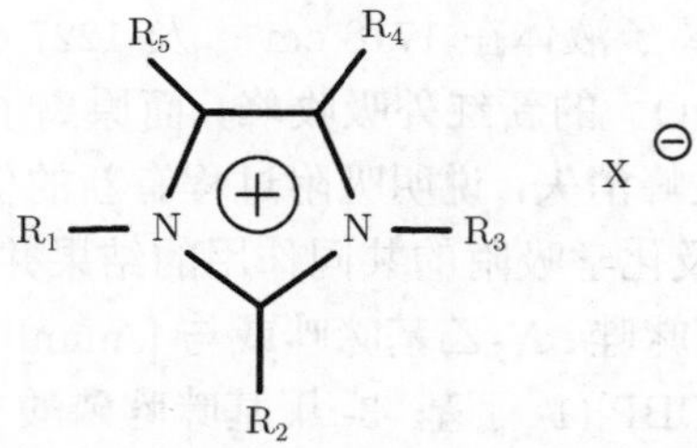

图 3.48 碱性功能化离子液体分子设计

(a): $R_1 = -C_nH_{2n+1}$; $R_3 = -CH_3$; $R_2, R_4, R_5 = H$; $X^- : OH^-$ 或 $C_mH_{2m+1}COO^-$ 或咪唑阴离子;

(b): $R_1 = -(CH_2)_nNH_2$; $R_3 = -CH_3$; $R_2, R_4, R_5 = H$; $X^- = Cl^-$ 或 BF_4^-;

(c): $R_1 = -C_nH_{2n+1}$; $R_2 = -CH_3$ 或 $-NO_2$; $R_3 = -CH_3$; $R_4, R_5 = H$; $X^- = OH^-$ 或 $C_mH_{2m+1}COO^-$;

(d): $R_1, R_3 = -(CH_2)_nNH_2$; $R_2, R_4, R_5 = H$; $X^- = Cl^-$ 或 BF_4^- 或 PF_6^-;

(e): $R_1 = -(CH_2)_nNH_2$; $R_3 = -CH_3$; $R_2, R_4, R_5 = H$; $X^- = OH^-$, 或 $C_mH_{2m+1}COO^-$;

(f): $R_1 = -(CH_2)_nN = C(NR_1R_2)_2$; $R_3 = -CH_3$; $R_2, R_4, R_5 = H$; $X^- = Cl^-$ 或 BF_4^- 或 PF_6^-;

(g): $R_1 = -C_nH_{2n+1}$; $R_3 = -CH_3$; $R_2, R_4, R_5 = H$; $X^- = $ 如氨基酸阴离子

的。但是，对于碱性离子液体而言，通过分子设计的手段，可以对碱性离子液体的碱性进行精确调节。例如，通过改变阳离子咪唑环上取代基的链长与数目、碱性官能团的链长及阴离子的种类等方式，可以改变碱性离子液体的碱性；此外，通过引入碱性调节基团 (如硝基、甲基)，利用这些碱性调节基团对碱性中心可能产生的诸如诱导效应、共轭效应、场效应等，而实现对其碱性进行精细调节的目的。这是碱性离子液体与固体碱催化剂存在的极大不同，也是其优势所在。

2. 碱性离子液体碱性表征技术与理论的发展

碱性离子液体之所以受到学术界的重视，其原因在于这些离子液体具有碱性，可以用做碱催化剂或碱性吸附剂。碱性离子液体是一类离子液体，其常规的物理、化学性质可以通过已有的关于离子液体的表征方法进行表征。但是，碱性离子液体是一类新型的碱，关于其碱性 (碱量、碱强度) 的表征方法至今未有文献报道。利用碱性离子液体的催化过程中，如果能够深入了解碱性离子液体的组成、结构对其碱性中心性质的影响并与其催化性能进行关联，就能够进一步对具有应用前景的新型碱性离子液体的设计、合成、筛选等过程提供借鉴与指导。因此，发展表征碱性离子液体碱性的技术与理论，显得尤为重要。其不仅可以在分子水平上揭示影响碱性离子液体碱性的内在因素，为阐明碱性离子液体的结构、碱性及其催化性能三者之间的内在联系提供理论依据，而且可以极大促进碱性离子液体催化理论的发展及新型碱性离子液体催化剂的设计与开发，最终为改造现行环境不友好碱催化工艺提供另外一种选择的可能。

研究碱性离子液体在催化中的应用，必须发展和完善碱性离子液体的碱性表征方法。可以采取的策略是借鉴传统碱催化剂的方法或关于离子液体酸性表征方法 (如红外光谱法、吸附法、酸碱滴定法等)[50]，对碱性离子液体进行表征。例如，可以采用以吡咯为探针分子的红外光谱法用于测量碱性离子液体的碱性。吡咯是一种两性物质，可以与 L 碱中心作用，吡咯分子中 N—H 上的氢原子与作为质子受体的 L 碱中心直接作用，致使 N—H 健的红外吸收发生位移。碱性越强，红外光谱吸收带向低波数位移则越多，从而可以估计物质的碱强度[51]。吡咯与系列 1,3-二烷基咪唑羧酸盐离子液体作用后的红外光谱如图 3.49、图 3.50 所示，结果表明，吡咯的红外光谱在 1470~1460 cm^{-1} 附近均出现新的特征吸收带，说明烷基咪唑羧酸盐离子液体具有 Lewis 碱性。有文献报道乙酸根阴离子具有 Lewis 碱性[15]，这

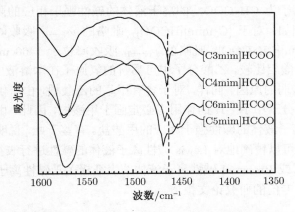

图 3.49　以吡咯为探针的 1- 烷基 -3- 甲基咪唑甲酸盐离子液体红外光谱图[52]

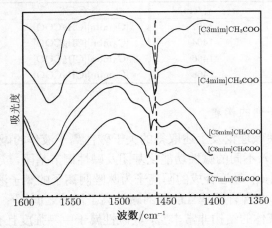

图 3.50　以吡咯为探针的 1- 烷基 -3- 甲基咪唑乙酸盐离子液体红外光谱图[52]

在此得到证实。与此相对照，阴离子为氢氧根的氢氧化烷基咪唑离子液体属于具有 Brönsted 碱性的离子液体，且不具备 Lewis 碱性，因此，与系列氢氧化烷基咪唑离子液体作用后的吡咯在相应的红外吸收带未出现新的吸收，说明利用吡咯红外探针法可以对离子液体的 Lewis 碱性进行识别。

此外，随着咪唑阳离子咪唑环上取代基碳链的增长，吸收带向高波数移动 (表 3.15)，说明碱性中心与探针分子之间的作用减弱，即离子液体的碱性减弱；同时，随着烷基取代基链长的增长，在 $1470\sim1460\ cm^{-1}$ 附近出现新的红外吸收峰的强度逐渐下降，这也反映了碱性离子液体的碱强度随烷基取代基碳链的增长而降低。说明阳离子咪唑环上取代基碳链的长度对离子液体的碱性有一定的影响，这可归结于单位空间碱性中心随阳离子的离子半径的增大而减少。再者，对于含相同阳离子的离子液体，阴离子为 CH_3COO^- 的离子液体的碱性强于相应的阴离子为 $HCOO^-$ 的离子液体。例如，对于 $[C_3mim][HCOO]$，吡咯的 $\nu_{N—H}$ 吸收峰位于 $1462\ cm^{-1}$ 处，对于 $[C_3mim][CH_3COO]$，吡咯的 $\nu_{N—H}$ 吸收峰位于 $1460cm^{-1}$ 处。甲基为供电子基团，同甲酸相比较，乙酸分子中可离解的氢原子在水溶液中更难电离，是乙酸的酸性较甲酸弱的原因。同样，对于含有甲基的乙酸根，由于供电子能力大于甲酸根，其对吡咯分子中 N—H 的作用力必定强于甲酸根，因此，由相同阳离子构成的系列乙酸盐离子液体的碱性强于相应的甲酸盐。有鉴于此，说明所建立的吡咯红外光谱探针法，可以精确地对 Lewis 碱性离子液体的碱性进行表征。关于此法用于其他类型 Lewis 或 Bronsted 碱性离子液体的表征极关于碱性离子液体碱性的其他表征方法，将有专门的研究论文报道。

表 3.15   吡咯红外探针吸收峰位移

离子液体	$\nu_{N—H}/cm^{-1}$	离子液体	$\nu_{N—H}/cm^{-1}$
$[C_3mim][HCOO]$	1462	$[C_3mim][CH_3COO]$	1460
$[C_4mim][HCOO]$	1464	$[C_4mim][CH_3COO]$	1462
$[C_5mim][HCOO]$	1466	$[C_5mim][CH_3COO]$	1464
$[C_6mim][HCOO]$	1468	$[C_6mim][CH_3COO]$	1468

3. 碱性离子液体序列的构建

根据传统的酸碱理论及上述取得的关于碱性离子液体的碱性与其结构之间的关联规律，通过引入不同的碱性功能化基团及碱性调节基团，实现对碱性离子液体进行定向扩展。例如，最近合成的阴离子为咪唑阴离子的离子液体，其碱性强度介于阴离子为 OH^- 及含有胍基官能团的碱性离子液体之间[17]；而含有氨基或氨基酸阴离子的离子液体的结构非常丰富，其碱性属于中等强度且有极大的扩展区域。根据前面取得的关于碱性与结构之间的关联规律，选择性合成出代表性的离子液体，有望构建出碱性离子液体序列 (图 3.51)，从而进一步对具有潜在工业应用前景的新型碱性离子液体的分子设计、合成、筛选等过程提供借鉴与指导。

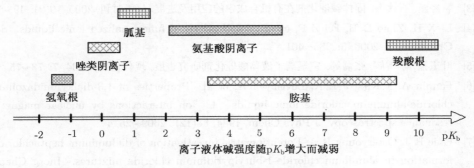

图 3.51 可构建的碱性离子液体序列

3.4.4 总结与展望

近年来，越来越多的官能团被引入到离子液体的分子结构中，如羧基、酯基、二氰胺基、胺基、腈基、酰胺基、磺酸基等，离子液体已不仅仅是作为一种溶剂，在其他方面也有广泛应用。尽管有关碱性离子液体的合成研究很活跃，但是都只限于对其物性的研究和有限的应用，不够深入和广泛，有关离子液体碱性强弱的表征方法也未见报道；离子液体具有可设计性，其潜在的种类与数目庞大，筛选与合成新型碱性离子液体也是一项具有挑战性的研究工作。此外，尚需要对离子液体的碱性与结构之间的构效关系以及离子液体碱催化剂体系的催化机理进行深入的研究。随着研究的深入，上述问题必将逐渐得到解决，碱性离子液体有望在更广的领域得到更多的应用。

同传统的液体、固体碱相比较，离子液体碱催化剂具有如下潜在的优势。

(1) 这类离子液体碱催化剂易于与传统的反应体系相溶，便于构建均相反应体系，反应速率快、催化活性高，不存在固体碱催化反应中相界面的传质问题；

(2) 由于离子液体不挥发 (不包括那些特殊具有挥发性的离子液体) 及与其他溶剂可调的相溶性，通过减压、蒸馏或萃取 (通过调节萃取剂的组成而实现对离子液体的选择性萃取) 等手段，可以快捷、方便地将反应混合物与离子液体进行分离；

(3) 可以便捷地构筑离子液体碱催化剂与反应物的互溶体系，因此，离子液体碱催化新工艺极易与传统液体碱催化工艺对接，易于实现碱性离子液体催化工艺的工业化。

参 考 文 献

[1] King F, Kelly G L. Combined solid base/hydrogenation catalysts for industrial condensation reactions. Catalysis Today, 2002, 73(1,2): 75~81

[2] 李向召, 江琦. 固体碱催化剂研究进展. 天然气化工, 2005, 30(1): 42~48

[3] 雷经新, 石秋杰. 固体碱催化剂在有机合成中的应用及进展. 化工时刊, 2005, 19(2): 49~53

[4] Li X H, Zhao D B, Fei Z F, et al. Applications of functionalized ionic liquids. Sci China Ser B, 2006, 5: 385~401

[5] 叶玉嘉, 李雪辉, 张磊等. 室温离子液体酸催化剂研究进展. 现代化工, 2004, 7: 73~75

[6] Fannin A A King J L A, Levisky J A, et al. Properties of 1,3-dialkylimidazolium chloride-aluminum chloride ionic liquids. 1. Ion interactions by nuclear magnetic resonance spectroscopy. J Phys Chem, 1984, 88(12): 2609~2614

[7] Gale R J, Osteryoung R A. Potentiometric investigation of dialuminum heptachloride formation in aluminum chloride-1-butylpyridinium chloride mixtures. Inorg Chem, 1979, 18(6): 1603~1605

[8] MacFarlane D R, Pringle J M, Johansson K M, et al. Lewis base ionic liquids. Chem Commun, 2006, 18: 1905~1917

[9] Mehnert C P, Dispenziere N C, Cook R A. Preparation of C_9-aldehyde via aldol condensation reactions in ionic liquid media. Chem Commun, 2002, 2(15): 1610,1611

[10] MacFarlane D R, Golding J, Forsyth S, et al. Ionic liquids based on imidazolium, ammonium and pyrrolidinium salts of the dicyanamide anion. Green Chem, 2002, 4: 444~448

[11] Forsyth S A, MacFarlane D R, Thomson R J, et al. Rapid, clean, and mild O-acetylation of alcohols and carbohydrates in an ionic liquid. Chem Commun, 2002, 4(6): 714, 715

[12] Earle M J, McCormac P B, Seddon K R. Diels–Alder reactions in ionic liquids. Green Chem, 1999, 1(1): 23~25

[13] Pernak J, Goc I, Mirska I. Anti-microbial activities of protic ionic liquids with lactate anion. Green Chem, 2004, 6(7): 323~329

[14] Bicak N. A new ionic liquid: 2-hydroxy ethylammonium formate. J Mol Liq, 2005, 116(1): 15~18

[15] Masahiro Y F, Katarina J, Peter N. Novel Lewis-base ionic liquids replacing typical anions. Tetrahedron Lett, 2006, 47(16): 2755~2758

[16] Kenta F, Masahiro Y, Hiroyuki O. Room temperature ionic liquids from 20 natural amino acids. J Am Chem Soc, 2005, 127(8): 2398, 2399

[17] Chen X, Li X, Song H, et al. Synthesis of novel basic imidazolide ionic liquid and its application in catalyzing knoevenagel condensations reaction. Chin J Catal, 2008, 29(10): 957~959

[18] Ye C, Xiao J, Twamley B, et al. Basic ionic liquids: facile solvents for carbon–carbon bond formation reactions and ready access to palladium nanoparticles. Eur J Org Chem, 2007, 5095~5100

[19] Zhao D, Fei Z, Scopelliti R. Synthesis and characterization of ionic liquids incorporating the nitrile functionality. Inorg Chem, 2004, 43(6): 2197~2205

[20] Song G, Cai Y, Peng Y. Amino-functionalized Ionic Liquid as a nucleophilic scavenger in solution phase combinatorial synthesis. J Comb Chem, 2005, 7(4): 561~566

[21] Wykes A, MacNeil S L. Synthesis of new Lewis basic room-temperature ionic liquids by monoquaternization of 1,4-Diazabicyclo[2.2.2]octane (DABCO). Synlett, 2007, 1: 107~110

[22] 乔焜, 邓友全. 氯铝酸离子液体介质中醚化反应的研究. 催化学报, 2002, 23(6): 559~561

[23] Deng Y, Shi F, Beng J, et al. Ionic liquid as a green catalytic reaction medium for esterifications. J Mol Cata A Chem, 2001, 165: 33~36

[24] Gong K, Fang D, Wang H L, et al. Basic functionalized ionic liquid catalyzed one-pot Mannich-type reaction: three component synthesis of β-Amino carbonyl compounds. Monatshefte für Chemie, 2007, 138: 1195~1198

[25] Yang L, Xu L W, Zhou W, et al. Highly efficient Aza-Michael reactions of aromatic amines and N-heterocycles catalyzed by a basic ionic liquid under solvent-free conditions. Tetrahedron Lett, 2006, 47: 7723~7726

[26] Ranu B C, Banerjee S. Ionic liquid as catalyst and reaction medium. The dramatic influence of a task-specific ionic liquid, [Bmim]OH, in Michael addition of active methylene compounds to conjugated ketones, carboxylic esters, and nitriles. Org Lett, 2005, 7(14): 3049~3052

[27] Ranu B C, Jana R. Ionic liquid as catalyst and reaction medium -A simple, efficient and green procedure for Knoevenagel condensation of aliphatic and aromatic carbonyl compounds using a task-specific basic ionic liquid. Eur J Org Chem, 2006, 16: 3767~3770

[28] Xu J M, Liu K B, Wu W B, et al. Basic ionic liquid as catalysis and reaction medium: a novel and green protocol for the Markovnikov addition of N-heterocycles to vinyl esters, using a task-specific ionic liquid, [Bmim]OH. J Org Chem, 2006, 71(10): 3991~3993

[29] Ranu B C, Banerjee S, Jan R. Ionic liquid as catalyst and solvent: the remarkable effect of a basic ionic liquid, [Bmim]OH on michael addition and alkylation of active methylene compounds. Tetrahedron, 2007, 63: 776~782

[30] Xu J, Qian C, Liu B, et al. A fast and highly efficient protocol for Michael addition of N-heterocycles to α, β -unsaturated compound using basic ionic liquid [Bmim]OH as catalyst and green solvent. Tetrahedron, 2007, 63: 986~990

[31] Aggarwal V K, Emme I, Mereu A. Unexpected side reactions of imidazolium-based ionic liquids in the base-catalysed Baylis–Hillman reaction. Chem Commum, 2002, 2(15): 1612, 1613

[32] Earle M J. Clean synthesis in ionic liquid. Abstracts of Papers of the American Chemical Society. AMER CHEMICAL SOC, 2001, 221: 161

[33] 岳彩波, 魏运洋. 功能性离子液体催化 Knoevenagel 缩合反应. 精细化工, 2007, 24(2): 166~168

[34] Liu Y, Li M, Lu Y, et al. Simple, efficient and recyclable palladium catalytic system for Heck reaction in functionalized ionic liquid network. Catal Commun, 2006, 7: 985~989

[35] Xiao L F, Yue Q F, Xia C G, et al. Supported basic ionic liquid: highly effective catalyst for the synthesis of 1, 2-propylene glycol from hydrolysis of propylene carbonate. J Mol Cata A Chem, 2008, 279: 230~234

[36] Gao G H, Lu L, Zou T, et al. Basic ionic liquid: a reusable catalyst for Knoevenagel condensation in aqueous media. Chem Res Chinese, 2007, 23(2): 169~172

[37] Cai Y, Peng Y, Song G. Amino-functionalized ionic liquid as an efficient and recyclable catalyst for Knoevenagel reactions in water. Cata Lett, 2006, 109(1, 2): 61~64

[38] Yang S D, Wu L Y, Yan Z Y, et al. A novel ionic liquid supported organocatalyst of pyrrolidine amide: synthesis and catalyzed Claisen–Schmidt reaction. J Mol Cata A Chem, 2007, 268: 107~111

[39] Zhang J, Jiang T, Han B, et al. Knoevenagel condensation aatalyzed by 1,1,3,3-tetramethylguanidium lactate. Syn Commun, 2006, 36(22): 3305~3317

[40] Li S, Lin Y, Xie H, et al. Brönsted Guanidine Acid-base ionic liquids: novel reaction media for the palladium-catalyzed heck reaction. Org Lett, 2006, 8(3): 391~394

[41] Cota I, Gonzalez-Olmos R, Iglesias M, et al. New short aliphatic chain ionic liquids: synthesis, physical properties, and catalytic activity in aldol condensations. J Phys Chem B, 2007, 111(43): 12468~12477

[42] 李雪辉, 郑宾国, 赵荆感. 离子液体催化丙烯腈氯化合成 2,3- 二氯丙腈. 催化学报, 2006, 27(2): 106~108

[43] Wang Z M, Mo H, Bao W. Mild, efficient and highly stereoselective synthesis of (Z)-vinyl chalcogenides from vinyl bromides catalyzed by copper(I) in ionic liquids based on amino acids. Synlett, 2007, 1: 91~94

[44] Sun H, Zhang D, Wang F, et al. Theoretical study of the mechanism for the markovnikov addition of imidazole to vinyl acetate catalyzed by the ionic liquid [Bmim]OH. J Phys Chem A, 2007, 111(20): 4535~4541

[45] Huang J, Riisager A, Wasserscheid P, et al. Reversible physical absorption of SO_2 by ionic liquids. Chem Commun, 2006, 38: 4027~4029

[46] Yuan X L, Zhang S J, Lu X M. Hydroxyl ammonium ionic liquids: synthesis, properties, and solubility of SO_2. J Chem Eng Data, 2007, 52(2): 596~599

[47] Nie Y, Li C, Wang Z. Extractive desulfurization of fuel oil using alkylimidazole and its mixture with dialkylphosphate ionic liquids. Ind Eng Chem Res, 2007, 46(15): 5108~5112

[48] Wu W, Han B, Gao H, et al. Desulfurization of flue gas: SO_2 absorption by an ionic liquid. Angew Chem Int Ed, 2004, 43(18): 2415~2417

[49] Anderson J L, Dixon J K, Maginn E J, et al. Measurement of SO_2 solubility in ionic liquids. J Phys Chem B, 2006, 110(31): 15059~15062

[50] Yang Y, Kou Y. Determination of the Lewis acidity of ionic liquids by means of an IR spectroscopic probe. Chem Commun, 2004, 4(2): 226, 227

[51] 曹玉华. 探针分子–红外光谱在分子筛碱性表征上的应用. 石油化工, 1999, 28(8): 564~570

[52] 李榕. 碱性离子液体的合成、碱性表征及催化性能研究. 广州: 华南理工大学硕士学位论文, 2007

3.5　离子液体湿法催化酸性气体的应用研究

3.5.1　研究现状及进展

1. 酸性气体的来源与危害

气体处理或脱硫是一个术语，它被用来描述去除特定杂质的各种工艺流程，如来自天然气或烃液中的主要杂质硫化氢 (H_2S) 和二氧化碳 (CO_2)。它们也被称为"酸气"，因为它们被吸入到水里之后，就会形成一种酸性溶液。去除这些杂质的其他原因还因为这些杂质带有毒性、腐蚀性和引起冻结问题。通常酸性气体包括 CO_2、SO_2、H_2S、NO_x、HCl、HCN、Cl_2 等主要大气污染物，其中当前影响最广、研究最多的酸性气体是 CO_2、SO_2、H_2S、NO_x 四种气体。它们的来源十分广泛，不仅普遍产生于石油化学工业的炼厂气、焦化厂的焦炉煤气及天然气等能源及化工行业[1,2]，而且有害废弃物和城市固体废弃物 (垃圾) 的焚烧、生物气以及有机废水生物处理末端尾气的影响也日趋严重[3]。

燃煤锅炉排放的烟气中含有 SO_2、NO_x 和粉尘等多种有害成分，由于我国大量使用煤作为燃料，其直接后果导致 SO_2 的不断增加，使大气污染日益加剧。SO_2 是造成酸雨的根本原因，据我国 1994 年 77 个城市统计，降水 pH 年平均值为 3.84~7.54，pH 年平均值低于 5.6 的占 48.1%，81.6%的城市出现过酸雨。酸雨已成为制约经济和社会发展的重要因素，且过量的 SO_2 会对人体健康造成危害，SO_2 易溶于人体的血液和其他黏液中，SO_2 和飘尘协同作用，对人体的危害更大。研究表明大气中 SO_2 每增加 10 $\mu g/m^3$ 呼吸系统疾病的死亡人数将增加 5%。SO_2 及酸雨对植物及生态和建筑都有显著影响，鉴于 SO_2 的种种危害，已引起了人们的广泛关注，在 SO_2 的监测及治理方面已经进行了大量的研究和探索。

氮氧化物 (NO_x) 也是重点控制的污染物之一。自 20 世纪 70 年代起，欧、美、日等发达国家相继对燃煤电站锅炉 NO_x 的排放作了限制，并且随技术与经济的发展，限制日趋严格。燃料燃烧是 NO_x 的主要来源 (占人类排放总量的 90%)，我国是以燃煤为主的发展中国家，随着经济的快速发展，燃煤造成的环境污染日趋严重,特别是燃煤烟气中的 NO_x,对大气的污染已成为一个不容忽视的重要问题,我国火电厂锅炉 NO_x 年排放量从 1987 年的 120.7 万 ~150.6 万吨增加到 2000 年的 271.3 万 ~300.7 万 t。有鉴于此,国家环保局于 20 世纪 90 年代中后期,对燃煤电站锅炉 NO 的排放作出了限制。

近年来,随着国家环保法规的日趋严格以及人们环保意识的不断增强,焦化厂焦炉煤气中 H_2S、HCN 及其燃烧产物对大气环境的污染问题已显得日益突出,严重影响了我国焦化工业的可持续发展,因此,对焦炉煤气进行脱硫脱氰的净化处理已势在必行。同时,随着国际、国内石油价格上涨,以油为原料的化学品生产成本及能源物质价格大幅度上升,迫使企业改变原料路线,寻求以 "煤代油" 的生产技术改造 (图 3.52)。煤气化产生的大量有毒 H_2S 的净化成为 "煤代油" 和 "煤气发电" 的核心技术,一方面其对生产效率的提高起到关键性的制约作用,另一方面其又是对大气污染的潜在威胁。

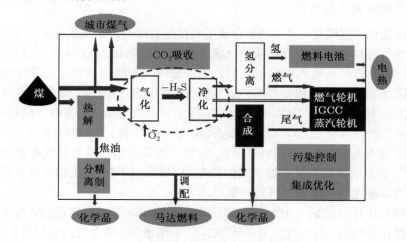

图 3.52　中国的煤多联产宏观系统示意图

由此,人类活动尤其工业生产排放的大量 CO_2 气体引起的温室气体效应,以及 SO_2 和 NO_x 等气体所导致的酸雨对自然环境的极大破坏等现象使人类自身的发展与生存面临严峻的挑战。走可持续发展的工业化道路与自然环境和谐共存成为广大科研工作者的极具挑战性的研究课题,发展新思维和新技术成为解决问题的关键。

2. 酸性气体的处理现状

H_2S、SO_x 及 NO_x 等为主的酸性气体的产生与人类的工业生产发展不无关系。如图 3.53 所归纳的,一方面酸性气体大量产生于工业生产工艺段,另一方面由于技术发展或应用的局限性,同样酸性气体也普遍出现在众多的末端排放过程中。因此，基于相同的物化特性，针对不同的工艺过程中气体组分特点及处理要求，产生了湿法处理和干法处理技术。

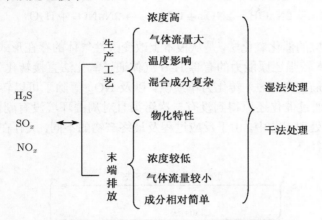

图 3.53　酸性气体的来源及工艺特性差别

酸性气体一般情况下在水溶液及部分有机溶媒中具有较好的溶解能力，因此，无论是实验室研究或工业化应用，研究开发基于酸性气体的酸碱特性的吸收法具有重要的理论和应用意义。图 3.54 所列举的目前石油炼厂气净化工艺中普遍采用的醇胺法吸收 H_2S、发电厂烟道气中碱液法吸收处理 SO_2 和 NO_x 等。

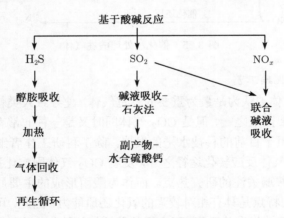

图 3.54　吸收法处理酸性气体

采用吸收法净化处理酸性气体，其中酸性气体本身在处理工艺中其存在形式不发生根本性的变化，一般仍需要通过或许化学工艺，如热解吸从胺液中回收 H_2S 或将碱液中的 SO_2 和 NO_x 进一步通过下述氧化反应得到其对应的无机酸盐。反应式如下：

$$2NaOH + SO_2 + 0.5O_2 \longrightarrow Na_2SO_4 + H_2O$$
$$2NaOH + 2NO + 1.5O_2 \longrightarrow 2NaNO_3 + H_2O$$
$$2NaOH + 2NO_2 + 0.5O_2 \longrightarrow 2NaNO_3 + H_2O$$

如此相对应的催化氧化法，是从根本上改变酸性气体的存在形式，即图 3.55 中所表示的，具有较强还原能力的有毒 H_2S 气体通过氧化法直接转化为单质硫；SO_2 气体通过 Claus(克劳斯法) 转化为单质硫，以及 NO_x 等除了可以转化为无机硝酸盐外，也可以通过催化还原得到没有二次污染且对周围环境没有副作用的 N_2。在酸气体的催化处理工艺中，由于反应过程及最终产物的不同，又存在催化氧化及催化还原两个途径。

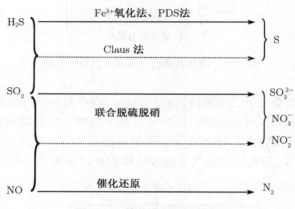

图 3.55　催化法处理酸性气体

1) 催化脱硫脱硝工艺

尽管 CO_2 气体被认为是最为重要的温室气体，使导致人类赖以生存的地球气候发生变化的主要因素之一，但是 CO_2 气体同时又是一种非常有用的制备化学品的反应原料。局限于目前的科技水平的发展，除了科研工作者继续致力研究一碳化学，解决 CO_2 气体反应转化途径之外，发展 CO_2 气体固定化技术，作为未来能源物质均是当前普遍关注的研究热点。而作为酸雨形成的主要原因 SO_2、H_2S 和 NO_x，它们的共同特点是具有相对较强的氧化还原能力，因此，可以发展催化技术将含硫的酸性气体转化为单质硫，而含氮的酸性气体转化为惰性气体 N_2。如此，采用选择性催化技术具有以下突出优点：① SO_2 和 H_2S 转化为硫黄单质，便于储存、运输和通过反应制备所需的化学品，避免了胺法吸收再生过程中的高耗能和吸收液浓度较低及石灰水法的低品位产物 $CaSO_4$ 废物二次污染的缺点；② NO_x 直接转化为无害的氮气，避免了进一步氨化和硝化的问题[4]。实现选择性催化，其中催化剂及其反应条件是关键[5]。

2) 催化氧化反应

H_2S 气体具有较强的还原性, 无论是湿法或干法均可以下列催化氧化反应将 H_2S 气体转化为硫黄单质。反应式如下:

$$H_2S + O_2 \xrightarrow[\text{或 } Fe^{3+}]{\text{PDS}} S + H_2O$$

常见的湿法氧化有蒽醌二磺酸钠 (ADA) 法、酞菁钴磺酸盐 (PDS) 法及 Fe^{3+} 溶液氧化法等。其共同点就是能够在常温较温和的条件下直接催化氧化 H_2S 气体, 然后用空气氛的氧气进行氧化再生。以 PDS 及 ADA 为代表的有机金属配合物脱硫剂, 不仅具有催化氧化功能, 而且具有富氧功能, 这种功能不仅具有促进氧化反应的进行, 而且其可能的仿生催化作用已经引起人们的研究兴趣。

目前湿法催化反应均是在水溶液中进行的, 由此反应温度均受水溶液状态限制, 因此只能室温或低温条件下反应进行。然而, 干法催化氧化需要在满足一定的温度和压力条件才能获得高的脱硫效率。目前, 所采用的催化剂主要是金属氧化物[6~8], 如表 3.16 列出了高温条件下的脱硫剂。所选择的金属氧化不同, 或其担载载体不同, 其脱硫效率及所承受的反应温度均有较大的差别。

表 3.16　常用干法脱硫剂及其性能

金属氧化物脱硫剂种类	脱硫剂性能及使用特点
Fe_2O_3(CaO,/γ-Al_2O_3, SiC,SiO_2、AC)	脱硫速率快, 硫容高; 高温使用时易被还原; 脱硫精度有限
ZnO(Fe_2O_3,/ACF,AC) TiO_2, La(Zr), Co(Cu, Ni)	具有较高的脱硫精度; 硫容低; 再生困难
CuO/SiO_2, (Al_2O_3) CuO-Cr_2O_2(CeO_2)	脱硫精度高, 硫容高; 空气再生性能良好; 易被还原为单质 Cu
MnO(CuO)/Al_2O_3	反应速率快; 脱硫精度不高
CaO	脱硫速率快; 硫容高; 再生困难

3) 催化还原反应

与 H_2S 气体不同的是, SO_2 和 NO_x 需通过催化还原反应才能转化为硫黄单质和对环境无副作用的 N_2。一般情况下, 以金属氧化物或贵金属负载的金属氧化物为催化剂, 以 H_2、CO、NH_3 或 CH_4 为还原剂, 通过干法在较高温度条件下发生还原反应[9,10]。也有以金属硫化物为催化剂研究 SO_2 催化还原直接转化为硫黄单质的, 但研究的相对较少。例如, 典型的 Claus 法就是以金属氧化物为催化剂, 将 SO_2 部分还原为 H_2S, 然后两者相互反应再转化为硫黄单质 (图 3.56)。但是, 由于过程工艺控制问题, Claus 工艺的尾气中仍含有一定量的未处理 SO_2 气体。

以 NO_x 为对象, 通过催化还原转化为 N_2 研究分为两个方面。一个方面是选择性催化还原, 以 NH_3 作还原剂, 在含氧气氛下, 还原剂优先与废气中 NO 反应的催化过程称为选择性催化还原。反应温度一般控制在 300~400 ℃，以贵金属、金属氧化物为催化剂通过下列反应将 NO_x 转化为 N_2。反应式如下：

$$4NH_3 + 4NO + O_2 \longrightarrow 4N_2 + 6H_2O$$

$$8NH_3 + 6NO_2 \longrightarrow 7N_2 + 12H_2O$$

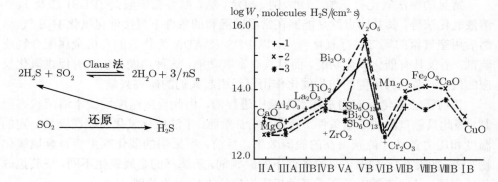

图 3.56　Claus 法原理及其常用金属氧化物催化剂在 523K 时的比表面活性及对 H_2S 的氧化能力

另一个方面是非选择性催化还原，反应温度一般较高，以尿素或氨气为还原剂，通过下列反应将 NO_x 转化为 N_2。

$$4NH_3 + 6NO \longrightarrow 5N_2 + 6H_2O$$

$$CO(NH_2)_2 + 2NO + 0.5O_2 \longrightarrow 2N_2 + CO_2 + 2H_2O$$

尽管催化还原 NO_x 转化为 N_2 的研究取得了积极的研究成果，但是复杂的反应机理与过程工艺成为提高催化还原脱硝效率的关键问题。

在实际情况中，由于 SO_2 与 NO_x 经常相伴产生，自 20 世纪 70 年代以来，SO_2 与 NO_x 与还原剂共同反应同时实现转化的研究一直受到广泛关注[11,12]，其中石灰水碱液吸收 SO_2，以 NO_x 为氧化剂，通过下列反应过程在吸收 SO_2 的同时，实现无害化处理 NO_x。反应式如下：

$$Ca(OH)_2 + SO_2 \longrightarrow CaSO_3 + H_2O$$

$$CaSO_3 + SO_2 + H_2O \longrightarrow Ca(HSO_3)_2$$

$$NO + 2Ca(HSO_3)_2 + H_2O \longrightarrow 1/2N_2 + 2CaSO_4 \cdot 2HO + 2SO_2$$

$$NO_2 + 2Ca(HSO_4)_2 + 2H_2O \longrightarrow 1/2N_2 + 2CaSO_4 \cdot 8HO + 2SO_2$$

3. 酸性气体催化转化中的问题

环境催化与工业催化均是通过催化反应实现化合物的有效转化，但环境催化最大的不同是反应原料组分的复杂性、含量的不确定性以及处理对象的量非常大。工业催化可以在有限元的反应器空间进行，通过控制原料组成及优化反应流程参数获得最大化的反应效益，因此可以认为工业催化是"可控"反应体系；而环境催化中的气体组分，由于不同的生产流程或工艺段所排放的酸性废气的组成存在很大的差别，并且同样性质的组分由于地域或生产厂家的不同，既造成酸性废气的来源不同，其含量也显著不同，因此环境催化只能强调用适宜的催化剂及工艺去被动地针对处理对象，是一个开放的"不可控"反应体系。由此，同样的催化反应工艺因不同来源的酸性废气导致处理效果迥异。

一般情况下，湿法可以在温度不高的温和条件下处理含量高且气流量大的酸性废气，例如，湿法脱硫可用于粗脱硫，而干法可以适应很宽温度范围内的酸性废气的处理，处理精度高，如精脱硫等。但上述工艺经常与实际生产难以协调。在湿法处理工艺中，由于脱硫脱硝催化体系均采用水溶液体系，而整体反应的结果将产生副产物水，由此随反应的进行，催化剂溶液体系不断被稀释，导致催化剂活性浓度降低，并可能伴生催化剂降解性失活，最终在生产工艺上必须不断地补充催化剂活性成分，结果必然产生大量的废水等污染物。不仅如此，由于水相催化反应体系无法适应高温的特点，结果在众多较高温度的生产工艺应用过程中必须采取先降温至室温再进行处理，导致大量的显热被浪费，并由此延长了工艺流程而增加运行费用。相对而言，尽管干法处理工艺能够很好地适应高温的反应特点，但是生产工艺过程中的酸性气体的大流量和高浓度特点，极易造成干法催化剂的粉化及中毒等负面效应。

因此，如何将湿法催化的高吸收与干法催化的高精度的特点有机结合，构建新型反应体系和分离体系是一项迫切的工作，将具有非常重要的理论研究和实践应用意义。针对现有脱硫脱硝工艺的关键问题，结合离子液体的独特物化特性，从分子结构设计角度，构建功能化离子液体，在现有的研究成果的基础上，提出离子液体湿法催化酸性气体设想，以期发展新的脱硫脱硝理论和新工艺，拓宽工业酸性废气处理范围和提高净化效率。

3.5.2 功能化离子液体气体反应催化平台

1. 湿法催化异相反应分离体系的设计

要实现湿法催化的高吸收与干法催化的高精度的特点有机结合，则需要构建的新型反应体系应该是湿法体系，不仅能够适应高温反应，而且在通常情况下能够发生相分离作用，避免反应产物水对催化体系的稀释，减少催化剂的流失。

离子液体作为一种新型的有机溶媒，其所具有的高热稳定性和独特的溶解吸附能力是构建湿法催化新体系的重要基础。实现离子液体湿法催化酸性气体需要两个前提：离子液体的催化氧化/还原功能以及酸性气体在离子液体中的强化吸收性能，即必须赋予离子液体对酸性气体的吸收和催化两个反应活性中心。两个反应活性中心之间的耦合效应将有效提高湿法催化反应的效率和速率。

离子液体对气体的吸收主要从固定 CO_2 开始的。自 Wu 等首次报道离子液体吸收 SO_2，模拟烟道气等的脱硫以来，SO_2 在离子液体中的溶解行为、溶剂机理以及离子液体吸收 SO_2 的构效关系得到了广泛研究。SO_2 在离子液体中的溶解行为证明离子液体能够富集气体，也为离子液体湿法催化酸性气体提供了前提。

但是，离子液体对气体的吸收既与离子液体的结构相关，也与气体本身结构极性强弱密切相关[13]。因此，根据文献报道，H_2、O_2、N_2、CH_4 等在离子液体中的溶解行为存在很大差别[14,15]，这为离子液体选择性分离混合气体奠定了基础，也为调控还原性气体在离子液体中溶解行为，促进湿法催化创造条件。

1) 离子液体气体吸收活性中心的构建

Wu 等[16] 首次报道含胍官能团的功能化离子液体通过化学作用吸收 SO_2 而具有很高吸附容量的结果。Yuan 等[17] 对功能化离子液体吸收 SO_2 的可能机理进行了进一步的表征。以含有胍官能团的单体制备高分子聚合物应用于吸收再生 SO_2 气体，研究发现由于单体中胍官能团与 SO_2 的相互作用在提高了 SO_2 的吸收性能与容量的同时，可以通过颜色变化反映 SO_2 气体的进程[18](彩图 7)。

由此结果表明，离子液体不仅具有良好的吸附气体的性能，而且可以通过离子液体官能团结构的设计可以调控离子液体对气体的吸附作用。不仅离子液体的阳离子部分 (如胍基) 对酸性气体具有良好的吸收作用，研究已经表明，不同气体在离子液中具有不同的溶解能力，即离子液体对气体吸收具有选择性，可以选择性地去除气体杂质，且与离子液体阴离子种类相关联[19]。

PDS 催化脱硫剂的活性成分磺化酞菁金属配合物在催化氧化 H_2S 气体时，具有重要的富氧功能，促进催化氧化反应的进行[20]。离子液体具有离子化组成结构的特点，可以设想，磺化酞菁金属配合物阴离子通过阴离子交换途径合成类新型的富氧离子液体。

从上述研究可知，分别对离子液体的阴阳离子进行特殊功能设计，可以有效构建气体吸收中心，强化离子液体吸收能力，为显著提高特定酸性气体或复合气体组成的催化转化效率奠定基础。

2) 离子液体气体催化活性中心的构建

离子液体气体吸收活性中心的构建，将促进气体在离子液体中的富集和扩散，有利于气体与催化活性中心的接触，最终提高催化反应速率和效率。离子液体催化活性中心的构建原则，首先应该依据酸性气体催化氧化/还原的规律，其次将其与离子液体的超溶解特性相结合，将催化剂"移植"到离子液体中，构建新的催化活性中心。当前湿法催化氧化反应主要使用过渡金属氯化物为催化剂 (如 $FeCl_3$ 等)；干法催化氧化/还原反应多采用金属氧化物或贵金属负载型金属氧化物为催化剂。如此，最为有效的移植过程，就是将上述催化剂"溶解"在离子液体中，形成新的具有特定催化功能和高稳定性的离子液体。

最常见的金属基离子液体 [bmim]AlCl$_4$ 可以通过将固体 [bmim]Cl 和 AlCl$_3$ 在无水条件通过下列混合反应获得：

$$[bmim]Cl_{(s)} + AlCl_{3(s)} \longrightarrow [bmim]AlCl_{4(l)}$$

[bmim]AlCl$_4$ 已经广泛地应用于有机催化反应中 [图 3.57(I)]，其相应的结构特点可以用图 3.57(II) 中 [bmim]MCl$_4$ 的结构示意图表示[21]。

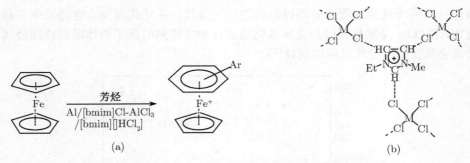

图 3.57　[bmim]MCl$_4$ 在有机反应中的应用及结构示意图

2. 金属基离子液体的分类与结构特点

1) 金属氯化物离子液体

金属氯化物离子液体是研究和应用最广泛的金属基离子液体，如氯铝酸离子液体，已经广泛应用于有机合成的催化反应中[22]。此类离子液体可以通过调节氯化铝在离子液体中的含量，分别获得碱性 (摩尔分数 $\chi < 0.5$)、中性 ($\chi = 0.5$) 和酸性离子液体 ($\chi > 0.5$)。不仅如此，氯铝酸离子液体本身也是一种超强溶剂，可以溶解很多种无机化合物[23,24] (图 3.58)。

因此，可以选择性制备金属氯化物离子液体，如 [bmim]FeCl$_4$ 离子液体和 [bmim]AlCl$_4$ 离子液体等，也可以制备复合金属氯化物离子液体，如 [bmim]Fe/AlCl$_x$ 离子液体，[bmim]Cu/FeCl$_x$ 离子液体等。所制备的离子液体性能，如疏水特性、空气稳定性、酸碱度、催化性能均可通过金属氯化物的种类及含量进行调控[25~27]。

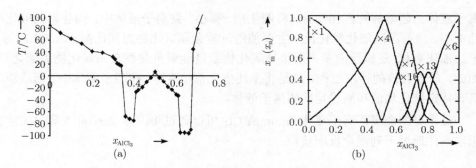

图 3.58   [emim]Cl/AlCl₃ 离子液体相图 (a) 及 AlCl₃ 含量变化
对离子液体中阴离子种类影响 (b)

过渡金属成分的引入不仅赋予金属基氯化物离子液体具有催化氧化的功能，并且其物化性能也由于金属成分含量的变化而发生显著的变化，如黏度的显著降低将十分有利于反应过程及分离过程的进行与操作，并且其凝固点也将发生明显的变化。图 3.59 是氯化胆碱与金属氯化物混合合成得到的离子液体凝固点随金属种类及含量变化而变化的影响规律[22]。

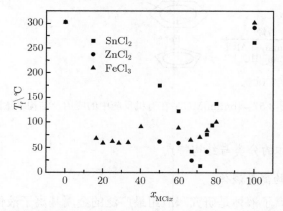

图 3.59   金属氯化物种类及含量对氯化胆碱-金属氯化物离子液体凝固点的影响

2) 金属氧化物离子液体

与金属氯化物离子液体相比，目前研究报道的金属氧化物离子液体要少得多。研究体系也主要是在氯化物离子液体中添加不同的辅助溶剂 (如尿素和有机酸等)，然后考察金属氧化物在其中的溶解能力。此研究的出发点不是考察离子液体混合体系的催化性能，而是通过考察金属氧化物在离子液体混合体系中的溶解情况，构建离子液体对金属离子的萃取分离作用[28,29]，以便发现离子液体在选矿等方面的新用途等。因此，我们将溶解于类似氯化物离子液体中金属氧化物所形成的仍含有金属氧化物物种的新型离子液体称为金属氧化物离子液体。显然,金属氧化物离子液体的制备方法与金属氯化物离子液体相似,目前有两种方法:一种是金属氧化物与氯化胆碱在助剂如尿素的作用获得低共溶离子液体[30];另一种是直接将金属氧化物溶解于氯铝酸离子液体中[31]。

表 3.17 列出了在氯化胆碱中添加尿素、有机酸、无机酸以及有机高分子为助剂的混合体系中常见类催化剂型金属氧化物在其中的溶解度。可见,金属氧化物离子液体组成与所选择的金属氧化物种类及助剂类型密切相关。不仅如此,金属氧化物离子液体的结构同样与助剂类型相关联 (表 3.18),如果选用酸性较强的助剂,结果所得的离子液体中不再含有金属氧化结构,而是转化为相当于金属自由离子状态。

表 3.17　金属氧化物在 ChCl 离子液体与尿素等辅剂组成的混合液中的溶解度　　　　　　(单位: mg/L)

MO	丙二酸	尿素	乙烯乙二醇	NaCl	HCl	尿素
TiO_2	4	0.5	0.8	0.8	36	—
V_2O_3	365	148	142	3616	4686	—
V_2O_5	5809	4593	131	479	10995	—
Cr_2O_3	4	3	2	13	17	—
CrO_3	6415	10840	7	12069	2658	—
MnO	6816	0	12	0	28124	—
Mn_2O_3	5380	0	7.5	0	25962	—
MnO_2	114	0.6	0.6	0	4445	—
FeO	5010	0.3	2	2.8	27053	—
Fe_2O_3	376	0	0.7	11.7	10523	3.7
Fe_3O_4	2314	6.7	15	4.5	22403	—
CoO	3626	13.6	16	22	166260	—
Co_3O_4	5992	30	18.6	4.0	142865	—
NiO	151	5	9.0	3.3	6109	21
Cu_2O	18337	219	394	0.1	53942	22888
CuO	14008	4.8	4.6	0.1	52047	234
ZnO	16217	1894	469	5.9	63896	90019

表 3.18　ChCl-金属氧化物离子液体中的物种离子

载氢体	金属氧化物	复合阴离子
尿素	V_2O_5	VO_2Cl_2
	CrO_3	CrO_2Cl_3
	ZnO	$ZnOCl \cdot urea$
丙二酸	CrO_3	CrO_2Cl_3
	MnO	$MnCl_3$
	Cu_2O	$CuCl_2$
	CuO	$CuCl_3$
	ZnO	$ZnCl_3$

这方面的研究尽管较少，尤其是催化性能试验结果仍未见报道。如同金属氯化物离子液体一样，不仅过渡金属，包括镧系和锕系金属的氧化物在一定程度上也能溶于离子液体形成新型离子液体[32]。但是，金属氧化物在新离子液体中的存在状态、其催化性能与机理如何尚待进一步研究，且这将是一个十分有意义的研究课题。

3) 金属配合物离子液体

由于离子液体的阴阳离子可以通过离子交换进行变化而重新组合生成新的离子液体。无论是阴离子还是阳离子部分，均可以有金属配合物的形式，从而组合生成金属配合物离子液体[33]。

如应用离子液体为萃取剂分离回收水相稀土离子时，可以发生如下反应而生成新型的配合型离子液体，而实现对稀土离子的萃取浓缩[30]。反应式如下：

$$Ln^{3+}_{aq} + 4Htta_{org} + [C_4mim][Tf_2N]_{org} \longleftrightarrow [C_4mim][Ln(tta)_4]_{org} + 4H^+_{aq} + [Tf_2N]^-_{aq}$$

不仅如此，也可以通过如下的配合反应制备新型配合型离子液体[33]：

CO2Bu-t
CO2Bu-t
PF6
1
1)TFA
2)CuCl2(aq)
3)NH4OH(aq)
Cu
2

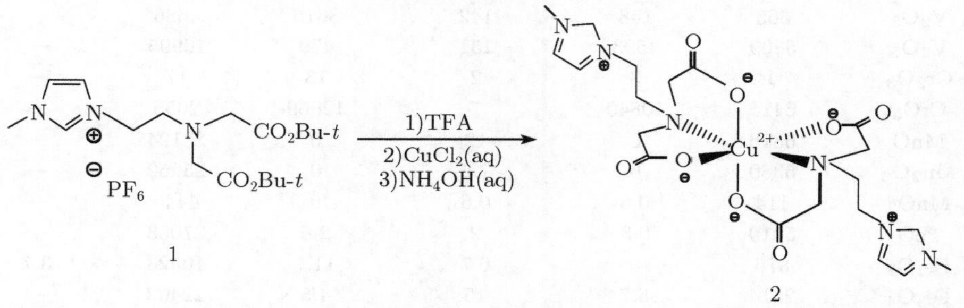

卟啉、酞菁及席夫碱等是目前研究最广泛的仿生试剂。在酸性气体的处理中，酞菁 Co 化合物是迄今为止发现处理含 HCN 及羰基硫化合物最为有效的试剂之一。酞菁 Co 化合物在离子液体中对有机硫化合物具有催化作用[33]。反应式如下：

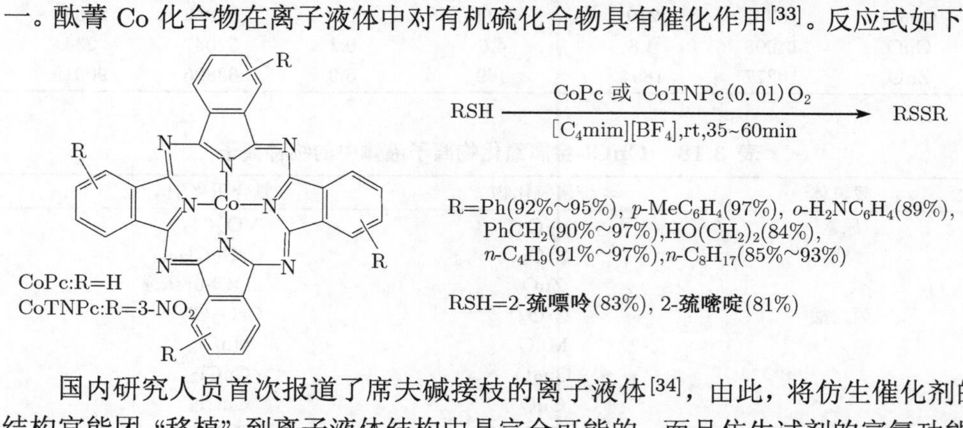

CoPc:R=H
CoTNPc:R=3-NO2
RSH
CoPc 或 CoTNPc(0.01)O2
[C4mim][BF4],rt,35~60min
RSSR
R=Ph(92%~95%), p-MeC6H4(97%), o-H2NC6H4(89%),
PhCH2(90%~97%),HO(CH2)2(84%),
n-C4H9(91%~97%),n-C8H17(85%~93%)
RSH=2-巯嘌呤(83%), 2-巯嘧啶(81%)

国内研究人员首次报道了席夫碱接枝的离子液体[34]，由此，将仿生催化剂的结构官能团“移植”到离子液体结构中是完全可能的。而且仿生试剂的富氧功能，使得制备具有富氧化功能的离子液体具有潜在的应用前景。尽管此方面的研究较少，但是由于金属配合物良好热稳定性及其捕获气体分子性能，预期在湿法催化酸性气体有积极的研究意义。

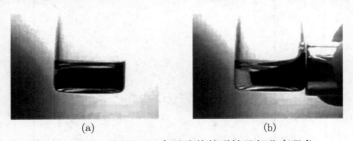

3. 反应相转移分离工艺

日本科学家首次发现合成的 [Rmim]FeCl$_4$ 离子液体不仅具有磁性，而且指出采用含结晶水的 FeCl$_3$ 试剂合成过程中，原试剂中的结晶水与所得到的铁基氯化物离子液体完全分离 (图 3.60)[35]。他们在后期的研究中发现，合成过程中此体系中的离子液体不含有水分，此结果表明，亲水性 bmimCl 在形成金属基离子液体 [bmim]FeCl$_4$ 后转变为疏水特性。由此，可以构建图 3.61 所示的离子液体气体吸附

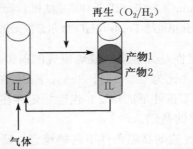

图 3.60　[bmim]FeCl$_4$ 离子液体的磁性及相分离现象

(a) 水与离子液体分相; (b) 外磁场吸引离子液体

图 3.61　离子液体气体吸附反应相分离过程示意图

反应在线相分离工艺，使得多种反应产物相互分离，尤其是产物水与反应催化成分离子液体互不相溶，从而避免了催化剂活性成分因稀释和降解等原因而流失，造成二次污染等负面效应。

3.5.3   高温湿法催化氧化煤气脱硫的研究[36]

高温湿法催化氧化煤气脱硫 (H_2S) 的立意综合体现了湿法脱硫与干法脱硫两者的共同优点。首先，离子液体具有高热稳定性，能够在 300~400 ℃ 稳定，其次能够高效吸收 H_2S 气体并同时氧化生成硫黄单质。在工艺流程操作中，可以满足离子液体在自然环境中稳定而不对水汽和空气敏感，以及在空气氛中能够有效再生。

在制备离子液体脱硫剂 [bmim]FeCl$_4$ 过程中，调节 FeCl$_3$·6H$_2$O 的含量，形成由单相 — 双相 — 三相向四相体系的转变，在 Fe/bmimCl 的物质的量比达到 2:1 时，离子液体脱硫剂与水相发生反转 (彩图 8)，其溶液的黏度降低到原离子液体的 1/20 之下，为实验操作优化提供了必要的前提条件。离子液体脱硫剂合成过程中所表现出的由原料亲水向产物疏水的相平衡转化过程，即离子液体脱硫剂与水相的自然分离过程，既为离子液体脱硫剂合成工艺的简单化创造条件，同时反映出产物的疏水特性在很大程度上可以减少使用过程中离子液体脱硫剂的流失现象；其氧化还原电位 (ORP) 也随之显著升高 (图 3.62)，表明其氧化性能逐步提高。

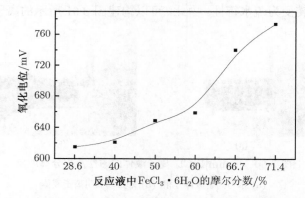

图 3.62   bmimCl-FeCl$_3$·6H$_2$O 体系中油相 (离子液体脱硫剂)
氧化电位随 FeCl$_3$·6H$_2$O 摩尔分数变化图

脱硫剂良好的热稳定性是开展煤气脱硫研究的前提条件和基础。热重分析结果表明，当 Fe/bmimCl 之比为 1.5:1 时，[bmim]FeCl$_4$ 在空气分中分解温度可达 350 ℃，即使在 200~250 ℃ 条件下加热 2 h 也能稳定存在而不发生明显的变化，为开展高温脱硫奠定了必要的基础。

图 3.63 为离子液体脱硫剂高温条件下的热稳定性研究。结果表明，离子液体脱硫剂加热到 240 ℃ 后冷却至室温 [图 3.63(a)]，其结构没有发生任何变化。即使

在马弗炉中 250 ℃煅烧 1.5 h, 其结构同样能够基本保持 [图 3.63(b)], 说明其具有良好的热稳定性。

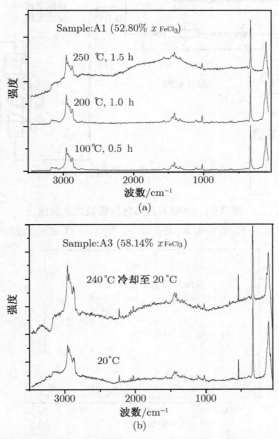

图 3.63　离子液体脱硫剂变温拉曼光谱 (a) 及高温煅烧后拉曼光谱图 (b)

试验表明, 直接采用六水合结晶 FeCl$_3$ 与 bmimCl 混合后即可得到具有氧化能力的 [bmim]/FeCl$_4$。随离子液体中 FeCl$_3$ 含量的变化, 所得离子液体的疏水特性及其密度也随之发生变化。证明通过简易合成步骤不仅能够获得近乎无水 [bmim]FeCl$_4$ 离子液体, 而且其在空气氛中与惰性气氛中均能在 350 ℃稳定存在。

图 3.64 是设计并组装的常温及高温湿法氧化脱硫反应装置及控制系统。对离子液体脱硫剂常温氧化脱硫初步探索结果表明, 高 Fe 含量的离子液体脱硫剂 (如 Fe/bmimCl 2.5:1) 具有黏度小, 易于控制, 氧化能力强, 有助于生成易过滤的大颗粒硫黄产物。拉曼光谱研究表明, 且反应后的离子液体脱硫剂在空气中可以自然再生 (图 3.65)。

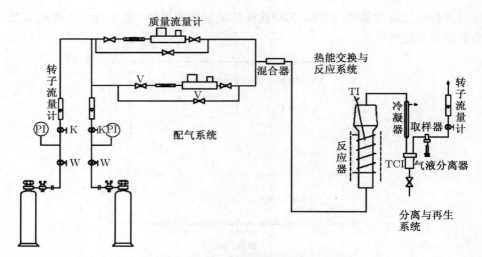

图 3.64   高温湿法氧化脱硫装置示意图

V. 截止阀; K. 调节阀; W. 稳压阀; PI. 压力计; TI. 测温; TCI. 控温

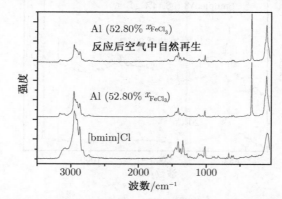

图 3.65   离子液体脱硫剂反应前与充分反应后在空气中自然再生拉曼光谱图之比较

3.5.4   发展方向及展望

构建具有吸收与反应催化双活性中心的功能化离子液体,实现湿法大容量吸收及干法精处理能力和耐高温的优势组合,形成新的酸性气体的催化处理工艺和新理论,促进酸性气体的研究与开发,将有力推动酸性气体污染控制理论及应用领域新思维和新技术的开展与深入。但必须遵循以下几个原则,才能实现理论与实践、研究与开发的有机统一。

(1) 功能化离子液体设计原则:构建气体吸附和催化反应双活性中心的功能化离子液体,调控离子液体吸附与催化性能;

(2) 功能化离子液体制备原则:基于环境污染控制中避免产生新的污染物要求,

制备功能化离子液体的原料应廉价易得，发展金属基离子液体[21,37]；

　　(3) 功能化离子液体使用原则：离子液体能够适应高温催化反应，具备在线分离和再生容易的特点，节水，不产生二次污染；

　　(4) 工业酸性废气污染控制新理论与技术：集湿法催化与干法催化优点于一体，建立新的湿法催化酸性气体新理论与新工艺，发展酸性气体的污染控制技术，取得社会效益和经济效益双丰收。

参 考 文 献

[1]　李剑, 孙健, 王大春等. 炼厂酸性气体脱硫工艺. 石化技术与应用, 2006, 24(3): 215~217

[2]　刘长云. 高炉煤气中酸性气体分析及应对措施. 上海煤气, 2007, 3: 29~31

[3]　Chibante V. Dry scrubbing of acid gases in recirculating cyclones. J Hazard Mater, 2007, 144: 682~686

[4]　王莉, 赵伟荣, 吴忠标. 金属配合吸收剂在湿法脱硝中的应用. 环境工程学报, 2007, 1(2): 88~93

[5]　Matatov-Meytal Y I, Sheintuch M.Catalytic abatement of water pollutants. Ind Eng Chem Res, 1998, 37: 309~326

[6]　David T C, Scott L. Reduction and removal of SO_2 and NO_x from simulated flue gas using iron oxide as catalyst/absorbent. AlChE J, 1975, 21(3): 466~473

[7]　Jae H U, Moon Y S, Jiang Z H, et al. Selective oxidation of H_2S to elemental sulfur over chromium oxide catalysts. Appl Catal B-Environ, 1999, 22: 293~303

[8]　Sena Y, Gulsen D, Timur D. Selective oxidation of H_2S to elemental sulfur over Ce–V mixed oxide and CeO_2 catalysts prepared by the complexation technique. Catal Today, 2006, 117: 271~278

[9]　Neil B, Gavin S W, Philip G H. Photocatalytic decomposition and reduction reactions of nitric oxide over Degussa P25. Appl Cataly B-Environ, 2006, 62: 208~216

[10]　Chen C L, Wang C H, Weng H S. Supported transition-metal oxide catalysts for reduction of sulfur dioxide with hydrogen to elemental sulfur. Chemospher, 2004, 56: 425~431

[11]　Ma J X, Fang M, Lau N T. Simultaneous catalytic reduction of sulfur dioxide and nitric oxide. Catal Lett, 1999, 62: 127~130

[12]　Zhang Z L, Ma J, Yang X Y. Separate/simultaneous catalytic reduction of sulfur dioxide and/or nitric oxide by carbon monoxide over TiO_2-promoted cobalt sulfides. J Mol Catal AChem, 2003, 195: 189~200

[13]　Hardacre C, Holbrey J D, Nieuwenhuyzen M, et al. Structure and solvation in ionic liquids. Acc Chem Res, 2007, 40: 1146~1155

[14]　Anthony J L, Maginn E J, Brennecke J F. Solubilities and thermodynamic properties of gases in the iIonic liquid 1-n-butyl-3-methylimidazolium hexafluorophosphate. J Phys

Chem B, 2002, 106: 7315~7320

[15] Jacquemin J, Gomes M F C, Husson P, et al. Solubility of carbon dioxide, ethane, methane, oxygen, nitrogen, hydrogen, argon, and carbon monoxide in 1-butyl-3-methylimidazolium tetrafluoroborate between temperatures 283 K and 343 K and at pressures close to atmospheric. J Chem Thermodynamics, 2006, 38: 490~502

[16] Wu W Z, Han B X, Gao H X, et al. Desulfurization of flue gas: SO_2 absorption by an ionic liquid. Angew Chem Int Ed, 2004, 43: 2415~2417

[17] Yuan X L, Zhang S J, Lu X M. Hydroxyl ammonium ionic liquids: synthesis, properties, and solubility of SO_2. J Chem Eng Data, 2007, 52: 596~599

[18] An D, Wu L B, Li B G, et al. Synthesis and SO_2 absorption/desorption properties of poly(1,1,3,3-tetra methylguanidine acrylate). Macromolecules, 2007, 40: 3388~3393

[19] Anthony J L, Anderson J L, Maginn E J, et al. Anion effects on gas solubility in ionic liquids. J Phys Chem B, 2005, 109(13): 6366~6374

[20] 许世森, 李春虎, 郜时旺. 煤气净化技术. 北京: 化学工业出版社, 2007

[21] Lin I J B, Vasam C S. Metal-containing ionic liquids and ionic liquid crystals based on imidazolium moiety. J Organometal Chem, 2005, 690: 3498~3512

[22] Abbott A P, Capper G, Davies D L, et al. Ionic liquids based upon metal halide/substituted quaternary ammonium salt mixtures. Inorg Chem, 2004, 43: 3447~3452

[23] Seddon K R. Ionic liquids for clean technology. J Chem Tech Biotechnol, 1997, 68: 351~356

[24] Wasserscheid P, Keim W. Ionic liquids-new "solutions" for transition metal catalysis. Angew Chem Int Ed, 2000, 39: 3772~3789

[25] Duan Z. Green and moisture-stable Lewis acidic ionic liquids (choline chloridexZnCl₂) catalyzed protection of carbonyls at room temperature under solvent-free conditions. Catal Commun, 2006, 7: 651~656

[26] 刘植昌, 张彦红, 黄崇品等. CuCl 对 $Et_3NHCl/AlCl_3$ 离子液体催化性能的影响. 催化学报, 2004, 25(9): 693~694

[27] Laher T M, Hussey C L. Copper(1) and Copper(I1) chloro complexes in the basic aluminum chloride-1-methyl-3-ethylimidazolium chloride ionic liquid. Inorg Chem, 1983, 22: 3247~3251

[28] Abbott A P, Capper G, Davies D L, et al. Selective extraction of metals from mixed oxide matrixes using choline-based ionic liquids. Inorg Chem, 2005, 44(19): 6497~6499

[29] Nockemann P, Thijs B, Pittois S, et al. Task-specific ionic liquid for solubilizing metal oxides. J Phys Chem B, 2006, 110: 20978~20992

[30] Abbott A P, Capper G, Davies D L, et al. Solubility of metal oxides in deep eutectic solvents based on choline chloride. J Chem Eng Data, 2006, 51: 1280~1282

[31] Bell R C, Castleman A W, Thorn D L. Vanadium oxide complexes in room-temperature chloroaluminate molten salts. Inorg Chem, 1999, 38: 5709~5715

[32] Binnemans K. Lanthanides and actinides in ionic liquids. Chem Rev, 2007, 107: 2592~2614

[33] Harjani J R, Friscic T, MacGillivray L R, et al. Metal chelate formation using a task-specific ionic liquid. Inorg Chem, 2006, 45(25): 10025~10027

[34] Muzart J. Ionic liquids as solvents for catalyzed oxidations of organic compounds (review). Adv Synth Catal, 2006, 348: 275~295

[35] Satoshi H, Satyen S, Hiro-o H. A new class of magnetic fluids: bmim[FeCl$_4$] and nbmim[FeCl$_4$] ionic liquids. IEEE T Magn, 2006, 42(1): 12~14

[36] 张超. Bmim/FeCl$_3$ 离子液体的合成与表征. 北京化工大学本科论文设计, 2007

[37] Dyson P J. Transition metal chemistry in ionic liquids. Transit Metal Chem, 2002, 27: 353~358

3.6　离子液体在药物萃取分离中的应用研究

3.6.1　研究现状及进展

1. 药物的萃取

1) 液–液萃取

液–液萃取是萃取分离中的传统方法，操作简便。疏水性离子液体能够与水形成界面清晰的两相，可以进行液–液两相萃取。

氨基酸、蛋白质是构成动物营养所需的基本物质，在生物、工程、医学、环境领域具有重要的价值。但是，由于它们的亲水性强，传统的溶剂萃取很难从水相中分离。一种解决办法是向萃取溶剂中加入冠醚通过氢键作用与氨基酸形成稳定的疏水复合体以改善萃取效率，但这种方法需要有疏水反离子存在，萃取过程容易造成乳化。Smirnova 等[1] 采用疏水离子液体 [bmim][PF$_6$] 萃取了水相中的色氨酸、甘氨酸、丙氨酸、亮氨酸、赖氨酸、精氨酸。冠醚二环己基并 -18- 冠 -6(DCH18C6) 添加到离子液体中提高氨基酸的萃取效率，离子液体的使用避免了反离子的添加。色氨酸、甘氨酸、丙氨酸、亮氨酸在 pH 1.5~4.0、赖氨酸、精氨酸在 pH 1.5~5.5 萃取率能够达到 92%~96%。化学计量学研究表明，色氨酸、甘氨酸、丙氨酸、亮氨酸与冠醚形成 1:1 复合体，赖氨酸、精氨酸与冠醚形成 1:2 的复合体。对实际发酵体系的萃取研究表明，离子液体–冠醚体系萃取效率与模拟体系相当，而且由于离子液体的使用大大减少了过程的乳化现象，有助于提高实际萃取体系的萃取效率，减少平衡时间。Shimo 等[2] 也利用疏水离子液体–冠醚 DCH18C6 混合体系萃取水相中的细胞色素 c。

细胞色素 c 的赖氨酸残基能够与 DCH18C6 形成超分子复合体实现萃取。如图 3.66 所示，当 DCH18C6 与细胞色素的浓度比大于 1000 时能够实现对细胞色素 c 的定量萃取，细胞色素由上相水相向下相离子液体相转移。通过与其他亚铁血红蛋白的萃取结果比较发现，DCH18C6 的空穴与蛋白质表面的—NH$_3^+$ 之间存在很强的亲和力从而与蛋白质形成复合体 (图 3.67)，将蛋白萃入离子液体相。离子液体的亲水性及取代基团的性质对萃取有很大影响。羟基取代的离子液体在萃取细胞色素c过程中起到了非常重要的作用，而离子液体亲水性越强萃取效率越高。细胞色素 c 在离子液体相能够稳定存在数周。UV-vis、CD、Raman 等研究表明，离子液体中，细胞色素 c-DCH18C6 中的血红素中第六配体 Met 80 被肽链上的其他氨基酸残基取代形成了非天然六配位低自旋血红素结构。

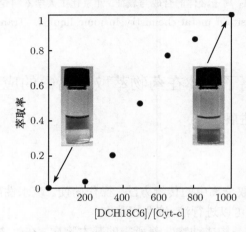

图 3.66　DCH18C6 对细胞色素 c 萃取效率的影响

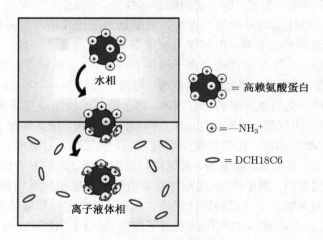

图 3.67　萃取过程示意图

Wang 等[3] 采用疏水离子液体 [bmim][PF$_6$] 萃取了水相中的双链 DNA。离子液体能够实现对浓度小于 5 ng/μL 痕量 DNA 的快速萃取，不受蛋白和金属元素的干扰。离子液体相浓度 20 ng/μL 的 DNA 通过磷酸盐-柠檬酸盐缓冲液反萃进入水相，回收率达到 30%。萃取过程为吸热过程，焓变为 34.3 kJ/mol。通过 ^{31}PNMR 和 FTIR 表征发现，溶解在水相及界面的离子液体咪唑阳离子 [bmim]$^+$ 与磷酸盐中的 P—O 键存在相互作用，这种作用力不仅促进 DNA 的反萃，同时使 DNA 构象发生变化，从而使溴化乙锭在 510 nm 处的共振光散射强度降低。利用这种现象，研究人员建立了离子液体中 DNA 定量分析的方法。

青霉素是目前世界上产量最大的抗生素。青霉素的生产过程一般由发酵培养、菌体过滤、滤液萃取、反萃取、结晶等过程组成，其中萃取是分离纯化的重要环节。传统的青霉素萃取以醋酸丁酯为萃取剂，萃取过程涉及大量的易挥发有机溶剂，容易造成环境污染。而且，醋酸丁酯萃取青霉素在 pH 2.0 时进行，青霉素在酸性条件下不稳定，容易降解失去活性。青霉素滤液中含有蛋白，在 pH 2.0 的酸性环境下蛋白变性使萃取过程发生乳化，降低萃取率，增加萃取剂消耗。因此，研究开发环境友好、条件温和、不易乳化的萃取新技术非常必要。

刘庆芬等[4] 研究了 [bmim][PF$_6$] 萃取青霉素的萃取率和分配系数受 pH、相比、水溶液中青霉素浓度以及青霉素水溶液中无机盐浓度的影响。由于 [bmim][PF$_6$] 熔点为 10 ℃，在室温呈液态，密度为 1.37 g·cm^{-3}(25 ℃)，与水的密度差大于 0.1，可以方便地进行两相分离。且其导电系数为 1.6 mS·cm^{-1}(25 ℃)[5]，可以作为导电性能良好的萃取剂；其结构中有疏水的烷基侧链部分和亲水的咪唑环部分，使 [bmim][PF$_6$] 具有表面活性剂的性质，可以减轻乳化。萃取青霉素的最佳 pH 范围为 1.5~2.5，最佳相比 W/O 为 1.5/1~2.0/1，最佳青霉素水溶液浓度为 3.00×10^4~5.00×10^4 u/mL。在 10 ℃下，最高萃取率可达 91.9%。通过增加萃取级数可以提高萃取率，在 pH 为 2.0 时，二级错流萃取的萃取率比一级萃取提高 4%。FF-TEM(图 3.68) 对萃取相的微观结构研究表明，萃取青霉素前后的 [bmim][PF$_6$] 相都有聚集体，萃取青

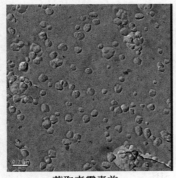
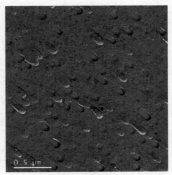

萃取青霉素前　　　　　　　　　　　　　萃取青霉素后

图 3.68　萃取青霉素前后 [bmim][PF$_6$] 相的冷冻蚀刻电镜照片 (W/O=1/1.5, pH 2.0, 青霉素 3.00×10^4 u/mL)

霉素前 [bmim][PF₆] 相的聚集体为球形，萃取后 [bmim][PF₆] 相的聚集体头部呈球形，尾部呈棒状。FT-IR、NMR 以及 UV 证明，青霉素和 [bmim][PF₆] 存在相互作用。[bmim][PF₆] 相的水分含量受青霉素浓度，无机盐浓度的影响，不受 pH 的影响。但 [bmim][PF₆] 相不稳定，长时间放置 [bmim][PF₆] 相会有水析出。

Matsumoto 等[6] 采用三辛基甲基氯化铵萃取水相中的青霉素，在 pH 6 时的萃取效率与传统的醋酸丁酯在 pH 3 条件下的萃取效率相当并证明了青霉素的萃取是通过青霉素阴离子与离子液体的 Cl⁻ 发生离子交换实现的。

夏寒松[7] 研究了疏水离子液体 [bmim][PF₆]、[omim][PF₆] 以及咪唑环 C2 位甲基化的 [bdmim][PF₆] 萃取体系中青霉素的分配系数与 pH 的关系，发现在所有体系中，青霉素的分配系数都随 pH 降低而呈现 "S" 型上升。当 pH<2 时，在各种溶剂体系的青霉素分配系数都超过 90%。但与正辛醇或乙酸丁酯体系相比，疏水离子液体体系达到相同青霉素分配系数的 pH 要低 0.5 个单位，说明离子液体对青霉素的萃取能力比醇或酯类溶剂弱。离子液体的疏水链越长，液体内部结构排列越紧密，越不利于青霉素的萃取。当改变离子液体头部，将 [bmim][PF₆] 转变成 C2 位甲基化的 [bdmim][PF₆]，青霉素分配系数随之下降。这可能由于甲基化削弱了咪唑头部与青霉素之间氢键作用，说明青霉素在疏水离子液体体系中的萃取率主要由离子液体侧链内压力以及头部氢键作用决定。

Cull 等[8] 进行了 [bmim][PF₆] 萃取红霉素的研究。如图 3.69 所示，[bmim][PF₆] 萃取分配系数与传统的醋酸丁酯萃取结果相比，二者在 pH 5.0~9.0 时分配系数变化规律一致，当 pH>9 时，红霉素在 [bmim][PF₆] 中的分配系数随 pH 升高急剧下降，在醋酸丁酯中的分配系数随 pH 升高略有增大，两者表现出较大差别。

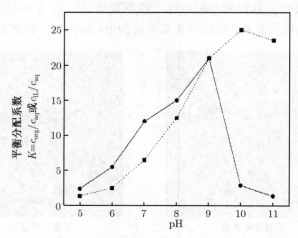

■：乙酸丁酯 — 水体系；●：[bmim][PF₆]— 水体系

图 3.69 pH 对红霉素在两相中分配系数的影响

Arce 等采用 [emim][OMs](1-2 基 -3 甲基咪唑甲基磺酰盐)、[emim][EtSO₄][9,10] 进行了柑橘精油脱萜的研究，柠檬精油和沉香油萜醇混合作为柑橘精油脱萜的模拟体系，结构如图 3.70 所示。研究人员对 25 ℃及 45 ℃下柠檬精油–沉香油萜醇–离子液体 [emim][EtSO₄] 的液液平衡相图进行了考察，并用 NRTL 方程对平衡数据拟合。与传统有机溶剂 1, 4- 丁烯二醇、乙二醇相比，[emim][OMs] 对沉香油萜醇的选择性最好，且产物纯度最高。从图 3.71 溶质的分配系数及选择性中可以看出，由于柠檬精油与沉香油萜醇的结构相似，溶质的分配系数小于 1，[emim][OMs] 的萃取效果好于 [emim][EtSO₄]，[emim][EtSO₄] 在低温下对沉香油萜醇的萃取效果要好于高温萃取。

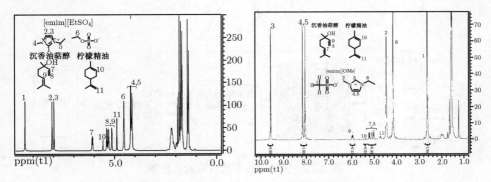

图 3.70　离子液体、柠檬精油、沉香油萜醇的结构及 NMR 谱图

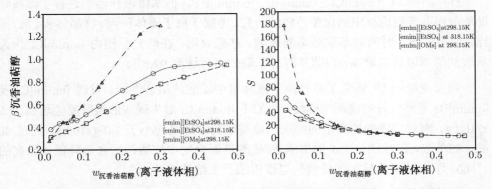

图 3.71　[emim][OMs]、[emim][EtSO₄] 萃取沉香萜醇的分配系数 β 及选择性 S

2) 液–固萃取

约克大学的 Bioniqs 公司[11] 研究了离子液体萃取青蒿素。DMEA oct 对青蒿素萃取后 30 min 后青蒿素的浓度可以达到 0.79 g/L，与正己烷的萃取效果相当 (0.78 g/L)，但 30 min 后由于青蒿素降解使萃取率下降。BMOEA bst 的萃取速率

低于 DMEA oct，但萃取后青蒿素的浓度比在 DMEA oct 中高 23%，而且青蒿素没有发生降解。萃取后经过水相反萃、结晶得到纯度在 95%以上的青蒿素，萃取剂经过闪蒸可以实现离子液体的循环利用 (图 3.72)[12]。

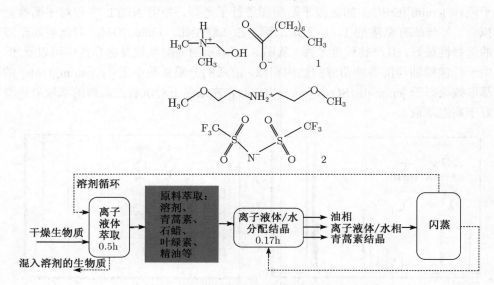

图 3.72　离子液体萃取青蒿素流程图

Du 等[13] 以 [bmim]Cl、[bmim]Br、[bmim][BF$_4$] 的水溶液作溶剂进行了微波辅助萃取根茎药材虎杖中的白藜芦醇的研究。考察了离子液体种类、样品体积、液/固比、萃取温度、时间对萃取效率的影响。结果表明，在研究范围内 [bmim]Cl 作为萃取剂的萃取效率最高，白藜芦醇的萃取效率可达到 92.8%。

顾彦龙等[14,15] 研究了多种离子液体对牛磺酸的溶解性能，发现 [bmim]Cl 及 [bmim]Br 能够较好的溶解牛磺酸，80 ℃下 [bmim]Cl 对牛磺酸的溶解度能达到 21.2 g/100 g，而对牛磺酸生产中的副产品硫酸钠的溶解度均小于 1.0 g/100 g。通过 40 min 的萃取，质量比为 3:4 的牛磺酸/硫酸钠混合物中硫酸钠的含量降低为原来的 1/565，萃取效果明显优于传统的电渗析法及重结晶法。

3) 反胶团萃取

反胶团由两相组成，一相是含有表面活性剂聚集形成 "水池" 的有机相，另一相是平衡水相。由于溶质可以在两相间的不均衡分配，能够达到有效分离的目的[16]。由于反胶团有机相的水含量 W_0 大小 (水分与表面活性剂分子的比例) 可以调节，因此溶质在反胶团中的分离效率可以优化[17]。同时由于反胶团中萃取青霉素能在中性 pH 进行，能够有效增强溶质稳定性，减少蛋白质的乳化 (图 3.73)。

夏塞松等 [18,19] 采用长链离子液体形成反胶团在中性条件萃取青霉素并采用反胶团理论对长链离子液体萃取青霉素行为进行了解释。长链离子液体 [C$_{14}$mim]Cl 包含一条长长的尾部以及一个较大的亲水头,都能在有机相自聚形成反胶团。与 CTAB 相比,长链离子液体 [C$_{14}$mim]Cl 的头部咪唑阳离子电荷暴露在外 (CTAB 的电荷被包裹在三个甲基中),增加了对水分子及亲水极性物质的吸引性。同时离子液体的共轭咪唑头部能与芳香性物质 (包括苯、青霉素) 形成共轭 π-π 结构[20],提高青霉素的分配系数。改变盐分类型、离子液体浓度与结构以及有机溶剂类型

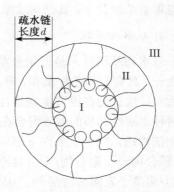

I.“水池”; II. 界面膜; III. 油相

图 3.73　反胶团的微观结构示意图

等,都能改变界面膜的熵和焓,调节离子液体反胶团分配系数 lg$D$-1/W_0 曲线的斜率或截距,并直接对应界面焓的变化。如图 3.74 所示,增加无机盐的疏水性以及离子液体头部甲基化,都将直接增大 “水腔” 界面膜的硬度,引起界面焓下降,最终导致 lg$D$-1/W_0 直线斜率的降低。而 lg$D$-1/W_0 直线的截距直接对应界面熵的变化。提高离子液体浓度、增加离子液体侧链长度,采用小分子有机溶液都能增加疏水侧链区结构的有序性,从而增加界面熵,使 lg$D$-1/W_0 的截距上升。因此反胶团 lg$D$-1/W_0 直线的截距与斜率能有效地反映离子液体反胶团的微观结构性质。通过

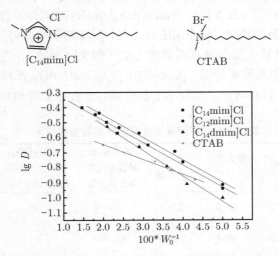

图 3.74　离子液体反胶团中青霉素分配系数与离子液体性质的关系

调节反胶团内亲水–亲油基团平衡可以控制 lg$D$-1/W_0 直线的斜率与截距,最终优

化青霉素萃取效率。其结构式如下:

4) 双水相萃取

双水相萃取技术是近年来发展起来的提取和纯化生物活性物质的新型分离方法之一,具有操作条件温和、产品活性损失小、操作简单、可连续操作、易于放大等优点,被认为在提取生物活性物质方面具有潜在的应用价值。双水相系统是指把两种水溶性物质的溶液混合在一起,由于分子间较强的斥力或空间位阻,相互之间无法渗透,在一定条件下形成互不相溶的两相。传统的双水相体系可以由聚合物/聚合物[21]、聚合物/无机盐[22]、水溶性有机溶剂/无机盐[23] 以及阳离子表面活性剂/阴离子表面活性剂[24] 形成。其中应用最多的是聚乙二醇 (PEG)/无机盐双水相体系。Rogers 小组[25] 发现向亲水无机盐水溶液加入亲水性离子液体,可以形成互不相溶的离子液体双水相,其中一相以离子液体为主并含有少量无机盐;另一相以无机盐为主,含有少量离子液体。

He 等[26] 利用 [bmim]Cl/K$_2$HPO$_4$ 离子液体双水相分离睾丸激素与罂粟碱,得到较为满意的分配系数,一次萃取的效率可达 80%~90%,而且没有乳化现象。Soto 等[27] 考察了 [omim][BF$_4$]/NaH$_2$PO$_4$ 分离阿莫西林、氨苄青霉素的条件,证明阿莫西林和氨苄西林在离子液体相的分配系数受 pH 影响,pH 8 时的萃取率高于 pH 4 时的萃取率,说明分子间静电相互作用对两相分配起重要作用,而且抗生素的化学结构影响其在离子液体中的溶解度。

刘庆芬等[28~32] 分别进行了 [bmim][BF$_4$]/NaH$_2$PO$_4$ 和 [bmim]Cl/NaH$_2$PO$_4$ 双水相萃取青霉素的研究 (表 3.19)。[bmim][BF$_4$]/NaH$_2$PO$_4$ 体系在室温下,当体系中离子液体的浓度为 19% 时,体系 pH 为 4~5,青霉素萃取率可达 93.9%,分配系数可达 328.1。而醋酸丁酯萃取青霉素的 pH 一般为 1.8~2.2,青霉素在酸性环境下容易降解破坏,使萃取率降低。[bmim][BF$_4$] 与 NaH$_2$PO$_4$ 形成的双水相体系萃取青霉素的 pH 为 4.09~4.41,萃取 pH 的升高,使青霉素降解率降低,提高了萃

表 3.19   不同萃取体系萃取青霉素的结果

萃取体系	pH	T/℃	最大收率/%	最大分配系数	离子液体最佳量 (质量分数)/%	NaH$_2$PO$_4$·2H$_2$O 最佳量 (质量分数)/%	青霉素 G 最佳量 (质量分数)/%
[bmim][BF$_4$]/NaH$_2$PO$_4$	4~5	20	93.9	328.1	19	40	5.00
[bmim]Cl/NaH$_2$PO$_4$	5~6	20	93.4	139.0	20~21	40	5.00
[bmim][PF$_6$]	2	10	91.9	31.5	—	—	—
PEG(2000)/(NH$_4$)SO$_4$			93.67	58.4	—	—	—

取率。双水相萃取青霉素前、后的上相均有聚集体存在，但聚集体形状不同。FT-IR 和 UV 分析表明，在离子液体双水相上相中，青霉素和离子液体发生了相互作用。[bmim]Cl/NaH$_2$PO$_4$ 双水相体系中，当离子液体的浓度为 20%～21% 时，体系 pH 为 5～6，青霉素萃取率可达 93.4%，分配系数可达 139.0。双水相萃取机理研究表明，[bmim]Cl/NaH$_2$PO$_4$ 双水相上相中，青霉素酸根离子和离子液体阴离子之间发生了离子交换，交换出来的离子液体阴离子转移到了下相。

刘会珊课题组[33～35] 利用亲水离子液体与无机盐 [bmim][BF$_4$]/NaH$_2$PO$_4$ 构建了双水相萃取青霉素，并对双水相萃取微观结构进行了分析。增大离子液体或无机盐浓度有利于双水相形成。提高离子液体疏水性促进双水相分离，而减小无机盐亲水性也有利于双水相形成，二者亲水性质对双水相成相规律的影响正好相反。如图 3.75 所示，在双水相中离子液体聚集成椭圆长条形胶团，长度约 150 nm，直径 20 nm，相互之间保持平行排列。主要原因是高渗透压环境促使离子液体球形小胶团之间二次聚集，形成轴距更长的胶团。增加离子液体疏水性将会降低胶团之间势垒高度；提高无机盐亲水性能增大系统渗透压，二者都有利于离子液体胶团聚集而形成双水相。青霉素在离子液体双水相中分配系数主要由青霉素与离子液体胶团的疏水作用决定。离子液体疏水性越强，胶团表面对溶质的吸引力越强，青霉素的分配系数越高。无机盐类型对青霉素分配系数几乎没有明显影响，说明静电效应不是决定青霉素分配系数的主要因素。离子液体双水相中青霉素分配系数 $\ln K$ 随上下相的离子液体浓度差 (Δ[离子液体]) 正比上升。由于双水相中离子液体聚集成长条胶团，相互之间空隙大，更有利于青霉素分配系数的提高。

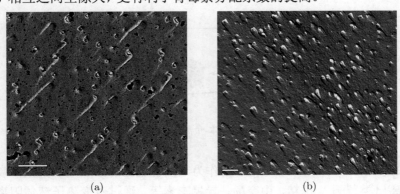

(a)   (b)

图 3.75 离子液体双水相冷冻蚀刻 TEM 图

(a) 离子液体双水相上相 Δ[离子液体]=1 mol/L; (b) 离子液体双水相上相 Δ[离子液体]=2 mol/L

5) 色谱及电泳

离子液体的黏度大、热稳定性好、具有独特的溶解性能，因此也广泛应用于药物的色谱及电泳分离中。离子液体在色谱及电泳中的应用主要集中在作为添加剂使用上[36]。离子液体的阳离子与带负电的分析物质相互作用能够提高分离效率。将手性选择剂环糊精溶解于离子液体相并涂于融硅毛细管作为固定相,分离效果比普通的手性分离柱高 10 倍以上。但是由于离子液体的阳离子容易占据环糊精的空穴,限制了被分离物质与环糊精之间的作用[37,38]。Warner 等[39] 报道了离子液体作为胶束电动色谱中表面活性剂添加剂分离手性及非手性物,离子液体能够加强疏水混合物的分离效率同时维持足够的本底电流。

FranÇois 等[40] 研究了毛细管电泳中手性离子液体 [EtChol][Tf$_2$N]、[PhChol][Tf$_2$N] 分离手性药物卡洛芬、奈普生、舒洛芬、酮洛芬、吲哚洛芬、布洛芬。通过研究离子-离子及离子-偶极相互作用、改变离子液体阴阳离子结构来优化分离选择性。研究结果表明,手性离子液体并未直接提高手性物质的分离选择性。但当离子液体作为传统手性物质分离剂三甲基色氨酸-β-环糊精或二甲基色氨酸-β-环糊精的添加剂时,如图 3.76 所示,环糊精-环糊精-手性离子液体阳离子-负离子洛芬之间的相互作用使手性药物的分离选择性提高,说明手性离子液体对手性药物的分离具有促进作用。

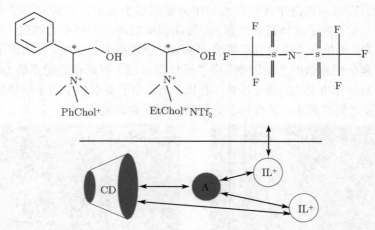

图 3.76   环糊精-手性离子液体-负离子洛芬之间的相互作用示意图

Yue 和 Shi[41] 采用 [bmim][BF$_4$] 作为毛细管电泳的添加剂从大果沙棘中高效萃取分离出类黄酮 \ 栎精、山奈酚、异鼠李素等。通过改变离子液体阳离子取代基、阴离子种类考察离子液体对萃取的影响。将离子液体咪唑环 C$_2$ 位的 H 以甲基取代发现分离类黄酮的效率明显下降 (图 3.77),说明 C$_2$-H 与类黄酮羟基 O 相互作用可达到萃取分离的目的。

Yanes 等先后报道了四乙胺四氟硼酸离子液体[42] 及咪唑类离子液体[43] 作为毛细管电泳色谱的泳动电解液来有效分离提取葡萄籽中的多酚类化合物的研究。通过改变离子液体的种类及浓度, 研究人员推测分离的机理是离子液体的阳离子与多酚之间的相互作用 (图 3.78)。离子液体在毛细管表层形成带电薄层, 咪唑离子液体阳离子与样品作用促进了样品在毛细管中的迁移从而达到分离的目的。

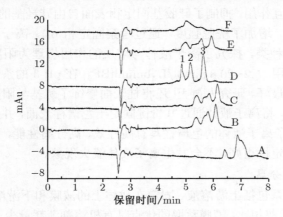

图 3.77　类黄酮的毛细管电泳图

1. 异鼠李素; 2. 山奈酚; 3. 栎精; 电泳条件为 20 mmol/L 硼酸缓冲液, A. 无离子液体, B. [C$_2$mim][BF$_4$], C. [C$_3$mim][BF$_4$], D.[C$_4$mim][BF$_4$], E.[C$_5$mim][BF$_4$], F.[C$_4$dmim][BF$_4$]; pH 10.00; 电压为 15 kV; 温度为 257 ℃, 检测在 270 nm

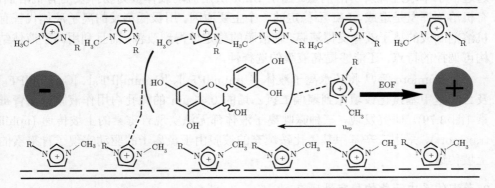

图 3.78　1- 烷基 -3- 甲基咪唑离子液体分离多酚的机理示意图

Qi 等[44] 将离子液体 [emim][BF$_4$]、[bmim][BF$_4$] 作为毛细管电泳中的泳动电解液分离中草药沙漠绢蒿中的四种类黄酮衍生物。通过带负电的黄酮衍生物与离子液体咪唑阳离子之间的相互作用实现类黄酮衍生物的分离。检测限为 0.137~0.642 μg/mL, 优于传统的硼酸盐电解质 0.762~1.036 μg/mL, 线性范围为 1.100~2.656 μg/mL, 好于硼酸盐电解质 2.188~5.313 μg/mL, 在高离子强度的条件下, 离子液体作为电解液的优势更加明显。

He 等将咪唑离子液体作为液相色谱流动相添加剂有效分离了麻黄碱[45]、儿茶酚胺[46] 等化合物。利用离子液体阳离子的疏水性与 ODS 柱表面的疏水烷基及表面硅羟基作用被吸附在 ODS 柱上。由于离子液体的使用减少了柱表面硅羟基与分析物质之间的相互作用，抑制了硅胶基固定相表面自由硅羟基的有害影响，有效地改善了溶质峰形，增加了洗脱强度。通过考察固定相 pH、离子液体浓度、离子液体阳离子取代基种类，探究了离子液体与溶质的作用机理为阳离子与溶质极性基团之间的相互作用。5.2~20.8 mmol/L [bmim][BF$_4$] 在 pH 3 的条件下对麻黄碱类衍生物的分离效果最好。研究人员[47] 还将柱表面修饰了巯基与阳离子含有双键取代的离子液体反应，将离子液体通过共价键固定于色谱柱表面，并用于生物碱类化合物的分离。固定了离子液体的色谱柱具有高柱效、高分离性能，而且共价固定的离子子液体色谱柱稳定性更好，不会发生离子液体流失现象。

6) 支撑液膜分离

液膜萃取体系包括上游溶液、固定在载体上的液膜和下游溶液。与传统的液-液萃取或固-液萃取相比，液膜萃取的优点是有机溶剂消耗量少 (不到 1 mL)，选择性高，净化效率高且获得的萃取物中干扰物质少，富集倍数高，操作步骤少。支撑液膜 (supported liquid membranes，SLM) 是一种多孔固体膜，孔道中固定了流动载体。SLM 能将萃取过程与反萃取过程结合在一起，而且 SLM 过程所用溶剂量要远远低于萃取过程所用溶剂量。由于 SLM 所用流动载体多为易挥发的有机溶剂，有机溶剂挥发是造成 SLM 不稳定的一个主要原因。用极低蒸发的离子液体代替有机溶剂制成的离子液体支撑液膜，使液膜的稳定性得到改善，而且利用离子液体结构可调控的特点，还能够提高液膜的选择性。

Matsumoto 等[6] 将疏水离子液体 [C$_4$mim][PF$_6$]、[C$_6$mim][PF$_6$]、[C$_8$mim][PF$_6$] 及三辛基甲基氯化铵填充到聚偏二氯乙烯的 0.45 μm 的微孔内用作液膜分离青霉素 (图 3.79)。研究发现，三种咪唑离子液体都无法实现青霉素的上坡传递 (uphill transport)，采用三辛基甲基氯化铵填充的液膜由于氯离子的驱动实现了青霉素的上坡传递。

2. 萃取体系中药物的稳定性研究

在药物萃取过程中应特别关注药物的化学稳定性及热稳定性，如抗生素在水相中具有一稳定存在的 pH 范围，因此稳定性是衡量药物萃取分离质量的另一大因素。刘庆芬[4] 研究了青霉素在疏水离子液体 [bmim][PF$_6$] 以及在 [bmim][BF$_4$]/NaH$_2$PO$_4$ 双水相上相的稳定性，发现随着萃取体系组成、时间、温度、pH 等条件变化，青霉素的稳定性呈现一定趋势的变化规律。疏水离子液体 [bmim][PF$_6$] 中青霉素在近中性环境较稳定。pH 为 1.5~4.0 时，随 pH 升高，青霉素稳定性增大；随温度降低，青霉素稳定性增大。pH 为 1.5~2.5 时，降低温度是提高青霉素稳定性的有效方法。

当 pH 为 2.0、10 ℃条件下的 [bmim][PF$_6$] 中，青霉素的半衰期为 17.7 h，疏水离子液体 [bmim][PF$_6$] 萃取青霉素在 10 ℃以下进行。降解反应为两步重排反应，降解产物是青霉素酸的同分异构体，最终产物为青霉酸 (图 3.80)。

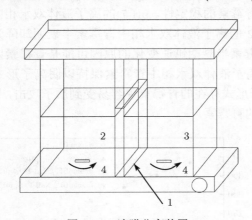

图 3.79　液膜分离装置

1 为支撑液膜；2 为上游溶液；3 为下游溶液；4 为搅拌装置

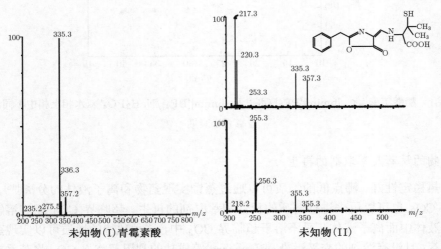

图 3.80　降解产物的 MS 图及其结构

青霉素在 [bmim][BF$_4$]/NaH$_2$PO$_4$ 双水相上相的稳定性受 pH 和温度的影响，在近中性的条件下青霉素稳定。在 pH 为 3.8、24 ℃的 [bmim][BF$_4$]/NaH$_2$PO$_4$ 双水相上相中青霉素的半衰期为 14.6 h。离子液体双水相萃取青霉素可以在室温进行，在节约能源方面有显著优势。青霉素在双水相上相降解为两种物质，其中一种物质为青霉酸。

夏寒松[7] 也研究了 [bmim][PF$_6$] 以及在 [bmim][BF$_4$]/NaH$_2$PO$_4$ 中青霉素的稳定性。从图 3.81 可以看出，在常温条件，青霉素在 pH 2 的醋酸丁酯相中的半衰期为 122 h；而在 pH 2 的疏水离子液体 [bmim][PF$_6$] 中半衰期达到 213 h，说明离子液体能较好地保持青霉素的稳定性。pH 7 的离子液体双水相中青霉素半衰期增加到 350 h，而在 pH 2 的离子液体双水相中青霉素半衰期却降为 6.2 h。这说明，离子液体双水相中青霉素半衰期迅速变化的原因可能是青霉素以分子形式进入离子液体宏观相，而在离子液体双水相中青霉素保持以阴离子形式与离子液体阳离子结合。这种以阴离子形式存在的青霉素更容易受到质子攻击，导致其稳定性低于以中性分子形式存在的青霉素。

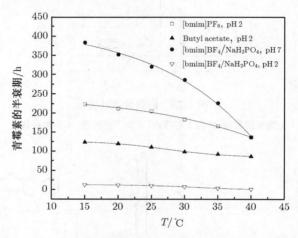

图 3.81　醋酸丁酯/水、[bmim][PF$_6$]/水以及 [bmim][BF$_4$]/NaH$_2$PO$_4$ 双水相上相中不同温度青霉素半衰期

3. 药物的反萃及萃取剂的再生

热稳定性好、沸点低的物质可以通过蒸馏实现药物和离子液体的分离[48]。超临界 CO$_2$ 也可以用来进行溶质的反萃和萃取剂的再生。超临界 CO$_2$ 能够溶解在离子液体中而离子液体几乎不溶于超临界 CO$_2$ 中，这种独特的性质可以实现药物的反萃，且没有溶剂的交叉污染。Blanchard 等成功的利用超临界 CO$_2$ 将芳香族和脂肪族化合物从离子液体 [bmim][PF$_6$] 中反萃出来[49,50]。

刘庆芬[4] 研究了疏水离子液体 [bmim][PF$_6$] 萃取实际发酵体系中青霉素的再生，通过碱洗、水洗、脱色、过滤、蒸馏脱除了离子液体相中的色素、青霉素、青霉素类似物以及杂酸，[bmim][PF$_6$] 的回收率达到 94% 以上。

Jiang 等[35] 从双水相上相中用疏水性离子液体富集分离亲水性离子液体的方法再生亲水性离子液体。如彩图 9 所示，向离子液体双水相上相中加入疏水离子液体，能将亲水离子液体转移进入疏水离子液体相，而大多数青霉素保留在残余水相中。这不仅实现了青霉素与亲水离子液体之间的有效分离，而且为后一步酶催化水解青霉素创造了条件，实现青霉素萃取、酶催化两步过程之间有效地耦合。A 为 [bmim][BF$_4$]/NaH$_2$PO$_4$ 双水相，上相为离子液体富集相，下相为无机盐富集相。达到相平衡之后，取出离子液体上相 (彩图 9B)，加入疏水离子液体 [bmim][PF$_6$](彩图 9C 中黄色溶剂)。在达到充分相平衡之后，多数亲水离子液体回收进入疏水离子液体，形成淡黄色离子液体混合相 (离子液体混合双相，mixed ionic liquids/water two-phase system, MILWS)(彩图 9D 下相)，而目标产物青霉素保留在水相，残留的离子液体浓度很小。

图 3.82 给出了 [bmim][PF$_6$]/[bmim][BF$_4$]/水三相体系相图。当体系没有无机盐时 (a)，离子液体相图由两个区域组成：在 [bmim][PF$_6$]/[bmim][BF$_4$] 比例低于一定临界值之前 (≈0.5)，系统保持单相状态；当 [bmim][PF$_6$]/[bmim][BF$_4$] 比例超过该临界值，离子液体溶液分相为疏水离子液体相与水相。当体系盐浓度为 1 mol/L 时，单相区将分裂成三个部分 (b)：图左下角的 Zone I 是亲水离子液体与疏水离子液体浓度都很低的盐水溶液区 (彩图 9 D 的上相)；右下角的 Zone II 是含有较高浓度亲水 [bmim][BF$_4$] 与一定浓度疏水 [bmim][PF$_6$] 浓度的离子液体富集相 (对应彩图 9 D 的下相)。二者之间是包含 Zone I 与 Zone II 的平衡双相。当 [bmim][PF$_6$] 浓度较低时，该中间区域属于离子液体双水相 (Zone III, 彩图 9 A)。随着 [bmim][PF$_6$] 浓度逐渐增加并超过某一临界值 (0.3) 之后，离子液体双水相将转变为离子液体混合双相 (Zone IV)。图 3.82 显示，当系统从双水相转变为混合双相，相图系线长度与离子液体上下相浓度差 Δ[离子液体] 都迅速增大。

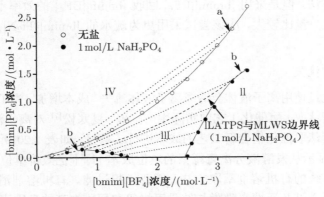

图 3.82　离子液体混合双相的相图

改变离子液体混合双相的 [bmim][PF$_6$]/[bmim][BF$_4$] 比例可以调节青霉素的分配系数，达到青霉素与亲水离子液体二者有效分离的目的。当 [bmim][PF$_6$]/[bmim]

[BF$_4$]<0.5，青霉素分配系数下降非常明显；当 [bmim][PF$_6$]/[bmim][BF$_4$]>0.5，分配系数保持一恒定值。青霉素分配系数的下降与离子液体与无机盐性质无关。向离子液体双水相中加入疏水离子液体，能形成直径 1 μm 的大胶团。该大胶团是由双水相中长条胶团再次聚集形成，主要原因是引入疏水离子液体增加了离子液体胶团表面的疏水性，导致胶团之间疏水吸引作用增强，促使长条胶团相互聚集形成混合双相的大胶团。

3.6.2　关键科学问题

萃取剂除了能够具有良好的萃取能力和萃取选择性外一般还有要求萃取剂具有较快的传质速率，以有助于较小萃取设备体积、提高生产效率；具有良好的物理化学特性，具有适宜的密度、黏度、界面张力等，以保证两相能有效的混合、流动和分相；良好的热稳定性及化学稳定性；低水溶性以减少萃取剂在萃取过程中的损耗；无毒或毒性小，这一方面是保证安全生产和环保的需要，同时也是居于产品中溶剂残留的限制，这一需要对于制药和食品的萃取过程尤为重要；价廉、易得[51]。

1. 离子液体的再生

离子液体具有一些优良的物理和化学性质，非常有希望成为传统有机溶剂的替代溶剂。但是如何从过程物流中分离溶质和回收离子液体将是其工业化应用的一个很大挑战。蒸馏、液液萃取和超临界萃取是三种可行的办法，其中超临界萃取可应用于离子液体与挥发的或相对不挥发的有机物的分离，而且不存在相间交叉污染。刘会珊课题组[35] 在双水相中加入疏水离子液体，形成离子液体混合双相，能使青霉素与亲水离子液体有效分离，也为双水相萃取分离中离子液体的再生提供了很好的方法。但是采用 [bmim][PF$_6$] 回收 [bmim][BF$_4$] 的效率不高，水相残留的 [bmim][BF$_4$] 量比较大，应该尝试采用更为疏水的 [bmim][Tf$_2$N] 来回收亲水离子液体。

2. 离子液体的流失

萃取中大量使用离子液体会造成离子液体流失，成本增加。为了更好将离子液体耦合青霉素萃取、酶催化工艺向实际生产推展，夏寒松[7] 对离子液体双水相/混合双相青霉素萃取催化耦合新工艺的成本进行了核算，如表 3.20 所示。

表 3.20 显示从发酵液分离青霉素的单位成本 (每十亿效价单位，BOU)。可以看到，利用传统的有机溶剂萃取方法，需要承担过滤、有机溶剂消耗、破乳剂使用量、冷冻离心以及活性炭吸附与结晶干燥等费用。生产的青霉素成本为 50~55元/BOU，其中发酵原材料与有机溶剂占成本的 60%，机械成本与人力成本占 30%，环保成本占 10%。而利用离子液体双水相分离青霉素，基本不用考虑机械与设备成本。主要考虑的是原材料成本与离子液体流失成本。二者各占 50%与 25%。机械成

本与人力成本 15%，环保成本 10%。生产的青霉素成本为 60~75 元/BOU，比有机
溶剂方法的成本高 15%。

表 3.20　　从发酵液分离提纯青霉素的成本分析

萃取体系	发酵液过滤	溶剂萃取	破乳剂	冷冻离心费用	加碱、活性炭吸附	结晶、干燥
有机溶剂/双水相	3~4 元	有机溶剂水相流失，0.5~1 元	0.5~1 元	3~4 元	0.8~1 元	3~4 元
离子液体双水相	无	离子液体流失量 1%~2%，15~20 元	无	无	无	无

　　表 3.21 显示了制备每 1 kg 6-APA 的成本。考虑到由青霉素制备 6-APA 的效
率大约是 90%，因此需要青霉素原料 2~2.3 kg(原料成本为 190~200 元)。在纯水相
催化制备 6-APA，需要采用有机溶剂洗脱青霉素工业盐中的有机杂质，并经过调
碱、MIBK 萃取青霉素与苯乙酸，再经过浓缩沉淀与结晶干燥，得到的 6-APA 成
本是 250~280 元/kg。

表 3.21　　从青霉素制备 6-APA 的成本分析

反应体系	有机溶剂清洗	青霉素酰化酶	调碱	MIBK 萃取	浓缩、沉淀	结晶、干燥
纯水相	循环损失 1%，5~10元	平均消耗量为 4~5g，10~20元	碱成本 0.5，产生废盐环保成本 3~5 元	循环损失 1% 5~10 元	5~10 元	5~10 元
离子液体混合双相	无	10~20 元	无 (离子液体损耗成本 20~30元)	无	5~10 元	5~10 元

　　采用离子液体混合双相工艺，由于没有有机溶剂洗脱、调碱与 MIBK 等步骤，
机械与设备成本有所节约。但离子液体流失损耗增加，因此最终 6-APA 总成本为
280~330 元。

　　从表 3.20 与表 3.21 可以看出，虽然采用离子液体耦合工艺制备的青霉素与
6-APA 的成本都要比传统工艺增加 15%~20%，但这部分费用主要集中在离子液体
的流失上。随着离子液体应用的普遍，单位体积的离子液体价格下降，离子液体的
工艺成本能够得到改善。并且选择疏水性强的离子液体，也能相对地降低离子液体
在水相的流失，减少工艺中的成本损耗。

3. 离子液体的毒性

　　尽管离子液体较传统有机溶剂的毒性明显减小，但是研究证明离子液体具有

一定的毒性[52]。而且离子液体不易挥发，使离子液体的脱除较为困难。作为药物萃取分离应用，离子液体的毒性、残留以及脱除应该得到更加深入全面的研究。

4. 离子液体的黏度及稳定性

离子液体黏度相比于传统有机溶剂要高两个数量级以上。离子液体的高黏度在一些操作过程中（如作为液膜分离、色谱的固定相材料）是优势，但是用做液相萃取在工业应用中是一大限制因素。因此要通过降低离子液体黏度或适当升高温度来解决这一问题。目前广泛使用的离子液体为含氟的离子液体。根据 Rogers 的发现，在水溶液中升高温度，会导致 PF_6^- 离子的氟离子水解，产生腐蚀性强的 HF 酸，对环境造成负面影响。

3.6.3　发展方向

1. 反应分离耦合

许多药物在分离后要进行下一步反应以生产新的产品，如青霉素的主要用途是临床用药和作为半合成抗生素的原料。目前，70%~80%的青霉素用于合成半合成抗生素。上下两步过程之间相互隔离，不能在物质、能量以及操作参数方面之间达到有效共享。例如，在萃取环节将青霉素从水相提纯结晶之后，然后又在酶催化步骤重新溶解回水相，从而造成大量能源浪费。同时，在分离与酶催化两个步骤时都需要反复调节 pH，导致酶活性、青霉素以及 6-APA 稳定性的降低。尝试将青霉素分离、催化步骤耦合起来，提高整体工艺的物质、能量的有效利用率，是提高青霉素分离催化工艺总效率的有效方法。

刘会珊课题组[18,19]利用长链离子液体反胶团将青霉素萃入反胶团的有机相之后，加入青霉素酰化酶直接进行催化，耦合工艺如图 3.83 所示。由于离子液体围绕

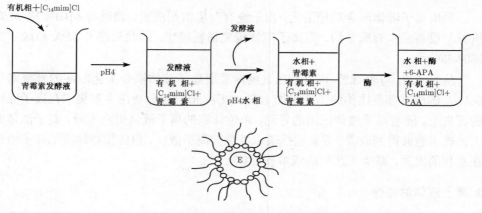

图 3.83　反胶团中酶催化青霉素水解

形成的 "水池" 结构柔软, 能够促进酶与底物的形成, 优化酶的动力学特征。与其他催化体系相比, 反胶团中酶的催化效率特别高, 酶催化在 pH 4 的环境进行, 产物 PAA 能扩散进入有机相, 而 6-APA 能在水相等电析出。由于两种产物都与 "水池" 相包裹的酶催化剂分离, 因此产物对酶的抑制作用将大大减弱, 并将反应平衡向产物端推进。反胶团 "水池" 的 pH 要比平衡水相高 2 个单位。虽然在平衡水相中 pH 保持在 4 左右, 但 "水池"pH 却可能升高到 6, 这将有效地优化酶的催化效率。

　　Jiang 等[53] 还对离子液体双水相萃取青霉素进行了分离与催化的耦合。图 3.84 显示了 [bmim][PF$_6$]/水体系青霉素萃取、酶催化的耦合工艺, 通过调节离子液体混合双相中亲水离子液体与疏水离子液体之间的比例, 使苯乙酸/青霉素的萃取选择性在 pH 5 得到优化。离子液体混合双相水相残余的离子液体胶团能与带负电的 6-APA 结合, 形成低电荷密度的超分子, 导致 6-APA 在较高 pH 从水相沉淀分离。pH 5 的离子液体混合双相不仅将两种产物从酶水相有效分离, 将反应平衡向产物端推移; 而且优化了酶的催化活性。因此在 pH 5 的离子液体混合双相中进行的酶催化效率优于 pH 4 的醋酸丁酯/水溶液体系。

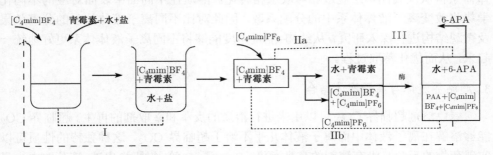

图 3.84　离子液体双水相青霉素分离、回收以及酶催化水解的反应分离耦合工艺
步骤 (I): 离子液体双水相将青霉素萃取到离子液体富集相;
步骤 (IIa): 离子液体混合相/水体系将青霉素反萃到水相中;
步骤 (IIb): 加热将亲水与疏水离子液体分离; 步骤 (III): 酶催化水解青霉素生成 6-APA

2. 微乳相萃取

　　离子液体可以形成双水相、离子液体混合双相, 还能以表面活性剂形式形成反胶团以及用于分离功能的高聚物, 从而进一步优化基于离子液体的分离、酶催化耦合工艺的效率。

　　图 3.85 比较了离子液体双水相、宏观双相以及反胶团之间微观结构的内在联系。在双水相体系中离子液体形成正向长条型胶团, 极性咪唑头朝外, 疏水侧链朝内, 界面曲率保持正值。在反胶团中离子液体亲水头朝里, 疏水侧链朝外, 形成曲率为负的微观界面。在宏观相中离子液体随机排列。虽然三种微观结构体系中离

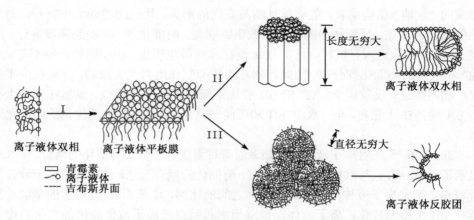

图 3.85   离子液体双水相、宏观双相以及反胶团的结构联系

子液体结构排列各不相同，但可以通过共同的离子液体 Langmuir 膜相互转化。在该理想平膜中离子液体保持平行排列，曲率为 0。升高离子液体膜的曲率，离子液体体系将从反胶团—宏观双相—双水相转化。溶质在不同曲率表面对应的不同化学势将改变离子液体体系中的分配系数，因此对比不同离子液体体系的分离效果及微观结构进行深入研究，从结构–能量角度能够将不同离子液体体系更好地统一起来，从而优化萃取过程。

3. 超临界流体与离子液体结合

绿色溶剂超临界 CO_2 可以用来进行溶质的反萃和萃取剂的再生。超临界 CO_2 能够溶解在离子液体中而离子液体几乎不溶于超临界 CO_2，这种独特的性质可以实现药物的反萃且没有溶剂的交叉污染。Brennecke 等[54,55] 指出液–液萃取中少量离子液体会损失到水中，然而使用超临界 CO_2 萃取技术从离子液体提取多种溶质均不会有相间交叉污染。因此作为从过程物流中分离和回收离子液体的超临界流体萃取技术也因此具有广阔的工业应用前景。

4. 液膜分离技术与离子液体结合

液膜分离技术[56] 以其特有的分离效率高、设备简单、操作方便、无相变和能耗低等优点而受到人们的普遍重视。液膜分离技术是将液–液萃取过程与化学反应过程耦合在一起的一种分离方法，它克服了一般萃取过程中由于液滴的分散与聚合造成的两相分离困难，可进行连续操作。并且利用其自身的化学能将萃取产物分离出体系，减少了副反应的发生，降低能耗。离子液体具有不挥发、黏度较大、溶解性能良好、结构可调等性质，非常适用于液膜萃取的萃取剂。而且液膜萃取中萃取剂的用量较小，有效降低了离子液体使用成本。

3.6.4　结论及展望

离子液体在药物分离方面显示出高选择性、高萃取效率等独特优势，但是要真正把离子液体从实验室应用到工业领域仍然面临诸多挑战。

1. 研究离子液体全面的物理化学性质、腐蚀性、毒性等数据

无论是离子液体的应用还是设计合成都需要有大量的物理性质数据做基础。Gorman 和 Fein[57] 研究发现 [bmim]Cl 能够吸附在非层状黏土并扩散污染表层地下水。但是由于目前离子液体的研究还不成熟，物理性质数据不够完善。因此对离子液体的物理性质、毒性进行系统的研究非常必要。Docherty 和 Kulpa 研究了阴离子为溴的六种咪唑及吡啶离子液体的毒性[58]，Swatlosk; 等[59] 发现六氟磷酸根离子液体的阴离子能够水解产生 HF，但是更多的离子液体的毒性数据，更多的规律仍有待研究人员研究。离子液体的计算[60] 将逐渐加强以更好的模拟并预测离子液体的物理性质、腐蚀性及毒性，为离子液体的应用及设计合成提供指导。

2. 探索离子液体萃取过程如萃取机理、离子液体的流失等

只停留在数据及个别体系萃取过程的报道无法真正实现离子液体对药物的萃取分离。研究萃取的微观过程，探究萃取机理和萃取规律，寻找不同体系的相似性和差异性是离子液体萃取分离药物走上实际应用道路的前提。对萃取机理的探究还有利于萃取过程优化，实现药物与离子液体的分离，降低离子液体的流失与循环利用，从而降低成本，大大减少离子液体应用的障碍。

相信随着研究的逐渐系统和深入，一定会开发出使用离子液体萃取分离药物的清洁工业过程。因此未来可以通过两方面发展离子液体的应用：充分研究离子液体物理化学性质、毒性等基本数据，为实验作指导；研究更多的离子液体萃取分离药物的新领域、新方法、新技术、新过程，充分发挥离子液体的可设计性特征，探究过程机理[61]。有效提高分离效率、增强其工业应用可行性、预防流失及污染在未来将是化学家和工程师共同努力的方向。

参 考 文 献

[1]　Smirnova S V, Torocheshnikova I I, Formanovsky A A, et al. Solvent extraction of amino acids into a room temperature ionic liquid with dicyclohexano-18-crown-6. Anal Bioanal Chem, 2004, 378: 1369~1375

[2]　Shimojo K, Kamiya N, Tani F, et al. Extractive solubilization, structural change, and functional conversion of cytochrome *c* in ionic liquids via crown ether complexation. Anal Chem, 2006, 78: 7735~7742

[3]　Wang J H, Cheng D H, Chen X W, et al. Direct extraction of double-stranded DNA into ionic liquid 1-butyl-3-methylimidazolium hexafluorophosphate and its quantification.

Anal Chem, 2007, 79: 620~625

[4] 刘庆芬. 离子液体萃取青霉素的应用基础研究. 中国科学院研究生院博士学位论文, 2006

[5] 顾彦龙, 彭加建, 乔琨. 室温离子液体及其在催化和有机合成中的应用. 化学进展, 2003, 15(3): 222~241

[6] Matsumoto M, Ohtani T, Kondo K. Comparison of solvent extraction and supported liquid membrane permeation using an ionic liquid for concentrating penicillin. G J Membrane Sci, 2007, 289: 92~96

[7] 夏寒松. 离子液体水溶液中青霉素萃取、催化耦合制备 6-APA 的工艺研究. 中国科学院研究生院博士学位论文, 2007

[8] Cull S G, Holbrey J D, Vargas M V, et al. Room-temperature ionic liquids as replacements for organic solvents in multiphase bioprocess operations. Biotech Bioeng, 2000, 69(2): 227~233

[9] Arce A, Marchiaro A, Rodríguez O, et al. Essential oil terpenless by extraction using organic solvents or ionic liquids. AIChE J, 2006, 52(6): 2089~2097

[10] Arce A, Pobudkowska1 A, Rodríguez O, et al. Citrus essential oil terpenless by extraction using 1-ethyl-3-methylimidazolium ethylsulfate ionic liquid: effect of the temperature. Chem Eng J, 2007, 133: 213~218

[11] Bioniqs Ltd. Extraction of artemisinin using ionic liquids. Confidential Report, 2006

[12] Lapkin A A, Plucinski P K, Cutler M. Comparative assessment of technologies for extraction of artemisinin. J Nat Prod, 2006, 69: 1653~1664

[13] Du F Y, Xiao X H, Li G K. Application of ionic liquids in the microwave-assisted extraction of tran-resveratrol from rhizma polygoni cuspidati. J Chromatogra A, 2007, 1140: 56~62

[14] Gu Y L, Shi F, Yang H, et al. Leaching seoaration of taurine and sodium aulfate solid micture using ionic liquids. Sep Purif Technol, 2004, 35: 153~159

[15] 顾彦龙, 石峰, 邓有权. 室温离子液体浸取分离牛磺酸与硫酸钠固体混合物. 化学学报, 2004, 62(5): 532~536

[16] Robbins M L. Micellization Solubilization and Microemulsion. New York: Plenum Press, 1977

[17] Alves J R S, Fonseca L P, Ramalho M T, et al. Optimisations of penicillin acylase extraction by isooctane reverse micellar systems. Biochem Eng, 2003, 15: 81~83

[18] Xia H S, Yu J, Jiang Y Y, et al. Physicochemical features of ionic liquids solution in the phase separation of penicillin(II): reverse micelle. Ind Eng Chem Res, 2007, 46: 2112~2116

[19] 夏寒松, 余江, 刘会洲. 离子液体反胶团中青霉素酰化酶的水解反应特性. 化工学报, 2005, 56: 1932~1935

[20] Holbrey J D, Reide W M. Liquids clathrae formation in ionic liquids-aromatic mixture. Chem Commun, 2003, 4: 476, 477

[21] 张珩, 张奇, 杨艺虹. 双水相技术应用在医药工业中的展望. 医药工业设计杂志, 2001, 22(5)：22~26

[22] 胡松青, 李琳, 肖蕾. PEG/磷酸盐双水相系统及 BSA 在其中的分配特性. 广西大学学报 (自然科学版), 2002, 27(1)：30~34

[23] 王志华, 马会民, 马泉莉. 双水相萃取体系的研究. 应用化学, 2001, 18(3)：173~175

[24] 吴瑛, 陈新萍, 邱雨. 全氟辛酸盐等离子表面活性剂双水相体系性质及萃取机理探讨. 塔里木农垦大学学报, 2002, 14(2)：20~22

[25] Gutowski K E, Rogers R D. Controlling the aqueous miscibility of ionic liquids aqueous biphasic systems of water miscible ionic liquids. J Am Chem Soc, 2003, 125：6632, 6633

[26] He C Y, Li S H, Liu H W, et al. Extraction of testosterone and epitestosterone in human urine using aqueous two-phase systems of ionic liquid and salt. J Chromatogr A, 2005, 1082：143~149

[27] Soto A, Arce A, Khoshkbarchi M K. Partitioning of antibiotics in a two-liquid phase system formed by water and a room temperature ionic liquid. Sep Purif Technol, 2005, 44：242~246

[28] Liu Q F, Yu J, Li W L, et al. Partitioning behavior of penicillin G in aqueous two phase system formed by ionic liquids and phosphate. Sep Sci Technol, 2006, 41(12)：2849~2858

[29] Liu Q F, Hu X S, Wang Y H, et al. Extraction of penicillin G by aqueous two-phase system of [Bmim]BF_4/NaH_2PO_4. Chinese Sci Bull, 2005, 50(15)：1582~1585

[30] 刘庆芬, 胡雪生, 王玉红等. 离子液体双水相萃取分离青霉素. 科学通报, 2005, 50(8)：756~759

[31] Liu Q F, Yu J, Yang P, et al. Extraction of penicillin G by aqueous two-phase system of ionic liquid [Bmim]Cl and NaH_2PO_4. 7th World Congress on Recovery, Recycling, and Re-integration. Beijing, Poster presentation, 2005

[32] 刘庆芬, 杨屏, 余江等. 离子液体双水相萃取青霉素分配系数的变化. 中国工程院化工、冶金与材料工程学部第五届学术会议论文集. 北京: 中国石化出版社, 2005, 362~365

[33] 夏寒松, 余江, 胡雪生等. 离子液体相行为 (I)：胶团化特性. 化工学报, 2006, 57：2145~2148

[34] 夏寒松, 余江, 胡雪生等. 离子液体相行为 (II)：双水相的成相规律. 化工学报, 2006, 57：2149~2151

[35] Jiang Y Y, Xia H S, Guo C, et al. Phenomena and mechanism for separation and recovery of penicillin in ionic liquids aqueous solution. Ind Eng Chem Res, 2007, 46：6303~6312

[36] Li P, Li S P, Wang Y T. Optimization of CZE for analysis of phytochemical bioactive compounds. Electrophoresis, 2006, 27：4808~4819

[37] Berthod A, He L, Armstrong D W. Ionic liquids as stationary phase solvents for methylated cyclodextrins in gas chromatography. Chromatographia, 2001, 53：63~68

[38] Tran C D, De Paoli L S H. Determination of binding constants of cyclodextrins in room-temperature ionic liquids by near-infrared spectrometry. Anal Chem, 2002, 74: 5337~5341

[39] Mwongela S M, Numan A, Gill N L, et al. Separation of achiral and chiral analytes using polymeric surfactants with ionic liquids as modifiers in micellar electrokinetic chromatography. Anal Chem, 2003, 75: 6089~6096

[40] FranCois Y, Varenne A, Juillerat E, et al. Evaluation of chiral ionic liquids as additives to cyclodextrins for enantiomeric separations by capillary electrophoresis. J Chromatogra A, 2007, 1155: 134~141

[41] Yue M E, Shi Y P. Application of 1-alkyl-3-methylimidazolium-based ionic liquids in separation of bioactive flavonoids by capillary zone electrophoresis. J Sep Sci, 2006, 29: 272~276

[42] Yanes E G, Gratz S R, Stalcup A M. Tetraethylammonium tetrafluoroborate: a novel electrolyte with a unique role in the capillary electrophoretic separation. Analyst, 2000, 125: 1919~1923

[43] Yanes E G, Gratz S R, Baldwin M J, et al. Capillary electrophoretic application of 1-alkyl-3-methylimidazolium-based ionic liquids. Anal Chem, 2001, 73: 3838~3844

[44] Qi S D, Li Y Q, Deng Y R, et al. Simultaneous determination of bioactive flavone derivatives in Chinese herb extraction by capillary electrophoresis used different electrolyte systems——Borate and ionic liquids. J Chromatogra A, 2006, 1109: 300~306

[45] He L J, Zhang W Z, Zhao L, et al. Effect of 1-alkyl-3-methylimidazolium-based ionic liquids as the eluent on the separation of ephedrines by liquid chromatography. J Chromatogra A, 2003, 1007: 39~45

[46] Zhang W Z, He L J, Gu Y L, et al. Effect of ionic liquids as mobile phase additives on retention of catecholamines in reversed-phase high-performance liquid chromatography. Anal Lett, 2003, 36: 827~838

[47] Liu S J, Zhou F, Zhao L, et al. Immobilized 1,3-dialkylimidazolium salts as new interface in HPLC separation. Chem Lett, 2004, 33: 496, 497

[48] Han X X, Armstrong D W. Ionic liquids in separations. Acc Chem Res, 2007, 40: 1079~1086

[49] Blanchard L A, Hancu D, Beckman E J, et al. Green processing using ionic liquids and CO_2. Nature, 1999, 399: 28, 29

[50] Blanchard L A, Brennecke J F. Recovery of organic products from ionic liquids using supercritical carbon dioxide. Ind Eng Chem Res, 2001, 40: 287~292

[51] 朱屯, 李洲, 田龙胜等. 溶剂萃取. 北京: 化学工业出版社, 2007

[52] Docherty K M, Kulpa C F Jr. Toxicity and antimicrobial activity of imidazolium and pyridinium ionic liquids. Green Chem, 2005, 7: 185~189

[53] Jiang Y Y, Xia H S, Guo C, et al. The enzymatic hydrolysis of penicillin in mixed ionic liquids /water two-phase system. Biotechnol Prog, 2007, 23: 829~835

[54] Brennecke J F, Blanchard L A, Anthony J L, et al. Separation of species from ionic liquids. ACS Symposium Series, 2002, 819: 82~96

[55] Brennecke J F, Maginn E J. Ionic liquids: innovative fluids for chemical processing. AIChE J, 2001, 47: 2384~2398

[56] Li N N. Separation hydrocarpons with liquid membrane. US 3410792, 1968

[57] Gorman-Lewis D J, Fein J B. Experimental study of the adsorption of an ionic liquid onto bacterial and mineral surfaces. Environ Sci Technol, 2004, 38: 2491~2495

[58] Docherty K M, Kulpa Jr C F. Toxicity and antimicrobial activity of imidazolium and pyridinium ionic Liquids. Green Chem, 2005, 7: 185~189

[59] Swatloski R P, Holbrey J D, Rogers R D. Liquids are not always green: hydrolysis of 1-butyl-3-methylimidazolium hexafluorophosphate. Green Chem, 2003, 5 (4): 361~363

[60] Weingrtner H. Understanding ionic liquids at the molecular level: facts, problems, and controversies. Angew Chem Int Ed, 2008, 47: 654~670

[61] Brennecke J F, Maginn E J. Ionic liquids: innovative fluids for chemical processing. AIChE J, 2001, 47(11): 2384~2389

3.7　离子液体在稀土及相关金属分离中的应用 *

3.7.1　研究现状及进展

离子液体在分离科学中的应用从早期以替代传统挥发性有机溶剂的研究为主要特征，发展到目前以探索高效性和高选择性的新分离体系和新方法为主要目的，反映了人们对离子液体应用的认识逐渐成熟并且不断深入。近年来，人们在离子液体和相关的双水相新分离体系和新分离对象等方面做了大量的研究[1~6]，已经在分离科学的一些崭新领域显示了潜在的应用价值。

目前应用于金属分离的体系仍以疏水性离子液体/水溶液双相体系为主，常规的疏水性离子液体主要包含以下三种类型：① 咪唑类；② 季铵盐类；③ 季磷盐类。大量应用于金属分离体系的 PF_6^-、NTf_2^- 类离子液体大部分疏水，BF_4^- 的疏水性可以依靠阳离子部分调节，疏水性随着烷基链的增长而增强，例如，在 $[C_n mim][BF_4](n=4, 5)$ 中，碳原子数由 4 至 5 增加，实现了离子液体从亲水性到疏水性的过渡。在金属离子萃取分离工艺中，酸常被用来优化体系的分离条件，BF_4^-、PF_6^- 在较高酸度下易水解产生 HF 成为应用过程的较大缺陷；NTf_2^- 稳定性高，但由于价格昂贵限制了其广泛应用。同时，新类型疏水性功能离子液体由于其高选择性和高效性的特点也一直是研究的一个热点。在早期，Visser 等[7] 主要针对环境中重金属离子 Cd^{2+}、Hg^{2+} 的处理，设计出具有重要选择性的咪唑类

　　* 感谢中科院百人计划、国家自然科学基金 (50574080) 和吉林省杰出青年研究计划 (20060114) 对本章节研究工作的支持。

功能专一的离子液体 (TSIL)。加拿大氰特有限公司 (Canada Cytec Inc.) 生产出系列膦类功能性离子液体 CYPHOS II[8]。长期以来用做相转移催化剂的季铵盐类疏水性离子液体 $[NR_xH_{4-x}][A]$(A 代表阴离子) 由于价格低，萃取过程不易发生阳离子交换而损失的特点，在萃取体系的应用又重新受到人们的关注。

离子液体在镧系稀土和锕系化学方面的应用正逐渐受到重视[9]，包括有机合成、材料制备[10,11] 以及溶剂萃取[12] 等各个方面。Binnemans[9] 总结离子液体在镧系稀土和锕系化学方面的应用体现了绿色化学的几个特点：① 离子液体是一种低挥发、不易燃的溶剂，可以替代传统的挥发性有机溶剂；② 稀土金属的制备通常是在高温熔盐中进行的，用室温离子液体替代高温熔盐，可以节约很多能源；③ 含硼离子液体具有较大的捕获中子的截面，是较适合处理具有放射性的核燃料铀、钍等的有用溶剂；④ 一些含有 $RECl_3$ 的离子液体具有 Lewis 酸的性质，在一些使用酸的反应或分离过程中，可以明显降低酸的用量。我国的稀土资源储量居世界第一，其中稀土分离是稀土材料发展的源头。我国的稀土分离也经历了从高能耗、高污染的冶金过程向清洁绿色的分离工艺发展。发展新型的高效、清洁的湿法冶金分离技术仍然是现在以及今后一段时间稀土分离工业的一个重要课题。目前稀土分离工业大量使用具有挥发性的煤油等有机溶剂，从生产安全和节约一次性石油资源方面，都需要发展可以替代的产品。本节主要介绍我们实验室利用离子液体开展在稀土及其相关金属分离中的应用基础研究，包括离子液体的微波连续合成，离子液体与稀土萃取剂组成的新萃取体系，功能性离子液体，固定离子液体形成的新型吸附材料，以及萃取分离体系制备稀土氟化物。这些研究对开发稀土分离的绿色分离体系，新材料制备和丰富离子液体的应用具有重要的理论和现实意义。尽管稀土元素仅包括 Sc、Y 和镧系元素，但由于稀土分离过程中常伴随在稀土矿中共生的其他金属离子，如过渡金属 Fe、锕系元素 Th 等，因此，相关的金属离子也包括在本节的讨论中。

3.7.2 咪唑离子液体/萃取剂的萃取体系

离子液体与若干萃取剂或配体组成的新萃取体系的研究已经有较多文献报道。萃取剂体系包括冠醚类、杯芳烃、有机膦等。分离的金属对象则包括主族金属、过渡金属、镧系和锕系金属等。离子液体萃取分离金属离子存在复杂的机理，包括阳离子交换机理、阴离子交换机理、阴阳离子交换共存的多重交换机理以及与分子溶剂相同的萃取机理[13]。根据目前在稀土分离过程中广泛使用的几种萃取剂，陈继等进行了较系统的研究，包括的萃取体系有离子液体/Cyanex923 或离子液体/Cyanex925、离子液体/有机膦酸酯、离子液体/伯胺 N1923 以及离子液体/羧酸 CA-12 等几类代表性的体系。这些研究即显示了优于有机稀释剂煤油、庚烷等的特点，也暴露了这些体系的一些缺点，为进一步的开展研究提供了一个方向。

1. 离子液体的微波连续化合成

　　离子液体的应用正受到全球范围内的关注，未来工业领域的大规模应用对离子液体自身的合成也提出了较高的要求。目前传统的离子液体合成方法还存在不少缺陷。例如，[C$_n$mim]Cl 类合成时间约 70 h，卤代烷烃过量 10%~20%，合成效率在 80%~90%，所需的有机溶剂量大，能源消耗也比较高。咪唑类阳离子具有较高的极化度，能够增加吸收微波的速率，使反应传热速率增快，可以缩短反应时间几十倍到几百倍。目前已经有不少的文献报道了利用精密控温和调压的商业微波反应器或改造的家用微波炉间歇地制备离子液体，尽管可以在实验室小规模取得较快的反应速率和较高的收率，但高成本的商业化的微波反应器和繁杂的间歇操作，使这一技术的应用离大规模生产还存在一定的距离。家用微波炉是一种构造简单，成本较低的微波反应器，经过改造比较容易放大到一定规模。它在应用上的难点主要是如何保证反应体系的加热和搅拌的均匀性，以及平稳控温。为有效地解决离子液体的大规模工业制备，寻求高效、低成本的合成方法，陈继等发明了利用家用微波炉进行微波连续合成离子液体的新方法。

　　实验室的连续微波炉反应器如图 3.86 所示[14,15]。微波炉是采用海尔的家用光波炉 MF-2070EGZ，微波功率为 280~800W，内置一个线圈反应器，同时配备一个逆流热交换装置，冷却剂可以与反应体系逆相流动传递热量降温。反应混合物卤代烷烃和甲基咪唑通过恒流泵匀速的将反应混合物送入微波反应器中的螺旋线圈反应器中，在微波场的作用下开始加热，随着温度的升高，离子液体的合成反应开始。与此同时，利用逆流冷凝器中冷凝液 (水是最常用的冷凝液) 与调控线圈反应器中的混合液进行热量交换，控制反应温度在离子液体合成的反应温度范围内。

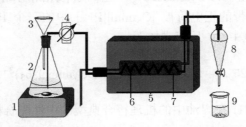

图 3.86　连续微波反应器 (CMR) 工作示意图
1 磁力搅拌；2 反应物；3 长颈漏斗；4 恒流泵；5 电磁场；6 反应线圈；
7 逆流热交换器；8 分液漏斗；9 烧杯

　　表 3.22 是三种最常用的离子液体 [C$_6$mim]Br、[C$_8$mim]Cl 和 [AMIM]Cl(1- 烯丙基 -3- 甲基咪唑盐酸盐) 的实验操作条件和产率[16]。尽管最优化的实验条件还需要进一步探索，但连续微波反应器已经为解决大规模离子液体及其中间体合成开拓了一个性价比较优良的方法。离子液体的连续化生产可以大大提高劳动生产率，

降低能耗,是解决离子液体工业化应用的一个关键问题。

表 3.22　利用 CMR 制备离子液体

离子液体	微波能量/W	流速/(mL·min^{-1})	微波辐射时间/min	传统加热时间/h	制备速率/(mL·h^{-1})
[C$_6$mim]Br	280	1.86	11	16	92.1
[C$_8$mim]Cl	420	0.67	30	72	8.1
[AMIM]Cl	420	1.48	14	7	65

2. [C$_n$mim][PF$_6$]/Cyanex925 萃取体系

Cyanex925 和 923 是氰特加拿大公司 (CYTEC Canada Inc.) 生产的商用金属萃取剂,也是一类应用在稀土和其他金属分离中广泛使用的带支链的中性烷基膦类化合物,其结构和组成见表 3.23。

表 3.23　Cyanex923 和 925 的组分和结构

萃取剂	组分	组成 (质量分数)/%	结构
Cyanex 923	(R)$_2$R′P=O	85	R=(CH$_3$)$_3$CCH$_2$CH(CH$_3$)CH$_2$
	(R′)$_3$P=O	8	R′= CH$_3$(CH$_2$)$_7$
Cyanex 925	(R′)$_2$RP=O	42	R′= CH$_3$(CH$_2$)$_7$
	(R′)$_3$P=O	14	R′= CH$_3$(CH$_2$)$_5$
	(R)$_2$R′P=O	31	
	(R)$_3$P=O	8	

在离子液体 [C$_8$mim][PF$_6$] 中 Cyanex925 萃取 Sc(III) 的机理如式 (3.1) 所示 [17],[C$_8$mim]$^+$ 和 Sc(Cyanex925)$_3^{3+}$ 在离子液相和水相之间发生了交换。Sc(Cyanex925)$_3^{3+}$ 所带的正电荷被 [C$_8$mim][PF$_6$] 中的三个 PF$_6^-$ 平衡,从而保持了离子液相整体的电中性。反应式如下:

$$RE^3 + 3Cyanex925_{org} + 3C_8mim^+_{org} \rightleftharpoons (RECyanex925_3)^{3+} + 3C_8mim^+ \tag{3.1}$$

而相同条件下,Sc(III) 在煤油中的机理符合典型的中性配合机理 [式 (3.2)]。反应式如下:

$$Sc^3 + 2Cyanex925_{org} + 1.5SO_4^{2-} \rightleftharpoons Sc(SO_4)_{1.5}Cyanex925_{2\,org} \tag{3.2}$$

与有机溶剂中金属离子的分配系数 D 随 pH 增加而减小的规律相反,离子液体中金属离子的分配系数 D 随 pH 的增加而增大,这是不同的萃取机理导致的结果,如图 3.87 所示。同样图 3.87 也显示了利用调节 pH 可以进行 Sc(III)

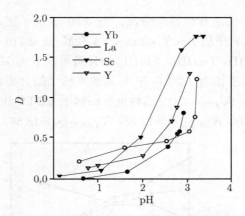

图 3.87　在 Cyanex 925 和 [C$_8$mim][PF$_6$] 的硝酸体系中萃取 Sc(III)、
La(III)、Y (III) 和 Yb(III) 随 pH 的变化[17]

与其他稀土的分离。图 3.88 显示不同碳链长度咪唑离子液体 [C$_n$mim][PF$_6$](n=4, 6, 8)/Cyanex923(Cyanex925) 对 Yb(III) 萃取率的影响。随着咪唑阳离子碳链的增加，[C$_n$mim][PF$_6$] 与水相中稀土络离子的交换变得困难，因此，Yb^{3+} 的萃取率有降低的趋势，在离子液体中的萃取率关系依次为

$$[C_8mim][PF_6]<[C_6mim][PF_6]<[C_4mim][PF_6]$$

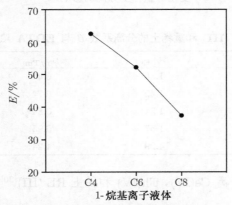

图 3.88　咪唑类离子液体侧链烷基链长度对 Yb(III)
萃取率的影响[18]

但随着碳链长度减少的同时，水相中 [C$_n$mim]PF$_6$ 的溶解度会增加，导致 [C$_n$mim]PF$_6$ 的溶解损失会增加。

　　抑萃配合是指在萃取水相中加入配合试剂，利用它与不同金属离子间稳定常数的差异，通过配合试剂的掩蔽作用，改变体系对不同金属离子的选择性，从而

实现体系对目标离子的选择性萃取分离。图 3.89 显示了加入一定比例的 EDTA 后, 稀土离子的萃取顺序从 Er<Y <Tm <Yb 变到 Er <Tm <Yb <Y。表 3.24 是 Y(III) 和重稀土 Er(III)、Tm(III)、Yb(III) 的分离系数 β 与 EDTA 浓度的变化。当 EDTA 和重稀土的浓度比为 1:2 时, Y 与其他重稀土的分离系数达到最大: $\beta_{Y/Er}$ =4.29, $\beta_{Y/Tm}$ =4.24, $\beta_{Y/Yb}$ =4.41。这种现象归因于 EDTA 和重稀土间配合常数的差异 (K_{Y-EDTA}=17.38, $K_{Er-EDTA}$=17.98, $K_{Tm-EDTA}$=18.59, $K_{Yb-EDTA}$=18.68)。

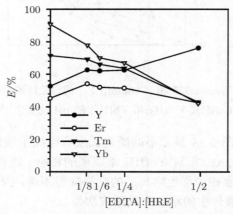

图 3.89　在 Cyanex 925 和 [C$_8$mim][PF$_6$] 体系中 EDTA 浓度的变化对重稀土分离的影响 [19]

表 3.24　Y(III) 和重稀土的分离系数 β 与 EDTA 浓度的变化[19]

[EDTA]:[HRE]	$\beta_{Y/Er}$	$\beta_{Y/Tm}$	$\beta_{Y/Yb}$
无 EDTA	1.36	0.43	0.12
1:8	1.42	0.74	0.48
1:6	1.51	0.84	0.7
1:4	1.57	0.95	0.82
1:2	4.29	4.24	4.41

3. 纯 [C$_n$mim][PF$_6$] 分离 Ce(IV)、Th(IV) 和稀土 RE (III)[20]

图3.90显示了 Ce(IV)、Th(IV) 和Ce(III)、Gd(III)、Yb(III)在纯的 [C$_8$mim][PF$_6$] 中分配系数与硝酸浓度的关系。Ce(IV) 和 Th(IV) 随 pH 的变化明显, 而三价稀土在整个 pH 范围内没有被萃取到离子液体相。表 3.25 显示了 Ce(IV) 和 Th(IV) 的分离系数, 这个变化关系与 Ce(NO$_3$)$_4$-HNO$_3$/DEHEHP- 正庚烷体系是一致的: 金属离子在硝酸介质中的变化规律是 Ce(IV)> Th(IV)≫ RE(III)。上述结果表明 [C$_8$mim][PF$_6$] 本身就可以作为分离硝酸介质中的 Ce(IV) 与 Th(IV) 和 RE(III)。

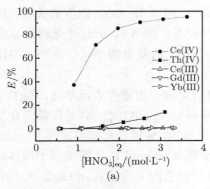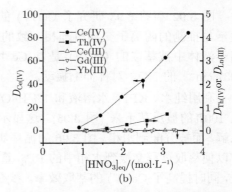

图 3.90　利用纯 $[C_8mim][PF_6]$ 分离 Ce(IV)、Th(IV) 和 RE(III) 与硝酸浓度的关系

表 3.25　　Ce(IV) 和 Th(IV) 的分离系数

$[HNO_3]$ /(mol·L^{-1})	0.91	1.44	1.97	2.50	3.06
$\beta_{Ce(IV)/Th(IV)}$	158.3	121.7	107.7	97.9	87.2

水相中不同的阴、阳离子对 Ce(IV) 的影响如图 3.91 所示，K$^+$ 和 Cl$^-$ 对 Ce(IV) 的萃取基本没有影响，而 HF 的影响最大，这可能是由于与 Ce(IV) 形成 $Ce(HF)_n^{4+}$ 的原因，降低了萃取效率。另外，水相中加入 $[C_8mim]Cl$ 和 KPF_6 对 Ce(IV) 有增强和降低截然不同的效果。因此，推测阴离子交换机理如式 (3.3) 所示。Ce(IV) 的硝酸化合物 $K_2Ce(NO_3)_6$ 和 $(NH_4)_2Ce(NO_3)_6$ 是可以稳定存在的，而 Th(IV) 和 RE(III) 则很难与 NO_3^- 形成稳定的阴离子物种，所以 Ce(IV) 更容易被萃取到离子液体相。反应式如下：

$$n[C_8mim][PF_6] + Ce(NO_3)_m^{n-} \rightleftharpoons [C_8mim]_nCe(NO_3)_{m(IL)} + nPF_6^- \tag{3.3}$$

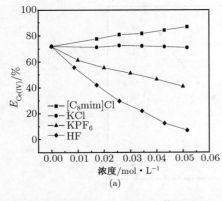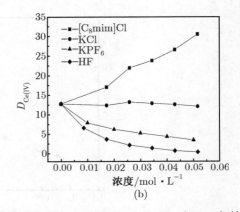

图 3.91　利用纯 $[C_8mim][PF_6]$ 萃取 Ce(IV) 的体系与 $[C_8mim]Cl$、KCl、KPF$_6$ 和 HF 起始浓度的关系

图 3.92 和图 3.93 研究了 Ce(IV) 的萃取与 PF_6^- 和 NO_3^- 浓度的关系, 结果显示与推测的阴离子交换机理相一致的线性关系。图 3.94 的红外光谱也显示了离子液体中被萃取的 Ce(IV) 是以 Ce^{4+} 和 NO_3^- 的复合物形式存在的, 如位于 $1037\ \mathrm{cm}^{-1}$ 的 NO_3^- 对称伸缩振动。

利用纯水、KPF_6 水溶液和 $1\%\ H_2O_2$–HNO_3 混合溶液作为反萃液, Ce(IV) 可以 100%的被反萃下来 (图 3.95)。这显示被萃取的 $Ce(NO_3)_m^{n-}$ 容易在稀酸介质中水解, 而被分配到水相。图 3.96 的循环实验也显示, 通过在水相中加入 $[C_8mim]Cl$ 可以使萃取过程交换到水相中的 PF_6^- 重新形成 $[C_8mim][PF_6]$, 避免离子液体的流失, 同时提高了 Ce(IV) 的萃取效率。彩图 10 中红色的下相是 $[C_8mim]Cl$ 和 Ce(IV) 在硝酸介质中形成的萃合物即 $[C_8mim]_n[Ce(NO_3)_m]$。

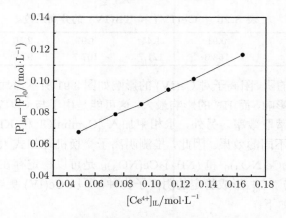

图 3.92 水相中含磷量与离子液体中 Ce(IV) 的关系

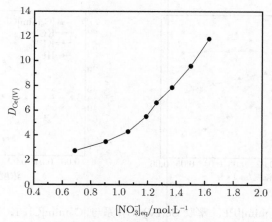

图 3.93 Ce(IV) 的分配系数 $DCe(IV)$ 与平衡体系中 $[NO_3^-]$ 的关系曲线

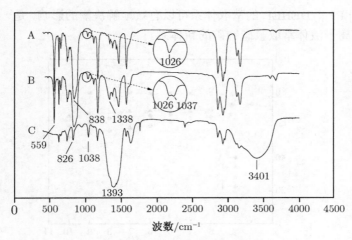

图 3.94　离子液体相的红外光谱

A. [C$_8$mim][PF$_6$]；B. [C$_8$mim][PF$_6$] 负载 Ce(NO$_3$)$_4$；

C. [C$_8$mim]Cl 与 Ce(NO$_3$)$_4$ 溶液混合得到的疏水离子液体

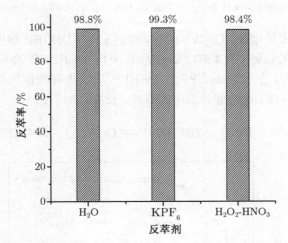

图 3.95　离子液体相中 Ce(IV) 在不同反萃剂 H$_2$O、KPF$_6$ 和 H$_2$O$_2$-HNO$_3$ 的反萃率

4. [C$_8$mim][PF$_6$]/DEHEP 分离 Ce(IV)、F(I) 和 Th(IV) 以及 RE(III)[21]

上面我们介绍了用 [C$_8$mim][PF$_6$] 可以直接从硝酸介质中萃取 Ce(IV)，但 HF 的存在对萃取过程的影响也很大 (图 3.91)。四川氟碳铈矿中氟的含量占 8%～10%，因此，需要进一步研究适合在高氟条件下萃取分离 Ce(IV) 的新体系。2–乙基己基膦酸酯 (DEHEP) 是一种高效的分离 Ce(IV)、Th(IV) 和稀土 RE(III) 的萃取

剂，$[C_8mim][PF_6]$/DEHEP 的萃取体系可以有效地解决氟的影响，是一类具有重要应用前景的离子液体萃取氟碳铈矿的新体系。

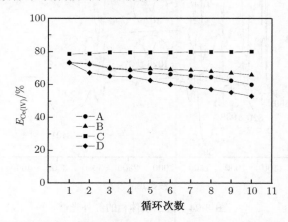

图 3.96 纯 $[C_8mim][PF_6]$ 萃取 Ce (IV) 的循环实验

A. 负载 IL 用水反萃；B. 负载离子液体用 KPF_6 反萃；C. 萃取的 $Ce(NO_3)_4$ 溶液中加入 $[C_8mim]Cl$，反萃情况和 B 类似；D. 负载 IL 相用 H_2O_2–HNO_3 混合溶液

随着硝酸浓度的增加，Ce(IV) 在 $[C_8mim][PF_6]$ /DEHEP 和庚烷/DEHEHP 中的萃取显示相似的趋势 (图 3.97)。Ce(IV) 在庚烷/DEHEHP 的萃取机理如式 (3.4) 所示，同样 Ce(IV) 在 $[C_8mim][PF_6]$ /DEHEP 中认为有相似的萃取机理。这两个机理一同影响 Ce(IV) 在硝酸介质中的萃取。反应式如下：

$$Ce^{4+} + 4NO_3^- + 2DEHEHP \rightleftharpoons Ce(NO_3)_4 \cdot 2DEHEHP \tag{3.4}$$

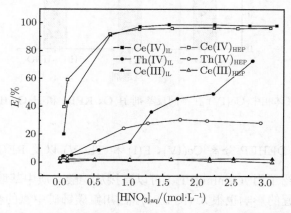

图 3.97 硝酸介质中 $[C_8mim][PF_6]$/DEHEP 和庚烷/DEHEHP
萃取 Ce(IV)、Th(IV) 和 Ce(III)

　　F(I) 在 $[C_8mim][PF_6]$ 中对 Ce(IV) 的影响是由于形成 $Ce(HF)_n^{4+}$($\lg k_2 = 10.67$)，不利于式 (3.3) 所示的阴离子交换机理，HF 浓度的变化对 Ce(IV) 萃取率的影响较大。图 3.98 显示没有 F(I) 加入时，$[C_8mim][PF_6]$ 和 DEHEHP 都有萃取剂的作用，当加入 HF 的浓度为 Ce(IV) 的 2 倍时，Ce(IV) 的萃取基本可以忽略，这时只有 DEHEHP 起萃取作用。

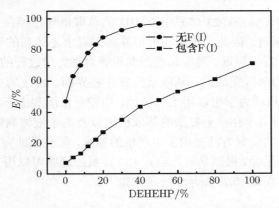

图 3.98　$[C_8mim][PF_6]$/DEHEP 在硝酸介质中萃取 Ce(IV) 与 F(I) 的关系

　　图 3.99 显示 F(I) 对 Ce(IV) 和 Th(IV) 分配比 D 和分离系数 β 的影响，随着 F(I) 浓度的增加，分离系数降低，但即使 $[F(I)]=0.04$ $mol \cdot L^{-1}$，形成 ThF_4，分离系数仍大于 10。通过传统的斜率分析 $\lg D_{Ce(IV)}$ 比 $\lg\{[HF]_t - 2[Ce^{4+}]_t\}$ 以及 $\lg(D_{Ce(IV)}\{[HF]_t - 2[Ce^{4+}]_t\})$ 比 $\lg[DEHEHP]$，我们得到了式 (3.5) 所示的 $[C_8mim][PF_6]$/DEHEP 在硝酸和 HF 混酸介质中萃取 Ce(IV) 的机理方程。反应式如下：

$$Ce^{4+} + HF + 4NO_3^- + DEHEHP \longrightarrow Ce(HF)(NO_3)_4 \cdot DEHEHP \qquad (3.5)$$

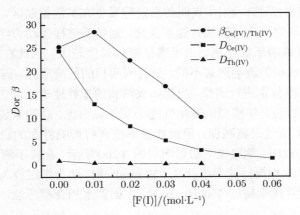

图 3.99　Ce(IV)、Th(IV) 的分配比以及分离系数与 F(I) 浓度的关系

与四川攀西矿的清洁工艺相似，左勇等用 H_2O_2 和 H_2SO_4 或 $NH_2OH \cdot HCl$ 和 H_2SO_4 体系进行负载 Ce(IV) 和 F(I) 的离子液体相部分还原和反萃，可以得到 CeF_3 纳米颗粒沉淀。其电镜 SEM 照片显示，该纳米颗粒的尺寸为 376 nm。该体系的研究为进一步开发适合稀土氟碳铈矿的离子液体清洁工艺提供了理论基础。

5. 利用恒界面池研究离子液体中稀土萃取动力学[22]

$[C_8mim][PF_6]$/Cyanex923 体系中 Y(III) 的萃取机理已经在上面讨论，但动力学的研究还没有报道。因此，我们利用恒界面池对上述体系的动力学过程开展了基础研究，考察了搅拌速率、温度和接触面积等对动力学过程的影响。Y(III) 的传质是在扩散和动力学区完成的，萃取反应发生在界面。传统的有机溶剂体系中的液–液体系中的传质动力学可以用 Lewis 池，中空纤维膜和上下相液滴法研究，但在离子液体体系中由于存在更复杂的萃取机理以及离子液体高黏度导致的传质速率降低，对动力学的研究方法提出了更严格的要求。恒界面池有一些优点，如两相界面稳定、界面层流等。根据萃取方程式 (3.1)，反应速率可以用方程式 (3.6) 表示，反应速率 R_f 如方程式 (3.7) 所示。反应式如下：

$$M_{(a)} \Longrightarrow M_{(o)} \tag{3.6}$$

$$R_f = \left(\frac{V}{A}\right) \cdot \frac{\mathrm{d}C_{M_{(o)}}}{\mathrm{d}t} \tag{3.7}$$

式中，$M_{(a)}$ 和 $M_{(o)}$ 分别为 Y(III) 在水相和离子液体相中的浓度；V 为水相和离子液体相的体积；A 为两相的界面积；$Q = A/V \cdot C$ 和 t 分别为金属离子浓度和反应时间。

液–液萃取的过程一般有三个区域：扩散控制区、动力学控制区和混合控制区。如果萃取速率随搅拌速率变化，表明传质过程发生在扩散控制区。如果搅拌速率达到一定值后，萃取速率不再随搅拌速率变化，则传质过程为动力学控制，而快速的扩散过程将不再影响萃取速率。由于离子液体黏度较大，因此在相同的搅拌速率下，离子液体和水相的流动形式不同，为得到两相的层流形式，需要对水相和离子液体相的搅拌速率分别进行调整。当然如果两相的搅拌速率不同，界面现象也将更复杂，而且传统的动力学模型的适用性也必须加以考虑。总的来说，当搅拌速率超过 250 r/min，扩散效果将减弱，但搅拌速率过高将影响界面的稳定性。在本体系中，搅拌速率对 Y(III) 萃取速率的影响如图 3.100 所示，在离子液体相搅拌速率为 450~550 r/min、水相搅拌速率维持在 250 r/min 时，动力学过程为扩散控制，但是当离子液体相搅拌速率超过 550 r/min 时，上面的水相变得浑浊，界面稳定性受到影响。

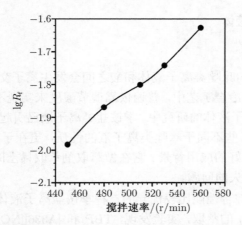

图 3.100　恒界面池中搅拌速率对 Cyanex923 和 [C$_8$mim][PF$_6$] 中 Y(III) 萃取速率的影响

温度是影响萃取速率的另一个重要因素，一般如果反应活化能 Ea 大于 42 kJ·mol^{-1}，萃取过程为动力学控制；反应活化能 Ea 为 20~42 kJ·mol^{-1}，萃取过程为混合控制；反应活化能 Ea 小于 20 kJ·mol^{-1}，萃取过程为扩散控制。图 3.101 显示了 300~316 K 温度范围内温度对萃取速率的影响，萃取速率随温度增加而增大，萃取反应为放热反应。温度和反应速率的关系遵循 Arrhenius 方程式 (3.8)。对于 [C$_8$mim][PF$_6$]/Cyanex923 萃取 Y(III)，萃取反应的温度 >311 K 时 Ea 等于 15.0 kJ·mol^{-1}，为扩散控制，而温度小于 311 K 时 Ea 等于 81.2 kJ·mol^{-1}，为动力学控制。计算式如下：

$$\lg R_{\mathrm{f}} = -\frac{E\mathrm{a}}{2.303R}\cdot\frac{1}{T} + C$$

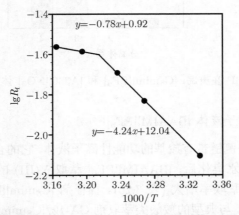

图 3.101　恒界面池中温度对 Cyanex923 和 [C$_8$mim][PF$_6$] 中 Y(III) 萃取速率的影响

3.7.3　功能性离子液体

1. 季铵盐类离子液体

由于部分含 F 的咪唑类离子液体和酸之间会发生离子交换，引起离子液体的降解。在传统的湿法冶金工艺中，普遍依靠调节酸度来实现不同稀土元素的分离。目前，在国内外对离子液体的研究中，季铵盐类离子液已引起了人们的关注[23]，这不但是因为它具有一些不同于咪唑类离子液的性质，更在于它是一种传统的表面活性剂，已经具有良好的应用背景。它在做萃取剂萃取稀土时多为离子缔合机理，不存在阴、阳离子流失的问题。

[A336][NO$_3$] 是综合性能比较优异的一种季铵盐离子液体，图 3.102 考察了几种不同体系对 Sc(III) 的萃取，实验发现，TBP 和 [A336][NO$_3$] 组成的萃取体系对 Sc^{3+} 的萃取能力，明显优于 TBP 在庚烷和 [C$_8$mim][PF$_6$] 中对 Sc(III) 的萃取效果，同时也好于单纯使用 [A336][NO$_3$] 对 Sc(III) 的萃取效果。[A336][NO$_3$] 是同时具备稀释剂和萃取剂功能的功能性离子液体，由于 TBP 和 [A336][NO$_3$] 之间存在协同效应，因此萃取率较高。

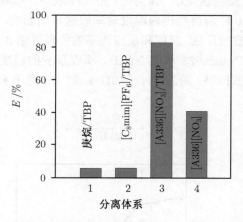

图 3.102　利用 TBP 在庚烷、[C$_8$mim][PF$_6$] 和 [A336][NO$_3$] 体系中分离 Sc(III)[24]

2. 侧链羧酸取代的离子液体 [BAAIM][PF$_6$][25]

[BAAIM][PF$_6$] 是侧链带有羧基的功能性离子液体，它的合成过程如图 3.103 所示。通过对其进行氨水皂化后，[BAAIM][PF$_6$] 萃取 Y(III) 的能力显著提高，而且萃取率随 pH 增加，萃取率增大 (表 3.26)。稀释剂 [C$_8$mim][PF$_6$] 加入可显著降低其黏度，提高萃取率。与典型的羧酸类萃取剂 CA-12/[C$_8$mim][PF$_6$] 以及 CA-12/庚烷体系相比较，[BAAIM][PF$_6$]/ [C$_8$mim][PF$_6$] 的萃取率最高。

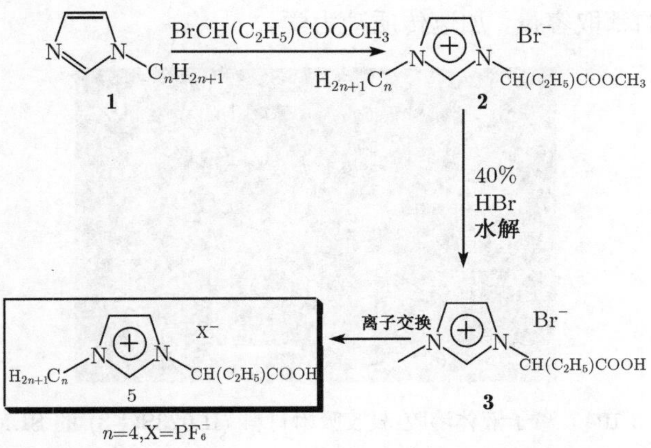

图 3.103　[BAAIM][PF$_6$]的合成示意图

表 3.26　　不同皂化度下平衡 pH 与萃取 Y(III) 的关系

pH	1.38	1.94	2.22	4.30	4.61
E/ %	40.25	55.66	61.93	77.48	81.78

3.7.4　离子液体的固定及应用

由于离子液体黏度大，所以与传统挥发性有机溶剂相比，在液–液萃取过程中离子液体存在传质速率慢的缺点。这类由离子液体自身物理性质造成的缺陷，在实际萃取工艺中必然会引起平衡时间长、分相困难以及离子液体随水相的夹带流失等问题。离子液体固定是制备一种包含离子液体的复合材料，即在硅胶、大孔高分子等无机或有机多孔载体上通过物理或化学键合方式固定离子液体，在载体表面形成离子液体的液膜，可以增加接触面积，提高分离的传质效率、负载量和选择性并减少离子液体的用量和流失。目前，离子液体的固定化技术在催化研究中已取得了一定进展，但在离子液体萃取领域的研究开展还较少[26]，事实上，固–液萃取作为一种传统技术，在金属离子萃取分离领域具有良好的应用背景。

1. 离子液体溶胶凝胶材料制备及应用[27]

图 3.104 显示了离子液体对溶胶–凝胶吸附材料的形成起溶剂和模板作用，并且形成的是多孔硅胶材料。氮气吸附实验显示了一种典型的 IL923SG-3 材料的表面积、孔体积和平均直径分别为 454 m^2·g^{-1}、0.360 cm^3·g^{-1} 和 3.2 nm，与空白硅胶材料和仅含 Cyanex923 的硅胶吸附材料相比，IL923SG-3 的表面积和孔体积最大。IL923SG-3 硅胶材料的内部介孔通过表面的大孔相互连接，使水相中的金属离子可以被萃取到硅胶表面的离子液体和 Cyanex923 中。高比表面和大孔尺寸可以

强化金属离子的萃取容量, 加速传质动力学。

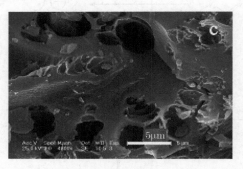

图 3.104　离子液体溶胶-凝胶吸附材料 (IL923SG-3) 的 SEM 图

　　图 3.105 是 IL923SG-3 的热重曲线, 有 4 个主要的热失重。在 202.5 ℃之前重量损失 7.7%, 是部分游离的自由水; 第二个阶段是在 202.5～ 328.7 ℃, 重量损失占 10.0%, 主要是硅胶孔中的水分; 第三个阶段是 328.7～ 509.6 ℃一个比较宽的峰, 主要是硅胶表面的 [C$_8$mim][PF$_6$] 和 C yanex923 的降解; 而第四个阶段是 509.6 ℃以后的峰, 是硅胶孔内的 [C$_8$mim][PF$_6$] 和 Cyanex923 的降解峰。第三和第四阶段的失重分别为 8.5% 和 10.4%。这表明 [C$_8$mim][PF$_6$] 和 Cyanex923 比较稳定的固定在溶胶凝胶材料中。

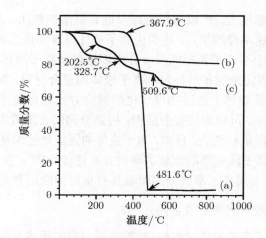

图 3.105　TGA 曲线

(a) [C$_8$mim][PF$_6$]; (b) 空白溶胶凝胶吸附剂; (c) IL923SG-3

　　在溶胶-凝胶材料形成过程中 [C$_8$mim][PF$_6$] 的加入增加了复合材料的比表面积和孔容, 并在硅胶网络中为 Cyanex 923 提供了一个可以扩散的介质, 图 3.106 是离子液体凝胶材料分离稀土离子的示意图。另外, 离子液体凝胶材料的制备过程不需要其他有机溶剂, 具有绿色、环保的特点。IL923SG-3 对 Y(III) 和重稀土有较好的吸附效果, 60 min 的萃取率可以达到最高 92.9%。利用 EDTA 可以使负载的 IL923SG-3 材料再生, 第一次用 EDTA 溶液洗涤回收率达 90.5%, 经过 4 次循环, 对 Y(III) 的吸收率降仍高于 78%, 表明复合材料性能稳定, 可多次重复使用。

$$M^{3+}_{aq} + 3Cyanex923 + 3C_8mim^+ \Longleftrightarrow M \cdot Cyanex923^{3+} + 3C_8min^+_{aq}$$

图 3.106　溶胶凝胶材料分离金属离子的示意图

2. Merrifield 树脂咪唑盐的合成及其应用[28]

　　Merrifield 树脂 (氯甲基化的聚苯乙烯树脂) 和甲基咪唑反应, 可以形成 Merrifield 树脂咪唑盐类吸附材料, 合成过程如图 3.107 所示。Merrifield 树脂咪唑盐类有亲水的氯盐和疏水的 PF$_6$ 两种。Merrifield 树脂以及其取代的咪唑氯盐 P1 和咪唑六氟膦酸盐 P2 的热稳定性有所变化, 如图 3.108 所示。表 3.27 显示了 Merrifield 树脂、P1 和 P2 的不同热降解阶段和重量损失情况。P2 从 243 ℃开始降解, 在 800 ℃左右基本降解完全。Merrifield 树脂从 220 ℃开始降解。P1 由于是亲水的, 吸收了大约 6.5% 的水分, 在 114 ℃前基本蒸发, 从 195 ℃开始热降解, 其热稳定性的顺序是 P2 > Merrifield 树脂 > P1。

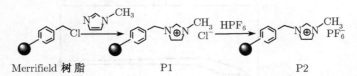

图 3.107　Merrifield 树脂咪唑盐合成示意图

　　由热裂解–气相色谱分析 P2 的降解产物最初是 1-甲基咪唑和膦类氧化物, 重量损失的 47% 接近 P2 表面的 45.9% 的 [mim][PF$_6$], 最后阶段是残余物的热氧化过程, 温度持续到 621 ℃。而 Merrifield 树脂的最初降解产物是 HCl 和低挥发性的苯乙烯和甲基氯化的苯乙烯, 第二个阶段是 C—C 键的断裂产生的单体、二聚物和其他衍生物。

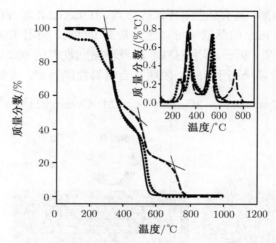

图 3.108　Merrifield 树脂 (—)、P1 (···) 和 P2 (---) 的 TG 和 DTG 曲线

表 3.27　　Merrifield 树脂、P1 和 P2 热重分析

样品	失重 W / %和温度范围 ΔT / °C		
	阶段 I	阶段 II	阶段 III
Merrifield 树脂	$\Delta T_I = 220\sim437$	$\Delta T_{II} = 437\sim595$	—
	$W_I = 55.6\%$	$W_{II} = 43.8\%$	
P1	$\Delta T_I = 195\sim302$	$\Delta T_{II} = 302\sim458$	$\Delta T_{III} = 458\sim645$
	$W_I = 16.5\%$	$W_{II} = 36.3\%$	$W_{III} = 40.0\%$
P2	$\Delta T_I = 243\sim429$	$\Delta T_{II} = 429\sim621$	$\Delta T_{III} = 621\sim800$
	$W_I = 47.0\%$	$W_{II} = 29.3\%$	$W_{III} = 22.0\%$

　　利用 Merrifield 树脂咪唑六氟磷酸盐可以制备含离子液体的浸渍树脂 P2-IL-923 和不含离子液体的 P2-IL-923。这两种浸渍树脂对 Sc(III) 都显示了较好的吸附特点 (图 3.109)，但却是两种不同的萃取机理 [详见式 (3.1) 和式 (3.2)]。这显示了

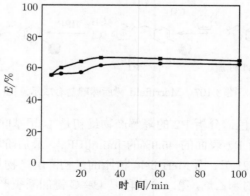

图 3.109　P2-923(■) 和 P2-IL-923 (●) 吸附 Sc(III) 的吸附效率与时间关系

通过咪唑盐修饰的 Merrifield 树脂具有较好的表面可以调节的性质，是一种重要的浸渍树脂材料。

3. 离子液体浸渍树脂[29]

XAD-7 是一种中等极性的大孔网状吸附剂含有羧酸基团，能够吸收亲水和疏水基团。Amberlite XAD-7 树脂的表面积为 450 m²/g，孔体积 1.14 mL/g，可以作为浸渍树脂的支撑体。通过分子间作用力将含 Cyanex923 的 [C₈mim][PF₆] 固定在 XAD 上，即形成离子液体浸渍树脂。图 3.110 显示 XAD-7 经过浸渍后的表面形态变化，浸渍树脂表面是一层均一的离子液体膜，静电作用是一个重要的因素。萃取剂和金属离子的相互作用是在树脂表面的离子液体层中进行的。利用浸渍树脂萃取稀土的平衡时间可以比液–液萃取缩短一半，而且萃取效率也大大提高，如图 3.111 所示。

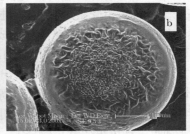

图 3.110　XAD-7 树脂浸渍前 (a) 后 (b) 的电镜照片

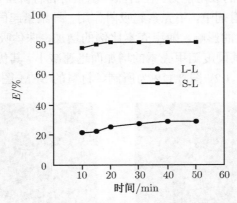

图 3.111　液/液和液/固体系萃取 Sc(III) 的萃取效率比较

同样利用上面提到的抑萃配合的方法也可用在浸渍树脂的反萃。加入水溶性的 EDTA，由于不同稀土元素和 EDTA 的配合能力，分离系数明显的提高 (表 3.28)。

表 3.28   液/液、液/固以及液/固和抑萃耦合方法分离稀土的萃取效率和分离系数

分离方法	萃取率/%					分离系数			
	E_{Sc}	E_Y	E_{Er}	E_{Ho}	E_{Yb}	$\beta_{Y/Sc}$	$\beta_{Y/Er}$	$\beta_{Y/Ho}$	$\beta_{Y/Yb}$
L-L	99.94	17.9	28.8	24.8	42.6	0.0001	0.54	0.661	0.295
S-L	99.95	44.4	56	51.1	71.9	0.0004	0.628	0.766	0.311
S-L 耦合抑萃配合	2.6	37.6	14.7	20	12.9	22.238	3.478	2.415	4.056

3.7.5   利用离子液体制备生物吸附剂及应用[30]

甲壳素是地球上除蛋白质外数量最大的含氮天然有机化合物。甲壳素能与许多金属离子形成稳定的螯合物，也具有较强的吸附能力。此外，壳聚糖是经过甲壳素脱乙酰作用制成的另一类生物高分子，它对重金属离子的吸附作用效果更为明显。纤维素含有许多亲水的羟基，具有亲和吸附性。由于离子液体能够同时溶解纤维素和壳聚糖，通过溶解再生制备的新型生物吸附剂材料可以有效地克服目前多采用的高分子材料对甲壳素 (壳聚糖) 进行胶联和共混，但所用胶联剂和共混高分子在自然条件下难于降解，会对环境造成二次污染的缺点。利用甲壳素、质子化甲壳素、壳聚糖、纤维素在 [C$_4$mim]Cl 或 [AMIM]Cl 离子液中的溶解和再生过程，经挤珠、再生、水洗、干燥步骤就可制备出生物高分子吸附材料，它具有较低的结晶度，在酸性溶液中的不易溶解，具有较高的比表面积和机械强度，可以对各种金属离子进行吸附。它的特点是：①原材料纤维素、甲壳素在自然界中储量巨大，廉价丰富，易于改性，是可再生性生物资源；②所用离子液体不挥发、不易燃。对纤维素、甲壳素、壳聚糖具有良好的溶解能力，并可进行有效回收；③所制备生物材料对金属离子具有良好的吸附能力。在自然环境中可自行降解，并可循环利用。在甲壳素/纤维素生物吸附剂中，甲壳素起吸附作用，纤维素起固定支撑作用，二者比例对吸附效果有较大的影响。随甲壳素比例的增加，珠体吸附容量稍有增加的趋势，但变化不大，但其硬度随甲壳素的增加而迅速减小。其优化实验条件是甲壳素 (壳聚糖) 与纤维素为 1:2。图 3.112 为所制备材料的 SEM 图。

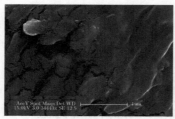

(1) 高温烘干甲壳素/纤维素   (2) 低温冻干壳聚糖/纤维素

图 3.112   吸附材料的电镜照片

　　由图 3.113 可知,当 pH 为 1.0~6.0 时,珠体吸附量随 pH 增大而增加。在吸附过程中,如酸度较大,则 H^+ 会与金属离子产生竞争效应,影响吸附剂对金属离子的吸附。而在碱性溶液中,金属离子易形成氢氧化物沉淀,影响吸附性质的研究。膨胀率是衡量生物吸附剂的另一个重要指标,较大的膨胀率会引起生物吸附剂机械强度的下降,并引起降解。实验发现,上述四种吸附剂在吸附前后的膨胀率分别是 68.84%、67.32%、156.94% 和 164%。尽管冻干壳聚糖/纤维素吸附剂及烘干壳聚糖吸附剂的膨胀率较为接近,但前者的半径为后者的 3 倍,也就是说前者的体积为后者的 27 倍,由于体积较大,所含水分也必然比较多。虽然烘干壳聚糖吸附剂的吸附量较大,但实验发现在 pH 为 2~3 时,它会发黏、变形,而在 pH 为 1 时,它已发生溶解。冻干壳聚糖/纤维素吸附剂性质稳定、并且吸附量也比较大,适于开展水相中金属离子吸附的需要。

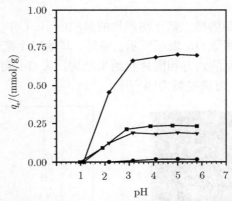

　　● . 高温烘干甲壳素/纤维素吸附剂；▼. 高温烘干壳聚糖/纤维素吸附剂；
■. 冻干壳聚糖/纤维素吸附剂；◆. 烘干壳聚糖吸附剂

图 3.113　酸度对材料吸附 Ni^{2+} 的影响

　　由图 3.114 可见,应用盐酸和 EDTA 都可实现负载镍吸附剂的解吸附。但实验发现,用盐酸解吸附的壳聚糖/纤维素吸附剂对金属离子不再具有吸附能力,这是由于吸附剂中壳聚糖的氨基在酸解吸附过程中发生了质子化而造成的。而用 EDTA 进行解吸附则不会发生这种现象,解吸附后的吸附剂可循环利用。

3.7.6　应用离子液体制备稀土氟化物

　　以 CeF_3 为代表的 REF_3 的分离和制备是攀西氟碳铈矿清洁冶金的重要研究内容[31]。在传统有机溶剂体系中制备 REF_3,尽管在控制形貌、结晶度方面有较好的效果,但是反应条件较为苛刻,且绝大多数过程中反应物起始浓度比较低,所采用的氟源主要来自氟化钠、氟化铵、四氟硼酸钠等,容易造成反应不易控制和产生副产物等缺点。

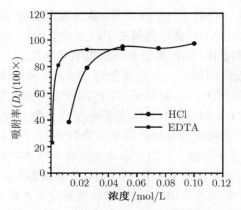

图 3.114　盐酸和 EDTA 对 Ni(II) 的解吸附

　　利用离子液体制备的稀土氟化物产物的晶粒度小。CeF$_3$ 产物的形貌为均一的圆片状纳米结构，如图 3.115 表征所示。另外，其他稀土氟化物的研究表明从 La 到 Eu 产物为形貌相似的六方相圆片状纳米结构，从 Gd 到 Yb 以及 Y 产物为正交相。体系负载量大，可调控能力强[32]。

SEM

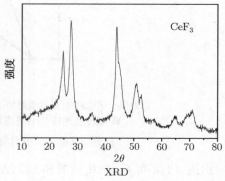

XRD

图 3.115　离子液体中制备的 CeF$_3$ 的表征

3.7.7　发展方向及展望

　　离子液体作为溶剂与传统的煤油和庚烷等体系不同，它并不是惰性溶剂，对萃取过程的影响比较复杂，通过我们的研究，概括起来有以下几个主要特点：① [C$_8$mim]$^+$ 与 Ce(IV) 的硝酸盐可以直接形成一种疏水的离子液体，而与 Th(IV) 和 RE(III) 分离，反萃也比较容易，离子液体可以多次循环使用。[C$_8$mim][PF$_6$]/DEHEP 可以从氟碳铈矿料液中分离 Ce(IV)、F(I)，并在反萃过程中通过部分还原产生纳米 CeF$_3$，使 Ce(IV) 和 F(I) 得到回收利用。这种新的萃取体系是完全区别于传统基于惰性有机溶剂的分离理论和方法，它克服了传统过程中使用大量萃取剂和酸、碱的消耗，对开发全新的清洁工艺提供了一个重要的理论基础；② 离子液体由于黏度较高，且不挥发，利用这一特点，我们将离子液体和萃取剂一起固定在硅胶或高分子载体上制备高性能的吸附材料，不仅有效地利用了离子液体对材料制备的有益影响，例如，可明显提高吸附面积，同时与传统的浸渍树脂比较，萃取剂的用量明显降低，萃取效率有较大的提高；③ 离子液体中常用的咪唑类离子液体由于价格相对较高，作为溶剂在稀土分离的实际应用一直受到质疑。但离子液体种类较多，其中伯胺和季铵盐的价格比较低，我们也发现了 [A336][NO$_3$]/TBP 混合体系的萃取 Sc(III) 的效率也明显高于庚烷/TBP，而且季铵盐类离子液体的价格明显低；④ 通过设计和合成功能性离子液体，使离子液体在萃取过程中不仅可以作为溶剂还可以作为萃取剂，实现对目标产物的高选择性和高效性。

当然离子液体在稀土和其他金属离子的分离中的应用研究还不够完善，将来的发展将继续围绕：① 合成新的成本低的离子液体，寻找合适的分离体系，提高金属离子分离的选择性和萃取率，进一步解决离子液体流失和萃取效率低的问题；② 继续发展基于离子液体固定的新技术和新材料，减少离子液体的使用量，降低成本，增加传质；③ 发展离子液体萃取电沉积等分离制备一体化技术，应用在新材料的制备中；④ 开展基于离子液体新体系的清洁工艺开发，发展稀土的绿色冶金工程四个方面展开。

参 考 文 献

[1] 张锁江, 吕兴梅等. 离子液体 —— 从基础研究到工业应用. 北京: 科学出版社, 2006

[2] 邓友全. 离子液体 —— 性质, 制备与应用. 北京: 中国石化出版社, 2006

[3] 陈继, 李德谦. 双水相在绿色分离化学中的应用. 见: 朱屯, 李洲. 现代分离科学与技术丛书 —— 溶剂萃取. 北京: 化学工业出版社, 2008, 280~331

[4] Zhang D L, Deng Y F, Li C B, et al. Separation of ethyl acetate-ethanol azeotropic system using hydrophilic ionic liquids. Ind Eng Chem Res, 2008, 47: 1995~2001

[5] Zhang D L, Deng Y F, Li C B, et al. RPLC-RI Separation of ternary hydrophilic ionic liquid with miscible organic compounds. J Sep Sci, 2008, 31: 1060~1066

[6] Deng Y F, Chen J, Zhang D L. Phase diagram data for several salt + salt aqueous biphasic systems at 298.15k. J Chem Eng Data, 2007, 52: 1332~1335

[7] Visser A E, Swatloski R P, Reichert W M, et al. Task-specific ionic liquids for the extraction of metal ions from aqueous solutions. Chem Commun, 2001, 135, 136

[8] Bradaric C J, Downard A, Kennedy C, et al. Industrial preparation of phosphonium ionic liquids. Green Chem, 2003, 5: 143~152

[9] Binnemans K. Lanthanides and actinides in ionic liquids. Chem Rev, 2007, 107: 2592~2614

[10] Liu N, Wu D, Wu H, et al. Controllable synthesis of metal hydroxide and oxide nanostructures by ionic liquids assisted electrochemical corrosion method. Solid State Sci, 2008, 10: 1049~1055

[11] Liu N, Luo F, Wu H, et al. One-Step ionic liquid-assisted electrochemical synthesis of ionic liquid-functionalized graphene sheet directly from graphite. Adv Func Mater, 2008, 18: 1815~1825

[12] Dietz M L. Ionic liquids as extraction solvents: where do we stand? Sep Sci Tech, 2006, 41: 2047~2063

[13] 孙晓琦, 徐爱梅, 陈继等. 离子液基萃取金属离子的研究进展. 分析化学, 2007, 35: 597~604

[14] 陈继, 胡旭, 刘郁. 一种微波连续反应设备. 实用新型专利, ZL 200620029596.9.4, 2007

[15] 陈继, 胡旭, 刘郁. 一种离子液体的制备方法. 中国发明专利, 申请号: 200610131643.5, 2006

[16] Liu Y, Hu X, Chen J. The design of continuous microwave reactor and application in the preparation of ionic liquids. 2009, Submitted.

[17] Sun X, Wu D, Chen J, et al. Separation of Scandium(III) from Lanthanides(III) with room temperature ionic liquid based extraction containing Cyanex 925. J Chem Tech Biotech, 2007, 82: 267~272

[18] Peng B, Sun X, Chen J. The extraction of Yttrium(III) into [C_8mim][PF_6] containing Cyanex923. J Rare Earth, 2007, 25(suppl): 153~156

[19] Sun X, Peng B, Chen J, et al. An effective method for enhancing metal-ions' selectivity of ionic liquid-based extraction system: adding water-soluble complexing agent. Talanta, 2008, 1071~1074

[20] Zuo Y, Liu Y, Chen J, et al. The separation of cerium(IV) from nitric acid solutions containing Thorium (IV) and Lanthanides (III) using pure [C_8mim]PF_6 as extracting phase. Ind Eng Chem Res, 2008, 47: 2349~2355

[21] 左勇. 离子液体在铈 (IV) 钍及稀土 (III) 萃取分离中的应用研究. 中国科学院长春应用化学研究所博士学位论文, 2008

[22] Yang H L, Chen J, Li D. The preliminary investigation of kinetic studies on the separations of Yttrium (III) ions using ionic liquids in proceeding of ISEC2008, international solvent and extraction conference, ed B. A Moyer Tuscon America, 2008, 1277~1282

[23] Mikkola J P, Virtanen P, Sjöholm R. Aliquat 336[®] — a versatile and affordable cation source for an entirely new family of hydrophobic ionic liquids. Green Chem, 2006, 8: 250~255

[24] 孙晓琦, 彭波, 陈继等. 离子液基体系 Cyanex923(925)/ [C_8mim][PF_6] 和 TBP/[A336] [NO_3] 萃取钪的研究. 中国稀土学报, 2007, 25: 417~421

[25] 刘郁, 徐爱梅, 陈继. 功能性离子液体在稀土分离中的应用. 第七届全国无机化学学会会议论文集. 呼和浩特: 内蒙古大学出版社, 2007. 1011

[26]　Rajendra D M, Luo H M, Dai S. In clean solvents, alternative media for chemical reactions and procpessing. *In*: Abraham M A, Moens L. ACS Symposium Series 819, American Chemical Society, Washington DC, 2002. 26~33

[27]　Liu Y, Sun X, Luo F, et al. The preparation of sol-gel materials doped with ionic liquids and trialkyl phosphine oxides for Yttrium(III) uptake. Anal Chim Acta, 2007, 604: 107~113

[28]　Zhu L, Liu Y, Chen J. Extraction of Sc(III) by solvent-impregnated resins based on polymer-supported imidazolium salts with Cyanex 923. 2009, Submitted

[29]　Sun X, Peng B, Chen J, et al. The solid-liquid extraction of yttrium from rare earths by solvent (ionic liquid) impreganated resin coupled with complexing method. Sep Pur Tech, 2008, 63: 61~68

[30]　Sun X, Peng B, Chen J. Chitin (Chitosan)/cellulose biosorbents prepared using ionic liquids for heavy metals adsorption. AIChE J Accepted 2009.

[31]　李德谦, 李红飞, 国富强等. 一种制备高纯三氟化铈微粉的方法. 中国发明专利, 专利号: 200410010618.2, 2006

[32]　Zhang C, Chen J, Zhou Y, et al. Ionic liquids based "all-in-one" synthesis and photoluminescence properties of lanthanide fluorides. J Phys Chem C, 2008, 112: 10083~10088

第 4 章　离子液体在有机合成与材料制备中的应用

4.1　离子热合成磷酸铝分子筛及其性能研究

4.1.1　研究现状及进展

磷酸铝分子筛最早是由美国联合碳化公司的研究人员开发的一类新型的分子筛材料[1]。与传统的硅铝沸石不同的是，这类分子筛材料的骨架主要由 AlO_4 和 PO_4 四面体组成。由于没有可交换的电荷，骨架呈电中性，因此不具有 Brönsted 酸性[2]。磷酸铝分子筛中有些结构同某些硅铝沸石的结构相似 (如 $AlPO_4$-42 同 A 型沸石以及 $AlPO_4$-37 同 FAU 沸石等)，但同时还有许多磷酸铝分子筛的结构没有相似的硅铝沸石结构与之对应 (如 $AlPO_4$-11、$AlPO_4$-41 以及 VPI-5 等)。现已合成出的磷酸铝系列分子筛有 50 余种结构类型，如超大孔 (大于十二元环) 的 VPI-5、大孔 (十二元环) 结构的 $AlPO_4$-5、中孔 (十元环) 结构的 $AlPO_4$-11 以及小孔 (八元环) 结构的 $AlPO_4$-25 等。

磷酸铝分子筛骨架中的 Al 和 P 可以部分的被 Si 以及其他金属元素 (如 Mg、Co、Zn 等) 取代，生成相应的杂原子取代的磷酸铝分子筛，如 SAPO-n、MeAPO-n 以及 MeSAPO-n 分子筛，并随之在骨架上生成 Brönsted 酸性位[3~5]。具有酸性的杂原子磷酸铝分子筛已经被广泛地应用于各类催化反应，包括氧化、酸催化以及异构化反应等[6]。例如，在烷烃的加氢异构化反应中，杂原子取代的磷酸铝分子筛被认为是最佳的催化剂载体之一，许多研究都表明杂原子磷酸铝催化剂在异构化反应中具有良好的异构化性能。尤其是具有一维十元环直孔结构的 SAPO-11 分子筛，由于其适宜的孔道结构限制了多支链异构体的生成，并且酸强度适中，裂化反应受限制，因此被广泛用于多种烷烃以及蜡的异构化反应中。此外，其他一些杂原子取代的磷酸铝分子筛，如 MgAPO 以及 CoAPO 等，也都具有较好的异构化反应性能[7,8]。

磷酸铝分子筛的合成研究一直是磷酸铝分子筛研究领域的前沿，新的合成方法的出现会对磷酸铝分子筛研究及应用领域产生极大的推动作用。目前磷酸铝分子筛合成的主要方法有水热合成法以及溶剂热合成法等。这些方法的共同特点是：合成温度为 60~200 ℃，水或有机溶剂产生一定自生压力 (1~100 MPa)，反应一般在高压釜中进行，分子筛的晶化过程一般需要有机模板剂的参与才能够完成[9,10]。2004 年，英国圣安德鲁斯大学的 Morris 教授等首先在 Nature 上报道了离子液体中合成微孔磷酸铝分子筛材料的研究，因而形成了一种新的分子筛合成方法 —— 离子热合成法 (ionothermal synthesis)[11]。同传统的固体或液体材料相比，离子液体具有一些独特的物理化学性质及特有的功能，如非挥发性、低熔点以及高的热和化学稳定性等。此外，离子液体种类繁多、结构丰富 (离子液体有 100 万种以上，而普通的分子型溶剂只有 600 多种)，阴阳离子具有很多的选择和调变机会，可按使用者的需要或就某些特殊性质而设计，所以被称为 "可设计溶剂 (designer solvents)"。离子液体的功能化赋予其独特的物理和化学性质，而其功能化发展的巨大潜力为创造新型分子筛材料提供了极大的创新空间。

离子热合成与传统的水热合成或溶剂热合成相比，有许多新的特点，例如，它采用低温有机熔融盐离子液体为溶剂，而非传统的分子溶剂；作为一种有机分子，离子液体在合成中可以同时起溶剂和模板剂的作用；在其液程范围内 (一般室温至 300 ℃)，离子液具有高的热稳定性和低挥发度，使得离子热合成分子筛得以在常压下进行。常压条件下合成分子筛，不但对离子热合成分子筛的实际运用非常重要，而且许多原位技术得以安全便利地运用于跟踪分子筛合成的过程中，为分子筛合成机理的研究提供了新的机会。

迄今为止，采用这种新的合成方法已经可以合成出多种结构的磷酸铝分子筛。例如，Girnus 等在 1-乙基-3-甲基溴化咪唑离子液体中合成出了四种不同结构的微孔磷酸铝分子筛，其中两种是新结构，另外两种分别具有十元环的 $AlPO_4$-11 型结构和八元环的 $AlPO_4$-34 型结构[11]。而中国科学院大连化学物理研究所的田志坚课题组则在 1-丁基-3-甲基溴化咪唑离子液体中合成出了具有十二元环大孔结构的 $AlPO_4$-5 分子筛[12]。另外，采用离子热合成这一新的合成方法还可以合成一些杂原子磷酸铝分子筛，例如，Morris 等在 1-乙基-3-甲基溴化咪唑离子液体中合成出了几种不同结构 (包括 AEI、SOD 以及一种新结构) 的 CoAlPOs 分子筛[13]。而最近，中国科学院过程工程研究所的张锁江课题组也用这种新的合成方法合成出了 Co 及 Fe 取代的杂原子磷酸铝分子筛。本节内容主要介绍磷酸铝及杂原子磷酸铝的离子热合成过程及合成条件的影响，包括离子液体的选择、磷铝比的调配、引入不同加热方式、合成温度及晶化时间的影响等，此外，还介绍了离子热法合成的杂原子磷酸铝分子筛在正构烷烃临氢异构化反应中的催化性能。

4.1.2　常规加热法合成磷酸铝分子筛

1. 离子液体的合成及表征

溴代正构烷烃与 N-甲基咪唑经纯化后混合，在氮气保护、80 ℃下，回流反应 6 h，反应结束冷却至室温，旋转蒸发除去未反应的溴代烷烃后，分别得到 [emim]Br 和 [bmim]Br。得到的离子液体产物分别采用红外光谱、ESI-MS 电喷雾质谱以及 ^{1}H NMR 表征。图 4.1 为 [bmim]Br 离子液体的 ESI-MS 谱图，其中 C 代表 [bmim]+

阳离子，A 代表 Br^- 阴离子，因而 C_3A_2 就表示 $\{[bmim]_3Br_2\}^+$ 的组合。从图中可以看出，除了离子液体所对应的质谱峰以外，并没有其他的杂质峰出现。此外，图中结果还显示离子液体是以团聚态存在的，这表明离子液体确实是一种超分子溶剂[14]。

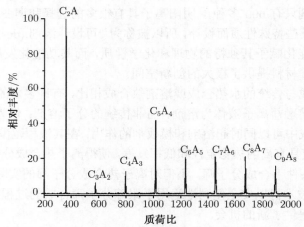

图 4.1   [bmim]Br 的电喷雾质谱图

2. 磷酸铝分子筛的合成及表征

将一定量的离子液体与磷源 (85 % H_3PO_4、$(NH_4)_2HPO_3$、$NH_4H_2PO_4$ 等) 混合于圆底烧瓶中 (胺、醇等有机小分子作为辅助结构导向剂在需要的情况下可同磷酸等磷源同时加入离子液体中)，将混合物在 70 ℃下搅拌 30 min 后分别加入一定量的 $Al[OCH(CH_3)_2]_3$ 和 HF(含水的质量分数为 40 %)，然后将混合物采用常规油浴加热至所需晶化温度，进行晶化，恒温搅拌一定时间，晶化结束后固体产物经过滤与离子液体分离，用去离子水及丙酮溶液反复洗涤数次，干燥，最后焙烧脱除模板剂，得到磷酸铝分子筛。

1) 离子液体的结构导向作用

在离子热合成磷酸铝分子筛的过程中，离子液体不仅起到了溶剂的作用，还有可能起到了结构导向作用[11]。图 4.2 为 170 ℃、反应 2 h、原料配比为 Al_2O_3:2.55P_2O_5:0.6HF:40 离子液体时得到产物的 XRD 谱图。

可以看出，在 [emim]Br 离子液体中得到的产物是 $AlPO_4$-11 分子筛，而在 [bmim]Br 离子液体中得到的产物则是 $AlPO_4$-11 和 $AlPO_4$-5 的混合物。其中 $AlPO_4$-11 分子筛具有 AEL 的拓扑结构，它有着一维十元环的直孔道 (孔径 0.40 nm ×0.65 nm)[15]，Girnus 等在 [emim]Br 体系中得到的也是这种结构。而同为一维直孔道结构的 $AlPO_4$-5 分子筛则具有 AFI 的拓扑结构和十二元环的孔道 (孔径 0.73 nm×0.73 nm)[16]。将 [emim]Br 体系变为 [bmim]Br 体系后，离子液体咪唑环

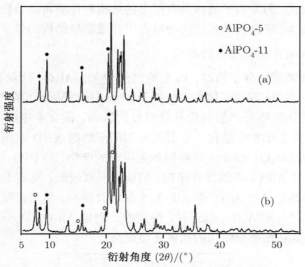

图 4.2　不同的离子液体中得到的产物的 XRD 谱图

(a) [emim]Br; (b) [bmim]Br

上的取代基由乙基变为了丁基, 离子液体尺寸变大, 这样可能有利于更大孔径的分子筛结构的生成。Parnham 和 Morris 发现离子热合成的 8 元环 AlPO₄-34 磷铝分子筛 (孔径为 3.8 Å×3.8 Å) 中包含的模板剂是 1,3- 二甲基 - 咪唑阳离子[17]。这些结果显示离子液体阳离子的尺寸与离子热所合成的分子筛孔道尺寸之间存在一定的关联, 表明离子液体阳离子在离子热合成过程中具有一定的结构导向作用。此外, 将离子液体的阳离子改变后, 还会影响离子液体的许多性质, 包括熔点和黏度等[18], 这也可能会影响分子筛的离子热晶化过程, 从而在一定程度上影响了产物的结构。图 4.3 为在上述两种离子液体体系中得到的分子筛产物的电镜照片。

图 4.3　在不同的离子液体中得到的产物的电镜照片

(a) [emim]Br; (b) [bmim]Br

离子液体有机阳离子与目前分子筛合成所使用的有机结构导向剂 (模板剂) 分子结构或者化学性质类似。由于离子液体阳离子母体能够在多个取代位置上进行多种官能团的取代，因而离子液体具有很强的结构和性质可调节性。这为设计和合成不同的离子液体，通过调节其结构导向作用合成新型结构的分子筛提供了可能。

2) 原料 P_2O_5/Al_2O_3 比例的影响

在水热合成磷酸铝分子筛时，改变原料的 P_2O_5/Al_2O_3 比例往往会导致产物结构的变化[19]。在 [bmim]Br 体系中的离子热合成磷酸铝分子筛的过程中，P_2O_5/Al_2O_3 比例的变化同样对产物结构具有明显的影响。图 4.4 中给出了采用不同的 P_2O_5/Al_2O_3 比例在 170 ℃晶化 2 h 后所得到的产物的 XRD 谱图。从图中可以看出，当原料 P_2O_5/Al_2O_3 <2 时，只能得到无定形的产物。当 P_2O_5/Al_2O_3=2 时，产物是 AlPO$_4$-11 和 AlPO$_4$-5 的混合结构，但是结晶度较低。提高 P_2O_5/Al_2O_3 比例至 3 时，产物依然是 AlPO$_4$-11 和 AlPO$_4$-5 的混合结构，但结晶度明显提高。如果继续提高比例至 P_2O_5/Al_2O_3=4.5 时，得到的产物是 AlPO$_4$-11 分子筛，并且产物中 AlPO$_4$-tridymite 致密相结构的比例明显提高。

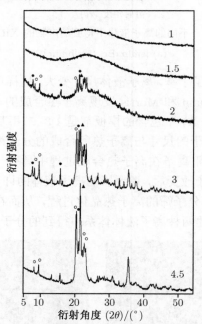

图 4.4　[bmim]Br 中不同 P_2O_5/Al_2O_3 比例所得到产物的 XRD 谱图

(○) AlPO$_4$-11；(●) AlPO$_4$-5；(▲) AlPO$_4$-tridymite

上述结果表明，在离子热合成磷酸铝分子筛时，P_2O_5/Al_2O_3 比例过高或过低都不利于 AlPO$_4$-5 结构的生成。过低的 P_2O_5/Al_2O_3 比例可能会导致四配位的 Al 向六配位 Al 的转变，从而只能得到无定形的产物[20]。而如果 P_2O_5/Al_2O_3 比例过高，过剩的 P(以 H_3PO_4 形式) 可能会影响包括 pH 和离子液体的各种性质在内的多重因素, 从而不利于 $AlPO_4$-5 分子筛的生成。

3) 晶化时间的影响

图 4.5 为在 [bmim]Br 中 170 ℃下不同的晶化时间所得到产物的 XRD 谱图。可以看出, 当晶化时间过短时 (0.5~1 h), 产物为无定形态。随着晶化时间延长至 1.5 h, 出现了 $AlPO_4$-11 和 $AlPO_4$-5 的混合结构 (伴生有磷酸铝致密相结构), 但结晶度较低。继续延长反应时间至 2 h, 产物中 $AlPO_4$-11 和 $AlPO_4$-5 的结晶度都明显提高。然而, 当反应时间继续增加至 4 h, 产物中 $AlPO_4$-5 的衍射峰完全消失, 得到的产物为 $AlPO_4$-11 分子筛 (伴生有磷酸铝致密相结构), 继续延长反应时间至 24 h, 产物结构保持不变。

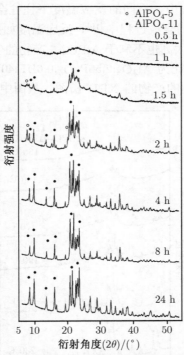

图 4.5 170 ℃下不同的晶化时间所得到的产物的 XRD 谱图

原料配比: Al_2O_3:2.55P_2O_5:0.6HF:40[bmim]Br

根据奥斯特瓦尔德规则[21], 在分子筛合成过程中最先出现的是亚稳定相, 随着晶化时间的延长, 这种亚稳定相会不断地向热力学更稳定的相转化, 直到热力学上最稳定的相出现。但这样的一个转晶过程不能仅仅用热力学观点来解释, 同时还要考虑到动力学上的因素。根据 Hu[22] 等的研究, 包括 $AlPO_4$-11 和 $AlPO_4$-5 在内的磷酸铝分子筛的骨架相对稳定性同他们的骨架密度 (即 FD= 四面体配位原子数/nm³) 成正比。由于 $AlPO_4$-5 的骨架密度是 17.3[23], 小于 $AlPO_4$-11 结构的骨架

密度 (FD=19.1[23]),因此具有 AFI 结构的 AlPO$_4$-5 的骨架稳定性要弱于 AEL 结构的 AlPO$_4$-11 的骨架稳定性。根据上述研究结果,在图 4.5 所示的晶化过程中存在一个从 AFI 结构向 AEL 结构的转晶过程,即随着晶化时间的延长,具有十二元环孔道的 AlPO$_4$-5 分子筛会逐渐地转晶为十元环孔道的 AlPO$_4$-11 分子筛。此外,上述结果还表明 [bmim]$^+$ 可能更适合于填充在 AlPO$_4$-11 分子筛的孔道内,因为 AlPO$_4$-11 始终是主要产物。

4) 晶化温度的影响

磷酸铝分子筛的合成反应一般在 60~200 ℃ 的范围内进行,在这样的温度范围内,温度的升高往往会加快反应的进行,从而缩短反应所需的时间。此外,在磷酸铝分子筛的合成过程中,不同的反应温度下往往会生成不同的分子筛结构。尤其在 AlPO$_4$-5 分子筛的合成过程中 [19],反应温度如果低于 125 ℃ 往往得不到 AFI 结构的产物,而温度太高也不利于 AlPO$_4$-5 产物的生成。图 4.6 中给出了采用离子热合成方法,原料配比为 Al$_2$O$_3$:2.55P$_2$O$_5$:0.6HF:40[bmim]Br,晶化反应 1.5 h 后在不同反应温度下得到的产物的 XRD 谱图。从图中可以看出,当反应温度为

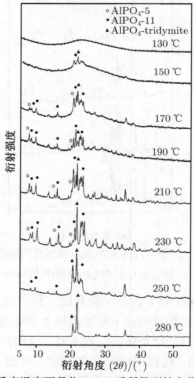

图 4.6　不同反应温度下晶化 1.5 h 后所得到的产物的 XRD 谱图

原料配比:Al$_2$O$_3$:2.55P$_2$O$_5$:0.6HF:40[bmim]Br

130 ℃时，产物为无定形态。温度升高至 150 ℃时，XRD 谱图上已经出现了微弱的 $AlPO_4$-5 和 $AlPO_4$-11 的衍射峰，并伴生有少量的磷酸铝致密相结构。随着温度不断地升高 (170 ℃、190 ℃)，产物的衍射峰强度越来越高 (结晶度越来越高)，但产物结构始终是 $AlPO_4$-5 和 $AlPO_4$-11 的混合结构。

值得注意的是，当反应温度超过 200 ℃时 (210 ℃以及 230 ℃)，我们依然可以得到结晶度很高的 $AlPO_4$-5 和 $AlPO_4$-11 的混合结构，而在同样温度的水热合成条件下，往往得到的是磷酸铝的致密相结构。这一方面是因为在高温下分子筛的孔道内的有机胺模板剂的浓度降低，无法起到支撑和稳定分子筛孔道的作用；另一方面是由于温度的升高使得水带来的体系的自生压力显著升高 (在 200 ℃时能达到 1.52 MPa)，从而导致分子筛骨架的塌陷。而在分子筛的离子热合成过程中，由于作为溶剂的离子液体不具有蒸气压，因此即使在高温下体系压力依然保持在常压，分子筛的骨架结构不会塌陷。

然而温度的继续升高导致了反应速率的明显加快，从而使得 $AlPO_4$-5 向 $AlPO_4$-11 结构转晶的速率加快，在 250 ℃时可以明显看出这一变化。如图 4.6 中所示，在 250 ℃所得到的产物的 XRD 谱图中，$AlPO_4$-5 的衍射峰已经完全消失，并且磷酸铝致密相的衍射峰明显有所加强，这说明在如此高的温度下，$AlPO_4$-11 结构向热力学上更稳定的相 ($AlPO_4$- 鳞石英) 的转晶速率也在加快，并在温度升高至 280 ℃时完全转变为磷酸铝的致密相结构。

5) HF 的矿化作用

在微孔磷酸铝分子筛的晶化过程中，F^- 往往能起到矿化剂与配合剂的作用从而影响晶化的过程和速率[24]。现有的实验表明，F^- 在离子热合成磷酸铝分子筛过程中同样具有不可或缺的作用，HF 的添加有助于铝源和磷源溶解于离子液体中，同时还可以起到催化 Al—O—P 键形成的作用[11]。如果不向反应体系中加入 HF，产物为无定形态，不能形成磷酸铝分子筛。

6) 胺、醇等有机化合物的辅助结构导向作用

有机胺分子在水热和溶剂热合成磷酸铝分子筛的过程中通常起到结构导向作用。而通过研究发现，在离子热合成中有机胺分子对磷酸铝分子筛的合成也存在着明显的辅助结构导向作用[12]。向 [bmim]Br 离子液体体系中添加正二丙胺、吡咯烷和甲基咪唑等有机胺以后，分子筛的晶化过程发生了明显的变化。在晶化初期可以得到纯相的 $AlPO_4$-5 分子筛，并且结晶度也有显著的提高，如图 4.7 所示。进一步研究还发现甲酸、乙酸、甲醇、乙二醇、丙三醇、异丁醇和正丁醇等有机化合物也都可以作辅助结构导向剂，改变离子热合成的晶化过程，导向生成纯相的 $AlPO_4$-5 分子筛。热重和 ^{13}C MAS NMR 研究表明，反应体系添加胺、醇等辅助结构导向剂后，产物分子筛孔道中所含有的有机物的量增加，胺、醇与离子液体阳离子存在协同结构导向作用。

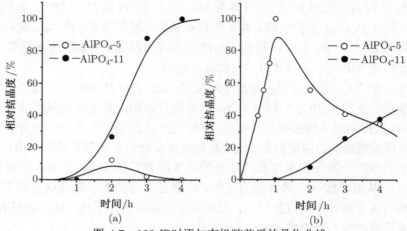

图 4.7　190 ℃时添加有机胺前后的晶化曲线

(a) 未加入有机胺；(b) 加入有机胺

　　胺、醇和酸等有机分子与离子液体之间存在强的氢键作用，通过这种氢键作用，有机分子可能会与离子液体结合形成更大尺寸的阳离子，从而对大孔 $AlPO_4$-5 分子筛起到一定的稳定作用。此外，有机分子与离子液体之间的氢键作用还可能改变离子液体与分子筛无机骨架之间所存在的非键作用，而且也会影响到离子液体的许多物理性质，如自组装形式和超分子结构等，这些都会影响到离子液体的结构导向作用。

　　图 4.8 为添加有机胺前后在 280 ℃时搅拌加热反应 3 h 后所得到的产物的 XRD 谱图。从图中可以看出，没有添加有机胺的情况下，在 280 ℃的高温下分子筛的转晶速率很快，反应 3 h 后只能得到磷酸铝的致密相结构。而在添加了正二

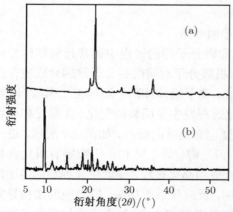

图 4.8　280 ℃时所得到的产物的 XRD 谱图

(a) 未加入有机胺；(b) 加入有机胺

图 4.9　$AlPO_4$-25 的电镜照片

丙胺后, 反应 3 h 后我们得到了另外一种一维直孔道结构的磷酸铝分子筛 —— $AlPO_4$-25。$AlPO_4$-25(ATV 拓扑结构) 含有八元环的孔道结构 (孔径 0.49 nm×0.30 nm)[23], 电镜照片如图 4.9 所示。上述结果进一步证明了有机胺分子在离子热合成磷酸铝分子筛过程中存在辅助结构导向的作用。

4.1.3　微波加热法合成磷酸铝分子筛

在磷酸铝分子筛的合成过程中, 传统的加热方式由于传热不均匀等因素往往会影响晶化反应的过程, 而微波介电加热方式 [25] 的引入能够明显改善上述缺点 [26]。迄今为止, 微波介电加热已经在有机合成、分析化学以及无机合成等多个领域得到了广泛的应用。微波加热的分子筛合成通常具有晶化时间短和产物选择性高等优点。但是, 微波加热的分子筛的水热合成也存在同常规加热的水热合成一样的安全隐患 (由高温下水的自生压力造成), 此外, 在微波加热下, 有机模板剂在高温下很容易分解, 从而影响了分子筛的晶化过程。

在离子热合成过程中作为溶剂的离子液体不仅具有低熔点、低蒸气压等诸多特点, 而且研究表明, 离子液体能够高效地吸收微波的能量, 因此是非常好的微波合成反应介质[27]。最近, Zhu 等[28] 利用微波加热的方法以离子液体为介质快速、可控地合成出了 Te 纳米棒和纳米线, 这表明以离子液体为反应介质的微波加热无机合成反应是一条非常具有前景的无机合成路线。基于上述原因, Xu 等首先考察了在 [emim]Br 离子液体体系中将微波加热引入对分子筛的离子热晶化过程所带来的变化[29]。结果表明, 微波促进的离子热合成反应具有晶化速率快、产物选择性高以及安全性高等优点。

图 4.10 分别为在 [bmim]Br 离子液体中采用常规加热方法以及微波加热方法所得到产物的晶化曲线。从图中我们可以看出, 采用常规加热方法时, 在 150 ℃下 1.5 h 之前都只能得到无定形的产物。而如果换成微波加热方式, 则反应 10 min 就能得到 $AlPO_4$-5 和 $AlPO_4$-11 的混合结构, 这说明微波加热方式下的分子筛晶化速率要远高于常规加热方式下分子筛的晶化速率。在微波加热的分子筛水热合成中, 原料中不同物质对微波能量的吸收效率的不同会造成一种所谓的局部过热效应[25], 从而有利于反应物的解离以及缩短反应物在固液两相达到平衡的时间, 并进一步加快晶体的成核以及生长。而在微波促进的离子热合成过程中, 由于包括离子液体在内的多种原料对微波能量的吸收效率也存在差异, 因而也具有类似的局部过热效应, 原料的解离和分子筛的晶化生长速率得以加快。

虽然采用微波加热方式以后磷酸铝分子筛的晶化速率有明显的加快, 但图 4.10 中的结果显示, 即使在微波加热条件下, 得到的产物也始终是 $AlPO_4$-5 和 $AlPO_4$-11 的混合结构, 并且依然存在同常规加热条件下类似的从 $AlPO_4$-5 结构向 $AlPO_4$-11 结构的转晶过程。这表明微波加热方式并没有从本质上改变分子筛的晶化过程，AlPO$_4$-5 和 AlPO$_4$-11 的晶化速率可能同时被加快。不过依照奥斯特瓦尔德规则，较短得反应时间应该有利于热力学上不稳定相的生成[21]，也就是说，对于图4.10 中所示的转晶过程来说，时间越短理论上越有利于得到纯相的 AlPO$_4$-5 分子筛。由于在微波加热条件下，我们可以在比常规加热短得多的时间内得到分子筛产物，因而从理论上来说，微波加热可能更有利于得到纯相的 AlPO$_4$-5 分子筛。对比图 4.10(a) 和 (b) 中的结果不难发现，在常规加热过程中，AlPO$_4$-11 始终是主要产物，而在微波加热的合成过程中，在反应初期 AlPO$_4$-5 是主要产物。这表明微波加热可能确实有利于 AlPO$_4$-5 相的生成，但是在现有的反应条件下还不足以得到纯相的 AlPO$_4$-5 分子筛。

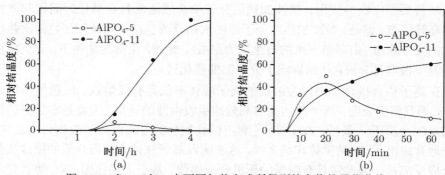

图 4.10　[bmim]Br 中不同加热方式所得到的产物的晶化曲线

(a) 常规加热法；(b) 微波加热法

如果向反应体系中加入胺、醇等有机物，产物的晶化过程就会发生明显的变化：即同常规加热时的情况类似，在晶化初期可以得到纯相的 AlPO$_4$-5 分子筛，并且结晶度也有显著的提高。进一步的研究表明，微波加热条件下有机胺的结构导向作用愈发明显，微波作用显著加速了离子热晶化速率，提高了产物的选择性和结晶度 (图 4.11)。

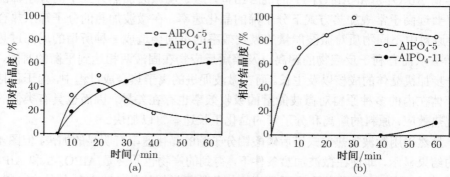

图 4.11　150 ℃时采用微波加热法得到的分子筛晶化曲线

(a) 未加入有机胺；(b) 加入有机胺

　　表 4.1 中列出了在微波加热条件下添加不同的有机胺的反应结果,从中可以看出,添加这几种有机胺对微波促进的离子热合成过程都具有结构导向作用,但不同的有机胺对晶化过程的作用效果存在着一定的差异,表现在添加不同胺后所得到的产物的结晶度有所不同,这与常规加热方式下所得到的结果类似。图 4.12 为微波加热方式下产物结构随 1-甲基咪唑 (MIA) 加入量的变化曲线。从中可以看出,$AlPO_4$-11 相的结晶度随有机胺加入量的增加单调下降,当 MIA/Al_2O_3=1.5 时 $AlPO_4$-11 相完全消失;而 $AlPO_4$-5 相的结晶度随有机胺加入量的增加先升高后下降,当 MIA/Al_2O_3 >4.5 时,产物变为无定形态。根据 Wilson 等的观点[19],在水热合成磷酸铝分子筛的过程中,有机模板剂的量对产物结构具有重要影响。一般来说填充某种分子筛孔道所需的模板剂的量是一定的 [例如, 对于 $AlPO_4$-5 的合成来说,当采用三正丙胺 (tripropylamine) 和四丙基溴 (tetrapropylammonium) 作为模板剂时,每摩尔的 Al_2O_3 只需 0.17 mol 的有机模板剂就可以满足填充分子筛孔道的要求],

表 4.1　150 ℃时微波离子热合成条件和结果

样品 [a]	胺	时间/min	结构 (晶化率/%)
1	—	30	$AlPOB_{4B}$-5 (28) + $AlPOB_{4B}$-11 (42)
2	—	60	$AlPOB_{4B}$-5 (13) + $AlPOB_{4B}$-11 (62)
3	n- 二丙胺	30	$AlPOB_{4B}$-5(100)
4	n- 二丙胺	60	$AlPO_{4B}$-5 (82) + $AlPOB_{4B}$-11 (8)
5	1-甲基咪唑	30	$AlPOB_{4B}$-5(32)
6	1-甲基咪唑	60	$AlPOB_{4B}$-5 (53) + $AlPOB_{4B}$-11 (18)
7	i- 二丙胺	30	$AlPOB_{4B}$-5(82)
8	i- 二丙胺	60	$AlPOB_{4B}$-5 (77) + $AlPOB_{4B}$-11 (12)
9	吡咯	30	$AlPOB_{4B}$-5(48)
10	吡咯	60	$AlPOB_{4B}$-5 (45) + $AlPOB_{4B}$-11 (23)

a. 物质的量比:$AlB_{2B}OB_{3B}$:$2.55PB_{2B}OB_{5B}$:$0.6HF$:$20[bmim]Br$:1.5 胺。

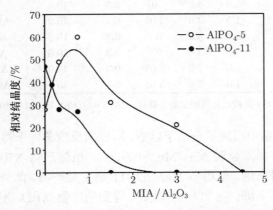

图 4.12　微波加热下有机胺的加入量对产物结构的影响 (MIA 为 1-甲基咪唑)

如果投料的有机模板剂的量超过这一数值，多余的模板剂就会影响其他的反应条件 (如 pH)，从而影响产物的结构。类似地，对于离子热合成过程来说，起到模板导向作用的有机胺的量同样不能过高，否则也会影响产物的结构。

4.1.4　离子热合成杂原子磷酸铝分子筛及其性能研究

1. 离子热合成杂原子磷酸铝分子筛

磷酸铝分子筛的骨架主要由 AlO_4 和 PO_4 四面体组成，骨架呈电中性，因此不具有 Brönsted 酸性。当骨架中的 Al 和 P 被 Si 以及其他金属元素 (如 Mg、Co、Zn 等) 部分取代后会生成相应的杂原子取代的磷酸铝分子筛，并随之在骨架上生成 Brönsted 酸性位。具有酸性的杂原子磷酸铝分子筛已经被广泛地应用于各类催化反应中。表 4.2 为在 [bmim]Br 体系中 170 ℃下静态晶化 3 d 后得到的杂原子磷酸铝分子筛样品的投料及产品组成，其中每种结构的 XRD 谱图在图 4.13 中给出。从图表中的数据可以看出，在没有加入杂原子的时候，经过 3 d 晶化后得到的是 $AlPO_4$-11 和 $AlPO_4$-5 的混合结构，并有大量的磷酸铝致密相伴生。Parnham 和 Morris 等[17] 在 [bmim]Br 离子液体体系中 200 ℃晶化 96 h 后也得到了类似的混合结构。他们认为虽然较长的晶化时间会导致 [bmim]Br 咪唑环上的丁基取代基发生断裂生成尺寸较小的 1,3- 二甲基咪唑阳离子，从而有利于 CHA 结构的生成。但在敞口体系中，由于从咪唑环上断裂下来的甲基或者丁基容易和溴结合生成低沸点的溴甲烷 (沸点 4 ℃) 和溴丁烷 (沸点 102 ℃) 并很快从体系中挥发掉，因而无法生成 1,3- 二甲基咪唑阳离子。

表 4.2　几种杂原子分子筛的合成配比和产品组成

样品	原料配比					产物组成
	Al	P	Me	HF	[bmim]Br	
$AlPO_4$-11+ $AlPO_4$-5	1.0	3.0	0	0.3	10.0	$Al_{0.550}P_{0.450}O_2$
MgAPO-11	1.0	3.0	0.03	0.3	10.0	$Al_{0.533}P_{0.460}Mg_{0.007}O_2$
SAPO-11(TEOS)[a]	1.0	3.0	0.1	0.3	10.0	$Al_{0.539}P_{0.412}Si_{0.048}O_2$
SAPO-11(FS)[a]	1.0	3.0	0.1	0.3	10.0	$Al_{0.534}P_{0.407}Si_{0.059}O_2$
ZnAPO-11	1.0	3.0	0.05	0.3	10.0	$Al_{0.530}P_{0.469}Zn_{0.001}O_2$
MnAPO-11	1.0	3.0	0.05	0.3	10.0	$Al_{0.538}P_{0.460}Mn_{0.002}O_2$

a. SAPO-11(TEOS) 是指以正硅酸二酯为硅源，SAPO-11(FS) 是指以气相白炭黑为硅源。

然而，当向体系中添加了杂原子以后，同样的反应条件下得到的产物结构发生了明显的变化。在加入金属 Mg、Mn 和 Zn 后，虽然产物 XRD 谱图中仍有少量 AFI 结构的衍射峰出现，但明显 $MeAPO_4$-11 是主要产物。此外，产物中磷酸铝致密相的量也有明显下降。在加入 Si 以后，得到的产物 XRD 谱图中不再出现 AFI 结构的衍射峰，磷酸铝致密相的衍射峰强度相对未添加杂原子时也有明显下降。上述结果表明，加入的杂原子有可能具有一定的结构导向作用[13]，并且每种杂原子的添加效果可能不尽相同。

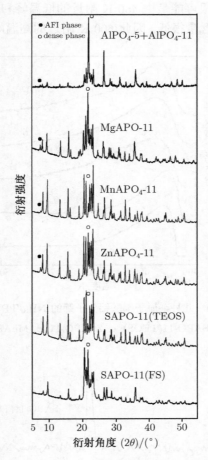

图 4.13　杂原子分子筛的 XRD 谱图

2. 杂原子磷酸铝分子筛催化剂的正十二烷临氢异构化性能

图 4.14 为这几种杂原子磷酸铝分子筛的 NH_3-TPD 谱图，从中可以看出，SAPO-11(TEOS) 和 SAPO-11(FS) 样品的 NH_3-TPD 曲线上低温区的 NH_3 脱附峰较为明显，而高温区的脱附峰很微弱。这表明在这两个 SAPO-11 样品中部分的 Si 可能并没有进入分子筛的骨架，而是主要以骨架外物种形式存在。这一点可以从样品的 ^{29}Si CP-MAS NMR 谱图中得到印证。如图 4.15 所示，两个样品的 ^{29}Si CP-MAS NMR 谱图中的核磁信号主要位于 -110 ppm 附近，这是典型的对应于 Si(0Al) 物种的谱峰，相对而言，位于 $-86 \sim -105$ ppm 附近的谱峰信号 [分别对应于

Si(4Al)、Si(3Al)、Si(2Al) 以及 Si(1Al) 物种] 强度很弱。ZnAPO-11 和 MnAPO-11 这两个样品的 NH₃-TPD 曲线也分别只有一个较为明显的 NH₃ 脱附峰，不过这个脱附峰范围较宽，因此很可能是由 450 K 附近的低温峰和 600 K 附近的高温峰组成，但由于样品中金属含量很低，因此 600 K 附近的高温峰很弱。

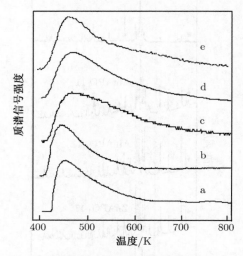

图 4.14　几种杂原子磷酸铝分子筛的 NH₃-TPD 谱图

a. SAPO-11(FS); b. SAPO-11(TEOS); c. ZnAPO-11; d. MnAPO-11; e. MgAPO-11

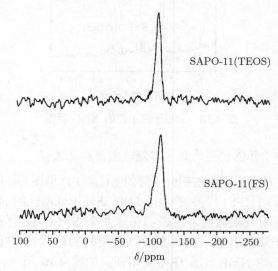

图 4.15　两种 SAPO-11 分子筛的 ^{29}Si CP-MAS NMR 谱图

长链烷烃临氢异构化反应是柴油和润滑油脱蜡过程中涉及的主要反应。临氢异构化催化剂通常为加氢/脱氢组分与酸性载体复合的双功能催化剂,以 SAPO-11 为载体的 Pt/SAPO-11 双功能催化剂对长链烷烃异构化反应显示出较高的活性与选择性[30,31]。本节中所涉及的杂原子磷酸铝分子筛催化剂的制备及表征过程如下:将脱除模板剂的 MeAPO-11 分子筛在室温、真空条件下抽 40 min,然后加入一定量 H_2PtCl_6 溶液,浸渍液与样品的体积比例为 1:1,浸渍后样品在室温老化 12 h 后,烘干、焙烧得到 Pt 含量为 0.5%(质量分数) 的负载型 Pt/MeAPO-11 催化剂。催化剂的正十二烷 ($n\text{-}C_{12}$) 常压加氢转化反应在固定床连续微反应器上进行。催化剂的装填量为 0.75 g (20~40 目),催化剂床层两端填充 10~20 目的石英砂。反应前催化剂首先在 673 K 下原位还原 4 h (H_2 气氛)。反应条件:温度 512~673 K,$H_2/n\text{-}C_{12}(mol/mol)=15.0$,重时空速 (WHSV) 为 0.3 ~1.0 h^{-1}。反应后产物由 Varian CP3800 型色谱仪在线检测,色谱柱为 OV-101 毛细管柱,FID 检测器。

不同 Pt/MeAPO-11 催化剂在正十二烷临氢异构化反应中的催化性能如图 4.16 所示,不同的催化剂的反应活性按照以下次序依次减小:Pt/MgAPO-11>Pt/SAPO-11(FS)>Pt/SAPO-11(TEOS)>Pt/ZnAPO-11≈Pt/MnAPO-11。其中 Pt/MgAPO-11 催化剂的活性最高,这应该与 MgAPO-11 分子筛所具有的较强的 Brönsted 酸位有关。而 Pt/ZnAPO-11 和 Pt/MnAPO-11 这两个催化剂虽然酸性强于 Pt/SAPO-11(FS) 和 Pt/SAPO-11(TEOS),但可能由于在 Pt/MeAPO-11 双功能催化剂中金属杂原子本身会在一定程度上减弱担载贵金属的金属性,影响催化剂金属功能和酸功能之间的平衡,从而降低催化剂的催化性能[32]。

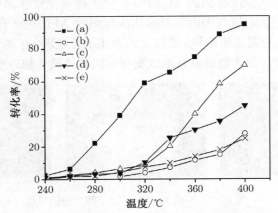

图 4.16　离子热合成的 Pt/MeAPO-11 的临氢异构化性能

(a) MgAPO-11;(b) MnAPO-11;(c) SAPO-11(FS);(d) SAPO-11(TEOS);(e)ZnAPO-11;

反应条件:$H_2/n\text{-}C_{12}(mol)=15.0$, WHSV$=0.3h^{-1}$, $P_{total}=0.1$ MPa

3. 离子热合成 MgAPO 分子筛

表 4.3 为在 170 ℃时不同离子热晶化条件下所得到的 MgAPO 产物的结构，可以看出，在没有加入有机胺的情况下经过 3 d 的晶化得到的是含有致密相的 MgAPO-11 产物。当加入正二丙胺 (n-DPA) 后 (n-DPA/Al$_2$O$_3$=0.75)，经过 3 d 的晶化所得到的是纯相的 MgAPO-5 分子筛。这说明与合成 AlPOs 分子筛时类似，在离子热合成 MgAPOs 分子筛时有机胺也具有结构导向作用，一旦加入反应体系后会有利于 AFI 结构的稳定。如果将晶化时间延长至 7 d，通过添加有机胺 (n-DPA/Al$_2$O$_3$=0.30) 也能够得到 MgAPO-11 分子筛，但产物中并不含有致密相。上述结果说明，有机胺的加入除了有利于 AFI 结构的稳定外，对致密相结构的生成还具有抑制作用。

表 4.3   不同条件下得到的 MgAPO 分子筛的结构

样品	原料配比						时间/d	结构
	Al	P	Mg	HF	[bmim]Br	n-DPA		
MgAPO-11 (0.03)	1.0	3.0	0.015	0.3	10.0	0	3	AEL+T[a]
MgAPO-5-A (0.03)	1.0	3.0	0.015	0.3	10.0	0.75	3	AFI
MgAPO-11-A (0.03)	1.0	3.0	0.015	0.3	10.0	0.30	7	AEL

a. T=AlPO$_4$- 鳞石英。

图 4.17 为不同反应条件下所得到的 MgAPO 分子筛的电镜照片。从图中可以看出，在没有加入有机胺的条件下得到的 MgAPO-11 分子筛是由不规则块状晶体所组成的团聚体，并且颗粒尺寸较小。当加入有机胺后 (n-DPA/Al$_2$O$_3$=0.30)，得到的 MgAPO-11 产物为棒状晶体，颗粒尺寸明显增大。此外，在加入有机胺条件下 (n-DPA/Al$_2$O$_3$=0.75) 得到的 MgAPO-5 分子筛是由针状晶体所组成的球状团聚体，颗粒尺寸较大，这与采用常规水热法得到的 AFI 型分子筛的典型外形 (六棱柱形晶体) 存在着明显地差异。通过上述对比不难发现，在离子热合成 MgAPOs 分子筛时，有机胺的加入能够显著地改变产物的晶体尺寸和外形。

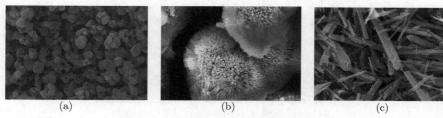

图 4.17   不同 MgAPO 分子筛的电镜照片
(a) MgAPO-11 (0.03); (b) MgAPO-5-A (0.03); (c) MgAPO-11-A (0.03)

表 4.4 为 170 ℃时不同离子热晶化条件下所得到的 MgAPO 产物的比表面积和微孔孔容测定结果。从表中可以看出，没有加入有机胺时得到的 MgAPO-11 (0.03)

样品的比表面积以及微孔孔容的数值明显小于没有杂原子取代时 $AlPO_4$-11 的相关参数的数值, 而在加入有机胺条件下得到的 MgAPO-11-A (0.03) 样品的比表面积与 $AlPO_4$-11 分子筛的比表面积数值接近, 微孔孔容的数值甚至超过了 $AlPO_4$-11 分子筛微孔孔容的数值。此外, 加入有机胺条件下得到的 MgAPO-5-A (0.03) 样品的比表面积以及微孔孔容的数值虽然相比没有杂原子取代时 $AlPO_4$-5 分子筛的相关参数的数值来说也有所下降, 但下降的程度大大低于 MgAPO-11 (0.03) 样品。这些结果表明, 在离子热合成 MgAPO 分子筛的时候, 由于 Mg 原料很难溶解在离子液体体系中, 因而大量没有进入分子筛骨架的 Mg 物种倾向于在分子筛的外表面和孔道内沉积, 从而导致比表面积和微孔孔容的下降。而有机胺的加入可能有利于 Mg 物种在离子液体中的溶解, 从而降低了沉积在分子筛外表面以及孔道内的 Mg 物种的量。此外, 有机胺的加入还有可能对 MgAPO 分子筛形成过程中堵塞在孔道内的其他杂质 (如无定形产物) 起到一定的 "清洗" 作用。不过, 根据表 4.4 中的结果, 只能判断 MgAPO-11-A (0.03) 样品中 Mg^{2+} 可能进入了分子筛的骨架, 但对于 MgAPO-11 (0.03) 以及 MgAPO-5-A (0.03) 样品来说, 还需要根据其他表征手段判定 Mg^{2+} 是否进入了分子筛的骨架。

表 4.4　不同 MgAPO 分子筛的比表面积和孔结构参数

样品	表面积/$(m^2 \cdot g^{-1})$			微孔体积/$(cm^3 \cdot g^{-1})$
	S_{BET}	S_{mic}^{c}	S_{ext}^{d}	
$AlPO_4$-11[a]	196	147	49	0.070
$AlPO_4$-5[b]	294	223	71	0.109
MgAPO-11 (0.03)	103 (−93)	96 (−51)	6 (−43)	0.050 (−0.020)
MgAPO-11-A (0.03)	185 (−11)	173 (+26)	12 (−37)	0.085 (+0.015)
MgAPO-5-A (0.03)	240 (−54)	196 (−27)	44 (−27)	0.096 (−0.013)

注: ( )：$AlPO_4$-n 和 MgAPO-n 的差别。

a. 合成条件为 170 ℃, 24 h, 原料配比为 $1.0Al_2O_3$:$3.0P_2O_5$:0.6HF:20[bmim]Br;

b. 合成条件：190 ℃, 1 h, 原料配比为 $1.0Al_2O_3$:$2.55P_2O_5$:0.6HF:20[bmim]Br:1.5n-DPA;

c. 微孔表面积;

d. 外表面积。

　　表 4.5 为 170 ℃时不同离子热晶化条件下所得到的 MgAPO 产物的酸度分布。从表中可以看出, 没有加入有机胺时得到的 MgAPO-11 (0.03) 以及加入有机胺条件下得到的 MgAPO-11-A (0.03) 样品的脱附曲线上都包含两个明显的脱附峰, 其中 220 ℃附近的 A 峰所对应的是与样品弱键合的 NH_3 的脱附 (包括物理吸附的 NH_3 以及从弱 Lewis 酸位和弱酸性 P-OH 上脱附的 NH_3), 而 330 ℃附近的 B 峰则应归结于 Mg^{2+} 取代了 $AlPO_4$ 骨架上的 Al^{3+} 后所产生的 Brönsted 酸性。这就意味着 Mg^{2+} 进入了 MgAPO-11 (0.03) 以及 MgAPO-11-A (0.03) 样品的骨架。但从表中不难发现, MgAPO-11 (0.03) 样品的酸性位的数量明显少于 MgAPO-11-A

(0.03) 样品的酸性位的数量。之所以出现这样的结果一种原因可能是有机胺的加入有利于 Mg^{2+} 进入分子筛的骨架，从而形成了更多的酸性位。另一种原因则可能是由于在 MgAPO-11 (0.03) 样品的表面及孔道内沉积了大量的 Mg 物种，从而阻碍了 NH_3 在酸性位上的吸附，此外，这些 Mg 物种大都以氧化物的形式存在，这也会导致样品酸量的下降。表 4.5 中的结果还显示加入有机胺条件下得到的 MgAPO-5-A (0.03) 样品上只具有弱酸性位，而对应于强的 Brönsted 酸性位的高温脱附峰并没有出现，这表明 Mg^{2+} 并没有进入样品的骨架中。

表 4.5   不同 MgAPO 分子筛的酸度分布

样品	NH_3 吸附量/(mmol·g^{-1})		
	弱酸 [a]	强酸 [a]	总酸度
MgAPO-11(0.03)	0.013	0.038	0.051
MgAPO-11-A(0.03)	0.192	0.164	0.356
MgAPO-5-A(0.03)	0.783	—	0.783

a. 弱酸：根据 220 ℃附近 NH_3 的脱附峰计算得出；强酸：根据 330 ℃附近 NH_3 的脱附峰计算得出。

图 4.18 为 170 ℃时不同离子热晶化条件下所得到的 MgAPO 产物的 TG 曲线 (a) 以及 DTG(b) 谱图，按照失重温度可以将 MgAPO 分子筛样品的失重分为以下三个区域：

(I) 30~110 ℃：对应于物理吸附的水的脱附；

(II) 110~450 ℃：对应于孔道中包裹的离子液体及有机胺的分解和脱附；

(III)450~700 ℃：对应于质子化的有机胺及离子液体的分解和脱附。

其中各阶段的失重量列于表 4.6，可以看出，这三种分子筛样品总的失重量按照以下次序递减：MgAPO-5-A (0.03)>MgAPO-11-A (0.03)>MgAPO-11 (0.03)。在第 II 阶段的失重区域内，加入有机胺条件下得到的 MgAPO-5-A (0.03) 和 MgAPO-11-A (0.03) 的失重量都较大，而没有加入有机胺时得到的 MgAPO-11 (0.03) 的失重量较小。对于 MgAPO-11 (0.03) 样品而言，这一区域内的失重主要来自于孔道内包裹的离子液体的分解和脱附，而 MgAPO-5-A (0.03) 和 MgAPO-11-A (0.03) 样品这一阶段的失重则包括了离子液体和有机胺总的分解和脱附的量，因此明显比 MgAPO-11 (0.03) 样品的失重量大。此外，由于 MgAPO-5-A (0.03) 样品具有较大的孔容，所以失重量略高于 MgAPO-11-A (0.03)。在第 III 阶段的失重区域内，MgAPO-11-A (0.03) 和 MgAPO-11 (0.03) 的失重量较高，而 MgAPO-5-A (0.03) 的失重量较低。由于这一失重区域对应于质子化的有机胺和离子液体的分解和脱附，因此这部分的失重量的大小在一定程度上反映了 Mg^{2+} 进入骨架的量以及所形成的较强的 Brönsted 酸性位的量。也就是说，MgAPO-11-A (0.03) 和 MgAPO-11 (0.03) 样品中 Mg^{2+} 进入骨架的量以及较强的 Brönsted 酸性位的量较高，而

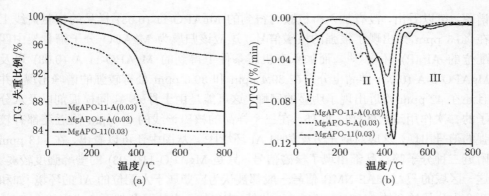

图 4.18　不同 MgAPOs 分子筛的 TG(a) 和 DTG(b) 谱图

表 4.6　不同 MgAPO 分子筛样品各阶段的失重量

样品	失重量 (质量分数)/%			总失重量 (质量分数)/%
	I	II	III	
MgAPO-11-A(0.03)	1.8	10.3	1.5	13.6
MgAPO-5-A(0.03)	4.1	11.3	0.8	16.5
MgAPO-11(0.03)	0.8	3.6	1.3	5.7

MgAPO-5-A (0.03) 样品中 Mg^{2+} 进入骨架的量很少, 这与 NH_3-TPD 的表征结果是一致的。

图 4.19 为 170℃ 时不同离子热晶化条件下所得到的 MgAPO 产物的 ^{27}Al MAS NMR

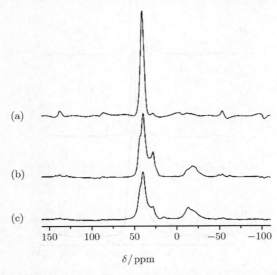

图 4.19　不同 MgAPO 分子筛样品的 ^{27}Al MAS NMR 谱图

(a) MgAPO-11 (0.03); (b) MgAPO-11-A (0.03); (c) MgAPO-5-A (0.03)

谱图，可以看出，没有加入有机胺时得到的 MgAPO-11 (0.03) 样品的核磁谱线上在 40.5 ppm 处出现了很强的核磁信号，这应该归属为 MgAPO 分子筛骨架中四配位的 Al(4P) 环境[33]。而加入有机胺条件下得到的 MgAPO-11-A (0.03) 以及 MgAPO-5-A (0.03) 样品也分别在 39.4 ppm 和 39.6 ppm 处有较强的谱峰出现，并且还在 42 ppm 附近出现了明显的肩峰，这可能是由于骨架 Al 同模板剂以及水分子的二次作用造成的[34]。此外，在三个样品的核磁谱线的 28 ppm 附近还都有较强的信号出现，这应对应于五配位的 Al 环境[35]。从图中还可以看出，在 −13 ppm 附近三种分子筛样品都出现了核磁信号，只是 MgAPO-11(0.03) 的谱峰强度较弱。这一区域的 ^{27}Al MAS NMR 信号一般都被认为应归属于六配位的 Al 的环境 [如和两个水分子结合的 Al(OP)$_4$(OH$_2$)$_2$]。此外，在未加入杂原子条件下合成出的 AlPO$_4$-11 的 ^{27}Al MAS NMR 谱图中 (这里没有给出)，8 ppm 附近有明显的核磁谱峰出现，而在图 4.19 中所示的三种分子筛样品的核磁谱图中这一区域并没有出现核磁信号。研究表明，在 MgAPO 分子筛的 ^{27}Al MAS NMR 谱图中 8 ppm 附近的信号应归属于少量没有反应的铝源[36]。

图 4.20 为 170 ℃时不同离子热晶化条件下所得到的 MgAPO 产物的 ^{31}P MAS NMR 谱图，可以看出，MgAPO-11 (0.03) 在 −29 ppm、MgAPO-11-A (0.03) 在 −29.2 ppm 以及 MgAPO-5-A (0.03) 在 −28.5 ppm 处都出现了一个明显的核磁谱

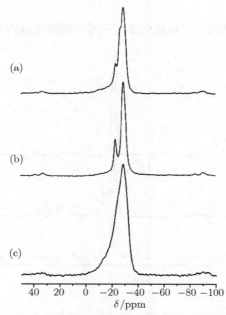

图 4.20 不同 MgAPO 分子筛样品的 ^{31}P MAS NMR 谱图
(a) MgAPO-11 (0.03); (b) MgAPO-11-A (0.03); (c) MgAPO-5-A (0.03)

峰，这应该归属于骨架上 P(4Al) 的环境。此外，MgAPO-11 (0.03) 和 MgAPO-11-A(0.03) 样品分别在 -23.2 ppm 以及 -23.3 ppm 处还有明显的信号出现，这应该归属于 P(3Al,1Mg) 的环境，但 MgAPO-5-A (0.03) 样品在这个位置并没有明显的信号出现。这表明 Mg^{2+} 进入了 MgAPO-11 (0.03) 和 MgAPO-11-A (0.03) 样品的骨架中，但并未进入 MgAPO-5 (0.03) 样品的骨架。此外，我们还发现 MgAPO-11 (0.03) 样品的核磁谱图中在 -26.7 ppm 处还有一个明显的信号出现，这与文献 [33] 中出现的情况类似。Deng 等将这一信号也归属于了 P(3Al,1Mg) 的环境，他们认为，-23.2 ppm 以及 -26.7 ppm 处的这两个信号应分别对应于骨架中同一个环上的两个不同的 P(3Al,1Mg) 单元。这就意味着有机胺的加入可能在一定程度上改变了 Mg^{2+} 进入骨架的方式，生成了只有一种 P(3Al,1Mg) 环境的 MgAPO-11 分子筛。

通过上述的研究不难发现，有机胺的加入能够对 Mg^{2+} 进入分子筛骨架产生明显的影响。虽然现有的数据还不能证明适量有机胺的加入能够促进更多的 Mg^{2+} 进入分子筛的骨架，但至少说明过量有机胺的加入对 Mg^{2+} 进入分子筛的骨架可能起到阻碍作用。此外，有机胺的加入还能抑制 Mg 物种在分子筛表面及孔道内的沉积，从而导致产物中 Mg 含量的下降 (表 4.7) 并有效地提高了产物的孔容及酸量。

表 4.7　不同条件下得到的 MgAPO 分子筛的投料配比和产品组成

样品	原料配比						产物组成
	Al	P	Mg	HF	[bmim]Br	n-DPA	
MgAPO-11 (0.03)	1.0	3.0	0.015	0.3	10.0	0	$Al_{0.538}P_{0.459}Mg_{0.003}O_2$
MgAPO-11-A (0.03)	1.0	3.0	0.015	0.3	10.0	0.30	$Al_{0.584}P_{0.415}Mg_{0.001}O_2$
MgAPO-5-A (0.03)	1.0	3.0	0.015	0.3	10.0	0.75	$Al_{0.518}P_{0.480}Mg_{0.0008}O_2$

4. MgAPO 分子筛催化剂的正十二烷临氢异构化性能

1) 没有加入有机胺条件下合成的 MgAPO-11 分子筛催化剂

图 4.21 为在没有添加有机胺条件下，采用 xMgO:1.0Al$_2$O$_3$:3.0P$_2$O$_5$:0.6HF:20[bmim]Br 的配比时于 170 ℃离子热晶化 3 d 后所得到的 Pt/MgAPO-11 催化剂上的正十二烷临氢异构化反应性能比较。从图中可以看出，催化剂的异构化反应活性按照以下次序递减：Pt/MgAPO-11 (0.03)>Pt/MgAPO-11 (0.06)>Pt/MgAPO-11 (0.09)>Pt/MgAPO-11 (0.12)。样品中 Mg 含量最低的 MgAPO-11 (0.03) 样品的强酸量以及总酸量是最低的 (表 4.8)，但却具有最高的反应活性。随着样品中 Mg 含量的提高，强酸量以及总酸量也随之而提高，但反应活性却出现了下降的趋势。研究表明，在杂原子磷酸铝分子筛的催化反应中，通常情况下反应的活性会随着催化剂的酸量 (特别是强的 Brönsted 酸性 [37]) 的提高而提高，而上述反常结果的出现表明可能还有其他因素影响了反应的活性。从表 4.9 所列的结果中可以发现，Mg

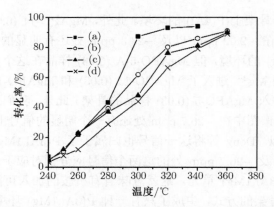

图 4.21 不同 Mg 含量 Pt/MgAPO-11 催化剂上的正十二烷临氢异构化反应性能

(a) Pt/MgAPO-11 (0.03); (b) Pt/MgAPO-11 (0.06); (c) Pt/MgAPO-11 (0.09);

(d) Pt/MgAPO-11 (0.12);

反应条件: H_2/n-C_{12}(mol)=15.0, WHSV=0.3h^{-1}, P_{total}=0.1 MPa

表 4.8 不同 Mg 含量样品的酸度分布

样品	NH$_3$ 吸附量/(mmol·g^{-1})		
	弱酸 [a]	强酸 [a]	总酸度
MgAPO-11 (0.03)	0.013	0.038	0.051
MgAPO-11 (0.06)	0.064	0.084	0.148
MgAPO-11 (0.09)	0.141	0.269	0.410
MgAPO-11 (0.12)	0.183	0.241	0.424

a. 弱酸: 根据 220 ℃附近 NH$_3$ 的脱附峰计算得出; 强酸: 根据 330 ℃附近 NH$_3$ 的脱附峰计算得出。

表 4.9 不同 Mg 含量样品的比表面积和孔结构参数

样品	表面积/(m²·g^{-1})			孔体积/(cm³·g^{-1})
	S_{BET}	S_{mic}^{b}	S_{ext}^{c}	
AlPO$_4$-11[a]	196	147	49	0.070
MgAPO-11 (0.03)	103	96	6	0.050
MgAPO-11 (0.06)	73	68	5	0.035
MgAPO-11 (0.09)	47	43	4	0.021
MgAPO-11 (0.12)	44	37	7	0.018

a. 合成条件: 170 ℃, 24 h, 原料配比 1.0Al$_2$O$_3$:3.0P$_2$O$_5$:0.6HF:20[bmim]Br;

b. 微孔表面积;

c. 外表面积。

含量最低的 MgAPO-11 (0.03) 样品具有最大的微孔孔容, 随着样品中 Mg 含量的提高, 微孔孔容逐渐下降。此外, 样品中的磷酸铝致密相的含量也随着 Mg 含量的升高而提高。因此我们推测, 虽然样品的酸量随着 Mg 含量的提高而提高, 但由于 Mg 含量的提高同时还导致了磷酸铝致密相含量的增加以及微孔体积的下降 (过量

Mg 物种堵塞分子筛的孔道造成的), 这些因素可能影响了催化反应的传质过程, 降低了反应物与 Brönsted 酸性位接触的机会, 从而导致催化剂的反应活性下降[38]。此外, Yang 等[39] 在考察水热合成的 Pt/MgAPO-11 催化正十二烷的异构化反应性能的时候发现, 随着 Mg 含量的提高, Pt 的金属性会受到一定程度的削弱, 导致催化剂的酸功能和金属功能之间的平衡发生波动, 从而影响催化剂的性能。由于在离子热合成 MgAPO-11 时有大量的 Mg 沉积在了分子筛的表面以及微孔内, 在浸渍金属时势必会有部分的 Pt 被浸渍在 Mg 粒子的表面, 因而可能对催化剂的性能造成不利影响。

　　表 4.10 为接近 90%转化率条件下催化剂的异构化性能指标, 从中可以看出, Mg 含量最低的 Pt/MgAPO-11 (0.03) 催化剂除了具有最高的反应活性以外 (转化率接近 90% 时反应温度比其他样品低 40 ℃左右), 异构化选择性也是最高的。研究表明, 在正构烷烃的异构化反应中, 载体较弱的酸性有利于正碳离子的去质子化反应, 减少进一步发生裂化反应的概率, 从而提高异构化反应的选择性[40]。此外, 由于该样品的微孔孔道相对较为完整通畅, 反应中生成的异构烷烃能够快速得以扩散, 也在一定程度上减少了二次裂化反应发生的概率, 提高了选择性[41]。

表 4.10　不同 Mg 含量的 Pt/MgAPO-11 催化剂的临氢异构化反应性能

样品	Pt/MgAPO-11-A (0.03)	Pt/MgAPO-11-A (0.06)	Pt/MgAPO-11-A(0.09)	Pt/MgAPO-11-A (0.12)
温度/℃	300	340	360	360
转化率/%	87.3	86	90	89
选择性/%	85	41	27	43
收率 Total/%	74.6	35.2	24.3	38.2
Multi/Mono[a]	0.24	0.68	0.71	0.56
收率 Mono/%[b]	60.2	21	14.2	25
收率 Multi/%[c]	14.4	14.2	10.1	14

a. 多支链异构体与单支链异构体的比例;

b. 单支链异构体;

c. 多支链异构体。

2) 加入有机胺条件下合成的 MgAPO-11 分子筛催化剂

　　图 4.22 为在添加有机胺的条件下, 采用 xMgO:1.0Al$_2$O$_3$:3.0P$_2$O$_5$:0.6HF:20[bmim]Br:0.30n-DPA 的配比在 170 ℃下离子热晶化 7 d 后所得到的 Pt/MgAPO-11 催化剂上的正十二烷临氢异构化反应性能。从图中可以看出, 催化剂的异构化反应活性按照以下次序递减: Pt/MgAPO-11-A (0.06)>Pt/MgAPO-11-A (0.03)>Pt/MgAPO-11-A (0.09)>Pt/MgAPO-11-A (0.12)。众多的研究都表明, 在烷烃的临氢异构化反应中, 较高的酸量与较大的比表面积都有利于提高催化剂的反应活性。而图 4.22 中的反应活性的变化曲线也与相应分子筛样品的酸量和比表面积的变化趋势

基本一致 (表 4.11、表 4.12), 即具有较高酸量和较大比表面积的 Pt/MgAPO-11-A (0.06) 催化剂的活性最高, 而 Pt/MgAPO-11-A (0.12) 催化剂由于酸量和比表面积都较小, 因此反应活性最低。表 4.13 为在接近 90% 转化率条件下不同催化剂的异构化

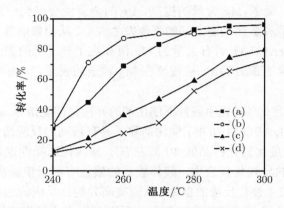

图 4.22   不同 Mg 含量的催化剂上的正十二烷临氢异构化反应性能

xMgO: 1.0Al$_2$O$_3$: 3.0P$_2$O$_5$: 0.6HF: 20[bmim]Br: 0.30n-DPA; (a) x=0.03, (b) x=0.06, (c) x=0.09. (d) x=0.12;

反应条件: H$_2$/n-C$_{12}$(mol)=15.0, WHSV=0.3 h^{-1}, P_{total}=0.1 MPa

表 4.11   不同 Mg 含量的 MgAPO-11 样品的酸度分布

样品	NH$_3$ 吸附量/(mmol·g^{-1})		
	弱酸 [a]	强酸 [a]	总酸度
MgAPO-11-A(0.03)	0.192	0.164	0.356
MgAPO-11-A(0.06)	0.327	0.296	0.623
MgAPO-11-A(0.09)	0.151	0.194	0.345
MgAPO-11-A(0.12)	0.135	0.173	0.308

a. 弱酸: 根据 220 ℃附近 NH$_3$ 的脱附峰计算得出; 强酸: 根据 330 ℃附近 NH$_3$ 的脱附峰计算得出。

表 4.12   不同 Mg 含量的 MgAPO-11 样品的比表面积和孔结构参数

样品	表面积/(m^2·g^{-1})			孔体积/(cm^3·g^{-1})
	S_{BET}	S_{mic}^{b}	S_{ext}^{c}	
AlPO$_4$-11[a]	196	147	49	0.070
MgAPO-11-A (0.03)	185	173	12	0.085
MgAPO-11-A (0.06)	143	127	16	0.062
MgAPO-11-A (0.09)	81	73	8	0.036
MgAPO-11-A (0.12)	80	69	11	0.034

a. 合成条件: 170 ℃, 24 h, 原料配比 1.0Al$_2$O$_3$: 3.0P$_2$O$_5$: 0.6HF: 20[bmim]Br;

b. 微孔表面积;

c. 外表面积。

性能指标，从中可以看出，Pt/MgAPO-11-A (0.06) 催化剂虽然具有最高的反应活性，但异构化选择性比 Pt/MgAPO-11-A (0.03) 的低，这可以归结为 MgAPO-11-A (0.03) 样品所具有的相对较弱的酸性[39]。

表 4.13　不同 Mg 含量的 Pt/MgAPO-11 催化剂的临氢异构化反应性能

样品	Pt/MgAPO-11-A(0.03)	Pt/MgAPO-11-A(0.06)	Pt/MgAPO-11-A(0.09)	Pt/MgAPO-11-A(0.12)
温度/℃	280	270	330	320
转化率/%	92.8	90	85.7	85
选择性/%	94	91	88	74
收率 $_{Total}$/%	87.2	81.9	75.4	62.9
Multi/Mono[a]	0.6	0.53	0.48	0.41
收率 $_{Mono}$/%[b]	54.5	53.5	50.9	44.7
收率 $_{Multi}$/%[c]	32.7	28.4	24.5	18.2

a. 多支链异构体与单支链异构体的比例；

b. 单支链异构体；

c. 多支链异构体。

从上述的结果可以看出，不同 Mg 含量的 Pt/MgAPO-11 催化剂的异构化反应性能存在较大差别。同时，不同结构的 Pt/MgAPO-11 催化剂的异构化反应性能也有明显的不同。以 Mg 含量为 $MgO/Al_2O_3= 0.03$ 的催化剂为例，对比不同结构的催化剂的异构化反应性能后可以看出，催化剂的异构化反应活性按照以下次序递减：Pt/MgAPO-11-A (0.03)>Pt/MgAPO-11 (0.03)。其中在加入有机胺条件下得到的 Pt/MgAPO-11-A (0.03) 催化剂之所以具有最高的反应活性，是因为在有机胺的作用下清除了分子筛孔道中的杂质 (包括无定形物质以及 Mg 物种)，使得孔道变得完整通畅。此外，由于 Mg^{2+} 进入了分子筛的骨架产生了强的 Brönsted 酸性，从而有效地提高了催化剂的活性。而在没有加入有机胺时，虽然 Mg^{2+} 也进入了 MgAPO-11 (0.03) 分子筛的骨架，但由于大量的 Mg 物种将孔道堵塞，一方面影响了异构化反应的传质过程，另一方面还大大降低了分子筛的酸量，并且还在一定程度上削弱了 Pt 的金属性，从而使得异构化反应活性明显下降。此外，Pt/MgAPO-11-A (0.03) 催化剂不仅具有最高的反应活性，其异构化选择性也是最高的。该催化剂在 280 ℃ 的反应温度下能够达到转化率 92.8%、选择性 94%，这已经与常规水热合成的 Pt/SAPO-11[42] 以及 Pt/MgAPO-11[39] 催化剂的最佳异构化性能指标接近。

4.1.5　结论及展望

现有的实验结果表明离子热合成是一种有效的分子筛合成新方法。

(1) 在 [bmim]Br 离子液体体系中可以合成出 $AlPO_4$-11 和 $AlPO_4$-5 的混合结

构,而在 [emim]Br 离子液体体系中只能得到 AlPO$_4$-11 结构,这表明离子液体 (尤其是离子液体的阳离子) 的尺寸对产物的结构具有重要影响,同时这也是离子液体具有结构导向作用的有力证据。

(2) 氟离子在离子热合成分子筛过程中具有关键作用。

(3) 胺、醇等有机小分子的加入可以明显改变分子筛的离子热晶化过程,胺、醇等有机物与离子液体之间存在着强相互作用,在离子热合成过程中起辅助结构导向作用。

(4) 采用离子热合成法可以成功合成出四种不同的杂原子取代的 MeAPO-11 (Me=Mg、Si、Zn、Mn) 分子筛。正十二烷临氢异构化反应结果显示,Pt/MgAPO-11 催化剂具有最佳的异构化反应性能。

(5) 在 [bmim]Br 体系中的 MgAPO 分子筛的合成结果表明,Mg 的引入量以及有机胺的加入可以明显改变分子筛结构以及酸性,继而影响催化剂的异构化反应性能。通过合成条件的优化,得到了具有很高的异构化性能的 Pt/MgAPO-11 催化剂,在 H$_2$/n-C$_{12}$(mol)=15.0,WHSV=0.3 h^{-1},P_{total}=0.1 MPa,280 ℃的反应条件下,该催化剂上正十二烷的转化率为 92.8%,选择性可达 94%。

根据现有的离子热合成磷酸铝分子筛的结果和对这种新的合成方法的认识,结合当前的文献报道,在此对下一步离子热合成磷酸铝分子筛的研究工作做一点展望。

(1) 目前来看对于离子热合成磷酸铝分子筛的研究还需不断深入,尤其需要研究在不同离子液体体系中的离子热合成过程。因为在其他的离子液体体系中有可能得到具有新型结构的磷酸铝分子筛。

(2) 目前的研究工作中尚缺乏对于磷酸铝分子筛的离子热晶化过程的机理研究,如果采用原位表征的方法 (如 in Situ EDXRD 和 in Situ MAS NMR) 深入地研究磷酸铝分子筛的离子热晶化机理,将能获得更多对离子热方法的认识,以便指导进一步的研究工作。

参 考 文 献

[1] Wilson S T, Lok B M, Messina C A, et al. Aluminophosphate molecular sieves: a new class of microporous crystalline inorganic solids. J Am Chem Soc, 1982, 104(4): 1146, 1147

[2] Yu J H, Xu R R. Insight into the construction of open-framework aluminophosphates. Chem Soc Rev, 2006, 35(7): 593~604

[3] Lok B M, Messina C A, Patton R L, et al. Silicoaluminophosphate molecular sieves: another new class of microporous crystalline inorganic solids. J Am Chem Soc, 1984, 106(20): 6092, 6093

[4] Hartmann M, Kevan L. Transition-metal ions in aluminophosphate and silicoalumin-

opho sphate molecular sieves: location, interaction with adsorbates and catalytic properties. Chem Rev, 1999, 99(3): 635~663

[5]　Arias D, Campos I, Escalante D, et al. On the nature of acid sites in substituted aluminophosphate molecular sieves with the AEL topology. J Mol Catal A: Chemical, 1997, 122(2, 3): 175~186

[6]　Hartmann M, Elangovan S P. Isomerization and hydrocracking of n-decane over magnesium-containing molecular sieves with AEL, AFI, and AFO topology. Chem Eng Technol, 2003, 26(12): 1232~1235

[7]　Höchtl M, Jentys A, Vinek H. Acidity of SAPO and CoAPO molecular sieves and their activity in the hydroisomerization of n-heptane. Micropor Mesopor Mater, 1999, 31: 271~285

[8]　Flanigen E M, Patton R L, Schulz-Ekloff, Wilson S T. Innovation in Zeolite Materials Science, Studies in Surface Science and Catalysis. Vol. 37. Elsevier, Amsterdam, 1988

[9]　Davis M E, Lobo R F. Zeolite and molecular sieve synthesis. Chem Mater, 1992, 4(4): 756~768

[10]　Cundy C S, Cox P A. The hydrothermal synthesis of zeolites: history and development from the earliest days to the present time. Chem Rev, 2003, 103: 663~702

[11]　Cooper E R, Andrews C D, Wheatley P S, et al. Ionic liquids and eutectic mixtures as solvent and template in synthesis of zeolite analogues. Nature, 2004, 430: 1012~1016

[12]　Wang L, Xu Y P, Wei Y, et al. Structure-directing role of amines in the ionothermal synthesis. J Am Chem Soc, 2006, 128(23): 7432, 7433

[13]　Parnham E R, Morris R E. The ionothermal synthesis of cobalt aluminophosphate zeolite frameworks. J Am Chem Soc, 128(7): 2204, 2205

[14]　Antonietti M, Kuang D B, Smarsly B, et al. Ionic liquids for the convenient synthesis of functional nanoparticles and other inorganic nanostructures. Angew Chem Int Ed, 2004, 43: 4988~4992

[15]　Bennett J M, Richardson J W, Jr Pluth J J, et al. Aluminophosphate molecular sieve AlPO$_4$-11: partial refinement from powder data using a pulsed neutron source. Zeolites, 1987, 7(2): 160~162

[16]　Girnus I, Jancke K, Vetter R, et al. Large AlPO$_4$-5 crystals by microwave heating. Zeolites, 1995, 15(1): 33~39

[17]　Parnham E R, Morris R E. 1-Alkyl-3-methyl imidazolium bromide ionic liquids in the ionothermal synthesis of aluminium phosphate molecular sieves. Chem Mater, 2006, 18: 4882~4887

[18]　Tokuda H, Hayamizu K, Ishii K, et al. Physicochemical properties and structures of room temperature ionic liquids. 2. Variation of alkyl chain length in imidazolium cation. J Phys Chem B, 2005, 109(13): 6103~6110

[19] Wilson S T, Lok B M, Messina C A, et al. Synthesis of AlPO$_4$ molecular sieves. Proceedings of the Sixth International Zeolite Conference, Butterworths, Guildford, UK, 1985

[20] Jahn E, Müller D, Wieker W, et al. On the synthesis of the aluminophosphate molecular sieve AlPO$_4$-5. Zeolites, 1989, 9: 177~181

[21] Barrer R M. Hydrothermal Chemistry of Zeolites. London: Academic Press, 1982

[22] Hu Y T, Navrotsky A, Chen C Y, et al. Thermochemical study of the relative stability of dense and microporous aluminophosphate frameworks. Chem Mater, 1995, 7(10): 1816~1823

[23] Baerlocher Ch, Meier W M, Olson D H. Atlas of Zeolite Framework Types. 4th ed. Amsterdam: Elsevier, 2001

[24] Morris R E, Burton A, Bull L M, et al. SSZ-51-A new aluminophosphate zeotype: synthesis, crystal structure, NMR, and dehydration properties. Chem Mater, 2004, 16(15): 2844~2851

[25] Cundy C S. Microwave techniques in the synthesis and modification zeolite catalysts. A Review Collect Czech Chem Commun, 1998, 63: 1699~1723

[26] Cundy C S, Cox P A. The hydrothermal synthesis of zeolites: precursors, intermediates and reaction mechanism. Micropor Mesopor Mater, 2005, 82(1): 1~78

[27] Hoffmann J, Nüchter M, Ondruschka B, et al. Ionic liquids and their heating behaviour during microwave irradiation-a state of the art report and challenge to assessment. Green Chem, 2003, 5(3): 296~299

[28] Zhu Y J, Wang W W, Qi R J, et al. Microwave-assisted synthesis of single-crystalline tellurium nanorods and nanowires in ionic liquids. Angew Chem Int Ed, 2004, 43(11): 1410~1414

[29] Xu Y P, Tian Z J, Wang S J, et al. Microwave-enhanced ionothermal synthesis of aluminophosphate molecular sieves. Angew Chem Int Ed, 2006, 45(24): 3965~3970

[30] Miller S J. Studies on wax isomerization for lubes and fuels. Stud Surf Sci Catal, 1994, 84C: 2319, 2320

[31] Miller S J. Catalytic isomerization process using a silicoaluminophosphate molecular sieve containing an occluded group VIII metal therein. US 4689138, 1987

[32] Yang X M, Ma H J, Xu Z S, et al. Hydroisomerization of n-dodecane over Pt/MeAPO-11 (Me = Mg, Mn, Co or Zn) catalysts. Catal Commun, 2007, 8: 1232~1238

[33] Deng F, Yue Y, Xiao T C, et al. Substitution of aluminum in aluminophosphate molecular sieve by magnesium: a combined NMR and XRD study. J Phys Chem, 1995, 99(16): 6029~6035

[34] Prasad S, Haw J F. Solid-state NMR study of magnesium incorporation in aluminophosphate of type 20. Chem Mater, 1996, 8(4): 861~864

[35] Afeworki M, Kennedy G J, Dorset D L, et al. Synthesis and characterization of a new microporous material. 2. AlPO and SAPO forms of EMM-3. Chem Mater, 2006, 18(6): 1705~1710

[36] Montoya-Urbina M, Cardoso D, Pérez-Pariente J, et al. Characterization and catalytic evaluation of SAPO-5 synthesized in aqueous and two-liquid phase medium in presence of a cationic surfactant. J Catal, 1998, 173: 501~510

[37] Alfonzo M, Goldwasser J, López C M, et al. Effect of the synthesis conditions on the crystallinity and surface acidity of SAPO-11. J Mol Catal A Chemical, 1995, 98: 35~48

[38] Machado M da S, Pariente J P, Sastre E, et al. Characterization and catalytic properties of MAPO-36 and MAPO-5: effect of magnesium content. J Catal, 2002, 205(2): 299~308

[39] Yang X M, Xu Z S, Tian Z J, et al. Performance of Pt/MgAPO-11 catalysts in the hydroisomerization of n-dodecane. Catal Lett, 2006, 109(3,4): 139~145

[40] Gopal S, Smirniotis P G. Factors affecting isomer yield for n-heptane hydroisomerization over as-synthesized and dealuminated zeolite catalysts loaded with platinum. J Catal, 2004, 225(2): 278~287

[41] Arribas M A, Martýnez A. Simultaneous isomerization of n-heptane and saturation of benzene over Pt/Beta catalysts. The influence of zeolite crystal size on product selectivity and sulfur resistance. Catal Today, 2001, 65: 117~122

[42] Campelo J M, Lafont F, Marinas J M. Hydroconversion of n-dodecane over Pt/SAPO-11 catalyst. Appl Catal A General, 1998, 170(1): 139~144

4.2　离子液体中纳米材料的合成研究

4.2.1　研究现状及进展

纳米材料具有很多不同于体相材料的优异性能而使其在诸如化学、物理、材料以及其他相关领域具有广阔的应用前景。由于纳米结构表现出性质对其尺寸、形貌以及组装方式的依赖性，因而对纳米材料的可控合成提出了更高要求，发展简便、可控合成的新方法是目前制备纳米材料一个具有挑战性的课题。离子液体的发展为材料尤其是纳米材料的制备提供了新的重要途径。由于其诸多特性[1]，离子液体在材料领域的应用正受到越来越多的关注。尤其是近年来离子液体在聚合物合成[2~5]、天然高分子加工[6~8]、无机纳米材料制备[9~11]、杂化材料的制备[12~17] 等方面都展现出独特的优势，形成了一个离子液体与材料科学交叉的新兴领域。本节主要对近三年来离子液体中纳米材料的合成研究进行简要介绍，重点介绍离子液体中多孔无机材料和非金属纳米晶合成的相关研究。

1. 无机多孔材料的合成

利用离子液体制备无机物的多孔材料主要有以下三种方法。一是离子液体与前驱体形成凝胶，然后脱出离子液体，即得到多孔材料。这种方法相对简单，其前提是前驱体能与离子液体形成均相溶液，所得材料的孔径相对均匀，并且比表面积高。该方法主要适用于 SiO_2 等气凝胶的制备。第二种方法是盐类前驱体在离子液体中转化为纳米粒子，这些纳米粒子在离子液体中自组装成多孔材料。第三种是离子液体与其他模板剂结合共同致孔，可以得到多模孔结构材料。目前科学界采用以上方法，在制备 SiO_2 凝胶、TiO_2 多孔材料和其他金属氧化物多孔材料方面开展了大量研究。

1) SiO_2 多孔材料

早在 2000 年，Dai[18] 及其同事就报道了利用离子液体制备 SiO_2 气凝胶。他们在离子液体 ([emim][Tf_2N]) 中，以四甲基硅酸甲酯 (TMOS) 为前驱体，通过长时间老化合成了块体气凝胶。这一研究表明离子液体一方面促使前驱体完全水解和缩合，另一方面由于其表面张力小，蒸气压极低，所以在材料老化过程中材料的凝胶结构得以保持，并且结构稳定。此后，Zhou 等[19~21] 采用 1-烷基-3-甲基咪唑类离子液体制备了多种 SiO_2 凝胶，并探索了其形成机制。例如，他们以 [C_4mim][BF_4] 这种常规离子液体为介质，以 TMOS 为前驱体，通过纳米铸造技术制得了双连续的蠕虫状介孔材料[19]，其孔径约为 2.5 nm，壁厚约为 2.5~3.1 nm。离子液体能形成广泛的氢键，因而具有高度有序的结构特征。因此，形成这种蠕虫状孔结构的一种可能机理是离子液体的阴离子 [BF_4]$^-$ 与前驱体的硅醇基形成氢键，同时诱导咪唑基阳离子定向排列形成 π-π 叠加，这两种协同作用最终形成一个刚性的、定向堆积排列的、柱状离子液体自组装结构，正是这种结构导致了 SiO_2 的蠕虫状介孔结构。在后续研究中，他们考察了长链咪唑类离子液体对 SiO_2 凝胶微结构的影响，制备了层状超微孔 SiO_2 材料[20,21]。以 [C_{16}mim]Cl 为介质得到的层状 SiO_2，其层间距为 2.7 nm，壁厚约为 1.4 nm，壁上含有微孔，其孔径约为 1.3 nm。N_2 吸附分析表明，材料的 BET 比表面高达 1340 $m^2 \cdot g^{-1}$，而孔容则达 0.923 $cm^3 \cdot g^{-1}$。这种层状结构的形成机制是离子液体在合成条件下表现为液晶相，正是这种液晶模板作用导致了层状 SiO_2 的产生。改变离子液体阳离子咪唑环上的烷基链长可得到不同孔径的 SiO_2 超微孔结构，孔径范围为 1.2~1.5 nm。但是当烷基链的碳原子数目减少到 10 时，材料出现明显的层内断裂，这可能是因为这种离子液体不能形成二维结晶形态，因而导致微孔材料出现断裂。同样，由于温度对离子液体结晶性质的影响，改变温度也极大地改变了产品的最终结构形态。例如，90 ℃时以 [C_{16}mim]Cl 为介质制得的 SiO_2 凝胶没有呈现出层状微孔结构，而是一种典型的蠕虫状孔结构。

Trewyn 等[22] 采用长链咪唑类离子液体 ([$C_n$mim]X, $n \geqslant 14$) 为介质，在碱性条

件下考察了烷基链长对 SiO$_2$ 孔材料形貌和孔结构的影响。由于离子液体结构的差异，可以合成诸如球形、椭圆形、棒状、管状等多种形态的 SiO$_2$ 介孔材料，而其孔结构也呈现出多样性，包括六方状的介孔、螺旋形孔道和无序的孔结构等。阳离子表面活性剂通常具有抗菌活性，所以这种包含有离子液体的介孔二氧化硅材料也有一定的抗菌活性。实验表明，这些孔材料的形态以及孔结构特征决定了孔道中包埋的离子液体的释放速率，从而决定了这些杂化材料的抗菌活性。

将离子液体与其他模板结合可以制备多模式孔材料。Kuang 等利用聚苯乙烯 (PS) 微球、嵌段共聚物 "KLE" 和长链离子液体 [C$_{16}$mim]Cl 混合体系作为共模板，制备了具有三孔模式的 SiO$_2$ 材料，如图 4.23 所示[23]。由硬模板 PS 小球导致大孔，其孔径约为 360 nm，壁厚约为 100 nm；大孔孔壁有两种不同尺寸分布的孔，一种孔呈球形，孔径约为 12 nm，这种孔是由 KLE 造成的；而另外一种细长孔是由离子液体 [C$_{16}$mim]Cl 形成的，其孔径为 2~3 nm。N$_2$ 吸附分析表明 (图 4.23)，这种 SiO$_2$ 材料的 BET 比表面为 244 m^2·g^{-1}，介孔孔体积为 0.169 cm^3·g^{-1}，而包括大孔的总孔体积为 0.33 cm^3·g^{-1}；由 BJH 方法测得的孔径分布为双峰分布，这进一步证明了材料存在两种介孔结构。

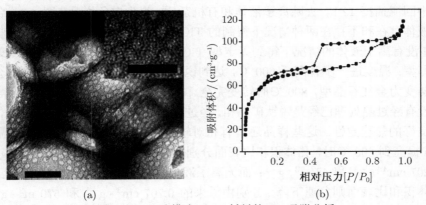

图 4.23　三孔模式 SiO$_2$ 材料的 N$_2$ 吸附分析

(a) TEM 照片，标尺 100 nm，插图标尺 50 nm; (b) N$_2$ 吸附–脱咐等温线，插图是孔径分布图

作为一种拓展性研究，Lunstroot 等开发出一种 SiO$_2$ 包含铕掺杂离子液体的荧光离子凝胶[24]。为避免 Eu(III) 复合物在非水溶胶–凝胶过程中的分解，他们采取了如下措施：首先，由未掺杂的离子液体 [C$_6$mim][Tf$_2$N] 合成了离子液体/SiO$_2$ 块体离子凝胶；随后凝胶体系中的离子液体被乙腈置换出来；然后，将这种多孔 SiO$_2$ 凝胶置于 Eu(III) 掺杂的离子液体中，凝胶网络中的乙腈被置换出。得到的材料完全透明无色，与最初的离子凝胶非常相似。这种离子凝胶在 UV 辐照下发出红色荧光。由于这种复合材料含有体积比约为 80% 的离子液体，所以表现出很高的离子传导性。这种兼有荧光和离子传导性的材料值得人们进一步去开发。

2) TiO$_2$ 多孔材料

具有不同纳米结构的晶态 TiO$_2$ 在太阳能电池、电致发光复合物器件以及先进的光催化材料等方面有广阔的应用前景。离子液体为这类材料的合成提供了新的重要途径[25~28]。Zhou 和 Antonietti[25] 采用常用的 [C$_4$mim][BF$_4$] 离子液体作为溶剂，以 TiCl$_4$ 为前驱体，在相对温和的条件下合成了尺寸为 2~3 nm 的 TiO$_2$ 纳米晶，而这些纳米晶在离子液体中可原位自组装成尺寸为 70~100 nm 的微球。微球的 N$_2$ 吸附–脱附等温线显示为典型的 IV 型吸附等温线，表明样品中主要存在着介孔结构。值得注意的是，这种材料没有通常的非晶 SiO$_2$ 普遍存在的微孔。根据吸附–脱附等温线计算得知 TiO$_2$ 微球的平均孔径为 6.3 nm，比表面积高达 554 m$^2 \cdot$ g^{-1}，远高于通常的模板法制备的 TiO$_2$ 孔材料的比表面积值。关于微球的形成机理，研究者认为可能是通过反应控制而导致了 TiO$_2$ 纳米晶的聚集。

Yoo 等[26] 报道了离子液体辅助的溶胶凝胶方法制备介孔 TiO$_2$ 颗粒。他们以不溶于水的离子液体 [C$_4$mim][PF$_6$] 为模板剂，将适量的离子液体溶入异丙醇钛的异丙醇溶液中，滴入一定量的去离子水，在剧烈搅拌下反应 30 min，过滤收集样品，用去离子水洗涤后，100 ℃干燥 2 h，得到亮黄色粉末。将这些亮黄色粉末在乙腈中回流抽提 12 h，去除离子液体和有机杂质，得到白色样品。图 4.24 给出了离子液体存在和不存在两种情况下得到的 TiO$_2$ 样品的 XRD 谱图。可以清晰地看到，在没有离子液体的情况下得到无定型 TiO$_2$，样品经过 400 ℃煅烧后转变为锐钛矿晶型；温度进一步升高至 600 ℃，达到锐钛矿的最高结晶度；而温度升至 700 ℃后转变为金红石晶型，800 ℃时转变完全。在加入离子液体的情况下，所得样品即使没有经过热处理已经是锐钛矿晶相，经过高温处理其晶相没有发生变化，即保持了良好的热稳定性。这些样品还具有相对较好的结构稳定性，当热处理温度由 100 ℃提高到 800 ℃时，孔体积和比表面分别由 0.296 cm$^3 \cdot$ g^{-1} 和 282 m$^2 \cdot$ g^{-1} 降至 0.207 cm$^3 \cdot$ g^{-1} 和 48 m$^2 \cdot$ g^{-1}；而无离子液体存在下得到样品在经过热处理后，其孔体积和比表面则急速下降，分别由原来的 0.707 cm$^3 \cdot$ g^{-1} 和 570 m$^2 \cdot$ g^{-1} 降到 0.046 cm$^3 \cdot$ g^{-1} 和 4 m$^2 \cdot$ g^{-1}。研究者对 TiO$_2$ 多孔结构的形成机理进行了考察，认为在溶液体系中离子液体的自组装结构起到了模板作用，从而导致了多孔 TiO$_2$ 的形成。其机理类似于前述的离子液体与前驱体形成较强的氢键及其诱导咪唑阳离子定向排列形成 π-π 叠加的协同作用，导致反应发生在自组装的离子液体周围。采用不同阴离子的咪唑离子液体，得到的 TiO$_2$ 结构有很大差别。由于阴离子与前驱体形成氢键的强度按照 [PF$_6$]$^-$ <[BF$_4$]$^-$ <[CF$_3$SO$_3$]$^-$ 的顺序递增，从而诱导离子液体阳离子形成 π-π 叠加的能力逐渐减弱，促进了前驱体的水解速率，最终导致以 [CF$_3$SO$_3$]$^-$ 为阴离子的离子液体的模板作用弱化，得到的样品只有很低的比表面。离子液体的阳离子尺寸也对 TiO$_2$ 的孔径分布和孔体积有着直接影响，实验结果表明大的阳离子通常产生大的孔径和孔体积。

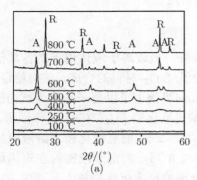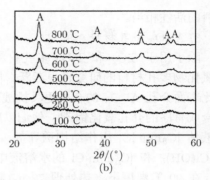

图 4.24 不同温度下煅烧的 TiO$_2$ 样品的 XRD 图谱

(a) 无离子液体下制得的样品；(b) 离子液体 [C$_4$min][PF$_6$] 存在下制得的样品，A：锐钛矿；R：金红石

将憎水离子液体与非离子表面活性剂结合，通过改进的溶胶凝胶过程可制备晶态 TiO$_2$ 多孔材料。Choi 等[27] 选用 [C$_4$mim][PF$_6$] 为介质，非离子表面活性剂 Tween 80 为致孔剂，通过溶胶凝胶过程制备了晶态 TiO$_2$ 多孔材料。其制备过程如下：将 Tween 80、异丙醇钛和离子液体按一定比例先后加入到异丙醇中形成溶液，滴加去离子水中使前驱体水解。反应一段时间后，将产物洗涤分离，干燥，再经500 ℃ 热处理以除去有机物模板和提高产物的结晶度。图 4.25 所示为产物的 TEM 图片和孔径分布曲线。由 TEM 图片可知产物是由尺寸为 5~10 nm 的纳米晶构成的孔材料，平均孔径小于 10 nm，且孔径分布均匀。孔径分布曲线显示孔径集中于 7 nm 左右，且分布很窄；吸附–脱附等温线也表明这种材料具有介孔结构，与 TEM 的观察结果一致。这种 TiO$_2$ 凝胶即使经过 500 ℃ 的高温处理，其 BET 比表面和孔体积仍保持很高值，分别达到 215 m$^2 \cdot$ g^{-1} 和 0.312 cm$^3 \cdot$ g^{-1}，表明它有很高的热稳定性。用光降解 4- 氯苯酚检验其活性，发现其活性与 P25 这种光催化

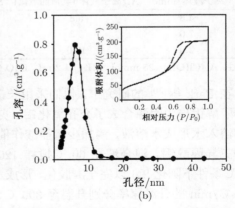

图 4.25 多孔锐钛矿 TiO$_2$ 分析

(a) TEM 照片；(b) 孔径分布曲线，插图为吸附–脱附等温线

材料的活性相当。

3) Al_2O_3 多孔材料

除了用于 SiO_2 和 TiO_2 多孔材料的合成外，最近离子液体用于制备其他金属氧化物多孔材料的研究也很活跃。相对于介孔 SiO_2 材料的合成，结构稳定的、高比表面介孔 Al_2O_3 的合成更具挑战性。Žilková等报道了以离子液体为结构诱导剂合成有序的介孔氧化铝[29]。他们以廉价的碱式氯化铝 $[Al_2Cl(OH)_5]$ 作铝源，离子液体 $[C_8mim]Cl$ 用作结构诱导剂。室温下，将 25% 的氢氧化铵水溶液滴加到 $Al_2Cl(OH)_5$ 和 $[C_8mim]Cl$ 的水溶液中，搅拌 4 h 后，将混合液密封在聚丙烯杯中，在 90 ℃温度下水热处理 72 h。将洗涤分离的反应沉淀物放入马弗炉中，以 1 ℃/min 的速率升温到 560 ℃，热处理 12 h，即得到介孔 Al_2O_3 材料。表 4.74 列出了实验条件和所得材料的结构参数。N_2 吸附分析表明 (图 4.26a) 所得材料只有介孔结构，而没有微孔的存在。实验研究了 Al/C_8mimCl 对产物的影响。从表 4.14 可以看到，当使用足够量的离子液体时 (如样品 I 和 II)，得到的样品具有较大的比表面积，同时样品的孔径分布比较窄；而当离子液体用量不足时 (如样品 III)，则样品比表面下降，更为显著的是孔径分布明显加宽。图 4.26b 给出了样品 I 的 TEM 照片，显示样品具有蠕虫状孔道结构，孔尺寸约为 4 nm，这个尺寸与 N_2 吸附结果相吻合。XRD 分析表明样品孔壁是结晶的 γ-Al_2O_3，可以预期这种结晶介孔氧化铝的热稳定性会优于那些无定型的氧化铝，因此将有更广泛的用途。研究者推测了形成介孔氧化铝的机制，认为在合成过程中形成了带正电荷的铝物种，然后通过与离子液体形成 $S^+X^-I^+$(S^+ 代表 C_8mim 阳离子，X^- 代表 Cl^-，而 I^+ 则是带正电的铝的物种) 中间过渡态的途径，最终得到介孔氧化铝。

表 4.14   介孔 Al_2O_3 材料的合成条件及结构参数

样品	离子液体/mmol	Al/离子液体 (物质的量比)	S_{BET} /(m²·g⁻¹)	V_{ME} /(cm³·g⁻¹)	D_{ME}/nm
I	4.3	5.8	269.0	0.254	3.8
II	7.6	3.3	261.9	0.259	3.9
III	2.0	12.0	226.0	0.745	10~100

注：$Al_2Cl(OH)_5$ 25 mmol, NH_4OH 2 mL, H_2O 20 mL。

在 Park 等[30] 的研究中，他们采用长链离子液体 $[C_{16}mim]Cl$ 为结构诱导剂，三异丁醇铝作为铝源合成了介孔氧化铝。实验方法如下：将 $[C_{16}mim]Cl$ 和适量的丙醇溶入水形成水溶液，滴加少量盐酸作催化剂，调整 pH 为 5.5，然后加入一定量的三异丙醇铝。混合液在 60 ℃搅拌 120 min 后，在此温度下陈化 1 d，再在 120 ℃条件下陈化 2 d 以完全凝胶化，形成水铝矿结构；然后，将凝胶进行热处理，以 2 ℃/min 的升温速率分别升温至 300 ℃、550 ℃、700 ℃和 800 ℃，并在每个温度条件下分别保持 2 h。图 4.27a 和图 4.27b 分别给出了煅烧前 $[C_{16}mim]Cl$/水铝矿复合物和 800 ℃煅烧后 γ-Al_2O_3 的 TEM 图片。可以看出，两者都呈现由成束的

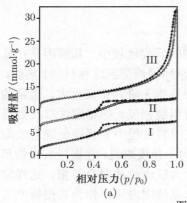

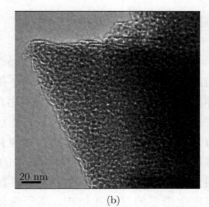

图 4.26　样品 I 的分析

(a) 孔氧化铝样品的 N_2 吸附–脱附等温线；(b) TEM 照片

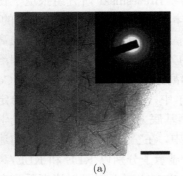

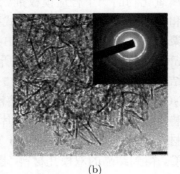

图 4.27　TEM 照片和电子衍射图

(a) [C_{16}min]Cl/水铝矿的复合物 (标尺为 50 nm)；(b) 800 ℃煅烧后 γ-Al_2O_3 (标尺为 20 nm)

纳米纤维构成的蠕虫状多孔网络结构。

实验研究了样品煅烧温度对产物结构的影响，结果如表 4.15 所示。随着热处理温度的提高，材料的比表面积和孔体积减小，而孔径尺寸增加。虽然 300 ℃处理的样品，其形态结构要好于 550 ℃处理的样品，但是水铝矿的晶相结构并没有完全转变为 γ-Al_2O_3。因此，在 550 ℃以上的温度条件下煅烧可使孔壁致密，同时也可使产品转变为 γ- 相。他们也探讨了 γ-Al_2O_3 纳米结构的形成机制，认为 [C_{16}mim]Cl 同时起着模板剂和共溶剂的作用。研究表明氢键作用发生在 Cl^- 和氢氧化铝构筑单元之间，IR 光谱和 XRD 数据都说明在形成纳米结构过程中，氢键和 π-π 叠加

表 4.15　在不同的煅烧条件下，所得 Al_2O_3 样品的结构性质

煅烧温度/℃	比表面积/($m^2 \cdot g^{-1}$)	孔尺寸/nm	孔体积/($cm^3 \cdot g^{-1}$)	d- 值/nm
550	471.26	9.88	1.46	21.58
700	401.29	10.53	1.42	23.18
800	340.11	11.96	1.37	—

协同作用导致了最终结果。

4) CeO$_2$ 多孔材料

目前制备具有双模式孔道的晶态金属氧化物的研究比较少，其原因是在基体的晶化过程中产生的压力会导致介孔结构坍塌，从而很难得到这种材料。然而，这种材料在催化领域又有潜在的应用价值，所以开展相关研究意义重大。通常的方法是使用尺度不同的双亲模板，通过优化诸如自组装强度、热稳定性以及混合行为来获得晶化的双模孔道的金属氧化物。但是在组装过程中需要避免混合表面活性剂的相分离，而这又是经常发生的行为。从热力学角度来说，在嵌段共聚物形成的大部分胶束中，离子型表面活性剂会发生相分离或者形成复合胶束。这样将不能产生想要的双模孔结构。离子液体在一定的浓度范围内可以作为共模板产生较小的介孔，这在上面的论述中已经得到证实，所以它有望成为制备双模和多模孔道的金属氧化物的一个合适模板剂。2005 年，Brezesinski 研究组报道了使用嵌段共聚物和离子液体为模板合成双模式孔道结构的晶态氧化铈[31]。在他们的研究中，嵌段共聚物 H(CH$_2$CH$_2$CH$_2$(CH)–CH$_2$CH$_3$)$_{79}$ (OCH$_2$CH$_2$)$_{89}$OH (KLE) 与离子液体 [C$_{16}$mim]Cl 共同作为致孔剂。实验所采用的方法是蒸发诱导的自组装和溶胶凝胶过程相结合的办法，首先，将 KLE(75 mg) 和离子液体 (50 mg) 加入含有 CeCl$_3$(875 mg)、H$_2$O(200 mg) 的前驱体乙醇溶液 (8 g) 中，得到溶胶；然后，在给定的湿度条件下将凝胶以一定的速率滴在硅片或玻璃基底上。为得到具有良好光学透明性的薄膜材料，将样品转移到 80~100 ℃ 的炉中，在空气中以 5 ℃/min 的速率升温至 400 ℃，得到结晶的双模孔材料。图 4.28 显示了分别以 KLE 和 KLE/离子液体为模板制备的二氧化铈的 TEM 照片。从图 4.28(a)~(c) 中可以清晰看到存在两种不同尺寸和类型的孔道，其中较大孔的尺寸约为 16 nm，而较小孔的平均尺寸约为 2~3 nm。高分辨透射电镜图片 [图 4.28(c)] 进一步揭示材料骨架是由很小的纳米晶粒组成，它们之间存在有小的介孔，同时也证实样品几乎完全晶化。以 KLE 为模板制得的样品虽然结构规整，但没有出现二级孔结构 [图 4.28(d)]。从图片中还可以看到，以 KLE/离子液体为模板制得的样品中，KLE 导致的介孔为 bcc 微结构，类似于 KLE 单独为模板时产生的孔结构，离子液体的存在几乎没有影响到它的致孔作用。此外，离子液体似乎还增强了介孔的有序性，这可能由于离子液体能屏蔽 KLE 胶团之间的排斥而使孔结构更加有序。图 4.29 中给出的 N$_2$ 吸附等温线和孔径分布曲线也证实了材料的二模式孔结构。具有二模式孔结构的 KLE/IL/CeO$_2$ 复合物，其 BET 比表面积为 250~300 m^2·g^{-1}，孔体积为 0.42 cm^3·g^{-1}，这相对于单孔道模式的 KLE/CeO$_2$ 而言，有了显著的增加 (BET 面积 100~150 m^2·g^{-1}，孔体积为 0.22 cm^3·g^{-1})。相应的孔径分布展示截然不同的两个孔径分布最大值，分别是 3.8 nm 和 6.7 nm[图 4.29(b)]，对应于离子液体和 KLE 两种模板导致的不同孔尺寸。而对于单孔道的 KLE/CeO$_2$，其孔径集中于 6.4 nm 左右，且分布较宽。这个

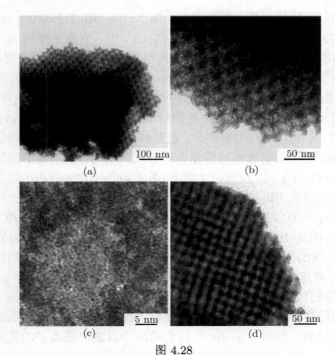

图 4.28

(a)、(b)、(c) 为 KLE/离子液体为模板制备的双模式孔道结构的二氧化铈的 TEM 照片；

(d) 为 KLE 单独致孔得到的单孔道结构的二氧化铈的 TEM 照片

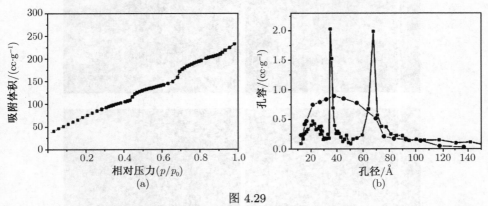

图 4.29

(a) 双模式孔 CeO_2 膜的 N_2 吸附–脱附等温线；(b) KLE/IL-CeO_2 和 KLE-CeO_2 相应的孔径分布

研究表明离子液体对制备双模式孔结构的金属氧化物来说是一个很好的模板剂。

5) V_2O_5 多孔材料

除了利用离子液体成功制备了上述 CeO_2 的双模式多孔结构外，Liu 等[32] 利用表面活性剂十六烷基三甲基溴化铵 (CTAB) 与 $[C_4mim]Cl$ 作共模板制备了具有分级孔道结构的五氧化二钒。实验的方法如下：将 $NH_4VO_3(0.002\ mol)$ 溶入含有不同比例的 CTAB/$[C_4mim]$Cl 乙醇溶液 (5 mL) 中，室温下搅拌 36 h，得到了灰黄色的均一溶胶；然后，在空气中继续陈化得到类似凝胶的半透明前驱体，将其转入管式炉中在空气氛下煅烧。以 20 $℃·min^{-1}$ 的速率升温到 650 ℃，保温 1 h。图 4.30 是合成的多孔 V_2O_5 的表面结构和孔道结构的电子显微照片。由图 4.30a 可以看出，当 CTAB 过量时 (如物质的量比 CTAB/$[C_4mim]$Cl=5:1) 时，产物是尺寸为 30~40 nm 的块或片的聚集体，过量的 CTAB 导致了不规则的纳米级的孔洞 [图 4.30(b)]，电子衍射表明该样品为斜方晶系结构。而当离子液体的量增加至 CTAB/$[C_4mim]$Cl=1:1 时，颗粒尺寸变小 [图 4.30(c)]，均一分布的相邻颗粒之间形成了 6~10 nm 的介孔 [图 4.30(d)]，这些大颗粒上还有大量更小的孔。电子衍射说明得到的样品为沿 [001] 方向生长的斜方晶。N_2 吸附分析表明，CTAB/$[C_4mim]$Cl=5:1 时得到样品的 BET 比表面积为 255 $m^2·g^{-1}$，相应的孔径分布为较宽的两个孔径范围；而 CTAB/$[C_4mim]$Cl=1:1 时，所得样品的 BET 比表面积略有增加，为 262 $m^2·g^{-1}$，但其相应的孔径分布却变窄，集中于 1.8 nm 和 8.7 nm 两个峰值。根据实验结果研究者提出了多级孔材料的形成机制。如图 4.31 所示，在溶胶凝胶过程中长链的阳离子 (CTA^+) 在临界浓度以上会形成胶束，然后头基 CTA^+ 与钒酸根阴离子相结合，同时 $[C_4mim]^+$ 也会吸附于钒酸根阴离子的周围，从而形成

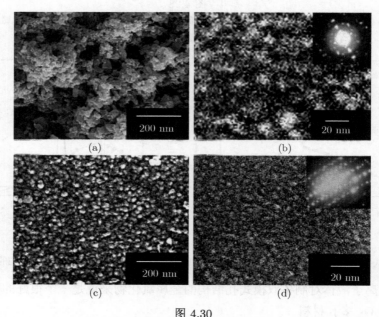

图 4.30

CTAB/BMIC=5:1 时，V_2O_5 的 SEM 照片 (a) 和 TEM 照片以及 ED 模式 (插图)(b)；CTAB/BMIC=1:1 时，V_2O_5 的 SEM 照片 (c) 和 TEM 照片以及 ED 模式 (插图)(d)

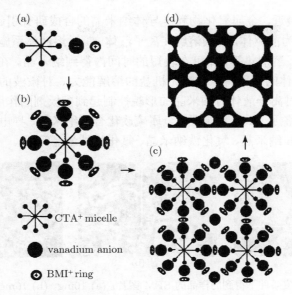

图 4.31　合成结晶 V_2O_5 多孔材料的机制示意图

CTA$^+$-O(VO)O$^-$-[C$_4$mim]$^+$ 复合物，这些复合物在随后的陈化过程中发生了热力学有利的自组装。在除去模板以后，就得到了这种分级有序的介孔材料。

6) ZnO 介观晶体

最近，Li 等[33] 报道了四丁基氢氧化铵离子液体 (TBAH, 熔点 26~28 ℃) 中 ZnO 介观晶体的合成。合成路线如下：将二水乙酸锌溶入离子液体，加热至 30 ℃ 使前驱体完全溶解，然后升温至 100 ℃，回流 20 h，得到白色固体产物。根据前驱体浓度的差异，生成的产物或沉积在反应器壁上或悬浮在溶液中。例如，在低浓度条件下 (10 mg 或 16 mg 乙酸锌/TBAH)，绝大部分样品沉积在反应器壁上，从溶液中只能分离出少量产物，如图 4.32(a)、(b) 所示，样品呈一维中空结构，长度达几十微米；而当前驱体浓度达到 20 mg 乙酸锌/TBAH 时，产物主要分布在溶液中，器壁上很少有产物沉积，导致以上现象的原因目前尚不清楚。图 4.32(c) 是乙酸锌浓度为 35 mg/TBAH 时所得样品的 SEM 图片，可见样品呈纳米棒的团簇形式。用 TEM 进一步观察样品的微观结构，显示图 4.32(a) 样品中微米棒是由尺寸为 10~20 nm 的颗粒组成的，而其电子衍射图呈现出类单晶的而不是多晶的衍射图案，说明样品是介观晶体。N_2 吸附–脱附分析表明，样品的 BET 比表面积可达 34 $m^2 \cdot g^{-1}$，远高于用其他方法制备的 ZnO 材料的相关值。

2. 离子液体中纳米晶的合成研究

早期离子液体中合成纳米晶主要集中于研究贵金属单质在离子液体中的合成

和稳定[34~37]。最近，金属氧化物和半导体纳米晶的合成研究引起了人们的重视。以廉价的金属盐为前驱体，将其溶解在离子液体中，对溶液体系施以不同的加热方式 (如微波加热、溶剂热等) 即可在较短的时间内得到纳米晶。在这些研究中，充分利用了离子液体的以下特点：对无机盐的溶解能力、对微波的强吸收能力、耐高温特性等，同时离子液体对纳米晶的形貌控制起到模板剂的作用。目前，利用相似的方法相继制备了 TiO_2 纳米晶、金属硫族化合物纳米晶、导电金属氧化物纳米晶、$LaPO_4$:Ce,Tb 纳米晶、氧化铁纳米晶、氟化物纳米晶等[38]。

(a)   (b)   (c)

图 4.32　不同浓度条件下得到的样品的 SEM 图片：(a) 10mg、(b) 16mg、(c) 35 mg 乙酸锌/TBAH 图中标尺为 2 μm, 插图为放大的 SEM 图片

1) 锐钛矿 TiO_2 纳米晶

TiO_2 由于其广泛的用途而成为研究最多的纳米晶。虽然在控制 TiO_2 的晶体结构、尺寸和形态等方面已经作出了很多的努力，但是在大规模合成高质量纳米晶方面依然有着不小的挑战。采用常规的 $[C_4mim][BF_4]$ 离子液体为溶剂，异丙醇钛为前驱体，通过微波加热合成了 TiO_2 纳米晶[39]。首先，将异丙醇钛 (1 g)、无水乙醇 (5 mL) 与离子液体 (10 g) 混合形成溶液；在室温下将溶液密封在一个瓶子中，静置 1 h，生成白色沉淀；然后微波加热除去乙醇，白色沉淀消失，溶液变澄清；继续微波加热 40 min，产生乳状液。洗涤分离，得到固体粉末。XRD 分析证实产物为高纯度的锐钛矿 TiO_2，没有金红石相和板钛矿杂质。图 4.33 是产物的 TEM 图片，低倍 TEM 图片显示大部分纳晶呈现出类立方体的形态 [图 4.33(a)]，而通过高分辨 TEM 观察 [图 4.33(b)、(c)]，并对照相应的模拟高分辨 TEM 像，人们认为纳米晶是 (001) 面被高度截去的截角双锥体。

为了理解反应机制，人们对中间体进行了追踪表征。正如实验过程中提到的溶液在除去乙醇后变澄清，说明在离子液体中生成了一种能溶入离子液体的 Ti 复合物，而它对最终产品的生成起到了关键作用。这种中间体可以通过二氯甲烷沉淀并洗涤分离出来。红外分析表明中间体中含有 $[C_4mim]^+$ 物种，并且不同于离子液体中游离的 $[C_4mim]^+$。FTIR 和拉曼光谱表明这种中间体可能是离子液体稳定的聚阴离子，这些聚阴离子来源于反应起始阶段前驱体的水解和缩聚。中间体被微波加热 3 min 后，得到的样品呈现层状结构，层间距为 1.1 nm，这个距离大于报道的

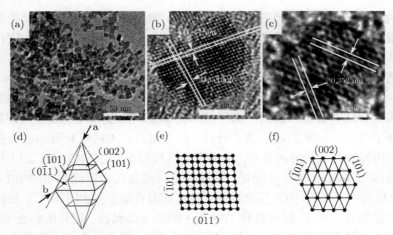

图 4.33　在 $[C_4mim][BF_4]$ 中微波加热合成的 TiO_2 纳米晶的 TEM 照片
和相应的模拟 TEM 像

$H_2Ti_3O_7$ 和 $Na_2Ti_3O_7$ 的层间距[27]，表明 $[C_4mim]^+$ 可能存在于中间体的层间。从这个样品的 TEM 图片还能观察到钛酸盐和锐钛矿两种结构，说明样品经历了从钛酸盐到锐钛矿的转变。结合实验证据，研究人员提出了一个生成 TiO_2 纳米晶的可能机制。在反应初始阶段，异丙醇钛被少量存在于离子液体中的水水解，并逐步缩合为短链聚阴离子 (寡聚体)，在溶液体系中出现沉淀。在随后微波加热去除乙醇的过程中，这些聚阴离子被咪唑阳离子保护，并且溶于离子液体形成均一溶液。因为离子液体具有很强的微波吸收能力，在除去乙醇后体系温度快速升高，促使这些聚阴离子快速生长缩合，最终导致成核爆发，最终生长成锐钛矿纳米晶。在这个过程中，离子液体既用做反应介质，还充当了微波吸收剂，同时还是中间体和锐钛矿纳米晶的保护剂。考虑到锐钛矿是四方结构且容易在成核阶段形成截角双锥体的习性，该工作得到截角双锥体型的 TiO_2 晶体说明晶体生长过程中没有出现选择性生长，这可能是源于咪唑阳离子的弱保护作用。

2) 金红石 TiO_2 纳米晶

在 TiO_2 的三种主要结晶态中研究最多的是锐钛矿，最近纳米尺寸的金红石 TiO_2 由于其在光催化和电极材料方面的潜在应用正受到越来越多的关注。迄今为止，金红石纳米颗粒主要依靠高温下热转变锐钛矿、板钛矿和无定型的 TiO_2 来得到，通常这种转变伴随着明显的颗粒粗化，这意味着材料初始结构和表面积的损失。另外，通过酸性条件下的水热合成也能得到金红石，但这一方法需要很高的温度，并且很多情况下会有锐钛矿或板钛矿共存。任何合成方法都要考虑到表面自由能的特殊作用。对于纳米颗粒而言，由于其表面积和体积之比要远大于体相材料，所以材料的稳定性和晶相成核壁垒很大程度上依赖于颗粒的表面环境。虽然非水溶液中纳米粒子的合成已经取得了一定进展，但是对于金红石纳米颗粒的合成依然是个难题。所以选择合适的溶剂体系通过非水溶胶凝胶化学过程中进行金红石的合成具有重要意义。正是基于这个原因，离子液体的特殊溶剂性质使其成为合成金红石纳米材料的一种可供选择的介质[28]。

Kaper 组的研究人员[40] 通过改变在非水溶胶凝胶过程中的离子液体的性质和表面结构来合成和分析产品对于离子液体的本质、浓度和反应条件的依赖性。特别是选择了含有亚氨基的疏水离子液体，因为这种含氮的物种有望在溶胶凝胶过程中显示出特殊的结构导向作用。样品合成过程如下：将 $TiCl_4$(0.1 mL) 搅拌溶解于离子液体 $[C_2mim][Tf_2N]$(1 mL)，两分钟后，滴加二次蒸馏水 (0.2 mL) 到混合液，这个过程中不断有 HCl 气体放出；将反应混合液加热到 100 ℃，保持 14 h，得到的沉淀物经广角 X 射线散射 (WAXS) 测定为非晶态；用异丙醇在 80 ℃下抽提固体物 8 h 去除离子液体，即得到金红石 TiO_2 样品。为了去除剩余的有机组分，产物在 400 ℃热处理 4 h。实验表明，在用异丙醇处理样品除去离子液体的过程中，金红石相在少于两分钟的时间内就能形成，并且即使在 400 ℃进行热处理，最终产物的纳米结构还是非常稳定。采用类似的过程，他们用 $[bmpy][Tf_2N]$ 或 $[hexphosph][Tf_2N]$ 作为溶剂，也得到了金红石结构；而采用其他离子液体 (如 $[C_4mim][BF_4]$、$[C_2mim][BF_4]$ 和 $[C_{16}mim][Cl]$ 等)，发现在反应的初始阶段就形成了锐钛矿 TiO_2，始终没有观察到无定型中间产物和金红石结构。这一结果表明离子液体种类是金红石形成的关键因素。为了考察添加剂对反应的影响，在上述实验过程中分别添加了 $[C_{16}mim][Cl]$ 和 KLE，结果都得到了金红石和锐钛矿的混合物。研究者还考察了晶种诱导结晶对产物的影响，发现虽然在反应体系中加了锐钛矿的晶种，但是依然得到金红石。

这个实验的一个关键过程在于通过溶剂萃取去除离子液体而实现了无定型中间体向金红石的转变。为了理解这个结晶过程，研究人员采用不同的萃取溶剂 (如异丙醇、二氯甲烷、水等) 及温度条件 (80 ℃、50 ℃和室温) 去除离子液体，在所有条件下都得到了纯的金红石 TiO_2，这说明晶化并没有受溶剂、温度以及分离过程的影响。图 4.34 是金红石 TiO_2 的 TEM 图片，显示合成的是均匀的纳米棒，高分辨照片和衍射图案 [图 4.34(c)、(d)] 说明金红石纳米棒是单晶的，且沿着 [001] 方向生长。

基于上述实验结果，研究者提出了一个可能的反应机制。反应伊始，离子液体中 $TiCl_4$ 与水反应生成二氧化钛溶胶，控制水量使反应只产生中间体 $TiCl_x(OH)_yO_z$ 物种，这是一种溶胶凝胶的聚合物或者三维缩合的二氧化钛网络结构。这种聚合物相对于单体在离子液体中并不稳定，而是经历微相分离。但由于离子液体与无定型二氧化钛网络结构之间的相互作用，这种微相分离的作用并不特别强，产生的状态可以被描述为 spinodal 纳米结构。通过抽提除去离子液体，无定型相的表面稳定作用消失，同时发生了晶化。大概通过一种类似固固反应的过程，使产物从无定型的 TiO_2 直接转变为金红石的纳米棒，而不经过锐钛矿中间体。

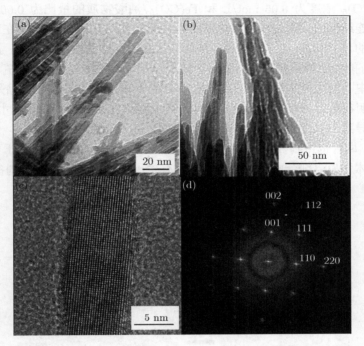

图 4.34　金红石 TiO_2 纳米棒的 TEM 照片 [(a)~(c)] 及电子衍射图案 [(d)]

3) 氧化铁纳米晶

一些离子液体具有不易燃、在很宽的温度范围内都稳定的特点，这对于合成纳米材料非常有用。例如，$[C_4mim][Tf_2N]$ 这种离子液体在室温到 400 ℃的温度范围内都具有很好的热稳定性，并且不管是极性溶剂如水还是非极性有机溶剂如己烷都很难与其相溶。这些溶剂特性已被用来合成金属或金属化合物纳米颗粒，并大大简化了后续的分离过程[41]。在此过程中，无需使用其他任何溶剂，表面活性剂稳定的纳米颗粒就可以容易地从离子液体中沉淀分离出来。这给研究者一个启发，可以设计一种基于咪唑基离子液体的溶剂重复循环使用来制备纳米颗粒。相比于其他在离子液体中合成纳米晶的方法，这种新发展的方法可以制备单分散的纳米颗粒，并且这些颗粒在很多常规分子溶剂中具有良好的分散性。

Wang 及其合作者报道了在 $[C_4mim][Tf_2N]$ 离子液体中合成氧化铁纳米颗粒[42]。研究表明这种离子液体可以循环使用，并且在重复使用中没有对颗粒尺寸和尺寸分布产生不良影响。实验过程相对简单，在氩气保护下，将 $Fe(CO)_5$ 的离子液体溶液逐渐升温至 160 ℃，溶液颜色由棕色逐渐变为黑色；随后加入过量油酸，马上有黑色固体从溶液中析出；再升温至 280 ℃并保温 1 h。反应结束后，可以观察到纳米颗粒已从离子液中分离出来。倾出离子液体，以备循环使用。图 4.35 是在 Fe(CO)$_5$ 浓度为 0.05 mol/L 和 Fe(CO)$_5$/油酸物质的量比为 0.66 的条件下，离子液体连续使用三次合成的氧化铁纳米颗粒的 TEM 图片。可见，在三种情况下得到样品的尺寸均在 10 nm 左右，并且粒子呈现良好的溶剂分散性，尺寸分布很窄。最有可能的解释是样品表面吸附油酸稳定剂，使得颗粒表面呈现疏水性而在非极性溶剂中不发生聚集。颗粒的高分辨晶格图像 [图 4.35(d)] 表明样品是 γ-Fe$_2$O$_3$。研究还表明在给定的实验条件下，形成的纳米颗粒具有固定的平均尺寸，使用不同的保护剂导致的氧化铁纳米颗粒的尺寸不同。例如，使用油胺和 1,2- 十六二醇作为稳定剂，尽管也得到 γ-Fe$_2$O$_3$，但其平均颗粒尺寸为 8 nm。这种基于可循环利用的离子液体作为溶剂合成纳米颗粒的方法有望用于其他纳米材料的制备过程。

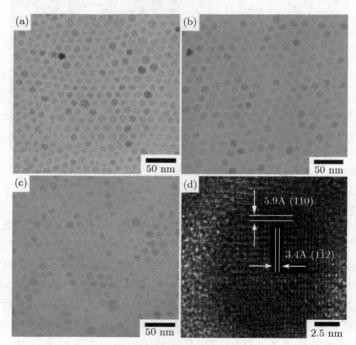

图 4.35　在 [C$_4$mim][Tf$_2$N] 中连续三次合成的氧化铁纳米晶 TEM 照片

4) ITO 纳米晶

铟锡氧化物 (ITO) 作为透明的导电氧化物材料在电子工业上有着重要的用途，尤其高结晶度的非聚集 ITO 是发展新印刷电极技术的关键材料。Bühler 及其同事发展了一种在离子液体中合成高导电性 ITO 纳米晶 (In$_2$O$_3$：Sn，掺杂 5%~10%物质的量比的 Sn^{4+}) 的方法[43]。他们采用 [N$_{1444}$][Tf$_2$N] 离子液体，使用微波加热技术制备了具有低缺陷浓度的结晶 ITO。在一个典型的合成过程中，将 $SnCl_4$ 和 $InCl_3 \cdot 4H_2O$ 溶入含有少量二甲基甲酰胺 (DMF，2 mL) 的离子液体 (15 mL) 制成前驱体溶液；将 $[N_{1111}]OH$ 溶入含有乙醇 (2 mL) 的离子液体，制成碱溶液。在 70 ℃ 剧烈搅拌的条件下，将前驱体溶液滴加到碱溶液中，体系迅速变成乳状液，表明生成了无定型的氢氧化物。随后，在 170 ℃ 减压条件下除去所有挥发物，悬浮液呈淡黄色；微波加热 15 s，升温至 300 ℃，体系变为蓝绿色，继续加热约 1 min，悬浮液呈深蓝色，表明生成了 ITO。图 4.36 是样品的 SEM 和 TEM 图片。可见，样品为纳米颗粒，其平均尺寸为 (25±3) nm，高分辨 TEM 表明样品具有很高的结晶度。电子衍射和 XRD 的结果也证明了得到的样品是 CaF_2 相结构的 ITO。ITO 纳米晶压膜后，经电学性能测试证明具有良好的导电性。

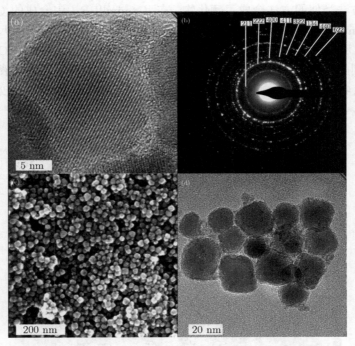

图 4.36　(a) ITO 的 HRTEM 图片，(b) 电子衍射图，(c) SEM 照片，(d) TEM 照片

5) 硫族化合物半导体纳米晶

硫族化合物半导体纳米晶在生物荧光标记的细胞成像、免疫测定等方面有着广泛的用途，因此其合成一直以来都是纳米化学合成的一个热点。离子液体为这类材料的合成提供了新的介质体系，利用其特性合成了多种硫族化合物半导体纳米晶，包括 PbS[44]、CdS[45]、CdSe[45]、Bi_2S_3[46] 等。Biswas 及其合作者[45] 以含 $[C_4mim]^+$ 阳离子的咪唑类离子液体 {$[C_4mim][MeSO_4]$、$[C_4mim][BF_4]$ 和 $[C_4mim][PF_6]$}为介

质,合成了 CdS 和 CdSe 纳米晶体,考察了离子液体的阴离子和添加的保护剂对于产物尺寸和形态的影响。例如,采用硫酰铵和乙酸盐作为前驱体,于 180 ℃的温度条件下制备了 CdS,分别考察了保护剂 TOPO(三辛基氧化膦) 和乙二铵对硫化物结构、形貌的影响。TEM(图 4.37) 分析显示,在保持其他条件相同的情况下,在离子液体 [C₄mim][MeSO₄]、[C₄mim][BF₄] 和 [C₄mim][PF₆] 中得到的 CdS 平均粒径尺寸分别为 4 nm、7 nm 和 13 nm。样品的 UV/Vis 吸收光谱和光致发光光谱变化也证实了颗粒尺寸的变化。随着样品颗粒尺寸的增加,UV/Vis 的吸收边向高波数方向移动;光致发光谱也显示 PL 峰的迁移是随着颗粒尺寸的增加移向高波数方向。以 TOPO 为保护剂,得到的样品呈现出更好的单分散性,同时颗粒尺寸变小;而以乙二铵作为保护剂,得到了 CdS 纳米棒。以二甲基硒脲作为硒源,采用与上述方法类似的方法合成了硒化物。在 [C₄mim][BF₄] 中合成的 CdSe 是平均尺寸为 12 nm 的粒子,而在有 TOPO 存在下,粒子尺寸分布均匀且尺寸变小,为 9.5 nm;以乙二铵为保护剂,得到 CdSe 纳米棒。而在 [C₄mim][MeSO₄] 中,即使没有保护剂的情况下,制得的 ZnSe 也是纳米棒。研究者认为在离子液体中合成金属硫族化合物主要归因于下面的几个方面。首先,由于离子液体具有较高的热稳定

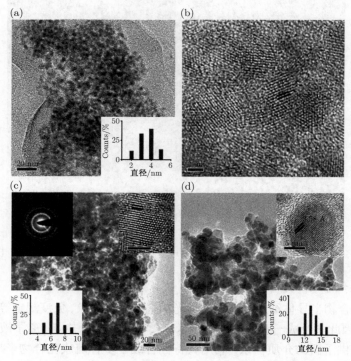

图 4.37　不同离子液体中制备的 CdS 纳米晶的 TEM 图片及尺寸分布

(a)、(b) [C₄mim] [MeSO₄], 4 nm; (c) [C₄mim] [BF₄], 7 nm; (d) [C₄mim] [PF₆], 13 nm

性，反应可以在较高的温度下进行；离子液体在合成中具有双重作用，一方面充当溶剂而另一方面可以作为稳定剂，在半导体晶核形成后，被离子液体保护，从而导致可控生长。另外，离子液体具有很小的表面张力，因而可导致很高的成核速率，生成较小的颗粒，这个过程只有微弱的奥斯瓦尔老化发生。

Jiang 及其同事以离子液体 [C₄mim][BF₄] 为反应介质，发展了一种合成 Bi₂S₃ 纳米结构的方法[46]。在典型的合成过程中，0.2 mol/L 硫酰脲水溶液 0.8 mL 和 0.2 mol/L BiCl₃ 水溶液 0.4 mL 与 3 mL 离子液体混合，超声 5 min 后，在 120 ℃温度条件下处理 20 h，生成灰黑色沉淀物。图 4.38 所示为溶液 pH 为 4 的条件下，不同反应时间得到样品的 SEM 图片。显见，在混合液被加热 1 h 后，产物为纳米棒和纳米片的混合物，结合 XRD 分析得知纳米片属于 BiOCl 相，电子衍射和高分辨 TEM 图片证实了这一点；当反应时间延长到 3 h，片状物质消失，所有颗粒都是由纳米线组成的球形纳米花，TEM 照片显示这些纳米线直径约为 50 nm，长度达到 2 μm；当反应时间延长到 6 h 和 20 h，纳米棒变粗，其长度有几微米，直径约为 70~80 nm。反应介质的 pH 对材料的最终形貌起着重要作用。当溶液 pH 为 2 时，即使很短的反应时间 (如 0.5 h)，就可以得到大量形态唯一的 Bi₂S₃ 纳米花；然而如果溶液 pH 增加到 4，即使在反应 1 h 后，依然可以观察到 BiOCl 纳米片结构的大量存在。

图 4.38　溶液 pH=4 的条件下，不同反应时间所得样品的 SEM 图片
(a), (b) 1 h; (c), (d) 3 h; (e), (f), 6 h; (g), (h) 20 h

研究人员对纳米花的形成机制进行了分析，提出了如图 4.39 所示的生成过程示意图。在反应初始阶段，溶液中形成了胶束。由于 [bmim]⁺ 的疏水性和 [BF₄]⁻ 的亲水性，亲水的 [BF₄]⁻ 处于胶束的外测。随着反应组分硫酰脲 (TAA) 和 BiCl₃ 的加入，溶液变成了黄色，表明形成了 [Bi-TAA] 的复合物，这个复合物与 [BF₄]⁻ 连接在一起；随后 Bi₂S₃ 在胶束表面开始结晶生长，而优先取向生长为纳米棒或线是由 Bi₂S₃ 本身的晶体结构特性决定的，最终纳米线组装形成了球形纳米花。随着

反应时间的延伸，由于奥斯瓦尔老化过程，粗的纳米线继续生长，而很细的纳米线逐渐消失，最后产生了这种松散的、不完全的球形结构。

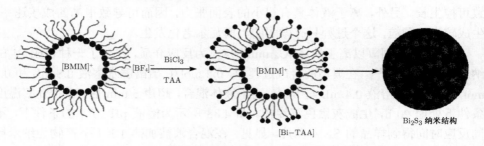

图 4.39   在离子液体中 Bi_2S_3 纳米花的形成机制示意图

6) LaPO$_4$:Ce,Tb 纳米晶

为了合成高质量的荧光纳米晶，通常需要比较高的反应温度以减小晶格缺陷。而传统的合成方法经常需要用到有毒的固体试剂、溶剂和稳定剂，这在未来技术中将受到极大限制。离子液体独特的性质为荧光纳米晶的合成提供了新的介质体系，不仅能提供高温环境，还能起到稳定剂作用。Bühler 及其同事利用离子液体合成了 LaPO$_4$:Ce,Tb 纳米晶[47]。合成步骤如下：按一定比例将稀土金属氯化盐溶于离子液体 ([MeBu$_3$N][(SO$_2$CF$_3$)$_2$N]) 和乙醇的混合溶剂，在 70 ℃将其加入到溶有磷酸前体的 (磷酸或磷酸铵或磷酸吡啶盐) 离子液体和乙醇混合溶液中；搅拌一段时间后，将分散液在 100 ℃减压条件下加热，直至无气体挥发；将分散液移至微波炉内，减压条件下快速加热到 300 ℃；辐照15s 后冷却，经离心分离洗涤，收集产物。产物为白色粉末，其产率可达 90%，这些粉末可以很容易地重新分散在乙醇中形成透明的分散液，在 UV 辐照下发射出很强的绿光。经 TEM 和 SEM 观察显示样品为球型或椭球型的单分散颗粒 (图 4.40)，尺寸为 9~12 nm。高分辨图相和电子衍射图案显示颗粒呈高度结晶态 [图 4.40(a), (b)]。样品表面的离子液体可以通过向其乙醇分散液中加入稀 NaCl 溶液除去。处理后的纳米晶经离心分离后能重新超声分散在乙醇中，经动态光散射分析表明平均颗粒尺寸非常接近于原来的分散体系，说明在没有离子液体存在的情况下，纳米晶并没有明显的聚集。这个结果是很值得关注的，因为纳米晶表面没有协同溶剂或者表面修饰剂的存在，这对纳米磷光体在生物医药方面的应用特别有利。

7) 单质 Te 纳米线

Zhu 等[48] 采用 N-丁基吡啶四氟硼酸盐 ([BuPy][BF$_4$]) 离子液体为溶剂、聚吡咯烷酮 (PVP) 为保护剂、TeO$_2$ 为 Te 源、NaBH$_4$ 为还原剂，利用微波加热技术快速、高效地合成了单晶碲 (Te) 纳米棒和纳米线。其中，纳米棒的直径为 15~40 nm，长度约为 700 nm，电子衍射图案和高分辨 TEM 图像证实得到的纳米棒为单晶的六方相结构。采用不同实验条件得到的 Te 纳米线直径范围为 20~100 nm，长度为数十微米，电子衍射表明纳米线优先沿 [001] 轴向生长。研究者认为对离子液体体系施以微波加热在合成一维 Te 纳米材料的过程中起着重要的作用。N-丁基吡啶阳离子 $\{[BuPy]^+\}$ 具有很高的离子传导性和极化率，是优良的微波吸收介质。在微波反应器的快速变化电场下，离子的迁移和极化可能会导致反应体系产生短暂的异向微区，这有利于异向生长 Te 的纳米棒或线。除了作为溶剂，离子液体还充当了保护剂或者表面活性剂。他们认为 $[BuPy]^+$ 可能吸附于 {001}面的强度要小于其他的晶面，从而使 Te 原子更容易沿 c 轴优先生长。

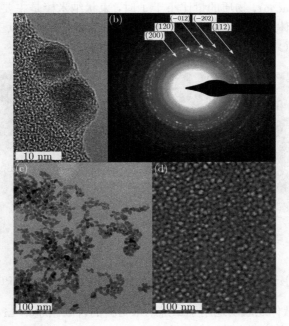

图 4.40　LaPO$_4$:Ce,Tb 纳米晶 TEM 和 SEM 照片

(a) HRTEM; (b) 电子衍射图; (c) TEM; (d) SEM

8) CoPt 纳米棒

虽然在控制合成半导体、金属和金属氧化物的形态结构的方法已经有很多，但是在金属合金方面成功的例子却并不多见。由于像 CoPt、FePt 等合金体系在技术上的重要性，想要获得突出的催化、磁性和其他性质就必须对体系的形态、结晶相以及组成等方面有良好的控制性。然而，为了获得特定组成和相结构的合金，通常需要很高的反应温度，而这样的温度通常都在那些常规溶剂的沸点之上。而高温的后处理过程通常都会影响颗粒的尺寸、尺寸分布和结构性质。离子液体具备不挥发、不可燃和热稳定的特点使得它们在合金的合成方面起到特殊作用。Wang 及其合作

者[49] 利用 [C$_4$mim][Tf$_2$N] 这种耐高温的离子液体作为溶剂合成了不同组成的 CoPt 纳米棒、多枝纳米棒和纳米颗粒。他们以 Pt(acac)$_2$ 和 Co(acac)$_3$ 分别作为 Pt 和 Co 的前驱体,选用 CTAB 作为颗粒稳定剂。将前驱体溶解在离子液体中,直接在 350 ℃ 加热,即可得到了 CoPt 合金纳米粒子。当 Pt(acac)$_2$:Co(acac)$_3$:CTAB 物质的量比为 0.5:1.5:10 时,得到了束状 CoPt 纳米棒 (图 4.41),其平均直径为 8 nm,能量散射 X 射线 (EDX) 分析表明其组成为 Co$_{61}$Pt$_{39}$。研究表明,Pt(acac)$_2$:Co(acac)$_3$:CTAB 配比对产物的形态、组成和结晶相都有很大影响。当固定离子液体和 CTAB 的量,而 Pt(acac)$_2$:Co(acac)$_3$ 物质的量比大于 1 时,得到直径约为 5 nm 的纳米颗粒;当 Pt(acac)$_2$:Co(acac)$_3$ 物质的量比小于 1 时,束状纳米棒是主要产物。另外,对比实验表明离子液体对于 CoPt 纳米棒的形成起到关键作用,当以三辛基胺作为溶剂时,反应在 340 ℃ 左右只能得到多分散的纳米颗粒。

(a)　　　　　　　　　　　　　　　　　　(b)

图 4.41　Pt(acac)$_2$:Co(acac)$_3$:CTAB 物质的量比为 0.5:1.5:10 时,CoPt 纳米棒 TEM 照片

此外,离子液体还成功地用于二维纳米材料的合成。例如,Li 等[50] 提出了一种制备大尺寸金纳米片的方法。直接将溶有 HAuCl$_4$·3H$_2$O 的离子液体 [bmim][BF$_4$] 进行微波加热,即得到大尺寸的单晶金纳米片。这种方法不需要额外的表面活性剂模板,制备过程很快,而且简单。离子液体具有溶解纤维素的能力,他们充分利用这一特性,将溶有钛酸四丁酯和纤维素的离子液体溶液直接热处理,制备了大尺寸的 TiO$_2$ 薄膜[51]。Taubert 发展了一种基于离子液晶前驱体的方法,合成了 CuCl 纳米片[52]。

4.2.2　发展方向及展望

离子液体作为一种新型的离子型溶剂,在无机纳米材料合成方面的应用正受到越来越多的关注,其独特的物理化学性质为无机纳米材料的合成开拓了一条崭新的途径,并在合成具有特殊结构和性能的无机纳米材料方面表现出独特的优势。

例如, 离子液体可以自组装为一定的有序结构, 因此在无需模板剂的情况下, 即可诱导凝胶的规整结构, 并且可以制备得到块体的凝胶材料, 这是用常规溶胶凝胶方法难以实现的。离子液体具有微观有序的结构特征, 因此利用离子液体制备纳米晶时通常无需添加结构诱导剂和保护剂, 而生成的纳米晶具有特定的结构, 并可在离子液体中稳定存在, 不发生团聚。离子液体具有强的微波吸收能力, 因此作为介质和微波吸收剂, 可以大大缩短材料的合成时间, 并能得到现有其他方法无法或难以制备的材料。离子液体的以上特点, 使其成为纳米材料合成的理想介质之一。充分发挥其特性, 有望发展纳米材料合成的新技术, 推动相关学科的发展。然而, 离子液体在材料尤其是纳米材料制备领域的应用尚有许多工作需要开展, 主要包括以下几方面。如何充分利用离子液体的特殊性质制备各种不同形态、结构的纳米材料, 并通过调节离子液体的溶液性质, 尤其通过与其他介质体系相结合, 调控所得材料的结构形貌及性能; 研究离子液体性质与材料结构的关系; 发展简单、经济的合成技术。总之, 离子液体为纳米材料的合成开辟了崭新的天地, 欲将其推广到实用阶段, 还需要开展大量深入系统的研究工作.

参 考 文 献

[1] Antonietti M, Kuang D, Smarsly B, et al. Ionic liquids for the convenient synthesis of functional nanoparticles and other inorganic nanostructures. Angew Chem Int Ed, 2004, 43: 4988~4992

[2] Ryan J, Aldabbagh F, Zetterlund P B, et al. First nitroxide-mediated controlled/living free radical polymerization in an ionic liquid. Macromol Rapid Commun, 2004, 25: 930~934

[3] Ricks-Laskoski H L, Snow A W. Synthesis and electric field actuation of an ionic liquid polymer. J Am Chem Soc, 2006, 128: 12402, 12403

[4] Guerrero-Sanchez C, Lobert M, Hoogenboom R, et al. Microwave-assisted homogeneous polymerizations in water-soluble ionic liquids: an alternative and green approach for polymer synthesis. Macromol Rapid Commun, 2007, 28: 456~464

[5] Minami H, Yoshida K, Okubo M. Preparation of polystyrene particles by dispersion polymerization in an ionic liquid. Macromol Rapid Commun, 2008, 29: 567~572

[6] Phillips D M, Drummy L F, Naik R R, et al. Regenerated silk fiber wet spinning from an ionic liquid solution. J Mater Chem, 2005, 15: 4206~4208

[7] Li C Z, Zhao Z K B. Efficient acid-catalyzed hydrolysis of cellulose in ionic liquid. Adv Synth Catal, 2007, 349: 1847~1850

[8] Zhang H, Wang Z G, Zhang Z N, et al. Degenerated-cellulose/multiwalled-carbon-nanotube composite fibers with enhanced mechanical properties prepared with the ionic liquid 1-allyl-3-methylimidazolium chloride. Adv Mater, 2007, 19: 698~704

[9] Dong W S, Li M Y, Liu C L, et al. Novel ionic liquid assisted synthesis of SnO$_2$

microspheres. J Colloid & Interface Sci, 2008, 319: 115~122

[10] Li Z H, Friedrich A, Taubert A. Gold microcrystal synthesis via reduction of HAuCl$_4$ by cellulose in the ionic liquid 1-butyl-3-methyl imidazolium chloride. J Mater Chem, 2008, 18: 1008~1014

[11] Ma L, Chen W X, Li H, et al. Ionic liquid-assisted hydrothermal synthesis of MoS$_2$ microspheres. Mater Lett, 2008, 62: 797~799

[12] Yu P, Yan J, Zhao H, et al. Rational functionalization of carbon nanotube/ionic liquid bucky gel with dual tailor-made electrocatalysts for four-electron reduction of oxygen. J Phys Chem C, 2007, 112: 2177~2182

[13] Jiang W Q, Yu B, Liu W M, et al. Carbon nanotubes incorporated within lyotropic hexagonal liquid crystal formed in room-temperature ionic liquids. Langmuir, 2007, 23: 8549~8553

[14] Batra D, Seifert S, Varela L M, et al. Solvent-mediated plasmon tuning in a gold-nanoparticle-poly(ionic liquid) composite. Adv Funct Mater, 2007, 17: 1279~1287

[15] Zhang Y J, Shen Y F, Yuan J H, et al. Design and synthesis of multifunctional materials based on an ionic-liquid backbone. Angew Chem Int Ed, 2006, 45: 5867~5870

[16] Park H, Choi Y S, Kim Y J, et al. 1D and 3D Ionic liquid–aluminum hydroxide hybrids prepared via an ionothermal process. Adv Funct Mater, 2007, 17: 2411~2418

[17] Mumalo-Djokic D, Stern W B, Taubert A. Zinc oxide/carbohydrate hybrid materials via mineralization of starch and cellulose in the strongly hydrated ionic liquid tetra-butylammonium hydroxide. Cryst Growt Des, 2008, 8: 330~335

[18] Dai S, Ju Y H, Gao H J, et al. Preparation of silica aerogel using ionic liquids as solvents. Chem Commun, 2000, 3: 243, 244

[19] Zhou Y, Antonietti M. Room-temperature ionic liquids as template to monolithic meso-porous silica with wormlike pores via a sol-gel nanocasting technique. Nano Lett, 2004, 4: 477~481

[20] Zhou Y, Antonietti M. A series of highly ordered, Super-microporous, lamellar silicas prepared by nanocasting with ionic liquids. Chem Mater, 2004, 16: 544~550

[21] Zhou Y, Antonietti M. Preparation of highly ordered monolithic super-microporous lamellar silica with a room-temperature ionic liquid as template via the nanocasting technique. Adv Mater, 2003, 15: 1452~1455

[22] Trewyn B G, Whitman C M, Lin V S Y. Morphological control of room-temperature ionic liquid templated mesoporous silica nanoparticles for controlled release of antibacterial agents. Nano Lett, 2004, 4: 2139~2143

[23] Kuang D, Brezesinski T, Smarsly B. Hierarchical porous silica materials with a trimodal pore system using surfactant templates. J Am Chem Soc, 2004, 126: 10534, 10535

[24] Lunstroot K, Driesen K, Nockemann P, et al. Luminescent ionogels based on europium-doped ionic liquids confined within silica-derived networks. Chem Mater, 2006, 18:

5711~5715

[25] Zhou Y, Antonietti M. Synthesis of very small TiO$_2$ nanocrystals in a room-temperature ionic liquid and their self-assembly toward mesoporous spherical aggregates. J Am Chem Soc, 2003, 125: 14960, 14961

[26] Yoo K S, Lee T G, Kim J. Preparation and characterization of mesoporous TiO$_2$ particles by modified sol–gel method using ionic liquids. Microporous Mesoporous Mater, 2005, 84: 211~217

[27] Choi H, Kim Y J, Varma R S, et al. Thermally stable nanocrystalline TiO$_2$ photocatalysts synthesized via sol-gel methods modified with ionic liquid and surfactant molecules. Chem Mater, 2006, 18: 5377~5384

[28] Yu N, Gong L, Song H, et al. Ionic liquid of [Bmim]$^+$Cl$^-$for the preparation of hierarchical nanostructured rutile titania. J Solid State Chem, 2007, 180: 799~803

[29] Žilková N, Zukal A, Čejka J. Synthesis of organized mesoporous alumina templated with ionic liquids. Microporous Mesoporous Mater, 2006, 95: 176~179

[30] Park H, Yang S H, Jun Y S, et al. Facile route to synthesize large-mesoporous γ-alumina by room temperature ionic liquids. Chem Mater, 2007, 19: 535~542

[31] Brezesinski T, Erpen C, Iimura K, et al. Mesostructured crystalline ceria with a bimodal pore system using block copolymers and ionic liquids as rational templates. Chem Mater, 2005, 17: 1683~1690

[32] Liu H T, He P, Li Z Y, et al. Crystalline vanadium pentoxide with hierarchical mesopores and its capacitive behavior. Chem Asian J, 2006, 1: 701~706

[33] Li Z, Gessner A, Richters J, et al. Hollow zinc oxide mesocrystals from an ionic liquid precursor (ILP). Adv Mater, 2008, 20(7): 1279~1285

[34] Dupont J, Fonseca G S, Umpierre A P, et al. Transition-metal nanoparticles in imidazolium ionic liquids: recyclable catalysts for biphasic hydrogenation reactions. J Am Chem Soc, 2002, 124: 4228,4229

[35] Fonseca G S, Umpierre A P, Fichtner P F P, et al. The use of imidazolium ionic liquids for the formation and stabilization of Ir(0) and Rh(0) nanoparticles: efficient catalysts for the hydrogenation of arenes. Chem Eur J, 2003, 9: 3263~3269

[36] Scheeren C W, Machado G, Dupont J, et al. Nanoscale Pt(0) particles prepared in imidazolium room temperature ionic liquids: synthesis from an organometallic precursor, characterization, and catalytic properties in hydrogenation reactions. Inorg Chem, 2003, 42: 4738~4742

[37] Itoh H, Naka K, Chujo Y. Synthesis of gold nanoparticles modified with ionic liquid based on the imidazolium cation. J Am Chem Soc, 2004, 126: 3026, 3027

[38] Nunez N O, Ocana M. An ionic liquid based synthesis method for uniform luminescent lanthanide fluoride nanoparticles. Nanotechnology, 2007, 18: 455~606

[39] Ding K, Miao Z, Liu Z, et al. Facile synthesis of high quality TiO_2 nanocrystals in ionic liquid via a microwave-assisted process. J Am Chem Soc, 2007, 129: 6362~6263

[40] Kaper H, Endres F, Djerdj I, et al. Direct low-temperature synthesis of rutile nanostructures in ionic liquids. Small, 2007, 3: 1753~1763

[41] Wang Y, Yang H. Oleic acid as the capping agent in the synthesis of noble metal nanoparticles in imidazolium-based ionic liquids. Chem Commun, 2006, 2545~2547

[42] Wang Y, Maksimuk S, Shen R, et al. Synthesis of iron oxide nanoparticles using a freshly-made or recycled imidazolium-based ionic liquid. Green Chem, 2007, 9: 1051~1056

[43] Bühler G, Thölmann D, Feldmann C. One-pot synthesis of highly conductive indium tin oxide nanocrystals. Adv Mater, 2007, 19: 2224~2227

[44] Zhao X, Wang C, Hao X, et al. Synthesis of PbS nanocubes using an ionic liquid as the solvent. Mater Lett, 2007, 61: 4791~4793

[45] Biswas K, Rao C N R. Use of ionic liquids in the synthesis of nanocrystals and nanorods of semiconducting metal chalcogenides. Chem Eur J, 2007, 13: 6123~6129

[46] Jiang J, Yu S, Yao W, et al. Morphogenesis and crystallization of Bi_2S_3 nanostructures by an ionic liquid-assisted templating route: synthesis, formation mechanism, and properties. Chem Mater, 2005, 17: 6094~6100

[47] Bühler G, Feldmann C. Microwave-assisted synthesis of luminescent $LaPO_4$: Ce, Tb nanocrystals in ionic liquids. Angew Chem Int Ed, 2006, 45: 4864~4867

[48] Zhu Y J, Wang W W, Qi R J, et al. Microwave-assisted synthesis of single-crystalline tellurium nanorods and nanowires in ionic liquids. Angew Chem Int Ed, 2004, 43: 1410~1414

[49] Wang Y, Yang H. Synthesis of CoPt nanorods in ionic liquids. J Am Chem Soc, 2005, 127: 5316~5317

[50] Li Z H, Liu Z M, Zhang J L, et al. Synthesis of single-crystal gold nanosheets of large size in ionic liquids. J Phys Chem B, 2005, 109: 14445~14448

[51] Miao S D, Miao Z J, Liu Z M, et al. Synthesis of mesoporous TiO_2 films in ionic liquid dissolving cellulose. Micropor Mesopor Mater, 2006, 95: 26~30

[52] Taubert A. CuCl Nanoplatelets from an ionic liquid-crystal precursor. Angew Chem Int Ed, 2004, 43: 5380~5382

4.3 离子液体在无机材料制备中的研究进展

室温离子液体作为一种新型的绿色环保溶剂在无机材料制备方面主要应用在金属–有机骨架化合物、无机金属簇、无机配合物等的合成上。

4.3.1　离子液体在金属–有机化合物合成中的应用

金属–有机配位聚合物或金属–有机骨架结构 (MOF) 是近十几年来得到学术界广泛关注的一类新型多孔材料[1,2]。这类材料是通过金属或金属簇和配体之间通过自组装形成的具有高度规整的无限网络结构的配合物。在构筑配位化合物的过程中需要选择多个给体原子的多齿配体来桥联金属原子，以便形成一维、二维或三维方向无限延伸的开放骨架结构。在多孔配位骨架结构中，通常把金属离子看做是结点，含氧/氮的有机物为桥联配体。从中心金属离子来看，早期的配合物主要为 Co、Ni、Cu、Zn 及 Cd 等常见的低价态过渡金属离子；现在，高价过渡金属离子以及碱金属、碱土金属也被广泛地用到多孔配位聚合物的合成中。近几年，稀土元素的多孔配位聚合物也备受关注。

1. 离子热合成金属–有机骨架化合物

自从离子热方法用于分子筛合成以来，一系列具有新型拓扑结构的金属–有机配位聚合物也通过离子热方法合成了出来。第一个以离子液体为溶剂得到的金属–有机化合物是在离子液体 [bmim][BF$_4$] 中得到的铜的配位聚合物 [Cu(bpp)BF$_4$] [bpp=1,3-二 (4-吡啶) 丙烷]；阴离子 [BF$_4$]$^-$ 作为电荷补偿，阳离子 [bmim]$^+$ 仍留在溶液中[3]。在相同的离子液体中，离子热合成的第一个具有 3D 结构的金属有机化合物为 [Cu$_3$(tpt)$_4$(BF$_4$)$_3$·(tpt)$_{2/3}$·5H$_2$O][tpt = 2,4,6-三 (4-吡啶)-1,3,5-三嗪[4]；彩图 11 给出了它们的结构。

Hogben 等 [5] 在离子液体 [emim]Br 中合成镍的配位聚合物 [(MeIm)Ni(BDC)]。Liao 等 [6,7] 也采用离子热合成了镉的配位聚合物，分别为在离子液体 [bmim]Br 中得到 2D 的 [bmim]$_2$[Cd$_3$(BDC)$_3$Br$_2$] 和在离子液体 [emim]Br 中得到 3D 的 [emim][Cd(BTC)]，咪唑阳离子 [bmim]$^+$/ [emim]$^+$ 作为模板剂和电荷补偿分别位于骨架空穴中 (图 4.42)。

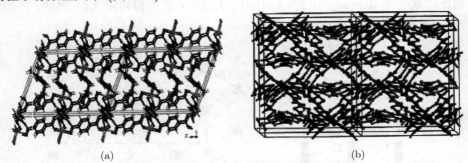

(a)　　　　　　　　　　　　　　(b)

图 4.42　离子热合成的新型镉的配位聚合物

(a) (bmim)$_2$[Cd$_3$(BDC)$_3$Br$_2$]；(b) (emim)[Cd(BTC)]

Xu 等 [8] 在一系列烷基咪唑离子液体 [C$_n$mim]Br(n=2,3,4,5) 中得到了六种锌的 3D 配位聚合物。图 4.43 显示了在离子液体 $[C_2mim]Br$ 中得到锌的配位聚合物，离子液体阳离子 $[C_nmim]^+$ 位于骨架空道中。使用相同的金属离子和相同的配体在离子液体 [bmim]I 中首次得到了在 Zn 配位聚合物中出现的四核结构单元 $[Zn_4(OH)_2(I)_2(CO_2)_6]$，咪唑阳离子 $[bmim]^+$ 作为电荷补偿离子与配合物的骨架有着较强的相互作用[9]。

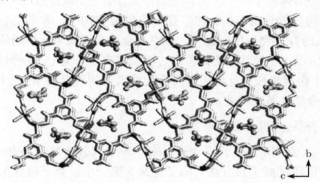

图 4.43   离子热合成的新型锌的配位聚合物

通过改变离子液体的阴离子，Lin 等 [10] 合成了阴离子控制的过渡金属钴的配位聚合物。反应体系所用的离子液体为 [emim]Br 和 [emim][NTf$_2$]，离子液体的熔点分别为 81 ℃ 和 −3 ℃，水溶性分别为完全互溶和具有一定的溶解性。在较高极性的溶剂 [emim]Br 中得到了三核的 $(emim)_2[Co_3(TMA)_2(OAc)_2]$；降低溶剂的极性，在混合离子液体 [emim]Br:[emim][NTf$_2$]=1:1 中得到 3D 阴离子骨架结构 (Emim)[Co(TMA)]；在较低极性的离子液体 [emim][NTf$_2$] 中得到 $[Co_5(OH)_2(OAc)_8]$ $(H_2O)_x$，结构如彩图 12 所示。

另外，通过在离子热合成中引入手性离子液体，可以得到手性诱导的过渡金属镍的配位聚合物 $[bmim]_2[Ni(TMA-H)_2(H_2O)_2]$[11]，其结构如图 4.44 所示。所用的

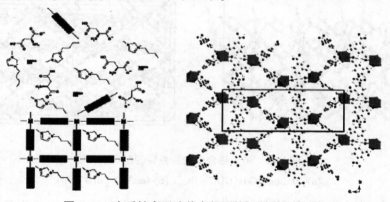

图 4.44   在手性离子液体中得到的新型配位聚合物

手性离子液体为咪唑阳离子和手性的 L-天冬氨酸阴离子或 D-天冬氨酸阴离子组成的离子液体。离子热合成中引入手性为制备新型手性材料开辟了新的发展方向。

2. 离子液体为配体合成金属–有机骨架化合物

目前，采用中性含 N/O 有机分子作为桥联配体合成金属–有机配位聚合物已经得到广泛的研究。在此基础上 Fei 等[12] 将二取代的咪唑羧酸 [Me{CH$_2$COO}im] 引入过渡金属配位聚合物，利用配体的酸性和金属 Zn/Co 反应得到了咪唑羧酸配位聚合物{[ZnCl(H$_2$O)(C$_7$H$_7$N$_2$O$_4$)](H$_2$O)}$_\infty$ 和{[Co(H$_2$O)$_4$(C$_7$H$_7$N$_2$O$_4$)]Br(H$_2$O)}$_\infty$，其结构如图 4.45 所示。

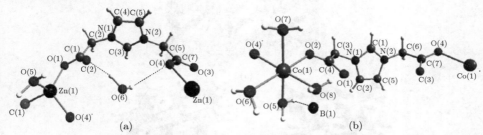

图 4.45　以咪唑羧酸为配体得到的新型配位聚合物

(a) Zn；(b) Co

用同样的方法将咪唑羧酸 [Me(CH$_2$COO)im] 和第 I、第 II 主族金属的氧化物 BaO 或碳酸盐 CaCO$_3$、SrCO$_3$、CsCO$_3$ 反应得到一系列主族金属的配位聚合物[13]，结构如图 4.46 所示。

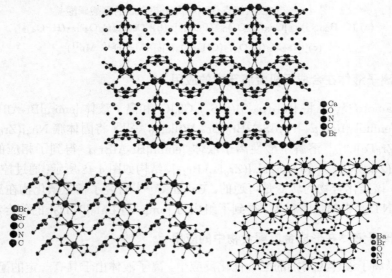

图 4.46　以咪唑羧酸为配体得到的新型配位聚合物

4.3.2 离子热合成金属草酸磷酸盐化合物

Tang 等[14]、Tsao 等[15]、Sheu 等[16] 以氯化胆碱–羧酸低共熔点溶剂为介质，在离子热条件下得到了一系列金属草酸磷酸盐开放骨架结构，包括在氯化胆碱–草酸介质中得到镓盐 $(C_7H_{20}N_2)_{0.5}[Ga_3(C_2O_4)_{0.5}(PO_4)_3]$，以及在氯化胆碱–丙二酸介质中得到铁/锰盐 $[Cs_2Fe(C_2O_4)_{0.5}(HPO_4)_2]$、$[CsFe(C_2O_4)_{0.5}(H_2PO_4)(HPO_4)]$ 和 $[Na_2M_3(C_2O_4)_3(CH_3PO_3H)_2]$ (M= Fe^{II}, Mn^{II})，其结构如图 4.47 所示。

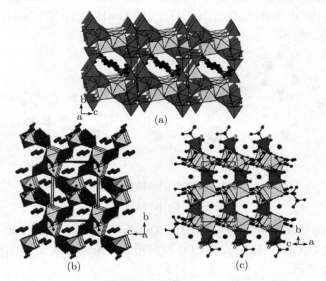

图 4.47 在低共熔点体系中离子热合成的草酸磷酸盐
(a) $(C_7H_{20}N_2)_{0.5}[Ga_3(C_2O_4)_{0.5}(PO_4)_3]$; (b) $[Cs_2Fe(C_2O_4)_{0.5}(HPO_4)_2]$;
(c) $[Na_2M_3(C_2O_4)_3(CH_3PO_3H)_2]$ (M= Fe^{II}, Mn^{II})

4.3.3 离子液体在合成无机金属簇中的应用

Sakamoto 等[17] 将 $[Re_3(\mu_3\text{-}S)(\mu\text{-}S_2)_3Cl_6]Cl$ 和离子液体 [emim]Br-AlBr$_3$ 反应，得到了 $[emim]_3[Re_3(\mu_3\text{-}S)(\mu\text{-}S_2)_3Br_6]Br$。Willems 等[18] 将固体簇 $Na_4[(Zr_6Be)Cl_{16}]$ 和 $K_4[(Zr_6Fe)Cl_{15}]$ 溶解于酸性离子液体 [emim]Br-AlBr$_3$，得到了相应的异构体 $[emim]_4[(Zr_6Be)Br_{18}]$ 和 $[emim]_4[(Zr_6Fe)Br_{18}]$，结构如图 4.48 所示；通过控制 Cl/Br 的浓度，该类化合物的转变是可逆的。Babai 等[19] 研究了稀土碘化物在离子液体 [bmpyr][NTf$_2$] 中的化学行为，得到了组成为 $[bmpyr]_4[LnI_6][NTf_2]$ 的化合物。

4.3.4 离子液体在形成金属配合物中的应用

在以离子液体为溶剂的配合催化反应中，离子液体由于具有一定的配位作用，能与催化剂反应，使催化剂更容易溶于离子液体，产生更好的催化效果。Xu

等[20] 利用 [emim]Br/[emim][BF₄] 和 Pb(OAc)₂ 反应得到了一系列金属有机配合物 (图 4.49) 用于 Heck 反应，在这里 [bmim]Br/[bmim][BF₄] 作为反应物和 Pd 生成配合物，用于提高反应中 Pd 的催化活性；所合成的催化剂在 Heck 反应中展现出了高活性和高稳定性；同时通过比较，使用 [bmim]Br 比使用 [bmim][BF₄] 具有更加出色的催化效果，原因是前者更容易和 Pd 形成稳定的金属配合物。

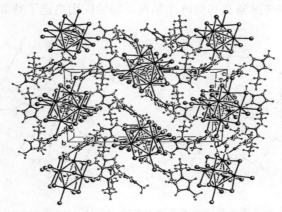

图 4.48　[emim]₄[(Zr₆Z)Br₁₈] (Z = Fe, Be) 中阴阳离子 [(Zr₆Z)Br₁₈]⁴⁻ 和 [emim]⁺ 的结构组合

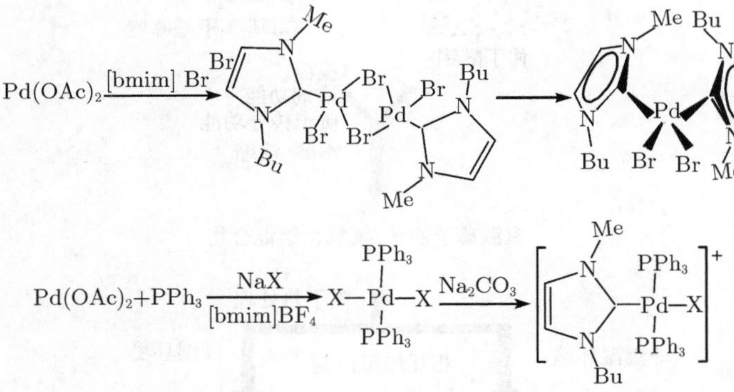

图 4.49　离子液体和 Pd 金属形成的金属有机聚合物催化剂

4.3.5　离子液体在其他无机化合物合成中的应用

由于阴离子为 [PF₆]⁻ 的离子液体极易水解产生 HF 和 [PO₄]³⁻，Parnham 等[21] 在憎水性离子液体 [bmim][PF₆] 中得到了 β-NH₄AlF₄。且在不同的温度下得到不同空间群的 β-NH₄AlF₄，在 298 K 得到晶体的空间群为 I4/mcm，而在 93 K 得到晶体的空间群为 P42/ncm，结构如图 4.50 所示。

Park 等[22,23] 利用离子热合成了 RTIL/Al(OH)₃(RAH) 混合物体系，图 4.51 给

出了该混合物的合成过程。在离子热合成条件下，由于离子液体和铝分子间相互作用受离子液体阴离子的种类、阳离子烷基链长、反应湿度等的影响，得到六边形的 1D 纳米棒、纳米纤维、3D 多面体球等多种形态纳米 RAH。该方法得到的不同形状的纳米混合物展示了较好的电化学性质，在无水条件下具有高的质子传导率。该方法为控制合成不同形状纳米无机材料提供了新途径；为燃料电池、太阳能电池、可充电电池、生物传感器及其他电化学设备等的应用奠定了基础。

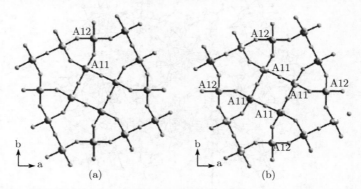

图 4.50　在不同的温度下离子热得到的 β-NH$_4$AlF$_4$ (a) 298 K；(b) 93 K

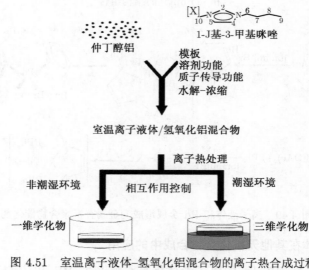

图 4.51　室温离子液体–氢氧化铝混合物的离子热合成过程

[C$_n$mim]X (n=4, 12, 16; X = BF$_4$, TFSI, Cl)

4.3.6　发展方向及展望

室温离子液体作为一种新型的绿色环保溶剂在无机合成方面的应用始于合成

金属有机配合物。近年来，基于室温离子液体特殊的性质，使其在无机材料合成中起到了一般溶剂所没有起到的作用，所得产物比传统液相反应中得到的产物具有更加丰富的晶型、更加细小均匀的颗粒大小；在很多方面室温离子液体都体现出了明显的优势。

目前，室温离子液体在无机合成中的应用还仅仅处于起步阶段，存在着许多问题，例如，离子液体的使用一般都是常规离子液体，功能化离子液体的使用较少；有关离子液体作用的机理研究有限等。今后的研究热点可能会集中在设计开发出更多具备特殊功能的离子液体以及离子液体作用机理的基础研究上；将离子液体的使用同微波、超声等现代化合成手段相结合，合成具有更多功能的无机材料。

参 考 文 献

[1] Stein A. Advances in microporous and mesoporous solids-highlights of recent progress. Adv Mater, 2003, 15: 763~775

[2] James S L. Metal-organic frameworks. Chem Soc Rev, 2003, 32: 276~288

[3] Jin K, Huang X, Pang L, et al. [Cu(I)(bpp)]BF$_4$: the first extended coordination network prepared solvothermally in an ionic liquid solvent. Chem Commun, 2002, 2872, 2873

[4] Dybtsev D N, Chun H, Kim K. Three-dimensional metal-organic framework with (3,4)-connected net, synthesized from an ionic liquid medium. Chem Commun, 2004, 1594,1595

[5] Hogben T, Douthwaite R E, Gillie L J, et al. Synthesis of a neutral metal-organic network solid [(MeIm)Ni(BDC)](where MeIm= methylimidazole and BDC = 1,4-benzene-dicarboxylate) in an ionic liquid solvent 1-methyl-3-propylimidazolium bromide. Cryst Eng Commun, 2006, 8: 866~868

[6] Liao J H, Wu P C, Huang W C. Ionic liquid as solvent for the synthesis and crystallization of a coordination polymer: (EMI)Cd(BTC) (EMI=1-Ethyl-3-Methylimidazolium, BTC= 1,3,5,-Benzenetricarboxylate). Cryst Growth Des, 2006, 6: 1062, 1063

[7] Liao J H, Huang W C. Ionic liquid as reaction medium for the synthesis and crystallization of a metal-organic framework: (BMIM)$_2$[Cd$_3$(BDC)$_3$Br$_2$] (BMIM =1-butyl-3-methylimidazolium, BDC = 1,4-benzenedicarboxylate). Inorg Chem Commun, 2006, 9: 1227~1231

[8] Xu L, Choi E Y, Kwon Y U. Ionothermal syntheses of six three-dimensional Zinc metal-organic frameworks with 1-alkyl-3-methylimidazolium bromide ionic liquids as solvents. Inorg Chem, 2007, 46(25): 10670~10680

[9] Xu L, Choi E Y, Kwon Y U. Ionothermal synthesis of 3D Zinc coordination polymer: [Zn$_2$(BTC)(OH)(I)](BMIM) containing novel tetranuclear building unit. Inorg Chem Commun, 2008, 11: 150~154

[10] Lin Z J, Wragg D S, Warren J E, et al. Anion control in the ionothermal synthesis of coordination polymers. J Am Chem Soc, 2007, 129(34): 10334, 10335

[11] Lin Z J, Slawin A M Z, Morris R E. Chiral induction in the ionothermal synthesis of a 3-D coordination polymer. J Am Chem Soc, 2007, 129(16): 4880, 4881

[12] Fei Z F, Ang W H, Geldbach T J, et al. Ionic solid-state dimers and polymers derived from imidazolium dicarboxylic acids. Chem Eur J, 2006, 12: 4014~4020

[13] Fei Z F, Geldbach T J, Scopelliti R, et al. Metal-organic frameworks derived from imidazolium dicarboxylates and group I and II. Salts Inorg Chem, 2006, 45(16): 6331~6337

[14] Tang M F, Liu Y H, Chang P C, et al. Ionothermal synthesis, crystal structure and solid-state NMR spectroscopy of a new organically templated gallium oxalatophosphate: $(H_2TMPD)_{0.5}[Ga_3(C_2O_4)_{0.5}(PO_4)_3]$ (TMPD=N,N,N',N',tetramethyl-1, 3-propanediamine). Dalton Trans, 2007, 4523~4528

[15] Tsao C P, Sheu C Y, Nguyen N, et al. Ionothermal synthesis of metal oxalatophosphonates with a three-dimensional framework structure: $Na_2M_3(C_2O_4)_3(CH_3PO_3H)_2$ (M=Fe^{II} and Mn^{II}). Inorg Chem, 2006, 45(25): 6361~6364

[16] Sheu C Y, Lee S F, Lii K H. Ionic liquid of choline chloride/malonic acid as a solvent in the synthesis of open-framework iron oxalatophosphates. Inorg Chem, 2006, 45(25): 1891~1893

[17] Sakamoto H, Watanabe Y, Saito T. Synthesis of $Im_3[Re_3(\mu_3\text{-}S)(\mu\text{-}S)_3Br_9]Br$ (Im=1-Ethyl-3-methylimidazolium) by means of an ionic liquid. Inorg Chem, 2006, 45(12): 4578, 4579

[18] Willems J B, Rohm H W, Geers C, et al. Reversible bromide-chloride exchange in zirconium cluster compounds: synthesis by means of ionic liquids, structures, and some spectral data of $(EMIm)_4[(Zr_6Z)Br_{18}]$ cluster phases (Z= Be, Fe). Inorg Chem, 2007, 46(15): 6197~6203

[19] Babai A, Mudring A V. Rare-earth iodides in ionic liquids: crystal structures of $[Bmpyr]_4[LnI_6][NTf_2]$ (Ln = La, Er). J Alloys Compd, 2006, 418: 122~127

[20] Xu L J, Chen W P, Xiao J L. Heck reaction in ionic liquids and the in situ identification of N-heterocyclic carbene complexes of palladium. Organometallics, 2000, 19: 1123~1127

[21] Parnham E R, Slawin A M Z, Morris R E. Ionothermal synthesis of β-NH_4AlF_4 and the determination by single crystal X-ray diffraction of its room temperature and low temperature phases. J Solid State Chem, 2007, 180: 49~53

[22] Park H S, Choi Y S, Kim Y J, et al. 1D and 3D ionic liquid-aluminum hydroxide hybrids prepared via an ionothermal process. Adv Funct Mater, 2007, 17: 2411~2418

[23] Park H S, Choi Y S, Jung Y M, et al. Intermolecular interaction-induced hierarchical transformation in 1D nanohybrids: analysis of conformational changes by 2D correlation spectroscopy. J Am Chem Soc, 2008, 130(3): 845~852

4.4　离子液体的电化学应用 *

近年来, 离子液体在有机合成、催化、萃取分离、新材料的制备等研究领域受到了广泛的关注并取得了大量的研究成果[1~8]；同时，在电化学应用领域，离子液体作为一种新型电解质材料在二次电池、超级电容器和燃料电池等方面的研究应用也崭露头角[9~17]。

电解质作为物理化学电源中的重要组成部分，在电化学体系内部的正负电极之间承担着传递电荷的作用，它对电池的容量、工作温度范围、循环性能及安全性能等特性都有着重要的影响。面向物理化学电源体系应用的电解质材料应满足高离子电导率、宽电化学窗口、良好热稳定性和化学稳定性、无毒、无污染、使用安全及易制备、成本低等要求，而目前应用的电解质体系难以同时满足上述条件。特别是随着目前新型物理化学电源对高容量、高功率、长寿命、高安全性及绿色环保等性能的需求，新型电解质材料的研究开发成为电化学研究领域新材料研发工作中的重点。从 20 世纪 90 年代初，离子液体由于其独特的物理化学性质而逐渐在物理化学电源电化学体系中受到关注 (表 4.16)，为电解质的研究提供了新的思路和大量可供选择的材料。

表 4.16　离子液体的特性与其在电化学应用中的优势

离子液体特性	电化学应用的优势
不易燃性	显著改善物理化学电源的安全性能
蒸气压低	离子液体不易挥发，使得电池的生产过程更为安全；对水和空气稳定的离子液体可以在任何时候干燥使用，处理过程相对容易，更具经济性
热稳定性高	提高物理化学电源的高温应用性能
液态范围宽	提高物理化学电源的使用温度范围，可满足部分特种电化学体系的应用
材料相容性良好	除 $AlCl_3$ 类型的离子液体外，多数离子液体没有腐蚀性，对目前常见的用于物理化学电源体系中的金属、塑料等组成均十分稳定
离子浓度高	离子液体是具有高浓度的电子载体，在电化学体系高速充电时有助于克服浓差极化，从而提高体系的放电能力
电化学窗口宽	具有高的电化学稳定性，可满足高电压和高容量电池体系应用
毒性低、环保	离子液体被认为是一种环境友好的 "绿色溶剂"，满足绿色物理化学电源体系的开发应用需求，提高使用安全性

* 感谢国家重点基础研究发展计划 (973 计划)(2002CB211800, 2009CB220100)、国家高技术研究发展计划 (863 计划)(2007AA03Z226)、国家自然科学基金 (20803003) 和北京理工大学优秀青年教师支持计划 (2007Y0511) 等项目对本节研究工作的支持。

4.4.1 离子液体在二次电池中的应用

在当前的二次电池体系中，锂离子电池因其具有高能量密度、高工作电压、长循环寿命等优点，在大量占据便携式电子产品电源市场的同时，正逐步向大型动力电源应用领域发展[18,19]。在锂离子电池中，电池的工作电压通常高达 3~4V，传统的水溶液体系已不能满足要求。因此，必须采用非水电解液体系作为锂离子电池的电解液。锂离子电池液体电解质研究开发的一个重要方向是寻找能够在高电压下不分解的有机溶剂和电解质盐[20~22]。溶剂是液体电解质的主体成分，其物理化学属性如黏度、介电常数、熔点、沸点、闪点以及氧化还原电位等都影响到电解液的性能，对电池的使用温度范围、电解质锂盐的溶解度、电极电化学性能和电池安全性能等都具有重要的影响。目前用于锂离子电池的非水有机溶剂主要是各种碳酸酯，比较典型的如乙烯碳酸酯 (EC)、二甲基碳酸酯 (DMC) 和二甲基乙基碳酸酯 (DEC) 等。碳酸酯类溶剂的共同缺点是易燃，有些直链分子还易挥发，影响了电池安全性。而安全性始终是锂离子电池的普及、特别是高功率和高容量锂离子电池应用开发所面临的关键问题和技术难点[23,24]。因此，发展能够替代易燃有机溶剂的电解质体系成为高性能二次电池研发的重要工作。研究发现，应用离子液体作为新型电解质溶液，在增强现有电化学体系的实用性并显著改善其安全性方面有着较好的应用前景，可突破现有化学电源应用的局限。

在早期研究中，离子液体主要为 $AlCl_3$ 型体系，应用的二次电池中常用负极材料为铝锂合金和碳材料。随着离子液体种类的增多，非 $AlCl_3$ 类型和特殊结构的离子液体材料在二次电池中的应用研究也越来越受到重视。同时，近几年来将离子液体与聚合物材料相结合开发离子液体–聚合物复合电解质材料成为离子液体在电化学应用研究领域的一个热点。

1. $AlCl_3$ 型离子液体在二次电池中的应用研究

$AlCl_3$ 型离子液体研究较早，特别是在 20 世纪八九十年代主要研究集中在 $AlCl_3$ 型离子液体的电化学应用。先后报道了 $AlCl_3$-氯化 N-正丁基吡啶[25]、$AlCl_3$-氯化 1-甲基咪唑[26] 等体系的熔点、电导率、稳定电位窗等属性，适宜配比下体系均具有室温以下的熔点。研究还将乙腈、苯、四氢呋喃、二乙酯、1,2-二氯苯和甲苯等作为添加剂或共溶剂使用，来降低离子液体的黏度以改善其动力学行为和提高传导率[27~30]。在研究体系中，烷基咪唑类离子液体具有更负的阴极电势，如 Gifford 和 Palmisano[31] 研究了被取代的咪唑–氯化铝的电化学窗口，发现其稳定的电化学窗口为 5 V，且 $AlCl_3$:[mmpim]Cl=2:1 的离子液体在 20°C 时的电导率为 $4.8×10^{-3}S·cm^{-1}$。研究显示，烷基咪唑类离子液体的离子电导率和电化学窗口均优于烷基吡啶类离子液体。少数研究将 $AlCl_3$-[emim]Cl-LiCl 作为电解质，组装到 C/V_2O_5、工作电压为 3~ 3.5 V 的二次电池中，测试结果显示，此类 $AlCl_3$ 型离子液体电解质具有电池应用的基本电化学性质。Vestergaard 等[32] 研究了一种含三唑阳离子的离子液体 (氯化 1,4- 二甲基 -1,2,4- 三唑/AlCl₃)。在这种离子液体中，Al 可以在 Al 集流体上很好地沉积与溶出。

AlCl₃ 型离子液体应用电池体系中另一种常见的负极材料为 Li，在 [emim]Cl/AlCl₃ 离子液体中，Li 的还原电位比 [emim]⁺ 的还原电位更正，因此不会发生 [emim]⁺ 共还原的问题。然而，金属 Li 在 [emim]Cl/AlCl₃ 离子液体中表现得比较活泼[33,34]，部分研究工作采用 TEOA[35]、亚硫酰氯[36~38] 和 PhSOCl₂[39] 作为添加剂以改善 Li 的循环性能。Carlin 等提出一种以单一熔盐为电解质的双离子电池概念[40]。其正负极均为石墨插层化合物，而熔融盐既提供阴离子又提供阳离子，并分别插入到石墨正负极中，其中用 1,2-二甲基-3-丙基咪唑–四氯化铝 (mmpim+AlCl₄) 作电解质的电池，开路电压为 3.5 V。此电池的优点是不需任何有机溶剂、可以在放电态组装且石墨电极价格低廉。Fung 和 Zhou[39] 将 LiCl 溶解在 AlCl₃- 氯化 1-甲基-3-乙基咪唑的离子液体中作为电解质，装配 LiCoO₂/LiAl 电池，第一周的放电容量为 112 mAh·g⁻¹，低于非水有机电解液样品，添加 C₆H₅SO₂Cl 到离子液体中后，体系的电化学稳定性和电极的可逆性有所提高。

研究表明，部分 AlCl₃ 型离子液体作为电解液可应用于某些特定的电化学体系，并表现出较优的性能。然而，对 AlCl₃ 型离子液体属性的分析可知，由于 AlCl₃ 对水和空气十分敏感，操作需要隔绝空气，且带有一定的腐蚀性，很大程度上限制了该类电解质材料的有效应用。因此，对空气和水均不敏感具有疏水性的非 AlCl₃ 型离子液体逐渐被人们所关注。

2. 非 AlCl₃ 型离子液体在二次电池中的应用研究

经过近二十年的发展，非 AlCl₃ 型离子液体体系的样品逐渐增多，基本上是由含氮有机杂环阳离子和无机阴离子组成。主要有如 1-甲基-3-乙基-咪唑四氟硼酸盐[41]、1-甲基-3-乙基-咪唑六氟磷酸盐[42] 以及基于季铵阳离子和磺酰亚铵阴离子等的离子液体。BonhÔte 等[43] 合成了 34 种以 1,3- 二烷基咪唑为阳离子的盐，通过改变离子结构中的烷基链长度对离子液体的物理性质进行调整。研究表明，咪唑阳离子烷基链的增长会提高范德华力相互作用，导致黏度增大；在高介电常数溶剂中的溶解度增大；同时熔点略有降低。阴离子选择全氟化系列，由于负电荷的强离域作用会削弱与阳离子的氢键作用，从而导致黏度降低。他们还首次研究了疏水性二 (三氟甲基磺酸酰) 亚胺–二烷基咪唑盐，该系列样品具有较宽的电化学窗口 (> 4 V)，良好的离子电导率 (10⁻³ S·cm⁻¹) 和热稳定性，对水和空气均不敏感。

Koch[44,45] 研究发现，1,2- 位取代的咪唑盐不稳定，由此研究制备了 1,2-二甲基-3-丙基咪唑的二 (三氟甲基磺酸酰) 亚胺盐，发现其在 25 ℃时的电导率可达 2.52×10⁻³S·cm⁻¹，且对锂电极的动力学性质很稳定，如果与锂盐共同使用，可能作为电解质材料在锂离子电池中得到应用。1999 年，MacFarlane[46~48] 合成了一种新型离子液体阳离子 -N, N-二烷基吡咯烷，通过改变吡咯烷 N 上的取代基可实现对样品熔点的调整，且结构不对称性增强时，熔点进一步降低 [N, N-甲乙基吡咯烷–二 (三氟甲基磺酸酰) 亚胺盐结构如图 4.52 所示]。该类离子液体中，N, N-甲基–正丁基吡咯烷–二 (三氟甲基磺酸酰) 亚胺盐，玻璃化温度为 -87 ℃，熔点为 -18 ℃，电化学稳定窗口超过 5.5 V，室温电导率为 2.2×10^{-3} S·cm^{-1}。将锂离子掺杂进此类有机熔盐体系中，会得到一类锂离子的快离子导体塑晶电解质，但离子电导率有所降低。对其微结构进行分析认为，相对于锂离子，有机盐可被看做固体溶剂或基底；锂盐含有与基底同样的阴离子，而锂盐的掺杂可以认为是阳离子取代。由于旋转无序性及晶格空位的存在而导致锂离子的快速迁移，通过调整基底与掺杂比例，适宜配比下样品的离子电导率可显著增高 (图 4.53)。

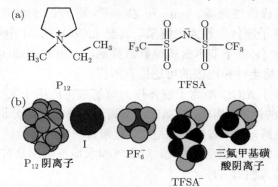

图 4.52 (a) N, N-甲乙基吡咯烷–二 (三氟甲基磺酸酰) 亚胺盐阴阳离子结构；(b) 塑晶电解质材料中典型阴离子尺寸和形态对比

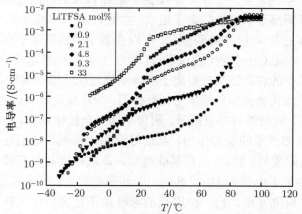

图 4.53 掺入 LiTFSI 的 N, N-甲乙基吡咯烷–二 (三氟甲基磺酸酰) 亚胺盐不同温度下的离子电导率

Sakaebe 等[49] 将 LiTFSI 溶解在 *N*-甲基-*N*-丙基哌啶 - 二 (三氟甲基磺酰) 亚胺盐中作为电解质, 装配 LiCoO$_2$/Li 原理电池, C/10 倍率电流充放电测试显示第一周的放电容量达 120 mAh·g^{-1}, 充放电效率保持在 97% 以上。2004 年, Sato 等[50] 将添加 10% (质量分数)EC 或 VC 的 *N*, *N*-二乙基-*N*-甲基-*N*-(2- 甲氧基) 胺–二 (三氟甲基磺酰) 亚胺盐 ([DEME][TFSI]) 作为复合电解液用于石墨/LiCoO$_2$ 体系的锂离子电池中。如图 4.54、图 4.55 所示, 样品的放电容量有所提高, 而且由于 EC 或 VC 的成膜作用, 改善了体系的循环性能; 且随着温度的升高, 模拟电池的放电容量也逐渐增大 (图 4.56)。

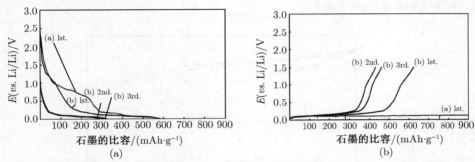

图 4.54　原理电池 (金属 Li/电解液/石墨) 在 25 ℃下的充放电曲线 (电流密度为 78.6 μA/cm^2, 0.1 C), 电解液: (a) Li–DEME–TFSI, 0.9mol/L LiTFSI; (b) 包含 10 %(质量分数) VC 的 Li–DEME–TFSI, 0.9mol/L LiTFSI

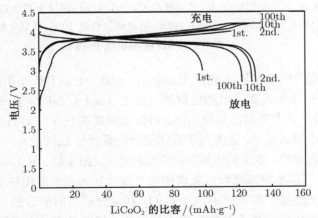

图 4.55　模拟电池 (石墨/电解液/LiCoO$_2$) 在 25 ℃下的充放电曲线, 电解液为包含 10 % (质量分数) VC 的 Li–DEME–TFSI, 0.9mol/L LiTFSI

对于传统碳酸丙烯酯 (PC) 基电解液, 通过加入成膜添加剂或是复合能够形成稳定固体电解质界面膜的溶剂 (如 EC、DMC 等) 来抑制 PC 在锂离子电池负极表面的共嵌入。离子液体研究发现，在有 TFSI 存在时，离子液体中的阳离子部分如三甲基-*N*-己基铵也会嵌入到石墨层中，导致在石墨电极上难以形成有效的钝化膜，不能生成石墨嵌层化合物[51~53]。通过在三甲基己基二 (三氟甲基磺酰) 亚胺盐 ([TMHA][TFSI]) 熔盐中加入 EC、氯乙烯碳酸酯 (CI-EC)、乙烯基碳酸酯 (VC) 或亚硫酸乙烯酯 (ethylene sulfite, ES) 后，即可形成插层化合物 LiC_6。在含有 20%(体积分数) 的氯乙烯碳酸酯的离子液体电解质 [TMHA][TFSI] 中，天然石墨负极材料表现出优异的电化学行为，首次放电容量为 352.9 mAh·g^{-1}，库仑效率为 87.1%。但由于复合氯乙烯碳酸酯的离子液体在石墨表面形成的 SEI 薄膜具有较高的界面阻抗，其表现出较差的倍率性能。

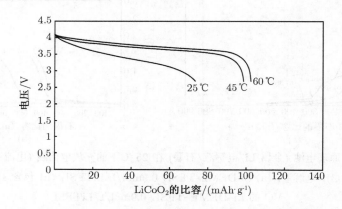

图 4.56　模拟电池 (石墨/电解液/$LiCoO_2$) 在不同温度下的 1 C 倍率
(电流密度为 786 μA·cm^{-2}) 放电曲线，电解液为包含 10 %(质量分数)VC 的
Li–DEME–TFSI, 0.9mol/L LiTFSI

Chagnes 等 [54] 将四氟硼酸锂 ($LiBF_4$)、γ-BL 与 1-丁基-3-甲基咪唑–四氟硼酸离子液体复合作为锂离子电池电解质，较之 1mol/L $LiPF_6$ 在 EC/DEC/DMC (2/2/1) 电解液中具有更高的热稳定性。对该电解质在石墨、$Li_4Ti_5O_2$ 和 Li_xCoO_2 电极上的充放电测试显示，该类离子液体复合电解质与 $Li_4Ti_5O_{12}$ 电极材料表现出良好的电化学兼容性，多次循环而容量衰减较小 (如图 4.57、图 4.58 所示)。Ahn[55] 将离子液体 1-丁基-3-甲基咪唑六氟磷酸离子液体加入到传统电解质中，研究发现其在改进电解质性能、对充电态的 $LiCoO_2$ 和电解质之间的放热反应性能方面作用不明显，且对电池的倍率性能产生不利影响；但其具有易于吸附在 $LiCoO_2$ 电极表面的特点，通过对 $LiCoO_2$ 作表面改性可有效抑制充电态 $LiCoO_2$ 的放热反应，提高 $LiCoO_2$ 的热稳定性。Hayashi[56] 合成了由 1,2-二乙基-3,4(5)-二甲基咪唑 (DEDMI) 阳离子和酰亚胺基 (imido) 阴离子组成的离子液体。与 [DEDMI][BF_4] 相比，[DEDMI][TFSI] 离子液体具有更低的凝固点 (−35 ℃) 和更高的电导率，将其与

LiTFSI 锂盐复合应用于 Li/LiCoO$_2$ 电池, 电池放电容量为 100 mAh·g^{-1}。Seki[57] 将改性咪唑阳离子基离子液体作为电解质应用于 Li/LiCoO$_2$ 二次电池中, 系统研究了离子电导率、电极电解质界面阻抗和充放电倍率性能随离子液体中锂盐浓度的变化关系。

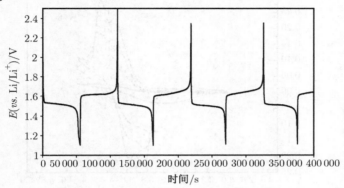

图 4.57　含有离子液体的电解质材料在 Li$_4$Ti$_5$O$_{12}$ 模拟电池中的充放电曲线 (1/15 C)

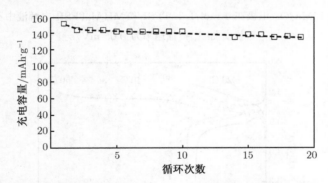

图 4.58　含有离子液体的电解质材料在 Li$_4$Ti$_5$O$_{12}$ 模拟电池中的循环寿命 (1/15 C)

郑洪河等[58,59] 采用循环伏安、恒电流测量和电化学阻抗谱等手段研究了天然石墨和尖晶石 LiMn$_2$O$_4$ 电极在 1mol/L LiTFSI/[TMHA][TFSI] 电解质中的性能 (图 4.59、图 4.60)。在室温下, 金属锂/LiMn$_2$O$_4$ 半电池的电化学性能良好, LiMn$_2$O$_4$ 的放电容量为 108.2 mAh·g^{-1}, 首次库仑效率为 91.4%。随着温度升高, 阳极电解质氧化导致电池的库仑效率降低; 在低温环境中, 由于锂离子穿越电极/电解质界面所需活化能增大等原因, 电池内阻增大, 导致电池的可逆容量降低。Ishikawa 等[60] 以双氟磺酸酰亚胺 (FSI) 为阴离子, 1-乙基-3-甲基咪唑 ([emim]) 或 N-甲基-N-丙基 - 吡咯烷 (P-13) 为阳离子制备室温离子液体 (图 4.61), 其具有高离子电导率、低黏度以及低熔点等物化属性。如图 4.62 所示, 该离子液体作为电解质在 0.5 V($vs.$ Li/Li$^+$) 左右出现不可逆的阳离子嵌入到石墨层; 在没有添加任何添加剂或是复合溶剂的情况下, 含有 FSI 的离子液体没有发生共嵌入现象。图 4.63 为石墨负极在 [emim][FSI] 离子液体电解质中的循环寿命测试, 以 0.2 C 倍率充放 30 个循环后容量仍保持在 360 mAh·g⁻¹。

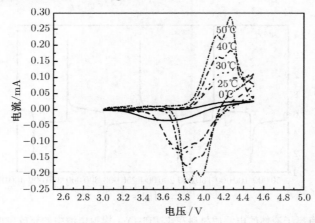

图 4.59　层状 LiMn₂O₄ 电极在 1 mol/L LiTFSI/[TMHA][TFSI] 电解液中不同温度下的循环伏安曲线, 扫描速率为 0.05 mV/s

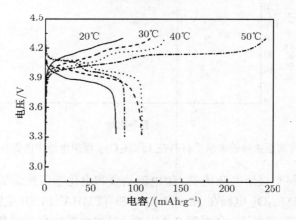

图 4.60　层状 LiMn₂O₄ 电极在 1 mol/L LiTFSI/[TMHA][TFSI] 电解液中不同温度下的充放电曲线

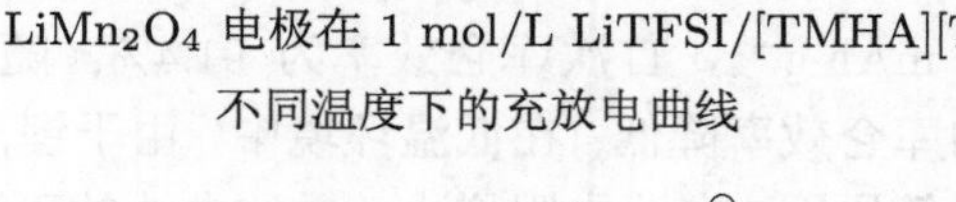

图 4.61　EMI-FSI 离子液体阴阳离子结构

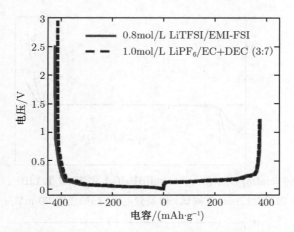

图 4.62　天然石墨在 0.8mol/L LiTFSI/[emim][FSI] 和 1.0mol/L LiPF$_6$/EC+DEC (体积比 3:7) 电解液中的充放电曲线 (0.2 C)

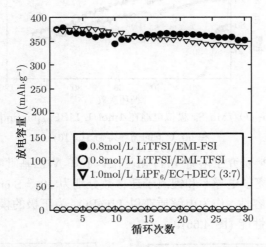

图 4.63　天然石墨在不同电解液中的循环寿命测试 (0.2 C)

　　Markevich 等[61] 将 [emim][BF$_4$] 和 [bmim][BF$_4$] 离子液体用做 5 V 正极材料 LiNi$_{0.5}$Mn$_{1.5}$O$_4$ 电池的电解质，锂的嵌入脱出电压为 4.7~4.8V($vs.$ Li/Li$^+$)，研究表明该正极材料与离子液体电解液表现出良好的相容性 (图 4.64、图 4.65)。Lewandowski 和 Swiderska-Mocek[62] 将固态的 LiTFSI 溶于液态的 N-甲基-N-丙基哌啶 - 三氟甲基硫酰胺离子液体中制备出的三元离子液体 [Li][MPPip][Tf$_2$N] 作为电解质，应用于石墨–锂 (C$_6$Li) 负极表现出良好的循环性和库仑效率。在离子液体中加入 10% (质量分数) 的成膜添加剂碳酸亚乙烯酯 (VC)，经过 100 次循环后石墨的放电容量保持率达 90%。

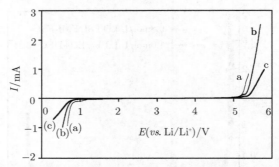

图 4.64　离子液体 [emim][BF$_4$](a)、[bmim][BF$_4$](b) 和 1mol/L LiBF$_4$/[bmim][BF$_4$] 电解液 (c) 的线性扫描伏安测试。玻璃碳电极; 扫描速率 20 mV/s; 25 ℃

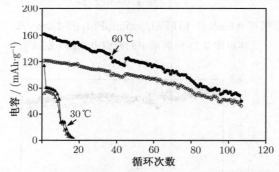

图 4.65　LiNi$_{0.5}$Mn$_{1.5}$O$_4$/Mo$_6$S$_8$ 模拟电池在 1mol/L LiBF$_4$/[bmim][BF$_4$] 电解液中 30℃ 和 60 ℃下的循环寿命 (C/16)

Fernicola 等[63] 研究了溶有 LiTFSI 的 N-丁基-N-乙基吡咯烷-三氟甲基硫酰胺离子液体，其锂离子电导率和锂离子迁移数分别为 10^{-3} S·cm^{-1} 和 0.4，并与金属锂具有良好的相容性，作为电解质在以 LiFePO$_4$ 为正极的模拟电池中表现出良好的循环性和倍率性能 (图 4.66)。

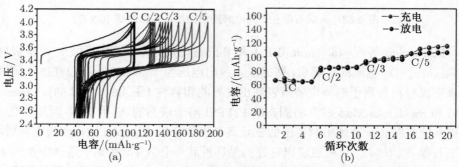

图 4.66　Li/LiTFSI-BEPyTFSI/LiFePO$_4$ 模拟电池在不同倍率下的充放电曲线 (a) 和 25 ℃循环寿命测试 (b)

Guerfi 等[64] 研究了 [emim][FSI] 和 [Py13][FSI] 离子液体在石墨/LiFePO₄ 锂离子电池中的电化学行为。如图 4.67 所示，与使用传统电解质溶剂的 1mol/L LiPF₆ EC/DEC 和 1mol/L LiFSI EC/DEC 的电池相比较，由于离子液体电解质的高黏度，其样品的首次充放电库仑效率较低，并具有较高的扩散阻抗，但研究表明其在高温环境中具有应用优势 (图 4.68)。

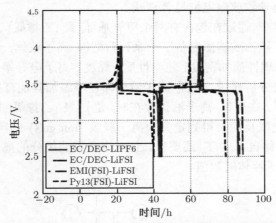

图 4.67　Li/LiFePO₄ 模拟电池在不同电解液中前两周的充放电曲线

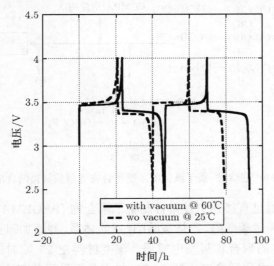

图 4.68　Li/ Py13(FSI)–LiFSI /LiFePO₄ 模拟电池在不同温度下的前两周充放电曲线

3. 离子液体–聚合物复合电解质材料在二次电池中的应用研究

Nakagawa 等 [65] 将 [emim][BF₄] 与 LiBF₄ 混合制得锂离子二元离子液体 Li[emim][BF₄]，20 ℃的离子电导率为 7.4×10^{-3} S·cm⁻¹。将聚 (乙二醇)-二丙烯

酸与 Li[emim][BF$_4$] 原位聚合制备固态离子液体聚合物电解质 {GLi[emim][BF$_4$]}，其均相透明膜的离子电导率比 Li[emim][BF$_4$] 的要低，热重–差热分析测量表明 Li[emim][BF$_4$] 和 GLi[emim][BF$_4$] 在 300 ℃左右均具有良好的热稳定性。将 Li[emim][BF$_4$] 为电解质组装于 Li[Li$_{1/3}$Ti$_{5/3}$]O$_4$/LiCoO$_2$ 原理电池，充放电 50 次循环后容量保持率为 93.8%，而应用 GLi[emim][BF$_4$] 凝胶电解质的电池由于电解质的浓差极化原因而导致放电电位显著衰减。

Shobukawa 等[66] 通过在包含有两个甲氧基–低聚 (乙撑氧) 基团的硼酸盐中引入两个吸电子的三氟乙酰基团制备了一系列新型锂–离子液体，合成路线如图 4.69 所示。对其基本物理性质如密度、热学性质、黏度、离子电导率、自扩散系数和电化学稳定性等系统分析显示，该锂–离子液体即使不添加其他有机溶剂也具有自缔合能力和导电离子。在有锂–离子液体存在时，通过聚 (乙撑氧–共聚–丙撑氧) 三丙烯酸单体的基团交联反应可得到定义为离子凝胶 (ion gels) 的新型聚合物电解质，其 T_g 值比离子液体自身的 T_g 还要低，且对应于某些组分的离子凝胶，其离子电导率要高于锂–离子液体的数值。

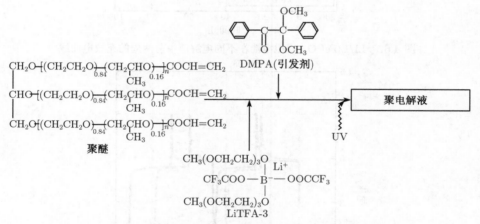

图 4.69　包含锂–离子液体的多醚聚合物电解质材料的合成路线

Reiter 等[67] 通过直接热引发聚合制备了聚合物 (PEOEMA) –离子液体 (咪唑类)- 非质子溶剂 (丙烯碳酸酯、乙烯碳酸酯) 三元体系，并添加锂盐 (LiClO$_4$、LiPF$_6$) 得到基于离子液体的聚合物凝胶电解质。该类材料在 25 ℃时的离子电导率高达 0.94×10^{-3}S·cm^{-1}，电化学窗口达到 4.3 V，热重分析显示其在 150 ℃的高温保持稳定。Ogihara 等[68] 选用几种含有乙烯基基团的配合阳离子与 LiTFSI 复合得到离子液体并聚合得到聚合物电解质材料 (图 4.70)。通过对配合阳离子结构与离子液体基聚合物电解质性质之间构效关系的研究表明，带有乙基咪唑阳离子单元的离子液体具有最高的离子电导率，如图 4.71 所示, 在 30 ℃左右时达到 10^{-4}S·cm^{-1}，玻璃化转变温度约为 −59 ℃；热重测试显示此类聚合物电解质材料具有良好的热稳定性，分解温度约为 350 ℃。同期，Ogihara 等[69] 通过咪唑类离子液体单体与含有聚醚的具有低的玻璃化转变温度的盐共聚制备得到锂离子导电聚合物电解质。所得到的两性电解质共聚物为柔软透明的膜，其离子电导率和玻璃化转变温度均与单体的混合比例相对应，其中离子液体单体比例较高的共聚物的离子电导率较高。

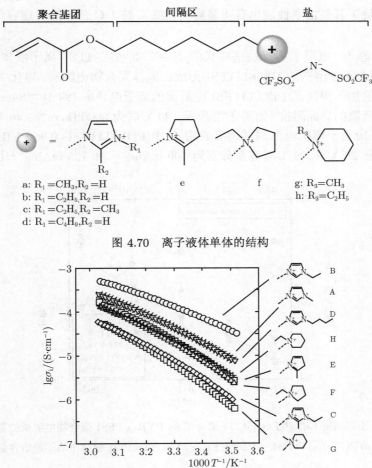

图 4.70　离子液体单体的结构

图 4.71　离子液体聚合物电解质电导率与温度的 Arrhenius 关系

Sutto 等[70] 合成表征了以咪唑类离子液体、PVDF-HFP 和陶瓷纳米颗粒组成的聚合物凝胶电解质隔膜，其中尺寸小于 100 nm、含量在 10% 以下的样品具有最高的离子电导率 ($1×10^{-3}$~$3×10^{-3}$S·cm^{-1})；应用于 LiCoO$_2$/碳负极锂离子电池，其平均放电电压为 4.2 V，可逆容量达到 330 mAh·g^{-1}。Cheruvally 等[71] 将电纺聚合物膜与室温离子液体相结合制备了一类新的聚合物电解质用于锂离子电池，P(VdF-HFP) 膜用 0.5mol/L LiTFSl/[bmim][TFSI]、0.5mol/L LiBF$_4$/[bmim][TFSI] 进行活化，所制备的聚合物电解质在 25 ℃时的电导率为 2.3×10^{-3} S·cm^{-1}，阳极稳定性大于 4.5 V($vs.$ Li$^+$/Li)，有望应用于锂离子电池。应用 [bmim][TFSI] 基聚合物电解质的 Li/LiFePO$_4$ 电池，其放电容量在 25 ℃下 0.1 C 倍率时达到 149 mAh·g^{-1}，在 0.5 C 倍率时为 132 mAh·g^{-1}。不仅在低电流密度下有非常好的循环稳定性，而且在高温环境下其高倍率性能也有明显提高，40 ℃时 1 C 倍率的可逆容量达到 140 mAh·g^{-1}。

Kim 等[72] 报道了不同烷基取代的 N—N 吡咯烷–TFSI 离子液体 ([PYR$_{1A}$][TFSI]) 复合不含溶剂的 PEO-LiTFSI 形成的固体聚合物电解质，电化学测试表明离子液体的加入提高了 PEO-LiTFSI 电解质的离子电导率 (约 10^{-4} S·cm^{-1})，降低了其与锂金属的界面阻抗 (如图 4.72 所示，20 ℃时为 3000 Ω·cm^{-2}；40 ℃时为 400 Ω·cm^{-2})。应用于模拟电池测试结果表明 Li/P(EO)$_{10}$LiTFSI+0.96[PYR$_{1A}$][TFSI]/LiFePO$_4$ 在 20 和 30 ℃时容量分别为 100 mAh·g^{-1} 和 125 mAh·g^{-1}(图 4.73)。

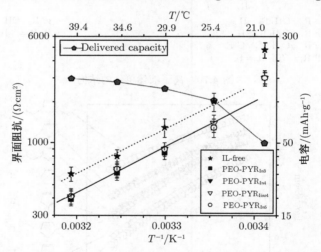

图 4.72　不同温度下的 P(EO)$_{10}$LiTFSI + 0.96 PYR$_{1A}$TFSI 聚合物电解质的界面阻抗和 Li/P(EO)$_{10}$LiTFSI + 0.96 PYR$_{1A}$TFSI/LiFePO$_4$ 模拟电池的放电容量

Shin 等[73] 以 PEO/LiTFSI/室温离子液体为电解质应用于以 LiFePO$_4$ 为正极的锂离子电池中，该类离子液体复合聚合物电解质不仅具有较高的离子电导率，且表现出良好的机械性能和电化学稳定性。Choi 等[74] 研究了在 PEO-LiTFSI 中复合不同含量室温离子液体 [bmim][TFSI] 样品的离子电导率、电化学稳定性及与锂电极界面性质等方面的性能差异。如图 4.74、图 4.75 所示，添加 [bmim][TFSI] 后，聚合物电解质的电导率特别是低温环境下的指标显著提高，且具有良好的电化学稳定性和与锂电极低的界面阻抗，含量为 60% 的样品具有最优性能。

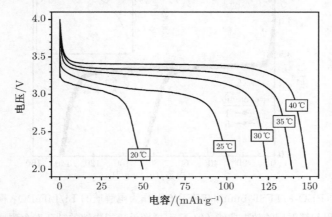

图 4.73 不同温度下的 Li/P(EO)$_{10}$LiTFSI + 0.96 PYR$_{1A}$TFSI/LiFePO$_4$ 模拟电池的放电容量 (倍率 C/10；电流密度 0.1 mA·cm^{-2})

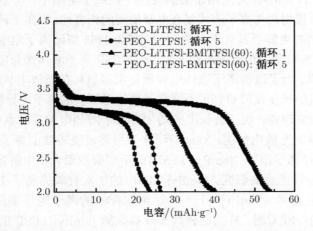

图 4.74 应用 PEO-LiTFSI 和 PEO-LiTFSI-[bmim][TFSI](60) 作为电解质的 Li/LiFePO$_4$ 模拟电池的第一周和第五周的放电曲线 (25 ℃)

Kobayashi 等 [75] 系统比较了铵阳离子基室温离子液体电解质 (ILE)、传统有机液体电解质 (OLE) 和固体聚合物电解质 (SPE) 的物理性质和电化学性能。离子电导率和在金属锂表面上的界面阻抗以及在界面上的活化能具有下列规律：OLE>ILE>SPE，应用 ILE 和 SPE 电解质的原理电池表现出更高的放电容量，100 次循环后 LiFePO$_4$ 的容量仍有约 160 mAh·g^{-1}；高温性能测试显示，应用 SPE 聚合物电解质和 ILE 电解质的电池分别在 363 K(90 ℃) 和 333 K(60 ℃) 的工作温度下以 1 C 放电倍率放电可以放出 90% 容量。Nakagawa 等[76] 选用 N-甲基-N-丙基-哌

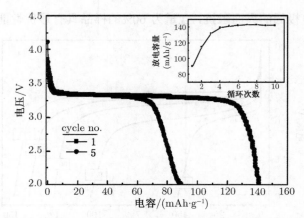

图 4.75　应用 PEO-LiTFSI-[bmim][TFSI](60) 作为电解质的 Li/LiFePO$_4$ 模拟电池的第一周和第五周的放电曲线 (40 ℃)，插图为模拟电池的循环寿命测试

啶–TFSI{[PP13][TFSI]} 作为阻燃添加剂应用于锂离子电池中，考察了包括石墨和硬碳在内的碳负极材料与离子液体复合电解质间的相容性，当离子液体含量达到或超过质量比 40% 时电解质具有不可燃性，并在 383562 型锂离子电池中表现出良好的充放电性能。Seki 等 [77] 应用系列 [C$_n$mim][TFSI] 离子液体作为电解质制备高安全性锂离子电池。为了改善离子液体电解质与电极材料在充放电状态下的稳定性，通过改变烷基链的长度比较研究了不同离子液体电解质的离子电导率、电池的充放电性能。针对研究对象，烷基链长度的增加有利于增加电解质体系中的载流子数，进一步改善电池的充放电性能。Yang 等[78] 采用溶液浇铸法制备了含有 1-丁基-4-甲基–吡啶–TFSI 离子液体 {[bmPy][TFSI]} 的新型凝胶聚合物电解质，并对其热学和电化学性质进行了系统研究。[bmPy][TFSI] 的加入有效提高了 P(EO)$_{20}$LiTFSI 电解质的离子电导率，[bmPy]$^+$/Li$^+$=1.0 配比样品的离子电导率最高 (6.9×10^{-4} S ·cm^{-1}, 40 ℃)；40 ℃时，样品的锂离子迁移数随 [bmPy][TFSI] 的浓度增加而降低，而离子电导率则随 [bmPy][TFSI] 浓度增加而提高；且 [bmPy][TFSI] 的加入显著改善了凝胶聚合物电解质的电化学稳定性和界面稳定性 (图 4.76)。

4. 基于含酰胺基官能团有机物的离子液体

上述离子液体体系经过多年的发展，种类丰富，性能优良，在电化学方面的研究从理论分析到应用开发都取得了很多成果。但由于上述体系中均含有较复杂的有机阳离子而使得它们的合成制备和提纯相对比较困难，且价格昂贵。因此，低成本、易合成的离子液体开发非常必要。

20 世纪 80 年代出现了一类由酰胺与碱金属硝酸盐或硝酸铵组成的室温熔盐，具有明显的过冷倾向[79]。1993 年，Caldeira 和 Sequeira 研究了尿素–乙酰胺–碱金属硝酸盐形成的室温熔盐，具有良好的导电性，但体系不稳定，易析出晶体[80]。赵地顺等研究了一系列无机盐-尿素熔盐体系，发现尿素可以与硫氰酸锂、硫氰酸钠、氯化锂等形成低温熔融盐，且部分体系具有较高的室温电导率[81]。Sakaebe等[82]研究分析了室温离子液体在锂/金属电池中的应用特点，主要讨论了四元铵阳离子-酰亚胺离子液体体系的性能及电化学应用特性。测试表明，该类离子液体在 Li/LiCoO$_2$ 电池中表现出良好的循环效率和热稳定性；在下一步的应用开发中，离子液体电解质的离子传导性能和电化学稳定性的提高是工作的重点。

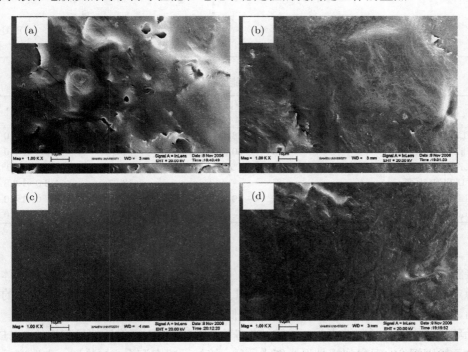

图 4.76　P(EO)$_{20}$LiTFSI+$x$bmPyTFSI (x=BMPy$^+$/Li$^+$) 聚合物电解质的扫描电镜照片

(a) x= 0；(b) x= 0.1；(c) x= 0.5；(d) x=1

　　在结构与性能分析的基础上，本课题组先后研究制备了 LiX(以 LiTFSI 和 LiClO$_4$ 为代表) 与含酰胺基官能团有机物 {如 1,3- 氮氧杂环 - 戊 -2- 酮 [OZO]、乙酰胺、乙烯脲等}形成的离子液体 (表 4.17)，并对离子液体的物理化学性能、作用机制、微结构及不同样品间的构效关系进行了系统研究[83~91]。

1) 热学性质分析

　　表 4.18 列出了基于 LiTFSI/含酰胺基官能团有机物的二元离子液体各体系的液相配比范围及部分样品的玻璃化转变温度。对于 LiTFSI/OZO 和 LiTFSI/乙酰胺离子液体体系，物质的量配比为 1:2.0~1:6.0 的样品在室温下混合，观察到先导物

表 4.17　各离子液体体系中含酰胺基官能团有机物组成的名称与结构

化学名称	结构	缩写	化学名称	结构	缩写
1,3-氮氧杂环-戊-2-酮		OZO	尿素		—
乙烯脲		—	甲基脲		NMU
乙酰胺		—	1,3-二甲基脲		DMU

表 4.18　基于 LiTFSI/含酰胺基官能团有机物的二元离子液体的热属性列表

体系	各配比样品的共熔温度 T_g/℃					有机物熔点 T_m/℃	液相范围 a
	1:2.0	1:3.0	1:3.3	1:4.0	1:4.5		
LiTFSI/OZO	—	—	—	−58.4	−60.9	88	1:2.0~1:6.0
LiTFSI/乙酰胺	—	−57.1	−60.4	−60.9	−62.2	81	1:2.0~1:6.0
LiTFSI/乙烯脲	−29.7	—	5.4	9.5	−35.1	132	1:2.5~1:4.0 b
LiTFSI/尿素	—	—	−31	—	—	132.7	1:3.0~1:3.8
LiTFSI/NMU	−34.8	−38.0	—	−40.0	—	102	1:2.0~1:4.0
LiTFSI/DMU	−28.0	—	—	—	—	105	1:2.0~1:3.0

a. 室温；b. 过冷态。

接触面很快润湿，并有液滴在称量瓶壁生成，经充分搅拌后形成均一液体，体系稳定。如表 4.18 所示，LiTFSI/OZO 和 LiTFSI/乙酰胺物质的量配比 1:4.0 的样品，DSC 曲线显示样品的共熔温度远远低于先导物的熔点，均在 −50 ℃ 以下。五元环状结构的乙烯脲熔点为 132 ℃，略高于乙酰胺。将不同物质的量配比的 LiTFSI 与乙烯脲混合，观察到样品形成细小团簇，接触面略有润湿，加热到一定温度后才形成液体；对于物质的量配比 1:2.5~1:4.0 的样品，自然冷却到室温后保持均一液态。该体系为不稳定的过冷态液体，需密封静置保存；对于其他配比范围的样品，当自然冷却到室温后则变成蜡状固体。DSC 测试表明，LiTFSI/乙烯脲体系具有较高的共熔温度，这与先导物乙烯脲有机分子的结构特性有着密切的联系。对于LiTFSI/尿素熔盐，其中 1:3.0~1:3.8 配比范围内的样品在室温混合后可缓慢形成液体。比较可知，LiTFSI/DMU 体系具有更低的共熔温度和更宽的液相范围。值得注意的是，LiTFSI/NMU 熔盐的 DSC 分析仅观察到玻璃化转变的吸收峰，这表明该共熔体系在测量温度范围具有较优的热学稳定性。然而，对于 LiTFSI/DMU 体系，须通过加热形成熔盐。其中，物质的量配比 1:2.0 的 LiTFSI/DMU 熔盐样品具有最低的共熔温度：−28 ℃。

2) 电化学性质分析

图 4.77(a) 中列出了各离子液体体系离子电导率与温度对应的 Arrhenius 关系。为了比较分子结构中取代基团对体系电化学属性的影响,图中也列出了 1 mol/L LiTFSI/N, N-二甲基咪唑啉酮 (DMI) 电解液的电化学数据。由于具有较低的黏度和高的离子迁移速率,该电解液具有较高的电导率,Arrhenius 关系线性相关。而各离子液体体系的离子电导率由于黏度较大而相比略低,离子电导率随着温度的升高而增大,Arrhenius 关系不成线性,数据点拟合曲线曲率的大小与熔盐体系的黏度具有相关性,表明该离子液体的电导率与温度关系应符合 Vogel-Tammann-Fulcher(VTF) 方程[92,93]。图 4.77(b) 给出了部分样品的电导率与温度的 VTF 关系,线性相关,表明离子输运过程服从自由体积模型。在所有研究的熔盐体系中,LiTFSI/乙酰胺熔盐样品具有较高的离子电导率,其中 n(LiTFSI):n(乙酰胺)=1:6.0 样品的室温电导率为 1.21×10^{-3} S·cm^{-1},60 ℃时为 5.89×10^{-3} S·cm^{-1},高于其他熔盐体系大约 1 个数量级左右。物质的量配比 n(LiTFSI):n(OZO)=1:4.5 样品的室温电导率为 0.75×10^{-3} S·cm^{-1},60°C 时为 3.50×10^{-3} S·cm^{-1}。

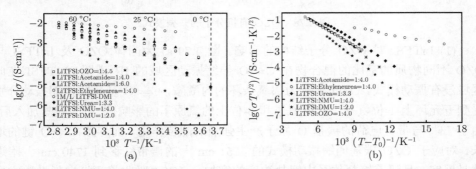

图 4.77　基于 LiTFSI 各离子液体体系不同物质的量配比样品的离子电导率与温度的 Arrhenius 关系图 (a) 和部分样品的离子电导率与温度的 VTF 关系图 (b)

本课题组采用铂丝 ($\phi = 0.1$ mm) 为工作电极、Li 箔作为对电极和参比电极的微电极体系分别对 LiTFSI/OZO 物质的量配比 1:4.5 和 LiTFSI/乙酰胺物质的量配比 1:6.0 的样品进行了循环伏安测试。LiTFSI-OZO 体系的还原电位在 1.5 V(vs.Li/Li$^+$) 附近,氧化电位在 5.3 V(vs.Li/Li$^+$) 附近,其电化学窗口近 4 V。而 LiTFSI/乙酰胺样品的氧化电位和还原电位分别位于 5.3 V 和 0.6 V,电化学稳定电位窗接近 4.7 V。对于 LiTFIS/尿素熔盐物质的量配比 1:3.3 的样品,以 Al 箔和 Cu 箔分别做工作电极进行循环伏安扫描。结果显示,与锂离子电池中所用的碳酸酯类电解液一致,在 0.8 V 附近出现还原峰;氧化电位扫描第一周位于 3.8 V,第二周移到 4.1 V 左右。研究认为,这可能是尿素与 Al 发生了不可逆反应,在 Al 表面形成钝化膜,电化学性质逐渐稳定。在 LiTFSI/NMU 和 LiTFSI/DMU 熔盐体系的电化学稳定电位窗的研究中, 也观察到同样的现象。

3) 谱学分析及量化计算 (LiTFSI/OZO 离子液体体系的谱学及理论研究)

OZO 在固态时由于分子间氢键作用而形成有序的晶体结构。氢键可被看做是一个给体–受体化合物。在固体 OZO 分子中, 羰基氧原子为给体而氢原子为受体, 存在如图 4.78 所示的几种共振模式。由于这种给体–受体化合物中的"堆积" (pile-up) 和"溢出" (spill-over) 效应的影响, 固体 OZO 分子与气态和 OZO 水溶液相比, 分子间形成较强的氢键缔合作用, 因此 C=O 键键长较长, 而 C—N 键长较短, 对应基团的伸缩振动在红外光谱中分别位于较低波数和较高波数的位置。同时 N—H 键长也增大, NH 伸缩振动向低波数移动。

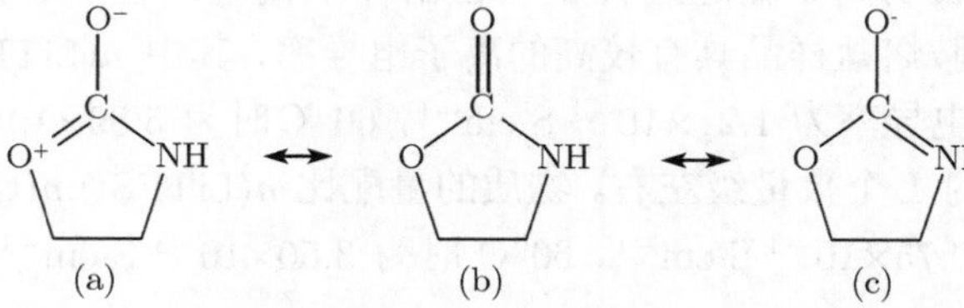

图 4.78　OZO 有机分子的共振模式

(1) LiTFSI 对 OZO 分子结构的影响。图 4.79(a) 为固体 OZO 及 LiTFSI 与 OZO 不同物质的量比的混合物在 C=O 伸缩振动区域的 IR 谱图, LiTFSI 在此区域没有振动模式。OZO 分子为邻氧杂环的内酰胺, C=O 基团的伸缩振动分别受到五元环上 1-位氨基中的氮原子和 3-位上的氧原子的影响[94~96]。锂盐加入后, 由于 Li$^+$ 与带负电荷的羰基 O 原子产生强烈的配位作用, 而导致 C=O 键的增长, 对应于 OZO 羰基伸缩振动模式的 1751 cm^{-1} 的谱带红移到 1740 cm^{-1} 附近并且展宽, 且随着熔盐体系中锂盐浓度的增加, ν(CO) 吸收峰逐渐向低波数方向移动。OZO 在固态时通过 C=O 基团中的 O 原子和 NH 基团中的 H 原子形成的 (N—H···O) 的氢键而形成有序的晶体结构。对应的 OZO 分子中的 NH 伸缩振动在固相时全部为缔合态, 存在反对称和对称两种振动模式。从图 4.79(b) 固体 OZO 及 LiTFSI 与 OZO 不同物质的量比混合物在 NH 伸缩振动区域的 IR 谱图可以明显看出, 由于氢键被破坏而导致特征峰的位移变化。红外光谱中, 3271 cm^{-1} 和 3142 cm^{-1} 的吸收峰分别对应于 OZO 分子的 ν_{as}(NH) 和 ν_s(NH)。当加入锂盐形成液态均相混合物时, 该双吸收带的两个峰的位置都向高频移动, 表明 OZO 分子间的氢键断开, N—H 键长变短, 体系中同时存在 ν(NH) 游离态和缔合态两种形式。一般情况下, 在有强氢键的作用下, 分子间氢键多以缔合态形式存在; 而在弱氢键的作用下, 体系中游离态 ν(NH) 增多, 由此导致 NH 的反对称伸缩振动的强度要大于 NH 的对称伸缩振动的强度[97]。LiTFSI 与 OZO 物质的量配比 1:6.5 的样品与 OZO 纯物质的红外光谱相比, 其 NH 的反对称伸缩振动和对称伸缩振动的吸收峰分别移至 3400 cm^{-1} 和 3300 cm^{-1} 附近，且 ν_{as}(NH) 的强度明显大于 ν_s(NH)。随着体系中锂盐浓度的增大，ν_{as}(NH) 逐渐增强而继续向高频方向移动；ν_s(NH) 则逐渐变宽而成为 ν_{as}(NH) 弱肩峰。对于 LiTFSI/OZO 物质的量配比 1:2.5 和 1:1.5 的样品，ν_s(NH) 趋于消失，在该振动区域内，仅有 ν_{as}(NH) 强峰存在，分别位于 3409 cm^{-1} 和 3412 cm^{-1}。结合 C═O 基团光谱变化分析可知，锂盐与有机物 OZO 混合后，由于 Li$^+$ 离子同羰基氧间强烈的配位作用，破坏了 OZO 分子间的氢键，导致 OZO 分子中 NH 的伸缩振动由缔合态转变为游离态；而随着离子液体体系中锂盐浓度的增加，Li—O 配位作用增强，形成氢键的 O 原子越来越少，相应的 NH 伸缩振动峰向高频移动，发生蓝移。锂盐加入后，由于 Li$^+$ 与带负电荷的羰基 O 原子发生强烈的配位作用，以及 OZO 分子间氢键被破坏的原因，OZO 分子位于 1256 cm^{-1} 的 C—N 伸缩振动峰向高频方向移动。随着锂盐浓度的增加，Li—O 配位作用增强，OZO 的共振模式向 (c) 方式移动，导致 C—N 双键特征增强，键长变短。

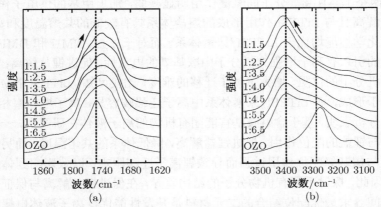

图 4.79　OZO 及 LiTFSI/OZO 离子液体不同物质的量配比样品的 ν(CO)(a)
和 ν(NH)(b) 的 IR 光谱

在 LiTFSI/乙酰胺、LiTFSI/乙烯脲、LiCF$_3$SO$_3$/乙酰胺等离子液体样品的谱学分析中观察到同样的实验现象，表明此类基于含酰胺基官能团有机物的离子液体具有相同的作用机制。

(2) LiTFSI/含酰胺基官能团有机物的二元离子液体的形成机理及构效分析[98]。研究表明，由于 LiTFSI 中的 Li$^+$ 与酰胺基有机分子中的羰基氧配位，而同时 [TFSI]$^-$ 的 SO$_2$ 基团与酰胺基有机分子中的 NH 基团发生较强的相互作用。这种对应于熔盐红外谱峰变化及酰胺基有机物共振模式的分子间基团的相互作用，导致酰胺基有机物分子间的氢键断裂和锂盐的解离，由此室温下体系以共熔体形式存在。

虽然该类离子液体具有相同的作用机制，但同时研究显示，由于含酰胺基官能团有机物间环状或是链状、取代基团的特性和链长度等的结构差异，导致各有机物与锂盐作用强弱不同，各离子液体体系之间存在较大的物化属性差异。

与乙酰胺分子相比，乙烯脲分子是稳定的五元环结构，虽同样具有两个 N—H 键，但分子间作用力要强于乙酰胺分子，且空间位阻大，因此 LiTFSI/乙烯脲熔盐体系具有较高的玻璃化转变温度、较长的 Li—O 配位键和弱的结合能，所以多数样品以过冷态形式存在；且样品黏度大，离子迁移速率降低，因而电导率相应低些。与乙烯脲相比，OZO 有机分子是在稳定五元环状氨基甲酸酯类结构和 2-位羰基的基础上，在 3-位上又引入一个氧原子，由于不同电负性杂原子的影响，OZO 分子结构的对称性进一步降低，电荷离域范围增大，羰基氧的电负性较强，因此较之同样五元环状结构的乙烯脲易于同 Li^+ 形成配位阳离子，表现出良好的电化学性能。在所有的熔盐体系中，LiTFSI/乙酰胺熔盐具有最长的 Li—O 键长和最小的结合能。与 LiTFSI/尿素熔盐相比，乙酰胺分子中的甲基取代了尿素分子的一个胺基，减少两个 N—H 键，分子间氢键作用明显减弱，加上甲基的供电子作用，因此锂盐易于解离且与 LiTFSI 作用形成的熔盐体系具有较低的共熔温度和塑性黏度，热学和电化学性能均优于 LiTFSI/尿素体系。而对于尿素、NMU 和 DMU，供电子基团甲基的引入有利于增强有机分子中羰基氧的电负性，促进锂盐解离；但同时也增大了有机分子的位阻，增大了离子迁移的难度，比较可知，LiTFSI/NMU 离子液体相对易于形成，而 LiTFSI/尿素体系中离子迁移较容易，离子电导率相应高些。

上述分析表明，基于含酰胺基官能团有机物的离子液体在研究中，一方面要增强有机物与锂盐的配位作用，促进锂盐解离，降低体系的共熔温度；而另一方面要避免 Li^+ 与羰基氧配位作用过强而导致锂离子迁移困难，以致影响到体系的电化学性能。因此，探讨不同有机物分子的结构差异，在促进锂盐解离与保证锂离子易于迁移之间寻求最优配位结合的二元材料是开发性能优良离子液体电解液的关键所在。

4) 充放电性能

为了研究此类离子液体在二次电池中的应用，本课题组选择 LiTFSI/乙酰胺为电解质组装于以 MnO_2 电极为正极和锂金属为负极的模拟电池，其典型放电曲线如图 4.80 所示。依图可知，在 2.82 V 观察到一个很长的放电平台，第一周总的放电容量为 243 mAh·g^{-1}，为理论容量的 80%。第一周放电结束后，MnO_2 电极在 2.0~3.5 V 还可以在该离子液体电解质中循环。前三周的充放电曲线如图 4.80 内嵌图 (右上角) 所示。在 3.1 V 观察到一个长的充电平台，在高电压处 (3.4 V 附近) 还有一部分容量，随着循环的进行，该部分容量衰减很快；同时，放电平台随着循环的进行而降低，可能是由于电池的极化随着循环的进行而增大。目前，由于 MnO_2 电极在循环过程中发生结构相变、或该离子液体电解质在 MnO_2 电极表面形成的 SEI 膜稳定性低，因此模拟电池的循环性能还有待改进，即离子液体电解质与电极材料间的电化学兼容性是今后研究工作的重点。

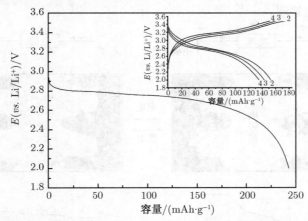

图 4.80　MnO₂ 电极在室温熔盐电解质中 25 ℃时典型的第一周放电曲线和接下来前三个循环的充放电曲线 (在 0.1h 内完成充电或放电过程, 截止电压设为 2.0~3.5 V)

4.4.2　离子液体在电化学电容器中的应用

超级电容器 (supercapacitors), 也称电化学电容器 (electrochemical capacitors, EC), 具有高的比功率和长的循环寿命, 能瞬间大电流充放电, 因而在许多场合具有独特的应用优势。超级电容器可用做电脑、录相机、计时器等的备用电源, 也可用于需用连发、强流脉冲电能的高新技术武器 (如激光武器、电炮等)。然而, 超级电容器最令人瞩目的应用还在于当前蓬勃发展的电动汽车方面, 将超级电容器与二次电池或燃料电池并联组成复式电源可满足电动汽车启动、爬坡时的峰功率需求, 车辆下坡、刹车时又可作为回收能量的蓄能器, 因此近年来引起了广泛的关注[99~101]。

双电层电容器是建立在双电层理论基础之上的 (图 4.81)[102,103]。在充放电过程中并不发生法拉第反应, 所有聚集的电荷均用来在电极/溶液界面间建立双电层。电解液是电容器研究中的热点之一, 许多水相电解液、非水有机电解液和一些聚合物电解液都可用做超级电容器的电解质[104,105]。水相电解液具有高的电导率, 但受水的分解电压的限制, 其工作电压一般不高于 1 V, 因而能量密度较低。非水有机电解液具有宽的电化学稳定电位窗口, 可以得到高的比能量, 但是有机溶剂在高温下易挥发或降解, 过充时易燃易爆, 存在安全隐患, 这已成为制约其在一些场合如电动汽车上应用的主要因素[106]。

近年来, 针对电容器的物理特性和电化学性能需求, 一些科研人员对离子液体电解液在电容器中的电化学应用进行了初步的探索。作为超级电容器的电解液, 与水相电解液相比, 离子液体电化学窗口宽, 可以得到高的能量密度; 与有机电解液相比，离子液体不易挥发，无着火点，高压下不易燃，被认为是超级电容器的新一代高安全性的电解液。

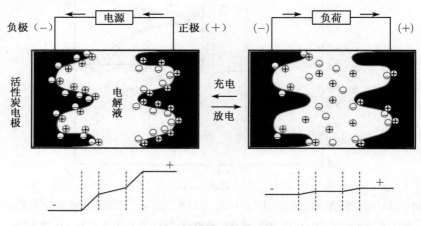

图 4.81　双电层电容器工作原理

1. 国内外研究现状与进展

实现离子液体在电化学电容器中的应用，除了选用物理化学性能优良的离子液体体系以外，选择适宜的电极材料与之相匹配是实现其有效应用的关键所在。在双电层电容器中，具有高比表面积和发达的孔隙结构的炭材料是双电层电容器的首选电极材料，主要包括高比表面积活性炭粉末、活性炭纤维、碳纳米管、多孔石墨及活化玻璃碳等。

Balducci 等[107] 以 1-丁基-3-甲基–咪唑离子液体为电解质应用于活性炭/聚 (3-甲基噻吩) 混合电容器中，电化学性能表征显示离子液体作为电解质在改善超级电容器性能方面具有良好的可行性，特别是在高温应用方面，保证了超级电容器具有更高的比能量和比功率。之后又研究报道了以 *N*-丁基-*N*-甲基–吡咯啉–TFSI 离子液体为电解质应用于微孔活性炭为活性材料的超级电容器中[108]。三电极循环伏安法以 20 mV/s 扫描速率测得微孔活性炭的比电容为 60 $F \cdot g^{-1}$，最高工作电位为 4.5 V(60 ℃)。如图 4.82 和图 4.83 所示，组装为扣式电容器，在 60 ℃ 和 3.5 V 以下循环 40 000 次电容器阻抗未发生改变，表明该类离子液体电解质在活性炭电容器中具有良好的循环稳定性和高的比电容。

Sato 等[109] 将含有甲氧基团的季铵阳离子与 $[BF_4]^-$ 和 $[TFSI]^-$ 阴离子结合得到离子液体，对 DEME-BF$_4$ 和 DEME-TFSI 的氧化还原电位、电导率等物化性质进行了评价。比较可知，DEME-BF$_4$ 离子液体具有宽的电化学窗口 (6.0 V) 和高的离子电导率 (4.8×10^{-3} $S \cdot cm^{-1}$，25 ℃)，将其组装于活性炭双电层电容器中，与使用有机液体电解质 (四乙胺–四氟硼酸/PC) 的样品相比，应用 DEME-BF$_4$

的 EDLC(工作电压约为 2.5 V) 在 100 ℃时具有更高的容量和更好的充放电稳定性。Liu 等[110] 分别以介孔镍基混合稀土氧化物 (NMRO) 和富含氧基团的活性炭作为电极材料，以室温离子液体为电解质对其在 EDLC 中的电化学性能进行了分析。归因于离子液体的不挥发性、宽的电化学窗口以及在两种电极材料上高的电化学稳定性，EDLC 表现出良好的电化学性能，充放电电压可达 3 V，恒流充放电 500 次几乎没有容量衰减，能量密度达 50 Wh·kg^{-1}。

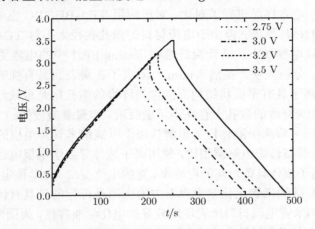

图 4.82　活性炭/PYR$_{14}$TFSI/活性炭模拟电容在不同电压区间的充放电曲线
(电流密度 10 mA/cm^2, 60 ℃)

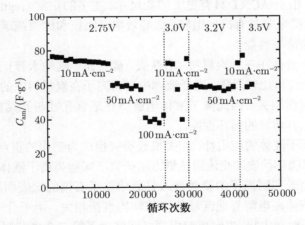

图 4.83　活性炭/ PYR$_{14}$TFSI/活性炭模拟电容在不同电压区间、
不同电流密度下的循环寿命测试 (60 ℃)

Kim 等[111] 对季铵阳离子基离子液体在电化学电容器中的应用进行了研究，其中 [DEME][BF$_4$] 和 [DEME][TFSI] 具有宽的电化学窗口，在能量密度方面较之典型的复合 PC 的电解质 (TEA-BF$_4$/PC) 和传统的咪唑类离子液体 (如 [emim][BF$_4$]) 性能更优。将两种离子液体应用于 KOH 活化的中间相沥青基碳纤维 (MPCF) 为电极材料的电容器中，在 1 mA·cm^{-2} 和 3.5 V 充电电压的条件下，电容容量约为 50 F·g^{-1}；且电容器的比电容随着充电电压的升高 (由 2.5 V 升高到 3.5 V) 而增大，优于 TEA-BF$_4$/PC 电解质的电容体系。Shiraishi 等[112] 讨论了 [emim][BF$_4$] 在活性炭纤维中的电化学电容行为并与应用 0.5mol/L(C$_2$H$_5$)$_4$NBF$_4$ 的 PC 电解质 (TEA-BF$_4$/PC) 电容样品进行了对比。对于应用 TEA-BF$_4$/PC 电解质的电容，表现出非常稳定的循环性能，但由于电极材料的微孔孔径太小对 TEA$^+$ 阳离子形成了离子筛，导致电容变小。活性炭纤维在 [emim][BF$_4$] 中的电容更高，但其循环性能相对偏差。分析表明，虽然 [emim]$^+$ 阳离子在炭表面具有强吸附性质，但由于 [emim]$^+$ 阳离子具有平板状结构而活性炭纤维的微孔则是成狭缝状，由此导致 [emim]$^+$ 在活性炭纤维的微孔上存在不可逆吸附，容量衰减较快。

Barisci 等[113] 将离子液体作为电解质用于以碳纳米管为电极的电化学电容器中，研究表明虽然与传统电解质相比，使用离子液体导致了电极电容和充电速率的降低，但由于离子液体具备较高的电导率、宽的电位窗口、化学稳定性和不挥发性，因此离子液体在碳纳米管电化学电容器中的应用是可行的且具有优势的，特别是离子液体与碳纳米管电极材料所表现出较好的电化学兼容性，为面向电容器、电池等电化学体系的电解质材料设计开发开辟了一条新的途径。Zhang 等[114] 选择定向排列超长 (1.0 mm) 的碳纳米管阵列 (ACNT) 用作双电层电容器电极材料，以离子液体为电解质。由于 ACNT 具有更大的孔尺寸、更多的正常 (regular) 孔结构和导电通道，因此此类电容具有高比电容、低等效串联阻抗和比缠绕碳纳米管 (ECNT) 电容体系更好的倍率性能。

从上述离子液体在三种炭材料 (活性炭、碳纤维、碳纳米管) 为电极的电容器中的电化学性能评价比较发现，离子液体中自由离子在炭材料中的吸附、脱附与材料的微观结构密切相关，因此离子液体电解质在适宜孔径与孔结构的炭材料中会表现出高的比电容和好的循环性能。

为了增强离子液体的应用性，相关机理研究也成为工作的重点。Liu 等[115] 以石墨碳为电极用循环伏安和交流阻抗谱方法研究了咪唑类离子液体的电容行为。形貌观察表明阳离子和阴离子的交替嵌入显著增加了石墨的比表面积，且电容容量与咪唑类离子液体在电解界面区域的特殊结构直接相关。由于分子内氢键相互作用形成大的离子对在电极/电解质双电层之间产生了第三个电荷层，导致界面更粗糙、容纳电荷增多，因此提出了在电极/电解质界面的准三层电荷分布的理论假设 (hypothesis of "quasi-ternary layers" distribution of charges)，对离子液体的电容行为进行了探讨。Murayama 等[116] 对比研究了 [emim][BF$_4$] 离子液体中添加 LiBF$_4$ 前后的电解质在 EDLC 中的电容行为，与使用 [TEMA][BF$_4$]/PC 电解质的 EDLC

性能比较可知，使用 [emim][BF$_4$]/LiBF$_4$ 电解质的电容样品具有最优的电化学稳定性，充放电电压高达 3.6 V，能量密度最高，而且在 [emim][BF$_4$] 中添加 LiBF$_4$ 也增强了电解质与双电层电容中电极材料间的电化学兼容性。Rochefort 等[117] 研究了用热学方法制备的 RuO$_2$ 电极在 2-甲基吡啶–三氟乙酸–质子离子液体中的电化学行为，对电极上获取的电流来自于双电层荷电还是赝电容进行了分析。研究表明，RuO$_2$ 电极在离子液体中的比电容 (83 F·g^{-1}) 与在水性电解质中得到的比电容相近，但是比 1-乙基-3-甲基咪唑–四氟硼酸–非质子型离子液体中的比电容高一个数量级；通过全面比较 RuO$_2$ 电极在离子液体和水性电解质中的电化学行为证明了赝电容的存在，这对于在非水电解质中开发金属氧化物电化学电容器具有重要意义。Fukuda 等[118] 通过对玻璃碳电极界面应用电化学阻抗谱研究了含有 LiBF$_4$ 的 [emim][BF$_4$] 离子液体阴极稳定性，并对添加锂盐对离子液体稳定性影响的作用机制进行了探讨。研究发现，随着阴极极化电位的提高，在含有锂盐的 [emim][BF$_4$] 离子液体电解质中的 Helmholtz 层电容变得比在纯 [emim][BF$_4$] 离子液体电解质的更大。

　　同离子液体在二次电池方面的应用一样，在电化学电容器方面，将离子液体与聚合物电解质复合开发复合电解质材料进行电化学应用也是研究工作中的一个热点；但另一方面，由于离子液体普遍具有黏度高的不足，而导致电容器容量略有下降。为了提高离子液体的电化学性能，增强其应用可行性，通过将离子液体与有机溶剂或是相关特殊功能材料共溶优化成为研究的一个新思路。

　　Lewandowski 等[119] 以离子液体 ([emim]$_3$[PO$_4$]) 和聚合物 (PAN、PVdF、PVdF-HFP、PVA、PEO) 为基，用浇注法制备了聚合物电解质膜。应用玻璃碳电极测定此类离子液体–聚合物电解质的电化学稳定窗口约在 4 V 左右，将其作为固体电解质应用于以比表面积约为 2600 m^2·g^{-1} 的活性炭电极的双电层电容器中，表现出良好的电化学性能。Balducci 等[120] 开发了由活性炭/N-丁基-N-甲基–吡咯啉–TFSI 离子液体/聚 (3-甲基噻吩) 组成的超级电容器。在 60 ℃时，电容器在 10 mA·cm^{-2} 电流密度和 1.5~3.6 V 的电压范围内恒流充放电循环次数超过 16 000 次，在充放电过程中容量、功率以及等效串联阻抗和库仑效率等性能变化表明该离子液体是一种可用做长寿命混合电容器的绿色电解质材料。Jiang 等[121] 通过对室温离子液体 [bmim][PF$_6$] 相容的乙烯基单体 (甲基丙烯酸甲酯，MMA) 的原位聚合得到一系列具有高电导率的新型凝胶聚合物电解质。这些聚合物凝胶膜具有柔软、透明和高导电性特点，其玻璃化转变温度随着 [bmim][PF$_6$] 的含量增加而降低，是一种完全相容的二元体系，其室温离子电导率接近 10^{-3} S·cm^{-1}，在超级电容器中可以得到有效应用。

　　Nagao 等[122] 为了提高以 [emim][BF$_4$] 离子液体为电解质的双电层电容器的比电容，在活性炭电极材料中加入铁电材料 BaTiO$_3$。与加入 BaTiO$_3$ 到典型有机电解

质 (季铵盐/PC 溶剂) 的双电层电容器相比, $BaTiO_3$ 加入到 $EMIBF_4$ 离子液体体系中不仅提高了电容器的比电容, 而且再经过改进电极制备方法 {将 $BaTiO_3$ 分散的 [emim][BF4] 真空渗透到活性炭电极材料中} 后添加 $BaTiO_3$ 还提高了电容器的倍率性能, 这主要归因于 $BaTiO_3$ 渗透到电极中对离子液体 [emim][BF4] 的离子作用 (解缔合) 的改善, 从而提高了形成双电层所需的载流子的浓度 (图 4.84)。Zhu 等[123] 以咪唑或吡咯啉为阳离子、以马来酸/邻苯二甲酸为阴离子合成了几种新型离子液体, 其在 γ-丁内酯溶剂中的 1.5 mol·L^{-1} 溶液可作为电解质应用于电化学电容器。系统研究表明, 这些离子液体具有较高的室温电导率 (达到 18.22×10^{-3} S·cm^{-1})、宽的电化学窗口 (达到 3.6 V) 和好的高温性能, 使他们在双电层电容器和低电压型电解电容器中具有良好的应用前景。Lewandowski 和 Dlejniczak[124] 将 N-甲基-N-丙基-哌啶-TFSI 离子液体复合乙腈作为电解质应用于双电层电容器。[MePrPip][TFSI] 离子液体的室温离子电导率约为 1.5×10^{-3} S·cm^{-1}, 而复合电解质 {含有 48% (质量分数) 的 [MePrPip][TFSI] 和 52% (质量分数) 的 MeCN} 的室温离子电导率提高到 40×10^{-3} S·cm^{-1}, 在玻璃碳电极上的电化学稳定性均达 5.7 V。如图 4.85、图 4.86 所示, 通过循环伏安和充放电测试, 模拟电容的比容量约为 140F·g^{-1}; 经过 700 次循环后, 由于感应准电容初始容量的损失, 容量降为 100F·g^{-1}。

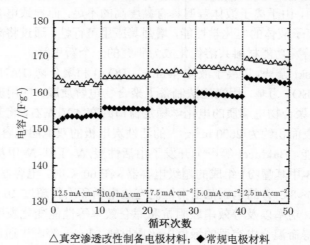

△真空渗透改性制备电极材料; ◆常规电极材料

图 4.84 $BaTiO_3$- 活性炭复合电极材料在 [emim][BF4] 离子液体
电解质中不同电流密度下的循环寿命测试

Kurzweil 和 Chwistek[125] 首次澄清了溶于乙腈的烷基铵电解质基双电层电容器老化的基本问题。经过破坏性测试充电到 4 V 以后, 超级电容器中出现了残留电解质的结晶性物质, 主要成分为有机酸、乙酰胺、芳香物及相关聚合物。经过 70 ℃ 热处理后, 用红外、紫外可见光谱、GC-MS、热重分析及 XRD 对活性炭电极和电解质溶液的分解产物进行了确认。除去乙烯后烷基胺阳离子产生分解,而氟硼酸阴离子分解后产生氟化氢和硼酸衍生物,乙腈分解产生乙酰胺、乙酸和氟乙酸以及相关衍生物。由于电极的催化活性,在液相中生成了杂环化合物,活性炭层下方被腐蚀的铝集流体进一步氟化而被破坏。经常用做超级电容器电解质的 TEA-BF$_4$ 在链状碳酸酯 (如 DMC、EMC 和 DEC) 中的溶解度偏低,Nanbu 等[126] 合成制备了一种新型不含卤素的 [TEMMA][BOB] 离子液体,其在链式碳酸酯和 PC 中均具有良好的溶解性,虽然 [TEMMA][BOB] 的 PC- 链式碳酸酯二元溶剂的离子电导率略低于 TEA-BF$_4$-PC 单一溶剂体系。但是应用 [TEMMA][BOB] 离子液体的三电极双电层电容器的测量结果与 TEA-BF$_4$ 体系的比电容相当。上述研究工作,不仅降低了离子液体电解质材料的黏度而显著提高了室温电导率,同时也改善了其在室温或更低温度下的电化学性能。

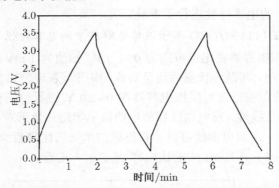

图 4.85　装配含有 48% (质量分数) 的 [MePrPip][TFSI] 和 52% (质量分数) 的 MeCN 的离子液体复合电解液的模拟电容第 915 和第 916 周的充放电曲线 (电流 10 mA)

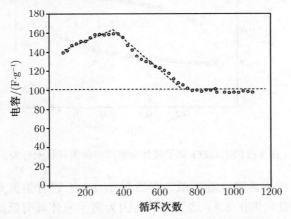

图 4.86　装配含有 48% (质量分数) 的 [MePrPip][TFSI] 和 52% (质量分数) 的 MeCN 的离子液体复合电解液的模拟电容循环寿命测试 (电流 10 mA)

上述应用研究表明，虽然离子液体在电容器中的应用还存在许多问题，但这一新的电化学组成是可行的，具有不挥发、安全高效、绿色环保等优良属性的离子液体的应用将为新型电容器、电池等电化学体系的开发提供新的途径。

2. LiTFSI/OZO 离子液体电解质在电化学电容器中的应用研究

在对合成制备离子液体性能表征、构效关系分析的基础上，本课题组主要选用了具有独特中空结构、良好导电性的碳纳米管 (carbon nanotubes, CNT) 作为电极材料，其具备适合电解质离子迁移的孔隙 (孔径一般 >2 nm)，以及交互缠绕可形成纳米尺度的网络结构，被认为是超级电容器尤其是高功率超级电容器的理想电极材料[127]；同时，为了获得更高的比电容和大电流性能，还选用了具有高比表面积和发达中孔空隙结构的多孔活性炭材料[128,129]，对上述两种碳材料在 LiTFSI/OZO 离子液体电解质中的电容特性进行了系统研究[130~132]。

1) 碳纳米管在 LiTFSI/OZO 离子液体电解质中的电容特性

图 4.87 为模拟电容器在电位范围为 0~1.0 V、扫速为 1 mV·s^{-1} 的循环伏安行为。从该图可以看出，其循环伏安曲线呈对称的矩形，表现为典型的双电层电容特性。以 4 A·m^{-2} 的电流密度对模拟电容器在 0~2.0 V 进行恒流充放电，依图 4.88 可知，电压与时间呈线性，充电曲线和放电曲线呈等腰三角形对称分布，显示出较好的充放电可逆性。由放电曲线可以计算出碳纳米管的比容量为 20.5 F·g^{-1}，与其在无机电解液 6 mol·L^{-1} KOH 中的比电容 25 F·g^{-1} 接近。

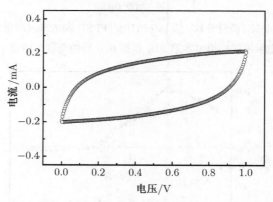

图 4.87 CNTs 在 LiTFSI/OZO 离子液体电解质中的循环伏安行为 (扫速:1 mV·s^{-1})

以 4 A·m^{-2} 的电流密度对模拟电容器在 0~2.0 V 进行恒流充放电，循环充放电 500 次后其容量损失仅 5%。这一方面是因为离子液体具有低的蒸气压，不易挥发；另一方面是由于碳纳米管具有好的表面稳定性和适于离子自由迁移的孔结构。虽然各方面性能测试表明，LiTFSI-OZO 离子液体电解质在碳纳米管超级电容器中具有良好的电化学兼容性, 但是由于碳纳米管较小的比表面积, 由此决定了其单电极比容量仅有 20 F·g^{-1} 左右。在满足适宜离子液体微结构尺度相匹配的电极材料的基础上, 本课题组制备了以中孔为主的活性炭材料, 作为电极材料与离子液体电解质进行了匹配, 以获取电容性能更优的材料组合。

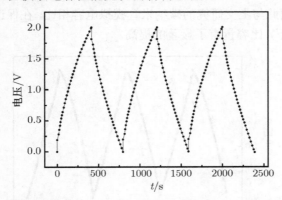

图 4.88　CNTs-LiTFSI/OZO 模拟电容的充放电曲线

2) 中孔活性炭在 LiTFSI/OZO 离子液体电解质中的电容特性

图 4.89 给出了 LiTFSI-OZO 物质的量配比 1:4.0 电解液样品在中孔活性炭模拟电容体系中 0~2.5 V 范围内不同电压区间的恒流 (0.1 mA) 充放电曲线。依图可知, 随着充放电电压的增大、电压区间的变宽, 模拟电容器的容量也随着逐渐增大, 电压与时间线性相关, 显示出典型的电容特性。从图 4.90 列出的模拟电容循环三周的恒流充放电曲线可以看出, 充电曲线和放电曲线呈等腰三角形对称分布, 充放电可逆性很好。对应用该离子液体电解质的模拟电容样品以 0.1 mA 的电流在 0~2.0 V 电压区间内进行恒流充放电, 循环充放 5000 次, 放电容量损失小于 4%, 表现出良好的循环性能。

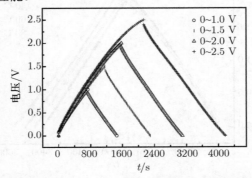

图 4.89　中孔活性炭 -LiTFSI/OZO 模拟电容在不同电压区间的充放电曲线

(电流为 0.1 mA)

　　由图 4.90 中的放电曲线计算出中孔活性炭模拟电容器单电极的比容量为 175.2 F·g^{-1}。对于多孔炭电极来说，电解质离子只有迁移进其孔内才能形成有效的双电层，因此并不是所有的孔形成的表面都会对双电层电容有贡献，电解质离子越大，炭材料的表面利用率就越低，以中孔 (2~5 nm) 为主的活性炭同时又具备了较高的比表面积，因此与上文研究的碳纳米管模拟电容相比，在保证与离子液体电解质相匹配的情况下，比容量有了显著的提高。

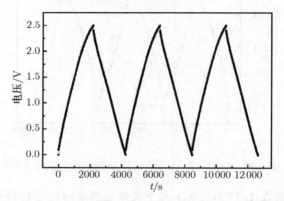

图 4.90　中孔活性炭 -LiTFSI/OZO 模拟电容在 0~2.5 V 区间的
恒流充放电曲线 (电流为 0.1 mA)

　　离子液体本身具有较宽的液态温度范围 (大约 200~300 ℃)，在此温度区间内，体系稳定并具有不挥发、不易燃等优良特性。为了验证离子液体电解质在中孔活性炭双电层模拟电容中高温环境下的电化学行为，我们应用 LiTFSI/OZO(1:4.0) 离子液体电解质组装到模拟电容中对其进行不同温度的恒流充放电试验。依图 4.91

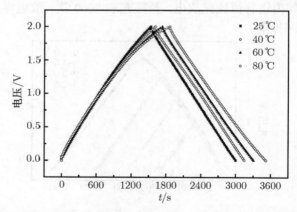

图 4.91　中孔活性炭 -LiTFSI/OZO 模拟电容在不同温度下的
恒流充放电曲线 (电流为 0.1 mA)

可知, 不同温度下的充放电曲线均呈线性对称, 表现出良好的电容特性, 随着温度的升高, 模拟电容容量依次增大。在 0.1 mA 的电流下, 电流密度为 83.3 mA·g^{-1}, 该模拟电容单电极比容量从 25 ℃的 144.7 F·g^{-1} 提高到 80 ℃的 162.4 F·g^{-1}, 增大约 12%, 这与该离子液体的离子电导率随温度升高显著增大密切相关。

4.4.3　离子液体在燃料电池中的应用

燃料电池 (fuel cell) 是一种能量转换装置。它是基于电化学原理, 等温条件下把储存在燃料和氧化剂中的化学能直接转化为电能。由于其不经过热机过程, 因此不受卡诺循环的限制, 具有能量转化效率高 (40%~60%)、环境友好、无氮氧化物和硫氧化物排放等优点。所以, 燃料电池技术的研究和开发备受各国政府的重视, 被认为是 21 世纪首选的洁净、高效的发电技术[133,134]。在整个燃料电池家族中, 最具代表性的是质子交换膜型燃料电池 (proton exchange membrane fuel cell, PEMFC) 体系, 它除具有燃料电池的一般特点 (如能量转化效率高、环境友好等) 之外, 同时还具有可在室温快速启动、无电解液流失、水易排出、寿命长、比功率与比能量高等突出特点。因此, 它不仅可用于建设分散电站, 也特别适宜于以电动车为代表的可移动动力源, 而且在未来的以氢作为主要能量载体的氢能时代, 它也是最佳的家庭动力源。

在质子交换膜燃料电池中, 以全氟磺酸型固体聚合物为电解质, 目前使用的主要是商业化的全氟磺酸膜 (如 Nafion 膜)。从目前的技术水平来看, 商业化 Nafion 膜虽然具有力学性能稳定、质子传导率高 (10^{-2} ~10^{-1} S·cm^{-1}) 和使用寿命长等优点, 但由于其存在高温不稳定、副反应及费用昂贵等不足, 在很大程度上制约了 PEMFC 的应用规模与范围。如果能够将 PEMFC 电解质的稳定工作温度提高到 100 ℃以上, 则由于燃料气在高温时具有更高的活性而可以减少铂催化剂的用量或用其他廉价催化剂材料代替铂催化剂, 可有效促进燃料电池的实用化发展。因此, 开发新型的质子传导电解质及聚合物膜材料是目前相关材料研究领域以及质子交换膜燃料电池开发中亟待解决的关键问题之一。而质子型离子液体作为离子液体研究领域的一个新的分支, 其具有独特的物理化学属性特别是具有可与水溶液相比拟的离子电导率, 而制备具有良好热学稳定性及电化学性能的质子型离子液体成为燃料电池新型电解质材料开发的一个崭新思路和研究方向[135]。

1. 研究现状与进展

1) 质子离子液体

Hirao 等[136] 直接把各种叔胺与四氟硼酸中和制备了一系列质子导体离子液体, 其中四氟硼酸 1-甲基吡唑的熔点最低 (T_m=−109.3 ℃) 和电导率最高 (1.9×10^{-2} S·cm^{-1})。Susan 等[137] 和 Nada 等[138] 在没有溶剂的条件下通过控制质子酸和有机碱的结合制备了一系列 Brönsted 酸碱离子液体 [将适量的固态 HTFSI 与固态咪唑 (Im) 以各种物质的量比混合制备出从等物质的量盐到富 HTFSI 或富 Im 的离子液体]。其中，等物质的量混合物形成了质子型中性盐，其熔点为 73 ℃，到 300 ℃ 的高温都表现出良好的热稳定性。其他组分的样品熔点均低于等物质的量混合物、Im 或 HTFSI 的熔点，形成在等物质的量盐和 HTFSI 或 Im 之间的低温共熔物。部分组分在室温时呈现液态，而对于 Im 过量的组分，发现电导率随 Im 的物质的量分数提高而增大，连接到 Im 结构中的 N 原子上质子的 ^1H NMR 的化学位移向低磁场方向移动；相反，电导率随 HTFSI 的摩尔分数增加而下降，而与 TFSI 基团相接的质子的 ^1H NMR 化学位移向高磁场方向移动。对富 Im 或富 HTFSI 的组分样品用脉冲梯度自旋回声 NMR(PGSE-NMR) 方法测得的自扩散系数表明，当 Im 过量时在质子化的 Im 阳离子与 Im 之间发生了快速质子交换反应，质子导电行为遵从 Grotthuss 与 vehicle 型的结合。用直流极化法测量证实了在富含 Im 组分中的质子导电，而且在 Pt 电极和离子液体界面上观察到分子氧的还原。上述研究表明该类 Brönsted 酸碱离子液体可以作为新的质子导体用于在无水及高温条件下燃料电池的电解质。

　　Xu 和 Angell[139]、Yoshizawa 等[140] 将无机酸、有机酸与有机物直接合成制得质子导体离子液体 (图 4.92)，对此二元液体的电导率、黏度和蒸气压行为进行了系统研究。此类离子液体具有良好的热稳定性，且其由于体系中存在大量的质子，因而这些样品具有较高的离子迁移速率和离子电导率，成为一类可能应用于高温燃电池的质子离子液体电解质材料。Souza 等[141] 合成了非 Brönsted 酸基的室温咪唑类离子液体 {如 [bmim][BF$_4$]}。研究表明，该类离子液体可以满足燃料电池电

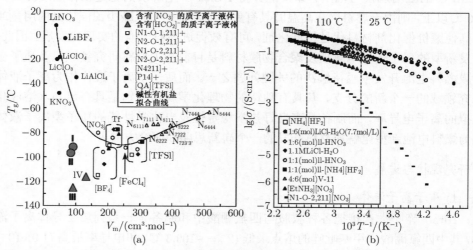

图 4.92　不同离子液体体系的摩尔体积–玻璃化转变温度对应关系 (a) 和 Arrhenius 关系 (b)

解质的要求, 将其应用于商用碱性燃料电池 (AFC) 中, 在室温时以空气和氢气作为燃料, 在一个大气压下工作时的电池总效率达到 67%。

在 2004 年, Yoshizawa 和 Ohno[142] 合成了一类基于 zwitterionic 液体和 HTFSI 的新型二元离子液体。如图 4.93 所示, zwitterionic 液体本身为含有阴阳基团的大分子, 与 HTFSI 作用形成离子液体后, 增加了体系中的离子种类和数量, 样品显示出更优的离子电导率 (10^{-2} S·cm^{-1}, 150 ℃), 并显示出优良的热学稳定性。我国中国科学院兰州化学物理研究所在质子型离子液体材料方面也做了一些探索性工作[143]。Hagiwara 等[144] 选用室温离子液体 1-乙基-3-甲基咪唑氟代氟化氢 {[emim][(HF)$_n$F]} 构建了通过氟代氟化氢阴离子 {[(HF)$_n$F]$^-$} 生成氢气的无水燃料电池。使用 H_2/O_2 时, 该燃料电池在 298 K 时的开路电压为 1.1 V, H_2 阳极和 O_2 阴极的极化行为表明 [emim][(HF)$_{2.3}$F] 可满足燃料电池电解质的要求, 比较可知 [emim][(HF)$_{1.3}$F] 比 [emim][(HF)$_{2.3}$F] 具有更优的热稳定性, 即使在 373 K 时也不会释放出 HF。Nakamoto 和 Watanabe[145] 把二乙基甲基胺与 HCF_3SO_3 酸相结合得到了一种新型质子离子液体, 分析表明其具有高且稳定的开路电压、宽的液态温度范围以及高热稳定性等优点, 在无增湿条件下可以作为中温燃料电池的电解液使用。同时, Nakamoto 还以不同物质的量比将 HTFSI 与苯并咪唑 (BIm) 结合制备了一种新型质子导电离子液体和一种离子熔体[146], 对其热学性质、离子电导率和微结构、自扩散系数以及电化学极化等进行了研究 (图 4.94)。其中, 等物质的量配比样品为质子中性盐, 热稳定性温度高达 350 ℃。[BIm][HTFSI] 二元体系的相图分析表明, 在 [BIm]/[HTFSI]=2/1 和 6/1 时得到的是化学计量比的复合物而不是中性盐, 在这些 BIm 过量的组分中, 在 140 ℃观察到了质子化的 BIm([HBIm]$^+$) 和自由的 BIm 之间存在快速的质子交换反应。质子传导速率、质子迁移数也随着 BIm 摩尔分数的增加而提高。在 Pt 电极上, 中性的和富碱的 [BIm][HTFSI] 二元体系对于氢氧化和氧还原均具有电化学活性, 在无增湿和高于 100 ℃的温度条件下可用作 H_2/O_2 燃料电池的电解质 (图 4.95)。Mitsushima 等[147] 为了在 100 ℃以上使用无水介温燃料电池, 研究了贵金属与离子液体界面上的氧还原反应。由于吸附了 TFSI 阴离子, Pt 对 [HTFSI][EMI][TFSI] 质子离子液体的催化活性随时间降低, 而 Pt-Rh 合金对该离子液体则表现出良好的催化活性和稳定性。

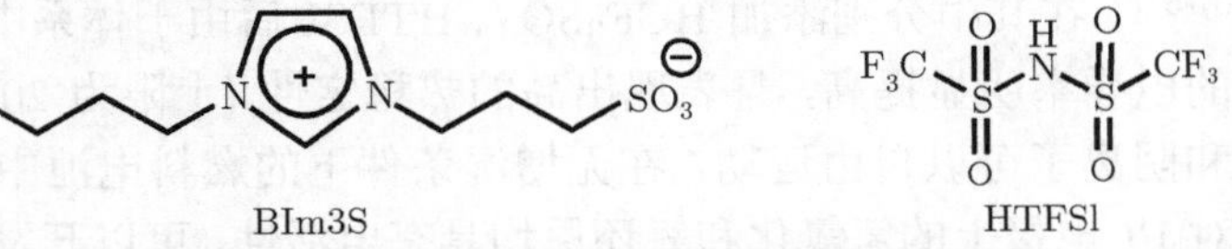

图 4.93　基于 Zwitterionic 的离子液体中的先导物分子结构示意图

2) 质子离子液体复合膜

Li 等[148] 在含有 H_3PO_4 的甲基硅倍半噁烷骨架中以室温离子液体 [bmim][BF$_4$]

Brönsted 碱

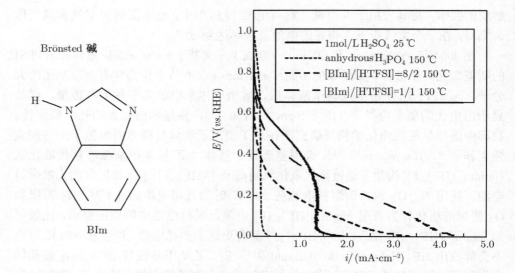

图 4.94　BIm 的分子结构示意图　　图 4.95　BIm-HTFSI 为电解质的 H_2/O_2 燃料电池的
极化曲线, 无增湿条件, 150 ℃

为模板制备了一种新的质子导电凝胶化电解质, 研究了离子液体对凝胶电解质的
结构、形貌、热稳定性和电化学性质的影响。测试结果表明, [bmim][BF$_4$] 的作用
是在甲基–三甲氧基硅烷的溶胶–凝胶过程中作为一种结构引导模板, 形成凝胶电
解质后在 BMImBF$_4$ 和 H$_3$PO$_4$ 之间形成氢键。此种电解质直到 300 ℃都表现出
良好的热稳定性和强的机械与电化学性质。对于 RTIL/Si/H$_3$PO$_4$ 的物质的量比为
0.3/1/1 的样品, 其室温电导率达到 1.2×10^{-3} S·cm^{-1}, 电化学窗口为 1.5 V。

　　Laha 和 Sekhon 等[149] 制备了含有酸性对阴离子的离子液体, 对烷基侧链长
度对电导率和黏度的影响进行了研究, 其中高电导 (120 ℃时为 0.07 S·cm^{-1}) 的
[DMEtIm][H$_2$PO$_4$] 与 [PVdF][HFP] 相结合制备了聚合物膜, 其电导率依赖于磷酸
和离子液体的浓度以及温度。研究表明, 含有不同浓度离子液体的聚合物电解质直
到 225 ℃都具有良好的热稳定性。同时, Sekhon 还分别制备了 [PVdF][HFP] 复合
室温离子液体 2,3-二甲基-1-辛基咪唑 -Tf{[DMOIm]Tf}、[DMOIm][TFSI] 的聚合物
电解质膜[150,151]。在其中分别添加 HCF$_3$SO$_3$、HTFSI 后由于体系中含有质子, 聚
合物电解质的电导率明显提高, 且表现出高的热稳定性 (上限为 200~300 ℃)。体
系中的质子和阴离子可以自由运动, 在无增湿条件下的燃料电池中测试显示该类
电解质材料对 Pt 电极上的氢氧化和氧还原均具有电活性, 可以开发作为在无增湿
和高温条件下的质子交换膜燃料电池的电解质材料。

　　Tigelaar 等[152] 合成了一系列通过三嗪连接起来的含有刚性芳香骨架的聚合
物, 对其热学和力学性质进行了分析, 并考察了聚合物对水和质子离子液体 (图

4.96) 的吸液量与其性质变化间的对应关系。在无增湿和高温条件下，该聚合物材料吸收离子液体后的质子电导率在 150 ℃时高达 5×10^{-2} S·cm^{-1}(图 4.97)。Asano[153]、Gao[154] 等分别开展了通过将离子交联聚合物磺酸化或与离子液体复合制备可应用于燃料电池的质子传导聚合物隔膜的研究工作。Kim 等 [155] 选用酸性 PWA ($H_3PW_{12}O_{40}$-nH_2O) 和离子液体 {[bmim][TFSI]}通过强烈的相互作用合成出亲水性的电解质材料，体系中含有一些水分子，可保持到 80 ℃，因该体系中质子载流子的贡献，在非水、N_2 气氛下 PWA-[bmim][TFSI] 在电导率从 60 ℃时的 10^{-4}S·cm^{-1} 提高到 80 ℃时的 0.04 S·cm^{-1}。

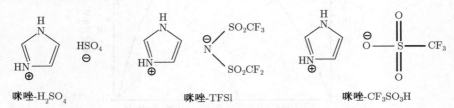

图 4.96　质子离子液体的结构示意图

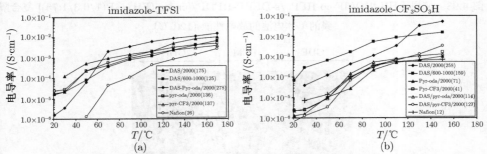

图 4.97　分别吸收咪唑 -TFSI、咪唑 -CF$_3$SO$_3$H 离子液体的聚合物隔膜
在不同温度下的电导率

Goto 等[156]研究表征了复合有各种室温离子液体的 Nafion 膜用于 100～200 ℃工作温度的聚合物电解质燃料电池 (PEFCs)。由于离子液体的作用，复合膜在 160 ℃干燥气氛下质子为连续输运过程，200 ℃的离子电导率达到 10^{-2} S·cm^{-1}，分析表明应用此类复合膜的 PEFC 有望在 120 ℃的无水条件下连续工作。同时研究发现，由于电极反应较慢和 HTFSI 在膜中的扩散速率偏低而导致阴极的过电位比较大。

Lee 等[157] 合成了由 [emim][(HF)$_n$F] (n = 1.3 和 2.3) 离子液体和氟化聚合物组成的新型复合电解质膜，在无增湿的条件下测量了它们在中温燃料电池中应用时的物理与电化学性质。复合膜 P(VdF-co-HFP)/s-DFBP-HFDP/[emim][(HF)$_{2.3}$F] 样品 (1/0.3/1.75 质量比) 在 25 ℃和 130 ℃时的离子电导率分别为 11.3×10^{-3} S·cm^{-1}

和 $34.7×10^{-3}$ S·cm^{-1}。使用 [emim][(HF)$_{2.3}$F] 复合电解质的单电池 5 h 内在 130 ℃
时的开路电压保持为 -1.0 V。依图 4.98 可知，在 $60.1×10^{-3}$ A·cm^{-2} 电流密度和
120 ℃时，其最大功率密度为 $20.2×10^{-3}$ W·cm^{-2}。从高热稳定性和高离子电导率
看，该离子液体复合电解质膜是一种可应用于无增湿中温燃料电池的潜在电解质
(图 4.99)。

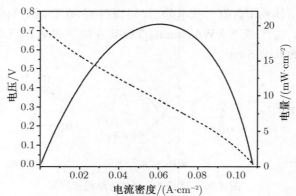

图 4.98　应用 FHIL[P(VdF-co-HFP)/s-DFBP-HFDP/[emim](FH)$_{2.3}$F(1/0.3/1.75)] 复合隔
膜的单体电池的放电性能 (120 ℃)

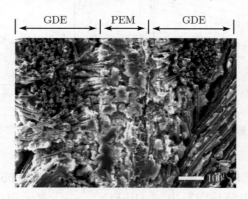

图 4.99　应用 FHIL[P(VdF-co-HFP)/s-DFBP-HFDP/[emim](FH)2.3F(1/0.3/1.75)] 复合
隔膜的单体电池使用后的膜电极扫描电镜 (120 ℃，无增湿)

　　Schmidt 等[158] 在 Nafion117 膜中复合了各种含有憎水的 {[FAP]$^-$、[TFSI]$^-$
和 [PF$_6$]$^-$} 以及亲水的 {[BF$_4$]$^-$} 阴离子的咪唑和吡咯啉基离子液体。从吸收行为、
用水对离子液体的漂洗能力、在潮湿环境中的溶胀行为、热稳定性、机械性能、离
子交换容量和离子电导率等方面对改性膜进行了表征。复合膜中，离子液体的阳离
子部分取代了 Nafion 膜磺酸基中的质子。一方面，离子液体起到很好的增塑作用，
同时保持了体系的良好热稳定性，并减轻了水对离子交联聚合物的溶胀作用。依图

4.100 可知，在干燥条件下，复合膜 120 ℃时的离子电导率是 Nafion117 膜的 100 多倍。

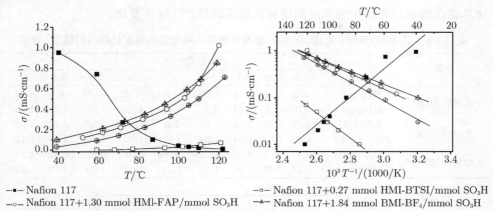

—■— Nafion 117
—○— Nafion 117+1.30 mmol HMl-FAP/mmol SO₃H
—⊕— Nafion 117+1.42 mmol BMPyr-FAP/mmol SO₃H
—□— Nafion 117+0.27 mmol HMI-BTSI/mmol SO₃H
—△— Nafion 117+1.84 mmol BMI-BF₄/mmol SO₃H

图 4.100　复合离子液体的 Nafion117 隔膜与空白样本不同温度下的电导率

2. 基于乙酰胺/质子酸的质子离子液体

在非溶剂的条件下，质子离子液体主要通过单一质子酸和有机化合物控制合成得到。适宜配比的样品具有宽的液相温度范围 (−100∼300 ℃)、高的离子电导率及热稳定性，在亲质子电化学体系中可能得到有效的应用。在结构与性能分析的基础上，本课题组合成制备了乙酰胺与无机酸 (硫酸)、有机酸 (乙酸、三氟乙酸、三氟甲基磺酸) 形成的质子离子液体 (图 4.101)，对其黏度、酸度及离子电导率进行了初步的比较研究。

乙酰胺　　　　硫酸　　　　乙酸　　　　三氟乙酸　　　三氟甲基磺酸

图 4.101　质子离子液体先导物的结构示意图

表 4.19 列出了乙酰胺/硫酸、乙酸、三氟乙酸三种质子离子液体不同物质的量配比样品的酸度与密度值。比较可知，在相同物质的量配比的条件下，三种离子液体的酸度值依次为乙酰胺/硫酸 > 乙酰胺/三氟乙酸 > 乙酰胺/乙酸。

从图 4.102 乙酰胺/硫酸、乙酸、三氟乙酸三种质子离子液体不同物质的量配比样品在不同温度下黏度随样品浓度变化曲线可以看出，室温下，乙酰胺/硫酸质子离子液体其黏度值在物质的量配比为 6:4 时达到极大值，随着温度的不断升高，体系黏度均明显降低，这表明不同物质的量配比样品因先导物量的不同而导致最终产物存在一定的性能差异。而乙酰胺/乙酸和乙酰胺/三氟乙酸两类质子离子液体其黏度值随着样品中酸浓度的增加而逐渐降低，呈线性变化。

表 4.19　乙酰胺/硫酸、乙酸、三氟乙酸离子液体不同物质的量配比样品的酸度、密度

样品		物质的量配比								
		1:9	2:8	3:7	4:6	5:5	6:4	7:3	8:2	9:1
乙酰胺/硫酸	酸度 (pH)	<-2	<-2	<-2	<-2	-1.88	-1.42	-0.74	-0.48	0.24
	密度/(g·mL^{-1})	1.76	1.7	1.63	1.6	1.45	1.25	1.27	1.23	1.13
乙酰胺/乙酸	酸度 (pH)	0.57	1.11	1.55	2.14	2.6	3.1	3.33	4.02	4.78
	密度/(g·mL^{-1})	1.06	1.07	1.04	1.05	1.07	1.06	1.05	1.13	1.12
乙酰胺/三氟乙酸	酸度 (pH)	<-2	<-2	<-2	-1.42	-0.59	0.05	0.46	0.95	1.34
	密度/(g·mL^{-1})	1.37	1.41	1.40	1.36	1.31	1.33	1.25	1.19	1.24

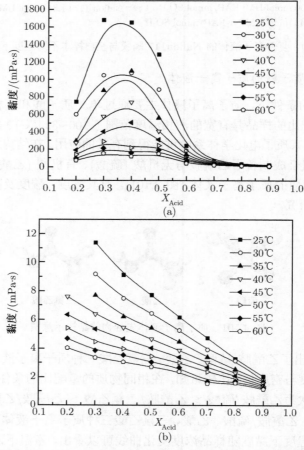

图 4.102　乙酰胺/硫酸 (a)、乙酸 (b)、三氟乙酸 (c) 离子液体不同物质的量配比样品的黏度

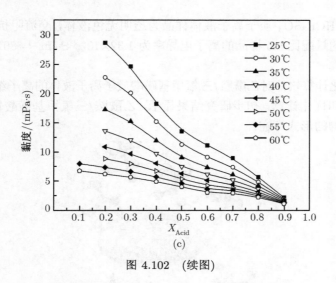

图 4.102　（续图）

对上述三种质子离子液体进行离子电导率测量显示 (图 4.103)，乙酰胺/三氟乙酸物质的量配比为 3:7 样品，室温 25 ℃ 离子电导率为 4.9×10^{-3} S·cm^{-1}，80 ℃ 离子电导率为 1.6×10^{-2} S·cm^{-1}。而乙酰胺/乙酸物质的量配比为 3:7 样品，离子电导率偏低，室温 25 ℃ 离子电导率为 0.08×10^{-3} S·cm^{-1}，80℃ 离子电导率为 0.86×10^{-3} S·cm^{-1}。乙酰胺/硫酸物质的量配比为 3:7 样品具有最高的离子电导率，室温 25 ℃ 离子电导率为 3.3×10^{-2} S·cm^{-1}，80 ℃ 离子电导率为 1.1×10^{-1} S·cm^{-1}。数值大小变化与三种质子离子液体的酸度值变化呈正比，可见上述质子离子液体体系中有机/无机酸先导物的属性决定了其产物的最终物理化学属性。

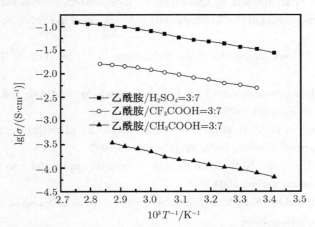

图 4.103　乙酰胺/硫酸、乙酸、三氟乙酸离子液体不同物质的量配比样品离子电导率
与温度的 Arrhenius 曲线

　　乙酰胺/HCF$_3$SO$_3$ 质子离子液体样品为透明无色液体，交流阻抗谱测试显示，室温下物质的量配比 5:5 样品的离子电导率为 1.32×10^{-2} S·cm^{-1}，80 ℃达到 2.41×10^{-2} S·cm^{-1}。

　　应用量化计算软件对乙酰胺/三氟甲基磺酸质子离子液体的离子结构 (图 4.104) 进行了搭建和优化计算，初步研究结果显示，乙酰胺/三氟甲基磺酸体系微结构以氢键网络结构的形式存在。

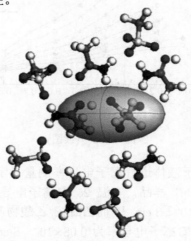

图 4.104　乙酰胺/HCF$_3$SO$_3$ 质子离子液体的微结构 (BLYP/DNP 水平上计算优化)

参 考 文 献

[1] Inman D, Lovering D G. Ionic Liquids. Plenum Press, 1981

[2] Bennemann K H, Brouers F, Quitmann D. Ionic liquids, molten salts, and polyelectrolytes: proceedings of the international conference held in Berlin. Sprinter Publisher, 1982

[3] Seddon K R. Ionic liquids for clean technology. J Chem Technol Biot, 1997, 68(4): 351~356

[4] Welton T. Room-temperature ionic liquids, solvents for synthesis and catalysis. Chem Rev, 1999, 99(8): 2071~2083

[5] Lu W, Fadeev A G, Qi B, et al. Use of ionic liquids for pi-conjugated polymer electrochemical devices. Science, 2002, 297(5583): 983~987

[6] Rogers R D, Seddon K R. Ionic liquids: Industrial applications to green chemistry. ACS Symposium Series. 2002

[7] Rogers R D, Seddon K R. Ionic liquids as green solvents: progress and prospects. ACS Symposium Series. 2003

[8] Rogers R D, Seddon K R. Ionic liquids – Solvents of the future. Science, 2003, 302(5646): 792,793

[9] Robinson J, Osteryoung R A. An electrochemical and spectroscopic study of some aromatic hydrocarbons in the room temperature molten salt system aluminum chloriden-butylpyridinium chloride. J Am Chem Soc, 1979, 101(2): 323~327

[10] Papageorgiou N, Athanassov Y, Armand M, et al. The performance and stability of ambient temperature molten slats for solar cell applications. J Electrochem Soc, 1996, 143(10): 3099~3108

[11] McEwen A B, McDevitt S F, Koch V R. Nonaqueous electrolytes for electrochemical capacitors: imidazolium cations and inorganic fluorides with organic carbonates. J Electrochem Soc, 1997, 144(4): L84~L86

[12] Ito Y, Nohira T. Non-conventional electrolytes for electrochemical applications. Electrochim Acta, 2000, 45(15,16): 2611~2622

[13] MacFarlane D R, Huang J H, Forsyth M. Lithium-doped plastic crystal electrolytes exhibiting fast ion conduction for secondary batteries. Nature, 1999, 402(6763): 792~794

[14] Xu K, Ding M S, Jow T R. Quaternary onium salts as nonaqueous electrolytes for electrochemical capacitors. J Electrochem Soc, 2001, 148(3): A267~A274

[15] Fukushima T, Kosaka A, Ishimura Y, et al. Molecular ordering of organic molten salts triggered by single-walled carbon nanotubes. Science, 2003, 300(5628): 2072~2074

[16] Fernicola A, Scrosati B, Ohno H. Potentialities of ionic liquids as new electrolyte media in advanced electrochemical devices. Ionics, 2006, 12(2): 95~102

[17] Macfarlane D R, Forsyth M, Howlett P C, et al. Ionic liquids in electrochemical devices and processes: managing interfacial electrochemistry. Acc Chem Res, 2007, 40(11): 1165~1173

[18] Abraham K M. Directions in secondary lithium battery research and development. Electrochim. Acta, 1993, 38(9): 1233~1248

[19] 吴宇平, 万春荣, 姜长印. 锂离子二次电池. 北京: 化学工业出版社, 2002

[20] Li W, Dahn J R, Wainwright D S. Rechargeable lithium batteries with aqueous-electrolytes. Science, 1994, 264(5162): 1115~1118

[21] Blomgren G E. Electrolytes for advanced batteries. J Power Sources, 1999, 81, 82: 112~118

[22] Xu K. Nonaqueous liquid electrolytes for lithium-based rechargeable batteries. Chem Rev, 2004, 104(10): 4303~4417

[23] Tobishima S, Yamaki J. A consideration of lithium ion safety. J Power Sources, 1999, 81, 82: 882~886

[24] Nomoto S, Nakata H, Yoshioka K, et al. Advanced capacitors and their application. J Power Sources, 2001, 97, 98: 807~811

[25] Robinson J, Osteryoung R A. An electrochemical and spectroscopic study of some aromatic hydrocarbons in the room temperature molten salt system aluminum chloriden-butylpyridinium chloride. J Am Chem Soc, 1979, 101(2): 323~327

[26] Wikes J S, Levisky J A, Wilson R A, et al. Dialkylimidazolium chloroaluminate melts: a new class of room-temperature ionic liquids for electrochemistry, spectroscopy and synthesis. Inorg Chem, 1982, 21(3): 1263,1264

[27] Koch V R, Dominey L A, Nanjundiah C, et al. The intrinsic anodic stability of several anions comprising solvent-free ionic liquids. J Electrochem Soc, 1996, 143: 798~802

[28] Donahue F M, Mancini S E, Simonsen L R. Secondary aluminium-iron (III) chloride batteries with a low temperature molten salt electrolyte. J Appl Electrochem, 1992, 22: 230~234

[29] Papageorgiou N, Emmenegger F P. The effect of cosolvents and additives on the electro-chemical properties of [(Me)₃PhN][Al₂Cl₇] melts. Electrochim Acta, 1993, 38: 245~252

[30] Liao Q, Pitner W R, Stewart G, et al. Electrodeposition of aluminum from the alu-minum chloride-1-methyl-3-ethylimidazolium chloride room temperature molten salt + benzene. J Electrochem Soc, 1997, 144: 936~943

[31] Gifford P R, Palmisano J B. A substituted imidazolium chloroaluminate molten salt possessing an increased electrochemical window. J ELectrochem Soc, 1987, 134(3): 610~614

[32] Vestergaard B, Bjerrum N J, Petrushina I, et al. Molten triazolium chloride systems as new aluminum battery electrolytes. J Electrochem Soc, 1993, 140: 3108~3113

[33] Scordilis-Kelley C, Carlin R T. Lithium and sodium standard reduction potentials in ambient-temperature chloroaluminate molten salts. J Electrochem Soc, 1993, 140: 1606~1609

[34] Scordilis-Kelley C, Carlin R T. Stability and electrochemistry of lithium in room tem-perature chloroaluminate molten salts. J Electrochem Soc, 1994, 141: 873~875

[35] Piersma B J, Ryan D M, Schumacher E R, et al. Electrodeposition and stripping of lithium and sodium on inert electrodes in room temperature chloroaluminate molten salts. J Electrochem Soc, 1996, 143: 908~913

[36] Koura N, Hzuka K, Idemoto Y, et al. Li and Li-Al negative electrode characteristics for the lithium secondary battery with a nonflammable SOCl₂, Li added, LiCl saturated AlCl₃-EMIC molten salt electrolyte. Electrochem, 1999, 67: 706~712

[37] Fuller J, Osteryoung R A, Carlin R T. Rechargeable lithium and sodium anodes in chloroaluminate molten salts containing thionyl chloride. J Electrochem Soc, 1995, 142: 3632~3636

[38] Fuller J, Carlin R T, Osteryoung R A. In situ optical microscopy investigations of lithium and sodium film formation in buffered room temperature molten salts. J Electrochem Soc, 1996, 143: L145~L147

[39] Fung Y S, Zhou R Q. Room temperature molten salt as medium for lithium battery. J Power Sources, 1999, 81: 891~895

[40] Carlin R T, Delong H C, Fuller J, et al. Dual intercalating molten electrolyte batteries.

J Electrochem Soc, 1994, 141(7): L73~L76

[41] Fuller J, Carlin R T, Osteryoung R A. The room temperature ionic liquid 1-ethyl-3-methylimidazolium tetrafluoroborate: Electrochemical couples and physical properties. J Electrochem Soc, 1997, 144(11): 3881~3886

[42] Friberg S E, Yin Q, Pavel F, et al. Solubilization of an ionic liquid, 1-butyl-3-methylimidazolium hexafluorophosphate, in a surfactant-water system. J Dispersion Science and Technology, 2000, 21(2): 185~197

[43] BonhÔte P, Dias A P, Papageorigiou N, et al. Hydrophobic, highly conductive ambient-temperature molten salts. Inorg Chem, 1996, 35(5): 1168~1178

[44] Dominey L A, Koch V R, Blakley T J. Thermally stable lithium salts for polymer electrolytes. Electrochim Acta, 1992, 37(9): 1551~1554

[45] Koch V R, Nanjundiah C, Appetecchi G B, et al. The interfacial stability of Li with 2 new solvent-free ionic liquids – 1,2-dimethyl-3-propylimidazolium imide and methide. J Electrochem Soc, 1995, 142(7): L116~L118

[46] MacFarlane D R, Huang J H, Forsyth M. Lithium-doped plastic crystal electrolytes exhibiting fast ion conduction for secondary batteries. Nature, 1999, 402(6763): 792~794

[47] Forsyth M, Huang J, MacFarlane D R. Lithium doped N-methyl-N- ethylpyrrolidinium bis(trifluoromethanesulfonyl)amide fast-ion conducting plastic crystals. J Mater Chem, 2000, 10(10): 2259~2265

[48] MacFarlane D R, Forsyth M. Plastic crystal electrolyte materials: new perspectives on solid state ionics. Adv Mater, 2001, 13(12,13): 957~966

[49] Sakaebe H, Matsumoto H. N-Methyl-N-propylpiperidinium bis(trifluoromethamesulfonyl)imide (PP13-TFSI) novel electrolyte base for Li battery. Electrochem Commun, 2003, 5(7): 594~598

[50] Sato T, Maruo T, Marukane S, et al. Ionic liquids containing carbonate solvent as electrolytes for lithium ion cells. J Power Sources, 2004, 138: 253~261

[51] Katayama Y, Yukumoto M, Miura T. Electrochemical intercalation of lithium into graphite in room-temperature molten salt containing ethylene carbonate. Electrochem Solid State Lett, 2003, 6(5): A96~A97

[52] Zheng H H, Li B, Fu Y B,et al. Compatibility of quaternary ammonium-based ionic liquid electrolytes with electrodes in lithium ion batteries. Electrochim Acta, 2006, 52(4): 1556~1562

[53] Baranchugov V, Markevich E, Pollak E, et al. Amorphous silicon thin films as a high capacity anodes for Li-ion batteries in ionic liquid electrolytes. Electrochem Commun, 2007, 9: 796~800

[54] Chagnes A, Diaw A, Carre B, et al. Imidazolium-organic solvent mixtures as electrolytes for lithium batteries. J Power Sources, 2005, 145(1): 82~88

[55] Lee S Y, Yong H H, Kim S K, et al. Performance and thermal stability of LiCoO$_2$

cathode modified with ionic liquid. J Power Sources, 2005, 146(1, 2): 732~735

[56] Hayashi K, Nemoto Y, Akuto K, et al. Alkylated imidazolium salt electrolyte for lithium cells. J Power Sources, 2005, 146(1, 2): 689~692

[57] Seki S, Ohno Y, Kobayashi Y, et al. Imidazolium-based room-temperature ionic liquid for lithium secondary batteries - effects of lithium salt concentration. J Electrochem Soc, 2007, 154(3): A173~A177

[58] Zheng H H, Zhang H C, Fu Y B, et al. Temperature effects on the electrochemical behavior of spinel $LiMn_2O_4$ in quaternary ammonium-based ionic liquid electrolyte. J Phys Chem B, 2005, 109(28): 13676~13684

[59] Zheng H H, Jiang K, Abe T, et al. Electrochemical intercalation of lithium into a natural graphite anode in quaternary ammonium-based ionic liquid electrolytes. Carbon, 2006, 44(2): 203~210

[60] Ishikawa M, Sugimoto T, Kikuta M, et al. Pure ionic liquid electrolytes compatible with a graphitized carbon negative electrode in rechargeable lithium-ion batteries. J Power Sources, 2006, 162(1): 658~662

[61] Markevich E, Baranchugov V, Aurbach D. On the possibility of using ionic liquids as electrolyte solutions for rechargeable 5 V Li ion batteries. Electrochem Commun, 2006, 8(8): 1331~1334

[62] Lewandowski A, Swiderska-Mocek A. Properties of the graphite-lithium anode in N-methyl-N-propylpiperidinium bis(trifluoromethanesulfonyl) imide as an electrolyte. J Power Sources, 2007, 171(2): 938~943

[63] Fernicola A, Croce F, Scrosati B, et al. LiTFSI-BEPyTFSI as an improved ionic liquid electrolyte for rechargeable lithium batteries. J Power Sources, 2007, 174(1): 342~348

[64] Guerfi A, Duchesne S, Kobayashi Y, et al. $LiFePO_4$ and graphite electrodes with ionic liquids based on bis(fluorosulfonyl)imide (FSI)(-) for Li-ion batteries. J Power Sources, 2008, 175(2): 866~873

[65] Nakagawa H, Izuchi S, Kuwana K, et al. Liquid and polymer gel electrolytes for lithium batteries composed of room-temperature molten salt doped by lithium salt. J Electrochem Soc, 2003, 150(6): A695~A700

[66] Shobukawa H, Tokuda H, Susan M A H, et al. Ion transport properties of lithium ionic liquids and their ion gels. Electrochim Acta, 2005, 50(19): 3872~3877

[67] Reiter J, Vondrak J, Michalek J, et al. Ternary polymer electrolytes with 1-methylimidazole based ionic liquids and aprotic solvents. Electrochim Acta, 2006, 52(3): 1398~1408

[68] Ogihara W, Washiro S, Nakajima H, et al. Effect of cation structure on the electrochemical and thermal properties of ion conductive polymers obtained from polymerizable ionic liquids. Electrochim Acta, 2006, 51(13): 2614~2619

[69] Ogihara W, Suzuki N, Nakamura N, et al. Electrochemical and spectroscopic analyses

of lithium ion-conductive polymers prepared by the copolymerization of ionic liquid monomer with lithium salt monomer. Polym J, 2006, 38(2): 117~121

[70] Sutto T E, Ollinger M, Kim H S, et al. Laser transferable polymer-ionic liquid separator/electrolytes for solid-state rechargeable lithium-ion microbatteries. Electrochem Solid State Lett, 2006, 9(2): A69~A71

[71] Cheruvally G, Kim J K, Choi J W, et al. Electrospun polymer membrane activated with room temperature ionic liquid: novel polymer electrolytes for lithium batteries. J Power Sources, 2007, 172(2): 863~869

[72] Kim G T, Appetecchi G B, Alessandrini F, et al. Solvent-free, PYR1A TFSI ionic liquid-based ternary polymer electrolyte systems I. Electrochemical characterization J Power Sources, 2007, 171(2): 861~869

[73] Shin J H, Henderson W A, Passerini S. An elegant fix for polymer electrolytes. Electrochem Solid State Lett, 2005, 8(2): A125~A127

[74] Choi J W, Cheruvally G, Kim Y H, et al. Poly(ethylene oxide)-based polymer electrolyte incorporating room-temperature ionic liquid for lithium batteries. Solid State Ionics, 2007, 178(19, 20): 1235~1241

[75] Kobayashi Y, Mita Y, Seki S, et al. Comparative study of lithium secondary batteries using nonvolatile safety electrolytes. J Electrochem Soc, 2007, 154(7): A677~A681

[76] Nakagawa H, Fujino Y, Kozono S, et al. Application of nonflammable electrolyte with room temperature ionic liquids (RTILs) for lithium-ion cells. J Power Sources, 2007, 174(2): 1021~1026

[77] Seki S, Mita Y, Tokuda H, et al. Effects of alkyl chain in imidazolium-type room-temperature ionic liquids as lithium secondary battery electrolytes. Electrochem Solid State Lett, 2007, 10(10): A237~A240

[78] Cheng H, Zhu C B, Huang B, et al. Synthesis and electrochemical characterization of PEO-based polymer electrolytes with room temperature ionic liquids. Electrochim Acta, 2007, 52(19): 5789~5794

[79] McManis G E, Fletcher A N, Bliss D E, et al. Electrochemical characteristics of simple nitrate amide melts at ambient temperatures. J Electroanal Chem, 1985, 190: 171~183

[80] Caldeira M O S P, Sequeira C A C. Electrochemical studies in low temperature amide melts. Molten Salt Forum, 1993, 1, 2: 407~410

[81] 赵地顺, 张星辰, 周清泽等. 脲、硫脲固体电解质导电机理分析. 高等学校化学学报, 2000, 21(5): 794~797

[82] Sakaebe H, Matsumoto H, Tatsumi K. Application of room temperature ionic liquids to Li batteries. Electrochim Acta, 2007, 53(3): 1048~1054

[83] Liang H Y, Li H, Wang Z X, et al. New binary room-temperature molten salt electrolyte based on urea and LiTFSI. J Phys Chem B, 2001, 105(41): 9966~9968

[84] Hu Y S, Li H, Huang X J, et al. Novel room temperature molten salt electrolyte based

on LiTFSI and acetamide for lithium batteries. Electrochem Commun, 2004, 6: 28~32

[85] Hu Y S, Wang Z X, Huang X J, et al. Physical and electrochemical properties of new binary room-temperature molten salt electrolyte based on LiBETI and acetamide. Solid State Ionics, 2004, 175: 277~280

[86] Wang Z X, Hu Y S, Chen L Q. Some studies on electrolytes for lithium ion batteries. J Power Sources, 2005, 146: 51~57

[87] Hu Y S, Wang Z X, Li H, et al. Spectroscopic studies on the cation-anion, cation-solvent and anion-solvent interactions in the $LiCF_3SO_3$/acetamide complex system. Spectrochim Acta, 2005, 61: 403~411

[88] Chen R J, Wu F, Liang H Y,et al. Novel binary room temperature complex electrolytes based on LiTFSI and organic compounds with acylamino group. J Electrochem Soc, 2005, 152(10): A1979~A1984

[89] Chen R J, Wu F, Li L, et al. Novel binary room-temperature complex system based on LiTFSI and 2-oxazolidinone of neutral molecule and its characterization as electrolyte. J Phys Chem C, 2007, 111: 5184~5194

[90] Chen R J, Wu F, Li L, et al. The structure-activity relationship studies of binary room-temperature complex electrolytes based on LiTFSI and organic compounds with acylamino group. Vib Spec, 2007, 44(2): 297~307

[91] Wu F, Chen R J, Wu F, et al. Binary room-temperature complex electrolytes based on $LiClO_4$ and organic compounds with acylamino group and its characterization for electric double layer capacitors. J Power Sources, 2008, 184: 402~407

[92] Shiao H C, Chua D, Lin H P, et al. Low temperature electrolytes for Li-ion PVDF cells. J Power Sources, 2000, 87(1,2): 167~173

[93] Adam G, Gibbs H. On the temperature dependence of cooperative relaxation properties in glass-forming liquids. J Chem Phys, 1965, 43(1): 139~146

[94] Silverstein R M, Webster F X. Spectrometric Identification of Organic Compounds. John Wiley & Sons, Inc, 1998

[95] 吴瑾光. 近代傅里叶变换红外光谱技术及应用. 北京: 科学技术文献出版社, 1994

[96] Silverstein R M, Bassier G C, Morrill T C. Spectrometric Identification of Organic Compounds. 4th ed. John Wiley Press, 1981

[97] Nyquist R A. Interpreting Infrared, Raman, and Nuclear Magnetic Resonance Spectra. Vol.1. Variables in Data Interpretation of Infrared and Raman Spectra. Academic Press, 2001

[98] 吴锋. 绿色二次电池及其新体系研究进展. 北京: 科学出版社, 2007

[99] Arbizzani C, Mastragostino M, Soavi F. New trends in electrochemical supercapacitors. J Power Sources, 2001, 100(1, 2): 164~170

[100] Huggins R H. Supercapacitors and electrochemical pulse sources. Solid State Ionics, 2000, 134(1, 2): 179~195

[101] Chu A, Braatz P. Comparison of commercial supercapacitors and high-power lithium-ion batteries for power-assist applications in hybrid electric vehicles. I. Initial characterization. J Power Sources, 2002, 112(1): 236~246

[102] Grahame D C. The Electrical double layer and the theory of electrocapillarity. Chem Rev, 1947, 41(3): 441~501

[103] Kötz R, Carbon M. Principles and applications of electrochemical capacitors. Electrochimica Acta, 2000, 45: 2483~2498

[104] Biniak S, Dzielerdziak B, Siedlewski J. The electrochemical behavior or carbon fiber electrodes in various electrolytes, double layer capacitance. Carbon, 1995, 33: 1255~1263

[105] Xu K, Ding M S, Jow T R. A better quantification of electrochemical stability limits for electrolytes in double layer capacitors. Electrochimica Acta, 2001, 46: 1823~1827

[106] Mastragostino M, Soavi F. Strategies for high-performance supercapacitors for HEV. J Power Sources, 2007, 174(1): 89~93

[107] Balducci A, Bardi U, Caporali S, et al. Ionic liquids for hybrid supercapacitors. Electrochem Commun, 2004, 6(6): 566~570

[108] Balducci A, Dugas R, Taberna P L, et al. High temperature carbon-carbon supercapacitor using ionic liquid as electrolyte. J Power Sources, 2007, 165(2): 922~927

[109] Sato T, Masuda G, Takagi K. Electrochemical properties of novel ionic liquids for electric double layer capacitor applications. Electrochim Acta, 2004, 49(21): 3603~3611

[110] Liu H T, He P, Li Z Y, et al. A novel nickel-based mixed rare-earth oxide/activated carbon supercapacitor using room temperature ionic liquid electrolyte. Electrochim Acta, 2006, 51(10): 1925~1931

[111] Kim Y J, Matsuzawa Y, Ozaki S, et al. High energy-density capacitor based on ammonium salt type ionic liquids and their mixing effect by propylene carbonate. J Electrochem Soc, 2005, 152(4): A710~A715

[112] Shiraishi S, Nishina N, Oya A, et al. Electric double layer capacitance of activated carbon fibers in ionic liquid: EMImBF$_4$. Electrochemistry, 2005, 73(8): 593~596

[113] Barisci J N, Wallace G G, MacFarlane D R, et al. Investigation of ionic liquids as electrolytes for carbon nanotube electrodes. Electrochem Commun, 2004, 6(1): 22~27

[114] Zhang H, Cao G P, Yang Y S, et al. Comparison between electrochemical properties of aligned carbon nanotube array and entangled carbon nanotube electrodes. J Electrochem Soc, 2008, 155(2): K19~K22

[115] Liu H T, He P, Li Z Y, et al. The inherent capacitive behavior of imidazolium-based room-temperature ionic liquids at carbon paste electrode. Electrochem Solid State Lett, 2005, 8(7): J17~J19

[116] Murayama I, Yoshimoto N, Egashira M, et al. Characteristics of electric double layer capacitors with an ionic liquid electrolyte containing Li ion. Electrochemistry, 2005,

73(8): 600~602

[117] Rochefort D, Pont A. L. Pseudocapacitive behaviour of RuO_2 in a proton exchange ionic liquid. Electrochem Commun, 2006, 8(9): 1539~1543

[118] Fukuda Y, Tanaka R, Tshikawa M. Beneficial effects of a Li salt on electrode behavior in an ionic liquid for electric double layer capacitors. Electrochemistry, 2007, 75(8): 589~591

[119] Lewandowski A, Swiderska A. Polymer electrolyte based on ionic liquid $(EMIM)_3PO_4$ as an electrolyte for electrochemical capacitors. Pol J Chem, 2004, 78(9): 1371~1378

[120] Balducci A, Henderson W A, Mastragostino M, et al. Cycling stability of a hybrid activated carbon//poly(3-methylthiophene) supercapacitor with N-butyl-N-methylpyrrolidinium bis(trifluoromethanesulfonyl)imide ionic liquid as electrolyte. Electrochim Acta, 2005, 50(11): 2233~2237

[121] Jiang J, Gao D S, Li Z H, et al. Gel polymer electrolytes prepared by in situ polymerization of vinyl monomers in room-temperature ionic liquids. React Funct Polym, 2006, 66(10): 1141~1148

[122] Nagao Y, Nakayama Y, Oda H, et al. Activation of an ionic liquid electrolyte for electric double layer capacitors by addition of $BaTiO_3$ to carbon electrodes. J Power Sources, 2007, 166(2): 595~598

[123] Zhu Q, Song Y, Zhu X F, et al. Ionic liquid-based electrolytes for capacitor applications. J Electroanal Chem, 2007, 601(1,2): 229~236

[124] Lewandowski A, Olejniczak A. N-methyl-N-propylpiperidinium bis(trifluoromethanesulphonyl) imide as an electrolyte for carbon-based double-layer capacitors. J Power Sources, 2007, 172(1): 487~492

[125] Kurzweil P, Chwistek M. Electrochemical stability of organic electrolytes in supercapacitors: spectroscopy and gas analysis of decomposition products. J Power Sources, 2008, 176(2): 555~567

[126] Nanbu N, Ebina T, Sasaki Y. Electrochemical properties of triethylmethoxymethyl ammonium bis(oxalato)borate. Electrochemistry, 2008, 76(1): 38~41

[127] Iijima S. Helical microtubules of graphitic carbon. Nature, 1991, 354:56~58

[128] Qiao W, Korai Y, Mochida I. Preparation of an activated carbon artifact: oxidative modification of coconut shell-based carbon to improve the strength. Carbon, 2002, 40: 351~358

[129] Mitani S, Lee S I, Yoon S H. Activation of raw pitch coke with alkali hydroxide to prepare high performance carbon for electric double layer capacitor. J Power Sources, 2004, 133: 298~301

[130] Xu B, Wu F, Chen R J. Carbon nanotubes-based electric double layer capacitors with room temperature molten salt as electrolyte. J Power Sources, 2006, 158(1): 773~778

[131] Chen R J, Wu F, Xu B, et al. Room temperature complex systems based on LiX(X=N

(SO$_2$CF$_3$)$_2^-$, CF$_3$SO$_3^-$, ClO$_4^-$)-acetamide as electrolytes for electric double layer capacitors. J Electrochem Soc, 2007, 154(7): A703~A706

[132] Xu B, Wu F, Chen R J, et al. Highly mesoporous and high surface area carbon: a high capacitance electrode material for EDLCs with various electrolytes. Electrochem Commun, 2008, 10: 795~797

[133] 衣宝廉. 燃料电池 - 原理·技术·应用. 北京: 化学工业出版社, 2003

[134] 毛宗强. 氢能 -21 世纪的绿色能源. 北京: 化学工业出版社, 2005

[135] Lee J S, Quan N D, Hwang J M, et al. Polymer electrolyte membranes for fuel cells. J Ind Eng Chem, 2006, 12(2): 175~183

[136] Hirao M, Sugimoto H, Ohno H. Preparation of novel room-temperature molten salts by neutralization of amines. J Electrochem Soc, 2000, 147(11): 4168~4172

[137] Susan M A B H, Noda A, Mitsushima S, et al. Brønsted acid-base ionic liquids and their use as new materials for anhydrous proton conductors. Chem Comm, 2003, (8): 938,939

[138] Noda A, Susan A B, Kudo K, et al. Bronsted acid-base ionic liquids as proton-conducting nonaqueous electrolytes. J Phys Chem B, 2003, 107(17): 4024~4033

[139] Xu W, Angell C A. Solvent-free electrolytes with aqueous solution —— like conductivities. Science, 2003, 302(5644): 422~425

[140] Yoshizawa M, Xu W, Angell C A. Ionic liquids by proton transfer: vapor pressure, conductivity, and the relevance of delta pK(a) from aqueous solutions. J Am Chem Soc, 2003, 125(50): 15411~15419

[141] de Souza R F, Padilha J C, Goncalves R S, et al. Room temperature dialkylimidazolium ionic liquid-based fuel cells. Electrochem. Commun, 2003, 5(8): 728~731

[142] Yoshizawa M, Ohno H. Anhydrous proton transport system based on zwitterionic liquid and HTFSI. Chem Comm, 2004, (16): 1828~1829

[143] Du Z Y, Li Z P, Guo S, et al. Investigation of physicochemical properties of lactam-based Brønsted acidic ionic liquids. J Phys Chem B, 2005, 109:19542~19546

[144] Hagiwara R, Nohira T, Matsumoto K, et al. A fluorohydrogenate ionic liquid fuel cell operating without humidification. Electrochem Solid State Lett, 2005, 8(4): A231~A233

[145] Nakamoto H, Watanabe M. Bronsted acid-base ionic liquids for fuel cell electrolytes. Chem Commun, 2007, 24: 2539~2541

[146] Nakamoto H, Noda A, Hayamizu K, et al. Proton-conducting properties of a bronsted acid-base ionic liquid and ionic melts consisting of bis(trifluoromethanesulfonyl)imide and benzimidazole for fuel cell electrolytes. J Phys Chem C, 2007, 111(3): 1541~1548

[147] Mitsushima S, Hata Y, Muneyasu K, et al. Oxygen reduction reaction at the interface of noble metals and protonic room temperature molten salts. J New Mat Electrochem, 2007, 10(2): 61~65

[148] Li Z Y, Liu H T, Liu Y, et al. A room-temperature ionic-liquid-templated proton-conducting gelatinous electrolyte. J Phys Chem B, 2004, 108(45): 17512~17518

[149] Laha B S, Sekhon S S. Polymer electrolytes containing ionic liquids with acidic counteranion (DMRImH(2)PO(4), R = ethyl, butyl and octyl). Chem Phys Lett, 2006, 425(4~6): 294~300

[150] Sekhon S S, Lalia B S, Park J S, et al. Physicochemical properties of proton conducting membranes based on ionic liquid impregnated polymer for fuel cells. J Mater Chem, 2006, 16(23): 2256~2265

[151] Sekhon S S, Krishnan P, Singh B, et al. Proton conducting membrane containing room temperature ionic liquid. Electrochim Acta, 2006, 52(4): 1639~1644

[152] Tigelaar D A, Waldecker J R, Peplowski K M, et al. Study of the incorporation of protic ionic liquids into hydrophilic and hydrophobic rigid-rod elastomeric polymers. Polymer, 2006, 47(12): 4269~4275

[153] Asano N, Aoki M, Suzuki S, et al. Aliphatic/aromatic polyimide ionomers as a proton conductive membrane for fuel cell applications. J Am Chem Soc, 2006, 128: 1762~1769

[154] Gao Y, Roberton G P, Kim D S, et al. Comparison of PEM properties of copoly(aryl ether ether nitrile)s containing sulfonic acid bonded to naphthalene in structurally different ways. Macromolecules, 2007, 40: 1512~1520

[155] Kim J D, Hayashi S, Mori T, et al. Fast proton conductor under anhydrous condition synthesized from 12-phosphotungstic acid and ionic liquid. Electrochim Acta, 2007, 53(2): 963~967

[156] Goto A, Kawagoe Y, Katayama Y, et al. Performance of the polymer electrolyte membranes impregnated with some room-temperature ionic liquids at elevated temperature. Electrochemistry, 2007, 75(2): 231~237

[157] Lee J S, Nohira T, Hagiwara R. Novel composite electrolyte membranes consisting of fluorohydrogenate ionic liquid and polymers for the unhumidified intermediate temperature fuel cell. J Power Sources, 2007, 171(2): 535~539

[158] Schmidt C, Gluck T, Schmidt-Naake G. Modification of Nafion membranes by impregnation with ionic liquids. Chem Eng Technol, 2008, 31(1): 13~22

4.5 离子液体中的金属电沉积研究

4.5.1 研究现状及进展

1. 金属电沉积的用途及各种电解液情况介绍

金属及其合金的电沉积在高级电子工业、航空、电精炼、热能、光学、装饰、腐蚀防护以及其他功能性表面装饰等方面具有广泛而重要的应用。

　　传统的电镀工业主要使用水作为溶剂。但是水的电化学窗口相对较窄，还原电势较大的金属 (如铬和锌) 的电沉积因为阴极上的析氢导致电流效率很低，而且有时镀层达不到预期的要求。而钛、铝、锗等难熔金属在水溶液中的电沉积迄今为止还不能实现。因此，非水介质 (如有机溶剂和熔融盐) 就被选择用来作为金属及其合金电沉积的电解液。

　　有机溶剂体系在电沉积过程中不会产生氢，电流效率较高。然而，有机溶剂体系由于其易挥发、易燃，造成操作上的不便，并且镀层的质量不稳定，加之电化学窗口较窄、电导率较低，也限制了其进一步发展。

　　熔融盐电沉积方法可以制取从水溶液中无法得到的金属及合金。最初的研究主要集中于高温无机熔融盐体系。工业中碱金属、碱土金属、难熔金属和稀土金属通常通过在高温熔盐中电沉积得到。但是，高温熔盐具有很强的腐蚀性，对材料选择和工艺技术操作带来不少麻烦，而且能耗也很高，需要寻找一种条件温和的低温熔融盐。

　　最先研究室温熔融盐体系是基于电解铝等活泼金属工艺而发展起来的。1951年 Hurley 和 Wier[1] 报道了由三氯化铝和溴化乙基吡啶 (物质的量比为 2:1) 形成的室温熔融盐 (即离子液体)，在利用此进行金属的电沉积后，离子液体作为电解液来进行电化学沉积的研究迅速开始了。

2. 离子液体适用于金属电沉积的优点

　　尽管水溶液和有机电解质是电沉积技术上常用的电解液，但是室温离子液体因其优异的电化学特性显示了其在电沉积过程中的潜力。

　　在电化学沉积中，离子液体所具有的独特性质使得绿色电化学成为可能。作为电化学沉积中的电解质，水溶液受水的电化学窗口窄的限制，熔盐则一般温度较高且腐蚀性强，有机溶剂易挥发、易燃；而离子液体具有热稳定性、不挥发、不易燃、离子电导率高、电化学窗口宽等特点，很好地排除了水溶液、熔盐和有机溶剂的缺点并兼具它们的一些优点。在水溶液体系中可以得到的金属多数在离子液体中也可以得到，而且由于沉积中不析氢，产物质量和纯度更好。离子液体的电化学窗口可达 4.0 V 以上，在室温下即可得到许多在水溶液沉积中无法得到的轻金属、难熔金属、合金及半导体材料。此外，离子液体有希望成为电化学纳米科技中非常重要的电解液。离子液体较宽的液态温度范围也有利于在高的温度下提高成核、表面扩散、结晶等与沉积过程密切相关的现象的速率。不易挥发和不可燃性使得操作流程更加安全。

3. 离子液体的基本性质

1) 金属电沉积中离子液体的种类

普遍认为阳离子在控制离子液体的物理性质方面具有更重要作用，而阴离子对离子液体的稳定性和化学活性有更大的影响。因此，选择离子液体进行金属电沉积时首先要考虑阳离子和阴离子的影响。

(1) 阳离子。在沉积电势下离子液体的阳离子可被吸附在电极表面并将影响双电层结构，从而有效进行金属沉积。目前已经得到应用的有膦类[2]、锍盐类[3] 和吡啶[4,5]、咪唑等含氮阳离子的离子液体。其中，咪唑类的阳离子因其较好的流动性和导电性而很受欢迎，尤其是 [bmim]$^+$ 因高的电导率而最受青睐[6,7]。最近，一系列的吡咯类阳离子也被用于金属的电沉积。尽管这类阳离子还没有被广泛应用，但较宽的电化学窗口必将使得他们在金属电沉积中具有很好的应用前景[8~10]。其他可供选择作为金属电沉积的阳离子还有很多，包括可生物降解的咪唑衍生物[11]、乳胺[12]、氨基酸[13]、胆碱[14] 等。含有这些阳离子的离子液体已被陆续合成，但目前只有胆碱类离子液体被用于金属电沉积。虽然这些离子液体存在诸如电化学窗口较窄、电导率低等缺陷，但由于其合成方法简单且原料来源丰富，故很适于大规模应用。

阳离子在电沉积过程中产生的另一个重要影响是可以控制结构和亥姆霍兹层的厚度，但这一领域目前几乎还没有人涉足研究，虽然 Endres 等[15] 的研究结果初步表明阳离子在一些 [N(CF$_3$SO$_2$)$_2$]$^-$ 类离子液体中似乎可以控制铝镀层的形貌。

(2) 阴离子。阴离子的选择对离子液体的电导率和黏度会产生重要影响。通常阴离子会影响金属离子周围的几何空间，这对其还原电势、还原电流和成核过程都会产生影响。除了 Katayama[16] 对不同的金属盐在氯铝酸盐体系的电沉积结果作了一些比较外，这一领域几乎还没有被研究过。

构成离子液体的阴离子主要分为两类，一类是单核阴离子，这类阴离子生成的是中性的离子液体，如 [BF$_4$]$^-$、[PF$_6$]$^-$、[SbF$_6$]$^-$、[N(CF$_3$SO$_2$)$_2$]$^-$\{[Tf$_2$N]$^-$\}、[N(C$_2$F$_5$SO$_2$)$_2$]$^-$、[C(CF$_3$SO$_2$)$_3$]$^-$、[CF$_3$CO$_2$]$^-$、[CF$_3$SO$_3$]$^-$、[(CN)$_2$N]$^-$ 等；一类是多核的阴离子，如 [Al$_2$Cl$_7$]$^-$、[Al$_3$Cl$_{10}$]$^-$、[Au$_2$Cl$_7$]$^-$、[Fe$_2$Cl$_7$]$^-$ 等，这类阴离子由相应的酸制成，对水和空气不稳定。现分述如下。

(i) 单核阴离子。高度氟化的离子液体通常具有最适宜的电导率和黏度。[BF$_4$]$^-$ 和 [PF$_6$]$^-$ 类的离子液体因其较宽的电化学窗口[17,18] 而被广泛使用。但这些离子液体易慢慢水解产生 HF，从而不断使用另一些对水稳定的如 [N(CF$_3$SO$_2$)$_2$]$^-$ 类[19] 离子液体，与 [BF$_4$]$^-$ 和 [PF$_6$]$^-$ 类的离子液体相比，它们具有更宽的电化学窗口、更高的电导率、更低的黏度。其他黏度更低的 [(CN)$_2$N]$^{-[20]}$ 也已经开始出现。

但是，这些单核阴离子类的离子液体目前还比较贵，使用他们必须考虑成本问题。有的离子液体具有很高的电化学稳定性，若用到电池、电容器等小规模的装置上，可能有助于缓解当前的成本问题。

(ii) 多核阴离子。多核阴离子可以用一个通式来表达: $[XY_n]^-$, X 通常是卤素离子 (如 Cl^-), Y 是一种 Lewis 酸或者 Brönsted 酸, n 为 Y 的分子数。可以再细分为三类。

第一类: $Y = MCl_x$, $M = Zn^{[21,22]}$、$Sn^{[14]}$、$Fe^{[23]}$、$Al^{[24]}$、$Ga^{[25]}$

第二类: $Y = MCl_x \cdot yH_2O$, $M = Cr^{[26]}$、Co、Cu、Ni、Fe

第三类: $Y = RZ$, $Z = CONH_2^{[27]}$、$COOH^{[28]}$、OH

这些离子液体的酸性可通过 Y 加入量的不同而加以调节, 对于多核阴离子而言, Y 的种类取决于离子组成, 目前已有研究如何量化离子的比例, 以达到可用于电镀金属的离子浓度。

2) 离子液体的电化学窗口

离子液体的电化学窗口是指其不被电化学降解所能承受的最大电压范围, 在循环伏安图中阴阳极电流为零或未产生增量之前的部分就可以被看做是离子液体的电化学窗口。进行金属离子的电沉积时必须首先考虑金属的还原电势与所用离子液体的电化学窗口。

氧化还原极限与阴阳离子的稳定性密切相关。尽管受离子液体的纯度、电极材料、参比电极等的影响, 文献中的数据不能做直接比较, 通常情况下季铵阳离子具有相近的还原电势。

大多数含单核阴离子 $[BF_4]^-$、$[PF_6]^-$、$[N(CF_3SO_2)_2]^-$ 的咪唑类离子液体的电化学窗口在 4~5 V, 并且电位达到 -2.2 V(相对 Fc/Fc^+) 时仍是稳定的[29], 这对 Al、Ti、Li、Na 等金属的电沉积是非常有利的。但是, 水的存在将使电化学窗口值严重降低, 因为水的聚集使电极表面的析氢反应更加容易进行。

对含第一类和第二类多核阴离子的离子液体, 还原极限通常由金属的还原所决定, 氧化极限通常由 Cl_2 的析出决定 (许多金属电极表面会预先氧化, 致使结果随金属的不同而变化)。第一类可使用 Zn、Sn、Fe、Al、Ge、Ga 和 Cu 的卤化物质制备。金属卤化物的 Lewis 酸性越强, 其还原电势就越负。许多金属, 如 Fe、Co、Ni、Cu、Zn、Ga、Pd、Ag、Cd、In、Sn、Sb、Te、Pt、Au、Hg、Tl、Pb 和 Bi, 以及 Mg、Sr、Ti、Cr、Nd 和 La 的合金已经在第一类中沉积出来。第二类研究比较少, 到目前只有 Cr 可以从这类离子液体中沉积出来。结晶水对该类离子液体的稳定性和流动性也有重要的影响。

在含有高浓度的金属卤化物的离子液体体系中, 金属氧化物很容易从电极表面溶解下来。这意味着几乎没有金属可以在这些离子液体中是钝化的, 而且对大多数体系而言其阳极极限是由电极材料的氧化而非离子液体的阴离子氧化控制。即使像 Pt、Au、Al 和 Ti 这样的金属也可被氧化, 因为它们的氧化膜很容易在高浓度的体系中被破坏。在那些 Cl^- 可以与溶解的金属离子形成配合物的体系中, 这一过程变得更加容易。这一现象对金属的电镀是很有用途的, 因为几乎所有的金属都可以用做可溶性阳极。尤其是对铝的电沉积来说，它可以确保电解液中铝的浓度近似不变，且操作方便 ($AlCl_3$ 对水比较敏感)。这也意味着电沉积过程中所需要的过电势也减少了。

从上述分析可知，大多数金属是可以从室温离子液体中电沉积出来的。单核阴离子类的离子液体很有可能用于沉积那些在水溶液体系中不能电沉积的金属，如 Al、Li、Ti、V、W 等。第一类多核阴离子体系最适宜 Al、Ga、Ge 的沉积，第二类最适宜 Cr，第三类最适宜 Zn、Cu、Ag 及其合金的电沉积。第三类也适于金属电精炼和电抛光等的应用。

4. 离子液体中金属电沉积的现状及分析

表 4.20 给出了一些已经在离子液体中电沉积出的金属。离子液体中电沉积得到的沉积物大多是无定形态或纳米晶。金属电沉积的研究与新离子液体的不断出

表 4.20　在离子液体中沉积出的金属

离子液体		金属
单核阴离子	$[BF_4]^-$	Cd、Cu、Sb、In、Sn、Pd/In、Pd、Au、Ag、Pd/Au、In/Sb、Cd/Te、Pd/Ag
	$[PF_6]^-$	Ag、Ge
	$[Tf_2N]^-$	Li、Mg、Ti、Al、Si、Ta、La、Sm、Cu、Co、Eu、Ag、Cs、Ga、Ga/As、In/Sb、Sn、Nb/Sn
	$[CF_3SO_3]^-$	Cu
	$[(CN)_2N]^-$	Al、Mn、Ni、Zn、Sn、Cu
第一类多核阴离子	$AlCl_3$	Al、Fe、Co、Ni、Cu、Zn、Ga、Pd、Au、Ag、Cd、In、Sn、Sb、Te、Ti、Cr、Hg、Na、Li、Tl、La、Ga、As
		与铝形成合金：Ag、Fe、Mg、Mn、Ni、Cu、Co、Sr、Ti、Cr、Nb、Nd、La
	$ZnCl_2$	Zn、Sn、Zn/Fe、Zn/Pt、Zn/Co、Zn/Sn、Cd、Zn/Cd、Zn/Cu、Zn/Te、Zn/Ni、Zn/Co/Dy
	$PdCl_2$	Pd
第二类多核阴离子	$CrCl_3 \cdot 6H_2O$	Cr
第三类多核阴离子	尿素	Zn、Zn/Sn、Sn、Cu、Zn/Pb、Ag
	乙二醇	Zn、Sn、Zn/Sn

现密切相关。在 20 世纪六七十年代，离子液体的研究主要集中在铝及其合金的电沉积上。从表 4.20 可以看出，一大批过渡金属元素的电沉积已经在氯铝酸盐体系中研究过。尽管它们可能在实际生产中不适于纯金属的沉积，但如果他们和铝的合金沉积过程可以被优化，得到需要组成的、光亮的晶形沉积物，将在技术上有重

要意义。值得注意的是研究表明 Al/Ti 和 Al/Cr 合金具有良好的防腐性能和耐磨性[30]。

20 世纪 90 年代，单核阴离子类离子液体的发现预示着将有更多的金属可以被沉积出来，而且这些体系对水和空气稳定，这在技术上是一个巨大的进步。黏度的降低使得它们在 Li、Ti 等活性较强金属的电沉积中具有潜在的用途，但 1 $S·m^{-1}$ 数量级上的电导率使得他们在工业电镀上的应用仍然有困难。

1) 铝的电沉积

铝是地壳中储存量最多的金属元素之一，具有光泽性、反射性和耐腐蚀性等表面性能，以及质轻、无毒、导热、导电等特性。于是常把铝或铝合金制成各种材料的表面镀层，以获得耐蚀、美观且具有优良物理、机械性能的复合材料。

目前工业上有很多镀铝的工艺技术：热浸镀、喷镀、扩散镀、热喷涂、等离子体溅射、气相沉积、有机溶剂中电镀法等。电沉积法极具优势，由该方法可获得高质量且组成确定的物质，同时还可制成任意厚度且连续的膜；晶粒的大小和结构可以很容易的通过改变电化学参数而实现，如电压、电流密度、电解液组成、温度等[31]；可在较低的温度下进行，方便，成本低；对基材基本无破坏且无限制 (形状和材质)。但铝是一种很活泼的金属，其标准电位为 - 1.66 V，比氢的电位还负，几乎不可能从铝盐的水溶液中把铝沉积出来，而只能在非水体系中电沉积铝。迄今为止，只有非质子性的有机溶剂体系、无机熔融盐体系、离子液体体系实现了铝的电沉积，并且取得了一定的进展。

近年来，离子液体中铝的电沉积研究已经引起广泛关注。1951 年，Hurley 和 Wier[1] 首次报道了溴化乙基吡啶的电镀铝方法。从此以后，随着离子液体的发展，其在电镀铝中的应用也越来越广泛。在研究的 $AlCl_3-$ 有机盐体系中，早期研究较多和具有代表性的离子液体有：卤化烷基吡啶类，如溴化乙基吡啶[1~32]，氯化 N-丁基吡啶。

从 20 世纪 80 年代起，随着新型离子液体的出现，基于 $AlCl_3$ 的离子液体体系电沉积铝方法获得了详细而系统的研究。代表性的有卤化烷基咪唑类，如氯化 1- 甲基 -3- 乙基咪唑 {[emim]}[33]，氯化 1, 2-二甲基-3-丙基咪唑类；氯化烷芳基铵盐类，如氯化三甲基苯胺[34] 等几类。这些体系实际上是 $AlCl_3$ 和有机卤化物 (RX) 的混合物，并在较宽的范围内随着 $AlCl_3$/RX 物质的量的比值的变化呈现出可调节的 Lewis 酸性。随着离子液体和沉积技术的发展，越来越多的离子液体体系被用于铝的电沉积。Endres 等[35] 在 $AlCl_3$-[emim]Cl 体系中在玻碳电极表面采用恒电流条件法沉积出来了纳米晶的铝，添加烟碱酸时可使晶粒由超 100 nm 降至约 10 nm。Endres 等[36] 在 [bmPy][Tf_2N] 中没有添加剂、室温条件下在金电极表面沉积出纳米晶的铝，镀层均匀、致密、光亮且结合力好，当温度升高到 100 ℃时镀层的效果更好，平均晶粒达到 34 nm。

Zein 等[37] 在 [bmPy][Tf$_2$N]、[emim][Tf$_2$N]、[P$_{14,6,6,6}$][Tf$_2$N] 三种离子液体中进行铝的电沉积，只有 [bmPy][Tf$_2$N] 和 [P$_{14,6,6,6}$][Tf$_2$N] 中得到了纳米晶的铝，而 [emim][Tf$_2$N] 得到是微米铝，且镀层比较粗糙。AlCl$_3$ 在这三种离子液体中的溶解情况呈现出不同的变化规律。

Deng 等[38] 报道了 [bmPy][(CN)$_2$N] 中在玻碳电极上进行铝的电沉积研究，在含有 1.6 mol/L AlCl$_3$ 的 [bmPy][(CN)$_2$N] 中成功沉积出了金属铝。

目前基于离子液体的电沉积铝的研究主要集中在铂、钨、金、玻碳电极、铜等的研究上，而实际中应用较多的钢铁材料，对其进行离子液体电沉积铝的研究却很少。这方面应用研究前景广阔。尽管有许多离子液体体系可以用与铝的电沉积，但目前还没有建立起一套完整的工业装置，离子液体电镀铝工业化还需要更深入的研究。

2) 钛的电沉积

钛是一种非常有效的防腐材料且具有轻质结构，防腐效果比铝好得多。金属钛在水溶液中也不能得到。以往只能从高温熔盐中得到高质量的钛，但目前也在离子液体中进行了电沉积钛的尝试。最近，Mukhopadhyay 和 Freyland[39] 在组成为含有 0.24 mol/L TiCl$_4$ 的 [bmim][Tf$_2$N] 离子液体从高定向热解石墨电极上成功得到了纳米级的钛金属丝，这是首次用这种方法得到过渡金属的纳米级金属丝，钛纳米丝的宽度为 (10±2)nm，长度大于 100 nm。

Tsuda 等[40] 研究酸性 AlCl$_3$-[emim]Cl(2.0:1) 中 Ti 和 Al-Ti 合金的电沉积行为。发现电解液中的 Ti 以 TiCl$_2$ 的形式稳定存在。在低电流密度下，Ti^{2+} 易于氧化为 Ti^{3+}，进而形成 TiCl$_3$ 不溶性钝化膜，该膜对于稳定 Ti^{2+} 是有利的；在高的电流密度下，钛直接被阳极氧化为 Ti(IV)。在 Cu 电极上得到的 Al-Ti 合金，Ti 最高摩尔分数达到 19%，随着电流密度的升高，镀层中含 Ti 量下降。与溅射沉积得到的铝钛合金一样，电沉积得到的铝钛合金的点蚀电势随钛含量的增加而正移。

Mukhopadhyay 等[41] 以 [bmim][Tf$_2$N] 为溶剂，TiCl$_4$ 为溶质，在 Au(III) 电极上电沉积得到了金属钛。研究结果表明沉积过程分为两步，首先由以 TiCl$_4$ 转变为 TiCl$_2$，然后再由 TiCl$_2$ 还原为单质 Ti。

3) 常规水溶液中可以沉积出的金属在离子液体中的电沉积

(1) 铜的电沉积。Hussey 等[42] 报道了吡啶类离子液体中铜的电沉积，他们研究了铜在 AlCl$_3$-[mPy]Cl 体系中的电化学行为。将 Cu^{2+} 以 CuCl$_2$ 的形式加入到离子液体中，采用固定电极 (玻碳电极) 和旋转电极 (钨电极) 进行了伏安法、计时电流法、控制电位电量和电位测定法等测试。他们发现，铜经过了两个单电子还原过程：第一个还原过程的反应为 Cu^{2+}+e⟶ Cu$^+$，这个还原过程在玻碳电极和钨电极上被认为是一个可逆过程；第二个还原过程的反应为 Cu$^+$+ e⟶Cu^{2+}，第二个还原过程在这两种电极上都是由初始沉积物的成核速率所控制的。

Nanjunsiah 和 Osteryoung[43] 报道了 Cu^{2+} 和 Cu^+ 在 $AlCl_3$-[bPy]Cl 体系中的电化学行为。以旋转玻碳电极和环形玻碳电极作为工作电极，以浸入物质的量比为 2:1 的 $AlCl_3$/[bPy]Cl 中的铝线作为参比电极和对电极。研究发现 Cu^{2+} 在酸性 ($AlCl_3$ 过量) 的离子液体中被还原成 Cu^+ 和 Cu 过程是一个准可逆过程，存在酸性离子液体中 Cu^{2+} 和 Cu^+ 同时吸附在玻碳电极上的现象，即在酸性离子液体中存在 $Cu(AlCl_4)_3^{2-}$ 和 $Cu(AlCl_4)_4^{2-}$，而在碱性离子液体 {[bPy]Cl 过量}中可能存在 $CuCl_4^{3-}$ 和 $CuCl_6^{4-}$。

Tiemey 等[44] 研究了铜及其合金在温度为 (40±1) ℃含有 Cu^+ 的 $AlCl_3$-[emim]Cl 酸性离子液体中的电沉积。研究表明，Cu-Al 合金的成分与 Cu^+ 的浓度没有关系，当电压为 0 V 时，铝在合金中的原子百分数达到了最大值 43%。Cu-Al 合金表面形态的好坏程度依赖于合金中铝的含量。X 射线研究表明，在铝的原子百分数约为 7.2%时 Cu-Al 合金的沉积层保留了铜的面心立方结构。但是当铝的原子百分数含量为 12.8%时出现了两相，这个相是在铜的面心立方结构出现之前在饱和的铝相中产生的。

Chen 和 Sun[45] 报道了在含有过量的 [emim]Cl 的 [emim][BF_4] 中铜在多晶钨电极、铂电极和玻碳电极上的电沉积。研究发现，Cu^+ 可以被氧化到 Cu^{2+} 或是被还原成金属铜。在铂电极上进行的沉积过程是欠电位沉积，而在钨电极和玻碳电极上的沉积则需要成核过电位的存在才能进行。用扫描电镜对不同条件下得到的铜沉积物进行观察，发现沉积层相当致密。

Endres 和 Schweizer[46] 报道了在 $AlCl_3$-[bmim]Cl 酸性离子液体中铜在退火的 Au(III) 上和高定向热解石墨 (HOPG) 上的电沉积，并用扫描隧道电镜对沉积物进行了分析。铜以 $CuCl_2$ 加入，在两种电极上的电沉积是从氧化态的 Cu^+ 开始的。在 Au(III) 电极上出现了个别的欠电位沉积过程，过电势沉积则只是过电压为 5~10 mV 范围内进行，这个过程中观察到铜是以柱状生长的。在 HOPG 电极上只观察到了铜的过电位沉积。

Murase 等[47] 研究了铜的氧化还原电对在 [N_{1116}][Tf_2N] 离子液体中的电沉积。在 50 ℃时，[N_{1116}][Tf_2N] 的电化学窗口为 5.6 V。将铜以二价盐的形态加入到离子液体中，实验发现有金属铜存在的离子液体中 Cu^+ 是稳定存在的，而金属铜则被氧化或腐蚀。最后在阴极上电沉积得到铜，整个沉积过程的单电子反应的电流效率几乎达到了 100%。

El Abedin 等[48] 以 Au(III) 为基体，在不同温度下研究了铜在 [bmPy][Tf_2N] 离子液体中的电沉积，并用扫描隧道电镜对沉积层进行了观察。实验表明，铜的大多数化合物在 [bmPy][Tf_2N] 离子液体中的溶解度都较低，所以把铜加入到离子液体中最好的方法是铜的阳极溶解。铜在离子液体中的阳极溶解起始电位为

+0.05 V，且随着阳极电流的增加而快速增大。实验还测定了在电势为 +0.3 V(参比电极为 Cu 电极) 时在离子液体中铜的存在形态。结果表明由阳极溶解产生的 Cu 可能以 $Cu(Tf_2N)$ 的形态存在。他们还在 25 ℃、50 ℃、100 ℃ 和 150 ℃ 温度下，测定了一价铜在金电极上的循环伏安曲线。研究发现，曲线表现出了一致的特征，能够观察到明显的铜电沉积阴极峰，且随着温度和电流的增加，铜的沉积电位变得更正。原因是随着温度和电流的升高增加了电活性离子向电极表面移动的能力，导致了成核过电位的降低。在 Cu(I) 浓度为 60 mmol/L，温度为 25 ℃ 且无添加剂的条件下电沉积得到了平均尺寸为 50 nm 的致密沉积层。纳米晶的 Cu 比微米级的 Cu 拥有良好的机械和导电性能。温度对镀层的尺寸影响明显：当温度升高到 100 ℃ 时，镀层为微米晶。

El Abedin 等[49] 还报道了在 Au 电极表面的电沉积情况。以离子液体 [bmPy] [CF$_3$SO$_3$] 为溶剂，$Cu(CF_3SO_3)_2$ 为溶质，沉积得到了平均尺寸为 40 nm 的纳米 Cu，镀层致密、光亮且结合好。

Deng 等[38] 报道了 [emim][(CN)$_2$N] 中在玻碳电极上进 Cu 的电沉积研究，在含有 0.05 mol/L CuCl 的 [emim][(CN)$_2$N] 中成功沉积出了金属铝。

(2) 银的电沉积。银在氯铝酸离子液体中的电沉积也进行了不少的研究[50,51]。和 Cu 的电沉积一样，银一般也只能在酸性条件下才能得到，其电沉积是单原子一步还原过程，在玻碳和钨电极上为三元成核生长机理[50]。在 Au(III) 电极上有欠电位现象[51]。最近，Katayama 等[52] 报道了在含 AgBF$_4$ 的 [emim][BF$_4$] 中电沉积得到 Ag，在这类离子液体中，电子转移发挥着重要作用，电沉积过程是一个不可逆过程。

He 等[53] 报道了采用循环伏安法和电位阶跃技术在玻碳电极上研究了含有 AgBF$_4$ 的疏水 [bmim][PF$_6$] 和亲水 [bmim][BF$_4$] 两种离子液体中银的电化学沉积情况。AgBF$_4$ 在 [bmim][PF$_6$] 和 [bmim][BF$_4$] 两种离子液体中与 AgNO$_3$ 在 KNO$_3$ 水溶液中呈现出类似的电化学行为。银在上述介质中的电化学沉积均体现为 3D 成核的受扩散控制的半球生长过程。表面增强拉曼散射效应研究表明在 [bmim][PF$_6$] 和 [bmim][BF$_4$] 中所得到的银纳米颗粒膜呈现出极强的 SERS 活性。其他如镍[33,54]、钴[54~56]、铬[30]、镉[57]、钯[35,58~60]、金[59,61]、锌[21,38,62,63]、锡[38,64,65]、铂[34,66,67]、铁[35,54] 等在离子液体中的电沉积也有广泛的研究。

4) 轻金属和其他一些过渡金属在离子液体中的电沉积

钠[68] 可以在基于 AlCl$_3$ 的中性含质子的离子液体中利用 LiCl 作缓冲溶剂电沉积得到，而在酸性和碱性区不可能沉积出来。这对用于钠、锂二次电池的阳极材料是非常有用的。由于质子能使电化学窗口朝负极方向扩大，因此使电沉积碱性金属成为可能。

Nuli 等[69] 报道了镁在含有 1 mol/L Mg(CF$_3$SO$_3$)$_2$ 的离子液体 [bmim][BF$_4$]

中电沉积情况。与铂、镍和不锈钢相比，只能在 Ag 基体上获得致密的 Mg 薄膜。

Deng 等[38] 报道了 $[bmPy][(CN)_2N]$ 中在玻碳电极上锰的电沉积过程，他们在含有 0.1 mol/L Mn(II) 的 $[bmPy][(CN)_2N]$ 中成功沉积出了金属 Mn。尽管 $MnCl_2$ 在 $[bmPy][(CN)_2N]$ 可以溶解，但采用阳极溶解的方法使 Mn(II) 进入了电解液中。

5) 半导体金属在离子液体中的电沉积

(1) 镓。镓可以从基于 $AlCl_3$ 的酸性离子液体中电沉积得到[70]。镓的电沉积只能在酸性条件下进行，在电沉积过程中 Ga^{3+} 首先还原为 Ga^+，然后再还原为单质态 Ga。在玻碳电极上，电沉积过程是扩散控制的 3D 瞬时成核过程。Wicelinski 等[71] 在 35~40 ℃下基于 $GaCl_3/[emim]Cl$ 离子液体中电沉积得到了 GaAs。

(2) 锗。Endres 等[72~74]、Freyland 等[75] 等在 $[bmim][PF_6]$ 离子液体中电沉积得到了 Ge。向离子液体中加入一定量的 GeI_4 或者 $GeBr_4$，在 Au(III) 电极表面电沉积得到 Ge 超细膜。此外，他们还利用原位 STM 方法得到了大量沉积物生长过程和结构组成方面的信息，对于纳米技术的研究十分有益。

4.5.2　关键科学问题

1. 离子液体的黏度

离子液体使用过程中一个很重要的问题就是黏度过高。与传统有机溶剂相比，离子液体的黏度通常要高出 1~3 个数量级。这给操作过程带来许多负面的影响，并可能成为离子液体在应用方面的限制因素。然而，应该注意到，在大多数的应用中，离子液体是与其他低黏度化合物混合使用的。这些化合物的存在可以很好地降低混合物黏度，一定程度上改善了离子液体固有的高黏度。温度的升高也可以明显降低离子液体的黏度。离子液体的黏度降低可以通过结构的变化来降低。

研究表明，含有有机物的离子液体混合物的黏度随着有机物含量的增加而逐渐减小。离子液体的黏度过高主要是由于离子液体的阴阳离子间存在较强的氢键，当有机物加入离子液体后，它们将与离子液体的阴离子形成氢键或与阳离子发生离子–偶极相互作用，从而削弱了离子液体阴阳离子间的氢键相互作用，增大了离子淌度，有效降低了离子液体的黏度。

2. 离子液体的电导率和电化学窗口

电导率是离子液体能否在电化学中应用的重要指标之一。对电沉积应用来说，电导率是电解液最重要的性质之一。离子液体的电导率通常为 0.1 $S·m^{-1}$，比常规水溶液镀液体系 (10~50 $S·m^{-1}$) 低得多。而高的电导率是电沉积过程中对电解液的要求之一：在高的电导率条件下，体系的 Ohmic 损失相对较低，低的槽电压和较高的电流效率也易于实现。目前提高离子液体体系导电能力研究较多的是加入有机溶剂，如 Liao 和 Hussey[76]、Perry 等 [77] 研究了氯铝酸型离子液体与有机物混合体系的电导率，发现少量苯的加入，使得混合物的黏度降低，电导率增加。但是，随着有机物含量的进一步增加，有机物扮演了 "稀释剂" 的角色，引起混合物电导率的下降。这两种相反因素的竞争，决定了体系的电导率在混合物的某一组成出现最大值，使用中对此尤其要注意。为了得到较高电导率的离子液体混合物，应该选择具有较高介电常数和较低黏度的分子溶剂。

宽的电化学窗口是离子液体在电沉积中应用的最具优势的性质。离子液体非质子性、较宽的电化学窗口使其能够沉积出 (如 Al、Ti 等) 在水溶液中不能沉积出的金属。

3. 离子液体的溶解性

从理论上讲，离子液体的溶解度可以随意调节：可以通过调变离子液体的阳离子、阴离子来实现对某一特定物质的溶解度要求。离子液体对一些金属氯化物、氧化物具有一定的溶解能力是其能够在金属电沉积中应用的基础之一。在寻求离子液体的工业应用方面，尽管离子液体的基础物理化学性质已经得到广泛研究，但在离子液体的固液平衡方面很少有报道。在电沉积方面，需要积累更多的金属化合物在离子液体中的溶解度数据。然而由于受到传质的限制，固体、结晶配合物在离子液体中溶解的过程有时很慢，因为离子液体黏度大，可以增加交换面积 (如超声波) 或降低离子液体的密度 (如升温等) 来增加离子液体的溶解性。

目前金属氯化物、金属氧化物等在离子液体中的溶解度数据很少，而且也不能排除这些物质在他们中的真正溶解度可能低于表观的加入量。一方面需要增加溶解度方面的基础数据，另一方面也需要加强溶解后体系中各种离子态的种类识别和含量的研究。这些溶解后体系中存在的离子直接影响体系的电极表面反应、能否还原出金属单质等。这方面的研究更加薄弱，也缺乏相应的方法和手段。

4. 离子液体的稳定性和环境影响评价

对水和空气稳定的离子液体一直是人们追求的目标之一，因为通常微量水等的杂质存在对离子液体的性质影响较大，而且这样给实际操作也带来诸多方便。原料来源广、合成简单、适于大规模生产的离子液体也被广泛关注，离子液体绿色化规模化制备是其替代传统溶剂进入实际应用的前提，离子液体在应用领域带来的技术突破必然会引起人们重视离子液体合成的绿色化规模化问题。

目前关于离子液体的环境影响评价工作比较少，还没有系统的、有规律的结果。在某一具体离子液体作为介质大规模应用之前，必须先搞清楚此离子液体对人类潜在的毒性及其生态环境相容性。环境友好可生物降解的离子液体在大规模应用中极具竞争力。

5. 热性质

通常单核阴离子类比多核阴离子类的离子液体具有更宽的液态温度范围。一些咪唑类离子液体的液态温度范围超过了 400~500 K。第一类多核阴离子的离子液体相对较窄，但仍可达到约 250 ℃而没有显著的分解。第二类多核阴离子的离子液体对水非常敏感，故温度也一样，通常在 40~60 ℃范围内水含量仍可近似不变。第三类多核阴离子的离子液体通常可承受的温度上限为 150~200 ℃左右。

离子液体的热容也需要考虑。当前，由于人们对离子液体的实验设计、操作等只限于实验室规模，热效应表现的并不明显，因而往往被人们所忽视。但对于工业规模的反应流程设计来说，许多热性质参数 (如比热容、传热速率等) 都是必不可少的。当有大的电流通过电解液时，离子液体因为其相对较低的电导率将会有较大的欧姆降损失而被加热。这意味着在大规模电解时离子液体应该被冷却，而非加热。在一定程度上加热离子液体不会引起沸腾，但它会影响成核过程和沉积物的形貌。离子液体因热容较大比水溶液易于加热，但同时它相对也承受较大的欧姆降损失。

4.5.3　发展方向和建议

离子液体中金属沉积的研究仍需要强调成核、长大、合适的抛光剂和整平剂等的问题。沉积层的物理性质 (如硬度、粗糙度等) 几乎没有研究，这也是很重要的。第二类和第三类多核阴离子的离子液体中可以在含有一定量水的情况下沉积出金属，这预示着他们可以替代目前剧毒的、对环境有害的 CrO_3 和 KCN 等化学品的使用，也可调节合金的组成和形貌，这与当前已经成熟的、以水为溶剂的体系相比具有明显的优势。

在尝试用离子液体进行电沉积应用时，许多参数需要系统的研究，如温度、阳离子、阴离子、电解液、金属盐、稀释剂、光亮剂、预处理等。

1. 黏度和电导率

离子液体的黏度比水相对较高，这不仅影响金属离子向电极表面的迁移的扩散系数，而且影响对离子和配位剂离开扩散层的扩散系数。通常阳离子对黏度有重要的影响，不同阴离子的影响大致相当 (除非更重要的控制传质过程的因素)。离子液体的黏度随着温度的升高而减小。与传统的水溶液相比，离子液体的电导率也偏低。这些方面均需加强研究。寻找低黏度、高电导率的离子液体仍然比较重要。离子液体的黏度和电导率也与温度密切相关。研究表明随着离子液体温度的升高，黏度逐渐下降，电导率逐渐增大，一般呈现出 Arrhenius 行为。

2. 电解质添加剂

电解质添加剂指能提高溶液的电导率，对放电金属离子不起配合作用的碱金属或碱土金属的盐类 (包括铵盐)。电解质添加剂除了能提高溶液的电导率外，还能略为提高阴极极化，使镀层细致。但也有一些导电盐会降低阴极极化，不过导电盐的加入可扩大阴极电流密度范围，促使阴极极化增大，所以总的来说，导电盐的加入，可使槽电压降低，对改善电镀质量有利。以水为溶剂的电镀液其电导率一般在 $10\sim50$ S·m^{-1} 范围内。这种情况下可以使用高的电流密度而只有有限的欧姆降损失。很明显，室温下离子液体的电导率相对较小，除了增加温度外，一种增加电导率的方法是添加一些小的无机阳离子 (如 Li$^+$)，它们比大的有机阳离子有更快的迁移速率。值得注意的是这些离子的存在量应该在可忽略的范围内。一些实验表明对电导率的影响并没有预期的那么大[78~80]。其他如 Na$^+$，K$^+$ 在许多离子液体中的溶解度都可以忽略。这一领域需要进一步研究。Li$^+$ 等的添加可以减少 Helmholtz 层的厚度，从而使金属离子更容易还原，增加成核速率。一篇关于铬的电沉积文献描述了这一现象[81]。LiCl 的加入使铬有微米晶变为钠米晶。

3. 主盐的选择

设计电解液系统时金属盐的浓度是一个关键问题。这对金属离子还原过程的热力学和动力学有重要影响，从而影响沉积物的形貌和性质。目前基于离子液体的金属电沉积过程所使用的主盐主要是各种金属氯化物，以及与离子液体有相同阴离子组成的 [BF$_4$]$^-$、[PF$_6$]$^-$、[Tf$_2$N]$^-$、[CF$_3$SO$_3$]$^-$、[(CN)$_2$N]$^-$ 等的金属盐。一些金属氧化物在第三类多核阴离子中有较大的溶解度[82]，尽管已经用于研究从矿石中电精炼金属，但其在金属电沉积中也有潜在的用途。溶解度的大小，尤其是对单核阴离子和第三类多核阴离子是很重要的，必须保证一定的浓度。主盐浓度要有一个适宜的范围并与电镀溶液中其他成分维持恰当的浓度比值。主盐浓度高，一般可采用较高的阴极电流密度，溶液的导电性和阴极电流效率都较高。

4. 稀释剂

在离子液体中添加分子溶剂似乎会起到反作用。事实上，小分子溶剂的加入在一些方面是相当合理的：降低离子液体的表面张力，增加分子自由体积，使离子移动更加容易；增加体系的电导率；改善成核特征。最合适的稀释剂及其用量取决于被沉积的金属和使用的离子液体。一些研究表明，稀释剂的加入对混合体系的黏度有重要的影响。这可能意味着少量的加入即可降低黏度、提高电导率。水作为配合剂和黏度改善剂在一些情况下也可以用做稀释剂，如铬的电沉积。在一些含氯的多核阴离子体系中，水的加入并不会显著的降低电化学窗口，直到达到大约 10% 的质量分数[81]。掌握这一变量的影响还需要很多的工作去做。

使用有机添加剂时，一方面，添加剂分子吸附在沉积表面的活性部位，可减少晶体的生长；另一方面，析出原子的扩散也被吸附的有机添加剂分子所抑制，较少到达生长点，从而优先形成新的晶核；此外，有机添加剂还能提高电沉积的过电位。以上这些作用都可细化沉积层的晶粒，有利于纳米晶等特殊结构晶体的制备。

5. 光亮剂

光亮剂对许多电解体系是至关重要的。在电解液中加入少量适当的添加剂，可以直接获得晶面光亮的镀层，增强了装饰性。在水溶液中通常有两种机理：与金属离子配合降低其还原电势，使其难于形成金属团簇；吸附在电极表面阻止成核和晶核长大。水溶液中使用的光亮剂还没有在离子液体中系统研究过。有关光亮剂等添加剂的研究亟待进一步深入。

6. 预处理

与水溶液体系相比，镀件在进入离子液体体系前必须被干燥。许多预处理方法已经研究过，得到结合力最好的是首先在氯化物溶剂中脱脂，然后在水溶液中浸泡、漂洗、干燥，最后在离子液体中进行阳极蚀刻。阳极蚀刻的电压和时间随基材和使用的离子液体而定。关键的问题是氧化膜的去除。与 Cu 或 Ni 相比，Al 和 Mg 需要更大的电流、更长的时间。

4.5.4　结论与展望

目前而言，离子液体中的金属电沉积大多在氯铝酸离子液体中进行，这主要是因为氯铝酸离子液体黏度小、溶解扩散能力好。对于那些只有在酸性或碱性条件下才可进行的金属电镀而言，可调节的酸碱性是至关重要的。氯铝酸离子液体中已经进行了多种碱金属 (Li、Na)、轻金属 (A1)、过渡金属 (Fe、Ni、Cu、Ag、Zn、W、Sb 等)、稀土金属、半导体金属以及多种金属合金的电镀和电沉积。其他的金属电沉积所用的离子液体只有 $[BF_4]^-$、$[PF_6]^-$、$[N(CF_3SO_2)_2]^-$、$[CF_3SO_3]^-$、$[(CN)_2N]^-$ 等少数几类离子液体。与其他熔盐电镀技术相比，离子液体中的电镀因其具有室温操作的优势而更具有实际应用价值。

与传统的水和有机电解质体系相比，离子液体显示出更宽的电化学窗口，即拥有更宽的电化学稳定性，但由于目前现有的离子液体相对较高的黏度使得大多数离子液体的电导率偏低，不利于进行电化学研究和大规模工业应用。合成低黏度、高的电导率、宽的电化学窗口的离子液体是重点研究方向。此外，成本低、原料来源广、合成简单、适于大规模生产、溶解性能良好、环境友好可生物降解等应当成为合成新离子液体的基本要求，这样才能最终把离子液体推向工业应用。上述问题的解决必将带来包括金属电沉积在内的诸多离子液体的应用领域得以实现并走向产业化。

室温离子液体中不仅能够沉积出金属和合金，而且可以沉积出某些优异的结构。使用离子液体进行金属及其合金的电沉积不仅仅预示着可以沉积出在水溶液中不能沉积的金属，也意味着将可能实现在金属沉积过程中对成核特征的控制，进而实现对沉积物形貌和物理性质的控制。后一领域越来越引起人们的重视，毫无疑问将成为未来一段时期的研究中心[83]。

离子液体的高效和大规模应用不仅仅需要其降低成本，也需要其易于操作并可以循环使用。尽管让离子液体同目前已经技术成熟并且占据大部分市场的水溶液等体系进行竞争是不切实际的，但是，离子液体至少在以下几个方面提供了一种新的方法，即以离子液体为介质沉积目前只能使用蒸气沉积法获得的金属层；替代目前电沉积铬使用的铬酸和在银电镀中使用的氰化物等，解决对环境的严重污染问题。

在推进离子液体中金属电沉积工业化进程中，电解液、稀释剂、光亮剂、温度等一系列操作参数都必须量化。电解液体系中各种离子态的种类识别和含量的研究也需要强化，它们直接影响体系的电极表面反应、能否还原出金属单质等，这一方面的研究更加薄弱，缺乏相应的方法和手段。稀释剂、光亮剂等对体系的电导率、镀层的微观结构、亮度等的影响也需要进一步研究。随着上述基础问题的解决，基于离子液体的金属电沉积技术必将走向产业化。

参 考 文 献

[1] Hurley F H, Wier T P. The electrodeposition of aluminum from nonaqueous solutions at room temperature. J Electrochem Soc, 1951, 98(5): 207~212

[2] Bradaric C J, Downard A, Kennedy C, et al. Industrial preparation of phosphonium ionic liquids. Green Chem, 2003, 5: 143~152

[3] Xiao L, Johnson K E. Ionic liquids derived from trialkylsulfonium bromides: physicochemical properties and potential applications. Can J Chem, 2004, 82(4): 491~498

[4] Lipsztajn M, Osteryoung R A. On ionic association in ambient temperature chloroaluminate molten salts. J Electrochem Soc, 1985, 132(5): 1126~1130

[5] Crosthwaite J M, Muldoon M J, Dixon J K, et al. Phase transition and decomposition temperatures, heat capacities and viscosities of pyridinium ionic liquids. J Chem Thermodyn, 2005, 37(6): 559~568

[6] Noda A, Watanabe M. Electrochemistry using ionic liquid. 4. Ionic transport in ionic liquids. Electrochemistry, 2002, 70: 140~144

[7] Tokuda H, Hayamizu K, Ishii K, et al. Physicochemical properties and structures of room temperature ionic liquids. 2. Variation of alkyl chain length in imidazolium cation. J Phys Chem B, 2005, 109(13): 6103~6110

[8] Golding J, Forsyth S, MacFarlane D R, et al. Methanesulfonate and p-toluenesulfonate salts of the N-methyl-N-akylpyrrolidinium and quaternary ammonium cations: novel low cost ionic liquids. Green Chem, 2002, 4(3): 223~229

[9] Sun J, MacFarlane D R, Forsyth M. A new family of ionic liquids based on the 1-alkyl-2-methyl pyrrolinium cation. Electrochim Acta, 2003, 48(12): 1707~1711

[10] Forsyth S, Golding J, MacFarlane D R, et al. N-methyl-N-alkylpyrrolidinium tetrafluoroborate salts: ionic solvents and solid electrolytes. Electrochim Acta, 2001, 46(10,11): 1753~1757

[11] Gathergood N, Scammells P J, Garcia M T. Biodegradable ionic liquids.Part III. The first readily biodegradable ionic liquids. Green Chem, 2006, 8(2): 156~160

[12] Du Z, Li Z, Guo S, Zhang J, et al. Investigation of physicochemical properties of lactam-based Brönsted acidic ionic liquids. J Phys Chem B, 2005, 109(41): 19542~19546

[13] Fukumoto K, Yoshizawa M, Ohno H. Room temperature ionic liquids from 20 natural amino acids. J Am Chem Soc, 2005, 127: 2398,2399

[14] Abbott A P, Capper G, Davies D L, et al. Preparation of novel, moisture-stable, Lewis-acidic ionic liquids containing quaternary ammonium salts with functional side chains. Chem Commun, 2001, 1: 2010,2011

[15] El Abedin S Z, Moustafa E M, Hempelmann R, et al. Electrodeposition of nano- and microcrystalline aluminium in three different air and water stable ionic liquids. Chemphyschem, 2006, 7(7): 1535~1543

[16] Katayama Y. Electrochemical aspects of ionic liquids. New York: John Wiley & Sons, 2005, 111

[17] Quinn B M, Ding Z F, Moulton R, et al. Novel electrochemical studies of ionic liquids. Langmuir, 2002, 18(5): 1734~1742

[18] Fuller J, Carlin R T, Osteryoung R A. The room temperature ionic liquid 1-ethyl-3-methylimidazolium tetrafluoroborate: electrochemical couples and physical properties. J Electrochem Soc, 1997, 144(11): 3881~3886

[19] Bonhote P, Dias A P, Papageorgiou N, et al. Hydrophobic, highly conductive ambient-temperature molten salts. Inorg Chem, 1996, 35(5): 1168~1178

[20] MacFarlane D R, Forsyth S A, Golding J, et al. Ionic liquids based on imidazolium, ammonium and pyrrolidinium salts of the dicyanamide anion. Green Chem, 2002, 4(5): 444~448

[21] Simanavicius L, Stakenas A, Sarkis A. The initial stages of aluminum and zinc electrodeposition from an aluminum electrolyte containing quaternary aralkylammonium compound. Electrochim Acta, 1997, 42(10): 1581~1586

[22] Chen P Y, Sun I W. Electrodeposition of cobalt and zinc—cobalt alloys from a Lewis acidic zinc chloride-1-ethyl-3-methylimidazolium chloride molten salt. Electrochim Acta, 2001, 46(8): 1169~1177

[23] Sitze M S, Schreiter E R, Patterson E V, et al. Ionic liquids based on Fecl$_3$ and Fecl$_2$. Raman scattering and ab initio calculations. Inorg Chem, 2001, 40(10): 2298~2304

[24] Wilkes J S. Ionic liquids in perspective: the past with an eye toward the industrial future. ACS Symp Ser, 2002, 818: 214~229

[25] Yang J Z, Jin Y, Xu W G, et al. Studies on mixture of ionic liquid Emigacl₄ and emic. Fluid Phase Equilib, 2005, 227(1): 41~46

[26] Abbott A P, Capper G, Davies D L, et al. Ionic liquid analogues formed from hydrated metal salts. Chem Eur J, 2004, 10(15): 3769~3774

[27] Abbott A P, Capper G, Davies D L, et al. Novel solvent properties of choline chloride/urea mixtures. Chem Commun, 2003, (1): 70~71

[28] Abbott A P, Boothby D, Capper G, et al. Deep eutectic solvents formed between choline chloride and carboxylic acids: versatile alternatives to ionic liquids. J Am Chem Soc, 2004, 126(29): 9142~9147

[29] Matsumoto H. Electrochemical windows of room temperature ionic liquids. *In*: Ohno H. Electrochemical Aspects of Ionic Liquids. New York: John Wiley & Sons, 2005. 35~54

[30] Ali M R, Nishikata A, Tsuru T. Electrodeposition of aluminum-chromium alloys from AlCl₃-Bpc melt and its corrosion and high temperature oxidation behaviors. Electrochim Acta, 1997, 42(15): 2347~2354

[31] Puippe J C, Leaman F. Theory and Practice of Pulse Plating. Orlando: American Electroplaters and Surface Finishers Society, 1986

[32] Safranek W H, Schickner W C, Faust C L. Electroforming aluminum waveguides using organo-aluminum plating baths. J Electrochem Soc, 1952, 99: 53~59

[33] Carlin R T, Crawford W, Bersch M. Nucleation and morphology studies of aluminum deposited from an ambient-temperature chloroaluminate molten salt. J Electrochem Soc, 1992, 139(10): 2720~2727

[34] Abbott A P, Eardley C A, Farley N R S, et al. Electrodeposition of aluminium and aluminium/platinum alloys from AlCl₃/benzyltrimethylammonium chloride room temperature ionic liquids. J Appl Electrochem, 2001, 31(12): 1345~1350

[35] Endres F, Bukowski M, Hempelmann R, et al. Electrodeposition of nanocrystalline metals and alloys from ionic liquids. Angew Chem Int Ed, 2003, 42(29): 3428~3430

[36] Endres F, Abedin S Z E, Moustafa E M, et al. Additive free electrodeposition of nanocrystalline aluminium in a water and air stable ionic liquid. Electrochem Commun, 2005, 7(11): 1111~1116

[37] Zein El Abedin S, Moustafa E M, Hempelmann R, et al. Electrodeposition of nano- and microcrystalline aluminium in three different air and water stable ionic liquids. Chemphyschem, 2006, 7(7): 1535~1543

[38] Deng M J, Chen P Y, Leong T I, et al. Dicyanamide anion based ionic liquids for electrodeposition of metals. Electrochem Commun, 2008, 10: 213~216

[39] Mukhopadhyay I, Freyland W. Electrodeposition of Ti nanowires on highly oriented pyrolytic graphite from an ionic liquid at room temperature. Langmuir, 2003, 19(6): 1951~1953

[40] Tsuda T, Hussey C L, Stafford G R, et al. Electrochemistry of titanium and the electrodeposition of Al-Ti alloys in the Lewis acidic aluminum chloride-1-ethyl-3-methylimidazolium chloride melt. J Electrochem Soc, 2003, 150(4): C234~C243

[41] Mukhopadhyay I, Aravinda C L, Borissov D, et al. Electrodeposition of Ti from TiCl$_4$ in the ionic liquid 1-methyl-3-butyl-imidazolium bis (trifluoro methyl sulfone) imide at room temperature: study on phase formation by in situ electrochemical scanning tunneling microscopy. Electrochim Acta, 2005, 50(6): 1275~1281

[42] Hussey C L, King L A, Carpio R A. The electrochemistry of copper in a room temperature acidic chloroaluminate melt. J Electrochem Soc, 1979, 126(6): 1029~1034

[43] Nanjundiah C, Osteryoung R A. Electrochemical studies of Cu(I) and Cu(Ii) in an aluminum chloride-N-(N-butyl)pyridinium chloride ionic liquid. J Electrochem Soc, 1983, 130(6): 1312~1318

[44] Tierney B J, Pitner W R, Mitchell J A, et al. Electrodeposition of copper and copper-aluminum alloys from a room-temperature chloroaluminate molten salt. J Electrochem Soc, 1998, 145(9): 3110~3116

[45] Chen P Y, Sun I W. Electrochemical study of copper in a basic 1-ethyl-3-methylimidazolium tetrafluoroborate room temperature molten salt. Electrochim Acta, 1999, 45(3): 441~450

[46] Endres F, Schweizer A. The electrodeposition of copper on Au(111) and on Hopg from the 66/34 mol% aluminium chloride/1-butyl-3-methylimidazolium chloride room temperature molten salt: an EC-STM study. Phys Chem Chem Phys, 2000, 2: 5455~5262

[47] Murase K, Nitta K, Hirato T, et al. Electrochemical behaviour of copper in trimethyl-N-hexylammonium bis((trifluoromethyl)sulfonyl)amide, an ammonium imide-type room temperature molten salt. J Appl Electrochem, 2001, 31(10): 1089~1094

[48] El Abedin S Z, Saad A Y, Farag H K, et al. Electrodeposition of selenium, indium and copper in an air- and water-stable ionic liquid at variable temperatures. Electrochim Acta, 2007, 52(8): 2746~2754

[49] El Abedin S Z, Polleth M, Meiss S A, et al. Ionic liquids as green electrolytes for the electrodeposition of nanomaterials. Green Chem, 2007, 9(6): 549~553

[50] Xu X H, Hussey C L. Electrodeposition of silver on metallic and nonmetallic electrodes from the acidic aluminium chloride-1-methyl-3-ethylimidazolium chloride molten-salt. J Electrochem Soc, 1992, 139(5): 1295~1300

[51] Zell C A, Endres F, Freyland W. Electrochemical in situ STM study of phase formation during Ag and Al electrodeposition on Au(111) from a room temperature molten salt.

Phys Chem Chem Phys, 1999, 1(4): 697~704

[52] Katayama Y, Dan S, Miura T, et al. Electrochemical behavior of silver in 1-ethyl-3-methylimidazolium tetrafluoroborate molten salt. J Electrochem Soc, 2001, 148(2): C102~C105

[53] He P, Liu H T, Li Z Y, et al. Electrochemical deposition of silver in room-temperature ionic liquids and its surface-enhanced Raman scattering effect. Langmuir, 2004, 20(23): 10260~10267

[54] Carlin R T, De Long H C, Fuller J, et al. Microelectrode evaluation of transition metal-aluminum alloy electrodepositions in chloroaluminate ionic liquids. J Electrochem Soc, 1998, 145(5): 1598~1607

[55] Mitchell J A, Pitner W R, Hussey C L, et al. Electrodeposition of cobalt and cobalt-aluminum alloys from a room temperature chloroaluminate molten salt. J Electrochem Soc, 1996, 143(11): 3448~3455

[56] Fukui R, Katayama Y, Miura T. Electrodeposition of cobalt from a hydrophobic room-temperature molten salt system. Electrochemistry, 2005, 73(8): 567~569

[57] Chen P Y, Sun I W. Electrochemistry of Cd(Ii) in the basic 1-ethyl-3-methylimidazolium chloride/tetrafluoroborate room temperature molten salt. Electrochim Acta, 2000, 45(19): 3163~3170

[58] Hsiu S I, Tai C C, Sun I W. Electrodeposition of palladium-indium from 1-ethyl-3-methylimidazolium chloride tetrafluoroborate ionic liquid. Electrochim Acta, 2006, 51(13): 2607~2613

[59] Su F Y, Huang J F, Sun I W. Galvanostatic deposition of palladium-gold alloys in a Lewis basic Emi-Cl-BF$_4$ ionic liquid. J Electrochem Soc, 2004, 151(12): C811~C815

[60] Delong H C, Wilkes J S, Carlin R T. Electrodeposition of palladium and adsorption of palladium-chloride onto solid electrodes from room-temperature molten-salts. J Electrochem Soc, 1994, 141(4): 1000~1005

[61] Xu X H, Hussey C L. The electrochemistry of gold at glass-carbon in the basic aluminum chloride-1-methyl-3-ethylimidazolium chloride molten salt. J Electrochem Soc, 1992, 139(11): 3103~3108

[62] Lin Y F, Sun I W. Electrodeposition of zinc from a Lewis acidic zinc chloride-1-ethyl-3-methylimidazolium chloride molten salt. Electrochim Acta, 1999, 44(16): 2771~2777

[63] Hsiu S I, Huang J F, Sun I W, et al. Lewis acidity dependency of the electrochemical window of zinc chloride-1-ethyl-3-methylimidazolium chloride ionic liquids. Electrochim Acta, 2002, 47(27): 4367~4372

[64] Morimitsu M, Nakahara Y, Iwaki Y, et al. Electrodeposition of Tin from EmiBF$_4$Cl room temperature molten salts. J Min Metall, 2003, 39(1,2): 59~67

[65]　Xu X H, Hussey C L. The Electrochemistry of Tin in the aluminum chloride-1-methyl-3-ethylimidazolium chloride molten salt. J Electrochem Soc, 1993, 140(3): 618~626

[66]　Huang J F, Sun I W. Formation of nanoporous platinum by selective anodic dissolution of PtZn surface alloy in a Lewis acidic zinc chloride-1-ethyl-3-methylimidazolium chloride ionic liquid. Chem Mater, 2004, 16(10): 1829~1831

[67]　He P, Liu H T, Li Z Y, et al. Electrodeposition of platinum in room-temperature ionic liquids and electrocatalytic effect on electro-oxidation of methanol. J Electrochem Soc, 2005, 152(4): E146~E153

[68]　Gray G E, Kohl P A, Winnick J. Stability of sodium electrodeposited from a room temperature chloroaluminate molten salt. J Electrochem Soc, 1995, 142(11): 3636~3642

[69]　Nuli Y N, Yang J, Wang P. Electrodeposition of magnesium film from $BmimBF_4$ ionic liquid. Appl Surf Sci, 2006, 252(23): 8086~8090

[70]　Chen P Y, Lin Y F, Sun I W. Electrochemistry of gallium in the Lewis acidic aluminum chloride-1-methyl-3-ethylimidazolium chloride room-temperature molten salt. J Electrochem Soc, 1999, 146(9): 3290~3294

[71]　Wicelinski S P, Gale R J, Wilkes J S. Low temperature chlorogallate molten salt systems. J Electrochem Soc, 1987, 134(1): 262, 263

[72]　Endres F, Schrodt C. In situ STM studies on germanium tetraiodide electroreduction on Au(111) in the room temperature molten salt 1-butyl-3-methylimidazolium hexafluorophosphate. Phys Chem Chem Phys, 2000, 2(24): 5517~5520

[73]　Endres F. Electrodeposition of a Thin germanium film on gold from a room temperature ionic liquid. Phys Chem Chem Phys, 2001, 3(15): 3165~3174

[74]　Endres F, Abedin S Z E. Nanoscale electrodeposition of germanium on Au(111) from an ionic liquid: an in situ Stm study of phase formation part I. Ge from $GeBr_4$ Phys Chem Chem Phys, 2002, 4(9): 1640~1648

[75]　Freyland W, Zell C A, El Abedin S Z, et al. Nanoscale electrodeposition of metals and semiconductors from ionic liquids. Electrochim Acta, 2003, 48(20 ~ 22): 3053~3061

[76]　Liao Q, Hussey C L. Densities, viscosities, and conductivities of mixtures of benzene with the Lewis acidic aluminum chloride + 1-methyl-3-ethylimidazolium chloride molten salt. J Chem Eng Data, 1996, 41(5): 1126~1130

[77]　Perry R L, Jones K M, Scott W D, et al. Densities, viscosities, and conductivities of mixtures of selected organic cosolvents with the Lewis basic aluminum chloride + 1-methyl-3-ethylimidazolium chloride molten salt. J Chem Eng Data, 1995, 40: 615~619

[78]　Hirao M, Sugimoto H, Ohno H. Preparation of novel room-temperature molten salts by neutralization of amines. J Electrochem Soc, 2000, 147(11): 4168~4172

[79]　Yamada M, Honma I. Proton conducting acid-base mixed materials under water-free condition. Electrochim Acta, 2003, 48(17): 2411~2415

[80]   Sun J, Jordan L R, Forsyth M, et al. Acid-organic base swollen polymer membranes. Electrochim Acta, 2001, 46(10,11): 1703~1708

[81]   Abbott A P, Capper G, Davies D L, et al. Electrodeposition of chromium black from ionic liquids. Trans Inst Met Finish, 2004, 82: 14~17

[82]   Abbott A P, Capper G, Davies D L, et al. Selective extraction of metals from mixed oxide matrixes using choline-based ionic liquids. Inorg Chem, 2005, 44(19): 6497~6499

[83]   Abbott A P, McKenzie K J. Application of ionic liquids to the electrodeposition of metals. Phys Chem Chem Phys, 2006, 8(37): 4265~4279

4.6   离子液体支撑液膜制备与应用

4.6.1   离子液体支撑液膜基本概念

将离子液体固定在多孔材料的微孔中,利用毛细管力和界面作用,使得离子液体形成稳定的分离层。利用不同分子在离子液体中的溶解度和扩散系数不同,达到均相混合物在分子水平上的分离、纯化或浓缩。用于支撑和固载离子液体的多孔材料,可以包括高分子多孔膜、多孔陶瓷或玻璃等,需要对离子液体保持惰性,避免因化学反应或物理溶胀影响膜材料使用寿命。

1. 液膜分离过程原理与特点

与高分子固体分离膜相比,液膜过程具有传质速率高的优势,溶剂分子在液体中的扩散系数通常比高分子固体中的扩散系数高 3~4 个数量级。对于给定的有机溶剂混合物,通过选择合适的膜液,能够同时得到高选择性和高渗透通量。早在 30 年前,美籍华人黎念之等将促进传递的概念引入乳化液膜的传递过程中,使一些金属离子的传递速率提高数倍,有的甚至达几个数量级。国际上,美国、日本、欧洲等发达国家非常重视液膜领域的研究工作,取得一系列技术进步。然而,由于液膜稳定性问题一直没有得到很好的解决,长期以来仅仅停留在实验室基础研究阶段,难以得到商业化推广应用。

和乳化液膜相比,支撑液膜 (supported liquid membrane, SLM) 在提高液膜稳定性方面具有明显优势,美籍华人何文寿提出的伴有反萃分散的 SLM 取得成功的工业应用[1~4]。

支撑液膜分离性能劣化的原因通常归结为膜液流失,其中包括:① 膜液与原料液或接收液直接接触,通过液/液界面传质导致的溶解损失;当膜外为气相时膜液挥发损失;② 膜液与膜外液相接触发生乳化作用;③ 过高的跨膜压差和浓度差导致的"渗透压效应" 也会引起膜液流失。利用离子液体作为支撑液膜的 "膜液",发挥离子液体不挥发、物理化学性质稳定等特点,能够从原理上提高支撑液膜稳定性。

在离子液体中，离子团之间存在强烈的电荷力作用，形成各向均一的微观力场，把存在于有机溶剂之间的相互作用差异变大，提高分离过程选择性。探索性实验证明离子液体支撑液膜分离芳香烃/环烷烃等有机溶剂混合物的可行性。膜分离性能受离子液体种类、多孔支撑膜材质、孔径大小和孔径分布影响。由于离子液体中存在 van der Waals 力、库仑静电力、氢键等离子基团间相互作用，呈现非牛顿型流体特征，以及有机溶剂、有机气体分子的极性影响，使得小分子在液膜内的溶解–扩散现象更为复杂。迄今为止，国内外的研究仅仅围绕离子液体支撑液膜稳定性开展初步实验探索[5~9]，亟待深入开展传质机理与支撑液膜材料的理论创新，推动该过程的工业化应用。

2. 离子液体支撑液膜概况

在物理化学与热力学理论方面，系统测定常见气体 (H_2、O_2、CO、CO_2、甲烷、乙烷、丙烷)[10,11]、芳烃类 (甲苯、乙苯、环己烷) 有机溶剂在咪唑阳离子组成的离子液体中的溶解度[12,13]。Gmehling 课题组研究了醇类 (甲醇、乙醇、异丙醇) 有机溶剂和离子液体组成的二元溶剂气液平衡关系[14]；进一步测定了丙酮/水、异丙醇/水混合物分别和乙基咪唑、丁基咪唑阳离子构成的离子液体三元体系气液平衡关系，并比较了采用 Wilson 模型、UNIQAC 模型、NRTL 模型对实验数据计算的精度[15]。汪文川课题组等采用分子模拟技术研究 CO_2 等气体在 [bmin][BF_4] 和 [bmin][PF_6] 中的溶解度，计算结果正确反映溶解度变化趋势[16]；张锁江等建立离子液体物理性质数据库，发现离子液体物理性质的周期变化规律[17,18]；李春喜等研究了离子液体对醇水体系气液平衡的影响，并进行了计算模型探索[19,20]。国内外大量的物理化学性质数据积累与溶解度计算模型研究，有力推动了离子液体的应用基础研究[21~23]。

我国中国科学院过程工程研究所、兰州化学物理研究所、北京大学、浙江大学和北京化工大学等单位进行了大量应用基础研究，探索离子液体在催化反应[24]、燃料油深度脱硫[25]、选择性脱除二氧化硫[26]、电化学等领域的应用[27]。尤其是近年来，将离子液体和膜分离过程相结合，形成离子液体充填的新型支撑液膜，充分发挥离子液体对有机溶剂混合物中不同组分的高选择性，同时具有膜分离过程操作简便、易于实现、高效节能的优点。Branco 等[5] 首次证实采用 [bmin][PF_6]、[bmin][BF_4] 离子液体的支撑液膜分离有机溶剂的可行性；Matsumoto 等[7] 使用咪唑类离子液体作为支撑液膜的膜液，通过膜萃取分离过程，成功地实现了芳烃/烷烃分离、从烷烃中脱除有机氮化物[6] 以及提取青霉素 G 的工艺过程[9]；刘会洲等将支撑液膜用于渗透气化膜分离过程从废水中回收乙酸取得明显成效[8]。利用离子液体对分离组分的溶解性、扩散性不同形成分离选择性，与此同时，耐溶剂的基膜可以有效抑制离子液体的 “流失”，保证分离过程中膜结构与分离性能的稳定，支撑液膜显示出良好的发展前景。清华大学尝试采用亲疏水双层支撑基膜的方法,改善液膜稳定性,得到有益的结果[28,29]。在此基础上,进一步开展离子液体支撑液膜分离有机溶剂混合物的探索性实验研究[30~32]。以耐溶剂性能优良的聚偏氟乙烯 (PVDF) 超滤膜为支撑体,[bmim][PF$_6$] 作为膜液,通过加压渗透方式成功制得 "充填型" 支撑液膜 (图 4.105)。

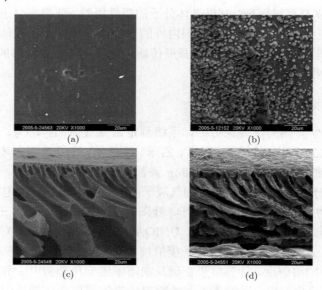

图 4.105 "充填型"离子液体支撑液膜结构
(a) PVDF 基膜 (表面); (b) 填充离子液体后 (表面);
(c) PVDF 基膜 (断面); (d) 填充离子液体后 (断面)

该支撑液膜用于蒸气渗透膜分离过程,从甲苯/环己烷混合物中脱除甲苯,在常压 40 ℃条件下,采用透过侧抽真空的方式收集透过物,进料采用氮气夹带方式将甲苯和环己烷混合物吹过膜面。实验结果如图 4.106 所示,在不同进料浓度条件下,考察离子液体支撑液膜渗透物浓度和组分渗透通量随时间变化。当原料中甲苯浓度 2.69%(质量分数),透过侧甲苯浓度 37.8%,渗透通量约 3.0 g·m^{-2}·h^{-1},分离因子达到 24.6。

实验持续时间超过 550 h,渗透物浓度随原料浓度呈规律性变化,类似于高分子致密膜的分离行为,符合溶解–扩散传质机理,证明离子液体支撑液膜分离性能稳定。由于原料采用氮气夹带方式将甲苯/环己烷混合物带到膜表面,其中有机溶剂绝对浓度不到 1.5%,导致渗透通量较小。为了进一步验证支撑液膜分离性能,增大渗透通量,以乙醇/水、异丙醇/水混合物为分离对象,采用两组分混合蒸气直接进料方式进行分离实验。连续 400 h 左右的测定表明:醇/水体系中使用 [bmim][PF$_6$]

作为液膜材料, 两者均为水优先透过 (图 4.107), 其分离因子为 3~5, 渗透通量达到 40~65 g·m⁻²·h⁻¹, 具有进一步开展实验研究和理论探讨的价值。

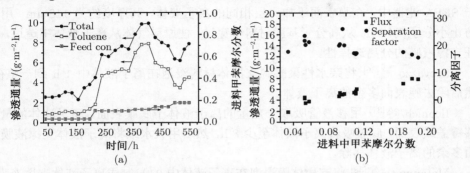

图 4.106　离子液体"充填型"支撑液膜对芳烃/烷烃体系的分离性能

(a) 从空气中脱除甲苯的蒸气渗透分离特性; (b) 甲苯/环己烷体系的蒸气渗透分离性能

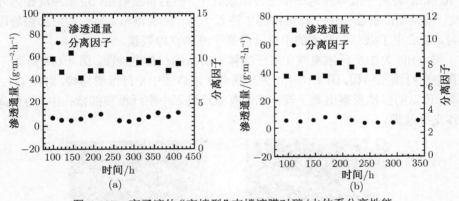

图 4.107　离子液体"充填型"支撑液膜对醇/水体系分离性能

(a) 验证乙醇/水体系分离性能的稳定性; (b) 验证异丙醇/水体系分离性能的稳定性

4.6.2　典型的膜材料制备方法

离子液体支撑液膜 (FTSLM) 的制备方法主要有三种。

1. 涂布法

Baltus 等[33] 利用棉签将离子液体 [C₄mim][Tf₂N] 和 [C₈F₁₃mim][Tf₂N] 直接涂布在多孔阳极氧化铝支撑膜表面, 膜表面多余的离子液体利用无绒布擦去。

2. 浸渍法[34]

将支撑载体置于离子液体或者离子液体的溶液中, 让膜液通过表面亲和力进入支撑载体的微孔中, 依靠毛细管力依附在微孔内。

Gan 等[35] 选用纳滤膜作为支撑体分两步制膜：① 将支撑体膜浸泡在相应的离子液体中达到饱和，多余的离子液体用软棉布擦去；② 将浸泡后的离子液膜置于 SEPA 滤器中，在膜表面添加一层相同的离子液体，其厚度约为 118 μm，用来防止小分子气体 H_2 从高分子基膜材料中穿过，使原料气体从离子液体中透过，保证支撑液膜的分离选择性。

Scovazzo 等[36] 将亲水性聚醚砜支撑体材料浸泡在离子液体中 1 h 到一整夜，然后除去膜表面多余的离子液体。

Ilconich 等[37] 用移液管吸取一定量的离子液体于底膜表面，离子液体的量足够覆盖膜表面，底膜吸收离子液体至少 8 h，然后用吸水纸将离子液体支撑液膜表面多余的离子液体移除。

Matsumoto 等[38] 将支撑体膜浸泡在离子液体中 24 h 制成离子液体支撑液膜。

Peng 等[39] 将聚丙烯中空纤维截至 5 cm 长，浸泡在 20 mL 的 $[C_8mim][PF_6]$ 中 10 min，将离子液体固定在中空纤维膜孔中，然后将膜取出，用水冲洗膜内外侧 5 次。用微型注射器在中空纤维内腔中注入 10 μg 回收溶液，另一侧用加热的镊子密封。制成用于微萃取技术的中空纤维离子液体支撑液膜。

图 4.108 为中空纤维浸泡在离子液体中前后的扫描电镜图。图 4.108(a) 展示了微孔中空纤维膜结构，图 4.108(b) 为充满离子液体的中空纤维膜结构，对比 (a)、(b) 两图，可以明显地观察出离子液体能够有效地进入中空纤维膜的微孔中，得到离子液体支撑液膜。

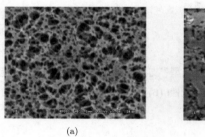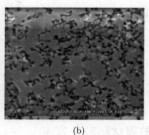

(a)　　　　　　　　　　　　　　　　(b)

图 4.108　中空纤维膜放大 5000 倍的扫描电镜图

(a) 注入离子液体之前; (b) 注入离子液体之后

虽然浸渍法是一种简单易行的制膜方法，但有时很难保证膜液有效地进入膜孔中，特别是当膜液与支撑载体之间存在较大界面张力时，仅仅通过浸渍法无法将膜液有效地填充进膜孔中。

3. 压入法

Fortunato 等[40~42] 将支撑体膜固定于干燥器内，在干燥器中的注射器中加入精制的离子液体，在膜的透过侧抽真空约 1 h，由于跨膜压差的作用，注射器中的离子液体进入膜孔内。之后，用棉纸将膜表面多余的离子液体擦去。可以采用称重的方法计量所制 SLM 每平方厘米支撑体中所含离子液体的量。

de los Rios 等 [43,44,47] 和 Hernandez-Fernandze 等 [45,46] 将多孔支撑体置于 Amicon 超滤组件内，在膜表面加入约 3 mL 离子液体，采用氮气加压的方法，在跨膜压差为 2×10^5 Pa(2 bar) 的推动力下，离子液体进入膜孔中，当离子液体在膜表面只剩下薄薄一层的时候，停止加压。这个过程反复进行三次，以保证离子液体充分填充于支撑膜孔中，最后除去多余的离子液体。

吴峰[30]、林嘉[31] 采用升温加压法来制备离子液体支撑液膜。升温可使离子液体黏度下降，有利于离子液体在气体压力的迫使下进入支撑膜的微孔之中。比较离子液体 [bmim][PF$_6$] 注入 PVDF 膜前后的扫描电镜图，可观察到制成的膜表面还遗留着部分离子液体，这说明还有部分离子液体未被压入膜孔内，从侧面说明膜孔内已经充满了离子液体，而且在制膜过程结束后仍留在膜孔内。经过蒸气渗透实验后的膜表面存在均匀分布的离子液体结晶，表明了离子液体的稳定性和难挥发性。

4.6.3　典型的分离过程应用研究

近年来，离子液体支撑液膜在分离过程中的应用研究不断深入，所涉及的混合物体系不断扩大，包括各种难分离的混合物的富集和提纯。

1. 离子液体支撑液膜在气体分离中的应用

离子液体对气体混合物中不同组分具有特定的溶解与扩散特性，有望应用于气体分离，如利用 [C$_4$mim][PF$_6$] 分离吸收天然气中 CO_2 和水蒸气[36]。利用 CO_2 与 N_2、O_2 在离子液体中溶解度差异除去烟道气中的 CO_2[33]。为了加大离子液体分离应用的经济可行性，研究人员提出了新的利用薄层离子液体作为分离介质，分离气体和气体富集新技术，以满足离子液体在分离领域应用中的有效性和经济性要求。利用离子液体支撑液膜对气体进行分离成为离子液体研究领域关注的热点[35,36]。

Scovazzo 等[36,48] 对阴离子为 [PF$_6$]$^-$(水的存在会导致其分解为 HF 的一类离子液体)，以及一系列水稳定性阴离子：Cl$^-$、[Tf$_2$N]$^-$、[CF$_3$SO$_3$]$^-$、[dca]$^-$ 的离子液体，用于酸性气体的分离。针对 CO_2/N_2 气体的分离，选用阴离子为 [PF$_6$]$^-$ 的离子液体，所制的 SLM 对 CO_2 的渗透通量能达到 4.6×10^{-11}mol· cm^{-2}·kPa^{-1}·s^{-1} (1373.5232 bar)，CO_2 的选择性超过 29。对于阴离子非 [PF$_6$]$^-$ 的离子液体，CO_2 的渗透通量从 350 bar(Cl$^-$) 到 1000 bar{[Tf$_2$N]$^-$}，相应的理想选择性从 15(Cl$^-$) 到 61{[dca]$^-$}，如表 4.21 所示。实验结果证明离子液体支撑液膜对 CO_2/N_2 的渗透通量和选择性高于典型聚合物分离 CO_2/N_2Robeson 图上限研究人员还测定了

CO_2/CH_4 理想选择性，从 4(Cl^-) 到 20{[dca]$^-$} 不等，与已有的分离 CO_2 膜材料相比，离子液体支撑液膜具有很大的优势。

表 4.21   气体通过各离子液体支撑液膜的渗透通量及所计算的理想选择率

气体	[emim][Tf_2N] 相对湿度 10%	[emim][Tf_2N] 相对湿度 8.5%	[emim][CF_3SO_3]	[emim][dca]	[thtdp][Cl]
CO_2/bar	960	1050	920±30	610±20	350±20
N_2/bar	46±5	51±4	26±1	10±0.25	24±2
CH_4/bar	—	94±4	—	31±2	89±0.0033
CO_2/N_2 选择性	21	20	35	61	15
CO_2/CH_4 选择性	—	11	—	20	4

注：1 bar=10^5Pa。

研究人员对离子液体的传递规律进行了研究，测定了 CO_2 在所研究的几种离子液体中的溶解度数据，CO_2 在不同的离子液体 (不含水) 中的溶解度 (体积标准：mol 溶解的 CO_2/L 离子液体) 差异能达到 72%，大致顺序是 [Tf_2N]$^-$>[dca]$^-$ ≈ [CF_3SO_3]$^-$>Cl^-，对比表 4.21 中 CO_2 在不同的离子液体支撑液膜中的渗透通量实验结果，[Tf_2N]$^-$> [dca]$^-$>[CF_3SO_3]$^-$>Cl^-，与溶解度大小顺序一致。实验还测定了气体的湿度，在一定范围内考察了湿度对气体分离的影响。同时，表 4.21 列出了各离子液体支撑液膜中对 CO_2/N_2、CO_2/CH_4 理想选择性 $S_{CO_2/x}=P_{CO_2}/P_x$，离子液体支撑液膜对 CO_2/N_2 分离选择顺序大致为 [dca]$^-$>[CF_3SO_3]$^-$>[Tf_2N]$^-$>Cl^-，CO_2/CH_4 分离选择顺序大致为 [dca]$^-$>[Tf_2N]$^-$>Cl^-。

图 4.109 为不同的聚合物对 CO_2/N_2 分离特性的 Robeson 上限图[49]，利用离子液体支撑液膜对 CO_2/N_2 的分离效果与前人的研究结果相比，在通量和分离性上都有明显优越性。特别是 [emim][dca] 支撑液膜的 CO_2 渗透通量达到 610 bar，理想分离系数为 61，远高于其他几种膜的分离性能。

Gan 等[35] 利用 [C_4mim][Tf_2N]、[$C_{10}mim$][TfN_2]、[N_{8881}][Tf_2N]、[C_8Py][Tf_2N] 四种离子液体作为支撑液膜膜液，纳滤膜为支撑体制成离子液体支撑液膜，分别测量了 H_2、O_2、N_2、CO 单组分气体在膜中的渗透通量。极性气体分子 CO 在离子液体支撑液膜中有较高的渗透速率，主要原因可能是其在离子液体中有较高的溶解性，根据溶解–扩散传质机理，当溶解度较高时，相应的溶质穿过膜的推动力大，因而渗透速率大。通过实验结果还计算了 H_2/CO 的理想选择性，并测定了 H_2、CO 双组分混合气体通过 SILMs 的分离性能。研究 CO 和 H_2 在离子液体中的分离传递特性，目的是将离子液体应用于加氢、甲酰化反应气体的分离以及燃料电池和电化学技术等领域。纳滤膜作为支撑体改善了支撑液膜的稳定性，在高于普通支撑液膜的操作压力 (<0.1 bar) 的条件下，保持了优良的稳定性。实验结果表明，气体通过这种新型离子液体支撑液膜的通量在实验测定的压力范围内，随压力增加呈指

数增长。H_2/CO 的分离因子最大可达 4.3，并随离子液体的不同表现出不同的分离特性。

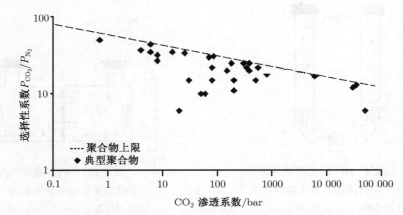

图 4.109　典型聚合物分离 CO_2/N_2 的 Robeson 图[5] 与实验研究的
SILMs 分离 CO_2/N_2 比较图
实验测试的 SILMs 对 CO_2/N_2 的理想选择性和渗透通量较文献中的聚合物更高。
其中 CO_2 在 [emim][Tf_2N] 膜两侧推动压差为 19 kPa

一般来讲，离子液体支撑液膜适用于极性分子气体和非极性分子气体之间的分离，因为离子液体与极性分子之间较强的相互作用，导致极性气体分子易溶于离子液体中，有助于极性分子通过液膜，从而促进极性和非极性分子气体之间的分离。Scovazzo 等的实验证实，不同阴离子组成的离子液体，制成的支撑液膜用于气体分离，膜过程的渗透特性与溶解度大小一致[36]。膜分离过程不仅受溶解特性影响，扩散特性同样发挥作用。Gan 等研究了由几种不同阳离子构成的离子液体，制成支撑液膜，除了 [N_{8881}][Tf_2N] 表现出溶解度控制传递的结果，其余几种离子液体由于黏度的差异，导致扩散系数不同，因此气体在几种支撑液膜中传递速率表现出明显差异[35]。将离子液体支撑液膜用于气体混合物分离，应同时考虑气体在离子液体中溶解性和扩散性，以此为基础选择合适的离子液体作为膜液。

2. 离子液体支撑液膜在有机物分离中的应用

由于离子液体对有机溶剂具有不同的溶解度[50]，越来越多的学者将离子液体支撑液膜用于有机溶剂混合物分离。

Branco 等[5] 使用离子液体支撑液膜，对结构和性质比较接近的胺类混合物进行了系统研究。分别使用离子液体 [C_4mim][PF_6] 主体液膜，以及该离子液体所制得的支撑液膜，对比了七种混合物体系的分离性能，其中包括 1,4- 二氧杂环乙烷 (1)、丙醇 (2)、丁醇 (3)、环己醇 (4)、环己酮 (5)、吗啉 (6)、甲基吗啉 (7)。所采用的实验装置如图 4.110 和图 4.111 所示。

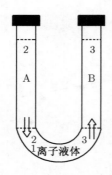

图 4.110 U 形管离子液体
主体液膜分离实验示意图

1 为离子液体相；2 为 A 面为 3 mL 含 7 种混合物
的二乙醚相；3 为 B 面为 3 mL 二乙醚相

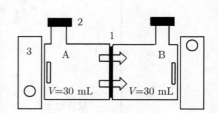

图 4.111 离子液体支撑
液膜分离实验装置示意图

1 为支撑液膜 (A=8.5 cm^2)；2 为隔膜；
3 为磁力搅拌器

实验证实单纯的 PVDF 支撑底膜对上述各种有机物不存在分离效果。图 4.112 中显示 [C$_4$mim][PF$_6$] 支撑液膜对各组分传递实验结果与图 4.113 中主体液膜对各组分进行分离的增加趋势近似。在 B 面回收相中，醇系列 (2), (3), (4) 随着分子碳链长度的增加回收率增加 [(4)>(3)>(2)]。相对分子质量高的醇更利于传递，这种现象应从不同的溶质与离子液体的相互作用力的角度去分析。1, 4-二氧杂环乙烷 (1) 与丁醇 (3) 传递结果近似 (6 h 后)，高于丙醇 (2)，此结果说明饱和烷烃链长对传递过程的影响大于氢氧基团存在的影响。比较吗啉 (6) 和甲基吗啉 (7) 分离结果，选择性相对较大。

研究人员使用不同的离子液体和支撑体制成的支撑液膜，对上述 7 种混合物进行分离实验，发现支撑体对溶质在膜中的传递有较大的影响。选用聚偏氟乙烯 (PVDF)、乙醚 (PES)、亲水性聚丙烯 (HPP)、尼龙、非亲水性聚丙烯 (NHPP) 几种膜材料，以 PVDF 为支撑体所制得支撑液膜，具有较高的选择性；以尼龙膜为支撑体的 SILMs 选择性和渗透通量均较适中。

选用对胺类分离选择性较优的 [C$_4$mim][PF$_6$] 离子液体，制成支撑液膜，对各种配比的胺系列混合物，如同分异构的伯胺、仲胺、叔胺三组分混合物，仲二胺、仲胺、叔胺混合物，沸点温差小于 6 ℃ 的仲胺、叔胺二组分混合物。

随着胺类烷基链长增加选择性降低；仲胺比叔胺更易通过 SILMs，原因可能是仲胺与 [C$_4$mim][PF$_6$] 相互作用力更强，由 ^{1}H NMR 分析，离子液体的咪唑环与供电基团可产生强烈的相互作用[22]。

Matsumoto 等[7] 探讨了离子液体支撑液膜用于芳烃/烷烃混合物分离的可行

性，发现苯、甲苯、二甲苯均优先透过离子液体支撑液膜。虽然通过离子液体支撑液膜的渗透速率远小于水作为膜液的支撑液膜，但是，离子液体支撑液膜对芳烃的选择性显著增加，在所研究的几种离子液体中，$[C_4mim][PF_6]$ 对苯的选择性最高。

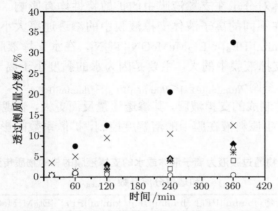

图 4.112　U 形管 B 面检测各组分回收相百分比含量
◆ 1,4- 二氧杂环乙烷 (1); □ 丙醇 (2); △ 丁醇 (3); × 环己醇 (4);
∗ 环己酮 (5); ● 吗啉 (6); ○ 甲基吗啉 (7)

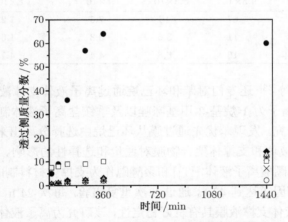

图 4.113　SILM 分离实验装置 B 侧各组分回收百分比
◆ 1,4- 二氧杂环乙烷 (1); □ 丙醇 (2); △ 丁醇 (3); × 环己醇 (4);
∗ 环己酮 (5); ● 吗啉 (6); ○ 甲基吗啉 (7)

通过单组分透过 SILM 的渗透实验，得到的各碳烃化合物在不同的离子液体支撑液膜和水支撑液膜中的传质系数 k 及理想分离系数 S 目标物质，S 目标物质 $= k$ 目标物质$/k$ 庚烷。测定了多种烃类化合物在同一离子液体支撑液膜中的渗透速率，其大小顺序为己烷 < 甲苯 < 邻二甲苯 < 苯。使用 ET(30) 值指示各组分的极性，

烃类化合物在离子液体中的溶解度大小顺序为己烷 < 邻二甲苯 < 甲苯 < 苯；在不同的离子液体中的溶解度大小顺序为 [Et$_2$MeMeON][Tf$_2$N]<[bmim][PF$_6$]<[hmim][PF$_6$]< [omim][PF$_6$]。单纯从烃类化合物在离子液体中的溶解度差异，无法解释实验结果，支撑体和离子液体对分子在支撑液膜中的扩散特性均有影响。根据表 4.22 总结出各碳氢化合物在不同的离子液体支撑液膜中的渗透速率大小顺序 [bmim][PF$_6$] <[hmim][PF$_6$]<[omim][PF$_6$]<[Et$_2$MeMeON][Tf$_2$N]，在水支撑液膜中的渗透速率比一般的离子液体支撑液膜中的大，主要是因为水的黏度小于离子液体，物质在膜中的扩散阻力小。参阅 $\eta_{[bmim][PF_6]}<\eta_{[hmim][PF_6]}<\eta_{[omim][PF_6]}$[51]。但是，某些黏度相对较高的离子液体制成的支撑液膜，其渗透通量反而更大，表现出不同的趋势。此时，渗透过程主要由原料液在膜中的溶解度控制，扩散系数的影响相对较小。

表 4.22 碳氢化合物通过膜液为离子液体或水的支撑液膜的总的物质传递系数 $[k(\mathrm{m \cdot h^{-1}})]$ 和理想分离系数 S_{target}

	碳氢化合物	[bmim][PF$_6$]	[hmim][PF$_6$]	[omim][PF$_6$]	[Et$_2$MeMeON][Tf$_2$N]	水
$k/(\mathrm{m \cdot h^{-1}})$	苯	6.2×10^{-4}	8.5×10^{-4}	8.2×10^{-4}	1.3×10^{-3}	3.2×10^{-3}
	甲苯	9.9×10^{-5}	1.9×10^{-4}	3.6×10^{-4}	2.8×10^{-4}	9.4×10^{-4}
	二甲苯	1.5×10^{-4}	3.6×10^{-4}	4.8×10^{-4}	7.4×10^{-4}	7.1×10^{-3}
	庚烷	9.3×10^{-6}	5.3×10^{-5}	1.1×10^{-4}	1.8×10^{-4}	1.0×10^{-3}
S_{target}	苯	67	16	7.5	7.2	3.2
	甲苯	11	3.6	3.3	1.6	0.93
	二甲苯	16	6.8	4.4	4.1	7.1

Matsumoto 等[38] 还专门对苯和环己烷通过离子液体支撑液膜分离过程进行了研究。基于阳离子为 1-烷基-3-甲基咪唑以及季铵盐离子液体制成的支撑液膜分离苯/环己烷的研究。发现苯优先通过膜从环己烷中选择分离出来，研究人员还研究了不同的离子液体和支撑体聚合物膜对通量和选择性的影响。利用 2-甲氧基乙基–二乙基胺四氟硼酸离子液体 {[T]} 和聚醚砜作为支撑体材料制成亲水性液膜，对苯/环己烷的分离因子达到 47.1。通过 3 次重复实验，每次 24 h，得到相近的实验结果，表明离子液体支撑液膜具有良好稳定性，该研究为离子液体支撑液膜分离苯和环己烷提供了有益的借鉴。

表 4.23 列出了苯和环己烷在不同的离子液体支撑液膜中的渗透系数 P，选择性系数 $S = P_苯/P_{环己烷}$。[T] 支撑液膜具有最高的渗透系数，[B] 支撑液膜具有最低的渗透系数，一般来说，高的渗透系数对应较低的选择性。表 4.23 还给出了利用 Wilke-Chang 公式计算出来的苯扩散系数 D，[T] 离子液体支撑液膜具有较低的黏度，相应计算出高的扩散系数，从而解释了其高的渗透通量的结果。而观察阳离子为咪唑类的离子液体支撑液膜渗透实验结果，随着咪唑基团上的烷烃链增加

扩散系数下降 (扩散系数之间差别不大)，渗透系数却增加，研究人员从溶解度的角度进行的分析，表 4.23 列出了苯在离子液体和己烷溶液中的分配系数、渗透系数随分配系数的增加而增加。对于阳离子不同类的离子液体之间的比较，由于其黏度差别较大，所以各离子液体的扩散系数是影响渗透通量的主要影响因素，溶解度的影响相对而言较小。研究人员还对离子液体亲水性 ($\lg P_{o/w}$ 值) 进行了分析，给出了离子液体支撑液膜选择性随离子液体亲水性的增加而增加的结论。

表 4.23　以 PVDF 为支撑体制成离子液体支撑液膜，不同离子液体对苯和
环己烷渗透通量和选择率的影响

离子液体	$10^8 P_{苯}/(\mathrm{m \cdot s^{-1}})$	$10^8 P_{环己烷}/(\mathrm{m \cdot s^{-1}})$	S	$10^{12}D/(\mathrm{m^2 \cdot s^{-1}}*)$	$K_{苯}$	$\lg P_{o/w}$
[C_4mim][PF_6]	6.25	0.537	11.6	4.67	0.883	0.142
[C_6mim][PF_6]	7.58	0.739	10.3	4.09	1.19	0.324
[C_8mim][PF_6]	8.61	3.44	2.5	3.84	1.3	0.417
[T]	18.2	1.66	10.9	24.4	1	0.149
[B]	3.03	0.0711	42.6	1.8	0.409	−1.53

* 利用 Wilke-Chang 关系式估算扩散系数。等式中相关常数假定为 1。

　　从以上实验结果分析，离子液体支撑液膜对有机物的分离可从溶解和扩散两方面去考察。对于有机物在离子液体中的溶解性方面，离子化的或极性的化合物与离子液体有很强的亲和力。同时，芳香族的化合物在离子液体中有相对较高的溶解度，苯甚至可与很多离子液体互溶，可能是通过芳环上的 CH-π 和 π-π 与离子液体阳离子间的相互作用来实现的。

　　利用芳烃/烷烃在离子液体中的溶解性差异，可以通过离子液体支撑液膜进行分离。比较不同的离子液体制成的液膜的分离效果时，研究人员从有机物在离子液体中的分配系数以及扩散系数角度进行分析，对于阴离子相同，阳离子结构相近的离子液体 (如烷基咪唑类的一系列离子液体)，黏度差别较小，相应的计算所得的扩散系数相近，有机物在不同离子液体支撑液膜中的传递速率的差别主要由溶解度大小决定。对于一些结构性质差异较大的离子液体制成的液膜，应当结合离子液体自身的结构性质以及其与有机物之间的相互作用进行分析，决定其具体是溶解控制还是扩散控制，得到相应的渗透系数。对于有机溶剂混合物在离子液体支撑液膜中的渗透过程，还应考虑溶质之间的相互作用产生的耦合效应的影响。

3. 离子液体支撑液膜结合反应在分离过程中的应用

　　在化工生产过程中，为了实现连续化生产，提高生产效率，降低生产成本，可以将反应和分离进行有机结合，达到化工过程强化的目的。

　　Miyako 等[34] 研究了 4-苯氧丁酸，3-苯氧丙酸，2-苯丙酸，2-苯氧丁酸，苯基乙醇酸，2-氨基 2-苯基丁酸等物质利用离子液体支撑液膜结合酶促进传递分离过程。

　　传递实验装置与前述有机物分离的装置[5] 相同，膜两侧为独立的隔间，原料相为乙醇和不同的酸、缓冲液，以及促使其发生酯化反应的酶，透过侧为缓冲液以及促成酯解反应的酶。酸在酶促进支撑液膜中的传递机理如图 4.114 所示，利用酶的催化反应，酸和醇生成酯，酯在支撑液膜中传递到达透过侧，分解为酸和醇，从而实现传递分离过程。

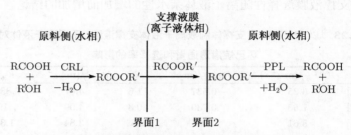

图 4.114　有机酸在酶促进支撑液膜中的传递机理图

　　实验测定了不同有机酸在脂肪酶作用下生成的酯在支撑液膜中渗透速率，以 4-苯氧丁酸为酶作用物在离子液体 $[C_4mim][PF_6]$ 制成的离子液体支撑液膜中拥有最大的传递速率 $44 \times 10^{-2} mmol \cdot cm^{-2} \cdot h^{-1}$。

　　图 4.115 给出了有酶促进和无酶促进 4-PBA 传递过程的实验对比结果，证实了酶催化反应促成了 4-PBA 在离子液体支撑液膜中的分离传递过程。

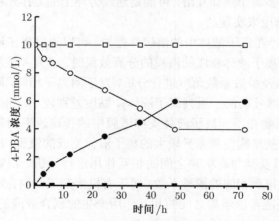

图 4.115　4-PBA 通过 $[C_4mim][PF_6]$ 支撑液膜酶促进传递过程图
○ 4-PBA 在原料侧的浓度 (酶促进)；● 4-PBA 在原料侧的浓度 (酶促进)；
□ 4-PBA 在原料侧的浓度 (无酶促进)；■ 4-PBA 在原料侧的浓度 (无酶促进)

　　表 4.24 列出了不同的酸在不同的离子液体支撑液膜中的传递速率结果，实验结果分析，不同的物质在同一种离子液体支撑液膜中传递速率的差别主要是由酶

的特性造成，由于空间位阻的影响，酶一般对氢氧基团有精确定位特性。此酶更易促成 4-PBA 以及 3-PBA 的反应。表 4.24 中的实验结果还显示，不同的离子液体支撑液膜对各反应物质的传递分离性有较大差异，不同的溶剂对溶质的传递速率也有较大影响。总的来说，影响反应物质渗透速率的差别主要从两方面解释：一是不同的酯化物在 IL 中的溶解度差异，二是液膜表面上酶的活性影响。

表 4.24　　有机酸在酶促进支撑液膜中的渗透通量(单位：10^{-2} mmol·cm^{-2}·h^{-1})

离子液体	4-苯氧基丁酸	3-苯氧丙酸	2-苯丙酸	2-苯氧丁酸
$[C_4mim][PF_6]$	36	32	22	5.3
$[C_6mim][PF_6]$	35	31	20	7.5
$[C_8mim][PF_6]$	36	34	19	8.8
$[C_4mim][Tf_2N]$	44	24	12	11
n- 十二烷	28	32	4.9	3.8
异辛烷	73	81	22	19

注：苯基乙醇酸，2-氨基 2-苯基丁酸不能透过 SLM。

　　Krull 等[52] 利用数学模拟的方法对一种新型的催化活性的离子液体支撑液膜 (SILM) 传递过程进行模拟。在离子液体支撑液膜中添加催化剂，将丙烯转化为己烷的均相催化二聚反应，加强丙烯/丙烷气体混合物的分离。实验结果与模拟结果达到较好的一致性，温度从 20 ℃升至 60 ℃，丙烯的渗透通量从 17.73 L·m^{-2}·h^{-1}·bar^{-1} 增至 26.49 L·m^{-2}·h^{-1}·bar^{-1}，选择性从 1.89 降至 1.67。由离子液体 [bmim][BTA] 和对称毛细管状的 Al_2O_3 陶制无机材料制成的离子液体支撑液膜在丙烯/丙烷混合气体分离过程中，表现出较好的渗透性，分离选择性和稳定性。反应式如下：

$$2C_3H_6 \xrightarrow{\text{Cat}} C_6H_{12}$$

　　计算模拟估算二聚反应常数 k 对丙烯/丙烷的分离影响，$\alpha = \dot{n}_E/\dot{n}_A|_{r=r_i}$ 在 40 ℃，不同体积流率下，吸收的丙烯和丙烷的物质的量浓度比 $\alpha = \dot{n}_E/\dot{n}_A|_{r=r_i}$ 对二聚反应速率常数 k 作图 (图 4.116)，$k \to 0$ 表示丙烯/丙烷气体在离子液体支撑液膜中的分离过程没有发生二聚反应，k 增加，丙烯的二聚反应加强，在一定范围内，随着 k、v 增加，摩尔流率比也增加，从图中可看出，一定程度的二聚反应 (一定的 k 值表示)，α 的值可以增加到没有二聚反应促进分离的 α 值的 4 倍以上。同时文章还给出了利用传统蒸馏法在 40 ℃下丙烯/环己烷摩尔流率比值 $\alpha_{E,A,Dist}=$ 16.523 bar/13.697 bar=1.21，比没有催化二聚反应加强的分离因子 $\alpha_{E,A,SLIM}$=2 低。

　　上述离子液体支撑液膜利用反应强化分离过程，与一般意义上的膜反应器不一样，膜反应器通常将单个的或组合地利用膜的载体、分离、分隔和复合功能，以满足工程上强化反应过程的需求。上例利用化学反应将待分离的组分变成易通过离子液体支撑液膜的物质，从而达到分离的目的。与传统的分离方法相比较，具有更好的分离效果，为高效的膜分离技术应用开辟了新途径。

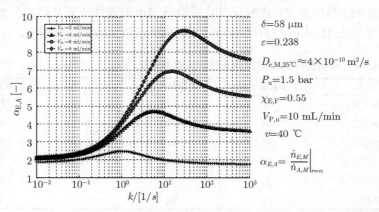

图 4.116　原料相边界层吸收的丙烯和丙烷的摩尔浓度比 $\alpha_{E,A}$ 在不同原料体积流量 $\dot{V}_\alpha$ 下随反应常数 k 变化

4. 离子液体支撑液膜结合反应在液相微萃取技术中的应用

传统的液–液萃取和固–液萃取法需要使用大量溶剂，特别是含卤素的有机溶剂，不但对操作人员的健康有一定的影响，而且还会造成环境污染。中空纤维液相微萃取技术 (HF-LPME) 集采样、萃取和浓缩于一体，具有成本低、装置简单、易与 GC、HPLC、毛细管电泳 (CE) 联用等优点；同时由于微萃取是在多孔的中空纤维腔中进行，并且不与样品溶液直接接触，从而避免了悬滴萃取中溶剂容易损失的缺点；而且适用于复杂基质样品的直接分析。HF-LPM E 是一种环境友好的样品前处理新技术，在痕量分析领域具有广泛的应用前景。

利用萃取方法分析水中污染物时，萃取剂选择是实现有效分离的先决条件，合适的萃取剂应具备难溶于水、低挥发性、对待分离组分具有优良的选择性等性质。甲苯、十一烷、辛醇、二己醚常用做 HF-LPME 的萃取溶剂。根据相似相溶原则，萃取极性溶质应当选择极性溶剂，而传统的极性溶剂 (如二氯甲烷、氯仿) 挥发性较强，容易流失，所以寻找极性、非挥发性溶剂是 HF-LPME 高效萃取的最佳途径。难挥发的极性离子液体成为溶剂的最佳选择对象。

Peng 等[39] 将离子液体 $[C_8mim][PF_6]$ 固定在聚丙烯中空纤维膜孔中用于液相微萃取技术。分析利用离子液体萃取水溶液中的 4-氯酚 (4-CP)，3-氯酚 (3-CP)，2,4-二氯酚 (2,4-DCP)，2,4,6-三氯酚 (2,4,6-TCP)，然后再反萃到中空纤维内腔中的 10μL NaOH 回收液中，将回收液通过微量调节注射器引入高效液相色谱直接进行分析。

针对不同的影响因素 (如回收液的碱性强度、样品液的酸性强度、盐的加入、搅拌速率、萃取时间、腐殖酸等), 对液相微萃取技术萃取氯酚结果的影响进行了研究。影响萃取有效性的参数得到优化, 可以达到较低的检测范围 (0.5μg·L^{-1} 4-CP、3-CP、DCP 和 1μg·L^{-1} TCP)。由于中空纤维 - 离子液体支撑液膜的稳定性, 使得实验数据具有较好的重复性。这种微萃取技术有望被应用于直接测量地下水、河水、废水和自来水等水样中的 4 种氯酚含量。

该研究给出了一种新型的分析水样中低含量 (μg·L^{-1} 水平) 氯酚的分析方法, 中空纤维离子液体支撑液膜结合 HPLC, 该方法具有较好的重现性, 相对标准偏差低于 6%, 当水样中含有 5μg·L^{-1} 的氯酚标准物时, 采用此方法对样品中氯酚回收率可达 70.0%~95.7%。该结果证实离子液体可以作为支撑液膜的萃取膜液, 并将进一步探索疏水性更高的离子液体, 提高萃取过程选择性。可将该方法推广到药物分析, 兴奋剂鉴定等领域。

4.6.4　离子液体支撑液膜材料设计

为了准确评价离子液体支撑液膜, 通常使用膜分离过程对混合物的选择性、渗透通量和稳定性来表征膜分离性能。在以往的研究中, 已经积累大量热力学与动力学数据, 描述分子和离子液体间的相互作用, 包括气体溶解度、气液平衡、液液相平衡数据等, 结合离子液体与多孔支撑体间的界面作用研究结果, 有望发展离子液体支撑液膜设计理论。针对具体的分离体系, 仅仅通过模拟计算的方法, 确定最佳离子液体种类与所需的支撑体材料, 使得选择性、渗透通量和稳定性得到协调与匹配, 提高研究与开发新型分离材料的效率。

1. 支撑体的选择

Fortunato 等[40] 对离子液体支撑液膜的稳定性和传质机理进行研究, 为了选择稳定性较好的膜材料, 研究人员设计了一系列实验, 比较了四种亲水性材料, 孔径为 0.2 μm, GH Polypro(聚丙烯, 膜厚 $l = 92$ μm), FP Vericel(聚偏氟乙烯, $l = 123$ μm)、Nylaflo(尼龙, $l = 123$ μm)、Supor(聚醚砜, $l = 148$ μm), 与离子液体 [C$_4$mim][PF$_6$] 制成的支撑液膜的稳定性。支撑液膜置于扩散实验装置中, 膜两侧的隔间中为水, 即将膜两侧浸泡于水中, 250 h 后测定两侧水溶液中离子液体含量, 结果如图 4.117 所示, 结果显示, 除了 Nylaflo 支撑液膜溶入膜两侧水溶液中的离子液体随时间缓慢增加, 其余的 SILM 两侧的水溶液溶解的 IL 均保持常数, 而且浓度远小于之前实验所测定的 IL 在水中的溶解度, 推测可能是制膜过程中残留在膜表面多余的 IL 溶于水中, 这个结果表明, GH polypro、Supor、FP-Vericel 支撑液膜中的 IL 能够很好地保留在膜孔中, 稳定性好。

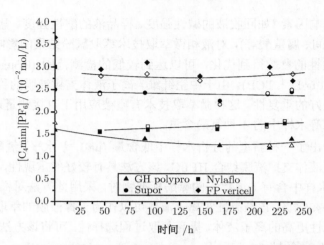

图 4.117　不同支撑体中的离子液体 [C₄mim][PF₆] 流失在膜两侧水溶液中的
浓度随时间变化关系图

$$[C_4mim][PF_6]/(10^{-2}\,mol/L)$$

另一个实验是测定支撑液膜的亲疏水性,表 4.25 给出了实验所得结果,比较了支撑体材料,离子液体支撑液膜与水接触前后亲疏水性质的变化。实验表明虽然 IL 不会从膜孔中流失,但水能大量渗入膜孔内,导致 SLM 丧失了之前的疏水性,只有 FP-Vericel 为底膜的支撑液膜能在浸水操作后依然保持疏水性。根据实验结果,研究人员选择了离子液体不易从膜孔中流失,并且 SILM 与水接触前后亲疏水性质未发生改变的 FP-Vericel(聚偏氟乙烯) 膜作为支撑体材料制膜,对离子液体支撑液膜传质机理进行进一步研究。

表 4.25　膜亲水性 (●)/疏水性 (○) 评估

膜	支撑膜	SLM	SLM(反应后)
GH polypro	●	○	●
Nylaflo	●	○	●
Supor	●	○	●/○
FP-Vericel	●	○	○

注: (●/○) 表示膜一面是亲水性,一面是疏水性。

通常选取惰性材料作为离子液体支撑液膜的支撑体,它对待分离混合物一般不具备分离选择性,但可以利用界面特性吸附并固载离子液体,同时提供足够的机械强度。

Branco 等[5] 考察了不同的支撑体对一组有机混合物分离实验的结果。不同的支撑体材料对离子液体支撑液膜的性质有较大的影响。聚丙烯和尼龙膜为支撑体,溶质具有较大的传递速率,但选择性较差。用 PVDF 膜作为支撑体制成的支撑液膜,对吗啉和甲基吗啉的选择性较高,与主体液膜实验结果一致。这主要是由于膜结构和全氟化溶剂都表现出较低的范德华相互作用力,这种膜作为支撑体不会对溶质和 RTIL 产生较强的相互作用。从选择率方面分析,PVDF 更适合作为支撑体,因为其对各组分的选择率最高。

de los Ries 等[47] 利用扫描电镜 (SEM) 结合能量色散 X 射线 (EDX) 分析方法,对离子液体支撑液膜的稳定性进行了评估。底膜选用 Nylon HNWP:亲水性聚胺膜,膜孔为 0.45 μm,厚度为 170 μm;Mitex LCW:疏水性聚四氟乙烯膜,膜孔为 10 μm,厚度为 130 μm。选用 [bmim][PF$_6$]、[bmim][BF$_4$]、[bmim][Tf$_2$N] 制膜,对制成的 5 种支撑液膜进行稳定性测试:将 SILM 置于正丁烷中 7d,利用 SEM-EDX 法进行分析,比较此操作前后支撑液膜性质差别。表 4.26 给出了不同的支撑液膜离子液体在膜中的含量,以及浸泡操作后离子液体质量的变化量。从表 4.26 中数据可以看出,以亲水性 Nylon 膜为支撑体的 SILM 膜液较疏水性 Mitex 为支撑体的 SILM 不易流失,而且所含离子液体更多。

表 4.26　测定 SILM 在正己烷溶液中浸泡 7 d 前后结果

膜	离子液体	液膜相中质量/mg	变化百分数/%
Nylon	[bmim][PF$_6$]	85.5	99.3
	[bmim][BF$_4$]	77.6	99.5
	[bmim][Tf$_2$N]	82	99.9
Mitex	[bmim][PF$_6$]	18.7	82.1
	[bmim][BF$_4$]	12.2	85.1
	[bmim][Tf$_2$N]	25.9	87.1

Matsumoto 等[38] 利用离子液体 2-甲氧基–二乙基胺四氟硼酸 [B] 与不同的支撑体制成的液膜分别进行渗透实验,比较不同的支撑体对实验结果产生的影响,如表 4.27 所示,以亲水性的 PES 作为支撑底膜,对苯/环己烷混合体系进行渗透分离实验,渗透系数和选择率均大于 PVDF 和 Nylon 为支撑体的离子液体支撑液膜。

表 4.27　以 [B] 为膜液制成离子液体支撑液膜,不同支撑体对苯和环己烷渗透通量和选择率的影响结果

支撑体	$10^8 P_苯/(m·s^{-1})$	$10^8 P_{环己烷}/(m·s^{-1})$	S
PES	4.92	0.104	47.1
PVDF	3.03	0.0711	42.6
Nylon	2.52	0.0594	42.5

Hernandez-Fernandez 等[46] 分别用五种不同亲疏水特性的高分子膜 (Durapore HVHP 疏水性聚偏二氟乙烯、Fluoropore FHLP 固定在高密度聚乙烯支撑体上的疏水性聚四氟乙烯膜、Mitex LCW 疏水性聚四氟乙烯膜、Isopore HTTP 亲水性聚

碳酸酯膜、Nylon HNWP 亲水性聚酰胺膜) 作为离子液体支撑液膜的支撑体, 对丁酸乙烯酯、丁醇、丁酸丁酯和丁酸等酯交换反应的原料和产物混合物进行单组分渗透实验。

通过对各离子液体支撑液膜渗透选择性进行比较, 得出结论离子液体与亲水性的支撑体膜相互作用更强, 相对而言, 亲水性更强的尼龙膜制成的 [bmim][PF$_6$] 支撑液膜渗透分离因子最大, 分离效果更好。与文献 [38] 的结论一致, 这可能与离子液体在亲水性支撑体材料中更不易流失的原因有关[47]。因为文献 [38,46,47] 中分离实验操作在疏水性介质中进行, 所以利用疏水性材料作为支撑体, 膜孔中的离子液体易流失。

Ilconich 等 [37] 以聚砜为支撑体制得的 [hmim][Tf$_2$N] 离子液体支撑液膜, 温度从 37 ℃升到 125 ℃, 测定 CO$_2$ 在该 SILM 中的渗透通量从 744 bar 升至 1200 bar。与 Scovazzo 等[36] 利用 [emim][Tf$_2$N] 和 Supor 聚醚砜膜材料制得的 SILM 进行比较, 室温下, 湿度为 10%的条件下, CO$_2$ 的渗透通量为 960 bar。Baltus 等 [33] 利用 γ- 陶瓷膜作为支撑体和 [bmim][Tf$_2$N] 制得的 SILM, CO$_2$ 的渗透通量仅为 70 bar。主要原因是陶瓷膜的孔隙率较低, 仅为 25%~50%, 而一般的有机膜材料的孔隙率可达 75%~85%。

大量的稳定性研究表明, 离子液体支撑液膜与传统的有机溶剂支撑液膜比较, 稳定性得到显著提高, 但不同的支撑体对离子液体的固定强度不同。支撑体对混合物的分离效果也有相当大的影响, 合适的支撑体应当具备以下特性。

(1) 与作为膜液的离子液体有一定的相互作用, 保证离子液体不易从膜孔中流失, 一般从离子液体和支撑体之间的亲疏水性角度进行分析。

(2) 支撑体具有一定的惰性, 与分离物质相互作用力较小, 不会影响离子液体对分离物质的分离效果, 如 PVDF 膜[5]。

(3) 一般来讲[38,46], 亲水性聚合物材料作为支撑体对于物质的分离效果较好, 原因可能是疏水性介质中进行分离操作, 亲水性基膜材料能够更好地保留离子液体在膜孔中留存, 因此要结合具体的操作环境进行分析, 选择膜材料。

(4) 支撑体材料的孔隙率也会影响分离实验结果[37]。

2. 离子液体的选择

分离效果包括渗透率和选择性大小, 主要通过实验进行探讨。尚缺乏可靠的理论依据, 只是从分离实验的结果进行一些定性的分析。

Eijiro Miyako 等 [34] 测定了一系列有机酸在脂肪酶作用下通过不同的离子液体 {[C$_4$mim][PF$_6$]、[C$_6$mim][PF$_6$]、[C$_8$mim][PF$_6$]、[C$_4$mim][Tf$_2$N]}制成的支撑液膜的渗透速率。比较实验结果, 4- 苯氧丁酸为酶作用物在离子液体 [C$_4$mim][TF$_2$N] 制成的离子液体支撑液膜中拥有最大的传递速率 44×10^{-2} mmol·cm^{-2}·h^{-1}, 分析影

响反应物质渗透速率的差别主要是因为酯化物在不同的 IL 中的溶解度差异。

　　Gan 等[35] 利用 $[C_4mim][Tf_2N]$、$[C_{10}mim][Tf_2N]$、$[N_{8881}][Tf_2N]$、$[C_8Py][Tf_2N]$ 四种离子液体为支撑液膜膜液，纳滤膜为支撑体制成离子液体支撑液膜，分别测量了一定条件下 H_2、O_2、N_2、CO 单组分气体在膜中的透过通量，结果显示不同的离子液体支撑液膜对 H_2、CO 渗透通量大小顺序为 $[C_8Py][Tf_2N]$ > $[C_4mim][Tf_2N]$ > $[N_{8881}][Tf_2N]$ > $[C_{10}mim][Tf_2N]$，H_2/CO 选择性大小顺序为 $[C_4\text{-}mim][Tf_2N]$ > $[N_{8881}][Tf_2N]$ > $[C_{10}mim][Tf_2N]$ > $[C_8Py][Tf_2N]$。对渗透实验结果从离子液体黏度的角度进行了分析，图 4.118 给出了离子液体黏度对 H_2、CO 渗透速率比较图，随着离子液体黏度的增加，气体渗透速率减小，但是离子液体 $[N_{8881}][Tf_2N]$ 表现出与一般规律不一致的结果，原因可能是气体在该离子液体中的溶解度较大，根据膜分离的溶解–扩散理论，膜分离过程由溶解和扩散两因素控制，渗透系数为溶解度系数和扩散系数的乘积，溶解度大，溶解度系数越大，黏度越小，扩散系数越大，所以影响渗透速率不仅受气体在膜中溶解度的影响，还受到气体在膜中扩散阻力大小的影响。对于两种物质选择性的比较，则是由二者的渗透系数的差异控制的。

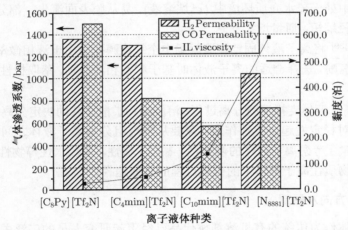

图 4.118　$T = 20$ ℃，$p = 7.0$ bar，离子液体黏度对 H_2、CO 渗透速率影响关系图

　　Matsumoto 等[7] 探讨了离子液体支撑液膜用于从烷烃中脱除苯、甲苯、二甲苯等芳烃组分的可行性。给出各碳烃化合物在不同的离子液体支撑液膜中的渗透速率大致有如下的顺序：$[bmim][PF_6]$ < $[hmim][PF_6]$ < $[omim][PF_6]$ < $[Et_2MeMeON][Tf_2N]$，选择率大小顺序正好相反。对于一些黏度相对较高的离子液体制成的支撑液膜却具有更高通量的现象 ($\eta_{[bmim][PF_6]}$ < $\eta_{[hmim][PF_6]}$ < $\eta_{[omim][PF_6]}$[51]，黏度越大，扩散阻力越大)，可能是由于渗透过程主要由原料液在膜中的溶解度差异控制，而扩散控制影响相对较小。

　　Matsumoto 等[38] 还考察了不同的离子液体制成的离子液体支撑液膜对苯和环

己烷混合物的分离，结合分配系数，计算所得到的扩散系数，给出了分离物质透过离子液体支撑液膜由溶解和扩散两方面共同控制的结论。研究人员通过对离子液体亲水性 ($\lg P_{o/w}$ 值) 的分析，得出离子液体支撑液膜选择率随相应离子液体亲水性的增加而增加的结论。

de los Rios 等[43] 测定了 16 种不同的有机物 (乙烯酯、脂肪酯、醇和羧基酸等)通过离子液体 {[bmim][PF$_6$] 和 [omim][PF$_6$]+ 尼龙膜}支撑液膜的透过量，并测定了各组分在离子液体和原料相中的分配系数以及组分在离子液体和回收相中的分配系数。除了甲醇、乙酸、乙酸乙烯酯、乙酸甲酯、丙酸以外，各组分在 [omim][PF$_6$]中的分配系数大于其在 [bmim][PF$_6$] 中的分配系数，亲水性强的组分更易溶于亲水性更强的离子液体 {[bmim][PF$_6$]}，各组分在离子液体支撑液膜中的渗透通量大小与溶解度 (分配系数 K) 大小有很好的一致性，溶解度越大，渗透通量越高。对于那些在 [bmim][PF$_6$] 中的溶解度略低于其在 [omim][PF$_6$] 中的溶解度的组分，出现了该组分在 [bmim][PF$_6$] 支撑液膜中的透过通量大于其在 [omim][PF$_6$] 中的通量的现象，与溶解度与通量变化一致的规律相反，这主要是由于疏水性较强的 [omim][PF$_6$]在分离过程中处于疏水介质环境中 (己烷溶液)，易从膜表面流失一部分，从而导致溶质透过路径缩短，通量增大。

Peng 等[39] 将离子液体固定在聚丙烯中空纤维膜孔中用于液相微萃取技术，萃取溶液中的氯酚，选择合适的离子液体时基于相似相溶原则，萃取极性氯酚应当选择极性溶剂。

总之，离子液体支撑液膜分离过程、溶解度和扩散性共同决定分离效果。同时，多孔支撑体对稳定性起决定性作用。需要从渗透组分与离子液体之间的相互作用情况出发，综合考察离子液体的溶解性、黏度、极性、亲疏水性等物性，成为探索和预测分离物质在离子液体中的传质过程的有效途径。

4.6.5　发展方向及展望

离子液体作为传统的有机溶剂替代品已经引起研究人员的广泛关注，对其物理化学性质的研究逐渐深入。由于离子液体中存在 van der Waals 力、库仑静电力、氢键等离子基团间相互作用，具有非牛顿型流体特征，以及有机溶剂分子的极性影响，使得小分子在液膜内的溶解–扩散行为十分复杂。针对已经合成几大系列数百种离子液体，急需系统地研究有机高分子或无机陶瓷多孔基膜材料与离子液体间相互作用力、基膜孔径大小、孔径分布对液膜稳定性影响。离子液体在物理化学性质方面成为兼有液体与固体双重特性的 "液体" 分子筛特性，通过适当选择阳离子、阴离子及其取代基，能够明显改变离子液体的物理化学特性，可以根据实际需要设计合适的离子液体。今后在研究过程，有望在以下几个方面取得突破性进展。

(1) 建立支撑液膜材料设计方法论。利用离子液体的阳离子、阴离子种类众多的特点，通过合理组合形成离子液体，最大限度提高分离对象中不同组分的溶解度、扩散系数差异，发挥液相中小分子具有较高扩散系数的优势，同时满足分离过程对高选择性和高渗透通量的要求。

(2) 提高膜组件的成品率。随着温度的升高，离子液体黏度明显降低，通过升温和加压方式使离子液体充满支撑基膜的所有微孔；降温后产生的高黏度有利于膜液稳定。使用加压渗透方式，制备中空纤维膜或管式膜分离器，显著缩短制膜工艺过程，提高规模化制膜的成品率。

(3) 大幅度降低制膜过程成本。只需少量离子液体就能够充满基膜的所有微孔，和萃取过程相比离子液体用量少得多，离子液体的昂贵价格不再构成制约因素。

(4) 长期运行稳定性。发挥离子液体和支撑基膜间强烈的相互作用，产生毛细管力，避免离子液体膜液 "流失"。

通过将离子液体和支撑液膜相结合，构成新型离子液体 "充填型" 支撑液膜，有望解决支撑液膜工业化应用的 "稳定性" 问题。制备成中空纤维或管式膜分离器，能够显著缩短制膜工艺过程，简化制膜方法，降低规模化制备有机溶剂混合物分离膜成本。随着工业界对节能降耗与环境保护技术发展的需求不断增加，利用离子液体支撑液膜有望首先在气体混合物分离，从汽油、柴油中脱除芳烃类化合物以及从工业排气中回收挥发性有机污染物的膜材料与膜工艺技术领域取得突破，逐渐形成高效节能的分离膜材料与膜分离技术的原创性工业成果。

参 考 文 献

[1] Ho W S W. Combined supported liquid membrane/strip dispersion process for the removal and recovery of metals. US 6350419, 2002

[2] Ho W S W. Supported liquid membrane process for chromium removal and recovery. US 6171563, 2001

[3] Ho W S W, Poddar T K. New membrane technology for removal and recovery of chromium from waste waters. Environmental Progress, 2001, 20: 44~52

[4] Ho W S W, Wang B, Neumuller T E, et al. Supported liquid membranes for removal and recovery of metals from waste waters and process streams. Environmental Progress, 2001, 20: 117~121

[5] Branco L C, Crespo J G, Afonso C A M. Studies on the selective transport of organic compounds by using ionic liquids as novel supported liquid membranes. Chem Eur J, 2002, 8(17): 3865~3871

[6] Matsumoto M, Mikami M, Kondo K. Separation of organic nitrogen compounds by supported liquid membranes based on ionic liquids. J Japan Petroleum Institute, 2006, 49(5): 256~261

[7] Matsumoto M, Inomoto Y, Kondo K. Selective separation of aromatic hydrocarbons

through supported liquid membranes based on ionic liquids. J Membrane Science, 2005, 246(1): 77~81

[8]   Yu J, Li H, Liu H Z. Recovery of acetic acid over water by pervaporation with a combination of hydrophobic ionic liquids. Chem Eng Commun, 2006, 193(11): 1422~1430

[9]   Matsumoto M, Ohtani T, Kondo K. Comparison of solvent extraction and supported liquid membrane permeation using an ionic liquid for concentrating penicillin. G J Membrane Science, 2007, 289(1,2): 92~96

[10] Anthony J L, Maginn E J, Brennecke J F. Solubilities and thermodynamic properties of gases in the ionic liquid 1-n-butyl-3-methylimidazolium hexafluorophosphate. J Phys Chem B, 2002, 106: 7315~7320

[11] Scovazzo P, Camper D, Kieft J, et al. Regular solution theory and CO_2 gas solubility in room-temperature ionic liquids. Ind Eng Chem Res, 2004, 43(21): 6855~6860

[12] PVerenkin S, Safarov J, Bich E, et al. Thermodanimic propertites of mixtures containing ionic liquids vapor pressures and activity coefficients of n-alcohols and benzene in binary mixtures with 1-methyl-3-butyl-imidazolium bis(trifluoromethyl-sulfonyl)imide. Fluid Phase Equilibria, 2005, 236: 222~228

[13] Anthony J L, Maginn E J, Brennecke J F. Solution thermodynamics of imidazolium-based ionic liquids and water. J Phys Chem B, 2001, 105: 10942~10949

[14] Kato R, Gmehling J. Measurement and correlation of vapor-liquid equilibra of binary system containing the ionic liquids [EMIN][$(CF_3SO_2)_2$N], [BMIM] [$(CF_3SO_2)_2$N], [MMIN][$(CH_3)_2PO_4$] and oxygenated organic compounds respectively water. Fluid Phase Equilibria, 2005, 231: 28~43

[15] Doker M, Gmehling J. Measurement and prediction of vapor-liquid equilibria of ternary systems containing ionic liquids. Fluid Phase Equilibria, 2005, 227: 255~266

[16] 吴晓萍, 刘志平, 汪文川. 分子模拟研究气体在室温离子液体中的溶解度. 物理化学学报, 2005, 21(10): 11138~11142

[17] 孙宁, 张锁江, 张香平等. 离子液体物理化学性质数据库及 QSPR 分析. 过程工程学报, 2005, 5(6): 698~702

[18] 张锁江, 孙宁, 吕兴梅等. 离子液体的周期性变化规律及导向图. 中国科学 B 辑化学, 2006, 36(1): 23~35

[19] 史奇冰, 郑逢春, 李春喜等. 用 NRTL 方程计算含离子液体体系的气液平衡. 化工学报, 2005, 56(5): 751~756

[20] Zhao J, Dong C C, Li C X, et al. Isobaric vapor-liquid equilibria for ethanol-water system containing different ionic liquids at atmospheric pressure. Fluid Phase Equilibria, 2006, 242: 147~153

[21] Meindersma G M, Podt J G, Klaren M B, et al. Separation of aromatic and aliphatic hydrocarbons with ionic liquids. Chem Eng Commun, 2006, 193(11): 1384~1396

[22] Wong H T, See-Toh Y H, Ferreira F C, et al. Organic solvent nanofiltration in asymmetric hydrogenation: enhancement of enantioselectivity and catalyst stability by ionic liquids. Chem Commun, 2006, 2063~2065

[23] Coll C, Labrador R H, Manez R M, et al. Ionic liquids promote selective response towards the highly hydrophlic anion sulfate in PVC membrane ion-selective electrodes. Chem Commun, 2006: 3033~3035

[24] 顾彦龙, 石峰, 邓友全. 离子液体在催化反应和萃取分离中的研究和应用进展. 化工学报, 2004, 55(12): 1957~1963

[25] 周瀚成, 陈楠, 石峰等. 离子液体萃取脱硫新工艺研究. 分子催化, 2005, 19(2): 94~97

[26] Jiang Y Y, Zhou Z, Jiao Z, et al. SO₂ gas separatopn using supported ionic liquid membranes. J Phys Chem B, 2007, 111(19): 5058~5061

[27] 刘卉, 陶国宏, 邵元华等. 功能化的离子液体在电化学中的应用. 化学通报, 2004, 11: 795~801

[28] 王明玺, 王保国, 赵洪等. 支撑液膜蒸气渗透法分离甲苯/环己烷. 石油化工, 2004, 33(8): 747~751

[29] Wang B G, Wang M X, Lin J, et al. Separation of aromatic/hydrocarbon mixtures with double layer supported liquid membrane. Joint Chemical Engineering Conference, October 11-13, 2005, Beijing, China, SE10A-4.81

[30] 吴峰. 离子液体支撑液膜分离过程研究. 北京: 清华大学化学工程系硕士学位论文, 2006

[31] 林嘉. 离子液体型支撑液膜制备与分离过程研究. 北京: 清华大学化学工程系硕士学位论文, 2005

[32] 王保国, 彭勇, 吴锋等. 有机溶剂分离用的离子液体支撑液膜的制备方法. 发明专利申请号: 200710063060.8, 2007

[33] Baltus R E, Counce R M, Culbertson B H, et al. Examination of the potential of ionic liquids for gas separations. Separation Science and Technology, 2005, 40(1~3): 525~541

[34] Miyako E, Maruyama T, Kamiya N, et al. Use of ionic liquids in a lipase-facilitated supported liquid membrane. Biotechnology Letters, 2003, 25(10): 805~808

[35] Gan Q, Rooney D, Xue M, et al. An experimental study of gas transport and separation properties of ionic liquids supported on nanofiltration membranes. J Membrane Science, 2006, 280(1,2): 948~956

[36] Scovazzo P, Kieft J, Finan D A, et al. Gas separations using non-hexafluorophosphate [PF₆]⁻ anion supported ionic liquid membranes. J Membrane Science, 2004, 238(1, 2): 57~63

[37] Ilconich J, Myers C, Pennline H, et al. Experimental investigation of the permeability and selectivity of supported ionic liquid membranes for CO₂/He separation at temperatures up to 125 ℃. J Membrane Science, 2007, 298(1,2): 41~47

[38]   Matsumoto M, Ueba K, Kondo K. Separation of benzene/cyclohexane mixture through supported liquid membranes with an ionic liquid. Solvent Extraction Research and Development-Japan, 2006, 13: 51~59

[39]   Peng J F, Liu J F, Hu X L, et al. Direct determination of chlorophenols in environmental water samples by hollow fiber supported ionic liquid membrane extraction coupled with high-performance liquid chromatography. J Chromatography A, 2007, 1139(2): 165~170

[40]   Fortunato R, Afonso C A M, Reis M A M, et al. Supported liquid membranes using ionic liquids: study of stability and transport mechanisms. J Membrane Science, 2004, 242(1,2): 197~209

[41]   Fortunato R, Branco L C, Afonso C A M, et al. Electrical impedance spectroscopy characterisation of supported ionic liquid membranes. J Membrane Science, 2006, 270(1,2): 42~49

[42]   Fortunato R, Gonzalez-Munoz M J, Kubasiewicz M, et al. Liquid membranes using ionic liquids: the influence of water on solute transport. J Membrane Science, 2005, 249(1,2): 153~162

[43]   de los Rios A P, Hernandez-Fernandez F J, Rubio M, et al. Prediction of the selectivity in the recovery of transesterification reaction products using supported liquid membranes based on ionic liquids. J Membrane Science, 2008, 307(2): 225~232

[44]   de los Rios A P, Hernandez-Fernandez F J, Tomas-Alonso F, et al. On the importance of the nature of the ionic liquids in the selective simultaneous separation of the substrates and products of a transesterification reaction through supported ionic liquid membranes. J Membrane Science, 2008, 307(2): 233~238

[45]   Hernandez-Fernandez F J, de los Rios A P, Tomas-Alonso F, et al. Integrated reaction/separation processes for the kinetic resolution of rac-1-phenylethanol using supported liquid membranes based on ionic liquids. Chem Eng Proc, 2007, 46(9): 818 ~824

[46]   Hernandez-Fernandez F J, de los Rios A P, Rubio M, et al. A novel application of supported liquid membranes based on ionic liquids to the selective simultaneous separation of the substrates and products of a transesterification reaction. J Membrane Science, 2007, 293(1,2): 73~80

[47]   de los Rios A P, Hernandez-Fernandez F J, Tomas-Alonso F, et al. A SEM-EDX study of highly stable supported liquid membranes based on ionic liquids. J Membrane Science, 2007, 300(1,2):88 ~94

[48]   Scovazzo P, Visser A E, Davis J H, et al. Supported ionic liquid membranes and facilitated ionic liquid membranes. In: Rogers RD, Seddon KR. Ionic Liquids-Industrial Applications for Green Chemistry. 2002, (818): 69~87

[49]   Stern S A. Polymers for gas separations - the next decade. J Membrane Science, 1994,

94: 1~65

[50] Wytze M G, Podt A, de Haan A B. Selection of ionic liquids for the extraction of aromatic hydrocarbons from aromatic/aliphatic mixtures. Fuel Processing Technology, 2005, 87(1): 59~70

[51] 王军, 杨许召, 吴诗德等. 离子液体的性能及应用. 北京: 中国纺织出版社, 2007

[52] Krull F F, Medved M, Melin T. Novel supported ionic liquid membranes for simultaneous homogeneously catalyzed reaction and vapor separation. Chem Eng Sci, 2007, 62(18~20): 5579 ~ 5585

4.7　固载化离子液体及其应用

离子液体因其具有极低的挥发性、宽的电化学窗口、独特的溶解/吸收性和催化性能, 在电化学、液–液分离、气体吸收和催化反应等领域受到学术界和工业界的高度重视, 部分离子液体目前已实现工业化生产和应用。但另一方面, 离子液体的应用也受到自身特性较大的限制, 例如, ① 离子液体价格高, 以均相或两相形式应用时用量大、成本高; ② 离子液体黏度高, 以均相或两相形式应用时不利于溶解、扩散、反应、分离等过程的进行, 也不便输送、操作; ③ 均相体系往往存在离子液体和催化剂与产物难以分离的问题, 尤其是含有难挥发或不挥发的反应产物的体系; 两相体系尽管较易分离, 但仍存在不可忽视的损失; ④ 均相体系界面积小, 过程速率慢。将离子液体负载到无机多孔材料或者有机高分子材料上, 制得的负载化离子液体兼具离子液体和载体材料的特性, 不仅有利于降低成本, 有利于输送和操作, 更有利于扩大界面积、缩短扩散路径, 促进传质与反应过程, 促进产物的分离和离子液体的回收利用, 提高利用效率, 且可用固定床连续过程实现大规模的工业应用。

早在 1988 年, 就出现了将氯化钯/氯化铜融熔盐混合物负载到多孔硅胶上用于烯烃氧化的报道[1], 但真正的负载化离子液体研究始于 20 世纪 90 年代。本节重点介绍离子液体的负载化方法及近年来负载化离子液体在催化反应、气体吸收、液–液分离和聚电解质等领域的应用研究进展。

4.7.1　离子液体负载化方法

离子液体负载化是指通过物理或化学方法将离子液体或溶有催化剂等其他物质的离子液体负载 (又称固定或固载) 到固态载体上, 得到所谓负载化离子液体 (supported or immobilized ionic liquid), 从而使离子液体由液态变为 “固态” 或者说使载体表面具有离子液体的特性, 用于催化反应、混合物分离、固体电解质等领域。

按照负载时离子液体与载体材料之间作用力的强弱，离子液体的负载化方法大体上可分为物理负载和化学负载两大类。物理负载是指通过范德华力、氢键等非化学键作用力达到负载的目的，载体与离子液体间的相互作用力较弱，故物理负载的离子液体有时也称为吸附型负载化离子液体。化学负载是指通过共价键的作用，在载体表面键合上离子液体，载体与离子液体间的相互作用力强，又称键合型负载化离子液体。事实上，化学负载离子液体也往往包含物理负载作用，即未发生化学键合的离子液体通过物理相互作用同时负载在载体表面，形成多层离子液体膜[2]。根据使用目的和要求的不同，可以选择不同的负载化方式。

载体材料可分为多孔无机材料和有机高分子材料两大类。常见的多孔无机材料有硅胶、氧化铝、活性炭、分子筛甚至碳纤维等。常用的有机高分子材料包括交联聚苯乙烯树脂、聚丙烯、聚醚砜、聚 (甲基) 丙烯酸酯、聚偏氯乙烯、聚偏氟乙烯、偏氟乙烯–六氟丙烯共聚物等，其形态包括致密聚合物颗粒、多孔聚合物颗粒、多孔膜及纤维。既可使用现成的载体，也可在负载化过程中现场生成载体材料，如溶胶–凝胶法和聚合法。

一般要求载体具有相连通的孔结构以利于传质，大的比表面积和孔隙率以提供足够的负载量和传质面积，合适的功能基团提供足够的相互作用力或生成化学键。此外，还要求载体具有足够的力学强度和热、化学稳定性。多孔无机材料大多能满足这些要求。采用合适的方法也可制得具有多孔结构的高分子材料，但其比表面积和孔隙率一般小于多孔无机材料。应指出，用作聚电解质的负载化离子液体并不需要多孔结构。

1. 物理负载法

物理负载法是最简单的离子液体负载化方法，适用于所有的离子液体。它利用离子液体与载体表面的范德华力、氢键等弱相互作用，将离子液体负载到载体上。浸渍法是最常用的物理负载法，其操作比较简单，一般是向多孔载体中加入离子液体或溶有催化剂的离子液体，至载体完全湿润后浸渍一段时间，离子液体通过相互连通的孔道进入并吸附在多孔载体内部的微孔表面上，再除去载体上未被吸附的离子液体。无定型硅胶、活性炭、聚合物多孔膜等多孔载体对离子液体的吸附性能良好，常被用做浸渍法的载体材料；也有将活性炭纤维用做载体材料的报道 (表4.28)。聚合物膜材料负载的离子液体 (和催化剂)，除用于催化反应和分离外，还可用于电化学器件。

此外，也可采用高分子溶液与离子液体混合后再脱除溶剂的方法进行离子液体的物理负载。Wolfson A 等[16] 将一定量的 Wilkinson 催化剂溶于 [bmim][PF$_6$] 离子液体中，与聚合物电解质的水 (或甲醇) 溶液混合，在 80 ℃时通入氮气脱除溶剂，制得一种负载化离子液体。

物理法制备负载化离子液体时会在载体上形成离子液膜 (多层自由离子液体)，作为一种惰性液相来溶解有机金属催化剂或者吸收气体。尽管负载化离子液体宏观上呈固态，离子液膜的存在却使得反应或传质过程仍在液相中进行，可充分利用离子液体和载体各自的优越性。

表 4.28   物理负载化离子液体

载体	离子液体/催化剂	用途	参考文献
硅胶	[bmim][PF$_6$]/Pd(OAc)$_2$	Mizoroki-Heck 反应	[3]
硅胶	[bmim][PF$_6$]/[Rh(NBD)-(PPh$_3$)$_2$][PF$_6$]	加氢反应	[4]
硅胶、活性炭	Fe(II)-ILs, Sn(II)-ILs	Friedel-Crafts 酰基化反应	[5]
分子筛	TMGL/纳米钯催化剂	加氢反应	[6]
蒙脱土	TMGTFA/纳米铑催化剂	加氢反应	[7]
diotomic earth	[emim][OTf]/Rh(II), Pd(II), Zn(II)	4-异丙基苯胺氢胺化反应	[8]
石英毛细管色谱柱	哑铃型离子液体 GDL 和负载相 OV-1	气相色谱柱	[9]
P(VDF-HFP) 膜	咪唑类离子液体和钯-活性炭催化剂	丙烯加氢反应	[10]
PVDC 过滤膜	咪唑类离子液体/[Rh(nbd)(PPh$_3$)$_2$][PF$_6$]	丙烯加氢反应	[11]
聚醚砜多孔膜	咪唑类离子液体	SO$_2$ 吸收	[12]
聚丙烯膜、聚偏氟乙烯膜	咪唑类离子液体	异构体分离	[13,14]
活性炭纤维	离子液体-钯催化剂	柠檬醛催化加氢反应	[15]

离子液体的负载量一般以每克载体中负载的离子液体的质量 (g·g^{-1}) 或物质的量 (mol·g^{-1}) 来表示。负载量与载体性质 (如孔隙率、比表面积)、离子液体黏度和负载方法和条件有关。由于离子液体黏度高，直接由浸渍法获得的负载量通常较低，一般低于 0.5 g·g^{-1}。在负载时适当加入有机溶剂，有助于负载的进行和负载量的提高。笔者在利用浸渍法将四甲基胍乳酸盐等离子液体负载到多孔硅胶时，负载量可达 2 g·g^{-1}，加入的离子液体基本上全部负载到了载体中。

随着负载量的增大，负载化离子液体的孔隙率和比表面积会有所下降，直至将孔隙完全填充。负载量可根据使用目的来进行选择。作为离子液膜用于液–液分离时往往完全填充，而用做催化剂或气体分离时则因需要保持多孔载体的多孔结构，一般不完全填充，应注意控制负载量。笔者研究发现，采用浸渍法将离子液体负载到具有纳米–微孔分布的硅胶载体时，随着负载量的增大，离子液体优先进入纳米孔，至负载量达到 1 g·g^{-1} 时，纳米孔完全被填充，而微米孔仍部分保留。Mehnert 等[4] 曾报道，当负载量为 0.25 g·g^{-1} 时，[bmim][PF$_6$] 离子液体在硅胶载体中的平均厚度为 16 nm。

物理负载的离子液体在应用时存在流失的问题。对于气体吸收/附等气–固相应用，由于离子液体挥发性极低，离子液体的流失极少。对于液–固相应用，若载体表面不含羟基等极性基团，离子液体与载体间的物理吸附作用力较弱，较易流失到主体流体中去；对硅胶等富含极性基团的多孔无机载体，与离子液体存在较强的相互作用，可以做到短时间内无明显的流失，但是否具有长期的稳定性和耐久性 (durability)，需经长期连续运行来进行评价。

2. 化学负载法

化学负载法是通过共价键将离子液体的阴离子或阳离子键合到载体上，被共聚键合的阴离子或阳离子再通过离子键将反离子 (阳离子或阴离子) 束缚住，分别称为阴离子负载和阳离子负载。为实现化学负载，载体和离子液体必须具有能相互发生化学反应的官能团。大多数多孔无机材料表面均含有羟基等极性基团，非常适合用做化学负载的载体。有机高分子材料具有很强的结构可设计性，可以方便地引入羟基、羧基、氨基、氰基、卤素等官能团，因而也可用于化学负载。常用的离子液体并不含官能团，因此，为了实现化学负载，往往需要首先将离子液体功能化，引入 $Si(OR)_3$、—OH、—COOH、—COOR、—NH$_2$、—CN、—NCO 等官能团，如表 4.29 所示。

表 4.29　化学负载离子液体时载体和离子液体常用的反应性官能团

物质	反应官能团
多孔无机载体	Si—OH
有机高分子载体	—OH, —COOH, —NH$_2$, —CN, —NCO, —Cl(Br)
离子液体	—Si(OEt)$_3$, —Si(OMe)$_3$, —OH, —COOH, —COOC$_2$H$_5$, —NH$_2$, —CN, —R(COOH)$_2$,—R(COOR′)$_2$, —CONH$_2$

1) 阴离子负载法

绝大部分离子液体的阴离子是稳定的，难以引入反应性官能团，因而难以进行阴离子负载。但是，Lewis 酸性离子液体 (如氯铝酸盐型离子液体) 的阴离子本身易与无机载体表面的硅羟基进行反应，实现阴离子负载。DeCastro 等[17] 将氯铝酸型离子液体 [bmim][(AlCl$_3$)$_x$Cl] 加入到不同的氧化物载体中，其阴离子中的金属原子与载体表面硅羟基发生反应，形成 Si—O—M 共价键，将离子液体负载于载体表面，多余的离子液体通过索氏抽提除去，如图 4.119 所示。表面分析及 AlCl$_3$ 在硅胶表面键合的比较研究均表明发生了共价键合。离子液体的负载量取决于载体的表面积和表面上的羟基含量。硅胶和分子筛表面含有大量的硅羟基，因而是阴离子负载常用的载体，但 ZrO$_2$ 和 TiO$_2$ 等载体比表面积小，OH 含量低，负载效果好。

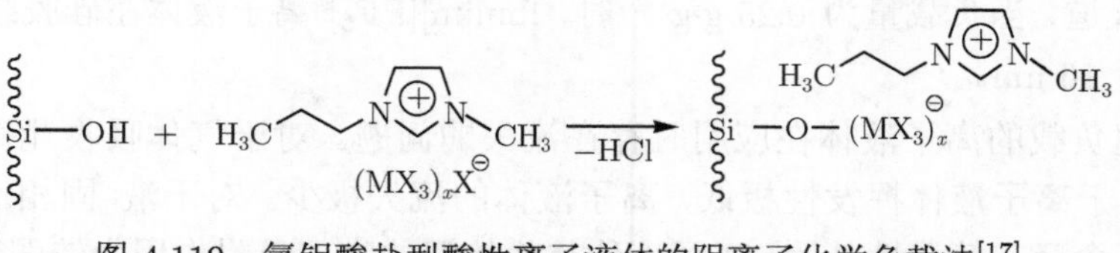

图 4.119　氯铝酸盐型酸性离子液体的阴离子化学负载法[17]

阴离子负载氯铝酸盐型酸性离子液体存在一些缺点, 即阴离子与载体表面羟基反应时生成的盐酸会破坏分子筛或者硅胶等载体材料的孔结构, 使比表面积和离子液体酸度下降, 影响其催化效果。如果先用 $AlCl_3$ 水溶液浸泡载体, 然后再用弱酸性的氯铝酸盐型离子液体 IL-$AlCl_3$ 浸渍, $AlCl_3$ 与 IL-$AlCl_3$ 形成强酸性的 IL-$(AlCl_3)_x$, 即采用先负载氯化铝再负载离子液体的两步法, 可以避免这一缺陷[18]。

阴离子负载法仅局限于 Lewis 酸性离子液体, 但负载化酸性离子液体在催化 Friedel-Crafts 反应方面已取得显著的效果。

2) 阳离子负载法

离子液体的阳离子一般也不含反应性官能团, 但较易通过合适的化学反应引入官能团, 与载体上的反应性官能团生成化学键, 从而实现离子液体的阳离子负载。因为大多数无机载体材料表面均含有硅羟基, 而常见的咪唑类离子液体在制备时都要利用咪唑环上的氨基的反应, 因此, 最常用的阳离子负载策略就是利用双官能团的硅烷偶联剂, 其烷氧基硅 [三乙氧基硅基 —$Si(OEt)_3$ 或三甲氧基硅基 —$Si(OMe)_3$] 可与载体上的硅羟基发生水解缩合反应, 而另一个官能团能与咪唑环上的氨基反应, 即参与离子液体的合成反应, 将离子液体的阳离子与偶联剂键合起来。

因卤代烷烃与甲基咪唑反应是最常用的制备咪唑类离子液体的手段, 因此常用氯丙基三烷氧基硅烷进行离子液体的负载。反应分为三步: (A) 引入官能团。氯丙基三烷氧基硅烷与甲基咪唑反应, 生成阴离子为卤素离子、阳离子上含有三烷氧基硅基的功能性离子液体; (B) 离子交换。通过离子交换反应引入目标阴离子; (C) 化学负载。在负载过程中三烷氧基硅基与载体上的硅羟基发生水解缩合反应, 生成 Si—O—Si 共价键, 制得负载化离子液体。上述反应也可按 ACB 或 CAB 的顺序进行, 见图 4.120。

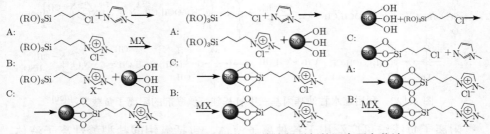

图 4.120　利用氯丙基三烷氧基硅烷偶联剂的阳离子负载法

Mehnert 等[2] 通过阳离子负载法将 [bmim][BF_4]、[bmim][PF_6] 离子液体负载在硅胶载体表面, 然后将配体 tppts、tppti 和催化剂 [Rh(CO)$_2$(CH$_3$COCH$_2$COCH$_3$)$_2$] 的乙腈溶液加到离子液体中, 再与负载化离子液体混合, 减压除去乙腈, 得到微黄色的、可流动的催化剂粒子,用于催化正己烯的羰基化反应生成正/异庚醛。这实际上是一种同时利用化学负载和物理负载的离子液体催化剂,载体表面同时存在化学键合的离子液体和物理负载的多层离子液膜,见图 4.121。Kang 等[19] 分别采用键合法和浸渍法将 1-烷基-3-甲基咪唑氯化物负载在中孔硅胶 (MCF) 和无定形硅胶上,用于催化苯与十二烯之间的付-克烷基化反应,发现键合法制备的负载化离子液体具有更高的稳定性。

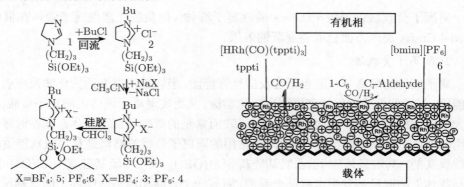

图 4.121   同时利用阳离子化学负载和物理负载的离子液体催化剂[2]

缩水甘油基丙基三乙 (甲) 氧基硅烷也可用于离子液体的阳离子负载。刘春萍等[20] 在经过硝酸、盐酸处理过的硅胶中加入无水甲苯,形成悬浊液,向其中加入缩水甘油基丙基三甲氧基硅烷 (KH-560) 和少量吡啶,氮气保护下在 90~100 ℃反应 4 h,再洗涤、抽滤、干燥,得到含缩水甘油基的硅胶;在 N- 甲基咪唑乙醇溶液滴加浓硫酸,反应 30min 后加入经预处理的硅胶,在 45 ℃下反应 6 h,经洗涤、抽滤、干燥处理后,得到硅胶负载的离子液体,见图 4.122。

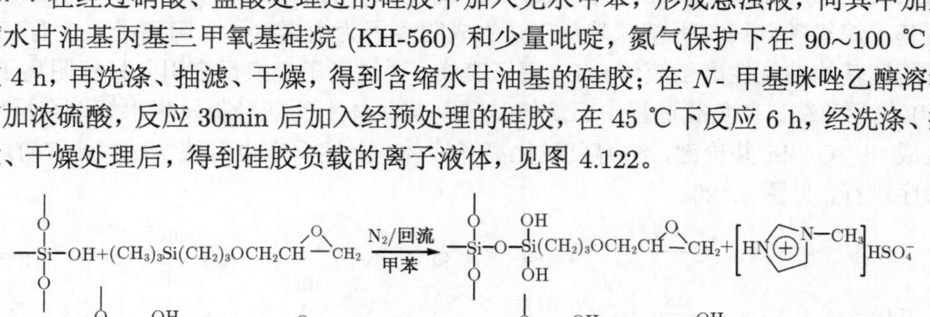

图 4.122   利用缩水甘油基丙基三甲氧基硅烷偶联剂的阳离子负载方法[20]

阳离子负载法可广泛用于各种离子液体,包括氯铝酸盐型酸性离子液体。Valkenberg 等[21] 将 1-三乙氧基硅丙基-3-甲基咪唑氯化物键合到经活化处理的硅胶载体上,再加入氯化铝,制得负载化酸性离子液体,避免了阴离子负载时对载体孔结构的破坏和酸度的降低。

除了多孔无机载体外,有机高分子也是重要的载体材料。通常在聚合物的侧链上引入离子液体结构，形成梳状结构聚合物。考虑到卤代烷基与 N- 甲基咪唑的反应，氯甲基化的交联聚苯乙烯树脂 (merrifield® resin) 常用做载体材料。既可直接利用氯甲基与甲基咪唑的反应，制得阳离子为 1, 3-二甲基咪唑的负载化离子液体；也可以通过在交联聚苯乙烯树脂和离子液体之间引入不同长度的间隔基 (linker)，调控负载化离子液体的物理和化学性能。Kim 和 chi[22] 将含 4.5 mmol·g⁻¹ 氯甲基的 merrifield® 树脂在 NaH 存在下在 THF 中与 6-氯-1-己醇反应，再加入甲基咪唑在 90 ℃下反应 3 d，最后用 NaBF₄ 或 KOTf 在丙酮中处理 48 h，得到目标产物 PS-[hmim][BF₄] 和 PS-[hmim][OTf](图 4.123)，其中离子液体负载量达 2.2 mmol·g⁻¹。

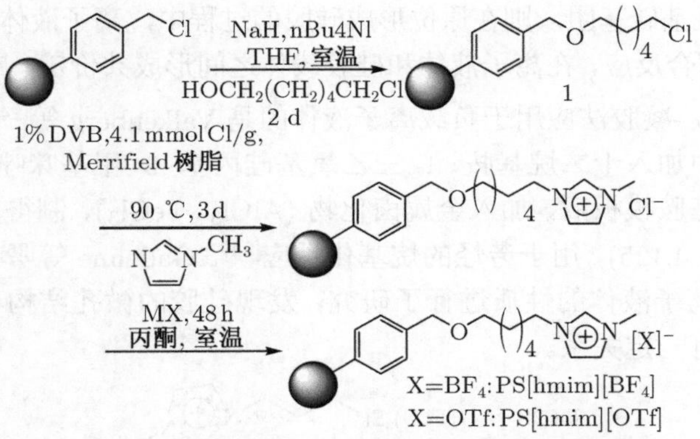

图 4.123　交联聚苯乙烯树脂负载离子液体[22]

聚氯乙烯也可用做载体材料。董芬[23] 将聚氯乙烯与 1- 甲基咪唑在 NaOH 水溶液中 80 ℃下反应，水洗至中性且无氯离子，再用 95%乙醇洗尽甲基咪唑；干燥后加入适量的 HPF₆ 或 HBF₄ 溶液，反应后经洗涤、干燥得到聚氯乙烯负载的 [mim][PF₆] 和 [mim][PF₄](图 4.124)。PVC-[min][PF₆] 是淡黄色粉末，颗粒较细，经元素分析，负载量达 1.24 mmol·g⁻¹；PVC-[min][BF₄] 颜色较深，负载量为 0.325 mmol·g⁻¹。

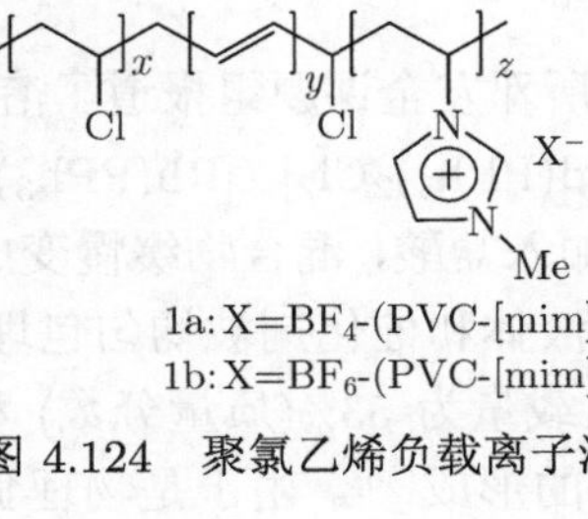

图 4.124　聚氯乙烯负载离子液体[23]

3. 溶胶–凝胶法

前述的负载方法均是直接使用现成的载体材料。除此之外，也可现场制备载体材料，在载体材料制备的同时实现离子液体的物理或化学负载。对无机载体材料(如硅胶) 可通过溶胶–凝胶法制备，对于有机高分子材料则通过聚合反应来制备，相应的负载方法分别称为溶胶–凝胶法和聚合法。溶胶–凝胶法既可实现物理负载，也可实现化学负载，而聚合法多用于化学负载。

所谓溶胶–凝胶法是指在正硅酸乙酯 (TEOS) 的乙醇水溶液中加入离子液体(及溶解在其中的催化剂)，正硅酸乙酯发生水解缩合反应，首先生成溶胶，在盐酸作用下进一步生成凝胶，干燥后得到多孔硅胶，同时，离子液体 (及溶解在其中的催化剂) 被包埋在硅胶颗粒的空腔内。如果离子液体与正硅酸乙酯或其溶胶、凝胶不发生化学反应，则离子液体与硅胶载体之间只存在物理相互作用，属物理负载法；若离子液体含有烷氧基硅基团，则在原位形成硅胶的过程中，离子液体中的烷氧基硅基团参与水解、缩合反应，在离子液体和硅胶载体之间形成共价键，属于化学负载。

最早将溶胶–凝胶法应用于负载离子液体的是 Valkenberg 等[24]。他们在 TEOS的乙醇水溶液中加入十二烷基胺、1- 三乙氧基硅丙基 -3- 甲基咪唑氯化物，经水热合成和脱除烷基胺模板后，加入金属卤化物 (AlCl₃、FeCl₃)，制得负载化 Lewis 酸性离子液体 (图 4.125)，用于芳烃的烷基化反应[24]。Gadenne 等[25] 对溶胶–凝胶法制备的负载化离子液体的性质进行了研究，发现硅胶的微孔结构与所采用的咪唑盐侧链的长短有一定关系。

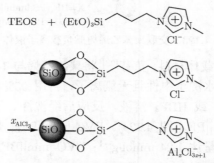

图 4.125   溶胶–凝胶法化学负载 Lewis 酸性离子液体[24]

中国科学院兰州化学物理所邓友全课题组报道了溶胶–凝胶物理负载法[26]。向TEOS 乙醇溶液中加入溶有 [Pd(PPh₃)₂Cl₂]、[Rh(PPh₃)₃Cl] 等催化剂的离子液体，在形成清晰、均匀的溶胶后，加入盐酸，混合物缓慢变成凝胶，经老化处理后得到负载化离子液体催化剂。离子液体和催化剂被均匀包埋在硅凝胶颗粒内的孔腔中[孔径为 5~11 nm，钯、铑的负载量为 53%(质量分数) 和 0.1%~0.15%]，并不涉及离子液体与硅胶载体间化学键的形成[26]。由于是物理负载，催化体系的稳定性会因此下降，阳离子尺寸小的离子液体如 [emim][BF₄]、[bmim][BF₄] 能被完全淋洗出来，但尺寸大的离子液体不易流失。

4. 聚合法

聚合法是指在离子液体的合成过程中在其分子结构中引入可聚合团 (通常为乙烯基), 得到可聚合离子液体, 再先后进行聚合和离子交换反应 (或顺序相反), 制得侧链含离子液体分子结构的聚合物。所以, 它们实际上是一类离子型聚合物, 称为离子液体聚合物 (ionic liquid polymer) 或聚离子液体 (Poly(ionic liquid))。当乙烯基引入阳离子时, 制得阳离子型聚合物或聚阳离子; 引入阴离子时, 制得阴离子型聚合物或聚阴离子 (图 4.126)[27]。它们不仅可用于催化反应、分离和气体吸收, 还可用做聚电解质。

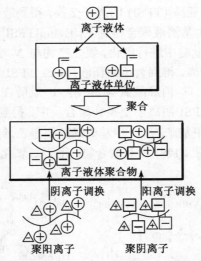

图 4.126　聚合法负载离子液体的一般原理[27]

制备聚阳离子时常用乙烯基咪唑、乙烯基吡啶、对氯甲基苯乙烯、(甲基) 丙烯酸羟乙酯、(甲基) 丙烯酸聚乙二醇酯等乙烯基单体在阳离子中引入乙烯基 (图 4.127)。

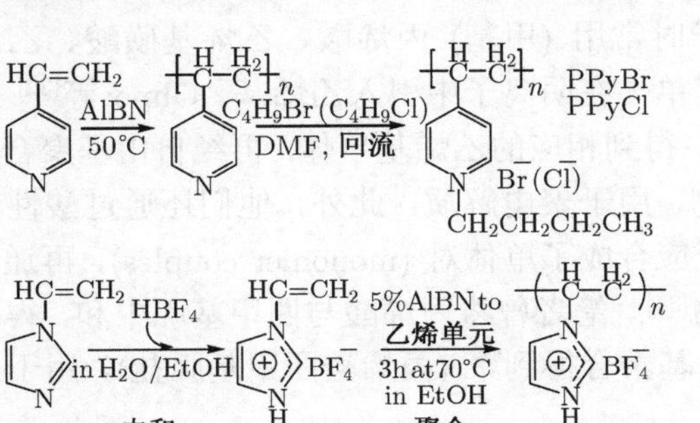

图 4.127　由乙烯基咪唑和乙烯基吡啶制备离子液体聚合物[28,29]

Watanabe 等[28] 由偶氮二异丁腈 (AIBN) 引发 4-乙烯基吡啶自由基聚合得到聚 (4-乙烯基吡啶)，再在二甲基甲酰胺中用氯丁烷和溴丁烷进行季铵化，得到聚 (1-丁基 4-乙烯基吡啶氯化物) 和聚 (1-丁基-4-乙烯基吡啶溴化物)。Hirao 等[29] 直接将 N-乙烯基咪唑 (Vyim) 水溶液与 HBF_4 水溶液在冰浴中中和，经脱水、洗涤、干燥后得到 [Vyim][BF_4] 单体，然后以 AIBN 为引发剂，在乙醇中进行自由基聚合，最终得到白色粉末状聚合物 P{[Vyim][BF_4]}。

日本学者 Ohno 教授课题组采用多种方法合成了多种含不同长度间隔基的阳离子型离子液体聚合物，用做聚电解质。① 将 N-乙烯基咪唑与溴乙烷反应，得到 1-乙基-3-乙烯基咪唑溴化物 {[Evim]Br}，加入乙醚进行沉淀纯化处理后，在水溶液中进行二 (三氟甲磺) 酰亚胺 (TFSI) 阴离子交换，得到液态的水溶性 [Evim][TFSI] 单体，由 AIBN 引发自由基溶液聚合得到 P{[Evim][TFSI]}；② 将甲基丙烯酸聚乙二醇单酯用亚硫酰氯在吡啶中进行氯化，氯化产物与 N-乙基咪唑在乙腈中室温下反应 3 d，用乙醚进行分离，得到黄色黏稠液体，经 TFSI 阴离子交换后再由 AIBN 引发聚合，得到聚合物；③ 丙烯酰氯与 ω-溴-1-烷醇在 THF 中反应，然后经过与 N-乙基咪唑反应、TFSI 阴离子交换和聚合反应，得到相应的聚合物[27,30~32]。

Tang 等[33] 从对氯甲基苯乙烯、甲基丙烯酰氯等乙烯基单体出发，合成了一系列可聚合物离子液体 (图 4.128) 及其聚合物，用于二氧化碳气体的吸收。

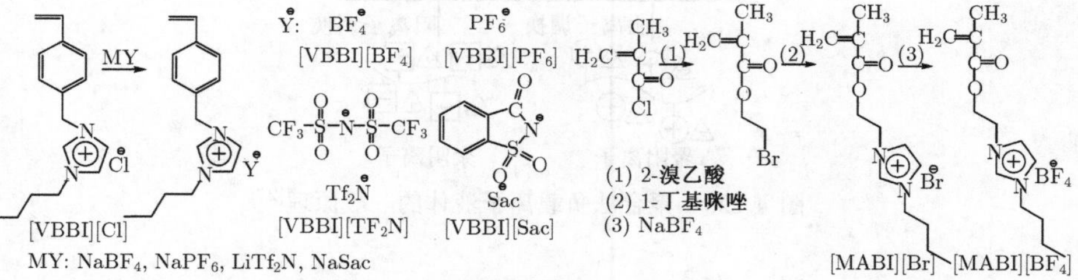

图 4.128　用于二氧化碳吸收的离子液体聚合物[33]

制备聚阴离子时常用 (甲基) 丙烯酸、乙烯基磺酸、乙烯基苯磺酸、乙烯基磷酸等酸性乙烯基单体在阴离子中引入乙烯基。Ohno 等[32] 由酸性乙烯基单体与 N-乙基咪唑反应，得到相应的乙烯基单体，再经自由基聚合得到一系列的阴离子型离子液体聚合物，用于聚电解质。此外，他们还通过酸性乙烯基单体和碱性乙烯基单体的中和反应合成了单体对 (monomer couples)，再通过聚合反应得到相应的离子液体聚合物[34]。笔者曾将丙烯酸与四甲基胍中和，得到丙烯酸四甲基胍盐离子液体，再自由基聚合得到聚 (丙烯酸四甲基胍盐)，用于二氧化硫气体的吸收 (图 4.129)[35]。

上述离子液体聚合物均为线性聚合物。对线性离子液体聚合物而言，力学性能可能难以满足使用要求或在使用时可能会因为吸收湿气、溶剂或气体而产生增塑作用，导致其外观和性状发生变化，影响其应用效果。笔者发现聚 (丙烯酸四甲基胍盐) 粒子在吸收二氧化硫后力学强度下降，形状难以保持[35]。为此，以 Span60 为分散剂，过硫酸铵为引发剂，进行丙烯酸四甲基胍盐离子液体和亚甲基丙烯酰胺的反相悬浮交联共聚反应，制得交联聚合物颗粒 (图 4.130)，其粒径为 10 μm～3 mm。交联共聚物颗粒不仅具有较高的稳定性，而且可以制成多孔结构，有利于气体吸收和催化反应。其交联程度、颗粒尺寸和孔结构可通过聚合条件和后处理条件进行调节[36]。Ohno 课题组[31,37] 也制备了交联的离子液体聚合物用于聚电解质。

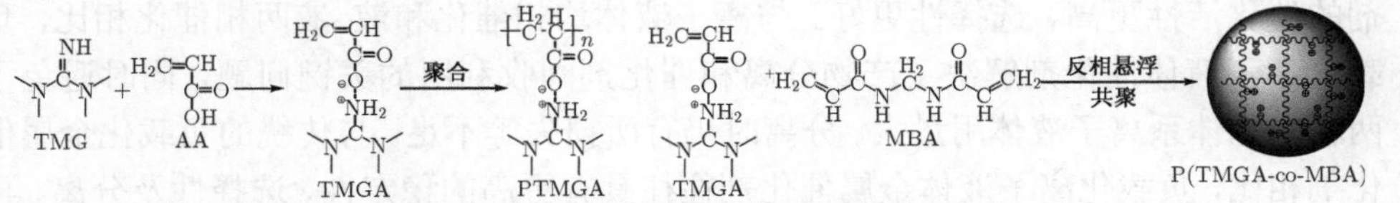

图 4.129 线性和交联聚丙烯酸四甲基胍盐的合成[35,36]

图 4.130 反相悬浮法制备的交联聚丙烯酸四甲基胍盐的颗粒形态[36]

交联聚合物颗粒的孔隙率一般低于无机多孔材料，而且，其孔结构在某些应用场合还可能因为溶剂的作用而塌陷或破坏。若能将离子液体结构富集在颗粒表面，则不仅可避免这一缺陷，而且由于几乎不存在内扩散，更有利于反应、分离等过程的进行。Kim 等[38] 报道了一种将离子液体富集于聚合物交联微球表面的一种独特的聚合方法。他们以 PVA 为分散剂，BPO 为引发剂，将 1-乙烯基苄基-3-甲基咪唑六氟磷酸盐 {[MVBim][PF6]} 与苯乙烯、二乙烯基苯进行悬浮交联共聚，利用 [MVBim][PF6] 既不溶于水也不溶于苯乙烯从而富集于水相–油相界面的特点，制得了表面富集 [MVBim][PF6] 结构的聚合物微球 (彩图 13)，其粒径为 38～150 μm，离子液体负载量为 0.23～1.12 mmol·g^{-1}。扫描电子显微镜和共焦激光扫描显微镜 (CLSM) 观察均表明离子液体富集在聚合物微球表面。负载在聚合物微球表面的离子液体可转化为 N-杂环卡宾，后者作为配体用于钯催化剂的负载。显然，这种负载在表面的催化剂有利于反应的进行。

4.7.2 负载化离子液体在催化反应中的应用

负载化离子液体既具有离子液体的催化、溶解、吸收、分离等性能，又具有载体材料易回收、产物易分离、可采用固定床实施连续运行的优点，可应用于催化、分离、吸收/附等各种多相过程。由于离子液体几乎没有蒸气压，负载化离子液体尤其适合气-固相过程。

负载化离子液体在催化反应中的应用可分为两大类，一类是离子液体本身就有催化作用，如 Lewis 酸性离子液体，直接负载后即可用做非均相催化剂；另一类是利用离子液体良好的溶解性，先将催化剂 (多为过渡金属配合物) 溶于离子液体，再负载到载体上。负载化离子液体催化剂兼备均相催化剂催化活性高和多相催化剂易分离回收的优点，以非均相催化剂的形式获得均相催化的效果，甚至可使催化剂的催化活性更高、选择性更好。与离子液体均相催化和液-液两相催化相比，负载化离子液体催化剂解决了产物分离和催化剂回收利用的关键问题，同时避免了两相催化体系离子液体用量大、分离时仍有所损失等不足。与传统的负载化金属催化剂相比，负载化离子液体金属催化剂往往具有更高的稳定性、选择性及分离、再生能力。

第一个负载的离子液体催化剂是氯铝酸型离子液体，主要用于 Friedel-Crafts 烷基化反应和酰化反应。目前，负载化离子液体催化剂已用于 Friedel-Crafts、羰基化、催化加氢、氢胺化、Biginelli、醚化、Mizoroki-Heck、环氧化、Beckmann 重排、Heck、生物催化、二聚等多种有机合成反应。

1. Friedel-Crafts 反应

苯与卤烷、长链烯烃的 Friedel-Crafts 烷基化反应及与酰卤的 Friedel-Crafts 酰基化反应是合成烷基苯和芳酮的重要反应。这类反应常用 $AlCl_3$ 作为催化剂，但催化剂用量大，用于酰基化反应时催化剂用量达反应物的 2~3 倍才能保证反应完全。与之相比，氯铝酸盐酸性离子液体酸性易调控，是更好的催化剂。但作为均相催化剂，仍存在回收困难的问题，难以实现催化反应的工业化连续稳定运行。

DeCastro 等[17] 通过阴离子负载法将氯铝酸盐型咪唑类离子液体负载在不同的氧化物载体中，用做苯、甲苯、苯酚、萘与十二烯的烷基化反应，同时考察了间歇、液-固连续、气-固连续等反应过程。其中，以 SiO_2 为载体的催化体系催化效率最高。与自由的离子液体和 β- 氢沸石催化剂相比，负载化氯铝酸型离子液体表现出更高的催化活性和选择性，在催化苯的烷基化反应时，十二烯转化率达 99%，单烷基化产物选择性高达 98%。研究表明，离子液体没有损失，但可能由于存在湿气或吸附反应物，在液-固连续过程中存在催化剂失活现象，转化率随使用时间延长有所下降。Kang 等[19] 分别采用键合法和浸渍法将 1-烷基-3-甲基咪唑氯化物负载在中孔硅胶和无定形硅胶上，用于催化苯与十二烯之间的烷基化反应，发现键合法制备的负载化离子液体的稳定性高于浸渍法制备的相应催化剂。田小宁等[39] 也对硅胶负载 [bmim][AlCl₄] 催化苯与 1-十二烯的烷基化反应进行了研究。

此外，Valkenberg 等 [40] 以硅胶为载体负载咪唑和吡啶类氯铝酸离子液体以及氯磺酸，并将其用于苯与 1-己烯的烷基化反应，得到了较高的反应选择性。

Valkenberg 等[40] 将 [bmim][FeCl$_4$]、[bmim][AlCl$_4$]、[bmim][SnCl$_2$] 负载于二氧化硅分子筛 MCM-41 及活性炭上，用做芳香烃的 Friedel–Crafts 酰基化反应的催化剂。负载化离子液体作为催化剂与反应物的用量物质的量比为 1:45~1:205，远低于均相催化剂，催化活性、选择性都较高，只是转化率低，为 4.6%~15%。研究发现，在液–固连续聚合体系催化剂明显流失，在气–固体系则无流失。

2. 羰基化反应

Mehnert 等[2] 通过阳离子负载法将 [bmim][BF$_4$]、[bmim][PF$_6$] 离子液体和铑催化剂负载在硅胶载体，用于催化正己烯的羰基化反应 (氢甲酰化反应，hydroformylation) 生成正/异庚醛。其催化活性虽然与均相催化剂 (400 mol·mol^{-1}·min^{-1}) 相比大大降低，但与液–液两相催化体系相比，活性明显提高，选择性相当。负载 [bmim][BF$_4$] 催化剂以 65 mol·mol^{-1}·min^{-1} 的速率生成 n,i- 庚醛，而两相体系仅 23。活性的提高是由于负载催化剂界面积更大，界面上催化剂活性种浓度更高。由于同时存在化学负载和物理负载的离子液体，催化剂不可避免地存在流失现象。

Riisager 等 [41] 用浸渍法将 [bmim][PF$_6$]、[bmim][C$_8$H$_{17}$OSO$_3$] 和铑催化剂 Rh(acac)(CO)$_2$ 负载到硅胶上，用于丙烯氢甲酰化反应。这是首次将负载化离子液体催化剂用于固定床气–固相氢甲酰化反应。采用傅里叶红外、核磁共振研究了负载后催化剂的稳定性、均一性，并通过改变温度、压力、气相组成等条件从动力学角度证明了离子液体是催化剂活性、选择性和稳定性的保证。催化剂能够在 200 h 以上的连续实验中保持活性[42]。

Yang 等[43] 将 [bmim][BF$_4$]、[bmim][PF$_6$]、TMGL 等离子液体和铑催化剂负载于介孔分子筛 MCM-41，用于烯烃氢甲酰化反应。MCM-41 分子筛的比表面积大、孔径分布均匀，使铑催化剂和离子液体分布均匀而稳定，催化活性高于两相体系和硅胶负载化催化剂，尤其对长链烯烃氢甲酰化反应的催化效率很高。X 射线衍射、红外、核磁共振、扫描电镜等分析表明，反应前后 MCM-41 的结构没有发生变化。

二苯基脲是一种重要的有机合成中间体和药物中间体，而且还广泛用于合成有机除草剂和杀虫剂。使用含氮有机物氧化羰化或者还原羰化的方法直接反应制取相应的对称或者不对称脲是一条从环境和经济方面考虑都非常有利的路线。传统的贵金属均相催化体系存在着催化体系相对复杂、需要添加其他助催化剂、与反应体系分离困难、易流失等问题。邓友全课题组[26,44] 采用溶胶–凝胶法制备硅胶负载离子液体–钯或铑 [Pd(PPh$_3$)Cl$_2$、Rh(PPh$_3$)$_3$Cl] 催化剂，用于苯胺的氧化羰化反应。以氧为氧化剂时，苯胺的转化率可达 95% 以上，二苯基脲的选择性可达 98% 以上。以硝基苯为氧化剂时，苯胺转化率为 93%，硝基苯转化率为 92%，脲的选择性为 98% 以上, 转化频率均超过 11000 mol/(mol·h)。硅胶负载离子液体催化剂 Co-[dmim][BF$_4$]/SiO$_2$、Pd-DMImBF$_4$/SiO$_2$ 和 Ru-[dmim][BF$_4$]/SiO$_2$ 催化剂也获得了良好的催化效果。与未负载的铑或钯-离子液体催化体系相比, 负载后的催化剂体系离子液体的用量大大减少, 催化效率却大大增强。与浸渍法相比, 溶胶-凝胶法制备的硅胶负载催化剂的活性更高。

3. 催化加氢

Mehnert 等[4] 用浸渍法将 [bmim][PF$_6$] 和 [Rh(NBD)(PPh$_3$)$_2$][PF$_6$](其中, NBD 为降莰烷) 在硅胶上, 用于 1-己烯、环己烯、2, 3-二甲基-2-丁烯的催化加氢反应, 发现其催化活性比均相和两相催化体系均有明显的提高, 起始速率常数由均相的 0.4 min^{-1}(50 ℃) 提高到 11.2 min^{-1}(30 ℃)。该催化剂有很好的长效稳定性, 所用的离子液体和催化剂在使用 18 个批次后仍没有明显流失。

Wolfson[16] 等将 [bmim][PF$_6$] 和 Wilkinson 催化剂 RhCl(PPh$_3$)$_3$ 物理负载在聚电解质上, 用于 2-环己烯-1-酮和 1, 3-环辛二烯的加氢反应。其催化活性比离子液体-有机溶剂两相体系高, 与均相催化相当。不管是用有机溶剂还是水构成液相, 均没有观察到离子液体和催化剂流失的现象, 但用水作为溶剂时会发生溶胀作用。

Mikkola[15] 用浸渍法将钯催化剂和离子液体负载到活性炭纤维上, 用于柠檬醛的催化加氢反应, 得到香叶醇和橙花醇。反应物柠檬醛与钯的物质的量比可达 156:1, 140 min 内转化率可达 92%, 选择性达 45%, 且催化剂的活性降低不明显, 而传统的负载化催化剂却有明显的失活现象。

韩布兴课题组[6] 将离子液体 TMGL 和纳米钯催化剂粒子负载到分子筛中, 用于烯烃的加氢催化。纳米粒子、离子液体和分子筛之间存在协同效应, 有利于提高催化活性、选择性和耐久性。该催化剂具有高而稳定的催化活性, 反应进行 20 h 后的最低转化率为 98%。他们进一步对蒙脱土负载 TMGTFA 离子液体和钌纳米粒子催化苯加氢反应进行了研究[7]。蒙脱石独特的电荷分布及层状结构不仅保证了与离子液体的稳定结合, 还为反应提供了很大的催化空间, 故催化活性高于以 Al$_2$O$_3$ 及活性炭为载体的催化体系。

此外, 负载化离子液体催化剂也用于氢胺化反应[8]、Biginelli 反应[23]、醚化反应[20]、Mizoroki-Heck 反应[3,45]、环氧化反应[46]、Beckmann 重排反应[47,48]、手性催化[49] 等, 不再一一赘述。

4.7.3 负载化离子液体在分离过程中的应用

除用做催化剂外, 负载化离子液体在金属离子、有机小分子及气体的分离中的应用也引起了人们的广泛兴趣。由于具有比离子液体本身高得多的有效接触面积,负载化离子液体用于分离过程时有利于提高其传质效率，并降低离子液体的用量和损失，降低使用成本。

1. 工业气体分离

近几年来已有大量研究表明，离子液体对 CO_2、SO_2、乙烯、乙烷等气体具有溶解、吸收作用，从而有望将离子液体的应用领域从催化、液–液分离扩展到气体的分离与纯化，也为气体的分离和纯化提供了新途径，尤其是从电厂烟气、天然气等工业混合气体中分离 CO_2、SO_2 等酸性气体，有利于减少温室气体和污染物排放，具有重要的应用价值和现实意义。

传统的有机胺水溶液或碱性水溶液吸收剂用于酸性气体吸收时，由于吸收剂易挥发，会导致吸收剂损失、产生污染、需要额外干燥过程等问题，而离子液体由于挥发性极低，用于气体吸收时可避免这些缺点。但是，若将离子液体直接用于气体分离，由于黏度大 (在气体吸收过程中黏度还会继续增大)、界面积小，不利于气体在离子液体中的溶解、扩散和分离等过程的进行，也不便输送、操作，因而不利于在气体分离与纯化中的工业应用。将离子液体负载到无机多孔材料或者有机高分子材料上，制得的负载化离子液体兼具离子液体和多孔载体材料的特性，不仅有利于降低成本，有利于输送和操作，更有利于扩大界面积、缩短扩散路径，促进传质过程，促进气体的解吸和离子液体的重复利用，提高利用效率，并可采用固定床或膜分离等连续过程实现大规模的工业应用。

根据负载化离子液体的形态和气体分离方式的不同，可分为负载化离子液体颗粒和离子液体膜两大类。将离子液体负载到无机多孔粒子中或将可聚合物离子液体经聚合反应制得离子液体聚合物颗粒，可采用固定床或流化床进行气体分离；将离子液体负载到聚合物膜或无机多孔支撑膜上，制得离子液体膜，可采用膜分离的方式进行气体分离。

1) 负载化离子液体颗粒用于气体分离

用于气体分离的负载化离子液体颗粒主要有两种形式，一种是将可聚合离子液体经聚合反应制成线性或交联聚合物颗粒，另一种是将离子液体直接负载到无机多孔颗粒中。前者是化学负载，后者多为物理负载。负载化离子液体颗粒用于气体分离是通过负载的离子液体在低温和 (或) 高压下选择性地溶解、吸收或吸附目标气体，达到饱和或平衡后，在高温和 (或) 常压 (或真空) 下进行解吸，分离出目标气体，负载化离子液体颗粒重新用于吸收/附操作。在这个过程中，既包括气体在离子液体或离子液体聚合物中的吸收作用，又包括表面吸附作用。

Tang 等[33,50~52]、张锁江课题组[53,54] 报道了多种离子液体聚合物颗粒 (粉末)，用于 CO_2 吸收/附。这类聚合物的骨架多为聚苯乙烯或聚 (甲基) 丙烯酸酯，在侧链上以共价键键合上阳离子，再以离子键束缚住阴离子。阳离子主要有咪唑类阳离子和季铵类阳离子,阴离子包括 $[BF_4]^-$、$[PF_6]^-$、$[Tf_2N]^-$、Cl^- 等 (图 4.131)。与离子液体本身相比,这些颗粒状的离子液体聚合物具有更高的 CO_2 吸收速率和吸收量,对 CO_2 吸收有很高的选择性,可多次循环使用,吸收/附性能不发生变化。

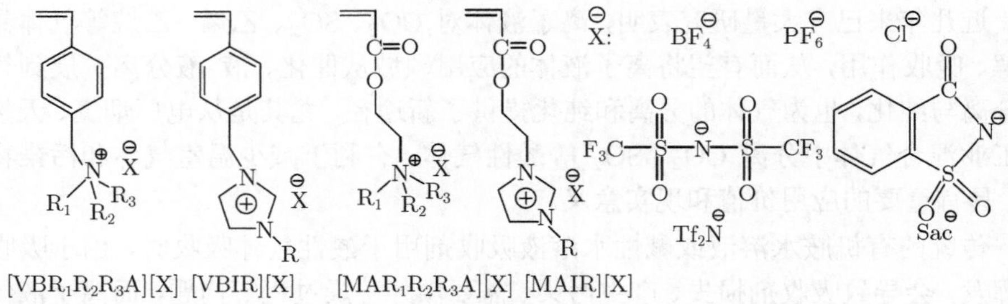

$$[VBR_1R_2R_3A][X] \quad [VBIR][X] \quad [MAR_1R_2R_3A][X] \quad [MAIR][X]$$

图 4.131 用于 CO_2 吸收/附的代表性离子液体聚合物结构

离子液体聚合物的结构,如主链结构、阴/阳离子的种类、颗粒大小及交联度等对 CO_2 的溶解、吸收/附性能有较大的影响。对 CO_2 的溶解度而言,以聚苯乙烯为骨架的聚合物大于以聚甲基丙烯酸酯为骨架的;甲基取代的阳离子大于丁基取代的阳离子;$[PF_6]^-$ 阴离子大于其他阴离子。单分子层模拟计算结果表明,离子液体聚合物颗粒对于 CO_2 的吸收主要是化学吸收作用,同时存在表面吸附作用,因此,提高交联程度时由于使得聚合物中孔隙率降低,导致 CO_2 吸附量降低。

影响最显著的是阳离子[52~54]。在室温下,含咪唑类阳离子的离子液体单体的 CO_2 平衡吸收/附量为 1%~2 %(摩尔分数),相应的聚合物的 CO_2 平衡吸收/附量为 1%~3 %(摩尔分数),玻璃化温度一般低于 120 ℃;含季铵阳离子的单体在常温下一般是晶体,对 CO_2 无明显吸收,但其聚合物的 CO_2 平衡吸收/附量高达 7%~10%(摩尔分数),且玻璃化温度可达 200 ℃ 以上,可在更高的温度下使用。CO_2 在季铵类离子液体聚合物中的溶解度大于在咪唑类离子液体聚合物中的溶解度,溶解度随着温度升高而降低,随压力升高而增大,直至达到一个极限值。随溶解度的增大,聚合物的玻璃化温度有所降低,因此,季铵类离子液体聚合物能在高压下使用。

通过离子液体结构的优化设计,实现 CO_2 的化学吸收,可进一步提高 CO_2 平衡吸收量。Bates 等[55] 曾报道一种阳离子上含氨基的 "特效" 离子液体,对 CO_2 平衡吸收/附量高达 50 %(摩尔分数)。张锁江课题组[56] 合成了四丁基磷氨基酸盐离子液体并负载到硅胶中,由于氨基与 CO_2 之间可发生化学反应 (化学吸收),吸收/附量也高达 50 %(摩尔分数);吸水后由于吸收机理的改变,吸收量更可高达 100 %(摩尔分数)。由于硅胶载体具有很高的比表面积 (约 500 $m^2 \cdot g^{-1}$),气体与离子液体接触面大，故吸收/附速率快，且吸收、脱吸重复性好，可多次使用。此外，这类季鏻盐离子液体具有较好的热稳定性，热分解温度高于 200 ℃。

负载化离子液体颗粒用于 SO_2 气体的吸收、分离的研究报道相对较少。韩布兴课题组[57] 最早报道四甲基胍乳酸盐 (TMGL) 离子液体对二氧化硫具有良好的吸收能力。笔者课题组曾制得四甲基胍丙烯酸盐 (TMGA) 的两种聚合物，将其用于 SO_2 的吸收[35,36]。PTMGA 均聚物是一种无定型聚合物，玻璃化温度约 90 ℃，呈白色粉末状，能溶于水。交联聚合物 P(TMGA-co-MBA) 为多孔颗粒 (图 4.101)，仍保持亲水性，在水中溶涨。在低温 (<50 ℃)、常压下，该聚合物对 SO_2 表现出很强的吸收能力，平衡吸收量达 1.8 mol·mol^{-1}，并表现出特征的颜色变化 —— 吸收 SO_2 后由白色变为黄橙色，而对 N_2、CO_2、O_2 等气体均无明显吸收，表现出良好的选择性。PTMGA 吸收 SO_2 后会产生增塑作用，玻璃化温度显著下降，导致体积收缩，变为凝胶状；P(TMGA-co-MBA) 交联共聚物颗粒在吸收 SO_2 前后基本保持形态不变 (彩图 13)。吸收/附效果与其颗粒大小及孔结构有关，粒径越小、表面积越大，吸收/附能力越高，表明除化学吸收外，表面吸附作用也起到较大的作用。低温下吸收/附的 SO_2 能在高温下脱吸，脱吸程度与温度有关。温度越高，脱吸量越大，140 ℃时可完全脱吸。但是，在常压下脱吸速率很慢，即使在 125~140 ℃ 的高温下，也要约 8~10 h 才能达到脱吸平衡。同时升高温度和降低压力，则脱吸速率明显加快。因此，改变操作条件，可以进行吸收/附和脱吸循环操作。在同样条件下，交联共聚物颗粒在常压和真空下的平衡吸收/附能力稍高于均聚物，但每个吸收/脱吸循环分离 SO_2 的能力与均聚物相当 (图 4.132)。在 50 ℃、常压下吸收与 90 ℃、真空下脱吸的条件下，每经一次循环，每克聚合物可分离出约 0.3 gSO_2。吸收机理的研究表明，在吸收过程中主要存在化学吸收和物理吸附。

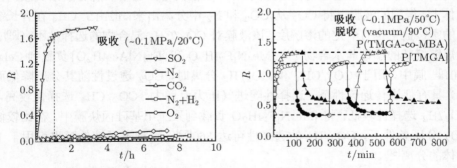

图 4.132　TMGA 聚合物颗粒吸收 SO_2 前后选择性、吸收/附–脱吸循环[35,36]

离子液体聚合物颗粒具有良好的吸收/附性能，但聚合物一般玻璃化温度低、耐热性较差，且气体在固态离子液体聚合物的扩散速率较低。相比之下，将离子液体直接负载在多孔无机载体中制得的负载化离子液体颗粒是更好的吸收/附剂，其优越性包括：① 载体的支撑作用使其力学性能更高；② 其使用温度不再受玻璃化温度的限制，而是取决于离子液体的热分解温度，因而使用温度往往可以更高；③ 载体大的孔隙率和比表面积有利于吸附、吸收的进行；④ 气–液扩散速率更高，因而吸收速率更快；⑤ 由于离子液体不挥发，颗粒床吸收/附操作时压降小，离子液体不易损失，采用物理浸渍法即可，无需化学负载，故负载成本低，负载量大。

吴林波课题组采用浸渍法将 TMGL 负载到多孔硅胶粒子中，负载量可达 2 $g·g^{-1}$，且制备方法简单。与 TMGL 离子液体和 TMGA 聚合物相比，这种吸附剂对 SO_2 具有更快的吸附速率和更高的吸收量；经多次循环使用，吸附和脱附行为保持不变；初步研究表明，用于 N_2/SO_2 混合气体分离时，可将混合气中 SO_2 的含量从 6.2 mg/L 降低至 0.037 mg/L，因而具有良好的应用前景。此外，也有多孔硅胶负载氨基酸季鏻盐[56] 和醇胺羧酸盐类[58] 离子液体分别用于 CO_2 和 SO_2 的吸收/附的报道。

2) 离子液体膜用于气体分离

将离子液体负载到聚合物或无机多孔膜材料中形成离子液体膜，以膜分离过程分离气体化合物，是最早出现的负载化离子液体用于气体分离的形式。常用物理浸渍法使膜材料的孔中充满离子液体，形成液膜。典型的离子液体膜分离过程是在膜的上游侧，气体在负载的离子液体中溶解、吸收，溶解的气体在势差的作用下在液膜中进行传递，最后在液膜的下游侧解吸。由于溶解、传递和解吸的速率不同，因而可达到浓缩或分离的目的。

事实上，在离子液体的概念出现之前，美国 Air Products & Chemicals 公司的研究人员在 20 世纪 80 年代就将难挥发的融熔盐水合物负载到微孔膜材料中，制得离子液体膜，用于酸性气体的分离[59~60]。他们将四己基安息香酸铵负载到微孔载体上，得到的液膜可将 CO_2 从 CO_2 和 N_2 中分离出来；但由于 CH_4 在含长链烷基的季铵盐中也有一定的溶解度，该液膜对 CO_2/CH_4 混合物的选择性不高[59]。将含短链烷基的季铵盐水合物 {如 $[Me_4N]F·4H_2O$ 和 $[Et_4N]Ac·4H_2O$}负载到 Celgard 3401® 膜中，用于 CO_2/CH_4 和 CO_2/H_2 分离时，CO_2 透过性随其分压降低而增大，具有促进传递膜性质，选择性随进气压力而增大，CO_2/CH_4 选择性较高，而 CO_2/H_2 选择性较低；将 $[Me_4N]F·4H_2O$ 负载到聚三甲基硅丙炔膜中，在比较低的 CO_2 分压条件下，CO_2/H_2 的选择性可达 360[59]。这种离子液体膜也可用于 H_2S 气体的分离[60]。

随后，Scovazzo 等[61] 将含六氟磷酸阴离子的咪唑类离子液体负载到聚醚砜 (PES) 膜中，制得离子液体膜用于分离空气中的 CO_2，CO_2 通量达 $4.6×10^{-10}$ $mol·cm^{-2}·kPa^{-1}·s^{-1}$，选择性达 29，高于以往的膜材料。但在水存在的条件下 $[PF_6]^-$ 会发生水解，生成 HF。改用 $[emim][Tf_2N]$、$[emim][CF_3SO_3]$、$[emim][dca]$

和 [thtdp]Cl 等离子液体 (图 4.133),解决了水解稳定性的问题。CO_2 在离子液体中的溶解度直接影响其在离子液体膜中的渗透率。在 25 ℃时,CO_2 在以上 4 种离子液体膜中的渗透率可达到 350~700 bar,CO_2/N_2 选择性为 15~60,CO_2/CH_4 选择性为 4~20,高于传统的聚合物致密膜。其中,在 [emim][dca] 液膜中选择性最高 (CO_2/N_2 为 61,CO_2/CH_4 为 20),CO_2 透过率达 610 bar。Ilconich 等[62] 将 [hmim][Tf$_2$N] 负载到聚砜和聚醚砜微孔膜中,用于模拟煤气化过程中产生的混合气 (以 CO_2/He 模拟 CO_2/H_2) 的分离。聚砜膜有良好的高温稳定性,可在 125 ℃下使用。在 37~125 ℃的温度范围内,CO_2 透过率达 740~1200 bar,CO_2/He 选择性为 8.7~3.1。

以上以微孔膜为支撑膜的离子液膜分离过程虽然获得了较好的分离效果,但一般只能在较低的压差 (低于 0.2 bar) 下使用,在高压下离子液体会从微孔中迁移出来,导致微孔不完全填充,膜分离功能丧失。Bara 等[63] 尝试了在离子液体存在下进行聚乙二醇二甲基丙烯酸酯交联聚合反应的方法将离子液体包埋在聚合物膜中,提高了离子液体占整个液膜的体积比例,但随着压力的提高,离子液体会像海绵中的水一样,被挤出聚合物内部空隙。

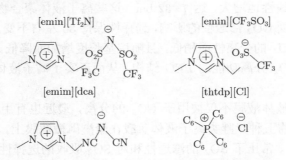

图 4.133 用于 CO_2 分离的对水稳定的离子液体[61]

为提高离子液体膜在高压下的稳定性,Gan 等[64] 将四种含 [Tf$_2$N]$^-$ 阴离子的离子液体负载在纳滤膜 (NF 膜) 上,用于 CO_2/N_2、H_2/CO 等混合气的分离,能耐受较高的压力 (10 bar),但通量较低。纳滤膜的类型、材料及孔的尺寸对气体渗透性和选择性有较大的影响。Lee 等[65] 采用低温相分离技术制备出纳孔聚偏氟乙烯离子液体膜,纳米尺寸的离子液体微区均匀分布在载体膜中。该离子液体可用于从粗天然气中高选择性地分离 CO_2 和 H_2S,H_2S/CH_4 和 CO_2/CH_4 体系的选择性分别达 200~600 和 50~100。Baltus 等[66] 将 [C$_4$mim][Tf$_2$N] 和 [C$_8$F$_{13}$mim][Tf$_2$N] 负载到孔径为 20 nm 的多孔氧化铝膜中,用于 CO_2/N_2 的分离。CO_2 在离子液体膜中的扩散系数比 N_2 大 2 个数量级,通量分别达 4.0×10^{-9} mol·bar^{-1}·cm^{-2}·s^{-1}、1.5×10^{-9} mol·bar^{-1}·cm^{-2}·s^{-1},选择性分别为 127 和 72。支撑膜的厚度及孔径的大小会对气体的扩散、吸收/附具有较大影响。

在离子液体分子结构中引入可聚合的乙烯基，经聚合反应和成膜过程制得致密的、化学负载的离子液体聚合物膜，可彻底解决物理负载的离子液体膜在高压差下不稳定的缺点。但是，目前报道的具有 CO_2、SO_2 吸收能力的离子液体聚合物一般都是较脆的无定型聚合物，成膜性都比较差。为提高成膜性，Radosz 课题组[67] 通过自由基共聚反应，分别在 P[VBTMA][BF$_4$] 和 P[MATMA][BF$_4$] 链结构中引入柔性的聚乙二醇侧链，制得了的聚合物 P[VBTMA][BF$_4$]-g-PEG 和 P[MATMA][BF$_4$]-g-PEG 具有较好的成膜性，CO_2 的渗透性为 20~120 bar，CO_2/N_2 的选择性可以达到 20~70，优于传统的聚合物膜；CO_2/CH_4 的选择性为 10~30，与传统的聚合物膜相当。在通量相同的情况下，P[MATMA][BF$_4$]-g-PEG 膜的选择性更高。这种选择性的差异主要是由于溶解度的差异而不是扩散系数的差异引起的。应该指出，PEG 测量的引入使聚合物在较低温度下熔融，因而使用温度较低，不能超过 70 ℃。

Bara 等[63] 合成了不同烷基长度的可聚合咪唑类离子液体，通过光引发自由基交联共聚制得一系列致密的离子液体聚合物膜，其主链骨架分别为聚苯乙烯和聚丙烯酸酯。CO_2 在其中的溶解度两倍于在相应的离子液体中，其渗透性随着烷基长度的增加而非线性地增大，达 7~32 bar。这些离子液体聚合物膜对 CO_2/N_2 的分离性能基本不受 CO_2 渗透性的影响，选择性保持 30 左右不变，优于传统的聚合物膜；对 CO_2/CH_4 的分离性能稍低，且随烷基长度增加而降低。这些聚合物中不含本身也具有 CO_2 分离功能的 PEG 结构，从而证实了离子液体聚合物致密膜分离 CO_2 的作用。

负载化离子液体液膜不仅被用于 CO_2 的分离，最近也有用于 SO_2 分离的报道。Jiang 等[12] 将五种咪唑类离子液体负载在聚醚砜微滤膜上，制得离子液体膜，考察了 25~45 ℃、常压下 SO_2 的渗透性和对 SO_2 吸收的选择性。在 20 kPa 的压差下，SO_2 的渗透性为 5200~9350 bar，对 SO_2/N_2、SO_2/CH_4、SO_2/CO_2 的选择性分别为 126~223、87~144 和 9~19，其中，负载化 [emim][BF$_4$] 液膜分离效果最好，见表 4.30。研究发现，可采用溶解–扩散传质机理来定性分析 SO_2 在离子液体膜中的渗透过程，但定量分析误差很大。

气体在离子液体膜中的分离效果同时受热力学 (溶解性) 和动力学 (扩散) 因素的影响，开发离子液体膜气体分离过程时应同时加以考虑。Morgan 等[68] 采用迟豫时间法对 CO_2、乙烯、丙烯、丁烯、1, 3-丁二烯在聚四氟乙烯微孔膜负载的 [emim][Tf$_2$N]、[emim][BETI]、[emim][PF$_6$]、[emim][TfO]、[thtdp][C] 等离子液体的过渡态及稳态进行了分析，获得了气体在离子液体中的扩散系数和选择性。由于离子液体的黏度高，气体在其中的扩散系数小于在水中或其他短链醇类、低分子质量烃类中的扩散系数，达到吸收平衡的时间较长。CO_2 的扩散系数远大于其他气体，表明离子液体膜可有效地用于 CO_2 与其他气体的分离。

表 4.30　负载化离子液膜对不同气体的渗透性和理想选择性[12]

气体	室温离子液体类型				
	[emim][BF$_4$]	[bmim][BF$_4$]	[bmim][PF$_4$]	[hmim][BF$_4$]	[bmim][Tf$_2$N]
SO$_2$/bar	9350±230	8070±260	5200±117	7280±150	8560±112
CO$_2$/bar	480±15	460±12	360±15	520±11	980±23
N$_2$/bar	42±3	37±2	26±1	45±2	68±4
CH$_4$/bar	73±3	56±2	49±2	68±3	98±3
SO$_2$/N$_2$	223	218	200	161	126
SO$_2$/CH$_4$	128	144	106	107	87
SO$_2$/CO$_2$	19	18	14	14	9

注：1bar=10^{5}Pa。

可见，与离子液体直接应用相比，负载化离子液体用于工业气体的分离具有很大的优势，相关的研究已引起学术界的强烈兴趣，取得了很大的进展，并开始受到工业界的重视。离子液体膜分离过程设备投资少、可连续运行、操作简单，但需要进一步提高膜的通量、选择性、稳定性和寿命，才能适合大规模工业应用的要求。采用多孔无机材料负载的颗粒态离子液体可用固定床或流化床进行连续操作，吸收/附和解吸两个过程交替进行，设备投资较大，但气体吸收/附速率快、吸收/附量大，适于工业气体的大规模处理，具有良好的应用前景。初步的技术经济分析表明，与传统的有机胺溶液吸收过程相比，离子液体吸收过程成本更高，负载化离子液体膜分离过程的成本则相当[66]，多孔无机材料负载化离子液体颗粒吸收/附分离过程成本会更低，有望应用于工业气体的分离与纯化中。

2. 色谱分离

挥发性极低、对溶质的选择性高等特点使得离子液体可作为气相色谱分离的色谱柱固定相，并在分离过程中表现出极性-非极性双重性质。一般地，物理负载的离子液体对硅毛细管柱的润湿能力弱，膜的厚度不均匀，使其在分离方面的应用尤其是在多组分分离中的应用受到限制。Armstrong 课题组[69] 通过自由基反应使离子液体与填充柱之间发生交联，将混合咪唑类离子液体，如 0.1 % 的 1-乙烯基-3-壬基咪唑三氟甲磺酰胺酸盐 [C$_9$vim][Tf$_2$N]、10 % 的 1, 9-二 (3-乙烯基咪唑) 壬烷三氟甲基磺酰胺酸盐 [C$_9$(vim)$_2$][Tf$_2$N]$_2$ 负载于气相色谱柱中，作为固定相用于脂肪酸甲酯的分离。色谱柱分离效果很好，最高操作温度达 280~350 ℃，而且交联后的离子液体固定相不会影响溶质与离子液体之间的相互作用参数。李凯慧等[9] 将哑铃型离子液体与固定相 OV-1 混配后用静态涂渍法制备了柱长 8 m 的石英毛细管色谱柱。该固定相的平均极性为 90，柱效为 3800 塔板/m，最高使用温度 240 ℃，对芳香胺、多环芳烃、醇类、酯类等混合物均具有较好的分离选择性。若将手性离子液体负载在色谱柱上，还可用于对映体的色谱分离[70]。

Liu 课题组[71] 将咪唑类离子液体负载于硅胶上，用做高效液相色谱色谱柱的阴离子交换固定相，用于无机阴离子 (I^-、Br^-、Cl^-、NO_3^-、SCN^-)、有机阴离子、氨基酸、核苷酸等的分离，具有高的柱效和分辨率。

3. 液–液分离

液–液分离是重要的工业分离过程。用负载化离子液体代替传统的液体分离膜进行液–液分离近年来也取得了很大的进展。 Matsumoto 等[72] 将离子液体 [bmim][PF$_6$]、[hmim][PF$_6$]、[omim][PF$_6$] 与聚偏氯乙烯复合成膜，研究苯、甲苯、对二甲苯等芳香烃与庚烷在离子液体膜中的通量及选择透过性。结果表明，芳香烃能大量通过离子液体膜，选择性很高，在离子液体支撑膜中的透过率比在水和液体表面活性剂支撑膜中高 20 倍左右，说明离子液体支撑膜可作为芳香烃与饱和链烃分离的有效手段。但是，由于离子液体的黏度大，溶质在离子液体膜中的透过速率明显小于水或其他表面活性剂液体膜。

Branco 等[73] 研究了多种有机化合物在负载化离子液体膜中的渗透性，发现离子液体和聚合物载体的合适组合对溶质的选择性分离非常重要。聚偏氟乙烯负载 [bmim][PF$_6$] 用于仲胺和叔胺混合物分离时，由于仲胺与咪唑阳离子形成氢键，在离子液体相有高的分配系数，因此对仲胺有很高的选择透过性 (55:1)。

Miyako[14] 利用两种不同的脂肪酶对异丁苯丙酸 (布洛芬) 异构体的选择性酯化和水解反应，将负载化离子液体膜用于从消旋混合物中分离 S- 对映异构体。在进料水相中，CRL 脂肪酶选择性催化 S- 布洛芬的酯化反应，生成的酯溶解在负载化离子液膜中，并扩散到接收相，在接收相被 PPL 脂肪酶水解，得到 S- 布洛芬，如图 4.134 所示。Branco[13] 也报道了负载化离子液体膜用于异构体的分离。

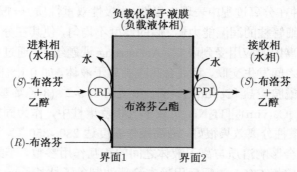

图 4.134　利用酶的选择性催化和负载化离子液体膜分离对映异构体示意图[14]
CRL: 皱褶假丝酵母酶 (Lipase from Candida rugosa);
PPL: 猪胰脂肪酶 (Lipase from porcine pancreas)

4.7.4　负载化离子液体用作聚电解质

离子液体具有非常高的离子导电性，一般在 $10^{-4} \sim 10^{-2}$ S·cm^{-1}，例如，1- 乙基 -3- 甲基咪唑盐的离子导电性高达 10^{-2} S·cm^{-1}，可用于锂离子电池、燃料电池、太阳能电池、电容器等。通过在离子液体的阴离子或阳离子上引入可聚合基团，经聚合反应制得聚合物–固体聚电解质，成膜后能满足电子器件小型化和轻量化的要求，并克服液体电解质易泄漏的缺点，成为新的研究热点。

在离子液体中引入可聚合基团对其导电性一般没有明显影响，但当离子液体聚合后，由于离子液体结构固定在聚合物链上，离子运动性减弱，玻璃化温度明显升高，离子导电性往往呈几个数量级地大幅度下降。例如，1- 乙烯基 -3- 乙基咪唑 TFSI 盐的离子电导率为 10^{-2} S·cm^{-1}，但其聚合物的离子导电性仅为 10^{-6} S·cm^{-1}。

在聚合物主链与离子液体的阴离子或阳离子之间引入柔性间隔基可提高阴离子或阳离子运动性，从而提高其离子导电性。Ohno 课题组[27,30~32] 合成了一系列阳离子型和阴离子型咪唑类离子液体聚合物，研究了咪唑阳离子的位置、间隔基结构和长度、阴离子等对离子导电性的影响。在可聚合离子液体的乙烯基和阴离子或阳离子之间引入间隔基时会使其离子导电性有所下降，生成聚合物后还会继续下降。但是，与不含间隔基的情况相比，含间隔基的单体在聚合前后的离子导电性下降幅度明显减小，且聚合物的导电性也明显增大，室温下可达 10^{-4} S·cm^{-1}。咪唑阳离子的自由度对导电性有显著的影响。对某些阴离子型聚合物，如聚 (乙烯基磺酸甲基咪唑盐)，即使没有间隔基，咪唑阳离子也有较大的自由度，室温下的导电性也能达到 10^{-4} S·cm^{-1}。离子液体聚合物的离子导电性依赖于其玻璃化温度，玻璃化温度越低，离子导电性越高，如图 4.135 至图 4.138 所示。

玻璃化温度过低的聚电解质呈黏性橡胶状，缺乏足够的强度。加入少量交联单体 (如聚乙二醇二丙烯酸酯) 进行共聚，可制得具有足够力学性能的透明的柔性聚电解质膜[31]。它是导电性最好的单离子导电材料之一。但是，在引入间隔基或进行交联时引入的醚键导致聚电解质热稳定性下降，使其应用受到一定限制。采用含离子液体结构的交联剂，可同时获得高的离子导电性 ($>10^{-4}$ S·cm^{-1}) 和热稳定性 ($>400\ ^\circ\mathrm{C}$)[37]。

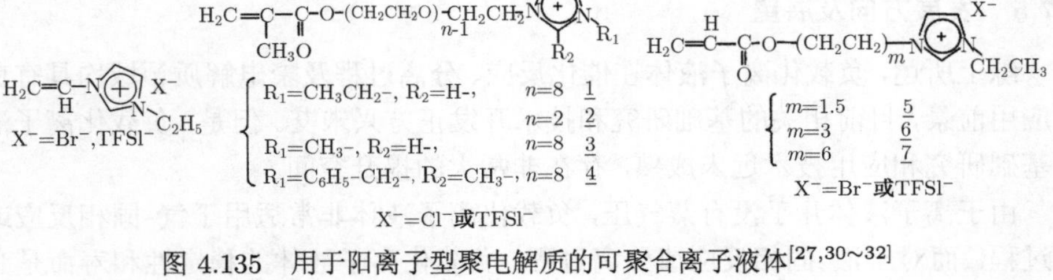

图 4.135　用于阳离子型聚电解质的可聚合离子液体[27,30~32]

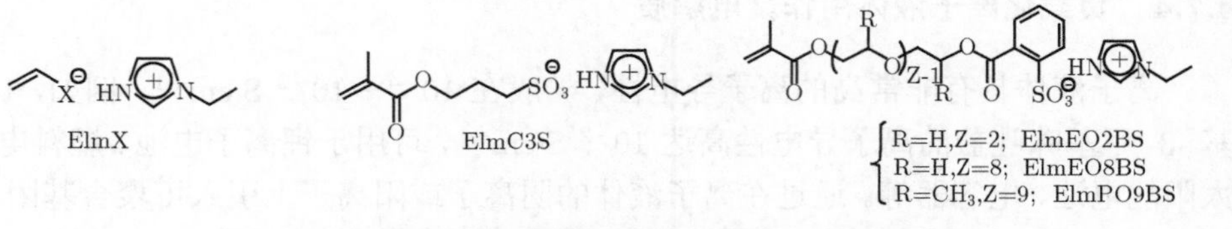

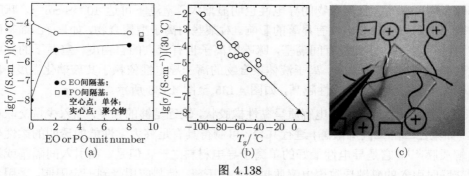

图 4.136   用做阴离子型聚电解质的可聚合离子液体[32,34]

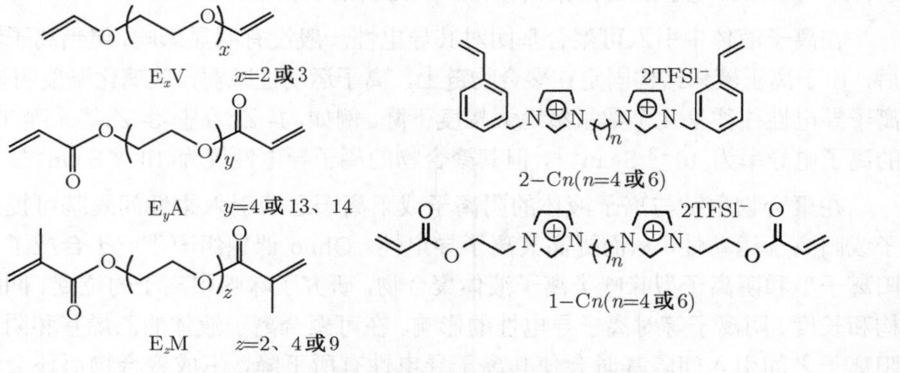

图 4.137   用交联型离子液体聚合物的交联剂[31,37]

图 4.138

(a) 不同长度的间隔基对可聚合离子液体及其聚合物导电性的影响 (单体结构见图 4.136)[32];

(b) 阴离子型离子液体聚合物的离子导电性与玻璃化温度的关系[32]; (c) 交联的柔性聚电解质膜[31]

4.7.5   发展方向及展望

综上所述, 负载化离子液体在催化反应、分离过程及聚电解质领域均具有良好的应用前景, 目前相关的基础研究和技术开发正方兴未艾。但是, 负载化离子液体的基础研究和应用技术远未成熟, 存在非常大的提升空间。

由于离子液体几乎没有蒸气压, 负载化离子液体非常适用于气–固相反应或分离过程。而对于液–固相反应或分离过程, 负载化离子液体的稳定性和寿命是必须考虑的问题。对于物理负载的离子液体而言，连续液相中的有机溶剂对离子液体和金属或多或少的溶解能力会导致其流失；即使对化学负载的离子液体而言，溶解在离子液体中的金属催化剂仍存在流失的可能。可能的解决方法包括：① 充分利用离子液体自身的催化作用，即负载化离子液体中的离子液体自身起到催化作用，无需另加催化剂；② 离子液体中的离子直接作为配体或转化为配体，与金属原子配合，将金属原子固定住；③ 离子液体与金属催化剂同时固定。应该指出，负载化离子液体的稳定性和使用寿命需经长期连续运行的评价，才能得出真正可靠的结论。

　　一般而言，离子液体具有良好的热稳定性，但对于某些高温气-固相反应和分离过程，负载化离子液体的热稳定性仍有待提高。此外，针对特定应用的离子液体结构设计、连续相介质 (溶剂或气体、湿气等) 在载体上的吸附或在离子液体中的溶解对负载化离子液体的影响、对气体深度纯化的能力、聚电解质离子导电性的进一步提高、应用领域的进一步拓展等也是今后应着力研究解决的问题。

　　总之，负载化离子液体目前已在催化、分离、气体吸收与纯化、聚电解质等领域展示出良好的应用前景；随着研究工作的深入进行，今后有望在上述领域中得到大规模的应用。

参 考 文 献

[1] Rao V, Datta R. Development of a supported molten salt Wacker catalyst for the oxidation of ethylene to acetaldehyde. J Catalysis, 1988, 114: 377~387

[2] Mehnert C P, Cook R A, Dispenziere N C, et al. Supported ionic liquid catalysis: a new concept for homogeneous hydroformylation catalysis. J Am Chem Soc, 2002, 124: 12932,12933

[3] Hagiwara H, Sugawara Y, Isobe K, et al. Immobilization of Pd(OAc)$_2$ in ionic liquid on silica: application to sustainable Mizoroki-Heck reaction. Org Lett, 2004, 6(14): 2325~2328

[4] Mehnert C P, Mozeleski E J, Cook R A. Supported ionic liquid catalysis investigated for hydrogenation reactions. Chem Commun, 2002, (24): 3010,3011

[5] Valkenberg M H, DeCastro C, Hölderich W F. Friedel-crafts acylation of aromatics catalysed by supported ionic liquids. Appl Catal A Gen, 2001, 215(1/2): 185~190

[6] Huang J, Jiang T, Gao H X, et al. Pd nanoparticles immobilized on molecular sieves by ionic liquids: heterogeneous catalysts for solvent-free hydrogenation. Angew Chem Int Ed, 2004, 43(11): 1397~1399

[7] Miao S D, Liu Z M, Han B X, et al. Ru nanoparticles immobilized on montmorillonite by ionic liquids: a highly efficient heterogeneous catalyst for the hydrogenation of benzene. Angew Chem Int Ed, 2006, 45(2): 266~269

[8] Breitenlechner S, Fleck M, Muller T E, et al. Solid catalysts on the basis of supported

ionic liquids and their use in hydroamination reactions. J Mol Cat A Chem, 2004, 214: 175~179

[9]   李凯慧, 陈志瑶, 张少文等. 离子液体改性的气相色谱负载相研究. 分析化学, 2007, 35(4): 511~514

[10] Carlin R T, Fuller J. Ionic liquid-polymer gel catalytic membrane. Chem Commun, 1997, 15: 1345, 1346

[11] Cho T H, Fuller J, Carlin R T. Catalytic hydrogenation using supported ionic liquid membranes. High Temp Mater Processes, 1998, 2(4): 543~558

[12] Jiang Y Y, Zhou Z, Jiao Z, et al. SO$_2$ gas separation using supported ionic liquid membranes. J Phys Chem B, 2007, 111(19): 5058~5061

[13] Branco L C, Crespo J G, Afonso C A M. Highly selective transport of organic compounds by using supported liquid membranes based on ionic liquids. Angew Chem Int Ed, 2002, 41: 2771~2773

[14] Miyako E, Maruyama T, Kamiya N, et al. Enzyme-facilitated enantioselective transport of (S)-ibuprofen through a supported liquid membrane based on ionic liquids. Chem Commun, 2003, 23: 2926,2927

[15] Mikkola J-P, Aumo J, Murzin D Y, et al. Structured but not over-structured: woven active carbon fibre matt catalyst. Catalysis Today, 2005, 105: 325~330

[16] Wolfson A, Vankelecom I F J, Jacobs P A. Co-immobilization of transition-metal complexes and ionic liquids in a polymeric support for liquid-phase hydrogenations. Tetrahedron Lett, 2003, 44: 1195~1198

[17] DeCastro C, Sauvage E, Valkenberg M H, et al. Immobilised ionic liquids as Lewis acid catalysts for the alkylation of aromatic compounds with dodecene. J Catal, 2000, 196(1): 86~94

[18] Sauvage E, Valkenberg M H, DeCastro C. Immobilised ionic liquids. US 2002016907, 2002

[19] Kang K K, Jung S A, Rhee H K. Ionic liquids supported on mesocelluar foam silica (MCF) and its catalytic activity. J Chin Inst Chem Eng, 2006, 37: 17~23

[20] 刘春萍, 孙琳, 温全武等. 硅胶负载化离子液体的合成与催化醚化性能. 广州化工, 2007, 35(2): 21,22

[21] Valkenberg M H, DeCastro C, Hölderich W F. Immobilisation of chloroaluminate ionic liquids on silica materials. Top Catal, 2001, 14: 139~144

[22] Kim D W, Chi D Y. Polymer-supported ionic liquids: imidazolium salts as catalysts for nucleophilic substitution reactions including fluorinations. Angew Chem Inter Ed, 2004, 43(4): 483~485

[23] 董芬. 高分子负载催化剂的制备及其催化性能研究. 暨南大学硕士学位论文, 2007

[24] Valkenberg M H, DeCastro C, Hölderich W F. Immobilisation of ionic liquids on solid supports. Green Chem, 2002, 4: 88~93

[25] Gadenne B, Hesemann P, Moreau J J E. Supported ionic liquids: ordered mesoporous silicas containing covalently linked ionic species. Chem Commun, 2004, 15: 1768, 1769

[26] Shi F, Zhang Q H, Li D M, et al. Silica gel confined ionic liquids: a new attempt for the development of supported nano liquid catalysis. Chem Eur J, 2005, 11: 5279~5288

[27] Ohno H. Molten salt type polymer electrolytes. Electxochim Acta, 2001, 46(10,11): 1407~1411

[28] Watanabe M, Yamada S-I, Ogata N. Ionic conductivity of polymer electrolytes containing room temperature molten salts based on pyridinium halide and aluminium chloride. Electxochim Acta, 1995, 40: 2285~2288

[29] Hirao M, Ito K, Ohno H. Preparation and polymerization of new organic molten salts; N-alkylimidazolium salt derivatives. Electxochim Acta, 2000, 45: 1291~1294

[30] Yoshizawa M, Ohno H. Synthesis of molten salt-type polymer brush and effect of brush structure on the ionic conductivity. Electxochim Acta, 2001, 46: 1723~1728

[31] Washiro S, Yoshizawa M, Nakajima H, et al. Highly ion conductive flexible films composed of network polymers based on polymerizable ionic liquids. Polymer, 2004, 45: 1577~1582

[32] Ohno H, Yoshizawa M, Ogihara W. Development of new class of ion conductive polymers based on ionic liquids. Electrochimi Acta, 2004, 50: 255~261

[33] Tang J B, Tang H D, Sun W L, et al. Poly(ionic liquid)s as new materials for CO_2 absorption. J Polym Sci Part A Polym Chem, 2005, 43: 5477~5489

[34] Yoshizawa M, Ogihara W, Ohno H. Novel polymer electrolytes prepared by copolymerization of ionic liquid monomers. Polym Adv Technol, 2002, 13: 589~594

[35] An D, Wu L B, Li B-G, et al. Synthesis and SO_2 absorption/desorption properties of poly(1,1,3,3-tetramethylguanidine acrylate). Macromolecules, 2007, 40: 3388~3393

[36] Wu L B, An D, Dong J, et al. Preparation and SO_2 absorption/desorption properties of crosslinked poly(1,1,3,3-tetramethylguanidine acrylate) porous particles. Macromol Rapid Commun, 2006, 27: 1949~1954

[37] Nakajima H, Ohno H. Preparation of thermally stable polymer electrolytes from imidazolium-type ionic liquid derivatives. Polymer, 2005, 46: 11499~11504

[38] Kim J-H, Jun B-H, Byun J-W, et al. N-Heterocyclic carbene–palladium complex on polystyrene resin surface as polymer-supported catalyst and its application in Suzuki cross-coupling reaction. Tetrahedron Lett, 2004, 45: 5827~5831

[39] 田小宁, 乔聪震, 张金昌等. 负载离子液体合成十二烷基苯. 石油化工, 2004, 33(8): 714~716

[40] Valkenberg M H, DeCastro C, Hölderich W F. Immobilisation of ionic liquids on solid supports. Green Chem, 2002, 4: 88~93

[41] Riisager A, Wasserscheid P, van Hal R, et al. Continuous fixed-bed gas-phase hydroformylation using supported ionic liquid-phase (SILP) Rh catalysts. J Catal, 2003,

219(2): 452~455

[42]   Riisager A, Fehrmann R, Haumann M, et al. Stability and kinetic studies of supported ionic liquid phase catalysts for hydroformylation of propene. Ind Eng Chem Res, 2005, 44(26): 9853~9859

[43]   Yang Y, Deng C X, Yuan Y Z. Characterization and hydroformylation performance of mesoporous MCM-41-supported water-soluble Rh complex dissolved in ionic liquids. J Catal, 2005, 232(1): 108~116

[44]   张庆华, 石峰, 邓友全等. 硅胶担载离子液体催化剂的制备及其在由胺制二取代脲反应中的应用. 催化学报, 2004, 25(08): 607~610

[45]   Hagiwara H, Sugawara Y, Hoshi T, et al. Sustainable Mizoroki–Heck reaction in water: remarkably high activity of $Pd(OAc)_2$ immobilized on reversed phase silica gel with the aid of an ionic liquid. Chem Commun, 2005, 23: 2942~2944

[46]   Kazuya Y, Chie Y. Peroxotungstate immobilized on ionic liquid-modified silica as a heterogeneous epoxidation catalyst with hydrogen peroxide. J Am Chem Soc, 2005, 127: 530, 531

[47]   Li D M, Shi F, Shu G, et al. One-pot synthesis of silica gel confined functional ionic liquids: effective catalysts for deoximation under mild conditions. Tetrahedron Letters, 2004, 45: 265~268

[48]   Li D M, Shi F, Deng Y Q. One-step C=N, C=O bonds cleavage and C=O, C=N bonds formation over supported ionic liquid in water. Tetrahedron Lett, 2004, 45: 6791~6794

[49]   Gruttadauria M, Riela S, Meo P L, et al. Supported ionic liquid asymmetric catalysis: a new method for chiral catalysts recycling-the case of proline-catalyzed Aldol reaction. Tetrahedron Lett, 2004, 45(32): 6113~6116

[50]   Tang J B, Sun W L, Tang H D, et al. Enhanced CO_2 Absorption of Poly(ionicliquid)s. Macromolecules, 2005, 38: 2037~2039

[51]   Tang H D, Tang J B, Ding S J, et al. Atom transfer radical polymerization of styrenic ionic liquid monomers and carbon dioxide absorption of the polymerized ionic liquids. J Polym Sci A: Polym Chem, 2005, 43(7): 1432~1443

[52]   Tang J B, Tang H D, Sun W L, et al. Low-pressure CO_2 sorption in ammonium-based poly(ionic liquid)s. Polymer, 2005, 46: 12460~12467

[53]   Blasig A, Tang J B, Hu X D, et al. Magnetic suspension balance study of carbon dioxide solubility in ammonium-based polymerized ionic liquids. Fluid Phase Equilibria, 2007, 256: 75~80

[54]   Blasig A, Tang J B, Hu X D, et al. Carbon dioxide solubility in polymerized ionic liquids containing ammonium and imidazolium cations from magnetic suspension balance: P[VBTMA][BF_4] and P[VBMI][BF_4]. Ind Eng Chem Res, 2007, 46(17): 5542~5547

[55]   Bates E D, Mayton R D, Ntai I, et al. CO_2 capture by a task-specific ionic liquid. J Am Chem Soc, 2002, 124(6): 926~927

[56]　Zhang J M, Zhang S J, Dong K, et al. Supported absorption of CO_2 by tetrabutylphos-phonium amino acid ionic liquids. Chem Eur J, 2006, 12(15): 4021~4026

[57]　Wu W Z, Han B X, Gao H X, et al. Desulfurization of flue gas: SO_2 absorption by an ionic liquid. Angew Chem Int Ed, 2004, 43: 2415~2417

[58]　张锁江, 袁晓亮, 陈玉焕. 用醇胺羧酸盐离子液体吸收 SO_2 气体的方法. CN1698928, 2005

[59]　Quinn R, Appleby J B, Pez G P. New facilitated transport membranes for the sepa-ration of carbon dioxide from hydrogen and methane. J Membr Sci, 1995, 104(1~2): 139~146.

[60]　Quinn R, Appleby J B, Pez G P. Hydrogen sulfide separation from gas streams using salt hydrate chemical absorbents and immobilized liquid membranes. Sep Sci Technol, 2002, 37(3): 627~638

[61]　Scovazzo P, Kieft J, Finan D A, et al. Gas separations using non-hexafluorophosphate $[PF_6]$-anion supported ionic liquid membranes. J Membr Sci, 2004, 238(1/2): 57~63

[62]　Ilconich J, Myers C, Pennfine H, et al. Experimental investigation of the permeability and selectivity of supported ionic liquid membranes for CO_2/He separation at temper-atures up to 125 ℃. J Membr Sci, 2007, 298(1~2): 41~47

[63]　Bara J E, Lessmann S, Gabriel C J, et al. Synthesis and performance of polymerizable room-temperature ionic liquids as gas separation membranes. Ind Eng Chem Res, 2007, 46(16): 5397~5404

[64]　Gan Q, Rooney D, Xue M L, et al. An experimental study of gas transport and separation properties of ionic liquids supported on nanofiltration membranes. J Membr Sci, 2006, 280(1~2): 948~956

[65]　Lee S H, Kim B S, Lee E W, et al. The removal of acid gases from crude natural gas by using novel supported liquid membranes. Desalination, 2006, 200: 21, 22

[66]　Baltus R E, Counce R M, Culbertson B H, et al. Examination of the potential of ionic liquids for gas separation. Sep Sci Technol, 2005, 40: 525~541

[67]　Hu X D, Tang J B, Blasig A, et al. CO_2 permeability, diffusivity and solubility in polyethylene glycol-grafted polyionic membranes and their CO_2 selectivity relative to methane and nitrogen. J Membr Sci, 2006, 281: 130~138

[68]　Morgan D, Ferguson L, Scovazzo P. Diffusivities of gases in room-temperature ionic liquids: data and correlations obtained using a lag-time technique. Ind Eng Chem Res, 2005, 44(13): 4815~4823

[69]　Anderson J L, Armstrong D W. Immobilized ionic liquids as high-selectivity/high-temperature/high-stability gas chromatography stationary phases. Anal Chem, 2005, 77(19): 6453~6462

[70]　Ding J, Welton T, Armstrong D W. Chiral ionic liquids as stationary phases in gas chromatography. Anal Chem, 2004, 76(22): 6819~6822

[71] Qiu H, Jiang S, Liu X. *N*-Methylimidazolium anion-exchange stationary phase for high-performance liquid chromatography. J Chromatography A, 2006, 1103(2): 265~270

[72] Matsumoto M, Inomoto Y, Kondo K. Selective separation of aromatic hydrocarbons through supported liquid membranes based on ionic liquids. J Membr Sci, 2005, 246(1): 77~81

[73] Branco L C, Crespo J G, Afonso C A M. Studies on the selective transport of organic compounds by using ionic liquids as novel supported liquid membranes. Chem Eur J, 2002, 8(17): 3865~3871

第 5 章 离子液体在资源与环境中的应用

5.1 离子液体在纤维素科学研究中的新进展

近年来，天然生物质资源特别是纤维素资源的有效利用得到了人们广泛的关注。纤维素是自然界中储量最丰富的天然高分子化合物，每年通过光合作用产生的纤维素达 1.5×10^{12} 吨[1]，被认为是"取之不尽"的天然原料。纤维素除了具有可再生的特点之外，还具有可生物降解、生物相容性好、易于改性等优点。随着石油、煤炭等不可再生资源的日益短缺，天然纤维素资源的有效利用不仅减少了对有限石油资源的依赖，而且还有利于环境保护，符合人类社会可持续发展的需要。目前，以纤维素为原料，生产形式多样的再生纤维素材料 (纤维膜、纤维) 和纤维素衍生物 (纤维素酯和醚) 以及利用纤维素水解制备化合物特别是燃料乙醇方面的研究已受到越来越多重视。

由于聚集态结构的特点，使得天然纤维素不熔，在大多数溶剂中不溶解，这成为天然纤维素在实际应用中的最大障碍。传统工业生产再生纤维素和纤维素衍生物的方法多存在流程复杂、污染严重、试剂消耗量大、溶剂回收困难等缺点。因此，开发新型高效的纤维素溶剂一直是纤维素领域的研究重点之一。20 世纪 70 年代以来，很多纤维素溶剂体系相继被发现。例如，氯化锂 (LiCl)/N, N-二甲基乙酰胺 (DMAc)，LiCl/N-甲基 -2- 吡咯烷酮 (NMP)，LiCl/1,3- 二甲基 -2- 咪唑烷酮 (DMI)，二甲基亚砜 (DMSO)/三水合氟化四丁基胺 (TBAF)，DMSO/多聚甲醛，N-甲基 -吗啉-N-氧化物 (NMMO)，此外，还有一些水合熔融盐体系，例如，$LiClO_4 \cdot 3H_2O$ 和 $LiSCN \cdot 2H_2O$ 等[2]。一些溶剂体系已被证实是有效的纤维素均相衍生化介质，如 DMAc/LiCl 和 DMSO/TBAF 体系均为研究较多的纤维素均相衍生化体系，其中，只有 NMMO 溶剂体系在制备再生纤维素纤维方面实现了工业化。然而，上述溶剂都或多或少存在溶解能力有限、溶解窗口窄、有毒、成本高、溶剂回收困难、副反应严重以及用于纤维素均相反应过程中不稳定等缺点。即使是已经取得产业化的 NMMO 溶剂体系，也还存在溶剂价格昂贵、回收成本高等问题，至今仍未能完全取代污染严重、能耗高的传统黏胶技术。

基于在绿色化学和清洁生产研究领域的成功应用，近年来，室温离子液体被认为是传统挥发性溶剂的理想替代品。自从 Swatloski 等[3] 报道了纤维素可以在离子液体中溶解以来，离子液体在纤维素加工中的应用已经引起学术界和工业界的极大重视，特别是近两年来，相关的研究报道大量出现。在本节中，将主要介绍离子液体应用于纤维素科学领域的一些最新研究进展，包括新型离子液体应用于纤维素的溶解及其溶解机理与溶液行为，离子液体应用于制备再生纤维素材料，以离子液体为介质的纤维素均相衍生化反应，离子液体应用于纤维素水解等。为了体现出该领域研究进展的系统性和完整性，前文[4] 描述的一些早期研究结果在本节中也将简要涉及。

5.1.1　纤维素在离子液体中的溶解

1. 纤维素在新型离子液体中的溶解

Swatloski 等的研究[3] 表明，一些离子液体对纤维素具有良好的溶解能力，其中，含有卤素阴离子的咪唑类离子液体更适合用于溶解纤维素，特别是 [bmim]Cl 对纤维素表现出最好的溶解能力。在 100 ℃ 的普通加热方式下，聚合度 (DP) 为 1000 的可溶性纤维素浆粕的溶解度为 10%(质量分数)，而在微波加热方式下纤维素溶解度甚至达到了 25 %(质量分数)。Heinze 等[5] 比较了三种离子液体：[bmim]Cl、[bmpy]Cl 和苄基二甲基十四烷基氯化铵 (BDTAC) 对不同聚合度纤维素的溶解能力。他们发现这三种离子液体都是纤维素的直接溶剂，其中 [bmpy]Cl 虽然对纤维素的溶解能力很高，但纤维素在溶解过程中降解严重，而在 BDTAC 中，纤维素降解程度较轻，但溶解度也很低；因此，[bmim]Cl 由于对纤维素的溶解度最高且溶解过程中纤维素降解程度较轻，被认为是三种离子液体中对纤维素有最佳溶解能力的离子液体。例如，[bmim]Cl 对聚合度为 1198 的棉短绒的溶解度可以达到 10%(质量分数)，而且溶解后棉短绒的聚合度只降低到 812。通过对纤维素在 [bmim]Cl 中的 ^{13}C NMR 谱图分析，如图 5.1 所示，可以认为，[bmim]Cl 对纤维素的溶解是物理溶解，溶解过程中没有发生明显的化学反应。Egorov 等[6] 考察了 1- 丁基 -2,3- 二甲基咪唑氯盐 {bmmim}Cl} 离子液体对纤维素的溶解能力，结果表明，[bmmim]Cl 对纤维素的溶解能力没有 [bmim]Cl 强大，例如，在 110 ℃ 下，[bmim]Cl 在 60 min 内可以溶解 5.2%(质量分数) 的可溶性滤纸，而相同条件下 [bmmim]Cl 只能溶解 4.5%(质量分数)，而且当溶液冷却至 90 ℃ 时，纤维素的 [bmmim]Cl 溶液黏度很大，不利于操作。最近，Erdmenger 等[7] 报道了阴离子为氯离子，阳离子为 1- 烷基 -3- 甲基咪唑的离子液体对纤维素的溶解性能，比较了 1- 烷基 -3- 甲基咪唑氯盐离子液体中咪唑环上取代烷基的链长对离子液体溶解纤维素能力的影响，如图 5.2 所示。有趣的是，他们发现，在 2~6 个取代碳链范围内，取代烷基链长对离子液体溶解纤维素能力的影响存在较明显的奇偶效应，即偶数烷基链取代的离子液体对纤维素的溶解能力明显优于奇数烷基链取代的离子液体。其中偶数碳链中最理想的纤维素溶剂为 [bmim]Cl，它可以溶解高达 20%(质量分数) 微晶纤维素；奇数碳链中最佳的纤维素溶剂是 [hmim]Cl，可以溶解 5%(质量分数) 的纤维素。最近，Sheldrake 和 Schleck[8] 还报道了一种新型、热稳定性高的双阳离子型离子液体 [b(mim)$_2$]Cl$_2$，该离子液体也能够溶解纤维素，但文中没有直接给出具体溶解度数据。

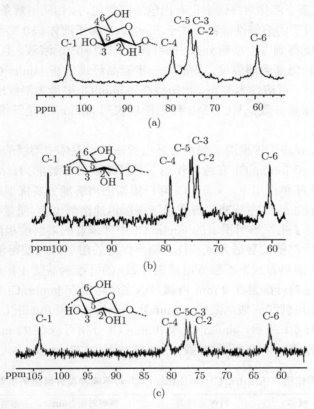

图 5.1　纤维素在离子液体溶液中的 ^{13}C NMR 谱图

(a) [bmim]Cl[5]; (b) [amim]Cl[9]; (c) [emim]Ac[10]

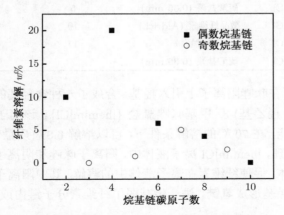

图 5.2　代烷基的链长对离子液体溶解纤维素能力的影响[7]

任强等[11] 研究发现，通过在咪唑环上引入烯丙基 ($—CH_2—CH=CH_2—$)，合成的 [amim]Cl 离子液体对纤维素也有出色的溶解能力。相同溶解条件下，[amim]Cl 离子液体对纤维素的溶解性能甚至优于 [bmim]Cl 离子液体。80 ℃ 油浴中施以磁力搅拌，30 min 就得到 5%(质量分数) 的纤维素 (DP=650) 溶液，且纤维素不降解。延长溶解时间和提高溶解温度，均能进一步提高纤维素在 [amim]Cl 中的溶解度。类似溶解条件下，可溶性木浆粕，棉短绒在 [amim]Cl 中最大溶解度分别可以达到 14.5% 和 8.0%(质量分数)。^{13}C NMR 结果同样表明 [amim]Cl 是纤维素的直接溶剂，如图 5.1 所示。

最近，Mikkola[12] 等报道了超声对纤维素在离子液体中溶解的促进作用，并比较了 [amim]Cl 和 [bmim]Cl 在超声作用下对纤维素的溶解能力。结果如表 5.1 所示，他们认为在超声作用下，[amim]Cl 对纤维素的溶解能力要优于 [bmim]Cl，在他们的报道中，[amim]Cl 在脉冲超声作用下可以迅速溶解 27%(质量分数) 的微晶纤维素，远远超过了张军等所报道的 [amim]Cl 中纤维素的溶解度极限。而且与纤维素在离子液体中溶解的普通方式相比，超声促进的溶解方式使得溶解时间大大缩短。例如，普通加热方式下溶解 5%(质量分数) 的纤维素需要 1 h 或更多，而超声作用下相同含量的纤维素在 2 min 内就可以完全溶解在 [amim]Cl 中。对于其他类型的纤维素 [棉短绒和硫酸盐浆 (0.35 mm)]，[amim]Cl 和 [bmim]Cl 的溶解能力则差别不大，如表 5.1 所示，[amim]Cl 和 [bmim]Cl 分别可以在 22 min 和 17 min 内溶解 8%(质量分数) 和 9%(质量分数) 的硫酸盐浆 (0.35 mm)。

表 5.1　超声作用下 [amim]Cl 和 [bmim]Cl 对不同种类纤维素的溶解能力对比[12]

编号	离子液体	纤维素种类	溶解时间/min	溶解度 (质量分数)/%
1	[amim]Cl	微晶纤维素 (Aldrich)	22	27
2	[amim]Cl	棉短绒	22	13
3	[amim]Cl	硫酸盐浆 (0.35 mm)	5	8
4	[bmim]Cl	微晶纤维素 (Aldrich)	10	8
5	[bmim]Cl	棉短绒	17	10
6	[bmim]Cl	硫酸盐浆 (0.35 mm)	7	9

罗慧谋等[13] 在咪唑阳离子上引入羟基，合成了一种含羟基的阳离子功能化离子液体 ——1-(2- 羟乙基)-3- 甲基咪唑氯盐 {[hemim]Cl}。该离子液体对纤维素也有较好的溶解性能，在 70 ℃ 的溶解条件下，可以溶解 6.8%(质量分数) 的微晶纤维素。按照 EDA 机理，[hemim]Cl 离子液体中，阳离子咪唑和阴离子氯分别作为电子的接受体和给予体，促使纤维素在离子液体中的溶解。其中阳离子侧链上的羟基与纤维素分子上的羟基形成氢键，进一步减弱了纤维素分子链内或分子链间的氢键，使得纤维素溶解。

牛海涛等[14] 则研究了纤维素/[hemim]Cl 溶液的流变性能。结果表明，该溶液属于切力变稀流体；随着溶液浓度的增加和温度的降低，溶液的非牛顿指数随之减小，而结构黏度指数、零切黏度随之增大；溶液的黏流活化能显示其表观黏度对温度比较敏感。为纤维素/[hemim]Cl 溶液纺丝提供理论依据。

目前已报道的对纤维素具有优良溶解性能的咪唑型离子液体的阴离子均为卤素，且阴离子为氯离子时效果最好。不过，最近的研究发现，烷基取代咪唑羧酸盐离子液体对纤维素也表现出优良的溶解性能。Fukaya 等[15] 合成了一系列不含卤素的 1,3- 二烷基咪唑甲酸盐离子液体 {[pmim][HCOO]}。该离子液体黏度低，且含有强的氢键接受体，因此对纤维素有优异的溶解性能。其中 1- 丙基 -3- 甲基咪唑甲酸型离子液体对纤维素的溶解性能比 [amim]Cl 还要好，例如，当溶解 10%(质量分数) 的纤维素时，[amim]Cl 需要加热到 100 ℃，而 [pmim][HCOO] 则只需要 60 ℃。然而，甲酸型离子液体虽然对纤维素有很好的溶解性能，但其热稳定性较差，而且是通过两步法制备得到的，合成过程比较复杂。为了克服上述缺点，Fukaya 等[16] 进一步用一步法制备了一系列阳离子为 [emim]，阴离子分别为 [MeSO₃]⁻，[MeOSO₃]⁻，[EtOSO₃]⁻ 和 [(MeO)₂PO₂]⁻ 的离子液体，并考察了这些离子液体对纤维素的溶解性能，发现只有 [emim][(MeO)₂PO₂] 型离子液体可以在 45 ℃溶解微晶纤维素。[emim][(MeO)₂PO₂] 离子液体不仅黏度低，而且热稳定性比甲酸型离子液体有所提高。文中讨论的三种离子液体 (图 5.3)，都可以在室温下溶解纤维素。

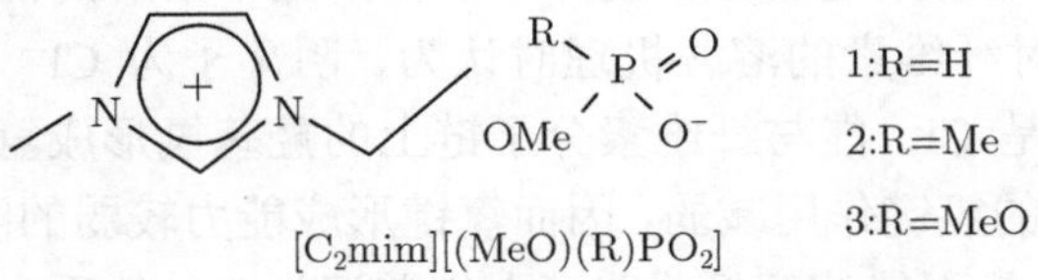

$$[C_2mim][(MeO)(R)PO_2]$$

1:R=H
2:R=Me
3:R=MeO

图 5.3　[emim][(MeO)₂PO₂]离子液体的化学结构[16]

此外，张昊[10] 的研究也发现，1- 乙基 -3- 甲基咪唑醋酸盐 {[emim]Ac}离子液体溶解纤维素的能力很强。他们认为，[emim]⁺ 和 [CH₃COO]⁻ 两种离子在溶液中处于游离状态，与纤维素的羟基相互作用，生成 [emim]-Cell-Ac 配合物，使纤维素分子内或分子间的氢键减弱，纤维素得以溶解。需要指出的是，和相应的咪唑卤代盐离子液体相比，1,3- 二烷基取代咪唑醋酸盐离子液体具有更低的熔点和黏度，而且对纤维素有更强的溶解能力，在相似的溶解条件下，可溶性木浆粕，棉短绒在 [emim]Ac 中最大溶解度分别可以达到 16%、10 %(质量分数)，而且溶解时间比 [amim]Cl 中短，这在纤维素溶解和再生的加工操作中具有实际意义。¹³C NMR 测试证明 (图 5.1)，[emim]Ac 对纤维素的溶解也是物理溶解过程。

郭明等[17] 合成了一种新的咪唑类离子液体——二氯二 (3,3- 二甲基) 咪唑基亚砜盐 {[(mim)$_2$SO]Cl$_2$},初步研究了该离子液体对微晶纤维素的溶解性能。通过正交实验确定了最佳的实验条件为：15% 的 NaOH 溶液活化纤维素,溶解温度为 80 ℃,溶解时间为 60 min,离子液体不含水。结果表明,在最佳实验条件下 [(mim)$_2$SO]Cl$_2$ 离子液体可以溶解约 2%(质量分数) 的微晶纤维素,红外光谱分析结果表明,溶解过程中未发生纤维素的衍生化反应。

Abbot 等[18] 还报道了一种复合型离子液体——氯化胆碱/氯化锌 {[ChCl]/[ZnCl$_2$]$_2$},在微波辅助条件下,可以溶解约 3%(质量分数) 的微晶纤维素,其溶解能力并不理想。

在 Rogers 课题组[19] 和张军课题组[20] 的专利中,还描述了更多类似结构的离子液体能够溶解纤维素,均以咪唑型离子液体为主。而且到目前为止,已经报道的能有效溶解纤维素的离子液体大都是咪唑型离子液体,这主要和这类离子液体具有良好的热稳定性以及溶解过程中纤维素的降解程度较轻有关。

2. 纤维素在离子液体中的溶解机理

由于对离子液体中纤维素的溶解性能研究正处于起步阶段,故关于功能化离子液体溶解纤维素的溶解机理目前还未有成熟的理论模型,因此还需要通过进一步的研究以了解纤维素在离子液体中的溶解机理。

一般认为,通过溶剂与纤维素大分子间的相互作用,有效地破坏纤维素分子链间和分子链内存在的大量氢键是使纤维素在溶剂中溶解的前提。Swotloski 等[3] 在研究 [bmim]Cl 对纤维素的溶解机理时认为,阴离子为 Cl$^-$ 的离子液体能够溶解纤维素,其原因是 Cl$^-$ 能与纤维素分子链上的羟基氢形成氢键从而使纤维素分子链间或分子链内的氢键作用减弱,因而氢键形成能力较弱的阴离子为 [BF$_4$]$^-$ 或 [PF$_6$]$^-$ 的离子液体就不能溶解纤维素。人们普遍认为,体系中高浓度的氯离子在纤维素溶解过程中起着决定性作用[21]。然而,也有人对离子液体中阳离子的化学结构对于溶解纤维素所起的作用进行了研究。例如,DMAc 和 LiCl 的混合物是非常好的纤维素溶剂,其中的氯离子也被认为在溶解纤维素过程中可以破坏其中的氢键网络。但是在所有碱金属或者碱土金属盐类中,只有 LiCl 能够组成这种二元纤维素溶剂,如果把 LiCl 换成 NaCl、KCl、BaCl$_2$、CaCl$_2$ 或者 ZnCl$_2$,都不能成为纤维素的溶剂[21]。Swotloski 等[3] 还发现随着咪唑环上的取代基长度增加阳离子尺寸增大,纤维素在咪唑型离子液体中的溶解度明显下降。与 [bmim]Cl 离子液体相比,[amim]$^+$ 阳离子上的取代基比 [bmim]$^+$ 阳离子少了一个碳,同时含有一个键长更短的双键,使它的尺寸明显小于 [bmim]$^+$ 阳离子。在前人的研究[22] 中提到,具有小的、强极性的阳离子和大的、强极性的阴离子的盐,有更强溶解纤维素的能力。根据这条经验,由于 [amim]$^+$ 阳离子有更小的尺寸,因此更容易进攻纤维素分子中羟基上的氧原子。而且由于烯丙基取代基的作用，使 [amim]$^+$ 阳离子缺电子性得到增强，进一步增加了其与氧原子的相互作用。

Rogers 课题组[23] 通过 ^{13}C NMR 研究了纤维素低聚物在 [bmim]Cl 离子液体中的溶液状态，结果表明纤维素低聚物完全溶解在 [bmim]Cl 中的状态是无序的，说明其氢键被完全破坏，证实了离子液体对纤维素的溶解是通过破坏其分子内或分子间的氢键完成的。他们[24] 进一步以纤维素单糖和二糖为模型，研究了 ^{13}C NMR 和 $^{35/37}$Cl NMR 的弛豫速率随纤维素二糖温度和浓度的变化趋势。从核磁弛豫速率的变化可以得到溶剂中每个基团的动力学信息，提供关于溶液中各个离子之间相互作用的定量数据。溶解温度对弛豫速率的影响的结果表明，随着温度的升高 $^{35/37}$Cl NMR 的弛豫速率迅速降低，证明温度升高会削弱离子对的相互作用从而促进纤维素的溶解。溶液浓度对弛豫速率的影响的结果表明，90 ℃ 的温度条件下，离子液体咪唑阳离子 ^{13}C NMR 的弛豫速率随溶液浓度的变化很小，从而认为，离子液体的阳离子和纤维素二糖之间几乎没有相互作用；而阴离子 Cl$^-$ 的 $^{35/37}$Cl NMR 弛豫速率则随着纤维素二糖浓度增加而迅速降低，说明离子液体的阴离子 Cl$^-$ 和纤维素二糖的羟基之间发生了强烈的相互作用。为了证实这个结果，他们使用和纤维素二糖分子量相当但没有形成氢键能力的五乙酰基葡萄糖 [Glcp(Ac)$_5$] 为模型聚合物，在同样的条件下研究了弛豫速率随溶液浓度的变化，如图 5.4 所示。结果表明，随着 [Glcp(Ac)$_5$] 浓度的变化，^{13}C NMR 和 $^{35/37}$Cl NMR 的弛豫速率都没有明显的变化，这进一步证实了阴离子 Cl$^-$ 和纤维素羟基之间的相互作用是导致纤维素在离子液体中溶解的主要因素。

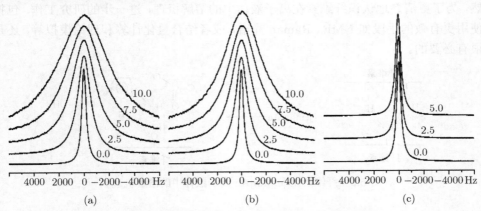

图 5.4　纤维素模型聚合物不同浓度的 ^{35}Cl NMR 谱图

(a) 纤维素二糖; (b) 葡萄糖; (c) 五乙酰基葡萄糖[24]

Youngs 等[25] 对葡萄糖在离子液体 1,3- 二甲基咪唑氯盐 [dmim]Cl 中的溶解情况做了分子模拟研究。结果表明，葡萄糖单体周围只有离子液体的阴离子 Cl$^-$,

而没有咪唑阳离子, 阴离子 Cl⁻ 分布在葡萄糖分子四周, 说明葡萄糖在离子液体中的溶解主要是因为 Cl⁻ 离子与 β- 葡萄糖的羟基氢形成了氢键, 而咪唑阳离子和葡萄糖之间的作用很弱, 这与 ¹³C NMR 的研究结果一致。此外, 在他们的研究中还确定了离子液体的 Cl⁻ 和纤维素 —OH 的相互作用比例为 4:5, 其中, 相互作用形式为三个羟基对应三个氯离子, 剩余的两个羟基则对应第四个氯离子, 形成 OH ⋯ Cl ⋯ OH 的结合形式。在进一步的模拟研究中, Youngs[26] 等又发现, 离子液体的阳离子与葡萄糖的羟基也发生了弱氢键作用, 这个弱氢键作用主要发生在咪唑环上有酸性的 C2 位的 H 原子和葡萄糖的仲羟基上的 O 原子之间。这个结果说明, 可以通过调节离子液体的阳离子咪唑环上的 H 原子的酸性来促进葡萄糖的溶解。对葡萄糖和离子液体之间相互作用的能量分析表明, 主要的相互作用来源于葡萄糖/氯离子之间的静电作用, 但葡萄糖和离子液体阳离子之间的范德华作用也很明显。

张昊以纤维素二糖为模型, 研究了纤维素二糖在离子液体 [emim]Ac 中的溶解机理[10]。¹³C NMR 研究表明: 纤维素二糖的羟基与 [emim]Ac 间存在氢键作用; 而八乙酰基纤维素二糖则不溶于 [emim]Ac, 且用 DMSO-d_6 做共溶剂时八乙酰基纤维素二糖 ¹³C NMR 谱图无变化, 说明八乙酰基纤维素二糖与 [emim]Ac 间相互作用很小甚至不存在, 从而证明离子液体与纤维素二糖之间的氢键作用是纤维素溶解的主要因素。另外向纤维素二糖/DMSO-d_6 溶液中, 不断加入 [emim]Ac, 观察到纤维素二糖碳谱的化学位移发生了变化, 从而推断阳离子也与纤维素二糖有氢键作用。在图 5.5 中我们给出了纤维素在 [emim]Ac 离子液体中溶解的可能机理。当然, 为了更清楚地认识纤维素在离子液体中的溶解机理, 进一步的研究工作, 包括使用更有效的手段如 NMR、Raman 光谱, 或者结合量化计算和理论模拟等, 还是很有必要的。

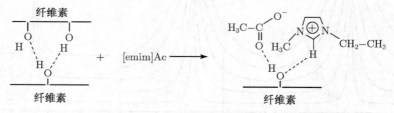

图 5.5　纤维素在 [emim]Ac 离子液体中的溶解机理[10]

5.1.2　纤维素在离子液体中的再生

1. 纤维素在离子液体中制备再生纤维素材料

纤维素的再生是指将纤维素在其有效溶剂中完全溶解后, 通过特定的方式从溶剂中析出, 聚集成预期的具有优良综合性能的纤维素制品。由于可溶解纤维素的

离子液体 {如 [bmim]Cl 和 [amim]Cl} 是亲水性的，可以任意比例与水互溶，因此，用水做凝固浴，可以从纤维素/离子液体溶液中再生出不同形式的纤维素材料 (如纤维素薄膜或纤维素纤维)。

　　Zhang 等 [9] 研究了经离子液体 [amim]Cl 再生的纤维素膜的结构与性能。对再生纤维素膜进行了 FTIR、XRD、分子量和力学性能等表征。再生前后的纤维素 FTIR 谱图的对比结果表明，离子液体 [amim]Cl 是纤维素的直接溶剂，原生纤维素红外谱图上 1432 cm^{-1} 处亚甲基 (—CH$_2$—) 剪切振动峰向低频的移动，和 3000~3500 cm^{-1} 之间的羟基 (—OH) 峰变窄并向高频移动的现象，都说明纤维素分子间的氢键被破坏。XRD 结果表明，在溶解过程中，纤维素的晶型发生由纤维素 I 到纤维素 II 的变化，结晶度变低。另外还考察了溶解温度和溶解时间对纤维素分子量的影响，结果表明，在 130 ℃ 的条件下，纤维素经过溶解与再生过程相对分子质量下降不明显，而采用回收后的离子液体溶解纤维素时，相对分子质量的变化与使用新鲜离子液体情况相似。SEM 照片显示，再生纤维素纤维存在许多沟槽，这种形态将使纤维具有吸湿、透气和易于染色的性能。

　　进一步，曹妍等 [27] 还考察了玉米秸秆纤维素在离子液体 [amim]Cl 和 [emim]Ac 中的溶解和再生。结果表明，离子液体对玉米秸秆纤维素有较好的溶解能力。比较了由玉米秸秆纤维素和浆粕在离子液体中制备的再生纤维素膜的力学性能，相同条件下，从 [amim]Cl 中得到的再生浆粕和再生秸秆纤维素膜的拉伸强度分别为 100 MPa 和 112 MPa。而相同溶解条件下在 [emim]Ac 中再生的纤维素膜强度则较低，分别为 35 MPa 和 47 MPa。说明 [amim]Cl 比 [emim]Ac 更适合做秸秆纤维素再生的溶剂。而且以上结果还说明秸秆纤维素在代替浆粕作为潜在的纤维素原料值得进一步研究。

　　翟蔚等 [28] 以皇竹草茎为原料，采用蒸气爆破和乙醇自催化制浆的方式分离出纤维素，将其溶解在 [bmim]Cl 离子液体溶液中，并在水中再生得到纤维素膜。实验表明，气爆采用 1.55 MPa，维压 5.45 mim；乙醇制浆采用 60%(V/V) 乙醇溶液，160 ℃，维持 2 h，可制备出 α-纤维素含量达到 92.65%，聚合度 620，灰分低于 0.3% 的皇竹草纤维素。再生纤维素膜结构致密，其拉伸强度和断裂伸长率分别达到了 165 MPa 和 5.9%。

　　作为重要的纺织原料，纤维素纤维具有优良的吸湿性、穿着舒适性，一直是纺织品和卫生用品的重要原料。纤维素纤维被认为是新世纪最理想、最有前途的纺织原料之一。目前用来制造再生纤维素纤维的方法主要是古老的黏胶法和 20 世纪 70 年代开发的 NMMO 法。用黏胶法制得的黏胶纤维具有良好的物理机械性能和符合卫生要求的透气性，有似棉的吸湿性，易染色性、抗静电性以及易于进行接枝改性。然而黏胶纤维的最大缺陷就是使用 CS$_2$，且在生产过程中放出 CS$_2$ 和 H$_2$S 等有毒气体和含锌废水，对空气和水造成污染，使生态环境遭到严重破坏。因此，国外发达国家在近年来已经逐步关闭了其国内的黏胶生产企业。NMMO 法生产的 Lyocell 纤维是纤维素新溶剂法的一个突破，它虽然有很多优点，但仍然存在很多问题，未能普及。由于离子液体对纤维素的良好溶解性能，研究者开始考虑研究在离子液体中纺丝，制备再生纤维素纤维。

张慧慧等[29] 以 [bmim]Cl 为溶剂，制备了纤维素/[bmim]Cl 溶液，探讨了该体系的流变性能，并对所纺得的纤维素纤维的结构与性能进行了分析。结果表明，纤维素/[bmim]Cl 溶液为切力变稀流体，当剪切速率较大时，温度对体系黏度影响较小，因此可以在较高剪切速率下降低纺丝温度；由该体系纺制的纤维具有纤维素 II 晶型的结构；随着拉伸比的提高，纤维的取向程度及结晶度增大，从而使纤维力学性能提高，所得纤维表面光滑、结构致密，纤维的力学性能、染色性能及抗原纤化性能与 Lyocell 纤维基本相近。这表明用离子液体 [bmim]Cl 所纺制的纤维素纤维性能良好，可望成为继 Lyocell 纤维之后的又一新型绿色纤维素纤维。

Kosan 等[30] 考察了纤维素在 [bmim]Cl、[emim]Cl、[bmim]Ac 和 [emim]Ac 四种离子液体中的纺丝性能，结果如表 5.2 所示。研究表明，四种离子液体都是纤维素的优良溶剂，其中在 [bmim]Cl 和 [emim]Cl 离子液体中形成的纺丝原液，在纺丝过程中有着很大的空气罅隙以及很好的纺丝稳定性，得到的再生纤维素纤维的钩接强度比 Lyocell 纤维高。而在 [bmim]Ac 中纺出的纤维其韧性和钩接强度都比较低，但是断裂伸长率则比在 [bmim]Cl 中要高。但是由于阴离子是 Ac$^-$ 的离子液体黏度相对低，所以 [bmim]Ac 和 [emim]Ac 可以实现纤维素的高浓度溶解，如表 5.2 所示，纤维素的溶解度可以接近 20%(质量分数)。而提高纺丝液的浓度不仅能够使纤维韧性变强，也提高了离子液体的利用率，同时降低了生产的成本。

表 5.2   离子液体纺丝性能比较[30]

溶剂	NMMO	[bmim]Cl	[emim]Cl	[bmim]Ac	[bmim]Ac	[emim]Ac
溶剂和纺丝参数						
纤维素浓度/%	13.5	13.6	15.8	13.2	18.9	19.6
零切黏度 (85 ℃)/(Pa·s)	9914	47540	24900	9690	63630	30560
纺丝液温度/℃	94	116	99	90	98	99
纤维性质						
钩接强度/(cN/tex)	43.6	53.4	53.4	44.1	48.6	45.6
伸长率/%	16.7	13.1	12.9	15.5	12.9	11.2
拉伸模量 (0.5%~0.7%)/(cN/tex)	942	682	903	712	715	682
聚合度	520	514	493	486	479	515

Hermanutz 等[31] 报道，BASF 公司与德国 ITCF、Denkendorf 合作生产再生纤维素纤维，最初实验室所使用的离子液体是 [bmim]Cl，结果也很令人振奋。在 [bmim]Cl 中可以溶解 16.5%(质量分数) 的纤维素，采用干喷湿纺法得到了性能优良的再生纤维素纤维。然而他们认为 [bmim]Cl 离子液体存在一定的腐蚀性，而且

该离子液体具有相对高的熔点 (70 ℃)，不利于纤维素的溶解和纺丝。他们又考察了离子液体 [emim]Ac 在纤维素纺丝中的应用。[emim]Ac 的优点是：无毒、无腐蚀性，可以溶解高达 20%(质量分数) 的纤维素而不出现凝胶效应和纤维素降解。最吸引人的是 [emim]Ac 熔点很低，在室温以下 (< −20 ℃)。这样一方面使得即使在高温下 (80~90 ℃) 操作，纺丝原液也会很稳定，无需添加稳定剂；另一方面，纺丝原液的黏度可以通过温度和纤维素的浓度在很宽的范围内调节，使得纺丝过程更加灵活。而且溶剂的回收也非常简单，只需要通过简单的蒸发操作，在循环回收使用几次之后，纤维素纤维的韧性和塑性仍不变化，纺丝原液的稳定性也保持不变。另外，文章还报道，纺丝技术不同，纤维的性能也不尽相同。例如，湿纺技术得到的纤维和黏胶纤维性质很相似。而干–湿纺方法得到的纤维则和 Lyocell 纤维相似，韧性比湿纺要高。图 5.6 是通过 [emim]Ac 法纺出的再生纤维素纤维照片。

图 5.6　[emim]Ac 离子液体中纺出的再生纤维素纤维[31]

最近，张昊[10] 以离子液体 [amim]Cl 为溶剂，采用干喷湿纺的方法也制备出外观光滑、尺寸均匀的再生纤维素纤维 (图 5.7)。并对纤维进行了 SEM 观察 (图

图 5.7　从 [amim]Cl 离子液体中纺出的再生纤维素纤维[10]

5.8)，可以发现，纤维的表面和断面结构致密，断面有微纤结构存在，纤维表面和断面形态均和 Lyocell 纤维形态相似。

 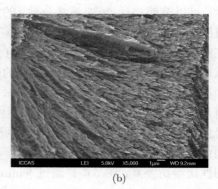

(a)　　　　　　　　　　　　　　　　　(b)

图 5.8　从 [amim]Cl 离子液体中纺出的再生纤维素纤维的表面和断面的 SEM 照片[10]

2. 纤维素在离子液体中制备功能化再生纤维素材料

通过纤维素的离子液体溶液还可以制备不同类型的功能化再生纤维素材料，如具有导电性、磁性、催化活性以及生物活性的纤维素材料。

Turner 等[32] 通过将纤维素在离子液体中的溶解然后再生的方法，得到了包含其他生物酶的再生纤维素膜及小球。选用第二种憎水性离子液体对生物酶进行胶囊化处理，再与 [bmim]Cl/纤维素溶液共混、再生，可有效提高酶的活性。考察了含漆酶 (laccase) 的再生纤维素膜对丁香醛连氮底物的催化氧化活性。如直接复合的纤维素/漆酶的活性相当于水溶液中自由漆酶活性的 18%，而用第二种离子液体 [bmim][Tf$_2$N] 预先处理漆酶，再与 [bmim]Cl/纤维素溶液共混复合制得的纤维素漆酶活性可以达到水溶液中的 29%。这个值和其他方式制得的纤维素包埋漆酶体系的催化活性相当。研究发现，只是在溶液加工制备纤维素包覆生物酶过程中，存在轻微的酶的流失，而一旦制得包覆生物酶的纤维素薄膜以后，几乎不会发生酶的流失，也就是说在包覆有生物酶的纤维素材料在催化反应过程中，不用担心酶的流失。

但是，通过胶囊化手段制备的纤维素/酶的活性与水溶液中自由的酶相比还是要低很多。因此，Turner 等[33] 做了进一步改进。他们采用在离子液体中进行溶液复合的方法，首先制备出再生纤维素/含氨基的聚合物复合微球。然后通过化学交联的方法将漆酶固定到再生纤维素/含氨基的聚合物微球表面，得到负载漆酶的纤维素微球。他们考察了这种具有生物催化活性的纤维素微球对丁酸乙酯的酯交换反应的催化效果。

Bagheri 等[34] 则将含有更丰富氨基的树枝状聚酰胺 (PAMAM) 与纤维素在

[bmim]Cl 离子液体中共混制得了表面活性很高的纤维素–聚酰胺 (PAMAM) 复合膜。他们用两种方式制备该纤维素 -PAMAM 复合膜，一种是直接在溶液中加入 PAMAM，搅拌混合均匀后在水浴中再生；另一种是在纤维素的离子液体溶液中同时加入 PAMAM 和 1,3- 亚苯基二异氰酸酯，通过 1,3- 亚苯基二异氰酸酯使得 PAMAM 和纤维素以化学共价键结合得到复合膜。他们分别考察了两种方式制备的复合膜对漆酶的固定化效果，发现以化学键结合的 CEL-ISO-DEN 膜固定化酶的效果更好，酶的活性更高。他们认为可能是因为后一种方式制备的复合膜表面的功能性基团更多。

Miao 等[35] 通过煅烧离子液体–纤维素–四丁基钛氧化物 (TTBO) 混合溶液，得到了具有光催化活性的中孔 TiO_2 纳米膜。纳米膜中含有 14 nm 大小的锐钛矿纳米颗粒，纳米膜孔的尺寸可以通过改变离子液体中纤维素的浓度进行调节。文中讨论了 TiO_2 膜的形成机理，认为纤维素和离子液体对形成中孔 TiO_2 纳米膜都是必不可少的。当纤维素的离子液体溶液加热到很高的温度，纤维素分子开始脱水，形成的水分子使得附近的 TTBO 水解形成 TiO_2，同时脱水的纤维素分子逐渐形成网状、二维的结构。随着纤维素的不断脱水和浓缩，在纤维素的网状结构中形成更多的水分子，和 TTBO 分子反应形成 TiO_2/离子液体/纤维素复合膜，随着温度的升高，纤维素和离子液体都逐渐分解，最后形成了多孔结构。他们还考察了 TiO_2 膜的光催化活性，在 UV 照射下，可以将 Ag(I) 和 Au(III) 分别催化还原为 Ag(0) 和 Au(0)。

Poplin 等[36] 在纤维素/[bmim]Cl 离子液体溶液中加入高效金属离子检测和萃取剂 ——1-(2- 吡啶基偶氮)-2- 萘酚 (PAN)，搅拌均匀得到 PAN/纤维素/离子液体的混合溶液。以水为凝固浴得到了橘黄色不透明的纤维素 -PAN 复合膜。该膜可以用来检测有毒的金属 Hg(II) 离子。如彩图 15 所示。当 Hg(II) 离子浓度比较低时，5 min 可以观察到膜的颜色发生明显变化；而当 Hg(II) 离子浓度高时，膜的颜色会立刻发生变化。

Egorov 等[6] 同样用 [bmim]Cl 离子液体/纤维素/PAN 共混再生的方法制备了 CEL-PAN 复合膜。该复合膜中有机试剂的含量大约为 10^{-3}mol·g^{-1}。他们优化了制备 CEL-PAN 复合膜的条件，研究了其性质，并将其用于定量检测金属离子 (二价锌离子、二价锰离子和二价镍离子) 的含量，其检出限可以达到 10^{-6}mol/L。

张军等[37] 在 [amim]Cl 离子液体中成功制备出多壁碳纳米管填充增强的再生纤维素复合材料纤维。这种含碳纳米管的再生纤维素纤维具有优异的力学性能，如表 5.3 所示，在碳纳米管的含量为 5wt% 时，再生纤维素/碳纳米管纤维的模量比纯再生纤维素纤维高出一个数量级。同时，碳纳米管的引入，还明显提高了纤维素材料的热性能和导电性能。

Pushparaj 等[38] 通过将纤维素/[bmim]Cl 离子液体溶液和多壁碳纳米管

(MWNT) 混合, 制备了包埋有 MWNT 的均匀纤维素/[bmim]Cl 膜。该 CNT- 纤维素–离子液体纳米复合薄片具有优异的电化学性能, 可以用于制备柔性的储能器件, 如超电容器, 锂离子电池及杂化器件。

表 5.3   不同 MWCNT 含量的再生纤维素纤维/MWCNT 复合纤维力学性能[37]

MWNT (质量分数)/%	拉伸强度 /MPa	储能模量 $E'(25\ ℃)$ /GPa	储能模量 $E'(150\ ℃)$/GPa	$E'(150\ ℃)$ /$E'(25\ ℃)$ /GPa
0	204	5.1	1.4	0.27
1	222	6.7	3.8	0.57
3	256	12.1	7.7	0.64
4	335	17.6	13.6	0.77
5	280	13.9	12.4	0.89
6	265	11.1	8.6	0.77
8	211	7.6	6.4	0.85
9	210	7.4	6.7	0.91

磁性 Fe_3O_4 广泛应用于磁带和信息存储介质。将磁性 Fe_3O_4 和纤维素以磁性纸的形态复合, 可以应用于证券纸、卫生保健产品、磁性过滤器以及电磁屏蔽等。Sun 等[39] 通过干喷湿纺的方法在 [emim]Cl 离子液体中制备了含有磁性 Fe_3O_4 的再生纤维素复合纤维。不同纤维素原料、不同聚合度的纤维素首先溶解在 [emim]Cl 中, 然后将磁性颗粒 (Fe_3O_4) 均匀分散在纤维素/离子液体溶液中, 再在合适的纺丝条件下, 在水浴中凝固纺丝。他们考察了纤维素种类和磁性颗粒在溶液中浓度对纤维性质的影响。发现纤维的结构与纺丝溶液中磁性物质浓度、纤维素溶液浓度以及纤维素的相对分子质量有关。增加纤维素的 DP 或纤维素溶液浓度往往会使纤维力学性能提高。相反, 磁性颗粒的添加则会使纤维素纤维的力学性能降低, 这主要是因为纤维素基体和磁性颗粒之间界面黏合作用较弱所致。另外复合纤维中颗粒的大小也对纤维的强度有很大影响。图 5.9 分别为在 [emim]Cl 中纺出的再生纤维素纤维和包覆磁性颗粒的再生纤维素纤维。

5.1.3   纤维素在离子液体中的均相衍生化

1. 纤维素在离子液体中的均相乙酰化

醋酸纤维素是重要的纤维素衍生物之一, 因此有关在离子液体中进行纤维素乙酰化的研究报道最多。目前工业上生产醋酸纤维素的方法主要采用非均相冰醋酸两步法。其工艺流程包括预处理、乙酰化、水解、沉淀和提纯[40]。

纤维素 AGU 有三个自由羟基 (分别在 C2, C3 和 C6 位上), 因此, 理论上通过控制酰化试剂的加入量就可以得到任意取代度的纤维素衍生物。然而由于纤维素是晶区和非晶区共存的高分子聚合物, 所以在结晶区和无定型区羟基的可及性

(a)　　　　　　　　　　　　　　　　(b)

图 5.9　(a) 再生纤维素纤维；(b) 包覆磁性颗粒的再生纤维素纤维[39]

不同，无定型区的羟基更容易被乙酰基取代。因此这种方法得到的醋酸纤维素产品性质不均一，并导致产品的溶解性较差，不能溶解在工业上常用的丙酮溶剂中，限制了它的进一步应用。为了克服这个缺点，工业上一般采用两步法生产醋酸纤维素。即纤维素原料经过连续的两次非均相反应，首先将纤维素全取代；然后再部分水解成所需取代度的产品。虽然通过这个方法最终得到了丙酮可溶解的醋酸纤维素，但也伴随产生相应的问题。因为这两步非均相反应都不可控，导致结果重复性很差。另外，整个反应为高温反应，纤维素易降解，且生产过程能耗高，试剂消耗量大，污染环境，而且由于醋酸纤维素的需求量在日益增加，因此工业上生产醋酸纤维素的方法仍然在不断改进。

目前非均相的两步法仍然是生产工业上广泛应用的二醋酸纤维素的主流方法。然而从上述反应过程和工艺流程来看非均相的两步法仍存在许多缺点。近年来，由于一系列纤维素新溶剂的发现，纤维素的均相衍生化反应已引起人们越来越多的重视，因为均相法有可能克服非均相法存在的上述缺点。然而如前所述，纤维素的高效溶剂种类有限，迄今为止，只有少数几种溶剂体系能够用做纤维素的均相衍生化反应介质，如 DMAc/LiCl、DMSO/TBAF 以及一些水合熔融盐等。因此对于可溶解纤维素的非水性离子液体而言，可以想象，以其作介质进行均相纤维素衍生化反应，有可能在制备结构新颖的纤维素衍生物方面具有独特优势。

张军等[41] 首先研究了纤维素在离子液体 [amim]Cl 中的均相乙酰化反应。以乙酸酐为酯化剂，反应在比较温和的条件下 (60~80 ℃)，无需任何催化剂，可以一步制备出取代度为 0.94~2.74 的醋酸纤维素。与上述工业制备二醋酸纤维素的流程相比，该均相反应过程大大简化，而且不使用浓硫酸等强腐蚀性的催化剂。仅仅通过改变反应时间，可以得到具有不同取代度的醋酸纤维素酯。所得到的醋酸纤维素

在几种常见溶剂 (丙酮、氯仿等) 中均表现出良好的溶解性能。

Heinze 等[5] 研究了纤维素在 [bmim]Cl 离子液体中的均相乙酰化反应。在纤维素的离子液体溶液中，加入一定量的乙酸酐或乙酰氯，通过控制反应时间和反应温度可以得到不同取代度的醋酸纤维素。考察了试剂用量、催化剂和反应时间等对反应的影响，结果表明，以离子液体 [bmim]Cl 为反应介质，可以直接得到高取代度 (2.5~3.0) 的醋酸纤维素。且在 80 ℃ 的反应温度下，乙酰化试剂/纤维素 AGU 的物质的量比为 5 以上时，在 2 h 反应时间内，均可以得到完全乙酰化的醋酸纤维素产物。

Barthel 和 Heinze[42] 研究了纤维素在离子液体[bmim]Cl、[admim]Br、[bdmim]Cl 和 [emim]Cl 中的均相衍生化反应。结果表明，在四种离子液体中均可以实现纤维素的均相乙酰化，在反应温度为 80 ℃，反应时间为 2 h 的条件下可以得到取代度为 2.5~3.0 的醋酸纤维素。但是与 [bmim]Cl 不同，纤维素在 [admim]Br、[bdmim]Cl、[emim]Cl 三种离子液体中虽然能够与乙酸酐进行有效的酰化反应，但与乙酰氯反应的效果却较差。

Abbott 等[18] 研究了在复合 Lewis 酸性离子液体 —— 氯化胆碱/氯化锌中进行单糖以及纤维素的乙酰化反应。结果表明，离子液体本身对酰化反应具有催化作用，只在乙酸酐存在下，单糖在这种离子液体中即可进行有效的乙酰化反应。在 Lewis 酸性较小的离子液体 —— 氯化胆碱/氯化锡 $\{[ChCl][SnCl_2]_2\}$ 中也可进行单糖的乙酰化反应，而在低熔点混合物 —— 氯化胆碱/尿素体系中则不能进行乙酰化反应，这被认为是由于这种溶剂不具备 Lewis 酸性的缘故。进一步研究了纤维素在氯化胆碱/氯化锌 $\{[ChCl][ZnCl_2]_2\}$ 中的乙酰化反应，在反应温度为 90 ℃，反应时间为 3 h 条件下，也可以得到纤维素的乙酰化产物。

另外，张军等[43] 发现纤维素在 [emim]Ac 离子液体中的反应活性非常高，室温下，加入 5:1(乙酸酐:AGU) 的酰化试剂，15 min 就可以得到全取代的醋酸纤维素。表 5.4 列出了不同的离子液体反应介质中纤维素乙酰化反应的比较结果。

Cao 等[44] 还考察了玉米秸秆纤维素在 [amim]Cl 离子液体中的均相乙酰化。在没有任何催化剂的条件下，一步得到了取代度为 2.16~2.63 的丙酮可溶的二醋酸纤维素。改变反应时间可以控制产品的取代度。对产物进行红外、核磁等分析测试，结果表明，红外谱图上有明显的酯基吸收峰，取代基在 AGU 的 C6 位上的取代最大。从丙酮中得到的醋酸纤维素膜，其拉伸强度可以达到 45 MPa。这些结果表明，秸秆纤维素可代替木浆粕成为制作纤维素材料的原材料，该法绿色环保，具有较大的工业应用前景，不仅实现了秸秆的高附加值转化，而且为秸秆纤维素的应用提供了新的思路。

曹妍[45] 还研究了在高浓度纤维素/[amim]Cl 溶液中的乙酰化反应。选取了三个反应浓度 8%、10%、12%(质量分数)。以木浆粕为原料，以乙酸酐为酰化试剂，一

表 5.4　不同反应介质中纤维素乙酰化反应的比较

离子液体	乙酰化试剂		时间/min	温度/℃	取代度	参考文献
	种类	酰化试剂用量 (AGU)				
[bmim]Cl	乙酸酐	5	120	80	2.72	[5]
[bmim]Cl	乙酸酐	3	120	80	2.92	[42]
[bmim]Cl	乙酰氯	3	30	80	3.0	[42]
[emim]Cl	乙酸酐	3	120	80	3.0	[42]
[bdmim]Cl	乙酸酐	3	120	80	2.92	[42]
[admim]Br	乙酸酐	3	120	80	2.67	[42]
[amim]Cl	乙酸酐	5	15	80	0.94	[41]
[amim]Cl	乙酸酐	5	480	80	2.49	[41]
[amim]Cl	乙酸酐	3	180	100	1.99	[41]
[amim]Cl	乙酸酐	7.5	48	25	0.64	[41]
[amim]Cl	乙酰氯	5	120	60	2.19	[46]
[emim]Ac	乙酸酐	3	15	25	2.31	[48]
[emim]Ac	乙酸酐	5	15	25	3.00	[48]

步法得到了取代度为 0.2~3.0 的醋酸纤维素产品。考察了反应时间、温度和酰化试剂用量对醋酸纤维素产物取代度的影响；对产物进行了结构和性能分析，并和商用非均相法制备的醋酸纤维素进行了比较。结果表明，离子液体中均相合成的醋酸纤维素有很好的溶解性，取代度大于 2.3 的产品都可以溶解在丙酮中；力学性能优良，在 12%(质量分数) 浓度的纤维素/离子液体溶液中制备的醋酸纤维素 (DS=2.64)，其拉伸强度可以达到 57.0 MPa，甚至高于商品的醋酸纤维素 (DS=2.44；拉伸强度为 51.0 MPa)；而且，高浓度条件下制备的醋酸纤维素，有着良好的热稳定性，其初始分解温度在 300 ℃以上。

需要指出的是，在我们的研究中，无论是以 [amim]Cl 还是以 [emim]Ac 为介质，得到的醋酸纤维素在丙酮中均有很好的溶解性。而 Heinze 等[5] 以 [bmim]Cl 为介质均相合成的醋酸纤维素却在丙酮中不溶解。这是一个相当有趣的现象，我们推测这可能是由于不同离子液体中合成的醋酸纤维素存在着取代基分布的差异，这种差异可能存在于单独的葡萄糖单元内，也可能存在于分子链内，而正是这种差异导致了相同取代度的醋酸纤维素在相同溶剂中的溶解性不同。

有研究[46] 表明，在以离子液体为介质进行的一些化学反应中，表现出不同于其他均相反应的立体选择性。武进等[46] 研究了纤维素在离子液体 [amim]Cl 中的均相乙酰化及其选择性。使用了四种酰化方式，包括 A(乙酸酐为酰化试剂)、B(乙酸酐为酰化试剂，吡啶为催化剂)、C(乙酰氯为酰化试剂)、D(乙酰氯为酰化试剂，吡啶为催化剂)。结果表明，4 种酰化方式所得的产物均是 C6 位伯羟基取代度最高，这与其他纤维素均相乙酰化反应的趋势相同。而对于 C2 位和 C3 位的仲羟基，四种酰化方式下得到的取代分布却并不相同，其中 A、C 和 D 三种方式的仲羟基取代分布类似，均为 C3 > C2，且相差并不是很明显，但 B 方式的分布却不同，位 C2> C3，即不仅取代度大小的顺序发生改变，而且差异明显，2 位的取代度是 3 位的 4.5 倍。他们认为，此现象一方面与纤维素单元中羟基的反应活性有关，还很有可能与作为反应介质的离子液体本身的特点有关。

Schlufter 等[47] 在利用高分子量的细菌纤维素在 [bmim]Cl 中进行乙酰化反应时，得到的取代基分布顺序也为 C6 > C3 > C2。最近研究[48] 发现纤维素在 [emim]Ac 离子液体中的均相乙酰化反应也同样遵循 C6 > C3 > C2 的规律。虽然在 C2 和 C3 的取代顺序的问题上仍有争议，真正的原因还不清楚，但有一点是肯定的，即 C6 位羟基作为伯羟基的取代是最高的，这和工业上采用非均相两步法得到产品的 C3>C2>C6 分布顺序完全不同[49]。图 5.10 为在 [amim]Cl 中制备的醋酸纤维素的 ^{13}C NMR 谱图[44]，取代基分布可以通过对羰基碳区域峰的积分得到。同时，表 5.5 列出了在不同离子液体反应介质中合成的醋酸纤维素的取代基分布情况。

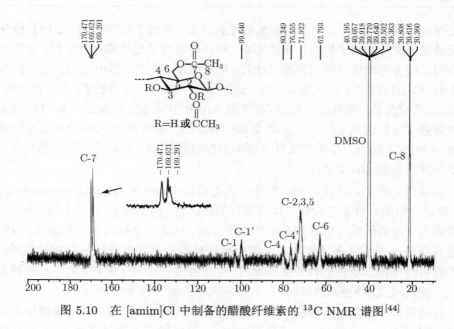

图 5.10　在 [amim]Cl 中制备的醋酸纤维素的 ^{13}C NMR 谱图[44]

2. 在离子液体中进行的其他酯化反应

选择不同的酰化试剂，还可以合成其他种类的纤维素酯。Barthel 和 Heinze[42] 研究了纤维素在 [bmim]Cl、[admim]Br、[bdmim]Cl 和 [emim]Cl 四种离子液体中的均相月桂酰化，得到了取代度为 0.34~1.54 的纤维素月桂酸酯，而且还在 [bmim]Cl

表 5.5　不同离子液体反应介质中醋酸纤维素取代基分布

离子液体	DS	C2	C3	C6	参考文献
[bmim]Cl	1.66	0.29	0.37	1.0	[47]
[bmim]Cl	2.50	0.71	0.79	1.0	[47]
[amim]Cl	0.94	0.01	0.14	0.71	[41]
[amim]Cl	2.63	0.86	0.78	0.99	[46]
[emim]Ac	1.94	0.50	0.52	0.92	[48]

中成功的合成了纤维素苯氨基甲酸酯。Liu 等[50] 以 [bmim]Cl /DMSO 为介质,将甘蔗渣纤维素与琥珀酸酐反应,得到取代度为 0.037~0.53 的纤维素琥珀酸酯。采用的反应条件为物质的量比 1:1~12:1,反应时间 5~12 min,反应温度 85~105 ℃。然而该体系的缺点是,纤维素在 [bmim]Cl /DMSO 中溶解时发生较严重降解。在进一步研究中,Liu 等[51] 直接在 [amim]Cl 离子液体中实现了甘蔗渣纤维素的均相琥珀酰化。研究了物质的量比 (2:1~14:1)、反应时间 (30~160 min) 和反应温度 (60~110 ℃) 对产品取代度的影响。得到了取代度为 0.071~0.22 的纤维素琥珀酸酯。他们的研究表明,升高反应温度,物质的量比以及延长反应时间都会使产品的取代度增加。FTIR、固体 CP/MAS、^{13}C NMR 和热分析表明:纤维素的晶型在给定条件下完全被离子液体破坏。另外,Liu 等[52] 还在 [amim]Cl 中实现了纤维素的均相邻苯二甲酰化。以邻苯二甲酸酐为反应试剂,得到了取代度范围为 0.10~0.73 的纤维素邻苯二甲酸酯,^{13}CNMR 证明,取代在纤维素的 C2、C3 和 C6 位均有发生;对反应条件的考察表明,延长反应时间,温度或物质的量比都会增加产品的 DS 值;热力学结果表明,产品的热稳定性较高。

Kobler 和 Heinze[53] 以吡啶为催化剂,将 2- 糠酰氯 (FC) 添加到纤维素/[bmim]Cl 溶液中,均相条件下得到了取代度为 0.46~3.0 的纤维素糠酸酯。研究了反应时间、纤维素种类和吡啶含量对纤维素糠酸酯取代度的影响。结果表明,在较温和条件下 (65 ℃),少量过量的试剂 (AGU:FC:吡啶 =1:5:5) 和较短的反应时间 (3 h) 就可以得到全取代的产物,吡啶的添加不仅避免了纤维素的降解,而且作为催化剂还有助于提高产物的取代度。

胡杰等[54] 以溴代 N-乙基吡啶离子液体 {[ePy]Br} 为介质,以棉秆和尿素为原料,一步合成了纤维素氨基甲酸酯。考察了其影响因素,发现活化时间、反应温度和酯化反应时间对纤维素氨基甲酸酯的合成影响较大。他们通过正交实验确定了最佳合成条件:活化时间 7 h,反应温度 150 ℃,酯化反应时间 3.5 h。在最佳条件下所得产物的含氮量在 8%左右。红外分析和凯氏定氮实验可判定尿素与纤维素进行了酯化反应。

李会泉、张军课题组[55,56] 在 [amim]Cl 离子液体中还合成了纤维素丙酸酯、混合酯,以及可以进一步交联反应的纤维素丙烯酸酯和纤维素甲基丙烯酸酯,可用做手性分离固定相材料的纤维素苯甲酸酯，可以作为原子转移自由基聚合引发剂的纤维素氯乙酸酯等。以上结果表明，离子液体是一种良好的纤维素均相酯化反应介质。

5.1.4　纤维素在离子液体中的水解

将纤维素分解为葡萄糖的手段有酸水解法和传统酶水解法。酸水解法需高温、高酸条件和耐酸、耐压容器，葡萄糖的收率虽可达 50%，但严重污染环境，所以现在已被弃用。传统酶水解法则克服了酸水解法的许多不足，虽然科研人员对纤维素的酶水解法已进行了不少颇有成效的研究，但将纤维素以工业规模转换成葡萄糖的无污染新工艺尚未实现，这主要是由于纤维素具有晶区和非晶区共存的复杂结构，这使纤维素很难溶解于普通的溶剂中，同时纤维质材料对于直接的酶水解有强烈的抵抗作用 (酶处理 48 h 后降解程度不超过 14%)，因此传统酶水解法中葡萄糖的收率尚不足 50%。离子液体的出现及其对纤维素的出色溶解能力使得科研人员开始在纤维素/离子液体体系中尝试进行一些纤维素的均相水解研究，目前已经取得了一些很有意义的成果。

Dadi 等[57] 用里氏木酶 (*Trichoderma reesei*) 对从 [bmim]Cl 离子液体中再生前后的纤维素进行水解，结果表明酶对再生纤维素的初始水解速率比未处理的纤维素要快近 50 倍，其结果如表 5.6 所示。这是因为从离子液体中再生的纤维素膜的无定形结构有助于吸附更多的纤维素酶，从而提高其对纤维素的水解能力。另外，里氏木酶对从醇中沉降的再生纤维素的初始水解速率要高于从水中沉降的再生纤维素。

表 5.6　酶水解微晶纤维素时 TRS 的初始形成速率[57]

沉淀剂	初始水解速率/(mg·mL^{-1}·min^{-1})	速率提高/倍
水	0.6473	52
甲醇	0.6823	55
乙醇	0.6473	53
未处理的纤维素	0.0125	—

Sheldrake 和 Schleck[8] 使用一种新的含有双阳离子的离子液体 [b(mim)$_2$]Cl$_2$ 溶解纤维素，在较低的温度 (180 ℃) 和没有酸预处理的条件下直接得到了大部分为左旋葡萄糖的单糖。得到的产物中除了左旋葡萄糖，只有水和两种有机物。他们进行了一系列离子液体的选择性对比实验。结果表明，对于能够实现纤维素水解的离子液体，双咪唑阳离子 [b(mim)$_2$] 是必需的，因为含有此种阳离子的离子液体热稳定性比较高 (>400 ℃)，可以为纤维素的水解提供比较高的温度环境；卤素阴离子也是必需的，它作为强的氢键接受体，可以保证能够溶解纤维素。另外，离子液体中阳离子之间连接的烷基链的长度也是很重要的影响因素，阳离子为 [h(mim)$_2$]

的离子液体水解葡萄糖产率低，而 [d(mim)$_2$] 中则几乎得不到左旋葡萄糖，这个结果表明，离子液体阳离子之间的原子距离也会影响纤维素的高温分解，认识产生这种现象的原因还需要进一步的研究。

Li 和 Zhao[58] 以稀 H_2SO_4 作为催化剂，在纤维素/[bmim]Cl 离子液体溶液中成功地实现了纤维素的酸催化水解。当他们尝试用冷水将纤维素从含有浓硫酸的离子液体中沉降出来时，发现水不但没有使纤维素沉降出来，反而使整个体系形成了一个均相的溶液，说明纤维素发生了解聚作用，溶解在离子液体的稀酸溶液中。基于这个有趣的现象，他们对比了离子液体中浓酸和稀酸对纤维素水解的效果，结果表明当 H_2SO_4 浓度较高时 (酸/纤维素质量比为 5)，葡萄糖和总还原糖 (TRS) 的产率很低 ($< 10\%$)，而当降低 H_2SO_4 浓度到一定数值时 (酸/纤维素质量比为 0.92)，3 min 内就分别得到了 59% 和 36%TRS 和葡萄糖，远远高于浓酸的催化作用，如表 5.7 所示。说明稀酸–离子液体体系更有利于纤维素的均相水解。

表 5.7　纤维素在离子液体 [bmim]Cl 中水解的条件和水解产率[58]

编号	酸/纤维素比例	时间/min	葡萄糖的产率/%	产率 TRS/%
1	5	120	5	7
2	0.92	3	36	59
3	0.46	42	37	64
4	0.11	540	43	77
5^a	0.92	1080	13	27

a 反应在水中进行。

在进一步的研究中，Li 等[59] 考察了不同离子液体中多种稀酸对植物纤维素的水解性能。结果表明，各种酸对离子液体中植物纤维素的催化活性顺序为盐酸 > 硝酸 > 硫酸 > 马莱酸 > 磷酸；在对多种离子液体的考察中发现，和 [bmim]Cl 相比，[bmim]Br、[amim]Cl 和 [hmim]Cl 离子液体中虽然也可以得到较多的 TRS，但水解时间则相对要长一些，例如，[hmim]Cl 需要 1200 min 才可以得到 49% 的 TRS；而酸性离子液体 [bmim][HSO$_4$] 和 [Sbmim][HSO$_4$] 不仅可以作为纤维素的溶剂，也可以作为纤维素水解的催化剂；含有配位型阴离子的离子液体 [bmim][PF$_6$] 和 [bmim][BF$_4$] 则因为不能溶解纤维素而不能实现纤维素的水解。他们选择了催化效果好的盐酸/[bmim]Cl 体系进行植物纤维素的水解，结果表明，在 100 ℃下，60 min 内，在含有 7%(质量分数) 的盐酸的 [bmim]Cl 离子液体溶液中，水解玉米秆，小麦秸秆，松木和甘蔗纤维素得到的 TRS 含量分别可以达到 66%、74%、81% 和 68%。

通过纤维素溶液还可能在不加任何酸的条件下，直接进行纤维素的均相酶催化水解反应。虽然 Turner 等[60] 的研究表明，纤维素酶在 [bmim]Cl 以及其他离子液体如 [bmim][BF$_4$] 等中均存在失活现象，不过人们可以通过培养新型生物酶和开发可以溶解纤维素的新型离子液体来解决这个问题。因为大量的生物酶正在不断地被发现和认识，而离子液体具有结构可设计性与性能可调性，使得纤维素的均相酶解成为可能。如果纤维素在离子液体中通过均相酶解制备葡萄糖进而得到燃料乙醇的研究获得成功，加上糖化产物再进一步发酵制得乙醇后可以很方便地与离子液体分离，其经济意义与社会意义极为重大。

5.1.5　结论与展望

已有的研究表明，离子液体属于一类新型、高效的纤维素溶剂，溶解纤维素的条件温和，溶解速率快，溶解度高。从离子液体中制备的再生纤维素纤维的主要性能优于黏胶纤维，并可以和 Lyocell 纤维相媲美，某些性能甚至超过 Lyocell 纤维。在纤维素的离子液体溶液中添加一些含有磁性、导电性、生物活性等的物质可以方便地制备出不同类型的功能性再生纤维素复合材料。以离子液体为介质在均相条件下所制得的纤维素衍生化产品，其性质均一、取代基分布均匀、产率高，而且能够在无任何催化剂添加的条件下，实现高浓度离子液体溶液中的纤维素均相乙酰化，制备出结构均匀、性能优良的二醋酸纤维素，极大降低了均相法制备醋酸纤维素的生产成本。另外以离子液体为介质还可以实现纤维素的有效水解。

以上这些令人鼓舞的结果都说明离子液体在纤维素工业中具有很广阔的应用前景。虽然目前离子液体的价格要明显高于传统的有机溶剂，但离子液体的特性十分符合绿色化学和清洁生产的要求。不过，在离子液体大规模应用于纤维素领域之前，还必须考虑以下一些问题。

(1) 离子液体的高效合成。要实现离子液体的大规模应用，一方面要重视离子液体的原料、路线及合成方法的系统优化，开发具有高原子经济性的离子液体合成的新途径；另一方面要研究开发离子液体的规模化制备的工艺及装置，研究离子液体的制备过程与其他工业过程之间的系统集成，提高离子液体制备过程的清洁化程度，并有效降低离子液体的生产成本。

(2) 离子液体的毒性、安全性、生物降解性和在生物体内的累积程度的评价，以及上述因素对人类健康和环境的影响。迄今为止，离子液体的毒性及其对环境的潜在影响仍然存在很大的不确定性。随着离子液体从实验室走向工业化，离子液体的毒性、安全性和环境影响评价必须提到日程上来。作为纤维素溶剂，即使经过充分洗涤，仍有可能会有微量离子液体残留在再生纤维素和纤维素衍生物上，或者由于某种不可预测的原因流失到环境中。这种情况下，离子液体对环境造成的污染程度，离子液体在自然界的生物降解性，以及离子液体在生物体内的累积程度和对生物体的毒性等一系列问题，应引起足够的重视。这方面的研究目前国内外都处于起步阶段，有关离子液体的毒性、生理效应、生物降解等基础环境数据十分缺乏，亟待加强这方面的研究并进行相关数据的积累。

(3) 离子液体的有效回收和循环利用。与离子液体的环境影响直接相关的一个问题是离子液体的循环利用，这也是绿色化学和清洁生产的基本要求。在目前的实验研究中大多采用蒸馏的方法回收离子液体，然而若将此方法应用到工业生产中会消耗大量能量，尤其是在用于处理低浓度水溶液中离子液体的回收时显得非常不经济，另外设备也将占用很大面积，这将带来很大的实施难度和很高的生产成本。因此急需开发更有效的离子液体回收方法。

(4) 离子液体的热稳定性。尽管已有很多研究认为，大多数烷基咪唑类的离子液体的热稳定性都可以达到 200 ℃。但是有研究发现，即使在较低温度 (如 100 ℃) 下长时间加热，离子液体也会分解并导致副产物产生和离子液体的损失。因此，应深入研究离子液体在长时间高温或剪切条件下的稳定性；进一步监测并有效减少离子液体在热降解过程中积聚的副产物；研究如何抑制副产物的产生以及如何将这些副产物有效地从离子液体中去除。

(5) 产品评价。离子液体作为纤维素溶剂制备新型工业原料的研究刚刚起步，还有大量研发工作亟待进行。深入研究从离子液体溶液中纺出的再生纤维素纤维的结构、形态，以及和纺织相关的一些物理性能 (如拉伸、染色以及吸湿性)；进一步优化纤维素均相衍生化的反应条件和方法；评价离子液体中均相法制备的纤维素衍生物和现有工业上非均相法制备的产品的性能，分析由取代基分布所导致的物理化学性质的不同，详细研究纤维素衍生物在溶剂中的溶液行为，以及对随后的成型后材料的结构和性能的影响等。

(6) 离子液体应用于纤维素加工和反应过程的深入认识与优化。离子液体应用于纤维素再生和衍生化领域已有很大进展，但纤维素在离子液体过程中的各个环节，如纤维素溶解、纺丝、凝固、反应、产物分离以及离子液体回收等，无论是在理论方面还是应用方面都需要进一步深入研究，而在产业化应用研究中，这些过程的每个环节都需要作系统的研究并做进一步的优化。

(7) 离子液体过程的工艺经济性和生命周期分析。虽然已有的研究显示了离子液体应用于纤维素再生和衍生化领域的巨大潜力，然而在大规模应用之前，仍然需要对整个离子液体过程进行工艺经济性分析和生命周期性分析。除了分析工艺技术本身和产品质量的先进性，还要对可能产生的环境污染和生态影响进行分析，同时需要充分考虑该技术的资源和能源消耗水平，以全面认识离子液体过程的优点和缺点。

离子液体作为新兴的绿色溶剂在开发新型、高性能的纤维素材料领域具有巨大的潜力，可以说，离子液体已经成为一个崭新的、非常实用纤维素化学的平台，它的出现为纤维素的发展带来了极大的机遇。但需要指出的是，目前对纤维素/离子液体体系的研究仍然是初步的，有待进一步深入研究，在未来的几年中，这个领域的基础性研究和应用研究的成果值得期待。

参 考 文 献

[1] 戈进杰. 生物降解高分子材料及其应用. 北京: 化学工业出版社, 2002

[2] Heinze T, Liebert T. Unconventional methods in cellulose functionalization. Prog Polym Sci, 2001, 26: 1689~1762

[3] Swatloski R P, Spear S K, Holbrey J D, et al. Dissolution of cellose with ionic liquids. J Am Chem Soc, 2002, 124(18): 4974, 4975

[4] 张军. 离子液体在天然高分子中的应用. 见: 张锁江, 吕兴梅等. 离子液体 —— 从基础研究到工业应用. 北京: 科学出版社, 2006

[5] Heinze T, Schwikal K, Barthel S. Ionic liquids as reaction medium in cellulose functionalization. Macromol Biosci, 2005, 5: 520~525

[6] Egorov V M, Smirnova S V, Formanovsky A A, et al. Dissolution of cellulose in ionic liquids as a way to obtain test materials for metal ion detection. Anal Bioanal Chem, 2007, 387: 2263~2269

[7] Erdmenger T, Haensch C, Hoogenboom R, et al. Homogenous tritylation of cellulose in 1-butyl-3-methylimidazolium chloride. Macromol Biosci, 2007, 7: 440~445

[8] Sheldrake G N, Schleck D. Dicationic molten salts (ionic liquids) as re-usable media for the controlled pyrolysis of cellulose to anhydrosugars. Green Chem, 2007, 9: 1044~1046

[9] Zhang H, Wu J, Zhang J, et al. 1-Allyl-3-methylimidazolium chloride room temperature ionic liquid: a new and powerful nonderivatizing solvent for cellulose. Macromolecules, 2005, 38: 8272~8277

[10] 张昊. 纤维素在离子液体中的溶解与再生. 中国科学院研究生院博士学位论文, 2007

[11] 任强, 武进, 张军等. 1- 烯丙基 -3- 甲基咪唑室温离子液体的合成及其对纤维素溶解性能的初步研究. 高分子学报, 2003, (3): 448~451

[12] Mikkola J P, Kirlin A, Tuuf J C, et al. Ultrasound enhancement of cellulose processing in ionic liquids: from dissolution towards functionalization. Green Chem, 2007, 9: 1229~1237

[13] 罗慧谋, 李毅群, 周长忍. 功能化离子液体对纤维素的溶解性能研究. 高分子材料科学与工程, 2005, 21(2): 233~235

[14] 牛海涛, 程博闻, 臧洪俊等. 纤维素/氯化 1-(2- 羟乙基)-3- 甲基咪唑溶液的流变性能研究. 天津工业大学学报, 2007, 26(4): 1~4

[15] Fukaya Y, Sugimoto A, Ohno H. Superior solubility of polysaccharides in low viscosity, polar and halogen-free 1,3-dialkylimidazolium formats. Biomacromolecules, 2006, 7: 3295~3297

[16] Fukaya Y, Hayashi K, Wada M, et al. Cellulose dissolution with polar ionic liquids under mild conditions: required factors for anions. Green Chem, 2008, 10: 44~46

[17] 郭明, 虞哲良, 李铭慧等. 咪唑类离子液体对微晶纤维素溶解性能的初步研究. 生物质化学

工程, 2006, 40(6): 9~12

[18] Abbott A P, Bell T J, Handa S, et al. O-Acetylation of cellulose and monosaccharides using a zinc based ionic liquid. Green Chem, 2005, 7: 705~707

[19] 斯瓦特罗斯基 R P, 罗杰斯 R D, 霍尔布雷 J D. 采用离子液体溶解及加工纤维素. 中国发明专利, 公开号: CN1596282, 2005

[20] 张军, 任强, 何嘉松. 一种纤维素溶液的制备方法. 中国发明专利, 申请号: 02147004.9, 2002

[21] Anderson J L, Ding J, Welton T, et al. Characterizing ionic liquids on the basis of multiple salvation interaction. J Am Chem Soc, 2002, 124: 142~147

[22] Dawsey T R, McCormick C L. The lithium chloride/dimethylacetamide solvent for cellulose—a literature review. J Macromol Sci Rev Macromol Chem Phys, 1990, 30: 405~440

[23] Moulthrop J S, Swatloski R P, Moyna G, et al. High-resolution ^{13}C NMR studies of cellulose and cellulose oligomer in ionic liquid solutions. Chem Commun, 2005: 1557~1559

[24] Remsing R C, Swatloski R P, Rogers R D, et al. Mechanism of cellulose dissolution in the ionic liquid 1-n-butyl-3-methylimidazolium chloride: a ^{13}C and $^{35/37}$Cl NMR relaxation study on model systems. Chem Commun, 2006: 1271~1273

[25] Youngs T G A, Holbey J D, Deetlefs M, et al. A molecular dynamics study of glucose solvation in the ionic liquid 1,3-dimethylimidazolium chloride. Chem Phys Chem, 2006, 7: 2279~2281

[26] Youngs T G A, Hardacre C, Holbrey J D. Glucose solvation by the ionic liquid 1,3-dimethylimidazolium chloride: a simulation study. J Phys Chem B, 2007, 111: 13765~13774

[27] 曹妍, 李会泉, 张军等. 秸秆纤维素在离子液体中的再生和衍生化. 第 143 次青年科学家论坛 —— 离子液体与绿色化学, 北京, 2007

[28] 翟蔚, 陈洪章, 马润宇. 皇竹草预处理制备新型再生纤维素膜. 纤维素科学与技术, 2007, 15(2): 1~7

[29] 张慧慧, 蔡涛, 郭清华等. 以离子液体为溶剂的纤维素纤维的结构与性能. 合成纤维, 2007, 11: 11~15

[30] Kosan B, Michels C, Meister F. Dissolution and forming of cellulose with ionic liquids. Cellulose, 2008, 15: 59~66

[31] Hermanutz F, Gahr F, Uerdingen E, et al. New developments in dissolving and processing of cellulose in ionic liquids. Macromol Symp, 2008, 262: 23~27

[32] Turner M B, Spear S K, Holbrey J D, et al. Production of bioactive cellulose films reconstituted from ionic liquids. Biomacromolecules, 2004, 5(4): 1379~1384

[33] Turner M B, Spear S K, Holbrey J D, et al. Ionic liquid-reconstituted cellulose composites as solid support matrices for biocatalyst immobilization. Biomacromolecules,

2005, 6 (5): 2497~2502

[34] Bagheri M, Rodriguez H, Swatloski R P, et al. Ionic liquid-based preparation of cellulose-dendrimer films as solid supports for enzyme immobilization. Biomacromolecules, 2008, 9: 381~387

[35] Miao S, Miao Z J, Liu Z M, et al. Synthesis of mesoporous TiO_2 films in ionic liquid dissolving cellulose. Microporous and Mesoporous Materials, 2006, 95: 26~30

[36] Poplin J H, Swatloski R P, Holbrey J D, et al. Sensor technologies based on a cellulose supported platform. Chem Commun, 2007, 2025~2027

[37] Zhang H, Wang Z G, Zhang Z N, et al. Regenerated-cellulose/multiwalled-carbon-nanotube composite fibers with enhanced mechanical properties prepared with the ionic liquid 1-allyl-3-metnylimidazolium chloride. Adv Mater, 2007, 19: 698~704

[38] Pushparaj V L, Shaijumon M M, Kumar A, et al. Flexible energy storage device based on nanocomposite paper. PNAS, 2007, 104(34): 13574~13577

[39] Sun N, Swatloski R P, Maxim M L, et al. Magnetite-embedded cellulose fibers prepared from ionic liquid. J Mater Chem, 2008, 18: 283~290

[40] Hummel A. Acetate manucacturing, process and technology 3.2 Industrial Process. Macroml Symp, 2004, 208: 61~79

[41] Wu J, Zhang J, Zhang H, et al. Homogeneous acetylation of cellulose in a new ionic liquid. Biomacromolecules, 2004, 5(2): 266~268

[42] Barthel S, Heinze T. Acylation and carbanilation of cellulose in ionic liquids. Green Chem, 2006, 8: 301~306

[43] 张军, 武进, 张昊等. 纤维素在离子液体中的溶解与功能化. 高分子学术论文报告会, 北京, 2005

[44] Cao Y, Wu J, Li H Q, et al. Acetone-soluble cellulose acetates prepared by one-step homogeneous acetylation of cornhusk cellulose in an ionic liquid 1- allyl-3-methyli-midazolium chloride (AMIMCl). Carbohy Polym, 2007, 69: 665~672

[45] 曹妍. 纤维素在离子液体中的再生和酯化研究. 中国科学院研究生院博士学位论文, 2008

[46] 武进, 张昊, 张军等. 纤维素在离子液体中的均相乙酰化及其选择性. 高等学校化学学报, 2006, 27(3): 592~594

[47] Schlufter K, Schmauder H P, Dorn S, et al. Efficient homogeneous chemical modification of bacterial cellulose in the ionic liquid 1-N-butyl-3-methylimidazolium chloride. Macromol Rapid Commun, 2006, 27: 1670~1676

[48] 桑胜梅. 天然高分子在新型离子液体中的均相酰化反应研究. 北京: 北京航空航天大学硕士学位论文, 2004

[49] 梅洁, 欧义芳, 陈家楠. 醋酸纤维素取代基分布与性质的关系. 纤维素科学与技术, 2002, 10(1): 12~18

[50] Liu C F, Sun R C, Zhang A. P, et al. Structural and thermal characterization of sugarcane bagasse cellulose succinates prepared in ionic liquid. Polym Deg Stab, 2006,

91: 3040~3047

[51] Liu C F, Sun R C, Zhang A P, et al. Homogeneous modification of sugarcane cellulose with succinic anhydride using a ionic liquid as reaction medium. Carbohydr Res, 2007, 342: 919~926

[52] Liu C F, Sun R C, Zhang A P, et al. Preparation and characterization of phthalated cellulose derivatives in room-temperature ionic liquid without catalysts. J Agric Food Chem, 2007, 55: 2399~2406

[53] Kobler S, Heinze T. Efficient synthesis of cellulose furoates in 1-N=butyl-3-methylimidazolium chloride. Cellulose, 2007, 14: 489~495

[54] 胡杰, 邵媛, 邓宇. 离子液体中纤维素氨基甲酸酯的合成. 皮革化工, 2007, 24(3): 31~35

[55] 武进. 以离子液体为介质的纤维素衍生化反应. 中国科学院研究生院博士学位论文, 2006. 54

[56] 孟涛. 均相法合成纤维素接枝共聚物. 中国科学院研究生院博士学位论文, 2007

[57] Dadi A P, Varanasi S, Schall C A. Enhancement of cellulose saccharification kinetics using an ionic liquid pretreatment step. Biotechnology and Bioengineering, 2006, 95 (5): 904~910

[58] Li C Z, Zhao Z B K. Efficient acid-catalyzed hydrolysis of cellulose in ionic liquid. Adv Synth Catal, 2007, 349: 1847~1850

[59] Li C Z, Wang Q, Zhao Z B K. Acid in ionic liquid: an efficient system for hydrolysis of lignocellulose. Green Chem, 2008, 10: 177~182

[60] Turner M B, Spear S K, Huddleston J G, et al. Ionic liquid salt-induced inactivation and unfolding of cellulose from Trichoderma reessei. Green Chem, 2003, 5 (4): 443~447

5.2　离子液体在聚合物再资源化中的应用*

高分子聚合物是由许多相同的、简单的结构单元通过共价键重复连接而成的高分子化合物 (通常可达 $10^4 \sim 10^6$)。因高分子材料具有质量轻、加工方便、产品美观等优点，其应用领域已渗透到各行各业，从我们的日常生活 (如日用品、食品包装、薄膜) 到高精尖的技术领域 (如机械零部件、电绝缘材料、防腐设备等)，并且应用领域还在不断扩大。由于高分子材料的应用领域广泛，因此其生产量和消费量逐年增加。高分子聚合物体积庞大，且在自然条件下分解困难，如此多的废弃物给生态环境带来了很大的压力，同时也造成了资源的巨大浪费。因此，高分子废弃物的回收利用日益受到世界各国的关注。

聚合物的循环利用包括物理循环和化学循环。物理循环是废旧聚合物经收集、分离、提纯、干燥等程序之后，重新造粒，并进行再次加工生产的过程。此方法操作

* 感谢国家科技部 863 项目 (No. 2006AA06Z371) 和自然科学基金 (No. 20676135) 对本章节研究工作的支持。

简单、能耗较低，但是再次加工得到的产品性能较差，应用领域狭窄，因此物理循环不是使聚合物资源化再利用的有效方法。化学循环是利用光、热、辐射、化学试剂等使聚合物降解成单体或低聚物的过程，化学循环的方法有水解、醇解、裂解、加氢氢解等[1]。利用化学方法可以使聚合物解聚成单体，从而进一步生产新产品，实现其循环利用，所以，化学循环是高分子废弃物再资源化的有效方法，也是目前的主要手段。但是，化学循环也存在不足：循环过程的能耗较高，一般在高温高压的条件下进行，水解所需的酸碱溶液腐蚀设备，反应结束后排放的酸碱废液又会污染环境。因此，开发新一代溶剂代替传统的有机溶剂实现高分子废弃物的化学循环利用具有重要的意义。

相对于离子液体在其他方面的应用，离子液体在高分子聚合物中的应用起步较晚。近几年来，才有将离子液体应用到天然高分子材料方面的研究报道。2002年，Rogers 课题组[2] 首先发现离子液体可以溶解纤维素，之后，人们又将离子液体的应用拓展到蛋白质、淀粉、甲壳素/壳聚糖的溶解及其改性的研究当中[3~5]。

而本节内容，将主要介绍近年来离子液体在高分子聚合物回收利用方面的研究进展，包括解聚聚碳酸酯、尼龙、催化降解聚乙烯等。

5.2.1　离子液体在聚合物降解中的应用进展

1. 离子液体在聚碳酸酯回收中的应用

聚碳酸酯塑料产品随着计算机与音像业的迅猛发展而日益增多，因而产生了大量的聚碳酸酯废料，给环境治理带来了很大的压力。由于聚碳酸酯本身芳环含量高，缺少较活泼的氢原子，所以同其他聚合物相比可降解程度小。研究表明，在 300~500 ℃，用热解、氨解和水解等几种通用的高分子降解技术只能使聚碳酸酯的相对分子质量部分降低。目前聚碳酸酯的回收利用主要有直接燃烧和熔融再塑制备其他低附加值产品两种方法。很明显，这些方法处理的聚碳酸酯利用效率并不高，而且能耗大，易造成环境污染。

顾颜龙等[6] 报道了利用离子液体降解回收聚碳酸酯光盘的研究进展。他们主要是利用 $[(CH_3)_3NH][AlCl_4]$、$[bPy][AlCl_4]$、$[emim][AlCl_4]$、$[bmim][AlCl_4]$、$[bmim][BF_4]$ 和 $[bmim][PF_6]$ 作为反应介质，研究了相对温和条件下废旧聚碳酸酯光盘的降解过程。结果表明，在相同的实验条件下酸性离子液体 $[(CH_3)_3NH][AlCl_4]$ 催化降解效果最好，这可能是由于 $[(CH_3)_3NH][AlCl_4]$ 在反应温度下微量分解成 $N(CH_3)_3$ 和 H^+，使得体系的酸性增强，从而增加了离子液体的催化降解性能，降解的主产物是碳酸二苯酯。此外，降解过程中还检测到了甲基、甲酸酯基和氯取代的碳酸二苯酯以及布洛芬衍生物的存在。而在中性的氯铝酸离子液体和对水、空气较稳定的氟硼酸、氟磷酸离子液体中，聚碳酸酯不存在降解行为，实验结果如表 5.8 所示。

表 5.8　不同离子液体中废旧聚碳酸酯光盘的降解情况

实验序号	离子液体	x_{AlCl_3}/%	气体产物		碳酸二苯酯	
			φ_{N_2}/%	φ_{HCl}/%	选择性/%	产率/%
1	[emim][AlCl$_4$]	67	91	9	88	52
2	[bmim][AlCl$_4$]	67	98	2	85	27
3	[bPy][AlCl$_4$]	67	97	3	84	25
4	[bPy][AlCl$_4$]	67	98	2	87	27
5	[(CH$_3$)$_3$NH][AlCl$_4$]	50	>99	<1	0	0
6	[bmim][BF$_4$]	—	100	—	0	0
7	[bmim][PF$_6$]	—	100	—	0	0

注：反应条件为聚合物粉末 0.5 g；离子液体 5 mL；反应温度 100 ℃；时间 72 h。

　　该研究还考察了不同离子液体/无机酸体系对聚碳酸酯降解行为的影响。实验结果 (表 5.9) 表明，[(CH$_3$)$_3$NH][AlCl$_4$]/H$_2$SO$_4$ 和 [(CH$_3$)$_3$NH][AlCl$_4$]/H$_3$PO$_4$ 作为聚碳酸酯降解反应介质，其活性较单独使用酸性离子液体 [(CH$_3$)$_3$NH][AlCl$_4$] 有所降低，这可能是由于 [(CH$_3$)$_3$NH][AlCl$_4$] 加入无机酸以后得到的混合体系在反应温度下稳定性降低所引起的。而对 [bmim][AlCl$_4$](x_{AlCl_3}=67%) 而言，向其中加入微量 (<0.2 mL) 的浓 H$_2$SO$_4$ 或 H$_3$PO$_4$ 以后，大大改善了对聚碳酸酯降解反应的催化性能。特别是加入浓 H$_2$SO$_4$ 以后，碳酸二苯酯的收率由原来的 25%增加到 63%，并且其选择性基本保持不变。对于中性的氯铝酸离子液体和氟硼酸以及氟磷酸离子液体而言，即使加入无机酸，降解反应仍不能进行。

表 5.9　不同离子液体/无机酸体系中废旧聚碳酸酯光盘的降解情况

实验序号	离子液体/无机酸	x_{AlCl_3}/%	气体产物		碳酸二苯酯	
			φ_{N_2}/%	φ_{HCl}/%	选择性/%	产率/%
1	[(CH$_3$)$_3$NH][AlCl$_4$]	67	91	9	88	52
2	[(CH$_3$)$_3$NH][AlCl$_4$]/H$_2$SO$_4$	67	84	16	83	43
3	[(CH$_3$)$_3$NH][AlCl$_4$]/H$_3$PO$_4$	67	81	19	81	33
4	[bmim][AlCl$_4$]	67	97	3	84	25
5	[bmim][AlCl$_4$]/H$_2$SO$_4$	67	93	7	83	63
6	[bmim][AlCl$_4$]/H$_3$PO$_4$	67	95	5	83	45
7	[bmim][AlCl$_4$]	50	99	1	0	0
8	[bmim][BF$_4$]/H$_2$SO$_4$	—	100	—	0	0
9	[bmim][PF$_6$]/H$_3$PO$_4$	—	100	—	0	0

注：反应条件为聚合物粉末 0.5 g；离子液体 5 mL；反应温度 100 ℃；时间 72 h。

　　此外，该研究还以 [bmim][BF$_4$]/ H$_2$SO$_4$ 为介质，考察了反应温度和时间对聚碳酸酯降解反应的影响，实验证明，反应温度和时间的改变对结果有较大的影响。反应温度升高时，碳酸二苯酯的选择性和收率明显下降，而且气态产物中除了 N$_2$ 和 HCl，还检测到了 CO$_2$、丙烷、异丁烷、正丁烷、2- 甲基丁烷、正戊烷等短链烷烃，同时在液态产物中还检测到高度不饱和的芳烃、稠环芳烃及含氧化合物。反应温度降低时，碳酸二苯酯的选择性得到明显改善，而由于反应不能完全进行，其收率下降幅度较大。缩短反应时间可以提高碳酸二苯酯的选择性，但在 72 h 以内其收率较低。延长时间至 96 h，碳酸二苯酯的收率略有下降，说明 72 h 为较适宜的反应时间。

与顾颜龙等的研究工作类似，邹长军等[7] 把离子液体应用到沥青砂内重组分的降解中。其研究中所用到的离子液体与顾颜龙提到的相似，离子液体用于沥青砂内重组分的降解表现出良好的效果，并且在降解产物中检测到饱和烃、芳烃、沥青烯及少量 H$_2$S、CO 等。研究中，邹长军等还提出了离子液体催化降解沥青砂中重组分的机理，他们认为氢质子在离子液体催化沥青质过程中起着关键的作用，离子液体中的质子与沥青质分子中的极性部位或电负性部位发生相互作用，使沥青质骨架在三维空间更加松散、扩展，从而发生降解反应。

2. 离子液体在催化裂解聚乙烯中的应用

由于聚乙烯具有优良的物理化学性能、机械性能及介电性能，以及成型工艺性好、价格低廉等特点，所以其用途越来越广泛。与此同时，废聚乙烯也对环境造成了很大压力。降解废聚乙烯的研究，也受到了普遍关注。传统的回收聚乙烯的方法主要有高温裂解、利用中孔材料催化裂解、与超临界水反应等。而 Adams 等[8] 提出了一种新的方法，利用氯铝酸盐离子液体催化降解聚乙烯。

该研究以离子液体 [emim]Cl-AlCl$_3$、[bPy]Cl-AlCl$_3$、[bmim]Cl-AlCl$_3$ 和 LiCl-AlCl$_3$ 为反应介质，并加入 [emim][HCl$_2$]、浓硫酸等作为催化剂进行降解反应。研究发现，在一定的反应温度、反应时间下产物的分布与所用离子液体的阳离子种类无关；同时，催化剂的种类也不会对实验结果产生影响。产物中的易挥发性气体经气相色谱、核磁共振分析主要是烷烃，分子式为 C$_n$H$_{2n+2}$。但反应温度会影响气体产物的组成，高温时，生成的丙烷量增加而戊烷量减少；产物中检测不到甲烷、乙烷；且生成的正己烷、庚烷的质量百分含量小于 2%。对此现象 Adams 认为，裂解反应中聚乙烯碳链断裂会产生碳正离子，碳正离子有较高的活化能，如果反应中产生的是叔碳离子 {如 [C(CH$_3$)$_3$]$^+$、[(CH$_3$)$_2$CC$_2$H$_5$]$^+$}，则活化能较低，有利于反应的进行；而仲碳离子 (产生丙烷、丁烷) 有较高的活化能，所以低温时产生的丙烷、丁烷较少；温度升高时，可以较容易地跨越较高的活化能能垒，因此，由仲碳离子产生的化合物增加；伯碳离子的活化能较高而不能生成由其衍生的化合物，如甲烷、乙烷等。

产物中的难挥发部分处于离子液体上方，为了分离离子液体和液体产物，用有机溶剂 (如环己烷) 充分洗涤离子液体。分离的产物用核磁共振 (^{1}H NMR、^{13}C NMR) 分析，结果表明，难挥发的产物为环状或带有支链的烷烃，且此类化合物含有环己基、环戊基、甲基、脂肪环、异丙基以及 CH_2 链。并且 ^1H NMR 的积分面积表明大约 33% 的 H 原子处于末端甲基位置，其他的以亚甲基、次甲基的形式存在。气-质联用分析表明，难挥发性产物中还含有多元环，其相对分子质量均大于 162。此外，该反应中没有芳香族化合物生成，这与传统方法得到的产物有所不同。而 200 ℃ 以上反应时检测到的非烷烃产物为含碳量较高的黑色固体。

　　离子液体解聚高分子聚合物是离子液体应用的又一新领域，具有很大的发展前景。在离子液体降解聚碳酸酯、沥青重组分和聚乙烯的研究中，所用到的离子液体大多数为氯铝酸类离子液体。虽然这类离子液体的合成成本较低，但其对空气比较敏感，不稳定，分解温度也不高，因此，设计开发出性质更加稳定，成本低，催化降解效果好的新型功能化离子液体是该领域今后研究的核心。

3. 离子液体在尼龙降解中的应用

　　尼龙是由聚酰胺类树脂构成的塑料，具有机械强度高，韧性好，有较高的抗拉、抗压强度，表面光滑，摩擦系数小，耐磨，耐腐蚀，对生物侵蚀呈惰性，有良好的抗菌、抗霉能力，耐热，使用温度范围宽，有优良的电气性能；制件重量轻、易染色、易成型等优点。因而，尼龙被广泛应用于家用电器元件、电子及机电工业产品(如插头、线等)，也用于生产汽车及仪表中的零部件、体育用品、输送管道、医疗器材、尼龙带、尼龙薄膜及织物等。由于自身的特点，其在自然条件下不易分解，占用体积大，对环境产生一定的影响。近几年，随着尼龙应用范围的扩大，废旧尼龙的用量在不断增加，这就势必造成对环境的污染以及资源的浪费。采用化学方法降解尼龙，是实现尼龙废料循环利用的有效途径。

　　Kamimura 研究组首先发现并报道了利用季铵类离子液体降解尼龙-6，回收单体 ε- 己内酰胺的研究[9]。表 5.10 中列出了一些有机溶剂、离子液体降解尼龙的情况以及相应的单体收率。

　　从表中可以看出，在醇解溶剂中不加任何催化剂时，加热处理尼龙-6 无降解反应发生；而离子液体对尼龙-6 的降解有较好的效果，在 [emim][BF₄] 中己内酰胺的收率达到 43%。为加快反应以 DMAP 为催化剂进行了实验 5，比较实验 4、5 的结果可以看出，加入 DMAP 后己内酰胺的收率大大提高，而加入 NMI 作为催化剂时，反应没有明显变化，这可能是因为在 300 ℃时 NMI 易挥发。比较实验 8、10、11 可以看出，TFSI 为降解尼龙-6 的最好溶剂，并且季铵盐类离子液体的降解效果优于咪唑类离子液体。

　　Kamimura 等还研究了反应的温度对离子液体解聚尼龙的影响，结果见表 5.11。研究结果表明，270 ℃时，降解反应不明显，目的产物己内酰胺的收率只有 7%。而在 300 ℃时，反应能快速进行，且己内酰胺的收率达 86%。在 330 ℃反应时，尼龙-6 能很好地降解，但己内酰胺的收率只有 55%，有少量副产物 N-丙基内酰胺生成, 其丙基可能来自 PP13 上的丙基; 由此可以推测在此温度下 PP13 可能发生了少量分解。在 350 ℃时, 得到的产物为己内酰胺、N-甲基内酰胺、N-丙基内酰胺的混合物。因此, 300 ℃为尼龙-6 的最佳降解温度。反应结束后, 离子液体还可以循环利用, 结果如表 5.12 所示。离子液体在循环利用五次后仍表现出良好的降解效果, 且酰胺 1 有较高的收率。

表 5.10   尼龙-6 在不同溶剂和不同条件下的降解情况

实验序号	溶剂	催化剂	质量分数/%	时间/h	收率/%
1	乙二醇	无	0	4	0.2
2	三甘醇	无	0	4	0.8
3	[emim][BF$_4$]	无	0	5	43
4	[PP13][TFSI]	无	0	6	55
5	[PP13][TFSI]	DMAP*	5	6	86
6	[PP13][TFSI]	NMI**	5	6	55
7	[P13][TFSI]	DMAP	5	6	77
8	[TMPA][TSFI]	DMAP	5	6	86
9	[bmim][TSFI]	DMAP	5	6	35
10	[TMPA]Br	DMAP	5	6	0
11	[TMPA][BF$_4$]	DMAP	5	6	0

* N, N-二甲基吡啶胺;

** N-甲基咪唑, PP13: N-甲基-N-丙基哌啶鎓, P13: N-甲基-N-丙基吡咯鎓, TMPA: N, N, N-三甲基-N-丙基氨盐, TFSI: 双三氟 - 甲基磺酰亚胺。

表 5.11   反应温度对离子液体解聚尼龙-6 的影响

实验序号	温度/℃	己内酰胺收率/%	N-甲基内酰胺收率/%	N-丙基内酰胺收率/%
1	270	7	0	0
2	300	86	0	0
3	330	55	0	8
4	350	6	2	7

表 5.12   离子液体循环对降解尼龙-6 单体收率的影响

次数	[TMPA][TFSI]/%	[PP13][TFSI]/%	[PP3][TFSI]/%	[P14][TFSI]/%
1	79	86	77	56
2	80	84	85	59
3	80	87	84	59
4	77	77	85	60
5	75	78	83	58

Kamimura 等将反应后的离子液体进行了 NMR 分析。在 270 ℃、300 ℃的反应条件下, [PP13][TFSI] 离子液体的 NMR 谱图和未经反应的 [PP13][TFSI] 的谱图完全一致, 因此, 在 270 ℃、300 ℃的反应条件下离子液体未发生热分解, 且离子

液体中无残留的尼龙-6 衍生产物。而在 330 ℃、350 ℃的反应条件下，离子液体的 NMR 谱图和原始谱图有所不同，也即在高温下离子液体发生了分解。由此也可以判断，300 ℃为离子液体降解尼龙的最佳反应温度。

与离子液体降解聚碳酸酯、聚乙烯不同，降解尼龙未利用性质不稳定的氯铝酸盐离子液体，而是用热稳定性较好的季胺类离子液体，其相应目的产物选择性也较高。但是，离子液体降解尼龙的反应机理有待进一步研究；以反应机理为基础，不但可以将离子液体推广应用到其他高聚物的解聚研究中，而且还可以为进一步设计功能化离子液体提供新的研究思路。

5.2.2　发展方向及展望

随着离子液体应用领域的不断深入，离子液体在高分子聚合物解聚的应用过程中，目前与未来的一个重要的研究内容是开发低成本、性质稳定、易于制备、回收、功能化的新型离子液体。新型离子液体的结构设计应该涉及与人们目前熟知的离子液体结构完全不同、而具有特殊功能的新结构类型。

同时，对已经发现的离子液体降解聚合物的体系应该进行深入的研究，如全面深入地研究离子液体本身及其聚合物的热力学性质；研究离子液体与聚合物之间的相互作用，认识其相互作用机理，从而进一步研究解聚机理。此外，从节省能源的角度出发，研究离子液体在聚合物解聚中的有效回收技术也很重要。

应当指出的是，对于任何新出现的溶剂的应用，只有在进入工业化的应用之后其前景才更具有活力。虽然近几年国内外学者的很多研究已经向世人展示了离子液体在很多方面令人振奋的应用前景，但至今仍没有工业化的范例。离子液体在高分子领域中的应用才刚刚开始，但由于离子液体本身所具有的独特性质以及很多高分子领域所面临的各种环境不友好的迫切问题，人们对离子液体在该领域中应用的工业化前景寄予了很大期望。特别是在塑料回收方面，由于近几十年来人们对环境问题的忽视，造成了今天很严重的环境污染，回收利用塑料、解决环境污染问题以及实现资源的重复利用具有重要的意义。离子液体在该方面的可行性研究为其工业化奠定了理论基础，也为人所瞩目。不过，由于在这方面的研究中还有很多工作需要深入，若现在就断言离子液体能够在聚合物降解中取得工业化应用还为时过早。但与离子液体在有机合成、催化、电化学方面的应用相比，离子液体在高分子聚合物中的应用的实施条件要相对简单 (如对离子液体纯度的要求、离子液体的回收难度等方面)。相信离子液体在高分子聚合物中的应用将会吸引越来越多的学术界、工业界的关注，研究内容也势必越来越广泛和深入。

参 考 文 献

[1]　黄发荣, 陈涛, 沈学宁. 高分子材料的循环利用. 北京: 化学工业出版社, 2000

[2] Swatloski R P, Spear S K, Holbrey J D, et al. Dissolution of cellulose with ionic liquids. J Am Chem Soc, 2002, 124: 4974, 4975

[3] Liu Q B, Janssen M H A, van Rantwijk F, et al. Room-temperature ionic liquids that dissolve carbohydrates in high concentrations. Green Chem, 2005, 7(1): 39~42

[4] Reichert W M, Visser A E, Swatloski R P, et al. Abstract of Papers, 221st ACS National Meeting, San Diego, CA, United States, 2001

[5] Phillips M D, Drummy F L, Conrady G D, et al. Dissolution and regeneration of bombyx mori Silk fibroin using ionic liquid. J Am Chem Soc, 2004, 126: 14350, 14351

[6] 顾颜龙, 杨宏洲, 邓友全. 离子液体中聚碳酸酯光盘的降解 —— 碳酸二苯酯的回收. 化学学报, 2002, 60(4): 753~757

[7] 邹长军, 刘超, 黄志宇等. 离子液体介质中沥青砂内重组分降解过程. 化工学报, 2004, 55(12): 2095~2098

[8] Adams J C, Earle J M, Seddon R K. Catalytic cracking reactions of polyethylene to light alkanes in ionic liquids. Green Chem, 2000, 21~23

[9] Kamimura A, Yamamoto S. An efficient method to depolymerize polyamide plastics: a new use of ionic liquids. Organic Letters, 2007, 9(13): 2533~2535

5.3 离子液体在大气污染控制中的应用*

5.3.1 有毒有害气体污染现状及控制手段

有毒有害气体污染已经成为一个严重的社会环境问题, 引起国家的高度重视。有毒有害气体污染主要包括挥发性有机物污染 (VOC) 和 SO_2 等无机污染物, 主要来源于石油加工、化工、轻工、涂料、制革、制鞋、工业溶剂、餐饮等行业排放的污染物。该类挥发性有机物大多具有毒性、易燃易爆, 而且部分是致癌物, 有的对臭氧层有破坏作用, 有的会在大气中和氮氧化物形成光化学烟雾, 造成二次污染。按 VOC 的来源、种类及浓度不同, 大致可分为如下三类: ① 化工行业点源排放的高浓度 VOC, 主要含酮、酯、醚、烃等有机污染物; ② 轻工、工业溶剂、涂料使用过程中产生的 VOC, 如喷涂、包装与制革制鞋等行业排放的苯、甲苯、二甲苯、氯苯等低浓度有机污染物; ③ 餐饮业油烟产生的 VOC, 主要是油雾及脂肪酯、脂肪酸等挥发性有机化合物。其中在我国广东省茂名市大气中就检出 130 多种 VOC, 这些污染物的排放已严重地影响了人们的正常生活和身体健康[1]。

VOC 的排放量巨大。据美国环境保护署 (EPA) 的预测, 全球工业 VOC 排放量高达 14.5 万 t/a[2]。以美国为例, 每年的排放量达到 2300 万 t[3], 如此大量的有毒有害物质的排放控制早已引起人们的关注。美国 1990 年开始实施的清洁空气

* 感谢国家科技部 863 项目 (No. 2006AA06Z376) 和自然科学基金 (No. 20676135) 对本章节研究工作的支持。

法修正案要求在随后的九年内逐步使大气中有毒化学品的排放量减少 90%,其中 70% 为易挥发性有机物 (VOC),其他发达国家也都围绕改善生态环境和有效利用资源的战略性要求采取了相应的措施[4]。欧洲共同体要求的排放限制为每立方米汽油负荷的 35 g 总的有机物量 (35 gTOC/m³),美国环保署提出了 10 gTOC/m³ 的限制,德国的 TA-Luft 标准则更为严格,其标准为 0.15 gTOC/m³(不包括甲烷)[5]。因此,如何控制 VOC 排放、减少环境污染成为工业界、学术界及社会共同关注的课题。此外,针对部分点源 VOC 排放种类单一、数量巨大的情况,如何资源化回收和利用这些有机物也成为该领域的新挑战,这一问题的解决有望实现在控制环境污染的同时又可节省资源的双重目标。

目前处理 VOC 的常用方法主要可以分为两类:一类是破坏性方法 (氧化法),如焚烧和催化燃烧法、等离子法、电化学方法、光催化、生物处理法等,即将 VOC 转化为 CO_2 和 H_2O;另一类是非破坏方法,如吸收、吸附、冷凝和膜分离等[6~9]。VOC 污染控制技术如图 5.11 所示。

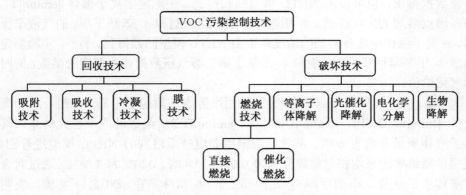

图 5.11　VOC 污染控制技术示意图

但这些方法常常在降低 VOC 污染的同时又造成新的二次污染,并且需要消耗大量能源。如化学吸收法中常采用二甘醇单丁基醚作为溶剂吸收,通过吸收和精馏工艺回收 VOC,但所选用的吸收剂本身就具有挥发性,在使用过程中的挥发、泄漏等也会造成环境的二次污染,由此引起的损耗则需要不断补充吸收剂。

5.3.2　离子液体在大气污染控制中的研究

1. 离子液体与有机化合物相平衡研究进展

目前,离子液体作为一种新型的绿色溶剂在气体分离方面已展开了系统的研究。Orchille's 等[10] 在常压下用沸点仪测定了丙酮、甲醇和 [emim][OTf] 的三个二元体系和一个三元体系的气液平衡数据。离子液体的加入在有机混合溶剂中产生了重要的盐析效应，由于少量离子液体的加入，共沸混合现象消失了。与其他无机盐相比，离子液体 [emim][OTf] 作为夹带剂在分离丙酮–甲醇体系具有明显优势：离子特性和低蒸气压。他们采用 NRTL 模型回归得到了用于二元体系的 Mock's 模型参数，这些参数可以预测与实验值吻合良好的三元体系气液平衡。如采用 NRTL 模型，当 $x_{[emim][OTf]} = 0.078$ 时，丙酮–甲醇体系的共沸点消失了。

Zhang 等[11,12] 测量了水、正丙醇、异丙醇、离子液体 {[emim][BF$_4$] 和 [bmim][BF$_4$]} 的六个二元体系，四个三元体系的气液平衡数据。实验测定了体系中不同离子液体含量在常压下的数据，得到了易挥发组分的活度系数。实验得到的活度系数表明 [emim]$^+$ 比 [bmim]$^+$ 有更强的作用 (除了与正丙醇作用)。他们还测定了六个含离子液体二元体系沸点温度，并用二元 NRTL 参数计算三元气液平衡。

Sergey 课题组[13,14] 用静态法测定了甲醇、乙醇、丙醇和离子液体 [bmim][Tf$_2$N] 组成的四个二元体系气液平衡数据。实验测定从 298.15 K 到 313.15 K 的四个温度点在全浓度范围内的气液平衡数据。在离子液体中这些溶剂的活度系数可以通过实验数据得出，也可以由 NRTL 模型回归得到。还测定了离子液体 [emim][Tf$_2$N] 与高沸点溶剂 (如 1- 壬醇、4- 甲基苯甲醛、2- 壬酮和 4- 苯基丁酮) 的气液平衡数据。在离子液体中这些溶剂的活度系数由 NRTL 模型回归得到。另外，实验测定纯物质 4- 甲基苯甲醛、2- 壬酮和 4- 苯基丁酮的蒸气压数据作为温度的函数，同时得到气化焓值。

Wang 等[15,18] 和 Zhao 等[16,17] 采用准静态法测定了甲醇、乙醇、水和离子液体 {[mmim][DMP]、[bmim][DBP] 和 [emim][DEP]} 组成的四个三元体系，其中离子液体质量分数为 50%。蒸气压数据用非电解质溶剂的 NRTL 模型进行回归，模型预测结果的平均相对偏差分别为 0.55%、0.42%、0.67% 和 1.68%。通过对含离子液体质量分数 50% 的甲醇 + 乙醇和乙醇 + 水体系在 320 K 下实验，表明离子液体对于乙醇有盐析效应，对于乙醇 + 甲醇体系，离子液体盐析效应的顺序为 [emim][DEP]>[mmim][DMP]>[bmim][DBP]，同时，乙醇的相对挥发度也提高了，乙醇 + 水体系的共沸点完全消失了，乙醇从重组分变为轻组分，这有利于从甲醇和水中分离乙醇。另外，他们还通过测定离子液体中溶剂的无限稀释活度系数，证明了不同溶剂的内部作用大小顺序为水 > 甲醇 ≫ 乙醇。

Wang 等[15,18] 和 Zhao 等[16,17] 又采用拟静态的平衡釜测定了水、甲醇、乙醇和离子液体 [emim][ES] 组成的四个二元体系，离子液体的质量分数从 0.10 到 0.70。含离子液体二元体系蒸气压数据同样采用非电解质 NRTL 模型进行回归，得到对于以上体系的预测的平均相对偏差均小于 0.0068。

Wang 等[15,18] 和 Zhao 等[16,17] 还测定了甲醇、乙醇、水和上述三种离子液体组成的九个二元体系和一个三元体系乙醇-水-[mmim][DMP] 从 280 K 到 370 K 下的蒸气压，其中离子液体质量分数为 10% 到 70%。含离子液体二元体系蒸气压数据仍采用非电解质溶剂 NRTL 模型进行回归，得到的平均相对最小偏差 0.0089，最大偏差为 2%。经实验得到的离子液体效应对于蒸气压降低程度依次为：对于水，[mmim][DMP]>[emim][DEP] > [bmim][DBP]；而对于乙醇、甲醇则相反，[bmim][DBP] > [emim][DEP] >[mmim][DMP]。

2. 离子液体与有机醛、甲醇体系相平衡研究

甲基丙烯酸甲酯 (methyl methacrylate, MMA) 为重要的有机化工产品，是生产聚甲基丙烯酸甲酯 (有机玻璃) 和丙烯酸树脂材料的单体。还广泛用于生产涂料、乳液树脂、胶黏剂和医药功能高分子材料等[19]。其聚合物制品具有良好的透明性、防水性和耐候性，近年来得到了越来越广泛的应用。

现阶段已投产的甲基丙烯酸甲酯生产方法包括丙酮氰醇法 (ACH 法)、乙烯羰基化法、异丁烯/叔丁醇氧化法等[20]。其中丙酮氰醇法是目前国内外采用的主要方法，但该法以氢氰酸等剧毒物质为原料，对人体危害大，又存在污染环境、腐蚀设备、工艺复杂等问题，因此开发替代性的绿色新工艺已是必然。

异丁烯氧化法制备 MMA 是较为绿色的新工艺，主要有以下两条路线[21]：第一条路线，简称 "两步氧化法"：由异丁烯或叔丁醇气相催化氧化为甲基丙烯醛 (MAL)，甲基丙烯醛再催化氧化为甲基丙烯酸 (MAA)，甲基丙烯酸与甲醇在催化剂作用下发生酯化反应生成 MMA(图 5.12 中实线所示)。该路线经过日本触媒化学公司近 20 年的研究开发，于 1982 年首先实现了工业化，目前已逐渐成熟。它的优点在于充分利用了原料丰富的 C_4 馏分，减少了环境污染，但也存在设备多、工艺复杂、使用腐蚀性硫酸以及制酸步骤所用的催化剂寿命短、产率低等缺点。第二条路线，简称 "直接甲基化法"：异丁烯或叔丁醇催化氧化为 MAL，MAL 再一步氧化酯化为 MMA(图 5.12 中虚线所示)。这条路线由日本旭化成公司首先开发成功并进行了中试[22]。该工艺不经过甲基丙烯酸步骤，有效地避免了甲基丙烯酸聚合等副反应，原子经济性高、设备简单，是当今世界上最具吸引力的 MMA 生产工艺之一。

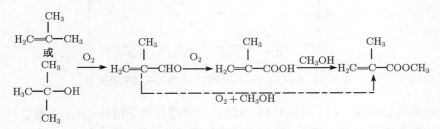

图 5.12 C_4 生产甲基丙烯酸甲酯氧化法路线

为了更好地解决 MMA 生产工艺中甲基丙烯醛 (MAL) 和甲醇的吸收问题，

实验获得了 MAL-[bmim][BF$_4$]、甲醇 -[bmim][BF$_4$]、MAL-[bmim][PF$_6$] 和甲醇 -[bmim][PF$_6$] 四个体系在 331.55 K、341.55 K、350.75 K 下的气液平衡数据和 NRTL 模型的关联结果, 各体系气液相平衡关系分别见图 5.13 至图 5.16。x_{MeOH}^{exp} 表示实验测定的 MAL 或甲醇的液相摩尔分数, x_{MAL}^{NRTL} 或 x_{MeOH}^{NRTL} 表示 NRTL 模型关联的甲基丙烯醛或甲醇的液相摩尔分数, 用 ARD% 表示平均相对偏差, ARD$_{MAL-[bmim][BF_4]}$ = 1.20%, ARD$_{甲醇-[bmim][BF_4]}$=0.42%, ARD$_{MAL-[bmim][PF_6]}$=1.75%, ARD$_{MAL-[bmim][PF_6]}$ =1.10%。

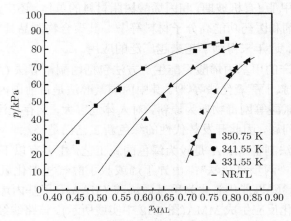

图 5.13   MAL-[bmim][BF$_4$] 体系气液相平衡关系

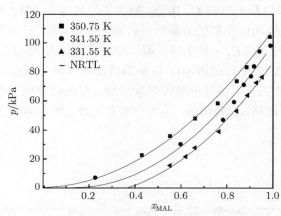

图 5.14   MeOH-[bmim][BF$_4$] 体系气液相平衡关系

由图 5.13 和图 5.14 可以看出, MAL 和甲醇在离子液体 [bmim][BF$_4$] 中的溶解度均随温度的升高而减少, 随压力的增加而增加; 且 MAL 与 [bmim][BF$_4$] 体系为正偏差, 而甲醇与 [bmim][BF$_4$] 体系为负偏差。离子液体在有机溶剂中呈现分子特性[21], 即离子液体在有机溶剂中并不是完全解离的, 大部分离子液体以中性分

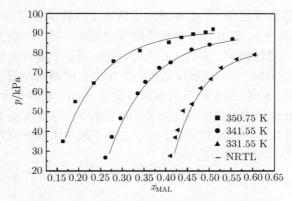

图 5.15   MAL-[bmim][PF$_6$] 体系气液相平衡关系

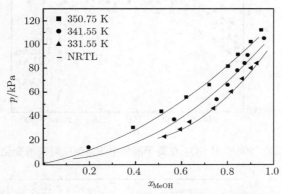

图 5.16   MeOH-[bmim][PF$_6$] 体系气液相平衡关系

子的形式存在，所以 MAL、甲醇与离子液体之间主要是氢键作用。对于 MAL 与 [bmim][BF$_4$] 体系，由于甲基丙烯醛分子体积比较大，[bmim][BF$_4$] 中氟原子与醛基中的氢原子形成的氢键作用力比醛与醛分子之间的作用力小，所以 [bmim][BF$_4$] 加入后减少了 MAL 分子所受到的引力，以至于 MAL 与 [bmim][BF$_4$] 体系相对于理想溶液产生正偏差。而对于甲醇与 [bmim][BF$_4$] 体系，[bmim][BF$_4$] 中氟原子是在阴离子 [BF$_4$] 中，且甲醇分子较小、与离子液体碰撞几率较大，所以 [bmim][BF$_4$] 中氟原子与羟基中的氢原子形成的氢键作用力比醇与醇分子之间的作用力大，因而甲醇与 [bmim][BF$_4$] 体系相对于理想溶液产生负偏差。MAL 和甲醇与 [bmim][PF$_6$] 之间也有相似的规律。

3. SO$_2$ 在离子液体中的溶解度研究

对于工业大量排放的 SO$_2$ 等酸性气体，常选择碱性的离子液体来进行吸收研究。经实验表明，SO$_2$ 在醇铵离子液体中具有相当高的溶解度，在常温常压下就能很好地溶解，张锁江课题组[23] 主要研究了常压下醇铵离子液体对 SO_2 的吸收情况，如图 5.17 所示，SO_2 在 8 种醇铵离子液体中的溶解随时间的变化关系，初始时 SO_2 在离子液体中迅速溶解，大约 1 h 之后，SO_2 在其中溶解变化非常小，即基本达平衡，且 SO_2 在 HEF 中的溶解度最大，在 HEAF 中溶解度最小。他们还测定了 293 K、303 K、313 K 和 323 K 下的溶解度数据，如图 5.18 所示，随着温度的升高，SO_2 在离子液体中的溶解度迅速降低，而且溶解度与温度基本呈直线关系。实验表明，当温度升高至 353 K 以上时，SO_2 在离子液体中溶解度几乎为零。所以可以采用低温吸收高温解吸来分离 SO_2。

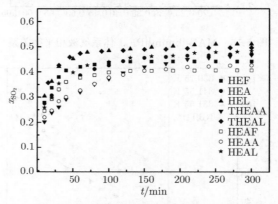

图 5.17   298K 时 SO_2 在离子液体中的溶解随时间的变化关系

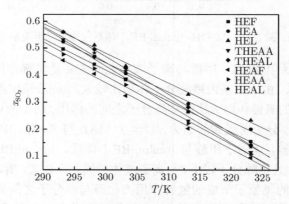

图 5.18 SO_2 在离子液体中的溶解度随温度的变化关系

5.3.3   石油化工炼厂气中混合 C_4 的吸收分离

1. 混合 C_4 的吸收分离研究现状

从石油烃裂解制乙烯装置副产混合 C_4 馏分中抽提获得丁二烯，是目前丁二烯的主要生产方法，这种方法价格低廉，经济上占优势。工业上比较常用的有日本 Geon 公司的二甲基甲酰胺 (DMF) 萃取精馏法、日本 JSR 公司的改进乙腈 (ACN) 萃取精馏法和德国 BASF 公司的 N—甲基吡咯烷酮 (NMP) 萃取精馏法，这三种技术的经济比较如表 5.13 所示。

表 5.13　三种溶剂萃取精馏法技术经济比较[1]

项目名称	三种溶剂法		
	NMP	DMF	ACN
生产厂商	德国 BASF 公司	日本 Geon 公司	日本 JSR 公司
丁二烯产品纯度/%	98.8~99.9	≥99.8	≥99.5
炔烃含量/(mg.kg^{-1})	<20	<20	<500
丁二烯收率/%	98~99	≥98	97~98
装置设备相对台数	100	125	>100
冷却水/(t.t^{-1})	182	300	230
电/(kW·h.t^{-1})	135	140	64
蒸气/(t.t^{-1})	1.587	2.58	1.9
溶剂/(kg.t^{-1})	0.25	1.25	0.37

从表中数据可以看出，各种丁二烯萃取抽提工艺虽然使用溶剂不同，各有特点，但工艺流程和技术经济指标相差不大，并且都得到了广泛的工业应用。

利用单一溶剂进行萃取已经不能满足现有当前技术的需求，开发新的溶剂或对已有溶剂进行改性，成为未来丁二烯生产技术的一个重要发展方向。在现有技术中进行溶剂改性方面，相关企业和研究单位已经做了成功探索，在 DMF 法中，已有研究表明，通过在萃取剂中添加一定量的盐，能使 DMF 的分离能力增强[24]。NMP 法和 ACN 法的萃取剂中都通过加入不同含量的水，以便提高混合 C$_4$ 相对挥发度、降低溶剂的沸点、减少能量消耗。但是水的加入，也会导致混合 C$_4$ 在溶剂中的溶解度降低，造成萃取剂用量增加，提高了生产成本。BASF 公司研究和开发了用 MTBE 或四氢呋喃代替水以降低 NMP 工艺溶剂用量的技术[25]。由于这些有机物代替了水，不但不降低溶剂的选择性，也没有提高脱气塔的塔釜温度，而且使溶剂的黏度有显著降低，因此提高了塔板效率，减少了溶剂用量。使溶剂和原料烃的比值由 10:1 降低至 5.36:1，由此降低了能耗。日本合成橡胶股份有限公司[26]，通过改进 ACN 工艺溶剂中乙腈和水的配比，同时加入另外一种二醇类物质，进一步增加了混合 C$_4$ 在萃取体系中的溶解度，提高了烃类各物质相互之间的选择性和相对挥发度，达到降低能耗的目的。

2. 离子液体作为复合萃取剂的添加剂对 C$_4$ 的吸收分离

萃取精馏是在精馏塔中加入能提高待分离组分相对挥发度的一种或几种溶剂，使沸点相近的组分得以分离。萃取精馏所选用的溶剂是分离效果好坏的关键因素，C_4 萃取精馏所用溶剂应是与 C_4 不相互反应、热稳定性好、无腐蚀和毒性的一种极性溶剂或几种极性溶剂的混合物，溶剂的选择可通过实验或热力学计算等方法实现。其中实验法选取溶剂的方法有多种，可以通过气液平衡实验测定溶剂对待分离组分相对挥发度的影响，并选择合适的溶剂。也可以用其他的方法如通过实验测定无限稀释活度，并根据无限稀释活度系数进行溶剂的选择。

由表 5.14 可以看出，离子液体的加入对乙腈/离子液体复合萃取剂的密度影响不大，但一定程度上提高了复合萃取剂的黏度，但从实验结果来看，不同的离子液体与乙腈形成的复合萃取剂的黏度相差并不明显。

表 5.14　复合萃取剂的物理性质

复合萃取剂	$\eta/(mPa \cdot s)$(298 K)	$\rho/(g \cdot cm^{-3})$(298 K)	pH(293 K)	状态
乙腈	0.340	0.777	10.49	液态
乙腈 + 水 (90%+10%)	0.419	0.789	8.86	液态
乙腈 +[emim]Br(90%+10%)	0.492	0.816	6.15	液态
乙腈 + [bmim]Br(90%+10%)	0.496	0.906	7.40	液态
乙腈 + [C$_6$mim]Br(90%+10%)	0.483	0.811	4.97	液态
乙腈 + [C$_8$mim]Br(90%+10%)	0.492	0.809	5.70	液态
乙腈 + [C$_{10}$mim]Br(90%+10%)	0.479	0.806	4.68	液态
乙腈 + [hmim][BF$_4$](90%+10%)	0.475	0.819	0.13	液态
乙腈 + [emim][BF$_4$](90%+10%)	0.504	0.816	5.37	液态
乙腈 + [bmim][BF$_4$](90%+10%)	0.466	0.810	7.28	液态
乙腈 + [C$_6$mim][BF$_4$](90%+10%)	0.467	0.807	5.56	液态
乙腈 + [C$_8$mim][BF$_4$](90%+10%)	0.470	0.805	5.57	液态
乙腈 + [C$_{10}$mim][BF$_4$](90%+10%)	0.470	0.803	5.65	液态
乙腈 + [bmim][PF$_6$](90%+10%)	0.457	0.815	7.25	液态
乙腈 + [bmim]Cl(90%+10%)	0.498	0.806	7.54	液态
乙腈 + 水 + 双咪唑溴盐 (90%+5%+5%)	0.641	0.817	4.27	液态
乙腈 + 水 + 双季鏻溴盐 (90%+5%+5%)	0.459	0.806	4.53	液态
乙腈 + 水 + 羟基咪唑溴盐 (90%+5%+5%)	0.460	0.811	4.34	液态

为了考察不同离子液体作为复合萃取剂的添加剂对 C_4 组分间相对挥发度的影响，主要选择了苄基三甲基氢氧化铵乙酰水杨酸盐、N-3- 溴铵丙基吡啶溴盐、双咪唑溴盐、乙醇胺乙酸、双季鏻溴盐和 [emim]Br 六种不同种类的离子液体分别与乙腈形成不同的复合萃取体系，与原萃取体系乙腈/水的实验结果进行比较，如图 5.19 所示。

从图 5.19 中可以看出，[emim]Br 咪唑类离子液体和双季鏻溴盐季鏻类离子液体对 C_4 组分间的相对挥发度提高都有一定的效果，但相对于其他种类的离子液体来说，咪唑类离子液体 [emim]Br 作为添加剂对 C_4 组分间的相对挥发度的效果最为明显，其中正丁烯/丁二烯的相对挥发度 α_{12} 可提高 10.5%。

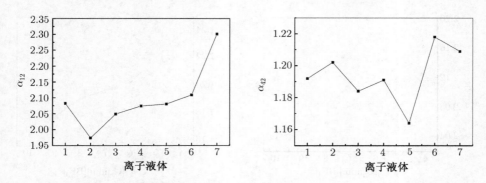

图 5.19　不同种类的离子液体的 C_4 组分间的相对挥发度：α_{12}，正丁烯/丁二烯；α_{42}，
顺丁烯/丁二烯

离子液体：1 为水 (10%)；2 为苄基二甲基氢氧化铵乙酰水杨酸盐 + 水 (5%+5%)；3 为 N-3- 溴铵丙基
吡啶溴盐 + 水 (5%+5%)；4 为双咪唑溴盐 + 水 (5%+5%)；5 为乙醇胺乙酸 + 水 (5%+5%)；6 为双季
鏻溴盐 + 水 (5%+5%)；7 为 [emim]Br(10%)

对于同一种阴离子，不同阳离子的咪唑类离子液体而言，其黏度、密度、熔
点、极性等物理和化学性质都会有一定的差别，这也会影响到萃取分离的效果。
图 5.20 和图 5.21 分别表示的是阴离子为 Br^- 和 $[BF_4]^-$，阳离子分别为咪唑环上
2、4、6、8、10 碳原子个数的 $C_n mim$ 的离子液体添加剂对 C_4 组分间相对挥发度
的影响。

由图 5.20 和图 5.21 可以看出，咪唑环上的碳原子个数对 C_4 组分间的相对挥
发度有很明显的作用。随着碳原子个数的增多，正丁烯/丁二烯 α_{12} 和顺丁烯/丁二
烯 α_{42} 都呈逐渐减少的趋势，这说明咪唑环上取代基的碳原子个数较少有利于提
高 C_4 组分间的相对挥发度 α_{12} 和 α_{42}。

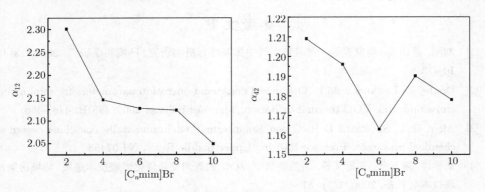

图 5.20　$[C_n mim]Br$ 咪唑环上的碳原子个数对 C_4 组分间的相对挥发度的影响

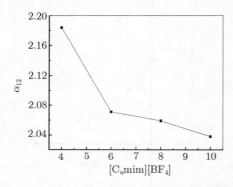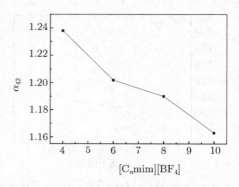

图 5.21 [$C_n$mim][BF_4]咪唑环上的碳原子个数对 C_4 组分间的相对挥发度的影响

乙腈/水和乙腈/[emim]Br 溶液对 C_4 组分都有一定的吸收溶解作用,其萃取结果如表 5.15 所示。

表 5.15　混合 C_4 主要组分吸收百分含量

混合 C_4 组分	萃取剂吸收百分含量/%	
	乙腈/水	乙腈/[emim][Br]
正丁烯	21.90	6.04
1,3-丁二烯	59.05	55.89
反丁烯	34.87	27.23
顺丁烯	50.91	45.11

从两者对四种 C_4 组分的吸收效果来看,乙腈/水的吸收效果似乎更明显。但从正丁烯、反丁烯和顺丁烯相对与 1,3-丁二烯的吸收效果分析,乙腈/[emim]Br 溶液对 C_4 组分实现选择性吸收,在基本保持 1,3-丁二烯吸收效果与乙腈/水一致的同时,较大程度上减少了对正丁烯、反丁烯和顺丁烯的吸收溶解,从而对 1,3-丁二烯的萃取分离奠定了基础。

参 考 文 献

[1] 刘刚, 盛国英, 傅家谟等. 茂名市大气中挥发性有机物研究. 环境科学研究, 2000, 13(4): 10~13

[2] Donley E, Lewandowski D. Optimized designand operation parameters for minimizing emissionduring VOC thermal oxidation. Mental Finihing, 2000, (98)B: 446~458

[3] Allen D T, Shonnard D R. Green Engineering: environmentally conscious design of chemical processes. Prentice-Hall Inc Upper Saddle River, NJ 07458

[4] 朱学坤, 陈标华, 周集义等. 清除废气中 VOC 的流向变换催化燃烧技术进展. 环境污染治理技术与设备, 2000, 1(2): 87~95

[5] Ghoshal A K, Manjare S D. Selection of appropriate adsorption technique for recovery

of VOC: an analysis. J Loss Prevent Proc, 2002, 15: 413~421

[6]　谭明侠, 王国军, 谢建川. VOC 催化燃烧技术. 川化, 2006, 2: 12~14

[7]　吴碧君, 刘晓勤. 挥发性有机物污染控制技术研究进展. 电力环境保护, 2005, 21(4): 39, 40

[8]　Parthasarathy G, El-Halwagi M M. Optimum mass integration strategies for conden-sation and allocation of multicomponent VOC. Chem Eng Sci, 2000, 55: 881~895

[9]　Shonnard D R, Hiew D S. Comparative environmental assessment of VOC recovery and recycle design alternatives for a gaseous waste stream. Environ Sci Technol, 2000, 34: 5222~5228

[10]　Orchille's A V, Miguel P J, Vercher E, et al. Ionic liquids as entrainers in extrac-tive distillation: isobaric vapor-liquid equilibria for acetone + methanol + 1-ethyl-3-methylimidazolium trifluoromethanesulfonate. J Chem Eng, 2007, 52: 141~147

[11]　Zhang L, Han J, Wang R J, et al. Isobaric vapor-liquid equilibria for three ternary systems: water+2-propanol + 1-ethyl-3-methylimidazolium tetrafluoroborate, water +1-propanol + 1-ethyl-3-methylimidazolium tetrafluoroborate, and water +1-propanol + 1-butyl-3-methylimidazolium tetrafluoroborate. J Chem Eng, 2007, 52: 1401~1407

[12]　Zhang L Z, Deng D S, Han J Z, et al. Isobaric vapor-liquid equilibria for water + 2-propanol +1-butyl-3-methylimidazolium tetrafluoroborate. J Chem Eng, 2007, 52: 199~205

[13]　Verevkin S P, Safarov J, Bich E, et al. Thermodynamic properties of mixtures containing ionic liquids vapor pressures and activity coefficients of n-alcohols and benzene in bi-nary mixtures with 1-methyl-3-butyl-imidazolium bis(trifluoromethyl-sulfonyl) imide. Fluid Phase Equilibria, 2005, 236: 222~228

[14]　Verevkin S P, Tatiana V V, et al. Thermodynamic properties of mixtures contain-ing ionic liquids activity coefficients of aldehydes and ketones in 1-methyl-3-ethyl-imidazolium bis(trifluoromethyl-sulfonyl)imide using the transpiration method. Fluid Phase Equilibria, 2004, 218: 165~175

[15]　Wang J F, Li C X, Wang Z H. Measurement and prediction of vapor pressure of binary and ternary systems containing 1-ethyl-3-methylimidazolium ethyl sulfate. J Chem Eng, 2007, 52: 1307~1312

[16]　Zhao J, Li C X, Wang Z H. Vapor pressure measurement and prediction for ethanol + methanol and ethanol + water systems containing ionic liquids. J Chem Eng, 2006, 51: 1755~1760

[17]　Zhao J, Jiang X C, Li C X, et al. Vapor pressure measurement for binary and ternary systems containing a phosphoric ionic liquid. Fluid Phase Equilibria, 2006, 247: 190~198

[18]　Wang J F, Li C X, Wang Z H, et al. Vapor pressure measurement for water, methanol, ethanol, and their binary mixtures in the presence of an ionic liquid 1-ethyl-3-methylimidazolium dimethylphosphate. Fluid Phase Equilibria, 2007, 255: 186~192

[19] Blanchard L A, Hancu D, Beckman E J, et al. Green processing using ionic liquids and CO$_2$. Nature, 1999, 399: 28, 29

[20] Blanchard L A, Gu Z Y, Brennecke J F. High-pressure phase behavior of ionic liquid/CO$_2$ systems. J Phys Chem B, 2001, 105: 2437~2444

[21] Anthony J L, Maginn E J, Brennecke J F. Solubilities and thermodynamic properties of gases in the ionic liquid 1-n-butyl-3-methylimidazolium hexafluorophosphate. J Phys Chem B, 2002, 106: 7315~7320

[22] Aki S N V K, Mellein B R, Saurer E M, et al. High-pressure phase behavior of carbon dioxide with imidazolium-based ionic liquids. J Phys Chem B, 2004, 108: 20355~20365

[23] Yuan X, Zhang S, Lu X. Hydroxyl ammonium ionic liquids: synthesis, properties, and solubility of SO$_2$. J Chem Eng Data, 2007, 52: 596~599

[24] 雷志刚, 徐峥, 周荣琪等. 萃取精馏分离 C$_4$ 的溶剂优化. 高校化学工程学报, 2001, 15(1): 17~22

[25] Volkamer K, et al. Isolation of a conjugated diolefin from a C$_4$ - or C$_5$ -hydrocarbon mixture. US 4278504, 1981

[26] Haruo Y , Tarou O. Seperation of mixture of hydrocarbons. JP53111001(A), 1978

5.4 离子液体的生物可降解性研究*

随着工业生产和科学技术的迅猛发展, 有机物的种类和数量与日俱增, 目前有机物的种类已达 700 多万种, 且每年以 1000 多种的速率迅速增加, 其数量业已达 2.5 亿 t. 这类物质中有相当一部分, 由于其化学结构和天然有机物存在差异, 致使其在自然条件下较难降解, 由此造成这类物质在环境中长期滞留及积累, 对人类和生态环境构成巨大威胁. 例如, 早期应用的表面活性剂多为硬型烷基苯磺酸钠 (ABS), 它不易被降解, 一个月内仅能分解 20%~30%, 常使河流、湖泊水面积聚大量泡沫而造成严重的水体污染[1]. 为此, 自 20 世纪 60 年代, 美国环境保护署 (EPA)、日本通产省 (MITI)、世界经济合作与发展组织 (OECD)、世界标准组织 (ISO) 等部门与组织都出台了相应的法规与标准来检测和监控化合物, 特别是大量新型化合物的可降解性, 以控制各种难降解化合物的生产及排放.

目前, 离子液体以其液态温度范围宽、物理和化学稳定性高、蒸气压低、溶解能力强、可设计性好等优良的理化性质, 引发了人们对其研究的热潮, 并在反应、分离、电化学、材料以及生命科学等领域得到广泛的应用.

BASF 公司于 2002 年根据离子液体熔点低、易分离的特点开发了制备烷氧基苯基膦的 BASIL(biphasic acid scavenging utilizing ionic liquids) 工艺. 可以说是离子液体成功大规模应用的第一个实例[2]. 在国内, 离子液体的规模化生产也已经取

* 感谢国家自然科学基金 (No. 20806083) 对本章节研究工作的支持.

得突破性进展。中国科学院过程工程研究所张锁江组基于自主开发离子液体数据库及对离子液体的分类，通过对多种离子液体的合成、分离、纯化等过程的系统分析和归纳，提炼出了制备多种离子液体的通用原则流程和共性规律，并通过技术成果的转让[3]，建立了规模为 200t/a 的生产设备，成功解决了离子液体制备过程污染重、成本高、分离纯化难等关键问题，使离子液体价格降低到原来的 1/10~1/30，使离子液体的大规模工业应用成为可能。

　　随着离子液体的大规模生产及实质性工业应用的成功实现，人们便不能仅仅关注离子液体在某种单个处理单元中所表现出来的优良理化性质，而应该综合考虑其整个生命周期中的各种问题[4]。Scammells 等[4] 在提出离子液体研究过程中所被忽视的问题时，除了离子液体的纯度和稳定性问题外，还着重强调了离子液体的可降解性、毒性和可回收性等问题。然而一系列的研究[5~7] 表明，常规的如咪唑、吡啶类的离子液体可降解性很差，在生物可降解性实验 (闭瓶实验 OECD 301D)中，所试验的 [bmim]Cl、[bmim]Br、[bmim][BF$_4$]、[bmim][PF$_6$]、[bmim][Tf$_2$N] 等离子液体的生物可降解性基本为零，而相同条件下，参比化合物十二烷基苯磺酸钠(SDS) 可以达到 70%以上，如图 5.22 所示。

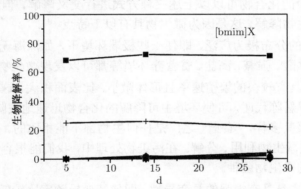

图 5.22　[bmim]类离子液体的生物降解曲线

●, [bmim]Br; ▲ [bmim]Cl; ▼ [bmim][BF$_4$]; ◆, [bmim][PF$_6$]; ×, [bmim][N(CN)$_2$]; *, [bmim][Tf$_2$N];
■, 参比化合物 SDS

　　这就意味着，这些离子液体在最终排放或者偶然泄露后，会残留在环境中得不到降解，它们必然不易通过目前使用最广泛的生物处理工艺去除，排放到水体等自然环境中后也不易通过天然的生物自净作用而逐渐减少其含量。因此，它们会在水体、土壤等自然介质中不断累积，甚至可能通过食物链进入生物体并逐渐富集，最后进入人体，危害人体健康。这不但严重违背了绿色化学 12 条原则[8] 中的第 10条："化工产品应被设计成在完成使命后不在环境中久留并被降解为无毒的产物"，还必然要严重限制离子液体的进一步大规模的工业应用。因此，离子液体的可降解性已经成为限制其大规模工业应用的 "瓶颈" 问题, 而通过各种手段来进行离子液体的可降解性研究也是迫在眉睫、刻不容缓。

5.4.1　生物降解的分类及机理

1. 降解定义及分类

降解是指化合物在各种化学或物理因素的作用下, 发生功能基转化, 各种键断裂, 直至完全裂解转化, 生成各种小分子化合物的反应。按照外作用力的不同, 降解可以分为以下三种方式[9]。

(1) 物理化学降解, 主要包括热降解、光降解、放射线降解、超声波降解及机械降解等。

(2) 化学降解, 主要包括氧化降解、臭氧降解、加水降解等。

(3) 生物降解, 主要是在生物特别是微生物的作用下, 环境中的化合物发生氧化还原、脱羧基、脱氨基、加水分解、脱水、酯化等种种反应, 从而得到不同程度上的降解。

虽然环境中的化合物可以以上述三种方式进行交叉降解, 但是其中最重要也是最主要的是生物降解。这是因为微生物具有以下特点[10]。

(1) 微生物的分布极为广泛, 即使一些极端环境下, 如深海无光照区、南极冻土层以及一些强酸、强碱、高盐、贫营养环境等都可以发现微生物。

(2) 微生物具有较快的繁殖速率且形体微小, 比表面积大, 这有利于细胞吸收营养物质和加强新陈代谢, 可使环境中可降解的化合物迅速地被降解。此外, 微生物的代谢类型极其多样, "食谱" 之广是任何生物都不能相比的。凡自然界存在的有机物, 都能被微生物利用、分解。在污染物处理中, 我们能很容易找到用于降解各种污染物质的微生物菌种。

(3) 微生物本身具有很强的易变异性, 即使其变异频率比较低 ($10^{-5} \sim 10^{-10}$), 但是由于其数量上的优势, 他们也可在短时间内出现大量变异的后代。虽然近 50 年来, 由于工业化的发展出现了大量人工合成的有机化合物, 其中一些很难为现有的微生物所降解, 但是人们可以利用微生物易变异的特点, 在生物处理时进行微生物驯化或菌种筛选以加快生物降解的进程, 甚至可以通过基因工程等方法构建新的菌株以分解目前难以生物降解的有机物。

基于上述三点, 很多研究者[11,12]认为生物降解是从环境中消除有害化合物的最重要过程, 是化合物进行环境安全性评价的一个重要指标。美国环保署因此在新型化合物的预生产通知 (pre-manufacture notice) 中也明确要求生产厂家提供化合物的生物降解性数据。因此, 研究离子液体的可降解性应该主要是针对离子液体的可生物降解性进行研究。

2. 生物降解分类

生物降解 (biodegradation) 是指由生物对污染物进行的分解或降解,而生物中由微生物所起的降解作用最大,所以又可称为微生物降解。

按降解程度的不同,生物降解分为[13] 以下几种。

初级生物降解 (primary biodegradation):在生物因素主要是微生物的作用下,使有机化合物的母体结构消失,其特性发生变化的降解。

次级生物降解,又称为环境可接受的生物降解 (environment acceptable biodegradation):在各种降解因素作用下,使有机化合物对环境的不良影响性质消失,得到的产物不再导致环境污染的降解。

最终生物降解 (ultimate biodegradation):在微生物作用下,使有机化合物被降解成二氧化碳、甲烷、水及无机盐或分解成为参与微生物代谢过程的物质的极限降解。

按照在反应过程中是否需要氧气,又可以分为好氧生物降解和厌氧生物降解,对有机化合物而言,好氧生物降解占主要地位。

3. 好氧生物降解途径及机理

对于代谢途径、降解机理的讨论有利于可生物降解基团的确定,继而有利于可生物降解化合物的设计与开发。

1) 好氧生物降解途径

一般脂肪族化合物是通过 β- 氧化或者 ω- 氧化这一途径进行降解的,而对于环状化合物和多环芳烃的代谢途径一般有五种:① 在单加氧酶的催化下氧化有机质;② 二羟基化,即有机物降解开始时接受两个氧原子形成两个羟基;③ 在酶的催化下水中的氧原子作为羟基进入基质;④ 在苯环裂解时必需双加氧酶催化,使苯核带上两个羟基取代物;⑤ 对于带内酯的苯环裂解的代谢顺序是先形成内酯,然后水解内酯而达到苯环裂解。

2) 好氧生物降解机理

基于上述好氧生物降解的途径,公认的好氧生物降解为化合物以自由扩散、协助扩散、主动运输等各种方式穿过细胞膜 (壁),然后到达加氧酶的活性位点,在加氧酶的作用下,发生单加氧或者是双加氧反应,然后链状化合物发生 β- 氧化或者 ω- 氧化,环状化合物发生水解开环。接着所产生的化合物通过进入 TCA 循环等方式,最终代谢成为 CO_2、H_2O 或者是转化成细胞组成物质。

因此,有机化合物的好氧生物降解过程存在三个可能的限速步骤:一是化合物的跨膜过程,二是化合物到达酶活性位点的过程,三是发生加氧反应。

其中第一个过程,有机化合物是通过膜上脂通道穿过类脂膜进入微生物细胞内,这主要是由化合物的分子大小和溶解度所决定的。目前认为低于 12 个碳原子的分子一般可以进入细胞，再大的分子结构就不容易扩散通过细胞膜。对于化合物的溶解度，或者说化合物在细胞膜与水相中的分配系数，人们通常用化合物的辛醇–水分配系数来表征。由于细胞壁或细胞膜都是脂双层结构，疏水性较强，所以辛醇–水分配系数越大的化合物，在微生物细胞上的吸附速率越大，也越容易通过细胞膜或者细胞壁。但是值得注意的是[14]，如果化合物的辛醇–水分配系数过大，即疏水性太强，由于表面张力的关系，化合物易被吸附在土壤的罅隙中，而不容易扩散到水溶液中，也无法到达细胞壁的表面，从而完成跨膜过程。

第二个过程[15]，酶体系是生物降解反应的重要制约因素，酶促反应的性能直接决定着生物降解反应的程序及难易。生物降解过程中，酶蛋白的催化反应主要包括两个明显的步骤：其一是化合物与酶的活性位点的结合反应；其二是在酶活性位点发生的氧化或者水解反应。其中结合反应通常是化合物与酶的活性位点形成氢键或者共价键。酶蛋白分子的结构特点是：其活性中心是由多肽链在一定条件下通过折叠形成的三维结构。酶的非水溶性蛋白质多肽链具有避水性倾向而聚拢到折叠肽链的核心，使酶的活性中心表现出明显的疏水性，而酶蛋白的亲水性侧链留于酶表面而适宜与水性环境相互作用，酶蛋白的表面表现出亲水性。因此，疏水性太强的化合物分子不容易到达酶蛋白的表面，而亲水性太强的化合物分子则不容易与酶的活性位点结合。此外结合反应还受化合物的电子结构及化合物与活性点相吻合的空间结构影响。

第三个过程，一般认为化合物分子中电子云密度较大的部位，容易失去电子，即容易受到加氧酶上的氧原子的亲电性进攻，从而发生加氧反应。但是这一过程，还需综合考虑化合物分子的化学结构。例如，一般情况下，化合物的支链结构由于空间位阻的作用，通常能够阻碍微生物代谢的速率，如伯碳化合物比仲碳化合物容易被微生物代谢，叔碳化合物则不易被微生物代谢。这是因为加氧酶须适应链的结构，在其分子支链处裂解，其中最简单的分子先被代谢。叔碳化合物有一对支链，这就要把分子作多次的裂解，而代谢的步骤越复杂，生物降解反应就越慢。

基于上述酶蛋白的结构特点及酶反应机制，量子生物学的研究认为，物质的三维空间结构、电荷特征以及疏水亲水程度是生物氧化反应难易的控制因素。疏水性物质难于同亲水性的酶蛋白表面接触；结构复杂的大分子物质由于空间位阻效应的作用难于接近酶的三维结构中心；低电荷密度物质使加氧酶的亲电子攻击受阻，妨碍酶促生物氧化反应的顺利进行。

通过上述好氧生物降解的代谢途径与降解机理，我们可以了解为什么以烷基取代咪唑或吡啶为阳离子，以 Br^-、Cl^-、$[BF_4]^-$、$[PF_6]^-$、$[N(CN)_2]^-$、$[Tf_2N]^-$ 和三氟乙酸根为阴离子的典型离子液体，不易生物降解。

这是因为在上述离子液体的阴离子中，均含有卤素原子。而由于卤素原子，特别是氟原子较强的电负性，使相应原子上电子云的密度大大降低，从而使碳原子在面临亲电攻击时, 不易失去电子被氧化, 表现出更强的化学稳定性。还有一点比较重要的是, 由于氟原子和氢原子结构上的相似性, 含氟化合物也可以进入代谢途径, 但是在代谢过程中所产生的代谢物 (如氟乙酸及进而产生的氟柠檬酸) 对微生物而言是剧毒物, 将会使 TCA 循环发生中断 (图 5.23), 强烈抑制其代谢过程, 进而会严重限制含氟化合物的生物降解性能。

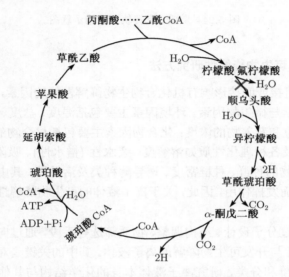

图 5.23　含氟化合物抑制微生物代谢过程

反观阳离子, 虽然咪唑环 1 位上的氮原子有一对未共用电子对与环上 4 个其他原子的 π 电子相互重叠, 形成了一个环状封闭的 6π 电子共轭体系 —— 大 π 键。但是 3 位上氮原子的强烈吸电子作用使得环上碳原子电子云密度急剧下降。尤其与质子或其他 Lewis 酸结合后, 其吸电子作用更强, 因此为咪唑环为一个 "缺 π" 芳杂环, 其较低的电子云密度也使其不容易失去电子被氧化。图 5.24(a) 给出了咪唑轨道结构示意图。

吡啶分子的结构特征是其杂原子氮与环上 5 个碳原子处于同一平面, 杂原子氮上第二个 sp^2 杂化轨道有一对未共用电子对, 但它未参与环上 π 电子共轭体系的形成。相反, 因杂氮原子很强的电负性, 同时吸引环上电子, 致使环上电子云密度急剧下降, 属于 "缺 π 电子结构" 杂化物质, 图 5.24(b) 给出了吡啶轨道结构示意图。

所以, 无论咪唑环, 还是吡啶环由于电子云密度的降低, 使得生物降解反应的加氧酶亲电攻击受到阻碍, 妨碍了氧从分子中获得电子, 使其生物降解性能大大降低。

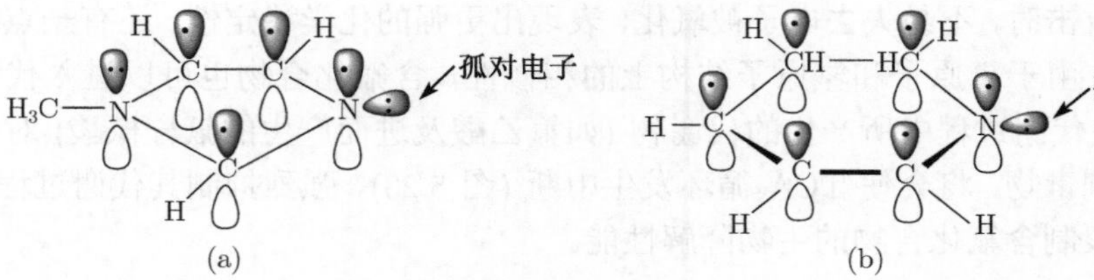

图 5.24　咪唑、吡啶轨道结构示意图

5.4.2　离子液体可生物降解性研究方法

一般认为，直接或间接影响有机化合物生物降解性能的因素，主要可分为环境因素、化合物因素与微生物因素。环境因素主要包括温度、盐度、pH、溶解氧的浓度、氧化还原电位和营养物的浓度；化合物因素主要包括化合物的起始浓度、化学组成和结构，以及各种理化性质如溶解度、亲水性 (憎水性)、吸附性等；微生物因素主要包括微生物的种群、种群密度、诱导酶种类及活性等。其中环境因素是通过影响微生物因素而发挥作用。因此，关于离子液体的可生物降解性研究应该从两个方面着手。

一方面是通过分子设计、结构调整、物质筛选等手段，通过向离子液体中引入可降解基团，设计与开发可生物降解的离子液体。其中的关键是对离子液体的生物降解性能进行评价和分类，研究离子液体本身的化学结构与其他各种特性与其生物降解性能的关系，揭示离子液体在生物降解过程中的内在规律与机理。

另一方面是针对现有的离子液体的结构与理化性质，开发能够有效改善离子液体生物降解性能的生物技术 (如选择适合的生物降解环境)，去驯化、筛选菌种和适宜的酶类，甚至通过基因工程的方式去改造现有的微生物菌种等方法，以求高效地降解现在无法降解的离子液体。

1. 生物可降解离子液体的设计

由于熟知有机化合物的代谢途径与降解机理，很多环境科学工作者对于化合物的生物降解性能，有一定程度上的了解。因此，这些生物降解常识，可以用来指导可生物降解化合物的设计与合成。一般而言，结构简单的有机物先降解，结构复杂的后降解。具体情况如下。

(1) 脂肪族和环状化合物较芳香化合物容易被生物降解。

(2) 不饱和脂肪族化合物一般是可降解的，但有的不饱和脂肪族化合物具有相对不溶性，会影响它的生物降解程度。有机化合物分子链上除碳元素和氧元素外还有其他元素，就会增强对生物降解作用的抵抗力。

(3) 有机化合物相对分子质量的大小对生物降解能力有重要的影响。聚合物和复合物的分子能抵抗生物降解，主要因为微生物所必需的酶不能靠近并破坏化合物分子内部敏感的反应键。

(4) 具有被取代基团的有机化合物，其异构体的多样性可能影响生物的降解能力。如伯醇、仲醇非常容易被生物降解，而叔醇则能抵抗生物降解。

(5) 增加或去除某一功能团会影响有机化合物的生物降解程度。例如，羟基或胺基团取代到苯环上，新形成的化合物比原来的化合物容易被生物降解，而卤代作用能抵抗生物降解。很多种有机化合物在低浓度时完全能被生物降解；而在高浓度时，生物的活动会受到毒性的抑制。

除了上述生物降解常识，Boethling[16] 和 Howard 等[17] 进一步精练，提出了生物可降解基团的三个因素：① 存在酶水解的潜在位点 (酯类或酰胺类)；② 以羟基、醛或者羧酸的方式引入氧原子；③ 存在直链型烷基链 (碳原子数 ≥4) 或苯环，这两种基团都是加氧酶的潜在进攻位点。

Gathergood 等[18,19]、Garcia 等[20] 和 Bouquillon 等[21] 对上述三个因素进行相应的筛选，他们认为以醇羟基、醛基、羧基等形式向离子液体中引入氧原子，将严重限制离子液体作为优良反应溶剂这一用途；而引入苯基将会大幅提高离子液体的熔点。因此，为了兼顾化学稳定性与生物降解性，他们通过向离子液体的阴阳离子中引入酯基或者酰胺基团，以提高离子液体的生物降解性能，其合成路线如图 5.25 所示。

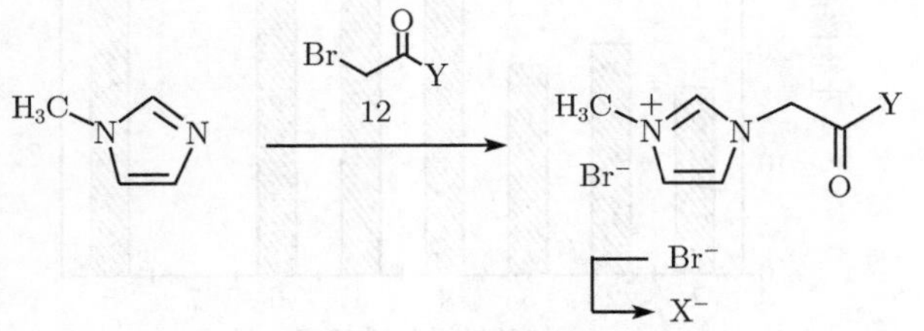

$X=Br, [BF_4], [PF_6], [Tf_2N], [N(CN)_2]$
$Y=OMe, OEt, OPr, OBu, OPt, OHex, OOct, NHBu, NMeBu, NEt_2$

图 5.25　含酯基或酰胺基离子液体的合成路线

研究发现，向咪唑环上引入直链型的酯基侧链，可以将咪唑类离子液体的生物降解性能提高 20%~40%(图 5.26)。而且从图 5.27 中可以看出，该类离子液体在 28d 的 OECD 实验中，生物降解率随着酯基碳链的增长而增大。这也表明了较长的直链型侧链容易受到加氧酶的亲电攻击，从而通过 β- 氧化的方式降解。

他们还考察了阴离子对离子液体生物降解性的影响，经研究发现，除了辛基磺酸基外，其他的阴离子 {如 Br^-、Cl^-、$[BF_4]^-$、$[PF_6]^-$、$[N(CN)_2]^-$、$[Tf_2N]^-$ 等} 对生物降解性的影响不明显。

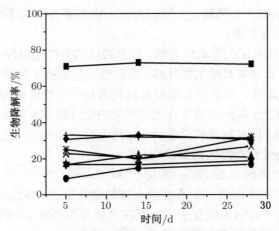

图 5.26　含酯基离子液体的生物降解性曲线

OMe(●), OEt (▲), OPr (▼), OBu(◆), OPt(+),OHex (×), OOct(∗), SDS (■)

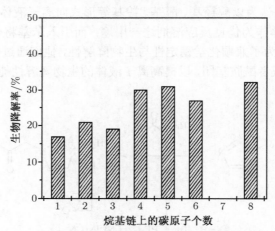

图 5.27　含酯基离子液体生物降解率与碳链间的关系

OMe(1), OEt (2), OPr (3), OBu(4), OPt(5), OHex (6), OOct (8)

　　最后，他们综合上述阴阳离子的影响，通过向咪唑环引入直链型的酯基侧链，将阴离子改成辛基磺酸基，从而成功制备了一种易生物降解的离子液体，可谓通过结构改造来提升离子液体生物降解性能的成功实例。

　　除了向现有常规离子液体中引入生物可降解基团以外，另一种方法就是通过从自然界筛选生物可降解的天然产物作为离子液体的阴阳离子，也可以大幅提高离子液体的生物降解性。目前研究中，采用天然产物成功合成离子液体的例子主要有氨基酸类离子液体，其中氨基酸既可以作为阴离子[22,23]，又可以作为阳离子[24]；胆碱、氯化胆碱衍生物类离子液体[25~41]；噻唑及硫胺 (维生素 B$_1$)[42]；尼古丁衍生物[43]；果糖衍生物[43]；环烷酸衍生物[44] 等。

2. 离子液体 QSBR 研究

上述根据生物降解常识可知，通过向化合物中引入可降解基团，以提高化合物的生物降解性能，具有很大的偶然性。例如，化合物中引入多个可降解基团，其本身有可能变得不易降解，甚至不可降解；而且即使同一基团取代在化合物的不同位置，给化合物的生物降解性能的影响也大不相同[45]。

为了解决这一问题，自 20 世纪 60 年代起，人们就开始进行化合物的定量结构--生物降解性能关系 (QSBR) 研究。此后，许多学者陆续得到大批较有意义的 QSBR 模型[11,12,17,46~71]。早期的 QSBR 研究往往比较注重预测功能，人们习惯采用一些经验参数来定量描述化合物的结构，然后通过实验来验证生物降解模型的预测性能。而最近的 QSBR 研究更注意定量模型的理论性，人们期望一个成功的运算模型，能从本质上揭示和描述物质生物降解性与其结构间的关系，从而有目的地设计分子。

而对于离子液体来说，有报道称理论上存在着超过 1 000 000 种离子液体，实际合成的离子液体也超过了 1000 多种，逐一进行复杂的生物降解实验，既耗时又耗资，也不现实。因此，人们可以通过 QSBR 研究来预测离子液体的生物降解性能，揭示离子液体在生物降解过程中的内在规律与机理；进而通过对降解动力学及降解机理的探讨，指导新型离子液体 (融功能性与降解性于一体) 的设计与合成。

3. QSBR 研究的理论基础及方法[72]

QSBR 主要研究的是建立化合物生物降解性能与其结构描述符的定量关系。建立这种定量关系需要测定或收集研究对象尽可能多的生物降解性能数据及彼此较为独立的分子结构描述符。采用诸如回归分析等数学统计方法，去除对生物降解性能影响小的参数，保留重要参数。经过统计检验，校正数据的验证后，就可用于研究对象化合物的生物降解机制分析，定量预测研究条件下的未知化合物的生物降解性能。

QSBR 关系式的建立过程最重要的步骤是测定或收集研究对象的生物降解性能数据及选用合适的分子结构描述符。在开发和应用 QSBR 时，所获得数据的质量及所选用分子结构描述符是否恰当，决定着预测模式的质量。也就是说，必须获得高质量的生物降解性能数据，考虑所有可能的结构参数。对于具体的研究对象，必须从所研究物质本身的结构特点、参数与性能的相关性等方面进行多种参数的试算、比较，最终选定相关性最大、最能反映物质特点的参数进行 QSBR 研究。在 QSBR 研究中最困难的步骤就是化合物结构参数的量化，建立可信、易测量或易计算的分子描述符是 QSBR 研究的主要环节。

4. 生物降解性能数据的获取[15,45,73]

目前对于有机化合物生物降解性的实验已建立了较多方法，主要有化合物去除率法、降解耗氧量法、CO_2 产量法、微生物指标法、综合评估法。

(1) 基质去除率法。用特性指标和综合指标来确定物质的生物降解性。主要包括五种方法，其优缺点如下。① 静置烧瓶筛选试验法，此法操作简便，但有机物与接种物的混合状态不佳，且不能充分充氧。② 振荡培养法是一种应用较为广泛的方法。该法是在烧瓶中加入受试有机物、接种物和营养液等，在一定温度下振荡培养，测定不同时间内培养液中的有机物含量，以评价受试有机物的生物降解性。该法的生物作用条件好，但是吸附对测定有一定程度的影响。③ 半连续活性污泥法，该法的试验结果可靠，但仍不能模拟处理厂实际运行条件。④ 活性污泥模型实验，该法结果最为可靠，但结果较为复杂。⑤ 化合物降解速率常数法，采用该法评价其生物降解性可以排除处理条件不同产生的影响，比采用去除率更能反映有机物本身的降解性能。

(2) 降解耗氧量法。主要包括 ① 闭瓶实验法，如 OECD 301D, ISO 10707, ISO 10708 等。② 水质指标法，如改进的日本通产省 (MITI) 测试法。该法比较简单，但是精度不高，可以粗略地反映化合物的降解性能。③ 瓦氏呼吸仪测试法，根据化合物的生化呼吸线和内源呼吸线的比较来判断化合物的生物降解性能，该法能够较好地反映微生物氧化分解特性，但是试验量小，对结果有影响。

(3) CO_2 生成量法。斯特姆测试法以及 OECD 301B(改进的斯特姆测试法) 等都是用 CO_2 生成量作为生物降解性的测试指标。该法可以测定有机物的极限生物降解，且测定不受硝化作用和细胞吸附作用的影响。缺点是系统较为复杂，被菌体吸收的部分不能变成 CO_2，所以不能测出。

(4) 微生物指标法。利用能对有机污染物进行生物降解的微生物群体存活的细胞量、生物群体的构成以及生物细胞的构成物质 (化学组成) 等来评价有机污染物的生物降解性。主要包括 ① 细菌计数法，该法通过考察有机物对细菌群体生长繁殖的影响，评价有机物的生物降解性。该法又可分为直接测定法和间接测定法。直接测定法虽然测定快速，但不能区分细菌的死活；间接测定法虽然测出活细胞的数量，但测定所需时间较长。② 脱氢酶 (DHA)、三磷酸腺苷 (ATP) 测试法。③ 研究通过测试生物群体的脱氧核糖核酸 (DNA)、核糖核酸 (RNA) 总量的变化来测定活性污泥中菌体的生物量，进而评价受试化合物的生物降解性。

(5) 综合测试评估法。包括模糊聚类综合评估法和加权综合评估法两种。

5. 分子描述符获取及模型建立

根据好氧降解机理，我们得知影响生物降解的分子描述符主要包括三大类：一类是化合物的疏水性参数 (hydrophobic parameters)；一类是化合物的空间结构参

数 (steric parameters)；还有一类是电性参数 (electronic parameters)。表 5.16 给出了定量结构 — 生物降解性能关系研究中常用的参数、意义及获取方法。

表 5.16　QSBR 研究中常用的参数、意义及获取方法

参数	意义	获取软件	备注
$\lg P$	辛醇/水分配系数	C $\log P$	
M_{w}	相对分子质量	MICRO QSAR	
M_{v}	分子体积	MICRO QSAR	
V_{vdw}	范德华体积	MMP	
TSA	分子表面积	Nemesis	
MS	分子面积	Chempropstd	
χ	分子 (价) 连接性指数	MMP	
T_{indx}	分子拓扑指数	Topology Indices	MMP
T_{con}	总连接性	Topology Indices	MMP
$T_{V\mathrm{con}}$	总价电接性	Topology Indices	MMP
$\sigma^{\cdot}$	Taft sigma 常数		
E_s	Taft 空间常数		
μ	偶极矩	$\mathrm{M}_{\mathrm{opac}}$	Gaussian
Hammetσ	Hammet 取代基常数加和	MMP	
$\mathrm{p}K_{\mathrm{a}}$	酸解离常数负对数	QSAR	
E_{e}	电子能量	$\mathrm{M}_{\mathrm{opac}}$	
D_{ip}	偶极	$\mathrm{M}_{\mathrm{opac}}$	
I_{p}	电离势	$\mathrm{M}_{\mathrm{opac}}$	

从表 5.16 中可以看出分子描述符的类型很多，概括而言，其获取途径以及用于生物降解模型的建立主要有如下五种方法。

1) 基团贡献法

基团贡献法 (group contribution method) 是 QSBR 相关研究中应用最广的方法之一。根据 Langmuir 的独立作用原理 "在分子中的较小原子群与其他可能存在的原子群的本性无关，而在对某种性质具有固定的贡献这一基础上，复杂分子的很多性质至少是能够近似地求得"，基团贡献法假定不同分子或混合物中同一基团的贡献完全相同，把纯物质或混合物的性质看成是构成它们的基团对此性质的贡献的加和。

基团贡献法的建立需要对化合物亚结构信息和生物活性进行相关研究。该法将各种化合物分子按其结构分解为几个官能团或碎片，假定每个官能团或碎片对化合物的特性都有独立的贡献。

Tabak[49] 和 Luis 等[74] 等将生物降解速率常数 K 用贡献函数 α 表达，对于化合物的每一基团或碎片有式 (5.1) 成立：

$$\ln k = f(\alpha_1, \alpha_2, L\alpha_j) \tag{5.1}$$

用泰勒级数将式 (5.1) 展开，若忽略二阶以上的部分，即可获得生物降解速率常数 K 的一级线性模型，表述如下：

$$\ln k = \sum_{j=1}^{L} N_j \alpha_j \tag{5.2}$$

N_j 为化合物中第 j 类基团的数目；α_j 为第 j 类基团的贡献值；L 为化合物中基团的总数。

值得注意的是上述模型只作了一级近似，如果基团之间的相互作用很重要的话，就应该考虑使用二阶或更高阶的方程处理。

此外，基团贡献法还应用于计算机专家系统的生物降解性预测，并作为 Micro-QSAR 软件生物降解性半衰期预测的基础方法。

基团贡献法的优点是：化合物的分子可以按其结构分解为任意方便的形式，并且在分析中不要求对基团常数进行单独测定，而且不必计算化合物的物理化学参数。尽管该法不能直接给出反应及活性信息，但它可以为研究化合物活性中心及生物活性机制提供非常有用的信息。

基因贡献法的缺点主要有：① 没有考虑取代基团的位置以及临近基团的影响；② 只是基团的线性或非线性叠加，而有时易降解基团的多次出现，可能导致整个化合物的不可降解；③ 要保证模型的可靠性与准确性，样本容量必须足够大，随之而来的问题是大的样本容量在运用基团贡献法时，很难包含样本出现的所有基团。

2) 分子拓扑法[46]

拓扑学参数直接产生于化合物的分子结构，它从化合物分子结构的直观概念出发采用图论的方法以数量来表征分子结构，如 Winer 指数、Randic 指数、Hosoya 指数和 Balaban 指数等。这些拓扑指数可以反映分子中键的性质、原子间的结合顺序、分支的多少及分子的形状等拓扑信息，根据这些信息，就可能推测出分子的某些性质、活性。多年来，拓扑学方法 (molecular topology) 不断丰富、发展，在结构–性质–活性相关研究中得到广泛的应用。在拓扑学方法中，目前最为常用的是 Randic、Kier 和 Hall 等提出的分子连接性指数法 (molecular connectivity index, MCI)。它可用来定量表示有机分子的大小、形状、分支的多少、分子中杂原子及不饱和键等信息。MCI 的计算基础是分子中各原子的点价 (δ)，所谓点价在数值上为该原子与其他非氢原子结合成键的数目。分子连接性指数法采用构成分子的各原子的点价 δ_i 乘积平方根的倒数和来计算，其一般计算公式为

$$m_{x_1} = \sum_{j=1}^{n} \prod_{i=1}^{m+1} (\delta_i)_j^{-0.5} \tag{5.3}$$

为计算分子连接性指数 (m)，首先要依据有机分子结构画出分子拓扑图，然后

将该拓扑图分解成若干个不同的子图，这些子图分别被称为路径，簇，路径/簇和环，以这些子图为基础计算的指数，分别用角标 P，C，PC 和 C 加以区别。

对于含有不饱和键及杂原子的分子，需经修正得到所谓 "价指数"。价指数的计算以 δ^v 为基础，其计算公式为

$$\delta^v = \frac{Z^v - h}{Z - Z^v - 1} \tag{5.4}$$

式中，Z^v 为原子核最外层电子数；h 为该原子邻接 (键合) 氢的数目；Z 为原子核外电子总数。

目前，分子连接性指数法在 QSBR 研究中得到了广泛的应用。该法的优点包括：① 完全从化合物的分子信息着手，而不必考虑微生物降解的代谢途径与限速反应；② 可以通过计算机编程实现快速准确计算；③ 与文献报道的其他表示分子结构的物理化学参数 (如摩尔溶解度 S，正辛醇/水分配系数 K_{ow}，酸的离解常数 pK_a，Hammett 取代常数 σ 等) 比较，MCI 具有数据唯一，可比性好，容易获得，精确可靠等优点。

但是 MCI 指数在实践中也暴露出了一些弱点：① 模型良好的预测能力与可靠性需要以大量的生物降解性数据为基础；② 尽管 MCI 指数同分子的若干物理化学参数有良好的相关性，如水溶解度、土壤吸附系数、分子表面积、分配系数等，但是缺乏明确的物理意义；③ MCI 指数是通过对分子中各原子点价的计算得到的，而点价主要是基于原子在分子中所连化学键的数目和原子的大小来确定的，因而 MCI 法主要局限于描述化合物的立体结构，而反映化合物电子结构的能力相对较弱。最近有不少研究者致力于开发新的拓扑指数，以求更全面、细致地描述分子的结构特征。

3) 专家系统

专家系统 (expert system) 的生物降解数据基础，既不需要实验研究也无需文献检索，它是由生物降解专家经过推理与假设、凭经验判断得到的。对于非常复杂的有机合成化学品 (含多个官能团)，生物降解性不能直接借鉴结构类似物，在很大程度上只能依赖于少数技术专家的职业判断。由于缺乏实验数据，即使对于简单分子，不确定性可能依然很大，这使生物降解途径与速率并不完全明确，但从专家的某种共识中，依然可以得到大量有益信息。以专家系统预测生物降解性，常以基团贡献法为基础，同时可能结合几类参数，如物理化学参数、分子连接性指数等。

4) 量子化学方法

通过量子化学方法能够对每一种化合物的电子结构和立体结构做出计算，如可以提供很多的分子结构性质包括构型、能量、原子电荷分布、电子密度以及分子轨道等。其中与生物降解最密切相关的是电子密度与分子轨道能，包括分子最高占有轨道能 (E_{HOMO}) 和分子最低空轨道能 (E_{LUMO})[54,71]。相比于传统的经验参数，

量子化学参数对化合物结构的描述更加全面、细致，物理意义更加明晰，理论性更强。量子化学参数可以快速而准确地通过计算获得，不需要实验测定，从而可以节省大量的实验费用、实验设备和时间。因此，量子化学在 QSBR 研究中具有广泛的应用前景。

　　该方法用于离子液体的生物可降解性研究的不足之处可能有如下两点[77]：① 离子液体是一种较新的化合物，阴离子具有无机物的特征，阳离子具有有机物的特征，阴阳离子靠静电作用相互结合在一起。利用量子化学对单一阴离子或阳离子进行计算，进而研究其性质是不符合实际的。② 离子液体无论是阴离子还是阳离子，其分子体积比一般的盐类要大得多，液态下分子的游离性很大，即使计算一个由因阳离子结合而成的分子，也很难反映其真实的结构。当离子数目增多时，即使使用较小的基组，甚至半经验的方法，也会使计算的时间很长，有时很难收敛。目前的量子化学计算方法处理较大、具有强烈静电作用的体系时，其结果通常不是很令人满意。因此，该法的推广受到一定的限制。

　　5) 比较分子力场分析[75,76]

　　比较分子力场分析 (comparative molecular field analysis, CoMFA) 是最重要的三维定量构效关系，即基于分子的三维结构对其性质或活性进行预测的方法之一，是进行 QSBR 研究的有用工具。它将一组具有相同性质 (活性) 的分子按照其相同的几何作用点，在三维空间进行叠加，计算这一组分子叠加的立体场和静电场，用某种探针原子对这些场进行作用，然后用偏最小二乘法 (PLS) 及交叉验证得到预期模型。即通过比较活性化合物与非活性化合物的有关分子结构信息，可以筛选并确定对分子生物活性其关键作用的化合物电子结构或立体结构特征，进而推测化合物与受体作用机制。CoMFA 还可以进行静电势等高图的显示来指导新分子的设计并根据所得数学模型对新设计的分子进行活性预测。CoMFA 的基本假设为配体和受体结合时静电作用和立体效应是发生相互作用的根本原因，因此必需计算分子中的原子电荷。分子的重叠力式与空间网格的大小对结果也有一定影响。该法很有潜力，但仍需进一步研究。

6. 化学计量学在 QSBR 研究中的应用

　　在测定或收集测试化合物的各种生物降解性能数据以及通过测量或计算获得各种分子描述符后，便需数据进行相关的分析，建立 QSBR 模型。在这过程中化学计量学起着至关重要的作用，下面便将化学计量学在 QSBR 研究中的应用作一下简要的介绍。

　　1) 线性回归

　　线性回归 (linear regression) 主要包括一元线性回归分析、多元线性回归分析、逐步回归分析等，可以利用 Statistics、SPSS 等常规的统计分析软件轻松实现，本文便不再赘述。

2) 偏最小二乘法

偏最小二乘法 (partial least square) 是一种新型的多元统计数据分析方法，它于 1983 年由伍德 (Wold) 和阿巴诺 (Albano) 等首次提出。近几十年来，它在理论、方法和应用方面都得到了迅速的发展。长期以来，模型式的方法和认识性的方法之间的界限分得十分清楚。而偏最小二乘法则把它们有机地结合起来了，在一个算法下，可以同时实现回归建模 (多元线性回归)、数据结构简化 (主成分分析) 以及两组变量之间的相关性分析 (典型相关分析)。这是多元统计数据分析中的一个飞跃。

偏最小二乘法在统计应用中的重要性体现在以下几个方面：① 它是一种多因变量对多自变量的回归建模方法，可以较好地解决许多以往用普通多元回归无法解决的问题；② 可以实现多种数据分析方法的综合应用。主成分回归的主要目的是要提取隐藏在矩阵 X 中的相关信息，然后用于预测变量 Y 的值。这种做法可以保证让我们只使用那些独立变量，噪声将被消除，从而达到改善预测模型质量的目的。但是，主成分回归仍然有一定的缺陷，当一些有用变量的相关性很小时，我们在选取主成分时就很容易把它们漏掉，使得最终的预测模型可靠性下降，如果我们对每一个成分进行挑选，那样又太困难了。偏最小二乘回归可以解决这个问题。它采用对变量 X 和 Y 都进行分解的方法，从变量 X 和 Y 中同时提取成分 (通常称为因子)，再将因子按照它们之间的相关性从大到小排列。现在，我们要建立一个模型，我们只要决定选择几个因子参与建模就可以了。

3) 人工神经网络[49,62,77]

在结构–活性关系研究中已经知道结构与活性、活性与活性之间不仅有着线性关系，而且存在着非线性关系。对于线性问题，运用统计学中的一元回归、多元回归分析等方法就能迎刃而解，而非线性问题的处理则要复杂得多。非线性问题大致分为三类：第一类问题比较简单，通过恰当的数学变换，不难将其转化为线性问题来处理；第二类虽不能将其转化为线性问题但只要能够提出一个适当的非线性函数，通过拟合，特别是通过计算机拟合最终也能获得解决。第三类是那些因果关系不明了、推理规则不确定的非线性问题，要想解决这一类问题，常见的计算方法极难奏效。近年来，人工神经网络 (artificial neural network, ANN) 技术获得重大突破。它完全不同于多元线性回归分析 (multiple linear regression, MLR) 和偏最小二乘法 (partial least squares, PLR)。它是模拟人脑结构的一种大规模的并行连接机制系统，具有自适应建模学习和自动建模功能，具有强大的非线性问题拟合与预测能力。它可以任意逼近最佳刻画样本特性的函数，能够自动考虑基团间的相互作用，为 QSBR 的深入研究提供了一条有效途径。神经网络的并行性、容错性、非线性和自学习性等特别的优点，使其对处理因果关系不明确的数据很有独到之处。但人工神经网络没有明确的模型，一切有关的结构–活性信息均储存在网络内部的权重矩阵中，完全是一个"黑箱"系统，因此，无法用标准的统计方法评价人工神经网络技术的拟合程度、建立预测值的置信空间或评价每个自变量对于响应量误差的贡献。此外，人工神经网络技术的外推能力很弱，当没有训练样本或远离训练样本的自变量空间区域时，网络的输出是不可靠的。所以在运用人工神经网络技术处理 QSBR 数据时，必须进行严谨的可行性研究，将具体问题合理的数学化，正确设置网络的各种参数，使网络处于良好的工作状态，防止严重病态的出现。

7. 生物降解相关的数据库[78]

如前所述，要建立可靠的生物降解模型，样本数据必须足够多量，但是生物降解实验费时费力，不可能每个物质都去亲自检测。在这种情况下，必须借助一些生物降解的网络数据库来获取相关的生物降解信息。本节主要介绍三个应用比较广泛且免费的数据库。

1) UMBBD[79]

明尼苏达大学生物催化和生物降解数据库，该数据库提供微生物生物催化反应和生物降解途径的详尽信息。这些信息都是从纯种培养实验中获取的，因此可以有效地揭示给定化合物在环境中的降解方式。截止到 2008 年 4 月，该数据库共包含 172 种代谢途径、1188 个反应、1109 个化合物、760 种酶、444 种微生物菌株、230 条生物转归规则、50 种有机官能团、76 个萘 1, 2-双加氧酶反应、109 个甲苯双加氧酶反应。该数据库还包含代谢途径预测系统和生物化学元素周期表。该数据库简便易用，在查询过程中，用户可以通过 MarvinSketch 画出要查询化合物的分子结构，也可以直接输入化合物的 SMILES 串。由于该数据库提供详细的代谢途径信息，因此可用于确定化合物分子结构中降解酶的作用位点，进而指导可降解性化合物的设计与合成。

2) NITE(MITI)[80]

该数据库是由日本国家技术与评价研究所根据日本化合物控制法而建立的，主要提供大约 1000 多种化合物的关于生物降解和生物富集方面的信息，是目前最大的基于 MITI-I(OECD 301C) 生物降解测试标准的生物降解性数据库。数据库提供三种检索方式，分别为数据检索、关键词检索还有目录检索。通过数据检索，读者可以输入 BOD、LC50、BCF 值来查询易于生物降解或者高生物富集的化合物等等。通过关键词检索，读者可以输入化合物名称或者 CAS 号等，对化合物的生物降解与生物富集信息进行精确查询。当然，读者也可以从目录中去查找自己感兴趣的化合物。总体来说，该数据库还是比较简便易用的。

3) EFDB(BIODEG)[81]

化合物环境归宿数据库，是美国 syracuse 研究公司在与美国环保署 (USEPA) 及宝洁公司、杜邦公司的支持下开发的。该数据库主要包括筛选测试所获得的生物降解信息、生物处理模拟以及 800 多种化合物的抽样检测与现场研究数据等。数据库还提供 8000 多种化合物降解数据的文献来源。值得一提的是，该数据库提供化合物的结构查询。

8. 微生物的驯化与改造[82~84]

综上所述，我们通过分子设计、结构改造、物质筛选等方法来提高离子液体本身的生物降解性能。但是值得注意的是，离子液体生物降解性能的提高，通常是以牺牲其化学稳定性为代价的[5]。为此，除了对离子液体进行相应的改造，还应该考虑到微生物在化合物降解中的巨大作用，针对现有的离子液体的结构与理化性质，去筛选、驯化甚至通过基因工程的方式去改造现有的微生物菌种，以求能高效地降解离子液体。

1) 微生物的驯化

虽然，在目前情况下，大部分常规的离子液体难以生物降解，但是由于微生物有极其多样的代谢类型和强的变异性，我们可以将离子液体加入培养液中，让菌种对离子液体进行相应的适应。通过适应过程，新的、为微生物所陌生的离子液体能够诱导必须的降解酶的合成；或由于自发突变而建立新的酶系；或虽不改变基因型，但是显著改变其表现型，进行自我调节代谢，从而来降解离子液体。

研究者还可以利用这样一种原理定向驯化，驯化是一种定向培育微生物的方法和过程，它通过人工措施使微生物逐步适应某特定条件后，最后获得具有较高耐受力和活性的微生物系统。驯化方法有多种，最普通的是以目标化合物 (如离子液体) 为碳源或主要碳源来培养微生物，逐步提高该化合物的浓度。通过定向驯化，可以选育出高效的降解微生物，使降解酶更加高效，更加专一，从而可以非常的温和、快速，使得离子液体降解转化，从而达到降解去除目的。

2) 微生物的改造

上述的以离子液体为碳源或主要碳源来驯化降解微生物是一种被动的适应与转变过程，而分子生物学的发展为人们提供了修饰微生物遗传组成的基因工程技术，人们可以利用该技术构建新的微生物。通过构建，这些新的微生物可以具备现有微生物不具备的分解代谢能力，或者能在现有微生物不适合的条件下进行分解活动。这对于改进生物修复效果、提高降解速率是非常重要的。

使用基因工程技术改造现有微生物可以解决以下问题：

(1) 构建新的微生物，使现在只能共代谢转化特定污染物的微生物变为能够以这种污染物为唯一碳源或能源生长的微生物。

(2) 创造新的分解代谢途径，进行现在不能进行的高效和高速的转化，例如，改变某些微生物的底物范围。

(3) 增加微生物中特效酶的数量和活性。酶活性和数量的增加可以加速污染点的生物降解。

(4) 构建的微生物不仅能够分解靶标污染物，而且可以抗污染点的抑制剂。这是因为许多工业污染点不仅含高浓度合成污染物，而且含有重金属或其他抑制微生物生长发育的物质。

通常的基因改造方法是利用分子生物学技术，剪接一段含有特定降解代谢途径的 DNA 构建新的质粒，然后将质粒导入宿主细菌。由于质粒具有自我复制 (self replication)、相容性 (compatibility) 和不相容性 (incompatibility)、转移性等优良特性，因此可以形成具有新的降解能力的重组体或遗传工程菌。质粒包括很多类型，如抗药质粒 (抗性质粒，resistance factor，能使某些抗生素药物失活)、抗重金属离子质粒 (如抗汞质粒) 和降解质粒 (degradative plasmid) 等，因此，将这些质粒导入宿主细菌中，除了可以赋予宿主细胞以生物降解能力以外，还可以使宿主具有各种抗性，提高其环境适应与生存能力。

近年来，基因工程在环境保护方面也正发挥着越来越重要的作用。利用基因工程菌降解环境污染物的报道越来越多。一个最经典的通过基因工程改造菌种，提高化合物的生物降解性的例子是美国的 Chakrabaty 等为消除海上石油污染，将假单胞菌的不同菌株的芳香烃、多环芳烃、萜烃和脂肪烃 4 种降解质粒转移到同一个菌株中，构建成一株能同时降解芳香烃、多环芳烃、萜烃和脂肪烃的 "多质粒超级细菌"(multiplasmid super hug)，如图 5.28 所示。该菌株能将天然菌要花一年时间才能消除的浮油，缩短为几个小时就可以降解。

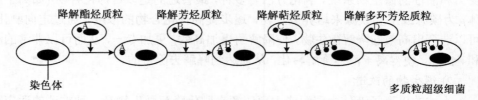

图 5.28　采用基因工程手段构建多质粒超级菌

可见，构建高效的基因工程菌可以显著提高污染化合物的降解效率，而基因工程也必然为解决离子液体的生物可降解性等问题提供崭新的途径。为此，我们需阐明离子液体的降解机理和代谢途径，以及寻找现有离子液体的高效降解基因，从而提出高效基因工程菌的构建策略。

5.4.3　发展方向及展望

离子液体作为一种新型溶剂，越来越受到人们的重视。但是其在实际应用中所暴露出的生物降解性能较差的问题，一直以来为人们所忽视 —— 离子液体的生物降解性研究及相关研究比较少。这必将严重限制其大规模工业应用。

　　而进行离子液体的生物可降解性研究,应该从离子液体本身和降解微生物两个方面同时着手。目前基于一些生物降解常识,通过向离子液体中引入可降解基团加以结构改造,或者筛选天然化合物作为阴阳离子,离子液体的生物降解性研究已取得一些进展。但是对于离子液体生物降解性能与其各种物性之间的关系,离子液体生物代谢的途径及生物降解的规律、机理,人们却知之甚少。因此人们必须进行离子液体的 QSBR 研究,以便从本质上揭示和描述离子液体生物降解性与结构间的关系,从而指导新型离子液体 (融功能性与降解性于一体) 的设计与合成。

　　我们进行离子液体的 QSBR 研究,需要注意以下三个问题:① 离子液体生物降解数据的可靠性,在数据获取时,应该采用标准的测试方法或者查阅相关系统、权威的数据库;② 相关计算程序的开发,由于离子液体为一种新型化合物,其性质以及分子间的相互作用关系与传统的有机溶剂有很大差异,因此有必要开发新的计算程序;③ 生物降解模型参数的选择,在开发模型时,必须充分考虑所有可能的参数,然后以可靠的数学处理方法选择能充分代表整个分子特性或与亚结构密切相关的参数,而排除无意义和意义较小的参数使模型精确、简化。

　　进行离子液体的生物降解性研究,另一个比较重要不容忽视的方面就是通过离子液体的 QSBR 研究及其降解基因、代谢途径、降解机理的阐明,去驯化、筛选甚至通过基因工程的方式去改造现有的微生物菌种,使其高效地降解离子液体。这需要如应用化学、环境科学、微生物学、分子生物学等多学科的工作者的通力合作。

　　相信通过以上两个方面的研究,现有离子液体难易生物降解这一问题必将可以解决,限制离子液体大规模工业应用的 "瓶颈" 问题也必然可以解决!

参 考 文 献

[1] Kümmerer K. Sustainable from the very beginning: rational design of molecules by life cycle engineering as an important approach for green pharmacy and green chemistry. Green Chem, 2007, 9(8): 899~907

[2] Seddon K R. Ionic liquids: a taste of the future. Nat Mater, 2003, 2(6): 363~365

[3] 张锁江, 张香平, 张延强等. 制备离子液体的多功能反应器. CN1857767, 2005

[4] Scammells P J, Scott J L, Singer R D. Ionic liquids: the neglected issues. Aust. J Chem, 2005, 58: 155~169

[5] Gathergood N, Garcia M T, Scammells P J. Biodegradable ionic liquids. Part I. Concept, preliminary targets and evaluation. Green Chem, 2004, 6(3): 166~175

[6] Wells A S, Coombe V T. On the freshwater ecotoxicity and biodegradation properties of some common ionic liquids. Org Process Res Dev, 2006, 10(4): 794~798

[7] Docherty K M, Dixon J K, Jr C F K. Biodegradability of imidazolium and pyridinium ionic liquids by an activated sludge microbial community. Biodegradation, 2007, 18(4):

481～493

[8] Poliakoff M, Fitzpatrick J M, Farren T R, et al. Green chemistry: science and politics of change. Science, 2002, 297: 807～810

[9] 戈进杰. 生物降解高分子材料及其应用. 北京: 化学工业出版社, 2002

[10] 徐亚同, 史家樑, 张明. 污染控制微生物工程. 北京: 化学工业出版社, 2001

[11] Howard P H, Hueber A E, Boethling R S. Biodegradation data evaluation for strucuture/biodegradability relationships. Environ Toxicol Chem, 1987, 6(1): 1～10

[12] Boethling R S, Lynch D G, Thom G C. Predicting ready biodegrability of premanufacture notice chemicals. Environ Toxicol Chem, 2003, 22(4): 837～844

[13] International Organization for Standardization. Water quality-Evaluation in an aqueous medium of the "ultimate" aerobic biodegradability of organic compounds-Method by analysis of biochemical oxygen demand (closed bottle test). 1994, ISO 10707

[14] Wackett L P, Hershberger C D. 生物催化和生物降解 —— 有机化合物的微生物转化. 沈德中译. 北京: 化学工业出版社, 2005

[15] 何苗. 杂环化合物和多环芳烃生物降解性能的研究. 北京: 清华大学环境工程系博士学位论文, 2006

[16] Boethling R S. Designing biodegradable chemicals. Designing Safer Chemicals: ACS Symposium. 1996, 640: 156～171

[17] Howard P H, Boethling R S, Stiteler W, et al. Development of a predictive model for biodegradability based on BIODEG, the evaluated biodegradation data base. Sci Total Environ, 1991, 109, 110: 635～641

[18] Gathergood N, Scammells P J. Design and preparation of room-temperature ionic liquids containing biodegradable side chains. Aust J Chem, 2002, 55(9): 557～560

[19] Gathergood N, Scammells P J, Garcia M T. Biodegradable ionic liquids. Part III. The first readily biodegradable ionic liquids. Green Chem, 2006, 8(2): 156～167

[20] Garcia M T, Gathergood N, Scammells P J. Biodegradable ionic liquids. Part II. Effect of the anion and toxicology. Green Chem, 2005, 7(1): 9～14

[21] Bouquillon S, Courant T, Dean D, et al. Biodegradable ionic liquids: selected synthetic applications. Aust J Chem, 2007, 60(11): 843～847

[22] Fukumoto K, Yoshizawa M, Ohno H. Room temperature ionic liquids from 20 natural amino acids. J Am Chem Soc, 2005, 127(8): 2398, 2399

[23] Zhang J, Zhang S, Dong K, et al. Supported absorption of CO_2 by tetrabutylphosphonium amino acid ionic liquids. Chem Eur J, 2006, 12(15): 4021～4026

[24] Tao G H, He L, Sun N, et al. New generation ionic liquids: cations derived from amino acids. Chem Commun, 2005, 3562～3564

[25] Abbott A P, Boothby D, Capper G, et al. Deep eutectic solvents formed between choline chloride and carboxylic acids: versatile alternatives to ionic liquids. J Am Chem Soc, 2004, 126(29): 9142～9147

[26] Abbott A P, Capper G, Davies D L, et al. Preparation of novel, moisture-stable, Lewis-acidic ionic liquids containing quaternary ammonium salts with functional side chains. Chem Commun, 2001, 19: 2010, 2011

[27] Abbott A P, Capper G, Davies D L, et al. Quaternary ammonium zinc- or tin-containing ionic liquids: water insensitive, recyclable catalysts for Diels–Alder reactions. Green Chem, 2002, 4(1): 24~26

[28] Abbott A P, Capper G, Davies D L, et al. Novel solvent properties of choline chloride/urea mixtures. Chem Commun, 2003, 1: 70, 71

[29] Abello S, Medina F, Rodríguez X, et al. Supported choline hydroxide (ionic liquid) as heterogeneous catalyst for aldol condensation reactions. Chem Commun, 2004, 9: 1096, 1097

[30] Morales R C, Tambyrajah V, Jenkins P R, et al. The regiospecific Fischer indole reaction in choline chloride ·2ZnCl$_2$ with product isolation by direct sublimation from the ionic liquid. Chem Commun, 2004, 2: 158, 159

[31] Abbott A P, Capper G, Davies D L, et al. Selective extraction of metals from mixed oxide matrixes using choline-based ionic liquids. Inorg Chem, 2005, 44(19): 6497~6499

[32] Fujita K, MacFarlane D R, Forsyth M. Protein solubilising and stabilising ionic liquids. Chem Commun, 2005, 38: 4804~4806

[33] Liu Y, Wu G. On the mechanism of radiation-induced polymerization of vinyl monomers in ionic liquid. Radiation Physics and Chemistry, 2005, 73(3): 159~162

[34] Liu Y, Wu G, Qi M. Polymorphous crystals from chlorozincate-choline chloride ionic liquids in different molar ratios. J Crystal Growth, 2005, 281(2~4): 616~622

[35] Abbott A P, Capper G, McKenzie K J, et al. Voltammetric and impedance studies of the electropolishing of type 316 stainless steel in a choline chloride based ionic liquid. Electrochim Acta, 2006, 51(21): 4420~4425

[36] Biswas A, Shogren R L, Stevenson D G, et al. Ionic liquids as solvents for biopolymers: acylation of starch and zein protein. Carbohydr Polym, 2006, 66(4): 546~550

[37] Duan Z, Gu Y, Deng Y. Green and moisture-stable Lewis acidic ionic liquids (choline chloride· xZnCl$_2$) catalyzed protection of carbonyls at room temperature under solvent-free conditions. Catal Commun, 2006, 7(9): 651~656

[38] Sheu C Y, Lee S F, Lii K H. Ionic liquid of choline chloride/malonic acid as a solvent in the synthesis of open-framework iron oxalatophosphates. Inorg Chem, 2006, 45(5): 1891~1893

[39] Abbott A P, Harris R C, Ryder K S. Application of hole theory to define ionic liquids by their transport properties. J Phys Chem B, 2007, 111(18): 4910~4913

[40] Dale P J, Samantilleke A P, Shivagan D D, et al. Synthesis of cadmium and zinc semiconductor compounds from an ionic liquid containing choline chloride and urea. Thin Solid Films, 2007, 515(15): 5751~5754

[41] Francois Y, Varenne A, Juillerat E, et al. Evaluation of chiral ionic liquids as additives to cyclodextrins for enantiomeric separations by capillary electrophoresis. J Chromatogr A, 2007, 1155(2): 134~141

[42] Davis J H, Forrester K J. Thiazolium-ion based organic ionic liquids (OILs) Novel OILs which promote the benzoin condensation. Tetrahedron Lett, 1999, 40(9): 1621, 1622

[43] Scott T H. Greener solvents: room temperature ionic liquids from biorenewable sources. Chem Eur J, 2003, 9(13): 2938~2944

[44] 张锁江, 于英豪, 姚宏玮. 一种环烷酸季铵盐类离子液体. CN101050185, 2007

[45] 钱易, 汤鸿霄, 文湘华. 水体颗粒物和难降解有机物的特性和控制技术原理. 下卷. 难降解有机物. 北京: 中国环境科学出版社, 2000

[46] Boethling R S. Application of molecular topology to quantitative structure-biodegradability relationships. Environ Toxicol Chem, 1986, 5(9): 797~806

[47] Howard P H, Boethling R S, Stiteler W M, et al. Predictive model for aerobic biodegradability developed from a file of evaluated biodegradation data. Environ Toxicol Chem, 1992, 11(5): 593~603

[48] Cambon B, Devillers J. New trends in structure-biodegradability relationships. Quant Struct Act Relat, 1993, 12(1): 49~56

[49] Tabak H H, Govind R. Prediction of biodegradation kinetics using a nonlinear group contribution method. Environ Toxicol Chem, 1993, 12(2): 251~260

[50] Boethling R S, Howard P H, Meylan W, et al. Group contribution method for predicting probability and rate of aerobic biodegradation. Environ Sci Technol, 1994, 28(3): 459~465

[51] Eriksson L, Jonsson J, Tysklind M. Multivariate QSBR modeling of biodehalogenation half-lives of halogenated aliphatic hydrocarbons. Environ Toxicol Chem, 1995, 14(2): 209~217

[52] Okey R W, Stensel H D. A QSAR-based biodegradability model-A QSBR. Water Res, 1996, 30(9): 2206~2214

[53] Federle T W, Gasior S D, Nuck B A. Extrapolating mineraliztion rates from the ready CO2 screening test to activated sludge, river water, and soil. Environ Toxicol Chem, 1997, 16(2): 127~134

[54] Damborský J, Berglund A, Kutý M, et al. Mechanism-based quantitative structure-biodegradability relationships for hydrolytic dehalogenation of chloro- and bromo-alkenes. Quant Struct Act Relat, 1998, 17(05): 450~458

[55] Kompare B. Estimating environmental pollution by xenobiotic chemicals using QSAR (QSBR) models based on artificial intelligence. Water Sci Technol, 1998, 37(8): 9~18

[56] Loonen H, Lindgren F, Hansen B, et al Prediction of biodegradability from chemical structure: modeling of ready biodegradation test data. Environ Toxicol Chem, 1999, 18(8): 1763~1768

[57] Rorije E, Loonen H, Muller M, et al. Evaluation and application of models for the prediction of ready biodegradability in the MITI-I test. Chemosphere, 1999, 38(6): 1409~1417

[58] Tunkel J, Howard P H, Boethling R S, et al. Predicting ready biodegradability in the Japanese Ministry of International Trade and Industry test. Environ Toxicol Chem, 2000, 19(10): 2478~2485

[59] Raymond J W, Rogers T N, Shonnard D R, et al. A review of structure-based biodegradation estimation methods. J Hazard Mater, 2001, 84(2, 3): 189~215

[60] Cuissart B, Touffet F, Cremilleux B, et al. The maximum common substructure as a molecular depiction in a supervised classification context: experiments in quantitative structure/biodegradability relationships. J Chem Inf Comput Sci, 2002, 42(5): 1043~1052

[61] McDowell R M, Jaworska J S. Bayesian analysis and inference from QSAR predictive model results. SAR QSAR Environ Res, 2002, 13(1): 111~125

[62] Jaworska O S, Boethling R S, Howard P H. Recent developments in broadly applicable structure - biodegrability relationships. Environ Toxicol Chem, 2003, 22(8): 1710~1723

[63] Boethling R S, Lynch D G, Jaworska J S, et al. Using BIOWIN^{TM}, bayes, and batteries to predict ready biodegrability. Environ Toxicol Chem, 2004, 23(4): 911~920

[64] Hongwei Y, Zhanpeng J, Shaoqi S. Anaerobic biodegradability of aliphatic compounds and their quantitative structure biodegradability relationship. Sci Total Environ, 2004, 322(1~3): 209~219

[65] Itrich N R, Federle T W. Effect of ethoxylate number an alkyl chain length on the pathway and kinetics of linear alcohol ethoxylate biodegradation in activated sludge. Environ Toxicol Chem, 2004, 23(12): 2790~2798

[66] Howard P, Meylan W, Aronson D, et al. A new biodegradation prediction model specific to petroleum hydrocarbons. Environ Toxicol Chem, 2005, 24(8): 1847~1860

[67] Hongwei Y, Zhanpeng J, Shaoqi S. Biodegradability of nitrogenous compounds under anaerobic conditions and its estimation. Ecotoxicol Environ Saf, 2006, 63(2): 299~305

[68] Xianguo Hu J W. Study of biodegradation properties of phthalate esters in aqueous culture conditions. J Synthetic Lubrication, 2006, 23(2): 71~80

[69] Yang H, Jiang Z, Shi S. Aromatic compounds biodegradation under anaerobic conditions and their QSBR models. Sci Total Environ, 2006, 358(1~3): 265~276

[70] Li Y, Xi D-l. Quantitative structure-activity relationship study on the biodegradation of acid dyestuffs. J Environmental Sciences, 2007, 19(7): 800~804

[71] Meylan W, Boethling R, Aronson D, et al. Chemical structure - based predictive model for methanogenic anaerobic biodegradation potential. Environ Toxicol Chem, 2007, 26(9): 1785~1792

[72] 杨柳燕, 肖琳. 环境微生物技术. 北京: 科学出版社, 2003

[73] 王奕, 杨凤林, 张兴文等. 化学品生物降解性的评价与预测. 化工环保, 2002, 22(4): 209~212

[74] Luis P, Ortiz I, Aldaco R, et al. A novel group contribution method in the development of a QSAR for predicting the toxicity (Vibrio fischeri EC50) of ionic liquids. Ecotoxicology and Environmental Safety, 2007, 67(3): 423~429

[75] 魏东斌, 张爱茜, 徐满等. 卤代芳香族化合物在长江底泥中吸附行为的 CoMFA 研究. 南京大学学报, 2001, 37(6): 1686~1690

[76] Durst G L. Comparative molecular field analysis (CoMFA) of herbicidal protoporphyrinogen oxidase inhibitors using standard steric and electrostatic fields and an alternative LUMO field. Quant Struct Act Relat, 1999, 17(5): 419~426

[77] 张锁江, 吕兴梅. 离子液体 —— 从基础研究到工业应用. 北京: 科学出版社, 2006

[78] Boethling R S, Sommer E, DiFiore D. Designing small molecules for biodegradability. Chem Rev, 2007, 107(6): 2207~2227

[79] http://umbbd.msi.umn.edu/index.html

[80] http://www.safe.nite.go.jp/english/kizon/KIZON_start_hazkizon.html

[81] http://www.syrres.com/esc/efdb.htm

[82] 高培基, 许平. 资源环境微生物技术. 北京: 化学工业出版社, 2004

[83] 张素琴. 微生物分子生态学. 北京: 科学出版社, 2005

[84] 李军, 杨秀山, 彭永臻. 微生物与水处理工程. 北京: 化学工业出版社, 2002